黄河九篇

黄河九篇

THE YELLOW RIVER:
History · Present · Future

张楚汉 等 编著

科学出版社
北 京

内 容 简 介

黄河是古代“丝绸之路”经济带和欧亚大陆桥的重要走廊，是中华民族的母亲河、华夏文化的发祥地，对中华文明的起源、传承和发展具有无可比拟的重大作用。

本书是一本关于黄河的综合性、系统性著作。全书分为九篇，共二十七章。以黄河约 3 亿年的地质地理史开篇，讲述了现代黄河面临的水资源、洪凌泥沙、水生态环境等方面的情势与挑战，以及应对挑战的工程方略，包括黄河干流水沙综合调控的七库骨干工程体系，作为国家水网主骨架的跨流域南水北调工程，黄河流域绿色水电能源开发以及对未来智慧黄河的憧憬，还从历史文化视角探讨了黄河变迁与中华文明的关系，为读者图文并茂地展现丰富多彩的黄河过去、现状与未来。本书内容突出黄河的新变化与高质量发展，集自然、人文、科学、技术、工程为一体。

本书可为公众打开了解黄河的大门，也可作为决策者实践黄河流域生态保护和高质量发展的必备参考书。

审图号：GS 京(2023)0960 号

图书在版编目(CIP)数据

黄河九篇 / 张楚汉等编著. —北京：科学出版社，2023.12

ISBN 978-7-03-075295-6

Ⅰ. ①黄… Ⅱ. ①张… Ⅲ. ①黄河-水利工程-研究 Ⅳ. ①TV882.1

中国国家版本馆 CIP 数据核字(2023)第 051504 号

责任编辑：吴凡洁 冯晓利 / 责任校对：任苗苗
责任印制：师艳茹 / 封面设计：赫 健

科学出版社 出版
北京东黄城根北街 16 号
邮政编码：100717
http://www.sciencep.com
北京中科印刷有限公司 印刷
科学出版社发行 各地新华书店经销
*
2023 年 12 月第 一 版 开本：787×1092 1/16
2023 年 12 月第一次印刷 印张：43 1/4
字数：827 000
定价：298.00 元
(如有印装质量问题，我社负责调换)

编著委员会

（按姓氏拼音排序）

陈祖煜　丛振涛　邓铭江　丁　林　方红卫　傅伯杰

傅旭东　葛剑雄　胡春宏　黄跃飞　金　峰　景来红

康绍忠　李丹勋　李福生　李庆斌　李铁键　刘昌明

刘昭伟　刘晓丽　马洪琪　倪晋仁　钮新强　钱钢粮

曲久辉　尚松浩　邵明安　王　浩　王进廷　王社亮

王忠静　魏加华　文　丹　吴保生　武明鑫　夏　军

谢遵党　徐梦珍　杨　强　杨大文　余锡平　余　欣

张红武　张建民　张建云　张金良　赵登峰　赵建世

钟德钰　徐文杰　张楚汉　周建平

工　作　组

陈　敏　江　汇　邱奕翔　王睿禹　任　翔

绘　图

李　涛　杨　鹏　郭　萍

前　言

黄河是中华民族的母亲河，在地理上横跨我国温带季风气候、温带大陆性气候和高原山地气候三大气候带，连接青藏高原、黄土高原、华北平原，是古代“丝绸之路”经济带和欧亚大陆桥的重要走廊。黄河是华夏文化的发祥地，五千多年的文明曙光汇聚于黄河流域，孕育了文明的雏形，发展为中华文明的主体，并逐渐传播到整个大中华区，对中华文明的起源、传承和发展具有无可比拟的重大作用。

本书定名为《黄河九篇》。内容构架上以黄河约 6500 万年的地质史开篇，以第九篇“黄河：中华文明的根”压轴。前者阐述黄河孕育、诞生、发展成今日黄河的自然地质地理演变过程，后者以历史文化视角，探讨黄河变迁与中华文明的关系。从第二篇到第八篇分别阐述现代黄河面临的水资源、洪凌泥沙、水生态环境等方面的情势与挑战，以及应对挑战的工程方略，包括黄河干流水沙综合调控的七库骨干工程体系，作为国家水网主骨架的跨流域南水北调工程，为实现“双碳”目标的黄河流域绿色水电能源开发以及对未来智慧黄河的憧憬。

第一篇：前世今生话黄河。本篇分 2 章：①黄河在地质史上的诞生、发育和成长经历了约 6500 万年的演化过程。在三叠纪—侏罗纪时期，地势东高西低；约 6500 万年前，印度洋板块与亚欧大陆板块碰撞，造成青藏高原隆起；大陆内部张拉断陷，形成了盆峡相间的三阶梯地貌；历经雨洪溯源侵蚀，峡谷逐渐贯穿，并于早更新世，洪流切穿三门峡，大河东去入海；黄土高原泥沙下泄，塑造了黄淮海平原的沃土千里。②经过 6500 万年的沧桑巨变，黄河形成了星海水泊密布的河源、盆峡相间的上游、河槽萎缩的宁蒙段、泥沙主产区的中游段、堤防高筑的下游悬河、流路摆动的河口等地理地貌与水系特征。

第二篇：黄河水资源：现状与未来。本篇分 4 章：①黄河水资源短缺形势及供需矛盾日益突出，需要通过水库调蓄、节水型社会建设、水资源统一调度、南水北调西线工程建设等措施加以解决；②引黄农业灌溉在全国粮食生产中具有重要地位，提出节水优先、因地制宜、集约利用、灌溉与生态相协调的农业灌溉发展方向；③历史水文资料及5个全球气候模型预测结果表明，全球气候变化与人类活动导致的下垫面变化是黄河水资源演化的主导因素；④提出建立黄河流域的水权、水市场与水银行体系，开展水资源市场化配置与水权交易，优化调整黄河“八七”分水方案，以提高用水效率与效益。

第三篇：黄河泥沙洪凌灾害与治理方略。本篇分4章：①黄河流域水土流失与黄河泥沙的历史和变化趋势；②黄河洪水灾害的历史现状与未来趋势；③黄河冰凌形成的机理与工程调控作用；④黄河水沙治理的方略。黄河是世界上含沙量最大的河流。水少沙多、水沙关系不协调是黄河复杂难治的症结所在。水沙调控与防洪防凌是保障黄河长治久安的重要措施。历史上，黄河宁蒙河段和下游滩区河段洪凌灾害频发，给中华民族带来巨大灾难，素有“黄河宁、天下平”之说。经过人民治黄七十多年的建设和发展，已基本形成以干支流水库、下游堤防+河道整治+分滞洪工程为主体的“上拦下排，两岸分滞”的防洪工程体系。近年来，黄河来沙量呈显著减少趋势。预测未来黄河年沙量为2亿~3亿t/a，但水沙变化仍不确定，地上悬河问题仍然突出，未来洪水威胁依然是黄河流域的最大威胁。

第四篇：黄河生态保护：三江源、黄土高原与河口。本篇分4章：①三江源区生态环境问题；②黄土高原区生态环境问题；③黄河河口区的生态环境问题；④全流域的水质保护。针对三江源区，介绍了源区自然地理、经济社会、气象水文、河流湖泊、湿地冰川等情况，从长时间尺度阐述过去6000年、近100年和未来时期的演变特征与趋势。针对黄土高原区，介绍了水土保持现状与未来趋势，探讨了水土流失治理潜力与应对措施。针对黄河河口区，介绍了河口水沙情势、流路演变特征与现状格局、生态系统类型与生态需水量，总结了河口未来的问题和应对措施。针对流域水质环境，总结了水质年内年际变化特征与干支流空间差异，提出了进一步改善水质的建议。

第五篇：黄河水沙调控：从三门峡、龙羊峡、小浪底到黑山峡。本篇介绍黄河水沙调控的干流骨干工程体系，这一体系的主要目标是有效管理洪水和凌汛、协调水沙关系、调节水资源。本篇分5章：①介绍黄河洪凌水沙调控工程体系的布局，上游以水量调控为主，中游以洪水泥沙调控为重点，并对上、中游子体系的运行机制与方式进行探讨；②介绍龙羊峡-刘家峡工程调控体系及其在保障宁蒙河段防洪防凌安全方面的关键作用；③介绍三门峡-小浪底工程调控体系，通过调水调沙，遏制了下游河床抬高趋势，恢复了中水河槽泄洪能力，保障了黄河不断流；④介绍黑山峡河段开发规划及其对未来黄河综合调控的作用；⑤介绍古贤-碛口北干流河段工程建设规划。

第六篇：南水北调与西水东济。本篇介绍南水北调工程和西水东济远景构想。南水北调工程是实现长江、黄河、淮河、海河流域水资源优化配置、促进经济社会可持续发展、保障和改善民生的重大战略性基础设施。其中，黄河是沟通南水北调东、中、西三线，形成四横三纵国家水网主骨架的重要纽带。本篇分 4 章：①东线工程直接从长江下游江都取水，基本沿京杭运河故道输水，因输水线路地势较低，在黄河以南需多级抽水北送，黄河以北自流向黄淮海平原东部和胶东地区供水；②中线工程从长江中游的支流汉江经丹江口水库引水，从第三级阶梯西侧通过，自流向京汉铁路沿线主要城市供水，直达京、津，是以受水区城镇生活和工业供水为主、兼顾农业和生态供水的输水专线；③西线工程布设在我国青藏高原第一级阶梯上，居高临下，主要向黄河上中游和西北内陆河部分地区供水；④西水东济是一个远景构想，从我国水量充沛而利用率低的西南诸河适度引水入金沙江，与南水北调西线工程相衔接，提高西线调水的水量和保证率，也可相机应对长江上游极端干旱情势。

第七篇：能源流域的绿色低碳发展。黄河流域号称能源流域，化石能源与水、光、风资源丰富。为应对气候变化、实现我国“双碳”目标，黄河流域水、光、风绿色低碳能源开发具有重大意义。本篇分 2 章：①黄河流域水电能源开发利用的历程和现状，介绍新中国成立以来七十多年黄河流域经历的八次大规模水电规划，形成上游龙羊峡至青铜峡 25 个梯级的开发布局，以及水电开发在经济社会与生态环境保护中发挥的巨大效益；②黄河流域未来水、光、风多能互补与抽水蓄能电站的发展远景规划。黄河干流梯级水电调节性能良好，扩大装机条件优越。黄河流域和西部地区光、风资源丰富，其中陕甘青宁四省（区）光风资源技术可开发量为 67 亿 kW。通过水、光、风资源开发及抽水蓄能电站建设，可形成大规模水-光-风多能互补基地。当前任务是加快以黄河上游龙羊峡为核心的多能互补基地建设，以引领我国能源结构绿色低碳转型。

第八篇：智慧黄河。运用物联网、云计算、大数据、人工智能等新一代信息技术建设“智慧黄河”，发挥信息化对流域水旱灾害防御、水沙调控、水资源优化配置、水土保持与生态治理以及经济社会可持续发展的重要作用，是促进黄河流域生态保护和高质量发展的重大举措。本篇内容：①介绍流域智慧化的基本内涵：天空地一体化感知技术、云计算与云服务技术、信息终端和信息服务的泛在化以及大数据模型和人工智能系统；②黄河流域信息化的历程和现状，从黄河防洪调度系统发展到数字黄河系统，包括黄河水量调度管理系统、数字流域水沙模型等；③未来智慧黄河组成体系构

想，包括建设智慧水利基础设施、智慧黄河智能中枢体系和应用体系——水旱灾害防御、水沙调控、水资源管理以及 N 项流域管理应用（水文、水土保持、河湖管理、工程管理、水行政执法管理等），形成 3+N 应用系统；④智慧黄河未来发展趋势与面临的挑战。

第九篇：黄河：中华文明的根。本篇内容包括 4 个方面：①以全球大河文明分布和发展的视角，论述河流流域自然条件对人类物质生产和精神财富的关键作用。从黄河流域纬度、气温、降水、高程、地形、地貌等人类生存条件出发，论证了中华文明诞生于黄河中下游地区的必然性。同时，阐明了黄河和长江这两条仅隔一道分水岭的大河，通过多条运河连为一体，使早期在黄河流域形成的中华文明逐渐扩散到长江流域，并使两个流域的文明相互呼应，相得益彰。②叙述黄河流域农业文明的历史发展轨迹，从裴李岗文化、仰韶文化发展到大汶口文化和龙山文化，再到稍晚的二里头文化；在经济形态上，从农业为主发展到农业、狩猎、饲养不断发达；在社会建制上，由最初文化形态平等的农耕聚落发展到不平等的中心聚落，其社会复杂化发展是迈向文明的重要阶段。以黄帝旗帜为引领的强大部落群成为黄河文明的奠基者。他们集天下部落创造之大成，提升了黄河流域政治经济与文化优势。此后，或是天下兵戈相见，或遇黄河决口泛滥，平息战乱与治河兴利成为北方王朝的政治统治与经济发展史。③阐述黄河自然条件（包括气温、降水、水沙变化等）对中华文明的影响，考证了黄河自 7000~4600 年前至今的 10 个阶段的气温、降水、径流与泥沙变化过程，梳理了自战国时期至新中国成立之前的八次大改道，及其对经济社会的影响。④展望未来，对黄河文明的复兴与高质量发展提出以“民为邦本”“天人合一”“多元统一”“民族精神”为指导，让黄河与中华文明的历史文化不断继承、创新、发展，以古老而又崭新的面貌屹立东方！正是：九曲黄河东入海，万古潜龙再腾飞。

多年以来，我就想尝试编撰一本关于黄河过去、现在与未来的书。初志存高远，路途却漫漫！“昨夜西风凋碧树，独上高楼，望尽天涯路”“衣带渐宽终不悔，为伊消得人憔悴”“众里寻他千百度，蓦然回首，那人却在，灯火阑珊处”等名句可用于形容编写过程中的艰辛、曲折及磨砺三年终得付梓出版的喜悦之情。

编撰本书的契机源自 2019 年底中国科学院学部工作局设立的“黄河水与工程方略”咨询项目。该项目由我和王光谦院士负责，五十多位相关领域的院士、专家参与，在深入调查研究的基础上，形成了《关于黄河流域生态保护和高质量发展的水与工程方略建议》咨询报告，并于 2020 年 9 月向党中央和国务院呈报。在此基础上，项目组继续开展了关于黄河的诞生与历史变迁，黄河文明的起源与发展，现代黄河面临的水资源、环境与防灾减灾方面的挑战和应对方略研究。

历时三年，终于完成了本书的编撰和出版，并特邀丁仲礼院士题写书名、葛剑雄教授撰写第九篇“黄河：中华文明的根”中的主要内容，丁林院士协助审查第一篇“前世今生话黄河”的第一章，本人对全书二十七章进行了审校。黄河勘测规划设计研究院有限公司的张金良、景来红、谢遵党负责编写了本书的若干篇章，在此对他们的支持与帮助一并致以谢忱。

张楚汉

2023 年 8 月

目 录

第一篇　前世今生话黄河

第二篇　黄河水资源：现状与未来

第三篇　黄河泥沙洪凌灾害与治理方略

第四篇　黄河生态保护：三江源、黄土高原与河口

第五篇　黄河水沙调控：从三门峡、龙羊峡、小浪底到黑山峡

第六篇　南水北调与西水东济

第七篇　能源流域的绿色低碳发展

第八篇　智慧黄河

第九篇　黄河：中华文明的根

第一章

黄河的起源

第一节　概述

我国现今大陆地势西高东低，呈阶梯状分布。青藏高原素有“世界屋脊”之称，是除极地冰盖之外的全球第二大冰川聚集地，享有“亚洲水塔”之美誉。丰富的冰雪资源与特殊的自然地理地貌孕育了中华民族的命脉之河——长江与黄河。

黄河是中华民族的母亲河，它西起青藏高原东北部可可西里地块的巴颜喀拉山北麓各姿各雅山下的卡日曲，蜿蜒流淌在高原面上，最后从阿尼玛卿山冲出青藏高原，切穿西秦岭，再奔腾于草长莺飞、旷野辽阔的黄土高原，流经广袤无垠的华北平原，最终在山东省东营市垦利区黄河口镇注入渤海。现今黄河，全长约 5464km，途经青海、四川、甘肃、宁夏、内蒙古、陕西、山西、河南及山东 9 个省（自治区），水面落差 4480m（图 1.1）；主要支流包括洮河、湟水、汾河和渭河等，总流域面积约 752443km^2，是世界第五长河，我国第二长河。

在历史长河中，黄河是中华文明的发源地。从旧石器时代到新石器时代，从远古的蓝田人、北京人、大荔人、丁村人、河套人，到后来的仰韶文化、马家窑文化、大汶口文化、龙山文化，黄河流域孕育了人类早期的文明（图 1.2）。黄河水资源在我国各个历史时期的社会经济与文化发展中发挥了重要的作用，黄河流域是中华民族和文化的摇篮。

黄河是什么时候形成的？黄河是怎么形成的？黄河为什么会是“黄”的呢？一直以来，黄河的形成、发育、自然地理环境及流域气候变化等问题被各个领域的学者们所重视。黄河的孕育、形成和演化是地质历史上各种内外动力地质共同作用的结果。

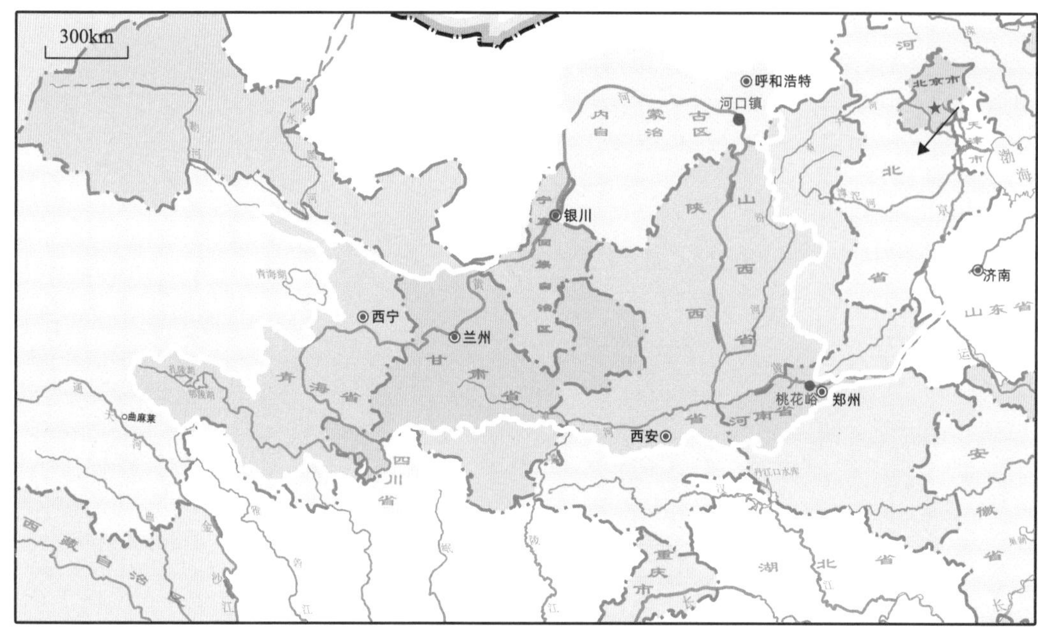

图 1.1　黄河流域行政区划

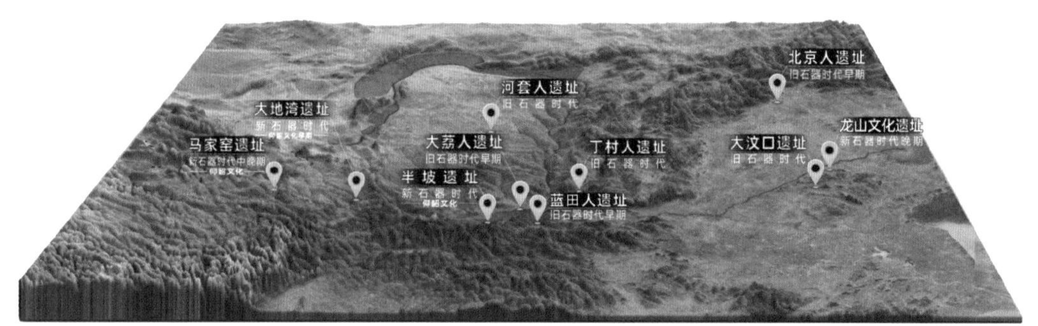

图 1.2　黄河流域人类早期文明分布

第二节　中、新生代以来中国大陆构造格局与地势演化

受地球内动力作用的影响，地表发生差异隆升和沉降，形成了高原、山脉、盆地等各种复杂的地形地貌。这种地形地貌的变化，强烈影响了河流的发育过程。黄河横跨我国三大地势台阶，连接青藏高原、黄土高原、华北平原，其形成和发育与我国的大地构造格局，尤其是新生代晚期以来的构造运动过程有着密不可分的联系。

以水平运动为主的岩石圈板块运动始于元古代初期（2500Ma①），伴随着陆地的岩

① 地质年代单位：Ma 为百万年，ka 为千年。

石圈在洋底扩张运动驱动下漂移、分分合合，地球曾经历几次大陆聚合作用，形成超级大陆（泛大陆）。在中生代初（250Ma），最后形成的盘古大陆裂解，北部的劳亚大陆与南部的冈瓦纳大陆首先分离，中间形成新的宽阔的新特提斯洋；接着大西洋打开，从北到南将欧洲和非洲与南北美洲分离，西冈瓦纳大陆解体（图 1.3）；最后东冈瓦纳大陆解体，非洲、印度、澳大利亚及南极洲也前后相互分开。非洲大陆、印度大陆及澳洲大陆向北长途漂移，曾经宽广的新特提斯洋开始缩小，于 65Ma，印度大陆与欧亚大陆碰撞，形成青藏高原，各大陆逐渐接近它们现在的位置。

中国大陆地处欧亚板块东南部，受太平洋板块和印度洋板块的俯冲挤压作用，造就了中国及周边地区的大地构造环境。根据对古地磁、周边板块的运动学特征、板内变形、构造应力场及沉积学等系统研究，中国大陆及周边地区中、新生代大地构造演化，大致可以划分为印支期、燕山期、喜马拉雅期[2]。

1. 印支期（三叠纪，250~208Ma）

中国大部分大陆完成拼合，华北地块与其南侧扬子地块会聚拼合，形成秦岭-大别山-苏鲁碰撞造山带；北侧与西伯利亚板块缝合拼接，形成兴蒙构造带（图 1.3）。中国南方以海为主，北方以陆地为主，中国大陆的大部分地块都处于中低纬度地区，气候比较炎热、湿润，直到三叠纪晚期华北及其以北地区的气候才趋于干旱。

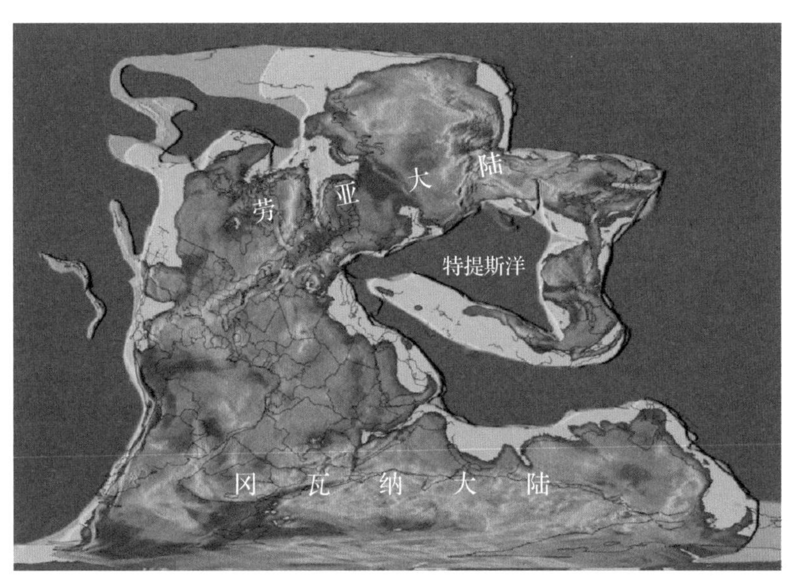

图 1.3 250Ma 时中国大陆雏形及全球各大板块分布[1]

2. 燕山期（侏罗纪到白垩纪末，208~65Ma）

侏罗纪（208~135Ma）太平洋板块向西俯冲到东亚板块之下，导致中国大陆地块在东部褶皱成山、气候逐渐变干旱，而西部地区则以低山和河湖盆地为主、气候一直温暖湿润，该时期中国地势整体上呈现东高西低（图 1.4）。

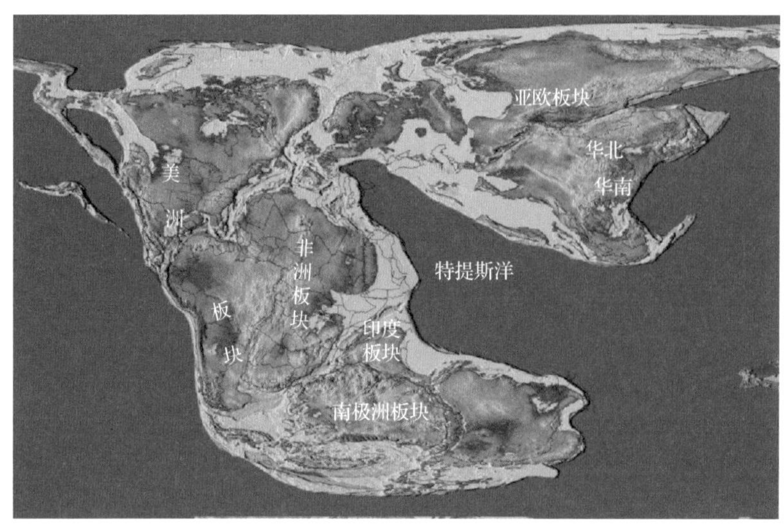

图 1.4　170Ma 时中国大陆及全球各大板块分布[3]

白垩纪（145~65Ma），中国东部各地块持续向北运移，位于特提斯洋中的印度板块以北东方向与亚欧大陆发生软碰撞[4]（图 1.5），成为中生代以来中国及周边地区大陆构造变形的主导因素[6,7]。大陆地形以盆岭相间为特征，大部分陆地位于北半球中纬度地区，气候以干旱、炎热为主。

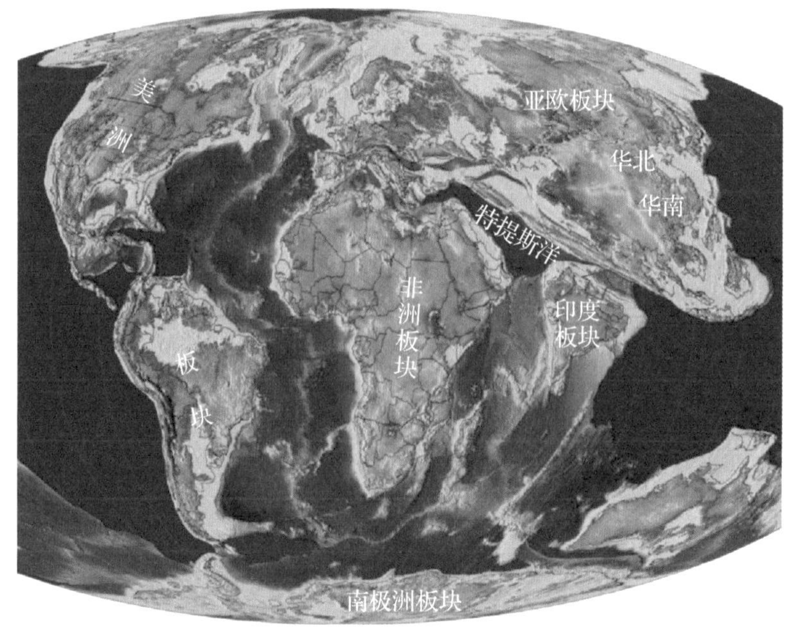

图 1.5　65Ma 中国大陆地势及印度板块与亚欧大陆碰撞状态[5]

3. 喜马拉雅期（古新世到早更新世，65~0.6Ma）

古新世到渐新世（65~23.3Ma），随着特提斯洋关闭、印度板块与欧亚板块碰撞，太平洋板块俯冲到欧亚板块以下，青藏高原在 45~38Ma 期间发生第一期隆升，并形成三条近东西向的断块山脉（阴山-燕山、秦岭-大别山、南岭）和四个汇水盆地（松嫩-内蒙、古黄河、古扬子江和珠江）。与此同时，太行山以东地区的岩石圈发生强烈的伸展断陷，并伴随着地幔上涌和幔源岩浆喷发，形成盆岭式的华北-渤海湾裂谷盆地[8,9]。这一时期，中国大陆地貌发生了翻天覆地的变化[10]，逐渐由东高西低，向现在西高东低的趋势转变（图 1.6）。

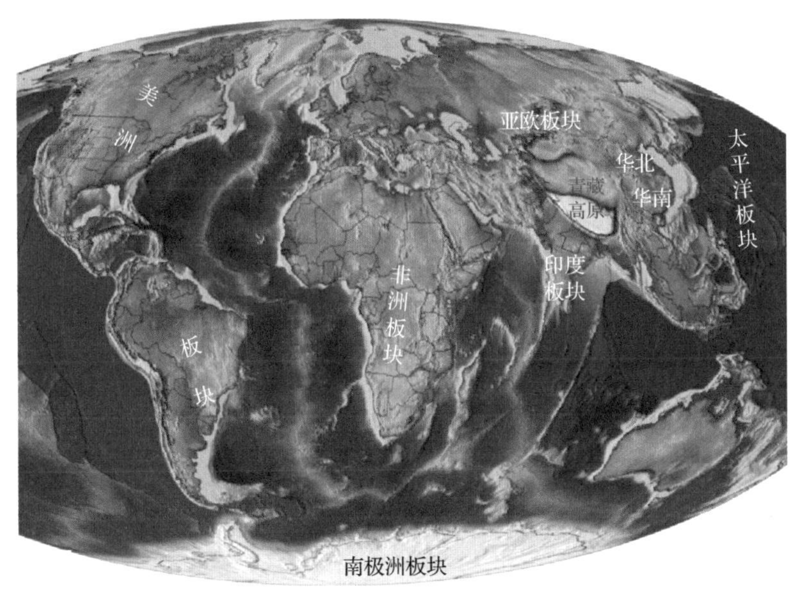

图 1.6　25.7Ma 中国大陆地势及印度板块与亚欧大陆碰撞状态[5]

中更新世之后，印度板块与亚洲大陆北北东向的碰撞、挤压作用，使得青藏高原再次发生了四次明显的快速隆升[2,11-13]（图 1.7）。我国大陆气候开始转型，并于 22Ma 前中新世开始逐渐开始有风成黄土沉积。伴随着青藏高原隆升，高原东缘产生强烈的挤出造山作用，在高原东北部发生强烈的北西-南东方向的沉陷，形成一系列的断陷盆地，如兰州盆地，以及鄂尔多斯地块周围地区的银川-河套裂谷和汾-渭裂谷两个独立的断陷盆地系统[14,15]。这期间经历了第二次隆升之后，青藏高原面抬升至 2000m 左右，增强了冬夏季风的影响，夏季风携带的湿润气流深入高原，促进黄河水系的发育。第三次隆升过程中，分散的湖泊逐渐贯穿形成黄河，由此也开始了青藏高原及外围地区大型水系发育的历史[11]。1.1~0.6Ma 是青藏高原形成过程中又一个重要的抬升期，称为昆黄运动。经过昆黄运动后，青藏高原抬升至 3000~3500m 高度，喜马拉雅山、

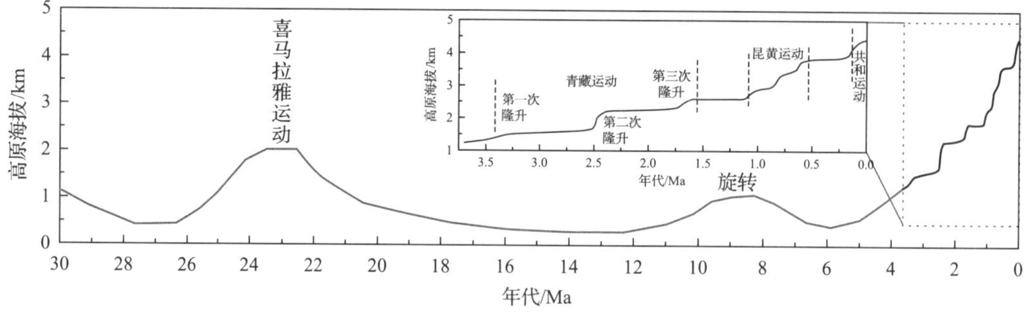

图 1.7　青藏高原隆升示意图（根据文献[10]和[11]修改）

西昆仑山等周边高山可达 5000m。此时，中国大陆主要受冬季西北风和夏季东南风交替影响，印度洋湿热季风影响越来越小，造成青藏高原内部尤其是北部逐渐干旱，并走向沙漠化[2,11]；这种沙漠化的趋势为西北季风提供了向东传输的充足的粉尘，并在高原东北侧的黄土层堆积增厚、粒径变粗、沉积范围不断扩大到整个黄土高原以及长江下游[11]。

4. 新构造期（中更新世以来，0.6Ma 以来）

中国大陆在周围各地块的挤压作用下（图 1.8），处于相对平衡状态，逐渐演化形成现代地形地貌特征。总体上，这一阶段构造活动不太强烈，并且大陆板块内部应

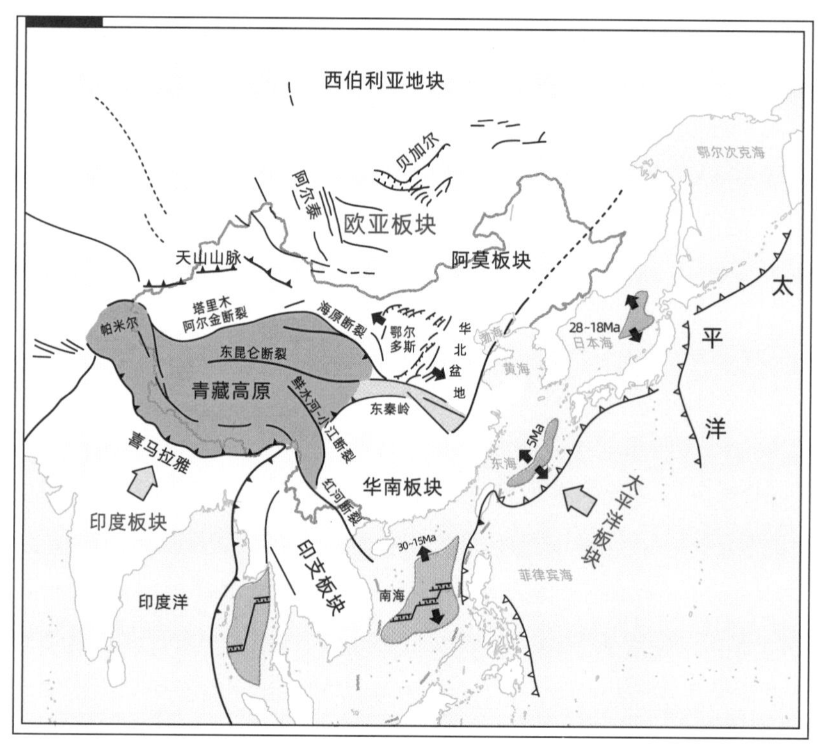

图 1.8　中国大陆及周边地区新构造纲要图（根据文献[2]修改）

力场呈现出明显的多样化，东北地区为北东向、华北地区为北东东向、山东和河南地区为近东西向、华南为北西向、西部地区则以南北向为主[2,9,16]，这种构造应力场分布特征也控制了我国目前的地质环境及地质灾害发育特征。

综上，中、新生代以来中国大陆地势发生了翻天覆地的变化。在三叠纪中国大陆雏形基本形成；到了侏罗纪，中国大陆形成了与现在天壤之别的“东高西低”地势形态，这种现象持续了 1 亿多年；之后，随着特提斯洋关闭、印度板块与欧亚板块发生碰撞和俯冲，造成青藏高原多期次的隆升、夷平，我国地势逐渐趋于目前的“西高东低”的地势特征。尤其是从中新世到早更新世期间，这种作用在高原内外形成一系列的拉张断陷盆地，使得中国大陆（尤其是北方地区）呈现典型的湖盆相间的地势形态；伴随着高原强烈隆升，中亚地区气候和环境也不断地发生着变化，高原内部尤其是北部逐渐干旱，并走向沙漠化，为黄土高原的沉积提供了充足的物源。

青藏高原的隆升、断陷湖盆相间的地貌格局、古气候的变化、黄土高原的形成，无一不取决于其“始作俑者”——数亿年来中国大陆及周边板块的运动，而这些事件在印度板块从南半球启航向北漂移的时候就注定了现今黄河的地形地貌格局。

第三节 古黄河的孕育与连通

经过喜马拉雅期青藏高原隆升及周边地壳结构的构建，沿着现代黄河流域一系列串珠状的断陷盆地（或古湖）逐渐形成（图 1.9）。这些盆地（或古湖）是如何及何时贯通形成黄河的呢？古黄河形成之后又是如何演化的呢？这些问题的研究对于认识青藏高原隆升及黄河流域的形成具有重要的科学价值和实际意义。

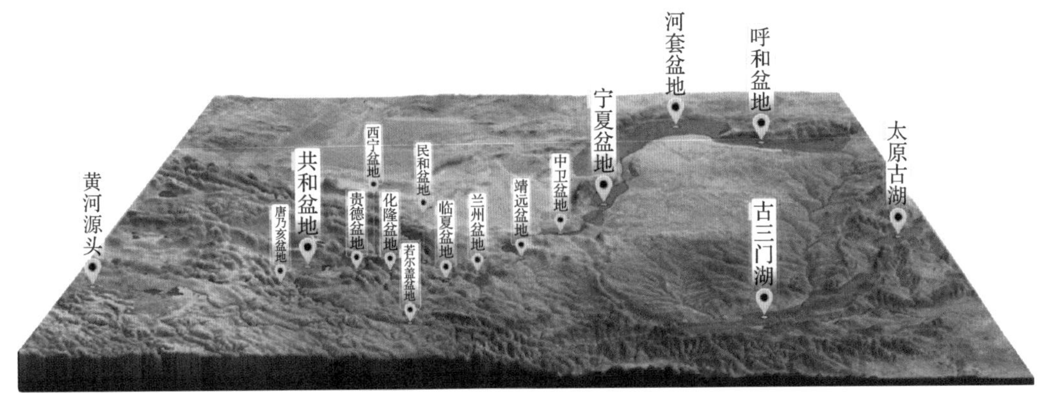

图 1.9 黄河流域盆地/古湖分布

黄河的形成与演化，是地质构造、地貌、气候和水文等自然要素综合作用的结果。尤其是新生代以来青藏高原的隆升，对黄河的发育起了关键的控制作用。一方面，在新生代晚期造成青藏高原西北部地势升高，为黄河向上游发生溯源侵蚀和向下游汇流，提供了源动力；另一方面，西北地区的干旱气候，造成了现今黄土高原的巨厚层的黄土沉积，为黄河中下游提供了“泥沙”来源，使其流经黄土高原之后变成了真正的“黄”河。

为了探索黄河的演化历史，从 19 世纪中期开始，众多学者从地形地貌、古黄河留下的冲积物及流域水系河流阶地发育等角度出发开展了研究工作，并对古黄河的阶地进行了大量的年代测定和地质演化分析，这些沉积物及河流阶地为认识当时的气候条件、区域地壳活动等提供了最为直接的地质证据。然而，关于黄河演化历史的一些关键问题，如黄河最初形成的年代、古河道的格局和发育过程等方面仍存在一些争议与不确定性，本节将依据目前较为公认的观点对古黄河的贯通演化历史进行阐述。

黄河流域的古湖、盆地贯通与青藏高原东北缘的隆升有着密切的关系，尤其是青藏运动 B 幕（约 2.5Ma）、青藏运动 C 幕（1.8~1.4Ma）、昆黄运动[17]（1.2~0.6Ma）及共和运动（0.15~0.1Ma）造成了青藏高原的快速隆升，使得青藏高原从海拔 2000m 左右上升到 4000m 以上。一方面，使亚洲大气环流及古气候发生了重大变化，促使共和、贵德、临夏、兰州、银川等古湖盆的扩张；另一方面，古气候的变化、地壳的差异性沉降，加剧了各个古湖盆及其内陆水系的下切作用，逐渐使得各个古盆地依次相互贯通，形成现代黄河水系格局。

在古黄河的形成和演化过程中，位于地势第一、二级阶梯分界处的兰州盆地以及位于第二、三级阶梯分界处的三门峡对古黄河的发育起着重要的控制作用。根据古黄河的时空演化过程，大致可以分为四个阶段（图 1.9）：

在约 1.6Ma，古黄河在临夏古湖（现为临夏盆地）、兰州古湖（现为兰州盆地）及银川古湖（现为银川盆地）首先连通，形成盆峡相间的格局：临夏盆地—盐锅峡—刘家峡—兰州盆地—靖远盆地—车木峡—黑山峡—中卫盆地—青铜峡—银川盆地。

在 1.1~0.1Ma，古黄河从临夏古湖依次向上连通至共和古湖（现为共和盆地）：临夏盆地—积石峡—公伯峡—李家峡—化隆盆地—松巴峡—贵德盆地—龙羊峡—共和盆地。

在 1.2Ma~80ka，三门古湖（现为汾渭盆地）首先切穿三门峡、冀豫峡谷流入海洋，然后依次向上连通至银川盆地，现代黄河初步形成与海洋贯通：银川盆地—河套盆地—晋陕峡谷—潼关（三门古湖）—三门峡—冀豫峡谷—孟津。

在 30~20ka，黄河从共和古湖（现为共和盆地）与若尔盖古湖（现为若尔盖盆地）连通，并与黑河及唐克上游黄河段贯通进入河源，现代黄河形成，后续不断向河源区溯源发展：共和盆地—野狐峡—唐乃亥盆地—若尔盖盆地—多石峡—鄂陵湖及扎陵湖—河源。

一、临夏—兰州—银川

兰州盆地地处我国的地势第一级阶梯和第二级阶梯分界处，是古黄河演化的一个重要节点。它上游衔接位于青藏高原东北边缘的临夏盆地，下游途经靖远盆地、中卫盆地，衔接位于贺兰山东麓的银川盆地，也是古黄河演化史上贯通最早的一段（图 1.10）。

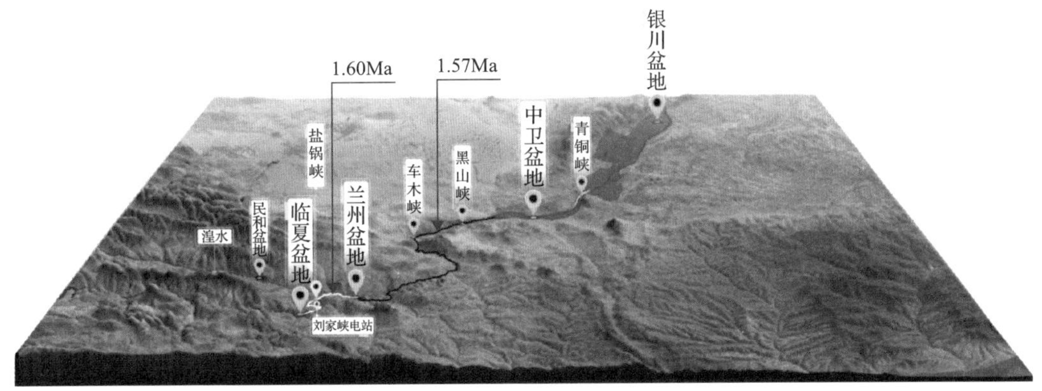

图 1.10　黄河临夏—兰州—银川段连通示意图

根据对兰州盆地五泉砾岩的测年和特征分析，古黄河在兰州段的河谷最早形成于 3.6~3.0Ma[18]，现代黄河是继承这一时期的河谷而形成的。此外，作为黄河兰州境内最大的支流——湟水，在西宁附近发育共 15 级阶地①（图 1.11），其中最高阶地（第 15 级）距现今河床达 714m，形成时间约为 3.4Ma[19]。兰州黄河北岸薛家湾发现的现今黄河最高级阶地（7 级阶地）形成年代为 1.63Ma[20]。兰州五泉砾岩形成的年代及湟水最高阶地年龄在 3.4Ma 左右，而现今黄河在兰州的最高阶地年龄才 1.63Ma，为什么两者在时代上相差如此之大？有学者通过对比分析发现，银川盆地 3.3Ma 以来沉积物的重矿物组合特征与黄河兰州阶地沉积物特征极为相似[21]。而这一时间与兰州五泉砾岩形成年代及湟水最高阶地的年龄（约 3.4Ma）极为相近，这在一定程度上说明了兰州盆地在 3.3Ma 前就已经和银川盆地贯通并为后者提供沉积物的物源。然而，现代黄河

① 河流下切侵蚀，原来的河谷底部超出一般洪水位之上，呈阶梯状分布在河谷谷坡上，这种地形称为河流阶地。阶地的形成主要是在地壳垂直升降运动的影响下，由河流的下切侵蚀作用形成的，是地球内外部动力地质作用共同作用的结果。有几级阶地，就有过几次运动；阶地位置、级别越高，形成时代越老。

在宁夏中卫黑山峡河段最高级黄河阶地形成年代约为 1.57Ma[22]。这说明现今黄河在这一段的贯通时间应在 1.6Ma 左右，明显晚于兰州盆地与银川盆地早期贯通的时间（3.3Ma）。因此，可以推断兰州古湖盆和银川古湖盆虽然在 3.3Ma 前已经连通，但是其连通的位置并不在现今黄河处，受青藏运动 C 幕影响，古黄河河道变迁到现今河床位置。兰州盆地-银川盆地间早期的黄河河谷通过何处相连？目前仍是个未解之谜。

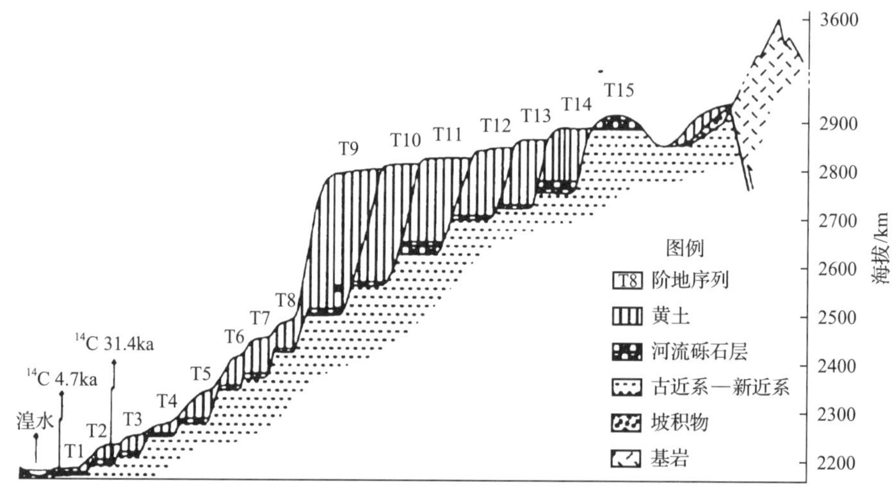

图 1.11　西宁湟水阶地系列（根据文献[19]修改）

临夏盆地整个新生代地层序列沉积中，从 3.4Ma 开始盆地内以巨砾岩层积石组为主，之后受青藏高原 B 幕运动影响，盆地沉陷形成湖盆并以湖相和风成沉积旋回为主，并直到 1.6Ma 结束[19]。因此，在约 1.6Ma 之前，临夏盆地并未与兰州盆地贯通，而是以封闭古湖盆形成存在，古大夏河是其主要的内流河。青藏高原运动 C 幕，造成高原整体隆起，使得位于高原外缘的兰州盆地古黄河发生强烈的下切，并约在 1.6Ma 切穿切盐锅峡与临夏古湖贯通，进入高原。在这一时期，黄河稳定地出现在银川—民和—兰州—临夏盆地，并在这一地区普遍发育有 6~7 级阶地[23]。

二、共和—贵德—化隆—临夏

1.2~0.6Ma 期间发生的昆黄运动，是青藏高原的又一次快速隆升运动，对黄河流域的湖泊和盆地系统演变有重要的影响，同时对现今黄河上游及中游的水系格局改变及现代水系形成具有重要的促进作用。受昆黄运动影响，古黄河产生最大幅度的下切，发生溯源侵蚀，在约 1.1Ma 切穿积石峡进入循化盆地，约 0.6Ma 黄河切穿李家峡[24]进入贵德盆地（图 1.12）。

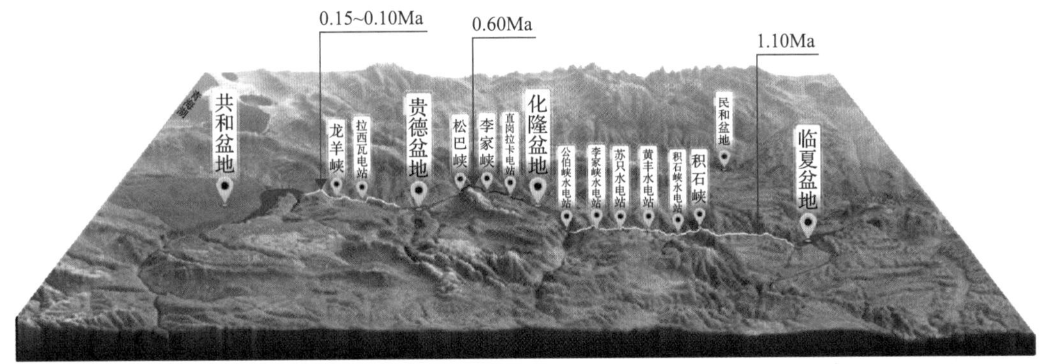

图 1.12 共和—贵德—化隆—临夏段古黄河贯通示意图

龙羊峡是共和盆地和贵德盆地的分界，也是黄河与上游河源段衔接的关键部位。龙羊峡全长约 40km，深 700 余米，为基岩型大峡谷。在峡谷上游入口处现已建有黄河上游最大的龙羊峡水库，总库容 247 亿 m^3，其库区就位于共和盆地。目前峡谷区还建有拉西瓦水电站。共和盆地和贵德盆地是青海省东部的两个断陷盆地，分别呈 NWW-SEE 向和 NW-SE 向延伸（图 1.12）。通过野外地质调查，目前在共和盆地东段可以发现距离现今河面可达 700m 以上的河流相沉积及 21 级以上的河流阶地，并有以新近纪湖相或河湖相沉积为基座的基座阶地[25]。

黄河何时从共和盆地（古湖）通过龙羊峡与贵德盆地（古湖）相连的呢？目前学者主要有溯源侵蚀和截弯取直两种观点。“溯源侵蚀①”观点认为，中更新世末或晚更新世初（0.15~0.1Ma）的地壳运动——“共和运动”，使得共和盆地抬升，引起的溯源侵蚀形成的[19,24,26]。“截弯取直②”观点[25,27]主要是根据野外调查发现在共和盆地东北侧的瓦里关山和青海南山之间的尕海-多隆沟发现巨厚层古河流相沉积层，形成年代分别为 6.4ka ± 0.9ka（尕海滩古河道附近[27]）和（3.79Ma ± 0.34Ma）~（2.95Ma ± 0.25Ma）（多隆沟附近[25]），从而论证了在上新世中晚期共和古湖就已经通过尕海-古多隆沟（河）与贵德古湖相连（图 1.13）。由于上新世末或第四纪初以来共和盆地开始抬升，同时上新世晚期贵德盆地也开始抬升，导致黄河沿着右侧河道阶段性下切，从而由于河流的“截弯取直”作用在龙羊峡部位贯通直接进入贵德盆地。

① 溯源侵蚀是河流或沟谷发育过程中，因水流冲刷作用加剧，下切侵蚀不仅加深河床或沟床，并使受冲刷的部位随着物质的剥蚀分离向上游源头后退。侵蚀基准面变化是引起溯源侵蚀和河流再造的主要原因。当侵蚀基准面上升时，水面比降减小，水流搬运泥沙的能力减弱，河流发生堆积；相反，当侵蚀基准面下降时，河床坡度增大，水流侵蚀作用加强，导致溯源侵蚀。

② 河曲发育过程中，相邻曲流环间的曲流颈受水流冲刷而变狭，一旦被水切穿，河道即自行取直。这种河道被水切穿取直的现象，称为截弯取直。

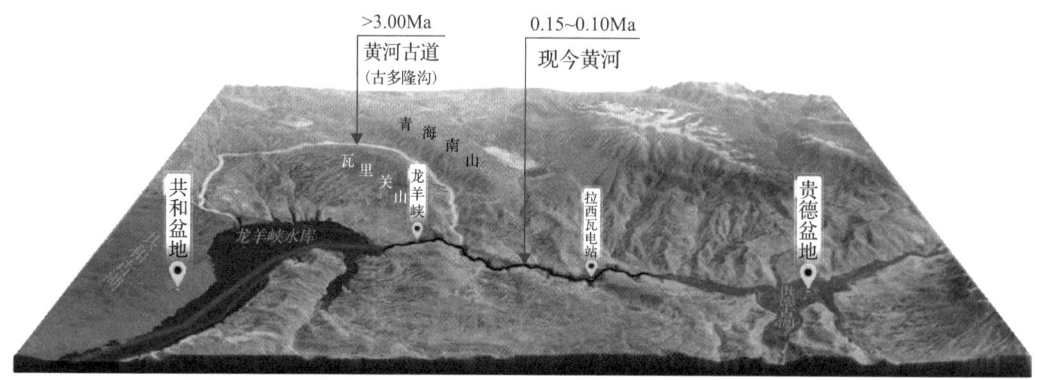

图 1.13 共和古湖和贵德古湖关系示意图（根据文献[25]，修改）

三、河套—潼关—孟津

黄河在该段流经黄土高原以东，在地质构造上夹持于北面的阴山、西面的鄂尔多斯盆地、南面的秦岭、东面的吕梁山和太行山脉之间，目前关于黄河在该段的发育历史研究分歧也比较多。在形成时代研究方面主要集中在晋陕峡谷和三门峡峡谷河段，而连接它们的是汾渭平原，这三者也构成了黄河在该段的重要的地貌特征（图 1.14）。其中，晋陕峡谷是连接现今黄河上游和中游的重要区段，也是黄河发育史上的重要节点；而三门峡也是连接我国第二、三阶梯的关口，三门峡—孟津段的冀豫峡谷又是黄河东流入海的关键区域。青藏高原强烈隆升的过程中，也造成了周围地势的变迁，同时使得位于中游的三门古湖（现为汾渭盆地）下切和溯源侵蚀作用加强；三门峡河段的最高级阶地的形成年代表明，约在 1.2Ma 该段黄河从西向东切穿了三门峡以东的山体（冀豫峡谷）东流入海[28]，标志着黄河东流入海的格局形成。

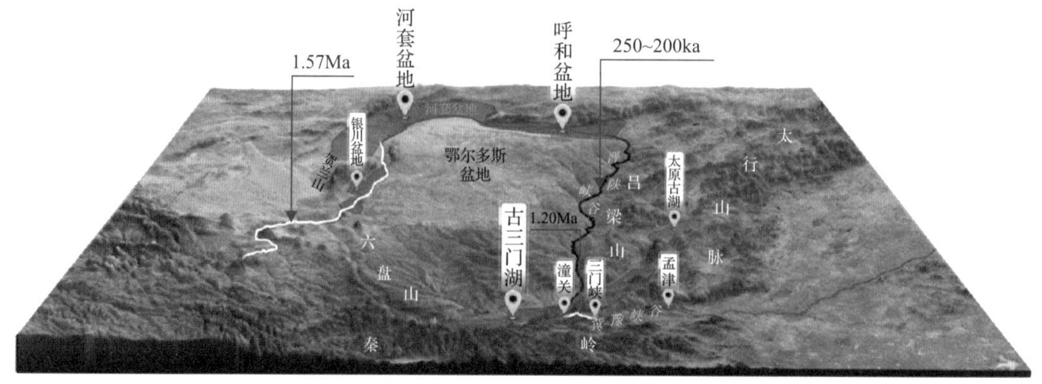

图 1.14 河套—潼关—孟津段古黄河贯穿示意图

河套盆地横跨黄河“几”字形的顶部，也是“几”字形形成的控制部位。根据目前的研究，在60~50ka前吉兰泰盆地与河套盆地是一个相互连通的巨大古湖[29]（图1.14）；此外对河套盆地的沉积相特征研究表明，盆地内的湖积台地上部地层基本形成于200~80ka，大部分集中于130~100ka[30,31]。因此，在约80ka前河套盆地以巨大的古湖形式存在。昆黄运动也促使鄂尔多斯盆地整体抬升，同时随着三门古湖水东流入海，侵蚀基准面下降，从而导致河水对上游侵蚀作用加强，产生强烈的溯源侵蚀。黄河在晋陕峡谷的阶地沉积特征，可将三门古湖与河套古湖连接发育过程划分为宽谷阶段（上新世）、峡谷发育阶段（早—中更新世）和黄河贯通阶段三个阶段[32,33]。而山西省河曲县北部的晋陕峡谷北段是三门古湖连通河套古湖的关键。通过阶地测年，250~200ka黄河沿着现今河道向上溯源侵蚀切穿至山西省河曲县以北的寺沟地区（图1.14），但没有到达河套盆地；130~80ka期间黄河继续向上侵蚀，并在100~80ka完全切穿晋陕峡谷北段与河套古湖连通[32-34]。古湖连通后，大量湖水外泄、河套古湖大面积消亡，河水流量增加、侵蚀能力增强，逐渐下切侵蚀形成黄河晋陕峡谷的局面。黄河中游的演化，是昆黄运动以来青藏高原的大幅度构造隆升在该区的体现。

黄河兰州—三门峡特殊的构造及古湖盆水系发育特征，造就了黄河干流奇特的“几”字形格局，这是黄河演化发展的必然。然而，现今黄河何时将银川盆地（古湖）与河套盆地（古湖）贯通，目前鲜见有相关研究。

四、共和—河源

黄河在龙羊峡以上横越青藏高原东北侧大斜坡，并贯通多个中新生代构造-沉积盆地，呈现“S”形大拐弯。黄河源的河谷演化研究对于认识青藏高原东北部构造及地貌演化、古环境及古水系的形成和发展具有重要的意义，许多研究者对该段黄河的沉积阶地进行了详细的野外调查和年代测定研究，为黄河在该段的形成和发育提供了宝贵的证据资料。

黄河自唐乃亥盆地向北经过尕玛羊曲及规模很小的野狐峡和拉干峡进入共和盆地，并发育有3级基座阶地，其中最高的第三级阶地距离现今河床约90m，形成时间为33.8ka±2.2ka[23]。因此，可推断50~30ka期间青藏高原北部发生的构造隆升导致黄河溯源侵蚀加强，约30ka从共和盆地切穿羊曲河段形成野狐峡和拉干峡，进入唐乃亥盆地（图1.15）。

根据若尔盖盆地的沉积相特征，早—中更新世若尔盖古湖为内陆水系，黑河、白河、黄河源源区段（久治—多石峡）为其入湖干流。在50~30ka期间青藏高原北部普遍发生了一次明显的构造隆起运动[35]，造成若尔盖盆地的缓慢隆升，从而加剧了黄河

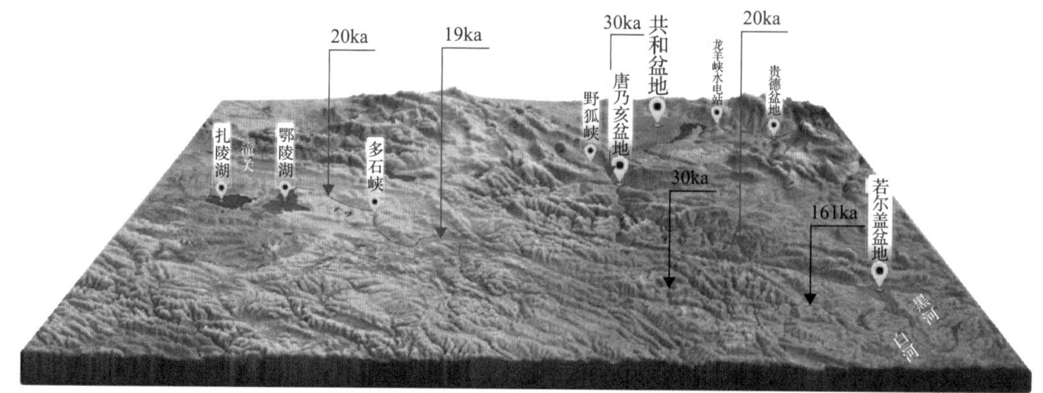

图 1.15　黄河源—龙羊峡段古黄河贯通示意图

对玛曲—唐乃亥这一段的溯源侵蚀作用。最终在约 20ka 黄河切穿阿尼玛卿山脉，并袭夺了若尔盖古湖，从而造成了若尔盖沉积环境发生了重大变化[24,27,36]，由长期维持湖泊相沉积环境，转变为平原河流相沉积环境。

目前，根据对黄河源头到唐克镇段的黄河阶地年代测量研究[37]，卡日曲的侵蚀阶地大概是在 20ka 之后形成；而在多石峡以下的黄河乡第三级侵蚀阶地形成于晚更新世中晚期（43~25ka），下游的达日县第三级侵蚀阶地形成于晚更新世早期（115~86ka），久治县的 T3 阶地形成（161~46ka）。可以看出，黄河在多石峡—唐克镇一段具有明显的溯源侵蚀特征，并且在大约 20ka（晚更新世晚期）切穿了多石峡[37,38]，与鄂陵湖和扎陵湖连通，形成黄河第一道峡谷，延伸到黄河源区，并使得黄河源区古湖水外泄进入干流。

第四节　黄河下游填海造陆与演变

黄河流出三门峡后，也标志着黄河将内陆水系与海洋水系贯通，海平面成为黄河水系的侵蚀基准面，河床纵剖面在海平面升降控制下进行调整，并向均衡曲线方向发展，黄河河床进入统一的调整阶段。黄土高原地区不断抬升，进一步加剧了对黄土高原的侵蚀作用，中下游的“黄”河逐渐形成。

黄河从黄土高原携带的大量泥沙，流出三门峡后，进入我国第三级阶梯，地势陡然变缓，流速降低，其携带的泥沙不断沉积下来。而且由于受华北克拉通的影响，华北平原地区在新生代以来一直处于拉张断陷状态。这种内外动力地质作用综合作用的结果，使得黄河下游的冲积扇迅速扩张，在早更新世阶段冲积扇范围约达到河南开封以西地段；到了中更新世末，黄河下游雏形逐渐形成，冲积扇规模不断扩大，北部达到河北保定，东部到达河南开封以东，沉积速率约为 125mm/ka；到了更新世晚期，由于气候湿热，与此同时黄河各段顺次贯通，流量增加，洪水泛滥，黄河自中游携带的大量泥沙在下游沉积，其沉积速率迅速增加到约 350mm/ka[39]，冲积扇范围向南到达安徽淮南—蚌埠一带，向北超过山东聊城，向东超过山东曹县一带，造就了当今的黄淮海平原。

到了全新世，黄河流域沟系迅猛发展，尤其是黄土高原“千沟万壑”，河流泥沙量剧增，是古黄河下游水系的大发展时期，黄河冲积扇快速扩大、增高，并逐渐形成现今的华北平原地形，河道以东北流向为主，其次为东南流向。在此期间，古渤海海平面上升，曾发生两次西侵，西部边界约到现今的大运河。由于河流泥沙沉积增加和侵蚀基准面（海平面）升高，使得黄河河道排泄受阻，造成了黄河河道的剧烈摆动，形成远古大洪水，留下大禹治水的美丽传说。

现代黄河下游是著名的地上悬河，在气候、泥沙淤积等自然环境及人类活动等多方面的因素作用下，导致了黄河下游决口泛滥频发，据历史文献记载多达 1500 余次[40]，较大的改道有二十多次，其中特别大的改道有六次（表 1.1）。图 1.16 显示了有历史记载以来黄河下游河道变迁，大致北到海河，南达江淮。夏、商、周时代，黄河下游河道呈自然状态，低洼处有许多湖泊，据《水经注》记载有 5000 多个，河道串通湖泊后，分为数支，游荡弥漫，最后由大致相当于如今天津的位置同归渤海，史称禹河（图 1.16），也是黄河最北的摆动范围。

表 1.1　有历史记载以来黄河下游河道主要改道情况[41]

名称	改道时间	改道地点	入海地点	备注
宿胥口河徙	周定王五年（公元前 602 年）	宿胥口	沧州、黄骅渤海	西汉故道：分为多股，散流于华北大地
新莽魏郡改道	公元前 132 年、公元 11 年	瓠子、魏郡	利津南而入渤海	东汉故道：河道一直到北宋景祐初始塞
北宋澶州横陇改道	北宋景祐元年（1034 年）	澶州横陇埽	经惠民与滨县之北入渤海	北宋故道：经聊城、高唐、平原一带，分流而下
宋庆历八年澶州商胡改道	庆历八年（1048 年）	商胡埽	分南北流入渤海	北宋故道：东流与北流并存到 1099 年，东流始决
南宋建炎二年杜充决河改道	建炎二年（1128 年）	河南滑县西南沙店集南	夺淮入海，注入黄海	南宋故道：东流濮阳再经鄄城、金乡一带汇入泗水
南宋蒙古军决黄河寸金淀而改道	南宋端平元年（1234 年）	河南滑县	夺淮入海	南宋故道：河水分三流而下，后又合为两支

续表

名称	改道时间	改道地点	入海地点	备注
明洪武至嘉靖年间河道变化	明洪武二十四年（1391 年）	河南原阳原武、黑羊山等多处决口	由河南开封、兰阳、虞城、下徐、邳入淮	明清故道：1572 年后黄河归为一槽并一直维持了 280 年
清咸丰铜瓦厢改道	清咸丰五年（1855 年）	河南兰阳东坝头铜瓦厢一带	黄河向东泛滥，夺大清河由山东利津入渤海（即今日现行河道）	现今黄河：至 1855 年，四溢的河水才被集中于现在的河道行水
民国二十七年花园口决口	民国二十七年（1938 年）	郑州花园口	大部分河水由颍河南流再次进入淮河	现今黄河：直到 1947 年堵复花园口的决口口门，大河才恢复故道

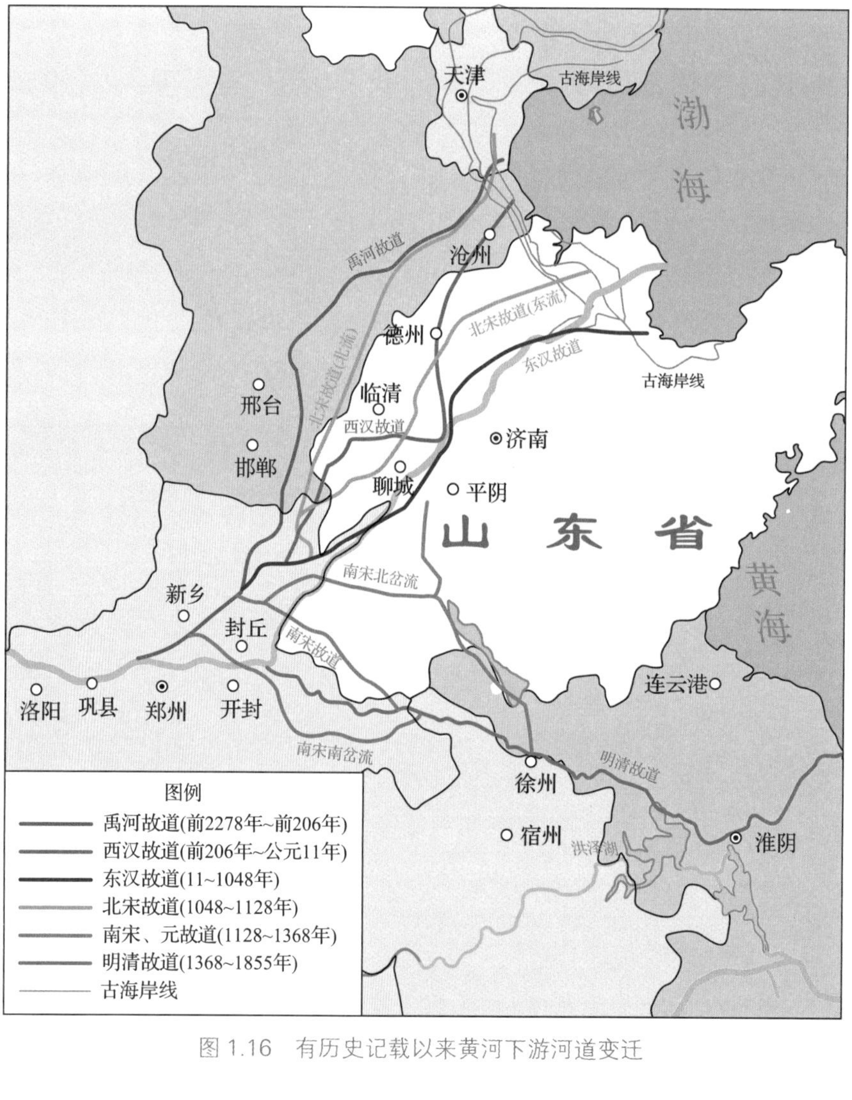

图 1.16　有历史记载以来黄河下游河道变迁

从黄河下游河道近 3000 年来的变迁来看，黄河自郑州开始绕过鲁西或向东北方向注入渤海，或向东南方向注入黄海。总体上来讲，在南宋之前以向东北方向流入渤海为主；南宋建炎二年（1128 年）冬，金兵南下，南宋边防告急，11 月东京（今开封）留守杜充在卫州（今汲县和滑县东之间）将黄河南岸河堤掘开以抵挡金兵，黄河从此向东南泛滥，进入淮河，并注入黄海。直到 1947 年郑州花园口的决口堤岸被封堵，黄河回到现今的河道位置。

第五节　小结

中国大陆地处欧亚板块东南部，太平洋板块和印度洋板块的俯冲挤压作用，造就了中国及周边地区的大地构造环境、青藏高原的隆起及西高东低的地势格局。青藏高原多期次快速隆升过程，影响了周边构造及地势演化，形成一系列湖（盆）相间地势形态。高原隆升过程，也造成了亚洲季风及中国大陆气候环境的演变，这又是塑造黄土高原及陆地河流的重要外部地质营力。

地壳的差异性沉降增强了地表流水的下蚀作用，溯源侵蚀作用加强，黄河正是在这种内外动力地质作用共同作用下使古湖（盆）相互连接，形成盆地-峡谷相间、贯通的古河流雏形。现今的临夏盆地—兰州盆地—银川盆地是古黄河雏形发育的突破口，而在 1.2Ma~80ka 三门峡的切穿又是黄河之水与海洋贯通的关键。奔腾的河水，携带了来自黄土高原的大量泥沙，造就了广饶的华北平原。

因此，黄河的孕育和演化是地质历史上各种内外动力地质共同作用的结果，数亿年前的全球板块运动格局就已注定在中国北方必然要发育一条自西向东、蜿蜒曲折的大河——黄河。正是：华夏大陆，历遍沧海桑田。三叠—侏罗时期，地势东高西低；之后，亚欧-印度板块碰撞，转为西高东低。大陆内部拉张断陷，形成湖盆相间格局，地表水流溯源侵蚀导致峡谷贯通。早更新世，滔滔洪流切穿三门峡谷奔腾入海；大河东去挟泥带沙下游淤积，孕育了黄淮海平原沃土，蜿蜒黄河造就物阜民丰。

本章撰写人：徐文杰　温庆博　王恩志

参考文献

[1] Scotese C R. Map Folio 43, Triassic/Jurassic Boundary (199.6Ma). PALEOMAP PaleoAtlas for ArcGIS, volume 3, Triassic and Jurassic Paleogeographic, Paleoclimatic and Plate Tectonic Reconstructions, PALEOMAP Project, Evanston, IL, 2013.

[2] 张岳桥，施炜，董树文. 华北新构造：印欧碰撞远场效应与太平洋俯冲地幔上涌之间的相互作用. 地质学报, 2019, 93(5): 971-1001.

[3] Scotese C R. Map Folio 37, Middle Jurassic (Bajocian & Bathonian, 169.7Ma). PALEOMAP PaleoAtlas for ArcGIS, volume 3, Triassic and Jurassic Paleogeographic, Paleoclimatic and Plate Tectonic Reconstructions, PALEOMAP Project, Evanston, IL, 2013.

[4] Klootwijk C T, Gee J S, Peirce J W, et al. An early India-Asia contact: Paleomagnetic constraints from Ninetyeast ridge, ODP leg 121. Geology, 1992, 20: 395-398.

[5] Scotese C R. Atlas of Paleogene Paleogeographic maps (mollweide projection). Maps 8-15, Volume 1, The Cenozoic, PALEOMAP Atlas for ArcGIS, PALEOMAP Project, Evanston, IL, 2014.

[6] Tapponnier P, Molnar P J. Active faulting and tectonics of China. Journal of Geophysical Research, 1977, 82: 2905-2930.

[7] Tapponnier P, Peltzer G, Le Dain A Y, et al. Propagating extrusion tectonics in Asia: New insights from simple experiments with plasticine. Geology, 1982, 10: 611-616.

[8] Ma X Y, Wu D N. Cenozoic extensional tectonics in China. Tectonophysics, 1987, 133: 243-255.

[9] 鄢家全，时振，汪素云，等. 中国及邻区现代构造应力场的区域特征. 地震学报, 1979, 1(1): 9-24.

[10] 李吉均. 青藏高原隆升与晚新生代环境变化. 兰州大学学报(自然科学版), 2013, 49(2): 154-159.

[11] 施雅风，李吉均，李炳元，等. 晚新生代青藏高原的隆升与东亚环境变化. 地理学报，1999，54(1): 10-20.

[12] 宋春晖，方小敏，李吉均，等. 青藏高原北缘酒西盆地 13Ma 以来沉积演化与构造隆升. 中国科学(D 辑), 2001, 31(S): 155-162.

[13] 傅开到，高军平，方小敏，等. 祁连山区中西段沉积物粒径和青藏高原隆升关系模型. 中国科学(D 辑), 2001, 31(S): 169-174.

[14] Zhang Y Q, Mercier J L, Vergely P. Extension in the graben systems around the Ordos (China) and its contribution to the extrusion tectonics of South China with respect to Gobi-Mongolia. Tectonophysics, 1998, 285: 41-75.

[15] 张岳桥，施炜，董树文. 华北新构造：印欧碰撞远场效应与太平洋俯冲地幔上涌之间的相互作用. 地质学报, 2019, 93(5): 971-1001.

[16] Wang T F. Recent tectonic stress field, active faults and geothermal fields (hot water type) in China. Journal of Volcanology and Geothermal Research, 1984, 22: 287-300.

[17] 崔之久，伍永秋，刘耕年，等. 关于“昆仑-黄河运动”. 中国科学(D 辑), 1998, 28(1): 53-59.

[18] Guo B H, Liu S P, Peng T J, et al. Late Pliocene establishment of exorheic drainage in the northeastern Tibetan Plateau as evidenced by the Wuquan Formation in the Lanzhou Basin. Geomorphology, 2018, 303: 271-283.

[19] 李吉均，方小敏，马海洲，等. 晚新生代黄河上游地貌演化与青藏高原隆起. 中国科学(D 辑), 1996, 26(4): 316-322.

[20] 朱俊杰，曹继秀，钟魏，等. 兰州地区黄河最高阶地与最老黄土的古地磁年代研究//青藏项目专家委员会. 青藏高原形成演化、环境变迁及生态系统研究. 北京：科学出版社, 1995.

[21] Wang Z, Nie J S, Wang J P, et al. Testing contrasting models of the formation of the upper Yellow River

using heavy-mineral data from the Yichuan Basin drill cores. Geophysical Research Letters, 2019, 46(17/18): 10338-10345.

[22] 邢成起, 尹功明, 丁国瑜, 等. 黄河黑山峡阶地的砾石 Ca 膜厚度与粗碎屑沉积地貌面形成年代的测定. 科学通报, 2002, 47(3): 167-172.

[23] 张智勇, 于庆文, 张克信, 等. 黄河上游第四纪河流地貌演化——兼论青藏高原 1∶25 万新生代地质填图地貌演化调查. 中国地质大学学报: 地球科学, 2003, 28(6): 621-633.

[24] Li J J. The environmental effects of the uplift of the Qinghai-Xizang Plateau. Quaternary Science Reviews, 1991, 10(6): 479-483.

[25] 赵希涛, 贾丽云, 胡道功, 等. 青海共和贵德两盆地间上新世黄河古河道的发现——兼论龙羊峡形成与“共和运动”. 地球学报, 2020, 41(4): 453-468.

[26] 潘保田. 贵德盆地地貌演化与黄河上游发育研究. 干旱区地理, 1994, 17(3): 43-50.

[27] 杨达源, 吴胜光, 王云飞. 黄河上游的阶地与水系变迁. 地理科学, 1996, 16(2): 137-143.

[28] 王均平. 黄河中游晚新生代地貌演化与黄河发育. 兰州: 兰州大学, 2006.

[29] 陈发虎. 晚第四纪“吉兰泰-河套”古大湖的初步研究. 科学通报, 2008, 53(10): 1207-1219.

[30] 李建彪, 冉勇康, 郭文生. 河套盆地托克托台地湖相层研究. 第四纪研究, 2005, (5): 630-639.

[31] 蒋复初. 晚新生代构造气候变动对黄河水系演化影响研究成果报告. 北京: 中国地质调查局发展研究中心, 2012.

[32] 张珂. 河流的竞争——以汾河及晋陕黄河形成演化为例. 第四纪研究, 2012, 32(5): 859-863.

[33] 傅建利, 张珂, 马占武, 等. 中更新世晚期以来高阶地发育与中游黄河贯通. 地学前缘, 2013, 20(4): 166-180.

[34] 王书兵, 蒋复初, 傅建利, 等. 关于黄河形成时代的一些认识. 第四纪研究, 2013, 33(5): 705-804.

[35] 朱允铸, 李争艳, 吴必豪. 从新构造运动看察尔汗盐湖的形成. 地质学报, 1990, 64(1): 13-21.

[36] Harkins N, Kirby E, Heimsath A, et al. Transient fluvial incision in the headwaters of the Yellow River, northeastern Tibet, China. Journal of Geophysical Research, 2007, 112: F03S04.

[37] 韩建恩, 邵兆岗, 朱大岗, 等. 黄河源区河流阶地特征及源区黄河的形成. 中国地质, 2013, 40(5): 1531-1541.

[38] 程捷, 姜美珠, 昝立宏, 等. 黄河源区第四纪地质研究的新进展. 现代地质, 2005, 19(2): 239-246.

[39] 刘兴诗. 四川盆地的第四纪. 成都: 四川科学技术出版社, 1983.

[40] 范颖, 潘林, 陈诗越. 历史时期黄河下游洪泛与河道变迁. 江苏师范大学学报(自然科学版), 2016, 34(4): 6-10.

[41] 黄河水利史编写组. 黄河水利史述要. 郑州: 黄河水利出版社, 2003.

第二章

黄河的地貌与水系特征

第一节 流域概况

黄河流域位于东经 95°53′至东经 119°15′、北纬 32°08′至北纬 41°48′，西起巴颜喀拉山、东临渤海、北抵阴山、南达秦岭。流域东西长约 2000km，南北宽约 1100km，集水面积八十三万余平方千米[1]。基于对地貌水文特征、历史沿革、经济价值、治理开发需要等情况的综合考虑，内蒙古托克托县的河口镇和河南省郑州市的桃花峪分别是目前较为公认的黄河上中游和中下游的分界处[2]。流域内地势西高东低、高低悬殊（图 2.1）。

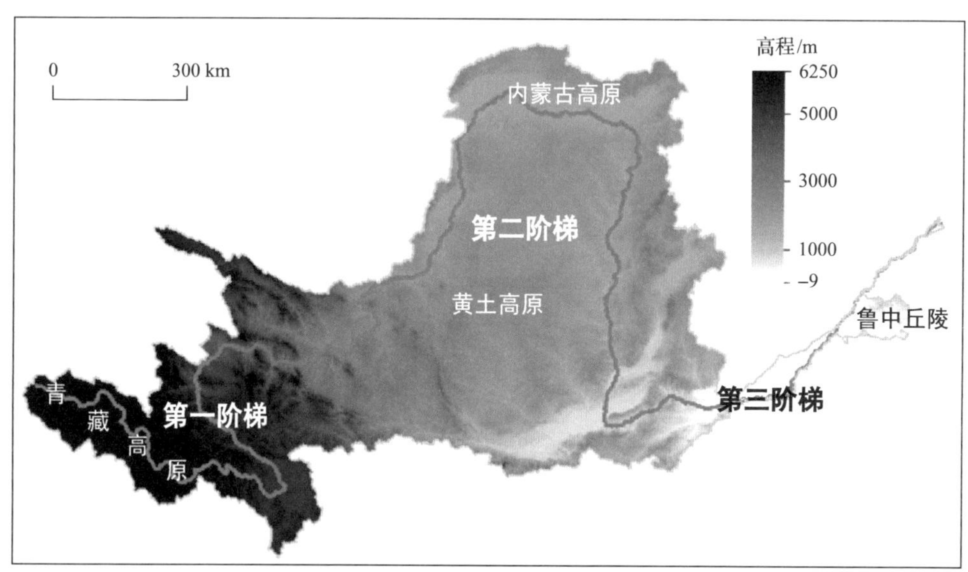

图 2.1 黄河流域地势与主要地貌单元

西部属青藏高原，海拔在 3000m 以上；中部的主要地貌单元为黄土高原和内蒙古高原，海拔为 1000~2000m；东部由海拔 100m 以下的黄河下游冲积平原、海拔 400~1000m 的鲁中丘陵和海拔 10m 以下的河口三角洲组成。

黄河流域属大陆性气候，主要涵盖 3 个气候带：西部的高原气候区、西北部的中温带和东南部南温带（图 2.2）。全流域年平均降水量在 450mm 左右，由东南向西北递减。降雨量高值分布在秦岭一带及泰山山区，局部地区年降水量能达到 800mm 以上。400mm 年降水量等值线从东北向西南大致沿托克托、榆林、靖边、环县、定西、兰州、循化、贵南、玛多等市县分布，该线西北主要为干旱、半干旱区，东南为湿润、半湿润区。

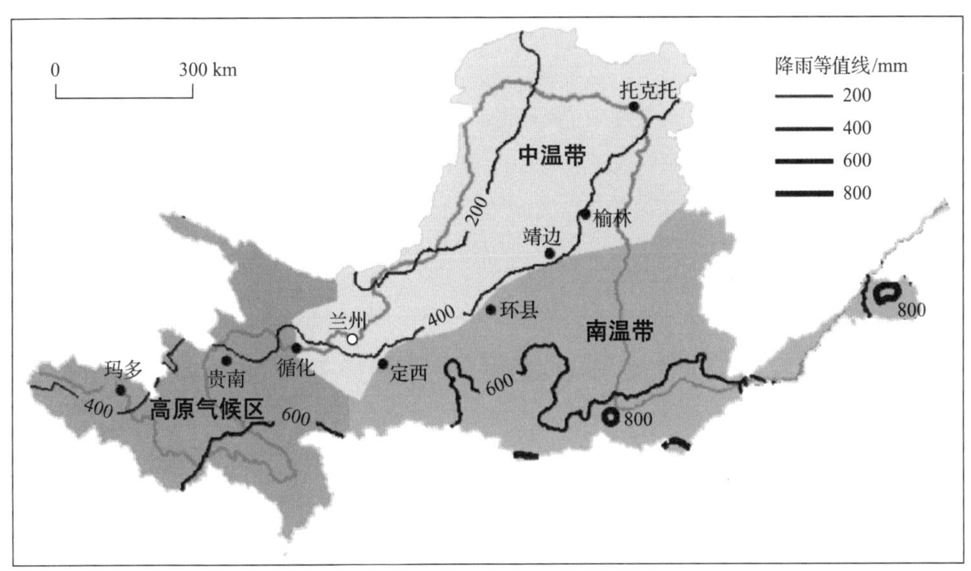

图 2.2　黄河流域气候分区与降水量分布

黄河的输沙量之多、含沙量之高，举世瞩目。土壤侵蚀和水土流失是我国一直面临的严峻问题[3]，也是导致流域生态环境脆弱、河床淤积抬升、河道摆荡频繁以及防洪难度巨大的重要因素[4]。黄河流域的土壤侵蚀模式主要有冻融、风力和水力侵蚀（图 2.3）。其中，黄河上中游部分河段流经黄土分布区，区域内地形破碎、土质结构松散、植被稀疏、下垫面抗侵蚀能力差，风力侵蚀和水力侵蚀尤为严重，平均侵蚀模数（每平方千米每年流失的土壤吨数）普遍大于 5000t/（km^2·a），特别严重的区域甚至大于 15000t/（km^2·a）（图 2.3 中颜色越深表示侵蚀模数越大），是黄河泥沙的主要来源区。

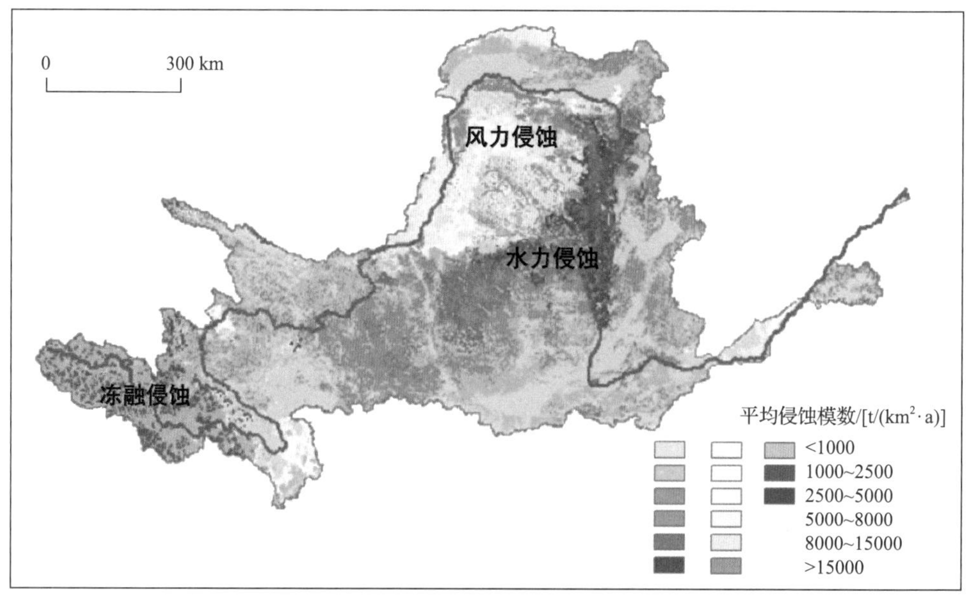

图 2.3　黄河流域平均侵蚀模数

第二节　地貌特征

黄河流域不同区域的地形、气候、土壤等自然条件以及受人类活动影响的程度差异明显，形成了复杂的地貌情况。本节先分别介绍黄河大尺度的平面形态和纵剖面形态，后以此为线索，逐段介绍从河源至河口流域的地貌特征。

一、俯瞰呈曲侧似梯

俯视黄河（图 2.4），其干流在中华大地上画出一个独特的“S”形 +“几”字形的平面形态，主要有六个大尺度的弯曲处，形成著名的六大湾：①位于青海、四川、甘肃三省交界之处的唐克湾；②位于青海省兴海县的唐乃亥湾；③位于甘肃兰州附近的兰州湾；④位于黄河北部的河套湾；⑤位于陕西、山西、河南三省交界处的潼关湾；⑥位于河南省兰考县东坝头的兰考湾。

从源头开始，黄河先是在昆仑山脉和巴颜喀拉山脉之间向东南方向流淌，来到若尔盖县唐克镇附近，绕阿尼玛卿山转了一个大约 180°的大弯，掉头流向西北方向，形成“黄河第一湾”——唐克湾。随后，黄河沿阿尼玛卿山北麓来到鄂拉山，在共和盆地及其周围山地的影响下，流向逐渐转回东南方向，形成第二个 180°的大弯曲——唐乃亥湾。从河源至兰州附近，唐克湾连接唐乃亥湾，整体上形如一个非常曲折的“S”形。

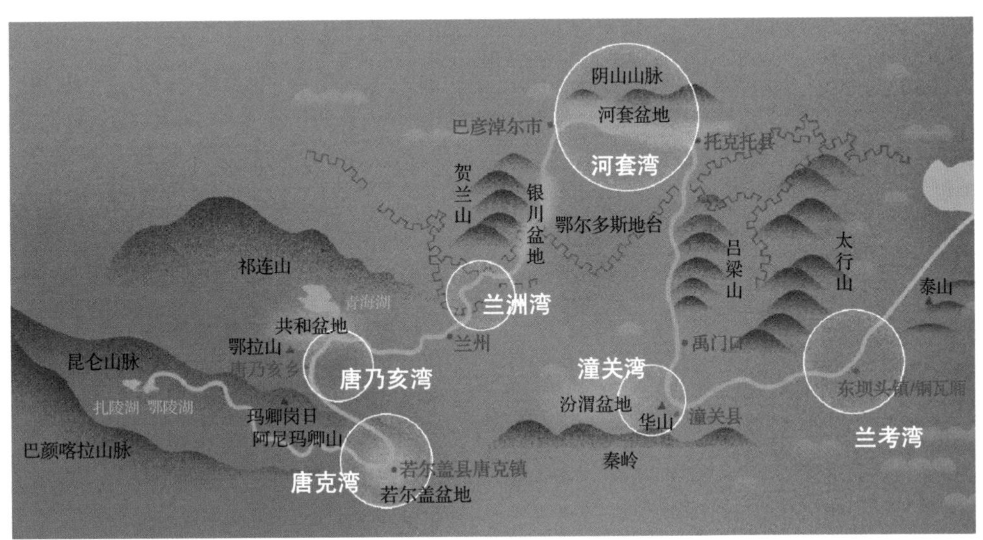

图 2.4　黄河干流平面形态

从兰州附近到河口，黄河干流大尺度的平面形态主体由兰州湾、河套湾、潼关湾和兰考湾构成，呈现为著名的“几”字形。沿“几”字形“撇”的西面由南向北，为北西–南东走向的祁连山脉东南缘和南北走向的贺兰山东缘，在“横竖弯钩”的“横”的北边，横亘着东西走向的阴山山脉，“竖”的东边为南北走向的吕梁山西缘，整个“几”字的南边则是东西走向的秦岭。黄河过唐乃亥湾后，在祁连山脉的山势影响下，流向在兰州附近逐渐转了个接近 90°的弯，形成兰州湾。过兰州湾后，在贺兰山、阴山、吕梁山和鄂尔多斯地台的制约下，黄河一路向北穿过银川盆地，在巴彦淖尔市转向东流，横过河套盆地，至托克托折转向南，入晋陕峡谷，形成一个最能凸显黄河“几”字形的大弯曲，称为河套湾。过河套湾后，出禹门口继续南下，进入汾渭盆地，南面遇华山后陡转沿秦岭北麓东流，形成约 90°的急弯，称潼关湾。过了潼关湾，黄河行经南北走向的太行山脉南缘后，流路折向北东，形成兰考湾。兰考湾由 1855 年黄河在铜瓦厢决堤改道形成。决堤前，黄河东南流入黄海，决堤改道后，黄河向东北流入渤海。

苏轼咏庐山，是“横看成岭侧成峰，远近高低各不同”，从不同的角度去看事物，总会有不同的体会。对于黄河，以俯瞰的视角，可以领略其平面形态之曲线美；从侧视的角度，将黄河的高程落差随流程距离的变化按一定比例绘制，则会发现其纵剖面呈现为一座充满童趣的滑梯（图 2.5）。

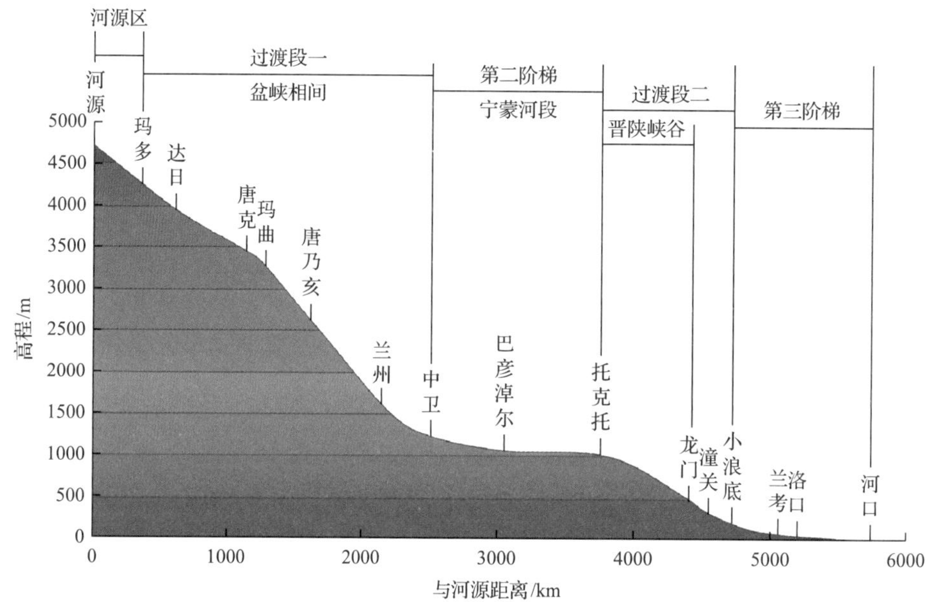

图 2.5　黄河干流纵剖面形态及其分段

黄河干流河源与河口高差 4724m。在其纵剖面中，至少能够分辨出四个坡度的突变点，称为尼克点（knickpoint），分别位于甘肃玛曲、宁夏中卫、内蒙古托克托以及河南的小浪底附近，将黄河划分为两个相对较陡（河源—玛曲，托克托—小浪底）、两个相对较缓（中卫—托克托，小浪底—河口），以及一个非常陡的河段（玛曲—中卫）。

除河源外，两个陡河段分别对应峡谷区段或川峡相间区段，是河流从相对较高的地势平台流向相对较低地势平台的过渡段，主要的地貌过程为河流的侵蚀下切；而两个相对平缓的河段则对应平原区，分别位于地势的第二和第三阶梯平台内，主要地貌过程为河流的淤积摆荡。

二、孕育黄河的河源区

有必要先简要说明，在不同的语境里，“河源区”这一概念的意义有差别。例如，在谈论河流发源地时，我们说黄河河源区是“约古宗列曲最上游的部分，由约古宗列曲南支和约古宗列曲北支两条小河以及周围遍布的泉水、溪沟、湖盆、雪山等组成”[1]。该区域面积约为 800km^2，中央部位树有“黄河源”碑。

又例如，在以水资源利用和水生态环境保护为目的时，则把从源头一直到唐乃亥水文站的区域称为黄河河源区。该区间河段长 1643km，集水面积 12.2 万 km^2，虽然仅分别占干流总河长和流域总面积的 29%和 15%，但该区域年均水量超过 200 亿 m^3，占全河水量的三分之一以上，被誉为黄河的“水塔”“蓄水池”。

本小节则沿袭黄河水利委员会关于黄河的巨著《黄河志》的提法，将玛多县多石峡以上称为河源区[5]（图 2.6）。

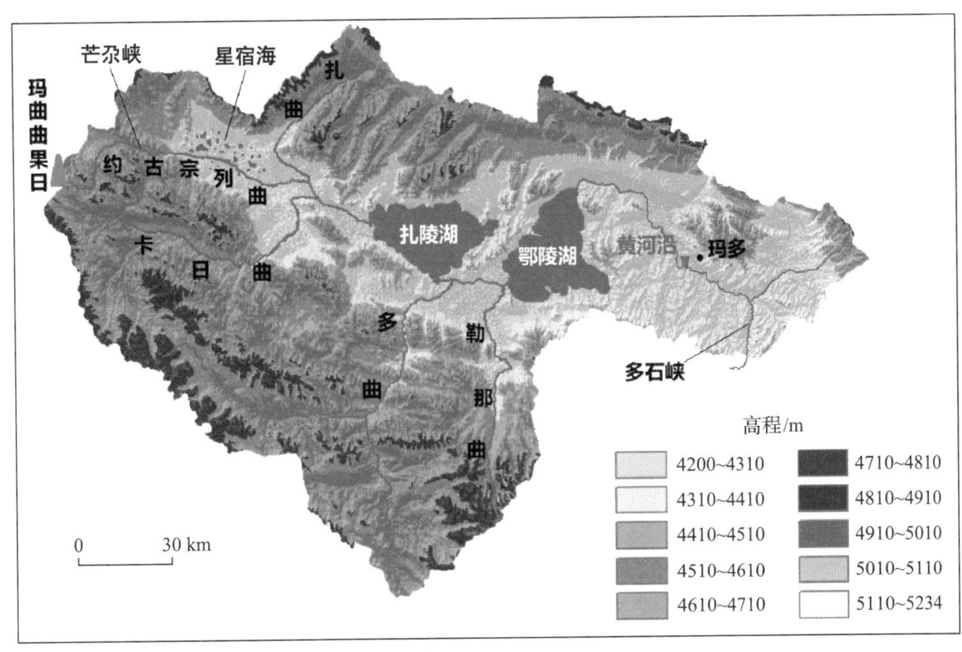

图 2.6　黄河河源区

在这片大致呈“心”形的河源区西边，玛曲曲果日（藏语，意为黄河源头山）坡前的众多泉群孕育了黄河源头水，并逐渐串联起大小水泊，穿过长 18km 的黄河第一个峡谷——芒尕峡，来到一片辽阔的草滩和沼泽。那里水泊密布，在夕阳的照耀下灿若群星，得名星宿海（图 2.7）。

过了星宿海，约古宗列曲先后接纳西北方向流来的扎曲和西南方向流来的卡日曲，继续东行至扎陵湖和鄂陵湖这两个黄河流域最大的淡水湖。两湖水面面积分别为 528km^2 和 644km^2，湖面高程分别为 4290m 和 4270m，蓄水量分别为 46.7 亿 m^3和 107.6 亿 m^3，被誉为青藏高原上的两颗明珠。

黄河在鄂陵湖的北边流出，向东南方向行约 65km 来到黄河第一县——玛多。玛多建有黄河干流第一座水文站——黄河沿水文站，这里平时的河面宽度已达 30~40m，可以说大河已具雏形。如果把约古宗列曲最上游的泉水比作孕育黄河的胚胎，那它经过三百多千米的路途静静流淌到达玛多，则可看作黄河的诞生。它将继续东行，历经曲折，成长为澎湃汹涌的大河。

图 2.7　星宿海（摄影：李全举）

三、盆峡相间的过渡段

玛多以下直到宁夏的中卫附近，处于地势的第一阶梯到第二阶梯的过渡段（图 2.5），大部分为高山峡谷地貌，黄河流向多与山地走向正交或斜交，河谷忽宽忽窄，出现川峡相间的河谷形态[5]。图 2.8 为黄河沿水文站到宁夏中卫的下河沿水文站之间河段的纵剖面。该河段长 2232km，峡谷长度约占该河段长度的 40%。

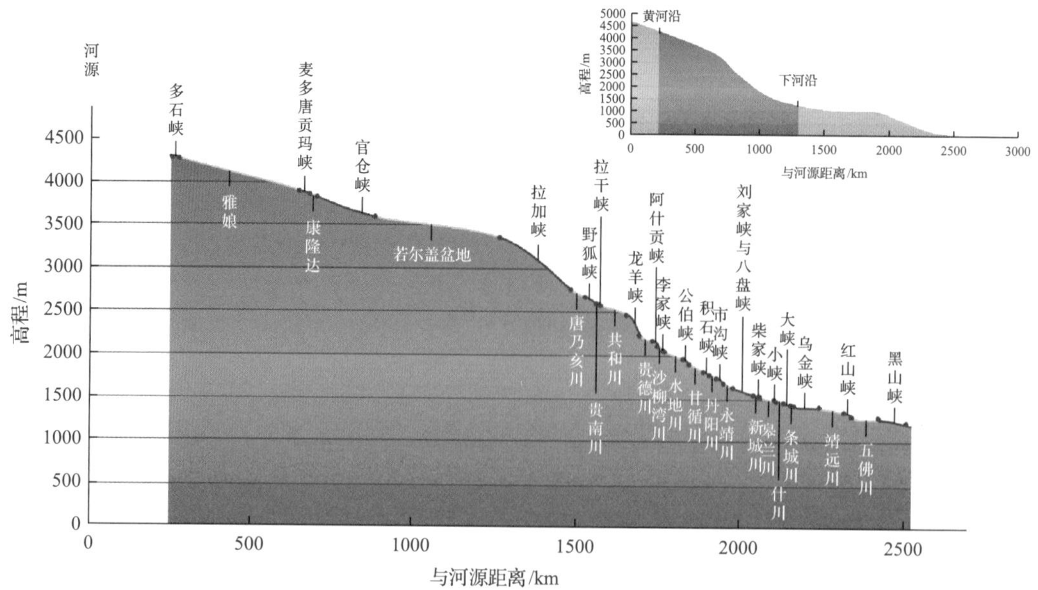

图 2.8　黄河沿至下河沿河段纵剖面（数据源自文献[5]）

峡谷段之间的沿河川地大小不一，短的不到 10km，长的长度为 200~400km；川地周围高山环绕，构成一个个或大或小的盆地，包括若尔盖盆地、贵德盆地（贵德川）、化隆盆地（水地川）、循化盆地（甘循川）、临夏盆地（丹阳川）等。盆地气候较山地温暖，土地肥沃，为工农业生产和市县建设提供了良好的条件，很多县城如达日（雅娘）、玛曲（若尔盖盆地）、贵德（贵德川）、循化（甘循川）都位于川地之中，兰州市也设于皋兰川上。

黄河第一湾唐克湾即位于最长的川地——若尔盖盆地之中。干流河长 376km，沿程经历了网状—分汊—网状—弯曲—辫状的河型变化，表现出异常丰富的地貌多样性[6]。黑河、白河、贾曲等一级支流在此区域汇流，以弯曲河型为主，河道形态蜿蜒，牛轭湖星罗棋布。

若尔盖盆地的地势东南高、西北低，海拔 3400~4000m（核心区海拔 3400~3450m），由唐克古湖水系逐渐下泄疏干形成。湖泊退化后，在适宜沼生植物生长的地形气候条件下，泥炭积累，发育了世界上最大的高原泥炭地，是具有重要生态意义的碳汇。盆地内沼泽、湖泊众多，蕴藏着丰富的湿地资源。其中，若尔盖湿地国家级自然保护区（图 2.9）于 2008 年被列入“国际重要湿地名录”。湿地内水泊、沼泽、草甸、河道及河道遗迹遍布，河道形态也非常独特，为高原生态系统发育提供了多样化的地貌条件。

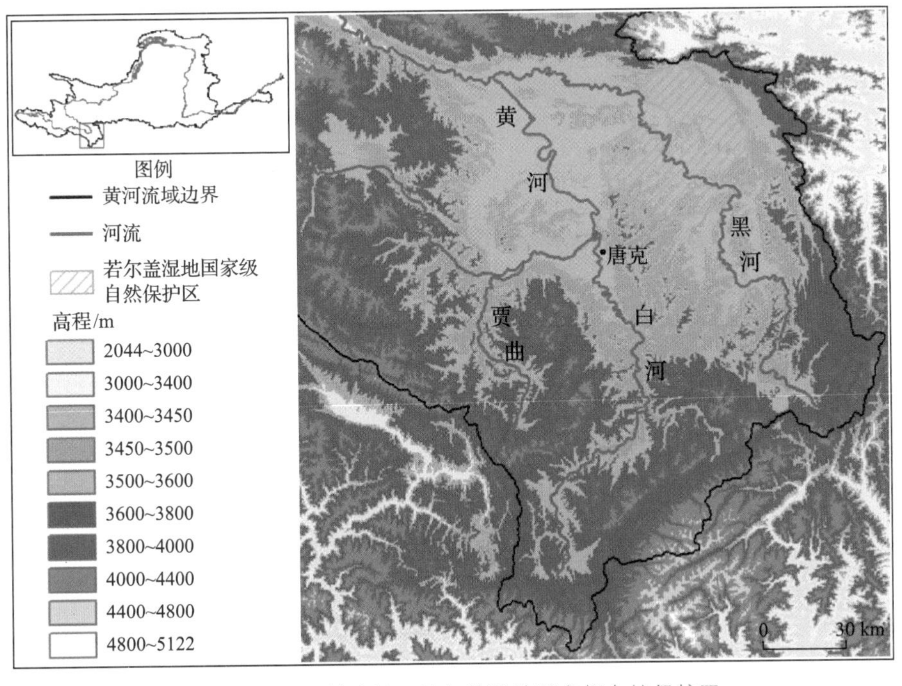

图 2.9　若尔盖盆地及若尔盖湿地国家级自然保护区

位于保护区东北部的花湖是众多野生飞禽的主要栖息地，是多种候鸟迁徙的中转地和目的地，是维持湿地生态平衡及保护物种多样性的核心区。湖面上常常游弋着赤麻鸭、灰雁、白骨顶、天鹅等珍稀动物。其中，“黑颈鹤”是世界上唯一生长、繁衍在高原的鹤（图 2.10）。若尔盖湿地生物资源丰富，生态环境优良，是黑颈鹤等珍稀物种的理想居所。

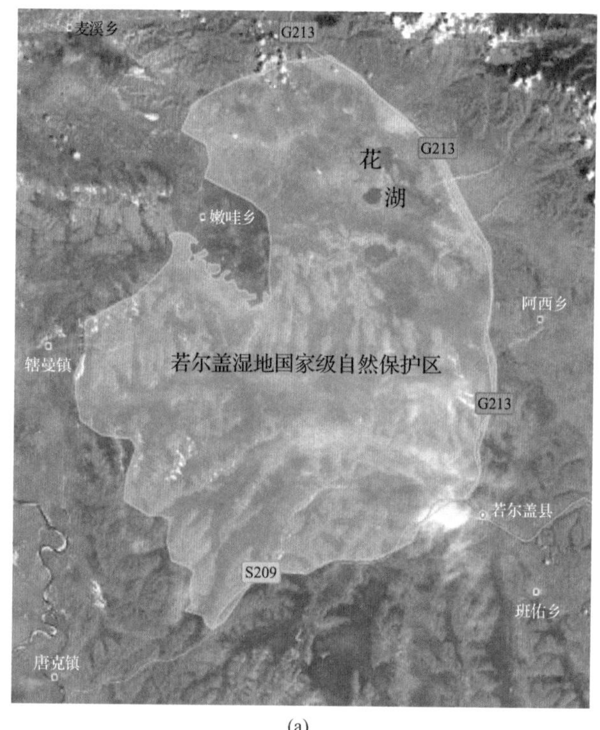

(a)

(b)

图 2.10　花湖与黑颈鹤

资料来源：图（a）若尔盖湿地国家级自然保护区及花湖的地理位置（图像数据来自天地图国家地理信息公共服务平台：https://www.tianditu.gov.cn/；图（b）来自视觉中国

以若尔盖盆地为分界，峡谷河段的密集程度不一，上游相对稀疏，下游非常密集。峡谷河段的长短也不一，短的仅数千米，最长的拉加峡位于若尔盖盆地与唐乃亥川之间，由许多连续峡谷组成，全长 216km。唐乃亥川以下是最窄的峡谷——野狐峡，长 33km，其右岸为高达百米的峭壁，左岸石梁也高 40~50m，而河宽仅有十余米，如此小的岸距使得从峡底仰视，仅见青天一线。峡谷河段上下口水面落差大，如最陡的龙羊峡比降达 6.10‰，蕴藏着非常丰富的水力资源，为大中型水库水电站的建设提供了良好的地形条件。区段内已建的龙羊峡（图 2.11，图 2.12）、拉西瓦、李家峡、公伯

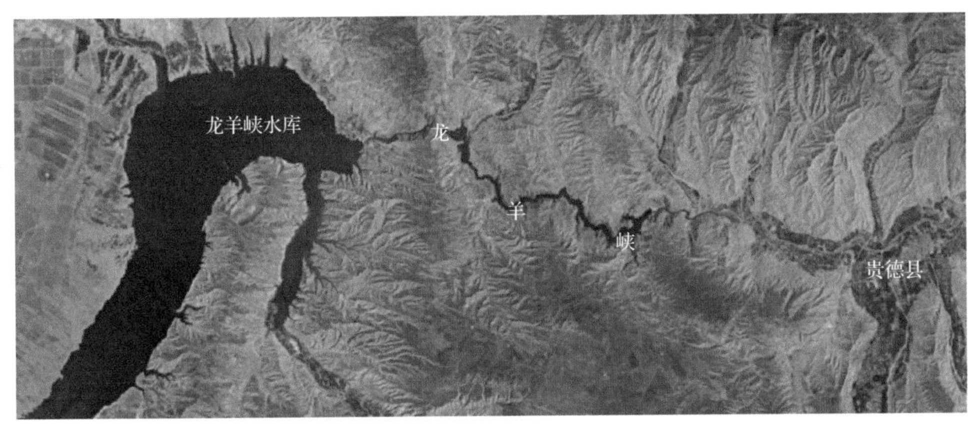

图 2.11 龙羊峡与贵德川

图像数据来自天地图国家地理信息公共服务平台：https://www.tianditu.gov.cn/

图 2.12 龙羊峡大坝

资料来源：视觉中国

峡、刘家峡等水电站形成了西北电网的水电基地，为工农业和城乡人民生活提供了稳定、可靠和廉价的电力[7]。

四、淤积萎缩的宁蒙段

从宁夏中卫到内蒙古河口镇为黄河上游最后一段，因流经宁夏与内蒙古而称宁蒙段。河段主要为宽浅的平原型冲积河流。其中，下河沿至石嘴山之间为宁夏段，河长为 318km，平均比降为 0.45‰，河床由砂卵石组成，河宽 400~3000m。黄河宁夏段流经宁夏平原，包括下河沿至石嘴山之间的卫宁平原和青铜峡与石嘴山之间的银川平原。宁夏平原以银川平原为主体，有时又直接把银川平原称为宁夏平原。这一区域自古修建秦渠、汉渠等，利用黄河水灌溉，农牧业发达，湖泊众多，湿地连片，风景优美，有“塞上江南”之美称（图 2.13）。

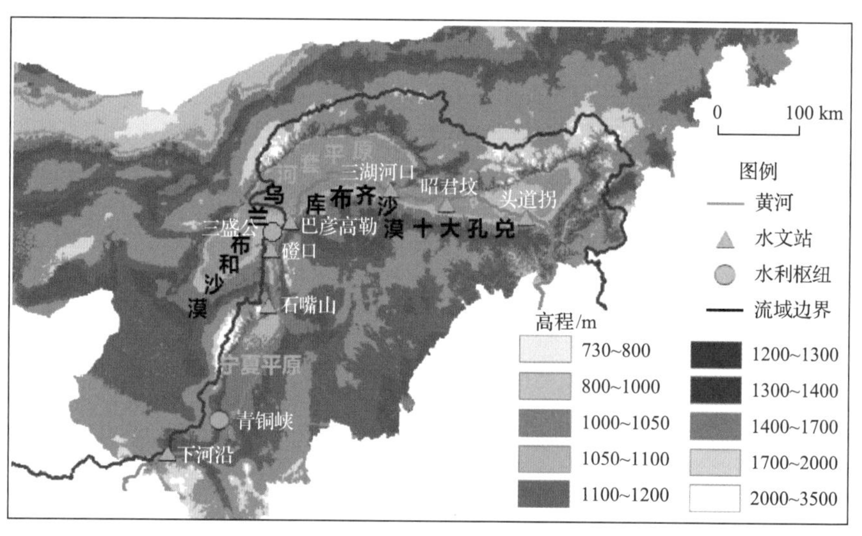

图 2.13　宁蒙河段主要水文站及地貌单元

过石嘴山入境内蒙古段。石嘴山水文站与头道拐水文站之间河道长 734km。其中，石嘴山至巴彦高勒之间一百多千米的局部地段有基岩砾石出露，河床缩窄，为三盛公水利枢纽的建设提供了良好的天然条件。巴彦高勒至头道拐之间五百多千米的河段蜿蜒于富饶的内蒙古河套平原之上，河套平原包括河套湾西北部的后套平原和东北部的前套平原，以后套平原为主体；有时把前后套平原合称东套平原，对应的西套平原为宁夏段的银川平原。黄河内蒙古段平均比降仅为 0.13‰，河型在巴彦高勒—三河湖口—昭君坟—头道拐之间经历了游荡型—过渡型—弯曲型的变化，各段平均河宽分别为

3500m、4000m 和 2500m。

宁蒙河段的西边有乌兰布和沙漠，东南方向有黄土高原库布齐沙漠以及十大孔兑（蒙语意为山洪沟）。河段的径流主要来自兰州以上，而泥沙却主要源于沙漠风沙及十大孔兑等区域的支流侵蚀产沙。水沙异源，容易引发河道淤堵等一系列泥沙问题。其中，十大孔兑为季节性河流，流域地势南高北低，各孔兑河长 65~110km，上游位于砒砂岩丘陵沟壑区，地形破碎、沟壑纵横、植被稀疏、水土流失严重，汛期极易形成高含沙洪水，在短时间内携带大量泥沙涌入黄河干流，对干流的泥沙输移和河床演变具有十分重要的影响，使内蒙古河段成为黄河水沙变化及河床演变最为复杂的河段之一[8]。

近三十多年来，宁蒙河段受全球气候变化以及上游龙羊峡-刘家峡水库联调、灌区引水增加等人类活动的多重影响，本就不协调的水沙关系进一步恶化，泥沙淤积问题严重。尤其是内蒙古河段，大量泥沙淤积在主河道内，致使河道淤积萎缩，主槽过流能力大幅降低，并由此引发洪凌等灾害[9]。本书将在第三篇对宁蒙河段的淤积萎缩及其相关问题进行更为深入地阐述。

五、水土流失的晋陕段

过河口镇后黄河急转南下，进入中游。中游河段为黄河从其地势的第二阶梯流向第三阶梯的过渡段。其中，河口镇至龙门长七百多千米，水面跌落六百多米，河道比降平均约 0.84‰，为峡谷型河道。以河为界，左岸是山西省，右岸是陕西省，故称为晋陕峡谷。

与上游的玛多至中卫的川峡相间不同，晋陕峡谷谷底较宽，也较均匀，绝大部分都在 400~600m，宽谷但无大的川盆地。晋陕黄河整体走向较为顺直，但在数十倍河宽的中尺度上来看，河道依然呈蛇形曲折，属于嵌入式弯曲河道。与昭君坟—头道拐之间蜿蜒摆荡的冲积型弯曲河道不同，嵌入式弯曲河道在百年尺度上都没有明显的横向摆动。

蛇形曲折的晋陕峡谷两岸是被滚滚黄河分割成两半的黄土高原（图 2.14）。这里土质疏松，千沟万壑，是我国水土流失最为严重的区域之一。一直以来，黄土高原的水土流失问题，是危及黄河中下游的重大挑战。经过几代人的不懈努力，黄土高原的主色调已逐渐由“黄”变“绿”，入黄沙量（按潼关站计）由 1919~1959 年的 16 亿 t/a 锐减至 2000~2018 年的 2.4 亿 t/a[10]。尽管在几十年的综合治理中已经取得了一定的成绩，但当前黄土高原生态脆弱的本质并未改变，且暴露出“区域治理不够均衡”“经营维护有所欠缺”“用水管理尚需优化”等一系列问题[11]。在黄土高原水土流失和生态环境治理中已采取的措施和已取得的成效，以及未来综合治理所面临的新挑战将在后续相应章节进行阐述。

图 2.14　晋陕峡谷与两岸千沟万壑的黄土高原

资料来源：视觉中国

在晋陕峡谷的末端龙门，河宽缩至 100m 左右，左岸的龙门山与右岸的梁山隔河对峙，两岸断崖绝壁，犹如刀劈斧削。滚滚河水夺门而出，气势磅礴。李白有诗云：“黄河西来决昆仑，咆哮万里触龙门”，既赞叹了黄河之奔腾，又暗咏了龙门之险要。相传龙门是大禹所凿，所以又称禹门口。

壶口瀑布位于龙门上游，是黄河干流唯一的瀑布。黄河水面在瀑布上游宽 250~300m，骤然束窄，从 17m 的高处，跌入 30~50m 宽的石槽里（图 2.15），像一把巨壶注水，故有“壶口”之名。壶口瀑布是由于地壳运动，发生断裂而形成。河水经年累月对河床下切，“溯源侵蚀”使瀑布跌坎由龙门附近不断向上游后退。侵蚀速率受上游来水来沙的影响，每年数厘米至数米不等，平均 1.2m/a，总体上有逐渐减缓的趋势[12]。

图 2.15　壶口瀑布

资料来源：视觉中国

六、堤防高筑的悬河段

黄河出晋陕峡谷后河面豁然开阔，水流趋于平缓。禹门口至潼关之间河道长 143km，河谷宽 3~15km。河道滩槽明显，滩面一般高出水面 0.5~2m。该河段为游荡型河段，河床宽浅，冲淤变化剧烈，主流摆动频繁。

过潼关折向东流，潼关与三门峡之间为黄土峡谷，长 113km。三门峡至孟津之间为晋豫峡谷，是黄河最后一个峡谷段。黄河干流上最后的大型水利工程小浪底，包括它的配套工程西霞院水利枢纽都建设在孟津上游不远处，再往下游便没有适合建设水利枢纽的地形了，故孟津在历史上曾作为黄河中下游分界点。现在较为公认的中下游分界点桃花峪在孟津下游约 100km 处。孟津—桃花峪河段虽然南侧还是山地地形的邙山，但在北侧已是开阔的平原，部分地段修有堤防。

桃花峪以下为下游河段，河道平均比降约为 0.12‰，水流趋于平缓，泥沙大量淤积，河床逐渐抬高，极易发生溢洪改道，大部分河段都筑有人工大堤；在七百多千米的河道两岸，已建临黄大堤 1371.2km[7]。其中，桃花峪至兰考湾之间的明清河道堤防已有 300~500 年历史。

下游整体堤距上宽下窄。桃花峪—高村河段长 216km，堤距 5~20km，河道宽浅，河型多沙洲，水流散乱，冲淤变化剧烈，主流游荡不定，是典型的游荡型河道。高村—

陶城铺河段长 165km，堤距 3~4km，河道主槽摆动的幅度和速率较其上游的游荡型河流小，属游荡型与弯曲型之间的过渡型河道。陶城铺—利津河段长 312km，堤距 0.4~5km，平面变化不大，属堤防控制下的弯曲型河道（图 2.16）[13]。

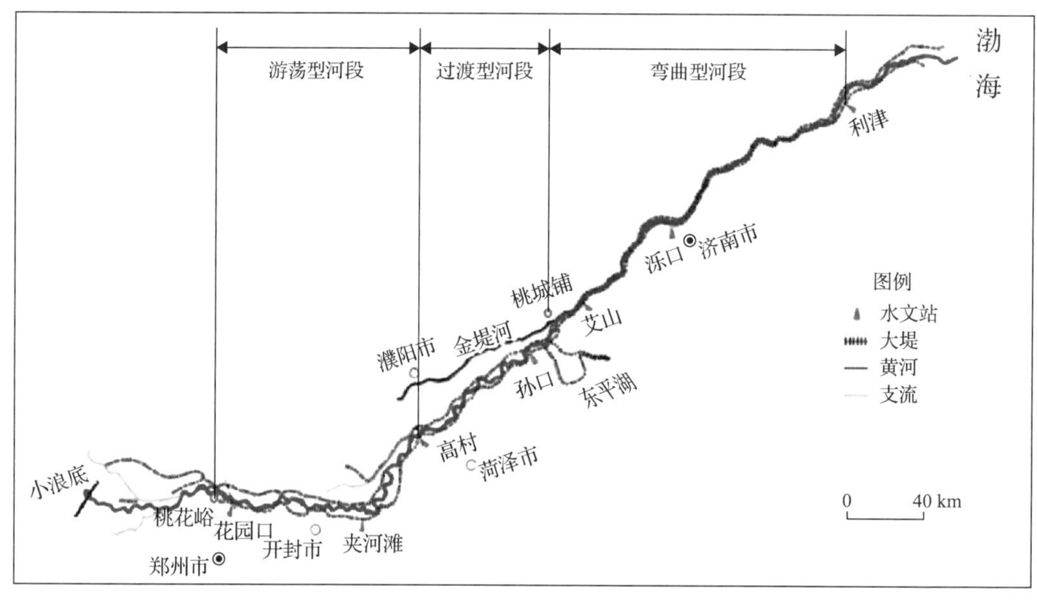

图 2.16　黄河下游堤防及其河型变化（据文献[13]，有修改）

被束缚在大堤之间的黄河下游天然集水面积很小，人工大堤是其分水岭的主要组成部分；大堤以北为黄海平原，属海河流域；以南为黄淮平原，属淮河流域。随着黄河水流携带的大量泥沙持续在大堤之间淤积，河床逐年抬高，下游河道形成悬河甚至二级悬河（图 2.17）[14]。二级悬河不但河床与滩地皆高于背堤地面，而且滩地横比降远大于河道纵向比降。若发生较大洪水，河势发生变化，易出现横河、斜河、滚河，直冲大堤，顺堤行洪，严重威胁堤防安全。

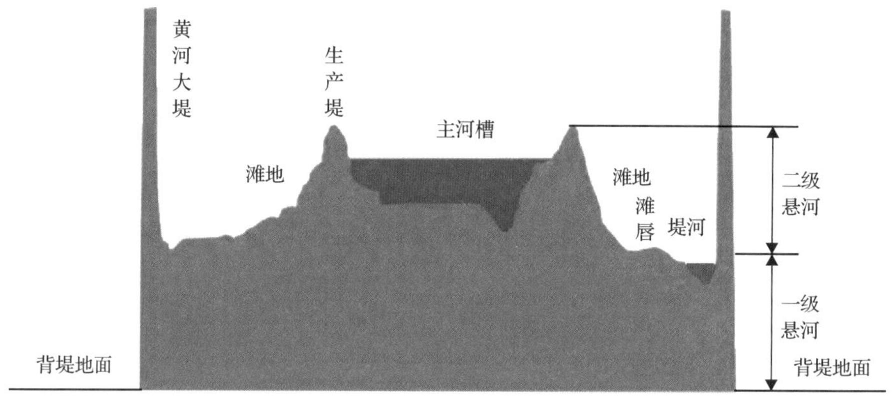

图 2.17　一级悬河和二级悬河示意图（据文献[14]，有修改）

2002 年 7 月 4 日到 15 日，黄河首次调水调沙实验用 26 亿 m^3 的水对黄河下游河道进行了一次“体检”，暴露出其局部河段在断面流量仅 1800m^3/s 时河水就漫滩，并沿串沟冲向大堤，形成顺堤形洪，堤根处水深达 4~5m[15]。说明在当时二级悬河的河势下，下游河道行洪能力仅为 1800m^3/s。又通过两次调水调沙试验和 6 次生产运行，至 2009 年，黄河下游主槽河底高程平均被冲刷降低 1.5m，过流能力恢复到 3880m^3/s[16]，大大降低了洪水对滩区群众生产生活的威胁。

七、流路摆动的河口区

黄河是一条多泥沙河流，根据 1950~2016 年的实测数据，平均每年有 6.8 亿 t 泥沙通过利津断面输入河口地区[17]。黄河河口位于渤海湾与莱州湾之间，附近属于弱潮海域，泥沙很难被海流带走，一般有 60%~80%的来沙淤落在河口及滨海区。因此，黄河河口区具有较大的延伸速度和较强的造陆能力。

今日的黄河下游河道已被限制在黄河大堤之中，但它有着丰富的摆荡历史，曾北到海河，南达江淮。通过对比发现，河口区河道演变就像微缩的下游河道演变一样，遵循淤积—延伸—摆动—改道的周期性变化过程。正是这样的过程使河口不断向海域推进，三角洲面积逐渐扩大。

现代黄河河口三角洲一般指以宁海为顶点，北起徒骇河口、南至支脉沟口的扇形地带。1855 年黄河下游在铜瓦厢改道夺大清河入渤海以来，该河口三角洲实际行水已有 165 余年，其河口的位置处于经常的变动之中。据不完全统计，河口三角洲上入海河道的决口改道已达 50 余次，其中大的改道有 10 次，即平均 12 年左右发生一次大的流路改变。河口位置迁移少则数十千米，多则数百千米；其中，1904~1929 年，河口经两次大的改道向南摆动了近 180°，由入渤海湾改入莱州湾。清水沟（含清 8 汊）流路为黄河现行入海流路，是 1976 年人工改道流经清水沟后逐步淤积塑造的新河道。清水沟流路行河以来可分为原河道行河和清 8 汊行河两个时期。原河道位于现行清 8 汊流路的南部，入海方向东偏南，行河至 1996 年；后结合油田开发实施了清 8 改汊，入海方向改为东偏北。如今清水沟流路两岸已建设了较系统的河防工程，预计可行河至 2060 年左右①。除了摆动，河口还不断向外海延伸，同时其他部位海岸有一定的蚀退；以河口淤积扣除三角洲海岸蚀退计算，1855~1976 年，年均净造陆速率为 23.9km^2/a。近年来，

① https://kuaibao.qq.com/s/20200619A09X3000。

在全球气候变化及调水调沙等人类活动的影响下，造陆速率有减小趋势。1976~1992年为 18.3km²/a，1992~2000 年为 9.5km²/a，2000~2007 年甚至出现了蚀退面积多于造陆面积，净造陆速率为-10.7km²/a，2007~2014 年为 4km²/a[18]。

作为一片主要由细泥沙新淤积形成的陆地，整个河口三角洲区域内地势平缓，除现行流路自西南向东北贯穿入海外，南北两岸还有很多由过去的黄河流路形成的小河，它们分别流向莱州湾和渤海湾，形成交错纵横的洼地、川沟、丘岗等微地貌景观，组成丰富的湿地生态资源。1992 年 10 月经国务院批准建立的山东黄河三角洲国家级自然保护区是中国暖温带保存最完整、最广阔、最年轻的湿地生态系统（图 2.18）。本书将在第四篇中通过专门的章节对黄河河口生态环境进行详细的介绍。

图 2.18　黄河口湿地

资料来源：视觉中国

第三节　水系特征

流域内所有河流、湖泊等各种水体组成的水网系统，称作水系。在黄河流域 813122km² 的集水面积内，除了长度 5687km 的干流，还分布有直接或间接汇入干流的各级支流，以及位于干支流的大大小小的湖泊。其中，流域面积大于 50km² 的支流有

4157 条，大于 1000km^{2}的支流有 199 条（直接入黄的 88 条），大于 10000km^{2}的有 17 条（直接入黄的 11 条）；水面面积大于 1km^{2}的湖泊有 146 个，大于 10km^{2}的 23 个，大于 100km^{2}的 3 个。

一般由内蒙古的河口镇和河南的桃花峪将黄河流域分为上、中、下游。

上游流域面积 395907km^2，占全流域总面积的 48.7％；干流长 3627km，占河长的 63.8%；河道平均比降为 0.84‰。区间内面积大于 1000km^{2}的入黄支流有 56 条，主要支流包括白河、黑河、洮河、湟水、祖厉河、清水河、乌加河、大黑河等，主要湖泊包括鄂陵湖、扎陵湖和乌梁素海 3 个水面面积大于 100km^{2}的湖泊。上游的天然径流量 321 亿 m^3，占全河的 56.5%。实际上，兰州以上天然径流量占全河的 62%，而兰州至河口镇以平原冲积河床为主，是历史悠久的宁蒙农灌区，天然径流量不大，却是黄河流域的主要耗水区，使得径流量沿程略有减小。

中游流域面积 343821km^2，占全流域面积的 42.3%；干流长 1259km，占河长的 22.1%；河道平均比降为 0.74‰。区间内面积大于 1000km^{2}的入黄支流有 29 条，主要支流包括窟野河、无定河、汾河、渭河、洛河、沁河等。中游的天然径流量为 228 亿 m^3，占全河的 40.1%，而输沙量达 11.56 亿 t，占全河的 91.3%。

下游流域面积 26889km^2，占总流域面积的 3.3%；干流河道长 801km，占河长的 14.1%；河道平均比降 0.12‰，区间内汇入的面积大于 1000km^{2}的支流仅有文岩渠、金堤河、大汶河 3 条。下游的天然径流量为 19.8 亿 m^3，占全河的 3.4%。

根据流域面积大于 1 万 km^2，或年径流量大于 10 亿 m^3，或年输沙量大于 0.5 亿 t，同时考虑治理开发重要性的原则[7]，选出 13 条主要支流（图 2.19）。其中上游 5 条、

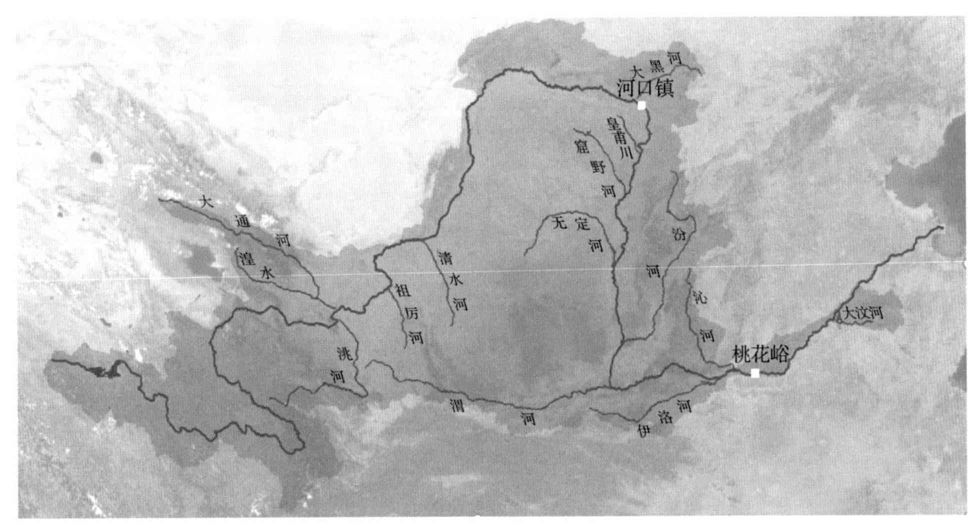

(a)

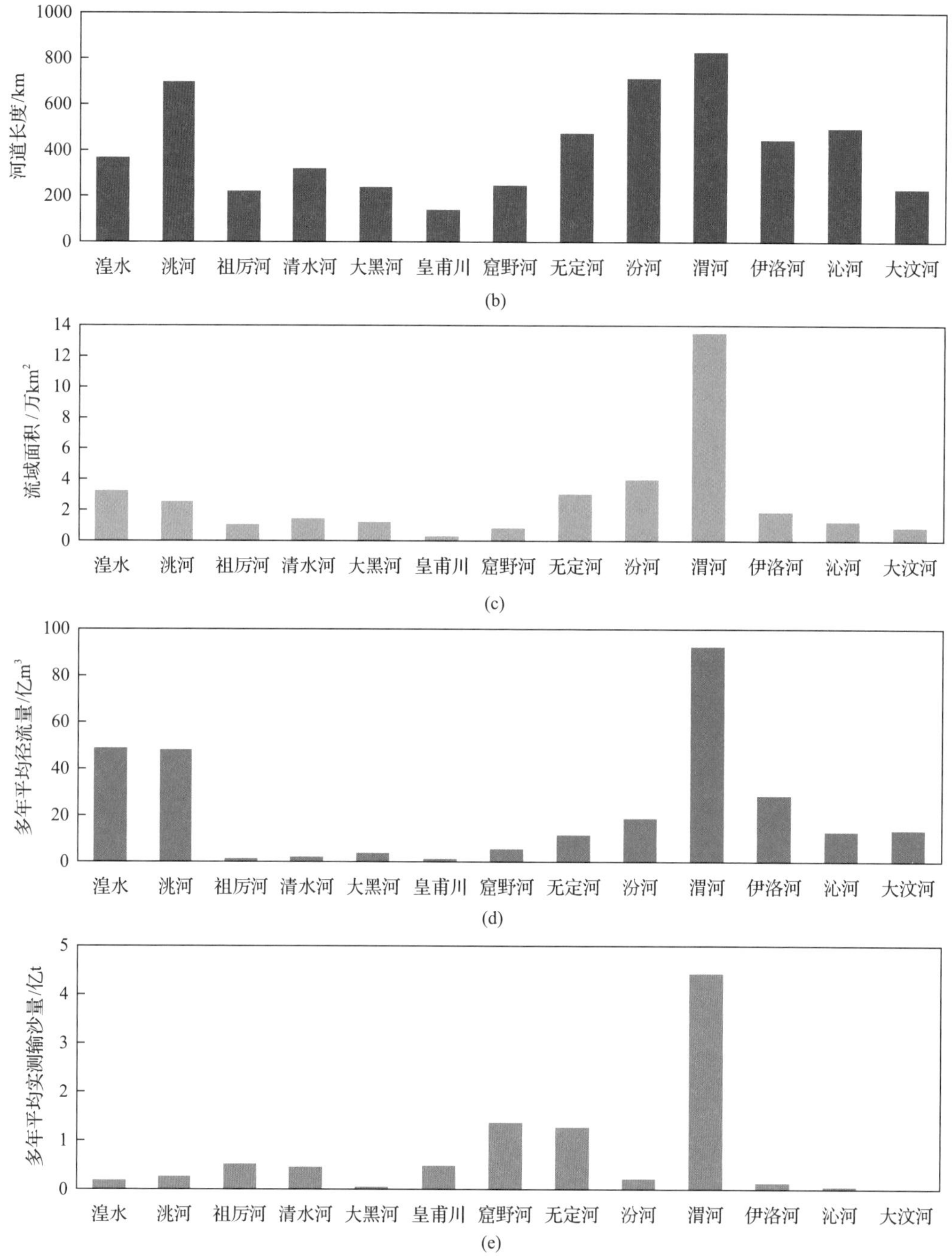

(b)

(c)

(d)

(e)

图 2.19　黄河流域 13 条主要支流及其特征值比较（径流量和输沙量数据取自文献[7]）

中游 7 条、下游 1 条。本节通过介绍和比较这 13 条主要支流水系的基本特征，对黄河水系的主要形态结构特征和径流泥沙特征加以介绍。

一、形态结构特征

黄河支流众多，较大支流是构成黄河流域面积的主体。各级支流中，大于 1 万 km^2 的支流有 17 条，其中 11 条直接汇入黄河；这 11 条支流流域面积之和达 37 万 km^2，接近全河集流面积的 50%。这些大支流几乎都分布在黄河中游或黄河上游的中下段，而上游上段和下游区间汇入的大支流很少，使得支流沿程汇入疏密不均。如黄河流域最大的两条支流渭河和汾河，都在中游潼关湾附近汇入黄河；其中渭河的流域面积约 13.5 万 km^2，贡献了 16.6%的流域面积。下游最大支流大汶河的流域面积还不及渭河的十五分之一。上游中下段大支流也较多，其中湟水流域面积 3.3 万 km^2，是上游流域最大的支流，黄河流域面积第三大的支流。湟水在刘家峡以下，兰州上游汇入黄河，干流河长 369km；尽管湟水的主要支流大通河的河长是干流的 1.5 倍多，但湟水流经西宁，青海人民一直把它看作青海省的“母亲河”，而将大通河视为湟水的支流。

流域面积与河长的比值为流域平均宽度，能够反映单位河长所对应的平均流域面积。渭河的流域平均宽度为 162km，洮河和汾河的流域平均宽度分别仅为 37km 和 56km；所以在图 2.20 的特征值比较中，能比较明显地发现渭河与洮河和汾河在长度上相差不多，但渭河的流域面积显著大于其他流域。黄河流域平均宽度为 143km，其中上游和中游的平均宽度分别为 109km 和 273km，而下游仅为 34km，说明黄河流域沿程面积增长疏密不均。

河网密度（每平方千米的河网长度）也是反映地形地貌与水系形态结构的重要指标。黄河流域整体的河网密度为 $0.17km^{-1}$，在不同水系和不同区域有所差异。例如，地处黄土高原北部和毛乌素沙漠边缘无定河水系的河网密度为 $0.12km^{-1}$，穿行于太行山之间的沁河水系的河网密度为 $0.21km^{-1}$。宁蒙段流经的区域河网密度较小，沙漠区甚至不足 $0.1km^{-1}$；而地处黄土高原的陕北米脂泉家沟和山西离石王家沟的河网密度分别达到 $3.81km^{-1}$ 和 $3.89km^{-1}$[19]，为全流域之最，说明该区域沟壑纵横、地貌破碎。过大的河网密度是水土流失所致，也是黄土高原多沙多灾的原因之一。

此外，受复杂的地质构造、基岩性质与地貌形态的影响，黄河流域不同区域水系的平面结构呈现出多种形式，具有不同的汇流特点。例如，湟水和伊洛河干流部分河段两岸支流相对短小、密集，呈对称平行排列，状如羽毛，称为羽状水系，这类水系一般汇流时间长，暴雨过后洪水过程缓慢。而在干流的兰州、潼关和郑州，多条河流同时向一点汇集，形成向心扇状水系，在这类水系中，由于扇面上的洪水几乎同时到达，容易形成较大洪峰，造成洪患。在上游皋兰、景泰、靖远一带的高台地区和鄂尔多斯沙漠地区，河流一般多为时令河，形成散流状水系；水系无固定形态，零星分散，流程较短，有的散流于高台地上，有的消失在沙漠之中，有的汇集于海子（蒙古语，指内陆湖泊）。在鄂尔多斯内流区，由于地表径流不直接入黄，该区域不属于黄河的地表集水区；但该区的含水层为深厚单一的具有潜水盆地的含水系统，在接受降水入渗补给后，经过地下中深部径流，由东、北、西三面向黄河及支流河谷排泄，故该区域属于黄河的地下集水区[1]。

二、径流泥沙特征

水少沙多和水沙异源是黄河水系的两大特征。

黄河流域面积约占全国国土面积的 8.3%，而年径流量仅占全国的 2%。流域内人均水量不到全国人均水量的四分之一，耕地亩均水量仅为全国耕地亩均水量的 15%[18]。根据 1950~2006 年系列的实测资料，黄河利津水文站的多年平均水量、沙量分别为 318 亿 m^3和 7.8 亿 t，含沙量 24.6kg/m^3；而长江（大通站）相应年份的水量为黄河水量的 28 倍之多，沙量仅为黄河沙量的 52%，年平均含沙量是黄河利津站同期的 1/54[20]。水少沙多的特征一方面意味着黄河流域水资源稀缺；另一方面预示着流域内常常发生大量的泥沙原生或次生灾害，包括上中游山区河流的泥石流、滑坡和坍塌，黄土高原的水土流失，平原区河道的淤积萎缩、河床抬升等。而且，由于高含沙水流的容重比一般河流大得多，具有更大的浮力和冲刷力；在高含沙流中，运动的物体不易下沉、未动的物体更易被扰动；同时，随着容重的增加，水流对河床的拖曳力，以及水流作用在河道工程上的静水压力和动水压力都会增加[19]，故而也加大了黄河河道工程建设的需求和难度。

黄河流经不同的自然地理单元，各单元自然条件之间的差别很大，造成黄河径流泥沙来源地区的不均衡。根据黄河干流主要水文站 1950~2016 年的数据，黄河水量主要来自兰州以上区域，上游唐乃亥站与兰州站的来水量分别占全河天然径流量约 37.0% 和 59.4%，而来沙量仅占全河沙量的 1.1%和 6.4%。其中，兰州站至头道拐站区间年降水量少，对径流的补充不大，但区间灌溉用水耗水量大，使得头道拐站过水量较兰州站降低 30.2%。黄河泥沙主要来自头道拐至潼关区间，该区间来水量仅占全河的 28.5%，来沙量却占全河的 91.0%，其中头道拐至龙门区间是黄河多沙粗沙主要来源区，该区入黄泥沙占潼关以上总输沙量的 70.0%。

黄河的水沙异源，在其 13 条主要支流的多年平均径流量与多年平均输沙量之比中也有所体现（图 2.20）。渭河虽然是向黄河输送水沙最多的支流，但其水沙比例较为

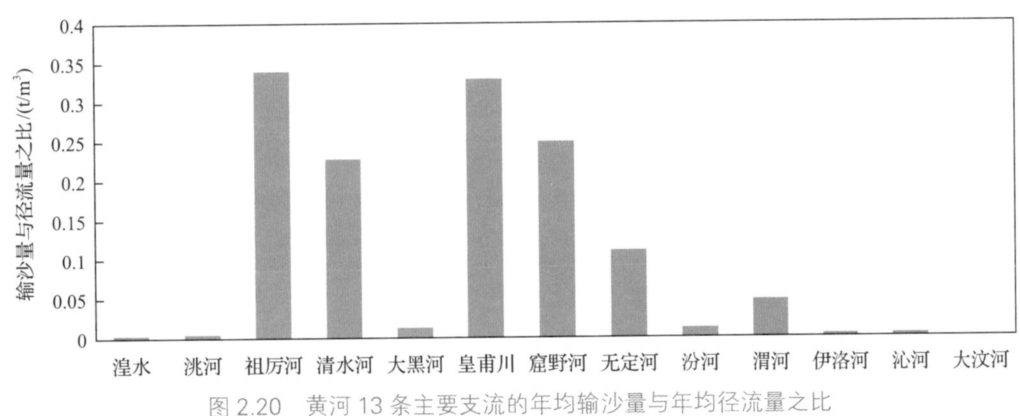

图 2.20　黄河 13 条主要支流的年均输沙量与年均径流量之比

平衡；而祖厉河、清水河、皇甫川、窟野河等水系，多年平均径流量都不到 10 亿 m^3，但都因输沙量大而被选为需要加强规划的主要支流。

另外，黄河水沙不仅在空间上分布不均，在时间上年内和年际的分布也不均。年内来水来沙主要集中在每年汛期，且来沙的集中程度比来水更为突出，汛期进入河口的水沙可分别达到全年的 61%和 85%[20]；汛期泥沙又常常集中产生于几场暴雨洪水。例如，在皇甫川、窟野河、无定河等发源于黄土丘陵沟壑区的流域，暴雨发生时，往往洪水泥沙一起奔腾而下。年际上，近几十年来，在气候变化和人类活动的影响下，进入河口的水沙在波动中呈现明显减少的趋势。根据实测资料，1950~1985 年的多年平均来水来沙量分别为 455 亿 m^3和 13.8 亿 t，1986~1999 年则分别锐减为 275 亿 m^3和 7.6 亿 t，2000~2009 年仅为 141 亿 m^3和 1.4 亿 t[21]。如此变化产生的具体原因及相应的应对策略将在后续相应章节进行阐述。

本章撰写人：郭星艳　徐梦珍

参考文献

[1] 马永来, 蒋秀华, 刘东旭, 等. 黄河流域河流与湖泊. 郑州: 黄河水利出版社, 2017.

[2] 高定存. 黄河分界点. 忻州日报, 2019-07-28(003).

[3] 黄秉维. 陕甘黄土区域土壤侵蚀的因素和方式. 地理学报, 1953, (2): 163-171, 173-186.

[4] 鄂竟平. 中国水土流失与生态安全综合科学考察总结报告. 中国水土保持, 2008, (12): 3-7.

[5] 黄河水利委员会黄河志总编辑室. 黄河志(卷二)——黄河流域综述. 郑州: 河南人民出版社, 2017.

[6] 李志威, 王兆印, 余国安, 等. 黄河源玛曲河段河型沿程变化及其原因. 泥沙研究, 2013, (3): 51-58.

[7] 水利部黄河水利委员会. 黄河流域综合规划(2012—2030 年). 郑州: 黄河水利出版社, 2013.

[8] 吴保生, 王平, 张原锋. 黄河内蒙古河段河床演变研究. 北京: 科学出版社, 2016.

[9] 张红武, 方红卫, 钟德钰, 等. 宁蒙黄河治理对策. 水利水电技术, 2020, 51(2): 1-25.

[10] 胡春宏, 张治昊. 论黄河河道平衡输沙量临界阈值与黄土高原水土流失治理度. 水利学报, 2020, 51(9): 1015-1025.

[11] 康姣姣. 黄土高原水土流失治理现状分析及优化措施探讨. 山西水土保持科技, 2020, (4): 36, 37.

[12] 宋保平. 论历史时期黄河中游壶口瀑布的逆源侵蚀问题. 西北史地, 1999, (1): 36-40, 62.

[13] 张金良, 李岩, 白玉川, 等. 黄河下游花园口-高村河段泥沙时空分布及地貌演变. 水利学报, 2021, 52(7): 759-769.

[14] 李舒, 何宏谋, 时爽. 黄河, 悬之又悬. 地球, 2019, (12): 14-17.

[15] 黄河水利委员会. 黄河下游“二级悬河”成因及治理对策. 郑州: 黄河水利出版社, 2003.

[16] 黄河水利委员会. 黄河调水调沙理论与实践. 郑州: 黄河水利出版社, 2013.

[17] 胡春宏, 张晓明. 论黄河水沙变化趋势预测研究的若干问题. 水利学报, 2018, 49(9): 1028-1039.

[18] 霍瑞敬, 宋玉敏, 许栋. 黄河河口近期淤积造陆情况分析//中国水利学会 2015 学术年会论文集(下册). 北京: 中国水利学会, 2015: 2.

[19] 刘昌明, 周成虎, 于静洁, 等. 中国水文地理. 北京: 科学出版社, 2014.

[20] 王开荣, 马涛. 近五十余年来黄河口入海水沙变化特征及其发展趋势//第十届中国科协年会黄河中下游水资源综合利用专题论坛文集, 郑州, 2008.

[21] 王开荣, 于守兵, 茹玉英. 2000 年以来黄河入海水沙变化及河口演变分析. 人民黄河, 2013, 35(4): 11-13, 126.

第一篇　前世今生话黄河

第二篇　黄河水资源：现状与未来

第三篇　黄河泥沙洪凌灾害与治理方略

第四篇　黄河生态保护：三江源、黄土高原与河口

第五篇　黄河水沙调控：从三门峡、龙羊峡、小浪底到黑山峡

第六篇　南水北调与西水东济

第七篇　能源流域的绿色低碳发展

第八篇　智慧黄河

第九篇　黄河：中华文明的根

第三章

黄河水资源供需现状、挑战与对策

第一节　黄河流域社会经济发展概况

一、黄河流域水资源分区

黄河流域涉及青海、四川、甘肃、宁夏、内蒙古、陕西、山西、河南、山东等9省（区）和69个地级行政区。根据《全国水资源综合规划》，黄河流域片共有8个二级分区下辖29个三级分区，有7个二级分区的水量进入黄河干流，流入大海；内流区水量不进入黄河干流，而是消失在内陆荒漠之中，各分区基本情况见表3.1和表3.2。

表 3.1　黄河流域各省（区）基本情况

省(区)	国土面积/万 km^2	人口/万人	涉及地级行政区/个
青海	15.2	482.59	8
四川	1.7	22.05	1
甘肃	14.3	1820.17	10
宁夏	5.1	674.90	4
内蒙古	15.1	940.75	7

续表

省(区)	国土面积/万 km^2	人口/万人	涉及地级行政区/个
陕西	13.3	3015.99	9
山西	9.7	2426.13	11
河南	3.6	1770.25	9
山东	1.4	804.55	10
合计	79.5	11957.37	69

表 3.2　黄河流域各水资源分区基本情况

二级区	国土面积/万 km^2	人口/万人	涉及地级行政区/个
龙羊峡以上	13.1	81.49	6
龙羊峡至兰州	9.1	879.15	11
兰州至河口镇	16.4	1804.20	16
河口镇至龙门	11.1	980.34	12
龙门至三门峡	19.1	5336.37	26
三门峡至花园口	4.2	1446.47	14
花园口以下	2.3	1356.81	15
内流区	4.2	72.50	3
合计	79.5	11957.37	69

注：依据《全国水资源综合规划》项目的初步成果整理得到，人口为2016年统计数。

黄河流域的水量除了被本流域引用外，还被流域外的区域引用。根据《全国水资源综合规划》现状调查统计成果分析，流域外的引黄地区统计情况见表3.3。

目前黄河流域外引水分区主要包括海河流域引水区和淮河流域引水区。海河流域引水区引水的供水范围包括大清河淀东平原、子牙河平原、漳卫河平原、黑龙港及运东平原、徒骇马颊河平原，大清河淀东平原的引水包括对天津市的供水。淮河流域引水区引水的供水范围包括王蚌区间北岸、湖西区、小清河区和胶东诸河区。从行政区统计，黄河流域外引黄区包括天津、河北、河南、山东四省（区），共计18个地级行政区[1]。

表 3.3　黄河流域外引黄地区分布情况

<table>
<tr><th colspan="2">水资源分区</th><th colspan="4">行政分区</th></tr>
<tr><th rowspan="2">二级分区</th><th rowspan="2">三级分区</th><th colspan="2">海河区</th><th colspan="2">淮河区</th></tr>
<tr><th>省(区)</th><th>地级区</th><th>省(区)</th><th>地级区</th></tr>
<tr><td colspan="2">海河区</td><td>天津</td><td>天津</td><td rowspan="2">河南</td><td>郑州</td></tr>
<tr><td rowspan="4">海河南系</td><td>大清河淀东平原</td><td rowspan="2">河北</td><td>沧州</td><td>开封</td></tr>
<tr><td>子牙河平原</td><td>衡水</td><td rowspan="8">山东</td><td>济南</td></tr>
<tr><td>漳卫河平原</td><td rowspan="3">河南</td><td>新乡</td><td>菏泽</td></tr>
<tr><td>黑龙港及运东平原</td><td>焦作</td><td>济宁</td></tr>
<tr><td>徒骇马颊河平原</td><td>徒骇马颊河平原</td><td>濮阳</td><td>淄博</td></tr>
<tr><td colspan="2">淮河区</td><td rowspan="5">山东</td><td>德州</td><td>滨州</td></tr>
<tr><td>淮河中游区</td><td>王蚌区间北岸</td><td>滨州</td><td>潍坊</td></tr>
<tr><td>沂沭泗河区</td><td>湖西区</td><td>聊城</td><td>东营</td></tr>
<tr><td rowspan="2">山东半岛沿海诸河区</td><td>小清河区</td><td>济南</td><td>青岛</td></tr>
<tr><td>胶东诸河区</td><td>东营</td><td></td><td></td></tr>
</table>

二、黄河流域社会经济发展

黄河流域是我国农业经济开发最早的地区，河套平原、汾渭盆地和黄河下游平原是重要的农业生产基地，宁蒙引黄平原是干旱地区建设“绿洲农业”的成功典型、黄河流域主要农作物有小麦、玉米、谷子、薯类、棉花、油料等，尤其是小麦、棉花在全国占有重要的位置。由于大部分地区自然和生产条件较差，农业生产仍处于较低地位。进一步加强农业综合开发、发挥土地资源丰富的优势、提高生产水平，是黄河流域增强农业发展后劲以及促进经济持续、快速发展的迫切要求[2]。

黄河地区工业发展以能源、原材料工业为主体。能源工业包括煤炭、电力、石油和天然气等，目前，原煤产量占全国产量的半数以上，石油产量约占全国的 1/4，已成为区内最大的工业部门。黄河流域有胜利油田、中原油田、延长油田和长庆油田四大油田。钢铁工业作为基础工业，在黄河流域发展相当迅速。新中国成立以来，先后在靠近铁矿原料产地的包头、太原等地建成了钢铁工业基地，并在兰州、西安、济南、西宁、呼和浩特、石嘴山、临汾等地兴建了一批中小型钢铁厂。铅、锌、铝、铜、铂、钨、金等有色金属冶炼工业，以及稀土工业有较大优势。以兰州为中心的黄河沿岸地区被称为我国的“黄金走廊”和“冶金谷”。镍、铂、钯、锇、铱、钌、铑等矿产资源

的探明储量均居全国第一；铅、钴、伴生硫储量居全国第二位；铬、锑、碲、铊储量居全国第三位；铜、锌、硅石储量居全国第四位；金、菱镁矿储量居全国第五位。10种有色金属产量占我国的11%左右。从整个流域的工业产业布局和发展情况看，目前已初步形成了产业结构齐全的民用工业和相当规模的国防工业。

随着改革开放的深入，流域内资源得以大规模开发，以及新兴工业的进一步崛起，城市建设也快速发展起来，这不仅体现在流域城镇人口比重的增加，还体现在许多城市的诞生以及城市市容、基础设施的现代化发展，同时也体现在城市工业的发展。交通发展较快，铁路干线有京广、陇海、京九、津浦、兰西、京包、包兰、焦枝、宝成、宝中、兰青、青藏、同浦、石太等，重要工矿区还有铁路支线联结，主要城市郑州、太原、西安、兰州等均是我国铁路网络中的重要枢纽。公路交通也较发达，主要城市均有航空港，各省（区）之间和省（区）内的某些城市之间也有航空客货营运。黄河水运不太发达，仅有少部分河段可以通航，且为季节性通航。虽然流域内的城市与交通有了较大的发展，但受自然和经济条件的限制，其发达程度仍然偏低，且地区间不平衡，尚不能满足经济发展的需要。东部平原、汾渭盆地及宁蒙河套平原交通便利，城市发展水平较高；广大山区尤其是上中游黄土高原地区，交通运力不足已成为制约国民经济发展的重要因素，城市化发展也较为缓慢。

自改革开放以来，黄河经济具有以下的阶段性发展特征：

1979~1991年。伴随着改革开放政策的实施，黄河流域各省（区）的经济经历了一个快速发展的过程。流域内各省综合经济实力均有大幅度提高，该阶段前期，各省生产总值增长速度基本与全国平均水平持平。随后，随着国家区域发展战略由“均衡发展”向“非均衡发展”转变，投资重点东移，黄河流域特别是中上游地区发展速度趋缓，到20世纪90年代初期区域间发展不平衡的现象已经显现出来。

1992~1997年。尽管国家宏观经济战略作了进一步调整，但由于整个经济系统的惯性以及宏观经济政策实施效果的滞后性，黄河流域大部分省份的经济发展依然滞后于东部发达地区，与我国东部地区的差距进一步拉大。长期以来黄河流域是我国农业、能源、原材料的生产基地，在产品剪刀差和资源性产品价格扭曲情况下，其产业结构和区域经济发展的定位，势必造成资金大量流失，制约经济效益的提高。

1998年至今。在经济快速增长、人民生活水平显著提高的同时，地区间发展不平衡的现象日益突出，地区差距呈扩大趋势。这种不平衡的发展梯度已对全国经济总体发展产生了很大的负面影响。1999年，党中央国务院提出了西部大开发战略决策，将加快中西部地区发展步伐作为党和国家的一项重大的战略任务摆在更加突出的位置。同时我国采取积极的财政政策，加大国内投资力度，积极拉动内需，也给黄河流域广大地区注入了新的生机与活力。

第二节 黄河流域水资源量及其演变

一、降水蒸发

（一）降水

黄河流域多年平均年降水量为 466mm，由东南向西北递减，降水最多的是流域东南部湿润、半湿润地区，如秦岭、伏牛山及泰山一带年降水量达 800~1000mm；降水量最少的是流域北部的干旱地区，如宁蒙河套平原年降水量只有 200mm 左右。黄河流域水资源分区情况见图 3.1。

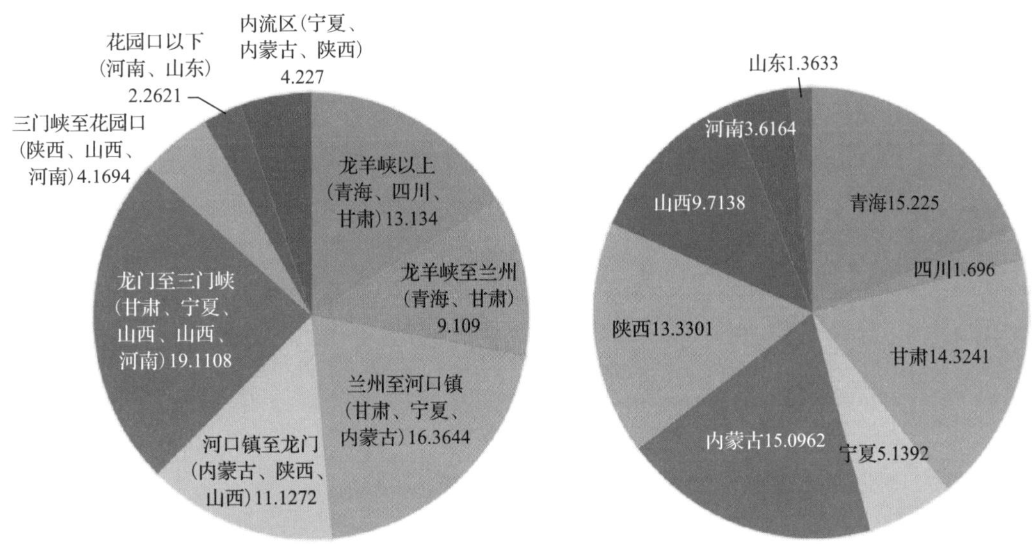

图 3.1 黄河流域水资源分区面积图（单位：万 km^2）

黄河流域降水具有地区分布不均和年际、年内变化大的特点。

黄河流域年降水量受纬度、距海洋的远近、水汽来源以及地形变化的综合影响，在面上的变化比较复杂，其特点是：东南多雨，西北干旱，山区降水大于平原；年降水量由东南向西北递减，东南和西北相差 4 倍以上[3]。

黄河流域降水量的年内分配极不均匀。流域内夏季降水量最多，最大降水量出现在 7 月；冬季降水量最少，最小降水量出现在 12 月；春秋介于冬夏之间，一般秋雨大于春雨。连续最大 4 个月降水量占年降水量的 68.3%。

黄河流域降水量年际变化悬殊，降水量愈少，年际变化愈大。湿润区与半湿润区最大与最小年降水量的比值大都在 3 倍以上，干旱、半干旱区最大与最小年降水量的比值一般在 2.5~7.5 倍，极个别站在 10 倍以上，如内蒙古乌审召站最大与最小年降水量的比值达 18.1，为流域之最。

由于黄河流域降水量季节分布不均和年际变化大，导致黄河流域水旱灾害频繁。1956 年至 2000 年的 45 年间，出现了 1958 年、1964 年、1967 年、1982 年等大水年，1960 年、1965 年、2000 年等干旱年，1969~1972 年、1979~1981 年、1991~1997 年等连续干旱期。

（二）蒸发能力

黄河流域水面蒸发量随气温、地形、地理位置等变化较大。兰州以上多系青海高原和石山林区，气温较低，平均水面蒸发量 790mm；兰州至河口镇区间，气候干燥、降雨量少，多沙漠干草原，平均水面蒸发量 1360mm；河口镇至龙门区间，水面蒸发量变化不大，平均水面蒸发量 1090mm；龙门至三门峡区间面积大，范围广，从东到西，横跨 9 个经度，下垫面、气候条件变化较大，平均水面蒸发量 1000mm；三门峡到花园口区间平均水面蒸发量 1060mm；花园口以下黄河冲积平原水面蒸发量 990mm。

黄河流域气候条件年际变化不大，水面蒸发的年际变化也不大，最大/最小水面蒸发量比值在 1.4~2.2，多数站在 1.5 左右，见表 3.4。

表 3.4　长系列代表站水面蒸发量特征值统计

站名	多年均值/mm	最大值/mm	最小值/mm	最大/最小
民和	968	1352.5	841.8	1.6
互助	802	963.6	657.1	1.5
挡阳桥	1863	2724.3	1213.1	2.2
太原	1580	2080.0	1427.5	1.5
临汾	1800	2274.8	1466.6	1.6
神木	921	1096.7	721.8	1.5
赵石窑	951	1100.8	718.5	1.5
林家村	769	942.8	669.7	1.4
交口河	942	1124.8	730.3	1.5
灵口	721	865.7	580.0	1.5

二、水资源总量

分区水资源总量为当地降水形成的地表和地下产水量，即地表径流量与降水入渗补给地下水量之和。根据水量平衡公式，水资源总量由两部分组成：一部分为河川径流量，即地表水资源量；另一部分为降雨入渗补给地下水而未通过河川基流排泄的水量，即地下水资源量中与地表水资源量计算之间的不重复量。

黄河水资源在近年有所回升，根据 1998~2019 年《黄河水资源公报》，统计整个黄河流域地表水资源以及各个分区和省（区）水资源量。黄河流域年水资源总量随时间变化过程如图 3.2 所示，水资源总量的距平变化百分比如图 3.3 所示。由图可知，黄河流域年水资源总量整体呈现上升趋势，上升 7.59 亿 m^3/a，黄河流域 1998~2019 年多年平均分区水资源总量为 560.88 亿 m^3，对比多年平均值可知，1998~2019 年共有 11

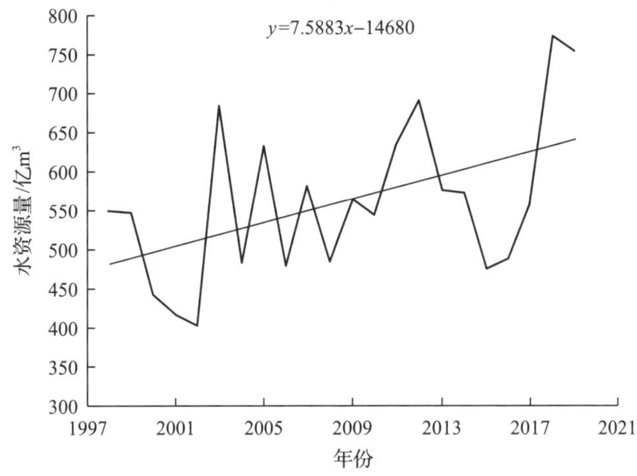

图 3.2　黄河流域水资源总量变化趋势

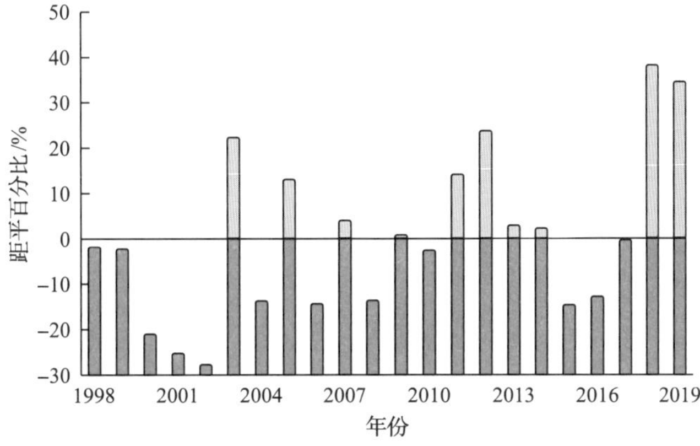

图 3.3　黄河流域水资源总量距平变化百分比

年水资源量偏少，其中 8 年偏少幅度均超过 10%；在水资源富余的年份，仅 2003 年、2005 年、2011 年和 2012 年水资源总量偏多幅度大于 10%，其他偏多年基本稳定在多年平均值线附近。

从地区分布来看，黄河流域分区水资源总量主要分布于龙羊峡以上、龙羊峡—兰州及龙门—三门峡等二级区，这三个二级区水资源量分别占黄河流域分区水资源总量 29.1%、18.7%和 22.3%。黄河流域二级区及省（区）水资源分布情况见表 3.5、表 3.6 和图 3.4、图 3.5。

表 3.5　黄河流域水资源基本特征（按水资源分区）

二级区	年降水		地表水资源量/亿 m^3	水资源总量/亿 m^3
	降水深/mm	降水量/亿 m^3		
龙羊峡以上	501.4	658.3	218.9	217.7
龙羊峡至兰州	502.0	457.1	139.2	139.7
兰州至河口镇	274.5	448.7	18.6	41.9
河口镇至龙门	454.4	505.3	46.2	65.2
龙门至三门峡	566.7	1082.9	129.7	166.6
三门峡至花园口	691.4	288.3	57.8	65.6
花园口以下	679.1	153.1	23.6	39.4
内流区	285.0	120.6	2.7	11.7
黄河流域	467.3	3715.2	471.0	560.9

表 3.6　黄河流域水资源基本特征［按省（区）分区］

省(区)	年降水		地表水资源量/亿 m^3	水资源总量/亿 m^3
	降水深/mm	降水量/亿 m^3		
青海	459.7	700.3	216.8	216.7
四川	736.2	124.7	49.8	49.4
甘肃	488.0	699.2	128.0	129.6
宁夏	302.5	155.1	10.0	10.9
内蒙古	283.4	427.7	21.9	58.4
陕西	554.5	739.0	95.1	121.2
山西	546.0	530.4	51.9	76.4
河南	663.7	240.1	45.7	60.8
山东	724.9	98.5	17.5	24.5
黄河流域	467.3	3715.2	471.0	560.9

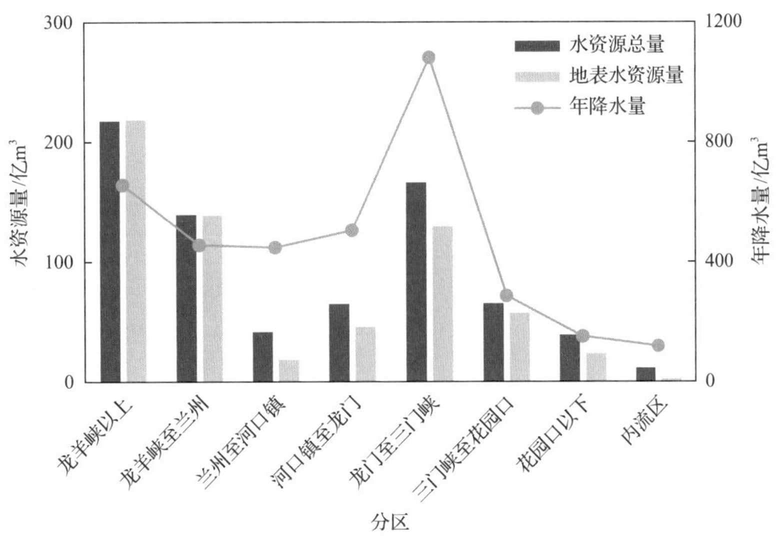

图 3.4 黄河流域水资源基本特征（按水资源分区）

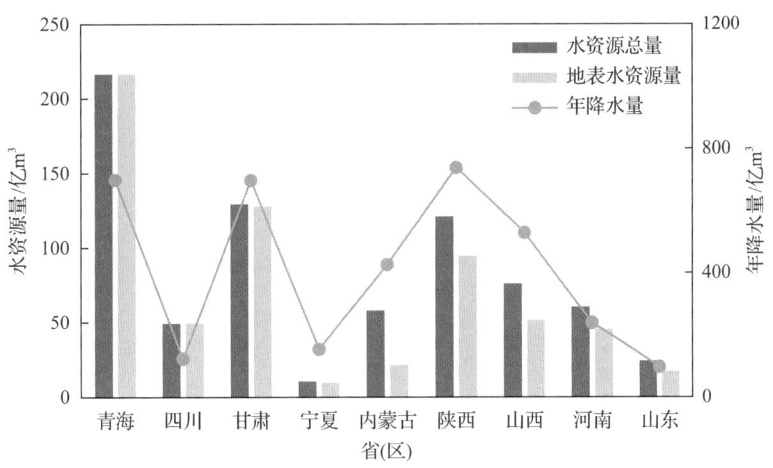

图 3.5 黄河流域水资源基本特征［按省（区）分区］

三、地表水资源量

根据 1998~2019 年《黄河水资源公报》，统计整个黄河流域地表水资源以及各个分区和省（区）水资源量。黄河流域地表水资源随时间变化过程如图 3.6 所示，地表水资源总量的距平变化百分比如图 3.7 所示。由图可知，黄河流域年地表水资源总量整体呈现上升趋势，上升趋势 8.04 亿 m^3/a，黄河流域 1998~2019 年以来多年平均分区地表水资源量 471.0 亿 m^3，对比多年平均值可知，1998~2019 年共有 11 年水资源量偏少，其中 8 年偏少幅度均超过 10%；在水资源富余的年份，仅 2003 年、2005 年、

2011 年和 2012 年水资源总量偏多幅度大于 10%，其他偏多年基本稳定在对年平均值线附近。

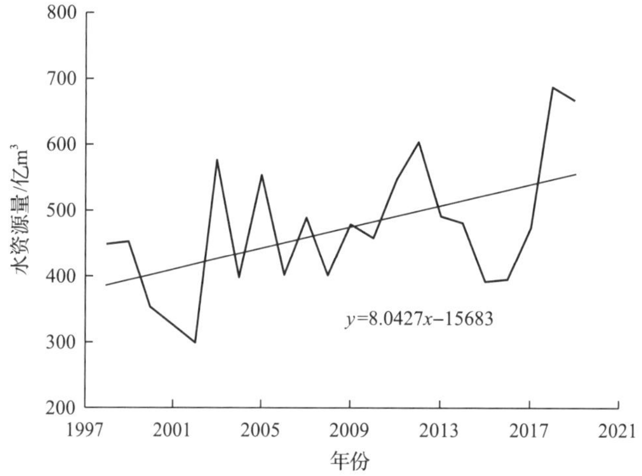

图 3.6　黄河流域地表水资源变化趋势

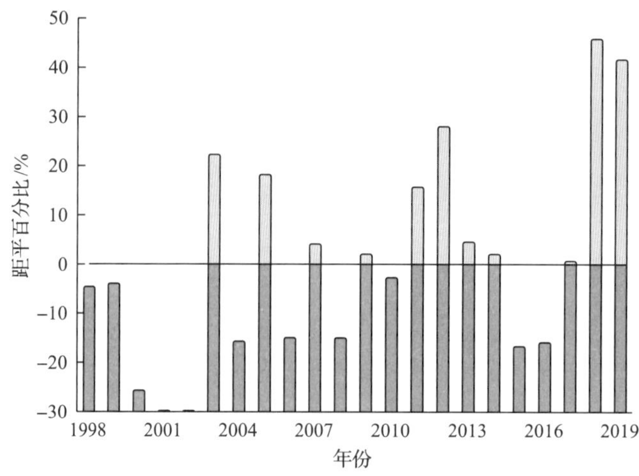

图 3.7　黄河流域地表水资源距平变化百分比

黄河流域各分区地表水资源量分布情况如图 3.8 所示。

黄河流域径流深的地区分布与降水量分布相似。地区分布总的趋势是：由东南向西北递减，最高为南部的巴颜喀拉山脉—秦岭—伏牛山—嵩山一线，多年平均径流深都在 100mm 以上，个别地区最大可达 700mm；黄土高原和黄土丘陵区，下垫面性质比较均一，相对高差不大，径流深等值线分布比较均匀，径流深一般在 10~100mm，随降雨变化依次由东南向西北递减；兰州至河口镇区间，径流深在 10mm 以下。西部的祁连山、太子山、贺兰山，中部的六盘山以及东部、东南部的吕梁山、中条山、泰山等石质或土石山区，都分布着径流深的局部较大值。

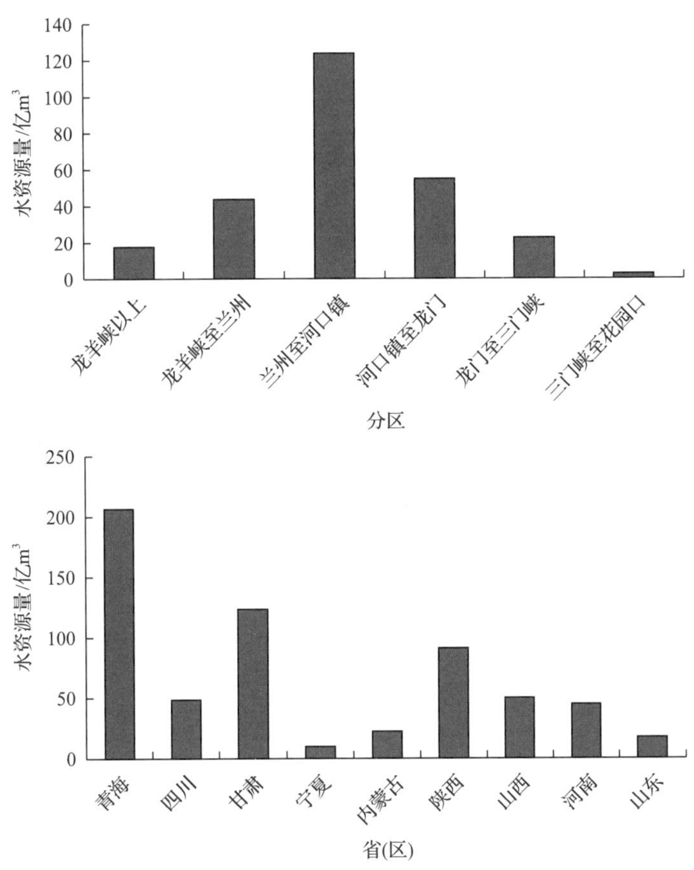

图 3.8　黄河流域地表水资源空间分布

黄河流域分区地表水资源，主要集中于汛期（7 月至 10 月），占年径流量的 58%左右。最少月径流量多发生在 1 月，仅占年径流量的 2.4%左右；最大月径流量多发生在 7 月和 8 月，占年径流量的 14%~16%。受降水等因素影响，黄河流域地表水资源量年际变化较大，变差系数 C_v 值一般在 0.20 以上，个别支流达到 0.70 以上。最大与最小年径流量之比一般在 2.5 以上，个别支流达到了 18.0 以上。

四、地下水资源量

调查评价的地下水资源量主要指浅层地下水（矿化度不大于 2g/L），是参与水循环且可逐年更新的动态水量。根据地形地貌、水文地质条件并结合水资源分区，黄河流域共划分为 609 个均衡计算区，其中山丘区 169 个，平原区 440 个。根据 1998~2019 年《黄河水资源公报》，统计整个黄河流域地下水资源以及各个分区和省（区）水资源量。黄河流域地下水资源随时间变化过程如图 3.9 所示，地下水资源总量的距平变化百分比如图 3.10 所示。

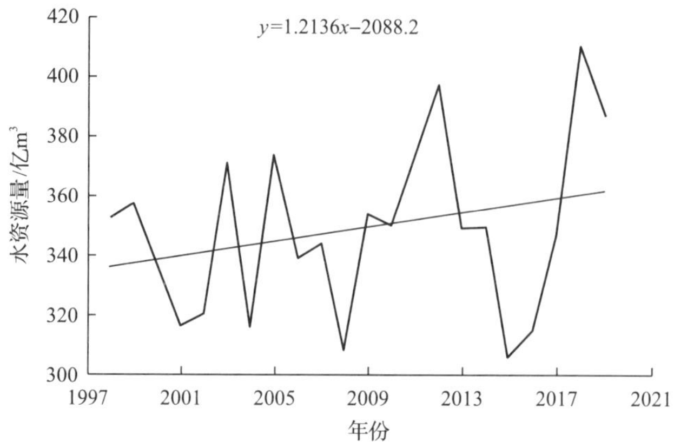

图 3.9　黄河流域地下水资源变化趋势

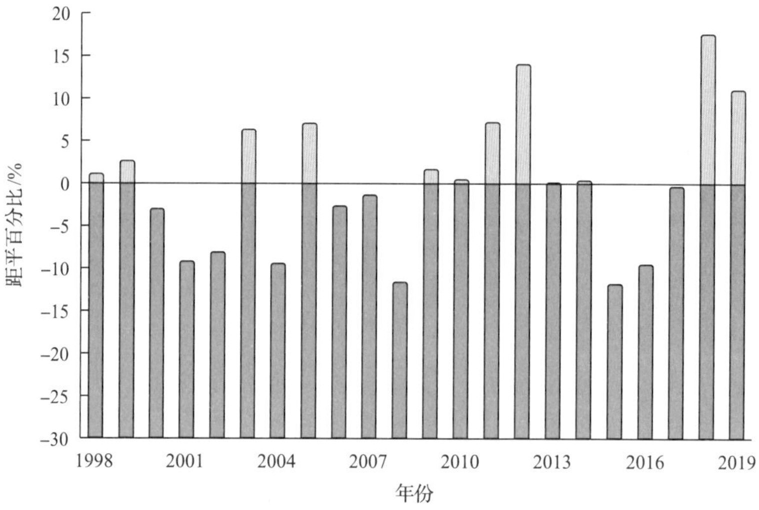

图 3.10　黄河流域地下水资源距平变化百分比

由图 3.9 和图 3.10 可知，黄河流域年地下水资源总量整体呈现上升趋势，上升趋势 1.21 亿 m^3/a，黄河流域 1998~2019 年以来多年平均分区地下水资源量为 376 亿 m^3，其中矿化度不超过 1g/L 的地下水资源量为 350.7 亿 m^3，占 93%；矿化度为 1~2g/L 的地下水资源量为 25.3 亿 m^3，占 7%。在黄河流域地下水资源量中，山丘区地下水资源量为 263.3 亿 m^3，平原区地下水资源量为 154.6 亿 m^3，山丘区与平原区之间的重复计算量 41.9 亿 m^3。对比多年平均值可知，1998~2019 年共有 10 年水资源量偏少，其中 6 年偏少幅度均超过 5%；在水资源富余的年份，仅 2003 年、2005 年、2011 年和 2012 年水资源总量偏多幅度接近或大于 10%，其他偏多年基本稳定在对年平均值线附近。黄河流域各分区地下水资源量如图 3.11 所示。

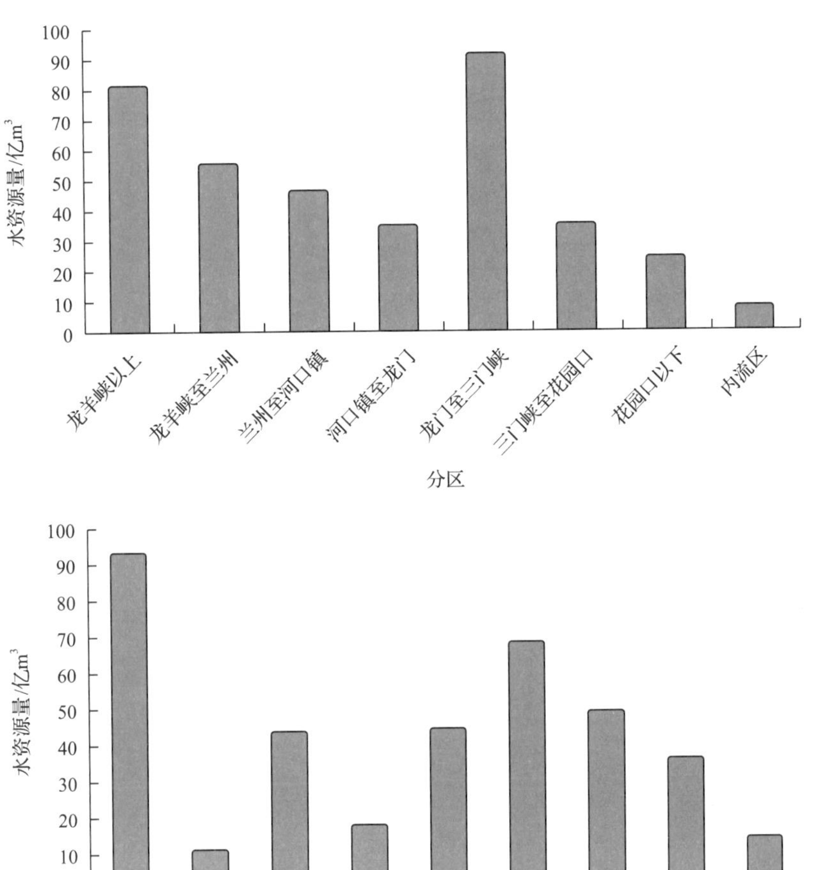

图 3.11　黄河流域各个分区地下水资源量

第三节　黄河水资源开发利用状况

一、水资源开发利用总量

1998~2019 年黄河总取水量达到 11105 亿 m³，耗水量达到 8715.6 亿 m³。其中地表水取水 8279.7 亿 m³，地表水耗水 6706.25 亿 m³；地下水取水 2825.4 亿 m³，地下水耗水 2009.31 亿 m³。统计 1998~2019 年逐年水资源总量的取耗水情况如图 3.12 所示，由图可知，黄河流域 1998~2019 年取水耗水均呈上升趋势，取水上升速率为 2.9583 亿 m³/a，耗水上升速率为 3.7963 亿 m³/a，黄河流域取耗水变化情况在 2004 年前后发生较为明显

的变化，2004 年之前取耗水均呈下降趋势，2004 年以后取耗水呈较为显著的上升趋势。

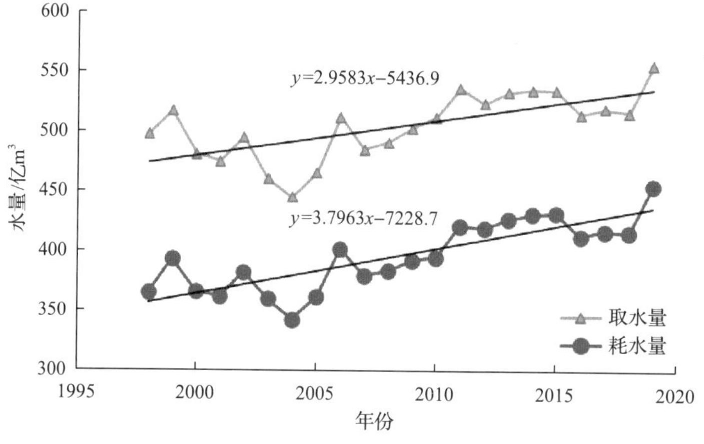

图 3.12　黄河水资源取耗水逐年统计

统计黄河流域各个省（区）多年平均取耗水关系如图 3.13 所示，各省份中内蒙古、山东、宁夏三个省份取水较多，分别达到 98.31 亿 m^3、88.91 亿 m^3、77.85 亿 m^3，分别占总取水量的 19.38%、17.53%、15.35%；耗水较多的省份为山东、内蒙古、河南三省，耗水量分别达到 84.84 亿 m^3、79.63 亿 m^3、57.71 亿 m^3，分别占总耗水量的 21.31%、20.00%、14.49%。

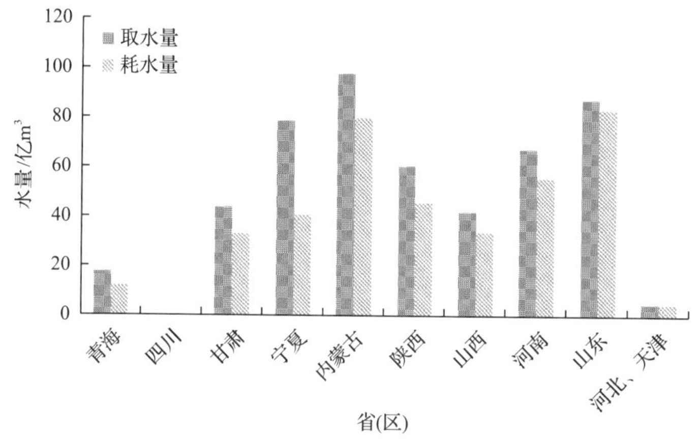

图 3.13　黄河沿省（区）取耗水统计

黄河流域各个分区多年平均取耗水关系如图 3.14 所示，各个分区中兰州至道拐段、花园口以下段、龙门至三门峡段的取耗水均较多，取水分别达到 183.34 亿 m^3、128.36 亿 m^3、101.94 亿 m^3，分别占总取水量的 36.18%、25.33%、20.12%，耗水量分别达到 124.71 亿 m^3、121.67 亿 m^3、79.03 亿 m^3，分别占总耗水量的 31.35%、30.59%、19.87%。

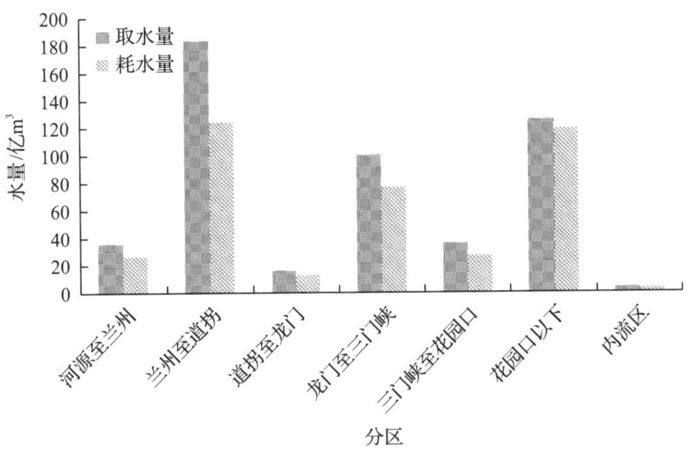

图 3.14　黄河各个分区取耗水统计

二、地表水资源开发利用

1998~2019 年逐年地表水资源的取耗水情况如图 3.15 所示，由图可知，黄河流域 1998~2019 年取水耗水均呈上升趋势，取水上升速率 3.7738 亿 m^3/a，耗水上升速率 4.0712 亿 m^3/a，黄河流域取耗水变化情况在 2004 年前后发生较为明显的变化，2004 年之前取耗水均呈下降趋势，2004 年以后取耗水呈较为显著的上升趋势。

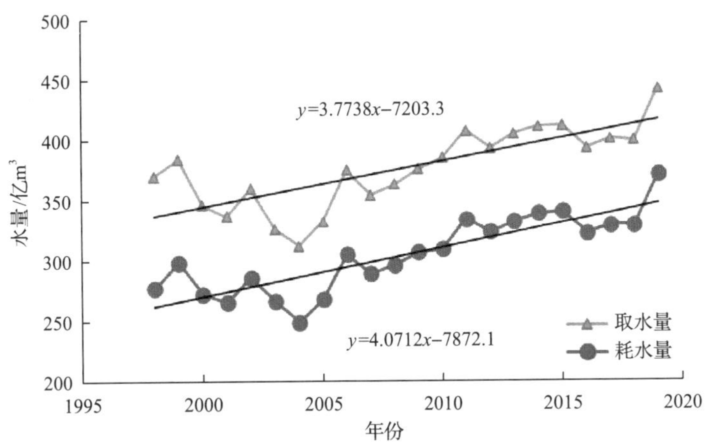

图 3.15　黄河地表水资源取耗水逐年统计

统计黄河流域各个省份多年平均地表水取耗水关系如图 3.16 所示，各省（区）中山东、宁夏、内蒙古三个省（区）取水较多，分别达到 79.07 亿 m^3、73.06 亿 m^3、72.26 亿 m^3，分别占总取水量的 20.86%、19.28%、19.06%；耗水较多的省（区）为山东、内蒙古、河南三省，耗水量分别达到 77.75 亿 m^3、59.75 亿 m^3、40.98 亿 m^3，分别占

总耗水量的 25.35%、19.48%、13.36%。

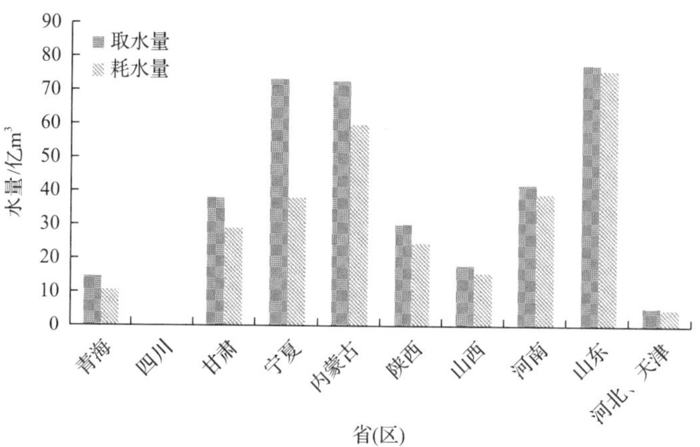

图 3.16　黄河沿省（区）地表水取耗水统计

统计黄河流域各个分区多年平均取耗水关系如图 3.17 所示，各个分区中兰州至道拐段、花园以下段、龙门至三门峡段的取耗水均较多，取水分别达到 156.47 亿 m³、108.68 亿 m³、51.07 亿 m³，分别占总取水量的 41.31%、28.69%、13.48%；耗水量分别达到 104.95 亿 m³、107.13 亿 m³、42.33 亿 m³，分别占总耗水量的 33.60%、34.30%、13.55%。

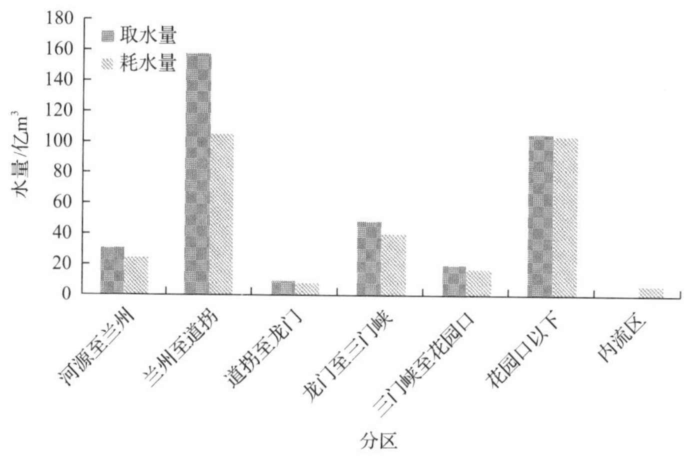

图 3.17　黄河各个分区地表水取耗水统计

三、地下水资源开发利用

统计 1998~2019 年逐年地下水资源的取耗水情况如图 3.18 所示，由图可知，黄河流域 1998~2019 年地下水取水耗水总体均呈下降趋势，取水下降速率 0.8155 亿 m³/a，耗水下降速率 0.2748 亿 m³/a，其中取耗水变化情况在 2006 年前后发生明显变化，

2006 年之前地下水取耗水均呈上升趋势，2006 年以后取耗水呈下降趋势，主要原因是地表水供水增加和地下水开采控制政策等多方面因素的综合作用。

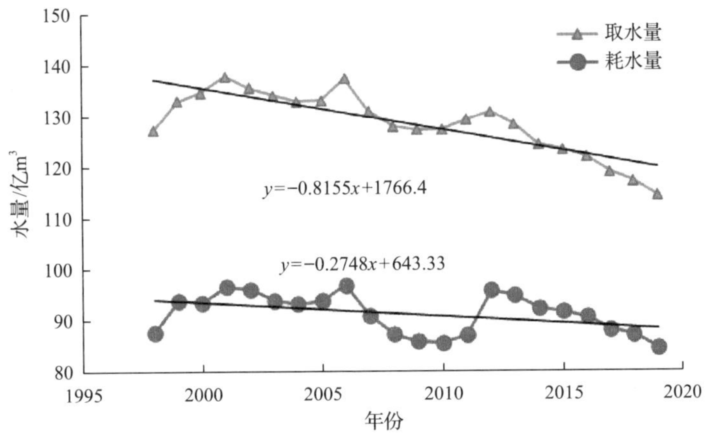

图 3.18 黄河地下水资源取耗水逐年统计

统计黄河流域各个省(区)多年平均地表水取耗水关系如图 3.19 所示，各省(区)中陕西、河南、内蒙古、山西四个省(区)地下水取水较多，分别达到 29.97 亿 m³、24.86 亿 m³、25.25 亿 m³、23.49 亿 m³，分别占总取水量的 23.38%、19.40%、19.70%、18.33%；耗水较多的省(区)为陕西、内蒙古、山西、河南四省，耗水量分别达到 20.89 亿 m³、19.87 亿 m³、17.77 亿 m³、16.74 亿 m³，分别占总耗水量的 22.91%、21.79%、19.49%、18.35%。

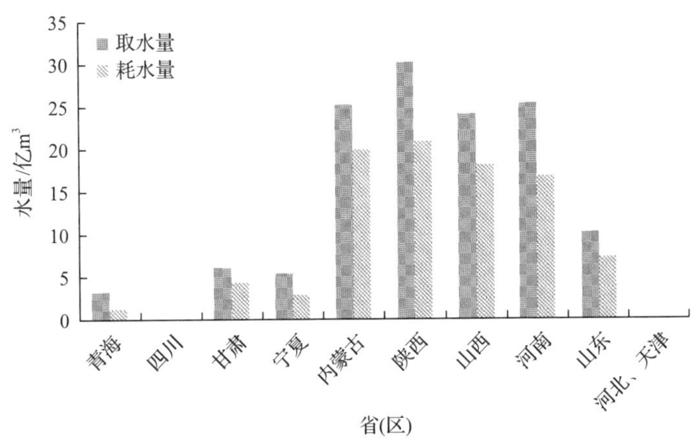

图 3.19 黄河沿省(区)地下水取耗水统计

统计黄河流域各个分区多年平均地下水取耗水关系如图 3.20 所示，各个分区中龙门至三门峡段、兰州至道拐段、花园以下段的地下水取耗水均较多，取水分别达到

50.86 亿 m^3、26.87 亿 m^3、19.68 亿 m^3，分别占总取水量的 39.74%、20.99%、15.38%；耗水量分别达到 36.70 亿 m^3、19.76 亿 m^3、14.54 亿 m^3，分别占总耗水量的 40.31%、21.70%、15.97%。

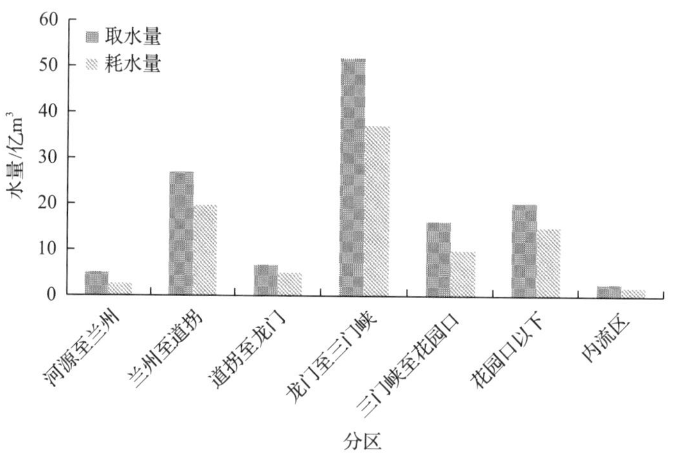

图 3.20　黄河各个分区地下水取耗水统计

第四节　黄河流域未来供需预测

一、河道外用水供需预测

根据黄河流域未来的经济社会发展规划，分析黄河流域未来的主要行业用水需求如下。

（一）农业用水供需分析

目前黄河流域农田有效面积 8364 万亩，农田实灌面积 7181 万亩，粮食总产量 4532 万 t，人均粮食产量 379kg，灌溉水利用系数为 0.541，农田灌溉用水量为 264 亿 m^3。各省（区）粮食产量及占比如表 3.7 和图 3.21 所示。由于水源短缺，黄河流域约有 1183 万亩灌溉面积无水可灌，4000 万亩非充分灌溉，难以发挥效益。结合国家有关现代农业灌溉发展规划①对黄河流域灌溉发展和粮食生产布局要求，至 2035 年黄河流域新增灌溉面积 735 万亩，灌溉面积达 9099 万亩。规划各省（区）的灌溉面积增加量如表 3.8 所示。

① 《全国现代灌溉发展规划》《黄河流域水资源综合规划》《国家高标准农田建设规划》《国家新增 1000 亿斤粮食生产能力规划》。

表 3.7 各省（区）的粮食产量

省(区)	青海	甘肃	宁夏	内蒙古	陕西	山西	河南	山东	黄河流域
粮食产量/万 t	80	522	326	668	944	720	912	356	4532
人均粮食产量/(kg/人)	177	256	528	576	333	297	538	501	379

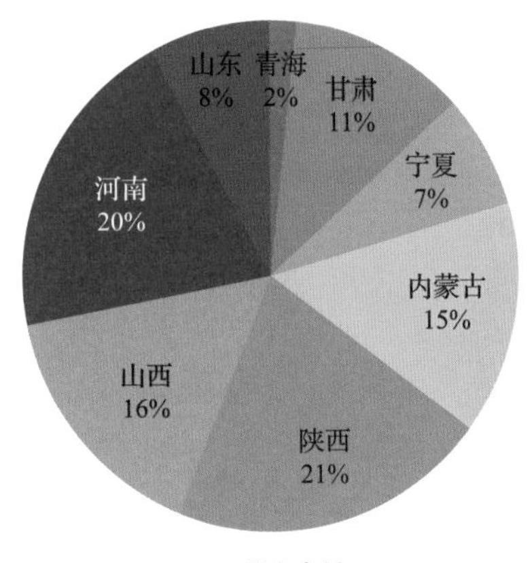

(a) 粮食产量

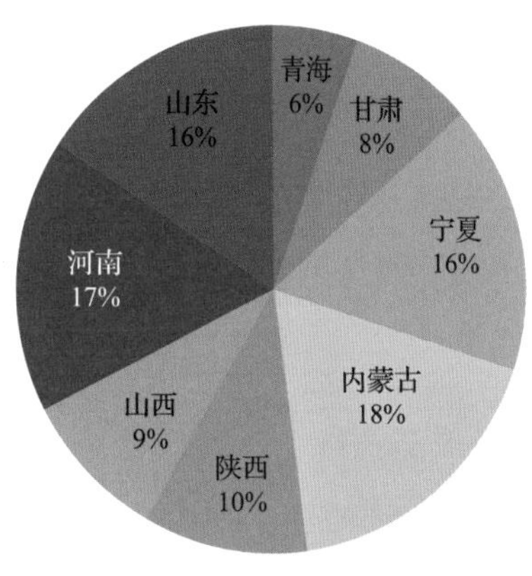

(b) 人均粮食产量

图 3.21 各省（区）的粮食产量占比及人均粮食产量占比

表 3.8 各省（区）的现状及规划有效灌溉面积 （单位：万亩）

省(区)	现状年	规划年	增加
青海	212	373	161
甘肃	720	800	80
宁夏	784	879	95
内蒙古	1952	1989	37
陕西	1624	1748	124
山西	1419	1454	35
河南	1167	1359	192
山东	487	497	10
黄河流域	8364	9099	735

各省（区）的现状及规划有效灌溉面积如图 3.22 所示。规划灌溉面积增加的主要省（区）包括：

青海：引黄济宁灌溉工程（40 万亩）、湟水北干渠扶贫灌溉工程（56 万亩）、贵德县拉西瓦灌溉工程（11 万亩）等 9 个新建大中型灌区。

宁夏：新建大柳树灌区（87 万亩）、中型续建配套灌区（8 万亩）。

陕西：交口抽渭灌区、桃曲坡水库灌区、石头河水库灌区、羊毛湾水库灌区、石堡川水库灌区等大型续建配套（23 万亩），中型续建配套灌区（54 万亩）、泔河水库灌区、徐木湾抽水灌区、石堡川扩灌、大柳树灌区等新建大中型灌区（48 万亩）。

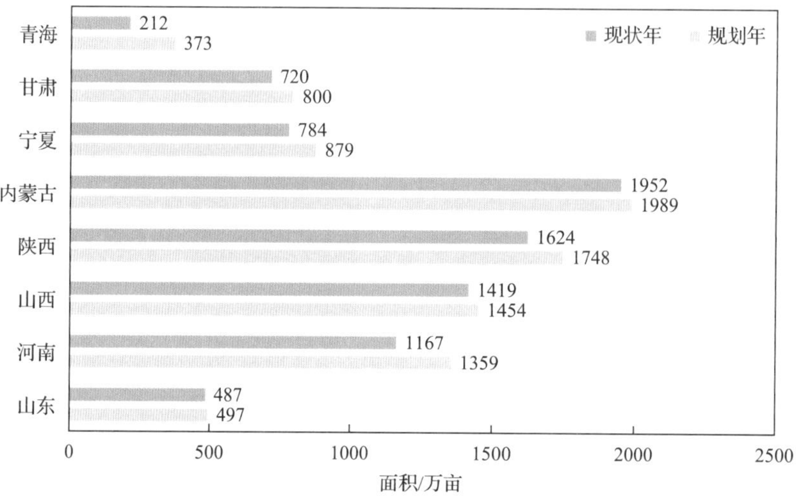

图 3.22　各省（区）的现状及规划有效灌溉面积

河南：大型徐建配套灌区韩董庄灌区（20 万亩）、陆浑灌区（60 万亩）、窄口灌区（13 万亩），新建大型灌区故县（37 万亩）、小浪底南北岸灌区（62 万亩）。

基于上述分析，黄河流域农业灌溉需水量预测如表 3.9 和图 3.23 所示。

表 3.9　黄河流域农业灌溉需水量预测

省(区)	定额/(m^3/亩)			需水量/亿 m^3		
	基准年	2035 年	2050 年	基准年	2035 年	2050 年
青海	383	368	346	8.09	11.36	10.70
甘肃	398	341	334	28.68	27.25	26.67
宁夏	684	598	572	53.63	52.55	50.30
内蒙古	508	420	392	99.07	83.59	78.02
陕西	291	258	249	47.26	45.11	43.58
山西	271	240	230	38.46	34.90	33.41
河南	386	338	319	45.07	46.00	43.35
山东	265	233	226	12.90	11.60	11.21
黄河流域	398	343	327	333.14	312.35	297.24

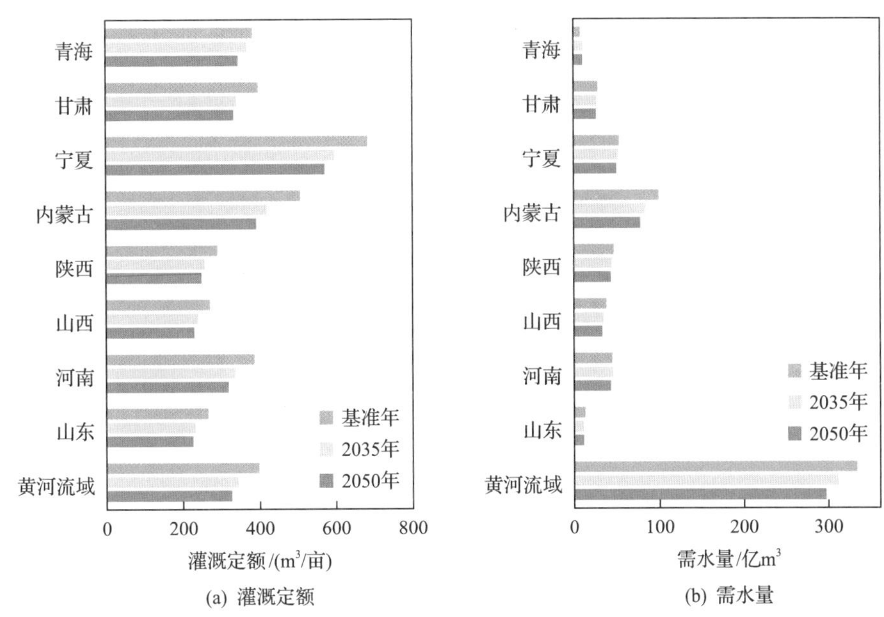

图 3.23 黄河流域农业灌溉需水量预测

（二）重点工业用水供需分析

黄河流域未来工业需水增长主要集中在上中游的能源产业。根据《能源发展战略行动计划（2014—2020 年）》，黄河中游地区是推进煤电大基地大通道建设的关键地区。《全国矿产资源规划（2016—2020 年）》规划的全国 26 个能源矿产基地（23 个油气、煤炭基地，3 个铀矿基地），黄河流域包括鄂尔多斯盆地、神东、晋北、晋中、晋东、黄陇、宁东、陕北 8 个油气、煤炭基地，约占全国的 1/3。按照国家能源发展战略布局，黄河流已建成神东、陕北、宁东、黄陇、晋北、晋中、晋东等煤炭基地，形成了 9 个综合性能源化工基地，在建和规划建设的工业园区 118 个。根据国家及地方有关用水定额标准以及清洁生产标准，拟定各产业相关产品的用水定额如表 3.10 所示。

表 3.10 相关能源产业用水定额

行业	项目 1	用水定额 1	项目 2	用水定额 2	项目 3	用水定额 3
煤炭开采	井工煤矿	≤0.2m³/t	露天煤矿	≤0.1m³/t	选煤	0.1m³/t
火电	火电	0.09m³/t(s · GW)				
煤化工	焦炭	1m³/t	兰炭	2.2m³/t	煤制甲醇	7m³/t
	煤制二甲醚	11m³/t	聚氯乙烯	8m³/t	煤制芳烃	27m³/t

续表

行业	项目 1	用水定额 1	项目 2	用水定额 2	项目 3	用水定额 3
煤化工	煤制乙二醇	$26m^3/t$	电石	$1.1m^3/t$	煤制油	$6.8m^3/t$
	煤制烯烃	$10m^3/t$	煤制天然气	$5m^3/10^3m^3$	煤制合成氨	$4.2m^3/t$
石油化工	石油炼制	$0.6m^3/t$				
冶金及压延	氧化铝	$2m^3/t$	电解铝	$1.5m^3/t$	金属镁	$10m^3/t$
	炼铁	$2.4m^3/t$	炼钢	$3.5m^3/t$	硅铁	$3m^3/t$

预测相应的水资源需求表 3.11 所示。

表 3.11　相关能源产业用水需求预测

产业	产品	基准年		2035 年		2050 年	
		产品规模	需水量	产品规模	需水量	产品规模	需水量
煤炭开采	煤炭开采/亿 t	18.89	3.41	23.64	3.90	20	3.30
能源	火电/MW	116250	2.91	233000	4.25	247100	4.51
传统煤化工	煤焦化/万 t	14563	1.87	16010	2.06	17513	2.25
	合成氨/尿素/万 t	1010	1.44	1340	1.90	1751	2.49
	煤制甲醇/万 t	1163	1.07	1459	1.35	1808	1.67
	电石/万 t	535	0.06	623	0.07	719	0.08
现代煤化工	煤制烯烃/万 t	165	0.42	1544	1.69	1874	2.05
	煤制二甲醚/万 t	200	0.25	941	1.04	1076	1.19
	煤制油/万 t	171	0.14	1773	1.22	2120	1.45
	煤制天然气/亿 m^3	0	0.00	530	2.79	580	3.05
	其他/万 t	1388	1.67	3769	4.83	4248	5.45
冶金及压延	有色金属/万 t	998	1.00	3620	3.25	6890	6.18
	黑色金属/万 t	8370	2.79	12985	4.38	18150	6.12
石油化工	石油化工/万 t	3410	0.29	8846	1.75	11443	2.26
合计			17.32		34.48		42.06

（三）河道外用水总量预测

人口增长预测：《国家人口发展规划（2016—2030 年）》预计 2030 年前后我国人口总数达到峰值，此后将下降。2030 年城镇化率将达到 70%。《人口与劳动绿皮书：中国人口与劳动问题报告 No.19》预测人口总数于 2029 年达到峰值（14.40 亿），2030 年进入持续负增长，2050 年减少到 13.64 亿。

经济发展预测：结合国家战略及省（区）规划对黄河流域发展的要求，考虑国家经济发展布局与趋势，按照工业发展速度拟定高中低方案，如表 3.12 和图 3.24 所示。

表 3.12　黄河流域经济发展预测

水平年	经济发展指标			
	GDP/万亿元	工业增加值/亿元	GDP 增长率/%	工业增加值增长率/%
基准年	6.1	23869		
2035 年低方案	14.4	49962	4.6	4.0
2035 年中方案	14.9	55201	4.8	4.5
2035 年高方案	15.5	61170	5.0	5.1
2050 年低方案	27.0	86832	4.3	3.8
2050 年中方案	28.7	104354	4.5	4.3
2050 年高方案	30.6	123457	4.6	4.8

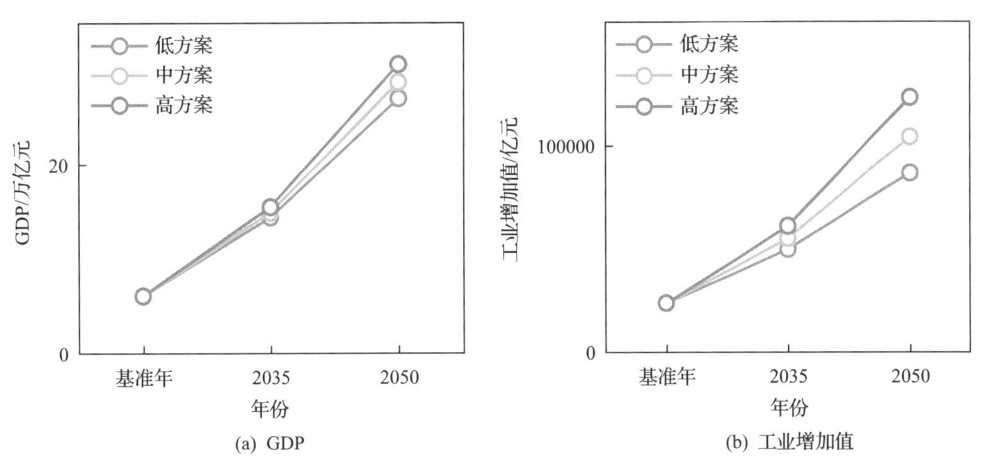

图 3.24　黄河流域经济发展预测

河道外生态预测：依据《中国城市统计年鉴》和各省（区）统计年鉴，黄河流域 2016 年人均绿化面积为 16m^2，2035 年增长到 18m^2，2050 年增长到 20m^2。黄河流域现状城镇河湖面积为 20.58 万亩，城镇人均河湖面积 2.1m^2；预测二者 2035 年将分别达到 23.67 万亩、1.7m^2；2050 年增长到 26.04 万亩、1.8m^2。考虑乌梁素海、岱海、沙湖，太原汾河、大汶河等非城区湖泊，哈素海修复治理工程生态补水等，2016 年农村河湖面积为 41.2 万亩，预计 2035 年增加到 71.9 万亩，2050 年维持不变。生态防护林面积为 57.6 万亩，预计 2035 年发展到 95.1 万亩，2050 年发展到 99.8 万亩。

依据上述分析，拟定高中低方案，预测黄河流域 2035 年黄河流域河道外总需水量 541 亿~557 亿 m^3，2050 年河道外总需水量 553 亿~584 亿 m^3。如表 3.13 和图 3.25 所示。

表 3.13　黄河流域河道外需水预测

水平年	需水量/亿 m^3					需水增长率/%		
	生活	工业	农业	生态	总需水量	生活	工业	总需水量
基准年	47	55	377	15	492.9			
2035 年低方案	81.3	66.2	367.4	26.2	541.1	2.9	1.0	0.5
2035 年中方案	81.3	73.3	367.4	26.2	548.2		1.5	0.6
2035 年高方案	81.3	81.6	367.4	26.2	556.5		2.1	0.6
2050 年低方案	94.9	72.4	355.7	29.8	552.7	1.0	0.6	0.1
2050 年中方案	94.9	87.4	355.7	29.8	567.7		1.2	0.2
2050 年高方案	94.9	104.0	355.7	29.8	584.4		1.6	0.3

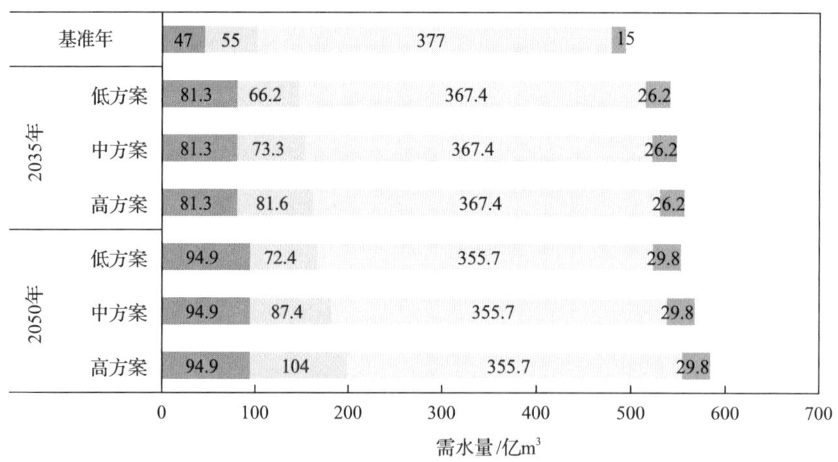

图 3.25　黄河流域河道外需水预测

二、河道内生态供需预测

考虑河段生态需水、河道输沙、维持中水河槽及稳定河势，中游河口镇断面汛期生态需水量为 115 亿 m^3，并在汛期需要一定量级的洪水过程，中水河槽规模需求应不小于 2000m^3/s。为满足防凌要求和生态环境要求，河口镇断面 11 月至 6 月非汛期生态需水量为 77 亿 m³，综合考虑河口镇年河道内生态水量需求约为 200 亿 m³。结合《黄河流域综合规划》确定的“维持下游中水河槽，基本控制游荡性河段河势，保障滩区群众生命财产安全”防洪减淤目标，综合河流生态廊道功能维持需水、湿地生态需水、水生生物需水、近海生态需水、输沙用水等成果，黄河下游汛期河道内生态需水量应不小于 150 亿 m³、非汛期河道内生态需水量为 50 亿 m³，合计河道内生态需水量约为 200 亿 m³。

三、黄河流域未来供需形势情景分析

《黄河流域水文设计成果修订》显示 1956~2010 年系列多年平均径流量为 482.4 亿 m³。规划 2035 年、2050 年，径流量进一步减少到 462.4 亿 m³，各省（区）分水指标同比例压减。基准年配置 307.75 亿 m³，规划 2035 年、2050 年配置水量都将减少到 295 亿 m³。考虑古贤水利枢纽等水利工程 2035 年生效，到 2035 年，考虑引汉济渭调水 10 亿 m³，到 2050 年，考虑引汉济渭调水 15 亿 m³，综合分析黄河流域未来的水资源供需情况如表 3.14 和图 3.26 所示。

表 3.14 黄河流域未来水资源供需形势 （单位：亿 m³）

水平年	地表供水量			地下供水量	其他水源供水量	合计
	流域内	流域外	小计			
基准年	273.06	89.11	362.17	121.87	11.48	495.53
2035 年	274.30	83.25	357.56	119.85	20.97	498.38
2050 年	279.77	83.25	363.02	119.85	31.02	513.89

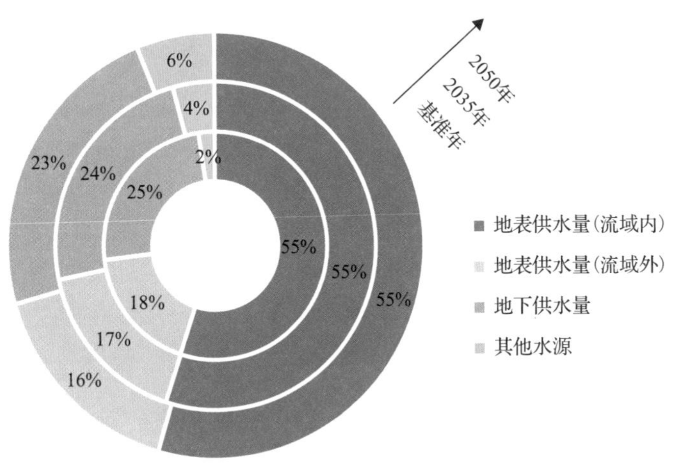

图 3.26 黄河流域未来水资源供需形势

在全面采用强化节水措施的条件下，2035 年黄河流域缺水量为 126 亿~141 亿 m^3，2050 年缺水更加严重，高达 122 亿~154 亿 m^3。中方案条件下，2035 年需水量为 548 亿 m^3，缺水量为 133 亿 m^3；2050 年需水量为 568 亿 m^3，缺水量为 137 亿 m^3。

2035 年，上中游省（区）中方案需水量为 446 亿 m^3，供水量为 337 亿 m^3，缺水量为 109 亿 m^3，占全流域缺水量的 82.1%；黄河流域生活工业总缺水量为 77 亿~92 亿 m^3，其中上中游地区缺水 63 亿~76 亿 m^3；中方案条件下生活工业缺水量为 84 亿 m^3，其中上中游地区缺水量为 69 亿 m^3。

2050 年，上中游省（区）中方案需水量为 463 亿 m^3，供水量为 351 亿 m^3，缺水量为 112 亿 m^3，占全流域缺水量的 82.2%；黄河流域生活工业总缺水量为 83 亿~114 亿 m^3，其中上中游地区缺水 69 亿~96 亿 m^3；中方案条件下生活工业缺水量为 98 亿 m^3，其中上中游地区缺水量为 81 亿 m^3。

第五节　黄河水资源的挑战与对策

黄河水资源对黄河地区经济社会发展起到了巨大的支撑和保障作用，但面临的问题和挑战也巨大。

（1）水资源总量不足是黄河流域经济社会可持续发展最大制约因素，增加黄河水资源总量和调蓄能力是解决黄河水资源问题的重要措施。

黄河流域多年平均河川天然径流量仅占全国 2%，人均年径流量仅为全国的 23%，却支撑了全国 7%的经济量、提供了 15%的耕地所需灌溉量以及养活了 9%的人口，同时担负着向流域外部分地区供水的任务。黄河又是世界上泥沙最多的河流，有限的水资源还必须承担河流的输沙任务，使经济社会发展的用水进一步受到制约。目前，黄河流域约 1000 万亩有效面积得不到灌溉、部分灌区的灌溉保证率和灌溉定额明显偏低；部分计划开工建设的能源项目由于没有取水指标而无法立项，部分地区的工业园区和工业项目由于水资源供给不足而迟迟不能发挥效益。又因黄河水资源具有年际变化大、连续枯水段长的特点，在枯水期和枯水段，缺水更加严重，给黄河流域的生产生活用水、黄河水生态系统和社会经济可持续发展造成严重影响。

干流水库调节作用是保证黄河不断流的关键措施。目前黄河干流调蓄能力较强的大型水库有龙羊峡、刘家峡、万家寨、三门峡、小浪底[4]，总库容 536 亿 m^3，调节库容约 300 亿 m^3。但是，已建的三门峡水库由于受库区淤积和潼关高程的限制，只能进行有限的调节，一般年份在 2~3 月结合防凌最大蓄水量仅 14 亿 m^3，远不能满足下游引黄灌溉用水要求。小浪底水库长期有效库容 51 亿 m^3，可起到一定程度的调节作用。但仅靠三门峡和小浪底水库，中游干流河段的水库调节能力仍显不足，尤其是河口镇至龙门区间的晋陕峡谷缺乏可调节径流的控制性水利枢纽工程。黄河流域是资源性缺水地区，依赖自身水资源量难以解决流域的供需矛盾，支撑黄河流域及相关地区经济社会的可持续发展，从长计议，必须依靠南水北调西线、引汉济渭等调水工程，应加强黄河中游控制性水库和西线南水北调工程的前期工作。

（2）黄河流域总体用水效率不高，提高用水效率，全面建设节水防污型社会是必须坚持的重要措施。

黄河流域用水水平和用水效率相较 1980 年有了较大提高，但与全国先进地区相比，用水管理与用水技术仍相对落后，用水效率指标尚有较大差距[5]。由于部分灌区渠系老化失修、工程配套较差、灌水技术落后及用水管理粗放等原因，造成了灌区大水漫灌、浪费严重的现象。万元工业增加值取水量和水资源重复利用率与世界先进水平相比差距较大。水资源无偿使用和水价严重背离成本也是造成水浪费现象的重要原因。目前，流域内大部分自流灌区水价低于成本价，尤其是下游引黄渠首平均水价不到成本水价的一半。

节约用水不仅可缓解水资源短缺，也是减轻水污染的根本措施，同时还是该地区生态环境保护与建设的基本要求。黄河水资源的先天性不足，决定了黄河地区必须提高用水效率，全面建设节水防污型社会。这要求黄河地区必须要大力发展节水高效型农业生产体系和节水防污型的工业经济体系。根据预测，预计到 2035 年黄河流域缺水量 126 亿~141 亿 m^3，对于现状已存在缺水的黄河水资源来说，必须要强化节水，全面建设节水防污型社会，尽可能抑制水资源日益增长需求态势。

（3）黄河水资源配置不合理问题依然存在，科学配置、统一调度、加强水权水市场建设，是黄河水资源管理和可持续利用的核心手段。

目前黄河水资源配置和水资源利用效果尚存在着不合理与低效现象。为此，应从以下几个方面合理配置水资源，提高黄河水资源的承载能力：其一，提高用水效率。黄河水资源总体利用效率较低，特别是黄河中上游部分地区水资源利用效率十分低，水资源浪费现象较为严重，应进一步提高水资源利用效率。其二，增大非常规水资源利用量。这要求黄河流域必须进行污水处理设施建设，加强水环境的综合治理，并应大力开展污水资源化工程建设。其三，合理利用地下水。目前黄河流域地下水开发利用程度高，地下水开发利用潜力不大，但在渭河流域等局部地区出现地下水超采现象，且局部地区地下水超采很严重。为此，对于严重超采区要求逐步退出其超采水量，在上中游的支流地区尚具有潜力地区适度开发地下水水资源。其四，增加黄河河川径流调蓄能力。上游刘家峡水库的供水范围为宁蒙河段，但是距离较远，调控能力差，缺乏有效的调蓄水库。中游干流河段仅靠三门峡和小浪底水库，调节能力明显不足，尤其是河口镇至龙门区间的晋陕峡谷缺乏可调节径流的控制性水利枢纽工程。在这些地区可根据工程条件以及合理需求量，在科学论证和比选的前提下，兴建一批当地水资源开发利用工程。

自 1999 年实行黄河水量调度以来，主要依靠行政手段进行调度，调度手段单一，特别是在上游河段主要是通过下发调度指令要求省（区）和枢纽管理单位执行，依靠行政手段和现场督查来协调处理水量调度中的有关问题，缺乏调度职责、权限方面明确的法律支撑和经济处罚措施，对上中游没有任何隶属关系的省（区）及枢纽工程约束作用不强，执行效果欠缺。因此应进一步完善水量调度管理体制和机制，保障水量调度工作的顺利进行。尽快制定并颁布《黄河水资源统一管理与调度条例》，实行水量和水质统一管理与调度，干流取水口及上游水库应纳入统一管理，尽早实施全年黄河干流和重要支流水量统一调度。

黄河流域水资源供需矛盾突出、用户众多且需求差异性大，为缓解协调生态环境保护与经济社会发展的矛盾，可通过构建水权制度控制用水总量，借助水市场优化水资源配置、激励用户节约高效利用水资源。构建完整的黄河流域水权制度，可以依据国务院“八七”分水方案，各省（区）进一步将地表水资源和地下水资源的使用权分配到地市和区县，然后结合取水许可制度和灌区水权制度，最终将水资源使用权落实到工业用户和农业用户，建立包括流域—省区—地市—区县—用户的五级黄河流域水权体系，控制流域取用水总量，保障生态用水，实现还水于河。在水权制度基础上，建立流域性和区域性水市场，优化水资源配置、激励用户节水。

（4）加强水资源的统一管理，保护生态环境，规划实施南水北调西线工程。

黄河干流已建的大型水库及引水工程分属不同部门管理，流域机构缺乏监督监测手段，不能有效控制引用水量。在用水高峰期，各地争相引水，加剧了水资源紧张状况，很难做到河道内外统筹、上中下游兼顾。取水许可制度虽已全面实施，但由于流域机构缺乏强有力的行政处罚手段，有效监督尚不到位，直接影响黄河水资源的统一管理和调度。由于黄河水资源的日趋缺乏和开发利用不当，生态环境已受到巨大影响。随着经济的发展，工农业生产规模在不断扩大，新兴工业和城市在不断崛起，各部门用水量剧增，尤其是中下游地区用水量增加更快，水资源短缺、水质污染、地下水超采、下游河道断流的形势将更为严峻，若不严加管理和控制，将会大大阻碍流域经济的持续发展。要基于黄河当地水资源满足规划要求的黄河河流生态环境需水量 200 亿~220 亿 m^3，维持健康生命的任务十分艰巨。实现黄河流域的生态环境保护与河流健康，需要明确河道生态流量、水体水质和水土保持三方面的管理目标，并通过法律法规的形式固定下来，成立专门机构负责目标确定、数据监测、成效考核与政策落实。

目前黄河水资源消耗量已接近甚至超过了 1987 年国务院分水指标，且自 20 世纪 80 年代以来黄河水资源出现了持续干旱、水资源量减少态势，而未来黄河经济社会发展对水资源的需求增长态势不可避免。从长远来看，黄河流域自身水资源量难以支撑黄河流域及相关地区经济社会的可持续发展，必须依靠“南水北调”跨流域调水加以解决，特别是黄河中游水资源的短缺问题，只有依靠西线调水工程解决。从短近期来看，则要实施大力开展节约用水、强化水资源统一管理等综合措施加以解决。

第六节　小结

黄河流域 1998~2019 年多年平均分区水资源总量 560.88 亿 m^3，黄河年平均取水量达到 528.8 亿 m^3，耗水量达到 415.0 亿 m^3，其中地表水取水 394.3 亿 m^3，地表水耗水 319.3 亿 m^3，地下水取水 134.5 亿 m^3，地下水耗水 95.7 亿 m^3。在全面采用强化节水措施的条件下，预计 2035 年黄河流域缺水量 126 亿 ~ 141 亿 m^3，2050 年缺水将更加严重，高达 122 亿 ~ 154 亿 m^3。中方案条件下，2035 年需水量 548 亿 m^3，缺水量 133 亿 m^3；2050 年需水量 568 亿 m^3，缺水量 137 亿 m^3。因此，建议加快骨干水库修建，增加调蓄能力，提高用水效率，全面建设节水防污型社会，科学配置、统一调度、加强水权水市场建设，并进一步加强水资源的统一管理，保护生态环境，尽快规划实施南水北调西线工程。

本章撰写人：赵建世

参考文献

[1] 水利部黄河水利委员会. 黄河流域综合规划(2012—2030 年). 郑州: 黄河水利出版社, 2013.

[2] 刘展翼. 黄河志. 郑州: 河南人民出版社, 1998.

[3] 彭少明, 王煜, 蒋桂芹. 黄河流域主要灌区灌溉需水与干旱的关系研究. 人民黄河, 2017, 39(11): 5-10.

[4] 魏加华, 王光谦, 翁文斌, 等. 流域水量调度自适应模型研究. 中国科学: 技术科学, 2004, 34(s1): 185-192.

[5] 赵建世, 杨元月. 黄淮海流域水资源配置模型研究. 北京: 科学出版社, 2015.

第四章

黄河流域的农业灌溉

第一节　黄河流域在全国农业发展中的作用

黄河发源于青藏高原，流经黄土高原、华北平原，横跨中国地形三大阶梯，河长5463.6km，流域面积 794712km^2[1]。黄河流域内耕地资源丰富、土壤肥沃、光热资源充足、雨热同步，有利于小麦、玉米、棉花、花生和苹果等多种经济作物的生长。上游宁蒙平原、中游的汾渭盆地以及下游的沿黄平原是我国粮食、棉花、油料的重要产区，在我国农业生产中具有十分重要的战略地位。2010 年国务院发布了《全国主体功能区规划——构建高效、协调、可持续的国土空间开发格局》①，从确保国家粮食安全和食物安全的大局出发，提出了以“七区二十三带”为主体的农产品主产区（图 4.1）作为中国农业发展的重点。在全国 7 个农产品主产区中，涉及黄河流域的有 3 个，包括黄河流域上游的河套灌区（位于宁夏、内蒙古）、中游的汾渭平原（位于山西、陕西）和横跨黄河下游、淮河、海河流域的黄淮海平原（其中引黄灌区主要位于河南、山东）。其中河南、山东、内蒙古为全国粮食生产核心区，流域内 18 个地市、53 个县及流域外引黄灌区的 13 个地市、59 个县列入了全国产粮大县中的主产县[1]，在全国粮食生产中起到举足轻重的作用。

引黄灌溉对黄河流域及黄淮海平原的农业发展起到了很大作用，黄河流域有关指标及其占全国的比例见表 4.1。黄河流域水资源量仅约为全国的 2.5%[2]，但支撑了全国12.5%的灌溉面积，生产了全国 13.4%的粮食，对于保障区域乃至国家粮食安全具有重

① 国务院关于印发全国主体功能区规划的通知(国发〔2010〕46 号).(2011-12-21)[2022-06-30]. http://www.gov.cn/gongbao/content/2011/content_1884884.htm。

要意义。2016 年黄河流域内及流域外有效引黄灌溉面积 850 万 hm^2（1.27 亿亩）（图 4.2）[3]，约占全国灌溉面积（2011 年底第一次全国水利普查结果[4]为 10.0 亿亩，

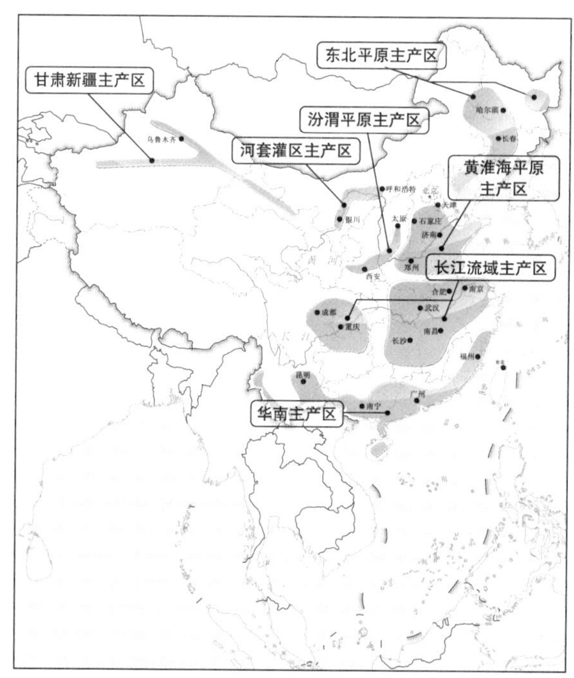

图 4.1　中国农业战略格局示意图[2]

资料来源：国务院关于印发全国主体功能区规划的通知(国发〔2010〕46 号).（2011-12-21）[2022-06-30]. http://www.gov.cn/gongbao/content/2011/content_1884884.htm

表 4.1　黄河流域主要农业灌溉指标及其占全国的比例

指标	单位	全国	黄河流域	
			数量	比例/%
陆地面积	万 km^2	960	79.47	8.3
耕地面积[1]	万 hm^2	12189	2023*	16.6
总播种面积[1]	万 hm^2	15507	2512*	16.2
粮食播种面积[1]	万 hm^2	10530	1601*	15.2
粮食产量[1]	万 t	50000	6685*	13.4
灌溉面积	万 hm^2	6800 [4]	850*[3]	12.5
水资源量[2]	亿 m^3	28412	719	2.5
2019 年农业用水量**	亿 m^3	3682	267	7.3
2019 年农田灌溉定额**	m^3/hm^2	5520	4785	86.7

* 包括黄河流域内及流域外引黄灌区的有关数据。

** 引自：中华人民共和国水利部. 2019 年中国水资源公报.（2020-08-03）[2022-06-30]. http://www.mwr.gov.cn/sj/tjgb/szygb/202008/t20200803_1430726.html。

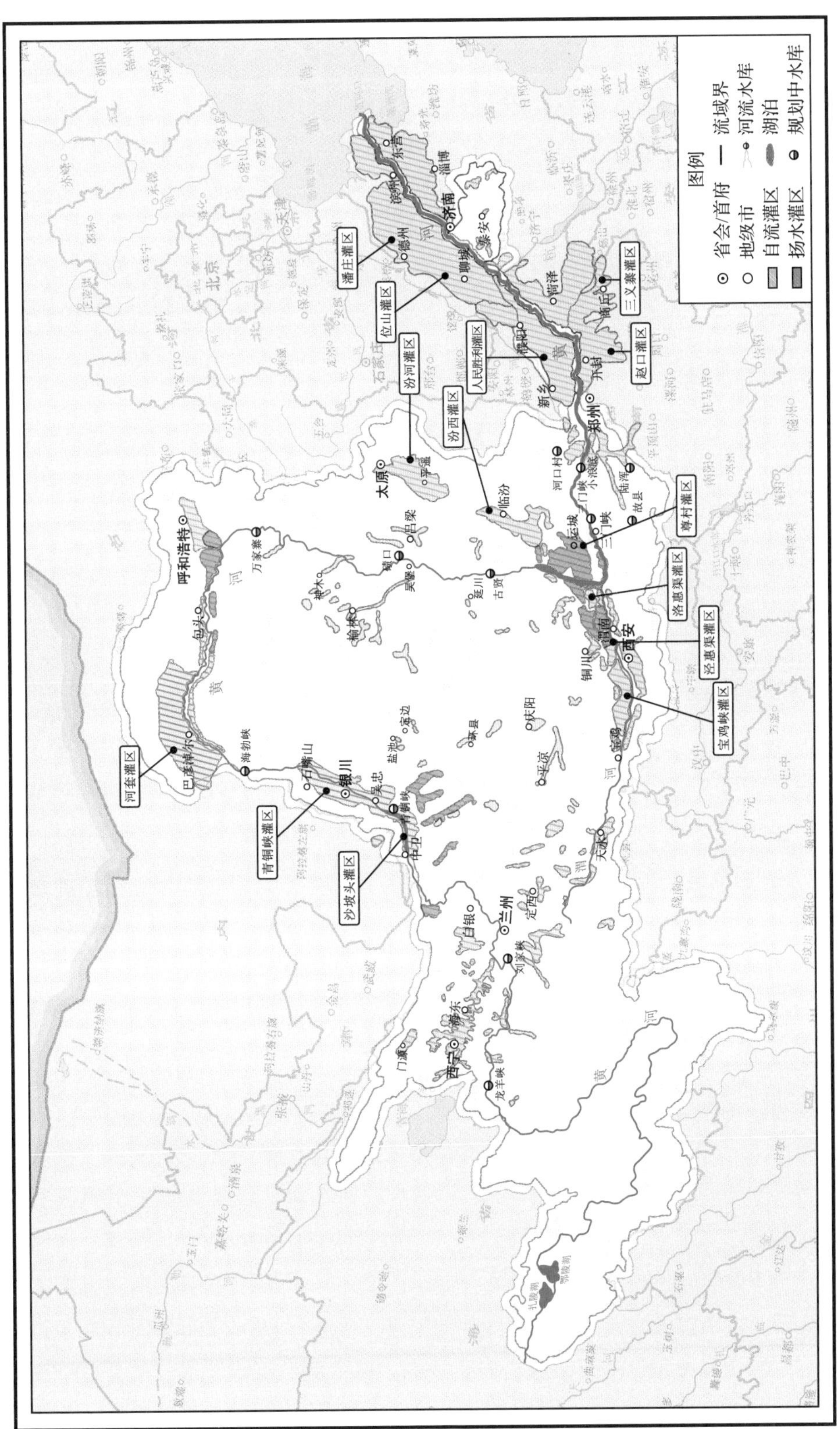

图4.2 黄河流域灌区分布示意图[3]

2018 年底达到 10.2 亿亩）的 12.5%。其中流域内有效灌溉面积（包括灌溉农田和灌溉林草地）约 623 万 hm^2（9342 万亩，占 73.3%），主要分布在上游宁蒙河套平原、中游汾渭平原及下游黄河沿岸；流域外约 227 万 hm^2（3405 万亩，占 26.7%），主要分布在毗邻黄河下游的海河平原、淮河平原。

第二节 黄河流域农业灌溉发展历史及灌溉工程遗产

一、黄河农业灌溉发展概况

黄河流域农业发展历史悠久，人类对黄河流域土地的垦殖始于 11500~9000 年前。10000~7500 年前，地球进入全新世大暖期，人类社会进入了新石器时代，黄河流域农业区发展迅速[5]，到周代（公元前 1046 年~前 256 年）黄河中游地区已成为当时中国农业最发达的地区。历经数千年，黄河流域孕育了辉煌灿烂的农业文明与农耕文化，也因此成为中华文明的发祥地。

中国古代以农业立国。中国地处欧亚大陆东部，受季风气候的影响，降水时空分布不均匀，许多地方常常受到干旱的威胁，灌溉对农业生产具有极其重要的意义。在数千年的历史岁月中，兴建过数以万计的水利设施。这些水利设施涉及生活用水、农田灌溉、防洪排涝、漕运航运等诸多领域，在经济社会生活中发挥了重要作用。据《诗经·大雅·公刘》记载："……笃公刘，既溥既长，既景迺冈，相其阴阳，观其流泉。其军三单，度其隰原，彻田为粮……"[6]，反映了夏商时期周部落首领姬刘在豳（今陕西省彬州市、旬邑县西南一带，位于黄河二级支流泾河流域）择地居住、开垦土地、勘明水源、开沟种粮的情景。这是文献中有关河灌的最早记载[7]。

战国末期秦国修建的郑国渠（始建于秦王政元年，公元前 246 年）是先秦时期规模最大的水利工程，从黄河二级支流泾河引水灌溉农田，发挥灌溉效益 100 余年[8]。后经历代改造重建，发展成为现在的陕西泾惠渠灌区，现灌溉面积 9.7 万 hm^2（145.3 万亩）。

秦汉时期是中国古代水利事业发展的一个重要时期，在黄河及其支流上修建了一系列为后世瞩目的灌溉工程[7]。尤其在汉武帝当政时，黄河及其支流引水灌溉发展迅速，根据《史记》卷 29《河渠书》[9]记载："用事者争言水利。朔方、西河、河西、酒泉，皆引河及川谷以溉田，而关中辅渠、灵轵引堵水……泰山下引汶水，皆穿渠为溉田，各万余顷。佗小渠披山通道者，不可胜言"。西汉元朔、太初年间（公元前 128 年~前 101 年），在河套地区、宁夏平原、河西走廊广开河渠，引水灌溉；在关中平原渭河及其支流上开凿漕渠、龙首渠、六辅渠、白渠、灵轵渠、成国渠、樊惠渠等水利设施，引泾、渭、洛诸水进行灌溉。这一时期代表性的灌溉工程包括始于秦汉的内蒙古河套灌区、宁夏引黄古灌区，以及建于西汉元狩三年至元封六年（公元前 120 年~前 105 年）的陕西省龙首渠引洛古灌区等。

此后在魏晋南北朝、隋唐五代、宋元明清时期黄河流域灌溉水利工程也得到了不同程度的发展。位于陕西关中（渭河）平原的泾惠渠等“关中八惠”工程修建于 20 世纪 20 年代，是国内较早一批利用近代科技修建的灌溉工程[1]。

新中国成立后，引黄灌溉事业得到了更大发展。20 世纪 50 年代在下游黄淮海平原陆续修建了河南人民胜利渠灌区、山东位山灌区等大型引黄灌区。60 年代三盛公及青铜峡水利枢纽相继建成，使得河套灌区、青铜峡灌区从无坝引水发展到有坝引水，灌溉引水得到了保证；同时，在陕西关中地区兴建了宝鸡峡引渭灌溉工程和交口抽渭灌区，山西汾河平原的汾河灌区和文峪河灌区相继扩建，汾渭平原的灌溉发展进入一个新的阶段。70 年代以来，在上中游地区先后兴建了甘肃景泰川灌区、宁夏固海灌区、山西尊村灌区等一批高扬程提水灌溉工程，使这些干旱高原变成了高产良田，增产效果显著[1]。1998 年开始实施的全国大型续建配套与节水改造工程，使得大型引黄灌区得到了进一步发展。

引黄灌溉面积从 1949 年的 80 万 hm^2（1200 万亩）发展到现阶段（2016 年）的 850 万 hm^2（约 1.27 亿亩）（图 4.2）[3]，为 1949 年的 10.6 倍，约占全国灌溉面积的 1/8。其中流域内有效灌溉面积约 623 万 hm^2（9342 万亩，占 73.3%），主要分布在湟水两岸、甘宁沿黄高原、宁蒙河套平原、汾渭盆地、黄河下游平原、河南伊洛沁河及山东大汶河河谷川地；流域外约 227 万 hm^2（3405 万亩，占 26.7%），主要分布在黄河下游两岸的海河平原、淮河平原（图 4.2）。

在沿黄 9 省（区）中，四川省流域内灌溉非常小，可以忽略不计，其他各省有效灌溉面积如图 4.3 所示。各省（区）有效灌溉面积从大到小排列依次为山东（213.9 万 hm^2）＞内蒙古（153.1 万 hm^2）＞河南（129.3 万 hm^2）＞陕西（120.9 万 hm^2）＞山西（103.1 万 hm^2）＞宁夏（60.5 万 hm^2）＞甘肃（51.9 万 hm^2）＞青海（17.1 万 hm^2），所占比例依次为 25.2%、18.0%、15.2%、14.2%、12.1%、7.1%、6.1%、2.0%。其中上中游灌区主要在流域内（甘肃省少部分灌溉面积在流域外，在图 4.3 中没有区分）；下游灌溉面积主要在分布流域外（占 66%），其中河南、山东两省流域外引黄灌溉面积分别占本省引黄灌溉总面积的 37%和 84%。

在全国灌溉面积超过 33 万 hm^2（约 500 万亩）的 6 个特大型灌区中，引黄灌区占 3 个，分别为内蒙古河套灌区（灌溉面积 66 万 hm^2）、山东位山灌区（36 万 hm^2）、宁夏青铜峡灌区（35 万 hm^2），其中位山灌区位于黄河流域外。

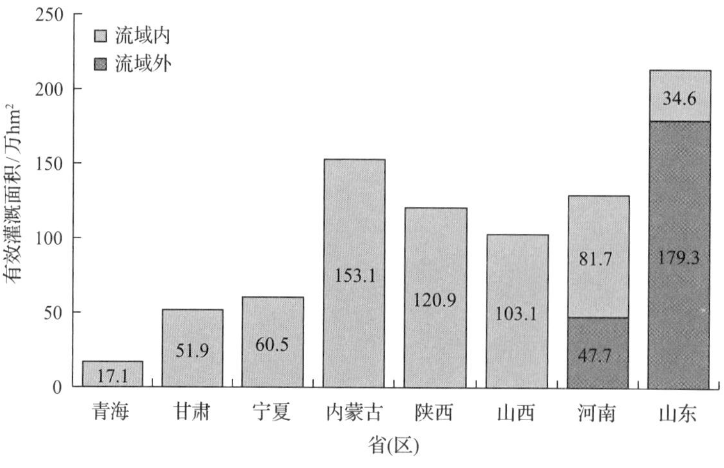

图 4.3 引黄灌溉面积分布[3]

二、泽被后世的黄河流域古灌溉工程

黄河流域灌溉事业的发展不仅为我国历代粮食安全提供了强有力的保证，也为世界留下诸多珍贵的灌溉工程遗产。国际灌溉排水委员会（ICID）从 2014 年开始评选世界灌溉工程遗产项目，旨在更好地保护和利用目前仍在使用的古代灌溉工程，挖掘灌溉工程发展及其对世界文明进程的意义，保护珍贵的历史文化遗产。从 2014 年到 2020 年，入选世界灌溉工程遗产的灌溉工程总数已达 105 项，分布于亚洲、欧洲、非洲、北美洲和大洋洲五大洲的 16 个国家，其中中国 23 项①。位于黄河流域的陕西郑国渠、宁夏引黄古灌区、内蒙古河套灌区和陕西龙首渠引洛古灌区先后在 2016 年、2017 年、2019 年和 2020 年被列入世界灌溉工程遗产，成为古代水利工作者留给后人的宝贵财富。

（一）郑国渠

郑国渠的修建源于一段脍炙人口的“疲秦计”(《史记》卷 29《河渠书》[9])。战国末年，秦国日益强大，对位于其东侧的韩国造成的威胁越来越大。公元前 246 年，韩桓惠王派水工郑国去游说秦王嬴政兴修水利工程，以使秦国把人力、财力集中在水利工程，削弱秦国的国力而无暇东征。秦王嬴政采纳了郑国的建议，令郑国凿泾水（今泾河）修渠。经过 10 余年的修建，渠道建成，渠长“三百余里”[9]（约合 126km）。通过高含沙河水淤灌提高土壤肥力、淋洗盐分，“灌泽卤之地四万余顷”[9]（渠道控制

① CNCID 新闻. 中国再添 4 处世界灌溉工程遗产. (2020-12-08)[2022-07-20]. http://www.cncid.org/cncid/zxtdt/webinfo/2020/12/1608499464893812.htm。

范围内土地面积，约合 280 万亩[10]），灌溉面积约 115 万亩，使得渭北旱塬的大片盐碱地变为良田，秦国的综合国力也得到了很大提升，最终灭六国而统一中国。秦王也因此将该工程命名为郑国渠（图 4.4）。郑国渠和都江堰、灵渠一起被称为秦代的三大水利工程。

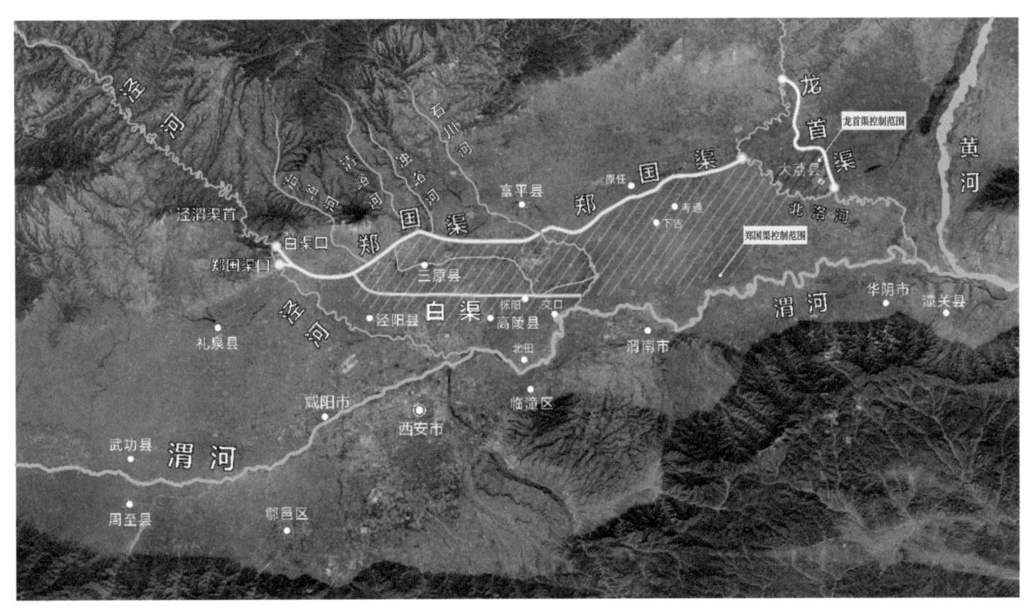

图 4.4　郑国渠（秦）、白渠（汉）及龙首渠（汉）示意图[8]

郑国渠从今天陕西泾阳县西北 25km 的泾河瓠口凿渠引泾水，向东横绝冶峪河、清峪河、浊峪河、石川河，流经今泾阳、三原、高陵、临潼、富平、渭南、蒲城入洛河，全长约 126km，灌溉农田 115 万亩。其干渠修建在泾河与洛河之间的渭北旱塬上，沿途吸纳冶峪、清峪、浊峪、石川诸水，规模宏大（图 4.4）。干渠上有若干引水大支渠，大支渠上又有许多用于灌溉的小支渠。

郑国渠开创了大规模引泾灌溉之先河，发挥灌溉效益 100 余年，并对后世引泾灌溉产生深远的影响。秦以后，历代持续完善引泾灌溉水利设施，先后历经汉代的白渠（白公渠）、唐代的三白渠、宋代的丰利渠、元代的王御史渠、明代的广惠渠和通济渠、清代的龙洞渠等历代渠道[8]。到民国时期，在我国现代水利建设先驱李仪祉先生的主持下，1930~1932 年在历代引泾灌溉工程的基础上运用近代科技兴建了今天的泾惠渠，开创了中国现代水利的先河，续写了郑国渠的辉煌篇章。

经过不断发展，泾惠渠灌区已经发展为一个以引泾自流灌溉为主、灌排结合的大型灌区。现状灌溉面积已达 9.7 万 hm^2（145.3 万亩），包括西安、咸阳、渭南三市的临潼、阎良、高陵、泾阳、三原、富平 6 县（区）。

（二）河套灌区

内蒙古河套灌区引黄灌溉始于秦汉时期。秦始皇帝三十三年至三十六年（公元前214~前 211 年），秦始皇派将军蒙恬带兵攻占“河南地”，包括今河套平原（当时黄河干流在北河，即现在的乌加河）、鄂尔多斯高原、银川平原等地，开始了河套平原（后套）和银川平原（西套）移民屯垦、兴修水利的历史。此后汉武帝元狩年间（公元前122 年~前 117 年）收复河套地区后，灌溉规模进一步扩大[7]。经过 2000 多年的发展，在民国时期逐步形成了从黄河引水的十大干渠。

1949 年后，河套灌区经历了引水工程建设、排水工程畅通、世界银行贷款项目配套、节水工程改造四次大规模的水利建设，实现了从无坝引水到有坝引水、从有灌无排到灌排配套、从粗放灌溉到节水灌溉三大历史跨越。1961 年建成了三盛公水利枢纽，开挖了输水总干渠，结束了河套灌区无坝多口引水的历史，开创了一首制引水灌溉的新纪元①，河套灌区自此成为亚洲最大的一首制自流引水灌区。

目前，河套灌区引黄灌溉面积约 77 万 hm^2（1154 万亩），是全国三大灌区之一，也是灌溉面积最大的引黄灌区（图 4.5）。河套灌区拥有比较完善的七级灌排配套体系（图 4.5），共有七级（总干、干、分干、支、斗、农、毛）灌溉渠道和排水沟道10.36 万条、6.4 万 km，其中总干渠长 181km、设计引水流量 565m^3/s；有各类建筑物18.35 万座①。引黄水量从节水改造前的 50 亿 m^3 左右减少到现在的 40 亿 m^3 左右，目前存在的主要问题是个别地区灌溉水源不足、局部地区盐渍化严重[11]。

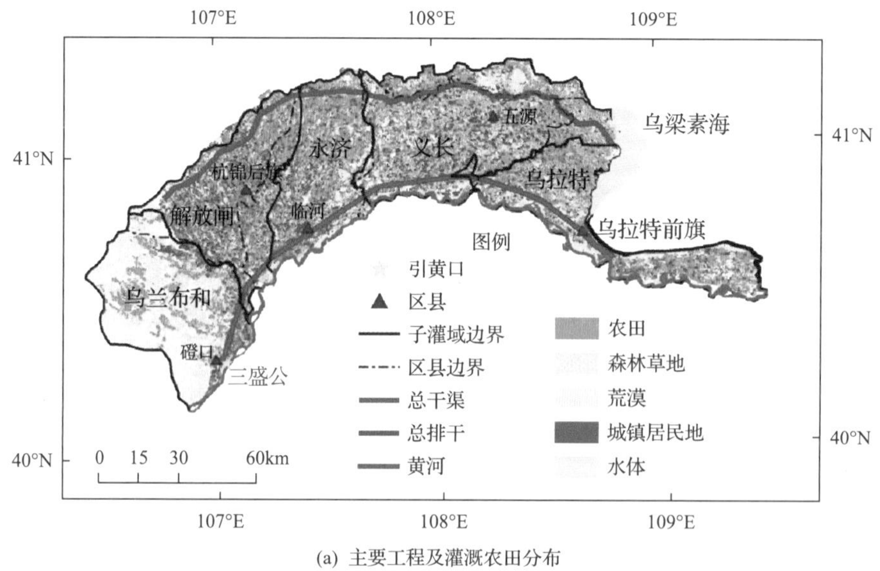

(a) 主要工程及灌溉农田分布

① 河套灌区管理总局. 灌区简介. 2020. http://www.zghtgq.com/plus/list.php?tid=43。

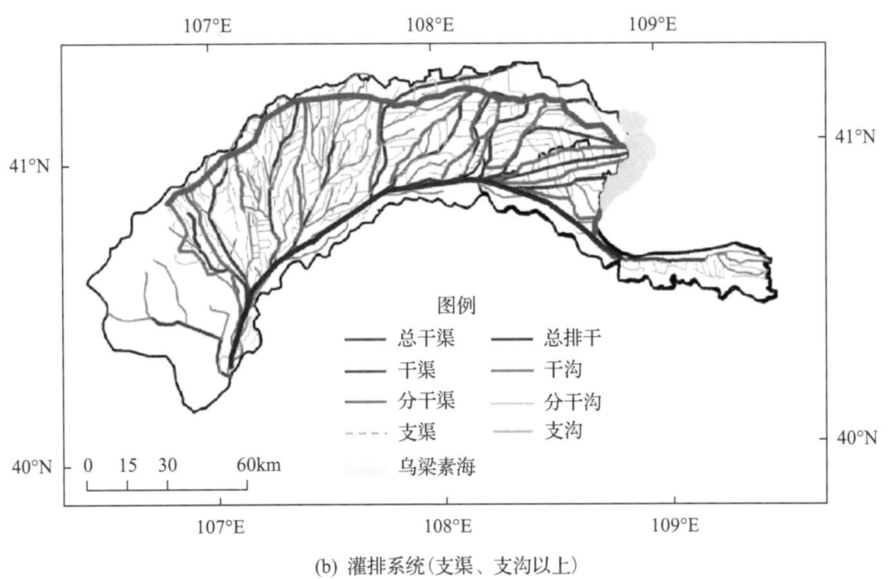

(b) 灌排系统(支渠、支沟以上)

图 4.5 内蒙古河套灌区耕地面积分布及灌排系统

（三）宁夏引黄古灌区

宁夏依黄河而生、因黄河而兴。和内蒙古河套灌区一样，宁夏引黄灌溉始于秦始皇帝三十三年至三十六年（公元前 214~前 211 年）攻占“河南地”之后的屯田。西汉元狩年间（公元前 122 年~前 117 年）汉朝从匈奴统治下夺回这一地区，继续实行屯田，已有秦渠、汉渠、汉延渠、唐徕渠等古渠的雏形（图 4.6）。

此后，历朝不断修浚旧渠、开挖新渠，灌区范围持续扩大。公元 444 年，北魏薄骨律镇（位于今宁夏吴忠市境内）镇将刁雍新开艾山渠，并在黄河西河上修筑拦河坝，开创了宁夏有坝引水的先河，宁夏境内引黄灌溉面积达到 4 万 hm^2（60 万亩）。隋唐时期，宁夏平原有薄骨律渠、特进渠、汉渠、光禄渠和七级渠等五大引黄干渠和 8 条支渠，灌溉面积超过 6.67 万 hm^2（100 万亩）。1038 年西夏王朝建立后，兴农重牧，修建了长 150km 的昊王渠，颁布《天盛改旧新定律令》，其中涉及水利管理的法律条文有“春开渠事”“地水杂罪”等 5 门 40 条，开创了依法管水用水的先河。西夏时期还设置了专管农田灌溉事宜的农田司，灌溉面积约 10.7 万 hm^2（160 万亩）。元代著名水利学家郭守敬主持系统修浚旧渠，并新开了蜘蛛渠。明清两代又续开多条渠道。清代宁夏直接从黄河引水的干渠已有 23 条，全长约 1000km，灌溉面积达到 14.7 万 hm^2（220 万亩）。至新中国成立前夕，宁夏直接从黄河引水的大小干渠共 39 条，总长 1350km，灌溉面积 12.8 万 hm^2（192 万亩）[12]。

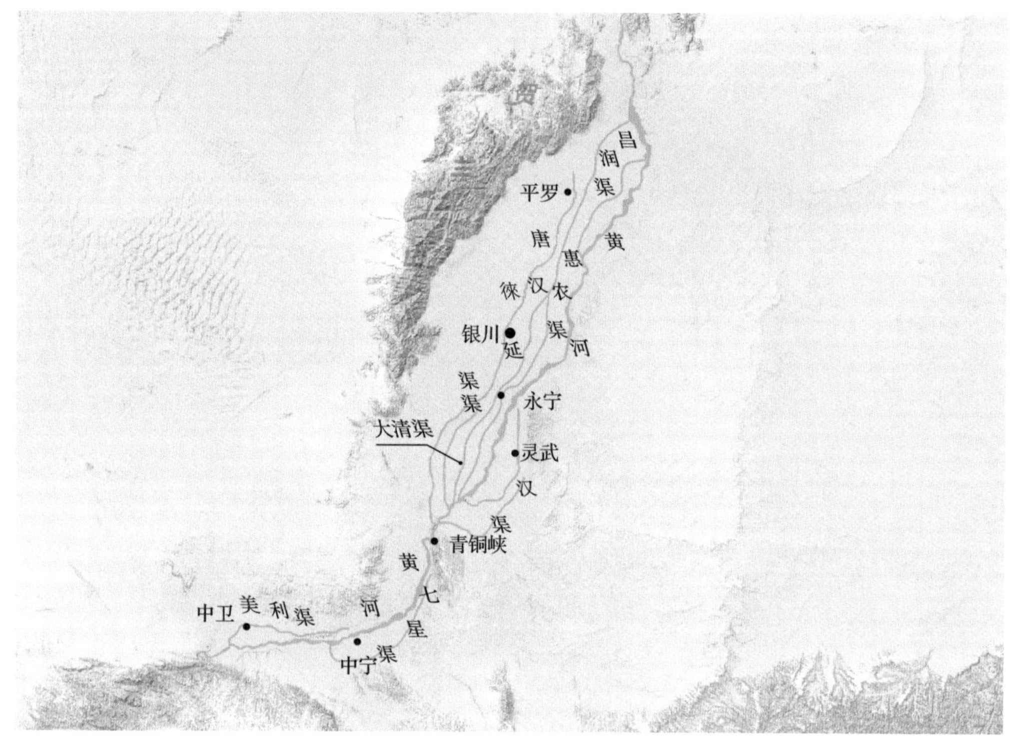

图 4.6　宁夏引黄古灌区主要渠道示意图

近 70 年来，宁夏引黄灌溉事业得到了更大发展，引黄灌溉总面积达到 52 万 hm^2（780 万亩）。青铜峡、沙坡头水利枢纽工程的修建使得宁夏引黄灌区从分散式无坝引水逐步转为有坝引水，并以青铜峡为界形成两大灌区，即上游的卫宁灌区和下游的青铜峡灌区（分为河东灌区、河西灌区）。

1967 年基本竣工的青铜峡水利枢纽工程是一个以灌溉为主，综合发电、防凌、航运和下游工业用水的大型水利枢纽。拦河大坝合龙后，可控制宁夏、内蒙古等地区的黄河凌汛，并使宁夏银川平原无坝引水变为有坝引水，不仅扩大了青铜峡灌区的有效灌溉面积，还大大提高了灌区的用水保证率。目前青铜峡灌区有效灌溉面积 34.9 万 hm^2（523 万亩），是中国 6 个特大型灌区之一。

2004 年建成的黄河沙坡头水利枢纽工程改写了卫宁灌区 2000 多年来无坝引水的历史，为灌区的节水改造与水资源优化配置创造了条件，目前有效灌溉面积约 7.8 万 hm^2（117 万亩）。

（四）龙首渠引洛古灌区

陕西省龙首渠引洛古灌区建于西汉元狩三年至元封六年（公元前 120 年~前 105

年），从渭河支流北洛河下游澄城县老状跌瀑处开渠引水，灌溉北洛河下游临晋（今大荔）一带农田（图 4.4）[8]。当时在修筑穿越铁镰山的 3.5km 长引水隧洞时，创造了"井渠法"（图 4.7），即在隧洞施工中均匀布设竖井，把长距离的地下隧洞分割成多个分部工程，然后相向开挖，以减少误差。三国时期，魏国在龙首渠下游兴建临晋陂引洛灌溉（公元 233 年）。南北朝时期，北周重新开凿龙首渠（公元 562 年）。唐朝时期，在通灵陂引洛灌溉、压碱淤地（公元 719 年）。元明清时期，引洛灌溉零星分布。民国时期著名水利专家李仪祉先生将历代不同方式的引洛灌溉重新整合，在龙首渠基础上修改了"关中八惠"之一洛惠渠。目前，洛惠渠灌区灌溉陕西渭南市澄城、蒲城、大荔三县约 5.0 万 hm^2（74.3 万亩）农田，惠及人口 69 万，在灌区农业发展中发挥了重要作用①。

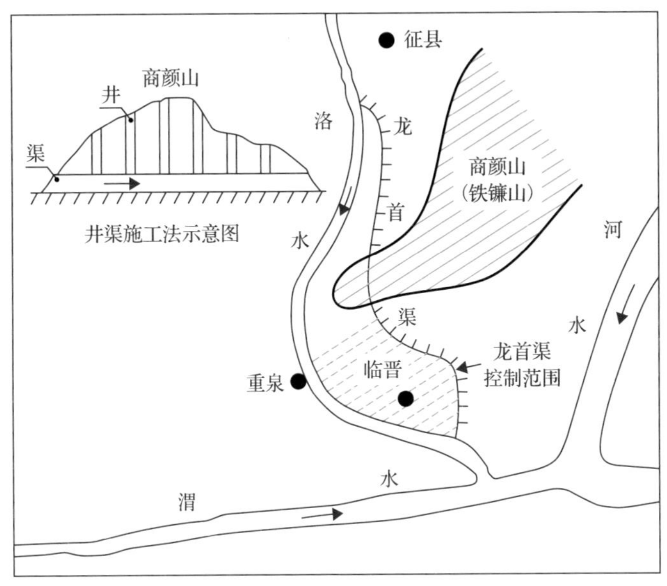

图 4.7　龙首渠及"井渠法"示意图[8]

图中河水、渭水、洛水分别为现在的黄河、渭河、北洛河

三、黄河灌溉用水状况及存在问题

新中国成立初期，黄河流域地表水用水量在 70 亿 m^3 左右。随着社会经济发展和人口增长，需水量不断增加，特别是 1970 年后用水量迅速增加，到 20 世纪 80 年代初用水量上升至 250 亿~280 亿 m^3。用水量的剧增加上无序的管理使得 80 年代黄

① 中国新闻网. 陕西省"龙首渠引洛古灌区"成功入选世界灌溉工程遗产. (2020-12-09)[2022-07-20]. http://www.chinanews.com/gn/2020/12-09/9357749.shtml。

河下游频繁断流，严重影响了生产发展、生态保护的用水。为解决黄河流域用水矛盾，1987 年 9 月国务院办公厅下发了国办发〔1987〕61 号文件，转发了由国家计委、水电部联合编制的《关于黄河可供水量分配方案的报告》(简称“八七”分水方案)①，要求沿黄各省(区)从该方案出发，规划工农业生产用水和城市生活用水，组织节水生产。

“八七”分水方案是在黄河流域多年平均情况下的分配方案，实际应用中不但不便于指导不同来水水平下的水量分配，而且仅仅规定了年总用水量指标，缺乏年内的分配规则。经国务院批准，1998 年国家计委、水利部联合颁布实施了《黄河可供水量年度分配及干流水量调度方案》(简称“九八”调度方案)和《黄河水量调度管理办法》，拟定了正常来水年份各省(区)年内各月可供水量分配，作为黄河水量年度分配的控制指标，并授权黄委统一管理和调度。“九八”调度方案以“八七”分水方案为基础，将控制指标由年度耗水总量控制转变为月度耗水总量控制，为缓解黄河断流做出了重要贡献。在黄河流域水资源调度实践的基础上，2006 年国务院颁布了《黄河水量调度条例》[13]，标志着黄河水量的调度和管理站在了依法调度的新起点。

根据黄河流域水资源公报②，1998~2019 年黄河流域取水总量 429 亿~556 亿 m³，其中灌溉取水量占 70%左右，并有一定的减少趋势。

(一)灌溉用水情势

黄河地处干旱、半干旱、半湿润区，水资源短缺且取水耗水时空分布不均匀，生态系统脆弱，引黄灌溉对流域内外引黄灌区农业生产(特别是中上游干旱、半干旱区)和维持伴生生态系统的稳定发挥着不可或缺的作用。中央历来高度重视灌区发展和节水工作，引黄灌溉条件几十年来得到了很大改善，引黄灌溉对支撑黄河流域及黄淮海平原的农业发展起到了很大作用，但引黄灌溉发展还存在一系列的问题。近几十年来黄河径流量的持续减少趋势和需水量的不断增加[1]，使得灌溉水供需矛盾日益突出，导致灌溉用水严重不足。同时，灌溉用水效率较低，节水工程水平有待进一步提高；上游宁蒙河套平原等地存在一定的盐渍化问题[11]，严重制约了灌区农业的可持续发展。

---

① 国务院办公厅. 国务院办公厅转发国家计委和水电部关于黄河可供水量分配方案报告的通知(国办发〔1987〕61 号). (1987-09-11)[2020-07-20]. http://www.gov.cn/xxgk/pub/govpublic/mrlm/201103/t20110330_63799.html。

② 水利部黄河水利委员会. 黄河水资源公报. 1998-2019. http://www.yrcc.gov.cn/zwzc/gzgb/gb/szygb/。

近年来黄河灌溉取水量和耗水量（1998~2002 年的灌溉水量根据相应的农业用水按一定比例折算得到，折算比例为 2003~2019 年各省（区）农业用水中农田灌溉水量的比例平均值）及其占总取水量、耗水量的比例见图 4.8。1998~2019 年灌溉取水量为 287 亿~389 亿 m^3，多年平均为 344 亿 m^3，没有显著变化趋势。由于总取水量在近年来有一定的增加趋势，导致灌溉取水量占总取水量的比例有显著的减少趋势，从 1998 年的 74%减少到 2019 年的 64%，线性递减率为−0.41%/a。

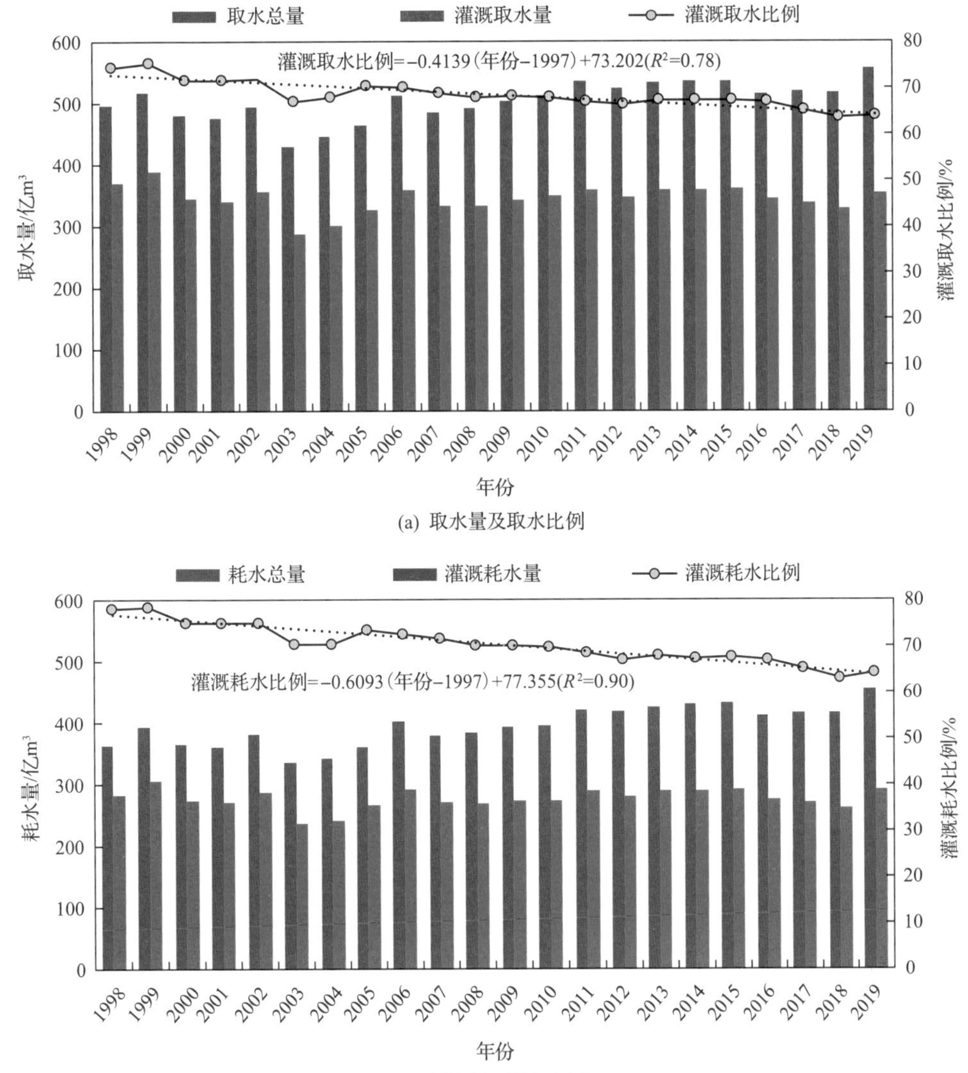

(a) 取水量及取水比例

(b) 耗水量及耗水比例

图 4.8　黄河灌溉取水量和耗水量及其占总取水量、耗水量的比例

R^2 为灌溉取（耗）水比例随年份变化回归方程的相关系数的平方。

资料来源：水利部黄河水利委员会. 黄河水资源公报. 1998–2019. http://www.yrcc.gov.cn/zwzc/gzgb/gb/szygb/

与灌溉取水量类似，1998~2019 年灌溉耗水量没有明显变化趋势，总体较为平稳，其平均值为 277 亿 m^3，变化范围为 236 亿~307 亿 m^3。农田灌溉耗水总量基本控制在 300 亿 m^3内，仅 1999 年灌溉耗水量超过 300 亿 m^3（307.21 亿 m^3）。同时，灌溉耗水量占总耗水量的比例也存在明显的减少趋势，从 1998 年的 78%减少到 2019 年的 64%，线性递减率为-0.61%/a。灌溉耗水率（灌溉耗水量/灌溉取水量）平均为 81%，变化范围为 77%~82%。

各省（区）黄河灌溉取水量和耗水量见图 4.9。年灌溉取水量最大的是内蒙古（多年平均取水量及其占流域取水总量的比例分别为 78.02 亿 m^3和 22.66%）；其次为山东

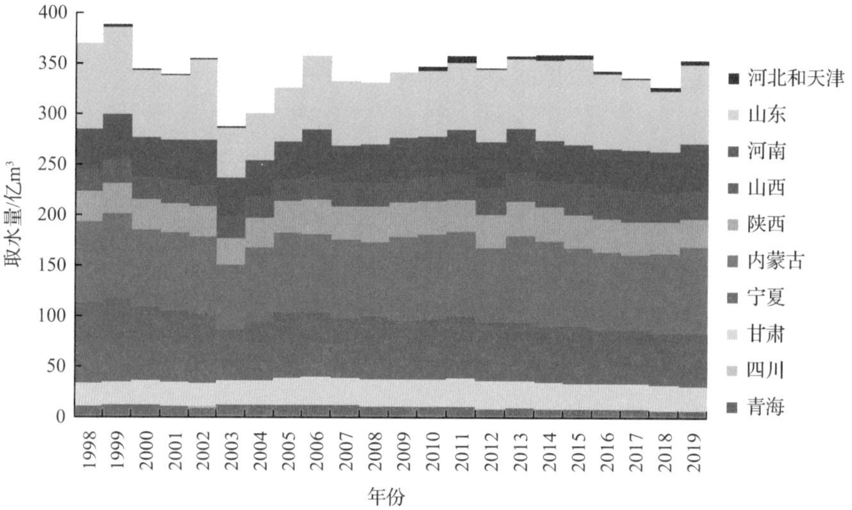

(a) 灌溉取水量

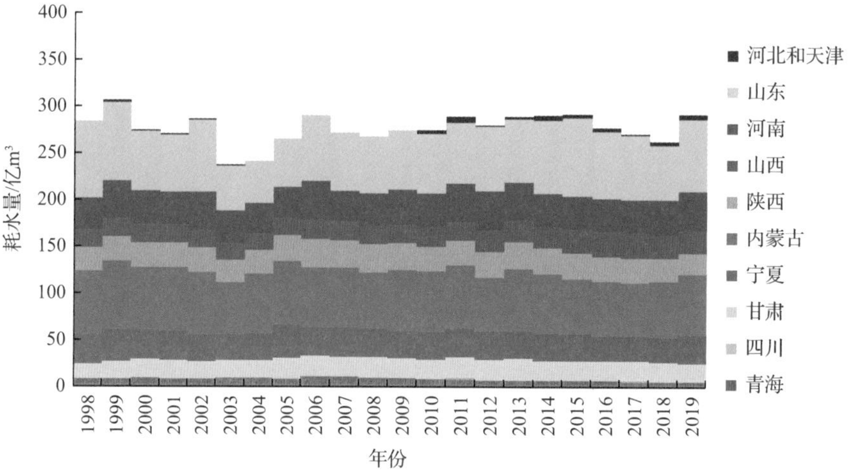

(b) 灌溉耗水量

图 4.9 各省（区）的年灌溉取水量和耗水量

资料来源：水利部黄河水利委员会. 黄河水资源公报. 1998–2019. http://www.yrcc.gov.cn/zwzc/gzgb/gb/szygb/

（68.57 亿 m^3 和 19.92%）、宁夏（61.69 亿 m^3 和 17.92%）、河南（41.02 亿 m^3 和 11.91%）、陕西（32.21 亿 m^3 和 9.36%）、甘肃（25.28 亿 m^3 和 7.34%）、山西（24.40 亿 m^3 和 7.09%）；青海、河北、天津、四川灌溉取水量较少。

年灌溉耗水量的排序与灌溉取水量排序不完全一致，最大为山东（多年平均灌溉耗水量及其占流域耗水总量的比例分别为 66.90 亿 m^3 和 24.14%），其主要原因是山东省引黄灌区大部分（84%）位于流域外，引到流域外的水量不可能再回归河道，灌溉耗水率（灌溉耗水量占灌溉取水量的比例）达到 97.6%（图 4.10）；其次为内蒙古（63.60 亿 m^3 和 22.95%）、河南（37.58 亿 m^3 和 13.56%）、宁夏（30.06 亿 m^3 和 10.85%）、陕西（27.09 亿 m^3 和 9.77%）、山西（20.92 亿 m^3 和 7.55%）、甘肃（20.74 亿 m^3 和 7.48%），这些省（区）中河南灌溉耗水率由于流域外灌溉面积占一定比例（37%）而较大（91.6%），宁夏由于传统的大引大排而较小（48.7%），其他一般为 80%~86%；其余各省灌溉耗水量相对较少。

各省（区）多年平均灌溉取水、耗水占总取水、总耗水的比例及灌溉耗水率见图 4.10。除了取水量较少的四川、河北及天津外，各省灌溉取水占总取水量的比例一般在 50%~80%，其中内蒙古、宁夏、山东灌溉取水量占比较大，分别为 80.0%、79.8%、78.2%；其次为青海（61.0%）、河南（60.2%）、甘肃（57.6%）、山西（55.9%）、陕西（52.6%）。除四川、河北和天津、宁夏以外，各省（区）灌溉耗水量占总耗水量的比例略大于取水量占比。

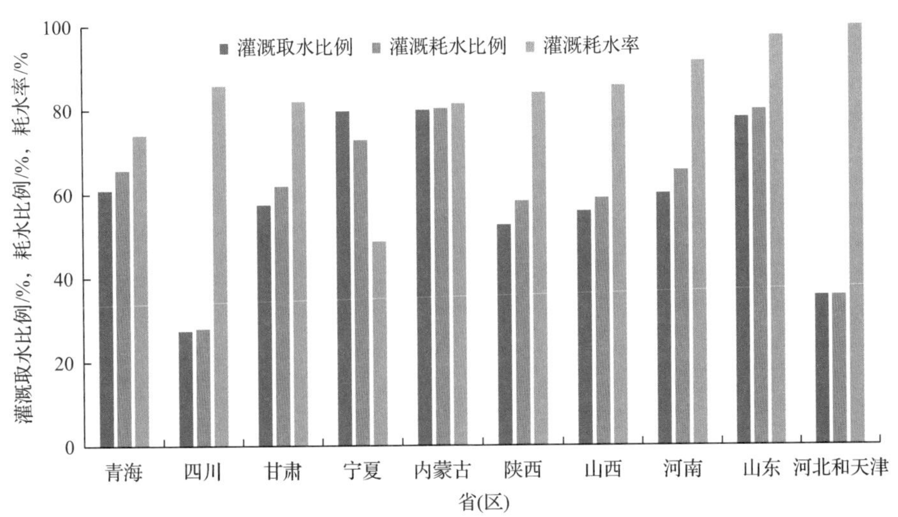

图 4.10 各省（区）多年平均灌溉取水、耗水占总取水、耗水量的比例及灌溉耗水率

资料来源：水利部黄河水利委员会. 黄河水资源公报. 1998–2019. http://www.yrcc.gov.cn/zwzc/gzgb/gb/szygb/

（二）黄河灌溉用水及灌区发展中存在的问题

（1）灌溉水资源严重不足。黄河流域水资源量仅约为全国的 2.5%，但支撑了全国 12.5%的灌溉面积。除了流域内灌溉面积 622.8 万 hm^2（9342 万亩）外，流域外（主要位于海河、淮河平原）引黄灌溉面积 227 万 hm^2（3405 万亩），占全部引黄灌溉面积的 26.7%，其中河南 47.7 万 hm^2（715.5 万亩）、山东 179.3 万 hm^2（2689.5 万亩）。黄河流域有限的水资源除了满足流域内需水外，还为下游引黄灌区提供灌溉水及工业、生活用水，根据需要向流域外河北等地应急输水。2009~2019 年，黄河向流域外年平均供水量 110.6 亿 m^3，其中山东 73.8 亿 m^3（占流域外供水的 66.7%）、河南 26.2 亿 m^3（23.7%）、河北及天津 7.2 亿 m^3（6.5%），其余 3.5 亿 m^3 则供给甘肃、内蒙古、山西等省（区）的流域外部分。

引黄灌区大部分位于干旱、半干旱、半湿润区，降水量较少，灌溉需水量大，导致引黄灌溉水量严重不足，实际灌溉面积仅为有效灌溉面积的 88%。随着黄河径流量的不断减少和生活、生态用水的进一步增加，灌溉可用水量将进一步减少，灌溉用水矛盾将日益突出。

（2）灌溉用水效率及节水工程水平有待进一步提高，特别是流域外引黄灌区。农田灌溉水有效利用系数，除山东（0.643）、河南（0.615）、陕西（0.577）和甘肃（0.565）稍高于全国平均水平（0.559）外，宁夏、内蒙古、青海、四川的农业灌溉水利用系数均大大低于全国平均水平（2018 年数据）。根据 2016 年的调查，流域内灌区节水工程占有效灌溉面积的 62.0%，流域外灌区则仅有 37.8%[3]。

（3）由于农田盐分、营养物质的淋洗及部分养殖业废水的排放等问题，往往导致灌区排水氮含量等超标[14]，对下游可能造成一定的污染。

（4）部分灌区存在一定的盐渍化问题，特别是上游的青铜峡灌区和河套灌区，严重制约了灌区农业的可持续发展[11]。

为保障引黄灌区的健康发展和区域粮食安全，需要通过深入分析黄河灌溉的发展情势，找出灌溉发展中存在的问题，通过各种工程和非工程措施实现农业节水，提高灌溉水利用效率和作物水分生产率，在灌溉可用水量持续减少的情况下实现灌区稳产高产。

第三节 黄河灌溉节水潜力与发展方略

黄河流域上游河套平原、中游汾渭平原及下游黄淮海平原在中国农业生产中具有重要的战略意义，对于保障区域及全国粮食安全至关重要。由于黄河水资源禀赋条件，加上径流量趋于减少和需水量逐步增加的矛盾，区域灌溉用水紧张形势将长期存在并越来越严重。在这样严峻的形势下，要保证灌溉用水安全，进而实现粮食安全，是引黄灌区发展中面临的关键问题。

为解决这一问题，需要把水资源作为最大刚性约束，通过各种途径开源节流，坚持节水优先、空间均衡，推进灌溉水资源节约集约利用，实现灌溉用水的时空优化配置，促进引黄灌区农业高质量发展。

一、坚持节水优先，综合工程、农艺、管理等节水技术提高灌溉水利用效率

在黄河灌溉用水不足的情况下，把节水作为灌区发展的根本，继续开展大中型灌区现代化改造，建设节水型、生态型灌区[1]。通过渠道防渗减少输水损失，采用改进地面灌溉、喷灌及滴灌等节水灌溉技术减少农田灌水损失，通过节水抗旱品种培育、农田覆膜等农艺措施减少农田的无效蒸发，通过水量监控、灌溉水价改革、多水源联合调度、灌溉水时空优化配置等管理措施提高水分利用效率。综合以上各种节水措施，降低灌溉定额、提高灌溉水利用效率。

根据引黄灌溉的用水状况，以用水量较大的宁夏、内蒙古、山西、陕西、河南、山东 6 个省（区）为重点，根据气候、农业、灌溉用水的特点将以上 6 省（区）划分为宁蒙、晋陕、豫鲁 3 个分区来分析引黄灌区的节水潜力与节水方略。

（一）上游宁蒙地区

宁蒙地区总有效灌溉面积约 213.5 万 hm^2（3203 万亩），其中大型灌区面积约 137.3 万 hm^2（2059 万亩），中型灌区面积约 17.8 万 hm^2（267 万亩），小型灌区面积约 58.5 万 hm^2（877 万亩）。该区大中型自流灌区占总灌溉面积的 53.7%，大中型提灌灌区占 18.9%，小型灌区占 27.4%（其中纯井灌区占总灌溉面积的 13.5%）。

受气候条件、种植结构、灌溉方式等多重因素的影响，宁蒙地区灌溉定额较大，其中宁夏引黄灌区毛灌溉定额约为 10650m^3/hm^2（710m^3/亩），为全流域最高，其主要

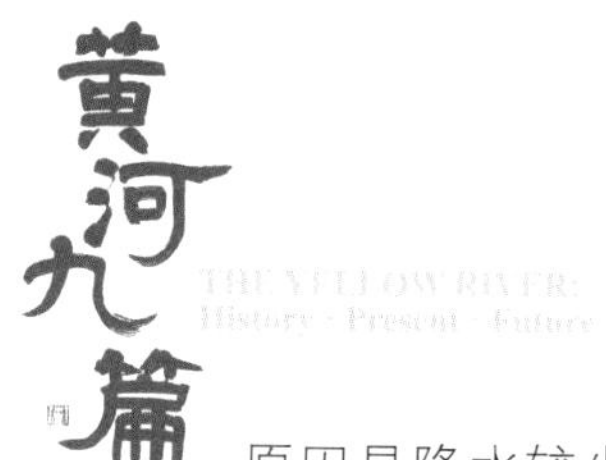

原因是降水较少、水稻种植比例占 1/4 以上；内蒙古引黄灌溉定额约为 6525m³/hm²（435m³/亩），高于流域及全国平均水平，除降水较少外，一个主要的原因是河套灌区农业生产中的秋浇传统，9 月底至 11 月初的秋浇引水量占总引黄水量的 1/3 以上，秋浇定额一般在 100m³/亩以上。

此外，宁蒙地区降水较少，灌区内部及周边的林草生长主要依赖地下水，而地下水的最主要补给来源为引黄灌溉，因此引黄灌溉还与区域生态系统密切相关，在考虑节水措施及节水潜力时应同时考虑节水可能带来的生态影响。

根据黄河勘测规划设计研究院有限公司的调查分析，青铜峡灌区、河套灌区现状灌溉定额比经济灌溉定额分别高出 10%、5%，因此有一定的节水潜力[3]。根据扬州大学对河套灌区的节水潜力分析，通过渠道衬砌、发展田间节水灌溉技术、完善秋浇技术、发展井渠结合灌溉等方式，可以节约灌溉引水量 11%~16%[15]。根据清华大学的研究成果，对河套灌区主要作物（玉米、向日葵）进行空间布局优化，在灌区总体经济效益不减少的情况下作物生育期耗水量可减少 10%以上[16]。综合考虑以上研究成果及灌区生态保护、盐分平衡的要求，宁蒙地区引黄水量维持现状，净耗水量（引黄水量减去退、排水量）节水潜力按 10%考虑，年节水量约为 11.5 亿 m³。

（二）中游晋陕地区

晋陕地区灌区主要分布在汾渭盆地，现状有效灌溉面积 224.0 万 hm²（3360 万亩），其中山西省 103.1 万 hm²（1547 万亩）、陕西省 120.9 万 hm²（1813 万亩）。该区内灌区多数从黄河支流（汾河、渭河及其支流）引水灌溉，灌溉保证率和灌溉定额偏低。主要大型灌区现状实灌定额均未达到设计综合灌溉毛定额和经济灌溉定额，节水潜力有限。从节水工程角度，未来应进一步加强节水工程改造，扩大节水灌溉面积，挖掘节水潜力，以提高灌溉保证率。暂不考虑晋陕地区引黄灌溉节水潜力。

（三）下游豫鲁地区

黄河下游河南、山东引黄灌区横跨黄河、淮河、海河三个流域，有效灌溉面积约 343.3 万 hm²（5149 万亩），是我国重要的粮棉油生产基地。其中河南省有效引黄灌溉面积 129.3 万 hm²（1940 万亩），山东省 213.9 万 hm²（3209 万亩）；流域内 116.3 万 hm²（1744 万亩，占 34%），流域外 227.0 万 hm²（3405 万亩，占 66%）。下面以河南省人民胜利渠灌区、山东省位山灌区为代表进行节水潜力分析。

河南省人民胜利渠灌区有效灌溉面积约 5.0 万 hm^2（75.5 万亩），节水灌溉面积约 1.3 万 hm^2（19.7 万亩），节灌率为 26.1%，节水灌溉发展还有较大的空间。现状实灌定额 5445m^3/hm^2（363m^3/亩），比经济灌溉定额 4560m^3/hm^2（304m^3/亩）高约 12%[3]。因此灌区有一定的节水潜力。

山东省位山灌区设计灌溉面积约 36.0 万 hm^2（540 万亩），是全国 6 个灌溉面积超过 500 万亩的特大型灌区之一。根据黄河"八七"分水方案①，分配给山东省的黄河水量为 70 亿 m^3，山东省分配给位山灌区的引黄水量仅为 6.8 亿 m^3[17]。现状有效灌溉面积 30.7 万 hm^2（460 万亩），2016 年灌区实灌面积 28.7 万 hm^2（431 万亩），实灌率为 93.7%；灌溉用水量为 13.71 亿 m^3（远超分给灌区的引黄指标），灌区综合实灌定额为 4770m^3/hm^2（318m^3/亩），比经济灌溉定额 4095m^3/hm^2（273m^3/亩）高约 16%[3]。从山东全省引黄水量来看，1998~2019 年引黄耗水 76.5 亿 m^3，超过分配指标的 9.3%。

考虑到下游引黄灌区约 2/3 灌溉面积位于流域外，在黄河流域用水形势日趋紧张的条件下，应优先满足流域内的水资源需求。综合以上两个典型灌区的情况，按 10% 估算下游引黄灌区的净节水潜力，节水量为 10.5 亿 m^3。

（四）总体节水潜力

根据以上分析，引黄灌区有节水潜力的地区主要位于宁蒙、豫鲁地区，净节水潜力总计 22 亿 m^3。其中上游宁蒙地区节水潜力 11.5 亿 m^3，主要通过渠道衬砌、发展田间节水灌溉技术、完善秋浇（冬灌）制度、发展井渠结合灌溉、调整种植结构等措施实现；下游豫鲁地区节水潜力 10.5 亿 m^3，主要通过渠道衬砌、发展田间节水灌溉技术等措施实现。

以上净节水潜力与黄河勘测设计研究院有限公司[18]的计算结果相比，总量差别不大。但本次计算中只考虑了 4 个重点省（区）的农业节水，且下游节水潜力大于原成果，而上游节水潜力小于原成果。本次的成果在地域分布上具有一定的合理性。上游引黄灌区主要位于干旱区，引黄灌溉是灌区农作物和林草生长的基础，因此从农业生产、生态保护及灌区水盐平衡的角度来看，上游节水应保持适度的水平。下游引黄灌区大部分位于黄河流域外的半湿润区，农田灌溉属于补充灌溉的性质，灌区在充分利用本地降水及地表水、地下水资源的基础上引黄补充灌溉，同时下游引黄灌区主要位

① 国务院办公厅. 国务院办公厅转发国家计委和水电部关于黄河可供水量分配方案报告的通知（国办发〔1987〕61 号）. (1987-09-11)[2020-07-20]. http://www.gov.cn/xxgk/pub/govpublic/mrlm/201103/t20110330_63799.html。

于黄河流域外，节水工程面积比例相对较低，通过节水工程建设具有一定的节水潜力。

二、开发利用非常规水资源，增加灌溉可用水量

微咸水、再生水等非常规水资源的开发利用已成为弥补淡水资源量不足的重要途径。

根据黄河流域地下水资源评价结果，流域内微咸水天然补给量约 50 亿 m^3，可开采量近 30 亿 m^3[19]。目前微咸水灌溉或微咸水与淡水结合灌溉技术已经比较成熟，科学合理地开发利用微咸水资源，对于缓解淡水资源短缺、农业抗旱增产有积极作用[20]。

再生水也已广泛应用于农田灌溉。以再生水利用水平较高的以色列为例，92%的生活污水经过二级或三级处理后再利用，再生水量约为生活用水量的 64%，利用量约占水资源利用量的 1/4，绝大部分再生水用于农田灌溉[21]。黄河流域 2019 年城镇公共及生活取水量为 35.6 亿 m^3，参考以色列再生水占生活用水的比例，再生水利用潜力可达到 23 亿 m^3。

黄河流域微咸水、再生水可利用潜力达到 53 亿 m^3，约为当前灌溉引水量的 1/6。逐步加强对微咸水、再生水等非常规水资源的开发利用，可以在一定程度上缓解灌溉用水的矛盾，有助于农业用水安全。

三、以水定地，优化农业种植结构，实现农业与生态协调发展

考虑灌溉水可利用量及未来节水潜力、非常规水资源开发利用潜力，确定引黄灌溉的合理规模。根据《黄河流域综合规划（2012—2030 年）》，到 2030 年黄河流域有效灌溉面积（包括灌溉农田和灌溉林草地）预计达到 658.65 万 hm^2（9880 万亩）[1]，比 2016 年的调查数据[3]增加 35.85 万 hm^2（538 万亩）。

在流域水资源量趋于减少及生活、工业及生态用水量不断增加的背景下，灌溉可用水量也出现减少趋势。在这种水资源严重短缺的条件下，通过对引黄灌区主要作物耗水量、产量及水分生产率的定量评价与比较分析，通过农业种植结构的空间优化实现一定灌溉水量条件下的灌区经济效益最大化。针对引黄灌区水资源严重短缺的形势，宁夏引黄灌区等地应减少高耗水的水稻种植面积。黄河流域及流域外引黄灌区可进一步重点发展小麦和玉米等主要粮食及饲料作物（以下游、中游为主）、高粱和大豆等小宗粮豆作物（以中游为主）、苹果和红枣等水果（以中游为主）、向日葵和枸杞等特色

植物（以上游为主）、肉类和乳业（以上游为主）、中药材（以上游为主）等优势农产品，打造现代化特色农业产业体系[22]，推动黄河流域农业高质量发展。

灌区农业生产中化肥、农药、地膜的使用可能会造成一定的非点源污染[14]，对灌区下游水土环境造成一定的影响。因此在灌区节水的同时，需要加强化肥、农药的科学施用，以提高化肥、农药的利用效率，降低灌区非点源污染。此外，灌区节水、节能、化肥和农药减施也可以有效减少提水、耕作及农业生产资料生产过程中的碳排放，对农业碳减排起到积极的作用。

与此同时，灌溉用水量及用水方式的变化会对灌区自然生态（特别是上游干旱区灌区）造成一定影响，需要考虑农业与生态用水之间的关系，确定合理的节水阈值和灌区规模[17]，协调农业及生态（林、草、湖泊、湿地）用水及耗水，实现灌区水–林–田–湖–草–沙系统的健康发展。

四、因地制宜，实现灌溉水节约集约利用，推进黄河流域农业高质量发展

根据不同引黄灌区的实际情况，以水资源总量为刚性约束，在“以水定城、以水定地、以水定人、以水定产”方针的指导下，统筹灌区农业用水及其他行业用水，制定灌区水土资源高效利用规划，利用先进的工程、技术和管理方式，提高水资源使用效率和单位灌溉水量的综合效益，实现灌溉水的节约集约利用[23]，推进区域灌溉农业的高质量发展。

针对上游宁蒙灌区土壤盐渍化问题及农业用水和自然生态用水的矛盾，应注重通过灌溉排水系统配套、合理的灌溉管理实现灌区水盐平衡，逐步减轻局部盐渍化对农业生产造成的不利影响，促进农业生产与生态保护的协调。结合宁夏黄河流域生态保护和高质量发展先行区规划和建设，建设宁夏引黄灌区生态保护和高质量发展先行区，为其他引黄灌区的高质量发展积累经验。

针对中游汾渭平原灌溉用水保证率偏低的问题，应注重通过加强节水改造、增加水量调蓄能力，以提高灌溉保证率，实现农业稳产高产。

下游引黄灌区是黄河流域乃至全国最主要的农业生产基地，其中约 2/3 灌溉面积位于流域外的海河、淮河流域。该区域地处半湿润区，降水量高于上中游灌区，农业生产对灌溉的依赖性也低于上中游。因此下游引黄灌区应充分利用当地降水及水资源，合理利用引黄水量指标，加大节水改造力度，提高灌溉水利用效率和水分生产率，成为灌区节水、节能、减污、减排示范区。

第四节　小结

黄河流域数千年的农业发展孕育了辉煌灿烂的农业文明与农耕文化，也因此成为中华文明的发祥地。黄河流域的陕西郑国渠、宁夏引黄古灌区、内蒙古河套灌区和陕西龙首渠引洛古灌区先后被列入世界灌溉工程遗产，成为古代水利工作者留给后人的宝贵财富。流域内耕地资源丰富、土壤肥沃、光热资源充足，有利于小麦、玉米、棉花、花生和苹果等多种经济作物生长。上游宁蒙平原、中游汾渭盆地以及下游沿黄平原是我国粮食、棉花、油料的重要产区，在我国农业生产中具有十分重要的战略地位。

黄河流域水资源量仅约为全国的2.5%，但支撑了全国12.5%的灌溉面积，因此引黄灌区发展中存在的最大问题是灌溉可用水量严重不足。此外，引黄灌区灌溉用水效率及节水工程水平有待进一步提高，特别是流域外引黄灌区。部分灌区存在一定的盐渍化问题，特别是上游的青铜峡灌区和河套灌区，严重制约了灌区农业的可持续发展。

为保障引黄灌区的健康发展和区域粮食安全，需要通过各种工程和非工程措施实现农业节水，提高灌溉水利用效率和作物水分生产率，在灌溉可用水量持续减少的情况下实现灌区稳产高产。根据估算，引黄灌区有节水潜力的地区主要位于宁蒙、豫鲁地区，净节水潜力总计22亿m^3。其中上游宁蒙地区节水潜力11.5亿m^3，主要通过渠道衬砌、发展田间节水灌溉技术、完善秋浇（冬灌）制度、发展井渠结合灌溉、调整种植结构等措施实现；下游豫鲁地区节水潜力10.5亿m^3，主要通过渠道衬砌、发展田间节水灌溉技术等措施实现。

为实现黄河流域农业灌溉高质量发展，应综合国家重大战略需求，坚持节水优先，综合工程、农艺、管理等节水技术提高灌溉水利用效率；开发利用非常规水资源，增加灌溉可用水量；以水定地，确定合理的灌溉规模，优化农业种植结构，实现农业与生态协调发展；根据不同地区的实际情况，因地制宜，实现灌溉水节约集约利用，推动引黄灌区高质量发展，为保障国家粮食安全和水安全提供坚强支撑。

本章撰写人：尚松浩　杨　健　齐泓玮　陈　敏

参考文献

[1] 水利部黄河水利委员会. 黄河流域综合规划(2012—2030年). 郑州: 黄河水利出版社, 2013.

[2] 水利部水利水电规划设计总院. 中国水资源及其开发利用调查评价. 北京: 中国水利水电出版社, 2014.

[3] 黄河勘测规划设计研究院有限公司. 黄河上中游地区及下游引黄灌区节水潜力深化研究. 郑州: 黄河勘测规划设计研究院有限公司, 2019.

[4] 《第一次全国水利普查成果丛书》编委会. 灌区基本情况普查报告. 北京: 中国水利水电出版社, 2017.

[5] 王长松. 2020. 历史上黄河流域的人地关系演变. 人民论坛, 2020, (9 上): 142-144.

[6] 孙静. 诗经. 天津: 百花文艺出版社, 2016.

[7] 黄河水利科学研究院. 黄河引黄灌溉大事记. 郑州: 黄河水利出版社, 2013.

[8] 蒋超. 郑国渠. 西安: 陕西科学技术出版社, 2016.

[9] 司马迁. 史记全本(上). 沈阳: 万卷出版公司, 2016.

[10] 昌森. 对郑国渠淤灌“四万余顷”的新认识. 中国历史地理论丛, 1997, (4): 189-194.

[11] 史海滨, 杨树青, 李瑞平, 等. 内蒙古河套灌区水盐运动与盐渍化防治研究展望. 灌溉排水学报, 2020, 39(8): 1-17.

[12] 陆超. 宁夏引黄古灌区流润千秋. 中国防汛抗旱, 2019, 29(5): 60-62.

[13] 国务院. 黄河水量调度条例. 中华人民共和国国务院公报, 2006, (25): 5-8.

[14] 胡宜刚, 吴攀, 赵洋. 宁蒙引黄灌区农田排水沟渠水质特征. 生态学杂志, 2013, 32(7): 1730-1738.

[15] 朱正全. 河套灌区农业节水途径分析与节水潜力估算. 扬州: 扬州大学, 2017.

[16] 尚松浩, 于兵, 蒋磊, 等. 农业用水效率遥感评价方法. 北京: 科学出版社, 2021.

[17] 倪广恒, 丛振涛, 尚松浩, 等. 基于生态健康和环境友好的灌区节水改造模式//冯绍远, 刘钰, 邵东国, 等. 灌区节水改造环境效应及评价方法. 北京: 科学出版社, 2012: 165-196.

[18] 张金良. 黄河流域生态保护和高质量发展水战略思考. 人民黄河, 2020, 42(4): 1-6.

[19] 石建省, 张发旺, 秦毅苏, 等. 黄河流域地下水资源、主要环境地质问题及对策建议. 地球学报, 2000, 21(2): 114-120.

[20] 王全九, 单鱼洋. 微咸水灌溉与土壤水盐调控研究进展. 农业机械学报, 2015, 46(12): 117-126.

[21] 尚松浩, 程伍群. 以色列//张楚汉, 王光谦. 世界都市之水. 北京: 科学出版社, 2020: 435-463.

[22] 文玉钊, 李小建, 刘帅宾. 黄河流域高质量发展: 比较优势发挥与路径重塑. 区域经济评论, 2021, (2): 70-82.

[23] 邓铭江. 旱区水资源集约利用内涵探析. 中国水利, 2021, (14): 8-11.

第五章

变化条件下未来黄河水资源

第一节　黄河流域的气候水文特征

一、黄河流域的气候特征

黄河流域在东西方向的海拔高程相差 6000m 之多，在南北方向跨越近 10 个纬度（图 5.1），流域内不同地区的气候差别十分显著。自西向东的多年平均气温在 -15~15℃变化，并呈现显著的区域性特征[图 5.2（a）]。其中，黄河源区的平均海拔

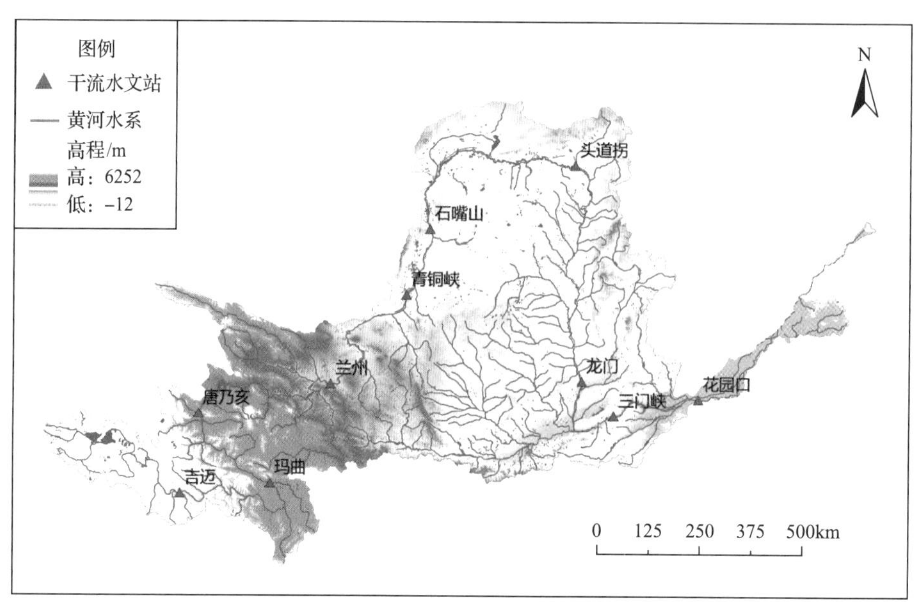

图 5.1　黄河流域高程及水文站点位置分布图

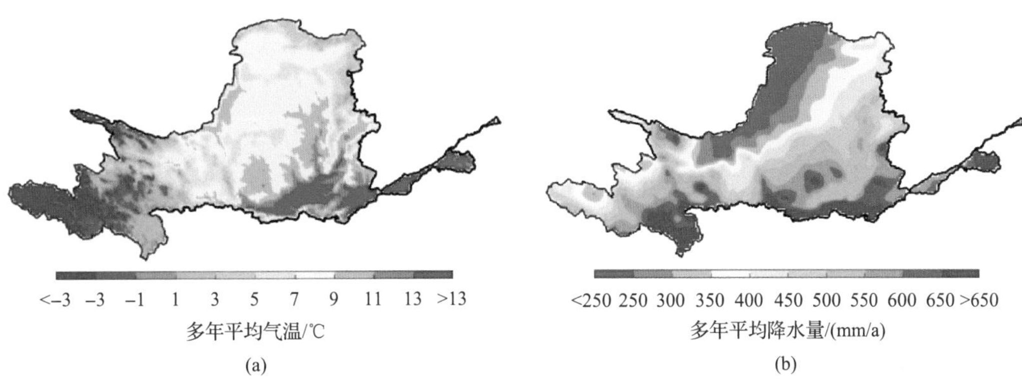

图 5.2　黄河流域 1960~2019 年多年平均气温与降水空间分布图

4000m 左右，属高寒地区，年均气温为−15~3℃；位于中游的黄土高原地区平均海拔为 2000m 左右，年均气温为 5~9℃；中下游河谷地区以及平原地区的海拔在 500m 以下，年均气温为 10~15℃。

过去 60 年（1960~2019 年）黄河流域的多年平均降水量为 474mm/a，折合为流域内的总水量约为 3500 亿 m^3/a。降水分布自东南到西北逐渐递减，跨越半湿润区、半干旱区和干旱区。年降水 400mm 等值线[图 5.2（b）]自东向西经内蒙古自治区托克托，陕西省榆林，甘肃省靖边、环县、定西和兰州，到达青海省循化、同德和玛多。年降水量小于 400mm 的地区为干旱和半干旱区，面积约为 25 万 km^2，占全流域面积的 33%。降水量较大的地区主要位于黄河源区的若尔盖湿地，以及秦岭、汾河及伊洛沁河山区、泰山等地，部分地区的多年平均年降水量达到 800mm 以上；降水量较小的地区位于宁夏中卫、青铜峡和石嘴山地区，以及内蒙古河套地区，多年平均年降水量仅 150mm 左右。

黄河流域的降水量在年内的分布极不均匀，雨季和旱季区分明显。花园口以上区域 6~9 月为主要降水季节，降水量达 323mm，占全年总降水量的 70%。其中，7~8 月降水量最多，占全年总降水量的 41%；12 月至次年 2 月降水最少，仅占全年降水量的 3%。从降水季节集中度的分布来看，黄河流域各地 6~9 月降水量占全年降水量的 60%~80%，自南向北降水的季节集中度不断增加。其中，黄河源地区 6~9 月降水占比达到 70%，其中 78%的降水为降雪；黄土高原北部地区 6~9 月降水占比达到 80%，且以高强度暴雨为主，极易发生土壤侵蚀以及山洪、泥石流等自然灾害；南部地区 6~9 月的降水量占比为 60%，降水年内分布相对其他区域较为均匀。

二、黄河流域的径流特征

黄河流域面积占全国土地面积的 8.3%，但河川径流量仅占全国的 2.2%，流域内水资源较为匮乏。黄河承担了全国 15%耕地的灌溉任务，养育了全国 12%的人口，流域内人均水资源量为 473m³，仅为全国人均的 23%，耕地亩均水资源量为 220m³，仅为全国平均水平的 15%。

黄河流域的年径流量在空间分布上极不均匀，总体趋势为自东南向西北递减，产流最高的地区为南部的巴颜喀拉山脉—秦岭—伏牛山—嵩山一带，多年平均径流深在 300mm 以上，而西部的兰州—托克托区间，径流深在 10mm 以下。就流域整体而言，黄河上游（兰州站）以上为主要产水区，集水面积为 22.3 万 km^2，多年平均径流量为 345 亿 m^3，以 30%的流域面积贡献了 55%的地表径流量。兰州—头道拐区间为全流域最干旱的地区，集水面积为 17.3 万 km^2，占全流域的 23%，但年均径流量仅为 19 亿 m^3，占全流域的 3%。头道拐—龙门区间以及龙门—三门峡区间也属于较为干旱的区间，两区间集水面积占全流域的 42%，对全流域的径流贡献仅为 31%（图 5.3，表 5.1）。从单

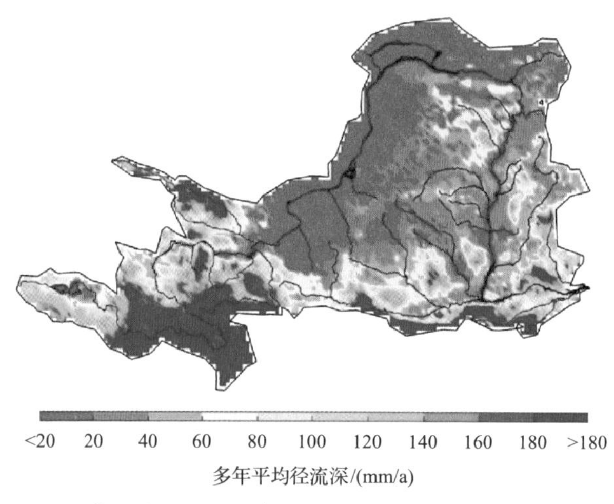

图 5.3　黄河中上游地区多年平均径流深（1960~2015 年）

表 5.1　黄河流域沿干流主要区间的气象水文特征

干流区间	多年平均降雨/(mm/a)	多年平均径流深/(mm/a)	径流系数	干旱指数 E_0/P	占总全流域径流比/%	占花园口以上流域的面积比/%
唐乃亥以上	526	164	0.31	1.89	33	17
唐乃亥—兰州	503	147	0.29	1.70	24	13
兰州—头道拐	283	11	0.04	3.90	3	23
头道拐—龙门	465	52	0.11	2.26	10	16
龙门—三门峡	564	69	0.12	1.82	21	26
三门峡—花园口	667	139	0.21	1.73	9	6
花园口以上	474	83	0.18	2.01	100	100

注：干旱指数：反映气候干旱程度的指标，定义为年潜在蒸发量与年降水量的比值。

位流域面积的产水能力看，上游地区与下游地区产水能力较强，中游地区产水能力较弱。兰州以上地区以及三门峡—花园口区间的产水模数为 150 亿 m^3/km^2、139 亿 m^3/km^2，而中游地区兰州—头道拐区间产水模数仅为 11 亿 m^3/km^2。

黄河流域径流量在年内的分布也极不均匀，这主要由降水的季节分布决定。花园口站的径流量主要集中在每年的 7~10 月，占全年径流量的 56%，冬季（12 月至次年 2 月）径流量占比最少，仅为全年径流量的 13%。黄河流域的洪水主要集中在 6~10 月，其中上游为 7~9 月，三门峡地区为 8 月，三门峡—花园口区间为 7 月中旬至 8 月中旬。从洪水过程来看，兰州以上流域洪水历时长、洪峰低、洪量大；河口镇—三门峡区间的洪峰大、洪量小、洪水历时在 10~15 天；下游干流三门峡、花园口等站的连续洪水历时可达 30~40 天，洪峰流量可达 15000~25000m^3/s[1]。

第二节 黄河流域水资源的历史变化

一、黄河流域近百年的径流变化

近百年来，花园口水文站天然径流呈现先增多后减少的变化特征。依据 Pettit 均值突变点检验，可将近百年的径流变化分为三个时期：1919~1932 年、1933~1989 年、1990~2019 年。其中，1919~1932 年为枯水期，1933~1989 年为丰水期，1990~2019 年为枯水期（图 5.4，表 5.2）。

1919~1932 年，花园口站的多年平均径流量仅为 432 亿 m^3，约为近百年平均径流量的 80%，其中，1928 年径流量为 277 亿 m^3，为近百年径流最低点。1922~1932 年，黄河流域发生了历时 11 年的大干旱。据各地地方志记载，从 1922~1925 年，黄河上中游地区每年都会出现局部性干旱，1926~1927 年连片旱区扩展到整个上中游地区，

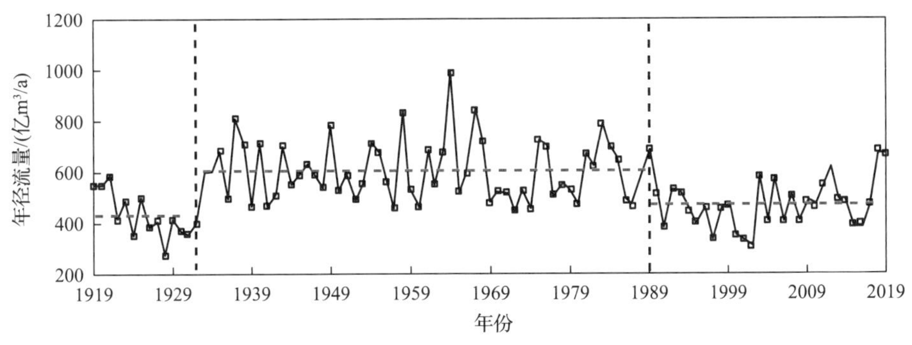

图 5.4 1919~2019 年花园口水文站天然径流变化

表 5.2　花园口水文站不同时段径流特征

时间段	均值/(亿 m^3/a)	标准差/(亿 m^3/a)	变差系数	极差/(亿 m^3/a)
1919~1932 年	432	88	0.21	308
1933~1989 年	604	117	0.19	531
1990~2019 年	469	93	0.2	376

1928~1931 年旱情最为严重，覆盖了全流域，在中国水旱灾害系列专著中有“自春至夏无雨，麦秋枯槁，颗粒未收，大旱在前，蝗雹随后”的记载。

1933~1989 年，花园口站的多年平均径流为 604 亿 m^3，约为百年平均径流量的 112%。1964 年为近百年黄河径流量的最高点，达 979 亿 m^3。其中，1977 年黄河中游发生洪水，以延河、乌审旗、平遥地区暴雨和洪水强度最大，延河延安站洪峰流量达 7200m^3/s，山西、陕西两省受灾面积达 5.25 万 hm^2。1982 年，三门峡—花园口区间发生洪灾，出现了 1958 年以来最大洪水，花园口站最大洪峰流量达 15300m^3/s，成灾面积达 15 万 hm^2。

1990~2019 年，花园口站的多年平均径流为 469 亿 m^3，约为百年平均径流量的 86%。2002 年为近百年来花园口径流量第二低点，径流量仅为 309 亿 m^3。在 20 世纪 90 年代，我国夏季风强度较往年减弱，黄土高原地区与华北地区降水较少，花园口径流量较低，平均径流量仅为 451 亿 m^3，加之人类取用水增多，黄河断流情况较为严重。2000 年以后，随着小浪底水库一期工程竣工发挥调蓄作用，黄河下游没有再出现断流现象。

二、黄河流域近 60 年的径流变化规律

自 20 世纪 90 年代黄河下游断流情势不断加剧，黄河流域径流变化趋势研究成为热点之一[2,3]。本章以 1989 年为突变点，1960~2019 年花园口天然径流多年均值存在明显差异。花园口站 1960~1989 年平均的天然径流量为 603 亿 m^3/a，而 1990~2019 年仅为 469 亿 m^3/a，天然径流减少近 23%（134 亿 m^3/a）。其中，20 世纪 90 年代为天然径流最少的年代，平均径流量仅为 451 亿 m^3/a，2000 年之后，天然径流有上升趋势，但整体仍低于 1989 年之前的水平（图 5.5）。

从过去 60 年的前 30 年与后 30 年径流变化来看，1990~2019 年相较于 1960~1989 年，黄河上游和中游两个区间的径流都有明显地减少。黄河流域兰州以上区间的天然径流量多年均值从 357 亿 m^3/a 减少至 312 亿 m^3/a，相对变化率为-12.7%，而同期的降水量反而增加了 17 亿 m^3/a，相对变化率为+1.5%。兰州—花园口区间的天然径流量多年均

值由 245 亿 m^3/a 减少为 157 亿 m^3/a，相对变化率达−35.9%，而该区域同期降水量的相对变化率仅为−1.28%。总体显示降水量变化不大而径流却在近 60 年有明显的下降，这说明黄河流域的降水径流关系可能发生了明显变化，这将在本节第三部分详细阐明。

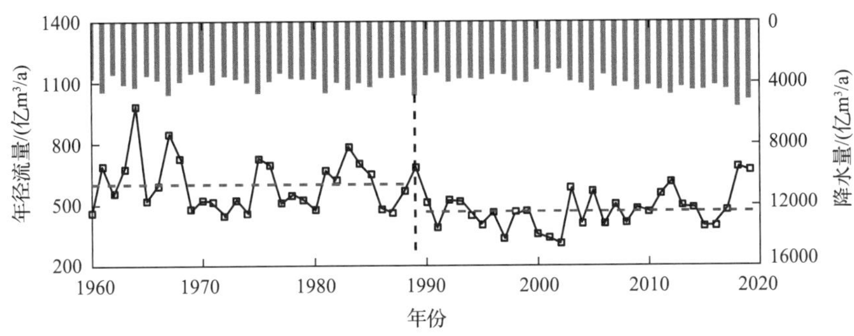

图 5.5　1960~2019 年花园口水文站天然径流变化

早期多年平均径流量为 603 亿 m^3/a，近期多年平均径流量为 469 亿 m^3/a

从过去 60 年径流量和降水量的年际变化趋势看，黄河流域径流量与降水量的变化趋势有较大差异，兰州以上区域的降水增量相对明显，而径流量的减少主要集中在兰州—花园口区间，即黄土高原地区。就全流域而言，年降水呈增加趋势，增量为+0.25mm/a，其中兰州以上、兰州以下的增量分别为+0.77mm/a 和+0.03mm/a，上游地区的降水增加较为显著。花园口水文站径流减小显著，达−3.1 亿 m^3/a；其中，兰州以上、兰州以下分别贡献了−0.6 亿 m^3/a 和−2.5 亿 m^3/a，说明黄河流域上游和中游的产流能力都有不同程度下降，中游尤为严重。

三、黄河流域近 60 年径流变化的原因分析

径流变化的主要影响因素可以分为气候变化与下垫面变化[2]，本节从近 60 年来降雨径流的关系变化入手，分析得出降水变化只能解释很小一部分的径流变化，因此径流变化的主导因素更多是下垫面变化以及水利工程。针对兰州以上与兰州—花园口两个区间，具体分析了可能影响黄河流域近 60 年径流变化的因素[4]。

近 60 年来，黄河流域的降水径流关系发生明显变化，径流系数减小。为了掌握降雨径流关系的变化情况，引入降雨−径流双累计曲线，双累计曲线法是检验降水−径流关系一致性的常用办法。该曲线就是在直角坐标系中绘制同期内降雨连续累计值与径流连续累计值的关系线，曲线的斜率表示单位降水量产生的径流量。图 5.6 所示的双累计曲线横纵坐标分别为累计降水量（亿 m^3）和累计径流量（亿 m^3），曲线的斜率即为对应时间段的径流系数，曲线斜率突变点即为径流系数突变点。

兰州以上的降水径流关系变化相对较小[图 5.6（a）]，该区域的径流系数突变点

在 1986 年，径流系数相对前一阶段减少了 3%，而兰州—花园口区间降水径流关系变化较为明显[图 5.6(b)]，径流系数在 1991 年前后发生突变，径流系数的降幅达 11%。

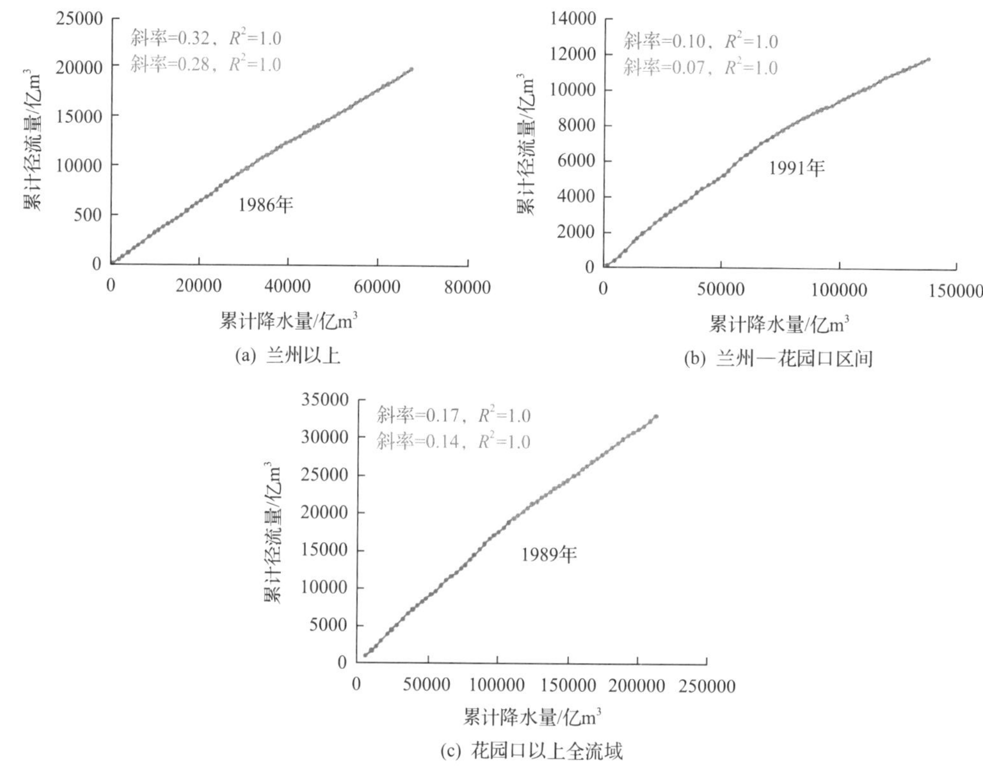

图 5.6 黄河上中游各干流区间的降水-径流的双累计曲线图

图中年份为径流系数 Pettit 突变点检验显著性大于 95%的年份

表 5.3 为黄河流域近 60 年的径流变化分析结果，可见降水变化对黄河流域的径流变化的解释能力十分有限，1990~2019 年相比于 1960~1989 年，花园口站径流减少 106 亿 m³/a，降水变化仅能引起 2%的径流减少，其中兰州以上区域的径流减少，但该区域的降水反而呈增加趋势。

表 5.3 1960~2019 年黄河流域分区多年平均径流变化及归因

区间	1990~2019 年相对于 1960~1989 年天然径流量变化归因/(亿 m³/a)			1960~1989 年平均天然径流/(亿 m³/a)
	降水变化引起的径流变化	其他引起的径流变化	总的径流变化	
兰州以上	+10	−49	−39	361
兰州—花园口	−11	−56	−67	274
花园口以上(总)	−2	−104	−106	635

注：以 1960~1989 年为历史气候期。

整体而言，在上述黄河流域径流变化的归因中，降水变化影响只占很小的一部分，而流域的下垫面变化以及水利工程建设对径流变化起主要作用。以下按流域不同的区间，分析具体的下垫面变化对径流的影响。

（一）兰州以上径流变化原因分析

兰州以上的径流变化，主要可以归因于气候（升温主导）的变化，实质是由于冻土退化导致的下垫面环境变化。

在过去 60 年，唐乃亥水文站（图 5.1）以上的黄河源区年降水总体以 10.9mm/10a 的速率增加，而年径流深以 2.61mm/10a 的速率减小。有许多研究对黄河源区径流变化的原因进行了分析。一般认为，黄河源区的人类活动强度相对较弱，主要是气候变化（气温和降水）的直接影响和间接影响（即冰冻圈要素，如冻土）导致了长期径流减少。在气候变暖的背景下，一方面，气温升高直接导致蒸散发增强；另一方面气温升高导致了黄河源区冻土退化，从而影响径流。

1960~2019 年，黄河源区的气温以 0.042℃/a 的速率显著上升，气温升高速率高于全流域平均水平，特别是在 1997 年之后，气温升高速率明显加速，升温速度达到了 0.067℃/a。

根据黄河源区从上游到下游的吉迈、玛曲、唐乃亥水文站位置及其控制流域（图 5.1），将整个黄河源区划分为 3 个子区间，即吉迈以上、吉迈—玛曲、玛曲—唐乃亥。根据黄河源区径流突变年份 1989 年和 2005 年，将过去 60 年分为 3 个时段（图 5.7）：时段 1（1960~1989 年）、时段 2（1990~2005 年）、时段 3（2006~2019 年），具体分析黄河源区各子区间径流对气候变化的响应。在时段 1，各子区间年降水量和年径流量均在 1960~2019 年多年平均值附近波动（图 5.7）。从时段 1 到时段 2，除吉迈以上区域的多年平均降水量稍有增加外，其他子区间的多年平均降水量和多年平均径流量均出现明显下降，且径流量的减小幅度大于降水量的减小幅度（图 5.7）。整个黄河源区从时段 2 到时段 3 的年降水均值减小 19.7mm，而年径流均值减小幅度更大，达到 39.8mm。而从时段 2 到时段 3，各子区间降水和径流均有所恢复，时段 3 的平均年降水量均超过 1960~2019 年平均年降水量，然而，时段 3 所有子区间的径流量恢复都显著低于降水量恢复程度。对于整个黄河源区，从时段 2 到时段 3 年降水量增加幅度达到 70.4mm，但年径流量增加幅度不足降水的一半，为 30.8mm（图 5.7），年降水量的增幅远大于年径流量的增幅。

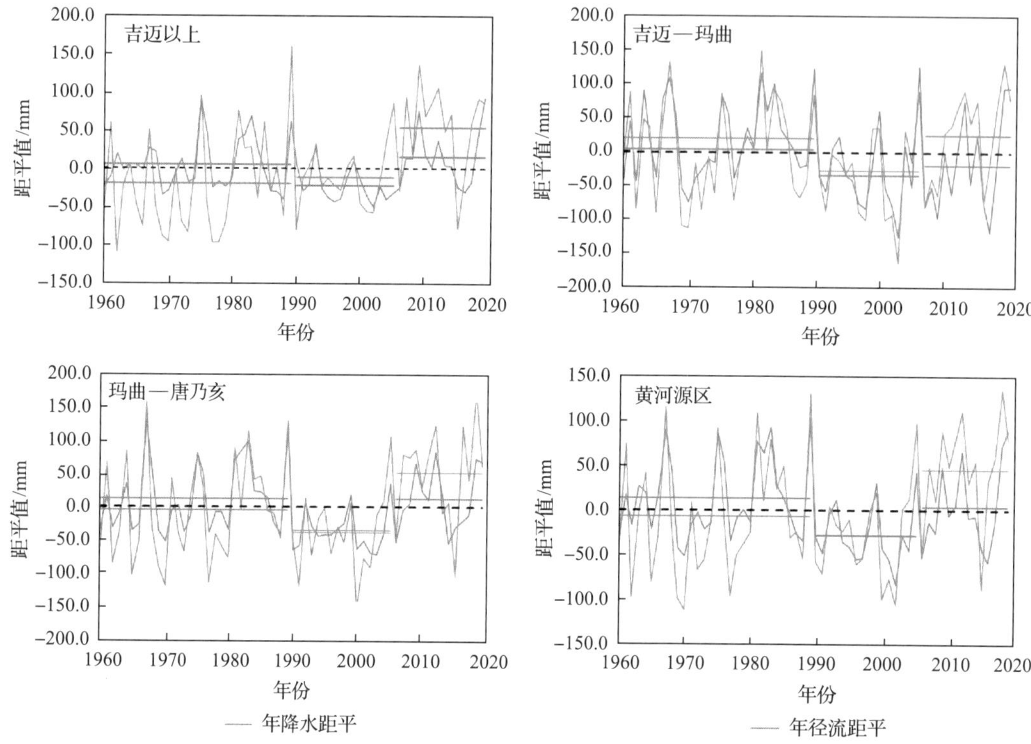

图 5.7　1960~2019 年黄河源区与 3 个子区域年降水距平值与年径流距平值变化（测站位置见图 5.1）

以往的研究如 Zheng 等[5]基于弹性分析方法，认为降水和潜在蒸散发的变化只能解释 30%的径流变化；Qin 等[6]和 Cuo 等[7]分别采用 GBEHM 模型和 VIC 模型模拟了黄河源区径流，发现径流观测值与模拟值之间的差异在 1960~2000 年逐渐扩大，说明黄河源区除降水和潜在蒸散发外，冻土的显著变化也对径流产生了影响。

根据 1：400 万中国冰川冻土沙漠分布图，黄河源区的多年冻土面积占比为 34.0%。过去几十年，气温升高导致了冻土的显著退化，基于 Stefan 公式的模拟结果表明，1960~2019 年，黄河源区季节性冻土最大冻结深度平均以 3.47cm/10a 的速率下降；观测表明，黄河源区多年冻土的下界普遍抬升，多年冻土的活动层厚度出现明显增加[8]。Wang 等[9]基于 Budyko 水热耦合平衡分析方法，认为从时段 1（1965~1989 年）到时段 2（1990~2003 年），对整个黄河源区而言，气候变化和冻土退化可以分别解释 55%和 31%的径流减小；在多年冻土主导（多年冻土占比 63.0%）的吉迈水文站以上区域，冻土退化可以解释 62%的径流减小。从时段 2（1990~2003 年）到时段 3（2004~2015 年），径流的增加幅度远低于降水增加幅度，这是由潜在蒸散发的增加和冻土退化共同作用导致。

冻土退化对径流影响的机理较为复杂。有研究认为，由于多年冻土的隔水作用减弱及贯穿融区的形成，部分本应产流的水渗漏到深层地下水，从而可能减少径流。多年冻土区的活动层厚度增加会导致土壤蓄水容量增加，进而使活动层土壤水的蒸发量增加，蓄满产流量减少。2002 年以来，GRACE 卫星观测到的黄河源区的总水储量增加，特别是多年冻土区的总水储量增加，支持了冻土退化导致径流减少的观点[10]。但冻土退化同样伴随着地下冰融化补给径流等过程，随着冻土退化程度加深，黄河源区冻土退化对径流的影响有待进一步深入研究。

（二）兰州—花园口区间径流变化原因分析

兰州—花园口区间主要位于黄土高原地区，该地区的土壤以黄土为主，厚度可达 20~200m，在暴雨过程中极易发生土壤侵蚀。该地区的人类活动显著，水库、淤地坝等水利、水土保持工程繁多。截至 2012 年，该区间有大型水库 26 座，中型水库 170 座，小型水库 657 座，总库容达 500 亿 m^3。同时，还建有淤地坝骨干坝 5000 余座，库容约 55 亿 m^3。其中，河口—龙门区间淤地坝较多，骨干坝数量占整个中游地区的 68%，库容占整个中游地区的 73%[11]。近 60 年来，黄河流域中游径流呈减少趋势，学界的主流观点认为水保工程、退耕还林工程等人类活动是该区间径流减少的主要影响因素。

气候变化对黄河流域唐乃亥—花园口地区的径流减少有一定贡献。黄河唐乃亥—花园口地区近 60 年呈现了较为明显的暖干化趋势（图 5.8），在黄土高原南部地区龙门—三门峡区间，降水减小幅度较为明显，降幅最大区域为渭河、泾河、北洛河以及汾河上游地区，可达-1.5mm/a。与此同时，黄河中游各地区气温上升趋势明显，其中兰州—头道拐区间温升最快，趋势可达+0.046℃/a，三门峡—花园口区间温升幅度最小，趋势仅为+0.017℃/a。

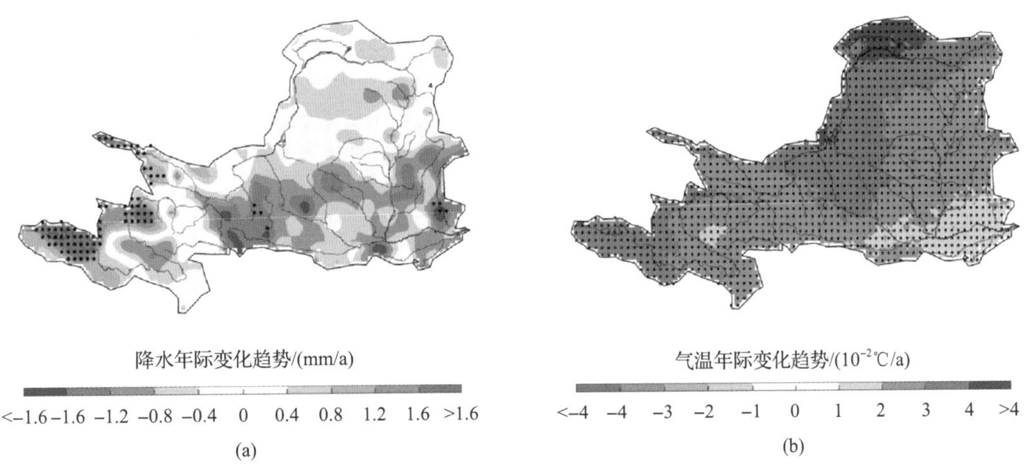

图 5.8　1960~2015 年黄河流域中上游地区降水与气温的年际变化趋势

水土保持工程及生态修复工程（图 5.9）与径流系数减少高度相关，是径流减少的主要因素。自 20 世纪 80 年代，我国政府加强了治理黄河的工作，颁布实施了多项政策，黄土高原成为实施水土保持工程及生态修复工程的重点地区。黄土高原北部地区成为首批重点治理地区，头道拐—龙门区间径流系数于 1980 年发生突变，改变最早。90 年代，水土保持工程向黄土高原南部地区全面铺开，龙门—三门峡区间于 1994 年发生径流系数突变。1999 年以后，退耕还林工程将黄土高原的生态工程建设推向新阶段，工程主要集中于黄河高原中北部地区，兰州—头道拐区间、头道拐—龙门地区分别于 2000 年、2006 年径流系数发生突变。截至 2012 年，黄土高原水土保持初步治理面积超过 15 万 km^2，治理比例达 20%以上，其中退耕还林还草面积超过 1.6 万 km^2，水保林面积超过 10 万 km^2，梯田面积高达 33939km^2，骨干型淤地坝达 5470 余座，中小型淤地坝达 52444 余座，骨干坝上游控制面积 2.6 万 km^2，总库容约 55 亿 m^3[11]。

(a) 梯田　(b) 淤地坝　(c) 整地　(d) 植树种草

图 5.9　黄河流域典型水土保持工程措施

从头道拐—潼关区间的水保工程累计治理面积与径流系数的变化关系来看（图 5.10），20 世纪 90 年代之后水土保持工程治理面积增长较为迅速，治理面积占比由 80 年代的 8.5%，上升至 90 年代的 18.3%，2000 年之后，水土保持工程治理力度进一步加大，占比上升为总面积的 46%。受此影响，径流系数随水土保持工程增加持续减少，由 70 年代的 0.13 逐渐降至 21 世纪 10 年代的 0.08。从具体的水土保持工程措施来看，植树和梯田为主要措施，2010 年，两者治理面积占总治理面积的 86%，而种草和淤地坝坝地为次要工程措施，面积占比为 14%。

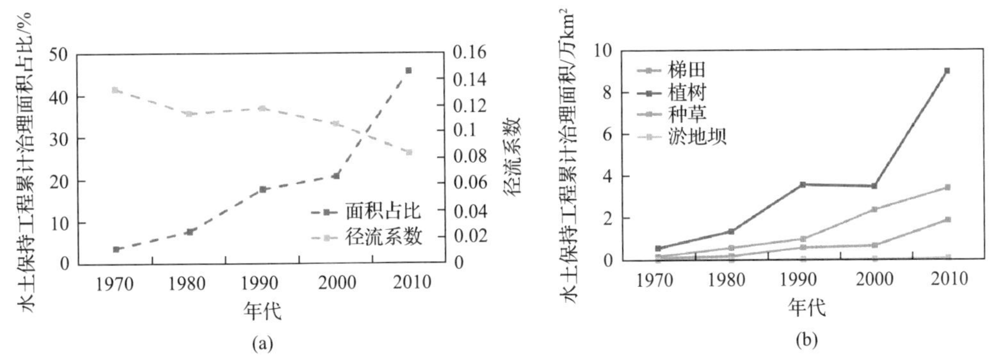

图 5.10　头道拐—三门峡区间水土保持工程累计治理面积以及与径流系数的关系

就水土保持工程的产流影响机理而言，梯田及整地工程改变原有微地形地貌，使之前有坡度的坡面变得平整，减缓坡度，从而提升坡地降水入渗，减少地表径流、增加壤中流。坡面工程的埂坎有较强的地表产流拦蓄作用，可蓄积和拦蓄当地降水以及上游汇入的径流，进一步提升降水入渗，减少了径流。在黄土高原坡面尺度的实验表明，水土保持工程以及植被种植类型的改变会显著改变局地的水量平衡关系。梯田、鱼鳞坑等工程措施显著改变微地形，使地表径流减少 50%~70%[12]，干旱地区比湿润地区的梯田减水更为显著。水土保持工程措施可使降雨入渗大幅增加，土壤含水量提升 2%~12%，其中表层 20cm 土壤水增加最为显著，比整个根区土壤水增加幅度大 20%。另外，植被种植类型的变化对梯田工程的保水效果有较大影响，种植一年生作物及草本植物情况下的土壤含水量显著高于种植乔灌木的情况；部分过度种植的区域，蒸发增加较多甚至可完全抵消梯田的保水效应，造成土壤水含量减少。

除此之外，植被变化也是黄河中游地区径流变化的重要影响因素。植被叶面积指数（leaf area index，LAI）指的是单位土地面积上植物叶片总面积占土地面积的倍数，LAI 越大说明当地植被越茂密。黄河中游地区 LAI 近 30 年显著增加，趋势可达+0.01 $m^2 \cdot m^{-2}/a$（图 5.11），相较于 1982~1999 年，2000~2015 年生长季 LAI 平均值增幅可达 35%，其中黄土高原区间增幅最为明显（图 5.12），可达 43.9%，植被覆盖率由 1999 年的 31.6%上升至 2013 年的 59.6%[13]，生态系统净初级生产力（NPP）增长 35%。2000 年后的退耕还林工程对黄河中游的植被恢复有极其重要的影响，根据卫星遥感影像解译数据，黄河中游的退耕还林主要在延河、大理河、无定河南部等流域，退耕还林面积比例的空间分布与 2000~2015 年的生长季植被 LAI 年际增长趋势高度相似（图 5.12）。

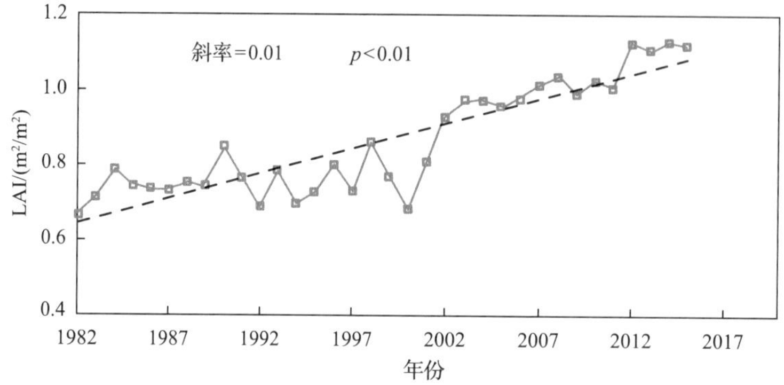

图 5.11　1982~2015 年兰州—花园口区间生长季 LAI 变化

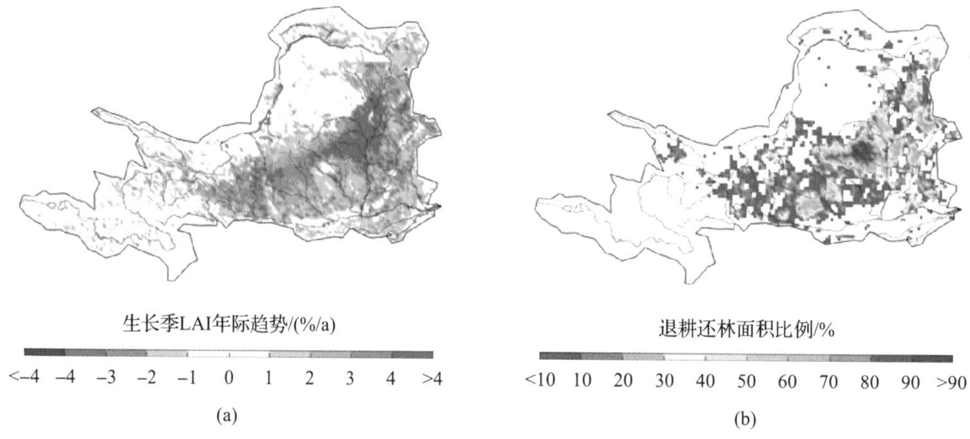

图 5.12　2000~2015 年黄河流域生长季 LAI 变化及退耕还林面积分布

植被增加使植被冠层表面积增大，冠层蒸腾及截留蒸发作用得以增强，从而引起土壤水以及径流的减少。2000 年后，黄土高原地区的年均蒸散发增加了 50mm/a[14]，退耕还林地区蒸散发增加更为显著。多种遥感蒸散发模型研究表明：蒸散发的增加主要与土地利用变化或植被变化有关，植被变化引起的年均蒸散发增加为 20~40mm/a[15]，气候引起的蒸散发增加不足 15mm/a[14]。

学界的主流观点认为，气候变化对黄河流域中游径流减少的贡献占比低于 40%，水土保持工程、退耕还林工程等人类活动为径流减少的主要影响因素。在黄土高原北部砂石区，人类活动更为显著，对径流减少的贡献占比在 80%以上，而南部流域人类活动的贡献占比相对较小，在 60%左右。基于 Budyko 水热耦合平衡方程的分析表明，将气候变化未解释的径流减少与水土保持工程面积、土地利用或植被变化有很好的相关关系，可合理解释黄河中游径流减少的原因，从整个区间来看，气候变化的贡献为 25%~46%，人类活动的影响贡献为 54%~75%。基于 SWAT、VIC、GBHM 等水文模型在黄河中游子流域的模拟也得出类似的结论，如北洛河流域人类活动对径流减少的贡献占比超过 63%[16]，延河流域超过 78%[17]，渭河流域超过 90%[18]。因此，人类活动引起的微地形以及植被等下垫面因素变化是近 60 年黄河流域中游地区的径流减少的最主要原因，气候变化为次要原因。对于判断未来黄河中游的径流变化，考虑下垫面的变化趋势至关重要。

第三节　黄河流域水资源的未来走向

为了预估黄河流域的未来水资源状况，目前常用方法是通过气候模式的未来情景预估结果驱动流域水文模型，根据水文模拟结果进行预估。政府间气候变化专门委员会（IPCC）自 1988 年成立以来，先后发布了六次全球气候变化评估报告，已成为气候变化研究的主要依据，被决策者、科学家、社会大众广泛采用。本节主要基于最新的 IPCC 第六次评估报告，对未来气候变化下黄河流域的水资源演变进行预估与分析。

IPCC 的第六次评估报告（AR6）于 2022 年完成，各工作组报告可从 IPCC 官方网站 https://www.ipcc.ch/下载。AR6 较为全面地归纳和总结了 AR5 发布以来的最新科学进展，采用了国际气候模式比较计划第六阶段（CMIP6）的新气候模式的预估结果，并开发了一套由不同社会经济模式驱动的新排放情景——共享经济路径（Shared Socioeconomic Pathways，SSPs）。SSPs 包括 SSP1－1.9、SSP1－2.6、SSP2-4.5、SSP3-7.0、SSP4-6.0、SSP5-8.5 等[19]，其中 SSP 后的第一个数字表示假设的共享社会经济路径，SSP1～SSP5 分别表示可持续发展、中度发展、局部发展、不均衡发展和常规依靠化石燃料为主发展的 5 种路径；第二个数字表示 2100 年的近似全球有效辐射强迫值相对于 1750 年增加多少（单位为 W/m^2）[20]。

为了方便理解，本节采用三种常用的共享社会经济路径，即 SSP1－2.6、SSP2-4.5 和 SSP5-8.5，来表示低、中、高三个温室气体排放情景，依此分析未来不同气候情景下黄河流域（花园口以上）的水资源走向。根据相关学者[21]针对 CMIP6 全球各主要气候模式输出结果的评估，本节选取了在黄河流域表现较好的 5 个全球气候模式。未来气候情景下黄河流域水资源趋势的评估流程为：①下载 CMIP6 在 SSPs 驱动下的输出结果，并根据黄河流域历史观测气象数据进行空间降尺度与偏差纠正（主要是降水误差纠正）；②分析降尺度和纠偏后的气候情景数据，了解未来黄河流域的气候变化趋势；③使用未来的气象情景数据驱动分布式水文模型模拟未来的水文过程，预估黄河流域未来气候变化下的水资源演变特征与趋势。应该指出，由于 CMIP6 模式的未来气

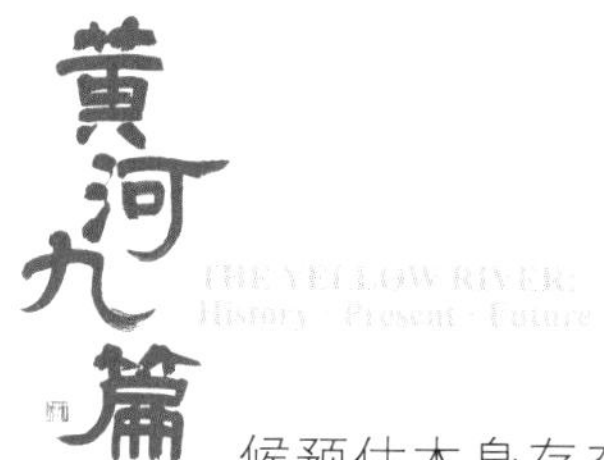

候预估本身存在较大的不确定性，输入水文模型后的径流预估结果同样具有较大不确定性。

一、黄河流域的未来气温与降水变化

CMIP6 不同情景下的预估结果都表明，黄河流域（花园口以上）在未来气温与降水都有进一步增加的可能。相对于历史期（1960~2019 年）的气温，至 21 世纪末（2100 年）黄河流域的平均升温幅度可能将分别达到 1.2℃（低排放情景）和 5.2℃（高排放情景），流域平均年降水量均有不同程度增加。

在不同的排放情景下，未来黄河流域的年均气温相对于 1960~2019 年的历史气候期都将升高[图 5.13（a）]。在低排放情景下，21 世纪 50 年代黄河流域的平均升温约 1.0℃，到 21 世纪末升温幅度为 1.2℃；在高排放情景下，21 世纪 50 年代黄河流域的平均升温约 2.4℃，到 21 世纪末升温幅度达 5.2℃。

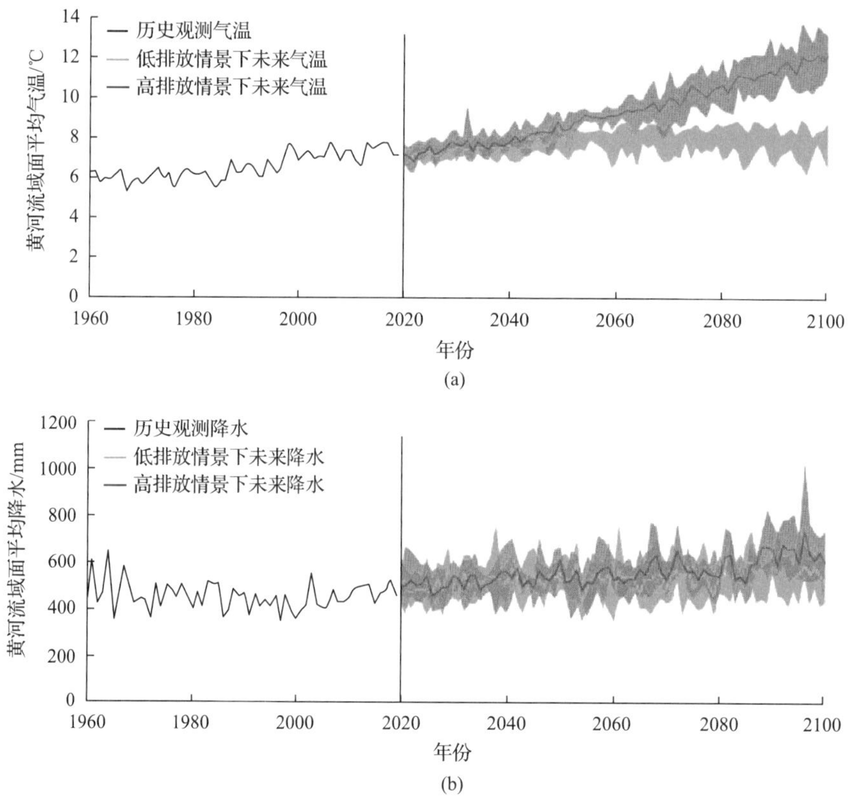

图 5.13 基于观测的黄河流域历史期（1960~2019 年）及基于 CMIP6 低排放（SSP1-2.6）、高排放（SSP5-8.5）情景预估的黄河流域未来期（2020~2100 年）气温变化（a）和降水变化（b）

在升温的同时，未来黄河流域的极端高温天数增加，极端低温天数与霜冻天数减少。在低和高排放情景下，21 世纪末的极端高温天数分别增加 107%和 246%，极高温天数的增长在中高排放情景下更剧烈。气温升高将进一步影响黄河源区的积雪和冻土，不利于维持源区径流的稳定性。

基于 CMIP6 的预估结果显示，不同情景下黄河流域（花园口以上）的未来降水相对历史期将都会出现持续增加[图 5.13（b）]。在低排放情景下，21 世纪 50 年代流域面平均降水增加 64mm（+14%），21 世纪末降水增幅约为 91mm（+20%）；在高排放情景下，降水的增幅高于低排放情景，21 世纪 50 年代面平均降水增幅约 81mm（+18%），21 世纪末降水增幅可能达到 188mm（+42%）。未来黄河流域降水增加，尤其是在高排放情景下未来黄河流域降水的显著增加，使发生洪水的风险也大幅增加。

二、黄河流域的未来径流变化

根据上一小节中的未来气候情景数据，采用分布式水文模型 GBEHM[22, 23]预估了黄河流域未来 50 年（2021~2070 年）的天然径流变化（图 5.14）。历史期（1960~2019 年）黄河流域的水资源量主要来源于黄河上游（内蒙古托克托县河口镇以上），在未来

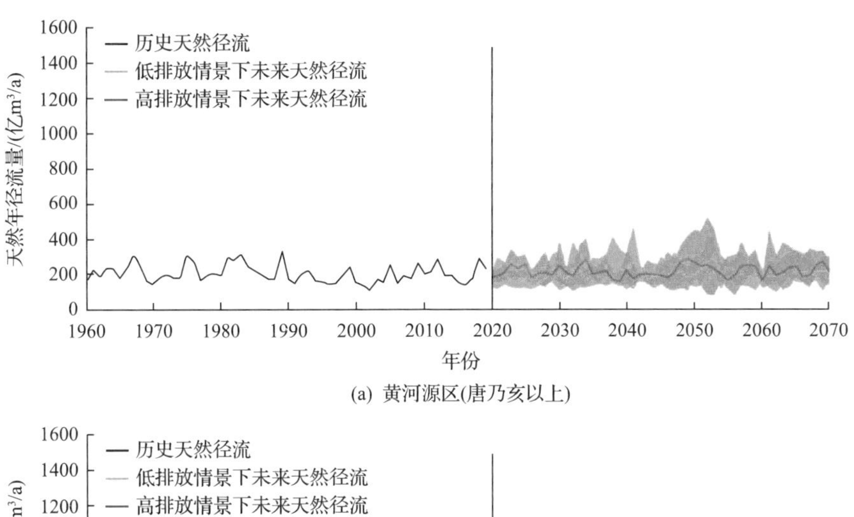

(a) 黄河源区(唐乃亥以上)

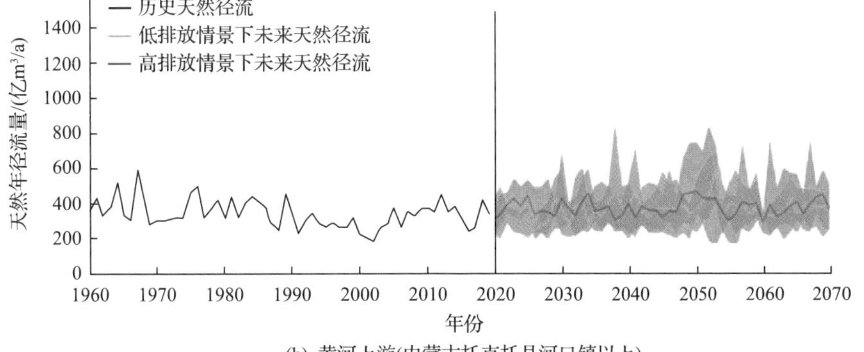

(b) 黄河上游(内蒙古托克托县河口镇以上)

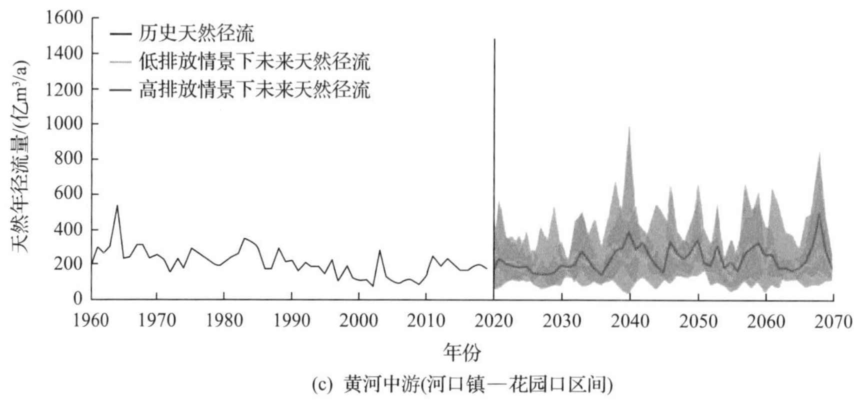

(c) 黄河中游(河口镇—花园口区间)

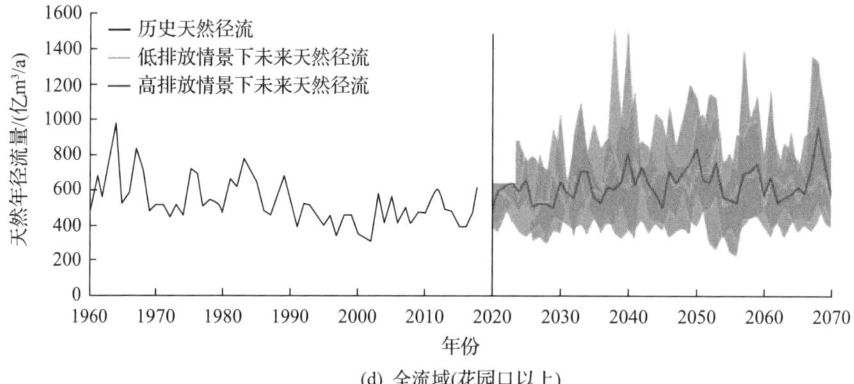

(d) 全流域(花园口以上)

图 5.14　黄河流域各区间历史天然年径流及基于 CMIP6 低排放（SSP1-2.6）、高排放（SSP5-8.5）情景预估的未来天然年径流

各年代流域源区及上游的年径流量相对于历史期增幅接近；相对于上游，流域中游（河口镇至花园口区间）未来年径流量的波动性更强，在不同排放情境下相对于历史期都有明显增加，高排放情景下的年径流量增加尤其显著。如表 5.4 所示，未来黄河流域（花园口以上）的年径流量总体增加，其中流域上游径流量增幅相对较小，源区在近期可能出现径流减小的情况，而在 2050 年后各区域年径流量普遍增加，中游地区的相对增幅更加明显。

在黄河源区（唐乃亥以上），未来 50 年的平均年径流量相较于历史期（1960~2019 年）的平均年径流量而言，在低和高两种排放情景下变幅分别约为 0%和 7%。从未来 50 年各年代径流变化来看，在不同气候情景下源区年径流量以增加为主但增幅较小。

在黄河上游（河口镇以上，包括黄河源区），未来 50 年的平均年径流量变化趋势和幅度与源区的变化相似，低排放和高排放情景下其变幅分别约为 7%（23.1 亿 m^3/a）和 11%（37.3 亿 m^3/a）。在高排放情景下未来各年代平均年径流量相对于历史气候期的变幅为 9%~17%。

表 5.4 基于 CMIP6 和分布式水文模型预估的黄河流域未来各年代径流变化

区间	低和高两个排放情景下未来各年代相对于历史期径流量的变化/(亿 m^3/a)				未来 50 年平均年径流量/(亿 m^3/a)	过去 60 年平均年径流量/(亿 m^3/a)
	21 世纪 30 年代	21 世纪 40 年代	21 世纪 50 年代	21 世纪 60 年代		
黄河源区	11.5, 7.0	−2.3, 15.0	14.2, 15.7	2.0, 20.1	202.4, 216.3	202.8
	(6%, 3%)	(−1%, 7%)	(7%, 8%)	(1%, 10%)		
黄河上游	30.1, 30.7	30.0, 42.3	37.0, 58.6	25.5, 45.4	362.0, 376.2	338.9
	(9%, 9%)	(9%, 12%)	(11%, 17%)	(8%, 13%)		
黄河中游	41.3, 44.6	62.7, 77.6	56.6, 58.5	44.3, 61.5	242.2, 245.8	202.4
	(20%, 22%)	(31%, 38%)	(28%, 29%)	(22%, 31%)		
花园口以上全流域	72.2, 76.1	106.7, 116.4	87.2, 98.1	71.2, 100.1	604.2, 622.1	540.5
	(13%, 14%)	(20%, 22%)	(16%, 18%)	(13%, 19%)		

注：过去 60 年指 1960~2019 年，未来 50 年指 2021~2070 年；每一单元格中两个数据分别为低排放、高排放情景下的径流量变化量，括号中数据为变化百分比。

在黄河中游（河口镇至花园口区间），低和高两个典型排放情景下的 2030~2060 年各年代的平均年径流量相较于历史期平均年径流量均有明显变化，变化幅度在 20%~38%。低、高排放情景下未来 50 年的平均年径流相对于历史期平均年径流量分别增长了约 20%（39.8 亿 m^3/a）和 21%（43.4 亿 m^3/a）。

在花园口以上全流域，未来 2030~2060 年各年代的平均年径流量相较于历史期（1960~2019 年）平均年径流量总体呈现显著增加，低排放情景下的变幅为 13%~20%，高排放情景下的增幅为 14%~22%；而低、高排放情境下流域未来 50 年的平均年径流量相较于历史期总体变幅约为 12%（63.7 亿 m^3/a）与 15%（81.6 亿 m^3/a）。从时间和空间上来看，在 2040 年后，中游地区的年径流大幅增长；高排放情景下，21 世纪 40 年代，中游的平均年径流增幅相对历史期高达 78 亿 m^3/a，大于同期的上游年径流量增幅（42 亿 m^3/a）。未来黄河中游由于降水量和径流量增加带来的土壤侵蚀、河道泥沙及洪水风险等，需要引起重视。

三、黄河流域未来 50 年的气候水文时空特征

从未来 50 年平均的流域气候水文特征来看（表 5.5），在两种排放情景下未来流域各区域的气候水文均发生了较为明显的变化，其中高排放情景下水循环加速使得年降水量、年蒸散发量和年径流深的数值更大。相对于过去 60 年（1960~2019 年）的变

化而言，在未来 50 年的低与高排放情景下，花园口以上全流域的年降水量、年蒸散发量和年径流深变化幅度分别约为 12%与 15%（55mm/a 与 66mm/a）、12%与 14%（46mm/a 与 55mm/a）、12%与 15%（9mm/a 与 11mm/a）。其中：

（1）黄河源区（唐乃亥以上）的年降水量、年蒸散发量和年径流深变化幅度分别约为 8%与 11%（40mm/a 与 59mm/a）、11%与 13%（40mm/a 与 48mm/a）、0%与 7%（0mm/a 与 11mm/a）。

（2）黄河上游（河口镇以上，包括黄河源区）的年降水量、年蒸散发量和年径流深变化幅度分别约为 11%与 14%（45mm/a 与 57mm/a）、13%与 15%（39mm/a 与 47mm/a）、7%与 11%（6mm/a 与 10mm/a）。

（3）黄河中游（河口镇至花园口区间）的年降水量、年蒸散发量和年径流深变化幅度分别约为 13%与 15%（65mm/a 与 77mm/a）、12%与 14%（55mm/a 与 66mm/a）、20%与 22%（10mm/a 与 11mm/a）。

从年降水量和年径流深的增加幅度来看，黄河中游大于上游，黄河中游的降水和径流增加可能增加洪水风险，而且对水土保持产生不利影响。

表 5.5　未来黄河流域年降水量、蒸散发量和径流量的空间分布特征（单位：mm/a）

区间	年降水量			年蒸散发量			年径流深		
	未来		历史	未来		历史	未来		历史
	低	高		低	高		低	高	
黄河源区	573	592	533	404	412	364	169	180	169
黄河上游	447	459	402	351	359	312	96	100	90
黄河中游	571	583	506	512	523	457	59	60	49
花园口以上全流域	508	519	453	426	435	380	82	84	73

注：未来指 2021~2070 年平均值，历史指 1960~2019 年平均值；低、高分别指低排放情景、高排放情景。

表 5.6 所示是未来 50 年汛期和非汛期的黄河流域气温和降水变化。无论在低和高排放情景下，流域的年均气温都升高，且汛期升温幅度大于非汛期升温幅度；降水量增加主要集中于汛期，而且在高排放情景下更为明显。在低、高排放情景下，未来 50 年汛期降水相对历史气候期的增幅分别为 9%与 12%。汛期的降水显著增加，可能对未来流域防洪和水土保持等构成威胁，需要予以重视。

表 5.6　未来 50 年气温和降水量相对于历史期（1960~2019 年）的季节变化

情景	要素	全年及年内分布		
		全年	汛期	非汛期
历史期(1960~2019 年)年平均值	平均气温/℃	6.6	15.0	0.5
	降水量/mm	452.5	348.7	103.8
未来低排放情景(SSP1-2.6)相对于历史期的变化	气温变化/℃	+1.8	+2.0	+1.6
	降水量变化/mm	+55.0	+30.8	+24.2
未来高排放情景(SSP5-8.5)相对于历史期的变化	气温变化/℃	+2.5	+2.7	+2.3
	降水量变化/mm	+66.2	+41.5	+24.6

注：未来排放情景下相对于历史期的变化指 2021~2070 年气温和降水量多年平均值与历史期平均值之差；汛期对应月份为 6~10 月，非汛期对应月份为 11 月~次年 5 月。

第四节　小结

本章通过分析过去 60 年黄河流域气候水文变化和未来 50 年气候变化情景下的水文变化，对变化条件下黄河流域水资源的变化特征和未来走向总结如下：

从过去 60 年的径流变化看，黄河流域的降水径流关系发生了显著变化，这是气候变化与人类活动综合作用的结果。其中，兰州以上的径流变化主要可以归因于气候变化（以升温为主）的影响，实质是由升温导致冻土退化主导了产流能力的下降；兰州—花园口区间的径流变化主要受到大规模水土保持工程、退耕还林工程等人类活动的影响，使产流能力减小。总之，在过去 60 年，受气候变化和人类活动共同影响，黄河上游和中游的产流能力都有不同程度下降，中游尤为严重。

针对未来 50 年的气候和水资源变化，本章基于 CMIP6 气候模式与分布式水文模型 GBEHM 进行了预估和分析。结果显示，黄河源区（唐乃亥以上）以及上游（河口镇以上）的年降水量总体增加，但是升温导致的蒸散发增加起到一定的抵消作用，导致该区域的年径流量呈不显著增加；中游地区（河口镇至花园口）的年降雨与年径流量有较明显增加。就全流域（花园口以上）而言，由于降水量增幅较大，未来 50 年各年代平均的年径流量相较于历史期（1960~2019 年）均有增加，在低、高排放情景下未来 50 年的平均径流量增幅分别约为 12%（63.7 亿 m^3/a）与 15%（81.6 亿 m^3/a）。需要注意的是，未来 50 年气候水文变化的时空特征显示，降水量和径流量增加主要集中于位于流域中游的黄土高原区，特别在汛期形成暴雨洪水的风险增加，是一个需要关注的问题。

本章撰写人：杨大文　王泰华　杨菁菁　严子涵　生名扬

参考文献

[1] 黄河水利委员会水文局. 黄河流域水文设计成果修订报告. 郑州, 2016.

[2] Yang D W, Li C, Hu H P, et al. Analysis of water resources variability in the Yellow River of China during the last half century using historical data. Water Resources Research, 2004, 40: W06502.

[3] Cong Z T, Yang D W, Gao B, et al. Hydrological trend analysis in the Yellow River basin using a distributed hydrological model. Water Resources Research, 2009, 45: W00A13.

[4] 生名扬. 气候变化与人类活动影响下黄河流域生态水文模拟分析. 北京: 清华大学, 2021.

[5] Zheng H X, Zhang L, Zhu R R, et al. Responses of streamflow to climate and land surface change in the headwaters of the Yellow River Basin. Water Resources Research, 2019, 45(7): W06A19.

[6] Qin Y, Yang D W, Gao B, et al. Impacts of climate warming on the frozen ground and eco-hydrology in the Yellow River source region, China. Science of The Total Environment, 2017, 605-606: 830-841.

[7] Cuo L, Zhang Y, Bohn T J, et al. Frozen soil degradation and its effects on surface hydrology in the northern Tibetan Plateau. Journal of Geophysical Research-Atmospheres, 2015, 120(16): 8276-8298.

[8] 金会军, 王绍令, 吕兰芝, 等. 黄河源区冻土特征及退化趋势. 冰川冻土, 2010, 32(1): 10-17.

[9] Wang T H, Yang H B, Yang D W, et al. Quantifying the streamflow response to frozen ground degradation in the source region of the Yellow River within the Budyko framework. Journal of Hydrology, 2018, 558: 301-313.

[10] Xu M, Ye B, Zhao Q, et al. Estimation of water balance in the source region of the Yellow River based on GRACE satellite data. Journal of Arid Land, 2013, 5: 384-395.

[11] 刘晓燕. 黄河近年水沙锐减成因. 北京: 科学出版社, 2016.

[12] Huo J, Yu X, Liu C, et al. Effects of soil and water conservation management and rainfall types on runoff and soil loss for a sloping area in North China. Land Degradation & Development, 2020, 31(15): 2117-2130.

[13] Chen Y, Wang K, Lin Y, et al. Balancing green and grain trade. Nature Geoscience, 2015, 8(10): 739-741.

[14] Jin Z, Liang W, Yang Y, et al. Separating vegetation greening and climate change controls on evapotranspiration trend over the Loess Plateau. Scientific Reports, 2017, 7(1): 8191.

[15] Bai P, Liu X M, Zhang Y Q, et al. Assessing the impacts of vegetation greenness change on evapotranspiration and water yield in China. Water Resources Research, 2020, 56(10): e2019WR027019.

[16] Yan R, Zhang X, Yan S, et al. Spatial patterns of hydrological responses to land use/cover change in a

catchment on the Loess Plateau, China. Ecological Indicators, 2018, 92: 151-160.

[17] Wu J W, Miao C Y, Yang T T, et al. Modeling streamflow and sediment responses to climate change and human activities in the Yanhe River, China. Hydrology Research, 2018, 49(1): 150-162.

[18] Chang J, Wang Y, Istanbulluoglu E, et al. Impact of climate change and human activities on runoff in the Weihe River Basin, China. Quaternary International, 2015, 380-381(4): 169-179.

[19] Masson-Delmotte V, Zhai P, Pirani A, et al. Climate change 2021: The physical science basis. Contribution of Working Group I to the Sixth Assessment Report of the Intergovernmental Panel on Climate Change, 2021: 2.

[20] 张丽霞, 陈晓龙, 辛晓歌. CMIP6 情景模式比较计划(ScenarioMIP)概况与评述. 气象变化研究进展, 2019, 15(5): 519-525.

[21] Wang L, Zhang J Y, Shu Z K, et al. Evaluation of the ability of CMIP6 global climate models to simulate precipitation in the Yellow River Basin, China. Frontiers in Earth Science, 2021. DOI:10.3389/feart.2021.751974.

[22] Yang D W, Gao B, Jiao Y, et al. A distributed scheme developed for eco-hydrological modeling in the upper Heihe River. Science China: Earth Sciences, 2015, 58: 36-45.

[23] 杨大文, 郑元润, 高冰, 等. 高寒山区生态水文过程与耦合模拟. 北京: 科学出版社, 2020.

第六章

水权水价水市场与水银行

第一节　黄河水量分配方案历史与现状

一、我国水权的前世今生

中国古代农耕社会，农业在国家政治、经济和生活中处于基础地位，在历史发展进程中起着至关重要的作用。自古以来，农业进步离不开水利发展，中华民族五千年文明史同时也是一部治水史，水权在其中扮演着重要的角色。

在古代，由于各种条件的限制，并没有产生直接的水权概念，但在一部分管理法规和法律条款中却也体现了水权的内涵。到了近代，关于水权的概念和相关制度得到逐渐明确。在奴隶制度下，社会习惯具有普遍的约束力，在用水时，若出现违背习惯的行为就要受到公众的谴责和惩罚，夏朝时期的《禹刑》中就包含了水事的内容。《论语·泰伯》篇记载孔子一段话，其中讲道："（禹）尽力乎沟恤"。沟恤就是沟渠，说明早在禹的时代，就有了为农田灌溉而兴修水利的历史，并按水系来划分的管辖区域，所以有大禹"平治水土，定千人百图"，治水与政权紧密地联系在一起。

商周时期，水的使用已经从氏族成员的共同自由使用的方式逐渐转变成按一定规则次序使用的方式，并且开始有人专门管理水资源。《周礼》一书中就记载了水资源管理、分配和水利实践的内容，记述了水资源管理是按季节进行的。春秋战国时期，由于人口增加，灌溉技术逐步深入应用于农业生产。这一时期，诸侯各国大兴水利，竞相修筑堤防，通渠灌田。为协调各诸侯国间的水利矛盾，诸侯各国盟会盟约中常常制定一些有利于水畅其流的协议，水权思想开始萌芽。

西汉是我国历史上一个经济、社会、文化相对繁荣的时期，水权也是在那时诞生的。据《汉书·兒宽传》记载，汉武帝首次制定了灌溉用水制度，标志着水利成文法规的正式产生，水权的有关内容也从习惯准则正式成为约束人们用水的法规。唐朝农田水利得到蓬勃发展，水权也又有了进一步的发展，产生了我国历史上第一部较为详细的水事法律制度——《水部式》。《水部式》残卷（图 6.1）和《唐六典》等典籍中不乏一些关于水权法律制度的雏形。到了宋朝，用水管理有了更进一步的发展，颁布了《农田水利约束》，从法律上强调了水的公有性，将“灌溉之利，农事大本”的原则用法令形式确定下来，将兴办水利列为政府官员考绩的主要内容。

明清时期，水权与地权的关系又发生了实质性的转变。在此之前，水的分配原则是“按地定水”，水权仅仅是地权的附庸，到了明清时期，关中地区开始出现了水权买卖，水权和地权开始分离。到了清代后期，水权的买卖已经较为普遍，这时期的水的使用权更是可以独立于地权而进入流通领域。

辛亥革命时期，我国开始尝试引入水利科技和水事法律制度。民国时期颁布的《民法》《河川法》和《水利法》，就是我国近代水法的代表（图 6.2）。《水利法》中明确规定：“水为天然资源，属于国家所有，不因人民取得土地所有权而转移”，它第一次明确提出了水权的概念。但是，由于当时的一些地方还存在着部分清朝旧制，加之当时军阀割据，给水权制度的改革和统一带来了很大难度。因此，《水利法》并未在全国范围内真正实施。

图 6.1 敦煌藏经洞中发现的唐代《水部式》

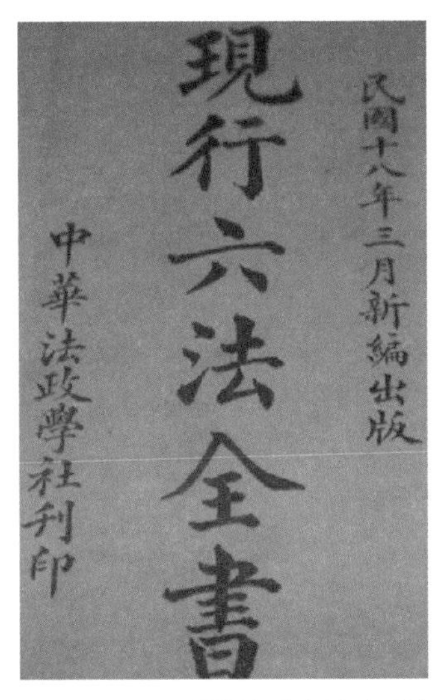

图 6.2 民国时期的《六法全书》
《河川法》属“六法”中的民法

新中国成立后，设立了中央人民政府水利部，明确了水资源为国家所有，进一步确立了水权概念，国家通过政策、方针等方式具体确定水资源的权属关系。1988年，《中华人民共和国水法》颁布，这是我国第一部水法，标志着我国进入依法治水新时期；2002年，《中华人民共和国水法》（以下简称为新《水法》）修订颁布，进一步明确了水资源的国家属性和有偿使用制度。新《水法》明确规定，“水资源属于国家所有。水资源的所有权由国务院代表国家行使。国家对水资源依法实行取水许可制度和有偿使用制度。”通观新《水法》，围绕水资源可持续利用的要求，强化了水资源的规划、配置和节约保护，特别是把提高水的利用效率作为强化水资源管理的核心。

纵观历史，水权在经济社会发展和水资源开发利用中始终发挥着重要作用，也涌现出了多种形式的水权分配方式。例如，在河西走廊地区出现的“按粮均水”形式，其“赋税”是决定水权多寡的主要标准，官府根据赋税比例确定上下游各渠的水权。另外还有“均水制”，最初从黑河流域产生并影响整个河西走廊及新疆的水权模式，从清雍正年间沿用至今已300余年，现被称为“时间水权”制度[1]。1987年颁布的《黄河可供水量年度分配及干流水量调度方案》（简称“八七”分水方案）是我国水权制度第一个“水量水权”制度，是我国现代水权的先驱。

水权制度的发展和完善，使水资源的经济价值得到了提高，这是社会发展的必然产物。在国家所有制不能有效地配置资源，公有水权下存在着潜在利润的情况下，出现水权交易，即以市场来弥补“政府失灵”就成为必然[2]。通过水权交易，可以使水的价值增加，进而使水权更加明确，并通过市场机制分配水资源，实现帕累托效率的改进[3]。

二、黄河水权的诞生与启用

水权制度是引水灌溉制度的主要组成部分，对灌溉过程中节水、提高灌溉效率和减少水事纠纷起到重要作用。但由于经济发展水平和水资源需求所限，过去黄河水资源的供求矛盾并不突出，人们对黄河水资源的引用还基于“取之不尽、用之不竭”的认识，更多关注的是黄河的水患灾害。即便在民国时期的1933年，黄河统一管理工作的重点仍在于治理河患。在引用水方面，依然各自为政，没有统一的流域用水管理制度。

新中国成立初期，沿黄各省（区）每年引用黄河水量仅约70亿m^3。随着我国建设事业的不断发展，至20世纪80年代初，用水量增加到271亿m^3，同时还有82亿m^3的地下水开采量。之后，随着人口的进一步增长和经济快速发展，沿黄各省（区）的黄河用水量持续上升，黄河用水矛盾开始显现[4]。从70年代开始，黄河断流呈频繁态势，至分水方案出台前，有 10 年发生断流，利津断面累计断流达 145 天。80 年代初，国家提出了西部大开发计划，沿黄各省（区）纷纷制定了相应的规划，其中就涉及黄河水资源需求量增长的问题，各省（区）计划中 2000 年对黄河水资源的需求量总和接近 700 亿 m^3，远远超过了黄河的年径流总量。

为了协调沿黄各省（区）发展用水，保障国家战略需求，就必须规范黄河水资源利用，提高水资源利用效率，由此促生黄河“八七”分水方案。黄河“八七”分水方案的形成，是一个在各方博弈和统一协调中不断完善的过程，是一个从民主协商到集中决策的过程[5,6]。其中，几个重要的里程碑事件记载如下。

1983 年，国家计委发文给黄河水利委员会（以下简称黄河委员会），要求开展黄河水资源评价及开发利用预测工作，并要求沿黄各省（区）开展水资源规划工作。由此，拉开了黄河“八七”分水方案编制工作的序幕。

1983 年，黄河委员会向水利电力部报送了《黄河流域 2000 年水平河川水资源量的预测》《1990 年黄河水资源开发利用预测》和《黄河水资源利用的初步意见》三个报告。同年 6 月，水利电力部主持召开了“黄河水资源评价与综合利用”审议会，对黄河委员会的《黄河水资源利用的初步意见》进行审议。会上，各省（区）代表提出了各自的用水需求和发展规划。由于各省（区）规划中的需水预测与黄河委员会报送的沿黄各省（区）需求预测差距较大，当时的水利电力部领导对水量分配提出了进一步工作要求：一是要求各省（区）在严格论证的基础上，实事求是地提出发展规划，进行需水预测；二是要求黄河委员会在原有工作基础上，进一步深入调查研究，科学地提出 2000 年黄河各河段水量预测报告。

会后，黄河委员会根据会议精神开展工作，于 1984 年提出了《黄河水资源开发利用预测》报告。该报告以 1980 年为现状水平年、2000 年为规划水平年，对黄河流域各省（区）不同水平年的工农业用水增长及供需关系进行了预测。同年，在《黄河水资源开发利用预测》的基础上，黄河委员会进一步提出了《黄河河川径流量的预测和分配的初步意见》，并经由水利电力部报送到国家计委。

国家计委收到报告后，随即与有关省（区）开展了多次座谈讨论、调查研究、协商协调。经过不断修正，国家计委在综合平衡的基础上，提出了在南水北调工程生效之前的《黄河可供水量分配方案》，并上报国务院。1987 年 9 月，国务院下发国办发〔1987〕61 号文件，批转了《黄河可供水量分配方案》，要求沿黄各省（区）贯彻执行。至此，黄河“八七”分水方案正式出台。

黄河“八七”分水方案，以黄河一般年份径流总量 580 亿 m^3 为基础，扣除（预留）

冲沙水量 210 亿 m^3 后，剩余的 370 亿 m^3 作为可供水量分配到沿黄各省（区）。各省（区）分得的水量和比例如图 6.3 所示。

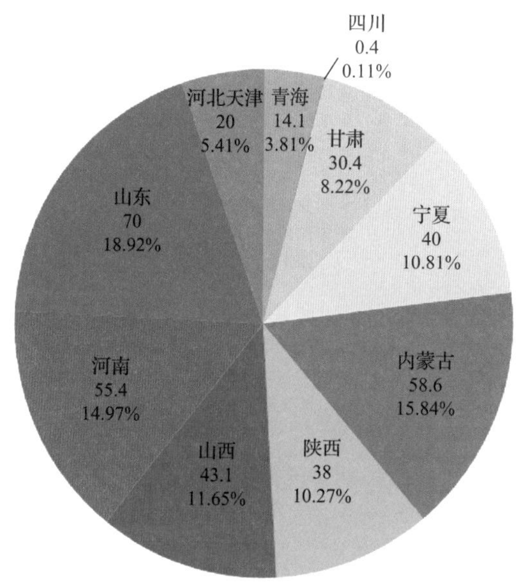

图 6.3　黄河“八七”分水方案水量分配（单位：亿 m^3）

黄河“八七”分水方案是以 2000 年水平年为需水年份的，在当时的现实意义并非十分清晰。因此，方案出台后的十年里，分水方案并没有得到有效执行。直到 1997 年，黄河发生了历史上有记载以来最大的断流。黄河花园口以下 700km 长的黄河出现干涸，利津断面的断流天数高达 226 天，被称为“黄河大断流”。

黄河大断流这一重大事件发生后，引起了全社会的极大震惊，海内外华人甚至将黄河断流与中华民族的兴衰联想起来。一时间，关于黄河断流的各类话题纷至沓来，黄河母亲河的源远流长牵动全国人民。党中央国务院对黄河断流问题极为重视，从多方角度研究对策，部署任务，责成水利部拿出应对方案。在此背景下，水利部及黄河委员会再次翻出了黄河“八七”分水方案，适时地提出了以“八七”分水方案为依据开展黄河水量统一调度的建议，并得到党中央批准。1998 年起，国家开始对黄河水量实施统一调度，从此，“八七”分水方案真正开始实施。

在“八七”分水方案框架下，黄河委员会将黄河水量分配指标进一步按照“丰增枯减”的原则实施滚动修正、统一调度。黄河统一调度协调了黄河干流各大型水库和大型灌区取水，从龙羊峡、刘家峡、万家寨、三门峡等水利枢纽的联合调度，到小浪底水库兴建增大下游调蓄能力，再到各省（区）需水管理和引黄水量控制，使统一调度有更有力的抓手。控制需求和联合调度双管齐下，从 21 世纪初开始，滚滚黄河不再断流。时至今日，从全国范围看，黄河“八七”分水方案是国内首次开展的全流域水资源分配，对我国各流域水量分配制度的建立具有重大指导意义，堪称我国水权分配的历史丰碑。

三、黄河水量分配管理的困境

“八七”分水方案发布以来，成为黄河流域水资源开发、利用、节约、保护的基本依据，对于流域经济社会可持续发展、生态环境良性维持具有重要的支撑作用。但是，黄河“八七”分水方案从颁布至今已经过去了三十多年。在这期间，黄河流域经济社会和生态环境状况都发生了很大变化，黄河流域的水文条件和用水需求也发生了许多变化，对黄河水量分配方案提出了新的挑战，迫切需要进一步完善黄河分水管理机制，以更好地适应黄河流域高质量发展要求。

第一，水文系列变化的困境。“八七”分水方案的水文基础是 1919~1975 年黄河平均天然径流量 580 亿 m^3，但第二次全国水资源评价 1956~2000 年黄河平均天然径流量则减少为 535 亿 m^3。若统计 2001~2017 年系列，其平均天然径流量更减少为 456 亿 m^3。虽然近几年黄河径流量有所回升（图 6.4），但其天然径流量与“八七”分水方案所采用的基础数据相比，仍有不少变化，有必要采用新水文系列下的黄河径流总量，修订分水方案。

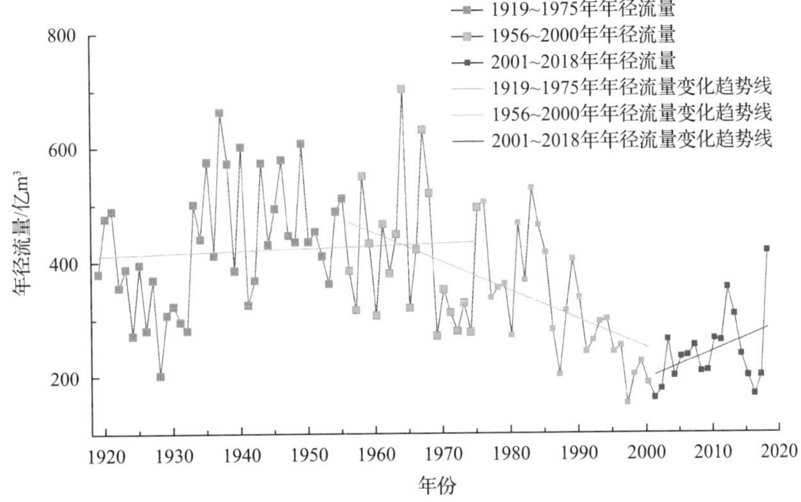

图 6.4　1919~2018 年郏县（潼关）站实测径流变化情况

第二，入黄泥沙变化的困境。20 世纪 60 年代以来，流域内大规模的水利工程和水土保持，对黄河水沙状况产生了很大影响。干流大型水库、中游水土保持工程和沿黄引黄灌区引水引沙工程等，在一定程度上改变了黄河水沙的量、时、空及其分布。如黄河干流潼关站的来沙量，1960~1986 年年平均来沙量为 12.10 亿 t，1987~1998 年减少为 5.42 亿 t，1999~2017 年仅 2.46 亿 t。入黄泥沙的变化，势必要求对黄河冲沙水量需求、生态水量需求再次进行科学核算，确定更加合理的冲沙水量和生态水量。

第三，用水格局改变的困境。“八七”分水方案实施以来，黄河流域各省（区）经济社会发展程度、对黄河水的依赖程度以及水资源的利用效率等也发生了变化，甘肃、宁夏、内蒙古、山东等省（区）用水量经常性超过分水指标，而山西、陕西等省用水量则一直未达到分水指标，这对调整“八七”分水方案也提出了新的需求。

第四，跨流域调水的新影响。南水北调工程是缓解我国北方水资源严重短缺的基础设施，按东、中、西 3 条线路从长江调水北送，总调水规模为 448 亿 m^3。目前，东中线一期工程已建成，在很大程度上改变了河南、河北、天津和山东原有的供水水源结构。此外，引汉济渭、永定河引黄生态补水等跨流域调水，也对陕西、山西省的供用水格局产生了影响。因此，应充分考虑跨流域调水对各省（区）的影响，调整“八七”分水方案。

第五，地下水管理缺憾困境。在黄河“八七”分水方案中，仅分配了黄河流域的地表水，但没有分配地下水，由此出现了黄河流域水资源管理的“漏”。例如，山西的水量分配指标为 43.1 亿 m^3，但其地表水耗水仅 10 亿 m^3 左右，取而代之的是地下水开采量大幅度增加，导致地下水位严重下降，泉水衰减乃至枯竭，地下水对黄河的补给减少[7]。地表水和地下水在水循环中是相互联系和相互转化的。仅分配地表水，会导致人们转而使用地下水，造成地下水超采，影响水循环和生态环境。因此，需将地下水纳入黄河分水方案调整中。

第六，实时调度策略的困境。《黄河水量调度条例》规定，根据水量分配方案和年度预测来水量及水库蓄水量，按照同比例丰增枯减、多年调节水库蓄丰补枯的原则进行水量实时调度，保障流域水权分配方案的实施。“丰增枯减”规则虽然简便易用，但是也存在一定的问题。一是枯水年同比例缩减配水将造成较多的供水破坏和社会影响。不同用水部门，如市政生活、工业和农业用水等，具有不同重要性和供水保证率，宜差别化对待。以此类推，沿黄河各省（区）的水源组成、用水结构、用水需求和耐旱程度不一，也应精细化管理。二是丰水年同比例增加配水尚不能与调蓄能力匹配。沿黄各省（区）在黄河流域的调蓄能力和用水过程有明显差异，增加的配水量可能超出用户的调度调蓄能力而无法利用。如农业灌溉用水户，在不具备充足的水量调蓄能力的情况下，丰水年增加的配水无法储存利用，只能沿河道泄走。黄河干流有数座大型水库，为黄河水量调度提供了较为充足的调蓄空间，有能力存储丰水年沿岸各省（区）增加的配水量，蓄丰补枯。

总的来看，“八七”分水方案出台时的条件与当今的情景相比，有了很大变化，面对我国工业化、城镇化等经济社会发展的新需求，以及在黄河流域高质量发展的新时代背景下，有必要对分水方案进行优化调整，破解困境，加强水权制度的建设。

第二节 调整黄河水量分配方案

一、大稳定小调整

随着经济社会的发展，沿黄西北各省（区）水资源供需矛盾日益加剧。随着南水北调东、中两线的通水以及入黄泥沙的减少，不少专家学者提出了将分配给海河流域和淮河流域的部分水量，以及预留的冲沙水量中的部分水量调剂给黄河上中游缺水地区。也就是说，在总体上保持黄河“八七”分水方案稳定的情形下，只是视当前的具体情况做小的和适当的调整，称为“大稳定小调整”方案。

大稳定小调整方案总体的核心是一个水源置换方案，用南水北调跨流域调来的水置换黄河水。南水北调东线供水范围涉及天津市、河北省、山东省、安徽省、江苏省 5 省（市），中线供水范围涉及北京市、天津市、河北省、河南省、湖北省 5 省（市）。在东线和中线的供水范围内，天津市、河北省、河南省、山东省 4 省（市）与引黄水量置换有关。根据南水北调工程总体规划，东、中线工程通水后，可向淮河流域、海河流域供水 140 亿 m^3，河北、天津和山东的胶东地区严重缺水局面将大大缓解。在南水北调西线尚未通水之前，黄河流域上游、中游还没有新的水源，因此，可以考虑从黄河下游南水北调受水区中，将一部分原来由黄河供给的用户，改为由南水北调水源供给，将置换出的黄河水量，调剂分配给黄河上中游地区使用。

目前，不同部门的学者提出了不同的置换方案，归纳为以下几种。

一是置换未用引黄的空指标。在现状黄河可供水量的分配方案中，黄河下游河北和天津分得的黄河水量指标为 20 亿 m^3，但由于引水工程及其他原因，河北和天津实际引黄水量远小于分配水量。即所分配到的引黄水量指标还有部分指标没有真正使用，属于有水资源使用权而没有真正使用的空指标。天津和河北又是南水北调东、中线重点供水区，在对黄河水量指标进行置换时，这部分应予以考虑。

二是城市引黄水量的置换。南水北调东、中线工程供水主要是以城市供水为主，由于城市基本属于点状供水系统，调配过程较为简单，且城市用水户具有较高的水价支付能力，并对水质和水量的保证率要求较高。因此，无论是从公平的角度出发，还是从提高受水区城市供水保证率的方面来看，南水北调受水区内的城市，其原来由黄河水量供给的指标可考虑予以置换。

三是农业引黄水量的置换。南水北调工程以城市供水为主，兼顾农业供水。因此，对于利用引江水条件相对好的农业灌区的引黄水量也可以考虑置换，如山东省梁济运河两岸引黄区就属于这种情况。由于农业灌溉用水与水价密切相关，农业引黄水量的置换操作起来相对困难。在调水规模允许其国家采取相应措施和政策的条件下，也可以考虑其他引黄灌区的水量置换。如南水北调东线工程可对位山、郭口、田山、陈孟国、胡家岸、胡楼等灌区供水，中线工程可对武加、人民胜利渠、阳桥、韩董庄等灌区供水。

二、大补充小调整

大补充小调整是在现状水系和水资源格局情况下，将前已述及的“八七”分水方案仅对地表水进行分配，导致了地下水被过度开采，从而影响地表径流的问题补充到水权调整方案中，进行地表地下水统筹分配。

黄河流域内大部分区域的地下水都补给黄河水，对黄河径流有贡献。其中贡献最大的是唐乃亥以上的黄河源区，其次是晋陕峡谷天桥泉域和沁河、伊洛河流域。根据地矿部门的研究成果，花园口断面基流量约占河水径流量的 44%，可见，地下水资源在黄河流域水资源量中占有重要的地位。由于大规模开发利用水资源，地下水开采越来越广泛，特别是山区地下水开采量大幅度增加，导致地下水向河谷排泄量减少。据“八五”国家科技攻关项目“黄河流域地下水资源合理开发利用”课题研究表明，黄河花园口断面以上各省（区）年均地下水开采量总和为 93.3 亿 m^3，估算可能减少黄河径流量 41.45 亿 m^3，导致可供分配的水量约减少 24%。

黄河流域（包括内流区）地下水资源总量为 468.52 亿 m^3（矿化度小于 3g/L），扣除地表水与地下水的重复量之后，地下水可采资源量约占地表水资源量的 44.6%[8]。地下水资源一直是黄河流域水资源开发的重要补充，在 20 世纪 80 年代初，黄河流域地下水年开采量为 90 亿 m^3 左右，至 2019 年，达到 114.35 亿 m^3（表 6.1），较 1980 年增加了近 25 亿 m^3。由于对地下水资源的监管乏力和无序开采，诱发了一系列的生态环境负效应。根据《黄河流域水资源综合保护规划》，2016 年黄河流域地下水超采区有 78 个，超采区面积为 2.26 万 km^2，超采量为 14 亿 m^3。

表 6.1　2019 年黄河供水区省（区）取水量表　（单位：亿 m^3）

省(区)	地表水	地下水	合计
青海	13.02	3.08	16.1
四川	0.22	0.02	0.24
甘肃	37.3	4.19	41.49
宁夏	65.82	6.81	72.63
内蒙古	81.4	24.19	105.59
陕西	39.2	27.98	67.18
山西	35.75	19.06	54.81
河南	56.44	21.49	77.93
山东	98.85	7.53	106.38
河北	13.62	0	13.62
合计	441.62	114.35	555.97

因此，“大补充小调整”方案建议，在“八七”分水方案的基础上，再将黄河流域的地下水资源补充到水权分配的总盘子中，充分考虑地表水的历史分配量和现状用水量，以及地下水的现状用水量，并且分析黄河流域各分区的地表地下水空间分布和转化关系，按照总量控制和地下水采补平衡的原则，统一考虑黄河地表水和地下水资源的配置，形成对黄河流域天然水资源闭合系统的大补充研究和大统筹分配方案。本方案中的大补充是指对地下水资源分配的补充；方案中的小调整，是指仍以“八七”分水方案为基础的调整方案。

三、大格局大调整

大格局大调整是针对未来水源结构和社会经济发展格局的调整方案。

“八七”分水方案是在为解决黄河不断增多的断流问题背景下诞生的，是在解决 1997 年黄河大断流危机背景下启用的。到目前为止，黄河水量调度的目标仍是在确保黄河不断流的前提下，保证城乡生活用水，兼顾工业用水，合理安排农业用水，按计划分配生态用水。虽然“八七”分水方案在当时各省预测需求远超可供水量的情况下，仍然预留了 210 亿 m^3 的河道内输沙入海水量（约占黄河天然径流量的 36%），具有一定前瞻性，但还是突破了国际常用的一条河流开发利用程度不宜超过 40%的阈值（若按耗水系数 0.7 估算，则河道外耗水量不宜超过河道径流量的 30%）。此外，由于黄河预留的 210 亿 m^3 冲沙水量没有明确权利人，导致黄河冲沙水量并没有完全实现。从 1999~2018 年黄河水量统一调度以来，利津年均入海水量 157.33 亿 m^3，尽管比统一调度前的 1990~1998 年年均值增加了 88.54 亿 m^3，但仍然低于其分配量。2018 年，流域水资源开发利用率已超 80.0%，远超过了水资源开发利用的生态警戒线[9]。

随着中国特色社会主义进入新时代，习近平总书记从历史和全局出发①，把黄河流域生态保护和高质量发展上升为重大国家战略，并将生态保护置于首位，在“重大国家战略”中强化生态保护，推进高质量发展，迫切需要“还水于河”，保障黄河生态用水。在黄河流域，水资源则是生态环境保护的核心要素。因此，有必要从更高格局对“八七”黄河水量分配方案进行调整。

（一）加大生态环境用水比例

黄河流域是我国最重要的生态屏障之一，从河源到河口，黄河连接了三江源、祁连山、贺当山、秦岭等水源涵养区，穿过了内蒙古、宁夏荒漠化防治区，陇东、陕北等水土保持区，汾渭河谷河水污染防治区和三角洲河口生态保护区，形成了横亘在我国北方区域的巨型生态廊道。

根据 1980~2016 年的卫星遥感数据，过去数十年黄河流域湿地面积总体呈萎缩趋势，1980 年黄河流域湿地面积为 $2702km^2$，2016 年则下降到 $2364km^2$，降幅为 13%。湖泊湿地的不断萎缩对水生生物带来明显影响。根据中国水产科学研究院的研究成果，黄河水系曾有鱼类 190 多种，但随着流域水生态环境日益恶化，近数十年已经有 1/3 水生生物物种濒危绝迹[10]。

生态环境用水包括河道内和河道外两大类，河道内的非消耗性用水（如航运、发电、旅游等）可以纳入河道内生态环境用水统一考虑；河道外的生态环境用水是指通过法律法规确定的特定生态用水，不包括城市环境用水。对于黄河的生态环境用水，应该作为一个基数采取预留制，而不能参与分配过程。黄河流域总水资源量中先行扣除生态用水量后，剩余的水量才是社会经济可分配水量。参考清华大学提出的“淮河

① 习近平总书记在河南郑州主持召开的黄河流域生态保护和高质量发展座谈会上的讲话.(2019-9-18)[2021-8-10]. http://www.cac.gov.cn/2019-10/15/c_1572669728616366.htm?from=timeline。

法”河流生态流量综合计算方法，以及国际上其他常用的河道生态水量比例，以黄河流域为半干旱半湿润气候区考量，其基本维持、一般维护和适宜发展的生态水量比例应分别为河道多年平均径流量的30%、40%和50%~60%。按照黄河河道径流量580亿m^3计，其相应的生态预留水量（含冲沙水量）分别为174亿m^3、232亿m^3和290亿~348亿m^3。

随着气候变化和人类活动的下垫面影响以及评价方法的不同，近20年黄河河道径流量的评价值有各种各样的数据，包括530亿m^3、490亿m^3和461亿m^3左右。考虑到生态流量是支撑生态系统良好存续与发展的基础，仍建议以580亿m^3的径流量作为分配生态流量的基数。对于此生态流量（含冲沙水量）超出原冲沙水量210亿m^3的部分，以及考虑到对黄河流域生态保护和高质量发展的支撑，黄河流域水权架构需要通过大格局大调整的方案妥善解决。

（二）水资源节约集约利用，推动黄河流域高质量发展

在现状节水水平情况下，黄河流域的可供水量不能满足其需水量，因此，需要进一步加大节约用水力度，全面推进节水型社会的建设。黄河流域的水资源利用效率还有一定的提升空间。2019年，黄河流域万元工业增加值用水量为21.6m^3，已是当年全国平均值的56%；黄河流域亩均灌溉用水量为319m^3，流域内主要省份农田灌溉水有效利用系数平均为0.567，均明显好于全国平均值；黄河流域城镇人均生活用水量为162L/d，农村人均居民生活用水量为69L/d，分别是当年全国平均值的72%和77%，还有一定增长的需求[11]。

总体来看，黄河流域水资源利用效率在全国处于较高的水平，但与世界上先进国家比，仍有一定提高的空间。如2009年，位于干旱区的以色列，其万元GDP用水量仅为15m^3，万元工业增加值用水量更只有3.4m^3，灌溉水利用系数达到了0.87；位于干旱-半干旱区的澳大利亚，其万元GDP用水量为36.6m^3，万元工业增加值用水量也只有13.3m^3，灌溉水利用系数达到了0.80；瑞士万元GDP用水量为7.8m^3，万元工业增加值用水量为18.1m^3[12]。由此看来，黄河流域工业用水的生产力水平还有较大提升空间，农业单位水量的生产力也还有较大提升空间，仍具较大节水潜力。

黄河流域经济高质量发展是我国北方经济的重要支撑，具有“平衡南北方，协同东中西”的作用。当前，流域社会经济正处于快速发展阶段，特别是经济基础较好或具有资源优势的地区发展尤为突出，高速的经济发展对水资源的需求更加旺盛。黄河流域经济高质量发展的关键是产业结构调整，而水资源则是影响黄河流域产业结构布局和调整的关键要素，通过强化流域水资源统一管理和节约用水，可有效推动产业结

构调整，促进流域经济从不断挤压资源环境承载能力的传统发展方式向生态经济型的发展模式转变。“十四五”期间，要坚持“以水定城、以水定地、以水定人、以水定产”，把水资源作为最大的刚性约束，合理规划人口、城市和产业发展，坚决抑制不合理用水需求，大力发展节水产业和技术，大力推进农业节水，实施全社会节水行动，推动用水方式由粗放向节约集约转变。

（三）构建大水网，加强流域水资源调配能力

水资源短缺成为黄河流域生态保护和高质量发展的主要瓶颈。随着全球气候变化的加剧和流域经济社会发展，流域水资源短缺情势将逐渐加剧。根据《黄河流域综合规划》及其他有关研究成果，未来黄河流域经济社会发展和生态环境改善的需水总量仍将有一定的刚性增长，目前情况下，水库的调蓄作用很难再有大的提高和潜力，只有增加流域可用水资源量，增加解决流域缺水的韧度。

按照黄河大保护大治理重大国家战略的要求，以黄河保护治理为核心，通过南水北调等调水工程，逐步构成以“四横三纵”为主体的中国水资源网络布局，融入国家水网体系。根据南水北调西线前期规划，南水北调西线不同方案的调水总量为113亿~170亿 m^3 [13]。若加上正在建设中的引汉济渭调水工程，规划年调水量15亿 m^3；规划中的白龙江调水工程，年调水量 15.22 亿 m^3，黄河流域中上游总外调水量将为143亿~170亿 m^3。在这样的水资源大格局条件下，黄河水量（南水北调西线生效后）分配方案就可满足健康河流生态要求、绿色经济增长的发展需求和应对连续干旱事件的抗风险需求。

在大格局大调整方案下，沿黄各省（区）更要积极构建省（区）、市、县三级水网，进一步提高水资源供给质量、效率和水平，有效增强水资源要素与其他经济要素的适配性，大幅提升水资源调控保障能力。黄河流域大水网格局的构建，可有效保障黄河上中游省（区）的生活用水，重要城市群、重点区域工业用水，以及现代农业和河道生态用水，对促进黄河流域生态保护和高质量发展具有重大意义。

第三节　构建黄河流域水市场体系

一、完善“八七”分水方案的水权内涵

水权界定是水权制度的核心和基础，分析黄河“八七”分水方案的理论、内容和

实施的完备性，将有利于黄河流域水权制度的建设和完善。

在理论完备性上，黄河“八七”分水方案提出了水资源所有权与使用权分离的原则。我国《宪法》规定：水流、滩涂等自然资源属于国家所有，即全民所有。因此，黄河水资源的所有权属于国家，确定了国家对黄河水资源的管理不仅具有一般的行政职能，还具有所有权主体的地位。所有权主体地位赋予国家可以对黄河水资源进行统筹安排，即在法律上对标的物有处分之权，各用水主体应当尊重国家的所有权主体地位和服从国家对黄河水资源的管理。我国的使用权制度是在土地等自然资源归国家所有或集体所有的基础上，为解决其使用问题而建立的新型用益物权制度，其基本特征是所有权和使用权相分离。我国《水法》规定：国家保护依法开发利用水资源的单位和个人的合法权益，体现了水资源的使用收益权与所有权可以分离的原则。水资源的使用权不包括对水资源的占有权，水资源只存在全体使用人的共同占有，不存在各个使用人对水资源的单独占有。另外，水资源具有多种使用价值，人们可以从各方面加以利用，各使用人在行使自己的使用权时，不仅不能排除其他使用人对水资源的使用，相反，必须兼顾其他使用人对水资源的使用。

在内容完备性上，“八七”分水方案明确了黄河水资源配水量权在沿黄各省（区）之间的分配比例，这是我国历史上首次对黄河全流域配水量权的界定，至今仍是沿黄各省（区）黄河水资源调配的基础。配水量权是以水资源使用权为基础派生出来的权利，是对水资源使用权量的规定，随水资源使用权的丧失而灭失。配水量权是根据法律法规文件，经管理部门权威认定，赋予用水主体在一定时间内使用水资源的数量。就这一特定数量的水资源而言，其他用水主体是不能同时使用的，配水量权具有排他性。配水量权涉及用水数量，在技术上是可计量可分割的，这为水权交易提供了基础。

在实施完备性上，“八七”分水方案以 1980 年实际用水量为基础，综合考虑了沿黄各省（区）的灌溉规模、工业和城市用水增长，为敏感而棘手的黄河水权做了分配。这是我国大江大河中第一个全流域分水方案，该方案是黄河水权制度建立的标志和进一步完善的依据。此外，经过从 1998 年至今 20 多年的黄河水量统一调度，沿黄各省已经在遵守所分配水量的上限范围内取用水量，黄河水量长期水权实施权威得到尊重。更进一步的是，在过去 20 多年的黄河水量统一调度中，丰增枯减的调度原则和调度实践，确立了沿黄各省（区）对黄河水量实时水权的认可，年度取水水量在省（区）分配水量水权的基础上需根据当年水文丰枯具体调整。

毋庸置疑，黄河目前的分水制度发挥了巨大作用；也毋庸讳言，当前的黄河水量分配还存在诸多问题，越来越难以满足黄河流域高质量发展的新要求，可以抓住南水北调东、中两线一期工程通水后的难得机遇，实施黄河水资源量分配的调整，进一步完善黄河分水制度。也应充分发挥市场在资源配置中的决定性作用和更好地发挥政府的功能，深化体制机制改革创新，探索出一套符合市场规律和方向的合作机制。其中，进一步完善的黄河水资源管理制度就是应举之策，应包括初始分配机制、水市场机制、信息化机制、激励机制和惩罚机制五大方面（图 6.5）。

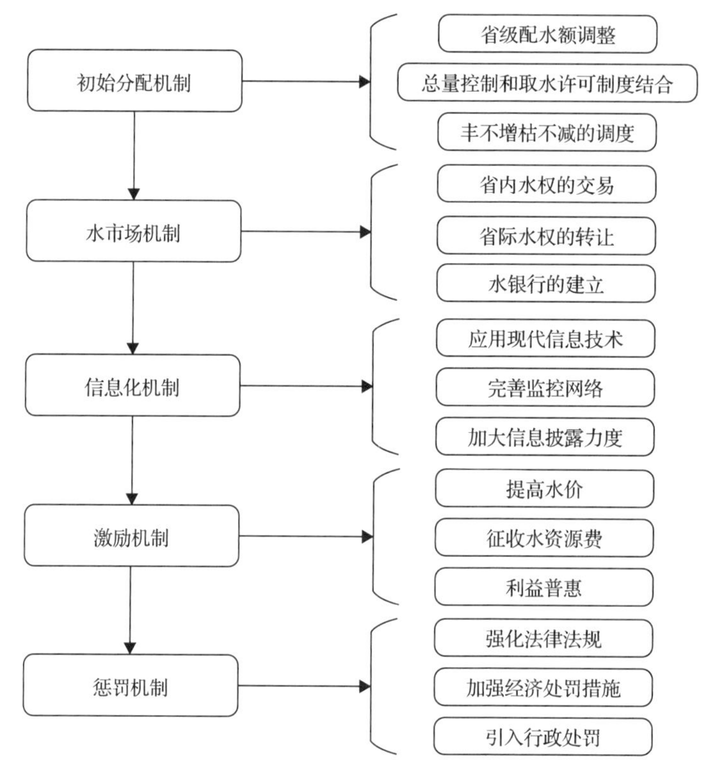

图 6.5　黄河分水制度建设框架

（1）初始分配机制建设方面，要认真总结已有分水实践的经验和教训，做好研究和规划，在水资源调查评价的基础上，考虑将流域地下水资源纳入分水方案，形成水资源管理中自然资源的闭合系统，进而适当调整省级黄河水资源配水额；将黄河水量分配到流域内的每一个权利人，建立清晰的长期水权和临时水权之间的用水规则，明确权利人用水量并规范其用水行为；分水指标和取水口的取水指标应有机结合起来，流域调度部门要做好取水口年度用水计划，根据分水总量指标，严格审批新改扩建项目的取水许可申请；加大黄河的调蓄调度能力，逐步从调蓄能力上实现丰不增枯不减，提高供水保障率。

（2）水市场机制建设方面，水市场是水资源再分配的重要媒介，是水资源使用权转让的一种途径，是通过产权制度实现水资源市场配置、提高用水效益的主要手段，包括省内水权的交易和省际水权的转让；水银行制度是关于拥有特定水资源使用权的个人或组织按照合理的运作模式将多余的水资源存入水银行的储水场所，而需水方在需要时只需付款就可取得水资源使用权的一种制度。通过水银行，水权可以在不同用水部门之间交易，从而将水的使用权转让给最需要的用户。

（3）信息化机制建设方面，运用物联网、大数据和云平台等现代信息化技术，实现水联网全链条数字治水，及时采集和处理各种水资源信息，并能显示调度结果和根据情况实现智能化调整；完善水资源监控体系的建设，加强流域机构水量分配的监督和流域机构调度部门的监督检查，建立取水总量控制与时段取水实时控制相结合的管理制度；加大信息披露力度，实时公布沿黄河各省（区）、重要引黄灌区和用水大户的用水信息，消除信息的不完全性和不对称性，降低水资源的交易成本和治理成本。

（4）激励机制方面，要充分运用有效的经济手段，调动流域各省（区）用水主体的积极性。在促进农业节水的过程中，水价政策发挥着非常重要的作用。虽然黄河渠首已经数次调整水价，但现行渠首水价仍仅为平均成本的一半左右，通过合理的水权价格制定和实施，可以促使人们珍惜、节约水资源；按照“补偿成本，合理收益，优质优价，公平负担”的原则，合理征收黄河水资源费，强化“水商品意识”。水资源费的征收也是补偿黄河供水工程成本，确保黄河工程安全，维护工程完整，维持黄河健康生命的需要；对基层引黄灌区或直接与用水户密切关联的供水工程，实行产权制度改革，实行股份制改造，使每个用户获得水权并从水权交易中获得利益。

（5）惩罚机制方面，制定相关法律法规，强化监管。完备的法律制度体系是实现水资源科学管理与市场有效监督的基础和前提，对违法违章取水行为应设定具体的经济制裁条款，对超计划引水惩罚性加价收取水费；建立水量调度分级责任制和行政领导责任追究制，重点惩罚超计划引水和隐瞒用水问题。制定较严厉的处罚规定，包括违约事实的认定标准、处罚等级的确定等，并赋予黄河水量调度管理部门相应的处罚权限。

二、建立黄河流域水权水市场与水银行

水权交易是利用市场机制优化配置水资源的重要手段，理论研究和国际经验表明，水权市场的引入，有助于提高水资源的配置效率与创造社会参与水利的激励。在黄河

流域探索将节约或结余水权通过市场进行二次配置，在严控用水增量的前提下盘活存量，既彰显了黄河流域水资源的刚性约束红线，又通过水资源向高效益区域流转提升了水资源利用效率和效益，实现用水节约集约化目标，能够有效助推黄河流域生态保护和高质量发展。因此，开展水资源市场化配置，进行跨省（区）的水权交易，对水资源使用效益的优化很有必要。

黄河流域“八七”分水方案之后，沿黄各省的水权分配有了基本依据。就黄河流域目前现状来看，由于先进交易技术还未采用，临时性小额零星的水权交易多发生在各行政区域内的非正式水市场，多由地方的水行政主管部门协调、管理。可以预见的是，随着水市场的发展，发生在不同行政区划之间的临时性水权交易将日益增多，必须强化黄河流域的统一管理，建立以流域为单元的水权交易体系，并采用成熟的互联网技术以支持水权交易的实现。可考虑在黄河流域建立一个综合的、全流域的跨区域、多机制、多水源（包括南水北调供水和供水区当地水资源）的水权交易平台，从而实现水资源的有序配置和高效流转，并及时对各种变化做出响应。

设立的黄河流域水权交易平台，其本身属公司制的不以营利为目的的法人，实行会员制，通过吸纳水权公司入会，组成自律性的会员制组织。所谓会员，是指经黄河流域水权监管机构批准设立、具有法人资格、依法可从事水权交易及相关业务，并取得黄河流域水权交易平台会籍的水权公司。黄河流域水权交易平台不制定水权交易价格，而是通过为水权买卖双方提供公平竞价的环境以形成公平合理的价格。水权交易的最终目的是在整个黄河流域内实现水权的最优配置。所以，黄河流域水权交易平台设置的宗旨应该是服务于整个流域的水权交易。

黄河流域省际间水权交易应遵循总量控制、余水交易、水资源供需平衡、政府监管、市场调节等基本原则以及水权交易管理主体、交易主体与客体、水权交易程序、可交易水权的限制、交易委托、水权交易监管、长期水权交易的期限、水权交易公告制度和对第三方补偿制度等。

黄河流域的宁夏和内蒙古的河套灌区是我国重要的大型灌区，2010年农业用水比例高达87%以上，但是灌区工程老化失修，用水效率低下，农业灌溉节水潜力较大。该区域工业用水仅占总用水量的5%左右，远低于全国20%的平均水平，发展空间较大。因此，将这两自治区作为水权交易的试点，开展相关的水权交易，取得的成果可为黄河流域各省（区）的水市场水银行建设提供借鉴。

水银行是在国家水资源行政主管部门宏观调控下建立的以水权交易为服务对象的

类似于银行的企业化运作机构，是水资源买卖双方集中统一购销的中介机构。水银行制度是关于拥有特定水资源使用权的个人或组织按照合理的运作模式将多余的水资源存入水银行的储水场所，而需水方在需要时只需付款就可取得水资源使用权的一种制度。水银行是促进地表、地下水和其他储存形式水的水权合法转让和市场交易的一种制度机制。通过水银行，水权可以在不同用水部门之间交易，从而将水的使用权转让给最需要的用户。

水银行建立应该采取企业化模式。水银行为水权的供需双方提供水使用权的交易场所，水权的拥有方将富余的水资源（或水权）存蓄在水银行，而需水方通过水银行购买。水银行为需水者和供水者提供一个交易平台，以收取交易手续费或者赚取买卖差价维持运营。因此，水银行更应是一个经济组织，而不是一个行政机构，为促进买卖双方实现“双赢”，降低营运成本是关键。水银行运行模式见图 6.6。

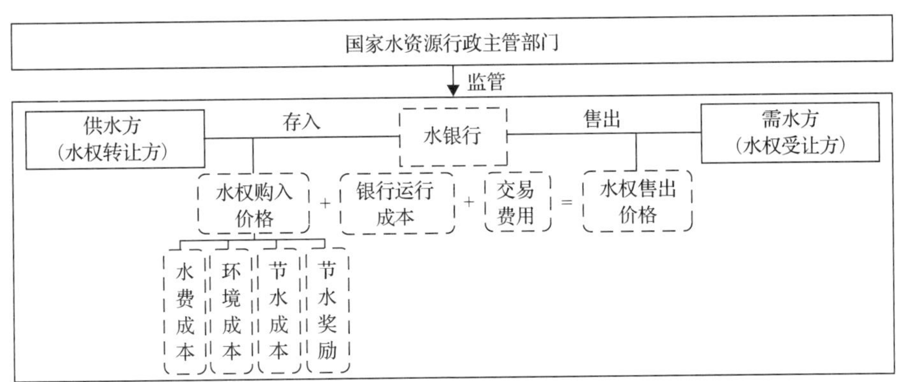

图 6.6　水银行运行模式

水银行的运作过程，一般可分为 5 个步骤：①发布买水卖水信息。在水银行建立之后，其首先需要吸收成员，包括买水方和卖水方。水银行的成员可以是公司、用水组织或是负责工农业和环境供水的公共机构。②对其成员进行资格审查。水银行的成员形式多样，但这些成员必须符合一定的条件，如卖水方必须保证其水权交易行为不侵害第三人的合法权益；买水方必须是因自身水量不能满足需求情况下的购买，而不是囤积，若有多名买方，其顺序既要按照先来后到，也要满足生态用水优先的原则。③水权拥有者将多余的水出售或者存入水银行。④需水方与水银行签订水权交易协议，按照总量控制原则进行水权交易。⑤实行公告制度。在水权交易协议签订之后，将签订的协议交由水银行登记备案[14]。

水银行监管机构应当履行的主要监督和管理职责如下：①负责成立相应层面的水权交易中介机构，规范水权交易中介机构行为，强化中介机构的收费管理和信息公开，维持水市场交易秩序。②负责为用水户之间的水权交易提供便利条件，协调相应层面的水权交易，处理各类交易纠纷。③依据相关法律规定，负责对水权交易合同的主体、内容、水资源用途及其对第三方的影响等进行审查；负责对水权进行变更登记。④负责组织水权交易听证和公示，定期将水权交易信息公布，接受公众监督。⑤建立水市场监管制度，明确监管机构在水市场管理中的职能、监督手段和方式，实施水权交易资金的监管。⑥制定水权交易管理办法，明确水权交易的范围、原则、程序、仲裁等管理内容；建立水权交易市场准入制度，限制生活和生态环境用水参与交易，限制农业基本用水参与永久交易；制定水权交易价格核定原则；核准不同用途之间的水权交易，监督水权交易过程。⑦从有利于经济社会长远发展和保障公共利益出发，防止企业通过垄断水源来影响下游市场，保证水权交易的公平竞争。

第四节　小结

水作为与农业密不可分的生产资料，在中国五千年的历史长河中一直扮演着重要的角色，中华民族的文明史也是一部治水史。水权作为社会发展的产物，从河西走廊“均水制”的“时间水权”，到“八七”分水方案的“水量水权”以及正在燎原的各种各样的水权形式，都与中国治水管理和中国社会制度的形成有着密切关系。

新中国成立之前，黄河水资源的供求矛盾并不突出，人们更关注的是黄河的水患灾害。随着人口的增长和经济快速发展，黄河用水矛盾开始显现，国家为规范黄河水资源的利用，促生了黄河“八七”分水方案。“黄河大断流”事件的发生，使得“八七”分水方案真正开始实施，从 21 世纪初开始，滚滚黄河不再断流。黄河“八七”分水方案是国内首次开展的全流域水资源分配制度，对我国各流域水量分配制度的建立有重大指导意义，堪称我国水权的“定盘星”。但是过去四十多年，黄河流域的水文条件和用水需求发生了很大变化，迫切需要进一步完善黄河分水管理机制，以更好地适应黄河流域高质量发展要求。

本章归纳总结了不同学者提出的调整方案，分别是：①“大稳定小调整”方案，即在总体上保持黄河“八七”分水方案稳定的情形下，视当前具体情况做小的和适当的调整；②“大补充小调整”方案，即以“八七”分水方案为基础，将黄河流域的地下水资源补充到水权分配的总盘子中，形成对黄河流域天然水资源闭合系统的大补充研究和大统筹分配方案；③“大格局大调整”方案，即加大生态环境用水比例，加强水资源节约集约利用和流域水资源调配能力，是针对未来水源格局和社会经济发展格局的调整方案。

用水权理论解构“八七”分水方案的理论、内容和实施完备性，提出进一步完善黄河分水方案的水权内涵。充分发挥市场在资源配置中的决定性作用，更好地发挥政府的功能，建立黄河流域水权水市场与水银行，提出黄河流域水权交易的可行方式和适宜途径以及水银行的组建模式、运作过程和监管体系。

本章撰写人：王忠静 娄俊鹏

参考文献

[1] 郑航, 王忠静, 刘强, 等. 讨赖河流域时间水权制度及其水量分析. 水利水电技术, 2011, 42(7): 1-5.

[2] 王军权. 黄河流域水权配置问题的政治经济学分析. 武汉: 华中科技大学, 2017.

[3] 苏青. 河流水权和黄河取水权市场研究. 南京: 河海大学, 2002.

[4] 苏茂林. 黄河水资源管理制度建设与流域经济社会的可持续发展. 人民黄河, 2015, 37(11): 1-3, 7.

[5] 王忠静, 郑航. 黄河“八七”分水方案过程点滴及现实意义. 人民黄河, 2019, 41(10): 109-112, 127.

[6] 王煜, 彭少明, 武见, 等. 黄河“八七”分水方案实施 30 a 回顾与展望. 人民黄河, 2019, 41(9): 6-13, 19.

[7] 赵建世, 王忠静, 郑航. 水权水市场理论、关键技术与实践方法. 北京: 清华大学, 2017.

[8] 林学钰, 廖资生, 苏小四, 等. 黄河流域地下水资源及其开发利用对策. 吉林大学学报(地球科学版), 2006, (5): 677-684.

[9] 党丽娟. 黄河流域水资源开发利用分析与评价. 水资源开发与管理, 2020, (7): 33-40.

[10] 赵勇, 何凡, 何国华, 等. 全域视角下黄河断流再审视与现状缺水识别. 人民黄河, 2020, 42(4): 42-46.

[11] 韩宇平, 穆文彬. 加强水资源可持续利用确保黄河国家战略行稳致远. 河南日报, 2020-09-17(008).

[12] 贾金生, 马静, 杨朝晖, 等. 国际水资源利用效率追踪与比较. 中国水利, 2012, (5): 13-17.

[13] 张金良, 马新忠, 景来红, 等. 南水北调西线工程方案优化.南水北调与水利科技, 2020, 18(5): 109-114.

[14] 郑航, 王忠静, 赵建世. 水权分配、管理及交易: 理论、技术与实务. 北京: 中国水利水电出版社, 2019.

第一篇　前世今生话黄河

第二篇　黄河水资源：现状与未来

第三篇　黄河泥沙洪凌灾害与治理方略

第四篇　黄河生态保护：三江源、黄土高原与河口

第五篇　黄河水沙调控：从三门峡、龙羊峡、小浪底到黑山峡

第六篇　南水北调与西水东济

第七篇　能源流域的绿色低碳发展

第八篇　智慧黄河

第九篇　黄河：中华文明的根

第七章

黄河泥沙的现状与未来

第一节　黄河泥沙现状

黄河是我国的第二大河，以水少沙多，含沙量高而著称。近几十年来，受水土保持措施实施、水利工程修建和社会经济发展等因素的影响，黄河流域径流量和泥沙量年际变化较大，总体上呈逐渐减小的趋势。以黄河花园口断面为例，天然径流和断面实测径流量均呈现减小趋势，年均天然径流量（即断面实测径流量与断面以上区域还原水量之和，还原水量包括地表用水损耗量、水库蓄水量和河道分洪水量）从1956~1979年的600.5亿m^3减小到2001~2015年的459.4亿m^3，年均断面实测径流量从1956~1979年的447.0亿m^3减小到2001~2015年的260.5亿m^3（表7.1）。黄河径流主要来自上游，而泥沙则主要来源于中游，潼关站控制了近100%的黄河流域泥沙量。自1919年以来，潼关断面实测来水来沙量呈显著减少趋势，且来沙量变化幅度远大于来水量的变化幅度（表7.2）。1919~1959年潼关断面实测年均径流量为426.1亿m^3，年均输沙量为15.92亿t；直到20世纪80年代末，年均径流量和年均输沙量保持在400亿m^3和10亿t以上。退耕还林还草、淤地坝坝系工程和坡改梯等水土保持措施和生态建设的大规模实施，尤其是1999年以来开展的退耕还林还草和封山禁牧，使得区域植被得到了有效恢复，下垫面条件发生了剧烈变化；加之近年来气候的不稳定变化、极端气候事件的常态化及区域经济的发展，在强烈人为作用和显著自然作用共同驱动下黄河水沙发生了剧烈变化。2000~2020年潼关断面实测年均径流量和输沙量分别减少至256.1亿m^3和2.44亿t，与1919~1959年相比，年均径流量

和输沙量分别减少了 40.0%和 84.6%（表 7.2）。

表 7.1　黄河花园口断面不同序列年均实测径流量和天然径流量统计[1]

径流	1956~1979 年	1980~2000 年	2001~2015 年
年均天然径流量/亿 m^3	600.5	522.1	459.4
年均断面实测径流量/亿 m^3	447.0	326.3	260.5

表 7.2　黄河潼关断面实测水沙变化统计[2]

时段	年均径流量		年均输沙量	
	实测值/亿 m^3	变化率/%	实测值/亿 t	变化率/%
1919~1959 年	426.1		15.92	
1960~1986 年	402.8	–5.5	12.08	–24.1
1987~1999 年	260.6	–38.8	8.07	–49.3
2000~2020 年	256.1	–40.0	2.44	–84.6
2010~2020 年	297.5	–30.2	1.83	–88.5

注：变化率是与 1919~1959 年相比。

2010~2020 年，黄河潼关断面年均径流量和输沙量分别为 297.5 亿 m^3和 1.83 亿 t（表 7.2）。与 1987~1999 年相比，2010~2020 年的年均径流量和年均输沙量分别增加了 14.2%和减少了 77.3%；与 1960 年以前相比，近十年的年均径流量和年均输沙量分别减少了 30.2%和 88.5%。尽管潼关断面近十年实测年均径流量和输沙量都处于一个较低的水平，但是径流量和输沙量的年际变化仍具有很大的波动性，实测年径流量范围为 165.0 亿~469.6 亿 m^3，年输沙量范围为 0.55 亿~3.73 亿 t（表 7.3）。特别是 2018~2020 年黄河流域洪水事件偏多，年径流量增加显著，达到 400 亿 m^3以上；年输沙量比 2014~2017 年也有明显增加。在黄河输沙量发生趋势性减少的背景下，水土保持措施的实施在减少入黄泥沙方面发挥了关键作用，但 2013 年和 2018 年仍出现了超过 3 亿 t 的“大沙”年，其主要原因是极端降雨增加或人类活动影响下的河道淤积泥沙冲刷和水库排沙所致[4]。黄河水沙情势剧变，已影响黄土高原乃至黄河流域现有规划与治理参照依据的科学性和适宜性，直接关系到黄河水沙调控体系布局和下游宽滩区治理等未来治黄方略的制定[5]。黄土高原高强度人类活动（水利工程、生态建设工程和社会经济活动等因素）、不确定性的气候变化（降水、气温等），以及相互之间的复杂耦合作用，使黄河水沙变化规律及未来预测成为难题。

表 7.3 近十年黄河潼关断面实测来水来沙情况[3]

年份	潼关断面实测来水来沙量	
	年径流量/亿 m^3	年输沙量/亿 t
2020	469.6	2.40
2019	415.6	1.68
2018	414.6	3.73
2017	197.7	1.30
2016	165.0	1.08
2015	197.2	0.55
2014	235.1	0.69
2013	304.5	3.05
2012	351.4	2.06
2011	259.6	1.32
2010	262.5	2.27

第二节 黄河泥沙未来宏观趋势

一、现有黄河泥沙预测成果

对未来泥沙宏观趋势预测，文献[6]通过综合“水文法”和“水保法”等方法，预测未来 30~50 年花园口站的年均输沙量为 7.9 亿~9.6 亿 t。“黄河水沙变化研究”报告[7]认为，未来水沙变化仍以人类活动为主，潼关站未来 30~50 年的年均输沙量为 3.0 亿~5.0 亿 t，未来 50~100 年的年均输沙量为 5.0 亿~7.0 亿 t。根据《黄河流域综合规划(2012—2030 年)》报告[8]，未来 30~50 年潼关站年均输沙量为 9.5 亿~10 亿 t；未来 50~100 年潼关站年均输沙量在 8 亿 t 左右。文献[9]通过采用实测资料和理论分析初步推测，随水土保持措施的开展和实施，未来黄土高原下垫面情况会继续向好的方向发展，入黄水沙会进一步减小直至趋于稳定，未来 30~50 年年均输沙量为 1.0 亿~3.0 亿 t，并在未来 50~100 年稳定在 3 亿 t 左右。文献[2]采用水文法建立输沙量和气候因子的回归模型，输入 CMIP5-RCP4.5 情景数据，认为在未来较长时期内，潼关站年均输沙量在 3 亿 t 左右，并呈现缓慢增加的趋势。受人类活动的影响黄土高原下垫面发生极大改变，入黄泥沙大幅度锐减。21 世纪以来，水土流失治理力度进一步加大，截至 2015 年水土保持累计实施面积达 21.84 万 km^2[2]，其中造林面积 10.76 万 km^2，梯田面积 5.50 万 km^2，种草面积 2.14 万 km^2，淤地坝 5 万余座，封禁治理面积 3.44 万 km^2。然而极端暴雨对入黄泥沙产生重要影响，在未来来沙预测中不容忽视。文献[10]则采用极端暴雨情景假定的方法，现状下垫面背景下，假定 1933 年大暴雨在研究区域重现（暴雨中心位置最大 1 日降雨量达 164~223mm）和 2010~2018 年各支流最大暴雨年出现在同一年的两种情景，预测了未来极端暴雨下年输沙量可达到 6.2 亿~9.4 亿 t。由于黄河水沙问题的复杂性以及不确定性等因素的影响，导致未来 50~100 年泥沙预测结果具有很大差异（表 7.4）。

二、基于 HydroTrend 模型的黄河泥沙宏观趋势预测

HydroTrend 是一个基于水量平衡原理和流域长期产沙经验模型的集总式水文模型，适用于年代尺度以上研究气候变化和人类活动对河流流量和输沙量的影响[11,12]。该模型依赖的流域信息少，能够在宏观的角度上提供多年平均的变化趋势。应用修正黄河流域水沙关系的水文地貌模型 HydroTrend[13]可预测黄河潼关站多年平均的输沙量，探讨气候变化和人类活动对黄河输沙的影响。模型预测前需要确定气候因素和人类影响因素两个边界条件。未来气候边界条件使用耦合模式比较计划第五阶段（coupled model intercomparison project phase 5，CMIP5）中的九个不同气候模式（表 7.5）给出的 RCP4.5（representative concentration pathway 4.5，代表浓度路径，温室气体浓度情景之一，表示到 2100 年辐射强迫水平为 4.5W/m^2）气候数据，并采用黄河流域中上游及其附近的 193 个国家级气象站降水数据进行修正。模型参数中人类影响因子 E_h 反映了人类活动对河流输沙量的影响，E_h=1 表明人类活动影响微弱，既不会产生增沙效果也不会产生减沙效果；E_h<1 表明人类活动起到减沙效果；反之，E_h>1。根据文献[13]，在 2006~2016 年现状下垫面条件下率定的人类影响因子 E_h 值为 0.53；未来黄河流域随人类影响作用的减小而逐渐恢复至天然河流状态（植被充分恢复，淤地坝等作用消失），即人类影响因子 E_h 值为 1。因此，认为未来人类影响因子 E_h 在 0.53 和 1 之间波动。基于上述边界条件，未来 50 年潼关多年平均输沙量模拟结果如表 7.6 所示。当 E_h=0.53 时，九个气候模式下 HydroTrend 模型预测潼关未来 50 年多年平均输沙量为 1.74 亿~2.37 亿 t；当 E_h=1 时，潼关未来 50 年多年平均输沙量为 3.29 亿~4.47 亿 t，其中最小（模式Ⅱ，E_h=0.53）和最大（模式Ⅸ，E_h=1）多年平均输沙量分别为 1.74 亿 t 和 4.47 亿 t（表 7.6）。

表 7.4 现有黄河未来泥沙变化预测成果

研究者	预测区域（控制站）	未来年均输沙量/亿 t		预测方法		数据
		30~50 年	50~100 年			
胡春宏[9]	黄河上中游（潼关站）	1.0~3.0	3	实测资料与理论分析初步推测		潼关水文站实测水沙数据（1919—2015）
王光谦等[2]	黄河上中游（潼关站）	2.8~4.1		水文法		1954~2015 年气候和水沙数据；CMIP5-RCP4.5 情景数据
姚文艺等[6]	黄河上中游（花园口站）	7.9~9.6		SWAT 模型		《气候变化国家评估报告》A2 和 B2 气候变化情景
				水保法		未来水土保持措施量为《黄河流域综合规划》中的数据
刘晓燕等[10]	黄河中游（河口—潼关）	6.2		极端暴雨情景假定——水文法	假定 2010~2018 年各支流最大暴雨年同一年发生，最大暴雨年实测沙量相加推测	
		9.4（现状下垫面，坝库不拦沙）			假定 1933 年暴雨重现，基于现状年各支流降雨-产沙关系推测	
水利部黄河水利委员会[8]	黄河上中游（潼关站）	9.5~10.0	8	水文法/水保法		
水利部黄河水利委员会[7]	黄河上中游（潼关站）	3.0~5.0	5.0~7.0	水文法/水保法		

表 7.5　未来气候模式基本信息

气候模式编号	简称	全称	所属国家或地区	特点	分辨率
模式 I	CMCC-CMS	Centro Euro-Mediterraneo sui Cambiamenti Climatici-Climate Model with the Stratosphere Component	意大利	包含了准两年振荡的平流层部分，垂直分辨率高，在 80km 高处有 95 个垂直分层，在 1~100hPa 有 44 个等级	1.875°×1.875°
模式 II	GFDL-ESM2M	Geophysical Fluid Dynamics Laboratory-Earth System Model version 2M	美国	纳入碳动力学，包含物理海洋成分，使用了带有垂直压力层的模块化海洋模型 4p1 版本	2°× 2.5°
模式 III	IPSL-CM5A-LR	Institute Pierre Simon Laplace-Earth System Model for the 5th IPCC Report-Low Resolution	法国	具有完整的地球系统模式，是采用欧洲海洋模拟中心模拟海洋方法的 IPSL-CM4 模型的扩展	1.9°×3.75°
模式 IV	CNRM-CM5	A New Version of the General Circulation Model Developed Jointly by CNRM-GAME（Centre National de Recherches Météorologiques-Groupe d'études de l'Atmosphère Météorologique）and Cerfacs（Centre Européen de Recherche et de Formation Avancée）	法国	修正了大气分量的动力核心，提出新的辐射方案，改进了对流层和平流层气溶胶的处理方法；保证了大气部门的质量/水的保存，避免了能量损失和虚假漂移；平均地表温度的偏差明显减少	1.4°×1.4°
模式 V	CSIRO-Mk3.6.0	Commonwealth Scientific and Industrial Research Organization-Mark 3.6.0 Climate Model	澳大利亚	包含交互式气溶胶处理方式，更新的辐射方案和改进的边界层处理，能很好地捕捉到主导降雨模式的空间格局	1.875°×1.875°

续表

<table>
<tr><th>气候模式编号</th><th>简称</th><th>全称</th><th>所属国家或地区</th><th colspan="2">特点</th><th>分辨率</th></tr>
<tr><td>模式Ⅵ</td><td>EC-EARTH_GCM_QM</td><td>European Community Earth-System Model_ General Circulation Model_ Using Quantile Mapping Downscaling Approaches</td><td>欧盟</td><td rowspan="2">利用欧洲中期天气预报中心的天气预报模式作为气候模式基础，模式系统可用于多种配置，包括经典气候模式和地球系统配置</td><td>使用分位映射法对环流模式得到的结果进行降尺度得到的结果</td><td rowspan="2">1.125°×1.25°</td></tr>
<tr><td>模式Ⅶ</td><td>EC-EARTH_RCM</td><td>European Community Earth-System Model_ Regional Climate Models</td><td>欧盟</td><td>区域气候模式结果</td></tr>
<tr><td>模式Ⅷ</td><td>MIROC-ESM-CHEM</td><td>An Atmospheric Chemistry Coupled Version of MIROC-ESM（Model for Interdisciplinary Research on Climate-Earth System Model）</td><td>日本</td><td colspan="2">大气-化学耦合模型，能合理再现地表空气温度的瞬间变化、臭氧和对流层气溶胶数量的历史演变和全球分布、陆地和海洋生物地球化学参数的分布等</td><td>2.79°×2.81°</td></tr>
<tr><td>模式Ⅸ</td><td>NorESM1-M</td><td>The Norwegian Climate Center's Earth System Model with Intermediate Resolution</td><td>挪威</td><td colspan="2">采用等密度坐标海洋环流模式，大气模块采用化学-气溶胶-云-辐射相互作用方案，采用 HAMburg 海洋碳循环模型，模型的淡水收支平衡性佳</td><td>1.9°×2.5°</td></tr>
</table>

表 7.6　九个气候模式下未来 50 年多年平均输沙量预测

参数		气候模式								
		模式Ⅰ	模式Ⅱ	模式Ⅲ	模式Ⅳ	模式Ⅴ	模式Ⅵ	模式Ⅶ	模式Ⅷ	模式Ⅸ
降水/mm		461.2	450.0	471.1	483.2	448.0	487.8	478.8	488.4	468.1
气温/℃		8.73	8.45	8.99	9.05	9.76	9.87	9.04	9.01	9.47
输沙量/亿 t	E_h=0.53	1.78	1.74	2.07	2.26	1.99	1.96	1.97	2.13	2.37
	E_h=1	3.36	3.29	3.91	4.26	3.75	3.70	3.73	4.02	4.47

第三节　基于数字流域模型的黄河泥沙未来演化过程

一、现状侵蚀条件下潼关站未来年来沙过程

（一）未来黄河泥沙趋势预测

基于现状侵蚀条件计算淤地坝淤积库容，2050 年左右，淤地坝已经淤满 80%，几乎所有坝都处于拦沙失效状态。通过结合九个气候模式（表 7.5，模式Ⅰ~模式Ⅸ），以黄河流域中上游及其附近的 193 个国家级气象站降水数据和 CMORPH 卫星降水融合数据为基准进行修正和时空降尺度（时间分辨率 1h，空间分辨率 0.1°×0.1°），利用数字流域模型对潼关站未来 50 年的输沙量进行预测，结果如图 7.1 所示。在不同气候模式下，潼关输沙量预测结果显示一定差异，说明气候对未来输沙有显著的影响。整体上，未来潼关输沙量呈波动变化的趋势。各模式多年平均输沙量在 1.50 亿~3.30 亿 t，九个气候模式的平均值为 2.05 亿 t，除模式Ⅰ~模式Ⅲ外，其他模式多年平均输沙量均低于 2 亿 t（表 7.7）。九个气候模式下未来前 30 年潼关年均输沙量范围为 1.45 亿~3.28 亿 t（九个模式平均为 1.97 亿 t），未来后 20 年年均输沙量的范围 1.44 亿~3.65 亿 t（九个模式平均为 2.16 亿 t）。与未来前 30 年相比，未来后 20 年中有五种气候模式呈略微增加的趋势，有四种气候模式呈略微减小趋势。

对潼关站 1952~2018 年及未来 50 年（2021~2070 年）年输沙量变化进行 Mann-Kendall 趋势性检验，该方法不需要样本遵从一定的分布规律，可以较客观地反映数据序列变化趋势。实测资料结果显示，潼关站年输沙量在 1980 年开始发生显著性减少，在 1996 年减少得极其显著（图 7.2）。根据九个气候模式预测的结果，未来 50 年潼关站输沙无显著性趋势变化，但比较表 7.8 的年输沙量变异系数，未来九个气

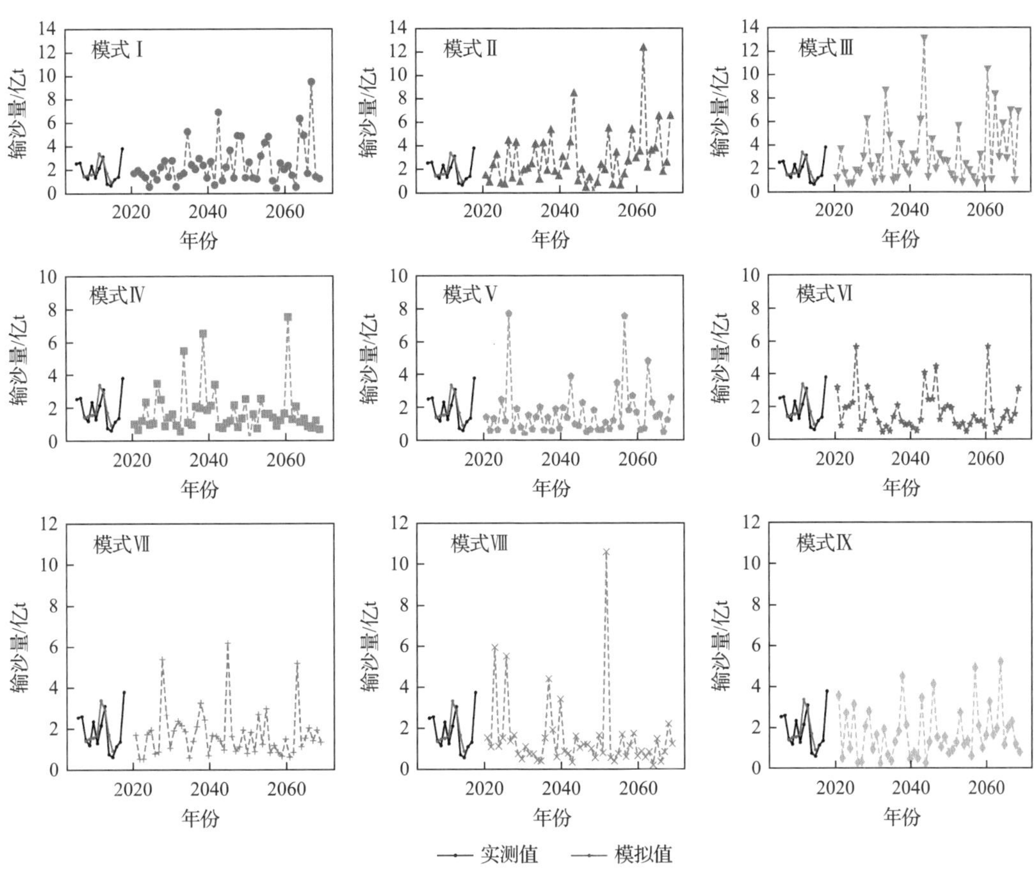

图 7.1 九个气候模式下潼关未来 30~50 年泥沙趋势预测

表 7.7 九个气候模式下潼关未来 30~50 年泥沙预测结果统计 （单位：亿 t）

气候模式	平均输沙量	前 30 年平均输沙量	后 20 年平均输沙量
模式Ⅰ	2.41	2.22	2.70
模式Ⅱ	2.87	2.38	3.65
模式Ⅲ	3.30	3.28	3.33
模式Ⅳ	1.69	1.78	1.55
模式Ⅴ	1.64	1.45	1.93
模式Ⅵ	1.66	1.81	1.43
模式Ⅶ	1.67	1.74	1.55
模式Ⅷ	1.50	1.54	1.44
模式Ⅸ	1.68	1.54	1.90
九个模式平均	2.05	1.97	2.16

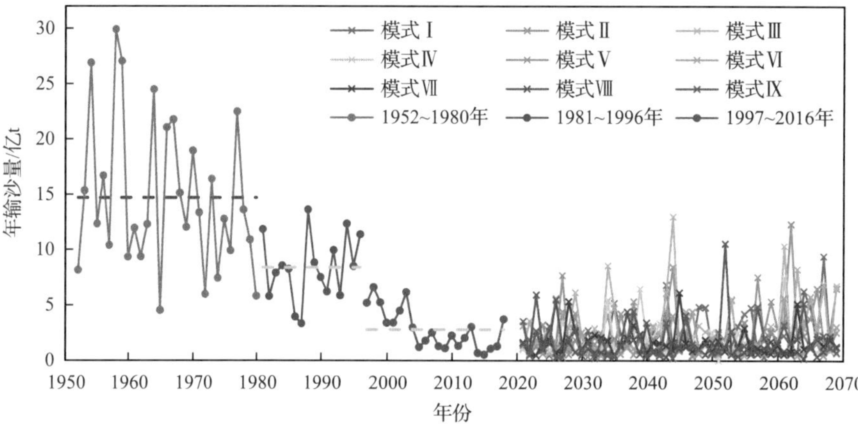

图 7.2　历史与未来潼关站年输沙量

表 7.8　未来 50 年潼关站年均输沙量与历史年均输沙量比较

时段	气候模式	年输沙量/亿 t	年际变异系数
1952~1980 年		14.72	0.46
1981~1996 年		8.38	0.35
1997~2018 年		2.80	0.64
2021~2070 年	模式Ⅰ	2.41	0.77
	模式Ⅱ	2.87	0.78
	模式Ⅲ	3.30	0.78
	模式Ⅳ	1.69	0.85
	模式Ⅴ	1.64	0.95
	模式Ⅵ	1.66	0.74
	模式Ⅶ	1.67	0.72
	模式Ⅷ	1.50	1.18
	模式Ⅸ	1.68	0.74

候模式的变异系数明显增大，说明未来年输沙量年际波动更为明显。在未来极端降雨频率和强度增加的背景下[14]，未来淤地坝和水库等水保水利工程措施的拦沙作用逐渐减弱和拦沙失效比例不断增加[15]，其抵御极端暴雨的能力在减弱，导致年输沙量变异系数增加。与 1997~2018 年相比，三个气候模式（模式Ⅰ~模式Ⅲ）的年均输沙量与之相当，为 2.41 亿~3.30 亿 t，其余六个气候模式的年均输沙量较小，为 1.50 亿~1.69 亿 t。

（二）未来年均输沙量的频率分布特征

由图 7.1 看出，九个气候模式下潼关年均输沙量峰值均超过 5 亿 t，其中最大、最小三年的输沙量汇于表 7.9，且模型预测未来仍然会出现特大产沙年份。模式Ⅱ、模式Ⅲ和模式Ⅷ最大输沙量均超过 10 亿 t；各模式预测最小输沙量均低于 0.64 亿 t（表 7.9），和潼关近年最低来沙量相近（图 7.2）。

表 7.9 各气候模式下最大和最小三年输沙量

气候模式	最大三年输沙量/亿 t			最小三年输沙量/亿 t		
	一	二	三	一	二	三
模式Ⅰ	9.41（2067）	6.82（2043）	6.26（2064）	0.35（2058）	0.43（2063）	0.45（2025）
模式Ⅱ	12.33（2062）	8.43（2044）	6.52（2069）	0.00（2049）	0.38（2047）	0.56（2056）
模式Ⅲ	13.01（2044）	10.36（2061）	8.55（2034）	0.60（2024）	0.63（2058）	0.63（2025）
模式Ⅳ	7.47（2061）	6.47（2039）	5.42（2034）	0.00（2051）	0.52（2033）	0.61（2022）
模式Ⅴ	7.67（2027）	7.52（2057）	4.77（2063）	0.35（2031）	0.46（2047）	0.46（2067）
模式Ⅵ	5.61（2061）	5.61（2026）	4.40（2047）	0.41（2063）	0.43（2033）	0.45（2055）
模式Ⅶ	6.11（2045）	5.33（2028）	5.12（2063）	0.46（2023）	0.46（2022）	0.51（2035）
模式Ⅷ	10.57（2052）	5.93（2023）	5.50（2026）	0.19（2064）	0.33（2043）	0.37（2066）
模式Ⅸ	5.16（2064）	4.86（2057）	4.45（2038）	0.19（2032）	0.21（2044）	0.24（2026）

注：括号内为对应年份。

绘制潼关站实测年输沙量及未来九个气候模式预测年输沙量频率分布曲线，如图 7.3 所示，未来年输沙量频率分布曲线和 1997~2018 年较为相近，值得注意的是，九个气候模式中，有四个气候模式的极端大沙事件发生频率可能增加。其中，对于模式Ⅲ，各个频率下的年输沙量均增加；对于模式Ⅰ、模式Ⅱ和模式Ⅳ，频率为 4%（25 年一遇）以下的年输沙量明显增加。相较于 1997 年以后的年份，有四个气候模式预测得到的极端年输沙量呈现极显著增加，最大输沙量达到 9 亿 t 以上（表 7.10）。

（三）未来极端大沙事件的成因分析

九个气候模式预测得到的未来 50 年极端产沙年份的河口镇—龙门区间（简称河龙区间）面均降水指标如表 7.11 所示。不同气候模式下极端输沙量与河龙区间面均降水指标的关系没有呈现出明显的规律，然而不同气候模式下未来 50 年极端输沙量则呈

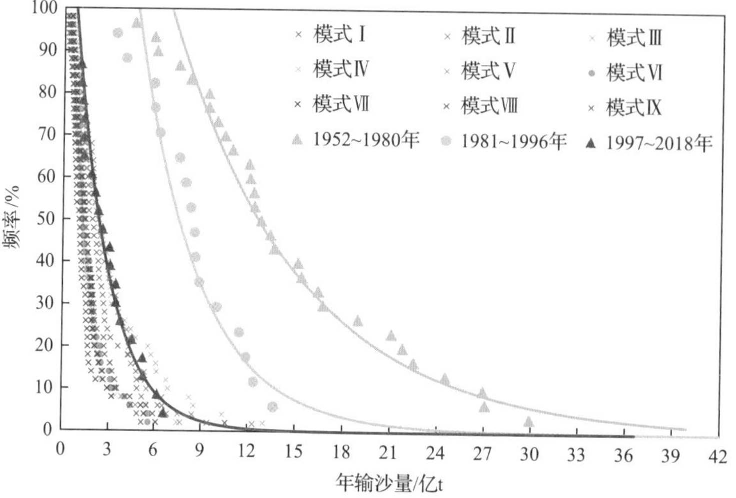

图 7.3 潼关站年输沙量频率分布曲线

表 7.10 1997~2018 年实测及 2021~2070 年预测极端输沙年与输沙量

时段	气候模式	年份	年输沙量/亿 t
2021~2070 年	模式Ⅰ	2067	9.41
	模式Ⅱ	2062	12.33
	模式Ⅲ	2044	13.01
	模式Ⅳ	2061	7.47
	模式Ⅴ	2027	7.67
	模式Ⅵ	2061	5.61
	模式Ⅶ	2045	6.11
	模式Ⅷ	2052	10.57
	模式Ⅸ	2064	5.16
1997~2018 年		1998	6.61
		2003	6.18
		1999	5.26
		1997	5.21
		2002	4.50

现显著差异，这与降雨时空分布密切相关。以输沙量达到 13 亿 t 的模式Ⅲ结果为例，虽然面均最大 2 日降水量仅为 40mm（表 7.11），但是从各个站点的最大 2 日降水量来看，黄土区和础砂岩区大部分站点出现暴雨，甚至出现最大 2 日降水量超过 200mm 的大暴雨情况，暴雨大暴雨中心覆盖了整个多沙粗沙区（图 7.4）；虽然年降水量并不多，但是年内的平均降水强度很高（图 7.5），说明这种时空高度集中的极端降水事件的发

生导致了极端年输沙量显著增加。同样，模式Ⅰ下虽然河龙区间的年降水量不高（表 7.11），但是同样也具有较高的平均降水强度（图 7.5），说明降水在时间上更为集中。在空间上，暴雨集中发生于多沙粗沙区对未来极端大沙事件的发生具有重要影响。因此，持续加强对多沙粗沙区的水土流失治理是未来的关键。

表 7.11 2021~2070 年极端输沙量与区间面均降水指标的关系

气候模式	年份	年输沙量/亿 t	河口镇—龙门区间多沙粗沙区	
			d_{2mx}/mm	p_y/mm
模式Ⅰ	2067	9.41	41.48	320.75
模式Ⅱ	2062	12.33	41.52	615.38
模式Ⅲ	2044	13.01	40.13	395.87
模式Ⅳ	2061	7.47	64.15	475.59
模式Ⅴ	2027	7.67	45.57	524.96
模式Ⅵ	2061	5.61	38.80	522.20
模式Ⅶ	2045	6.11	30.66	457.23
模式Ⅷ	2052	10.57	124.51	652.11
模式Ⅸ	2064	5.16	46.19	432.99

注：d_{2mx} 为河口镇—龙门区间面均最大 48h 降水量；p_y 为年降水总量。

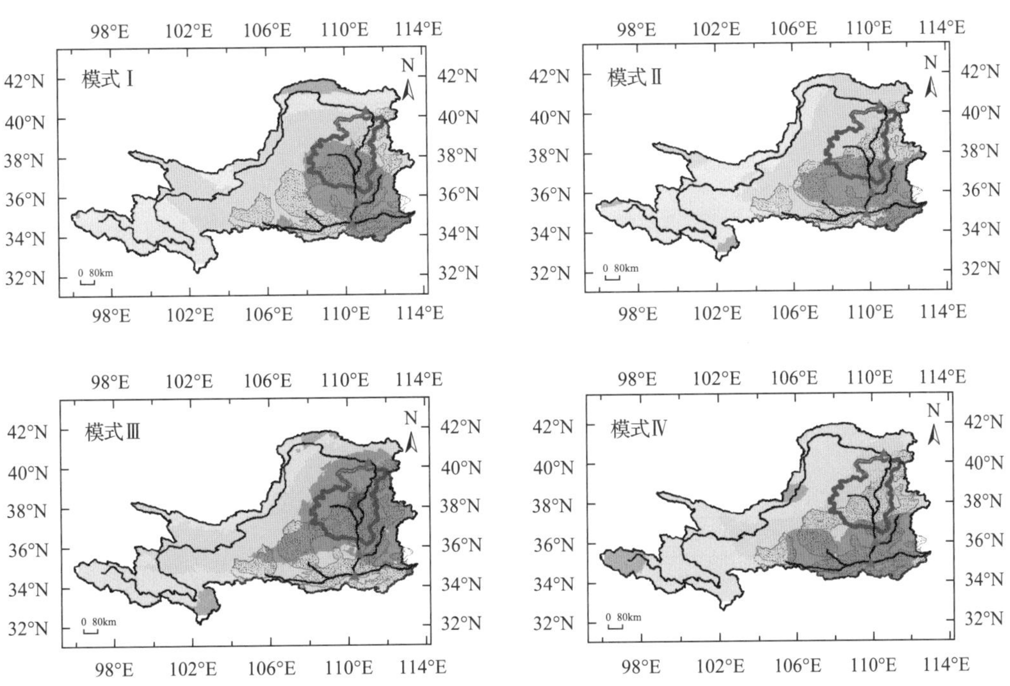

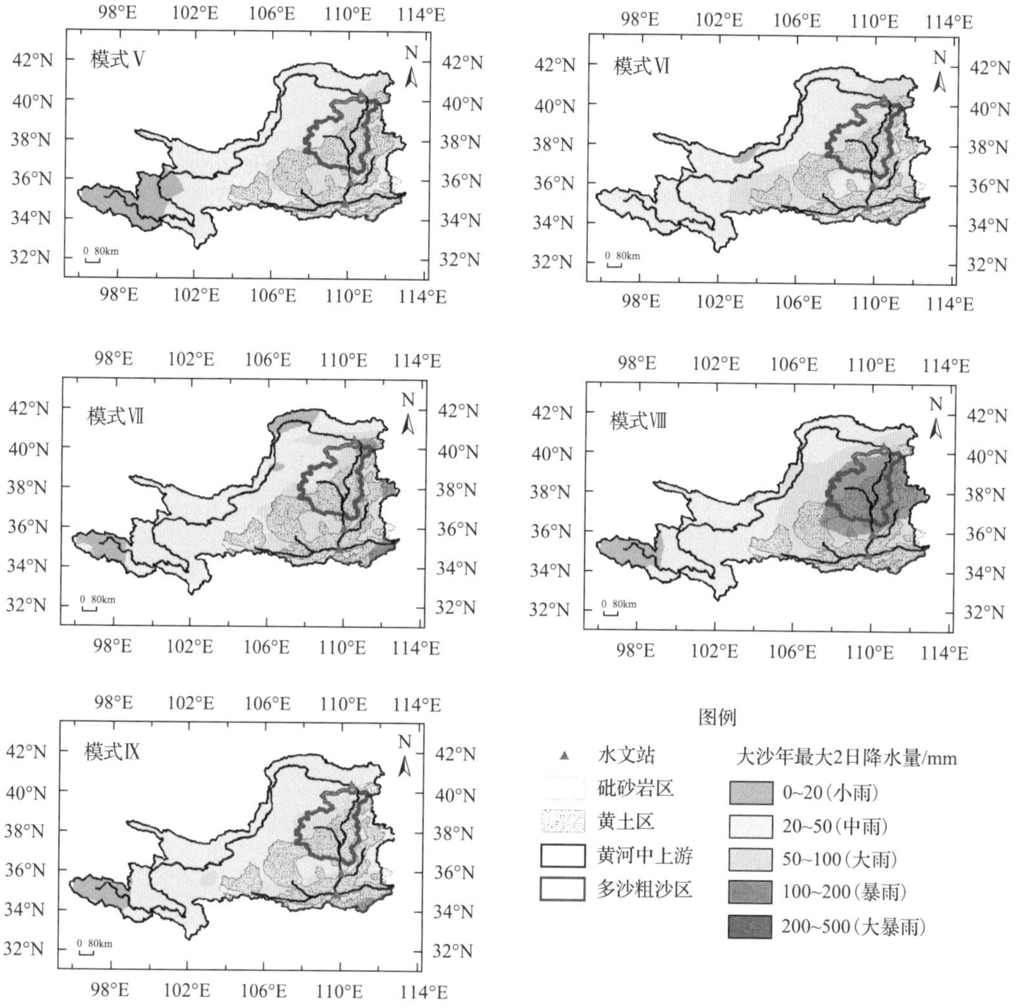

模式Ⅴ
模式Ⅵ
模式Ⅶ
模式Ⅷ
模式Ⅸ
98°E
102°E
106°E
110°E
114°E
32°N
34°N
36°N
38°N
40°N
42°N
N
0 80km
图例
水文站
砒砂岩区
黄土区
黄河中上游
多沙粗沙区
大沙年最大2日降水量/mm
0~20(小雨)
20~50(中雨)
50~100(大雨)
100~200(暴雨)
200~500(大暴雨)

图 7.4　黄河中上游各地区最大 2 日降水量

模式Ⅰ
模式Ⅱ
98°E
102°E
106°E
110°E
114°E
32°N
34°N
36°N
38°N
40°N
42°N
N
0 80km

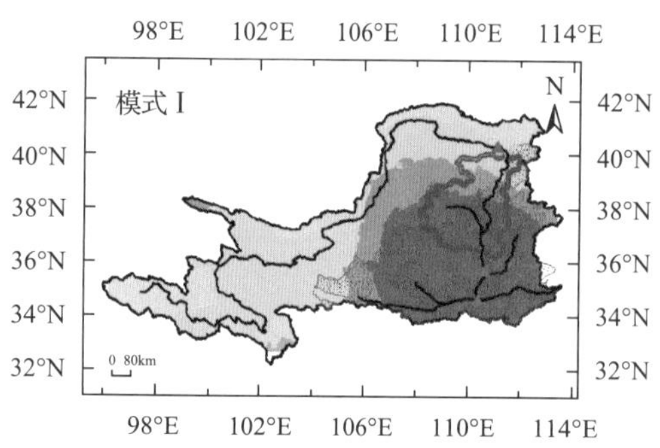

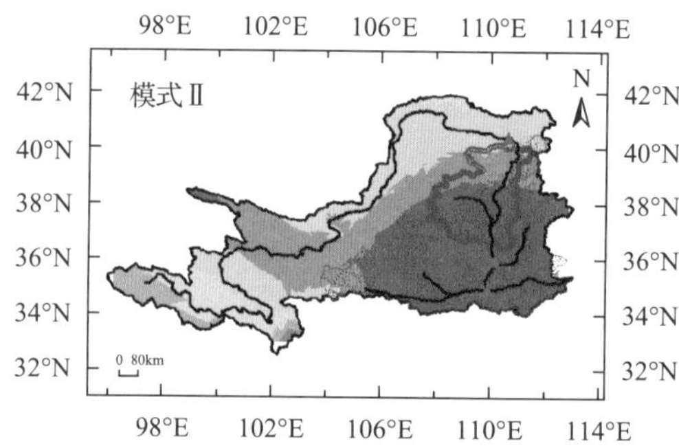

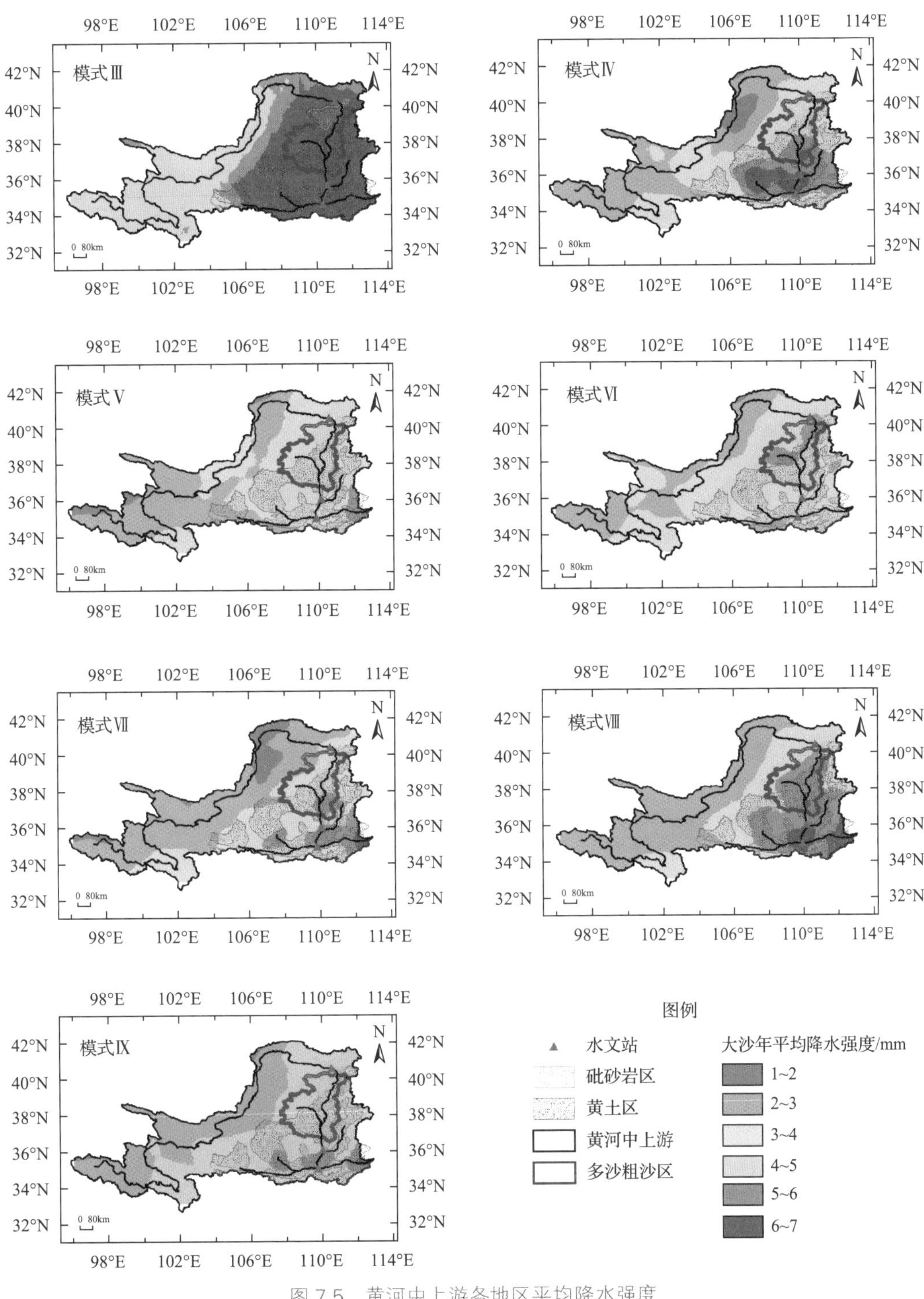

图 7.5 黄河中上游各地区平均降水强度

未来极端大沙事件不仅取决于降雨的时空分布，还与下垫面变化密切相关。上述预测潼关未来输沙量的下垫面情景模式是基于现状土壤侵蚀模数计算得到的未来淤地坝淤积库容，结果表明 2050 年左右，淤地坝已经淤满 80%，几乎所有淤地坝都处于拦沙失效状态。从未来极端大沙事件发生的年份来看，大部分出现在 2050 年以后，即淤地坝失效以后。产沙量占比最大的无定河流域在 2063 年和模式Ⅲ下出现产沙极大值，若采用 2021 年的淤地坝设定情景，结合 2063 年的降水，沙峰显著下降（图 7.6），说明淤地坝可有效地降低极端大沙年来沙量，极端大沙事件是降雨和下垫面条件共同作用的结果。

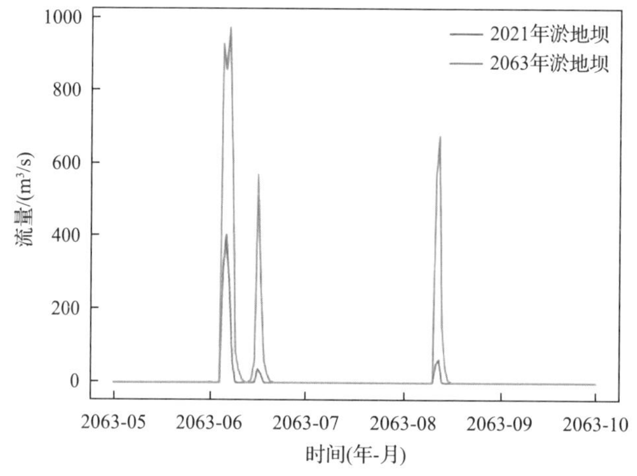

图 7.6　无定河 2063 年降水条件下不同淤地坝情景来沙过程模拟

二、人类干预条件下潼关站年输沙量变化趋势预测

考虑未来人类干预条件对流域产流产沙的影响，选择年均输沙量最接近九个气候模式均值的模式Ⅱ作为未来气候输入边界，根据不同的土壤侵蚀模数，设计两个情景：一种情景是上述分析的 2050 年淤地坝基本失效；另一种情景是在考虑未来植被变化下的土壤侵蚀模数来计算坝淤积库容，该情景下 2050 年淤地坝剩余 40%库容。图 7.7 和表 7.12 为两种不同淤地坝拦沙情景下潼关年输沙量与历史输沙量（1997~2018 年）的比较。1997~2018 年潼关多年平均输沙量为 2.80 亿 t，变差系数为 0.65；在未来淤地坝失效情景下，潼关年输沙量波动性增加，易出现极端大沙事件。淤地坝未来运行状态对潼关年输沙量有显著影响，与第一种淤地坝状态相比，第二种淤地坝状态下潼关年输沙量均值、变差系数和波动性均较小（表 7.12），多年平均来沙量可减少 43.9%。同时淤地坝可明显减少极端大沙事件的产生，在淤地坝失效情景下产生的极端大沙事

件，在第二种情景淤地坝剩余 40%库容下则没有产生，说明淤地坝拦沙状态对极端大沙事件的影响具有主导作用。黄土高原植被建设极大降低了土壤侵蚀，来沙量减少，进而延长了淤地坝使用年限，未来进一步抓好黄土高原植被建设同样具有重要作用。

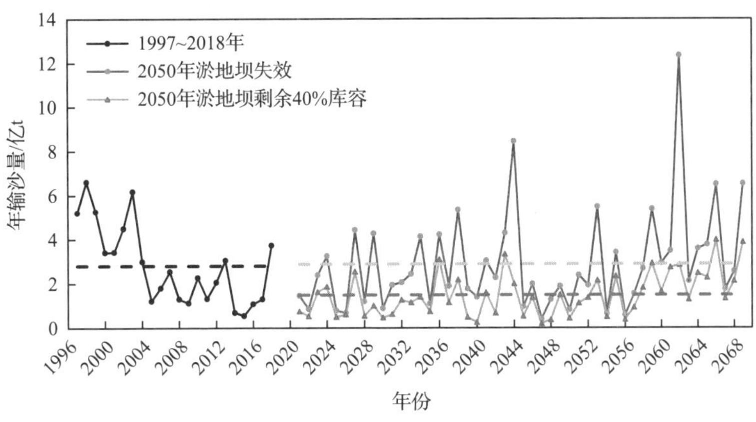

图 7.7　不同淤地坝情景下模式 II 潼关站年来沙量

表 7.12　不同淤地坝情景年输沙量

未来淤地坝情景	潼关站年输沙量/亿 t			平均变差系数
	多年平均	2021~2050 年	2051~2070 年	
淤地坝状态 1	2.87	2.38	3.65	0.78
淤地坝状态 2	1.61	1.37	1.90	0.67

注：淤地坝状态 1：2050 年淤地坝失效；淤地坝状态 2：2050 年淤地坝剩余 40%库容。

第四节　小结

随退耕还林还草、淤地坝坝系工程和坡改梯等水土保持措施及生态建设的大规模实施，黄河年均输沙量锐减，从 1919~1959 年的 15.92 亿 t 减少至 2000~2018 年的 2.44 亿 t。由于黄河水沙问题的复杂性以及不确定性等因素的影响，导致未来 50~100 年泥沙预测结果具有较大差异。基于水文地貌模型 HydroTrend，考虑人类影响因子 E_h 从 0.53 恢复到天然河流状态（E_h=1）时，九个气候模式下预测未来 50 年潼关年输沙量从 1.74 亿~2.37 亿 t 增加到 3.29 亿~4.47 亿 t。基于数字流域模型，潼关未来九个气候模式的多年平均输沙量为 1.50 亿~3.30 亿 t/a（九个气候模式的平均值为 2.05 亿 t），呈现出波动性变化趋势。从趋势性和波动性来看，九个气候模式预测未来输沙量无显著性趋势变化；与 1997~2018 年相比，有四个气候模式预测未来极端大沙事件发生频率增加。受暴雨及其空间分布和淤地坝作用下降等综合影响，未来有可能出现极端大沙事件，九个模式中极端大沙事件输沙量最高可达 10 亿 t/a 以上，平均输沙量可达 8.6 亿 t/a。受人类活动的干扰，淤地坝未来运行状态对潼关年输沙量有显著影响，淤地坝持续运行能减少多年平均输沙量 44%以上。

本章撰写人：傅旭东　王晨沣

参考文献

[1] 潘启民, 宋瑞鹏, 马志瑾. 黄河花园口断面近 60 年来水量变化分析. 水资源与水工程学报, 2017, 28(6): 79-82.

[2] 王光谦, 钟德钰, 吴保生. 黄河泥沙未来变化趋势. 中国水利, 2020, (1): 9-12.

[3] 中华人民共和国水利部. 中国河流泥沙公报 2010—2020. 北京: 中国水利水电出版社, 2011-2021.

[4] 胡春宏, 张晓明, 赵阳. 黄河泥沙百年演变特征与近期波动变化成因解析. 水科学进展, 2020, 31(5): 725-733.

[5] 胡春宏. 黄河水沙变化与下游河道改造. 水利水电技术, 2015, 46(6): 10-15.

[6] 姚文艺, 冉大川, 陈江南. 黄河流域近期水沙变化及其趋势预测. 水科学进展, 2013, 24(5): 607-616.

[7] 水利部黄河水利委员会. 黄河水沙变化研究. 郑州: 黄河水利委员会, 2014.

[8] 水利部黄河水利委员会. 黄河流域综合规划(2012—2030 年). 郑州: 黄河水利出版社, 2013.

[9] 胡春宏. 黄河水沙变化与治理方略研究. 水力发电学报, 2016, 35(10): 1-11.

[10] 刘晓燕, 党素珍, 高云飞. 极端暴雨情景模拟下黄河中游区现状下垫面来沙量分析. 农业工程学报, 2019, 35(11): 131-138.

[11] Syvitski J P, Morehead M D, Nicholson M. HYDROTREND: A climate-driven hydrologic-transport model for predicting discharge and sediment load to lakes or oceans. Computers & Geosciences, 1998, 24(1): 51-68.

[12] Kettner A J, Syvitski J P M. HydroTrend v.3.0: A climate-driven hydrological transport model that simulates discharge and sediment load leaving a river system. Computers & Geosciences, 2008, 34(10): 1170-1183.

[13] 杨光彬. 黄河流域未来 30-50 年泥沙变化趋势预测. 北京: 清华大学, 2019.

[14] 李柔珂. CMIP5 模式对气候变化背景下中国地区未来气候灾害风险预估研究. 兰州: 兰州大学, 2017.

[15] 刘晓燕, 高云飞, 田勇, 等. 黄河潼关以上坝库拦沙作用及流域百年产沙情势反演. 人民黄河, 2021, 43(7): 19-23.

第八章

黄河流域的洪灾

第一节　黄河历史洪灾简介

黄河属于北方典型的多沙河流，造成洪水灾害主要原因有二[1]：一是泥沙淤积河床抬升，减小河槽行洪能力；二是宽浅河床主槽摆动无常，造成洪水顶冲堤防而破堤决口。

据历史文献记载统计，四千年来黄河下游共发生决溢、改道等大小泛滥事件超过1000 次。其中，有史料记载的二千多年里，黄河改道有二百多次，较大的改道有 26 次，从周定王五年（公元前 602 年）的首次河徙开始，或东北流入渤海，或东南注入黄海，波及范围广，北抵津沽，南达江淮，纵横 25 万 km^2。近千年来，泥沙灾害更是陡然增加并在明末清初达到了顶峰，几乎一年一决口，大的改道也发生了十余次，给中华民族带来了沉重灾难。在实测洪水资料的 1919 年至 1938 年的 20 年间，就有 14 年决口发生洪灾，其中 1933 年陕县站洪峰流量达 22000m^3/s，下游共有五十多处决口，4 省 30 个县受灾，受灾面积达 6592km^2，受灾人口 273 万人。明代至 1949 年间，有记载的黄河上游兰州河段、宁蒙河段较大洪灾共计 58 次之多。图 8.1 为宋朝至民国统计的黄河流域泛滥和决口次数。

由于黄河下游河道主槽的不断淤积，中小洪水频繁漫滩，严重影响滩区群众的生命财产安全。据不完全统计，1949 年至小浪底水库建成前，滩区遭受不同程度的洪水漫滩二十余次。其中，1996 年 8 月黄河下游发生自 1855 年以来淹没面积最大的一次洪灾（花园口洪峰流量达 7860m^3/s）[2]，滩区全淹，平均水深约 1.6m，最大水深 5.7m，1374 个村庄和 118.8 万人口受困，淹没耕地 247 万亩，受损房屋共计 67.5 万间，直接经济损失达四十多亿元。

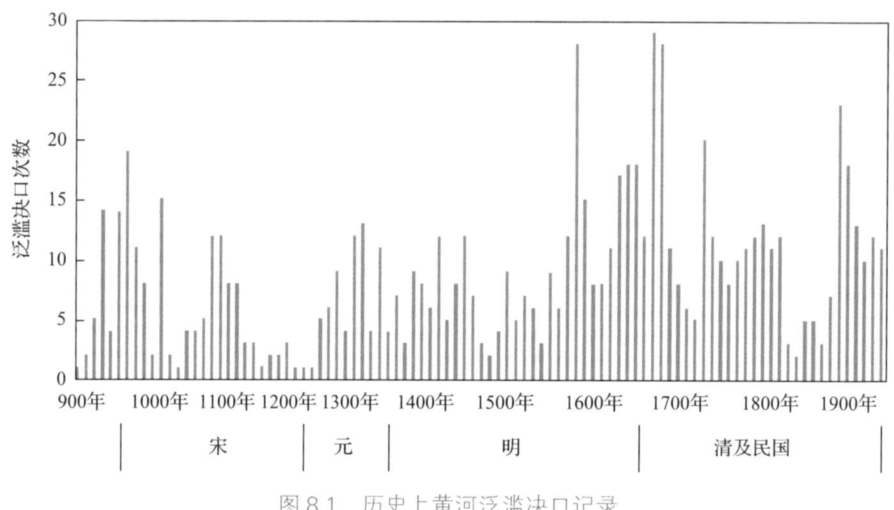

图 8.1　历史上黄河泛滥决口记录

由此可见，几千年来黄河洪灾给两岸人民群众，甚至中华民族带来了巨大的灾难，历朝历代对黄河洪凌灾害的防治极为重视，素有“黄河宁，天下平”之说。

第二节　黄河流域暴雨、洪水特性

黄河流域的暴雨洪水主要来自兰州以上地区和中游地区，一般在 6~10 月，其中 7 月、8 月最大。根据产洪来源，花园口站洪水常被分为“上大洪水”“下大洪水”“上下较大洪水”[3]。河龙区间（河口镇至龙门区间）与龙三区间（龙门至三门峡区间）的大洪水遭遇被称为“上大洪水”，三花区间（三门峡至花园口）洪水常被称为“下大洪水”，龙三区间和三花区间共同来水形成的洪水称为“上下较大洪水”。黄河下游洪水年际变化大，场次洪水（即一场暴雨对应的洪水）一般峰高量小，含沙量大，历时短，河道削峰作用明显。本节以暴雨洪水为主要脉络，详细梳理黄河流域暴雨、暴雨洪水的主要特征和近期变化。

一、暴雨变化特点

（一）暴雨一般特性

黄河流域暴雨洪水的开始时间具有显著的特点：南早北迟，东早西迟。此外因流域面积广阔，不同区域的强降雨一般不同时发生[4]，暴雨洪水一般错峰发生。此外，黄河流域暴雨的年际变化不显著，图 8.2 所示，自 2010 年后汛期降雨增多，年代均值线（红色线）高于平均值线（蓝色线），7 月、9 月降雨的年代均值线均高于平均值线，如图 8.3 和图 8.4 所示。

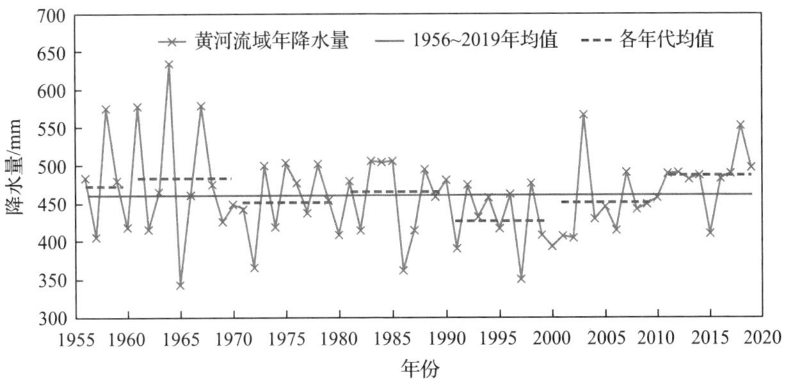

图 8.2　黄河流域年际降水量（1956~2019 年）

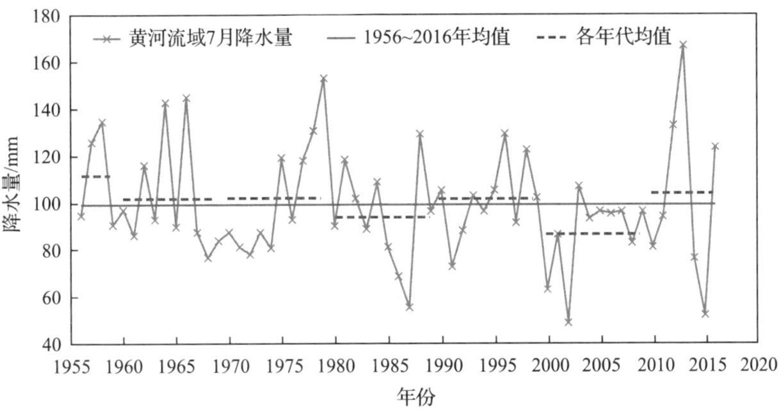

图 8.3　黄河流域不同年份 7 月降水量（1956~2016 年）

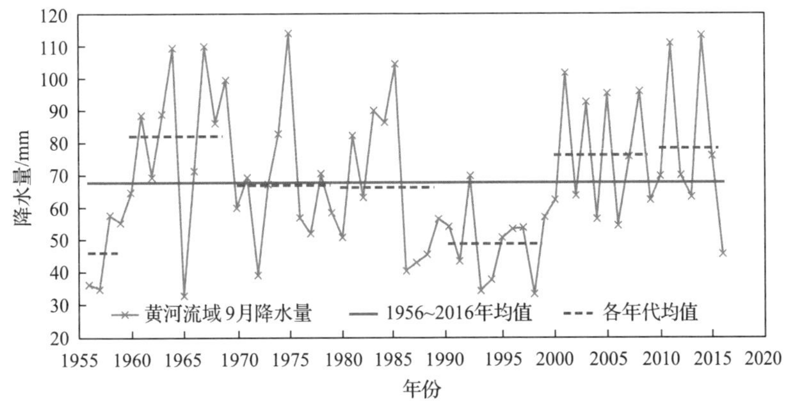

图 8.4　黄河流域不同年份 9 月降水量（1956~2016 年）

黄河中下游是流域暴雨的中心地带，但不同地区发生暴雨月份不尽相同。在7月，三花区间、黄河下游容易出现大暴雨，在8月，头道拐至三门峡区间、三花区间、黄河下游均会出现大暴雨[5]。三花区间特大暴雨多发生在7月中旬至8月中旬[6]。从实测资料和历史文献资料可知，形成黄河中下游特大洪水主要有西南东北向切变线和南北向切变线两种天气系统。西南-东北向切变线天气系统形成三门峡以上的河龙间和龙三间大暴雨或特大暴雨，常遭遇形成黄河中下游的大洪水或特大洪水，如1933年8月洪水和1843年（道光二十三年）8月洪水。南北向切变线天气系统形成三门峡以下的三花间大暴雨或特大暴雨，造成黄河中下游大洪水或特大洪水，如1761年8月洪水和1958年7月洪水。

（二）近期变化特点

近年来，黄河中下游暴雨发生量级及次数有所减少，中游区各量级降雨日数也基本呈减少趋势。20世纪90年代以来，河龙区间、龙三区间、三花区间3日25mm雨区内降雨总量累计值较新中国成立初期分别减少了22.8%、7.3%、21.3%。70~80年代中游区各量级降雨日数减少幅度为6%~20%，90年代以后减少幅度为6%~25%。

2003~2012年，河龙区间雨量、雨强、大雨和暴雨频次均有所增大。从局部来看河龙区间西北部的皇甫川、孤山川和窟野河3支流，年降雨量和汛期降雨量均有所增大，主汛期降雨量、高强度降雨的雨量和频次减小，主汛期暴雨强度与频次有所下降，其中年降雨量增大8.5%、汛期增大1.6%，但主汛期减小6.8%，主汛期降雨呈现均匀化、扁平化，是泥沙减少的原因之一。同时，量级降雨量均有所减小，大于10mm/d（中雨）、25mm/d（大雨）和50mm/d（暴雨）降雨量分别减少1.4%、9.6%、11.9%；大于10mm/d（中雨）降雨天数增加1.9%，但降雨量大于25mm/d（大雨）和50mm/d（暴雨）降雨天数分别减少8.4%、14.6%[5]。

二、洪水变化特点

（一）洪水一般特性

暴雨是造成暴雨洪水的原因，其发生的时间一致。但由于黄河流域面积大、河道长，各河段大洪水发生的时间有所不同，上游河段为7~9月；头道拐至三门峡区间为7~8月并多集中在8月；三花区间为7~8月，特大洪水的发生时间一般为7月中旬至8月中旬；下游洪水的发生时间一般为7~10月。

黄河中游洪水过程为高瘦型，洪水历时较短，洪峰较高，洪量相对较小。一次洪水干流和支流的主峰历时分别为 3~5 天、8~15 天。支流与干流的连续洪水历时不同，支流一般历时 10~15 天，干流可达 30~40 天（三门峡、小浪底、花园口等站），最长达 45 天[7]。黄河中游头道拐至花园口区间洪水主要来自河龙区间、龙三区间和三花区间。河龙区间和龙三区间分别是黄河粗泥沙和细泥沙的主要来源区。河龙区间洪水多为尖瘦型的高含沙洪水，洪峰流量一般为 11000~15000m^3/s[8]。龙三区间洪水多为矮胖型，洪峰流量一般为 7000~10000m^3/s[8]。三花区间易形成势猛、峰高、沙少的洪水。当伊洛河、沁河与三花间干流洪水遭遇时，可形成花园口的大洪水或特大洪水，如 1982 年的洪水[9]。

花园口断面控制了黄河上中游的全部洪水，花园口以下增加洪水较少。黄河上游（头道拐以上）的洪水主要来自兰州以上，但由于距离下游较远，经过沿程水库及河道的调蓄和人类活动的取耗水，洪水传播至下游后，只能组成下游洪水的基流，并随洪水统计时段的加长，上游来水所占比重相应增大。黄河中游（头道拐至花园口）地区沟壑纵横、支流众多，有利于产汇流，是黄河下游洪水的主要来源区。

“上大洪水”特性：洪峰高、洪量大、含沙量也大；“下大洪水”特性：洪水涨势猛、峰值高、含沙量小、预见期短；“上下较大洪水”特性：洪峰较低，历时长，含沙量较小[10]。以上不同类型的洪水均严重威胁黄河下游防洪。

（二）近期变化特点

20 世纪 70 年代以来，受气候变化的影响以及人类活动的加剧，特别是刘家峡、龙羊峡、小浪底等大型水库先后投入运用，其调蓄作用和沿途引用黄河水，使近期黄河中下游暴雨洪水特性发生了较大变化，主要表现如下。

1. 长历时洪水次数明显减少

图 8.5 是潼关站、花园口站不同时期不同历时洪水的出现次数统计图。从中看出，1950~1989 年各时期洪水历时的变化相对较小，1990 年以后变化较大，长历时洪水的次数急剧减少，各站 1990 年以后极少出现过历时大于 30 天的洪水。20 世纪 90 年代潼关站只有一场历时大于 30 天的洪水，2000 年后有四场；同期花园口站 20 世纪 90 年代后没有出现历时大于 30 天的洪水。

2. 较大量级洪水发生频次减少

图 8.6 为潼关站、花园口站不同时期不同量级洪水发生频次统计图，由 1950 年至 2010 年，共计 60 年，按每十年为一时段，洪峰流量由 3000m^3/s 到 15000m^3/s 分级进行

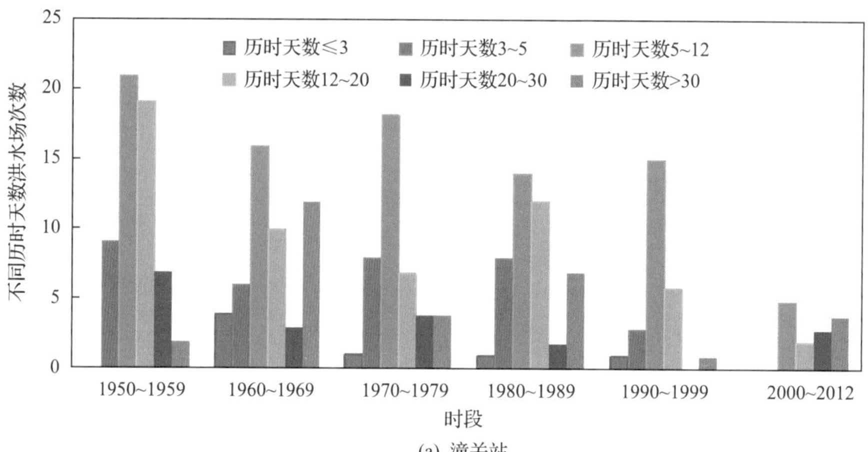

(a) 潼关站

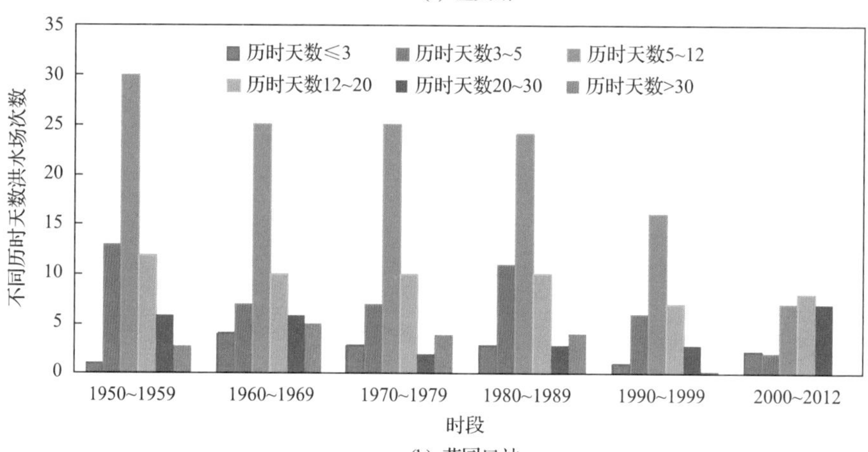

(b) 花园口站

图 8.5　各站不同时期洪水历时统计

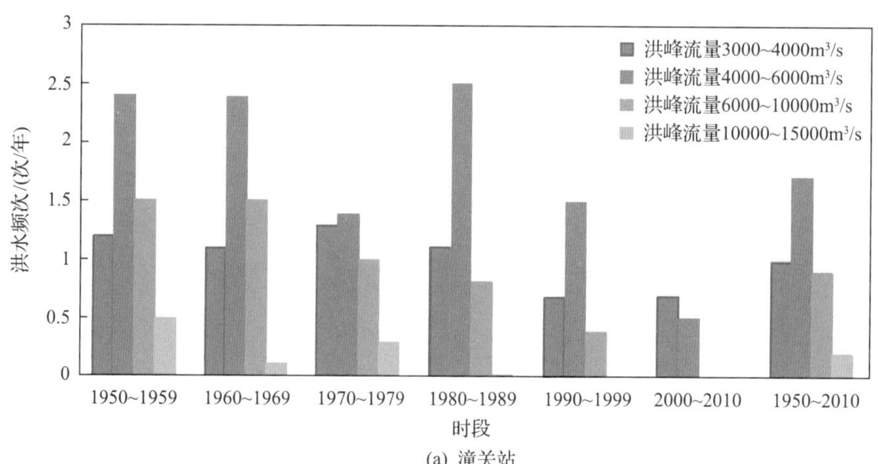

(a) 潼关站

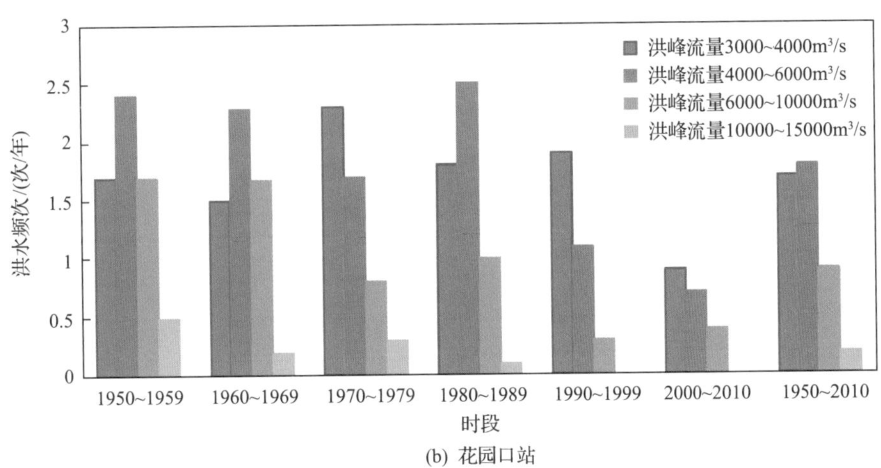

(b) 花园口站

图 8.6 中游各站不同时期各级洪水频次统计

统计，图 8.6 中还给出了 60 年的洪水频次统计均值。从图中看出，潼关站 1950~1989 年 6000m³/s 以下洪水的频次变化不大，6000m³/s 以上的洪水频次呈减小趋势，尤其 1990 年以后减小更为明显。花园口站各级洪水的频次及洪水量级在 1990 年之前变化不大，其后明显减小，8000m³/s 以上洪水仅发生一次，没有发生 10000m³/s 以上大洪水。

3. 潼关、花园口断面以上各分区来水比例无明显变化

图 8.7 是潼关站及花园口站不同时期各时段洪量组成统计数据，其中头道拐、三门峡分别代表其以上来水，河龙区间指河口镇到龙门区间，三花区间指三门峡至花园口区间，分别按 6 个时段（每 10 年为一段）的 1 日洪量、3 日洪量、5 日洪量、12 日洪量进行统计。因潼关至三门峡无大的支流汇入，三门峡洪水参考潼关洪水。通过分析可知：随着洪水时段加长，潼关站头道拐以上来水比例增加，由 1 日洪量的 41%增

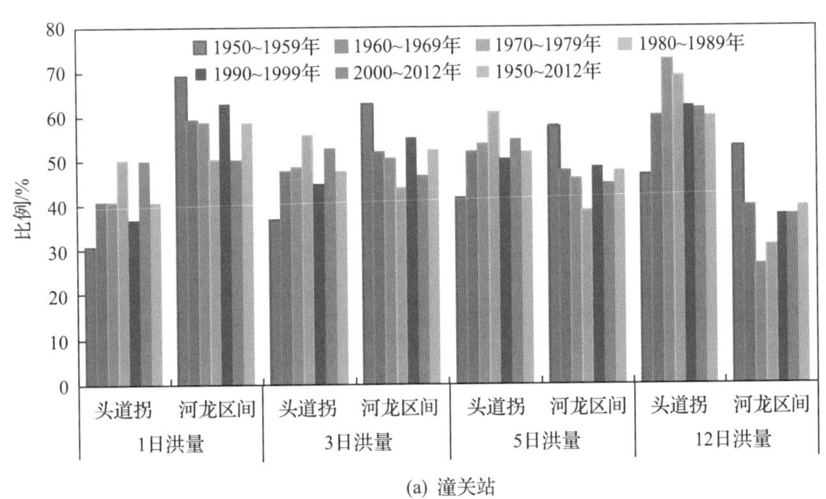

(a) 潼关站

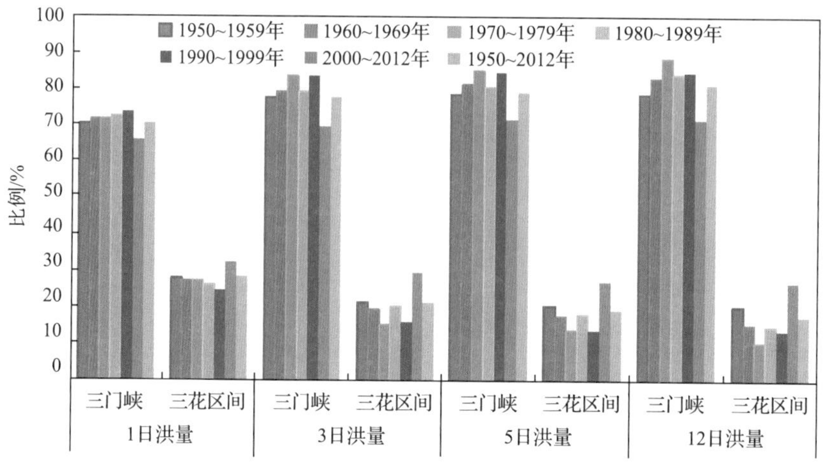

(b) 花园口站

图 8.7 潼关站、花园口站不同时期年均各时段洪量组成比例

加到 12 日洪量的 60%；花园口站三门峡以上来水比例也增加，由 1 日洪量的 71%增加到 12 日洪量的 82%，主要原因是大型水库的调蓄作用。潼关站、花园口站不同年代之间各分区来水比例没有明显规律性，近年各分区来水比例与 1950 年以来长时段均值接近，无明显变化。

第三节 洪灾成因

一、长历时暴雨

黄河流域发生洪水时，流域上空的温度、风向等气象条件及充足的水汽供给为流域提供了较好的降雨条件。当降雨历时较长且降雨强度较大时，流域降雨将逐渐演变为暴雨，导致黄河发生暴雨洪水。如在 1982 年 8 月初黄河下游三门峡至花园口段发生洪水[11]，洪水发生前一段时期内出现了长历时暴雨，1982 年夏季黄河不同河段代表水文站点降雨量变化如图 8.8 所示①。而未发生洪水灾害的年份，如 2013 年，黄河流域不同河段夏季降雨强度和历时均较小（图 8.9）。

二、河床抬高

黄河中游流经黄土高原，水流携带大量泥沙进入黄河，当水流流速放缓、不足以

① 降雨数据来源于欧洲中期天气预报中心 ERA5 再分析数据集资料. https://cds.climate.copernicus.eu/terms#!/dataset/reanalysis-era5-single-levels?tab=form。

携带大粒径泥沙向下游移动时将出现泥沙沉降，日积月累将会造成泥沙淤积，导致河道底部凹凸不平、水面线抬高等。当来流超过河槽最大深度时将会产生漫滩和洪水，威胁周围居民生命财产安全。与 20 世纪 50 年代相比，下游河床已普遍抬高 2~4m[12]，新乡最高为 20m。

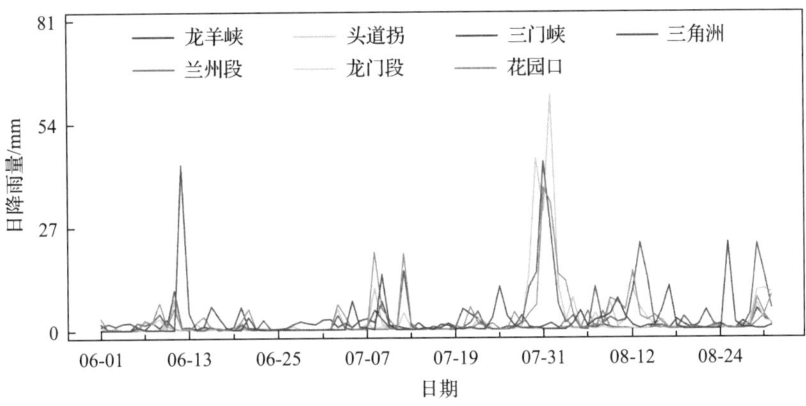

图 8.8　1982 年夏季黄河不同河段代表水文站点降雨量变化

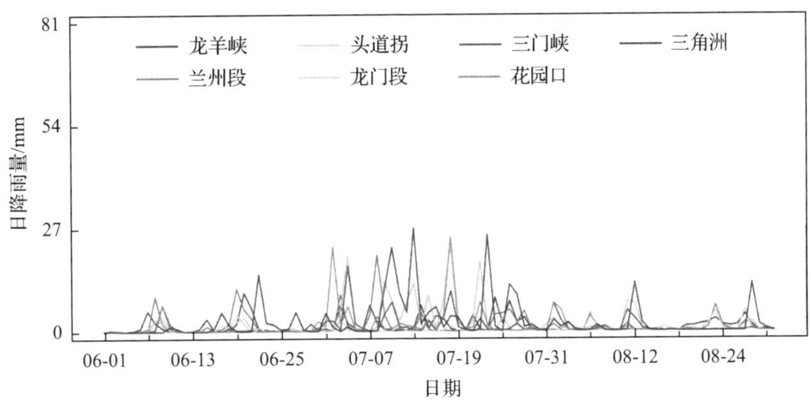

图 8.9　2013 年夏季黄河不同河段代表水文站点降雨量变化

三、河槽萎缩

20 世纪 80 年代以来黄河下游河段来水来沙条件呈现减弱态势[13]，如 1996 年汛前黄河下游淤积比是 1950 年以来河道淤积比的最高时段。河槽萎缩不仅使泥沙淤积在横向上的分布呈现根本性变化，也会导致流域沿程各断面主槽宽度的束窄。艾山以下几乎全部泥沙淤积在河道主槽内，泥沙的强烈淤积导致的主槽抬高是 1986~1996 年洪水起涨水位大幅升高的原因[14]。主槽宽度的束窄使得全断面过流能力大幅下降，水位涨幅增高[15]。同时流域沿程各断面主河槽过水面积减小，平滩流量大幅减小，一旦水量积累至产生洪水的情形，就无法满足过洪要求。1994~1999 年，夹河滩、高村、艾山等水文站平滩流量均呈降低态势[16]，使得洪水位上涨，下游悬河防护堤将承受更大的洪灾风险。

第四节　黄河洪灾防御措施

保障黄河流域及黄淮海平原的防洪安全是黄河治理开发的首要任务，其中下游防洪是重中之重，上中游采用重点河段防洪、病险水库除险加固、重要城市防洪和中小河流治理等策略。目前，经过人民治黄 70 多年的建设和发展，已基本形成了以中游干支流水库、下游堤防+河道整治+分滞洪工程为主体的“上拦下排，两岸分滞”的防洪工程体系（图 8.10），以工程措施为主，非工程措施为辅。

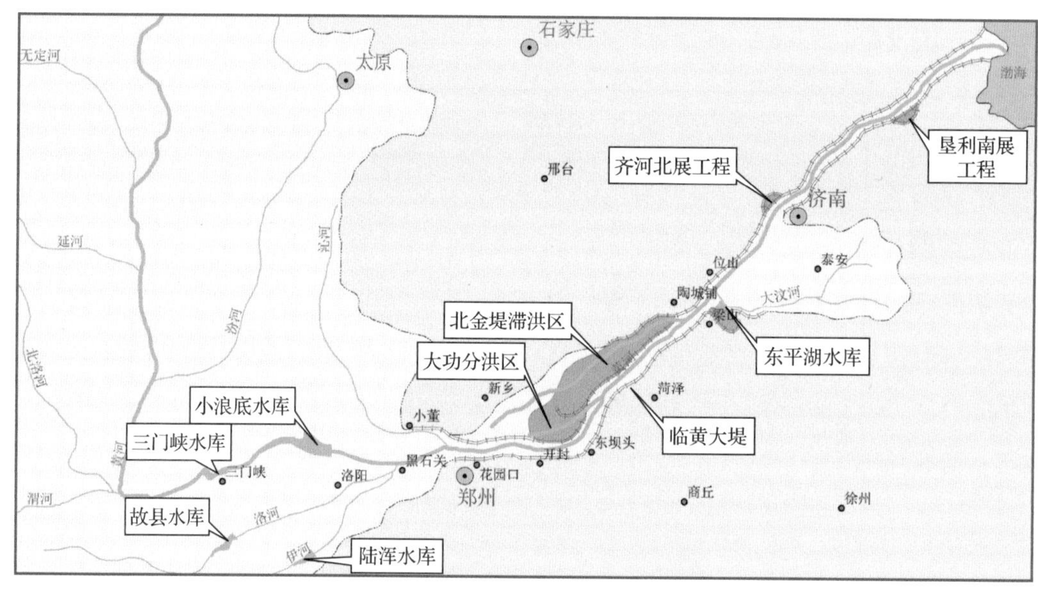

图 8.10　黄河下游防洪工程体系图

一、梯级水库联合调度

根据黄河综合治理开发的要求，结合黄河干流各河段特点，统筹上中下游除害兴利相互制约的关系，《黄河流域综合规划（2012—2030 年）》在干流龙羊峡至桃花峪河段共规划了 36 座梯级工程，总库容 1007 亿 m^3，长期有效库容 505 亿 m^3。梯级工程采用高坝大库与径流电站或灌溉壅水枢纽相间布置，形成较为完整的综合利用工程体系。

目前，黄河干流已建成具有较大调节库容的水库包括龙羊峡、刘家峡、小浪底、万家寨、三门峡五大水库，其中龙羊峡水库是干流唯一一座多年调节水库，其他 4 座水库为年调节或不完全年调节水库。干流水库对黄河防洪防凌减灾发挥了重要作用。

（一）上游水量调控子体系

已建的龙羊峡、刘家峡水库构成上游调控子体系。上游调控子体系以水量调节为主，主要任务是对黄河水资源和南水北调西线入黄水量进行合理配置，协调进入宁蒙河段的水沙关系，长期维持宁蒙河段中水河槽，保障宁蒙河段的防凌防洪安全及上游其他沿河城镇防洪安全。

（二）中游洪水、泥沙调控子体系

中游调控子体系以调控洪水泥沙为主，主要任务是科学管理洪水，拦沙和联合调控水沙，减少黄河下游泥沙淤积，长期维持中水河槽行洪输沙功能，为保障黄河下游防洪（防凌）安全创造条件，调节径流为中游能源基地和中下游城市、工业、农业发展供水，合理利用水力资源。

水沙关系不协调是黄河下游难以治理的关键症结所在。目前已建的三门峡水库和小浪底水库，通过拦沙和调水调沙遏制了下游淤积抬高的趋势，恢复了中水河槽行洪输沙功能，通过科学管理黄河洪水为保障下游防洪安全创造了条件。陆浑、故县水库配合小浪底、三门峡水库联合防洪和调水调沙运用，再加上沁河的河口村水库、泾河的东庄水库的联合调度，不仅能控制伊洛河、沁河、渭河的洪水，保障黄河下游防洪安全，还能拦减伊洛河、沁河、渭河的来沙，以减少下游河道泥沙淤积。

（三）子体系联合运用[17]

黄河水沙调控体系中各工程的功能任务各有侧重，但又紧密关联，必须做到统筹兼顾、密切配合、统一调度、综合利用。一是联合管理黄河洪水，在黄河发生特大洪水时，合理削减洪峰流量，保障黄河下游防洪安全；在黄河发生中常洪水时，联合对中游高含沙洪水过程进行调控，充分发挥水流的挟沙能力，输沙入海，减少河道主槽淤积，并为中下游滩区放淤塑造合适的水沙条件；在黄河较长时期没有发生洪水时，为了防止河道主槽淤积萎缩，需联合调节水量塑造人工洪水过程，维持中水河槽的行洪输沙能力。二是水库联合拦粗排细运用，尽量拦蓄对黄河下游河道泥沙淤积危害最为严重的粗泥沙。为长期保持水库有效库容，根据各水库淤积状况、来水条件和水库蓄水情况，联合调节水量过程，冲刷水库淤积的泥沙。三是联合调节径流，保障黄河下游防凌安全。同时，发挥工农业供水和发电等综合利用效益。

二、水土保持工程

黄河流域水土流失严重，黄河河道泥沙淤积，导致河槽萎缩，严重影响汛期行洪能力，因此，流域水土保持工程是黄河流域防洪的重要措施。

2000 年以来，国家进一步加大了水土流失治理力度，水土保持累计实施面积达 21.84 万 km^2，占黄河流域水土流失总面积的 47%。图 8.11 给出了 1954~2015 年黄河潼关以上水土保持措施面积的逐年增量和总量的变化情况。2000 年以来，每年新增水保面积可达 0.8 万 km^2 以上，近几年增量有所减小，截至 2015 年，累计水保面积仍然达到 20 万 km^2[18]。

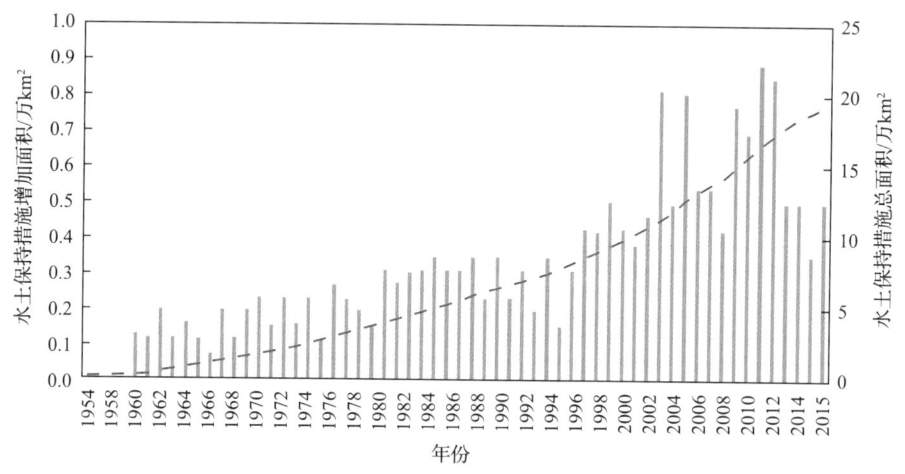

图 8.11　1954~2015 年黄河潼关以上水土保持措施面积增量及总量变化[18]

近年来，按照“防治结合，保护优先，强化治理”的思路，黄河流域的水土保持工作在工程布局上实现了由分散治理向集中连片、规模治理转变，由平均安排向以多沙粗沙区治理为重点、以点带面、整体推进转变。同时，伴随国家重点项目的带动，黄河流域水土流失防治工作取得了显著成效。

黄河流域暴雨洪水具有峰高量大、陡涨陡落、季节性强的显著特点。对于暴雨洪水防御非工程措施方面主要包括监测、预警预报体系[19]、水库联合调度决策[17]、人员组织和防洪抢险应急预案等。河道整治工程及蓄滞洪区也是重要的工程防御措施。

第五节 未来防洪形势与挑战

黄河水少沙多、水沙异源，水沙关系不平衡，由洪水造成的灾害频发，尤其下游河道严重淤积，历史上洪水经常泛滥，堤防频繁决口甚至发生河流改道。洪流所到之处，房屋被埋、良田沙化、河道淤塞、人畜湮没，在造成严重经济损失的同时，对环境也造成了严重破坏，且长期难以恢复[20]。近些年黄河治理虽然取得显著成效，但防洪形势依然不容乐观，主要表现在以下几方面。

一、水沙变化不确定

水沙关系失衡是导致洪灾发生的主要原因之一，未来水沙变化趋势直接影响防洪规划及决策的制定。近些年受到气候变化和人类活动的影响，黄河水沙情势发生显著变化，黄河径流量从年均 580 亿 m^3（1919~1975 年）减至 442 亿 m^3（2001~2016 年），年输沙量从年均 16 亿 t（1919~1959 年）减至不足 3 亿 t（2000~2018 年）[21]。20 世纪 80 年代后期以来，黄河中下游中常洪水的洪峰流量明显减小，3000m^3/s 以上量级的洪水场次也明显减少，中常洪水的洪峰流量减小，频次也降低[22]。

预测未来水沙变化成为众多学者研究重点。然而，由于数据资料、研究方法的不同，预测的径流量与输沙量结果也不相同。径流与泥沙的演变过程是一个非常复杂的过程，特别是要考虑人类活动的干扰及气候变化显得更为困难[23]。在未来较长一段时间内，水沙变化预测仍然具有不确定性，科学有效地预测未来黄河水沙变化趋势，是开展防洪规划的前提条件。

二、水土保持效益遇瓶颈

黄土高原是黄河流域水土流失最严重的地区，也是世界上水土流失面积最广、侵蚀强度最大的地区，水土流失加剧了洪灾发生的风险。黄土高原面积约 64 万 km^2，其中侵蚀模数大于 5000t/（km^2·a）且粗泥沙（$d \geqslant 0.05$mm）侵蚀模数大于 1300t/（km^2·a）的多沙粗沙区是造成黄河泥沙淤积的主要产沙区[24]。黄河流域水土流失面积达 46 万 km^2，经过几十年的科学治理与防护，水土流失现状逐渐改善[25]，但侵蚀模数大于 8000t/（km^2·a）、15000t/（km^2·a）的强烈水蚀面积依然有 8.5 万 km^2、3.67 万 km^2，分别占全国同类面积的 64%、89%[4,25]。1980~2018 年，黄土高原林草覆被率由 20%增加

到 63%，梯田面积由 1.4 万 km^2 增加到 5.5 万 km^2[26]。截至 2015 年底，水土保持累计面积占全流域水土流失总面积的 47%，黄河水土流失严重的局面得到了初步遏制，入黄沙量显著降低。需要注意的是，虽然水土保持措施及其空间分布与时间演化在不同程度改变水沙的边界条件[27]，黄土高原植被得到快速恢复，但水土流失依旧是黄河多沙粗沙区面临的主要生态与环境问题。主要体现在：①大部分沟道边坡和沟头的陡坡区基本上仍是裸露的黄土，极易侵蚀；②淤地坝等工程措施逐渐出现年久失修、维护不足的现象，如遇溃坝则发生“零存整取”问题；③黄土高原现有的人工植被覆盖度已经接近了该地区水分承载力阈值，植被继续改善的空间不大，现状植被的维持甚至存在一定风险[28]。总体上看，单纯的水保措施减沙效果已经接近极限，水土保持面积继续增加产生的可减沙量边际效益已经很小（图 8.12）。因此，黄河流域水土流失的地质地貌条件和脆弱生态格局没有发生根本改变，且近年来随着黄土高原地区煤炭、石油等矿产资源开发强度的不断增大，人为水土流失也在加剧。此外，水土流失治理的监管工作也存在一些问题，包括水土流失监测预报设施缺乏、技术有待提高；治理面积工程方面不配套，治理进度缓慢；典型区域治理滞后，开发与保护矛盾尖锐等问题[29]。

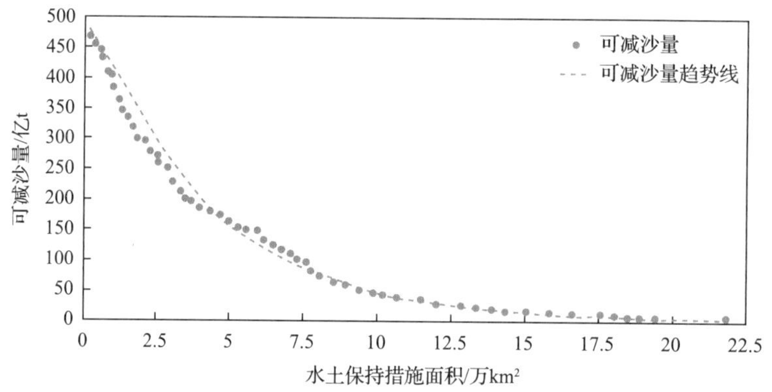

图 8.12　可减沙量随水土保持措施面积的变化情况

三、地上悬河问题突出

黄河水沙关系不协调的特性导致黄河下游长期淤积，逐渐形成“地上悬河”的显著特征，加重了河道的防洪负担和治理难度。实测资料分析表明，1950 年到 1999 年，黄河下游河道共淤积泥沙约 83 亿 t（图 8.13），年均淤高近 10cm。与 20 世纪 50 年代相比，下游河床已普遍抬高 2~4m[12]，目前河床高出背河地面 4~6m，局部河段在 10m

以上，开封为 13m，新乡最高为 20m，形成悬河长达 800km。其中 299km 游荡性河段河势未完全控制，洪水如冲出主槽可直接借助横向坡度冲刷大堤，决堤威胁尤其显著。更为严峻的是，长期小水使河槽萎缩严重，主槽淤积比例迅速加大，导致了“二级悬河”的发育和发展。近 70 年来，下游滩区累计漫滩 30 余次，900 多万人次受灾，2000 多万亩耕地受淹[30]。此外，随着社会经济的发展和黄河治理的全面推进，当地发展对土地资源的需求增强，滩区居住的近 190 万人的生产生活用地不断挤压河道行洪空间，生产堤修建无序，安全和发展问题愈发突出[20]。受到“二级悬河”防洪威胁的下游滩区已经成为黄河流域人水关系矛盾的焦点。目前河道整治工程不完善，加重了河道的防洪负担和治理难度。因此，洪水风险依然是黄河流域的最大威胁，确保大堤绝不决口、保障黄河长治久安是黄河流域高质量发展的底线。

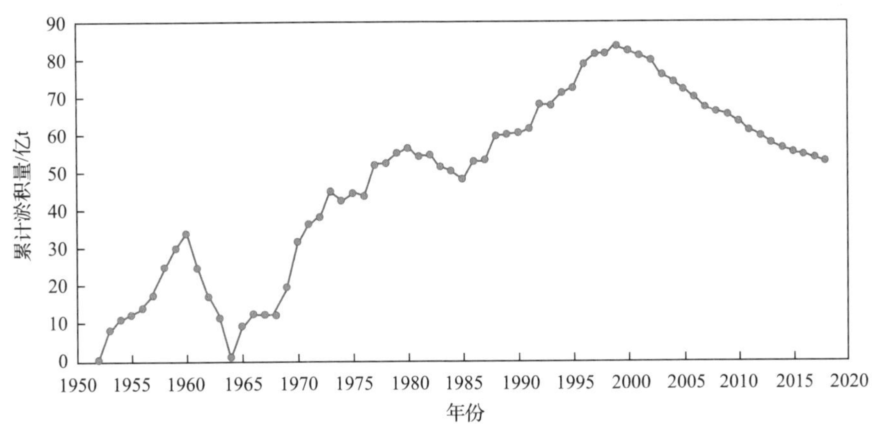

图 8.13　黄河下游累计淤积量变化

2002 年以来，随着小浪底水库调水调沙的实施，下游平滩流量得到一定程度的恢复，下游河槽出现了持续冲刷的有利局面，但累计淤积量仍然较高。随着小浪底水库进入拦沙后期运用，水库的拦沙效果渐次减弱，而且随着下游河床床质变粗，继续冲刷下切的难度也逐渐提高，因此黄河下游河道的地上悬河的态势目前没有改变。

为了进一步探索不同水沙条件下下游河道冲淤演变发展趋势，清华大学水沙科学与水利水电工程国家重点实验室曾分别基于实测数据设定三种水沙情景（分别为 3 亿 t、6 亿 t、8 亿 t 情景），计算了三种方案未来 40 年黄河下游冲淤演变趋势，图 8.14 给出了不同方案下未来 40 年冲淤过程。3 亿 t 情景下游河道既有冲刷又有淤积，呈现冲淤交替的情形，而 6 亿 t 情景和 8 亿 t 情景则为持续性淤积的趋势。但即便是在下游来沙 3 亿 t 情景下，黄河下游河道仅能维持冲淤基本平衡，地上悬河的态势依然无法得到根本上的解决。

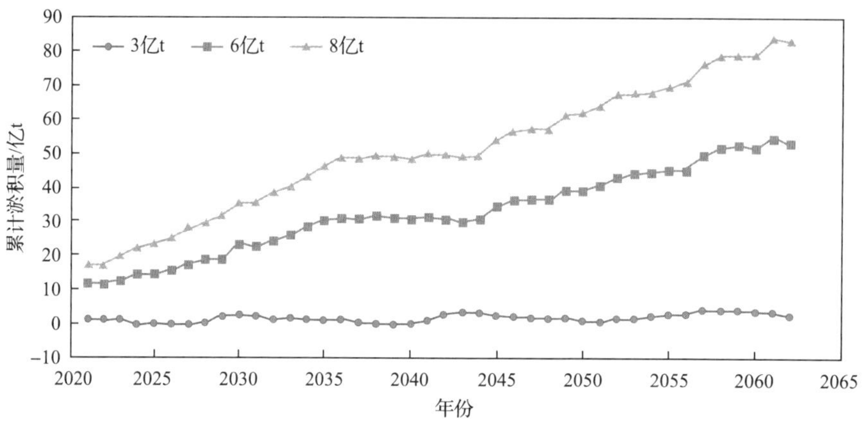

图 8.14　不同来沙情景下未来累计淤积量

四、工程调控能力不足

近几十年来受水利工程与水土保持工程拦截、上游水库调节、沿河用水增加及气候变化等影响，进入下游的基流和泥沙量大幅度减少，低频率设计洪水同实际差异较大，较大洪水在黄河下游出现的概率明显变小，导致河道行洪能力不足并出现“槽高、滩低、堤根洼”的畸形断面形态，宽裕滩区和河道工程边界状况同大幅减少的洪水流量不相适应，一方面使本来迎送溜关系较好的控导工程对河势的控导作用大大削弱，一旦上游流势突变，就可能造成“横河”“斜河”，甚至“冲决”堤防，防洪形势依然不容乐观[4]。目前黄河只建成 4 座大型骨干水库，且工程布控局限性较大。真正具有调控能力的大型骨干水库只有龙羊峡、小浪底两座水库，而龙羊峡水库下泄清水不能为小浪底水库提供泥沙调控的条件，何况两者相距数千公里，实际也无法发挥水沙调控作用，两者之间缺乏具有承上启下作用的关键水库。目前黄河水沙调控体系的主体构架还没有形成，不能对宁蒙河段、小北干流以及下游泥沙与水资源进行调节，无法满足流域生态保护、治理调控和经济发展的迫切需求[31]。

本章撰写人：钟德钰　张红武　茅泽育　吴保生　于　腾　张青青　张　宇　赵菲菲

参考文献

[1] 钱宁, 万兆惠. 泥沙运动力学. 北京: 科学出版社, 1983.
[2] 廖义伟. 黄河下游滩区受淹后国家补偿问题研究. 人民黄河, 2004, 26(11): 1-4, 46.
[3] 李海荣, 李文家, 刘红珍. 小浪底水库运用初期防洪运用方式探讨. 人民黄河, 2002, 24(12): 7-9, 46.
[4] 水利部黄河水利委员会. 黄河流域综合规划(2012—2030 年). 郑州: 黄河水利出版社, 2013.

[5] 张红武. 黄河下游河道改造与滩区治理研究. 北京: 黄河水利委员会, 黄河水利科学研究院, 中国水利水电科学研究院, 黄河勘测规划设计有限公司, 清华大学, 2017.
[6] 刘伟, 翟媛, 杨丽英. 七大流域水文特性分析. 水文, 2018, 38(5): 79-84.
[7] 卢书红. 东平湖蓄滞洪区调蓄洪水频率分析. 山东水利, 2018, (11): 11, 12.
[8] 严汝文, 郑会春, 段彦超. 河口村水库在黄河下游防洪中的地位与作用. 水利规划与设计, 2006, (6): 1-3.
[9] 张志红, 刘红珍, 李保国, 等. 河口村水库在黄河下游防洪工程体系中的作用. 人民黄河, 2007, 29(1): 61, 62.
[10] 霍风霖, 兰华林. 黄河下游滩区洪水风险分析及减灾措施研究. 水利科技与经济, 2009, 15(2): 135-137.
[11] 李一寰. 一九八二年八月黄河洪水的暴雨天气形势和主要天气系统特征. 人民黄河, 1983, (1): 8-12.
[12] 钱乐祥, 王万同, 李爽. 黄河“地上悬河”问题研究回顾. 人民黄河, 2005, 27(5): 1-6.
[13] 卢书慧, 张旭东, 朱莉莉, 等. 黄河宁蒙河道萎缩演变特征与治理措施建议. 陕西水利, 2017, (6): 1-2, 7.
[14] 胡春宏, 张治昊. 黄河下游河道萎缩过程中洪水水位变化研究. 水利学报, 2012, 43(8): 883-890.
[15] 张原锋, 刘晓燕, 张晓华. 黄河下游中常洪水调控指标. 泥沙研究, 2006, (6): 1-5.
[16] 陈建国, 邓安军, 戴清, 等. 黄河下游河道萎缩的特点及其水文学背景. 泥沙研究, 2003, (4): 1-7.
[17] 清华大学. 黄河水资源配置能力分析研究报告. 北京, 2019.
[18] 王光谦, 钟德钰, 吴保生. 黄河泥沙未来变化趋势. 中国水利, 2020, (1): 9-12, 32.
[19] 段勇, 杜文. 黄河防洪防凌调度决策会商系统建设. 人民黄河, 2020, 42(12): 156-160, 168.
[20] 张红武, 李振山, 安催花, 等. 黄河下游河道与滩区治理研究的趋势与进展. 人民黄河, 2016, 38(12): 1-10, 23.
[21] 马睿, 韩铠御, 钟德钰, 等. 不同治理方案下黄河下游河道的冲淤变化研究. 人民黄河, 2017, 39(12): 37-46.
[22] 薛松贵. 黄河流域水资源综合规划概要. 中国水利, 2011, (23): 108-111.
[23] 姚文艺, 高亚军, 张晓华. 黄河径流与输沙关系演变及其相关科学问题. 中国水土保持科学, 2020, 18(4): 1-11.
[24] 徐建华, 金双彦, 张成, 等. 用边际分析法确定黄河中游粗泥沙集中来源区. 中国水土保持科学, 2006, (3): 1-5.
[25] 郑明辉, 李征, 刘路, 等. 黄河流域生态保护措施探讨. 水利发展研究, 2012, 12(7): 65-69.
[26] 胡春宏, 张晓明. 黄土高原水土流失治理与黄河水沙变化. 水利水电技术, 2020, 51(1): 1-11.
[27] 胡春宏, 张晓明. 论黄河水沙变化趋势预测研究的若干问题. 水利学报, 2018, 49(9): 1028-1039.
[28] 姚文艺. 新时代黄河流域水土保持发展机遇与科学定位. 人民黄河, 2019, 41(12): 1-7.
[29] 段高云. 黄河内蒙古河段防凌防洪运用方式研究. 人民黄河, 2010, 32(11): 27, 28, 30, 152.
[30] 田勇, 孙一, 李勇, 等. 新时期黄河下游滩区治理方向研究. 人民黄河, 2019, 41(3): 16-20, 35.
[31] 张红武. 黄河流域保护和发展存在的问题与对策. 人民黄河, 2020, 42(3): 1-10, 16.

第九章

黄河流域的凌汛

第一节　黄河历史凌汛灾害简介

黄河凌汛是除伏秋大汛外最为严重的威胁，冰凌洪水灾害频繁发生，固有“凌汛决口，河官无罪”之说。历史上对黄河凌汛决口的记载可追溯至西汉，此后的 2000 多年中有明确记载的仅有 10 多次[1]。1875~1955 年黄河下游凌汛漫决、冲决、漏决或凌水泛滥次数达 90 余次[1]，造成不可估量的损失。新中国成立后黄河流域共有四次大的凌汛灾害[1]：1951 年利津王庄凌汛决口，1951 年内蒙古河套河段民堤凌汛决口，1955 年利津五庄凌汛决口，2001 年内蒙古乌兰木头河段民堤凌汛决口。1950~2008 年宁蒙河段共发生较大凌汛灾害 95 次[2]。1986 年以来，宁蒙河段凌灾发生频次增加，损失加重，防凌形势异常严峻。2001 年内蒙古乌海河段民堤凌汛溃堤，造成 4000 多人受灾，总经济损失达 1.3 亿元。2008 年鄂尔多斯市杭锦旗独贵特拉奎素段黄河大堤先后发生两处凌汛溃堤，受灾人口累计达 10241 人，受灾耕地 8.10 万亩，总经济损失达 9.35 亿元（图 9.1）。

第二节　黄河流域凌汛特性

北方河流冰情的演变过程，大体上可分为三个阶段，即结冰期、封冻期和解冻期。

（1）结冰期。当气温降至零度并继续下降，河道水流的温度也因不断失热逐渐降至零度并产生过冷却，于是河流开始结冰。河流结冰是动水结冰，不像静水结冰那

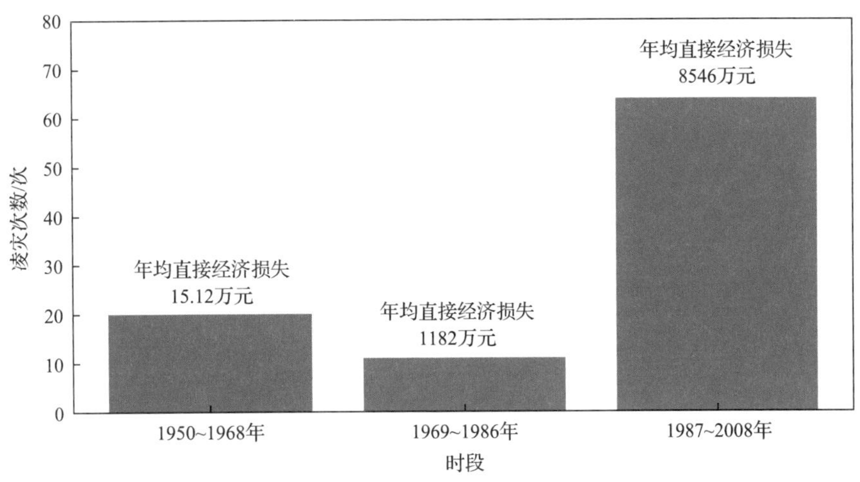

图 9.1　1950~2008 年宁蒙河段较大凌汛灾害统计

样仅局限在水体表面，而深层水体仍保持较高温度。河道水流由于紊动紊掺作用，失热几乎是整个水体同时进行。所以河流不仅在水面形成薄冰和岸冰，还由于整个水体的过冷却，在水内、河底形成海绵状多空隙的水内冰。水内冰、(水面)薄冰和破碎的岸冰统称为冰花，水内冰是冰花的主体。随着气温的不断下降，河道产冰量逐渐增多，流冰密度增大。当密集的流冰在下游急弯、浅滩、断面束窄处(包括由于岸冰发展敞露水面束窄)等河段发生卡堵，后续冰花即从此平铺上溯，于是该河段形成封冻冰盖，而且不断向上游发展。

(2)封冻期。在冰盖向上游发展过程中，若遇急流河段，由于流速较大，封冻边缘上溯受阻，来自上游冰花在封冻边缘处下潜，并在冰盖底部发生堆积形成冰塞。随着冰塞体的体积不断增大，上游水位不断壅高，当急流段的流速减小到某个临界值，冰花不再下潜，于是封冻边缘继续上溯。所以，冰塞是在河流封冻过程中形成发展的，是封冻期的特殊冰情。河流的封冻有立封和平封之分。当河段流速较大，或受大风影响，致使冰花相互挤压、堆叠，结成冰盖后表面起伏不平、犬牙交错，故称立封。平封则冰面平整光滑。河流一旦封冻，水体通过冰盖传导与大气交换热量，此时水体失热速度明显减缓。另外，水体失热主要体现在冰厚的增长，由于水流失去了过冷却的条件，封冻河段一般不再产生水内冰。河流封冻后，由于湿周增长等因素，水流阻力增大。与敞流期比较，同流量下水位壅高，使河道槽蓄量增大。河道槽蓄量的大小往往会影响开河期凌汛的大小。

(3)解冻期。当气温转正，特别在白天气温较高，积雪及冰盖表面开始融化，融化的水渗入冰层，逐渐改变冰盖下层结构。另外，水温也开始回升，于是冰厚逐渐变薄，冰层开始解体，河流进入了解冻期。河流的开河(江)有文、武之分。以热力因素为主，在冰盖充分解体后导致开河称文开河。其特点是水势平稳，冰盖质地疏松，大部就地融化，没有集中的流冰，因而不会造成危害。当冰盖尚未充分解体，由于水力因素突变，冰层被迫鼓开，这种以水力因素为主的开河称武开河。其特点是流量骤增，水位变化迅猛，流冰量大而集中，冰质坚硬，容易形成冰坝，造成灾害。

因此，对于自南向北流向的河流，冬季容易形成冰塞，初春形成冰坝。冰盖、冰塞、冰坝形成机理如图 9.2 所示。

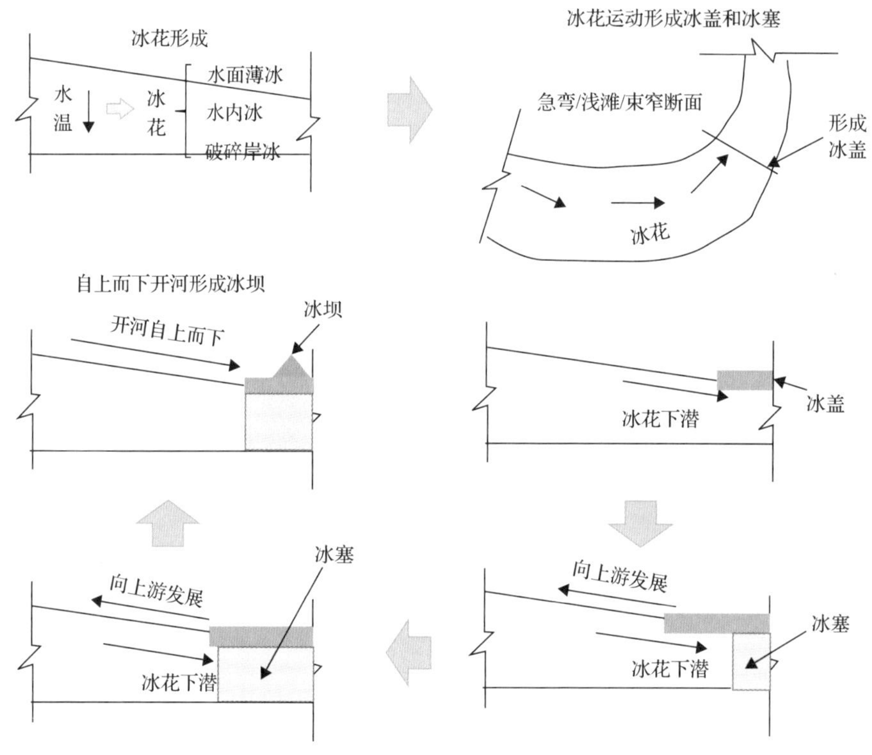

图 9.2　冰盖、冰塞、冰坝形成机理

凌汛是指河流封冻时，由于冰花、碎冰大量堆积，冰盖面下过水断面变小，使得上游河段水位显著壅高，河道开河后，蓄水下泄形成的洪水过程。宁蒙河段封河时由河段下游向河段上游封冻，开河时则由河段上游向河段下游解冻。黄河下游河段封河自下而上，一般河口最先封冻，开河则自上而下。最理想的开河方式是由下游往上游逐步开河。若由上游往下游方向开河，则容易形成冰坝。黄河流域防凌河段示意图如图 9.3 所示。

黄河冰凌洪水按成因可分为冰塞洪水、冰坝洪水、融冰洪水[3]。冰塞洪水是由于封河初期大量碎冰拥堵河道，造成断面过流能力下降，上游水位壅高，在开河时冰塞融解而形成的洪水，其一般出现在下游河道。冰坝洪水是因大量流冰在河道内受阻，

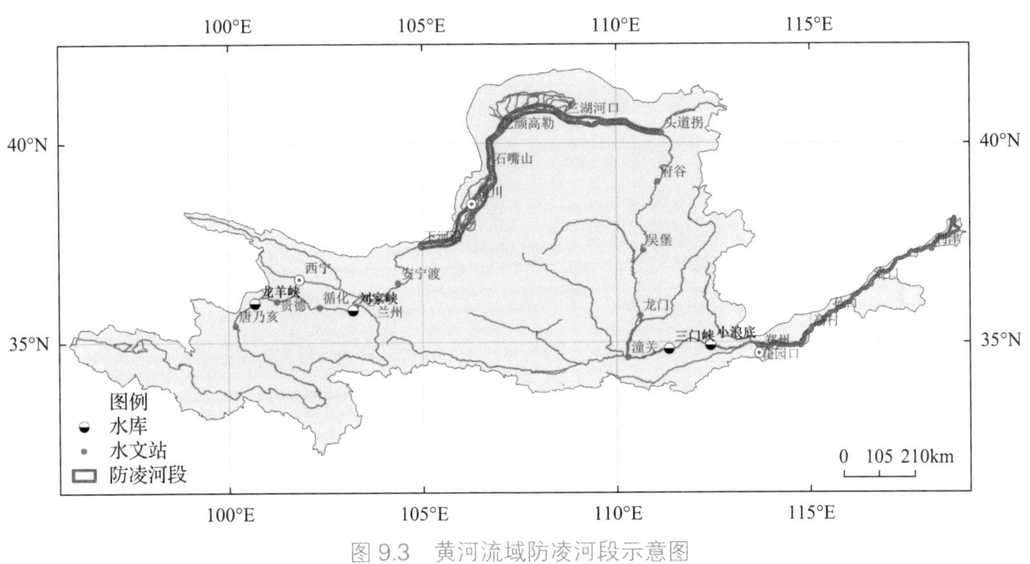

图 9.3　黄河流域防凌河段示意图

冰块上爬下插，堆积成横跨断面的坝状冰体，使冰坝上游水位显著壅高，当冰坝突然破坏时，槽蓄水量迅速下泄，形成凌峰向下游演进。冰坝洪水多发生在由南向北流的河段内，且出现于开河期，历时较短（1~3 天），融冰洪水水势平稳，凌峰流量较小。

一、凌汛概况

宁蒙河段受大陆性季风气候的影响，冬季寒冷，一年有 4~5 个月日平均气温低于 0℃，冰凌灾害频繁发生。内蒙古三盛公以下河段是宁蒙河段冰凌灾害多发河段，其河段特点均是自低纬度流向高纬度，因此在严寒的冬季，极易形成冰凌洪水灾害。宁蒙河段封冻期一般经历流凌（11 月中下旬）、封冻（12 月上旬）、解冻开河（翌年 3 月中下旬）三个阶段，时长约 120 天，最长封冻河长可达 1000km，历史最大凌峰流量为 3500m^3/s。近年来，刘家峡和龙羊峡水库凌汛期间的调节运用，使得宁蒙河段水动力和热力条件发生了较大变化，水库下游沿程水温升高，冰层变薄，封河期流量增大，流量变幅缩小，流凌及封冻时间推迟，河道封冻历时和封冻长度缩短，开河时间提前。

黄河下游河段封冻不稳定、冰情变化更加复杂，每年凌汛特征也差别较大。流凌日一般发生在 12 月中旬，开河时间一般在 1 月中旬至 3 月中旬。封河长度一般为 40~703km。单个凌汛期内开、封河频次不稳定，多数年份为一封一开，特殊年份有两封两开、三封三开和四封四开的情况。1950~2017 年不封河年份占 19%，一封一开年份占 54%，二封二开年份占 22%，三封三开年份占 3.5%，四封四开年份占 1.5%。

1968~1969 年和 2005~2006 年为三封三开，1996~1997 年为四封四开[4]。

二、凌汛特征

（一）凌情特征日期变化[4]

凌汛特征日期主要包括：流凌日期、封河日期、开河日期、封河日数。流凌日期是指最早的出现流凌的日期，封河日期是指河道最早封冻的日期，开河日期是指最早出现融冻的日期，封河日数是指最早出现封冻至河道完全解冻经历的天数。

宁蒙河段凌汛特征与上游龙羊峡、刘家峡水库运用、气候变暖、河道冲淤变化等动力、热力和河道边界条件变化密切相关，主要表现为四个方面。一是流凌和封河时间推迟，受气温升高影响显著，按刘家峡水库和龙羊峡水库投入运行的时段来看，石嘴山 11 月至次年 3 月平均气温由−4.17℃升高至−2.15℃，巴彦高勒平均气温由−6.63℃升高至−3.42℃。二是平均流凌日期略有推后，1950~1967 年的最早流凌日期发生在 11 月 25 日，1968~1986 年为 11 月 30 日（1969 年），1987~2005 年为 12 月 9 日。三是河段平均封河日期略有推后，1950~1967 年的平均封河日期为 12 月 26 日，1968~1986 年为 1 月 3 日，1987~2005 年为 1 月 14 日。四是开河日期显著提前，平均开河日期由 1950~1967 年的 3 月 8 日提前至 1987~2005 年的 2 月 22 日，提前约 14 天。

整体来说，黄河下游河段在 1950~2017 年流凌日较为稳定（图 9.4），封河日略微提前（图 9.5），开河日明显提前（图 9.6）；从各站情况来看，孙口、艾山两站流凌日

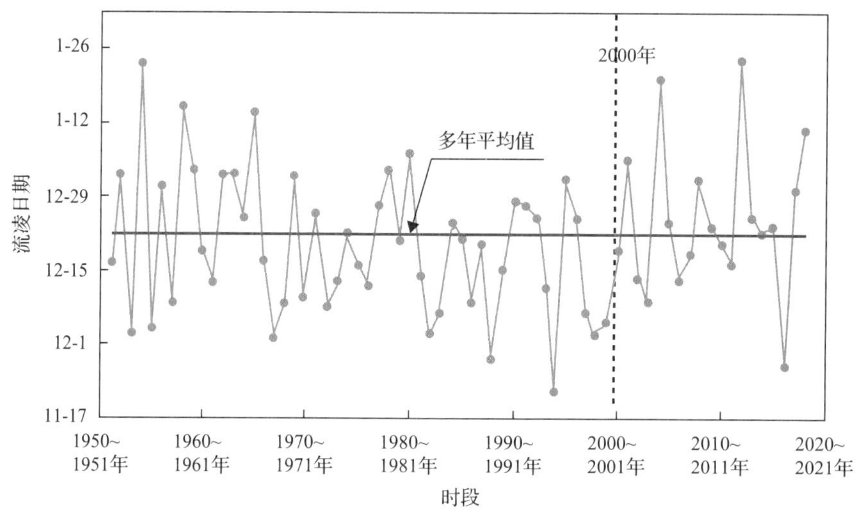

图 9.4　黄河下游 1950~2017 年流凌日期过程线[4]

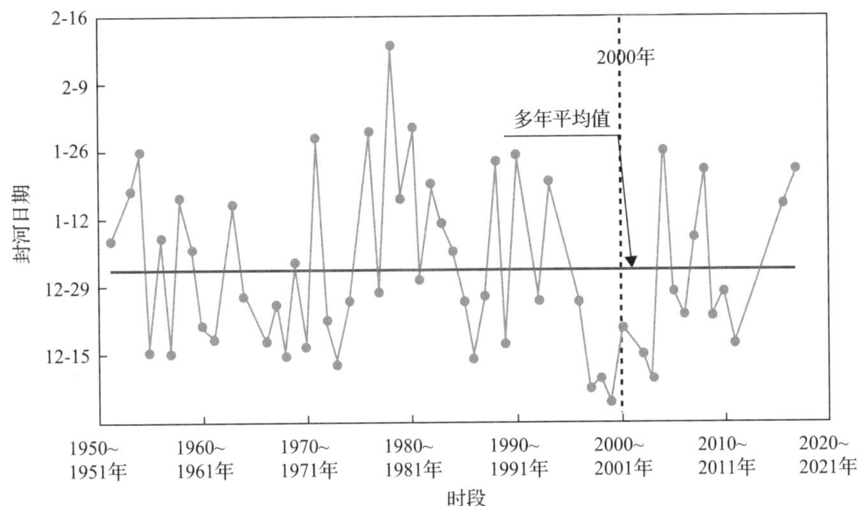

图 9.5　黄河下游 1950~2017 年封河日期过程线[4]

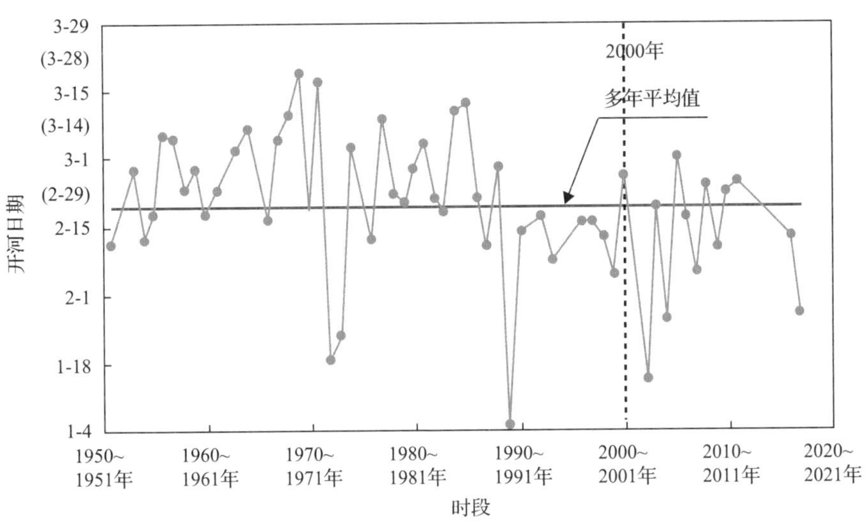

图 9.6　黄河下游 1950~2017 年开河日期过程线[4]

闰年和平年 2 月天数不同，纵坐标刻度对应的括号日期为闰年日期，非括号日期为平年日期

期显著提前，花园口、夹河滩、高村三站流凌日期显著推迟，而泺口和利津两站流凌日期无明显变化，利津站封河和开河日期均显著提前，其余各站封河和开河日期均有显著推迟[4]。小浪底水库的运用使下游河段的流凌日期、封河日期和开河日期分别提前了 6 天、1 天和 8 天。

（二）凌情特征指标变化

1. 流凌天数、封河天数[5]

内蒙古河段封河和开河具有自下而上（三湖河口—头道拐段）封河，自上而下（石嘴山—巴彦高勒段）开河的特点，具有明显的地域性。三湖河口站流凌期最短、封河期最长，而石嘴山站恰好相反。石嘴山—头道拐河段平均流凌期天数为 14 天，流凌期天数逐年变化不大。石嘴山和巴彦高勒站封河天数受上游水库调节影响较大，封河期天数呈现减少趋势，由 1950~1968 年至 1989~2010 年分别减少了 35 天和 25 天，而三湖河口站和头道拐站封河期天数变化不显著。1950~2010 年，石嘴山、巴彦高勒、三湖河口及头道拐站的平均流凌期天数分别为 34 天、17 天、15 天及 25 天，而平均封河期天数分别为 59 天、92 天、108 天及 99 天。

1950~2017 年，黄河下游多年平均封河天数为 47 天，封河天数以每 10 年减少 4 天的速率递减。1967~1968 年封河天数最长为 86 天，2003~2004 年度封河天数最短为 3 天。小浪底水库运用后使下游河段的封河天数减少 7 天。

2. 冰厚及封河长度

宁蒙河段的一般冰厚和最大冰厚呈现波动减小趋势，冰厚介于 0.4~1.6m，如 1997~1998 年凌汛冰厚最大，一般冰厚 1.35m、最大冰厚 1.55m；1950~2010 年多年平均一般冰厚为 0.66m、最大冰厚为 0.85m。1989~2010 年较 1950~1968 年的一般冰厚减小了 0.14m，最大冰厚减小了 0.11m。一般冰厚统计情况如表 9.1 所示。河段封冻长度介于 600~950km，如 1991~2010 年平均封冻长度为 782.63km，其中，宁夏河段封冻河长一般为几十千米到两百多千米[3]。

表 9.1　宁蒙河段一般冰厚年段均值统计表

时段	一般冰厚/m	最大冰厚/m
1950~1968 年	0.73	0.91
1968~1989 年	0.67	0.86
1989~2010 年	0.59	0.80
1950~2010 年	0.66	0.85

黄河下游在封河期不同河段冰厚亦不相同，山东省河口段冰厚可达 0.3~0.5m，最厚达 1m，河南省开封市兰考以上河段平均冰厚为 0.1~0.2m[5]。2005~2017 年仅利津站在所有年份均封河，但河心最大冰厚减小 59.3%，除花园口、夹河滩站外，其他站岸边最大冰厚均值均减小。黄河下游从下向上分段封河，封河长度一般为 40~703km[5]，平均封冻长度为 317km（图 9.7）。1950~2017 年多年平均封河长度为 273.29km，并以每年 4.613km 的速率递减，其中最长为 703km（1968~1969 年），至河南省汜水河，最短封河长度约为 1.5km（2003~2004 年），发生在河口段[4]。小浪底水库运用后使下游

河段的封河长度减少 140km。

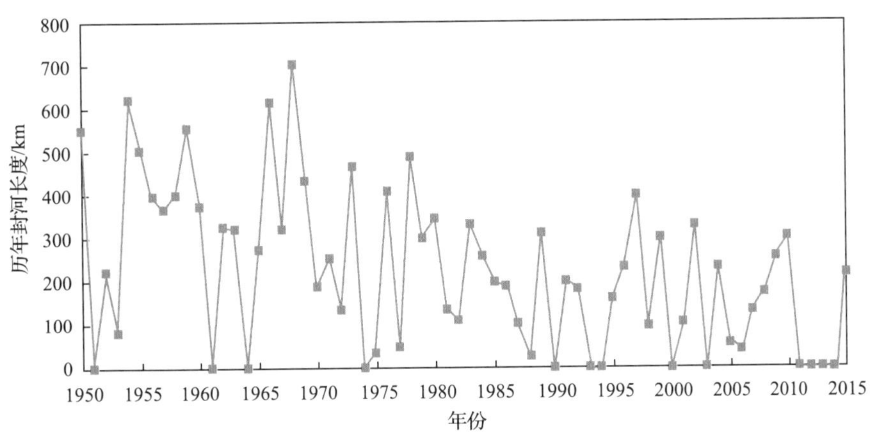

图 9.7 黄河下游历年封河长度变化[5]

3. 封河流量

最早出现封冻时的河段流量即为封河流量。封河流量过大可能导致冰塞险情，过小又会造成下游河道冰下过流能力过低，因此，控制适宜的封河流量，既能避免冰塞发生，又能使河道封冻后保持一定的冰下过流能力，有利于减小槽蓄水增量、控制凌汛期防凌形势。宁蒙河段和下游河段小流量封河和大流量封河的界定不同，一般情况下，宁蒙河段首封位置封河流量小于 400m^3/s，为小流量封河，流量大于 800m^3/s 为大流量封河[6]；而下游河段一般认定利津站封河当日流量小于 300m^3/s，为小流量封河，流量大于 600m^3/s 为大流量封河[7]。

宁蒙河段首封位置一般在三湖河口站至头道拐站之间，个别年份在三湖河口站上游附近。1952~2017 年宁蒙河段多年平均封河流量为 589m^3/s。1950~2010 年封河流量略有增加，但年段内变化波动大：1950~1968 年、1968~1989 年、1989~2010 年平均封河流量为 526m^3/s、542m^3/s、628m^3/s，最大封河流量为 953m^3/s，最小封河流量为 62m^3/s，小流量封河为 11 年，大流量封河 7 年。刘家峡水库和龙羊峡水库的联合运用，改变了径流过程，增大了宁蒙河段封河流量。

黄河下游封河流量一般参考利津站断面的流量（最早封河断面）进行分析。1950~2017 年首封日流量以每年 4.34m^3/s 的速率递减，多年平均流量为 353m^3/s，最大封河流量为 864m^3/s，最小封河流量为 19m^3/s，小流量封河为 23 年、大流量封河 9 年[4]。

4. 开河流量

黄河下游开河流量参考利津站断面的流量（最迟开河断面）进行分析。1950~2017 年开河当日流量以每年 10.95m^3/s 的速率递减，多年平均流量为 427m^3/s，最大开河流量为 1708m³/s，最小开河流量为 4m³/s。但历史上利津站在 1995~1996 年、1996~1997 年及 1997~1998 年的开河当日发生断流的情景。

5. 凌峰流量

凌峰即凌汛洪峰，为河道解冻开河时，河槽蓄水释放下泄，沿程递增，流量相应沿程增大而形成的冰凌洪水洪峰。宁蒙河段多年平均凌峰流量、最大凌峰流量、最小凌峰流量分别为 2230m³/s、3500m³/s（1968 年）、1000m³/s（1958 年）[8]。头道拐站平均凌峰流量为 1490m³/s，1950~2010 年最大凌峰流量为 3500m³/s。石嘴山、巴彦高勒和三湖河口三站的平均凌峰流量呈现波动减小趋势，其中石嘴山站减小最为明显，而头道拐站无明显变化趋势，但 2000 年以后也在波动减小。凌峰流量主要受开河期气温变化速率、槽蓄水增量、开河形势以及河道基流等因素影响，凌峰流量减小，一般是由于封河流量较小且槽蓄水增量较少而致，意味着宁蒙河段武开河概率减小。

6. 三湖河口站凌汛期最高水位及水位超 1020m 持续日数

1987~1988 年三湖河口凌汛期最高水位最低。1990 年以来，由于河道淤积萎缩、人类活动影响等因素共同作用，三湖河口站凌汛期最高水位呈现上升趋势。2000~2010 年凌汛期最高水位全部超过 1020m，其中 2007~2008 年凌汛期最高水位达 1021.22m（图 9.8）。

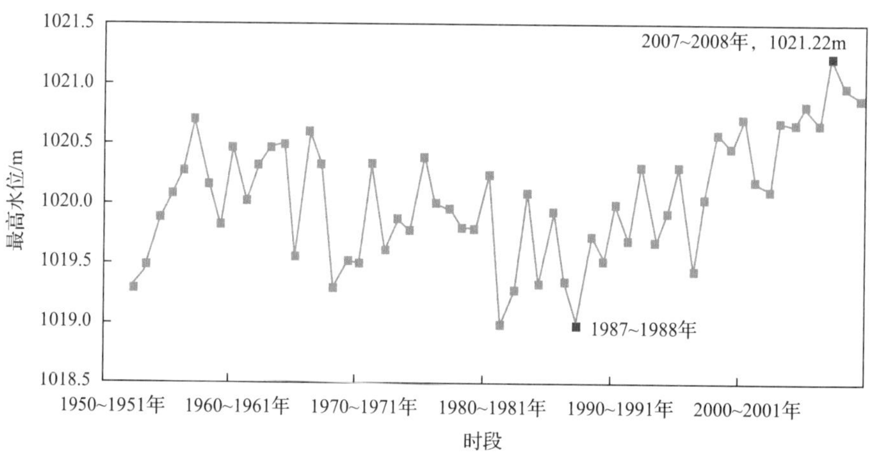

图 9.8　三湖河口站凌汛期最高水位年际变化图

三湖河口站（内蒙古河段）凌汛期日均水位超过 1020m 的最长持续日数在 2000~2010 年段显著增加，其中 2009~2010 年达到 112 天。由图 9.9 可以看出，1998~1999 年以后凌汛期三湖河口站高水位持续历时明显增加，两次较大突变年份分别为 1998~1999 年及 2003~2004 年。2000 年以来宁蒙河段壅水问题日益严峻，严重威胁宁蒙河段的防凌安全。

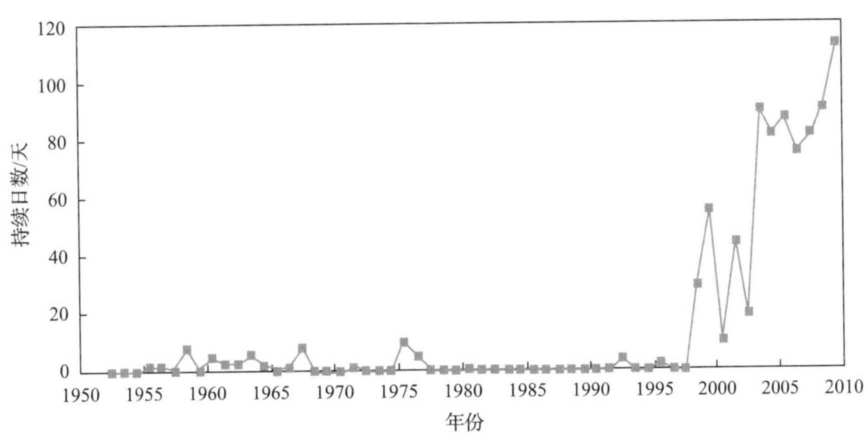

图 9.9　三湖河口站凌汛期水位超过 1020m 最长持续日数逐年变化示意图（大沽高程系）

凌汛期最高水位的不断增加以及超过 1020m（相当于平滩水位）的最长持续日数显著增加的主要原因有两点：一是河道淤积严重，过流断面减小，畅流期同流量对应水位上升；二是龙-刘水库调度增大了封河流量，封河期水位抬升。1973~2006 年三湖河口断面整体呈现出先冲刷后淤积的形势，受龙-刘水库调节的影响，凌汛期水量减小、中小水作用时间增长，河段逐年淤积萎缩，1981~2006 年内蒙古河段持续淤积。1986~2013 年，最大封河流量发生在 2000 年，对应封河流量为 273m^3/s，水位最大壅高为 2.26m，平均封河水位为 1019.08m，平均最高水位为 1020.19m。三湖河口站凌汛期水位超 1020m 持续日数增加印证了 2000 年以来宁蒙河段壅水问题日益严峻，严重威胁宁蒙河段的防凌安全。

7. 凌期最大槽蓄水增量

槽蓄水增量是指凌汛期因封冻冰盖等因素影响而滞留在河道中的水量。当河道封冻长度达到最长时，槽蓄水增量最大。随着气温升高，冰盖消融，水量向下游释放，此时槽蓄水增量逐渐减少。凌汛洪峰就是槽蓄水增量在开河时集中释放而形成的。因此，凌期年最大槽蓄水增量是洪凌灾害的直接成因。

石嘴山—头道拐河段蓄水增量多年平均值为 12.7 亿 m^3（1970~2015 年）[9]，年最大槽蓄水增量为 5 亿~20 亿 m^3，呈增大趋势，尤其近年来的最大值已经接近 20 亿 m^3，如图 9.10 所示。其中，1950~2010 年年均槽蓄水增量为 11.14 亿 m^3、最大槽蓄水增量为 19.39 亿 m^3。该河段平均年最大槽蓄水增量由 1950~1968 年的 8.83 亿 m^3，增加到 1989~2010 年的 14.29 亿 m^3，增长近 6 亿 m^3。而石嘴山—巴彦高勒河段变化不大，巴彦高勒—三湖河口和三湖河口—头道拐河段分别增加了约 3 亿 m^3。三湖河口—头道拐站多年最大的年最大槽蓄水增量为 12.40 亿 m^3，略大于巴彦高勒—三湖河口河段，但远大于石嘴山—巴彦高勒河段。凌汛期内蒙古河段年最大槽蓄水增量统计情况如表 9.2 所示。

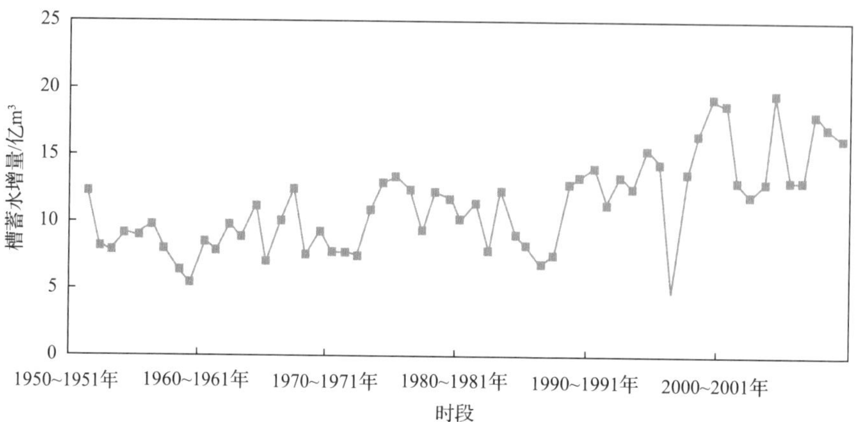

图 9.10 石嘴山—头道拐河段年最大槽蓄水增量逐年变化示意图

表 9.2 凌汛期内蒙古河段年最大槽蓄水增量统计表 （单位：亿 m³）

时段	参数	石嘴山—头道拐	石嘴山—巴彦高勒	巴彦高勒—三湖河口	三湖河口—头道拐
1950~1968 年	平均值	8.83	3.08	4.18	2.87
	最小值	5.31	1.55	0.48	0.85
	最大值	12.35	5.59	10.23	4.95
1968~1989 年	平均值	9.86	4.35	3.61	5.58
	最小值	6.83	1.65	1.78	2.20
	最大值	13.17	7.72	6.23	9.17
1989~2010 年	平均值	14.29	3.43	6.38	6.72
	最小值	4.56	0.97	4.30	1.35
	最大值	19.39	7.03	11.10	12.40
1950~2010 年	平均值	11.14	3.66	4.76	5.20
	最小值	4.56	0.97	0.48	0.85
	最大值	19.39	7.72	11.10	12.40

（三）凌汛特征变化的原因

气温变暖和水库调度是造成黄河凌汛特征变化的主要原因。

按刘家峡水库和龙羊峡水库投入运行的时间来分，1959~1968 年、1969~1986 年、1986~2015 年石嘴山站凌汛期平均气温为-4.17℃、-3.74℃、-2.15℃，巴彦高勒站凌汛期平均气温为−6.63℃、−5.42℃、−3.42℃。按三门峡水库和小浪底水库投入运行的时间来分，1952~1959 年、1960~1999 年、2000~2018 年郑州站凌汛期平均气温为0.93℃、1.5℃、2.85℃。宁蒙河段和黄河下游段凌汛期气温均呈增加趋势，如图 9.11 所示。

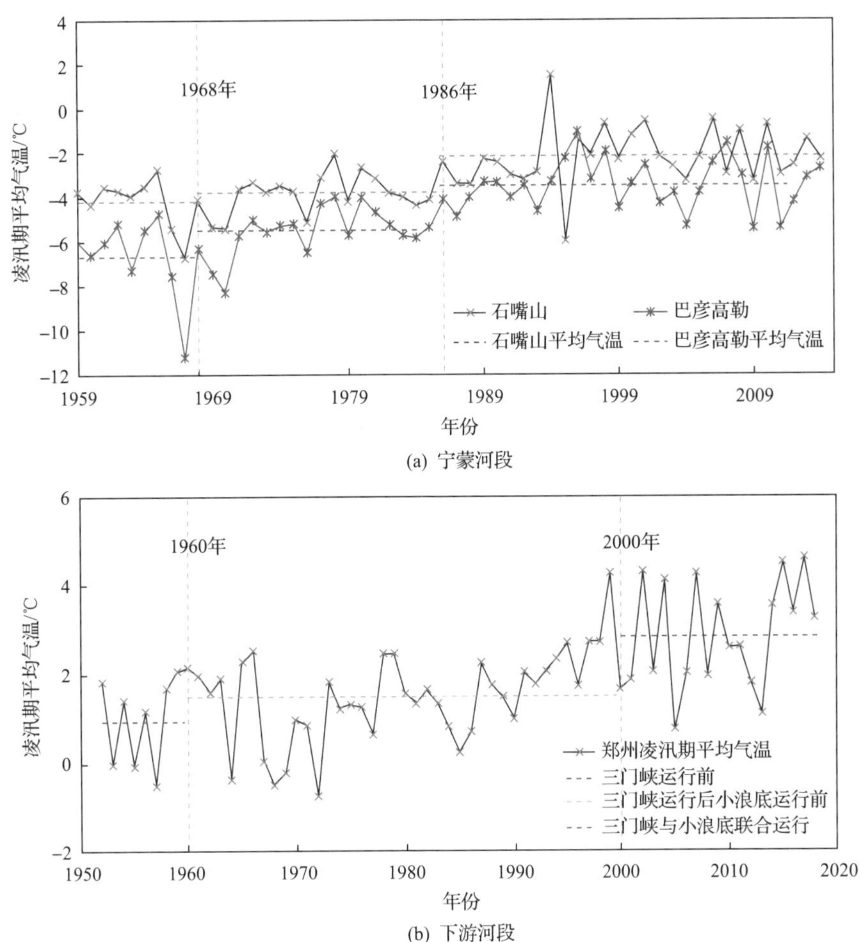

(a) 宁蒙河段

(b) 下游河段

图 9.11　宁蒙河段和下游河段凌汛期平均气温变化

刘家峡水库和龙羊峡水库相继投入运用，明显改变了宁蒙河段水动力和热力条件。石嘴山和巴彦高勒分别为宁夏段和内蒙古段的代表站。龙−刘两库联合运用以来，石嘴山和巴彦高勒站凌期总水量分别较无水库时分别增大 19%、21%，有龙−刘水库后，巴彦高勒站凌期平均月径流量较无龙−刘水库前增大 23%；石嘴山和巴彦高勒站凌期的月均水量增加幅度大：有龙−刘水库后，石嘴山站 12 月、1 月和 2 月的月均水量较无龙−刘水库前分别增大 62%、98%、80%，巴彦高勒站 12 月、1 月和 2 月的月均水量较无龙−刘水库前增大 53%、81%、76%（图 9.12）。宁蒙河段年最大槽蓄水增量平均为 8.83 亿 m^3，

1968~1986 年、1987~2005 年年最大槽蓄水增量平均为 9.96 亿 m^3、12.8 亿 m^3，分别较无龙–刘水库时分别增大 2.8%、45%，凌汛期上游来水径流量增大是槽蓄水量增大的主要原因。凌期月均最大流量（11 月）与最小流量（1 月）变幅由无水库前的 2.32：1~2.64：1 缩小到龙–刘两库联合运用后的 1.25：1 左右，流量变幅大幅度减小，月平均流量过程趋于平缓，减弱了开河时的水力因素，平均封河流量增加，平均凌峰流量减小（图 9.13）。随着龙–刘水库相继投入运行及联合调度，两站 11 月、12 月和 3 月水温均呈增加态势（1 月和 2 月水温为 0℃），冰层厚度减小，流凌日期和封河日期延迟，开河日期提前，多年平均封河天数减少（图 9.14、图 9.15）。

三门峡水库和小浪底水库相继投入运用，改变了下游河段水动力和热力条件。以三门峡水库、小浪底水库蓄水时间为分界线，将黄河下游凌汛变化分为四个阶段，分别为天然状态时期（1950~1959 年）、三门峡水库防凌运用期（1960~1972 年）、三门峡水库全面调节期（1973~1998 年）、小浪底水库与三门峡水库联合运用期（1999~2017 年），各时期封开河年度情况如表 9.3 所示。小浪底水库运用以后明显减轻下游

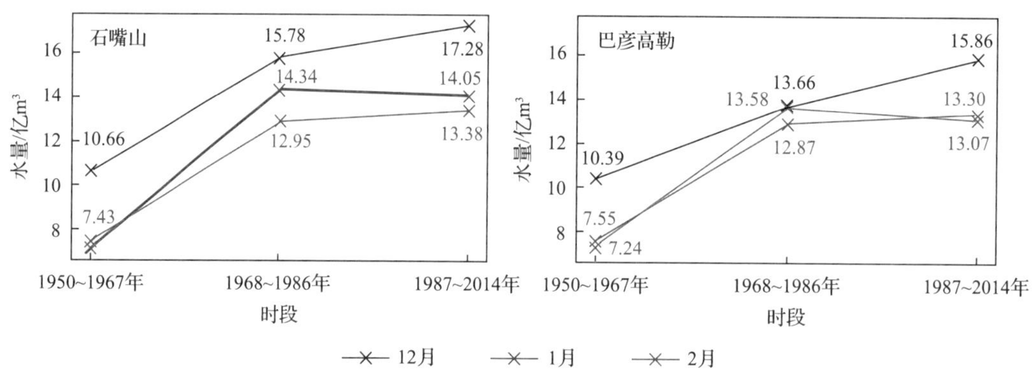

图 9.12 宁蒙河段凌期 12 月、1 月、2 月月均水量变化

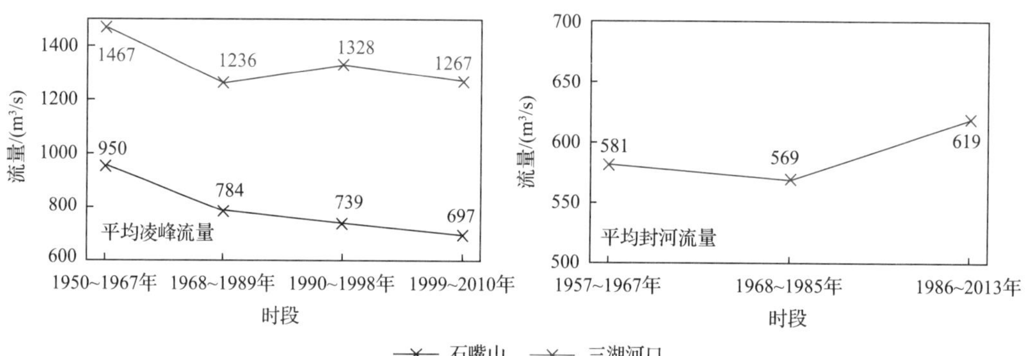

图 9.13 宁蒙河段凌期平均凌峰流量与平均封河流量

石嘴山与三湖河口不同时段平均封河流量相等

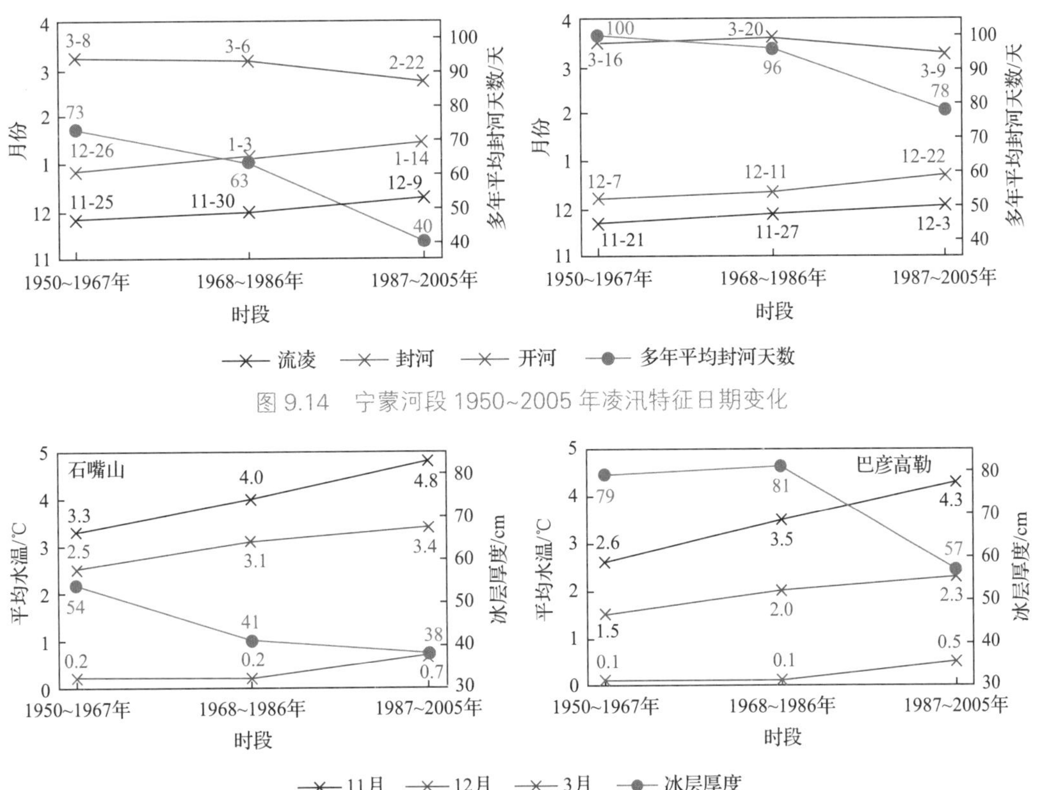

图 9.14 宁蒙河段 1950~2005 年凌汛特征日期变化

图 9.15 宁蒙河段 1950~2005 年凌期月平均水温及冰层厚度

表 9.3 黄河下游不同时期封开河情况表 （单位：个）

时期	未封河年度数	早封河年度数	晚封河年度数	早开河年度数	晚开河年度数
天然状态时期	1	2	5		1
三门峡水库防凌运用期	2	7	2	4	3
三门峡水库全面调节期	4	9	9	5	4
小浪底水库与三门峡水库联合运用期	6	2	1	1	1

注：三门峡水库全面调节期，1995~1999 年有 4 个年度出现封河期断流的情景。

凌汛灾害，未封河年度发生频率由 14.3%提升至 31.6%，共有 6 个年度未封河（分别为 2000~2001 年度、2011~2012 年度、2012~2013 年度、2013~2014 年度、2014~2015 年度、2017~2018 年度）。四个阶段下游凌汛特征变化如图 9.16 所示，凌汛期平均气温显著升高，封河长度明显减小，在凌汛期来水量减少的同时，下游河段区间耗水量增加，凌汛期年均流量减少，封河流量也减少，流凌和封河日期有所延迟，但变化不大，开河日期明显提前，封河天数在小浪底水库投入运行后显著减少。

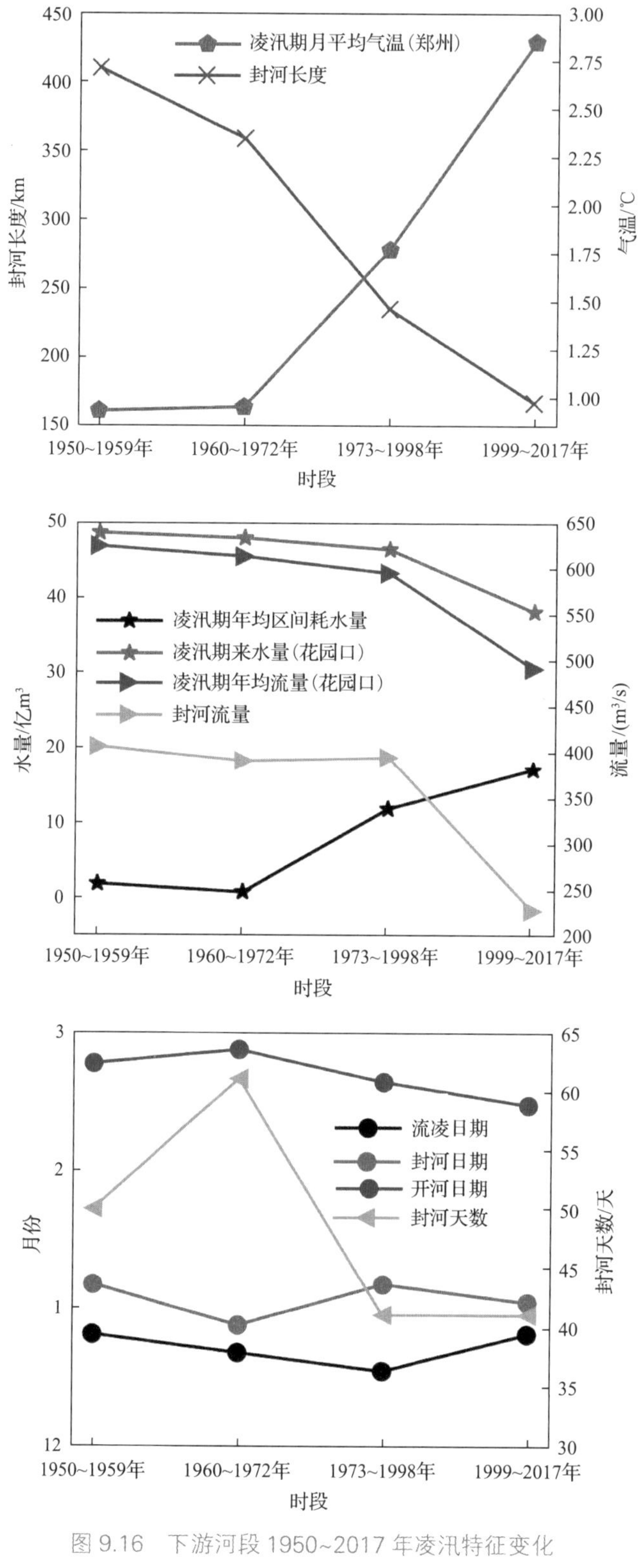

图 9.16　下游河段 1950~2017 年凌汛特征变化

三、2020~2021 年凌情特点

黄河凌汛变化特点鲜明，受热力、水动力条件和河道形态的影响显著，一般具有凌峰流量小、水位高、历时长、凌峰流量沿程增加特点。2020~2021 年黄河凌情主要特点为：气温变化剧烈，总体呈“两头高、中间低”分布；宁蒙河段封河流量大；封河前期发展较快，最大封河长度偏长，冰厚偏厚；冰下过流能力较好，槽蓄水增量少；开河日期明显偏早，开河凌峰小[10]。

2020~2021 年，黄河流域 11 月中上旬、1 月中旬至 3 月上旬气温明显偏高，12 月至来年 1 月上旬气温整体偏低。包头河段封河流量 861m/s，较近 10 年均值 720m/s 偏大 20%。封河第 15 天，内蒙古河段封河长度即达到 552km，较近 10 年同期偏长 75km。宁蒙河段封河长度年度最大值为 826km，较多年均值（1991~2015 年）偏长 29km，较近 10 年均值偏长 43km。该年度黄河干流最大封河长度 1079.24km，较近 10 年均值偏长 137.55km。内蒙古巴音陶亥至喇嘛湾断面平均冰厚 0.58m，较多年均值（2001~2019 年）偏厚 0.06m，较上年度偏厚 0.16m。巴彦高勒至头道拐河段最大槽蓄水增量约 9.1 亿 m^3，较近 10 年最大槽蓄水增量均值偏少 12%，较 1970 年以来均值偏少近 30%。由于开河期气温整体偏高，开河速度明显偏快，各主要水文断面开通日期较常年偏早 8~20 天。开河期间，头道拐站水文断面 3 月 10 日出现最大流量 1210m/s，较常年偏小 44%。头道拐站开河最大 10 日水量约 8.3 亿 m^3，较常年偏少 17%。

第三节 凌灾成因

从微观的角度来说，冰凌是由三水分子运动骤减生成的冰晶相互黏结而形成，三水分子是由三个分子聚合构成的水分子，具有结构较疏松的特点。冰晶是组成冰的最小单元，是水的固体形态。自然界的水具有三种物理形态，即气态、液态和固态。在一定的温度和压力条件下，水的这三种物理形态可以互相转化。一切冰情现象都是由冰晶发展而形成的。从宏观的角度来说，冰凌及其灾害的形成是河势、动力、热力共同作用的结果。冰凌及冰凌灾害形成机理图如图 9.17 所示。

（1）河道形态[11]。河床深度和比降是影响冰凌流动的主要因素。譬如易产生凌汛的黄河宁蒙河段比降由大变小，内蒙古段深槽变浅滩，昭君坟至头道拐段比降骤降。比降的减小最直观的表现是河床坡度由陡变缓，流速逐渐降低。在黄河开河后，河流

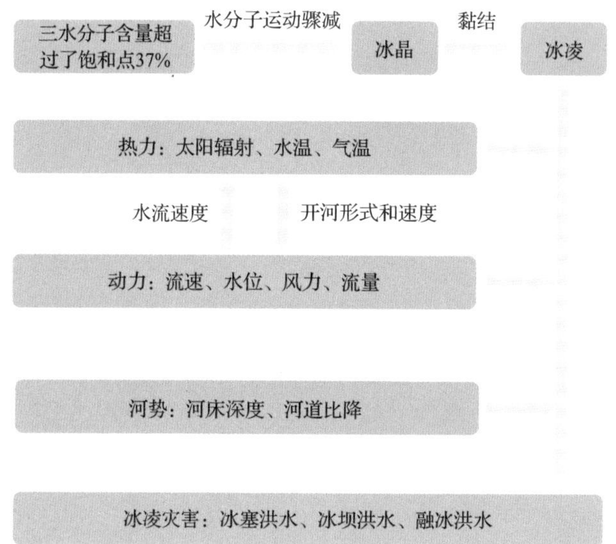

图 9.17　冰凌及冰凌灾害形成机理图

表面开化形成块状冰凌。如若遇到表面形态呈弯曲状、河床深度较浅的河段，水流流速无法迅速将大量的冰凌运输到下游而造成阻塞现象。例如巴彦高勒至头道拐段蜿蜒逶迤，为冰凌提供横向环流作用，加上河道比降的减小，冰凌易造成堆积导致流凌流路不畅。

（2）热力因素[12]。影响冰凌形成及变化的热力因素包括太阳辐射、水温、气温等。太阳辐射影响冰凌形成的范围和时间；水温影响冰凌的产生和消融，水体未结冰时，近岸温度比河中水温略高，结冰后水温渐渐保持一致，水温的不断变化影响着冰凌的形成；气温的变化使冰凌介于“化”与“冻”的转换状态，譬如气温起伏大的内蒙古河段，寒潮经过再加上降温早、回温晚，极易造成河道冰凌的拥堵。

（3）动力学因素。主要包含流速、水位、风力、流量等。流速与水位相互影响，在封河时大幅减小，开河时提升，加之下游囤积的冰凌来不及融化阻碍水体流动，使水位大幅上涨。一旦下游冰体开化，增加的水体会涌向下游造成凌汛。风力会在开河期辅助冰面开化、运输冰凌，而流量的增加也极大提升开河速度，由此产生凌汛。

热力学和动力学因素的共同作用，形成冰塞、冰坝。开河时冰体消融，遇冷气流会加速空气水体间热传递，促使更快速融冰；而冰下水体处于液态，具有流动性，会迅速将冰体运往下游，导致河段卡冰，从而造成冰塞现象。冰坝会将水位抬高，尤其是狭窄的河段冰层累积速度更快，对堤坝的压力愈发增大，使得水体漫滩甚至决堤。

第四节　黄河洪凌防御措施

凌汛洪水多由河道形成冰塞、冰坝而使得过流能力减弱，进而引起壅水导致。自20世纪50年代以来，我国在防凌方面积累了丰富的经验和方法，防凌总效益达1609亿元[13]，同时随着黄河干流水利工程的建设，更加丰富了凌洪防御方法的应用。目前黄河流域已经形成以水库调节下游河槽流量、大堤防守为主，引黄涵闸、南北展宽工程和东平湖水库分水、破冰为辅的“上拦”“下排”“中分”的综合手段[14]。

一、工程措施

（1）水库调节水量。通过水库调节水量，可以改善水流的热力条件和动力条件。刘家峡和龙羊峡水库进行凌汛期调度，不仅能调节凌汛期水量，增大封河流量，提高冰下过流能力，还能提高出库水温，推迟内蒙古河段流凌、封河日期，有效缓解内蒙古河段的防凌压力，对减轻凌汛灾害发挥了重要作用。三门峡和小浪底水库在凌汛期兼顾下游防凌任务，三门峡和小浪底水库的设计防凌库容分别为15亿m^3、20亿m^3。为了推迟下游封冻日期，避免小流量封冻，增大冰盖下过流能力，保持冰盖的稳定性，减少槽蓄水增量，避免出现武开河，为文开河创造条件，三门峡和小浪底水库下泄流量的控制原则为[15]：在流凌初期，需让花园口站流量维持在500m^3/s左右；在稳封期，起初让花园口站流量维持在300~400m^3/s，后逐渐恢复至450m^3/s，直至解冻前5~7天，水库下泄流量控制在300m^3/s左右，后维持这一水平，若开河时冰坝壅水严重，上游凌峰很大，则需进一步减小下泄流量。

（2）分水分凌工程。1971年修建的北岸齐河展宽工程和南岸垦利展宽工程，解除了山东窄河段防凌威胁。东平湖水库建成于1960年，总面积632km^2，总库容40亿m^3，分为老湖区与滞洪区两部分。老湖区常年蓄水，滞洪区大部分为耕地，是防御黄河特大洪水的分洪区。另外，黄河下游共修建90多座引黄涵闸，设计引黄流量约4400m^3/s[3]。

（3）防洪大堤与控导工程。目前下游黄河大堤总长1370km，导控工程总长344km[15]，能防御相当于花园口洪峰流量22000m^3/s以下、艾山洪峰流量10000m^3/s以下的洪水和相应的水位[15]。

二、非工程措施

黄河流域防洪和防凌具有明显的时间差别，首先暴雨洪水多发生在7~9月，而凌汛多集中在冬季和初春时期，因此在非工程防御措施上也有着较为明显的不同。

凌汛具有突发、势猛的特点，而凌汛防治主要目的是阻止冰塞、冰坝的形成，避免引起河道壅水。我国常用的防凌非工程措主要包括监测预报机制、破冰、防凌指挥组织和应急预案编制。

（1）监测、预报机制。利用无人机、气象卫星、水文监测站网和车载移动监测平台，滚动播报黄河上游和下游不同河段流凌开始时间、封冻、解封、冰量和冰塞壅水等情况，各级防凌指挥部依据冰情预报灵活制定各级防凌方案，为科学防凌提供决策支持[16]。

（2）破冰措施。黄河上游和下游冰凌灾害最为严重，特别是宁蒙河段。我国自20 世纪 50 年代开始，在黄河干流大型水利工程还未建设之前采用最多的防凌措施：当河道形成冰坝或冰塞致使河道水位壅高而形成险情时，通过撒土、炮轰、爆破以及飞机轰炸等多种手段破坏河道冰盖或冰坝。经过长期的监测，积累了大量的凌情信息，为我国凌汛防治奠定了基础。

（3）人员组织和应急预案。根据凌汛预报信息，各级地方高效地组织有关人员形成防凌指挥机构，科学、有针对性地编制各级防凌应急预案，为保障黄河干流凌汛安全做好充分的准备。组织人员加强重点水库、堤防的巡查巡视，不留死角，做好分水分凌滩区的人员迁移安置、救护方案和防汛抢险物资储备，科学制定防洪防凌各类调度方案和应急预案，以应对各种凌汛突发情况[17]。

第五节　未来防凌形势与挑战

黄河流域地理位置及气候条件特殊，而且因水沙关系失衡，河床淤积加重，主槽萎缩，凌汛期多沙支流突发性洪水易淤堵干流形成“沙坝”而引起决堤洪灾，非凌汛期封河后冰下过流断面小，上游开河后易卡冰结成“冰坝”而导致决堤，引发凌汛灾害[10]。黄河凌汛是我国最主要的汛情之一，也是黄河开发和保护中的薄弱环节，尤其随着近年来气候变化和人类活动影响的加剧，防凌形势更为严峻，面临着一系列挑战，具体如下所述。

（1）冰凌变化及致灾机理需深入研究。黄河凌汛持续时间长，情势复杂。影响冰凌洪水形成的因子较多，包括气温、水温等热力因素，流量、槽蓄水量等动力因素，以及河道边界条件和人类各项活动的影响等[11]。近十几年来，随着气候变化的影响，黄河的冰情规律也在逐渐发生变化。流凌和封、开河时间有所推迟，河道冰下过流能力也受到影响，凌汛洪峰、流量变化，凌情不稳定性增加。此外，极端天气事件频发，人类活动对河道的影响日益加剧，使得凌情形势更为复杂[12]。尽管目前黄河冰凌基础理论研究取得了很大进展，但由于黄河凌汛变化的复杂性及对凌灾演变机理认知的局限性，许多问题仍然尚不明晰。如极端天气和强人类活动影响下黄河各河段冰情变化规律及凌灾变化特点、冰凌生消演变机理、冰塞冰坝与冰凌洪水致灾成灾机理等问题需要进一步探讨。因此亟须对黄河冰凌变化的新特征及其凌汛致灾过程开展深入研究，为灾情预报预测提供科学理论依据。

（2）监测及预报技术有待提高。针对黄河冰凌观测，传统的冰凌观测技术以人工为主，效率低且测量区域受限，无法实现实时观测。近年来，随着科技手段的进步及新型观测仪器的研发，针对黄河冰情观测、局部河段冰情模拟逐渐增多，采用声波、电磁波、遥感遥测等技术手段测量冰凌的方法不断涌现，黄河冰情研究得到进一步发展。然而，就目前研究而言，在监测冰凌方面，仪器设备相对缺乏，受到测量手段限制，测量数据精度有待提高等数据时效性还显不足，凌情信息提取自动化程度不高，难以实时掌握冰凌的动态[13]。在预报层面，尚无法掌握封开河的时间、长度、冰厚及槽蓄量的规律，冰情预测预报依然处于经验分析预估阶段，现有的冰情预报和模拟模型难以反映当前冰情特性及预测未来冰情变化特征[14]。在此基础上，受到降雨和径流预报精度的影响，无法满足水库防凌调度的要求，特别是在极端天气下进行预测更是难上加难，使得调度难度加大[13]。在未来的防凌工作中，亟须提高凌汛监测预报技术的精度和智能化水平，对封、开河及凌汛洪水进行预测预报，为防凌工作提供决策参考。

（3）防凌工程体系需继续加强。黄河是我国出现凌汛灾害最多的河流，其中最严重的地区是宁蒙河段和黄河下游地区[13]。防凌工作主要采用水库调度、分水分凌工程控制、机械爆破破冰等多种手段，其中水库调度在黄河防凌方面发挥重要作用[15]。龙羊峡水库、刘家峡水库、海勃湾水库、万家寨水库、三门峡水库、小浪底水库、堤防、河道工程及分滞洪区组成了黄河防凌工程体系[13]。其中，宁蒙河段的防凌主要由龙羊峡和刘家峡联合承担，通过控制上游来水量，提高出库水温[16]，避免内蒙古河段出现“武开河”，从而缓解宁蒙河段的防凌压力[17]；万家寨负责库区和北干流河段的防凌任务；黄河下游防凌由三门峡配合小浪底水库负责[11]。黄河防洪工程体系建成运用后，虽然在防凌任务中起到了重大的作用，但是在工程布局上仍然有所局限；另外，内蒙古河段位于黄河最北端，凌汛期主槽蓄水量大，堤防质量差，使得防凌任务更艰巨[13]。而今真正具有调控作用的大型骨干水库只有龙羊峡水库和小浪底水库，且相距数千公里，两座水库之间缺乏具有较大水沙调节能力的骨干工程，更缺乏具有承上启下作用的关键水库，从而不能对上、中、下游进行泥沙与水资源调节，无法满足流域防凌需求[10]。此外，分水分凌工程存在设备老化、分水有限的问题，爆破防凌难以掌握合适时机等问题。

（4）凌灾管理体制需不断完善。人类活动控制不当会导致凌情出现异常，例如水库下泄流量控制不当会造成堤防溃决，冬季引水灌溉不当造成宁蒙河段首次出现两度封开的凌情，河道行洪障碍如浮桥未及时拆除引起卡冰壅水等[14]。尤其凌汛期主槽蓄水量大的内蒙古河段，河道主槽为持续淤积状态，加上跨河工程的不断修建，使得过水断面不断缩小，冰凌阻碍增加[12]。跨河桥梁大部分修建在河道较窄的地方，在凌汛期间，容易使冰凌堆积在此处，不利于输冰排冰，甚至引起卡冰壅水，成为阻凌隐患[12,14]。发生凌汛时，河道通常会因为水位暴涨而漫堤，使滩区人民的生命财产受到严重威胁，而凌汛决口的危害则更大[14]。由于黄河跨省跨地区众多，部分地区存在监管防凌准备和清凌疏凌情况不及时，调度命令迟缓，导致在防凌工作中出现清凌不到位的情况，凌汛险情、灾情有效控制能力有待加强[18]。

本章撰写人：钟德钰　茅泽育　张红武　吴保生　张青青　于　腾　谢　笛　李雅娟

参考文献

[1] 赵炜. 历史上的黄河凌汛灾害及原因. 中国水利, 2007, (3): 43-46.

[2] 敖静. 黄河内蒙古防凌应急分洪工程经济评价. 内蒙古水利, 2011, (3): 152-154.

[3] 翟家瑞. 黄河防凌与调度. 中国水利, 2007, (3): 34-37.

[4] 刘强. 多因素驱动下黄河下游冰情变化特征及未来凌汛形势预估研究. 呼和浩特: 内蒙古农业大学, 2019.

[5] 吴伟男. 基于因素分析的黄河下游冰情演化特征及相关性模型研究. 呼和浩特: 内蒙古农业大学, 2018.

[6] 颜亦琪, 王春青, 刘吉峰, 等. 封河流量对黄河宁蒙河段凌汛影响分析. 中国防汛抗旱, 2020, 30(5): 25-29.

[7] 蔡琳. 黄河下游封河流量的初步探讨. 人民黄河, 1979, (4): 12-19.

[8] 刘吉峰, 杨健, 霍世青, 等. 黄河宁蒙河段冰凌变化新特点分析. 人民黄河, 2012, 34(11): 12-14.

[9] 陈银太, 张末, 杨会颖, 等. 2019—2020 年度黄河凌情及防御措施. 中国防汛抗旱, 2020, 30(5): 13-17.

[10] 张志红, 张浩, 高治定. 水库防凌调度在冰凌洪水调度运用中的探讨. 水文, 2007, (3): 29, 30, 49.

[11] 王仲梅, 任艳粉, 杨丹. 黄河宁蒙河段凌汛灾害预警指标体系研究. 人民黄河, 2021, 43(7): 45-50.

[12] 陈冬伶, 刘兴畅, 韩作强. 2018—2019 年度黄河宁蒙河段凌情特点及成因. 人民黄河, 2020, 42(12): 36-40, 60.
[13] 田伟, 陈卫宾, 蔡春祥. 人民治理黄河 70 年黄河流域防凌效益分析. 人民黄河, 2016, 38(12): 15-19, 34.
[14] 李旭东, 李力翔, 张末. 内蒙古黄河防凌工程调度措施及建议. 中国防汛抗旱, 2015, 25(6): 14-16.
[15] 李倩, 盖永智. 黄河下游凌汛期防凌现状及防治措施. 山东水利, 2020, (11): 56, 57.
[16] 杨赉斐. 黄河上游冰情及其研究. 西北水电, 1997, (2): 2-6, 16.
[17] 王浩, 孟现勇. 谈2020年我国南北洪涝问题. 南水北调与水利科技(中英文), 2021, 19(1): 207, 208.
[18] 清华大学. 黄河水资源配置能力分析研究报告. 北京, 2019.

第十章 黄河治理方略

黄河素来有着水少沙多、水土流失严重、水旱灾害频发的特点，尤其是下游系举世闻名的地上悬河，以“善淤、善徙、善决”著称，防洪和水土流失治理任务十分艰巨。因其泛滥带来的沉重灾难，故黄河又曾被称为“中华民族的忧患”。中华民族在数千年治理黄河的实践中，形成的治河著述汗牛充栋，治河思想也经历了从水来土挡到筑堤分流、从单纯的治河防洪到水沙共治、从下游防洪走向全流域治理的转变[1,2]。本章试图浅析历代黄河治理方略的传承与发展，并借此提出在现代技术与思路下，适用于黄河下游河槽与滩区治理、生态修复与经济发展的新型治河方略。

第一节　黄河之利害

黄河是流域内地区及华北大平原重要的生命之源，黄河水从青藏高原奔腾而下，裹挟大量泥沙，在中下游地区沉积形成广阔而富饶的大平原，为华夏文明的诞生提供了得天独厚的地理条件。直至明清之前，中原王朝的都城大部分选址于黄河中下游地区，是中华文明形成的核心区（图 10.1）。

一、黄河之利

黄河上游段占黄河总长的 63.5%，多年平均天然径流量约占黄河总量的 62%，是全河主要的来水区。上游河段总落差 3496m，蕴藏着丰富的水能资源，已建、在建及规划的大型枢纽工程 25 个。玛曲至龙羊峡段，黄河从高山峡谷中穿过，龙羊峡至黑山峡

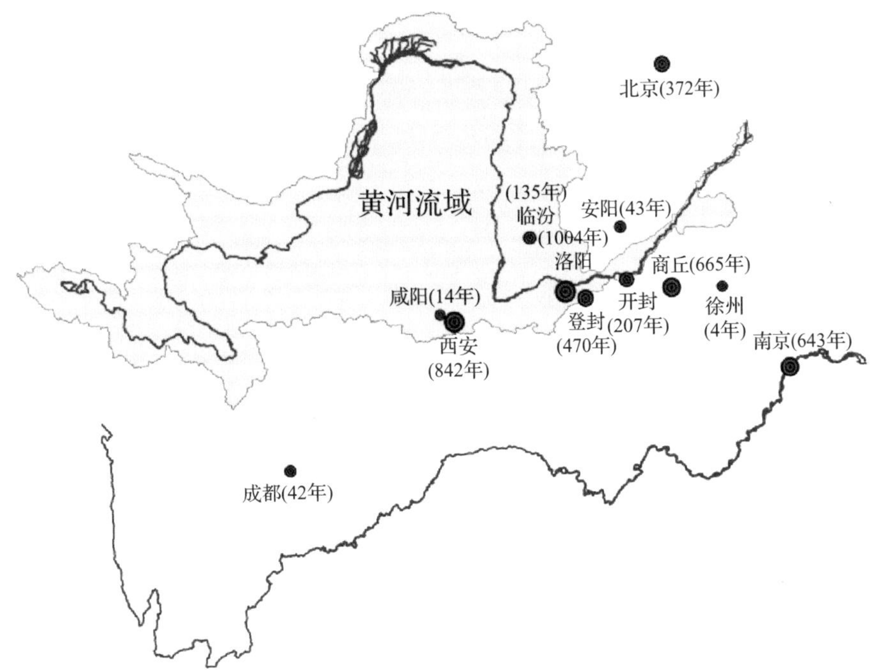

图 10.1　中国历史上各朝代都城地域分布以及各城市作为都城的时间长度
图中使用圆圈大小反映作为都城的时间长度

段，川峡相间，落差集中，水能资源丰富，因支流入汇而含沙量逐渐增大。黄河上游跨越了青藏高原和内蒙古高原两大高原地区，生态环境脆弱。兰州以上主要是青藏高原地区，兰州以下至河口镇，大河行进在内蒙古高原上，海拔 1000m 至 1400m，包括宁夏和内蒙古两大河套平原，即是位于宁夏（中卫县南长滩—石嘴山河段）与内蒙古河段（石嘴山—准格尔旗马栅乡河段），简称为“宁蒙河段”，全长约 1203km，河道平面形状呈“∩”形大弯曲。

黄河流经的中游地区绝大部分属黄土高原，流域超过 80%的泥沙来自河口镇与潼关间的多沙区。人民群众在长期生产劳动中逐步认识到泥沙作为资源的优势所在，并将高含沙浑水引入农田浇灌作物。这种方法不仅可以补充农业水分，且淤泥中丰富的矿物质可作为肥田养料，因此这种引黄灌溉方式称为淤灌。最早兴建的漳水渠、郑国渠、河东渠、龙首渠都是引黄淤灌工程，其中以郑国渠最为著名。史书记载，淤灌可以改良盐碱沼泽地，增加土地肥力，从而使雨量稀少、土地贫瘠的关中，变得富庶甲天下。北宋时期放淤运动达到高潮，此时不仅强调放淤面积，也同时注意淤田的质量，浑水淤灌被广大劳动人民坚持使用，并为人民造利，晋陕峡谷一带的农民更将该方法演变为拦洪淤地的土地利用措施，衍生出“地无唇，饿煞人”一说，说明黄河泥沙的重要性。

然而农民的自发放淤行为具有很大的局限性，明代潘季驯就说：“滨河天地每利于黄河出岸淤填肥美，奸民往往盗决。盖势既扫溜，止须掘一蚁穴而数十丈立溃矣。”尤其在当时的技术能力和难以统一管理的条件下，盲目放淤必然导致出现混乱失控的局面。因此，还需进一步研究水沙利用的一系列技术问题，处理好各水利措施间的矛盾，使宝贵的水沙资源发挥出重要价值。

二、黄河之害

泥沙虽为宝贵的资源，但暴雨引起黄土高原土壤强烈侵蚀以及水土严重流失，黄河挟带的大量泥沙进入下游后不断沉积，使下游堆积成举世闻名的“地上悬河”，成为淮河、海河流域的分水岭。由于下游河道具有“善淤、善决、善徙”特性，突出表现为频繁的洪水决口、泛滥和河流改道，严重威胁着黄淮海平原的安全[3]。

近 4000 年来，黄河下游共发生有文献记载的决溢、改道等大小泛滥事件超过 1000 次，自公元前 602 年至 1938 年的 2540 年中，经历了 26 次改道、5 次大改道迁徙，下游河道有“三年两决口、百年一改道”说法。近千年来，泥沙淤积导致的洪水灾害更为显著，在明末清初达到了顶峰，几乎一年一决口。历史上洪水波及范围北抵天津，南达江淮，纵横 25 万 km^2。历史上，洪流所到之处，房屋被埋、良田沙化、河道淤塞、人畜湮没，在造成严重经济损失的同时，对环境也造成了严重破坏，且长期难以恢复[1]，给中华民族带来了沉重灾难。

1958 年黄河洪水之后，黄河下游滩区民众大量修筑生产堤，一般洪水不能漫滩落淤。20 世纪的后期，加上来水量减少使得水流漫滩概率进一步减小，泥沙淤积河槽，导致宽河段河槽萎缩，行洪断面面积减少，特别是中小流量的高含沙洪水，往往导致河槽进一步淤积抬升[4]。且由于生产堤等阻水建筑物的存在影响了滩槽水流泥沙的横向交换，加快了主河槽的淤积[5]。泥沙淤积主要集中在生产堤之间的主槽和嫩滩上，生产堤至大堤间的广大滩区淤积很少，逐渐形成了滩唇高仰、堤根低洼、大堤附近滩面高程明显低于平滩水位，背河地面又明显低于大堤附近滩面高程，使下游宽河段呈“槽高、滩低、堤根洼”态势，处于“二级悬河”的不利局面[4,6]。其河床普遍高出两岸地面 4~6m，部分河段达 10m 以上，高出两岸平原更多[7,8]。

近 40 年来，黄河上游宁蒙河段因水沙关系失衡，河床淤积加重，主槽萎缩，汛期多沙支流突发性洪水易淤堵干流形成“沙坝”而引起决堤洪灾，非汛期封河后冰下过流断面小，上游开河后易卡冰结成“冰坝”而导致决堤凌灾。此外，黄河中游的小北干流河槽淤积严重，冬季大量流冰进入壶口至潼关河段，冰块壅塞形成冰坝会导致冰凌灾害。在潼关以上入黄的支流渭河，其下游也处于洪灾频发的状态[9]。

第二节　黄河治河历史及主要方略

历代先贤的治河策略无不与当时的自然状况、社会制度、经济状况等息息相关，甚至与个人的命运机遇也密不可分，他们的成败、功过对现代治黄依然意义重大。

一、“禹神”传说

在大禹治水 1500 年后，《尚书·禹贡》第一次详细地记述治水过程。传说尧、舜时代洪水滔天，人畜死亡严重。禹之父鲧被公推治水，“鲧堙洪水”，治水失败后，被杀于羽山。禹继任其父治水并吸取经验，使用疏导的方法治水。《史记·夏本纪》记载，禹“左准绳，右规矩，载四时，以开九州，通九道，陂九泽，度九山”，从而形成了“禹河故道”，“导河积石（青海省积石山，亦有说为陕西壶口[10]），至于龙门，南至于华阴，东至于砥柱，又东至于孟津。东过洛汭，至于大伾，北过降水（今漳河），至于大陆（古大陆泽），又北播为九河，同为逆河，入于海。”洪水平后，“降丘宅土”，人们从丘陵高处迁至平原生产生活。禹在汉代后被神话为“禹神”，成为中华民族面对困苦不屈不挠的精神图腾。

二、贾让治河三策

在我国从奴隶社会向封建社会过渡的春秋战国时期，由于社会经济发展以及诸侯兼并，统治者已经不能满足于仅能将居住区及附近耕地保护起来的简单堤埂，而提出在黄河下游修建绵亘长堤的要求，如襄王元年（公元前 651 年）齐侯会诸侯于葵丘（今河南兰考境内）的盟约中，便有“无曲防”记载，即规定不得到处修筑堤坝。下游两岸绵亘长堤的出现，解决了洪水肆意横流的问题，却也带来新的问题。由于黄河含沙量大，河槽淤积严重，不久河槽便高出两岸，成为地上河，如贾让《治河策》记：“河水高出民屋。”《治河策》还指出黄河存在的诸多问题，如由于堤防使河势恶化，“为石堤”所引起的“河再西三东，迫厄如此，不得安息”的局势；沿黄居民与河争地，堤内筑堤，民居其中，阻碍洪水宣泄；治河费用巨大，“今濒河十郡治堤，岁费且万万”；人们修护堤防懈怠，“民常罢于救水，半失作业”等问题。

贾让《治河策》提出了上、中、下治河三策。下策是在原先的基础上修修补补，

“缮完故堤，增卑倍薄”；中策为引水灌地，“多穿漕渠于冀州地，使民得以溉田，分杀水怒”；上策为人工改道北流，“徙冀州之民当水冲者。决黎阳遮害亭，放河使北入海”，上策正是体现了人水和谐的治河理念。贾让虽认为“改道”为上策，却驳斥了孙禁黄河借笃马河入海的建议（公元前 17 年），认为其在禹河之南，与“禹神”之意相悖。而此时当权者的私心才真正左右着治河策略，公元 11 年，黄河在魏郡（今河北大名）决口改道，在决河初始王莽担心河水会淹没其祖坟，当他发现河水没有北侵转而南流之时，便决心让黄河顺其自然了。不过此时形成入海距离较短的流路也为王景治河奠定了基础。

三、王景治河，安流千年

永平十二年，为了疏通汴渠水运，减轻兖、豫灾害，东汉明帝派王景、王吴理汴治河，“遂发卒数十万，遣景与王吴修渠，筑堤自荥阳东至千乘河口千余里”①。整治效果令明帝十分满意，“筑堤、理渠、绝水、立门，河、汴分流，复其旧迹”。后世对王景治河评价也极高，如“王景治河，千年无患”“功成，历晋、唐、五代千年无恙。其功之伟，神禹后所再见者”②。对于这一时期河患较少的原因各家说法不一，尽管史学家根据至少在隋唐五代即出现泛滥决口的记载，认为不可能有“千年无恙”的史实，但说明王景的宽河行洪之策与贾让的治河上策一样，体现了给洪水留下足够行洪空间的理念，大规模实施并利用沿河大泽进行放淤后，确实取得了无重大改道变迁的成就[11]。

四、北宋五次改道与三次回河之争

经历了汉、唐、五代十国，王景治理的东汉河道淤高，到了北宋河患增加。直到公元 1034 年，河决澶州（河南濮阳）横陇埽，形成“横陇故道”。横陇河道淤积十分迅速，公元 1048 年河决澶州商胡埽，向东北方向流去，由天津入海，称为“北流”。公元 1060 年，“北流”在河北大名决口，形成一股“东流”由无棣入海，从此形成“二股河”入海。公元 1077~1081 年，黄河分别在澶州南北两侧决口，二股河东流断流。

由于频繁的河患，宋代堵口的技术发展可谓突飞猛进，各种埽工，如磨盘埽、月

① 后汉书·王景传。
② 李仪祉．黄河之根本治法商榷。

牙埽、鱼鳞埽、雁翅埽、萝卜埽、扇面埽层出不穷[12]，也是在这个基础上才有了贾鲁堵口的丰功伟绩。

五、潘季驯"筑堤束水，以水攻沙"治河思想

明朝中期潘季驯主张河不能分流，而且要筑堤束水，认为"水分则势缓，势缓则沙停，沙停则河饱，尺寸之水皆由沙面，止见其高。水合则势猛，势猛则刷沙，沙刷则河深，寻丈之水皆由河底，止见其卑。筑堤束水，以水攻沙，水不奔溢于两旁，则必直刷乎河底。一定之理，必然之势。此合之所以愈于分也"①。自从明中期，潘季驯在所著《河防一览》中提出"筑堤束水，以水攻沙"的理论后，后人便一直实行"坚筑堤防，纳水归一槽"的治河方针，迄今仍在采用。

实际上，先后四次被任命为"总理河道"一职的潘季驯，以"缕堤束水攻沙，以遥堤拦洪防溃"①，大力修建的缕堤与后来群众为保护滩区生产而修建的生产堤类似。潘公要求再远筑一道遥堤时，认为即使碰到非常洪水，缕堤支持不住，水漫至遥堤时，已是水浅势缓，被滞蓄遥缕二堤之间。洪水消退过程中泥沙淤积在滩地上，清水复归主槽，他从修建缕堤与格堤的实践中总结出"淤滩固堤"这个利用泥沙的新举措，至于后来主张再修建的护滩工事，实际同现在黄河大量的护滩控导工程接近，具有巩固滩地的功能，缕堤、格堤与护滩工事，能构建同遥堤相协同的"束水归槽"防洪体系①，成为 16 世纪世界上最完善的堤防系统。从而，我国近代水利科学的先驱者李仪祉称赞他"尽变元代以前治河之策"，强调他的治河思想"前无古人"；我们也认为，直到之后明清朝代的治河对策，多遵循其治河原则，甚至现今黄河治理采用的护滩控导工程与倚重大堤等措施，实际都是他治河思想和方法的体现。受技术条件及管理体制的局限，1855 年发生了铜瓦厢决口剧变，改道后黄河下游现行河道也是后人以潘季驯治河方法修防而成，强调了他治河贡献与影响亦"后无来者"[11]。在此需要指出的是，潘公生前因年迈病重，"淤滩固堤"这个治滩主张并没有得到充分实践，但清代乃至当今的治河后人都加以继承和发展，其中乾隆、嘉庆时期大规模放滩固堤，收到良好效果。

潘季驯最大贡献是不仅提出了具有创见性和科学性的治河理论，还制定了堤防的全面计划，修建大量工程并规定了包括岁修、大修、堵口、"四防二守"等在内的堤防修守和管理制度，将治河任务常态化、制度化、机构化。潘季驯通过修筑缕堤发展到设置遥缕双堤的实践，发现缕堤难守后又改为"弃缕守遥"，最后变成修筑护滩工事以

① 潘季驯. 河防一览，1590。

巩固滩地，构建了与遥堤“束水归槽”相协同的防洪体系，使“束水攻沙”的措施变得实用可行。

六、“人民治黄”壮举

自1946年人民治黄以来，虽然取得了75年秋伏大汛不决口的壮举，但治河道路并非一帆风顺。1952年第一次提出“兴利除害、蓄水拦沙”的治河主张，并提出防洪治沙的思路是“干流水库要大，支流水库要多，水土保持工作要同时进行”“节节蓄水，分段拦沙”。然而由于种种原因，用于保护三门峡水库的“五大五小”拦沙水库一座也未建成，黄土高原水土保持的减沙效益也未显现，造成三门峡水电站只按照“蓄水拦沙”运行了两年便产生了严重的淤积，不仅三门峡到潼关的峡谷里淤起厚厚的泥沙，就连潼关以上，渭河和洛河的入黄口，也淤起了“拦门沙”，造成渭河洪水排泄不畅。

正是由于三门峡工程的实践，认识到只靠“拦”并不能解决黄河泥沙问题，必须将“排”作为“拦”的补充，实行“上拦下排”的治河理念。根据1958年黄河大洪水以及“75·8”淮河特大洪水的启示，三门峡以下流域也可能是大洪水的主要来源区，此时三门峡工程则失去作用。在“75·8”淮河特大洪水过后的1975年12月，制定了“上拦下排，两岸分滞”的治河方针。

现阶段“上拦”主要采取水土保持、淤地坝、干流大库等工程措施实现，而“下排”则是采取工程与非工程措施相结合的办法实现。“下排”主要面对“水少沙多”“水沙搭配不协调”“河道是否规顺合理”这三个主要问题。通过“八七”分水方案的制定、小浪底水库的建成蓄水和南水北调中、东线一期工程，减轻了黄河水的供需压力，达到解决下游断流、保证输沙用水量、改善下游河道淤积状况的目的。小浪底水库通过“调水调沙”，变水沙不协调为协调，提高下游河道输沙入海的效率；并通过人造洪水刷深河道，增大河道行洪能力。通过河道整治工程，实现河道规顺和断面形态调整，一方面积极配合“调水调沙”措施，另一方面控制河势降低汛期出险的可能性。

经过60余年的摸索，我国已形成“上拦下排，两岸分滞”的治河策略，并提出“拦、排、放、调、挖”的综合减沙措施，为黄河的长治久安提供了可能性。但是近20年，流域人口增加和社会经济发展对水量提出了更高的要求，黄河的生命健康也受到威胁。表现在水资源短缺的基本情势未变，供需矛盾仍然突出，流域防洪防凌仍然面临较大风险，宁蒙河段河槽萎缩，下游滩区安全、发展与治河矛盾突出，游荡性河段河势尚未得到有效控制，工程堤防质量、强度未全面达到安全标准。面对新问题，必须提出适用于新条件、新要求的黄河治理方略。

第三节 未来水沙条件下的治黄方略

一、水沙条件及未来趋势

自 1986 年以来，黄河下游出现具有连续枯水少沙特征的水沙系列。据统计，在 1986~1996 年的 11 年间，黄河下游年均来水量、来沙量大幅减少，其中汛期年均来水量、来沙量约为多年平均值的 50%、63%，汛期水量的减少幅度更甚于沙量，水少沙多的矛盾日益突出，高含沙洪水出现的概率大大提高[13]。尤其在中游几大水库的联合调度，汛期洪峰流量削减，减少了下游河道漫滩洪水淤滩刷槽的机会，致使主槽严重淤积，横向淤沙分布极不平衡。小浪底至花园口区间还有 2.7 万 km^2 的无控制区，在充分利用中游水库联合调控的条件下，花园口百年一遇洪峰仍可达 15700m^3/s，下游仍有发生大洪水的可能。随着下游河道形态的调整，洪水特性与以前相比发生了相应的变化，给黄河下游防洪带来新的问题和挑战。

（一）黄河下游雨洪增多

由于多种原因，三门峡水库对水资源几乎没有调节能力，具备调节能力的水库是龙羊峡水库、刘家峡水库和小浪底水库，水库总调节库容 285.5 亿 m^3，占黄河河川径流量 535 亿 m^3 的约 53%。近几年黄河下游秋汛来临之时，连续 4 年入海水量都大于 300 亿 m^3，其中 2020 年利津水文站实测水量竟然接近 360 亿 m^3。龙羊峡水库、刘家峡水库和小浪底水库能为黄河下游增水并发挥水资源调配与生态修复作用，将给河南、山东两省经济社会发展与生态保护带来巨大效益。

（二）黄河下游泥沙减少

2003 年以来黄河下游输沙量明显减少。近几十年来，潼关站实测输沙量大幅减少，2000~2012 年潼关站实测输沙量 2.76 亿 t，平均含沙量为 12.0kg/m^3，最近几年的年沙量不足 2 亿 t。

（三）未来水沙条件

相关研究表明，今后相当长一段时期内黄河的来沙量将维持在年均 3 亿~4 亿 t[14]。此外，刘晓燕等学者预测潼关来沙量为 2.41 亿 t/a；王光谦等[15]预测潼关站输沙量 2020 年左右到达最低点，未来 10 年、20 年、50 年平均输沙量分别为 2.83 亿 t、3.13 亿 t 和 4.12 亿 t；胡春宏等预计未来 50~100 年，潼关站年均水量将逐步稳定在 210 亿 m^3 左右，年均输沙量将逐步稳定在 3 亿 t 左右[16]。沙量减少为黄河下游治理带来了难得的机遇，充分利用水沙有利形势带来的窗口期，十分重要。

二、未来防洪体系与治理方略

20 世纪 80 年代初期批准使用的花园口站 10 年、20 年、50 年、100 年、1000 年一遇的设计洪峰流量分别为：16600m^3/s、20400m^3/s、25400m^3/s、29200m^3/s、42100m^3/s，在人类活动的介入之后（如水库联合调洪），该标准偏高[17]，花园口断面百年一遇洪峰流量削减到 15700m^3/s，千年一遇洪峰流量削减到 22600m^3/s，接近花园口设防流量 22000m^3/s[18]。黄河下游以实测最大流量作为防洪标准。1958 年 7 月 17 日黄河下游进口控制站花园口水文站出现了 22300m^3/s 最大洪峰流量，没有水库的天然防洪标准重现期相当于 30 年一遇；之后通过三门峡水库调洪演算，对花园口年最大天然洪峰流量序列进行修正，在重新绘制的洪峰流量频率曲线上，内插相应于花园口 22000m^3/s 的频率和重现期，用以表述三门峡水库建成并投入运用以后黄河下游防洪标准的重现期；后又通过三门峡、陆浑、故县 3 座水库联合调洪演算，对花园口年最大天然洪峰流量序列进行修正，在重新绘制的洪峰流量频率曲线上，内插相应于花园口 22000m^3/s 的重现期约为 60 年。

目前，黄河下游仍以花园口站 22000m^3/s 作为防洪标准。1999 年 10 月，小浪底水库已投入运用，通过小浪底水库、三门峡水库、故县水库及陆浑水库四库联用，可将黄河下游防洪标准由 60 年一遇提高到近千年一遇水平，大幅度提升了黄河下游的防洪标准。

（一）防洪方略

纵观历史，治黄方略从来都是决定治黄成败的根本问题，而不同时期治黄方略的成效如何与当时的历史条件息息相关。历史上，黄河防洪有过多种方略，如“择丘陵而处之”“筑堤防洪”“分流”“束水攻沙”“蓄洪滞洪”“沟洫拦蓄”等，其中筑堤防洪是最基本的方略[19]。对于黄河下游的河道治理，关于“宽河”和“窄河”方略的争论也是由来已久。王兆印等[2]通过分析历史上各家治黄方略及其成效，将治河思想归纳为“束水攻沙”和“宽河滞沙”两大类，认为历史上的治黄方略之争主要是这两种治黄思想的博弈。

实际上，这两类治黄方略是因地制宜、各显优势的两大理念。1946 年人民治黄以来，由“宽河固堤”发展到“上拦下排、两岸分滞”，并形成了“拦、调、排、放、挖”五字方针，体现了这一综合的水沙治理方略。

1. 宽河固堤

宽河固堤方略是新中国成立初期提出的。黄河下游阳谷陶城铺以上河道宽阔，尤其是高村以上，堤距一般宽 10km 左右，最宽处 20km。黄河下游洪水具有陡涨陡落、峰高量小的特点，宽河道具有很大的削峰作用，这很大程度上减轻了下游河段的防洪压力。宽河道还有利于减缓河道的淤积速度。通过滩槽水流交换，达到淤滩刷槽的目的。20 世纪 50 年代水沙偏丰，黄河下游平均年淤积量 3.6 亿 t，其中滩地淤积量占 3/4。固堤主要是加高培厚堤防，处理大堤的决口、松土层等隐患。

宽河固堤方略保持了宽河，加修了堤防，在 20 世纪 50 年代防洪能力低的情况下战胜了 1954 年、1957 年、1958 年的洪水。直到 20 世纪 90 年代仍保持“宽河固堤”的格局，说明在黄河水沙调控体系不健全条件下，宽河固堤是必要的。目前黄河主管部门仍然认为宽河方略可以更好地发挥宽滩区的滞洪沉沙作用，利于洪水的管理和调度，能为下游河道治理和滩区群众生产发展共赢创造条件，故作为黄河下游河道治理的推荐方案[20]。

2. 上拦下排、两岸分滞

黄河下游淤积严重，随着河床提高，防洪标准会自行降低。经过探索和总结经验，20 世纪 60 年代末我国提出了“上拦下排，两岸分滞”的防洪方略[21]。上拦是指利用干支流上的水库拦蓄洪水，调节水沙，改善水沙不平衡的状况；下排是指利用下游河道尽量排洪排沙入海，在河口地区填海造陆；两岸分滞是对于拦排都不能解决的洪水，在两岸选择适宜的地形开辟滞洪区，处理河道所不能排泄的洪水。

“上拦下排、两岸分滞”的方略实施近几十年来，我国的防洪工程建设已初步建成了由堤防、河道整治工程、分滞洪工程及中游干支流水库组成的黄河下游防洪工程体系。经过积极防守，取得下游年年伏秋大汛安澜的胜利，说明在黄河中游水库群没有修建前，该方略是必要的[22]。在组织编制黄河防御洪水调度运用方式或水沙调控方案时，应该科学利用已建的中游干支流小浪底等水库与下游河道工程，通过“宽河固堤”，稳定中水河槽，实现河势稳定。

（二）防洪体系

1. 工程措施

黄河下游堤防的设防流量仍按国务院批准的防御花园口 22000m^3/s 洪水，考虑河道沿程滞洪，夹河滩、高村、孙口站的设防流量分别为 21500m^3/s、20000m^3/s、17500m^3/s，艾山以下河道窄，又无较大支流汇入，设防流量皆为 11000m^3/s。黄河下游的防洪工程就是按照以上流量设计的，主要有堤防工程、河道整治工程、分滞洪工程和干支流水库工程，对于超标准洪水也安排了必要的工程措施。

1）堤防工程

历史上，因“横河、斜河、滚河”顶冲堤防造成黄河下游堤防多次决口。黄河下游的堤防是按照小浪底建库前千年洪水设防水位，加超高 2.5m 或 3m 设计，堤后淤背宽度百米。现有堤防包括直接防御洪水的临黄堤、河口堤、东平湖堤、北金堤、展宽堤和支流沁河堤、大清河堤等各类堤防，总长 2290km，其中临黄堤长 1371km[21]。

黄河下游堤防经过加高加固后，防洪能力增强，但按 2000 年的设防标准仍有部分堤防高度不够、堤身单薄，达不到防洪标准。小浪底水库投入运用后下游宽河道段河槽下切 2m 多，下游窄河段下切 1m 多；在洪水不断减小的新形势下，防洪形势发生根本性变化，今后大堤决口的可能概率大幅降低[23]。

2）河道整治工程

河道整治是防止堤防冲决、减少堤防险情的关键措施[24]。新中国成立初期，由于黄河下游河道游荡多变，国家高度重视黄河下游河道整治工程建设。黄河下游河道为典型的复式断面，由于泥沙淤积和水流冲击，黄河下游尤其是高村以上游荡性河段的河势多变，已形成“横河”。水流淘刷堤防，可能造成堤防冲决，因此黄河下游的河道整治工程非常重要，其中整治的重点是高村以上游荡性河段。

黄河下游的河道整治是由下而上分河段治理的，主要包括险工和控导护滩工程。截至 2013 年，黄河下游白鹤至高村游荡性河段共有险工和控导工程 110 处，工程长度 305.2km，裹护长度 261.3km，坝垛 2830 道，对控制河势发挥了重要作用。

3）分滞洪工程

按照 2009 年国务院批复的《全国蓄滞洪区建设与管理规划》，东平湖蓄滞洪区是黄河流域唯一的重要滞洪区，北金堤滞洪区为黄河流域的蓄滞洪保留区，大功、垦利、齐河展宽区已取消蓄滞洪区功能[25]，但在凌洪防治上，南北展宽工程仍担负着黄河下游分水分凌的重要任务。东平湖滞洪区面积 627km^2，水位 45m 时库容 33.5 亿 m^3，是在黄河下游设防标准以内就使用的滞洪区。在小浪底水库建成后，老湖区分滞黄河洪水的运用概率为 20~30 年一遇，新湖区分滞黄河洪水的运用概率与汶河来水有关，最低为 20~30 年一遇，最高为百年一遇，故遇上述量级的洪水，必将超过艾山以下堤防的设防标准，仍须使用滞洪区分洪[18]。北金堤滞洪区于 1951 年开辟，1977 年改建，滞洪区库容 27 亿 m^3，其中黄河有效滞洪库容 20 亿 m^3，为金堤河预留库容 7 亿 m^3。该滞洪区面积 2316km^2，涉及豫、鲁两省的 7 个县（市）的 67 个乡（镇），区内现有村庄 2072 个，178.3 万人，其中河南省 176.8 万人，山东省 1.5 万人，该滞洪区的运用概率相对较低。

分滞洪区的存在可以有效减少黄河下游滩区的淹没面积，削峰滞洪作用明显，在保护生产的同时可以有效地减轻下游的防洪压力[26]。迄今，随着流域经济社会的发展和对防洪安全要求的提高，滩区群众的生产生活与分滞洪区的矛盾越来越突出。目前对滞洪区的治理和运用研究很多，观点也很多。有的认为滞洪区应分区治理[27]；有的建议下游河道分生活区、行水输沙区和生产兼滞洪淤沙区治理[8]；有的定性预测了滞洪区宽河和窄河模式下游河道未来冲淤情况，得出宽河固堤淤积量大但窄河范围内淤积量小于窄河固堤方案的结论[28]。黄河水利科学研究院的刘燕、江恩惠等[29,30]对宽滩滞洪区的不同运用方式在典型水沙条件下滞洪沉沙效果进行了模型试验研究。

4）干支流水库工程

黄河下游洪水峰高量小，中游修建水库拦洪易于达到削减洪峰的目的。中游的水库还可以进行调水调沙，减缓下游河道的淤积速度。就目前而言，通过在黄河上修建大型水利枢纽来减轻黄河下游河道泥沙淤积仍是一项有效且切实可行的措施[31,32]。黄河干支流上现已建成的水库有三门峡水库、小浪底水库、西霞院水库、伊河陆浑水库及洛河故县水库等。

三门峡水利枢纽位于黄河中游下段，控制流域面积 68.4 万 km^2，占全黄河流域的 92%，控制黄河水量的 89%，沙量的 98%。小浪底水利枢纽位于三门峡水利枢纽下游 130km、河南省洛阳市以北 40km 的黄河干流上，控制流域面积 69.4 万 km^2，占黄河流域面积的 92.3%。陆浑水库位于伊河中游嵩县境内，控制流域面积 3492km^2，占伊河流域面积的 57.9%。据计算，陆浑水库可在发生千年一遇洪水时削减龙门镇洪峰 2160~9860m^3/s，可削减花园口洪峰 1300~3620m^3/s。故县水库位于洛河中游峡谷区的洛宁县境内，控制流域面积 5370km^2，占洛河流域面积的 44.6%。故县水库修建后，提高了洛河下游洛阳以下堤防的防洪标准，由 15 年一遇提高到 24 年一遇，也减少了伊河、洛河夹滩低洼地区的分洪概率。千年一遇时，削减花园口站洪峰流量 220~2250m^3/s[33]。

小浪底水库运用以后，下游河势产生了新的特点，河宽普遍展宽，心滩增加，游荡程度减弱，弯曲系数略有增加，河湾个数相对稳定，整体趋于规划流路，大部分工程适应性较好。根据《水利部小浪底枢纽拦沙初期运用调度规程》和水库目前的淤积实况，小浪底水库已从拦沙初期运用进入了拦沙后期运用[34]。江恩惠和曹永涛[29]、陈建国等[35]分别对小浪底运用 9 年和 10 年后对下游河道冲淤影响作了总结，认为小浪底水库的拦沙及下游河道的响应和演变规律对小浪底水库进一步水沙调控提出了要求，成果对我国河流河床演变学科规律的综合研究具有重要意义。

2. 非工程措施

防洪非工程措施是指通过信息科技进行洪水预测预报与科学调度，以及法令、政策、社会和经济等手段，去适应洪水的特性，掌握洪水的规律，减轻洪水造成的灾害等[36]。防洪非工程措施范围很广，如洪水预测预报预警、河道滞洪区防洪工程的管理、河道清障、对滞洪区群众生产生活的指导与迁安救护、制定超标准洪水的防御方案、防洪保险、洪灾救济等。

防洪非工程措施的主要特点是超前性、预见性、社会性和专业性。目前黄河下游的防洪非工程措施还没形成体系，还没有进入科学化、规范化、制度化轨道。防洪非工程措施还必须与防洪工程相结合，实行联合运用，才能确保防洪安全，确保社会稳定，确保国民经济的健康发展[37]。

三、水沙调控体系

黄河上中游地区地处干旱、半干旱地带，区域生态环境恶劣，受外部环境胁迫和自然因素制约，土地沙化与水土流失严重；中游宁蒙河段洪凌灾害和用水困难导致黄河中上游地区土地资源、能源资源、矿产资源富集的优势难以发挥；黄河水少沙多且时空分布不均，干支流建立的水库零散分布，未能相互作用发挥良好的拦蓄来水与合理控泄调节，因此，建立起黄河水沙调控与流域资源调度体系的主要构架，是实现黄河水沙调控与流域经济可持续发展的必由之路[38]。

（一）研究进一步发挥三门峡水库的作用

三门峡水库自 1960 年 9 月建成并投入运用的 60 多年来，为黄河下游防洪防凌安全、沿黄城市工农业用水、下游河道及河口地区生态平衡等做出了贡献[1]。由于刘家峡水库淤积较多后有效库容不大，为避免潼关高程抬升影响渭河下游防洪而限制了三门峡水库蓄水运用，因此黄河目前真正具有较大调控能力的大型骨干水库实际上只有龙羊峡、小浪底两座水库，能为中游和下游水沙调控提供强大水流动力的古贤水库与黑山峡水库尚未修建[39]，黄河现有水库不仅不能对宁蒙河段、小北干流与下游河段进行高效的水沙调控，而且对黄河下游水资源调节作用也难以发挥[40]。例如，近几年有关部门担心前汛期以后黄河来水少而使小浪底水库尽量蓄水，秋汛到来时又无法再蓄，导致每年都有大于 300 亿 m^3 的水量入海（利津水文站 2018~2020 年水量分别为 333.8 亿 m^3、312.2 亿 m^3、359.6 亿 m^3），2021 年情况也是如此，远大于下游输沙与河口生态所需水量总和，使黄河不能为相关地区生态保护和高质量发展作出更大贡献，受气候不确定性影响，以后仍会出现类似情况。因此，研究重启三门峡水库调蓄洪水的作用，对于优化配置黄河水资源意义重大。

黄河治理尤其是黄土高原水土流失治理作用不断显现后，入黄沙量大幅减少，同时在现有设计洪水成果留有余地较大、不同频率洪水流量偏大的前提下，三门峡水库运用方式应该优化调整，故需专门开展三门峡水库联合小浪底水库防洪运用方式的研究。在国家未来依然重视退耕还林（草）措施及其他水利水保工程拦减泥沙手段的客观条件下，三门峡水库入库沙量必然越来越少，建议可以适当抬高水位运行，在大洪水来临时，通过限规模短期滞洪，联合小浪底水库进一步控制黄河洪水，并完善下游防洪体系，可为下游人民生命财产和高质量发展提供防洪安全保障，其作用至少为：①提高调水调沙效率，有利于减少下游悬河隐患；②提高滩区防洪标准；③可降低花园口百年一遇以上的洪峰流量，减轻下游防洪压力；④可在黄河发生万年一遇洪水时不使用北金堤与东平湖滞洪区；⑤中游减沙规模若使潼关年均来沙量少于 1.3 亿 t 呈常态化，会引起黄河口岸线蚀退等生态问题，可通过三门峡水库排沙设施改造与调控作用，为下游及河口供沙，同时恢复自身库容。

黄河秋汛发生后，干流和支流来流相遭遇，多种不利因素叠加影响，一旦对下游流量有特定限制，在气象预报尚难满足水库精准调度的客观条件下，水库拦峰错峰调度难度很大。为此，研究让三门峡水库适当参与拦调洪水，提前向非汛期蓄水位过渡，在不影响渭河下游泄流的前提下，可临时突破三门峡水库拦调水位，使小浪底水库在最高允许水位下预留库容，降低小浪底大坝高水位带来的安全风险，同时可应对后续突发不利来水，两水库联合运用使洪水优化错开下泄。

为缩短三门峡水库临时提高拦蓄水位的历时，减小三门峡水库与小浪底水库调度压力，下游花园口允许流量可适当放大，并采用国家“十三五”规划项目提出的“钢筋混凝土预制板桩组合坝”专利技术[41]，在滩槽高差不足的河段滩地上，快速修建具有工程结构坚固、施工便捷、不用抢险等优点的防护堤，帮助归顺下游河势。三门峡水库一旦激活，即可在发挥防洪作用的同时增加发电效益，并发挥优化配置水资源的作用，三门峡水库拦沙能减少小浪底水库淤积，水库在汛前调水调沙期伺机排沙，提高水沙调控效果，为下游防洪减灾和高质量发展提供安全保障，使三门峡水库这一黄河明珠重放光芒[39]。

（二）黄河中游古贤与上游黑山峡水利枢纽工程的作用

古贤水利枢纽工程位于黄河中游北干流河段，在水沙调控体系中战略地位重要，对其下游调控能力强大，不仅对黄河下游河床减淤与维持河槽过流能力作用显著，还能降低潼关高程，减轻渭河下游防洪压力，进一步发挥三门峡水库的泥沙调控作用[42]。

古贤水库可拦沙 121.45 亿 t，调控能力强劲。如按 2025 年前后投入运用估算，古贤水库、小浪底水库联合运用 60 年可减少下游淤积量 110 亿 t 左右，扣除小浪底水库的减淤作用后，古贤水库可减少下游河道淤积量近 80 亿 t[43]。古贤水库和小浪底水库联合调水调沙，可把小洪水过程塑造成协调的水沙关系，使下游中水河槽行洪输沙能力得到维持[44,45]。研究表明[46]，古贤水库能明显改善其下游水沙条件，使小北干流河段显著冲刷，使潼关高程冲刷降低 2.15~2.75m，导致渭河溯源冲刷至泾河口附近，渭河下游河槽萎缩状况得到改善，减小渭河防洪压力。在古贤水库、三门峡水库和小浪底水库这三座大型水库联合运行下，黄河主要来沙期泄放高效造床输沙流量，在降低潼关高程和加大渭河下游溯源冲刷的同时，也为黄河下游冲沙减淤提供足够的动力条件，增强小浪底水库的调水调沙效果[42]。修建古贤水利枢纽工程基本解除壶口至潼关河段冰凌灾害，为小北干流大规模处理泥沙创造条件[46]。

黑山峡地理位置不可替代，战略地位重要，不仅可在全河调水调沙中发挥承上启下功能，还能从时空上优化配置水资源，对满足近远期反调节和调水调沙、防凌防洪以及径流调节对库容的需求，黑山峡水利枢纽工程具有重要作用和意义。

据赵业安等[4]半个多世纪研究:“黄河上修建水库进行径流年调节及多年调节，其必要条件是总库容至少相当于年入库沙量的 100 倍”。黄河已建和规划的大型水库中，只有龙羊峡水库和黑山峡水库总库容符合这一条件，能够长期保持巨大的有效库容。黑山峡水库能长期保持的巨大有效库容，对维系黄河生态健康有重要作用。此外，清华大学、北京大学、中国科学院、黄河水利科学研究院等联合研究表明[47]:“黑山峡水利工程通过水库调蓄并提高下泄水温，使宁夏河段不再封河，基本解决内蒙古河段上段的冰塞问题，并消除洪水危害；通过对上游梯级电站反调节多发电，增加巨大效益，且使上游龙羊峡水库、刘家峡水库放手参与水沙调控，有效增加河道内汛期的输沙水量，有效恢复宁蒙河段行洪输沙能力，扭转黄河宁蒙河段水沙失衡及河情恶化趋势；远期黑山峡水库作为国家‘四横三纵’水利布局中重要的控制性骨干工程，能够调节南水北调西线工程入黄水量，实现黄河流域水资源合理配置，提高调水调沙效果的可持续性。”

第四节 以科学治理推进黄河生态保护与高质量发展

综上，结合黄河流域实际，建议黄河流域生态保护与经济社会高质量发展的若干关键策略如下[48]。

一、预测未来水沙条件，科学制定水沙调配手段

在未来来水来沙量均减少，且来水量减少更多的条件下，坚持“上拦下排”调控洪水和处理泥沙的方针，尤其利用现代工程措施改变侵蚀基准面，把仅占黄土高原地区总面积约 20%而入黄泥沙却占总入黄沙量约 80%的水土严重流失区改造成错落有致的相对平原，辅以生物措施，主动拦减入黄泥沙并持续发挥生态效益。

二、科学治理黄河河道与滩区，实现黄河下游的良性治理

解决黄河下游宽河段治理的对策是：“两道防线”与生态治河结合方案，即运用长距离高浓度管道输沙等手段，重构“二滩”农业集成、高滩移民建镇的功能空间，将高滩解放出来；采用预制板桩组合坝结构高标准修筑控导工程与防护堤，以加强第一道防线，有效发挥控制流路、束流输沙的作用，保障“二滩”不遭受中常洪灾，将河势调整作为上中游水库调度运用的子目标，通过河道工程引导河势与提升输沙能力，实现宽滩有效利用、中水河势稳定控制与特殊洪水行洪均适应的良性治理目标。

三、建立黄河水沙调控体系，合理配置外调水，支撑流域生态保护及社会发展

及早修建古贤与黑山峡水利枢纽工程，在此基础上再充分调度三门峡蓄水调沙作用，使其重新发挥效益，构建起黄河水沙调控体系的主体，通过全河水沙调控，促进

流域生态建设与区域经济发展相协调，事关西部经济振兴与国家生态、粮食、能源安全大局，因而相关省（区）应以国家发展利益为重统筹考虑，国家要以超前眼光和科学态度果断决策。实施西线南水北调与远景西水东济工程，为黄河全流域的水沙调控增加强大动力，以保持河流功能的长久性，为国家供水安全、能源安全、粮食安全、生态安全提供可持续的水资源保障。

本章撰写人：张红武　钟德钰　吴保生　李丹勋　张青青　曹　园

参考文献

[1] 李国英. 治理黄河思辨与践行. 北京: 中国水利水电出版社, 2003: 1-180.

[2] 王兆印, 刘成, 何耘, 等. 黄河下游治理方略的传承与发展. 泥沙研究, 2021, 46(1): 1-9.

[3] 胡一三, 张红武, 刘贵芝, 等. 黄河下游游荡型河段河道整治. 郑州: 黄河水利出版社, 1998: 1-216.

[4] 赵业安, 周文浩, 潘贤娣, 等. 黄河下游河道演变基本规律. 郑州: 黄河水利出版社, 1998: 1-200.

[5] 胡春宏, 陈绪坚, 陈建国. 黄河水沙空间分布及其变化过程研究. 水利学报, 2008, (5): 518-527.

[6] 张红武. 黄河下游“二级悬河”成因及治理对策//黄河下游“二级悬河”成因及治理措施学术研讨会论文集. 郑州: 黄河水利出版社, 2003: 171-178.

[7] 王光谦, 张红武, 夏军强. 游荡型河流演变及模拟. 北京: 科学出版社, 2006: 1-380.

[8] 韦直林. 关于黄河下游治理方略的一点浅见. 人民黄河, 2004, 26(6): 4, 18.

[9] 张红武. 科学治黄方能保障流域生态保护和高质量发展. 人民黄河, 2020, 42(5): 1-7, 12.

[10] 赵得秀. “导河积石”辨析. 人民黄河, 1993, (5): 44, 45.

[11] 张天宇. 黄河游荡型河段典型河道整治工程效果分析. 北京: 清华大学, 2016.

[12] 杨明. 极简黄河史. 桂林: 漓江出版社, 2016.

[13] 张红武, 江恩惠, 白咏梅, 等. 黄河高含沙洪水模型的相似律. 郑州: 河南科学技术出版社, 1994.

[14] 张红武, 侯琳, 李琳琪. 黄河治理巨大的减沙成就与未来输沙需水量. 中国水利, 2021, (21): 17-20.

[15] 王光谦, 钟德钰, 吴保生. 黄河泥沙未来变化趋势. 中国水利, 2020, (1): 9-12, 32.

[16] 胡春宏, 张晓明. 论黄河水沙变化趋势预测研究的若干问题. 水利学报, 2018, 49(9): 1028-1039.

[17] 马秀峰. 对黄河中下游设计洪水的再认识. 人民黄河, 1997, (9): 50-53.

[18] 任艳粉. 东平湖滞洪区在黄河下游防洪工程体系中的地位//中国海洋工程学会. 第十五届中国海洋(岸)工程学术讨论会论文集(中). 北京: 海洋出版社, 2011.

[19] 胡一三, 宋玉杰, 杨国顺, 等. 黄河堤防. 郑州: 黄河水利出版社, 2012: 116-118.

[20] 何予川, 崔萌, 刘生云, 等. 黄河下游河道治理战略研究. 人民黄河, 2013, 35(10): 51-53.

[21] 郭新立, 李可可, 谈广鸣. 试论治黄方略的历史演变. 科技进步与对策, 2003, (S1): 36-38.

[22] 胡春宏, 刘晓燕, 傅旭东, 等. 黄河水沙变化研究科技报告. 北京: 中国水利水电科学研究院, 2021: 1-260.

[23] 齐璞, 孙赞盈, 齐宏海. 黄河下游新情况、新问题、新的治理措施. 中国工程科学, 2014, 16(8): 64-68.

[24] 张红武, 龚西城, 王汉新, 等. 黄河下游河势控制与滩区治理示范研究及进展. 水利发展研究, 2021, 21(2): 1-11.
[25] 谈皓, 宋华力, 陈卫宾, 等. 黄河下游防洪的对策和措施. 人民黄河, 2013, 35(10): 57-59.
[26] 陈建, 贾蕾, 邹战洪, 等. 黄河下游滩区分滞洪对河段的防洪作用. 武汉大学学报(工学版), 2014, 47(1): 8-11.
[27] 王渭泾, 黄自强, 耿明全, 等. 黄河下游河道治理模式探讨. 人民黄河, 2006, 28(6): 1-3.
[28] 赵连军, 江恩惠, 董其华, 等. 黄河流域综合规划修编专题——黄河下游河道不同治理模式未来冲淤预测. 郑州: 黄河水利科学研究院, 2009.
[29] 江恩惠, 曹永涛. 黄河下游游荡性河段河势演变机理及河道整治若干关键技术研究总报告. 郑州: 黄河水利科学研究院, 2005.
[30] 刘燕, 江恩惠, 曹永涛, 等. 黄河下游宽滩区不同运用模式滞洪沉沙效果试验. 水利水运工程学报, 2016, (1): 44-50.
[31] 石春先, 唐梅英, 侯晓明. 黄河小浪底水利枢纽减淤效益分析. 华北水利水电学院学报, 2000, 21(2): 5-7.
[32] 张锁成, 王红声. 古贤水利枢纽开发的必要性及其作用分析. 人民黄河, 2000, 22(12): 36-38.
[33] 雷德义. 基于改进遗传算法的故县水库优化调度研究. 郑州: 郑州大学, 2017.
[34] 水利部黄河水利委员会. 小浪底水库拦沙初期运用分析评估报告. 郑州: 水利部黄河水利委员会, 2007.
[35] 陈建国, 周文浩, 陈强. 小浪底水库进一步水沙调控亟待研究的问题. 中国水利, 2010, (16): 22-25, 29.
[36] 胡一三. 黄河防洪. 郑州: 黄河水利出版社, 1999.
[37] 赵业安, 郝守英. 21 世纪黄河下游防洪减灾对策. 地球科学, 1999, (4): 30-38.
[38] 刘晓燕. 黄河健康生命理论体系框架. 人民黄河, 2005, 27(11): 63.
[39] 张红武. 黄河三门峡水库应在新时期发挥更大作用. 人民黄河, 2022, 44(1): 1-4, 9.
[40] 赵业安, 张红武, 温善章. 论黄河大柳树水利枢纽工程的战略地位与作用. 人民黄河, 2002, 24(2): 1-4, 46.
[41] 张红武, 李琳琪, 施祖麟, 等. 一种钢筋混凝土预制板桩组合坝: CN202120173389.5. 2021-01-21.
[42] 张红武, 方红卫, 钟德钰, 等. 宁蒙黄河治理对策. 水利水电技术, 2020, 51(2): 1-25.
[43] 王煜, 安催花, 李海荣, 等. 黄河水沙调控体系规划关键问题研究. 人民黄河, 2013, 35(10): 23-25, 32.
[44] 焦恩泽, 江恩惠, 张清. 古贤水库效益评估和相关问题探讨. 人民黄河, 2011, 33(2): 4-8, 146.
[45] 陈翠霞, 安催花, 罗秋实, 等. 黄河水沙调控现状与效果. 泥沙研究, 2019, 44(2): 69-74.
[46] 张红武, 蔡蓉, 景唤, 等. 水沙变化条件下古贤水利工程对下游防洪减淤作用研究. 北京: 清华大学黄河研究中心, 2018: 1-28.
[47] 张红武. 西藏之水开发利用问题的探讨. 水利规划与设计, 2011, (1): 1-4.
[48] 李殿魁. 治水新论. 北京: 科学技术文献出版社, 2016.

第一篇　前世今生话黄河

第二篇　黄河水资源：现状与未来

第三篇　黄河泥沙洪凌灾害与治理方略

第四篇　黄河生态保护：三江源、黄土高原与河口

第五篇　黄河水沙调控：从三门峡、龙羊峡、小浪底到黑山峡

第六篇　南水北调与西水东济

第七篇　能源流域的绿色低碳发展

第八篇　智慧黄河

第九篇　黄河：中华文明的根

第十一章

三江源区生态环境

第一节 三江源区自然地理、环境与社会经济特征

一、地理位置

三江源作为我国黄河、长江、澜沧江上游的源头，位于我国西部、青藏高原腹地、青海省南部，汇水区流域面积共 31.26 万 km^2，其中属于黄河流域的面积为 12.20 万 km^2（唐乃亥站以上），占 39.03%；属于长江流域的面积为 13.77 万 km^2（直门达站以上），占 44.05%；属于澜沧江流域的面积为 5.29 万 km^2（昌都站以上），占 16.92%。三大流域源区范围如图 11.1 所示。

二、三江源地形地貌特征

三江源区海拔为 3335~6564m，平均海拔约 4000m。源区以山原和峡谷地貌为主（图 11.2），东南部多为高山峡谷，地势陡峭，坡度多在 30°以上；中西部和北部为高寒草甸区，地形起伏不大，多宽阔而平坦的滩地，总体为山原状地形；东北部黄河干流自兴海县唐乃亥以下，海拔 1960~3306m，地势趋于平缓，由峡谷、盆地、湿地、阶地相间组成。山脉主要有东昆仑山及其支脉阿尼玛卿山、巴颜喀拉山和唐古拉山。长江、澜沧江源区以冰川地貌、高山地貌、高平原丘陵地貌为主，间有谷地、盆地及沼泽星罗棋布。黄河源区以高原低山丘陵地貌、湖盆地貌及河谷地貌为主。

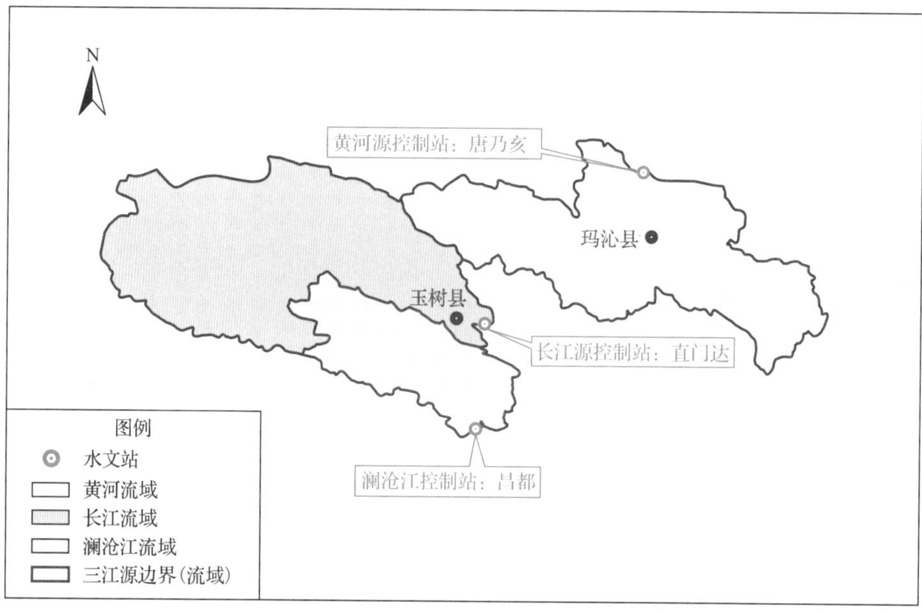

图 11.1　按自然流域划分的黄河源区范围

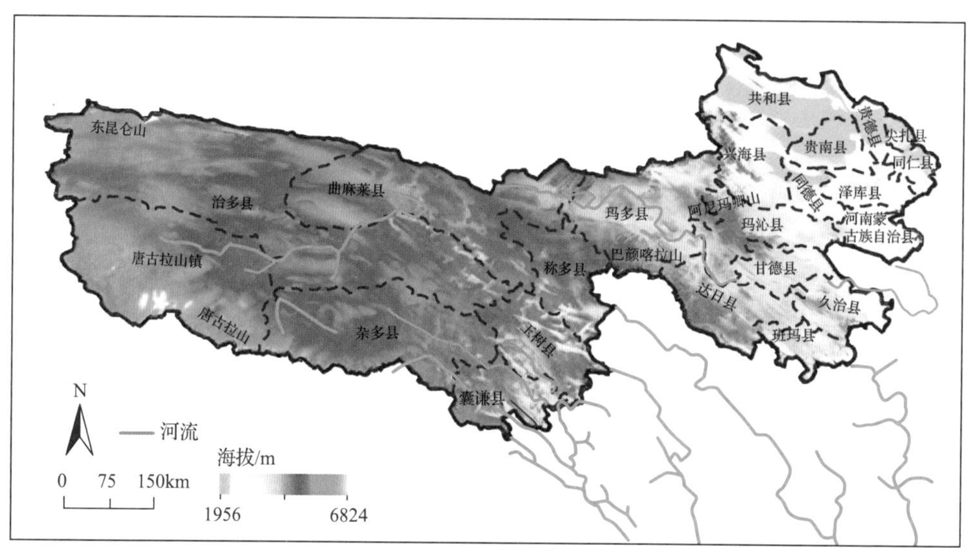

图 11.2　三江源区地形

三、三江源气候特征

三江源区地处青藏高原，为典型的高原大陆性气候，其特点为冷暖两季交替、干湿分明、水热同期，年温差小、日温差大，日照时间长、辐射强烈。年平均气温变幅为-5.6~3.8℃，1 月气温最低（平均-13.8~-6.6℃），极端最低温度可达-48℃，7 月气温相对较高（平均气温 6.4~13.2℃），极端最高温度可达 28℃。利用欧洲中期天气预报中心大气再分析全球气候数据（ERA）分析 2009~2018 年三江源区年平均气温分布如图 11.3 所示，总体呈东南高、西北低的分布特征。三江源区年日照时数在 2300~2900h 内变化，全年风力变化剧烈，大于 8 级大风日数变幅为 3.9~110 天。源区年蒸发量为 730~1700mm[1]。

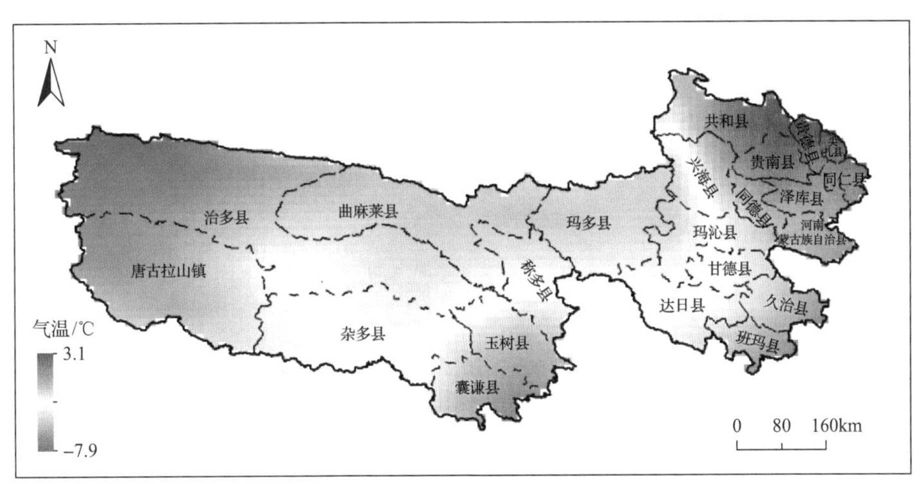

图 11.3　2009~2018 年三江源区年均气温空间分布图

由于三江源区地面雨量站相对较少，其降水特征主要根据 CMORPH 卫星降水数据进行统计分析获取。2000~2015 年三江源区多年平均降水量为 406.6mm（图 11.4），7 月降水量最多，5~9 月降水量约占全年降水量的 85.3%。长江源、澜沧江源、黄河源年内降水变化特征基本一致（图 11.5）。三江源区高海拔、复杂地形等地形地貌特征，导致源区降水空间分布具有明显的差异，总体表现为自东南向西北逐渐减少的空间分布特征。长江源区年均降水量为 366.1mm，年均降水总量为 586.7 亿 m^3；澜沧江源区年均降水量为 605.0mm，年均降水总量为 226.5 亿 m^3，为整个三江源区降水较为丰沛的地区；黄河源区年均降水量为 487.3mm，年均降水总量为 586.6 亿 m^3。黄河源区东部的同仁县、泽库县、同德县、玛沁县等区域降水量可达 500mm，而甘德县以上的区域降水量相对较少。

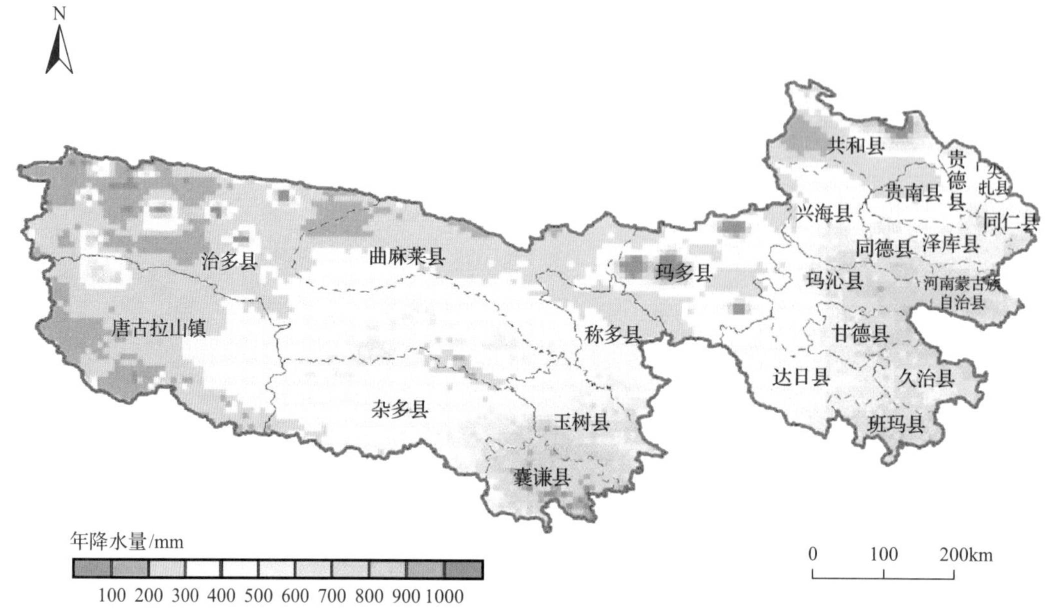

图 11.4　2000~2015 年三江源区多年平均年降水量空间分布图

基于 CMORPH 卫星降水数据绘制；三江源地区年降水总体呈东南高、西北低的趋势；三江源地区平均年降水量为 406.6mm

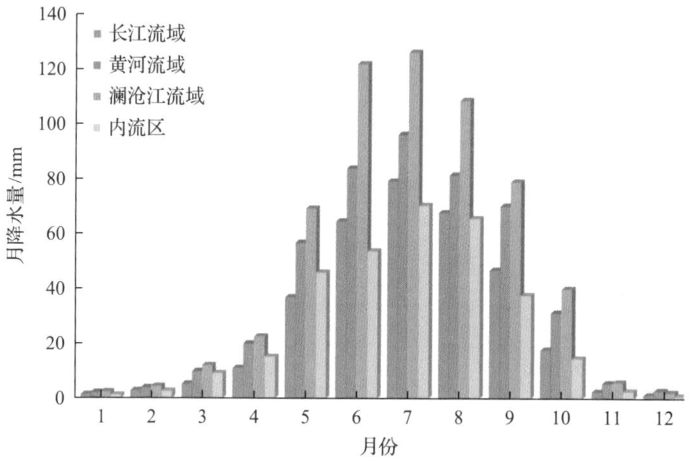

图 11.5　三江源区各流域 2000~2015 年平均月降水量

四、三江源区水系

三江源区水系由外流水系和内流水系组成。外流水系包括长江源、黄河源、澜沧江源内的水系，内流水系由羌塘高原水系、柴达木盆地水系和青海湖水系组成。利用清华大学自主研发的河网提取技术并基于 30m 的全球数字高程数据（DEM），绘制得到三江源区河网水系如图 11.6~图 11.8 所示。

发源于唐古拉山中段的各拉丹东雪峰的长江正源沱沱河与南源当曲在囊极巴陇汇合。自此往下，途中与北源楚玛尔河相汇，一直向东南流至玉树县接纳巴塘河的河段称通天河。长江源内流域面积在 50km^2 的一级支流有 109 条，流域面积在 1 万 km^2 以上的有 4 条。三江源区中流域面积较大且径流量较大的河流包括当曲、楚玛尔河、扎木曲、莫曲、北麓河、科欠曲、色吾曲、聂恰曲、德曲等（图 11.6），其基本信息见表 11.1。

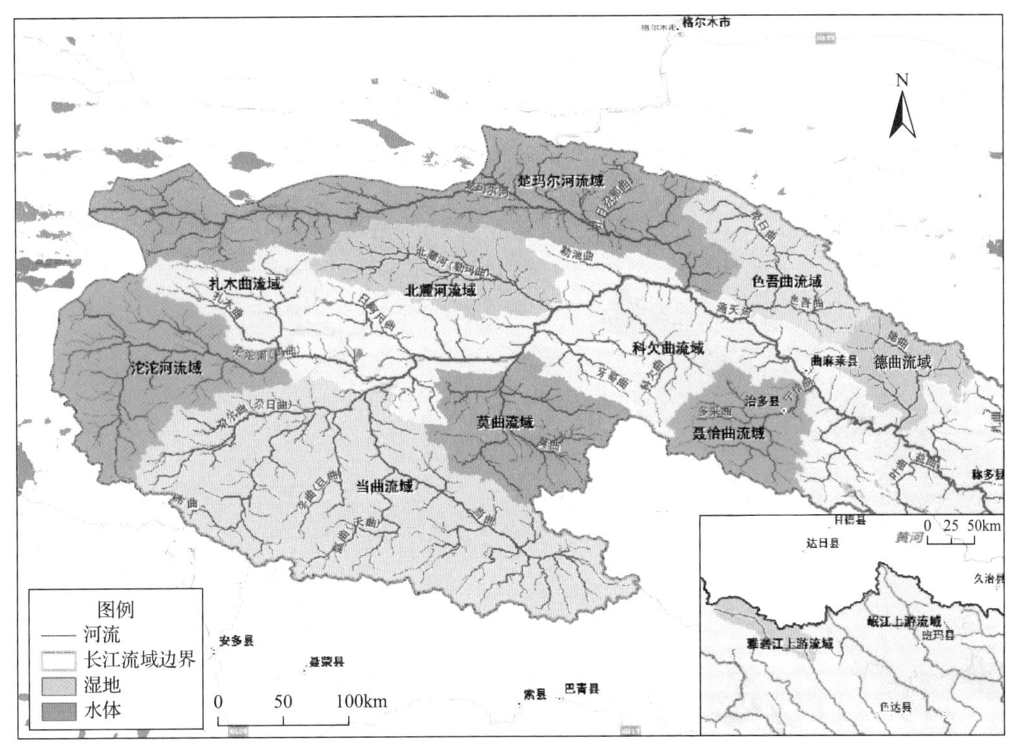

图 11.6　长江源区河网水系图

表 11.1　长江源主要河流基本信息

河流	流域面积/km^2	海拔高程/m	年均降雨量/mm	年平均流量/(m^3/s)	年径流量/亿 m^3	流域特征
当曲	31269	4600~5100	700~900	146	46.02	高原大陆性季风气候，全年气候寒冷
楚玛尔河	20800	4600~5200	200~300	33	9.28	地势西高东低，高原大陆气候
扎木曲	5294	4600~5000	800~900		2.4	温带半湿润高原季风气候
莫曲	8892	4500~5000	700~800		6.9	高原大陆气候

续表

河流	流域面积/km^2	海拔高程/m	年均降雨量/mm	年平均流量/(m^3/s)	年径流量/亿 m^3	流域特征
北麓河	7963	4300~5000	800~900		6.6	高原高寒气候
科欠曲	3568	4300~5200	600~800		2.8	高原大陆气候
色吾曲	6754	4500~4800	700~800		5.4	高原高寒气候，多深山峡谷，植被覆盖良好
聂恰曲	5695	4400~6000	550~650			高原大陆气候
德曲	4234	4300~5000	550~650		9.4	寒温带大陆性季风气候，多沼泽，植被覆盖良好

黄河源头位于巴颜喀拉山北麓各姿各雅雪山，青海省内全长 1959km，占干流全长 5464km 的 36%。黄河河源段由西向东横贯河源区，其右岸较左岸水系发育，支流长，水量较丰，左岸支流短小，且多为间歇河及干涸的小沟。黄河源区内流域面积在 50km^2 以上的一级支流 126 条，其中流域面积在 5000km^2 以上的有 5 条，分别为切木曲、多曲、热曲、曲什安河、隆务河，1000~5000km^2 的有 21 条，500~1000km^2 的有 45 条。黄河源区主要支流见图 11.7 所示。黄河支流中流域面积较大、径流量较大的流域包

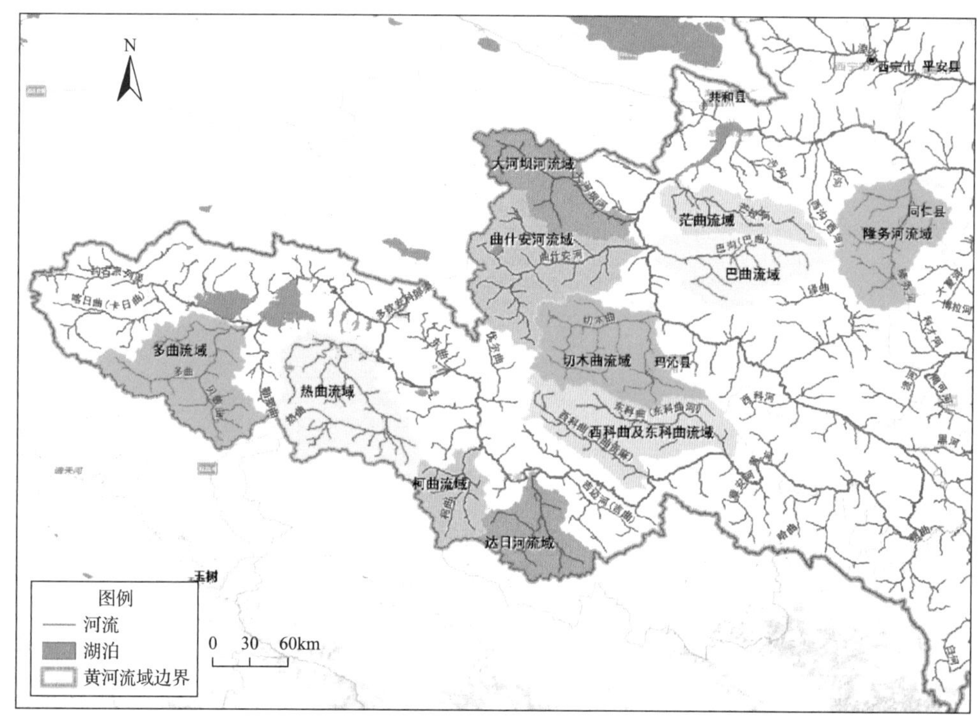

图 11.7 黄河源区河网水系图

括多曲、热曲、柯曲、达日河、西科曲和东科曲、切木曲、曲什安河、大河坝河、巴曲、茫曲上游、隆务河等 11 个流域，其基本信息见表 11.2。

表 11.2　黄河源主要河流基本信息

河流	流域面积/km^2	海拔高程/m	年均降雨量/mm	落差/m	年径流量/亿 m^3	流域特征
多曲	5905	4400~4600	300~400	536	4.2	寒温带大陆性季风气候，多沼泽及草地
热曲	6702	4200~4800	400~500	585	6.8	高寒草原气候，草地分布广泛，水草丰盛
柯曲	2456	4300~4900	500~600			高寒半湿润气候，无明显四季之分，草地覆盖面积广泛
达日河	3400	4100~4800	600~700	116	4.9	高寒半湿润气候
西科曲和东科曲	6062	3800~4600	600~700			高原大陆性半温润气候
切木曲	5610	3700~5400	500~600	1830	2.5	大陆性寒润性气候
曲什安河	6594	3100~5200	300~400		8.1	高原大陆性气候
大河坝河	4029	300~4700	300~400		3.6	高原大陆性气候
巴曲	4287	2800~4200	400~500	1208	3.2	高原大陆性气候
茫曲上游	2997	2800~3800	300~400	1524	1.5	高原大陆性气候
隆务河	5035	2800~4000	300~500	2292	6.1	高原大陆性气候

澜沧江发源于唐古拉山北麓的查加日玛西南部，河源海拔 5388m，其干流在青海境内称扎曲，由囊谦县境内流入西藏，河长 448km，占国境内干流总长的 20.4%，落差 1553m，平均比降 3.47‰。澜沧江源区内水系众多，河网呈树枝状。澜沧江源区内水系主要包括干流扎曲，以及支流昂曲和子曲（图 11.8），其基本信息见表 11.3。扎阿曲和扎那曲汇流后称为扎曲，扎曲与昂曲在昌都市附近汇合后称为澜沧江。

五、三江源区社会经济特征

2015 年，三江源区内总人口 132.81 万，占青海全省总人口的 23.1%。其中非农居民人口 27.98 万，占总人口的 21.1%；农牧业居民人口 104.83 万，占总人口的 78.9%。区内居住有汉族、藏族、蒙古族、回族等多个民族，以藏族为主的少数民族人口约占总人口的 80.0%[2]。

图 11.8　澜沧江源区河网水系图

表 11.3　澜沧江源主要河流基本信息

河流	流域面积/km^2	海拔高程/m	落差/m	年径流量/亿 m^3
扎曲	36451	5388(河源)		43.52
昂曲	16800	3600~5200	1898	58.6
子曲	12900		1540	43.2

三江源区虽然人烟稀少，人口密度不到 4 人/km^2，但随着人口不断增长，人类活动对该地区的生态环境保护形成了较大压力。据统计，从清中期到民国初期的 100 年间，三江源区的人口增长 75.0%，年均增长率为 5.6‰，平均 125 年翻一番；民国时期总人口增长了 90.0%，年均增长率为 18.6‰，平均 38 年翻一番。1949 年到 2010 年第六次人口普查时，人口总规模增长了 2.48 倍，年均增长率高达 20.6‰，平均 21 年翻一番。

三江源区的传统经济主要以草地畜牧业为主，是一个社会经济基础薄弱、生产方式相对落后的地区。新中国成立前，三江源的工业生产几乎是一片空白，仅有少量的传统手工业和民族用品工业。之后，建成了煤炭、电力、木材加工、建筑建材、采金、农牧机械修理和农畜产品加工等工业企业。近年来，三江源区又集中打造了一批集生态旅游、探险旅游、宗教朝觐和风情旅游于一体的特色旅游项目，第三产业蓬勃发展。

2015 年，三江源区的生产总值 309.16 亿元，占青海省的 12.8%。其中，第一产业 82.43 亿元，第二产业 132.54 亿元，第三产业 94.19 亿元。公共财政收入 22.55 亿元，公共财政支出 313.02 亿元，支出为收入的 13.9 倍。全体居民人均可支配收入 1.24 万元，仅为全国人均水平的 56.2%。总体而言，三江源区经济发展滞后，地方财政收不抵支，有 8 个国家扶贫工作重点县、8 个省扶贫工作重点县，贫困人口比例高。

第二节　三江源区生态环境现状

一、概述

三江源地处我国三大自然阶梯中的最高一级，由于其独特的地形地貌和高海拔特性以及内部自然环境显著的差异性，其陆地生态系统生物多样性丰富，陆地生态系统水平地带变化与垂直地带变化明显[3]，分布着广泛的高寒草甸和草原生态系统。三江源区湖泊和沼泽众多，孕育了多种典型高寒生态系统，其中湿地是源区最重要的生态系统，面积约占源区总面积的 13.3%，是生物多样性最为集中的区域，具有较强的水源涵养能力。一直以来，源区水资源的丰缺度都是源区生态价值的基础性支撑，更是事关整个长江、黄河、澜沧江水资源安全、防洪安全和生态安全的关键所在。受气候变化、过度放牧及人类活动扰动加剧等影响，三江区出现雪线上升，冰川融化，冻土消融速度加快，沼泽湿地萎缩，草地退化、沙化和盐碱化严重，部分区域生态系统功能降低。

三江源区的生态环境保护受到国家和地方政府的高度重视，通过政策、项目、资金、宣传等综合措施，加强开展生态环境保护与修复工作，三江源区林草植被覆盖度增加。2004~2012 年，三江源自然保护区植被覆盖度呈现增加趋势，森林覆盖率由 2004 年的 6.09%提高到了 2012 年的 6.99%。《2020 年青海省生态环境状况公报》的数据表明，2019 年乔木林监测站点植被健康和更新状况较 2018 年有所好转，乔木林郁闭度、蓄积量均呈缓慢正增长趋势，灌木林总体呈增长态势；沙化土地植被高度、覆盖度、生物量与往年相比略有增长；区域土壤侵蚀总面积为 13.06 万 km^2，土壤侵蚀以

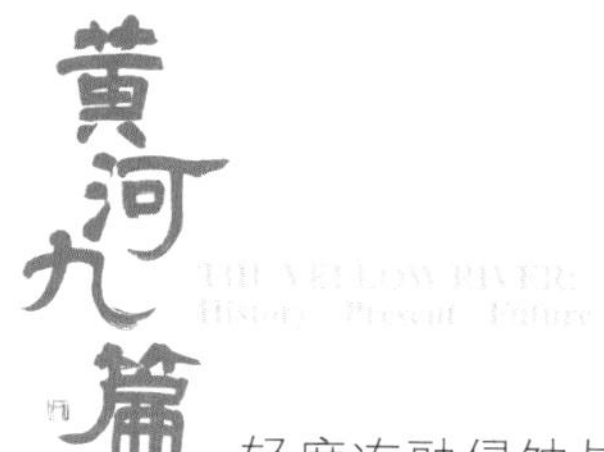

轻度冻融侵蚀与轻度水力侵蚀为主。

二、三江源地表覆盖特征

三江源区植被覆盖类型以草地为主，根据 MODIS 土地利用数据（MCD12C1），2016 年三江源区草地 28.02 万 km^2，占 70.94%；林地 2.23 万 km^2，占 5.65%；耕地 1178km^2，仅占 0.30%；其他农用地 431km^2，占 0.11%；城镇村庄及工矿用地 301km^2，占 0.08%；水域及水利设施用地 0.50 万 km^2，占 1.27%；交通运输用地 127km^2，占 0.03%；未利用土地和其他用地 8.54km^2（包括宜林地），占 21.62%（图 11.9）。因其气候条件特殊，地面寒冻分化作用强烈，土壤发育过程缓慢，成土作用时间短，土壤比较年轻，质地粗，沙砾性强，其组成以细沙、岩屑、碎石和砾石为主。区内土壤大多保水性能差、肥力较低，并容易受侵蚀而造成水土流失。

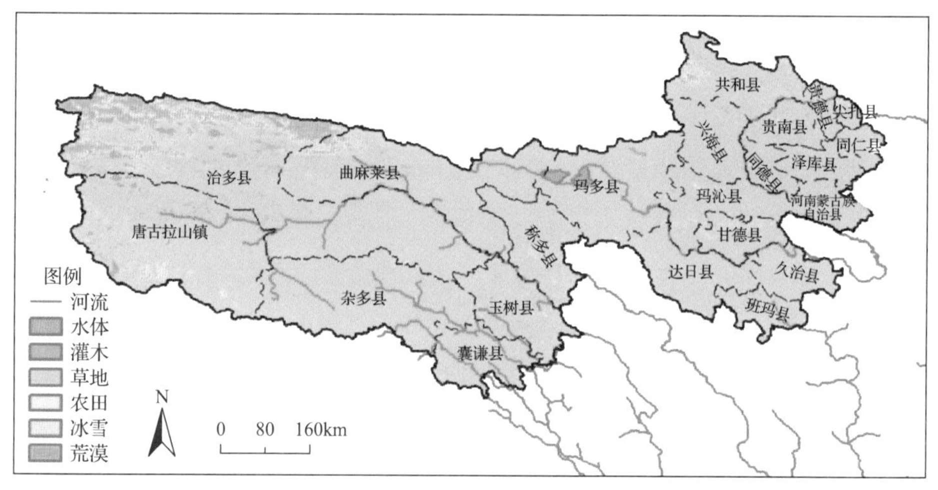

图 11.9 三江源区地表覆盖类型分布

土壤类型可分为 15 个土类，29 个亚类。因高海拔山地多、海拔差异大、相对高差大，使得土壤类型由高到低呈垂直地带性分布，主要有高山寒漠土、高山草甸土、高山草原土、山地草甸土、灰褐土、栗钙土和山地森林土，其中以高山草甸土为主，海拔为 3500~4800m，沼泽化草甸土也较普遍，冻土面积较大[1]。

三、三江源湿地生态系统

根据 2014 年发布的青海省第二次湿地资源调查成果，三江源区湿地总面积为 4.17 万 km^2。其中，长江流域湿地面积为 1.90 万 km^2，占 45.6%；黄河流域湿地面积为

1.22 万 km^2，占 29.3%；澜沧江流域湿地面积为 0.14 万 km^2，占 3.4%；其他内流流域的湿地面积共 0.91 万 km^2，占 21.8%。三江源区湿地类型分为湖泊湿地、沼泽湿地、河流湿地和人工湿地四大类，面积分别占总湿地面积的 21.1%、63.7%、14.2%和 1.1%。

（一）湖泊湿地

青海省是一个多湖泊地区，主要分布在青海湖、可可西里、长江上游、黄河上游以及柴达木盆地南部盐湖地区。湖泊湿地是由地面上大小形状不一、充满水体的天然洼地组成的湿地。湖泊湿地总面积为 8775km^2，其中，长江流域 1393km^2，黄河流域 1551km^2，羌塘高原湖泊群面积达 3582km^2。三江源区部分湖泊的水面面积见表 11.4。

鄂陵湖是黄河流域第一大淡水湖，系断陷构造湖，位于青海省玛多县境内。湖水补给主要来自地表径流和降水。2015 年湖水面积 651.08km^2[4]，东西宽约 34km，南北长约 34.5km，形如顶角向上的三角形。储水量约 116 亿 m^3，湖的北部水深，南部水浅，平均水深 17.81m，最大水深 30.7m，位于湖心偏北部，湖底广阔而平坦。

扎陵湖是黄河流域第二大淡水湖，位于青海省玉树藏族自治州曲麻莱县和果洛藏族自治州玛多县境内，是由断陷盆地形成的构造湖，属于吞吐型湖泊，与东面一山之隔的鄂陵湖并列称为“姊妹湖”。2015 年，扎陵湖水域面积约 540km^2、东西长约 40km、南北宽约 23km[5]，其形状呈不对称菱形。该湖储水量约 49 亿 m^3，北部水深，南部水浅，平均水深 9m，最大水深 13.1m，位于偏向湖心的东北。

表 11.4 为三江源区部分湖泊的水面面积统计表，数据来源于国家基础地理信息中心 2017 年公布的全球地表覆盖数据（GlobeLand30），统计了 2010 年各湖泊面积的最大值。

表 11.4　三江源区主要湖泊面积统计（基于 GlobeLand30）

湖泊	面积/km^2	所属区域	湖泊	面积/km^2	所属区域
鄂陵湖	685.15	黄河源	库赛湖	284.06	长江源
乌兰乌拉湖	591.98	长江源	卓乃湖	270.92	长江源
赤布张错	550.35	长江源	错仁德加	249.64	长江源
扎陵湖	530.42	黄河源	冬给措纳湖	234.25	黄河源
西金乌兰湖	419.29	长江源	多尔改错	228.86	长江源
龙羊峡水库	375.80	黄河源	太阳湖	102.23	长江源
可可西里湖	320.97	长江源			

20 世纪 70 年代末至 21 世纪初的近 30 年期间，黄河源区和长江源区东南部湖泊

数量和面积都表现为大范围萎缩，黄河源区西北部甚至出现部分湖泊消失、湖盆变为草地的现象，部分湖泊由一个大湖分裂为几个较小的湖泊。相反，在长江源区西部和北部湖泊则表现为扩张，部分低洼区域甚至形成了新的湖泊。20 世纪 70 年代末至 90 年代初，除长江源区西南部以外，三江源区湖泊主要表现为萎缩态势，特别是源区西部。90 年代初至 2004 年，前期萎缩的湖泊开始扩张，特别是长江源区西北部。但是黄河源区的湖泊一直处于持续萎缩的态势。郝亚蒙[6]利用 MODIS 数据采用归一化水体指数法，获取三江源区 2001~2015 年夏季 7~8 月的湖泊面积，结果表明 2001~2015 年期间三江源湖泊数量和面积不断变化，湖泊新生、扩张和萎缩现象明显。2001~2015 年三江源湖泊总面积呈现先增加后减少的趋势，其中 2009 年达到了最大值。随着气候变化，长江源区降水量增加，近几年长江源区湖泊湿地面积呈现增长现象。根据长江科学院科考数据，相比过去 40 年，长江源区湖泊湿地总面积增加 7.2%。

（二）沼泽湿地

沼泽湿地在改善区域气候、水源涵养、补给地下水和维持区域生态系统稳定性等方面具有重要作用。三江源区沼泽类型主要为三叶碱毛茛沼泽和杉叶藻沼泽，且大多数为泥炭土沼泽。黄河源、长江的沱沱河、楚玛尔河、当曲河三源头，以及澜沧江河源发育有大片的沼泽湿地，湿地分布大多分布在河谷地带及冰川边缘地势低洼地带。三江源中长江源区沼泽湿地分布最多，黄河源区其次，澜沧江源区相对较少[7]。根据蔡占庆[7]研究结果，2002~2014 年期间三江源沼泽湿地平均面积为 2.66 万 km^2。三江源区沼泽湿地对降水、气温等条件变化非常敏感，因此，其面积每年变化波动较大。2002 年三江源沼泽湿地面积约为 2.02 万 km^2，其中长江源 1.51 万 km^2，黄河源 0.25 万 km^2，澜沧江源 0.04 万 km^2，其他内流流域有 0.22 万 km^2。在 2002~2014 年期间，三江源沼泽湿地面积变化波动较大，最多年份达到最低年份的 4.5 倍（图 11.10）。

2002~2014 年长江源区沼泽湿地面积多年平均为 1.62 万 km^2，主要分布于长江源区东部和南部，当曲水系中上游和通天河上段以南各支流的中上游一带沼泽湿地广泛分布。在唐古拉山北侧，沼泽最高发育到海拔 5350m，达到青藏高原的上限，是世界上海拔最高的沼泽湿地。2002~2014 年黄河源区沼泽湿地面积多年平均 0.49 万 km^2，主要分布于河源约古宗列曲、扎陵湖和鄂陵湖周围及星宿海地区，面积受降雨影响显著。2002~2014 年澜沧江源区大小沼泽湿地面积多年平均为 0.55 万 km^2，主要集中在干流扎曲段和支流扎阿曲、阿曲（阿涌）上游。

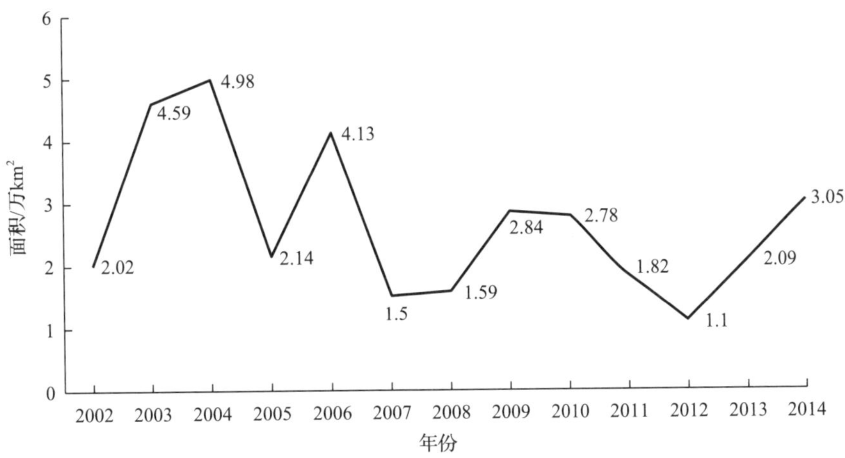

图 11.10　三江源区沼泽湿地面积变化图[7]

四、冰川、雪山

冰川通过高山积雪经过一系列变化转变而形成，是非常重要的淡水储备资源。全球气候变化升温导致世界各地冰川的面积和体积显著减少，进而带来海平面上升、全球气候改变明显、生态环境破坏等一系列问题。三江源区冰川分布广泛，源区总共有冰川 715 条，主要分布于唐古拉山的北坡、东昆仑山的南坡，色的日峰以及阿尼玛卿山等地，总面积约 2400km^2，冰川资源蕴藏量达 2000 亿 m^3。冰川的空间分布如图 11.11

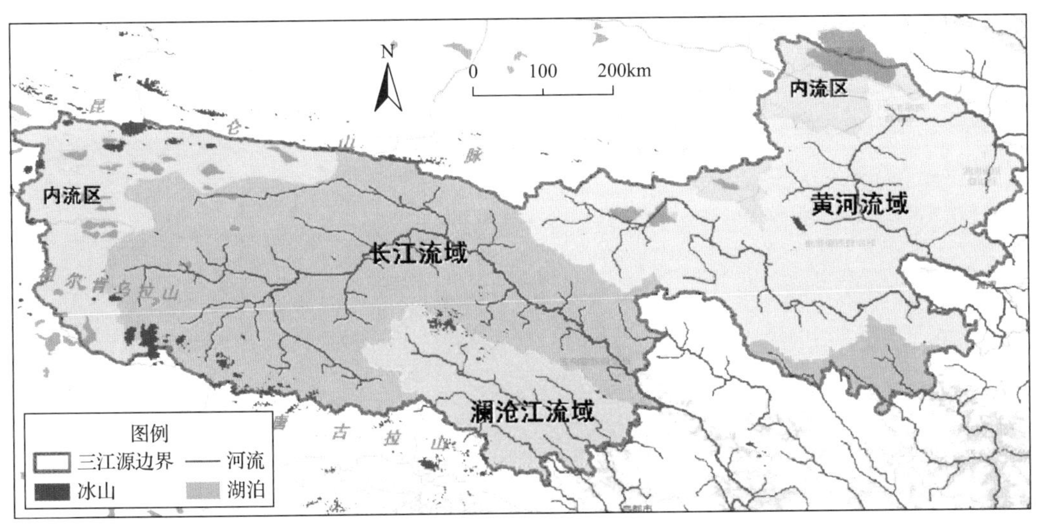

图 11.11　三江源区冰川分布图

所示。黄河源区有冰川 68 条，面积达到 131.44km^2，冰川储量可达 11.04 亿 m^3；澜沧江源区冰川在数量上和流域面积上都较小，只有 20 条，面积为 124.12km^2。

三江源中冰川分布以长江源区为最多，分布冰川 627 条，冰川总面积为 1247.21km^2，冰川储量 983 亿 m^3，年消融量约 9.89 亿 m^3。长江源区中当曲流域冰川覆盖面积 793.4km^2，沱沱河流域 380.8km^2，楚玛尔河流域 55.0km^2，通天河上段 17.8km^2。冰川主要分布在唐古拉山北坡和祖尔肯乌拉山西段。

黄河流域在巴颜喀拉山中段多曲支流托洛曲源头的托洛岗（海拔 5041m），有残存冰川约 4km^2，冰川储量 0.8 亿 m^3，域内的卡里恩卡着玛、玛尼特、日吉、勒那冬则等 14 座海拔 5000m 以上终年积雪的多年固态水储量，约有 1.4 亿 m^3，两项合计共约 2.2 亿 m^3，年融水量约 320 万 m^3，补给河川径流。

澜沧江源区北部多雪峰，雪线以下到多年冻土地带区域海拔 4500~5000m，呈冰缘地貌。雪峰之间是第四纪山岳冰川，冰舌从海拔 5800m 雪线沿山谷向下至末端海拔 5000m 左右，最长的冰舌长 4.3km，面积在 1km^2 以上的冰川 20 多个。最大的冰川是色的日冰川（燃者尕拉冰川群），面积为 17.05km^2，是查日曲两条小支流穷日弄、查日弄的补给水源。

根据第三次综合考察公布的结果，受气候变暖等因素的影响，三江源区冰川面积在 1977~2009 年期间，在 1977 年基础上缩减了 12633km^2，总面积减少了 11.8%，近 30 年来三江源区冰川退缩的速度是过去 300 年的 10 倍。据观测资料显示，当曲河源冰川退缩率达到每年 9m，沱沱河源冰川退缩率达到每年 8.25m，各拉丹冬的岗加曲巴冰川在近 20 年中后退 500m，年均后退 25m。岗加曲巴冰川冰舌末端从 1970~2004 年退缩了 1350m。2009 年格拉丹东雪山雪线从 4600 多米上升到 5300 多米。

五、三江源区降水与径流特征

（一）三江源区降水特征

根据《2020 年青海省水资源公报》，三江源区降水量总体由东南向西北递减，空间部分不均匀。黄河源区 2020 年降水量 566.3mm，与多年平均相比增加 29.2%。长江源区 2020 年降水量 505.0mm，与多年平均相比增加 31.3%。澜沧江源区 2020 年降水量 587.9mm，与多年平均相比增加 19.0%。三江源区降水量年内分布主要集中在 6~9 月，各站点 6~9 月观测降水量占全年降水量的 63.3%~84.2%。

（二）三江源区径流特征

三江源区河流水系包括长江、黄河、澜沧江所属外流河流以及羌塘高原内流河流。长江、黄河、澜沧江所属河流多年平均径流量为 522.9 亿 m^3，其中长江源多年平均出流水量为 186.3 亿 m^3，黄河源多年平均出流水量为 210.6 亿 m^3，澜沧江源多年平均出流水量为 126.0 亿 m^3。

直门达水文站是距离长江源区径流出流的最近控制站。根据直门达水文站 1956~2015 年观测数据并按流域面积按比例放大，长江源多年平均流出水量为 140.0 亿 m^3。另外，长江支流雅砻江和岷江也分别贡献了 15.2 亿 m^3和 31.1 亿 m^3的流出水量。因此，长江从三江源区流出的平均年径流量约 186.3 亿 m^3。长江源年径流量在 1994 年前基本稳定，在 1994 年后径流增长趋势较为显著。长江径流年内分布很不均匀，汛期（5~10 月）径流量约占全年径流总量的 87%。长江源区径流的主要补给来源为天然降水和冰川融水。径流的年际变化主要受降水和气候的影响，而年内变化则主要受气温和降水过程的影响，夏秋暖季水量较大。

唐乃亥水文站是黄河源区出口的总控制站，根据该站 1956~2012 年观测结果可知，黄河源多年平均年径流量为 202.1 亿 m^3，占黄河多年平均径流总量 533 亿 m^3 的 37.9%。径流量最大年为 1989 年（327.9 亿 m^3），最小年为 2002 年（105.5 亿 m^3），变幅为 222.4 亿 m^3。年径流量变化在 1983 年后呈减少趋势，近几年通过保护措施的落实，2003 年开始水量有上升趋势。黄河径流年内分布很不均匀，汛期（5~10 月）径流量为 157.6 亿 m^3，占全年径流总量的 79.5%。黄河源区河川径流主要来自大气降水，其次为冰雪融水和地下水的补给。

昌都站是澜沧源区出口的控制水文站，根据该站 1968~2016 年观测结果可知，黄河源多年平均年径流量为 147.6 亿 m^3。径流量最大年为 2014 年（231.1 亿 m^3），最小年为 1973 年（92.7 亿 m^3），变幅为 138.4 亿 m^3。自 1994 年起水量开始呈现增加趋势。

六、地下水资源

根据《2020 年青海省水资源公报》的数据，三江源区地下水资源总量为 418.59 亿 m^3。长江源地下水资源量为 122.71 亿 m^3，由基岩裂隙水、松散碎屑岩孔隙水以及冻结层水组成。地下水补给来源主要有降水的垂直补给和冰雪融水补给。黄河源区地下水资源量为 231.1 亿 m^3。高原山丘区地下水资源动储量，包括山区裂隙水域多年冻土层上部地表活动层潜水，均侧向补给了河川径流而转化为地表水。澜沧江源地下水资源量为 64.78 亿 m^3，属山丘区地下水，主要包括基岩裂隙水和碎屑岩孔隙水。

第三节 历史时期三江源生物群系演变特征

生物群系（或生物区系，biome）是由生活在相似环境中的植物、动物等集群组成的集合，在空间上表示为气候条件相似并按照气候和地理划分的区域，可根据某地占主导地位的植被进行划分，体现了群落对自然环境的适应，故又被称作植被气候带。生物群系是描述生态环境的基本尺度，是地球生命的重要组成部分，其分布的重要性已被生态学、地貌学和文明史等领域广泛证实。

（1）就生态学而言，生物群系分布对生态系统的时间稳定性至关重要，它与生物地理分布区（biogeographic realms），即具有相似演化历史的生态系统组成的地理区域，一同刻画了对生态稳定至关重要的生物多样性，特别是功能多样性（functional diversity）的分布。

（2）就地貌学而言，生物群系分布的演化持续推动水文地貌的演化，后者的演化受水沙条件的重要影响，而植物会拦截稳固沉积物，改变河道的沉积条件、地形环境和生态系统，正反馈地调节这一过程。

（3）就文明史而言，生物群系的历史演变对文明的产生有重要意义，后者依赖于少数能被用于发展农业或畜牧业的植物和动物，取决于当地的生物群系类型。

鉴于生物群系的重要价值、三江源的特殊地位，重建三江源中全新世以来古生物群系类型分布年表具有极强的研究意义和实践意义。它能为生态学的研究提供数据基础，能为生态保护区的规划管理提供演变趋势，能为地貌学的研究提供数据支撑，能为江河的治理提供辅助，能为历史的研究提供事实。

毛鑫[8]开展了三江源区 6000 年来植被主生态类型空间分布演化过程的研究，从孢粉资料中提取古气温和降水信息，通过气候-生物群系演化模型重建该地区的古生物群系类型分布，并分析了三江源区生物群系演化趋势和驱动因子。从公元前 4000 年至今，三江源区内主植被生态类型大致可以分为四类：冷草或灌木（cool grass/shrub）、苔原（tundra）、半荒漠（semidesert）、冰原或极地荒漠（ice/polar desert）[8]。历史上三江源区共存在过 10 种生物群系类型，分别是苔原、半荒漠、寒温带草原/灌木（cool grass/shrub）、泰加林（taiga）、冰极地荒漠（ice polar desert）、寒温带混交林（cool mixed forest）、冷落叶林（cold deciduous forest）、寒温带针叶林（cool conifer）、冷混交林（cold mixed forest）和温带落叶林（temperate deciduous forest）。这 10

种生物群系可以根据其包含的植物功能型划分为三大集合：非树型（non-tree）、树型（tree）和冰极地荒漠型（ice polar desert）。其中，非树型包括苔原、半荒漠和寒温带草原/灌木。树型包括泰加林、寒温带混交林、冷落叶林、寒温带针叶林、冷混交林和温带落叶林。冰极地荒漠型包括冰极地荒漠型自身。三江源历史上占主导地位的生物群系集合类型是非树型（苔原、半荒漠及寒温带草原/灌木）。在主导集合的三种群落中，苔原和半荒漠是三江源的主要生物群系类型[8]。

自全新世以来，三江源地区共存在 36 种生物群系演化模式，且几乎所有生物群系类型之间的演化模式都是双向的。在所有模式中，以苔原和半荒漠之间的双向转变为代表的非树生物群系集合内的相互转化是三江源地区生物群系演化的主要模式。两种主导模式（即苔原和半荒漠的相互转化）的分布主要集中在三江源的东北、西北和西南地区，在中南部也有部分分布，共同覆盖了三江源约 45%的区域，成为该地区生物群系变化最频繁激烈区域。

三江源地区生物群系间的演化虽然是双向的，但并不全是平衡的。除了冰极地荒漠在长时间尺度下收支平衡外，其他双向演变往往都具有一定的方向性。例如，对非树群系，历史上苔原曾变为半荒漠 349 次，而半荒漠变为苔原却只有 320 次；对树型群系，寒温带混交林曾变为寒温带针叶林 3 次，而寒温带针叶林变为寒温带混交林却为 2 次。因此，三江源生物群系类型集合变化的长期方向是从树型生物群系到非树型生物群系；群系类型分布变化的长期方向是从苔原到半荒漠、从冷温带草原/灌木到苔原以及从半荒漠到冷温草原/灌木，对应主导模式群系分布的演变。三江源区历史时期长期以来半荒漠的面积有扩大趋势，苔原和寒温带草原/灌木有缩小的趋势，也就是说，长期来看三江源地区的生态系统是趋于退化的。

以最冷月 1 月均温（T_c）、有效积温（GDD）、最暖月 7 月均温（T_w）和 Priestley-Taylor 模型参数修正系数（α，代表水分条件）为环境约束，采用气候-生物群系模型分析生物群系类型的变化，结果表明气候的周期变化是三江源生物群系演变的主要驱动力。不同的生物群系类型对应不同的气候约束条件，苔原和半荒漠之间的双向变化必然伴随着水分条件（α 为约束条件）的改变；苔原与寒温带草原/灌木之间的双向演变必然打破原有有效积温（GDD）的约束；半荒漠与寒温带草原/灌木之间的双向变化必然伴随着先前水分条件约束的破坏，有时也伴随着 GDD 约束的改变。GDD 的变化伴随着日气温序列的变化，α 的变化伴随着日气温序列的变化和年降水量的变化。根据 Prentice 等[9]和 Prentice 等[10]，α 的变化与降水变化呈正相关，与气温变化呈负相关。由此可知，引起三江源地区主导生物群系演变的气候约束主要为 GDD 和水分条件。

第四节　近代三江源区气象-水文-植被变化特征

一、三江源区气温时空分布及变化特征

基于中国气象局最新公布的中国地面气象数据集，整个三江源年平均气温在近几十年来呈明显的上升趋势。1981~2000 年各气象站点年平均气温的泰森平均值为 -1.52℃，2010~2013 年各站点年平均气温的泰森平均值为-0.45℃，1981~2013 年年平均气温变化率约为 0.32℃/10a。2000 年之前的年平均气温大于 0℃的平均海拔为 3646m，2000 年后的年平均气温大于 0℃的站点新增了达日站，其海拔为 3968m，反映该区气候变暖过程中，年平均气温 0℃的海拔也呈上升趋势。

基于 ERA5 再分析数据集近地面气温数据获得 2009~2018 年平均气温分布图（图 11.12）。三江源地区年平均气温为-2.6℃，总体上呈现东南高西北低的分布特征，黄河源温度明显高于长江源和澜沧江源，且黄河源东北部气温要明显高于东南部。图 11.13 给出了三江源区年平均地表温度低于 0.5℃的区域变化。从图中可以看出，1980 年三江源区年均地表温度低于 0.5℃的区域面积为 33.6 万 km^2，到 2010 年年均地表温度低于 0.5℃的区域面积减小为 30.4 万 km^2，相较于 1980 年减少了 3.2 万 km^2，而到 2018 年，相应面积减小为 28.6 万 km^2，相比 1980 年较少了 14.9%。而黄河源区东北部和东南部大部分区域自 1980 年以来年均地表温度始终大于 0.5℃。图 11.14 中显

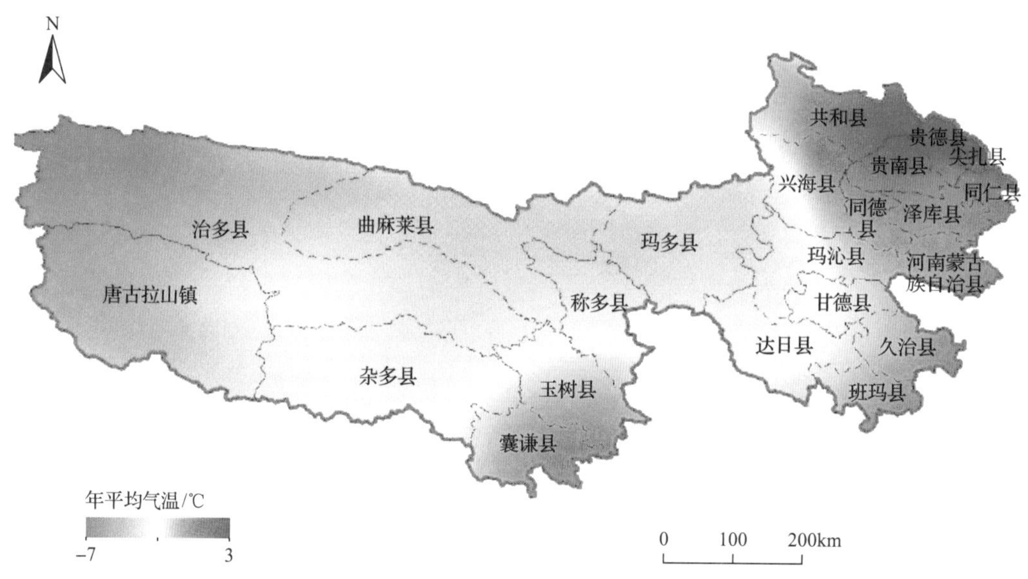

图 11.12　三江源区 2009~2018 年平均气温分布图
基于 ERA 再分析数据集近地面气温数据绘制

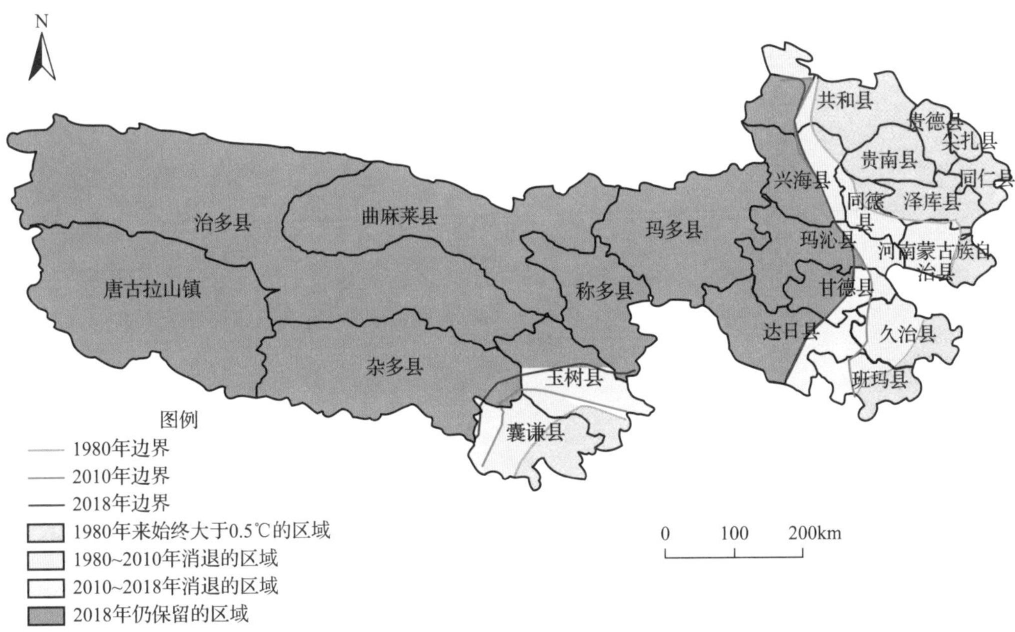

图 11.13　三江源区年平均地表温度低于 0.5℃区域变化图

基于 ERA 再分析数据集地表温度数据绘制。

1980 年，区域面积 33.6 万 km²；2010 年，区域面积 30.4 万 km²，相较 1980 年减少 3.2 万 km²；2018 年，区域面积 28.6 万 km²，相较 2010 年减少 1.8 万 km²，相较 1980 年减少 14.9%

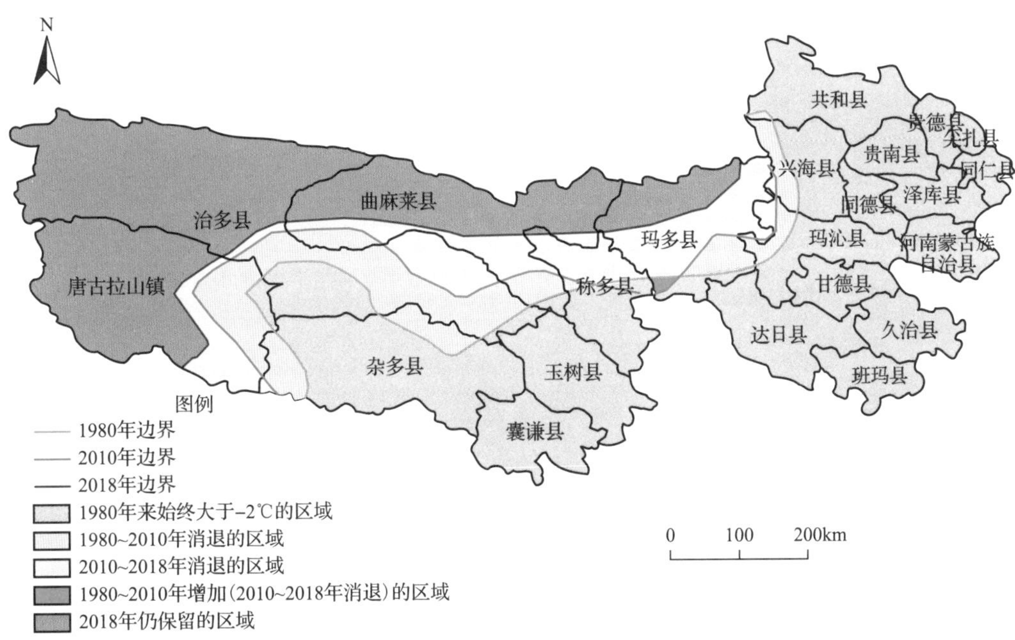

图 11.14　三江源区年平均地表温度低于-2℃区域变化图

基于 ERA 再分析数据集地表温度数据绘制。

1980 年，区域面积 19.9 万 km²；2010 年，区域面积 15.7 万 km²，相较于 1980 年减少 4.2 万 km²；2018 年，区域面积 11.3 万 km²，相较 2010 年减少 4.4 万 km²，相较于 1980 年减少 43.2%

示的为 1980~2018 年期间三江源地区年平均地表温度低于-2℃区域的演变特征。从图中可以看出，黄河源升温情势远高于长江源和澜沧江源，显著的温度升高使得黄河源区冻土退化，进而可能带来一系列的生态和水文响应。

二、三江源区降水时空分布及变化特征

由于三江源区地面雨量站观测站点少，难以有效反映整个源区降水的空间分布特征，因此，采用卫星遥感降水数据分析三江源区降水时空分布及变化特征。基于 CMORPH 卫星降水数据，三江源区 2000~2015 年多年平均年降水量空间分布如图 11.15 所示。从整体上来看，三江源区的降水呈现出自东南向西北逐渐减少的空间分布特征，降水量在空间上的变化较为均匀。西部、北部广大地区年降水量普遍低于 300mm，属于干旱半干旱地区，中部地区降水量为 300~700mm，东部和南部地区的年降水量可达 700mm 以上，属于半湿润地区。2000~2015 年整个三江源区多年平均年降水量为 408mm，年均降水资源总量约为 1606 亿 m^3，其中长江流域和黄河流域所占比例十分接近，均为 36.5%，澜沧江流域和内流区的降水资源量各占 14.1%和 12.8%。

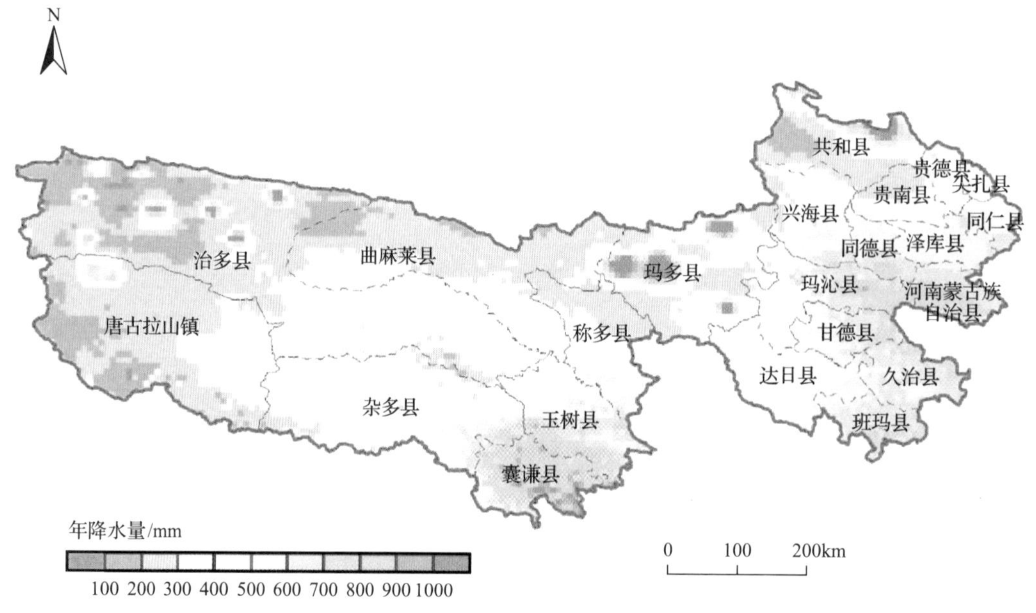

图 11.15 三江源区 2000~2015 年多年平均年降水量空间分布图

基于 CMORPH 卫星降水数据绘制

黄河流域在三江源区内占面积 11.9 万 km^2，年均降水量为 487.3mm，年均降水资源总量为 586.6 亿 m^3。该地区降水量东高西低，东部的同仁县、泽库县、同德县、玛

沁县、河南蒙古族自治县、甘德县、久治县降水量较多，可达 500mm，甘德县以上的黄河流域以及龙羊峡水库一带，降水量普遍低于 500mm。黄河源区降水量随月份变化过程如图 11.16 所示，可以看出降水的季节性都十分明显。基于卫星降水的黄河源降水资源量年际变化如图 11.17 所示。可以看到，黄河源降水丰枯变化规律与长江源和澜沧江源并不同步，变化趋势各自较为独立。

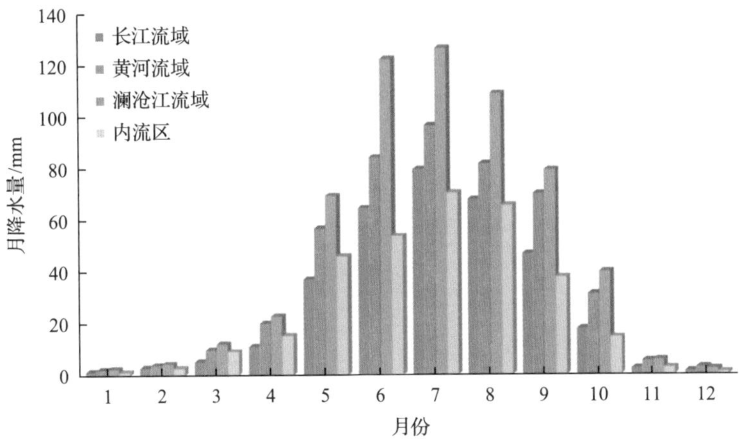

图 11.16 黄河源区各流域 2000~2015 年平均月降水量

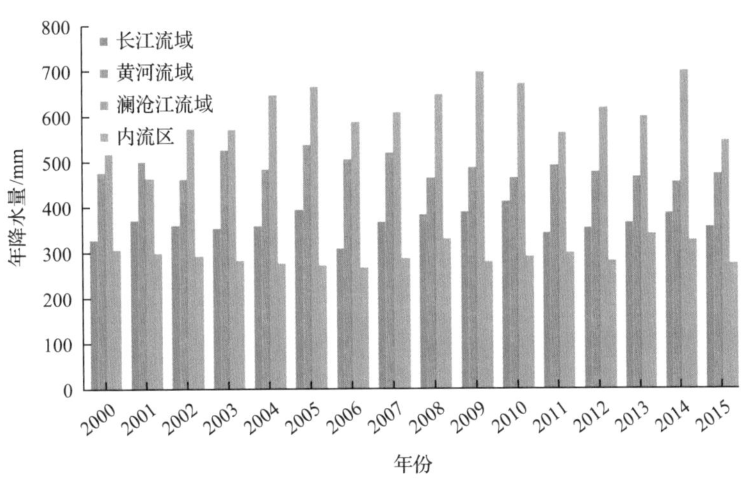

图 11.17 2000~2015 年三江源区各流域年降水量变化图

随着气温与降水的变化，三江源区地表月平均积雪覆盖特征也发生了明显的变化。图 11.18 中基于 MODIS 月平均积雪覆盖率数据绘制了 2000~2017 年三江源地区月平均积雪覆盖率演变的空间分布特征。从图中可以看出，三江源的月平均积雪覆盖率整体呈现下降特征，只有西北部和北部部分区域月平均积雪覆盖率年变化速率呈现上升趋势，黄河源月平均积雪覆盖率下降趋势远高于长江源和澜沧江源。

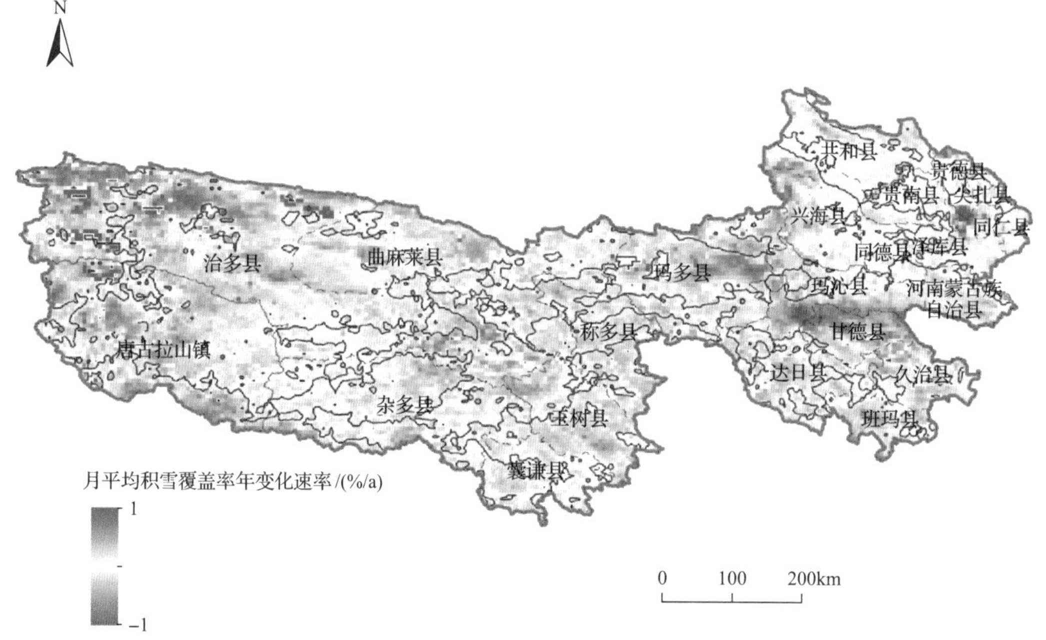

图 11.18　三江源地区月平均积雪覆盖率演变图
基于 MODIS 月平均积雪覆盖率数据绘制

三、三江源区陆地植被覆盖时空分布及变化特征

归一化植被指数（normalized difference vegetation index，NDVI）是表征植被覆盖度和生物量的物理量，其变化范围为 0~1，数值越大，植被覆盖度越高。图 11.19 为 1982~2015 年三江源地区 8 月 NDVI 多年平均值空间分布。从图中可以看出，由于海拔和降水的不同，黄河源的植被覆盖程度明显要好于长江源和澜沧江源。黄河源的西北和北部区域的植被覆盖程度相对较差。根据 1982~2015 年期间三江源区的 NDVI 数据，计算了三江源区 8 月 NDVI 值的变化情况，得到植被退化风险图（图 11.20）。图中蓝色区域表示植被覆盖显著改善的区域，红色区域表示显著恶化的区域，白色区域为变化不显著区域。从图中可以看出，长江源的囊谦县和玉树县等地方表现为显著的植被退化特征，在黄河源的达日县、久治县、班玛县、甘德县等地区植被覆盖也表现出退化特征，而在黄河源的北部，则表现为一定程度的植被覆盖改善特征。

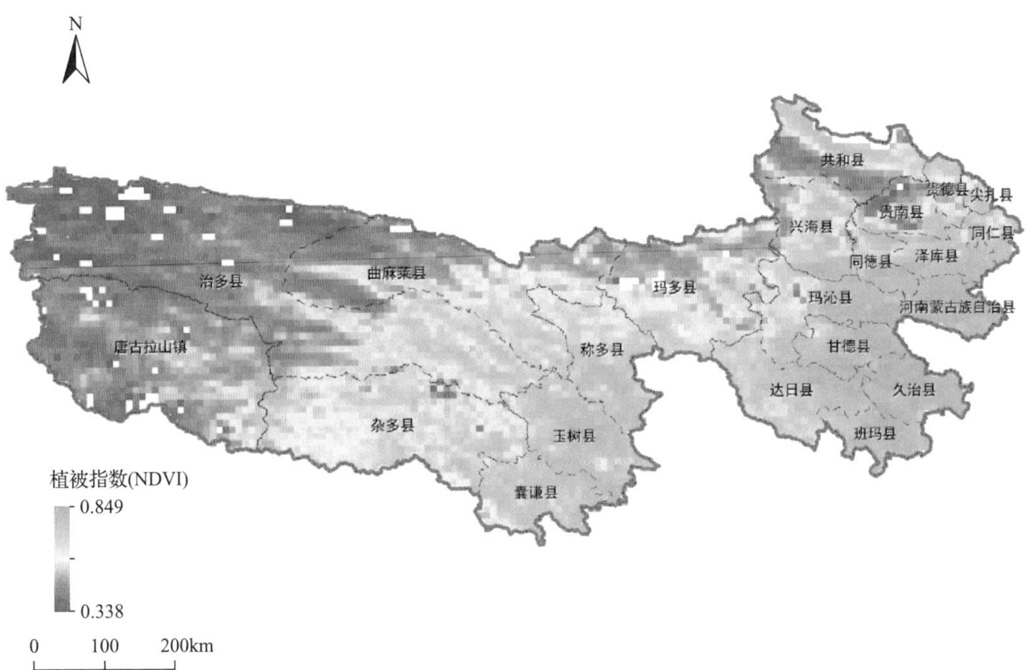

图 11.19　三江源归一化植被指数空间分布特征

三江源地区 8 月多年平均（1982~2015 年）植被指数由西北向东南方向递增。囊谦县、玉树县、达日县、班玛县、久治县、河南蒙古族自治县植被覆盖度较高；治多县、曲麻莱县、唐古拉山镇植被覆盖度较低

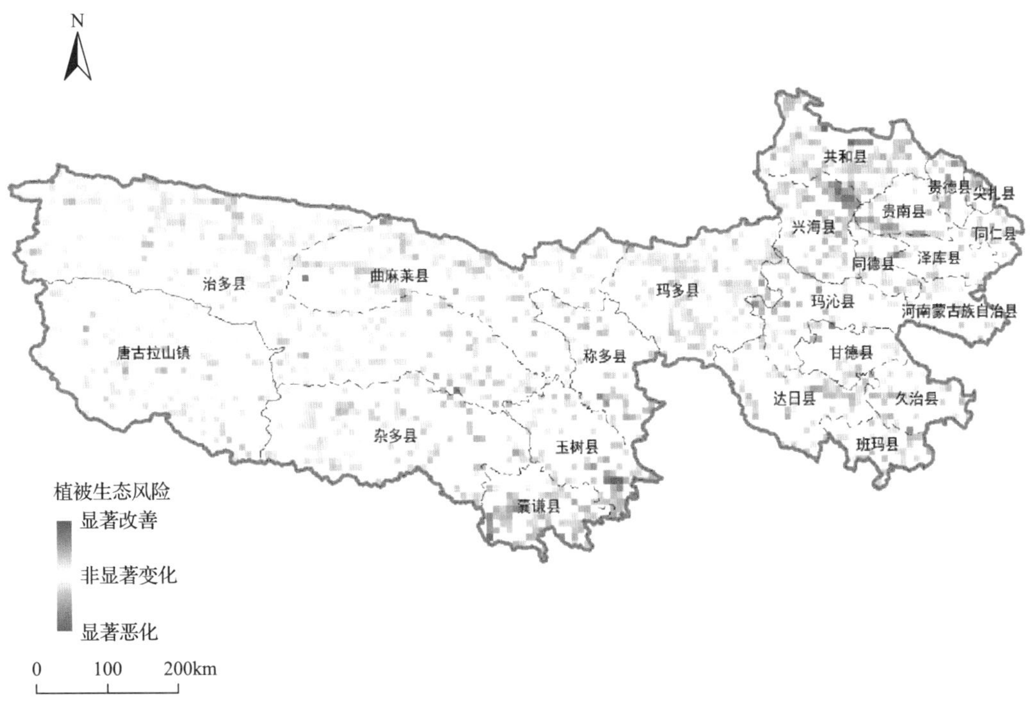

图 11.20　三江源植被生态风险评估图

囊谦县、玉树县南部、称多县南部、达日县、班玛县等地区均面临风险

四、近百年来三江源区地表暖干化趋势

气候变化严重影响区域干湿状况。过去几十年，由于全球气温显著增加，位于青藏高原腹地的三江源区气象、水文特征发生显著变化，气温增速明显地高于世界其他区域，且未来可能有持续升温。揭示气候变化背景下的三江源区干湿变化特征，对于三江源生态保护具有指导意义。潜在蒸散（potential evapotranspiration, PE）是水分循环中的重要组成部分，也是导致干旱半干旱地区水分亏缺的重要因子，因此，常用潜在蒸散（也称可能蒸散）代表干燥度指数，评价区域干湿状况。利用近 58 年的水文气象数据，采用霍尔德里奇（Holdridge）潜在蒸散率（PER）代表干燥度，用累计距平、Pettitt 突变点检测及反距离加权法分析基于潜在蒸散率的黄河源区干湿变化特征和分布，探讨气候变化背景下各气象要素变化给干湿变化带来的可能影响。

（一）潜在蒸散率 PER 时间变化分析

为揭示年际地表干旱变化规律，分析了 1957~2016 年三江源区 PER 年际的变化情况。利用泰森多边形法得到三江源区 18 个气象站的权重，三江源年平均 PER 由各气象站点年 PER 加权平均获得。图 11.21 给出了三江源区 PER 多年变化与滑动平均检验结果。从图中可以看出，整个三江源区多年 PER 值呈上升趋势，但并不显著。1957~1998 年 PER 值在 4.17~6.54，区域整体处于地表干旱状态；1998 年之后，PER 在 4.93~7.56，有明显的增加。表明该区域 1998 年之后出现地表干旱程度增强态势。3 年、5 年滑动平均分析结果都呈现与上述相似的增加趋势，1990 年前趋势较平缓，

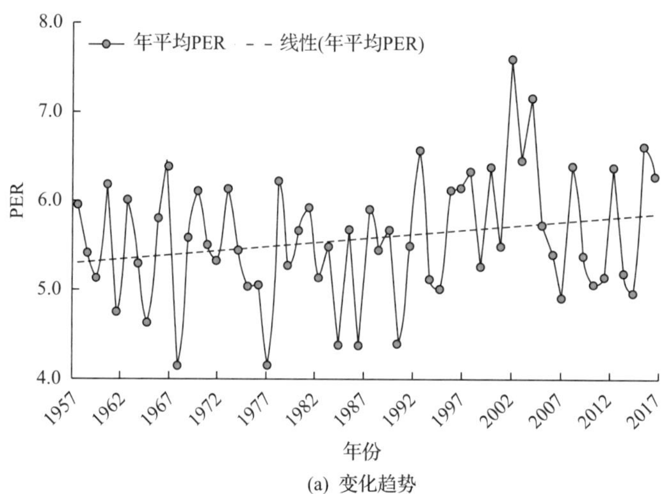

(a) 变化趋势

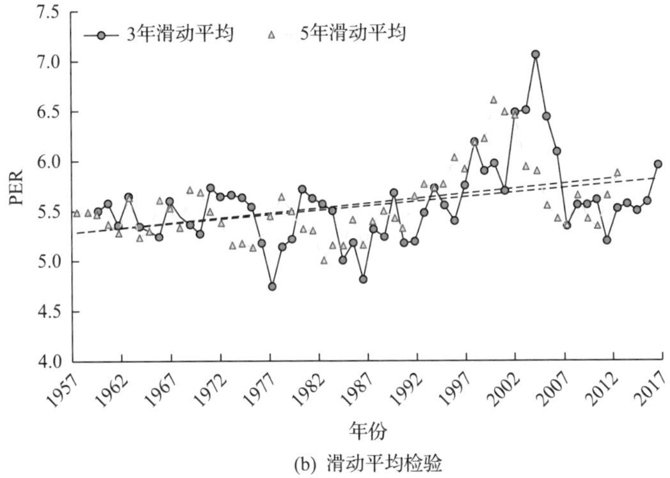

(b) 滑动平均检验

图 11.21　1957~2014 年 PER 的变化趋势及滑动平均检验

1990 年后呈明显的波动上升，说明这一时期 PER 出现异常增大，地表干旱程度加剧。出现这种结果可能有两方面原因：一是 1998 年的厄尔尼诺导致气候变化异常，引起三江源区 PER 的突变；二是受全球气候变化的影响，20 世纪 90 年代后期全球气温升高，导致蒸散发增加。

图 11.22 给出了采用累计距平法检验 PER 变化趋势的结果，图中曲线呈现的变化形态清晰地揭示，58 年来该区地表干湿状况经历了一次显著的波动。从均值看，1957~1993 年该区 PER 呈下降趋势，1993 年后 PER 增加趋势明显，到 2002 年后达到新的状态，上升趋势变缓。Pettitt 突变点检验结果表明[图 11.22（b）]，1957~2014 年期间 PER 值突变点发生在 1997 年。

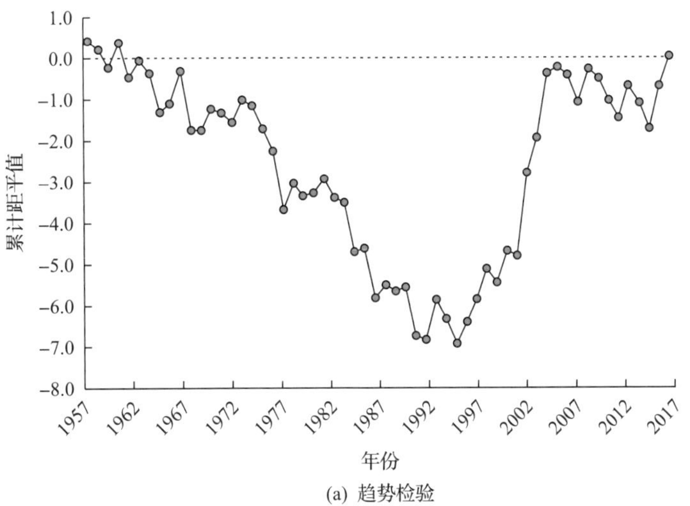

(a) 趋势检验

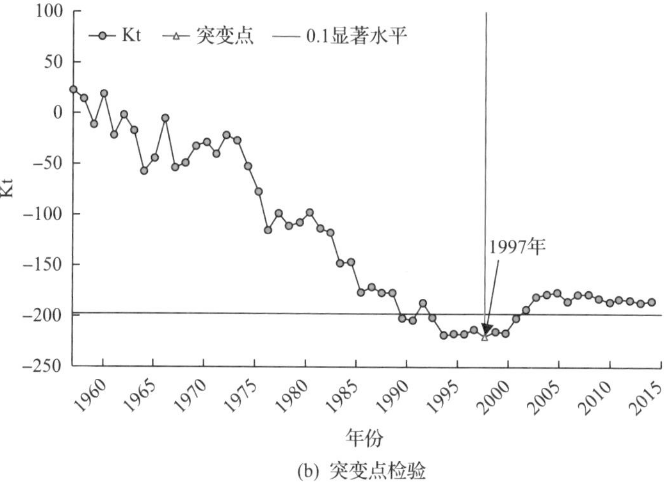

图 11.22　1957~2014 年 PER 的趋势检验和突变点检验

（二）PER 空间变化特征

采用反距离加权法分析三江源区 PER 的空间分布，结果如图 11.23 所示。三江源区多年平均 PER 整体上自东南向西北递减。三江源东北部的贵南、同仁 PER 值较高，贵州站 PER 均值为 20.8，同仁为 10.7，表明这些地区为干旱到超干旱；到西南、东南部，PER 值逐渐减小，兴海、贵南以及南部的囊谦和玉树地区 PER 均值为 6~8，干湿等级为干旱；而东北部的恰卜恰、东南部的久治、班玛、西北部的伍道梁及三江源大部分地区 PER 值为 1~4，处于半干旱-半湿润区。

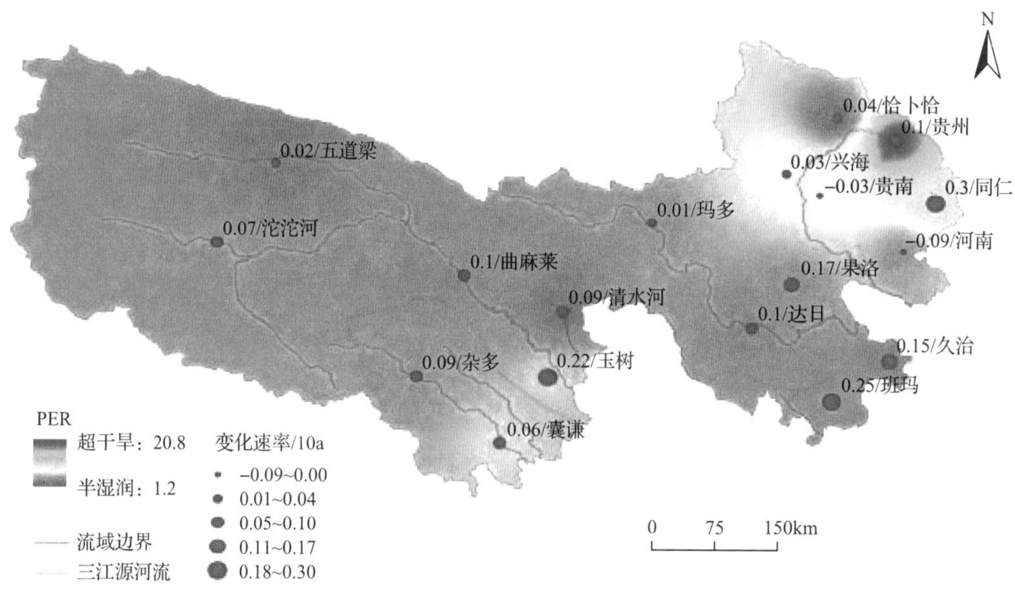

图 11.23　1957~2014 年三江源区 PER 的空间变化

综合分析表明，三江源区干湿变化表现东南部干旱程度逐渐加剧，东北部干旱有所缓和，西北部及西南部地区增长速率较小，干旱程度加剧相对缓慢。三江源干湿空间差异主要还与海拔和地理位置密切相关，特别是以巴颜喀拉山为界，东部湿润、西部干旱。

五、黄河源区径流对气候和植被变化的响应

（一）气候和植被变化对黄河源区径流变化的贡献

黄河源区是黄河的主要产流区，对于黄河的水资源安全有着非常重要的意义。近些年来许多学者将目光锁定在黄河源区的水量–能量平衡研究方面，试图解释黄河径流减少的原因并预测未来径流变化趋势。总体来说，影响河流年径流变化的要素主要分为两方面：直接影响因子和间接影响因子[11]。气候变化，如降水和蒸散发量的变化，通常被认为是直接影响因子；下垫面变化，如植被变化、人类活动等，通常被认为是间接影响因子。

常用的量化分析气候变化对径流变化的贡献（$\Delta R_{climate}$）和流域下垫面变化（或人类活动）对径流变化的贡献（$\Delta R_{catchment}$）的方法有两种[12]，包括水文模型法和基于 Budyko 假设的水量平衡法。Zheng 等[13]将基于 Budyko 假设的气候弹性理论应用于评估径流变化对气候变化和下垫面变化的响应，其结果表明在 20 世纪 90 年代，$\Delta R_{catchment}$ 占总径流变化的 70%。然而也有许多研究表明气候变化才是影响径流变化的主要因素[14-17]。

通过突变点检验，郑裕彤[18]将唐乃亥站 1961~2010 年的年均径流序列分为两部分：1961~1989 年和 1990~2010 年。表 11.5 中列出了气候条件和下垫面特征在 1961~1989 年、1990~2010 年和 1961~2010 年期间的多年均值，以及相较于 1961~1989 年多年均值的变化率。从表 11.5 中可以看出，相较于 1961~1989 年，降水（P）和径流（R）在 1990~2010 年的均值分别下降了 7.54%和 20.76%。1990~2010 年均径流系数相较于 1961~1989 年下降了−14.29%，说明降水–径流关系已经发生了明显改变，流域下垫面特征参数 n 从 1.14 上升到 1.21。图 11.24 为降水量、径流量和潜在蒸散发量（P、R、E_0）的变化趋势图。在 1961~2010 年期间，潜在蒸散发量（E_0）无显著变化，基本趋于稳定（774.65mm ± 18.74mm）。在 1961~1989 年和 1990~2010 年期间，P 和 R 分别在这两个时间段内都有上升趋势，但是整体上从 1961~2010 年，P 和 R 呈现下降趋势。

表 11.5 黄河源区气候变化量、径流变化量和下垫面特征值 n 变化量

参数	1961~1989 年	1990~2010 年	1961~2010 年
年均 P/mm	515.84	476.94	500.2
年均 P 变化率/%		–7.54	–3.03
年均 E_0/mm	771.33	779.25	774.65
年均 E_0 变化率/%		1.03	0.43
年均 R/mm	182.36	144.51	166.47
年均 R 变化率/%		–20.76	–8.71
R_c	0.35	0.3	0.33
R_c 变化率/%		–14.29	–5.71
n	1.14	1.21	1.17
n 变化率/%		6.14	2.63

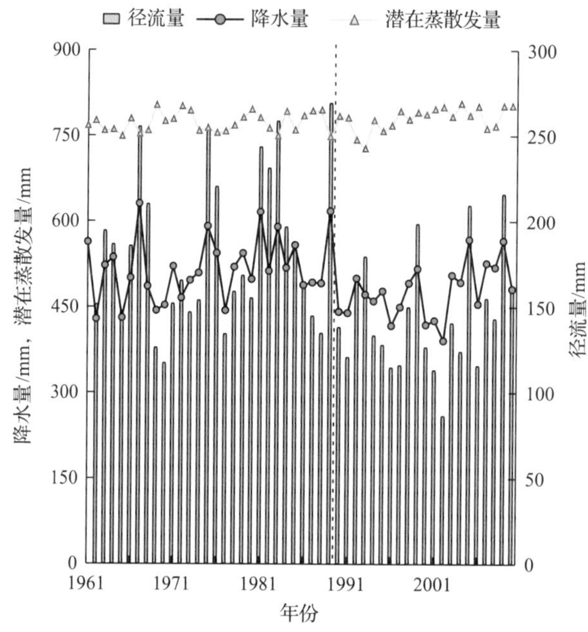

图 11.24 黄河源区年均降水量（P）、年均潜在蒸散发量（E_0）和年均径流量（R）

郑裕彤[18]在径流的降水和蒸散发偏弹性互补关系[19]的基础上，建立了径流变化归因与预测方法框架，并应用于黄河源区径流变化的研究，对 1961~2010 年黄河源区径流变化的气候变化和下垫面变化相对贡献占比进行了分析和量化。研究将总时间序

列（1961~2010年）分为十个子时间段，每个子时间段以5年为时间步长。假设相邻两个子时间段土壤含水量基本保持不变，因此，降水量和径流量的差值可以作为蒸发量。各时段的年均蒸散发量（E）、年均潜在蒸散发量（E_0）、降水量（P）、径流量（R）和流域下垫面参数n见表11.6。通过建立的互补关系法（郑裕彤，2018），得到相邻两个子时间段的径流差值以及气候变化和下垫面变化对径流变化的贡献值（表11.7）。当 α 分别等于 1、0.5 和 0 时（代表从当前时段到下一个时段气候和下垫面变化的

表 11.6 子时间段年均蒸散发量（E）、年均潜在蒸散发量（E_0）、降水量（P）、径流量（R）和参数 n

子时间段	时间跨度	对应径流	E/mm	E_0/mm	P/mm	R/mm	n
T_1	1961~1965年	R_1	329.91	761.42	502.07	172.76	1.15
T_2	1966~1970年	R_2	319.86	773.59	498.67	178.81	1.09
T_3	1971~1975年	R_3	314.73	777.31	489.18	174.45	1.08
T_4	1976~1980年	R_4	360.74	770.26	528.16	167.42	1.27
T_5	1981~1985年	R_5	325.61	767.99	547.64	222.03	1.03
T_6	1986~1990年	R_6	359.47	779.68	529.36	169.89	1.24
T_7	1991~1995年	R_7	317.61	755.94	462.71	145.10	1.18
T_8	1996~2000年	R_8	329.22	781.85	470.38	141.16	1.21
T_9	2001~2005年	R_9	312.37	793.20	447.11	134.74	1.16
T_{10}	2006~2010年	R_{10}	368.45	785.30	526.76	158.32	1.30

表 11.7 $\Delta R_{climate}$和$\Delta R_{catchment}$的计算值，以及总径流变化（ΔR）的观测值和计算值

（单位：mm）

不同子时间段 ΔR	α=1		α=0.5		α=0		观测 ΔR	计算 ΔR
	$\Delta R_{climate}$	$\Delta R_{catchment}$	$\Delta R_{climate}$	$\Delta R_{catchment}$	$\Delta R_{climate}$	$\Delta R_{catchment}$		
ΔR_1	−4.04	10.69	−4.01	10.66	−3.98	10.64	6.05	6.65
ΔR_2	−6.32	1.96	−6.29	1.93	−6.26	1.90	−4.36	−4.36
ΔR_3	24.45	−31.49	24.13	−31.17	23.81	−30.84	−7.03	−7.04
ΔR_4	11.68	42.94	12.39	42.23	13.09	41.52	54.62	54.62
ΔR_5	−13.96	−38.18	−13.32	−38.83	−12.67	−39.48	−52.14	−52.15
ΔR_6	−34.50	9.71	−34.12	9.33	−33.74	8.95	−24.79	−24.79
ΔR_7	0.39	−4.33	0.38	−4.31	0.36	−4.30	−3.94	−3.93
ΔR_8	−14.38	7.95	−14.22	7.79	−14.06	7.63	−6.43	−6.43
ΔR_9	43.98	−20.40	45.03	−21.45	46.08	−22.51	23.58	23.58

不同路径）[18]，$\Delta R_{\mathrm{climate}}$的变化范围分别为（−34.50, 43.98）、（−34.12, 45.03）和（−33.74, 46.08）；当α分别等于1、0.5和0时，$\Delta R_{\mathrm{catchment}}$的变化范围分别为（−38.18, 42.94）、（−38.83, 42.23）和（−39.48, 41.25）。

以子时间段T_1为时间基准，分析$\Delta R_{\mathrm{climate}}$和$\Delta R_{\mathrm{catchment}}$的变化规律。$\Delta R'_{\mathrm{climate},i}$和$\Delta R'_{\mathrm{catchment},i}$表示子时间段$i$+1（$T_{i+1}$）与子时间段1（$T_1$）的差值，分别代表气候变化对径流变化的贡献和下垫面变化对径流变化的贡献。图11.25显示$\Delta R'_{\mathrm{climate},i}$和$\Delta R'_{\mathrm{catchment},i}$随时间的变化趋势。从图中可以看出径流变化的上边界与下边界之间的差值，随着时间序列而不断变大。这是因为研究假设相邻两个时间段之间的土壤含水量基本保持不变，而实际上流域土壤含水量会由于气候和下垫面的变化而发生波动，可能导致在计算相邻两个子时间段径流差值时，存在着微小的误差。$\Delta R'_{\mathrm{climate}}$和降水有一个显著的正相关关系（$R^2$=0.99，显著度水平小于0.05），而$\Delta R'_{\mathrm{catchment}}$则与下垫面参数$n$表现出显著的负相关关系（$R^2$=0.99，显著度水平小于0.05）。显然，降水是导致径流变化的主要来源与控制因子之一，降水变化越大，会导致径流的变化越大，也就是说$\Delta R'_{\mathrm{climate}}$越大。研究表明，植被覆盖会影响降水入渗过程和产流过程[20,21]。因此，植被覆盖越大，降水入渗量就越多，对应所产生的径流量就越少。由于三江源自然保护区的建立，人类活动在保护区内受到严格限制，参数n的变化主要归因于植被覆盖度的变化。

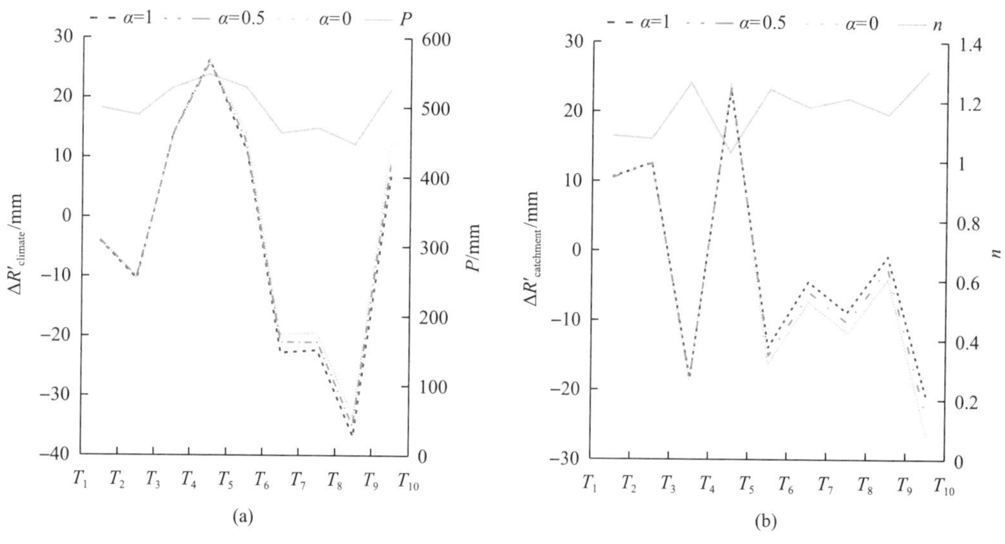

图11.25　$\Delta R'_{\mathrm{climate}}$的变化特征及$\Delta R'_{\mathrm{climate}}$与$P$的相关关系（a）和$\Delta R'_{\mathrm{catchment}}$的变化特征及$\Delta R'_{\mathrm{catchment}}$与$n$的相关关系（b）

从图11.26可以看出，在1990年之后，$\Delta R'_{\mathrm{climate}}$和$\Delta R'_{\mathrm{catchment}}$均为负值，说明气候变化和下垫面变化影响对径流均产生负效应，即都导致径流减少，但气候变化对径流变化的贡献要大于下垫面变化。1961~1989 年，当 α 分别等于 1、0.5 和 0 时，气候变化影响下的径流变化占总径流变化的比例为 71.95%、74.58%和 77.22%；1990~2010 年，气候变化影响下的径流变化占总径流变化的比例为 68.02%、61.43%和 54.83%，仍为主要影响因素，但所占的比例有所降低。

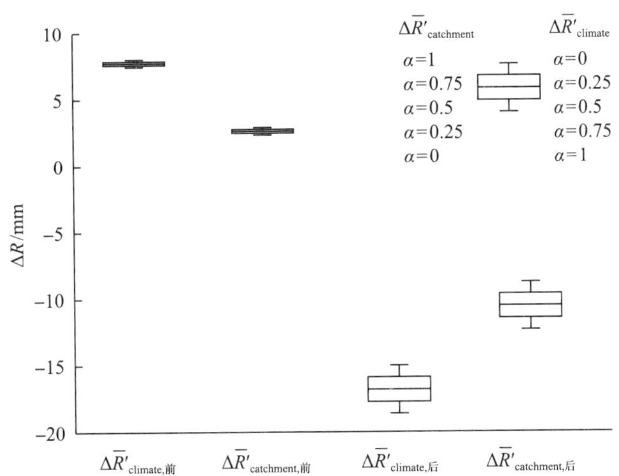

图 11.26　1961~1989 年（前）和 1990~2010 年（后），当 α=1、0.75、0.5、0.25 和 0 时，$\Delta R'_{climate}$ 与 $\Delta R'_{catchment}$ 的均值

（二）黄河源区径流对气候变化的响应

降水量 P 和潜在蒸散发量 E_0 是研究区域水量–能量平衡的重要因子[22]。参数 n 反映下垫面特征，同样也影响着产流过程。由于气候变化是影响黄河源区径流变化的主要因素，相较于 1961~1989 年，1990~2010 年均降水量下降了 7.09%。

表 11.8 显示了每个子时间段的径流敏感系数（$\partial R/\partial P$ 为径流随降水变化的变化率，$\partial R/\partial E_0$ 为径流量随着潜在蒸散发量变化的变化率）。其中 $\partial R/\partial P$（变化幅度从 0.54 到 0.65）的均值为 0.58；$\partial R/\partial E_0$（变化幅度从−0.18 到−0.13）的均值为−0.16。说明在黄河源区，相较于潜在蒸发量，径流量的变化对于降水量更加敏感。

图 11.27 中横坐标 E_0/P 为干旱指数，纵坐标分别为径流对降水和潜在蒸散发的敏感系数。从图中可以看出，径流敏感系数并不是一个常数，而是随着气候条件变化而变化。$\partial R/\partial P$ 对于 E_0/P 呈现显著的负相关关系（R^2=0.51，显著度水平小于 0.05），而 $\partial R/\partial E_0$ 对于 E_0/P 呈现显著的正相关关系（R^2=0.94，显著度水平小于 0.05）。由于 $\partial R/\partial E_0$ 是负值，说明随着气候变得干燥，径流对气候变化的敏感度都将降低。可能的原因是气候变化使得植被覆盖度的增高，增强了流域的调蓄能力，减小了径流系数，从而降

低了径流变化对气候的敏感性[23]。

表 11.8　每个子时间段径流量对降水量和潜在蒸发量的敏感系数

子时间段	$\partial R/\partial P$	$\partial R/\partial E_0$
T_1	0.59	–0.17
T_2	0.60	–0.16
T_3	0.60	–0.15
T_4	0.58	–0.18
T_5	0.65	–0.18
T_6	0.58	–0.18
T_7	0.56	–0.15
T_8	0.55	–0.15
T_9	0.54	–0.13
T_{10}	0.56	–0.17

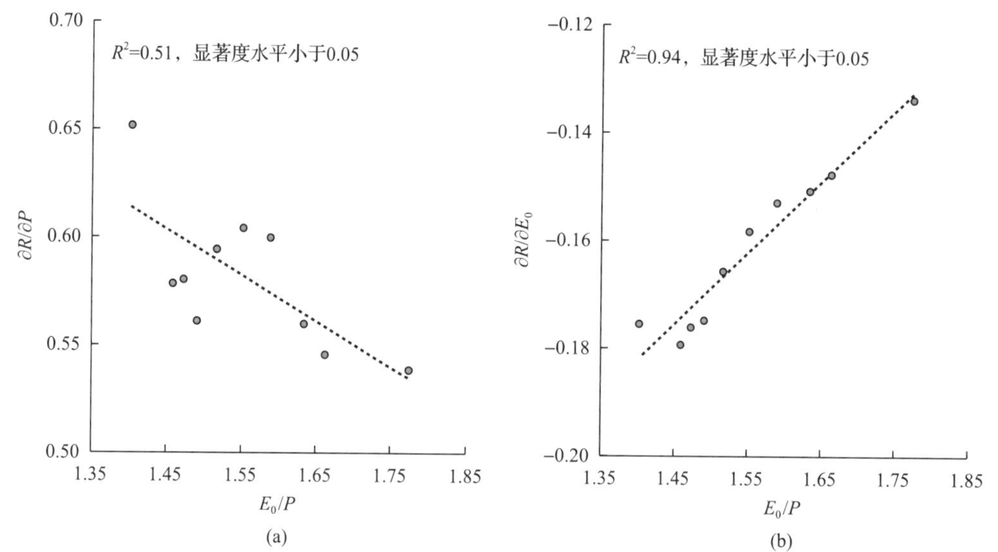

图 11.27　E_0/P 和 $\partial R/\partial P$ 的相关关系（a）及 E_0/P 和 $\partial R/\partial E_0$ 的相关关系（b）

（三）黄河源区径流对植被变化的响应

如前所述，$\Delta R_{catchment}$ 和参数 n 呈现显著的负相关关系。相较于 1961~1989 年，n 值在 1990~2010 年期间上升了 6.14%，对应 $\Delta R_{catchment}$ 减少。由于人类活动在保护区内受到严格限制，可以认为 n 值的变化主要是由于植被覆盖的变化，其可以用归一化植被指数（NDVI）来反映。NDVI 是反映地表植被覆盖状况的一种遥感指标，其值在-1 和 1 之间，负值表征地面为水、雪等，0 表示有岩石或裸土，正值表示有植被覆盖，且数值越大，植被覆盖度越高。一般来讲，植被覆盖度在 0~0.1 为极低覆盖度，0.1~0.3 为低覆盖度，0.3~0.5 为中等覆盖度，0.5~0.7 为中高覆盖度，0.7~1 为高覆盖度。1981~2010 年研究区的 NDVI 年均值随着时间呈现出上升趋势，在 2010 年达到最高。植被的生长对降水产生了截流作用，被截留的水量会迅速转化为蒸散发量而进入到大气中，同时少部分降水入渗到土壤中转化为地下水[22,24]。图 11.28 表明，n 与 E/P 呈现显著的正相关关系（R^2=0.70，显著度水平小于 0.05），说明植被的生长会促进区域蒸散发系数（E/P）的升高。由于蒸散发系数和径流系数的和为 1，蒸散发系数的升高意味着径流系数的减少，导致在相同降水条件下径流量的减少。也就是说，随着植被的生长，NDVI 值变高，更多的降水通过植被的蒸散发作用返回到大气中或者由入渗作用进入地下水，导致了黄河源区径流量的降低。

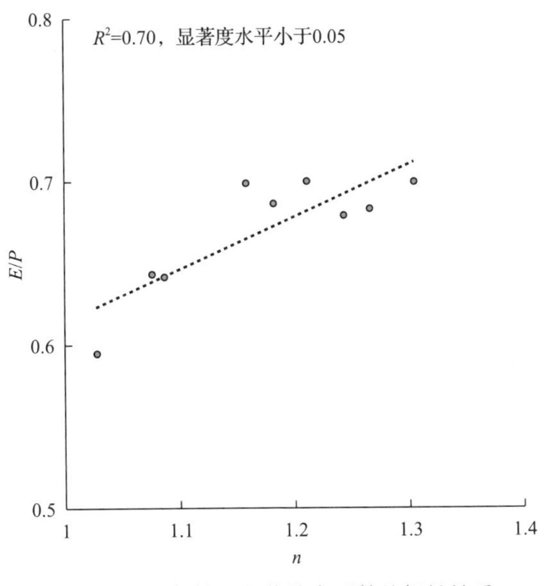

图 11.28　参数 n 和蒸散发系数的相关关系

第五节　黄河源区未来植被-径流变化趋势

一、黄河源区未来植被覆盖变化预测

利用郑裕彤[18]建立的基于逐步聚类分析的三江源区植被覆盖预测模型（VEDSP），

以降水和气温为驱动因子，采用历史实测数据进行模型学习，采用 CMIP5 未来气候情景数据预测未来 100 年三江源地区植被 NDVI 变化趋势。图 11.29 为 2006 年 3 月至 2013 年 12 月期间，利用 VEDSP 模型预测未来气候变化条件下三江源区 NDVI 值与实际观测月均值的对比图。从图中可以看出，除了 2010 年的预测峰值偏低外，其余年份历史实测值完全落在了模拟值范围之内，证明可以利用未来气候变化预测结果和建立的植被动态逐步聚类预测模型很好地预测三江源地区植被的动态变化。

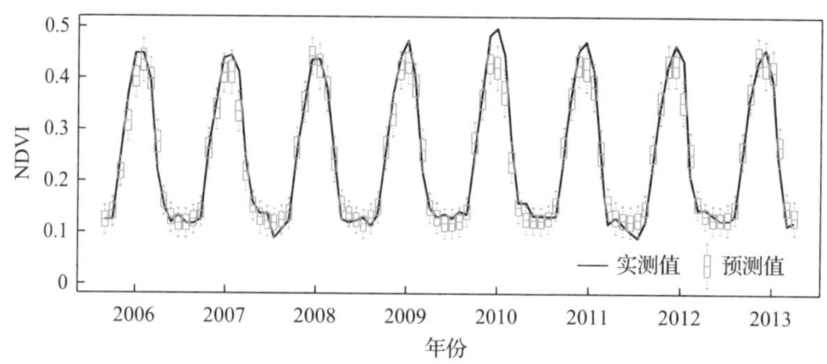

图 11.29　2006 年 3 月至 2013 年 12 月期间 NDVI 的实测月均值和模拟月均值

利用校正后的未来气候变化 CMIP5 数据和建立的 VEDSP 模型对三江源区未来近百年内的植被覆盖变化趋势进行预测（图 11.30）。从图 11.30 中可以看出，未来近百年三江源地区 NDVI 虽然在 0.05 显著度水平下没有明显的变化趋势，但是在 0.1 显著度水平下呈现微弱的上升趋势。

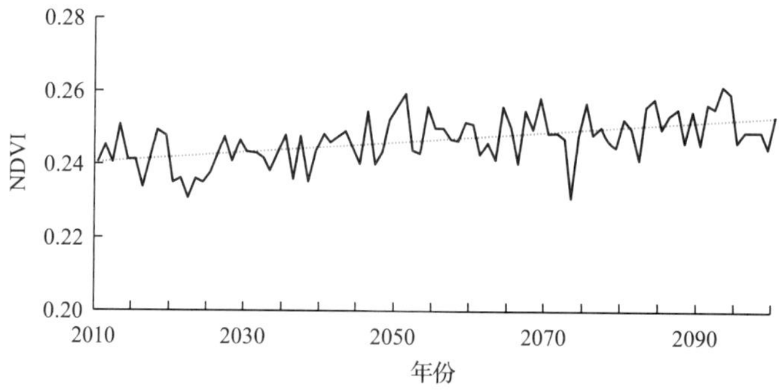

图 11.30　未来近百年三江源地区植被覆盖的变化趋势预测结果

表 11.9 列出了三江源区各子流域未来代表年 NDVI 年均预测值和生长季节预测均值的变化情况。从表中可以看出，黄河流域除了 2020 年代表年外，其余代表年年均值都大于 2000 年实测年均值，而生长季节预测均值要小于 2000 年实测生长季节均值。长江流域 NDVI 年均值呈上升趋势，在生长季节只有 2040 年和 2080 年大于 2000 年实测生长季节均值。而澜沧江流域增长趋势最为明显，植被生长情况要好于长江流域和

黄河流域。

表 11.9　各子流域未来五个代表年 NDVI 与历史均值比较

年份	参数	长江流域		黄河流域		澜沧江流域		内流区	
		NDVI	变化率/%	NDVI	变化率/%	NDVI	变化率/%	NDVI	变化率/%
2000	生长季节	0.348		0.463		0.465		0.202	
	年均值	0.237		0.306		0.317		0.143	
2020	生长季节	0.321	−7.76	0.421	−9.07	0.445	−4.30	0.188	−6.93
	年均值	0.229	−3.38	0.298	−2.61	0.316	−0.32	0.138	−3.50
2040	生长季节	0.352	1.15	0.454	−1.94	0.473	1.72	0.201	−0.50
	年均值	0.243	2.53	0.311	1.63	0.331	4.42	0.143	0.00
2060	生长季节	0.344	−1.15	0.452	−2.38	0.473	1.72	0.199	−1.49
	年均值	0.242	2.11	0.315	2.94	0.336	5.99	0.144	0.70
2080	生长季节	0.36	3.45	0.458	−1.08	0.479	3.01	0.21	3.96
	年均值	0.252	6.33	0.317	3.59	0.346	9.15	0.151	5.59
2100	生长季节	0.341	−2.01	0.449	−3.02	0.468	0.65	0.201	−0.50
	年均值	0.244	2.95	0.309	0.98	0.342	7.89	0.147	2.80

在郑裕彤[18]中，通过 VEDSP 模型建立的聚类树，分析得出降水为影响三江源地区植被动态变化的最主要气候因子，特别是连续两个月的降水均值。已有研究表明，未来三江源地区将呈现气温显著升高而降水没有显著变化的特征[25-27]。图 11.31 表明 NDVI

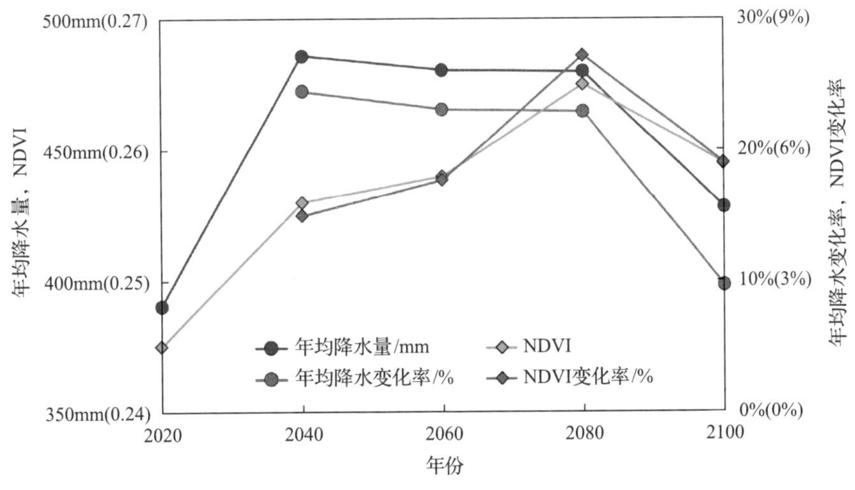

图 11.31　未来三江源区降水年均值变化及对应 NDVI 变化

的变化与年均降水量的变化有很好的一致性，相较于 2020 年，2040 年、2060 年、2080 年和 2100 年均降水量分别上升了 24.47%、23.07%、22.92%和 9.64%，对应 NDVI 的年均值分别上升了 4.49%、5.31%、8.16%和 5.71%。因此，NDVI 与降水的一致变化趋势进一步表明，NDVI 对降水变化的响应显著。

图 11.32 为五个代表年的月均值与历史月均值（2001~2013 年）比较结果。在非生长季节，未来 NDVI 月均值要高于历史均值；在生长季节，NDVI 的波峰要低于历史均值，特别是在7月、8月和9月，相较于历史月均值分别下降了-4.18%、-8.43%和-3.31%。1 月、2 月、3 月、6 月和 12 月基本与历史均值持平。变化最为显著的是处于生长季节和非生长季节交替的 4 月、5 月、10 月和 11 月，相较于历史月均值分别上升了 18.01%、10.20%、12.41%和 6.88%。这些月份 NDVI 值增高可能是因为温度上升使得活动积温增高导致。活动积温是一定时期内温度等于或高于基温的总和，是植被生长的一个重要指标，影响植被年均值的变化[28]。未来气候变化情境下，温度升高提高了区域活动积温，相当于延长了植被生长季，有利于植被在非生长季节的生长。温度的升高同样会增强植被强光合作用，进而植被对水分的需求增加[29]。由于这些月份处于生长季节和非生长季节交替，对应气象上雨季和旱季的交替，温度相较于 7 月、8 月、9 月并不高，降水相对充沛，水量并不制约生态植被的生长，因此表现出未来气候变化条件下植被在非生长季节的生长得到促进。而未来气候变化条件下，三江源区在 7 月、8 月、9 月气温上升明显而降水基本保持不变。由于温度的升高蒸散发增强，使得降水一定程度上不能满足植被生长对水分的需求，植被生长受到限制，因而导致了 7 月、8 月、9 月 NDVI 值的下降。从图 11.33 中可以看出，在未来气候变化条件下，代表年气温因子（当月气温、连续两个月、连续三个月气温三个对植被覆盖有显著影响的温度相关因子）月均值都有明显的增加，但与之相对应的降水因子（当月降水、连续两个月、连续三个月降水这三个对植被覆盖有显著影响的因子），特别是在非生长季节，并没有一致性增加，变化不显著。所以，尽管温度的显著上升会使得三江源区植被生长的活动积温升高，促进植被的生长。但降水并没有显著性变化，制约了植被生长，使得未来三江源区植被 NDVI 总体上表现为没有显著的趋势性变化（0.05＜显著度水平＜0.1）。

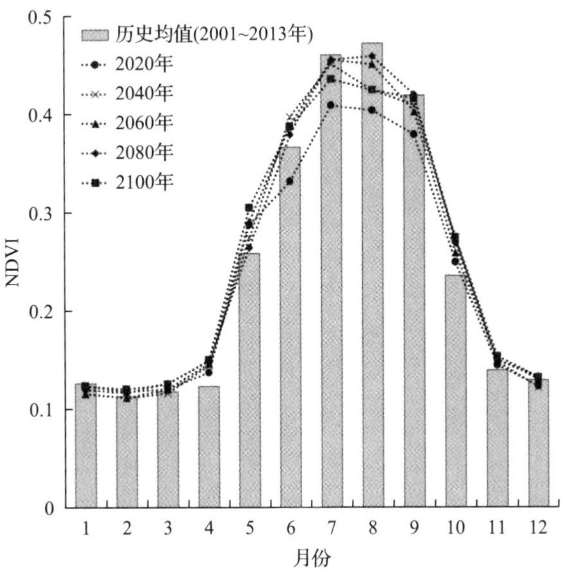

图 11.32 未来五个代表年月尺度 NDVI 均值（2020 年、2040 年、2060 年、2080 年和 2100 年）与历史均值（2001~2013 年）比较图

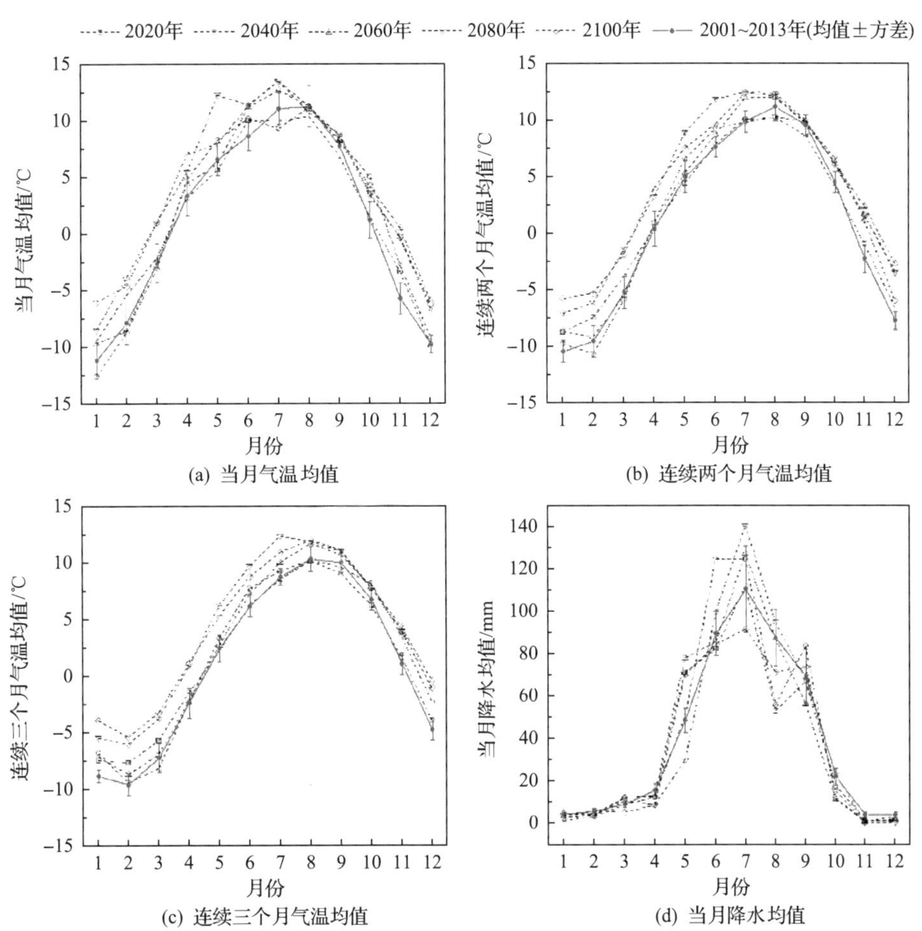

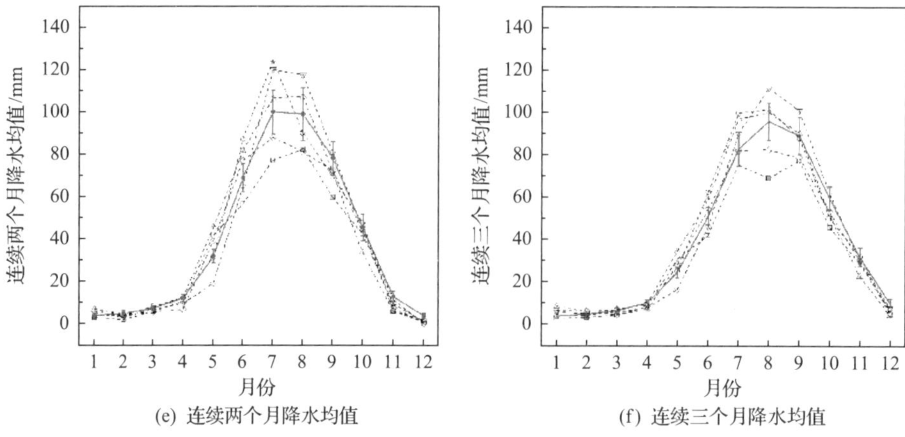

(e) 连续两个月降水均值　　(f) 连续三个月降水均值

图 11.33　未来气候变化条件下气象因子年内变化特征

二、黄河源区下垫面特征参数以及潜在蒸散发变化预测

未来黄河源区径流变化的预测所使用的降水数据来自于校正后的 CMIP5 全球气候模式数据[18]。未来潜在蒸散发量通过 Hargreaves 公式[30,31]计算，它在中国干旱–半干旱地区有着良好的应用[32,33]。下垫面参数 n 计算方法见[18,34]。为了和历史时期（1961~2010 年）分析结果一致，同样以 5 年为时间步长，将未来时间序列（2011~2100 年）分为 18 个子时间段（T'_1，T'_2,…,T'_{18}），其中 T'_1 子时间段为 2011~2015 年，以此类推。从图 11.34 中可以看出，E_0 在未来有显著上升的趋势（显著度水平小于

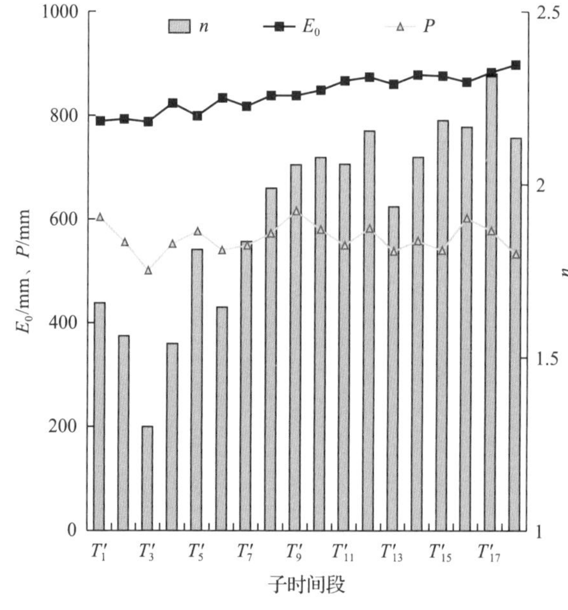

图 11.34　未来气候变化条件下各子时间段 E_0、P 和 n 的变化特征

0.05），表明由于温度上升，三江源区的蒸发能力变强。降水 P 的变化趋势并不明显，下垫面特征参数 n 有显著上升的趋势（显著度水平小于 0.05）。

三、基于水分能量平衡的未来径流变化预测

在未来 NDVI 变化、下垫面特征参数 n 和潜在蒸散发量预测的基础上，利用径流量化分离法[18]，以 5 年为时间步长，得到未来黄河源区径流的变化趋势，如图 11.35 所示。从图中可以看出，未来黄河源区径流在 RCP4.5 情景模式下，尽管从 2010 年开始呈现显著的下降趋势（R^2=0.7，显著度水平小于 0.05）。但是相较于 1961~2010 年期间的年径流均值，唐乃亥站 2020 年多年平均径流量上升了 5.02%，2040 年、2060 年和 2080 年多年平均径流量则分别下降了−9.82%、−9.48%和−11.17%。表 11.10 列出了不同学者使用不同方法预测的黄河源区径流量。李林等[35]使用降尺度的区域气候模式系统 PRECIS 数据，通过逐步回归法等统计分析方法，得到在未来 A2（中−高排放）情景模式下，平均径流量将在 21 世纪 10 年代左右下降 9.0%，在 20 年代左右下降 9.5%；在未来 B2（中−低排放）情景模式下，平均径流量在 21 世纪 10 年代左右将增加 2.5%，在 20 年代左右将减少 5.5%。赵芳芳和徐宗学[36]使用集成全球气候模型（GCMs）输出数据、降尺度模型和 SWAT 模型模拟了未来三个时期（20 年代、50 年代和 80 年代）的年均径流量，结果表明在统计降尺度情景模拟中，黄河源区径流量在这三个时期将分别减少 24.15%（88.16m^3/s）、31.79%（116.64m^3/s）和 41.33%（151.62m^3/s）；而在 Delta 情景模式下，20 年代、50 年代分别减少 17.36%（63.69m^3/s）和 0.47%（1.73m^3/s），在 80 年代将增加 12.79%（46.93%）。郝振纯等[37]根据 IPCC DDC 的 13 个系列 GCMs 数据，模拟黄河源区水资源量变化，结果表明在 A2、B2 两种情境下水资源量都呈下降趋势，其中以 CCSR 和 ECHRAM4 两种模式下降最为显著，未来 50 年以内，水资源量减幅都在 10%以内，而 2050 年后，水资源量平均每 10 年减少 5%以上。刘彩红等[38]使用流量和气候因子回归方法，结合降尺度未来气候数据，评估未来 50 年黄河源区径流变化，其结果表明，源区径流量总体呈现下降趋势，相较于气候标准期 1961~1990 年均值，在 20 年代年径流量减少 14.9%，而在 50 年代年均径流量减少了 24.7%。相比较于其他学者的研究，郑裕彤[18]采用 16 个 CMIP5 气候模式数据，利用建立的气候和下垫面变化对径流变化贡献的量化分离与预测框架，以 5 年为时间步长，预测未来 2011~2100 年黄河源区径流量变化趋势，得出类似的结论。

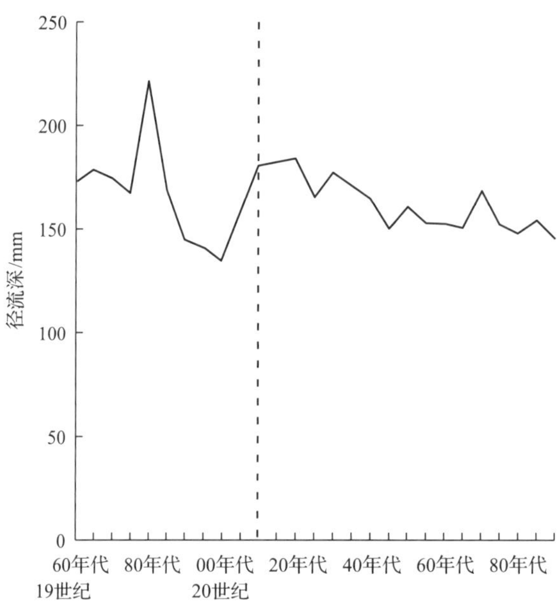

图 11.35　未来黄河源区径流变化趋势

表 11.10　现有部分相关研究的方法和结论

方法	输入数据	未来趋势	参考文献
统计分析	区域气候模式	相较于 1956~2010 年，A2 情景下平均流量分别减少 9.0%(21 世纪 10 年代)和 9.5%(20 年代)	[35]
SWAT	HadCM3(温室气体+硫化物气溶胶排放情景)	相较于 1971~2010 年，年均径流在 21 世纪 20 年代、50 年代和 80 年代分别减少了 24.15%、31.79%和 41.33%	[36]
半分布式水文模型	CMIP3 气候模式	未来 50 年以内，水资源量减幅都在 10%以内，而 2050 年后，水资源量平均每 10 年减少 5%以上	[37]
流量和气候因子回归方法	中国地区气候变化预估数据集	21 世纪 20 年代和 50 年代较 1961~1990 年分别减少 14.9%和 24.7%	[38]

第六节　小结

（1）三江源区近 6000 年来的植被主生态类型空间分布演化研究结果表明，三江源地区总生物量从全新世中期开始下降，长期来看三江源地区的生态系统是趋于退化的，且黄河源退化相对显著。以苔原和半荒漠之间的双向转变为代表的非树生物群系集合内的相互转化是三江源地区生物群系演化的主要模式，苔原和半荒漠是三江源地区的主导生物群系类型。两种主导模式（即苔原和半荒漠的相互转化）的分布主要集中在三江源的东北、西北和西南地区，在中南部也有部分分布，共同覆盖了三江源约45%的区域，成为该地区生物群系变化最频繁激烈区域。降水是三江源地区生物群系类型分布演变的主要驱动力，温度次之。

（2）三江源地区潜在蒸散率近 58 年来在时间上呈现整体增加的趋势，1957~1997 年出现较缓慢的下降；20 世纪 70 年代、80 年代出现短暂的回升，1997 年之后 PER 值出现异常突变，1998 年之后呈显著上升趋势。空间分布上，PER 值自东北部向西北、西南减小，三江源区地表最干旱的地区位于黄河源北部的贵南一带，未来黄河源区极有可能出现地表暖干化程度加剧风险。黄河源地表暖干化情势明显强于长江源和澜沧江源，黄河源 1980 年以来年平均地表温度基本高于−2℃，2000~2017 年的月平均积雪覆盖率主要呈下降趋势，冰川消融，冻土面积减小明显。黄河源未来气候变化的最突出特征是变暖，存在干旱化导致荒漠化程度加剧的风险。

（3）未来近百年三江源地区气温有一个明显的上升趋势（显著度水平小于 0.05），降水基本保持不变略有减少，而 NDVI 有一个微弱的上升趋势（显著度水平小于 0.1），说明三江源地区 NDVI 值在未来近百年中将基本维持现状不变，略有改善，但对植被的动态变化过程来讲，降水仍然是影响植被动态变化的主控因子。

（4）1961~2010 年期间，影响黄河源区径流变化的主要驱动力是气候变化，而在未来 RCP4.5 情景模式下，下垫面条件变化逐渐成为影响径流变化的主要控制因素，径流变化对气候变化敏感度降低。黄河源区径流量在 2010 年后呈现一定的上升趋势后，在未来总体呈下降趋势，相较于历史年均值（1961~2010 年），唐乃亥站 2020 年多年平均径流量上升了 5.02%，2040 年、2060 年和 2080 年多年平均径流量则分别下降了 9.82%、9.48%和 11.17%。其主要原因在于温度的上升促进了植被的生长，植被覆盖度的改善增强了蒸散发作用和入渗作用，使得更多的降水通过蒸发作用重新进入大气或者转变为地下水，进而使得径流量减少。

（5）建议推进黄河源区水源涵养与生态屏障建设，加强河源区空中水资源主动利用，传统人工增雨与新型人工增雨技术相结合，提升源区空中水资源的降水转化率，缓解源区地表暖干化趋势。在三江源、祁连山、甘南、若尔盖等重点水源涵养区，推进实施一批重大生态保护修复工程，加快三江源、甘南、祁连山等国家公园建设，全面保护草原、河湖、湿地、冰川等生态系统，构建适应未来气候变化的生态植被体系与生物链。开展天然林草恢复、退化土地治理、矿山生态修复和人工草场建设。加强

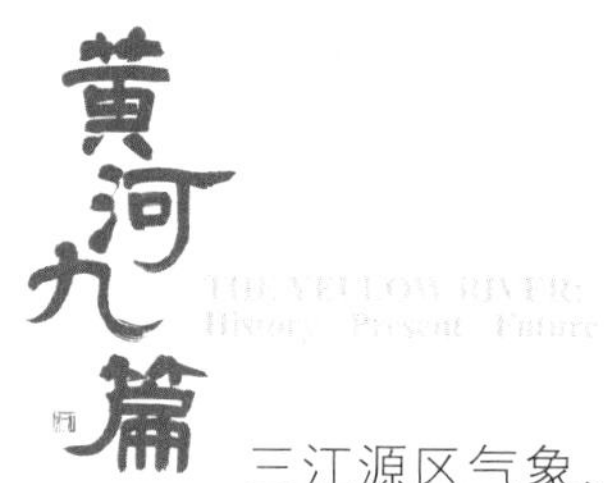

三江源区气象、水文、生态等科学数据的观测积累，加强实施针对三江源保护、三江源国家公园建设、应对气候变化的科学研究与工程示范项目。

本章撰写人：黄跃飞　李铁键

参考文献

[1] 魏加华. 三江源绿皮书：三江源生态保护研究报告. 北京：社会科学文献出版社, 2018.

[2] 秦大河. 三江源区生态保护与可持续发展. 北京：科学出版社, 2014.

[3] 王光谦, 王思远, 马元旭, 等. 青藏高原陆地生态系统遥感监测与评估. 武汉：长江出版社, 2019.

[4] 苟照君, 刘峰贵. 鄂陵湖-全球变化数据大百科辞条. 全球变化数据学报, 2019, 3(1): 91, 92.

[5] 苟照君, 刘峰贵. 鄂陵湖-全球变化数据大百科辞条. 全球变化数据学报, 2019, 3(1): 89, 90.

[6] 郝亚蒙. 基于遥感的三江源湖泊面积变化及影响因子分析. 北京：中国地质大学(北京), 2018.

[7] 蔡占庆. 基于遥感和水文模型的三江源湿地变化研究. 杭州：杭州师范大学, 2017.

[8] 毛鑫. 三江源中全新世以来古生物群系类型分布年表重建. 北京：清华大学, 2018.

[9] Prentice I C, Cramer W, Harrison S P, et al. Special paper: A global biome model based on plant physiology and dominance, soil properties and climate. Journal of Biogeography, 1992, 19(2): 117.

[10] Prentice C, Sykes M T, Cramer W. A simulation model for the transient effects of climate change on forest landscapes. Ecological Modelling, 1993, 65(1): 51-70.

[11] Wang D, Alimohammadi N. Responses of annual runoff, evaporation, and storage change to climate variability at the watershed scale. Water Resources Research, 2012, 48(5): 5546.

[12] Xu C Y, Singh V P. Review on regional water resources assessment models under stationary and changing climate. Water Resources Management, 2004, 18(6): 591-612.

[13] Zheng H, Lu Z, Zhu R, et al. Responses of streamflow to climate and land surface change in the headwaters of the Yellow River Basin. Water Resources Research, 2009, 45(7): 641-648.

[14] Li L, Hao Z C, Wang J H, et al. Impact of future climate change on runoff in the head region of the Yellow River. Journal of Hydrologic Engineering, 2008, 13(5): 347-354.

[15] Zhao F F, Xu Z X, Zhang L, et al. Streamflow response to climate variability and human activities in the upper catchment of the Yellow River Basin. Science in China, 2009, 52(11): 3249-3256.

[16] Zhou D G, Huang R H. Response of water budget to recent climatic changes in the source region of the Yellow River. Science Bulletin, 2012, 57(17): 2155-2162.

[17] Tang Y, Tang Q, Tian F, et al. Responses of natural runoff to recent climatic changes in the Yellow River basin, China. Hydrology & Earth System Sciences, 2013, 17(11): 4471-4480.

[18] 郑裕彤. 三江源地区生态植被演变模拟与径流响应预测方法. 北京：清华大学, 2018.

[19] Zhou S, Yu B, Zhang L, et al. A new method to partition climate and catchment effect on the mean annual runoff based on the Budyko complementary relationship. Water Resources Research, 2016, 52(9): 7163-7177.

[20] Cerdà A. Parent material and vegetation affect soil erosion in Eastern Spain. Soil Science Society of America Journal, 1999, 63(2): 362-368.

[21] Seeger M. Uncertainty of factors determining runoff and erosion processes as quantified by rainfall simulations. Catena, 2007, 71(1): 56-67.

[22] Yang H, Yang D, Lei Z, et al. New analytical derivation of the mean annual water-energy balance equation. Water Resources Research, 2008, 44(3): 893-897.

[23] Conway D. A water balance model of the Upper Blue Nile in Ethiopia. International Association of Scientific Hydrology Bulletin, 1997, 42(2): 265-286.

[24] Xu J. Variation in annual runoff of the Wudinghe River as influenced by climate change and human activity. Quaternary International, 2011, 244(2): 230-237.

[25] Xu C H , Xu Y. The projection of temperature and precipitation over China under RCP scenarios using a CMIP5 multi-model ensemble. Atmospheric and Oceanic Science Letters, 2012, 5 (6): 527-533.

[26] Su F, Duan X, Chen D, et al. Evaluation of the global climate models in the CMIP5 over the Tibetan Plateau. Journal of Climate, 2013, 26(10): 3187-3208.

[27] Gao Q, Guo Y, Xu H, et al. Climate change and its impacts on vegetation distribution and net primary productivity of the alpine ecosystem in the Qinghai-Tibetan Plateau. Science of the Total Environment, 2016, 554-555: 34.

[28] 徐兴奎，王小桃，金晓青．中国区域 1960～2000 年活动积温年代变化和地表植被的适应性调整．生态学报, 2009, 29(11): 6042-6050.

[29] Zhou L, Kaufmann R K, Tian Y, et al. Relation between interannual variations in satellite measures of northern forest greenness and climate between 1982 and 1999. Journal of Geophysical Research Atmospheres, 2003, 108(D1): ACL-1-ACL 3-16.

[30] Hargreaves G H. Defining and using reference evapotranspiration. Journal of Irrigation & Drainage Engineering, 1994, 120(6): 1132-1139.

[31] Hargreaves G H, Allen R G. History and evaluation of Hargreaves evapotranspiration equation. Journal of Irrigation & Drainage Engineering, 2003, 129(1): 53-63.

[32] 罗健，荣艳淑．几种潜在蒸散量经验公式在华北地区的应用评价．[2007-11-14]. http: //www. paper. edu. cn/releasepaper/content/200711-280.

[33] 熊立华，张晓琳，林琳，等．潜在蒸散发公式对汉江流域径流模拟结果的影响．水资源研究，2012, 1(4): 175-185.

[34] Yang D, Shao W, Yeh J F, et al. Impact of vegetation coverage on regional water balance in the nonhumid regions of China. Water Resources Research, 2009, 45(7): 450-455.

[35] 李林，申红艳，戴升，等．黄河源区径流对气候变化的响应及未来趋势预测．地理学报, 2011, 66(9): 1261-1269.

[36] 赵芳芳，徐宗学．黄河源区未来气候变化的水文响应．资源科学, 2009, 31(5): 722-730.

[37] 郝振纯，王加虎，李丽，等．气候变化对黄河源区水资源的影响．冰川冻土, 2006, 28(1): 1-7.

[38] 刘彩红，苏文将，杨延华．气候变化对黄河源区水资源的影响及未来趋势预估．干旱区资源与环境，2012, 26(4): 97-101.

第十二章

黄土高原区生态环境

黄河是世界上著名的多沙河流，黄河97%的泥沙来自黄土高原[1]，黄土高原覆盖了黄河上中游绝大部分区域，其黄河中游地区是黄土高原的核心区域（图 12.1），也是我国最严重的水土流失区和生态脆弱区[2]。自新中国成立以来，对黄土高原开展了大规模的水土流失防治工作，主要经历了系统试验推广与发展、小流域综合治理、依法防治水土流失与深化水土保持改革、生态建设与保护、绿色发展理念引领高标准系统治理与强化监管5个阶段[1]。经过70多年的系统治理，黄土高原生态环境发生了巨大

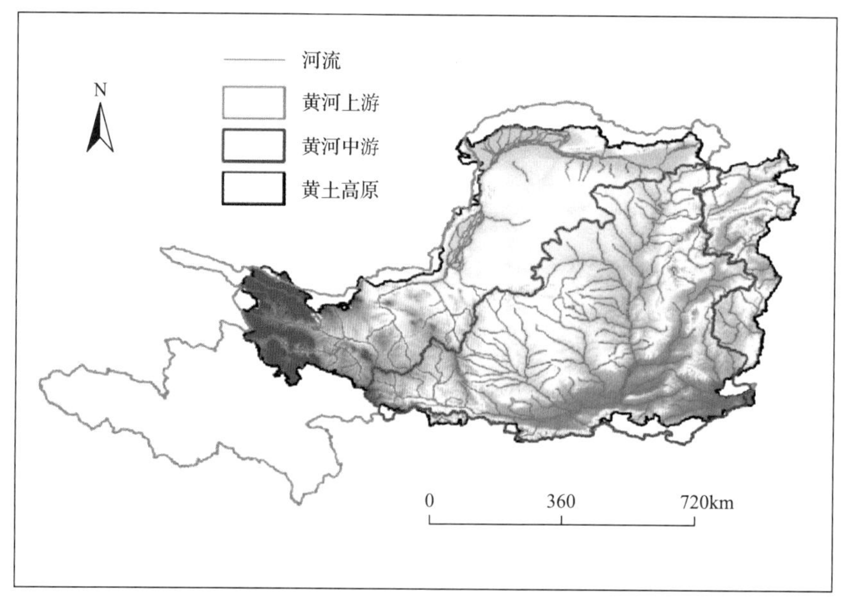

图 12.1　黄土高原与黄河上中游区域

变化，至今黄河流域生态保护和高质量发展已成为国家发展的重大战略。

黄土高原总面积 65 万 km^2，位于北纬 32°~41°和东经 107°~114°，涉及青海、甘肃、宁夏、内蒙古、陕西、山西和河南共 7 省（自治区）45 市（州、盟）341 县（旗）①。该区人口增加迅速、经济快速发展以及城镇化不断加快对生态环境造成严重破坏和干扰，存在局部水资源短缺的问题，致使人口、环境、发展之间矛盾尖锐。2015 年，该区承载着 1.14 亿人口，GDP 为 5.38 万亿元，城镇化率为 54%，三次产业结构比为 6.85：48.07：45.08[3]。生态环境脆弱、资源发展滞后、能源资源富集和贫困人口聚集是黄土高原地区的主要特征[3]。

第一节　黄土高原生态环境现状与变化

一、气候

（一）降水

黄河中游降水时空分布极不均匀，汛期 6~9 月的降水量约占年降水量的 70%，且主要以短历时、高强度的暴雨形式出现，最常发生的暴雨类型的雨量多为 10~30mm，降雨历时一般为 30~120min[4]。黄河中游 1960~2015 年多年平均降雨量如图 12.2 所示，年降雨量空间变化范围从 330mm 到 905mm，平均年降雨量约为 538mm。66%的区域年降雨量介于 450~650mm。自西北向东南，降雨量总体呈递增趋势，西北部年降雨量小于 400mm，为干旱-半干旱气候区，东南部秦岭山区一带年降雨量达 750~905mm，属湿润-半湿润地区。分析黄河中游 1960~2015 年降雨量的变化趋势，黄河中游绝大部分区域过去 60 年的降雨无显著变化（显著性概率 $p>0.05$）（图 12.3）。对于整个黄河中游空间平均的年降雨量而言，是无显著变化（$p=0.20$）。但对于降雨事件而言，1960~2015 年期间黄土高原有 70%的站点极端降水（将日降水量序列逐年按升序排列，取其第 90 个百分位数的 56 年平均值作为极端降水的阈值）表现出增长趋势，总体上呈现出东多西少的空间分布特征[5]，极端降水频数和极端降水强度分别呈现由北向南和由西向东逐渐递增的规律[6]。

① 资料来源：国家发展改革委. 黄土高原地区综合治理规划大纲(2010-2030 年). (2011-01-17). htpp://www.gov.cn/zwgk/2011-01/17/content_1786454.htm。

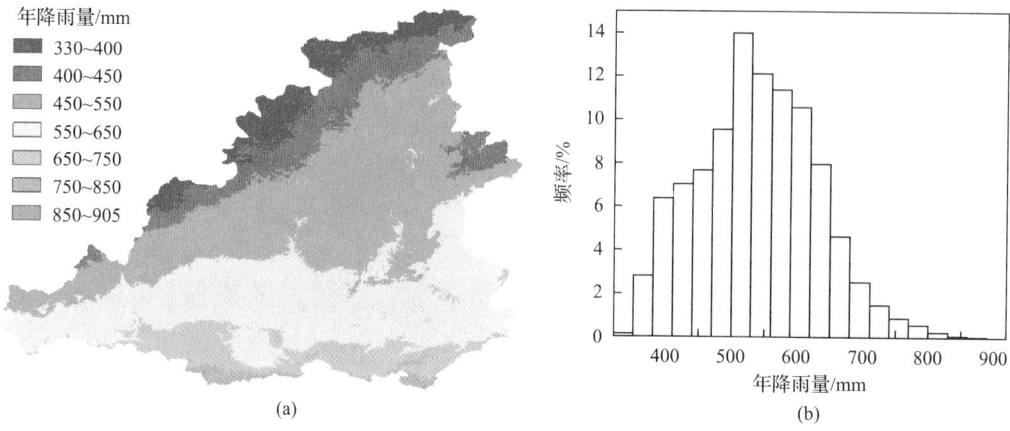

图 12.2　黄河中游年降雨量的空间分布

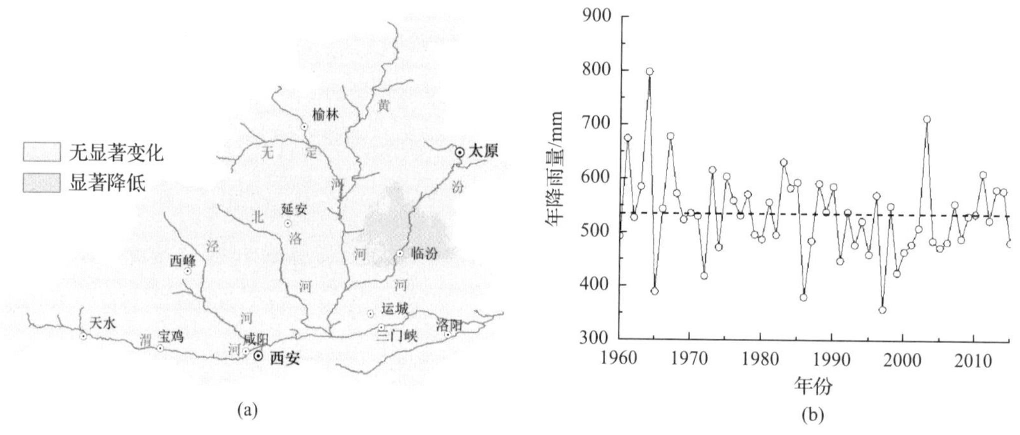

图 12.3　黄河中游年降雨量的变化趋势

（二）气温和蒸发

与全球升温一致，黄河流域气温在年际上呈现上升趋势，冬季升温趋势比夏季更为明显，由以前的偏冷逐渐向偏暖的趋势转变，特别是进入 21 世纪这种变化趋势更为显著[7]。黄河流域平均气温由 20 世纪 50 年代的 8.7℃增加到 2000~2010 年的 10.2℃，上升了 1.5℃，年均升温 0.025℃；不同区域升温差异比较明显，黄河中游升温幅度最大，平均气温由 20 世纪 50 年代的 13.3℃增加到 2000~2010 年的 15.1 ℃，上升了 1.8℃，年均升温 0.03℃[8]。同样，水面蒸发也呈现增强的趋势，黄河流域平均水面蒸发量由 2000 年前的 1131.7mm 增加到 2000~2010 年的 1150.9mm（增大 1.7%），其中黄河中游河口镇到龙门区间水面蒸发量增加得最为显著（增大 2.4%）[8]。

二、下垫面

（一）地形地貌及水土流失类型

黄河中游西北部紧邻毛乌素沙漠，东邻太行山，北部接鄂尔多斯高原，南至秦岭山脉，是黄土高原的主体部分。黄土高原地形结构复杂，有中低山、丘陵、谷地和平原等不同类型（图 12.4），该区的地理分区包括河流冲积平原、黄土塬、盖沙黄土丘陵、黄土峁状丘陵、黄土梁状丘陵、黄土宽谷丘陵、山间盆地黄土丘陵、风沙丘陵、土石丘陵、石质山地 10 大类型。黄土高原水土流失严重，土壤侵蚀强度差异明显，通常依据土壤侵蚀影响因子、侵蚀类型和强度的区域分异，将黄土高原土壤侵蚀区划分为鄂尔多斯高原风蚀区、黄土高原北部风蚀水蚀区和黄土高原南部水蚀区。

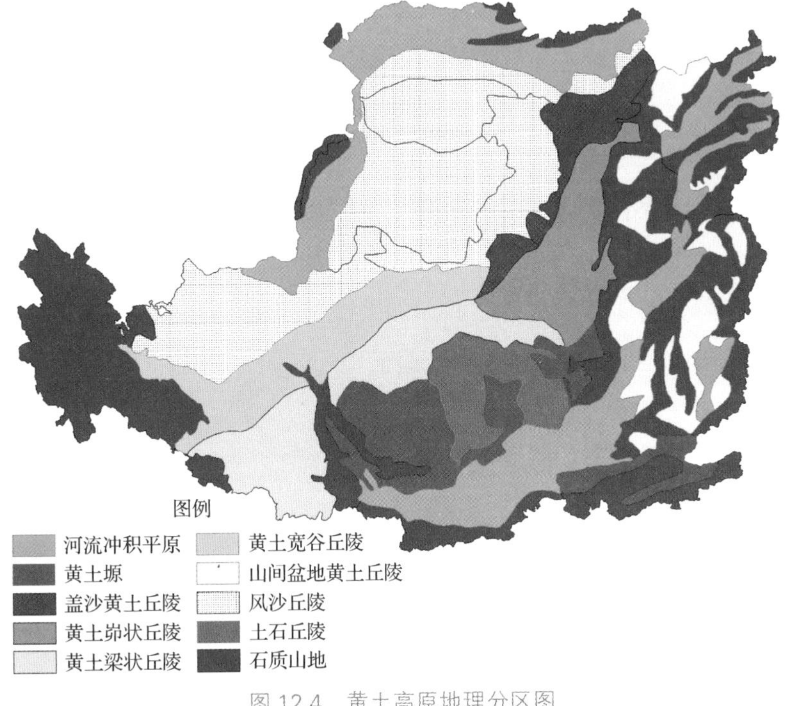

图 12.4　黄土高原地理分区图

资料来源：杨勤科. 黄土高原地区地理分区图(2000 年). 地球系统科学数据共享平台–黄土高原科学数据共享平台, 2013

根据地形地貌等自然条件，黄土高原水土流失类型可分为黄土丘陵沟壑区（下分 5 个副区）、黄土高塬沟壑区、土石山区、黄土阶地区、冲积平原区、风沙区、高地草原区、干旱草原区及林区等 9 大类型区[9]，各类型区水土流失存在明显差异[10]。其中，黄土丘陵沟壑区和高塬沟壑区面积高达 25 万 km^2，这两个区呈现出丘陵起伏、沟壑纵横、地形破碎的侵蚀地貌特征，是主要的水土流失类型区，两个区域 60%以上的面积年侵蚀模数在 5000t/km^{2}以上，两区的共同特点是光山秃岭、坡陡沟深、水土流失十分严重，是水土保持工作的重点治理区；林区、土石山区、高地草原区、干旱草原区、风沙区面积共 31.7 万 km^2，为局部水土流失区，该区大部分区域地面覆盖有不同程度的植被，水土流失轻微，但对于植被遭到破坏的局部地区，水土流失现象也较为严重，水土保持工作以保护现有植被为主，对已遭破坏的局部地方，也应采取综合措施加强治理；黄土阶地区和冲积平原区为轻微水土流失区，共 7.3 万 km^2，占黄土高原总面积的 11.4%，该区除阶地有少量沟蚀外，总体地势平坦，土壤侵蚀程度较为轻微，是水土保持工作的预防保护区[11-13]。

（二）水土保持措施

黄河中游由于水土流失严重，一直是国家水土流失治理的重点地区。自 20 世纪 70 年代开始，黄河中游开展了大规模的水土保持综合治理工作，包括工程措施（梯田、淤地坝）和生物措施（人工造林、人工草地）；1999 年以来，我国逐渐开展了退耕还林工程。NDVI 是表征植被覆盖度的重要指标，与地表覆盖率成正比关系，对于同一种植被而言，NDVI 值越大，表明地表植被覆盖率越高，植被长势越好[14]。总体上，黄河中游 1982~2015 年多年平均的年最大化的 NDVI 空间分布差异明显（图 12.5），自西北到东南呈递增趋势，西北部的砒砂岩和风沙区植被覆盖度最低，黄土区次之，土石山区最高，三个类型区年最大化的 NDVI 均值分别为 0.31、0.54、0.75。

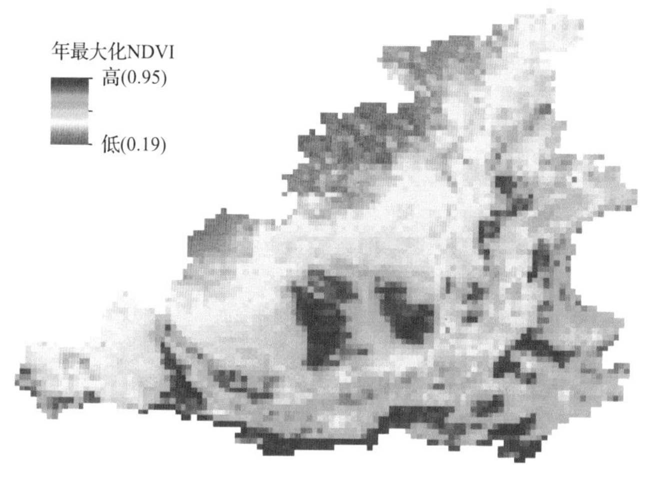

图 12.5　黄河中游植被覆盖度空间分布

几十年来，随着黄土高原天然林防护工程及退耕还林工程的开展，生态环境明显改善。植被覆盖总体表现为增加趋势，从总体上看，66.8%的区域 NDVI 呈显著增加趋势（$p<0.05$），主要位于河龙区间、泾河和北洛河上游；3.7%的区域 NDVI 显著降低，主要位于中部、东南部土石山区，这是由六盘山、子午岭和秦岭北坡等山地林区植被退化造成的；29.5%的区域植被覆盖状况基本保持不变，位于中部和南部土石山区（表 12.1）。

表 12.1　不同分区植被覆盖度变化趋势统计

分区	趋势	面积占比/%
砒砂岩和风沙区	减小	
	增加	89.0
	不显著	11.0
土石山区	减小	4.8
	增加	47.8
	不显著	47.5
黄土区	减小	3.9
	增加	72.0
	不显著	24.1
整体	减小	3.7
	增加	66.8
	不显著	29.5

注：因数据四舍五入，存在一定误差，各分区面积占比之和可能不是 100%。

水土保持工作的持续开展显著改变了黄河中游的土地利用方式，截至 2010 年，黄土高原已修建各类型淤地坝 9 万多座，淤成坝地 28.63 万 hm^2，修建梯田 281.85 万 hm^2，造林 968.28 万 hm^2，并且水土流失治理区域集中在河龙区间[15]。自 20 世纪 50 年代以来黄河中游主要支流的水土保持工程措施面积和林草治理面积及其占流域面积比例不断增加（图 12.6 和图 12.7）[10,16,17]。在黄河中游年降雨量无显著变化的前提下，大规模的水土保持措施，使水土流失治理成效显著，是黄河中游区间水沙显著变化的重要影响因素[10,18,19]。淤地坝主要通过拦蓄径流、增加入渗、沉积泥沙，显著减少径流和泥沙，而植被通过增加地表入渗而减少径流，增加地表抗蚀力，从而减少坡面或泥沙来源地的侵蚀作用。

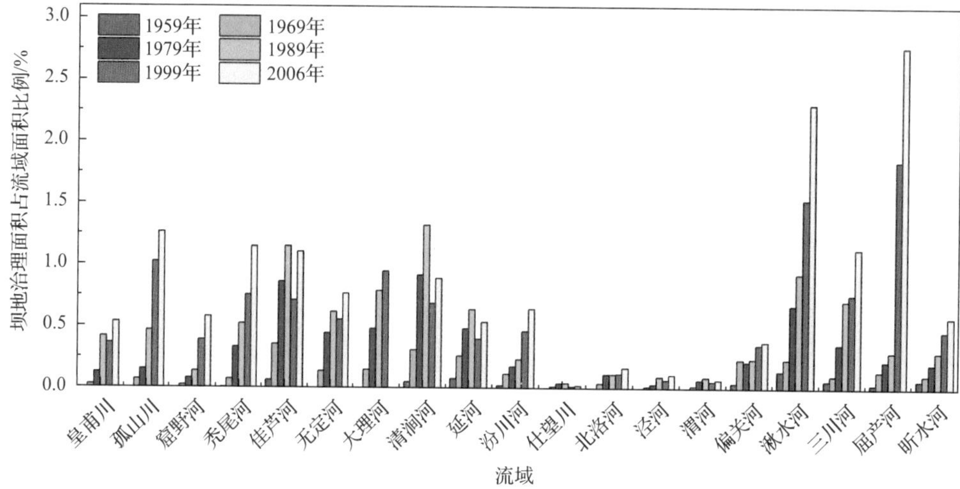

图 12.6 黄河中游主要支流不同时期坝地治理面积占比[10,16,17]

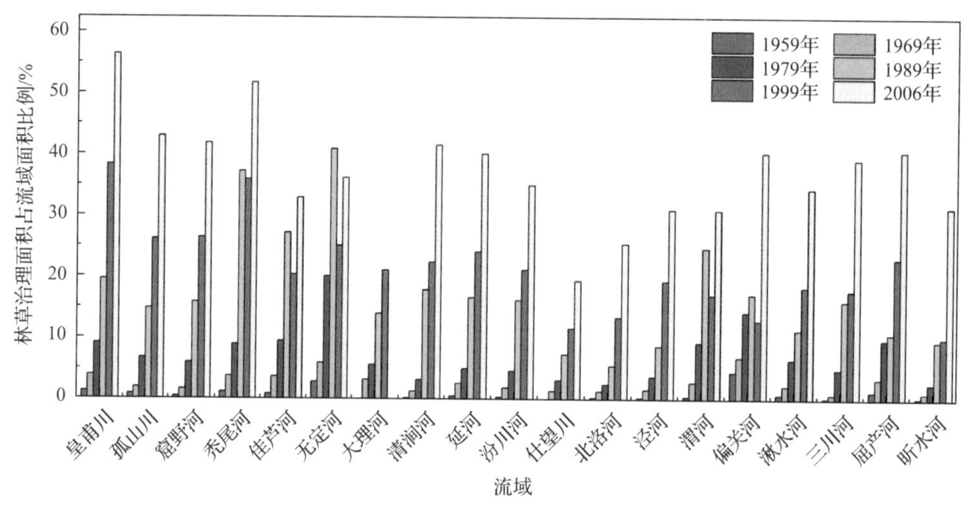

图 12.7 黄河中游主要支流不同时期林草治理面积占比[10,16,17]

（三）水域

黄河流域水域主要包括河渠、湖泊、水库坑塘和滩地等，上游湖泊水域所占面积最大，而中游河渠水域所占面积最大[20]。黄河中游区间主河道河长 1230km，在中游汇入干流的较大支流有 30 多条，主要包括皇甫川、孤山川、偏关河、窟野河、秃尾河、湫水河、三川河、屈产河、无定河、大理河、清涧河、延河、昕水河、北洛河、泾河和渭河等[2,21]。黄河被称为“水在上游，沙在中游，害在下游”。据统计[22]，黄河上游和中游水域面积约占整个流域的 60%和 29%，近年来平均水域面积分别为 4046km^2 和 1965km^2。与 2000 年相比，2019 年黄河上游和中游水域面积分别增加 1182km^2 和

1059km²，年增加约为 54km² 和 44km²；2019 年黄河上游和中游大于 1km² 的湖库分别有 116 个和 87 个发生了显著变化，上游有 66 个湖库水域面积扩大、26 个湖库水域面积有所缩小和新增湖库 24 个，中游有 40 个湖库水域面积扩大、16 个湖库水域面积有所缩小和新增湖库 31 个[22]。黄河上中游水域面积对流域生态环境整体改善具有显著的促进作用。

三、径流和泥沙

黄河中游 1960~2020 年来水量及来沙量如图 12.8 所示，黄河中游多年平均实测来水量为 109.93 亿 m³，多年平均实测来沙量为 6.98 亿 t。利用 Mann-Kendall 趋势性检验对黄河中游来水量及来沙量时序变化进行趋势分析，两者的秩相关系数分别为 –5.98 和–6.99，显著性水平均远远小于 0.001，说明黄河中游来水量和来沙量均有显著减少趋势，两者减少速率分别为 2.05 亿 m³/a 和 0.23 亿 t/a。

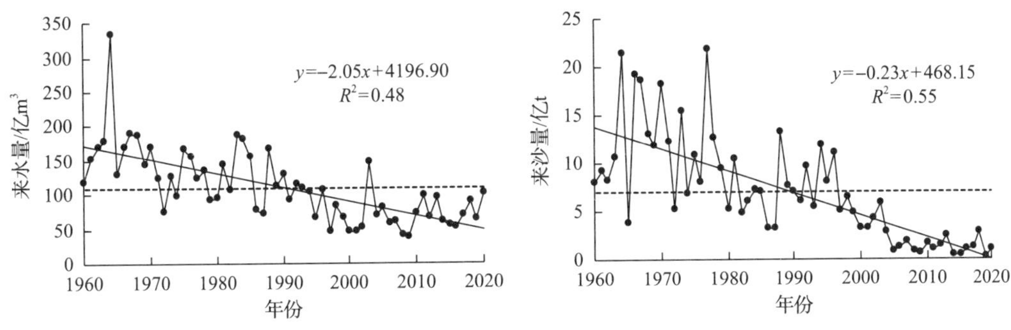

图 12.8 黄河中游 1960~2020 年来水量及来沙量

黄河中游及其汇入黄河中游的主要支流来水量和来沙量也呈显著减少趋势，且均存在突变点[10, 23-26]。黄河中游及各一级支流水沙变化的第一个突变点发生在 1980 年左右，第二个突变点发生在 1998 年前后，这反映了受 20 世纪 70 年代开始的大规模水土保持综合治理和 90 年代末开始的退耕还林还草措施的影响，径流量和输沙量的变化过程可划分为 3 个时段：基准期（1960~1979 年），流域治理程度较低，受人类活动影响较小；限制期（1980~1998 年），以淤地坝为主的工程措施和植被措施同时开展，但植被往往需要多年的演替才能逐步发挥其水土保持功能，工程措施对径流和输沙的影响比较直接，因此，该阶段泥沙的减少主要通过工程措施实现；恢复期（1999 年至今），该时期淤地坝功能逐渐下降，但伴随着大规模退耕还林还草的实施，生态恢复面积大幅增加，植被的减水减沙作用开始得到有效发挥[10,18]。

四、水质

黄河流域水质整体上呈现三个阶段[27]：20 世纪 80 年代之前属于轻微污染阶段，主要来源于农业灌溉，该阶段水质较好[28]，基本不存在污染问题；20 世纪 80 年代至 2011 年，由于大规模的工业化和城镇化的发展和扩大，干支流水质呈现恶化趋势，其中“十五”时期（2001~2005 年）污染最为严重，平均污染水体比例达 72%，尽管“十一五”时期（2006~2010 年）水体污染有所好转，但平均污染水体比例依然达到 58%；2012 年至今，水质呈总体改善阶段，主要归因于国家对水污染防治制定了一系列政策，2019 年水体污染下降明显，平均污染水体比例为 27%。年内变化上黄河中上游主要河流水质呈现汛期污染略大于枯水期[29]，年际上近年来黄河水质则发生了明显改善[27]。空间上，不同区域河流水质存在很大差异，据 2011 年监测结果发现黄河上游水质状况良好，黄河中游水质污染较为严重，需要加强污染防治[30]；整体表现为黄土高原北部和西北部水质相对较好，而南部和东南部则较差[29]。相对于干流而言，支流水质目前还较差，2019 年干流水质均达标，而支流污染断面比例达 35%[27]。黄河污染表象在干流，根子在支流，源洁则流清[31]。干支流水质差异一定程度上也反映了流域不同城市及城乡间治污能力的差距。近 20 年来干流和主要支流沿线的大城市将工业产业外移，极大地减少了污染排放量，加之足够的财政实力，率先达到了高质量发展；相反，支流沿岸的小城市/城镇基础设施和环保建设薄弱，并处于产业链底端，污染物排放量大，污水治理滞后，污染治理任务重大[27]。

五、生物物种

据统计，陕北黄土高原及其附近区域现有种子植物 1000 余种[32]，南部林区尚保留部分森林，有利于野生动物生存，共有鸟类 80 余种、兽类 30 余种[33-35]。受人类活动的影响，陕北黄土高原区域生物多样性和生存环境发生很大改变[32]：生态环境恶化可导致森林草原向草原化疏林草原发展，大量的旱生禾草群落进入森林草原地带；人为影响导致植物种属减少，许多物种依次南迁，如荒漠草原地带、森林草原地带和森林地带偏暖种类分别迁入森林草原地带、移居森林地带和退缩到南缘秦岭地区；由于森林生态系统的破坏致使鹌鹑、鹿、熊、虎和猴等物种绝迹，啮齿类繁盛。整体来看，黄土高原中部生物物种总的趋势是减少的，其根本原因为森林破坏，因此保护和恢复森林是维持和提升生物多样性的根本途径[32]。对于河流生态系统而言，受梯级水电开发、水污染、水资源过度利用和过度捕捞等人类活动影响，黄河流域鱼类多样性也受到严重威胁且衰退明显，在现状调查下仅能获取历史记录鱼类种类的 53%[36]。此外，人类活动对不同区域和干支流的影响程度有所不同，需要有针对性地做出相应保护部署。

第二节 黄土高原生态环境的未来趋势分析

气候和下垫面变化是影响水土流失重要的生态环境要素。气候要素包括降水、气温和蒸发，从多个方面影响径流输沙过程，在黄土高原具有较强的时空变化特征，其中降水是影响流域径流输沙过程的最为直接的因素之一。植被、梯田和淤地坝等下垫面条件变化，影响流域产汇流和产输沙机制，是调控水土流失的重要因素。预测未来气候和下垫面的变化，是评估未来流域水沙变化的前提和重要基础。

一、未来气候变化

气候数据为黄河流域中上游及其附近的 193 个国家级气象站实测数据，以及融合模式比较计划第五阶段 CMIP5（coupled model intercomparison project phase 5）模式中的 9 个不同模型（表 7.5）给出的在 RCP4.5（representative concentration pathway 4.5，代表浓度路径，温室气体浓度情景之一，表示到 2100 年辐射强迫水平为 4.5W/m^2）模式下的降水、气温和蒸发预测数据。

（一）降水

年降水量、降水集中度 PCD（precipitation concentration degree）和 99%分位数降水是描述年降水的三个重要指标，分别体现年降水总量、年内降水集中程度和极端降水的大小。年降水量为一年中 365 天或 366 天降水量的总和，将多年的年降水量取平均为平均年降水量。降水集中度 PCD 是采用向量原理来定义区域降水量时间分配特征的参数，反映降水总量在年内的集中程度，取值为 0~1，越接近于 1，说明降水量越集中，越接近于 0，降水量越均匀。

$$\mathrm{PCD}=\sqrt{\left[\left(\sum_{j=1}^{n}r_{ij}\sin\theta_j\right)^2+\left(\sum_{j=1}^{n}r_{ij}\cos\theta_j\right)^2\right]}\Bigg/R_i \tag{12.1}$$

式中，j为年内第 j天，j=1,2,…,365 或 366；i为第 i年；n为第 i年的总天数（365 天或 366 天）；r_{ij}为某测站第 i年第 j天的日降水量，mm；θ_j为第 i年第 j天在年内对应的矢量角度，$\theta_j = j \times 2\pi/365$；$R_i$为第 i年的降水总量。99%分位数降水是世界气象组织气候学委员会推荐的评判极端降水的指标之一，是将日降水量进行顺序排序，位于第 99%分位数的日降水量作为极端降水量的临界值，该临界值的日降水量可认为是极端降水阈值。

从年降水和年内降水分布来看，过去 30 年（1988~2017 年）和未来 50 年（2021~2070 年），黄河中上游的降水在年内分布上表现为主要集中在 7~8 月（图 12.9），空间分布上均表现为由南向北逐渐减少（图 12.10），并且未来降雨波动程度更加剧烈（图 12.11）。黄河中上游流域，气候模式预测的未来 50 年年降水量在南部有所增加（图 12.10）。过去 30 年（1988~2017 年）和未来 50 年（2021~2070 年）的平均年降水量及其变化趋势如表 12.2 所示，过去 30 年，年均降水量为 434.31mm；未来 50 年，不同的气候模式模拟结果有所不同，范围在 448~488mm；相较于历史时期，年降水量呈现不同程度的增加，增加的降水量为 14~54mm，增幅为 3.15%~12.46%。通过对九种模式进行平均，其平均降雨量为 470.72mm，增加的降水量约为 36.41mm，增幅在 8.38%。

黄河中上游流域的降水集中度 PCD 大小由北向南递减，说明纬度越高降水越不均匀（图 12.12）。未来预测的降水集中度也在空间上呈现相似的分布，但是相较于过去 30 年，在黄河中上游流域的北部，未来 50 年的降水集中度 PCD 有明显的增加，说明未来 50 年该地区降水在年内分布将更不均匀。从年际趋势来看，过去 30 年（1988~2017 年）和未来 50 年（2021~2070 年）的面均逐年降水集中度 PCD 在 0.5~0.75 范围内波动，无明显的趋势性变化（图 12.13）。

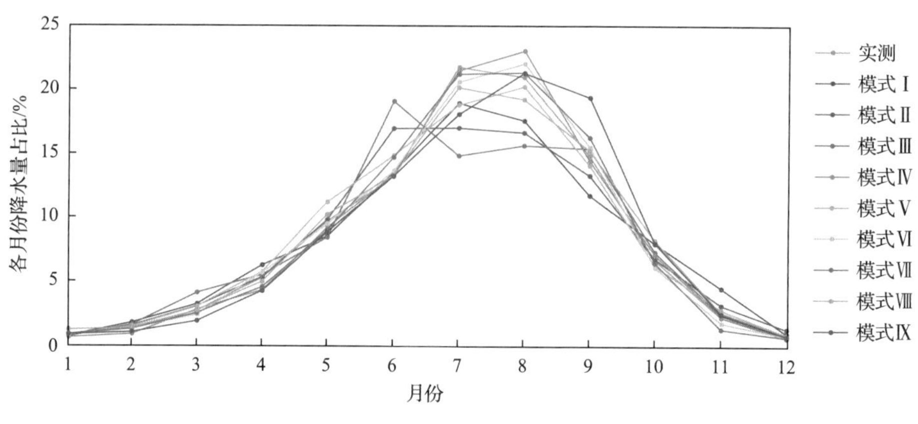

图 12.9　各月份降水量占全年降水量比例

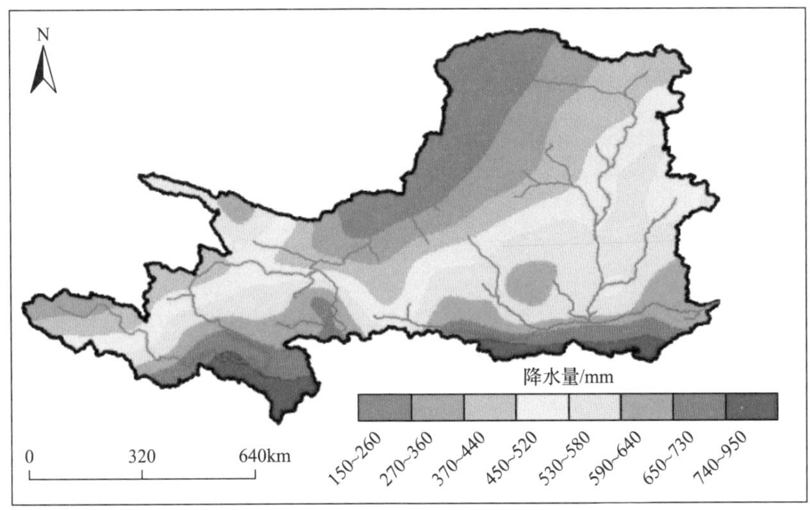

(a) 过去30年(1988~2017年)

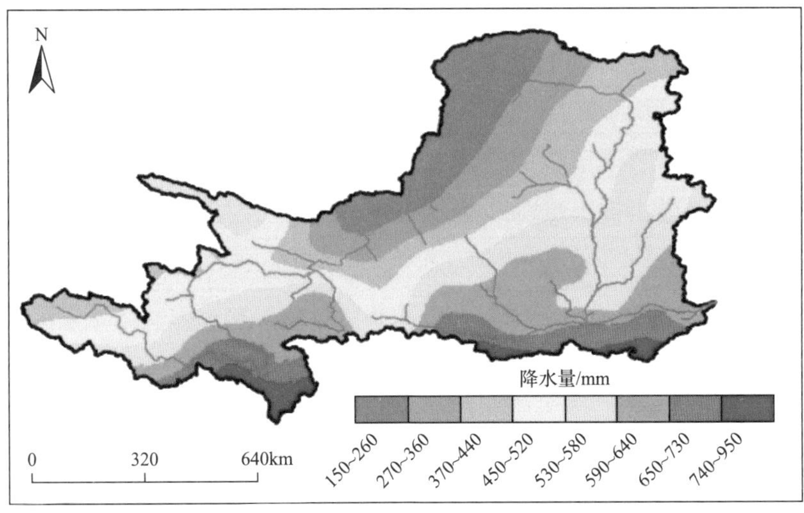

(b) 未来50年(2021~2070年)

图 12.10　黄河中上游 1988~2017 年实测及 2021~2070 年九种气候模式平均降水量空间分布

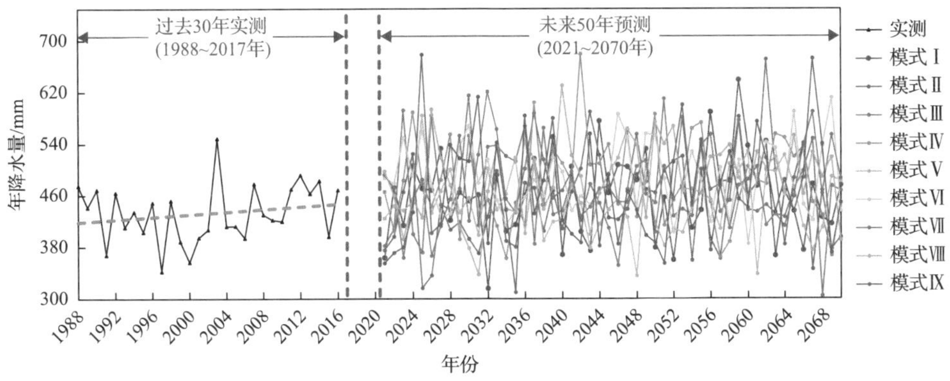

图 12.11　黄河中上游年降水量变化趋势

表 12.2　不同气候模式年均降水量趋势变化

时段	模式	年均降水量/mm	相较于基准期年均降水量	
			变化量/mm	变化百分比/%
1988~2017 年	实测序列	434.31		
2021~2070 年	模式Ⅰ	461.16	26.85	6.18
	模式Ⅱ	449.99	15.68	3.61
	模式Ⅲ	471.12	36.82	8.48
	模式Ⅳ	483.15	48.84	11.25
	模式Ⅴ	447.99	13.69	3.15
	模式Ⅵ	487.83	53.52	12.32
	模式Ⅶ	478.76	44.45	10.23
	模式Ⅷ	488.41	54.10	12.46
	模式Ⅸ	468.06	33.75	7.77
	九种模式平均	470.72	36.41	8.38

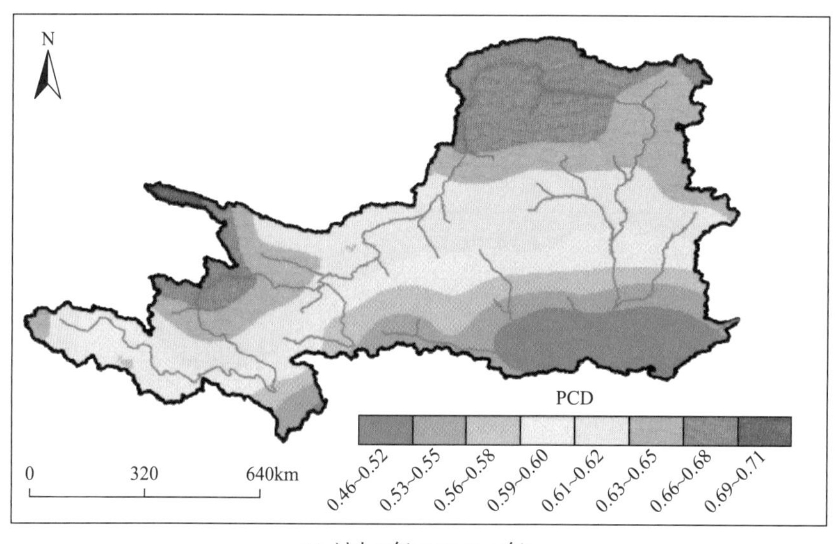

(a) 过去30年(1988~2017年)

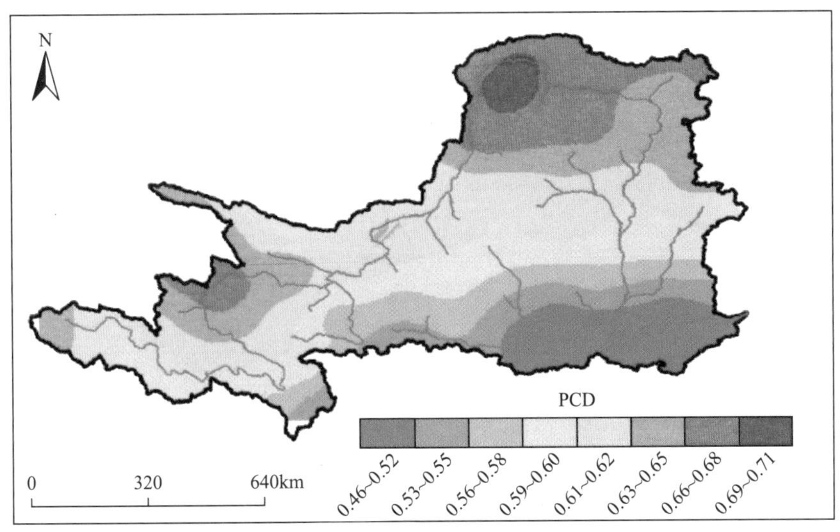

(b) 未来50年(2021~2070年)

图 12.12　黄河中上游 1988~2017 年实测及 2021~2070 年气候模式多年平均降水集中度 PCD

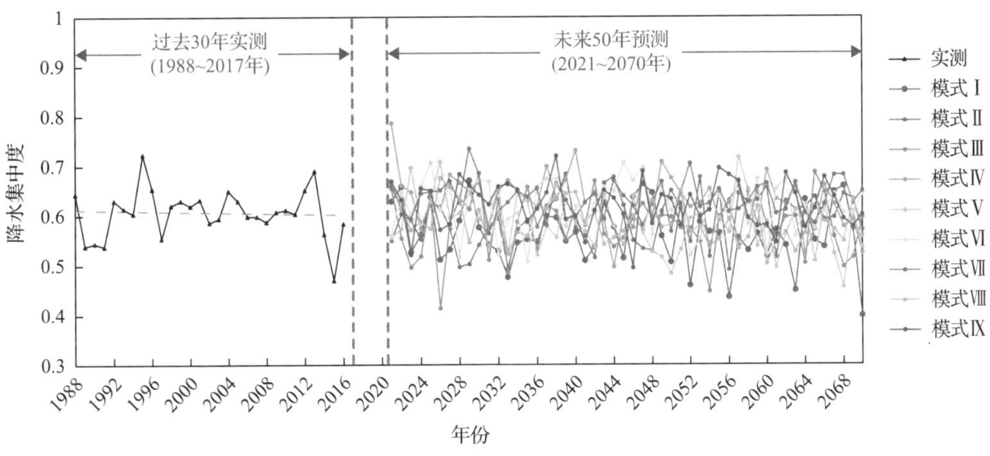

图 12.13　黄河中上游年内日降水集中度 PCD

图 12.14 为过去 30 年和未来 50 年内黄河中上游不同空间位置极端降水阈值，可知纬度越高，极端降水阈值越低，说明同一频率的降水，越往南，降水量越大。相较于过去 30 年，不同的气候模式预测得到的未来 50 年极端降水阈值有显著增加，增加的范围覆盖流域东南部大部分地区和北部的小部分地区，说明这些地区未来极端降水事件的阈值增加，极端降水事件发生时的降水量级更大。

总体而言，相较于过去 30 年（1988~2017 年），未来 50 年（2021~2070 年）流域北部 PCD 有明显增加，且相较于历史的年均降水量 434.31mm，未来的年降水量增加 14~54mm，增幅在 3.15%~12.46%，未来极端降水事件的阈值增加，年内降水分布更不均匀，未来极端降水事件的降水量级更大。

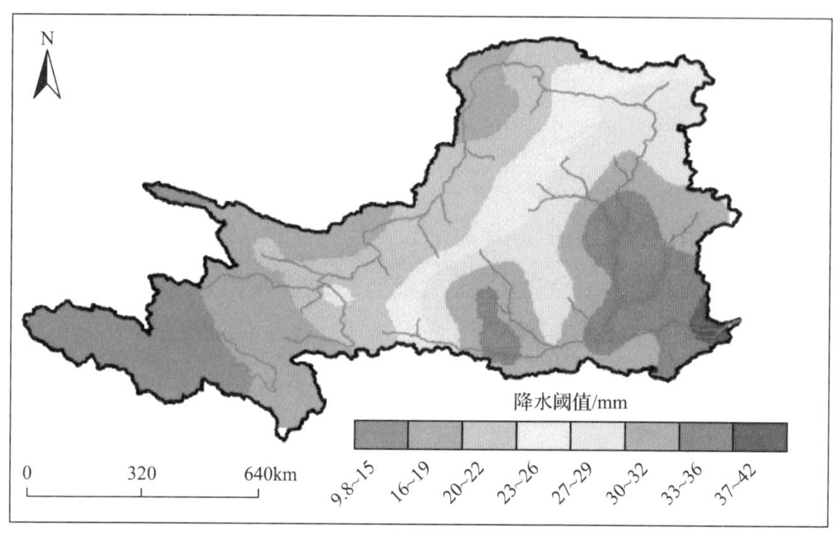

(a) 过去30年(1988~2017年)

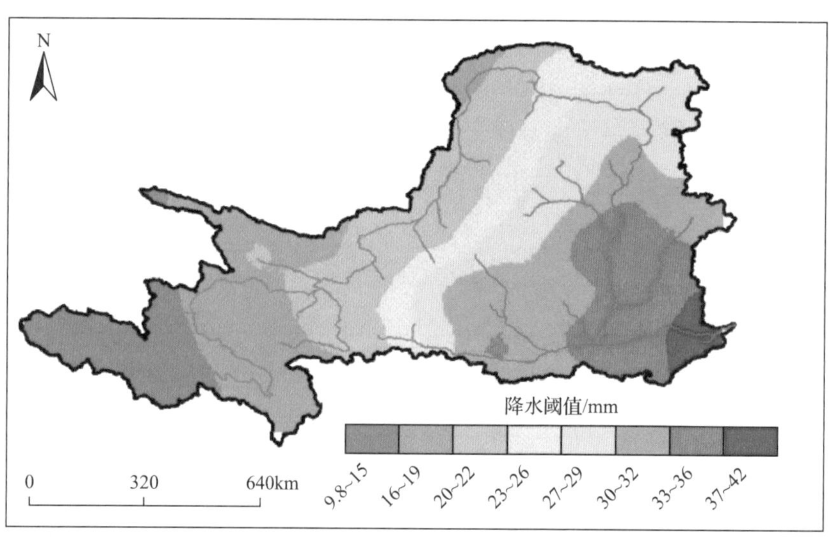

(b) 未来50年(2021~2070年)

图 12.14　黄河中上游 1988~2017 年实测及 2021~2070 年九种气候模式极端降水阈值的空间分布

（二）气温

从年气温空间分布来看（图 12.15 和图 12.16），未来 50 年和过去 30 年的年气温在空间上的分布相似，西部的黄河源头区气温最低，年气温为负值，越往东南方向，气温逐渐升高。相较于过去 30 年，未来 50 年气温明显增加，尤其是在东南部。从逐年的气温变化曲线（图 12.16）可以看出，气温逐年增加的趋势显著，过去 30 年实测时期，年均气温为 7.2℃，有着明显的上升趋势。九种气候模式获取的年气温在 8.44~9.87℃，相较于过去 30 年，气温增加了 1.24~2.66℃。未来 50 年的年气温也在逐年增长，九种气候模式气温增加幅度达 17.22%~36.94%（表 12.3）。总而言之，整个黄河中上游的气温呈现明显增加趋势。

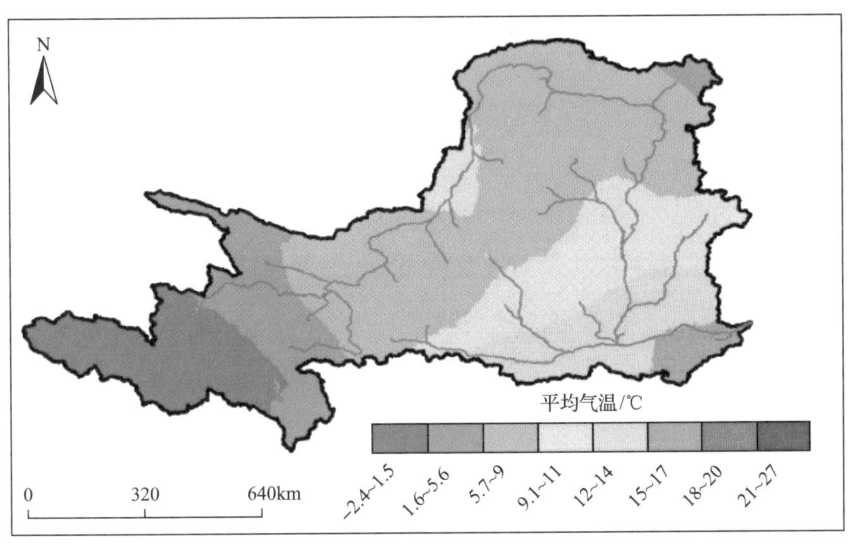

(a) 过去30年(1988~2017年)

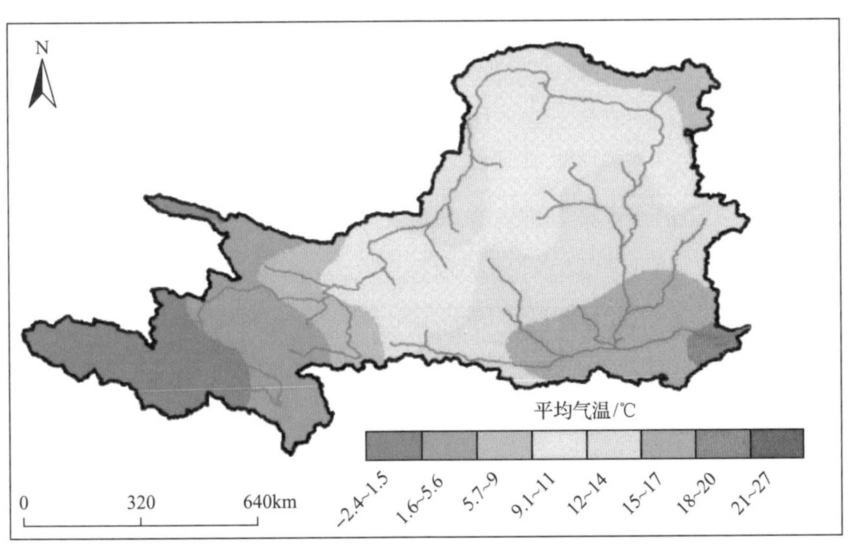

(b) 未来50年(2021~2070年)

图 12.15 黄河中上游 1988~2017 年实测及 2021~2070 年气候模式多年平均气温

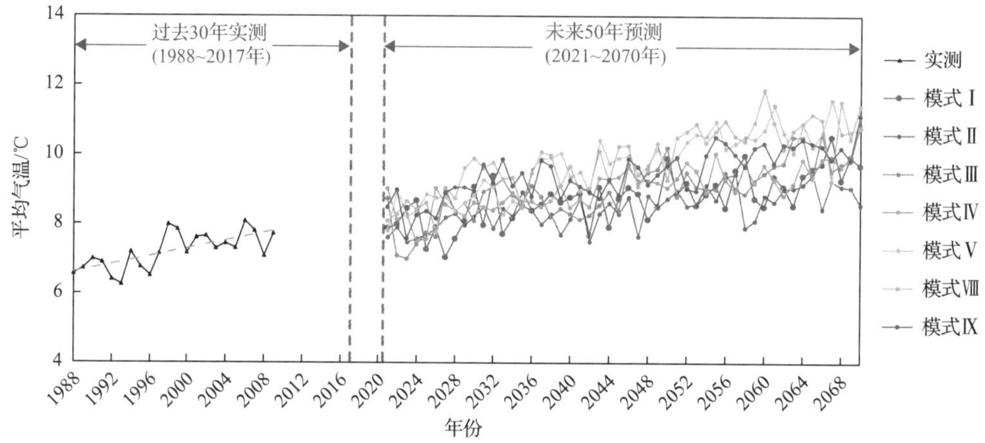

图 12.16　黄河中上游年气温变化趋势

表 12.3　不同气候模式年均气温趋势变化

时段	模式	年均气温/℃	相较于基准期年均气温	
			变化量/℃	变化百分比/%
1988~2017 年	实测序列	7.20		
2021~2070 年	模式Ⅰ	8.73	1.53	21.25
	模式Ⅱ	8.45	1.24	17.22
	模式Ⅲ	8.99	1.79	24.86
	模式Ⅳ	9.05	1.85	25.69
	模式Ⅴ	9.76	2.55	35.42
	模式Ⅵ	9.04	1.83	25.42
	模式Ⅶ	9.01	1.80	25.00
	模式Ⅷ	9.87	2.66	36.94
	模式Ⅸ	9.47	2.27	31.53
	九种模式平均	9.15	1.95	27.08

（三）蒸发

年蒸发量如图 12.17 和图 12.18 所示，年际上未来蒸发波动剧烈，空间分布上未来年蒸发量与实测蒸发量基本一致，均表现为由西北向东南减少，说明西北部的蒸发能力更强，年均蒸发量为 1200~2600mm。相较于历史时期的流域年均蒸发量

1702.81mm，除了模式V（1647.49mm）外，其他气候模式的多年平均蒸发量有明显增加，增加的范围主要集中在西北部，增量为 71~150mm，增幅为 4.17%~8.76%（表 12.4）。通过对七种模式进行平均，其平均蒸发量为 1773.94mm，增加的蒸发量约为 71.13mm，增幅在 4.18%。由此可见，未来 50 年，黄河流域中上游的蒸发能力将有明显的增加，增加的范围主要是在流域的西北部，而在这一区域的年降水量没有显著增加，降水集中度 PCD 有明显增加，说明在该地区的年降水量将更多地以集中性降水的形式发生，蒸发能力的提升将更多地消耗流域内部存储的水量，从降水-蒸发这一角度而言，该地区可能存在旱涝交替的风险。

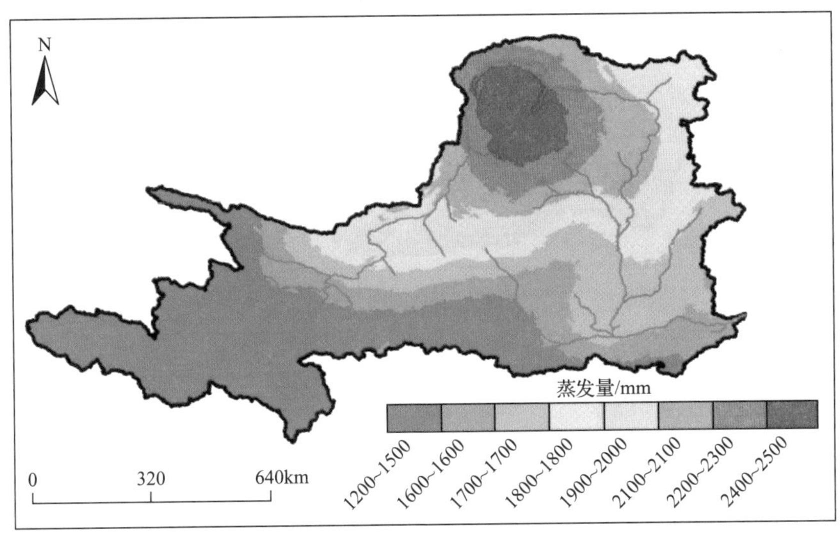

(a) 过去30年(1988~2017年)

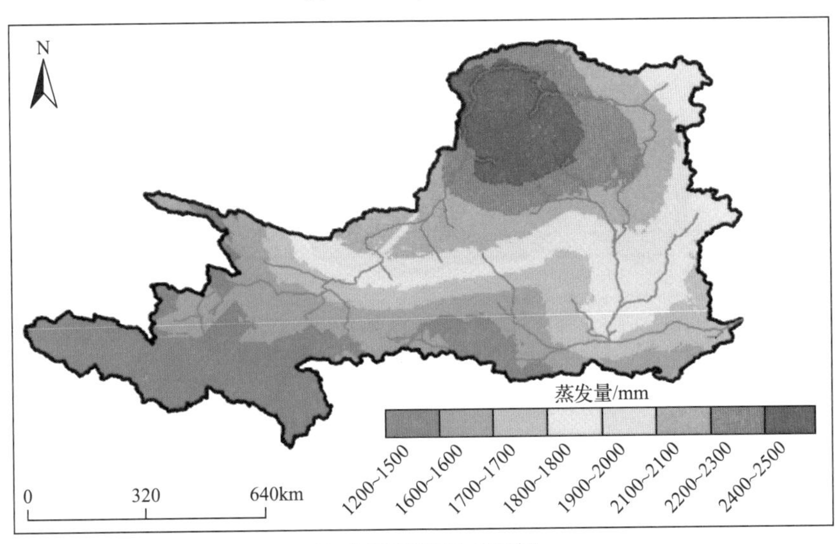

(b) 未来50年(2021~2070年)

图 12.17 黄河中上游 1988~2017 年实测及 2021~2070 年气候模式多年平均蒸发量

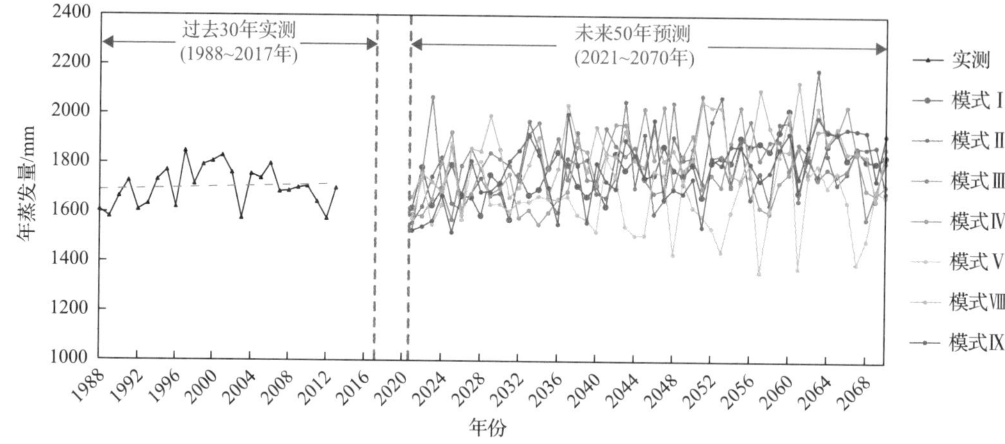

图 12.18　黄河中上游年蒸发量变化趋势

表 12.4　不同气候模式年均蒸发量趋势变化

时段	模式	年均蒸发量/mm	相较于基准期年均蒸发量	
			变化量/mm	变化百分比/%
1988~2017 年	实测序列	1702.81		
2021~2070 年	模式Ⅰ	1773.88	71.07	4.17
	模式Ⅱ	1778.47	75.66	4.44
	模式Ⅲ	1812.87	110.06	6.46
	模式Ⅳ	1775.21	72.40	4.25
	模式Ⅴ	1647.49	–55.32	–3.25
	模式Ⅷ	1851.98	149.17	8.76
	模式Ⅸ	1777.68	74.87	4.40
	七种气候模式平均	1773.94	71.13	4.18

二、水土流失治理潜力

（一）植被恢复潜力

21 世纪以来，黄土高原开展了大规模退耕还林还草等生态工程，使植被覆盖发生了极大变化，评估黄土高原植被恢复潜力对未来生态建设具有重要意义。根据“相似生境法”的原则（即生境越相似区域，植被恢复潜力越接近），采取 95%分位数的植被覆盖度作为某立地条件下的植被恢复潜力值[37]，分析表明：黄土高原植被恢复潜力从东南到西北逐渐降低，整个区域植被恢复潜力平均值约为 70%，而目前植被覆盖度约为 60%，由于东南地区已接近植被恢复潜力极限，尚有 10%左右提升空间则主要集中在北方风沙区和西部的丘陵沟壑区[37,38]。植被恢复速度大小与降水量密切相关，且存在阈值，在 375~575mm 的降水地区植被恢复速率最快[37]。根据现状植被恢复速度，对黄土高原未来 50 年 NDVI 变化趋势进行预测（图 12.19），2050 年之前 30 年的 NDVI 改善趋势优于后 20 年，2050 年之后其值基本稳定在 0.71。统计 2020~2070 年各地貌单元的 NDVI 值，2050~2070 年土石山区和高塬沟壑区平均 NDVI 值接近且较高，平原区、丘陵沟壑区 NDVI 较为接近，风沙区 NDVI 值最低（图 12.20）。在未来植被总体趋好的条件下，土壤侵蚀将进一步减轻，导致河流输沙量呈现降低趋势。

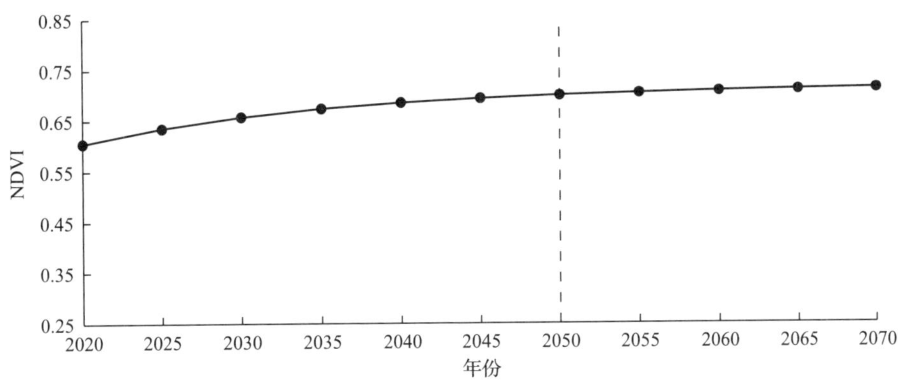

图 12.19 黄土高原未来 50 年 NDVI 变化

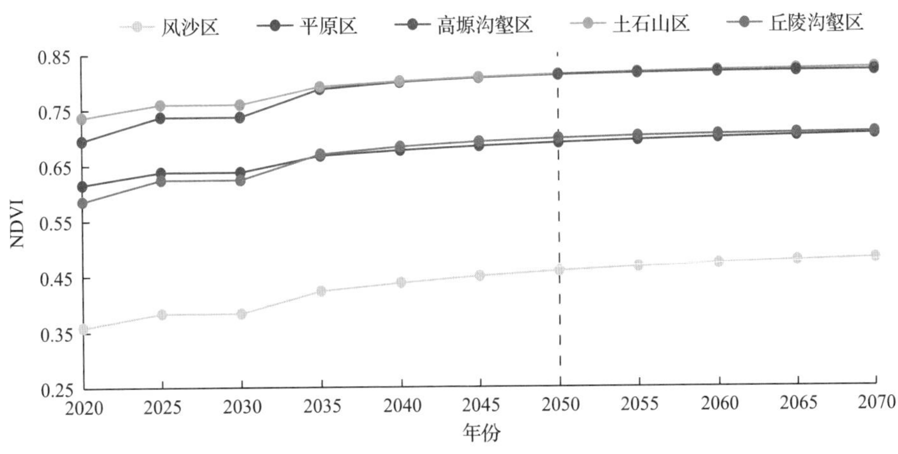

图 12.20 不同地貌单元未来 50 年 NDVI 变化

（二）水土保持措施容量

水土保持措施容量反映了区域水土保持措施的治理潜力，定义为流域能容纳的最大适宜的水土保持措施容量[39]。黄土高原现状土壤侵蚀模数平均值为 3355t/（km·a），而最小可能土壤侵蚀模数（即水土保持措施容量下的土壤侵蚀模数）平均值为 1921t/（km·a）。因此，未来在减少土壤侵蚀方面水土保持措施仍具有一定的潜力，对微度侵蚀区[土壤侵蚀模数小于 1000t/（km·a）]的这一潜力可从现状的 50%提升至水土保持措施容量下的 58%[15]。黄土高原梯田、林地和草地的潜力分别从现状条件下的 4%、15%和 42%增加至未来水土保持措施容量条件下的 19%、19%和 50%。梯田为主要的坡面治理工程，而淤地坝则为流域主要沟道治理工程。淤地坝发挥了重要拦沙作用，降低泥沙输移比，通过淤积泥沙缩短沟谷坡的坡长且降低沟道水流流速，进而减小沟道冲刷。然而随着淤地坝运行年限的增加，其拦沙效应不断降低。基于 2011 年水利普查结果，黄土高原骨干淤地坝（库容≥50 万 m^3）共 2944 座（图 12.21）。失去拦沙作用的骨干坝数量随年份增加而迅速增大。依据现状土壤侵蚀模数条件计算坝淤积库容，未来淤地坝还能运用 30~50 年，在 2050 年左右将会有 80%的淤地坝淤满，几乎所有坝都处于拦沙失效状态（图 12.22）。而利用水土保持植被持续变化情景条件下的土壤侵蚀模数计算未来淤地坝淤积库容，2050 年左右淤地坝库容还剩余 32%，约 43%的淤地坝仍然发挥拦沙功能（图 12.23）。因此，持续的水土保持植被措施和维持一定的淤地坝有效功能是未来流域泥沙发展趋势的重要因素。

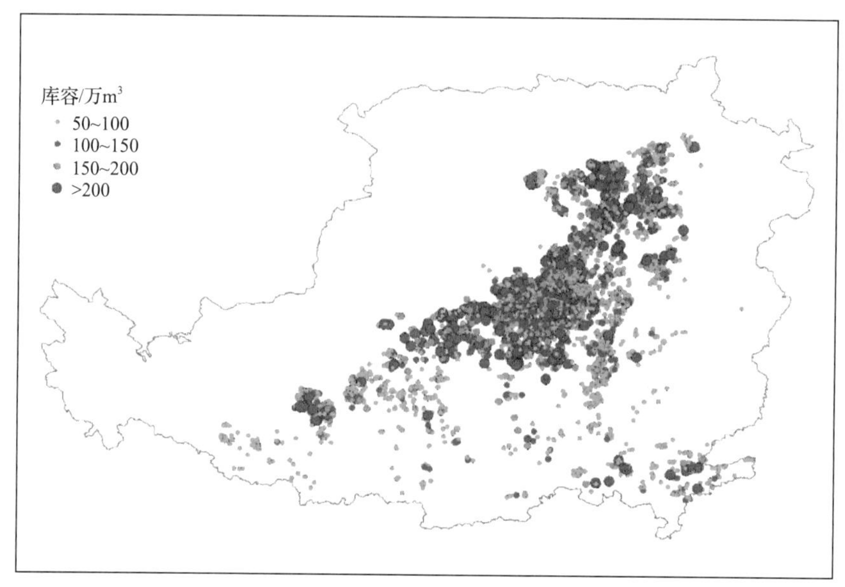

图 12.21　黄土高原骨干淤地坝分布

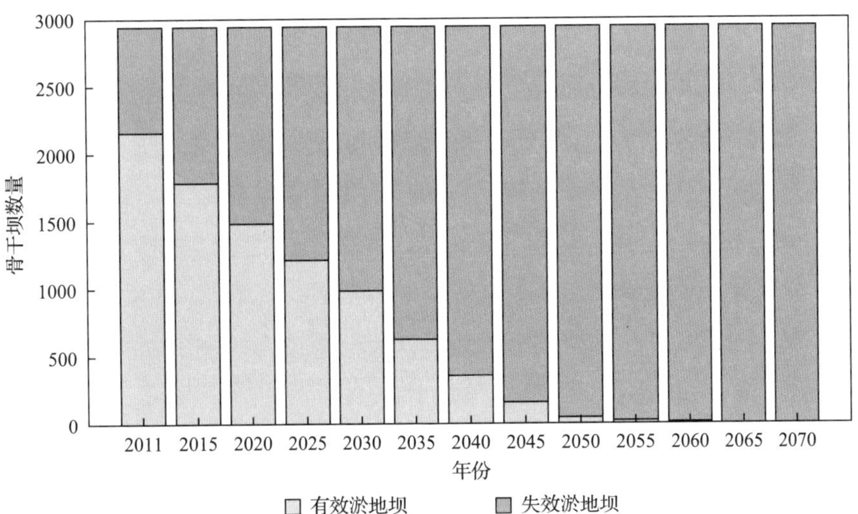

图 12.22　现状条件下的 2011~2070 年骨干坝淤积状态

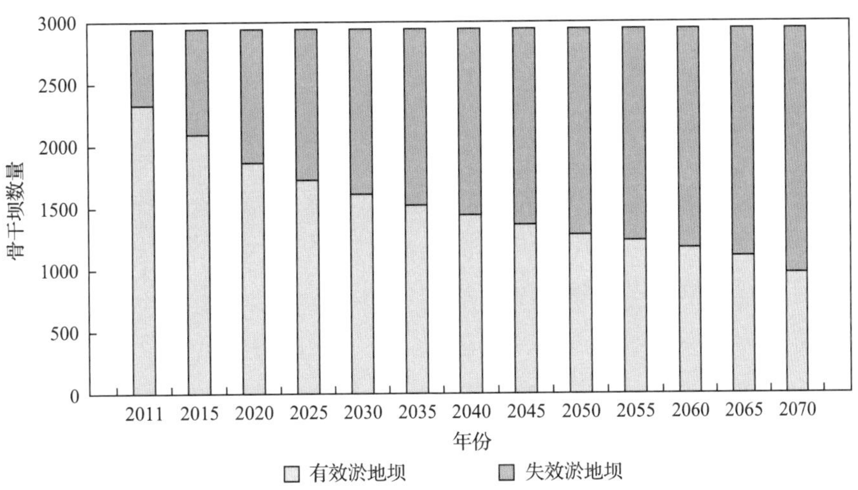

图 12.23　植被变化情景下的 2011~2070 年骨干坝淤积状态

第三节　应对挑战的措施

一、调整黄土高原水土流失治理格局，分区分类施策，维持绿色可持续发展

经过近 70 年的水土流失治理，黄土高原开展了大规模的退耕还林（草）、梯田和淤地坝工程建设等措施，水土流失治理成效显著。然而，受气候和下垫面变化的综合影响，水沙情势发生转变，伴随极端气候事件频发，水土流失治理依然存在极大的挑战。面对新时期黄河流域生态保护和高质量发展的新需求，在解决老问题的同时要充

分考虑未来将有可能面对的新问题，及时调整现有治理措施。第一，要持续开展黄土高原水土流失机理与关键技术研究[40]，解决水土流失治理程度的空间不均衡性（如沟谷坡和梁峁坡、砒砂岩和黄土区等），研究变化环境和极端气候条件下土壤侵蚀致灾与蓄排协调防控机制，提高水土保持措施应对极端事件的抵御能力。第二，优化黄土高原景观格局和群落结构，调整现有治理格局，解决局部地区已突破水土资源承载力上限、减缓土壤干层现象、梯田疏于管理和弃耕等问题[40]，实现从目前单一水土保持功能向水土保持、生物多样性保育和碳汇等多功能并重的方向发展，维持黄土高原生态系统平衡，实现黄土高原由“绿”到“稳”的高品质发展[41]。第三，病坝险坝除险加固，强固泄洪、防渗建筑物等设施，合理布局淤地坝规模与建坝程序，提高信息预警技术，实现“山变绿，水变清”的生态保护事业和“中小洪水不垮坝，大洪水无人员伤亡”的总体防控目标[42]。第四，推进山水田林湖草沙系统治理，统筹规划，因地制宜，分类分区施策，精准治理，创新发展模式，实现乡村振兴与绿色生态协同发展[1]。

二、建立全流域水沙调控体系，推动社会经济和生态协同发展

在《黄河流域综合规划（2012—2030 年）》中规划了“以干流龙羊峡、刘家峡、黑山峡、碛口、古贤、三门峡和小浪底等 7 座骨干水利枢纽为核心的黄河水沙调控体系，其中黑山峡、碛口和古贤为待建水库”[43]。现有干流水库龙羊峡和刘家峡位于黄河上游，三门峡和小浪底位于黄河中下游，而在黄河中游水资源严重短缺、水沙关系极不协调，缺乏控制性骨干工程的调控。因此，需在中游建立古贤水库，以调控小北干流、潼关河段及其支流的水沙关系，恢复河槽的行洪输沙能力，减轻三门峡库区淤积，延长小浪底水库寿命，并带动区域社会经济的发展[44]。

三、完善水资源管控体系，建立生态用水技术，实现流域高质量发展

水资源短缺是制约黄河高质量发展的关键制约因素，伴随气候变化和极端事件风险频繁增加，未来变化环境下的水资源脆弱性高风险也在增加[45]。需要推进西线南水北调工程论证工作，促其尽早建设，在节水优先的前提下实现对黄河补水，强化水资源管理制度[46]；建立生态用水模式，提出精确用水及灌溉节水技术[40]，破解水资源短缺制约生态保护和高质量发展的最大瓶颈。

本章撰写人：傅旭东　王晨沣

参考文献

[1] 胡春宏, 张晓明. 黄土高原水土流失治理与黄河水沙变化. 水利水电技术, 2020, 51(1): 1-11.

[2] 胡春宏, 张晓明. 论黄河水沙变化趋势预测研究的若干问题. 水利学报, 2018, 49(9): 1028-1039.

[3] 宋永永, 薛东前, 马蓓蓓, 等. 黄土高原城镇化过程及其生态环境响应格局. 经济地理, 2020, 40(6): 174-184.

[4] 焦菊英, 王万中, 郝小品. 黄土高原不同类型暴雨的降水侵蚀特征. 干旱区资源与环境, 1999, 13(1): 35-43.

[5] 卢珊, 胡泽勇, 付春伟, 等. 黄土高原夏季极端降水及其成因分析//第七届青年地学论坛, 贵阳, 2021.

[6] 贺振, 贺俊平. 1960 年至 2012 年黄河流域极端降水时空变化. 资源科学, 2014, 36(3): 490-501.

[7] 夏军, 彭少明, 王超, 等. 气候变化对黄河水资源的影响及其适应性管理. 人民黄河, 2014, 36(10): 1-4.

[8] 何霄嘉. 黄河水资源适应气候变化的策略研究. 人民黄河, 2017, 39(8): 44-48.

[9] 余正军. 黄土高原南部土地利用动态变化及地形和行政中心对其影响研究. 西安: 陕西师范大学, 2011.

[10] 张建军. 黄河中游水沙过程演变及水文非线性分析与模拟. 杨凌: 中国科学院研究生院(教育部水土保持与生态环境研究中心), 2016.

[11] 景可. 黄土高原侵蚀分区探讨. 山地研究, 1985, (3): 161-165.

[12] 刘万铨. 黄河流域黄土高原地区水土保持专项治理规划简介. 人民黄河, 1991, (2): 37-42.

[13] 陈浩, 梁广林, 周金星, 等. 黄河中游植被恢复对流域侵蚀产沙的影响与治理前景. 中国科学(D 辑: 地球科学), 2005, (5): 452-463.

[14] 刘绿柳, 肖风劲. 黄河流域植被 NDVI 与温度、降水关系的时空变化. 生态学杂志, 2006, (5): 477-481.

[15] 高海东, 李占斌, 李鹏, 等. 基于土壤侵蚀控制度的黄土高原水土流失治理潜力研究. 地理学报, 2015, 70(9): 1503-1515.

[16] 姚文艺, 徐建华, 冉大川. 黄河流域水沙变化情势分析与评价. 郑州: 黄河水利出版社, 2011.

[17] Liang W, Bai D, Wang F, et al. Quantifying the impacts of climate change and ecological restoration on streamflow changes based on a Budyko hydrological model in China's Loess Plateau. Water Resources Research, 2015, 51(8): 6500-6519.

[18] Wang S, Fu B, Piao S, et al. Reduced sediment transport in the Yellow River due to anthropogenic changes. Nature Geoscience, 2015, 9(1): 38-41.

[19] 高海东, 刘晗, 贾莲莲, 等. 2000~2017 年河龙区间输沙量锐减归因分析. 地理学报, 2019, 74(9):1745-1757.

[20] 韩梦涛, 涂建军, 徐桂萍, 等. 黄河流域水域生态系统服务与经济发展时空协调性. 中国沙漠, 2021, (4): 1-10.

[21] Bao Z, Zhang J, Wang G, et al. The impact of climate variability and land use/cover change on the water balance in the Middle Yellow River Basin, China. Journal of Hydrology, 2019, 577: 123942.

[22] 高吉喜, 王永财, 侯鹏, 等. 近 20 年黄河流域陆表水域面积时空变化特征研究. 水利学报, 2020, 51(9): 1157-1164.

[23] Rustomji P, Zhang X, Hairsine P, et al. River sediment load and concentration responses to changes in hydrology and catchment management in the Loess Plateau region of China. Water Resources Research, 2008, 44(7): 1-17.

[24] 赫晓慧, 武舫, 高亚军, 等. 河口镇—龙门区间主要支流水沙突变年代划分. 人民黄河, 2011, 33(3): 19-21.

[25] 赵广举, 穆兴民, 温仲明, 等. 皇甫川流域降水和人类活动对水沙变化的定量分析. 中国水土保持科学, 2013, 11(4): 1-8.

[26] 张含玉. 黄河中游多沙粗沙区侵蚀产沙变化特征及影响因子分析. 杨凌: 中国科学院研究生院(教育部水土保持与生态环境研究中心), 2016.

[27] 李玉红. 黄河流域干支流水污染治理研究. 经济问题, 2021, (5): 9-15.

[28] 李祥龙, 彭勃, 郭正, 等. 黄河流域水污染趋势分析. 人民黄河, 2004, 26(10): 26, 27.

[29] 华琨. 黄土高原主要河流水化学和水质的时空特征及其影响因素. 杨凌: 西北农林科技大学, 2019.

[30] 张国栋, 李兰涛. 黄河干流及主要支流水质现状评价及趋势分析. 水利建设与管理, 2014, 34(12): 37-39.

[31] 陈怡平, 傅伯杰. 黄河流域不同区段生态保护与治理的关键问题. 中国科学报. (2021-03-02). https://news.sciencenet.cn/sbhtmlnews/2021/3/361008.shtm.

[32] 朱志诚. 全新世中期以来黄土高原中部生物多样性研究. 地理科学, 1996, (4): 351-358.

[33] 陕西师范大学地理系. 榆林地区地理志. 西安: 陕西人民出版社, 1987: 162, 163.

[34] 陕西师范大学地理系. 延安地区地理志. 西安: 陕西人民出版社, 1983: 132-136.

[35] 陈昌笃. 陕甘边境子午岭梢林区的植被及其在水土保持上的作用. 植物生态学报, 1958, 2(1): 152.

[36] 赵亚辉, 邢迎春, 吕彬彬, 等. 黄河流域淡水鱼类多样性和保护. 生物多样性, 2020, 28(12): 1496-1510.

[37] 高海东, 庞国伟, 李占斌, 等. 黄土高原植被恢复潜力研究. 地理学报, 2017, 72(5): 863-874.

[38] 高海东, 吴罂. 黄河头道拐—潼关区间植被恢复及其对水沙过程影响. 地理学报, 2021, 76(5): 1206-1217.

[39] 高海东. 黄土高原丘陵沟壑区沟道治理工程的生态水文效应研究. 杨凌: 中国科学院研究生院(教育部水土保持与生态环境研究中心), 2013.

[40] 胡春宏, 张晓明. 关于黄土高原水土流失治理格局调整的建议. 中国水利, 2019, (23): 5-7.

[41] 姚文艺, 刘国彬. 新时期黄河流域水土保持战略目标的转变与发展对策. 水土保持通报, 2020, 40(5): 333-340.

[42] 陈祖煜, 李占斌, 王兆印. 对黄土高原淤地坝建设战略定位的几点思考. 中国水土保持, 2020, (9): 32-38.

[43] 李文学. 黄河骨干水库工程的建设运用实践与启示. 人民黄河, 2019, 41(10): 1-6.

[44] 张红武. 科学治黄方能保障流域生态保护和高质量发展. 人民黄河, 2020, 42(5): 1-7.

[45] 夏军. 黄河流域综合治理与高质量发展的机遇与挑战. 人民黄河, 2019, 41(10): 157.

[46] 刘昌明, 田巍, 刘小莽, 等. 黄河近百年径流量变化分析与认识. 人民黄河, 2019, 41(10): 11-15.

第十三章 黄河河口生态环境

第一节 黄河河口基本情况

一、黄河河口自然概况

（一）区域位置

黄河自 1855 年在铜瓦厢决口后流入渤海，经过不断地淤积—延伸—摆动—改道形成现行黄河河口。《黄河河口管理办法》(2004 年水利部令第 21 号）中的黄河河口指的是以山东省东营市垦利县宁海为顶点，北起徒骇河口，南至支脉沟口之间的扇形地域以及划定的容沙区范围(图 13.1)。目前陆地面积为 5450km^2，行政区划上主体隶属东营市，小部分隶属滨州市。

与黄河河口概念类似的还有黄河三角洲。根据《地理学名词》，河口的内涵偏重区域，即河流与汇入水体的交汇处，而三角洲指的是泥沙沉积形成的地貌形态。通常情况下，两者意义具有一定的相似性而经常替代使用。对于黄河三角洲，由于流路经常摆动改道，在作为区域概念时两者经常不加区别。

（二）自然状况

黄河三角洲总体地势沿黄河走向自西南向东北倾斜。地面高程一般在大沽高程 9m 以下，东北部最低高程 1m，自然比降为 1/12000~1/8000。黄河穿境而过，背河方向近河高、远河低，背河自然比降为 1/7000，河滩地高于背河地 2~4m，形成“地上悬河”。

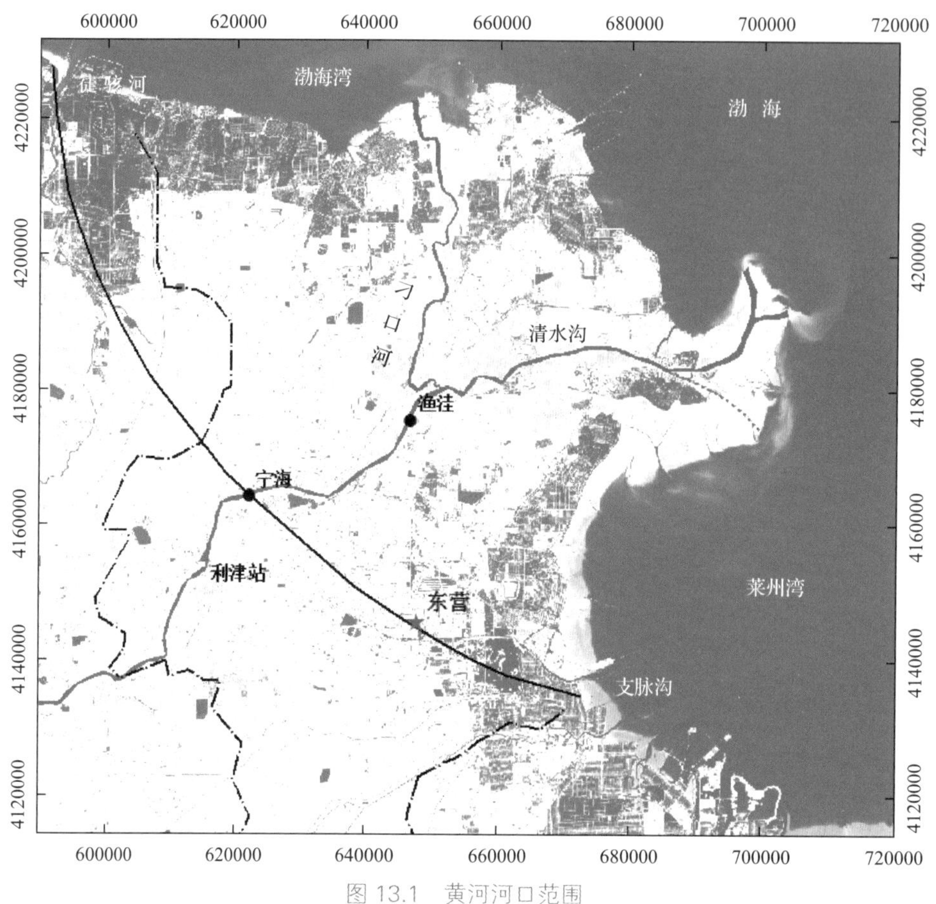

图 13.1 黄河河口范围

黄河三角洲地处中纬度，背陆面海，受亚欧大陆和西太平洋共同影响，属暖温带大陆性季风气候，基本气候特征为冬寒夏热，四季分明。主要气象灾害有霜冻、干热风、大风、冰雹、干旱、涝灾、风暴潮灾等。多年平均气温 12.8℃，无霜期 206 天，≥10℃的积温[①]约 4300℃，可满足农作物的两年三熟。年平均降水量 556.2mm，多集中在夏季，占全年降水量的 65%，易形成洪涝灾害。多年平均水面蒸发量 1167.2mm。干旱指数为 2.1，属于自然缺水地区。

黄河三角洲河流较多（图 13.2）。黄河以北的河流多为南北走向并注入渤海湾，由西向东有潮河及其支流、马新河、沾利河、草桥沟及其支流、挑河、黄河故道（刁口河）、神仙沟及其支流等 13 条河道。黄河以南的河流多为东西走向并注入莱州湾，由南向北有支脉河及其支流、广利河及其支流、永丰河及其支流等 21 条河流。这些河流与黄河大堤构成了河口地区的防洪排涝体系。

① 积温：某一时段内逐日平均气温的累积值，是研究温度与生物有机体发育速度之间关系的一种指标。

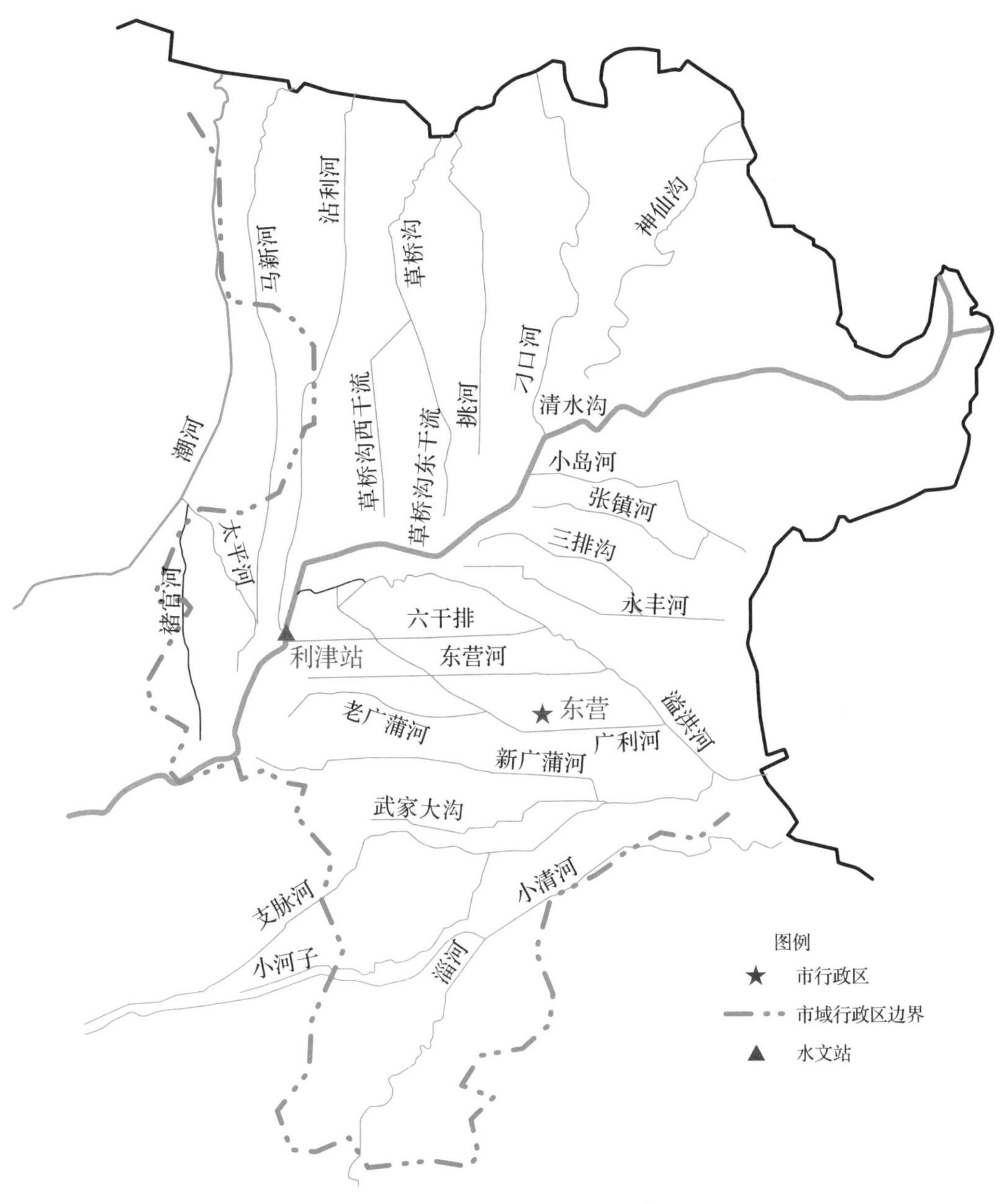

图 13.2　黄河三角洲水系分布

黄河三角洲沿岸大部分区域潮汐属不规则半日潮。每日出现的高低潮差一般为0.2~2m，大潮多发生于 3 月至 4 月和 7 月至 11 月，潮位最高超过 5m。风暴潮出现频率较高，冬半年发生的次数明显多于夏半年，秋冬交替时节发生风暴潮的频率最大。风暴潮灾害一年四季均有发生。2018 年台风“安比”“摩羯”“温比亚”带来暴雨级别

以上程度降雨，河口区义和雨量站测得日雨量 460mm 的历史极值，二百年一遇级别。

黄河三角洲海域的波浪受半封闭渤海的制约主要是风浪。常浪向为南南东—南，强浪向为北东—北北东。常见浪波高小于 0.5m，出现频率为 51%。波高大于 0.5m 且小于 1.5m 的波浪出现频率为 36%，其他波浪出现频率为 13%。

黄河三角洲沿岸海底较为平坦，浅海底质泥质粉砂占 77.8%，砂质粉砂占 22.2%。海水透明度为 0.32~0.55m。海水温度、盐度受大陆气候和黄河径流的影响较大。冬季沿岸有 2~3 个月冰期，海水流冰范围为 0~9km，盐度在 35‰左右。春季海水温度为 12~20℃，盐度多为 22‰~31‰。夏季海水温度为 24~28℃，盐度为 21‰~30‰。

二、区域社会经济概况

（一）东营市经济人口

东营市是黄河三角洲的中心城市，处于连接京津冀和胶东半岛的枢纽位置，是环渤海经济区与黄河经济带的交汇点。南北方向最大距离为 123km，东西方向最大距离为 74km，土地总面积 8243km^2。1961 年 4 月，胜利油田开始大规模建设。1983 年 10 月东营市正式挂牌成立。全市有 5 个县区，25 个乡镇。2020 年末东营市户籍人口 198 万人。2020 年东营市实现 GDP 2981 亿元，人均生产总值 15 万元。第一产业增加值 156.6 亿元，第二产业增加值 1678.5 亿元，第三产业增加值 1146.1 亿元。三次产业结构为 5.3∶56.3∶38.4。

（二）东营市土地矿产

东营市土地辽阔、类型多样、光能资源充足，适宜农业多层次高效益开发。尚有 525 万亩土地后备资源尚待开发，其中未利用土地 397 万亩，适宜发展水产养殖的滩涂面积 180 万亩。

东营市资源富集，拥有丰富的石油、天然气、盐、卤水、地热、黏土、海洋、湿地生态等资源。胜利油田 80%的石油地质储量和 85%的产量集中在境内，已探明石油地质储量 46 亿 t、天然气地质储量 2213 亿 m^3。地下还蕴藏着丰富的盐矿和卤水资源。地下盐矿床面积 600km^2，具备年产 600 万 t 原盐生产能力，卤水储量约 74 亿 m^3，且含有丰富的碘、溴、锂等经济价值高的化学元素，可为盐化工的发展提供重要的原料。

（三）水资源概况

东营市现状水资源可利用总量为 13.13 亿 m^3。其中，当地水资源可利用量

2.65 亿 m^3；客水可利用量 10.48 亿 m^3，包括黄河水量指标 7.28 亿 m^3，南水北调东线一期工程引江水量指标 2.00 亿 m^3，小清河水量指标 0.84 亿 m^3，支脉河水量指标 0.36 亿 m^3。

区域水资源可利用量少，且年内分配不均。当地河流流域面积小，汇流时间短，河道拦蓄能力有限，加之降雨年内分布不均，75%的年降水量主要集中在汛期 6~9 月，枯水期 8 个月降水量仅占年降水量的 25%左右。大部分地表径流在汛期直接外排入海，无法得到有效利用。

区域生态及经济社会发展对水资源的依赖程度高。东营市濒临渤海，地势低洼，土壤盐碱化程度高，生态环境脆弱。正常年份东营市引黄水量占全市总供水量的 78.6%。干旱年份，东营市更加依赖黄河水、长江水等客水资源。近几年实际供水量均在 14 亿 m^3 左右，黄河水和地下水均严重超引，其中引黄水量 11 亿 m^3，超引 3.72 亿 m^3；地下水 1.4 亿 m^3，超采 0.55 亿 m^3。东营市水资源的禀赋和特点，突显了水资源供需矛盾及水资源分布与生产力布局不相适应的矛盾，已成为影响东营市经济社会发展最主要的资源因素。

第二节 黄河河口演变情势

一、黄河河口水沙情势

（一）黄河河口水沙情势变化特征

黄河河口利津站 1980~2019 年多年平均径流量为 294 亿 m^3，多年平均来沙量 6.7 亿 t。20 世纪 80 年代中期以来，河口径流量和来沙量明显减少（图 13.3）。自然时期（1950~1985 年）多年平均径流量为 419 亿 m^3，来沙量达到 10.5 亿 t。1986 年以来进入长期枯水少沙期。小浪底水库调节运用前的 1986~2002 年，平均年径流量为 157 亿 m^3，来沙量为 3.3 亿 t。之后，年径流量回升至 190 亿 m^3，来沙量进一步减小为 1.5 亿 t。其中 2014~2017 年，来沙量在 0.3 亿 t 以下，尤其是 2017 年仅有 0.08 亿 t。

黄河河口年均含沙量在小浪底水库运用后明显减小（图 13.4）。1950~2019 年多年平均含沙量为 22.4kg/m^3。小浪底水库运用前的 1950~2002 年平均含沙量为 25.1kg/m^3，运用后下降至 7.8kg/m^3。中值粒径整体上无明显变化趋势，多年平均在 0.020~0.025mm 波动。

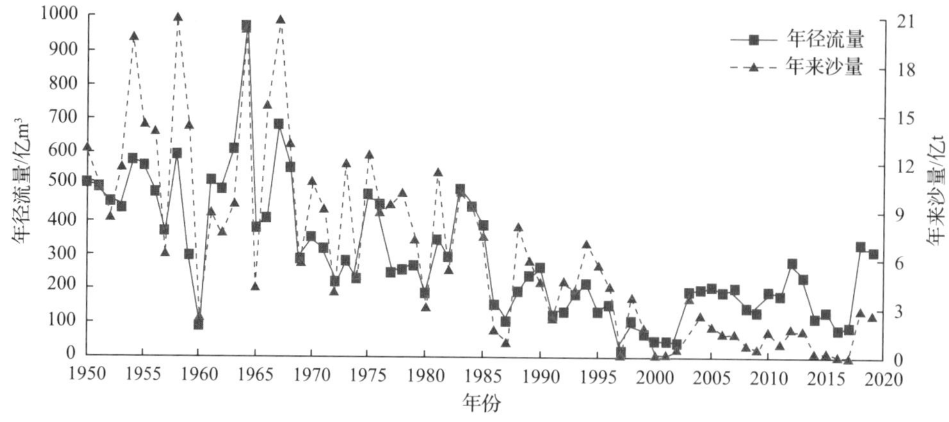

图 13.3 黄河河口年径流量和年来沙量变化（1950~2019 年）

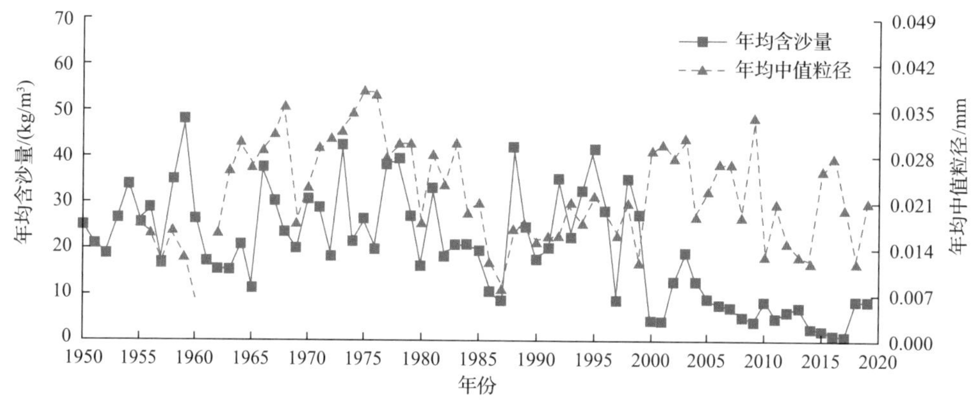

图 13.4 黄河河口年均含沙量和年均中值粒径变化（1950~2019 年）

（二）黄河河口水沙情势变化对东营港的影响

东营港位于黄河三角洲的东北突出部，原神仙沟流路河口附近（图 13.5）。港口南距现行清水河流路入海口约 30km，西距黄河故道刁口河流路入海口约 30km。根据卫星遥感照片及现场观测资料，在这两个入海口附近海域各有一个高浓度悬沙场存在。解决泥沙淤积问题，维持正常港域水深是港口建设开发中面临的重要问题。

黄河三角洲滨海区 CS16 断面位于东营港附近（图 13.5）。1976~2015 年断面高程变化显示，港区附近小于 11m 水深的区域持续处于冲刷状态，以下水域则处于淤积状态（图 13.6）。其原因主要有两个：缺乏河流入海泥沙补给，区域波高 1.5m 波浪的作用水深 7~11m。清水沟流路在 1979 年摆动到最北边，距离东营港 20km。该年份黄河入海泥沙为 7.3 亿 t，但 CS16 断面高程与 1978 年相比，6m 水深以内区域仍出现约 1m 的冲刷（图 13.6）。刁口河流路和清水沟流路实测资料表明，黄河入海泥沙绝大部分沉积在口门两侧 25km 范围内，剩余的少量不易沉降的极细泥沙可漂移很远。2020 年现行清水沟口门距离东营港约 30km，黄河入海泥沙难以影响到东营港。

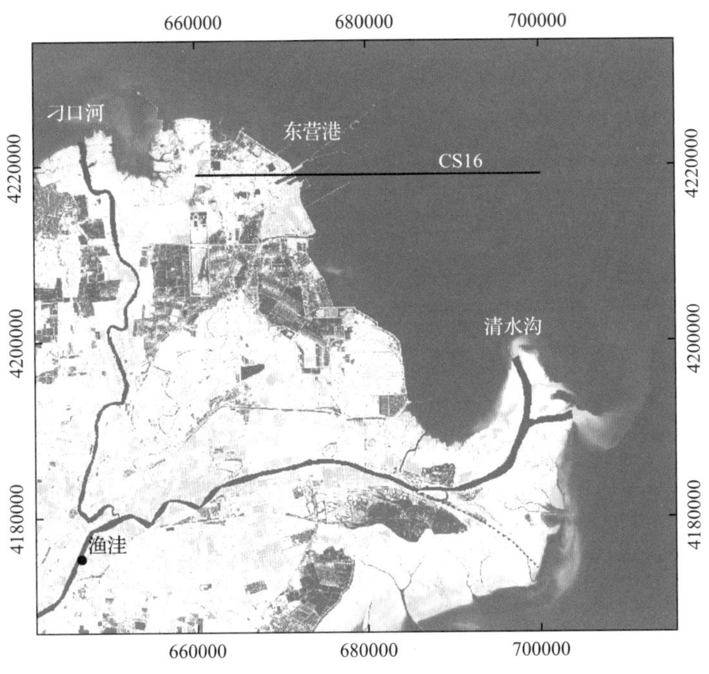

图 13.5　东营港与清水沟、刁口河流路

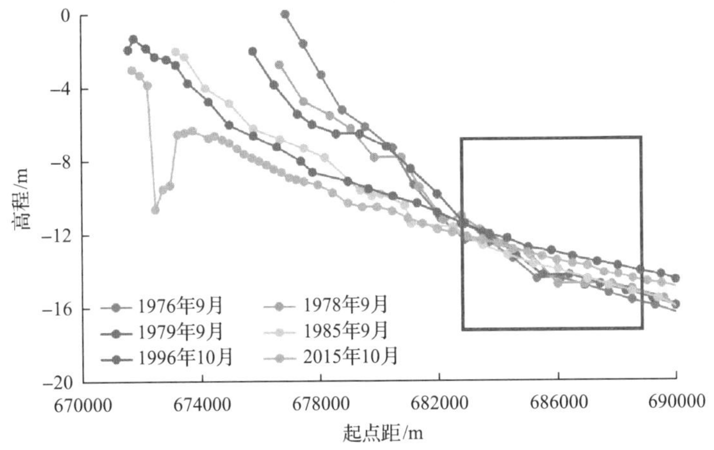

图 13.6　东营港 CS16 测验断面 1976~2015 年高程变化

二、黄河河口流路演变

（一）流路演变规律

黄河河口入海流路在一定水沙条件下呈现“淤积、延伸、摆动、改道”的自然规

律。这一规律是由黄河独特的来水来沙特征和三角洲滨海区域的海洋动力条件所决定的。1919~1985 年平均每年约有 12 亿 t 泥沙进入河口，大部分泥沙淤积在滨海，使河口不断淤积延伸。随着延伸长度的增加，溯源淤积加剧，河床不断抬高。当河床抬高到一定程度时，水流将自动寻找低洼地区，另图捷径入海。之后河口的淤积延伸摆动改道又在新的基础上进行。河口淤积、延伸、摆动、改道不断循环演变，使入海口不断更迭，海岸线不断外移，河口三角洲的面积不断扩大。目前，河口三角洲前沿已经形成明显凸出的弧形岸线，南北两侧为莱州湾和渤海湾。

随着河口来水来沙的减少，河口三角洲社会经济的发展，科学治河水平的提高，人们的认识水平也不断提高，突破了“大循环—小循环”这一传统演变模式，提出了在人工控制下的自然演变模式[1]。1996 年 5 月实施清 8 出汊工程，8 月底水流全部由汊河入海（图 13.7）。清 8 出汊新河是在清水沟流路主河道基础上，在自然分汊环节前主动实施的人工出汊工程，从新河的发育条件、过程、形态上看，它又具有一条流路的全部特点。

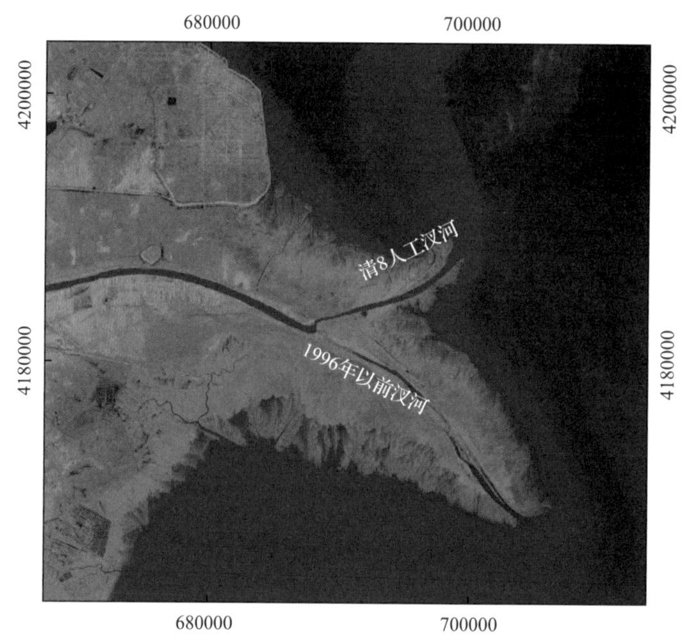

图 13.7　黄河河口清 8 出汊工程示意

（二）流路演变阶段

1855 年黄河在铜瓦厢决口以来，黄河河口流路共经历九次大的改道，形成十条流路（表 13.1 和图 13.8）。前六次改道顶点在宁海附近，后三次下移至渔洼附近。改道周期平均约十年。

1855~1889 年，黄河下游大量泥沙淤积在陶城铺以上，进入河口的泥沙很少，河口较为稳定。1872~1885 年黄河下游东坝头至宁海河段两岸堤防已基本形成，输送到河口的泥沙逐渐增多，河口的淤积延伸问题开始显露出来，尾闾河道的摆动变迁也日益频繁。

1889~1949 年，宁海以下河口尾闾河道基本处于自然变迁状况。在此期间人类活动逐渐增强，但长时期内宁海以下两岸仅有民埝 20 余千米，河口尾闾段经常决口摆动，其中较大的流路变迁就有 6 次。

1949~1996 年，河口地区的生产发展，对防洪要求也日益迫切，不允许尾闾河道再任意自然改道。1953 年以后，黄河三角洲的摆动顶点从宁海下移至渔洼。1953 年入海流路由甜水沟、宋春荣沟、神仙沟分流入海改为神仙沟独流入海。1964 年 1 月，神仙沟流路河道淤积使水位抬高，凌汛期在罗家屋子爆破分洪，改道至刁口河。1976 年 5 月改道至清水沟流路入海。清水沟流路行河后经过淤滩成槽、溯源冲刷发展和溯源淤积的演变过程。

表 13.1　1855 年以来黄河入海流路变迁统计

改道顶点	流路序号	行河时间	改道地点	入海位置	改道原因
	1	1855 年 7 月~1889 年 4 月		肖神庙	铜瓦厢决口夺大清河入海
宁海附近	2	1889 年 4 月~1897 年 6 月	韩家垣	毛丝坨	凌汛漫溢
	3	1897 年 6 月~1904 年 7 月	岭子庄	丝网口	伏汛漫溢
	4	1904 年 7 月~1926 年 7 月	盐窝	顺江沟	伏汛决口
			寇家庄	车子沟	
	5	1926 年 7 月~1929 年 9 月	八里庄	刁口	伏汛决口
	6	1929 年 9 月~1934 年 9 月	纪家庄	南旺沙	人工扒口
	7	1934 年 9 月~1938 年春	一号坝	神仙沟、甜水沟、宋春荣沟	堵岔道未成而改道
		1947 年春~1953 年 7 月	一号坝		
渔洼附近	8	1953 年 7 月~1963 年 12 月	小口子	神仙沟	人工截弯，变分流为独流入海
	9	1964 年 1~1976 年 5 月	罗家屋子	刁口河	凌汛人工破堤
	10	1976 年 5 月至今	西河口	清水沟	人工截流改道

资料来源：黄河水利委员会. 黄河河口综合治理规划. [2013-1-3]。

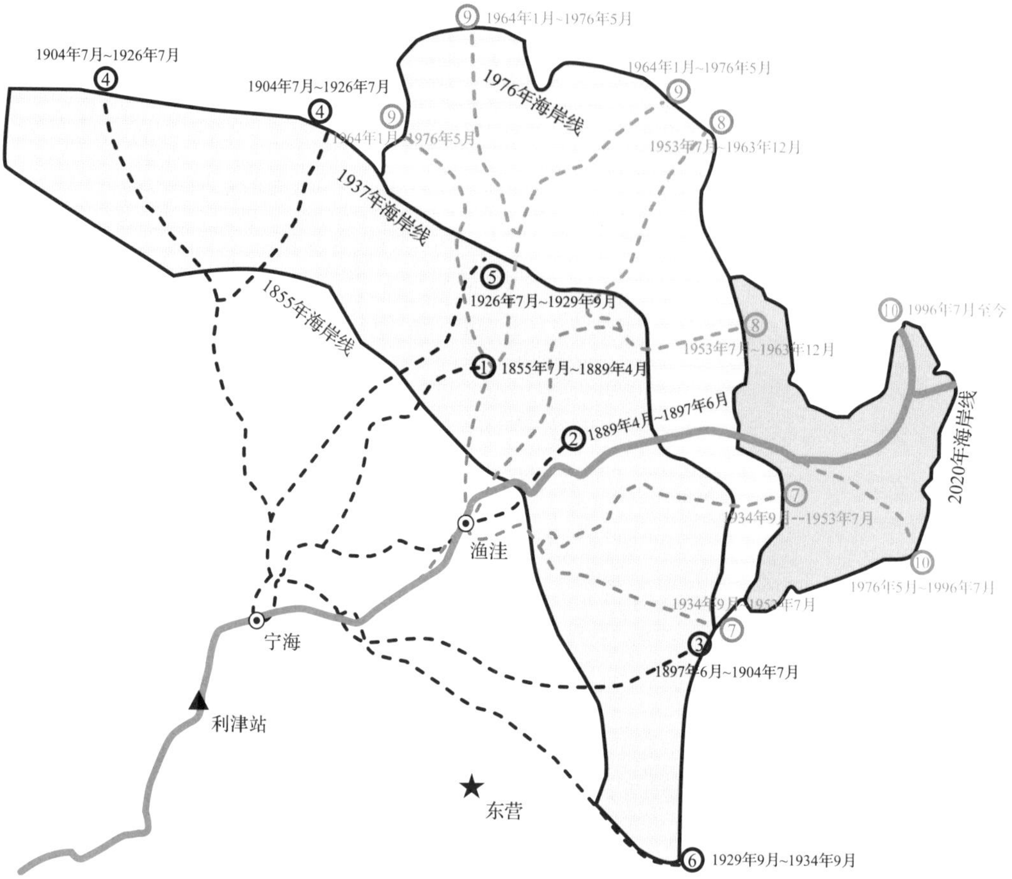

图 13.8　黄河河口流路变迁示意

圈码与表 13.1 中的流路序号对应

1996~2018 年，清 8 改汊工程实施后入海流路走目前的清 8 汊河入海。1996 年西河口以下河长达到 65km，为有利于胜利油田的石油开采，沿东略偏北方向实施了清 8 改汊。2004 年、2007 年汊 3 断面以下出现两次自然出汊。1997~1998 年、2001~2002 年和 2004 年分三次在河口实施了挖河疏浚工程。2011 年汛前实施清 8 至汊 2 河段畸形河势裁弯取直工程。这些工程起到减少河道淤积和稳定河势的效果。近 5 年西河口以下河长为 58~62km，流路状况尚好，还有较强的行河潜力。

（三）流路现状格局

为保障河口地区经济和社会的稳定发展，更好地协调地方、油田建设与黄河治理的关系，《黄河入海流路规划》（1992 年）确定将刁口河、马新河作为备用流路加以管护。

《黄河河口治理规划》（2002 年）中又提出：按照进入河口段的设计水沙和改汊条件，清 8 汊河+北汊+原河道的组合方案，可使清水沟流路行河年限达 50 年左右。虽然比《黄河入海流路规划》预测的行河年限（30~50 年）要长，但毕竟是有限的。因此，综合分析目前情况，刁口河流路比马新河流路更易实施，更为理想，规划刁口河流路为备用入海流路，并对流路运用的防洪工程进行了规划。

《黄河河口综合治理规划》（2010 年）提出，选择清水沟、刁口河、马新河及十八户流路作为今后河口的入海流路，规划期主要使用清水沟流路，清水沟流路行河完成后优先启用刁口河流路，马新河和十八户作为远景可能的备用流路。相关主要内容纳入《黄河流域综合治理规划（2012—2030 年）》，后者于 2013 年通过国务院的批复（国函〔2013〕34 号）。目前黄河口流路格局“1 现行+3 备用”（图 13.9）。1 现行指清水沟，有 3 条汊河，分别为清 8 汊河、1996 年以前汊河和北汊河。3 备用指的是刁口河、马新河、十八户，优先启用刁口河，远景考虑马新河和十八户。

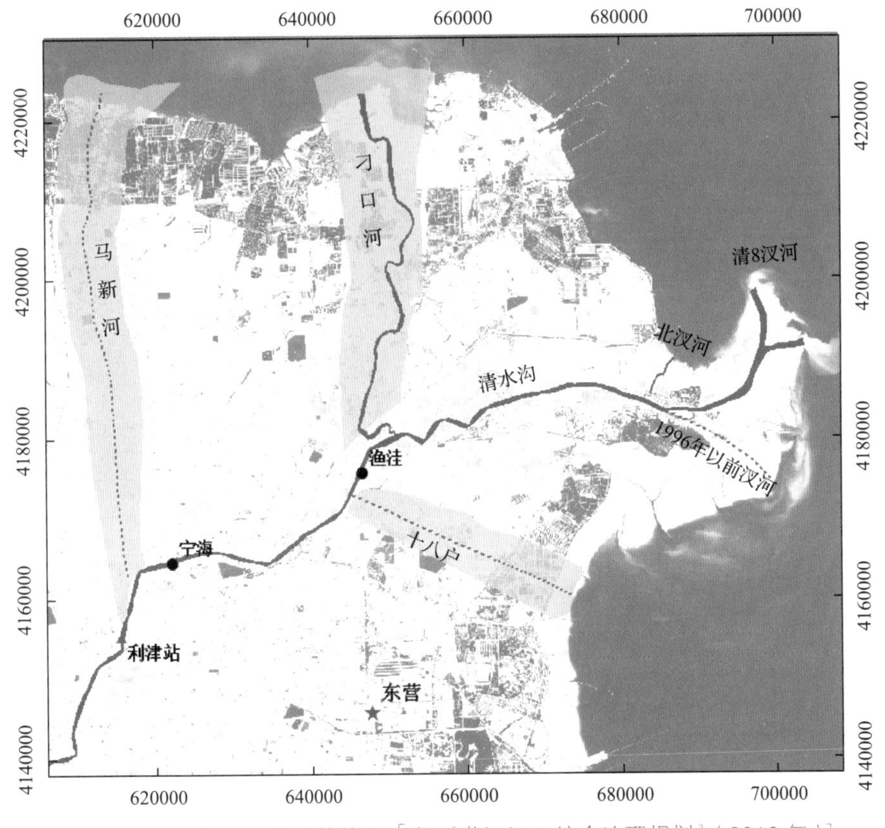

图 13.9　黄河河口流路现状格局［据《黄河河口综合治理规划》（2010 年）］

三、黄河河口海岸演变

黄河三角洲海岸为大量泥沙堆积的淤泥质海岸，洲面非常平缓，比降约万分之一，潮间带广阔。黄河入海流路的变迁对黄河三角洲海岸线的演变影响很大。行河的海岸段、海岸线以淤进为主，进行填海造陆。不行河的海岸段由于缺乏沙源的补给，在风浪和海流的作用下，海岸线发生蚀退。特别是刚停止行河、有突出沙嘴的故河口，蚀退作用相当明显，随着时间增长，岸滩变缓变宽，海洋动力的侵蚀作用减弱，蚀退速度逐渐减小。

总体来讲，清 8 改汊之前黄河入海泥沙较多，三角洲的造陆面积大于蚀退面积，致使三角洲面积不断扩大，海岸线不断向海域推进；之后随着河口来沙减少，河口陆地面积增加速率减缓甚至出现蚀退。1976 年之后，现行流路区域陆地面积增加 515km^2，刁口河流路陆地面积损失 290km^2，净造陆面积 225km^2（图 13.10）。

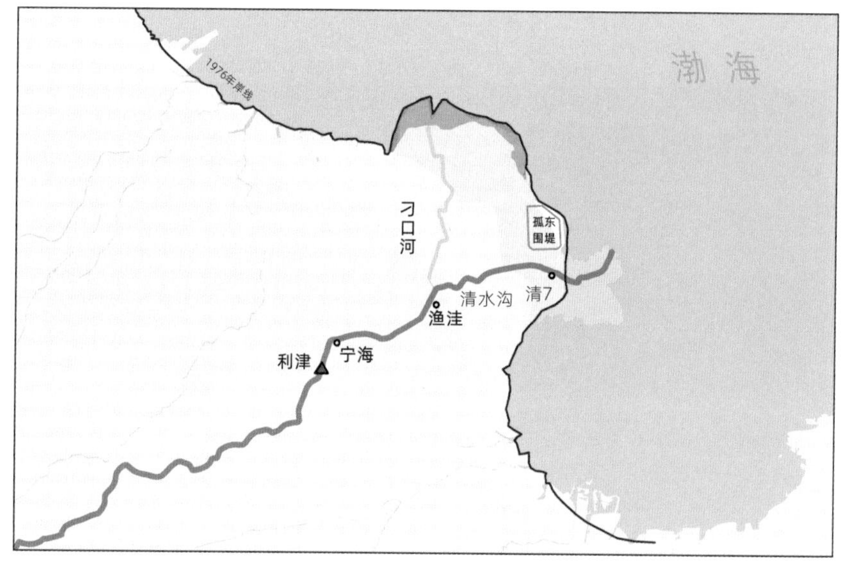

图 13.10 黄河三角洲 1976~2016 年海岸变化

第三节 黄河河口生态

一、生态系统概况

黄河三角洲生态系统依据区域位置可分为河流生态系统、陆域生态系统和近海生态系统（图 13.11）。河流生态系统主要位于现行清水沟流路河道内。陆域生态系统位于清水沟流路河道以外的陆地，包括山东黄河三角洲国家级自然保护区及非保护区陆地。近海生态系统位于三角洲沿岸浅水区域内。

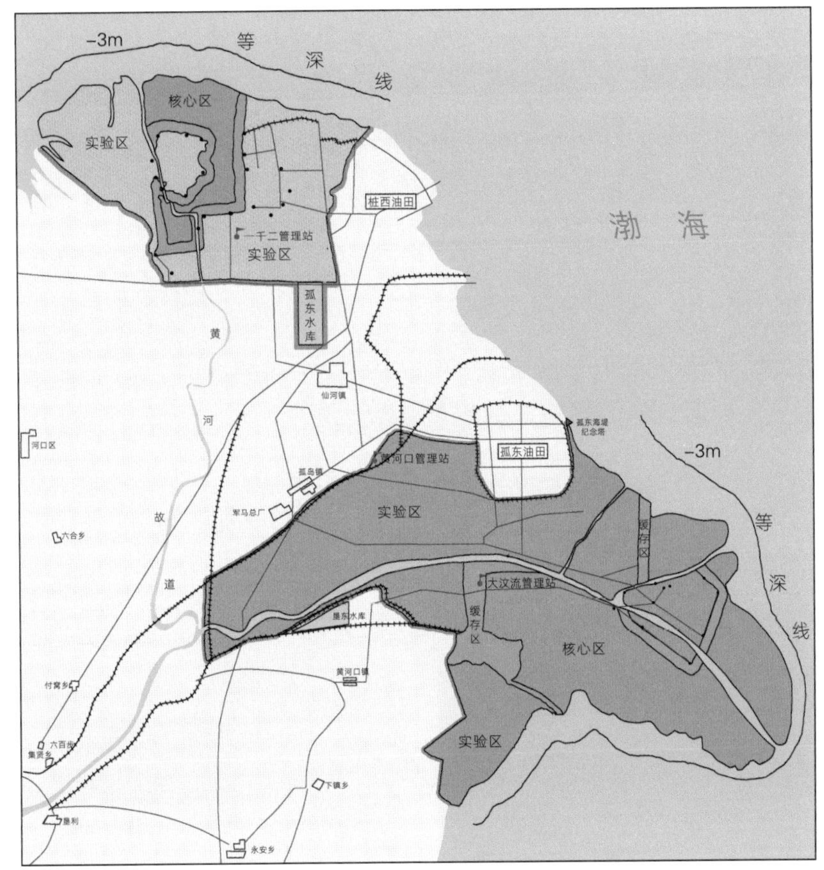

图 13.11　山东黄河三角洲国家级自然保护区

（一）河流生态系统

河流生态系统的主要水生生物是鱼类，包括河道淡水鱼类和河道洄游鱼类。河道淡水鱼类以鲤科为主，主要有黄河鲤、赤眼鳟、鲫鱼、黄颡鱼、青鱼等。因为黄河含沙量大、河床冲淤变化剧烈，限制了浮游生物和底栖生物的生存，河道淡水鱼类数量较少。河道洄游鱼类有鲚、梭鱼、鲈鱼、鳗鲡、银鱼等种类。鱼类洄游经历海水和淡水两种不同生态环境。从海洋向江河进行溯河生殖洄游的有鲥鱼等，从江河到海洋进行降海生殖洄游的有鳗鲡等。

（二）陆域生态系统

1. 山东黄河三角洲国家级自然保护区

山东黄河三角洲国家级自然保护区（图 13.11）是我国暖温带最年轻、最广阔、保存最完整的湿地生态系统，也是全球东亚—澳大利西亚和东北亚内陆—环西太平

洋两条鸟类迁徙路线的重要中转站、越冬地和繁殖地，各种野生动物多达 1543 种。1992 年 10 月，山东黄河三角洲国家级自然保护区成立，并在 2013 年被国际湿地公约组织正式列入国际湿地名录，主要保护目标是黄河三角洲新生湿地生态系统和珍稀濒危鸟类。

黄河三角洲国家级自然保护区分为南北两部分，总面积约为 1530km^2，其中核心区 594.19km^2。南部位于现行黄河入海口两侧，面积为 1045km^2。北部位于 1976 年以前黄河刁口河流路黄河入海口两侧，面积为 485km^2。海域方向以低潮时 3m 等深线为界。自然保护区的湿地分为近海与海岸湿地、河流湿地、沼泽湿地和人工湿地 4 类（图 13.12）。各类湿地总面积约为 1131km^2，占自然保护区总面积的 74.0%。其中，近海与海岸湿地面积 651.09km^2，占总面积的 57.58%；河流湿地 25.36km^2，占总面积的 2.24%；沼泽湿地 298.89km^2，占总面积的 26.43%；人工湿地 155.50km^2，占总面积的 13.75%。

图 13.12 黄河三角洲自然保护区湿地类型

黄河三角洲生态系统主要包括盐沼生态系统、淡水沼泽生态系统、河口水域生态系统、河漫滩湿地生态系统、水田等人工湿地生态系统：①盐沼生态系统主要分布在自然保护区的核心区，周期性或间歇性地受海洋咸水体或半咸水体作用。植被类型主要为耐盐性植物，如碱蓬、柽柳等。此外，还生存着大量的低等植物、微生物、环节动物等。该系统是鸟类的集中分布区。②淡水沼泽生态系统主要是由湿地生态恢复工程引入黄河水形成的，年均水深达0.3~1.5m，出现了以芦苇等为主的淡水湿地植物群落。③河口水域生态系统主要位于入海口附近。生物主要为渗透压调节能力强的种类，如贝类、蟹类、虾类、鱼类等。由于河流和海水的营养颗粒聚集在河口，该区域具有较高生产力。④河漫滩湿地生态系统时常被泛滥的河水淹没，具有较高的物种多样性和生物密度，是物种扩散与迁徙的重要廊道。⑤人工湿地生态系统主要为引蓄黄河水的人工水库和以稻田、藕田为主的水田。

天然状态下以黄河水为主要水源的湿地主要分布在入海流路两侧的芦苇湿地（包括芦苇草甸、芦苇沼泽和水面等）。以芦苇湿地为主要栖息地的重要鸟类有丹顶鹤、东方白鹳、黑嘴鸥、黑鹳、灰鹤和大天鹅等。

2. 保护区以外的陆域生态系统

自然保护区以外的陆域生态系统主要位于黄河两岸的原神仙沟流域和东营市中小河流流域。具体为黄河以北除刁口河流路区域的神仙沟流域、挑河流域、草桥沟流域、沾利河流域等生态区域，以及黄河以南的广利河流域、溢洪河流域、东八路湿地区域、张镇河流域、三排沟流域等生态区域。

东营市中心城区地处黄河南岸，气候温暖湿润，地形平坦、河网水系纵横、湖泊湿地众多，具有良好的水生态本底条件。市域范围内水生态类型多样，河流、湖泊、湿地、岸坡等景观单元交错分布，形成了具有鲜明特色的城市水生态体系（图13.13）。城区现有大小水系共35条，全长共260km，其中包括10条承担防洪排涝功能的骨干河道。各种湿地景观呈斑块状分布，主要包括人工湖泊、芦苇湿地、坑塘等。湖泊总面积约10km^2，天然芦苇湿地总面积约为315km^2。

(a) 广利河沿岸

(b) 清风湖公园

图13.13　东营城市生态

（三）近海生态系统

近海生态系统位于三角洲沿岸浅水区域内，其范围包括渤海湾和莱州湾。黄河水沙携带的丰富营养物质和三角洲独特的气候和地理条件，使入海口附近滩涂和海域成

为渤海重要的水生生物繁殖和生长场所。黄河三角洲附近海域共有浮游植物 116 种，浮游动物 79 种，底栖动物 222 种。近海洄游鱼类有 39 种鱼类在该海区产卵并育幼，超过 40 种的幼鱼在此索饵。每年 4~5 月游入渤海产卵繁殖，具有低盐河口近岸产卵的特性。大部分要求水深 1~10m，盐度 18‰~32‰，温度 12~25℃。有 35 种鱼在 10℃以上水温的 5~8 月产卵，6 月产卵鱼种数多达 25 种。

历史上 4~5 月恰逢黄河上游宁蒙河段冰凌消融形成的桃汛洪水。黄河入海径流携带大量的淡水和营养物质在入海口附近海域富集，为河口栖息的底层鱼类提供了良好的产卵场和栖息地，造就了著名的莱州湾渔场。该渔场还是黄河口–渤黄海大生态系统重要的组成部分。

二、河口生态需水

（一）生态需水目标

目前河口生态需水的概念还存在不同认识。有研究认为，河口生态需水量主要包括湿地生态环境需水量、近海生物需水量、河流海洋洄游性鱼类最小需水量和河口景观环境需水量等[2]。有观点认为，河口生态需水量包括水循环及生物循环消耗的水量、保持河口湿地水深及水面面积水量和河口生态系统盐度平衡水量[3]。也有研究认为，广义河口生态需水量指维持生态系统储水、植物自身需水和蒸散发所需补水等生态系统平衡所需要的水量，狭义指为保持河口一定的生态目标所需的水量[4]。黄河河口生态需水目标研究最初是以利津断面作为河口代表纳入黄河下游生态环境需水研究，着重河流最小生态需水[5-7]、河流输沙用水[6,7]、河流污染防治与输送[6,7]，兼顾近海海域生态需水[6]。由于河流最小生态需水不能满足重要指示物种鱼类的生存，河道淡水鱼类和洄游鱼类生态流量[8-11]以及近海洄游鱼类生态需水[10-15]逐渐得到重视。作为中国暖温带最独特的三角洲陆域湿地，其生态需水也是众多研究关注的焦点[10,11,13,16-22]。此外，部分研究还提出了防止海水入侵、维持河口盐度平衡和补给地下水等需水目标[13]。

黄河河口生态需水目标应结合其特征进行确定。按照区域位置和水体特征，黄河河口生态可分为河流生态、湿地生态和近海生态。河流生态的主要水生物种是鱼类，包括河道淡水鱼类和河道洄游鱼类。陆域湿地关注重点为山东黄河三角洲国家级自然保护区，主要物种为湿地植被和珍稀濒危鸟类。近海生态位于三角洲沿岸近海浅水区域内，主要物种是近海洄游鱼类、浮游植物和浮游动物等。因此，从狭义河口生态需水角度来看，黄河河口生态需水目标应以满足河流、湿地和近海重要指示物种需求为重点。

（二）河流生态需水

20 世纪中期以来，受水利工程、引水等人类活动影响，河流自然水文情势发生改变并导致生态功能退化，河流生态需水成为研究的热点[23-28]。与湖泊、湿地等生态需水不同，河流生态需水重点在于保障适宜生态流量。随着研究的深入开展，天然水文情势的节律变化及其在维护生态系统健康方面的意义受到重视，河流生态需水还需要低流量、流量脉冲、小洪水和大洪水等[8,29-31]。黄河下游生态需水研究起始于 21 世纪初，在水量统一调度中纳入生态环境因子，保持河道不断流、输送泥沙、输送污染物、维持地下水位和重要物种生态环境。

黄河河道不断流是保障河流生态功能的最低要求。1999 年黄河开始实施水量统一调度，主要目标是在流域来水持续偏枯的情况下保证利津断面不断流。随后黄河水利委员会提出维持黄河健康生命及基本水量理念[32]，2007 年起水量调度重点从“黄河不断流”转变到“黄河功能性不断流”。有研究采用水力要素发生明显变化时的流量作为维持河流水体连续的最小生态流量，其中利津断面为 154~166m^3/s[5,9]。

维护重要物种生态环境。有研究采用最小河流生态用水流量不应小于多年平均流量的 1/10[6]，根据自然状态下多年平均流量估算利津断面最小河流生态流量为 111m^3/s。由于河流生态重要指示物种是鱼类，较多研究进一步从鱼类生活习性出发计算河流生态流量[10,16,33]。有研究选择鲤鱼、鲫鱼和鳗鲡作为典型物种，根据生态环境要求的水力指标采用流量恢复法计算下游河道不同时期需要的低流量、流量脉冲和高流量[8]。有研究根据黄河口淡水鱼类和洄游鱼类生态环境要求得到利津断面适宜流量为 120~290m^3/s[10,11]，5~6 月需要间断释放 300~500m^3/s 的小脉冲洪水，7~10 月需要 2500~3000m^3/s 的洪水。有研究从洄游通道的全程连续性[14]，计算了利津以下典型断面的水力条件，得到春季满足河道淡水鱼类和河道洄游鱼类生态环境要求的低流量为 240m^3/s，4 月中旬需要 8 天 240m^3/s~ 890m^3/s~240m^3/s 的流量脉冲。

（三）湿地生态需水

黄河河口湿地生态需水一般指为维持湿地生态系统平衡和正常发展，保障湿地系统基本生态功能正常发挥所需的水量[17]。结合人类社会现实需要[34]，部分研究确定了自然保护区的 3 个生态目标[18,19]，即保护新生湿地和鸟类、恢复与保护栖息地和维持生态系统功能与过程，分别对应最小生态需水量、适宜需水量和理想需水量。

黄河河口湿地类型众多，既有天然的洪泛湿地、芦苇沼泽湿地和翅碱蓬-柽柳沼泽湿地等，还有人工的坑塘水库、螃蟹田、盐田、水田和沟渠等湿地。人工湿地中以修建的平原水库、开垦的螃蟹田和盐田为主，生物多样性不突出，且其面积占三角洲湿地总面积的 22%[35]。故湿地生态需水研究以天然湿地为主，一般包括植物需水、土壤需水、野生生物栖息地需水和补给地下水需水。由于黄河三角洲近些年份来沙量明显减少，个别年份行河附近海岸出现蚀退。防止岸线侵蚀需要一定的泥沙补给，其输送需要的水量也计入河口湿地生态需水[13,17,20]。此外，还有研究将净化污染物[17]、近海生物[17,18]、汛期输沙[18]、防止海水入侵及维持河口盐度平衡[13]用水纳入湿地生态需水。

在目前黄河流域水资源供需矛盾日益尖锐和黄河三角洲人类活动日益增强的情况下，黄河河口湿地规模是确定生态需水的关键因素。黄河三角洲自然保护区总面积为 1530km^2。部分研究从保持和最大限度地发挥湿地生态系统的功能和效益出发，选择整个自然保护区作为研究对象[13,18,20]。部分研究提出湿地规模需要兼顾黄河水资源的现实条件，应重点保护黄河渔洼断面以下与河道联系密切的 780km^2 淡水湿地[17]。还有研究综合分析湿地生态健康、水资源状况和黄河工程布局等，提出陆域湿地恢复合理规模为 230km^2，接近 1992 年黄河三角洲自然保护区成立时的典型芦苇湿地面积[11,21,22]。该项成果被纳入《黄河河口综合治理规划》。由于采用的湿地面积和需水类别等不同，湿地需水量为 3.5 亿~78.2 亿 m^3（图 13.14）。

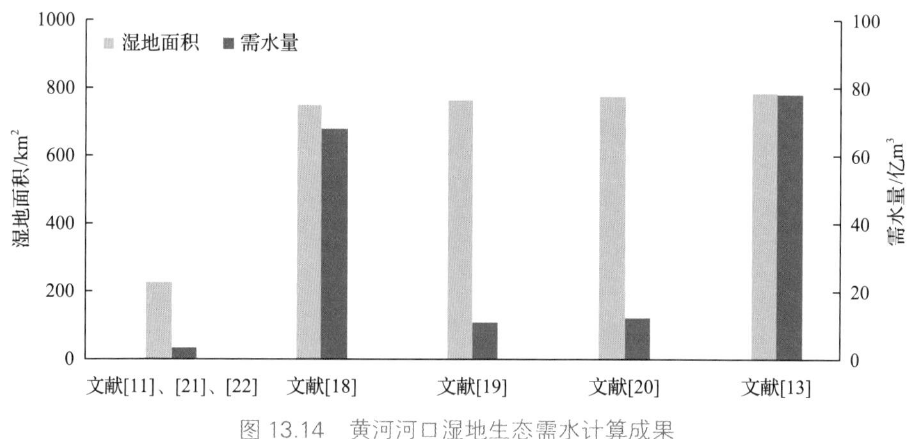

图 13.14　黄河河口湿地生态需水计算成果

（四）近海生态需水

黄河河口近海生态的主要指示物种是近海洄游鱼类，关键因子是温度和盐度。有研究认为，在春季，温度对鱼虾繁殖起决定作用；在 5~9 月，盐度的影响远大于温度，在冬季，两者的影响都很微弱[11]。盐度是河口生态系统的限制因子[15]。已有的近海生态需水计算采用了目标年份参考、入海流量与盐度关系和入海径流量与鱼卵密度关系等方法。

一是根据入海水量与选择的恢复目标时期水量和近海生态状况确定。20 世纪 80 年代中期黄河水资源规划根据鱼虾生长条件，提出 4~6 月入海水量为 60 亿 m^3 或枯水年 4 月集中下泄 20 亿 m^3。有研究以 90 年代初期水平作为恢复目标[11]，当时近海水域仍有丰富的初级生产力和饵料生物资源，同时参考 2004~2008 年近海水域生态系统已好转为“亚健康”，得到鱼类繁殖生长主要时期 5~9 月入海水量为 120 亿 m^3，其中 5~6 月为 21 亿 m^3。

二是根据入海流量与关键种生长阶段适应盐度关系确定。有研究以鱼卵和仔稚鱼生长阶段作为关键种的关键生命阶段[15]，根据实测入海流量与盐度关系，得到 4~10 月生态需水量约为 124 亿 m^3。

三是根据入海流量与鱼卵、仔稚鱼密度的关系确定。有研究根据 2014~2018 年鱼卵密度调查资料[12]，选取入海水量较低但鱼卵密度较高的 2014 年为参考年，得到鱼虾产卵关键的春季 3~5 月入海水量为 30 亿 m^3。有研究根据利津站 1982 年、2007~2016 年部分年份春季径流量与近海鱼卵密度变化关系[14]，发现 20 亿 m^3 前后鱼卵密度出现跃升，选择与 1982 年春季径流量接近的 21.6m^3 作为适宜入海水量。结合近海水质状况和鱼卵密度，有专家提出 4~6 月入海低限水量和适宜水量分别 25 亿 m^3 和 40 亿 m^3[10]。

（五）生态需水过程

选择河道淡水鱼类和洄游鱼类、湿地植被和鸟类、近海洄游鱼类为主要指示物种，综合考虑河流生态流量、湿地需水和近海适宜水量分析黄河河口生态需水过程。

河流生态需水量计算应包括全部河口河道。研究中多采用的利津断面较为窄深，用于计算河流生态流量时代表性不够。全河道计算结果表明，春季 3~5 月河道淡水鱼类和洄游鱼类需要的低流量为 240m^3/s，4 月中旬需要 8 天 240m^3/s~890m^3/s~240m^3/s 的流量脉冲[14]。从全年来看，河道洄游鱼类 2~11 月需要满足洄游通道的连续性；河道淡水鱼类全年需要一定低流量维持生态环境，4~6 月需要一定的流量脉冲刺激产卵。故河道淡水鱼类和洄游鱼类全年需要的低流量应为 240m^3/s，4 月中旬需要 8 天 240m^3/s~890m^3/s~240m^3/s 的流量脉冲。

湿地需水采用《黄河河口综合治理规划》中的 3.5 亿 m^3 需水量成果。该成果考虑了黄河河口水资源状况、目前行河格局、湿地引水工程布局和湿地面积的历史变化情况，具有很大的实施可行性。

近海生态需水根据文献[14]研究成果进行估算。利津站 1982 年、2007~2016 年部分年份春季径流量与近海鱼卵密度变化关系显示，入海水量为 20 亿 m^{3}左右时鱼卵密度出现跃升，选择与 1982 年春季径流量 20.5m^{3}作为适宜入海水量。近海洄游鱼类在 4~11 月需要适宜面积的低盐产卵育幼场。考虑到径流向口门传播和近海淡咸水混合时间约为 1 个月，则需水时机应为 3~10 月。以此为参考，则 3~10 月入海径流量应为 54.7 亿 m^3，各月需要场次洪水塑造低盐产卵育幼场。

综合河流生态、湿地生态和近海生态需水，日均低流量为 240m^3/s，3~10 月需要 8 天 240m^3/s~890m^3/s~240m^3/s 流量脉冲过程，全年生态需水合计 94 亿 m^3。

三、水文情势的适应性

已有径流量研究成果的需水时段为 3~5 月、4~6 月、4~10 月、5~9 月和全年。根据利津站实测水文资料，分析小浪底水库运用以来上述相应时段径流量、平均径流量、最小径流量、最大径流量和满足已有需水成果的年份比例（图 13.15）。小浪底水库运用以来利津断面年径流量为 42 亿~360 亿 m^3，平均为 191 亿 m^3。上述时段各年份径流量的变化幅度较大，各时段满足需水量的年份比例为 37%~84%。但其平均值大于大部分需水量指标，略低于个别指标。春季流量脉冲满足文献[14]研究成果的年份只有 2019 年，出现日期为 3 月 25 日至 4 月 1 日，脉冲流量峰值为 932m^3/s，历时 8 天。

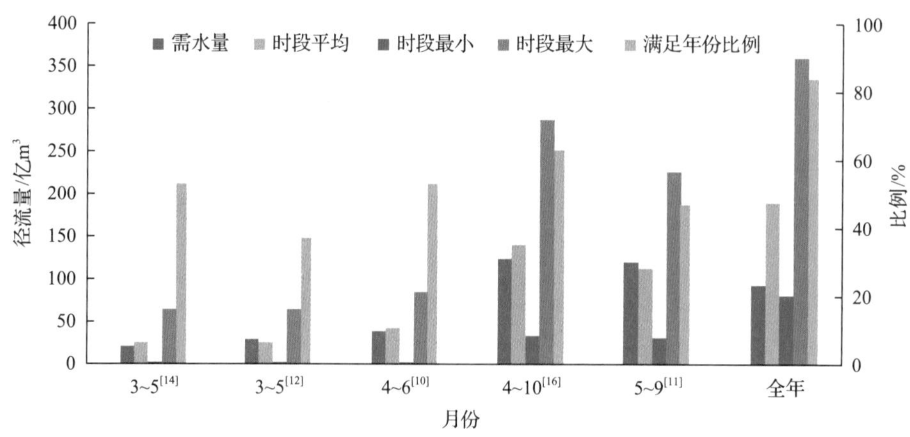

图 13.15　黄河河口 2002~2020 年时段径流量与已有生态需水研究成果

以本书提出的 94 亿 m^{3}计，则大部分年份的入海径流量满足要求，但是需要每月阶段性洪水过程。建议对小浪底水库调度方案进行多年优化调整，兼顾春季流量脉冲和阶段性场次洪水的塑造，则进入河口的径流过程很大程度上能够满足生态需水要求。

第四节　黄河河口环境

黄河河口位于黄河流域最末端，是整个流域径流、泥沙等的承泄区域。黄河流域工业基地及人口密集城市的各种污染物质也被输送至河口，影响黄河河口水体与土壤质量的安全。同时黄河河口又因其相当丰富的石油天然气储量，成为全国的重要原油产区，在其开采到油气集输的一系列过程中，存在石油对脆弱生态系统的影响和水土环境的污染。近些年，黄河河口区域农业生产得到快速发展，农用薄膜、化肥和农药的使用量也逐年增加。由于人们环保意识薄弱，农业污染与日俱增。水体与土壤污染问题是人类的生活和健康最重要的威胁，同时也是造成生态环境恶化的主要因素。

一、河流水质

（一）水质污染

黄河河口水质污染物主要为营养盐和有机污染类。干流沿岸和近岸城市工业废水、生活污水未经处理或处理未达标就排入水体。水土流失和农业面污染源也使河口区域地表水、地下水及近岸海域的水质和水生生态环境受到一定的影响。黄河三角洲受纳污水的河流主要有黄河、神仙沟、挑河、广利河、支脉河、溢洪河等。区域污水排放最终排入渤海。

近年来，东营市加强了对蓄水水库及引黄输水渠道的治理及保护工作，现状蓄水水库及引黄渠道水质较好，稳定达到Ⅲ类水标准。2014~2018 年省控和市控河道监测断面水质情况显示，广利河、溢洪河、支脉河、神仙沟、挑河水质为劣Ⅴ类，主要超标指标为化学需氧量（COD）、总氮等。

（二）水体重金属

河流水体的重金属污染物绝大部分（80%~90%）在泥沙颗粒上富集。泥沙对污染物具有显著吸附效应，具有净化水体的作用。另一方面，泥沙作为污染物和污染物的载体对水环境造成污染。黄河作为世界上含沙量最高、输沙量最大的河流，泥沙对其

水质影响巨大。在黄河清水沟流路中，重金属分布呈现明显的区域差异。在水动力条件较弱的淤积岸段，重金属随泥沙落淤，含量增加；而在水动力条件较强的冲刷岸段，重金属随泥沙继续行进，其含量也相应较少。

2013~2017年利津断面水体和悬移质样品分析表明，水体中重金属含量较低，而悬移质中重金属含量较高[36]。水体中Cu、Pb、Cd、Hg、As的平均含量远小于《地表水环境质量标准》(GB 3838—2002)中的Ⅲ类水质标准。悬移质中Cu、Pb、Cd、Hg、As的含量均高于土壤背景值。其中，Hg为重污染状态，Cd为偏重污染状态，Pb为轻污染状态，As为无污染状态，Cu为轻污染状态。悬移质中重金属污染潜在生态风险很高，主要生态风险因子为Hg，其次为Cd。

二、近海水质

（一）水体有机污染

2004年8月黄河河口近海区域水样检测中，共检出有机污染物8类192种，其中多环芳烃类23种、酯醇酸类16种、单环芳香族类34种、烃类48种、酚类16种、农药类11种、醚类6种、其他38种[38]。8类有机污染物中，烃类占比最高达25%，其次分别为单环芳香族类（18%）和多环芳烃类（12%）。挥发性有机物（VOCs）有33种，半挥发性有机物（SVOCs）有159种。

在这192种有机污染物中，检出率大于50%且可定量的有机物有88种，其中属于我国列出的58种优先控制物的有33种，属《地表水环境质量标准》(GB 3838—2002)控制的有31种。多环芳烃类、酯醇酸类、单环芳香族类、烃类、酚类和农药类为该区域的主要有机污染物，这与黄河沿岸城市石油、化工、冶金、电子、建材、印染、食品加工和农业等行业排放的有机污染物有直接关系。

由于黄河入海径流的掺混稀释作用和入海泥沙的稀释沉降作用，以及输移过程中通过生化反应的降解转化作用，河口和邻近海域形成巨大的环境自净容量。各采样点绝大部分单个污染物的治理浓度未超过《地表水环境质量标准》(GB 3838—2002)，但各种污染物的生态毒理学联合效应目前仍难以确定。

（二）水体富营养化

黄河干流水体、河口陆源排污和地表径流带来的大量营养物进入附近海域，引起水体富营养化。根据《2013 年山东省海洋环境公报》，2013 年黄河入海的污染物量分别为化学需氧量（CODcr）34.86 万 t、氨氮（以氮计）0.49 万 t、硝酸盐氮（以氮计）0.72 万 t、亚硝酸盐氮（以氮计）0.28 万 t、总磷（以磷计）0.065 万 t；小清河入海的污染物量分别为 17.89 万 t、0.059 万 t、0.13 万 t、0.054 万 t、0.094 万 t。

20 世纪 90 年代初期以来，渤海发生赤潮的频次和规模逐年上升，严重影响该海域的养殖、旅游以及生态，成为该海域最主要的海洋灾害之一。1952~2016 年，渤海海域共发现赤潮 189 次，其中影响面积超过 1000km^{2}的有 21 次（图 13.16）；2000 年以后发生频率明显增加[39]。渤海赤潮高发期在 6~9 月，发生最频繁的区域为渤海湾北部、辽东湾西部和东部的海域（图 13.17）。其中，黄河口附近海域出现四次面积超过 1000km^{2}的赤潮。

（三）水体重金属

黄河河口附近海域水体中重金属含量较低。根据《2010 年山东省海洋环境公报》，黄河河口附近海域表层海水重金属的浓度整体处于中国近海中等水平，但比天然表层海水背景值要高出很多。黄河口附近海域表层海水中溶解态重金属 Cu、Pb、Zn、

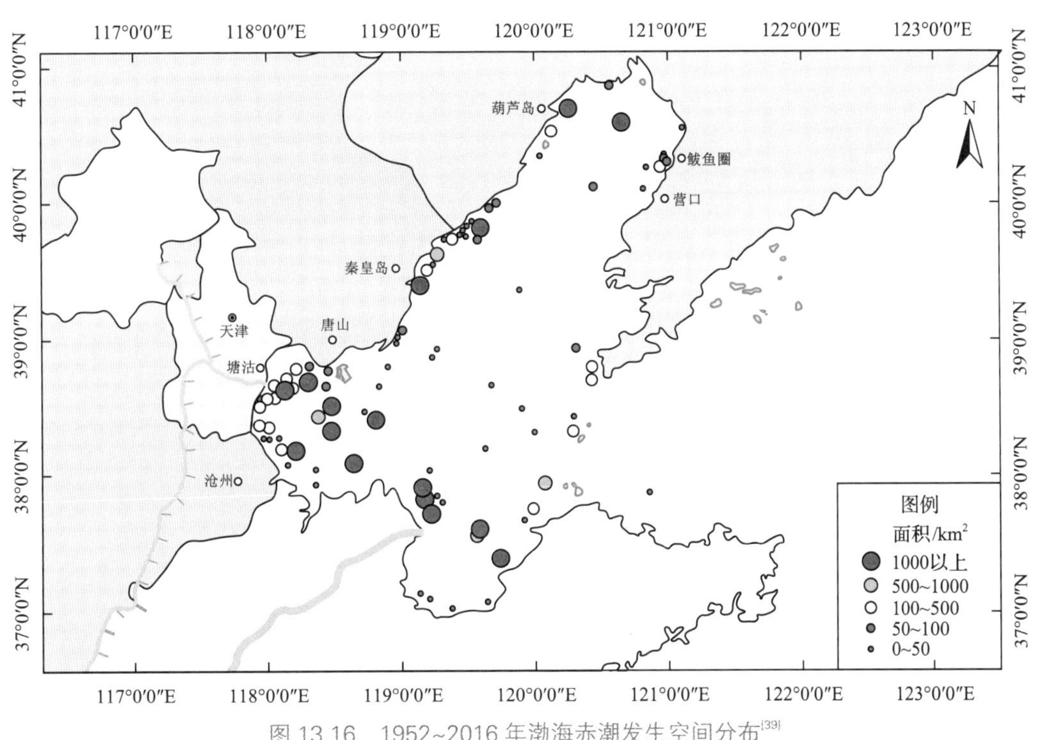

图 13.16　1952~2016 年渤海赤潮发生空间分布[39]

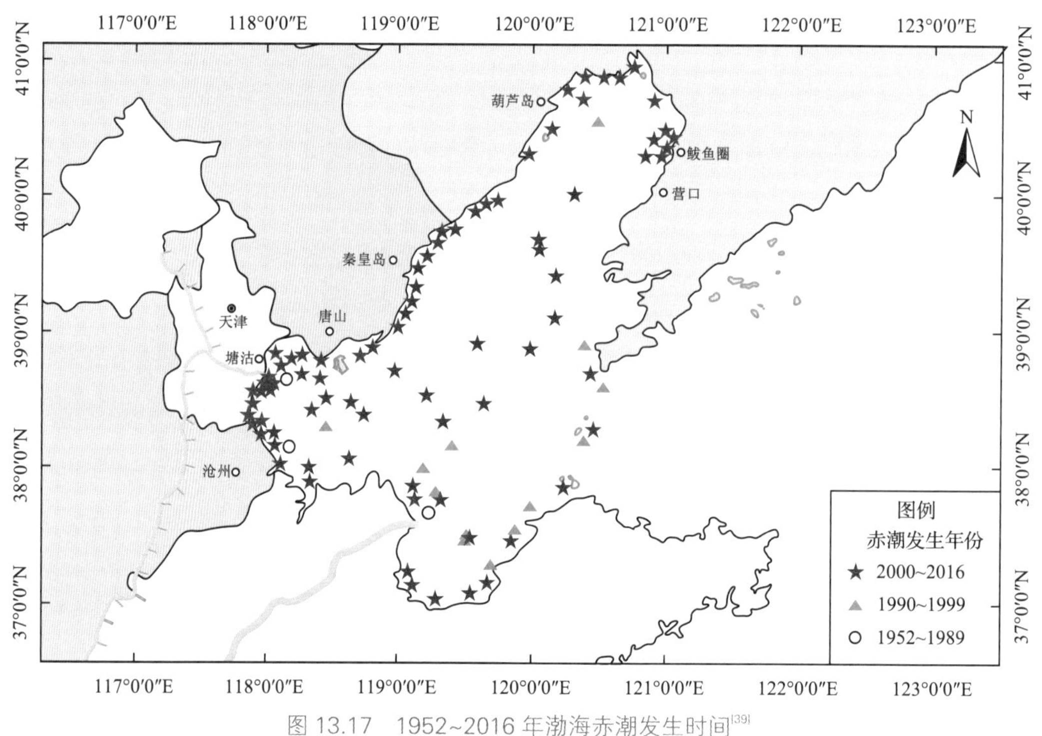

图 13.17　1952~2016 年渤海赤潮发生时间[39]

Cd、Hg 和 As 的浓度范围分别为 0.10~4.64 μg/L、0.22~1.13 μg/L、12.00~81.84 μg/L、0.10~3.22 μg/L、0.004~0.028 μg/L 和 0.43~1.40 μg/L，平均浓度分别为 2.65 μg/L、0.51 μg/L、37.67 μg/L、0.68 μg/L、0.013 μg/L 和 0.92 μg/L。总体上 Zn 符合国家二类海水水质标准，其他几种重金属均符合国家一类海水水质标准。重金属综合污染程度较低，潜在的生态风险程度也较低。

黄河尾闾及近岸沉积物中重金属总含量沿河道至河口方向呈现先增加后降低再增加的趋势[37]。至近岸断面，As、Pb、Cd 和 Zn 含量呈明显增加趋势。河口沉积物中重金属浓度明显高于河道沉积物中重金属的浓度。与我国其他流域相比，黄河河口重金属含量处于较低水平，生态风险低。潜在生态风险系数从高到低依次为：Cd＞As＞Pb＞Zn＞Cu＞Cr。潜在生态风险主要由 Cd 和 As 引起，两者的贡献率分别为 56% 和 30%。

（四）近期水质

2017 年，东营市开展了冬季、春季、夏季和秋季四个航次 65 个趋势性监测站位的海水质量监测。海水中无机氮、活性磷酸盐、石油类和化学需氧量等指标的综合评价显示，全市海水环境质量状况总体一般，近岸海域海水污染程度依然较重。冬季和春季海水水质明显好于夏季和秋季。四季符合第一类、第二类海水水质标准的海域面积分别为 3105km^2、4297km^2、1587km^2、2788km^2，占全市近岸海域面积的 53%、73%、27%、47%。劣于第四类海水水质标准的海域面积较去年略有减少，主要分布在莱州湾西部和渤海湾南部的近岸海域，主要污染要素为无机氮。

三、地下水水质

2015 年 6~11 月，黄河水利委员会山东水文水资源局在黄河三角洲设置 15 个地下水采样点，依据《地下水质量标准》（GB/T 14848—1993）分析了 21 项监测项目[40]。总体结果显示，黄河三角洲地区地下水水质状况较差。内梅罗指数范围为 5.1~112.2，水质类别均为 V 类。主要超标项目为氨氮、总溶解固体、氯化物、铅、锰、高锰酸盐指数、硫酸盐、细菌总数和总硬度。

地下水水质主要受人类活动影响，如工业废污水、生活污水通过渗坑、渗井和缝隙的排放，石油开采及运输过程中的泄漏，城市化粪池、污水管的泄漏，工业、生活垃圾的雨水淋溶，农业生产中化肥和粪肥的施用，地下水超采导致海水侵蚀及倒灌等。

四、土壤环境

黄河三角洲地区蕴藏着丰富的石油、天然气、岩盐、卤水、地热等矿产资源，形成了以石油、炼化、机电、轻纺、造纸、橡胶、食品为主的多元化工业体系。经济的快速发展在消耗大量资源的同时也带来了一系列环境问题，其中土壤问题已成为区域生态环境质量下降的主要因素之一。区内突出的土壤环境问题主要包括土壤盐渍化、土壤污染、重金属污染等。

（一）土壤盐渍化

土壤盐渍化包括盐化和碱化两个方面。土壤盐化是指可溶性盐类在土壤中的累积，特别是在土壤表层积累的过程。土壤碱化则是指土壤胶体被钠离子饱和的过程，也常被称为钠质化过程。受黄河和渤海等多种水动力因素的影响，该区域地下水埋藏较浅，矿化度较高，土壤普遍盐渍。黄河三角洲区域土壤盐渍化面积约为 4429km^2，占总面积的 50%以上，其中重度盐渍化土壤和盐碱化坡地 2363km^2，约占总面积的 28.3%。目前，土壤盐渍化问题已成了制约当地生态稳定和农业发展的重要环境问题。

该区域年蒸发量大于降雨量，在此条件下土壤中盐分处于向上运移的状态，形成土壤季节性的返盐和脱盐。土壤盐分随季节的变化而变化，主要规律为：春季积盐、夏季脱盐、秋季回升、冬季潜伏。黄河三角洲土壤盐分在剖面上主要表现为表聚型。黄河三角洲地形南高北低，表现为山前平原—冲积平原—三角洲上部平原—海岸带—水下岸坡。南部高地、沿黄河及其周边的高地，土壤含盐量较低。背河的洼地与滩涂地的土壤含盐量较高，含盐量平均值约为 11.7g/kg。滨海滩涂地区受高矿化度地下水和海水入侵的影响，土壤含盐量达 30g/kg。

（二）土壤污染

黄河三角洲是典型的滨海湿地，具有生物化学作用强烈的特征。因此，表层土壤中有机质含量较高，普遍大于 1%。此外，受人类活动的影响，尤其是企业排污和采油作业的影响，区内土壤受到了不同程度的污染，主要有机污染物为石油和挥发酚。东营区采样点每 100g 土中油类含量 0.70~1.24mg，挥发酚 0.002mg。随着采样深度的增加，土壤中有机物的检出率和检出种类逐渐减少，有机物含量也逐渐降低。

（三）重金属污染

黄河三角洲表层土壤中重金属元素的富集程度依次为 Cr、Pb、Zn、As、Cu、Cd、Hg。浅海湿地中近海表层沉积物中的富集程度低于三角洲表层土壤。与国内其他河口和发达国家城市化地区相比，黄河三角洲土壤重金属含量处于较低水平，满足国家土壤环境质量的一级标准。

第五节　生态环境保护

近几十年来，在气候变化和人类活动影响加剧的背景下，黄河河口三角洲面临来自陆地与海洋的双重变化条件的威胁。河流来水来沙变化，尤其是来沙量的显著减小，叠加气候变化背景下的海平面上升和极端事件频发，导致河口三角洲岸滩侵蚀后退、土地淹没、工程失稳、生态系统衰退等一系列问题。

一、保护措施

20 世纪末以来为遏制不断恶化的趋势，修复和保护黄河三角洲生态环境，黄河水利委员会先后开展一系列黄河水资源生态调度措施与实践。黄河三角洲生态调度可分为四个阶段：水量统一调度、调水调沙、湿地生态补水、春季敏感期调度。1999 年黄河开始实行全河水量统一调度，黄河河口实现连续 20 年不断流。2002 年至 2015 年连续进行了 14 次调水调沙。2008 年开始实施清水沟片保护区湿地生态补水，2010 年开始实施刁口河尾闾片区湿地生态补水。2017 年起实施了黄河下游鱼类敏感期（4~6 月）生态调度。

2002~2015 年连续 14 年组织了 19 次调水调沙，利津断面过水总量达 644 亿 m^3，输沙 9.8 亿 t。2008 年以来，连续多年实施了黄河三角洲湿地补水和刁口河流路生态补水，累计补水 3.8 亿 m^3。2017 以来，实施了生态流量调度并相机进行生态廊道功能维持的实践探索。2018 年 4~6 月河口鱼类繁殖期，利津断面流量全部超过 $300m^3/s$，超过 $1000m^3/s$ 的天数达 44 天。

近年来，通过相继实施生态调度，黄河三角洲湿地生态环境持续改善。黄河三角洲自然保护区芦苇沼泽湿地面积明显增加，2018 年达到 1.5 万 hm^2，已超过 1992 年建立自然保护区时的水平（1.4 万 hm^2）。生物多样性大大增加，鸟类由 1992 年成立保护区时的 187 种增至 2019 年的 368 种。现行清水沟流路 2008~2019 年累计补水 2.26 亿 m^3，共恢复退化湿地面积 29.5 万余亩，增加水面面积 7.5 万亩。刁口河流路 2010~2019 年累计补水 2.43 亿 m^3，湿地补水面积 5.5 万亩。《黄河水资源公报》显示，2005~2017 年黄河入海利津断面水质类别为Ⅱ－Ⅲ类。《中国海洋环境质量公报》显示，黄河口生态系统状况 2006 年前为不健康，2006 年以后已恢复至亚健康状况。

二、面临问题

（一）自然禀赋条件差

黄河入海水沙量减少，威胁黄河三角洲生态环境。受黄河中上游水库调节和下游引水量增加影响，黄河河口水文情势在 1985 年前后发生重大变化。年径流量由 419 亿 m^3 减少至 167 亿 m^3，来沙量由 10.5 亿 t 减少至 2.4 亿 t。2002 年小浪底水库运用以来，漫滩洪水基本消失，非汛期低流量大部分在 $50\sim100m^3/s$；河道鱼类栖息地丧失，洄游通道受阻；近海温度、盐度升高以及营养盐结构失衡，洄游鱼类产卵育幼场面积萎缩；河道两侧滩地湿地缺乏自然漫滩洪水的水沙补给；三角洲自然保护区湿地面积萎缩，刁口河附近海岸共蚀退 $230km^2$，清水沟流路管理范围内陆地面积增加速率明显变缓甚至蚀退。

土壤盐碱化程度高，难以支撑高效农业发展。黄河三角洲的沉积环境、气候条件和土壤母质决定了区域内原生盐渍化土壤的广泛分布。而随着当地农业的发展、平原水库的修建和重灌轻排的耕作方式，土壤次生盐渍化也日趋加剧。除清水沟、刁口河等流路两侧小范围为低盐碱区外，其他区域都为中高度盐碱区。黄河三角洲沿岸土壤还受到海水入侵的严重影响。近 20 年来，莱州湾东、南沿岸海水入侵灾害一直在发展，入侵范围达到 13~25km，土壤盐渍化范围达到 14~25km。

（二）工程措施不配套

自然保护区引水能力不满足适宜生态水量引水需求。黄河三角洲自然保护区生态调度自 2008 年开始实施，随着河道刷深，闸门引水能力下降；2008~2019 年平均年引水时间不超过 30 天；受自流取水口引水能力限制，出现年内长时段大河有水引不出的局面，致使每年生态补水时间短、补水量少。

三角洲水系连通和流动性差。三角洲绝大部分区域无法实现与黄河的水系连通，水循环体系尚未建立；黄河主河槽、滩地和整个三角洲缺少相应的横向连通机制和黄河入海流路并行机制；城区水系连通性差，湿地布局欠佳，水循环体系和水生态体系尚未完全建立。

（三）生态用水保障低

黄河水量偏少年份非汛期河道流量偏低，入海径流量偏少。河道洄游鱼类洄游通道受阻，河道淡水鱼类缺乏栖息地，生物多样性受到威胁；刀鲚、中华绒毛蟹等溯河性经济鱼类，鳗鲡、达氏鲟等降河洄游性种类已基本绝迹，依赖淡水生态环境的黄河刀鱼几乎绝迹；入海径流量偏少，再加上过渡捕捞等，近海鱼类生物完整性呈下降趋势。

河道外生态用水未得到优先满足。《黄河可供水量分配方案》中分配给河口地区的河道外可供水量为 7.28 亿 m^3，其中生态用水指标只有 0.22 亿 m^3；2018~2019 年和 2019~2020 年度实施的河道外生态补水尚仅是应急补水，而且恰逢 2018 年、2019 年黄河来水较丰，接近 20 世纪 70 年代水平，年均水量为 2003~2017 年多年平均水量（173 亿 m^3）的 2 倍；在黄河枯水年和南水北调西线工程生效前，这种应急调水模式的持续稳定性很难得到保障。

（四）管理体制不畅通

多头交叉管理突出。目前黄河三角洲生态保护涉及的管理主体有部委、政府、军队、国企；这些管理和开发主体各自遵循着不同的管理法规和政策，形成“条块分割、多头管理”的格局，在管理权限上存在矛盾或冲突；各部门现行规划和法律法规有互相矛盾之处。

刁口河备用流路保护力度不够。《黄河入海流路规划》《黄河流域综合规划》《黄河河口综合治理规划》均将刁口河作为黄河入海备用流路，明确加强保护和管理；由于刁口河流路长期不行河，且河道管理范围内土地、油气等资源丰富，地方政府、胜利油田和军队逐渐将经济建设的重点转向该区域；部分滩地被开垦种植和建设使用，部分主槽遭到严重破坏，影响流路保护和生态调水实施；目前主槽最小过流能力仅为 $30m^3/s$。

综合治理规划滞后。2004 年由水利部颁布的《黄河河口管理办法》是黄河河口治理、开发与保护，保障黄河防洪、防凌安全，促进河口地区经济社会的可持续发展的基本依据；条文中有关河口规划、河道管理范围、河道保护、河道整治与建设、工程管理维护等章节的多处条款中都涉及黄河河口综合治理规划；该规划作为黄河三角洲生态保护的重要配套规制，需要由水利部、生态环境部、自然资源部、地方政府等部门联合推动，早日批复。

三、解决措施

（一）优化水沙配置

优化黄河水资源配置，尽快研究流域调度与区域调度相融合的顶层设计。在不改变“八七”分水方案原则的框架下，建立引黄水量实行总量控制的弹性调度管理机制；增强平原水库调蓄能力，充分利用好黄河丰水年和汛期来水丰的特点，在不超出河口地区引黄分配指标的前提下，抢引多蓄黄河水，做到丰蓄枯用。

充分利用调水调沙期和汛期洪水，统筹安排湿地生物生长、近海水域鱼类产卵等生态补水。对三角洲自然保护区等淡水湿地及城镇湿地和水系连通区实施有计划、多时段相机生态补水，保障刁口河备用流路长期过水，逐步实现水量及过程与生态保护目标需水要求相适应。

（二）补齐配套工程

完善工程配套措施，提高自然保护区引水能力。对刁口河流路进行系统治理；通过实施新建取水泵站，开挖滩地引水渠，改造罗家屋子引黄闸，河槽疏浚清障以及丰蓄枯用的蓄水工程，提高引水能力、输水规模；在保护区附近新建或扩建提水工程，提高引、调、补水能力。

连通三角洲水系，增强水体流动性。针对自然保护区以外的淡水湿地区、东营市城镇湿地及水系连通区和与湿地生态补水关系密切的广利河、溢洪河等区域，新建或改造引水渠系，构建科学合理的取、蓄、输、用、排水系格局，形成三角洲的大循环和贯通的湿地内部小循环格局。

（三）强化法律执行

根据《黄河河口管理办法》《黄河入海流路规划》《黄河流域综合规划》，加强河道管理范围内，尤其是备用刁口河流路管理；清理违章违规项目，整治主河槽，确保全线过水通畅和水流入海。

加强排污总量控制的监测和管理。污水排放和监测应符合《山东省南水北调工程沿线区域水污染防治条例》《全省城镇污水处理厂水质监管办法》等的要求；完善建设项目审批制度，达不到污水排放标准或超过排污总量的，一律不得投产和使用，从政策上、源头上遏制水污染。

（四）健全法律法规

建立生态保护联席会议制度。黄河三角洲地区水事问题复杂，生态保护涉及管理主体较多，为提高重大问题决策的科学性和民主性，建立黄河三角洲生态保护联席会议制度；联席会议成员由黄河水利委员会山东黄河河务局、东营市人民政府、济南军区生产基地、胜利石油管理局等单位组成。

建立河口常态化生态补水机制。以黄河三角洲国家级自然保护区湿地保护修复为核心，实施引水能力提升和水系连通工程，提高年补水 3.5 亿 m^3 保障率；尽快进行刁口河备用流路划界确权，清除阻水建筑物、构筑物，保障河道过流能力；对河道外淡水湿地区、东营市城镇湿地等加大生态补水力度。

推进《黄河河口综合治理规划》批复。加快水利部、生态环境部、自然资源部、地方政府、军队、油田等部门沟通，推动《黄河河口综合治理规划》尽早批复；划定黄河入海流路容沙区范围，明确各部门管理边界及职责。

陆海统筹设立科学水质指标。针对黄河流域自然条件和人类活动特点，制定统一的监测标准，有效保护黄河三角洲水质。

本章撰写人：余　欣　余锡平　于守兵　窦身堂

参考文献

[1] 谷源泽, 姜明星, 徐丛亮, 等. 黄河口清 8 出汊工程的作用及对河口演变的影响. 泥沙研究, 2000, (5): 57-61.

[2] 郝伏勤, 黄锦辉, 李群. 黄河干流生态环境需水研究. 郑州: 黄河水利出版社, 2005.

[3] 杨志峰, 刘静玲. 流域生态需水规律. 北京: 科学出版社, 2006.

[4] 王西琴. 河流生态需水理论、方法与应用. 北京: 中国水利水电出版社, 2007.

[5] 唐蕴, 王浩, 陈敏建, 等. 黄河下游河道最小生态流量研究. 水土保持学报, 2004, 18(3): 171-174.

[6] 倪晋仁, 金玲, 赵业安, 等. 黄河下游河流最小生态环境需水量初步研究. 水利学报, 2002, 10: 1-7.

[7] 石伟, 王光谦. 黄河下游生态需水量及其估算. 地理学报, 2002, 57(5): 595-600.

[8] 蒋晓辉, 刘昌明. 基于流量恢复法的黄河下游鱼类生态需水研究. 北京师范大学学报(自然科学版), 2009, 45(5): 537-542.

[9] 王高旭, 陈敏建, 丰华丽, 等. 黄河中下游河道生态需水研究. 中山大学学报(自然科学版), 2009, 48(5): 125-130.

[10] 刘晓燕, 王瑞玲, 张原锋, 等. 黄河河川径流利用的阈值. 水利学报, 2020, 51(6): 631-641.

[11] 刘晓燕, 连煜, 可素娟. 黄河河口生态需水分析. 水利学报, 2009, 40(8): 956-961, 968.

[12] 谷源泽, 徐丛亮, 张朝晖, 等. 黄河入海淡水对海洋生态调控响应研究. 人民黄河, 2019, 41(8): 68-75.

[13] 李国英, 盛连喜. 黄河河口生态系统需水量分析. 东北师大学报(自然科学版), 2011, 43(3): 138-144.

[14] 于守兵, 张朝晖, 徐丛亮. 黄河河口鱼类春季生态需水. 水利水电科技进展, 2020, 40(3): 1-7.

[15] 薛小杰, 巩琳琳, 黄强. 黄河河口生态需水量研究. 西北农林科技大学学报(自然科学版), 2012, 40(8): 223-229.

[16] 王瑞玲, 连煜, 王新功, 等. 黄河流域水生态保护与修复总体框架研究. 人民黄河, 2013, 35(10): 107-114.

[17] 王新功, 徐志修, 黄锦辉, 等. 黄河河口淡水湿地生态需水研究. 人民黄河, 2007, 29(7):33-35.

[18] 崔保山, 李英华, 杨志峰. 基于管理目标的黄河三角洲湿地生态需水量. 生态学报, 2005, 25(3): 606-614.

[19] 赵欣胜, 崔保山, 杨志峰. 黄河流域典型湿地生态环境需水量研究. 环境科学学报, 2005, 25(5): 567-572.

[20] 张长春, 王光谦, 魏加华. 基于遥感方法的黄河三角洲生态需水量研究. 水土保持学报, 2005, 19(1):149-152.

[21] 连煜, 王新功, 黄翀, 等. 基于生态水文学的黄河口湿地生态需水评价. 地理学报, 2008, 63(5):451-461.

[22] 卓俊玲, 葛磊, 史雪廷. 黄河河口淡水湿地生态补水研究. 水生态学杂志, 2013, 34(2): 14-21.

[23] Yang T, Zhang Q, Chen Y D, et al. A spatial assessment of hydrologic alteration caused by dam construction in the middle and lower Yellow River, China. Hydrological Process, 2008, 22: 3829-3843.

[24] Wang J N, Dong Z R, Liao W G, et al. An environmental flow assessment method based on the

relationships between flow and ecological response: A case study of the Three Gorges Reservoir and its downstream reach. Science China Technological Sciences, 2013, 56(6): 1471-1484.

[25] Poff L R, Matthews J H. Environmental flows in the anthropocence: Past progress and future prospects. Current Opinion in Environmental Sustainability, 2013, 5(6): 667-675.

[26] Wu M, Chen A. Practice on ecological flow and adaptive management of hydropower engineering projects in China from 2001 to 2015. Water Policy, 2017, 20(2): 336-354.

[27] 司源, 王远见, 任智慧. 黄河下游生态需水与生态调度研究综述. 人民黄河, 2017, 39(3): 61-64, 69.

[28] 徐宗学, 武玮, 于松延. 生态基流研究: 进展与挑战. 水力发电学报, 2016, 35(4): 1-11.

[29] Poff N L, Allan J D, Bain M B, et al. The natural flow regime: A paradigm for river conservation and restoration. BioScience, 1997, 47(11): 769-784.

[30] Bunn S E, Arthington A H. Basic principles and ecological consequences of altered flow regimes for aquatic biodiversity. Environmental Management, 2002, 30(4): 492-507.

[31] 王俊娜, 董哲仁, 廖文根, 等. 基于水文-生态响应关系的环境水流评估方法——以三峡水库及其坝下河段为例. 中国科学: 技术科学, 2013, 43(6): 715-726.

[32] 李国英. 黄河治理的终极目标是“维持黄河健康生命”. 人民黄河, 2004, 26(1): 1, 2.

[33] Kiernan J D, Moyle P B, Crain P K. Restoring native fish assemblages to a regulated California stream using the natural flow regime concept. Ecological Applications, 2012, 22(5):1472-1482.

[34] Zhou R , Li Y, Wu J, et al. Need to link river management with estuarine wetland conservation: A case study in the Yellow River Delta, China. Ocean and Coastal Management, 2017, 146: 43-49.

[35] 卢晓宁, 黄玥, 洪佳, 等. 基于 Landsat 的黄河三角洲湿地景观时空格局演变. 中国环境科学, 2018, 38(11): 4314-4324.

[36] 李华栋, 宋颖, 王倩倩, 等. 黄河山东段水体重金属特征及生态风险评价. 人民黄河, 2019, 41(4): 51-57.

[37] 赵明明, 王传远, 孙志高, 等. 黄河尾闾及近岸沉积物中重金属的含量分布及生态风险评价. 海洋科学, 2016, 40(1): 68-75.

[38] 姜福欣, 刘征涛, 冯流, 等. 黄河河口区域有机污染物的特征分析. 环境科学研究, 2006, 19(2): 6-10, 19.

[39] 宋南奇, 王诺, 吴暖, 等. 基于 GIS 的我国渤海 1952~2016 年赤潮时空分布. 中国环境科学, 2018, 38(3): 1142-1148.

[40] 李永军, 宋颖, 庞雪. 黄河河口三角洲地区地下水环境质量评价[C]//2020(第八届)中国水生态大会, 郑州, 2020.

第十四章 黄河流域水质

在自然禀赋有限的条件下，流域水环境质量取决于人口数量、工农业发展水平和环保意识。一般来说，环保意识的提升滞后于工农业发展，污染程度通常呈现先恶化再好转的变化趋势。黄河流域以全国 2%的河川径流量养育了 8.6%的人口，环境保护压力很大。20 世纪 80 年代后，随着工农业的快速发展，黄河径流量迅速减少；90 年代出现多次断流，水质严重恶化[1]；2000 年后，流域水资源和水环境的管理与保护有所加强，环境恶化趋势得到抑制；2010 年后，随着政府与全民环保意识的大幅度提升，环保投入不断加大，黄河流域水环境状况逐渐好转[2,3]。

第一节　流域水环境的自然条件

雨水降落，经地表或者地下径流，携带土壤中的溶解物质或者颗粒物质，汇聚成河。人类从河流中取水，经工农业生产和人们生活使用后，形成污水或废水，排回河流。因此，河流水质与水资源量、水化学等流域的自然条件密切相关。

一、流域水资源条件

黄河流域面积 79.5 万 km^2（其中内流面积 4.2 万 km^2），是全国总面积的 8.3%；耕地面积 1.89 亿亩，占全国的 13.3%；流域人口 1.07 亿（1997 年数据），占全国人口的 8.6%。然而，黄河的天然径流量仅为全国的 2.1%，水资源总量为全国的 2.6%，以极少

的水资源量养育着庞大的人口和耕地，其环境压力巨大。

黄河多年平均天然径流量 580 亿 m^3，仅相当于降水总量的 16.3%，产水系数很低。按照 1987 年统计资料，流域内人均年径流量 650m^3，亩均年径流量 300m^3，分别是全国人均、亩均年径流量的 25%和 16%。按 1956 年 7 月至 1980 年 6 月 24 年系列成果，黄河流域多年平均水资源总量为 735 亿 m^3，占全国水资源总量的 2.6%。人均水资源量 905m^3，亩均水资源量 381m^3，分别是全国人均水资源量和亩均水资源量的 1/3 和 1/5。可见，黄河流域水资源十分贫乏。

此外，流域年径流量和水资源的空间分布很不平衡。表 14.1 给出了 1956 年 7 月至 1980 年 6 月黄河干流天然年径流量的空间分布情况。兰州以上控制流域面积占全河流域面积的 29.6%，但年径流量占总径流量的 52.7%，水资源总量是全流域水资源总量的 47.3%。龙门至三门峡区间流域面积占全流域面积的 25.4%，年径流量占总径流量的 21.6%，水资源总量占全流域水资源总量的 23%。相比之下，甘肃兰州至内蒙古河口镇区间流域面积占全河流域面积的 21.7%，而年径流量只占总径流量的 2.3%，水资源量只占全流域水资源总量的 5%。因此，黄河中游，特别是兰州—河口镇段水资源极为匮乏，水环境承载能力弱。

表 14.1　黄河干流天然年径流量的空间分布情况

站名	控制流域面积/万 km^2	断面年径流量/亿 m^3	区间径流面积/万 km^2	区间年径流量/亿 m^3	单位流域面积年径流量/(万 m^3/km^2)
兰州	22.26	347.3	22.26	347.3	15.60
河口镇	38.60	362.2	16.34	14.9	0.91
龙门	49.76	421.9	11.16	59.7	5.35
三门峡	68.84	564.3	19.09	142.4	7.46
花园口	73.00	629.6	4.16	65.3	15.70
入海口	75.24	658.8	2.24	29.2	13.04

表 14.2 给出了 1956 年 7 月至 1980 年 6 月黄河主要支流的天然年径流量。如表 14.2 所示，各个支流单位流域面积的水资源量相差很大，姚河、湟水、洛河、沁河的水资源量相对充足，其单位流域面积的年径流量大于黄河流域的整体平均值；而汾河、渭河、泾河、北洛河的单位流域面积年径流量相对较小，低于黄河流域的整体平均值，环境承载力较弱。

表 14.2 黄河主要支流的天然年径流量

站名	控制流域面积/万 km^2	年径流量/亿 m^3	单位流域面积年径流量/(万 m^3/km^2)
姚河	2.55	53.1	20.82
湟水	3.29	50.2	15.26
汾河	3.95	26.6	6.73
渭河	13.48	103.7	7.69
泾河	4.54	20.7	4.56
北洛河	2.69	9.9	3.68
洛河	1.89	34.7	18.36
沁河	1.35	18.4	13.63

二、黄河水体天然化学特性

20 世纪 70 年代之前，黄河流域的工农业污染很少，黄河水化学变化主要取决于地理环境和地质条件。黄河流经青海高原、荒漠草原、黄土高原及华北平原，不同的自然地理地质条件导致黄河水体矿化度的沿程变化复杂。基于 20 世纪 50~60 年代的观测数据，图 14.1 给出了兰州到河口段水体的矿化度及各主要离子浓度的沿程变化。从源头开始，黄河流经海拔超过 4000m 的终年积雪高原，气温低，蒸发量小，径流丰富，土壤以山地草甸土为主，矿化度为 349.4mg/L，全干流最低，为碳酸氢钙组型。兰州至头道拐，矿化度增加至 448.1mg/L，河水化学类型未发生变化，但 Na^{+}+K^{+}、SO_4^{2-} 相对增多，HCO_3^- 浓度较上段有所降低。该河段气候干燥，降水量低，水深较小，属

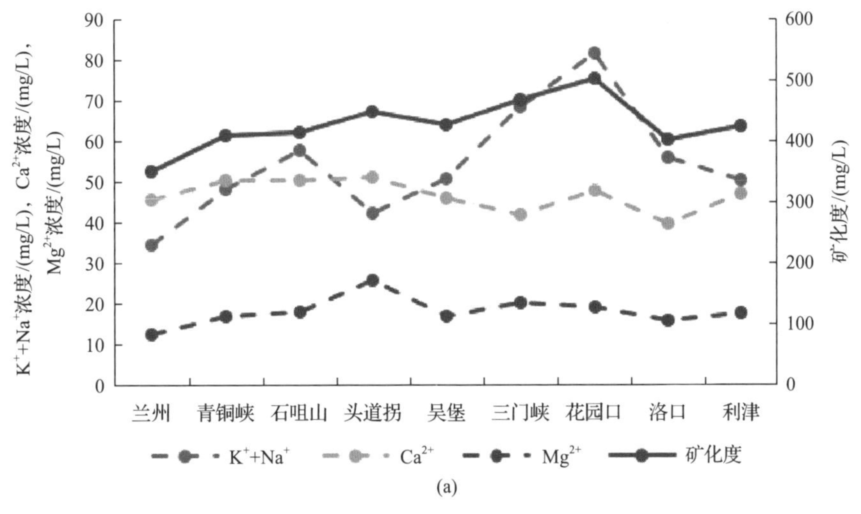

(a)

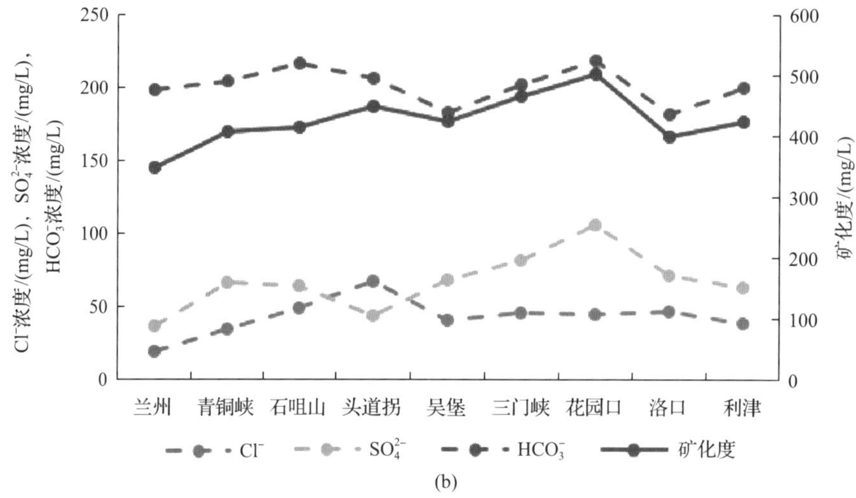

图 14.1　黄河干流天然水化学成分浓度的沿程变化

于半荒漠地带，土壤以新近系红色岩系为主，含盐度高，加上银川灌区排水和左岸祖厉河等矿化度极高的支流的汇入，水体矿化度逐渐增高。头道拐至吴堡段，降水量逐渐增多，稀释作用明显，矿化度降低至 425.2mg/L。往下游，流经黄河沟壑区，接受汾河等高矿化度水，在花园口增加至 502.2mg/L。其后，黄河为地上河，虽然有大汶河等的水流汇入，但受河水渗漏、蒸发及海水顶托等影响，矿化度有所降低，但始终高于 400mg/L[4-6]。黄河天然水化学的沿程变化表明，中游河段、汾河等支流离子较多，受地表径流的影响较大。

第二节　流域污水排放和污染负荷

流域污染有点源污染和面源污染之分。点源污染包括工矿企业排放的污废水和城镇居民生活污水，面源污染包括随地表径流进入河流的农药、化肥和工业废渣、垃圾中的有害物质等[7]。黄河流域比较系统的污染源调查统计资料始于 1980 年，历年《黄河水资源公报》[8]和《生态环境统计年报》[9]刊出了污水量和 COD 等负荷量[10]。

一、流域污废水排放量变化

根据《黄河志》第二卷《黄河流域综述》《黄河水资源公报》[8]以及其他文献资料，收集了 1982 年至 2017 年黄河流域的污废水排放量，绘制如图 14.2 所示。在污废水的数据中，2003 年前按照工业废水和城镇生活污水分类，2003 年后按照城镇生活污水、第二产业废水、第三产业废水分类。图 14.2 中，将第二产业废水等同于工业废水，即按照工业废水、生活污水和第三产业废水分类。

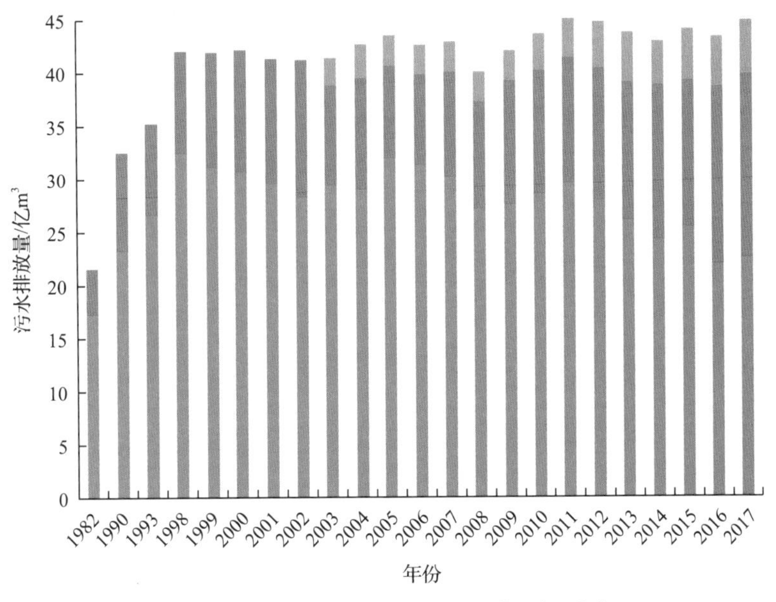

图 14.2　黄河流域污废水排放量变化

图 14.2 表明，20 世纪 80 年代初，黄河流域的年污废水排放量为 21.7 亿 m^3，随后污废水排放量快速上升，1990 年达到 32.6 亿 m^3，1998 年达到 42.0 亿 m^3，短短十几年增加了约 1 倍[11]。其后，受黄河水资源总量限制，年污废水排放量一直保持在 42 亿~45 亿 m^3，污水排放量与径流比约为 1∶14。

过去 40 年，污废水的排放比例发生较大的变化。20 世纪 80 年代初，污废水排放中大多为工业废水，占比 80.2%，生活污水仅 19.8%[12]。1998 年，工业废水量达到最大值，为 32.5 亿 m^3，占比 77.4%。其后，年污废水总量变化不大，但工业废水量整体呈下降趋势，2008 年，工业废水的占比下降到 70%以下，2017 年，工业废水占比约为 50%。相反地，生活污水的排放量却逐渐增加，从 1982 年的 4.3 亿 m^3 上升到 2017 年的 17.3 亿 m^3。

此外，黄河流域污废水排放的空间分布十分不均。根据 1990 年的统计资料，污废水的排放主要集中在龙羊峡至河口镇、龙门至花园口两个区间，其中龙门至三门峡区间年排放污废水量达 15.3 亿 m^3，占全流域总量的 46.9%，是黄河流域最大的排污地区。单位面积上排放污废水量最大的地区为三门峡至花园口区间，单位面积排放污废水 1.3 万 m^3/km^2，最小的为龙羊峡以上地区，单位面积排放污废水 29.7m^3/km^2。具体来讲，流域污废水排放主要集中于湟水、汾河、渭河、洛河、沁河、大汶河等支流的中

下游和兰州、银川、包头等城市河段，年排放污废水 25.9 亿 m^3，占全流域总量的 79.3%。西宁、兰州、银川、包头、呼和浩特、太原、宝鸡、咸阳、西安、洛阳 10 座大中城市的河段，年排污废水量 12.8 亿 m^3，占流域总排放量的 39.3%。西宁河段排污废水量占湟水污废水总量的 53.8%，太原河段占汾河总排放量的 29.0%，洛阳河段占洛河总排放量的 59.7%，宝鸡、咸阳、西安 3 个河段合计占渭河总排放量的 48.4%。

表 14.3 给出了 2015 年黄河流域分省（区）的污水排放量。黄河流域涉及青海、四川、甘肃、宁夏、内蒙古、陕西、山西、河南、山东等 9 省（区）69 地市 329 区县，山东和四川境内黄河流域面积占比很小（分别为 1.6%和 2.4%），因此这里只列出其他 7 省（区）的污水量。按照污水总排放量计算，各省（区）的污水排放量差别很大，陕西排放量最大，占流域总污水排放量的 29.0%，而青海排放量最小，仅占流域总污水排放量的 3.1%。按照单位流域面积的污水排放量计算，河南污水排放量最大，为 2.41 万 m^3/km^2，陕西和山西其次，均高于流域的平均值 0.63 万 m^3/km^2，而青海最小，为 0.09 万 m^3/km^2。

表 14.3　2015 年黄河流域污废水和污染负荷分区变化

省(区)	流域面积/万 km^2	污水量/亿 m^3	COD 负荷量/万 t	单位流域面积污水量/(万 m^3/km^2)	单位流域面积COD 负荷量/(t/km^2)
青海	15.27	1.4	7.9	0.09	0.52
甘肃	14.26	4.4	20.9	0.31	1.47
宁夏	4.96	2.9	20.3	0.58	4.10
内蒙古	11.51	5.5	27.1	0.48	2.36
陕西	12.87	13.2	35.4	1.02	2.75
山西	9.74	9.4	26.2	0.96	2.69
河南	3.60	8.7	20.8	2.41	5.77
合计	72.21	45.5	158.6	0.63	2.20

二、流域污染负荷变化

根据《生态环境统计年报》[9]以及其他文献资料，收集了 1982 年至 2015 年黄河流域的化学需氧量（COD）污染负荷量，绘制如图 14.3。其中，1982 年、1990 年、2000 年的数据从文献中收集，没有区分工业污染和生活污染，只给出了点源污染的总量。从 2011 年起，《生态环境统计年报》给出了农业面源污染的负荷量。

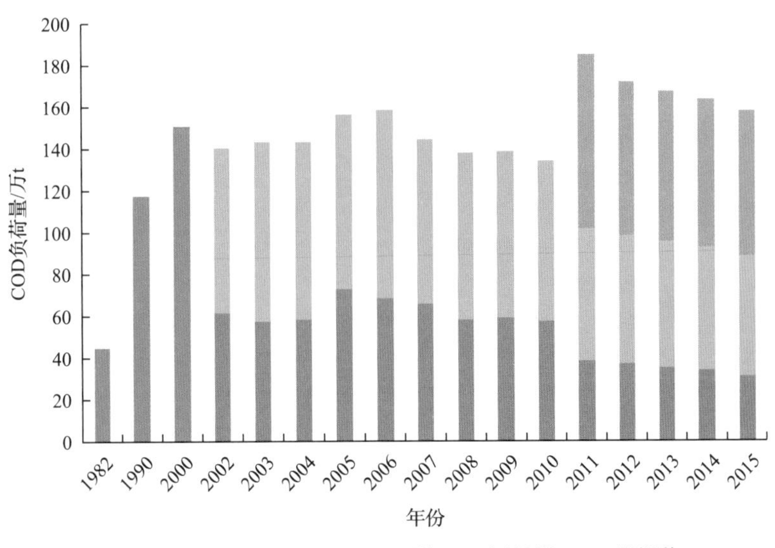

图 14.3　黄河流域 COD 负荷量变化

图 14.3 显示，20 世纪 80 年代初，黄河流域点源污染的 COD 年负荷量为 45 万 t，其后随着污废水量的增加而快速上升，1990 年达到 118 万 t，2000 年达到 150 万 t，十几年间增加了 2 倍多。2000~2010 年，点源污染的 COD 年负荷量维持在 130 万~160 万 t，其后开始减少，至 2015 年，点源污染的 COD 年负荷量降低到 88 万 t，和最高值相比降低了 50%左右。2011~2015 年，面源污染的 COD 年负荷量也逐年降低，从 83 万 t 降低到 70 万 t。

工业污染与生活污染的 COD 负荷比例也在发生变化。2002 年以后，工业污染的 COD 负荷量低于生活污染的 COD 负荷量，而且工业污染的占比逐年降低。2002 年工业污染和生活污染的 COD 负荷量比为 0.78：1，到了 2015 年降低至 0.54：1。

表 14.3 给出了 2015 年黄河流域 COD 排放量的分区变化。按照负荷总量计算，除了青海，其他省份的 COD 负荷量均超过 20 万 t，分布相对均匀，其中陕西的 COD 负荷量最大，占整个流域的 22.3%。按照单位面积 COD 负荷量计算，除了青海和甘肃，其他 5 省（区）的负荷量都超过 $2t/km^2$，其中河南最大，为 $5.77t/km^2$；其次为宁夏，为 $4.10t/km^2$。根据年污水量和 COD 负荷量计算了各省（区）污水的平均 COD 浓度，整个流域平均浓度为 35.0mg/L，满足《地表水环境质量标准》（GB 3838—2002）Ⅴ类水标准（40mg/L）和《污水综合排放标准的》（GB 8978—1996）一级标准（60~100mg/L）。分省（区）看，宁夏污水的 COD 浓度最高，达到 71.0mg/L；而河南污水的 COD 浓度最低，为 24.0mg/L。总体而言，青海、甘肃、宁夏、内蒙古四省（区），从污水和 COD 负荷总量看较低，但污水平均 COD 浓度却都高得多，各省（区）的污水排放量和 COD 负荷量分布关系并不一致。

第三节　流域水环境质量的时空变化

河流水质受自然环境和人类活动的综合影响。由前述可知，黄河流域干支流的自然环境条件差异很大，流量呈现明显的季节变化，加上近几十年工农业的迅速发展，以及公众环保意识的不断加强，决定了黄河流域水质独特的时空变化特性。

一、水质的年际变化

《黄河志》第二卷《黄河流域综述》收集了 1981~1983 年、1990 年、1993 年的水质资料，《黄河水资源公报》[8]收集了 1998~2018 年的水质资料，绘制了近 40 年来黄河流域的水质变化，如图 14.4 所示。需要注意的是，2002 年之前，水质评价采用《地表水环境质量标准》(GB 3838—88)；2002 年以后，水质评价采用《地表水环境质量标准》(GB 3838—2002)。

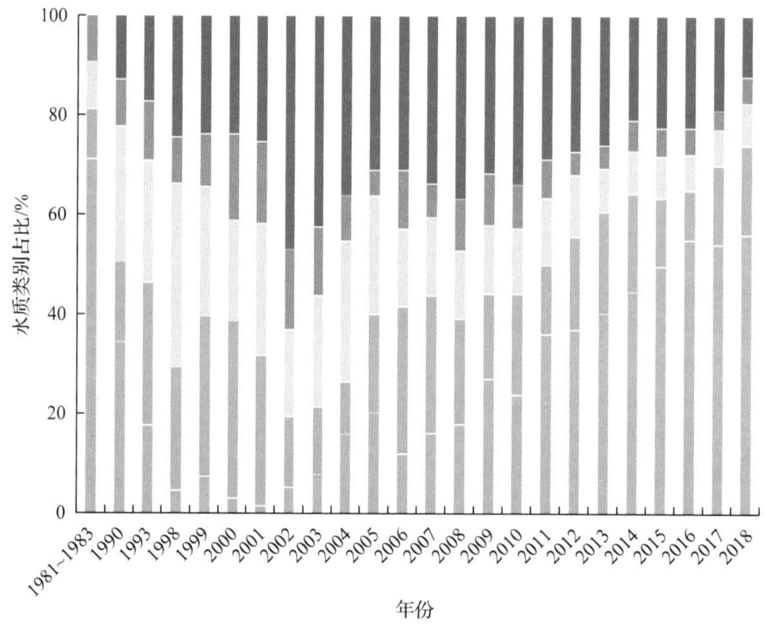

图 14.4　1981~2018 年黄河流域干支流水质类别占比变化

20 世纪 80 年代初期，黄河流域的水质总体良好。在参与评价的干支流 13384km 河长中，9509km 河段为Ⅰ类、Ⅱ类水质，占评价河长的 71.1%；1344km 河段为Ⅲ类水质，占评价河长的 10.0%；1256km 河段为Ⅳ类水质，占评价河长的 9.4%；1275km 河段为Ⅴ类水质，占评价河长的 9.5%；没有劣Ⅴ类水质。

自 1983 年后，黄河水污染日趋严重，水质快速恶化，Ⅰ类、Ⅱ类优质水质占比大幅度减小。根据 1990 年的水质评价，在参与评价的干支流 14326.1km 河长中，属于Ⅰ类、Ⅱ类水质的河段下降到 4812.3km，占评价河长的 34.3%；Ⅲ类、Ⅳ类、Ⅴ类水质的河段均有上升，分别为 2309.2km、3901.4km 和 1341km，各占评价河长的 16.1%、27.2%、9.4%；同时出现了劣Ⅴ类水质，河长 1861.3km，占 13.0%。

2000 年前后，河流水质极度恶化，2001 年，Ⅰ类、Ⅱ类水质占比达到最小，仅为 1.5%；2002 年，劣Ⅴ类水质占比最大，达到 47.2%，接近一半。2002 年的水质评价表明，在评价的 7499km 河段中，Ⅰ类、Ⅱ类水质河长 382.4km，占比 5.1%；Ⅲ类水质河长 1072.4km，占比 14.3%；Ⅳ类水质河长 1319.8km，占比 17.6%；Ⅴ类水质河长 1184.8km，占比 15.8%；劣Ⅴ类水质河长 3539.5km，占比 47.2%。

进入 21 世纪，黄河流域水环境治理的力度加大，水质开始出现好转，主要体现在Ⅰ类、Ⅱ类水质的占比增加，而劣Ⅴ类水质的占比呈波动式下降。2010 年的水质评价表明，在干流和重要支流共 19734.2km 的评价河长中，Ⅰ类、Ⅱ类水质河长 7110.2km，占比 36.0%；Ⅲ类水质河长 2722.5km，占比 13.8%；Ⅳ类水质河长 2650.5km，占比 13.4%；Ⅴ类水质河长 1520.4km，占比 7.7%；劣Ⅴ类水质河长 5730.6km，占比 29.1%。

2010 年以后，水质进一步好转，Ⅴ类、劣Ⅴ类水质河长的占比明显降低。2018 年的水质评价表明，在评价的 23043km 的评价河段中，Ⅰ类、Ⅱ类水质河长 12904km，占比 56.0%，超过一半；Ⅲ类水质河长 4101km，占比 17.8%；Ⅳ类水质河长 2005km，占比 8.7%；Ⅴ类水质河长 1198km，占比 5.2%；劣Ⅴ类水质河长 2834km，占比 12.3%。

二、水质的年内变化

黄河流域的径流量主要由降雨形成，年内分布并不均匀。受降水变化的影响，黄河 60%的径流量集中在 7~10 月的汛期，而每年 3~6 月的径流量只占全年的 10%~20%。有些支流，汛期和非汛期的径流量分配更为悬殊。受径流量年内变化的影响，黄河流域的水质也存在季节性波动。根据《全国地表水水质月报 2018》[13]，绘制了黄河流域 2018 年不同月份的水质变化，如图 14.5 所示。总体来看，各月的不同类别水体的比例存在明显差异，夏季丰水期的水质优于冬季枯水期的水质。夏季Ⅱ类水质比例 45%左右，明显高于冬季Ⅱ类水质的比例（25%~40%）；夏季劣Ⅴ类水质比例 5%左右，明显低于冬季劣Ⅴ类水质的比例（15%~20%）。汛期径流增大的同时，也带来了一定量的面源污染，因此汛期的Ⅰ类水质比例（8 月为 2.9%）小于枯水期（1 月为 6.9%）。需要指出的是，黄河流域的水质在 2018 年中得到明显改善，对比年末和年初数据，Ⅰ类、Ⅱ类水质比例从年初的 39.0%上升到年末的 47.8%，Ⅴ类和劣Ⅴ类水质比例从年初的 22.2%下降到年末的 19.9%。

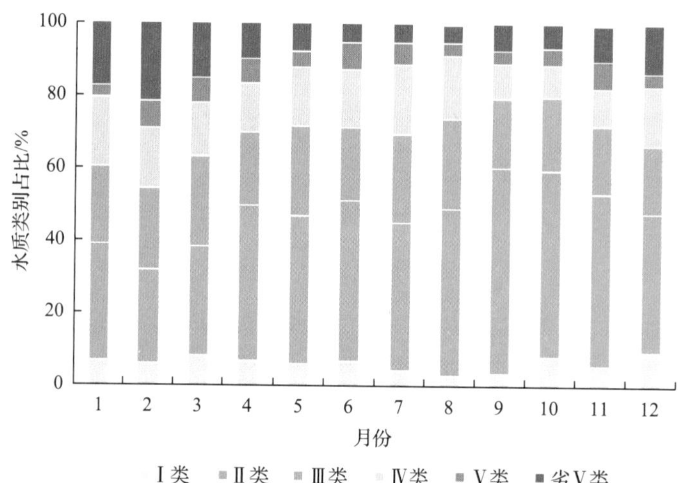

图 14.5　2018 年不同月份黄河流域水质类别比例

三、水质的空间差异

受径流量和人类活动的影响，黄河流域的水质存在明显的空间差异。总体来说，干流水质优于支流，上下游水质优于中游[14]。无论是水质较好的 20 世纪 80 年代初，还是水质很差的 2000 年前后，水质的空间变化都遵循这一规律。

（一）20 世纪 80 年代初水质空间变化

图 14.6 给出了 1981~1983 年的干支流水质评价对比。图中可以看出，干流水质良好。在参与评价的 5463.6km 的干流河长中，Ⅰ类水质河长 3043.3km，占 55.7%；Ⅱ类水质河长 1888.2km，占 34.6%；Ⅲ类水质河长 532.1km，占 9.7%；无Ⅳ类和Ⅴ类水质。主要支流普遍受到污染，在参与评价的 7910.4km 的支流河长中，Ⅰ类、Ⅱ类水质河长 4577.5km，占 57.9%；Ⅲ类水质河长 801.9km，占 10.1%；Ⅳ类水质河长 1256.0km，占 15.9%；Ⅴ类水质河长 1275.0km，占 16.1%；无劣Ⅴ类水质。具体而言，汾河自太原至下游约 500km 河段，都是Ⅴ类水质；渭河自宝鸡市至下游 390km 河道，有 91%河长为Ⅳ类水质；湟水西宁段、大黑河呼和浩特段、洛河洛阳段、大汶河莱芜段等，水质

污染都非常严重。

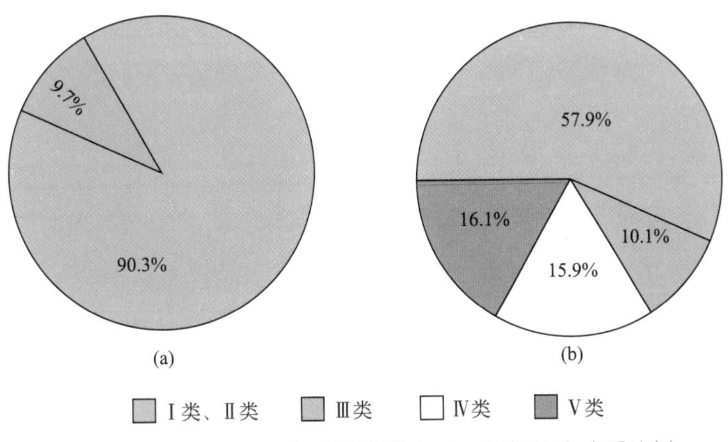

图 14.6　1981~1983 年黄河干流（a）、支流（b）水质比例

1981~1983 年黄河干流的水质类别沿程变化如图 14.7 所示。图中可以看出，黄河干流刘家峡水库以上，约 2020km，基本未受人类活动影响，为Ⅰ类水质。刘家峡水库出库断面小川至甘肃、宁夏两省（区）交界断面五佛寺（长 357km）为兰州段，水质为Ⅲ类，其中包兰桥断面污染较重，主要污染物为石油类和五日生化需氧量（BOD_5）。五佛寺至昭君坟（长 907km）段污染物少，水质略有好转，为轻微污染的Ⅱ类水质。昭君坟至上中游交界处的头道拐（长 174km）为包头段，水质为Ⅲ类，画匠营断面污染较重。头道拐至三门峡河段（长 978km）的水土流失对汛期水质有一定的影响，龙门以下有污染较重的渭河、汾河等较大支流汇入，但这些河流的水资源开发利用程度较高，汇入流量小，对干流水质影响不明显，水质为Ⅱ类。三门峡至孟津大桥间的峡谷段（长 155km）的污染源少，且有三门峡水库的净化效应，水质基本为Ⅰ类。孟津

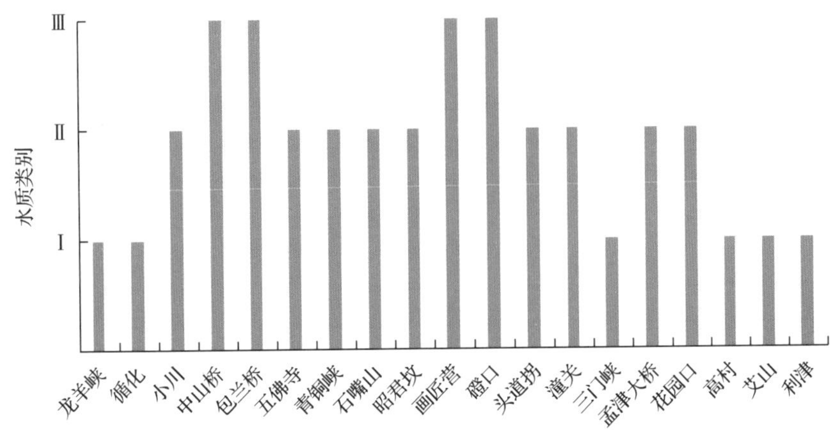

图 14.7　1981~1983 年黄河干流水质类别沿程变化

大桥至高村（长 291km）间有伊洛、沁河汇入，伊洛河非汛期污染较重但水量相对较小，对干流水质影响不大，水质为Ⅱ类。高村至入海口（长 579km）河床高悬，两岸大堤阻挡，废污水不能排入，全段以自净为主，水质尚好，总体为Ⅰ类。

（二）2000 年前后水质空间变化

综合 2002 年《黄河水资源公报》[8]和《中国环境状况公报》数据，图 14.8 绘制了该年度的干支流水质类别的对比图。2002 年，黄河流域水质很差，劣Ⅴ类水体占比接近一半。在黄河干流评价的 3613km 河长中，Ⅱ类、Ⅲ类水质河长 736 km，占 20.4%；Ⅳ类水质河长 1116 km，占 30.9%；Ⅴ类水质河长 997 km，占 27.6%；劣Ⅴ类水质河长 764km，占 21.1%。污染主要分布于下河沿至吴堡、潼关至利津河段，其中石嘴山、潼关、孟津大桥、花园口、高村、艾山等河段水质为劣Ⅴ类。主要超标项目为氨氮、COD、BOD_5等。

支流评价的 3884km 河长中，Ⅱ类、Ⅲ类水质河长 719km，占 18.5%；Ⅳ类水质河长 202km，占 5.2%；Ⅴ类水质河长 188km，占 4.8%；劣Ⅴ类水质河长 2775km，占 71.5%。支流污染以清水河、银新沟、汾河、渭河、宏农涧河、双桥河、伊洛河、蟒河、沁河、金堤河、大汶河尤为突出，这些河流的中下游全年为劣Ⅴ类水质，超标项目主要为氨氮、COD、BOD_5、挥发酚等。

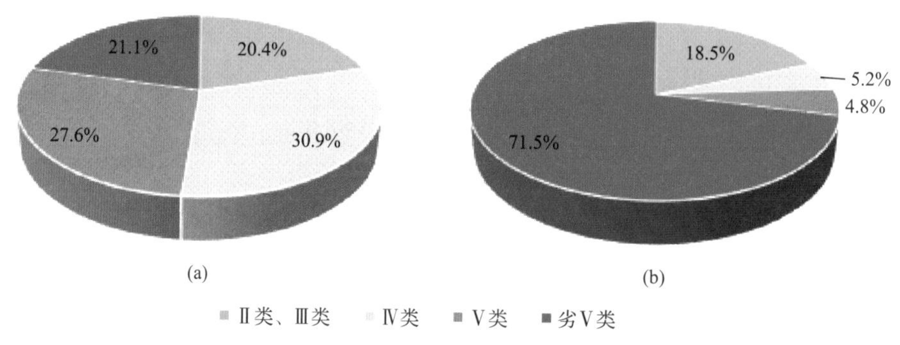

图 14.8　2002 年黄河干流（a）、支流（b）水质比例

（三）2018 年的水质变化

综合 2018 年《黄河水资源公报》[8]和《中国生态环境状况公报》[15]，图 14.9 绘制了该年度的干支流水质类别的对比图。黄河干流评价河长 5463.6km，其中Ⅰ类、Ⅱ类水质河长 3808.1km，占比 69.7%；Ⅲ类水质河长 1535.3km，占比 28.1%；Ⅳ类水质河长 120.2km，占比 2.2%；无Ⅴ类、劣Ⅴ类水质。支流评价河长 17579.5km，其中Ⅰ类、

Ⅱ类水质河长 9106.2km，占比 51.8%；Ⅲ类水质河长 2566.6km，占比 14.6%；Ⅳ类水质河长 1881.0km，占比 10.7%；Ⅴ类水质河长 1195.4km，占比 6.8%；劣Ⅴ类水质河长 2830.3km，占比 16.1%。因此，黄河干流水质为优，主要支流总体为轻度污染，干流水质优于支流水质。

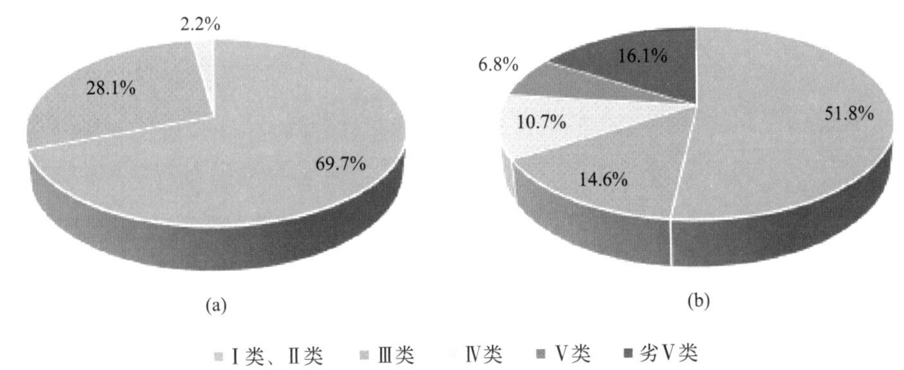

图 14.9　2018 年黄河干流（a）、支流（b）水质比例

图 14.10 给出了 2018 年《中国生态环境状况公报》[15]中绘制的黄河流域水质的空间分布图。从图中可以看出，干流总体水质优良，潼关附近水质略差。支流中污染严重的有祖厉河、龙王沟、黑岱沟、偏关河、黄甫川、三川河、延河、汾河、金水沟、涑水河、泾河、双桥河、新蟒河等。

图 14.10　2018 年黄河流域水质分布示意图[15]

综上，黄河流域近 40 年来的水质变化主要经历三个阶段，即从 20 世纪 80 年代初干支流水质总体优良，到 2000 年前后水体严重污染、水质急剧下降，再到近几年流域污染大力整治、水质有所好转。虽然近些年黄河流域的污染整治和水环境保护取得巨大成效，水质相比 2000 年前后显著提高，但相比 20 世纪 80 年代初的水质仍有很大差

距，流域水环境治理与保护工作依然不容忽视。

第四节　流域水环境保护的成绩与经验

2002 年，黄河流域水质极度恶化；2018 年，水质得到极大好转，Ⅰ类和Ⅱ类水质的占比从 1.5%上升到 56%，Ⅴ类和劣Ⅴ类水质的占比从 63%下降到 17.5%。按污染负荷计算，2015 年工业污染的入河 COD 负荷量比 2002 年降低 49.9%，生活污水的 COD 负荷量降低 27.3%。在经济持续发展和人口不断增加的条件下，这些环境保护成绩的取得离不开政府和民众环保意识的增强，以及流域水环境污染的有效治理。

一、水质监测和公开

黄河流域的水质监测始于 1956 年，在水文站网的基础上设置了 78 个水化学监测断面，对天然水化学开展监测分析，监测项目包括水温、透明度等物理指标，溶解氧、游离二氧化碳等溶解气体，硝酸盐、磷等营养物质，钾和钠、硫酸根等主要离子，共计近 30 项指标。1972 年，由于水污染问题的出现，流域开展了水污染的相关监测，包括水温、pH、总固体、溶解性固体、悬浮性固体、总碱度、总硬度、氯化物、化学耗氧量、溶解氧、总氮、丙烯醛、硝基化合物、石油类、氧化物、酚、汞、砷、细菌总数、大肠菌群数等 21 项参数[16]。1985 年，水化学成分测验和水质污染监测相结合进行，统称水质监测，设定了 36 个必测项目和 11 个选测项目。其后，黄河流域的水质监测逐渐步入正轨，2020 年，黄河干支流监测点大幅度增加，仅纳入《黄河流域和西北诸河水环境质量月报》的监测断面就达 282 个，每月对《地表水环境质量标准》（GB 3838—2002）规定的 24 个基本项目和 5 个集中式生活饮用水地表水源地补充项目进行监测。

水质监测的采样频次受人员、交通等条件限制。1980 年之前，每个监测断面全年仅监测 1~2 次；其后，监测频次逐年增加，到 1994 年，国家重点站为每年 12 次（每月 1 次），其他站为每年 6 次（两月 1 次）。2002 年，黄河流域水资源保护局在花园口和潼关建设了黄河流域最早的水质自动监测站，可实时监测水温、电导率、pH、溶解氧、浊度、氨氮、总有机碳 7 个参数，大幅提高了采样频率（前 5 个参数采样频率 5min 一次，后 2 个参数采样频率 45min 一次）[17]。至 2020 年，黄河流域已经建成 114 个水质自动监测站，全天候地监控干支流的水质变化。

黄河流域的水质监测资料通过不同的途径向全社会公开。1956 年起，干支流的水化学数据编入《中华人民共和国水文年鉴》第 4 卷《黄河流域水文资料》；1985 年，水利电力部颁布《水质监测规范》，将水质资料单独编为《中华人民共和国水文年鉴水质专册》。1990 年后，各流域水文资料均为电算整编，存储于计算机内，建立水文资料数据库，不再按全国统一卷册刊印水文年鉴。1998 年起，水利部黄河水利委员会开始刊出《黄河水资源公报》，包括河流水质状况（或称水资源质量），但 2019 年的《黄河水资源公报》不再刊出水质状况。环保部门于 1989 年起开始发布《中国环境状况公报》，越来越详细地公布黄河流域的水质状况。当前，在中国环境监测总站的网站上，水质自动监测数据实时公布；同时，可以查阅从 2006 年 1 月至今的《全国地表水水质月报》。而在生态环境部黄河流域生态环境监督管理局的网站上，从 2020 年 9 月开始发布的《黄河流域和西北诸河水环境质量月报》可以查阅到更详细的水质监测结果。

二、污水处理设施规划与建设

黄河流域水资源匮乏，工农业发展的环境压力大，污水处理后中水回用是流域可持续发展的必要途径。然而，黄河流域污水处理设施的建设严重滞后于经济发展[18]。截至 2005 年底，流域内污水处理厂仅 25 座，处理能力 217 万 t/d，实际处理量仅 87 万 t/d，全流域城市污水处理率不到 30%，污水排放使流域水质极大恶化。2008 年，国家将黄河中上游纳入重点防治流域，编制了《黄河中上游流域水污染防治规划（2006—2010 年）》[19]，规划并建成了城镇污水处理设施 253 个，处理规模达 702.0 万 t/d，新增 COD 削减能力约 46 万 t/a。

2012 年，黄河中上游流域纳入统计的污水处理厂 388 座，达到 918 万 t/d 的处理能力，年处理污水 22.2 亿 t，其中生活污水 20.1 亿 t，去除 COD 66.3 万 t，去除率为 51.8%。黄河中上游流域重点调查工业企业共有废水治理设施 6551 套，达到 2024 万 t/d 的废水处理能力，年处理工业废水 40.1 亿 t，去除工业 COD 147.1 万 t，去除率为 80.0%。

《重点流域水污染防治规划（2011—2015 年）》[20]除了继续加强污水处理厂的建设外，还注重污水管网等配套设施的建设，规划了城市污水处理设施 412 个，工业污染防治项目 149 个。2015 年，黄河流域纳入统计的污水处理厂 543 座，处理能力 1242 万 t/d，年处理污水 30.1 亿 t，去除 COD 92.0 万 t，去除率为 61.6%。重点调查工业企业共有废水治理设施 5785 套，废水处理能力 1528 万 t/d，年处理工业

废水 24.8 亿 t，去除工业 COD 117.9 万 t，去除率达到 79.2%。

三、水质与污染源的管控

流域环境保护既是技术问题，又是社会管理问题，科学管控十分重要。黄河流域面积大，空间差异明显，科学的管控需要协调保护与发展的关系，统筹河流上下游、左右岸、省界间的开发利用和保护。

（一）水功能区划和纳污能力

水功能区划是根据社会经济发展需求、水资源开发利用及水环境状况，科学合理地确定水域功能。通过划分水功能区，从严核定水域纳污能力，提出限制排污总量意见，可为建立水功能区限制纳污制度，确立水功能区限制纳污红线提供重要支撑。

根据《中华人民共和国水法》，水利部于 1999 年在全国范围内开展了水功能区划工作，2001 年形成《中国水功能区划》试行本，2003 年上报国务院批准。黄河流域的水功能区划包括在《中国水功能区划》中。

黄河流域共划分水功能一级区 333 个，区划总河长 28627.5km。其中保护区 111 个，河长 7475.3km，占总河长的 26.1%；缓冲区 46 个，河长 1558.4km，占 5.4%；开发利用区 129 个，河长 14271.5km，占 49.9%；保留区 48 个，河长 5322.3km，占 18.6%。区划湖库面积 468.7km^2，其中保护区 448km^2，占总面积的 96%；开发利用区 20.7km^2，占 4%。

二级区划的范围为一级区划中重要的“开发利用区”所在水域。一级区划中，流域内开发利用区个数最多的是渭河水系，其计 41 个，长 3369.2km。开发利用区河长比例最高的是花园口往下游区域，占开发利用区总河长的 77％。黄河流域共划分二级区 364 个，区划总河长 14271.5km，湖库面积 20.7km^2，按长度从大到小分别为：农业用水区、饮用水源区、工业用水区、过渡区、排污控制区、渔业用水区、景观娱乐用水区。二级区划长度比例以渭河最高（23.6%），其次为兰州—河口镇区段（18.3%）。

基于黄河流域的水功能区划，水利部计算了流域的纳污能力。黄河流域 COD 的纳污能力为 125.2 万 t，主要分布于黄河干流等水资源量相对较大的水域，干流纳污能力占流域总量的 70％左右，湟水、汾河、渭河、伊洛河、沁河、大汶河等支流共计占 12%左右。流域水资源的各省（区）开发量，受国务院黄河流域水量分配控制指标等因素的刚性约束。未来 15 年，黄河流域主要区域的水域纳污能力将基本保持不变[21]。

（二）控制单元分级分类管理

污染物通过流域水文过程进入河流，影响水质。水环境保护涉及流域管理和区域管理，流域管理可保证规划目标更科学，区域管理可保证规划任务、项目的有效实施。控制单元分级分类管理尝试将两种模式有效结合，实现水环境保护的有效管理[22]。

环境保护部、国家发展和改革委员会、水利部联合印发《重点流域水污染防治规划（2016—2020 年）》[23]，以分级分类精细化管理的实施方式，推进“十三五”重点流域水污染防治任务。规划中，黄河流域共划分 150 个控制单元，综合考虑控制单元水环境问题严重性、水生态环境重要性、水资源禀赋、人口和工业聚集度等因素，筛选 50 个优先控制单元，结合地方水环境管理需求，优先控制单元进一步细分为 23 个水质改善型和 27 个防止退化型单元。黄河流域水质改善型单元主要分布在汾河、涑水河、渭河、灞河、总排干、大黑河、乌梁素海、湟水河等水系，涉及太原、临汾、鄂尔多斯、包头、渭南、咸阳、西宁等城市；防止退化型单元主要涉及黄河、汾河、沁河、大汶河、东平湖等现状水质较好的水体，以及都思兔河、榆溪河、湟水河、清水河等需要巩固已有治污成果、保持现状水质的区域。以此，不同的单元实施分级分类管理，因地制宜综合运用水污染治理、水资源配置、水生态保护等措施，提高污染防治的科学性、系统性和针对性。

第五节 流域水环境保护的问题与建议

黄河流域水资源缺乏，水环境承载能力低，水环境保护极具挑战，当前的水污染治理已经从根本上扭转了水质恶化的趋势，取得了很大的成绩。然而，黄河流域水环境仍存在个别支流严重污染、污废水回用不足等问题，为黄河流域生态保护和高质量发展带来挑战。

一、水环境保护现存的问题

根据 2018 年的数据，黄河流域水质总体良好，干流水质较优，消除了Ⅴ类和劣Ⅴ类水质；支流轻度污染，Ⅰ类、Ⅱ类水质的占比超过 50%。但黄河流域面积广阔，空间差异大，仍存在部分支流河段污染严重等问题。

（一）部分支流的水体污染仍然严重

黄河流域的干流水质尚好，但部分支流的水体污染仍十分严重。2018 年 106 个支流断面中，劣Ⅴ类水质占比 16.0%。根据 2018 年《全国地表水水质月报 2018》[13]统计，2018 年底，文峪河、四道沙河、浍河、昕水河、延河、仕望河、清涧河、涑水河、蒲河、三川河、北洛河、马莲河、天然渠、磁窑河、汾河和岚河等黄河支流为重度污染河流。根据水质自动监测周报的数据，绘制了 2018 年湟水、汾河、渭河的 COD 和氨氮水质变化情况（图 14.11），发现汾河的水质污染十分严重，COD 和氨氮含量在全年多个时段处于劣Ⅴ类标准。

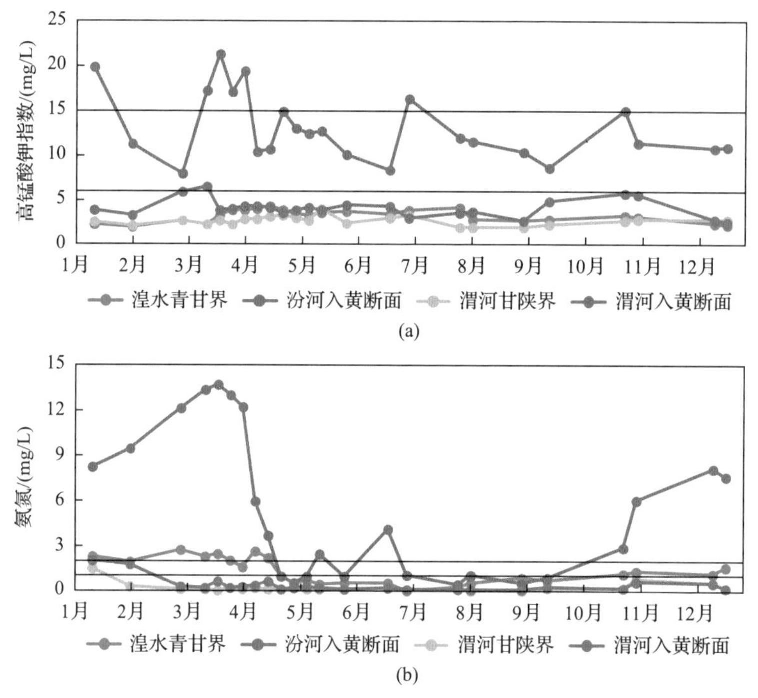

图 14.11 2018 年湟水、汾河、渭河的水质变化

黄河部分支流的水污染现状是多方面原因造成的。黄河支流众多，不同支流的污染程度不同，其中，水污染严重的支流大多水资源禀赋差，纳污能力弱，而污染负荷大，特别是支流的城市江段，如汾河太原段、临汾段和运城段污染尤为严重。其次，我国水环境保护普遍存在重干流轻支流、重城市轻农村、重点源轻面源等问题，支流流域内的清洁生产和污染治理能力总体偏低，很多工商业企业未实现达标排放，同时农业面源不断增加，虽然近年来加强了治理，但支流水污染改善的速率总体慢于干流。

（二）流域的水环境质量和水环境保护仍居于全国落后水平

根据 2018 年《中国生态环境状况公报》[15]数据，绘制了全国河流和黄河流域水质等级情况（图 14.12 的数据来源和图 14.4 不同，具体等级有所差异，但总体差别不大）。从图中可以看出，黄河流域Ⅰ类、Ⅱ类、Ⅲ类水质占比 66.4%，低于全国平均水平（74.3%），而Ⅴ类和劣Ⅴ类水质占比 16.0%，高于全国平均水平（11.4%）。因此，黄河流域整体的水质状况低于全国水平。

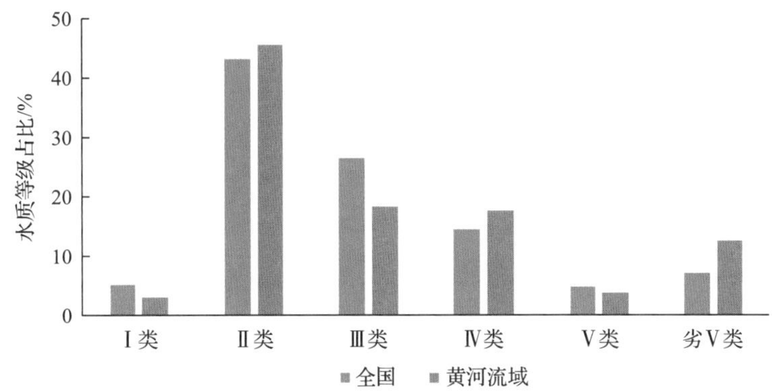

图 14.12　2018 年黄河流域水质与全国河流水质对比

根据 2015 年《环境统计年报》数据，表 14.4 对比了黄河流域与全国的污水回用比例和 COD 处理率。假设污废水都是经过城镇污水处理厂或者工业废水处理设施处理后再排放的，可计算污废水回用比例，得到黄河流域的回用比例为 17.1%，低于全国水平（24.9%）。根据 COD 的排放量和 COD 的去除量，计算得到 COD 的处理率，黄河流域的 COD 处理率为 70.4%，略低于全国水平（71.3%）。因此，黄河流域的污水处理和回用仍有提升的空间。

表 14.4　2015 年黄河流域与全国污水处理情况对比

区域	污废水			COD		
	排放量/亿 m^3	处理量/亿 m^3	回用比例/%	排放量/万 t	去除量/万 t	处理率/%
黄河流域	45.5	54.9	17.1	88.17	209.9	70.4
全国	735.3	978.9	24.9	1140.4	2829.9	71.3

二、水环境进一步改善的建议

进入 21 世纪以来，经过 20 年的大力整治，黄河流域的监测体系日益完善，污水处理系统已具规模，环境管理向精细化发展，水环境进一步治理进入攻坚阶段，需要从环境监控、系统治理、科技创新等方面开展工作，巩固环境治理已有成果，攻克水环境进一步提升的难题。

（一）加大环境监控力度，巩固环境治理已有成果

应用先进技术，提升环境监控能力。融合卫星、航空、地面等监测手段，完善环境质量监测预警技术体系，加强地面站建设，提升水环境监测能力，形成陆海统筹、天地一体的流域环境质量监测网络。建立重点水域水质自动监测预警，开展国家和地方水质自动监测联网共享，实现干流省市界、主要支流市县界水质自动监测全覆盖，厘清水污染防治责任，推动水生态环境质量提升。

明确环境管理责任，提升环境监控的效果。基于“流域—控制单元—水功能区”的原则，进一步细化、完善控制单元分级分类管理体系，强化水环境质量分区管控，实现精准治污。将水环境质量考核目标分解到各子流域、各级行政区及水环境控制单元，全面推行河（湖）长制，对超标子流域实施环境综合整治，强化地表水水质目标管理。

加强污染源排查，打击非法排污。开展排污口整治行动，全面清理非法或设置不合理的排污口，减少环境影响。聚焦重化工污染、农业农村污染、黑臭水体、饮用水水源地、非法采砂、河道及河岸整治等方面实施水污染治理，严厉打击非法排污。

（二）开展系统治理，全面提升流域的生态环境

黄河流域水资源缺乏，以往的水污染防治工作主要关注削减污染物排放量，对水体自净能力关注较少。增加环境容量，需要节约用水，保障生态流量，系统保护和恢复流域生态系统。

加强流域水资源节约保护。加快推进跨省（区）重要支流水量分配，优先生活用水，控制生产用水，保障生态用水，确保干流和主要支流不断流，根据生态优先和生态自然修复为主的要求，提出黄河干流和大通河、洮河、渭河、汾河、无定河、沁河等重要入黄支流的生态流量（水量）保障方案。强化流域重大控制性水利水电工程运行调度方式的生态优化调整。重点加强农业节水，推进高效节水工程建设。修订完善节水标准体系，建立节水激励机制[24,25]。

保护和恢复水生态。衔接水功能区划，完善细化控制单元，根据水质改善需求和水体功能保护需求，沿汾河等划定生态缓冲带，分优先管控、重要管控和一般管控等类型分类实施空间管控。腾退侵占的生态空间，因地制宜采取退耕还湿等措施，确保

河湖滨岸缓冲带面积不减少。因地制宜扩大河湖浅滩等湿地面积，减少污染物入河（湖），进一步增加环境容量。

（三）加强科技创新，解决黄河流域水环境保护的难题

发展水污染治理新科技，进一步消减污染负荷。深入开展黄河流域污染成因研究与治理等重点领域研究，指导开展煤化工行业有机废水处理等技术攻关，制定相应技术指南与工程规范，引导能源化工行业绿色发展。开展城市雨污管道的渗漏、错接、堵塞的诊断和处理技术，提高污水收集率，提升污水处理厂的运行效率。研究污水处理和收集的新技术，降低污水处理成本，优化环境治理和经济发展的平衡。

发展现代水利科技，解决流域水资源匮乏问题，增加生态用水。深入开发工农业生产和居民生活的节水技术，减少生产生活用水。基于流域水库系统，建立现代化的径流调节分配管理系统，杜绝河流断流，调节流量分配，优化环境容量布局。系统研究水-沙-污染物关系，提出多沙河流水污染治理的系统方案。

促进现代信息技术在流域水环境中的应用，提升流域环境的监测、监控和管理水平，加强流域基础数据的长系列、大范围积累，做好数据共享，促进相关学科的交叉融合，巩固黄河流域生态环境的研究基础，攻克流域环境保护的新问题。

本章撰写人：刘昭伟　李漫洁　陆雨欣

参考文献

[1] 陈静生, 李荷碧, 夏星辉, 等. 近 30 年来黄河水质变化趋势及原因分析. 环境化学, 2000, 19(2): 97-102.
[2] 嵇晓燕, 孙宗光, 聂学军, 等. 黄河流域近 10 年地表水质变化趋势研究. 人民黄河, 2016, 38(12): 105-108.
[3] 李淑贞, 张立, 张恒, 等. 人民治理黄河 70 年水资源保护进展. 人民黄河, 2016, 38(12): 35-39.
[4] 高传德, 崔树彬. 黄河干流水质现状分析评价. 人民黄河, 1986, (5): 14-20.
[5] 过常龄. 黄河流域河流水化学特征初步分析. 地理研究, 1987, 6(3): 65-73.
[6] 乐嘉祥, 王德春. 中国河流水化学特征. 地理学报, 1963, 29(1): 1-13.
[7] 姚党生, 柴成果, 张绍峰. 黄河水污染原因、危害及防治对策. 人民黄河, 2004, 26(5): 30-32.
[8] 水利部黄河水利委员会. 黄河水资源公报, 1998~2018.
[9] 中华人民共和国生态环境部. 生态环境统计年报, 2000~2019.
[10] 王志敏. 黄河水质污染现状及评价. 人民黄河, 1980, (5): 63-67.
[11] 高传德. 黄河流域水环境现状及治理措施. 人民黄河, 1993, (12): 4-8.

[12] 李祥龙, 彭勃, 郭正, 等. 黄河流域水污染趋势分析. 人民黄河, 2004, 26(10): 26, 27.

[13] 中国环境监测总站. 全国地表水水质月报 2018, 2018, (1~12).

[14] 吕振豫, 穆建新. 黄河流域水质污染时空演变特征研究. 人民黄河, 2017, 39(4): 71-76.

[15] 中华人民共和国生态环境部. 中国生态环境状况公报, 1989~2019.

[16] 万涛. 黄河水体污染特征与水质监测问题. 水文, 1983, (5): 26-30.

[17] 宋华力, 攀引琴, 李祥龙. 黄河水质自动监测站建设效益评价. 人民黄河, 2004, 26(11): 24, 25.

[18] 胡晓寒, 秦大庸. 黄河流域污水处理与回用现状及展望. 人民黄河, 2006, 28(12): 28.

[19] 中华人民共和国环境保护部. 黄河中上游流域水污染防治规划(2006—2010 年), 2008.

[20] 中华人民共和国环境保护部. 重点流域水污染防治规划(2011—2015 年), 2012.

[21] 连煜, 张建军. 黄河流域纳污和生态流量红线控制. 环境影响评价, 2014, (7): 25-27.

[22] 路瑞, 马乐宽, 杨文杰, 等. 黄河流域水污染防治“十四五”规划总体思考. 环境保护科学, 2020, 46(1): 21-25.

[23] 中华人民共和国生态环境部. 重点流域水污染防治规划(2016—2020 年), 2017.

[24] 孙思奥, 汤秋鸿. 黄河流域水资源利用时空演变特征及驱动要素. 资源科学, 2020, 42(12): 2261-2273.

[25] 肖素君, 杨立彬, 马迎平. 黄河流域农业节水与国家粮食安全研究. 人民黄河, 2010, 32(12): 19-21.

第一篇　前世今生话黄河

第二篇　黄河水资源：现状与未来

第三篇　黄河泥沙洪凌灾害与治理方略

第四篇　黄河生态保护：三江源、黄土高原与河口

第五篇　黄河水沙调控：从三门峡、龙羊峡、小浪底到黑山峡

第六篇　南水北调与西水东济

第七篇　能源流域的绿色低碳发展

第八篇　智慧黄河

第九篇　黄河：中华文明的根

第十五章 黄河水沙工程调控体系

黄河是世界上输沙量最大、含沙量最高的河流。1956~2016 年多年平均天然径流量 490 亿 m^3，实测年均来沙量 9.86 亿 t、含沙量达 30kg/m^3（龙华河状四站），实测最大含沙量达 911kg/m^3（三门峡站，1977 年），均为大江大河之最。河口镇至三门峡河段两岸支流常有含沙量 1000kg/m^3 以上的高含沙洪水出现。

黄河水量少、沙量多，水沙地区来源、过程分布不均，水沙关系不协调的特性，是黄河最为复杂难治的根本症结所在。

长期的治黄实践表明，采取工程和非工程措施科学调控黄河水沙，将黄河不协调的水沙关系调整为相对协调的水沙关系，是实现黄河长治久安和高质量发展必需的且行之有效的治河方略之一，协调水沙关系的主要途径为增水、减沙、调水调沙。增水包括节水和外流域调水；减沙包括水土保持减沙、水库拦沙和宽滩区放淤等措施；调水调沙是利用干支流骨干水库群的联合调控，协调水沙过程，减少泥沙的淤积。构建完善的水沙调控体系是协调黄河水沙关系的重要手段，也是保障黄河长治久安的重要战略措施。

第一节　水沙调控体系任务和布局

一、水沙调控体系主要任务

根据黄河流域生态保护和高质量发展重大国家战略目标任务要求，综合考虑黄河的水沙特性、资源环境特点，水沙调控体系的主要任务是[1-3]：对黄河洪水、泥沙、径流（包括南水北调西线工程调水量）进行有效调控。具体任务为：

一是有效管理洪水，保障防洪和防凌安全。通过削减大洪水的洪峰流量，减轻防洪压力；有效控制凌汛期流量和槽蓄水量，减轻防凌压力。

二是协调水沙关系，减少泥沙淤积。通过调控塑造协调的水沙关系，减少河道淤积，恢复维持河道中水河槽行洪输沙功能；减少水库淤积，长期保持水库的有效库容。

三是调节水资源，保障流域供水安全。通过优化配置黄河水资源和南水北调西线工程入黄水量，保障生活、生产、生态用水，支持黄河流域及相关地区经济社会的可持续发展。

二、水沙调控工程体系布局

根据黄河保护治理的总体规划，黄河水沙调控工程体系（图 15.1）由黄河上游水量调控子体系和中游洪水泥沙调控子体系构成，两个子体系任务各有侧重。

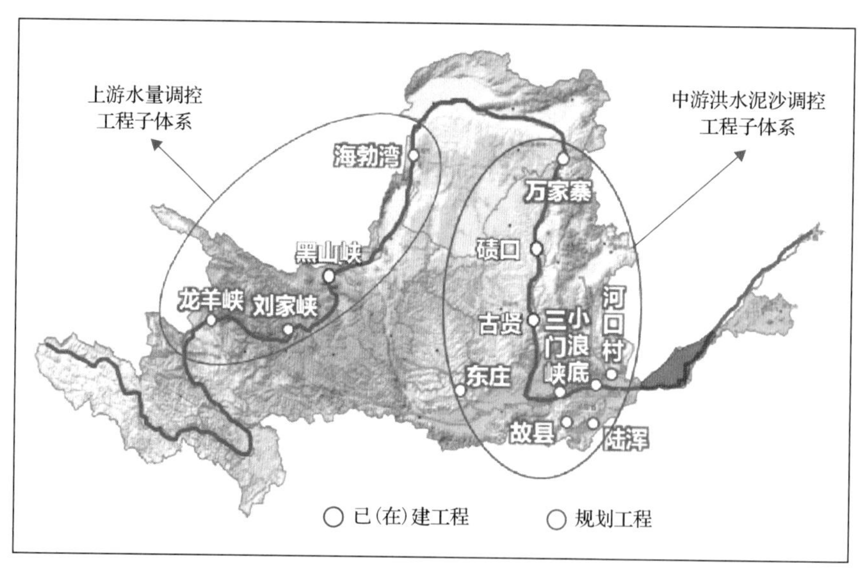

图 15.1　黄河水沙调控工程体系

（一）黄河上游水量调控工程子体系

黄河水量时空分布不均。河口镇以上多年平均天然径流量约 313.5 亿 m³，占全河水量的 65%。黄河径流主要来自汛期 7~10 月，占全年的 58%；径流年际变化也非常大，最小年径流量为 312.4 亿 m³，仅占多年均值的 65%。同时还出现了 1922~1932 年、

1969~1974年、1994~2000年的连续枯水段，其年径流量分别相当于多年均值的74%、84%和83%。

随着经济社会的快速发展，预计2030年流域内需水量将达到547.3亿m^3（未包括流域外供水），且约90%的用水主要集中在兰州以下的宁蒙河段两岸地区和中下游地区，非汛期用水占全年用水的63%。宁蒙河段由于特殊的地理位置，防凌防洪问题十分突出，河道输沙水量与经济社会用水的矛盾十分突出。

流域用水的地区分布与径流来源不一致，用水过程与来水过程也不一致，经济社会用水和河道生态环境用水矛盾突出，枯水年更加突出。为了解决水资源供需矛盾，特别是保障连续枯水年的供水安全，并提高上游梯级发电效益，需要在黄河上游布局大型水库对黄河径流进行多年调节。

已建的龙羊峡水库、刘家峡水库，拦蓄丰水年水量补充枯水年水量，并将汛期多余来水调节到非汛期，对于保障黄河供水安全发挥了极为重要的作用，并提高了上游梯级电站的发电效益，同时调节凌汛期下泄流量，对减轻内蒙古河段凌汛灾害发挥了重要作用。但由于水库汛期大量蓄水，汛期输沙水量大幅度减少，造床流量减小，导致了内蒙古河道严重淤积、中水河槽萎缩，对防凌防洪安全十分不利。

为了解决上游水库各梯级发电与水量调度存在的矛盾，需要在靠近宁蒙河段的黑山峡河段建设一个大库容水库，对龙羊峡水库、刘家峡水库下泄的水量进行科学调控，改善进入内蒙古河段的水沙条件，调节凌汛期流量，保障内蒙古河段防凌防洪安全，同时对南水北调西线调入水量进行调节和配置。根据地形、地质条件，规划在黑山峡河段建设一座大型水利枢纽。已建的海勃湾水库位于内蒙古河段上首，是内蒙古河段防凌重要的补充和应急调节水库。

黄河上游水量调控工程子体系以水量调节为主，主要任务是对黄河水资源和南水北调西线入黄水量进行合理配置与调控，保障流域供水安全；协调进入宁蒙河段的水沙关系，长期维持宁蒙河段中水河槽，保障宁蒙河段的防凌防洪安全及上游其他沿河城镇防洪安全；提高上游水电梯级发电效益，并配合中游骨干水库调控水沙。

（二）黄河中游洪水泥沙调控工程子体系

黄河水沙异源，还具有水沙年际、年内变化大，水沙过程不同步的特点。泥沙主要来自中游地区，河口镇至三门峡区间来沙量占全河的90.8%，汛期7~10月来沙量约占全年来沙量的88.6%，且主要集中在汛期的几场暴雨洪水。

由于进入下游的洪水、泥沙主要来自黄河中游的河口镇至三门峡区间和三门峡至花园口区间，十分有必要在黄河中游的干支流兴建大型骨干水库，控制和管理洪水，合理拦减进入黄河下游的粗泥沙，联合调控水沙，同时提高工农业用水量及保证率，支持经济社会可持续发展。

目前已建的三门峡水库和小浪底水库，通过拦沙和调水调沙初步遏制了下游河床淤积抬高的态势，有效恢复了中水河槽的行洪输沙功能，对下游防洪安全发挥了重要作用。但由于三门峡水库调控能力有限，以小浪底水库为核心的调水调沙，缺乏大型骨干水库的有力配合，后续动力不足，调水和调沙难以兼顾。故在干流继续兴建大型骨干水库用于拦沙和联合调水调沙运用[4-7]是十分必要的。根据黄河干流来水来沙特点和地形地质条件，在来沙较多特别是粗泥沙产沙量较为集中的黄河北干流河段，规划建设古贤、碛口等水利枢纽，与三门峡和小浪底水库共同构成黄河中游洪水泥沙调控工程子体系的主体。

伊洛河、沁河是黄河中游“下大洪水”的主要来源区，渭河是黄河“上大洪水”和泥沙的主要来源区之一。为了控制支流洪水保障黄河下游防洪安全，拦减支流来沙，减少黄河下游河道泥沙淤积，调控支流来水并配合小浪底水库调水调沙，需要伊洛河上的陆浑水库、故县水库以及沁河上的河口村水库配合小浪底水库、三门峡水库联合防洪和调水调沙运用，并抓紧建设泾河的东庄水库。同时，为了充分发挥小浪底水库的调水调沙作用，并为规划的古贤水库、碛口水库长期保持有效库容创造条件，中游已建的万家寨水库也应适时参与调水调沙运用。

黄河中游洪水泥沙调控工程子体系以调控洪水泥沙为主，主要任务是科学管理黄河洪水，拦沙和联合调控水沙，减少黄河下游泥沙淤积，长期维持中水河槽行洪输沙功能，为保障黄河下游防洪（防凌）安全创造条件；调节径流为中游能源基地和中下游城市、工业、农业发展供水，合理利用水力资源。

综上，以干流的龙羊峡水库、刘家峡水库、黑山峡水库、碛口水库、古贤水库、三门峡水库、小浪底水库等骨干水利枢纽为主体（表 15.1），以干流的海勃湾水库、万家寨水库为补充，与支流的陆浑水库、故县水库、河口村水库、东庄水库等控制性水库共同构成黄河水沙调控工程体系。同时，还需要构建由水沙监测、水沙预报和水库调度决策支持等系统组成的水沙调控非工程体系，为黄河水沙联合调度提供技术支撑，见图 15.2。

表 15.1 黄河干流 7 大骨干工程主要技术经济指标表

序号	工程名称	建设地点	控制面积/万 km^2	正常蓄水位/m	总库容/亿 m^3	有效库容/亿 m^3	最大水头/m	装机容量/MW	年发电量/(亿 kW·h)	最大坝高/m
1	龙羊峡*	青海共和	13.1	2600	247.0	193.5	148.5	1280	59.4	178
2	刘家峡*	甘肃永靖	18.2	1735	57.0	35	114	1690	60.5	147
3	黑山峡	宁夏中卫	25.2	1380	114.8	57.6	137	2000	74.2	163.5
4	碛口	山西、陕西	43.1	785	125.7	27.9	73.4	1800	43.6	143.5
5	古贤	山西、陕西	49.0	627	129.4	34.6	162	2100	56.5	215
6	三门峡*	山西、河南	68.8	335	96.4		52	410	12	106
7	小浪底*	河南济源	69.4	275	126.5	51	138.9	1800	58.5	160

*表示已建工程。

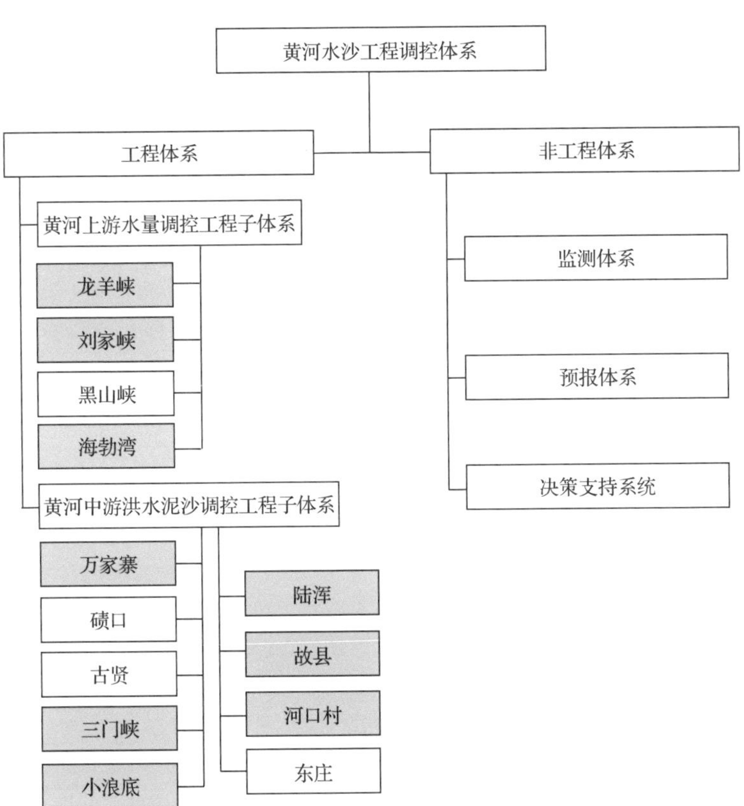

图 15.2 黄河水沙工程调控体系

蓝色表示已建工程

第二节 水沙调控体系联合运用机制

一、上游水量调控工程子体系联合运用机制

（一）上游水量调控工程子体系联合运用原则

龙羊峡水库、刘家峡水库和黑山峡水库 3 座骨干工程联合运用，构成黄河水沙调控体系中的上游水量调控工程子体系。龙羊峡水库、刘家峡水库和黑山峡水库联合对黄河水量和南水北调西线入黄水量进行多年调节和合理配置，以丰补枯，增加黄河枯水年特别是连续枯水年的水资源供给能力。同时黑山峡水库对上游梯级电站下泄水量进行反调节，结合防凌调度将非汛期富余的水量调节到汛期，改善宁蒙河段水沙关系，并调控凌汛期流量，保障宁蒙河段防凌安全，同时调节径流，为工农业和生态灌区适时供水。在黑山峡水库建成以前，刘家峡水库与龙羊峡水库联合调控凌汛期流量，保障宁蒙河段防凌安全，调节径流为宁蒙灌区工农业供水。

海勃湾水利枢纽调节库容较小，对水沙调节能力有限，主要配合上游骨干水库防凌应用。在凌汛期的流凌封河期，调节流量平稳下泄，避免小流量封河，开河期在遇到凌汛险情时应急防凌运用。在汛期适时配合上游骨干水库调水调沙运用。

（二）现状工程条件下联合运用方式

现状工程条件下，黄河上游子体系中的龙羊峡、刘家峡两水库联合调节运用。7~9 月为黄河主汛期，水库控制在汛限水位以下运行。10~11 月为黄河汛后期，水库开始蓄水运用。由于该时段刘家峡水库以下用水锐减，梯级发电任务主要由龙羊峡—刘家峡区间电站承担，刘家峡水库蓄水。至 10 月底，龙羊峡、刘家峡两库最高水位允许达到正常蓄水位，但考虑到刘家峡水库 11 月底需要腾出一定的库容满足防凌要求，为了避免水库泄流量变化过大，结合防凌库容的需要，适当限制水库 10 月的蓄水。12 月至次年 3 月凌汛期，刘家峡水库按防凌运用要求的流量下泄，梯级出力主要依靠龙羊峡水库放水。5~6 月为黄河汛前期，又是宁蒙地区的主灌溉期，由于天然来水量不足，需自下而上由水库补水。

（三）规划工程生效后联合运用方式

黑山峡水库投入运用后，对龙羊峡、刘家峡等上游梯级电站出库水量进行调节，并对黄河水资源和南水北调西线工程入黄水量进行优化配置。在凌汛期控制封河、开河期及冰封期下泄流量，保障宁蒙河段的防凌安全；在用水高峰期增加下泄水量，提高供水保证率，可协调宁蒙河段灌溉、供水、防洪、防凌与上游梯级发电之间的矛盾，增加上游梯级电站的发电效益，同时可为生态灌区建设提供自流引水条件。在主汛期（主要是7~8月）集中大流量下泄，塑造有利于宁蒙河段输沙的水沙关系，恢复并维持河道排洪输沙功能，同时为黄河中游骨干水库调水调沙提供大流量过程，协调中下游水沙关系，提高中下游河道的行洪输沙能力。

上游龙羊峡水库、刘家峡水库、黑山峡水库联合调控运用时，在考虑协调宁蒙河段水沙关系，满足宁蒙河段防洪、防凌和河口镇最小流量要求的前提下，满足生活、生产和生态供水等要求，按梯级发电最优运用。

海勃湾水库作为上游子体系的补充，在内蒙古河段凌汛出险时，利用预留的应急防凌库容配合下游防凌抢险。

二、中游调控工程子体系联合运用机制

（一）中游调控工程子体系联合运用原则

中游的碛口、古贤、三门峡和小浪底水利枢纽联合运用，构成黄河洪水和泥沙调控工程体系的主体，在洪水管理、协调水沙关系、支持地区经济社会可持续发展等方面具有不可替代的重要作用。中游调控工程子体系联合运用：一是联合管理黄河洪水，在黄河发生特大洪水时，合理削减洪峰流量，保障黄河下游防洪安全；在黄河发生中常洪水时，联合对中游高含沙洪水过程进行调控，充分发挥水流的挟沙能力，输沙入海，减少河道主槽淤积，并为中下游滩区放淤塑造合适的水沙条件；在黄河较长时期没有发生洪水时，为了防止河道主槽淤积萎缩，联合调节水量塑造人工洪水过程，维持中水河槽的行洪输沙能力。二是水库联合拦粗排细运用，尽量拦蓄对黄河下游河道泥沙淤积危害最为严重的粗泥沙，并根据水库拦粗排细、长期保持水库有效库容的需要，考虑各水库淤积状况、来水条件和水库蓄水情况，联合调节水量过程，冲刷水库淤积的泥沙。三是联合调节径流，保障黄河下游防凌安全，发挥工农业供水和发电等综合利用效益。

在古贤水库建成以前，主要以小浪底水库为主进行干支流骨干工程联合调水调沙运用，万家寨水库、三门峡水库以及支流水库适时配合小浪底水库调水调沙运用。万家寨水库一方面下泄大流量过程冲刷三门峡水库库区淤积的泥沙，在小浪底库区形成异重流排沙出库；另一方面与三门峡水库联合运用，冲刷小浪底水库淤积的泥沙，并调整库区淤积形态；同时，万家寨水库还可对桃汛期洪水进行优化调度，冲刷降低潼关高程。三门峡水库主要配合小浪底水库进行防洪、防凌应用，并与万家寨水库联合塑造大流量过程，冲刷小浪底水库淤积的泥沙。

古贤水库建成生效后，可初步形成黄河中游洪水泥沙调控子体系，古贤水库和小浪底水库联合调水调沙，可在一个较长时期维持黄河下游河道基本不淤积抬高，维持中水河槽，冲刷降低潼关高程，并为小北干流放淤创造条件。万家寨水库原则上按设计运用方式供水、发电，但在古贤水库需要排沙，或需要为小北干流放淤创造合适的水沙过程时，万家寨水库适时配合黄河上游水库群泄放较大流量过程。三门峡水库主要配合小浪底水库进行防洪、防凌和调水调沙运用。

（二）现状工程条件下联合运用方式

现状工程条件下，主汛期协调黄河下游水沙关系的任务主要由小浪底水库承担，三门峡水库敞泄运用。当伊洛河来水较大时，支流陆浑水库、故县水库配合小浪底水库进行水沙联合调度，通过对洪水在时间、空间上的动态控制，实现水、沙过程在花园口的精准对接。小浪底水库调水调沙运用按照出库流量两极分化的原则，避免平水流量下泄，相机形成持续一定时间且与下游河道平滩流量相适应的较大流量过程，提高下游河道输沙效果，减少下游河道淤积；当入库洪水大于一定标准时（同时考虑伊洛河水库、沁河水库及小花间水库来水情况），三门峡水库、小浪底水库与支流的陆浑水库、故县水库、河口村水库按联合防洪调度运用。

当小浪底水库遇有利于水库冲刷的来水条件，根据预报提前降低水库水位，利用大流量过程冲刷库区泥沙；当入库水沙条件不利时，水库再次蓄水，滩地可继续淤高，这样反复进行水库淤积冲刷过程，不但将使高滩深槽同步形成，对保持水库有效库容有利，而且在水库拦沙期间适时排沙，可避免拦沙期间下游河道大冲大淤，有利于控制河势的稳定。

万家寨水库、三门峡水库和小浪底水库通过蓄水拦沙、调节径流，以满足河道生态、工农业供水和发电等方面要求。凌汛期三门峡水库和小浪底水库预留防凌库容并按下游河道防凌要求运用；6 月中下旬，可视水库汛限水位以上的蓄水量，联合调度万家寨水库、三门峡水库和小浪底水库进行汛前调水调沙运用。

目前中游已建骨干工程体系尚不完善，调水调沙运用局限性较大。万家寨水库、三门峡水库调节库容小，能够提供的后续水流动力有限；刘家峡水库到三门峡水库约2400km的黄河干流缺少控制性工程。由于缺乏中游的骨干工程配合，以小浪底水库为核心的调水调沙后续动力明显不足；小浪底水库拦沙库容淤满后，可用于调水调沙的库容仅剩约10亿m^3，扣除泥沙占据的库容，有效的调水库容仅5亿m^3左右，根本无法满足调水调沙库容要求。因此，十分有必要在小浪底水库拦沙后期建成古贤水利枢纽工程，初步形成中游水沙调控工程子体系。古贤水利枢纽建成之后，进一步开发建设碛口水利枢纽，与古贤水库、小浪底水库联合运用，将形成更加完善的水沙调控体系。

（三）规划工程生效后联合运用方式

古贤水库投入运用后，黄河中游洪水泥沙调控子体系初步形成。古贤水库采用蓄清调浑设计，通过拦沙并与小浪底水库联合调控水沙，恢复并维持黄河下游和小北干流河段中水河槽行洪排沙功能，减少河道淤积，并冲刷降低潼关高程；在小浪底水库需要冲刷恢复调水调沙库容时，提供水流动力条件，延长小浪底水库拦沙运用年限、长期保持一定的调节库容。三门峡水库距小浪底水库比较近，在塑造冲刷小浪底水库形成异重流的洪水过程时，如果古贤水库塑造一个洪峰过程，经过小北干流沿程坦化，到三门峡水库时洪峰有所削弱，三门峡水库可以重新塑造理想的洪峰，对小浪底库区进行有效冲刷，提高小浪底水库的排沙比。万家寨水库作为中游子体系的补充，原则按照设计运用方式供水、发电运用，必要时为古贤水库、三门峡水库和小浪底水库联合调水调沙补充水流动力，更好地发挥水沙调控体系对河道和库区的减淤作用。陆浑水库、故县水库、河口村水库控制黄河中游清水来源区，可有效削减进入下游的洪峰流量，同时对汛期来水量进行调节，根据干流骨干水库水沙调控调度的要求，适时泄放大流量过程，实现小花间清水与小浪底出库浑水的合理对接。东庄水库作为渭河流域重要的防洪减淤骨干工程，采用蓄清调浑设计，可协调进入渭河下游的水沙关系，减少渭河下游主河槽的淤积，同时适时配合中游骨干工程调控水沙。

碛口水库投入运用后，通过与中游的古贤水库、三门峡水库和小浪底水库联合拦沙和调水调沙，同时，承接上游子体系水沙过程，适时蓄存水量，为古贤水库、小浪底水库提供调水调沙后续动力，在减少河道淤积的同时，恢复水库的有效库容，长期发挥调水调沙功能。当碛口水库泥沙淤积严重、需要排沙时，可利用其上游的来水和万家寨水库的蓄水量对其进行冲刷，恢复库容。

三、上游子体系和中游子体系联合运用机制

（一）上中游子体系联合运用原则

黄河水沙异源的自然特点，决定了上游调控子体系必须与中游调控子体系有机地联合运用，构成完整的水沙调控体系。在协调黄河水沙关系方面，上游子体系需根据黄河水资源配置要求，合理安排下泄水量和过程，为中游子体系联合调水调沙提供水流动力条件，且当中游水库需要降低水位冲刷排沙、恢复库容时，或冲刷古贤水库淤积的泥沙塑造小北干流放淤的水沙过程时，上游调控子体系大流量下泄，塑造适合于水库排沙、河道输沙或小北干流放淤的水沙过程。当上游子体系调控运用恢复宁蒙河段中水河槽时，中游子体系对上游的来水来沙进行再调节，拦粗排细，塑造适合于河道输沙的水沙过程，减少下游河道淤积[8-10]。

（二）现状工程条件下上中游子体系联合运用方式

现状工程条件下，当中游万家寨水库、三门峡水库和小浪底水库组成的子体系汛前利用河道来水及水库汛限水位以上蓄水进行调水调沙和人工异重流塑造时，上游子体系可适时进行补水运用，增加人工塑造异重流的后续动力条件，最大限度地减少水库及河道泥沙淤积；当上游来水丰沛、流量较大时，龙羊峡水库、刘家峡水库联合调节泄放一定历时的大流量过程，中游子体系承接上游的来水来沙过程，水沙条件适宜时联合塑造洪水过程冲刷小浪底库区或下游河道，恢复和维持下游中水河槽过流能力；当遭遇来水流量持续偏枯或中游水库蓄水满足不了流域用水时，上游龙羊峡水库、刘家峡水库可根据中下游河道及两岸工农业用水的需求，优化龙羊峡水库和刘家峡水库调节方式，满足中下游工农业用水及河道生态用水。

（三）规划工程生效后上中游子体系联合运用方式

黄河水量调控工程子体系按照黄河流域水资源优化配置的要求，合理安排下泄水量和过程，在减少上游宁蒙河段淤积、维持河道过流能力的同时，为洪水泥沙调控工程子体系提供调水调沙的水流动力条件；当中游子体系骨干水库需要降低水位冲刷排沙、恢复库容时，上游子体系适时下泄大流量过程，形成适合于河道输沙的水沙过程，避免水库库容冲刷恢复过程中河道发生大量淤积；当中游子体系骨干水库冲刷排沙塑

造小北干流放淤的水沙过程时，上游子体系按照中游子体系的要求泄放大流量过程，增加小北干流放淤的机会以及放淤效果；当上游子体系联合调控运用恢复宁蒙河段中水河槽时，中游子体系对上游来水来沙过程进行再调节，拦粗排细，协调进入下游的水沙关系。

本章撰写人：张金良　景来红　钱　裕　刘俊秀

参考文献

[1] 王煜, 安催花, 李海荣, 等. 黄河水沙调控体系建设关键问题研究. 人民黄河, 2012, 39(10): 17, 18.

[2] 水利部黄河水利委员会. 黄河水沙调控体系建设规划. 郑州: 黄河水利委员会, 2012.

[3] 王煜, 安催花, 李海荣, 等. 黄河水沙调控体系规划关键问题研究. 人民黄河, 2013, 35(10): 23-32.

[4] 张金良, 鲁俊, 韦诗涛, 等. 小浪底水库调水调沙后续动力不足原因和对策. 人民黄河, 2021, 43(1): 5-9.

[5] 焦恩泽, 江恩惠, 张清. 古贤水库效益评估和相关问题探讨. 人民黄河, 2011, 33(2): 4-9.

[6] 陈翠霞, 安催花, 罗秋实, 等. 黄河水沙调控与效果. 泥沙研究, 2019, 44(2): 69-74.

[7] 万占伟, 罗秋实, 郭选英. 黄河调水调沙有关问题的探讨. 华北水利水电学院学报, 2012, 33(3): 37-39.

[8] 张金良, 索二峰. 黄河中游水库群水沙联合调度方式及相关技术. 人民黄河, 2005, 27(7): 7-9.

[9] 李永亮, 张金良, 魏军. 黄河中下游水库群水沙联合调控技术研究. 南水北调与水利科技, 2008, 5: 56-59.

[10] 水利部黄河水利委员会. 黄河调水调沙理论与实践. 郑州: 黄河水利出版社, 2013.

第十六章 龙羊峡与刘家峡

龙羊峡水库与刘家峡水库是黄河上游水量调控工程子体系的重要组成，是保障宁蒙河段的防凌、防洪安全及上游其他沿河城镇防洪安全的两座重要水库，其位置如图 16.1 所示。

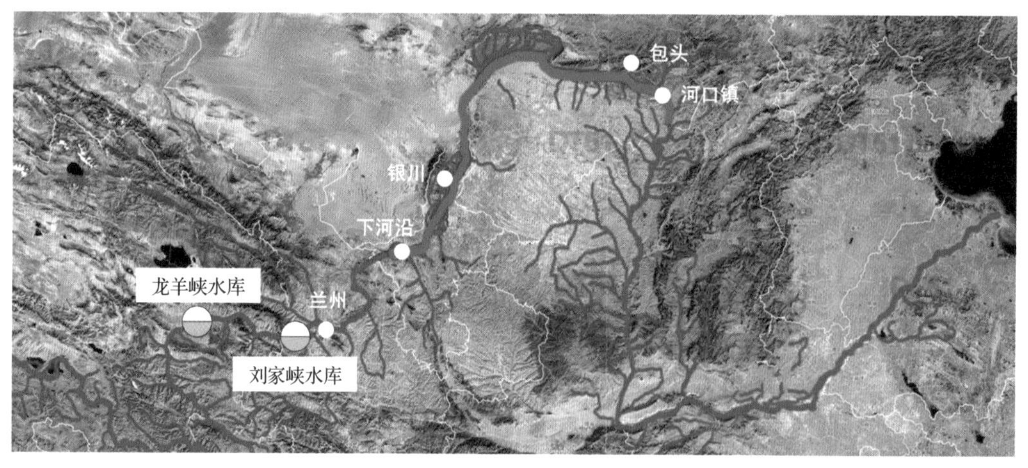

图 16.1 龙羊峡水库、刘家峡水库位置示意图

第一节 水库简介

一、龙羊峡水库

龙羊峡水库位于青海省共和县与贵南县交界的黄河干流上，素有“万里黄河第一

坝”的美誉，上距黄河源头 1685km，流域控制面积 13.14 万 km^2，占黄河流域的 17%，是黄河上游的“龙头”水库。龙羊峡水库于 1986 年建成，以发电为主，兼有防洪、灌溉、防凌等综合效益，具有多年调节性能。水库死水位 2588m，正常蓄水位 2600m（相应库容 247.0 亿 m^3），设计洪水位 2602.3m，校核洪水位 2607m（相应库容 267.3 亿 m^3），调节库容 193.6 亿 m^3。龙羊峡水库设计汛限水位为 2594m，根据大坝的运行安全条件、蓄水情况、下游防洪形势，从 2002 年开始汛限水位采用 2588m，2019 年汛期调整为 2592m。龙羊峡水电站装有 4 台单机容量 32 万 kW 的水轮发电机组，总装机容量 128 万 kW，年发电量 60 亿 kW·h。

龙羊峡水库自 1986 年 10 月 15 日下闸蓄水，其运用大致可分为两个阶段：1986 年 10 月至 1989 年 11 月为初期蓄水运用阶段，1989 年 11 月后为正常运用阶段。在初期蓄水阶段，蓄水位达到 2575m。水库正常运用以后，6~10 月以蓄水为主，11 月至次年 4 月以补水为主，5 月蓄补间行。作为多年调节水库，龙羊峡水库蓄水量年际间变化很大（图 16.2）。由于 2005 年前黄河上游来水持续偏枯，龙羊峡水库的运行水位长期偏低，2005 年底水位才接近正常蓄水位。

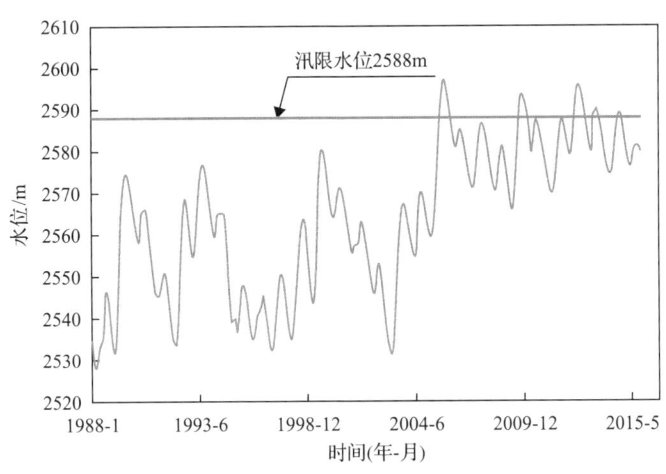

图 16.2　龙羊峡水库 1988~2015 年水库月初运行水位过程图[1]

二、刘家峡水库

刘家峡水利枢纽位于甘肃省永靖县境内，于 1968 年建成，以发电为主，兼有防洪、灌溉、防凌、养殖等综合效益。坝址上距黄河源头 2019km，下距兰州 100km，控制流域面积 18.2 万 km^2，占黄河流域面积的 25%。水库死水位 1694m（相应库容 15.5 亿 m^3），设计汛期限制水位 1726m，黄河水利委员会允许的汛期限制水位 1727m

（图 16.3），正常蓄水位 1735m（相应库容 57 亿 m^3），校核洪水位 1738m（相应库容 64 亿 m^3），正常蓄水位至死水位之间的兴利库容 41.5 亿 m^3，校核洪水位至汛期限制水位之间的防洪库容 14.75 亿 m^3，为季调节水库。水库平面面积 130km^2。大坝按千年一遇洪水设计，万年一遇洪水校核。水电站装机容量 169 万 kW，年发电量为 57 亿 kW·h。

刘家峡水库设计选用的水文系列为 1919~1972 年，坝址断面多年平均径流量为 273.0 亿 m^3、平均流量为 866m^3/s，多年平均输沙量为 8940 万 t，且输沙量往往集中在汛期几场洪水过程中。

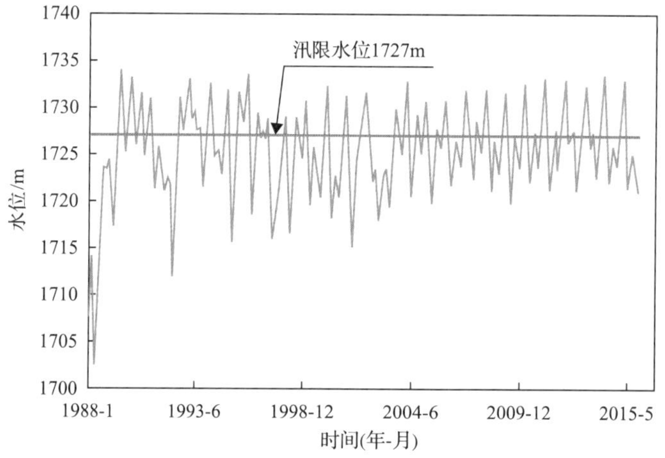

图 16.3　刘家峡水库 1988~2015 年水库月初运行水位过程图[11]

第二节　两库运用对宁蒙河段的影响

一、水沙年际变化

宁夏河段入口控制站下河沿的非汛期、汛期及全年（运用年）径流量和输沙量的历年变化过程如图 16.4 所示。1951~2010 年多年平均径流量为 296.37 亿 m^3，年际间丰枯不均。1967 年径流量最大，达 509.13 亿 m^3，1997 年最小仅有 188.66 亿 m^3，二者相差 2.70 倍。多年平均输沙量为 1.23 亿 t，各年之间差别很大，其中 1959 年输沙量为历年最大值，达 4.41 亿 t，2004 年输沙量最小，仅 0.22 亿 t，二者相差 20.02 倍。在刘家峡水库投入运行前、刘家峡水库投入运行后龙羊峡水库投入运行前、龙羊峡水库投入运行后的三个时段，下河沿站多年平均径流量分别为 340.26 亿 m^3、323.41 亿 m^3、249.13 亿 m^3，下河沿站多年平均输沙量分别为 2.12 亿 t、1.09 亿 t、0.67 亿 t。年沙量的变化幅度远远大于年水量的变化幅度。下河沿站汛期水沙量变幅大，1951~2010 年多年平均径流量为 155.31 亿 m^3，变化在 79.65 亿~326.19 亿 m^3，最大和最小相差 3.10 倍；多年平均输沙量 1.04 亿 t，变化在 0.19 亿~4.12 亿 t，最大和最小相差 20.68 倍。非汛期水沙量变化幅度仍比较大，多年平均径流量 141.06 亿 m^3，变化在 82.73 亿~198.84 亿 m^3，最大和最小值相差 1.40 倍；多年平均输沙量为 0.19 亿 t，变化在 0.03 亿~0.85 亿 t，最大和最小值相差高达 27.33 倍。

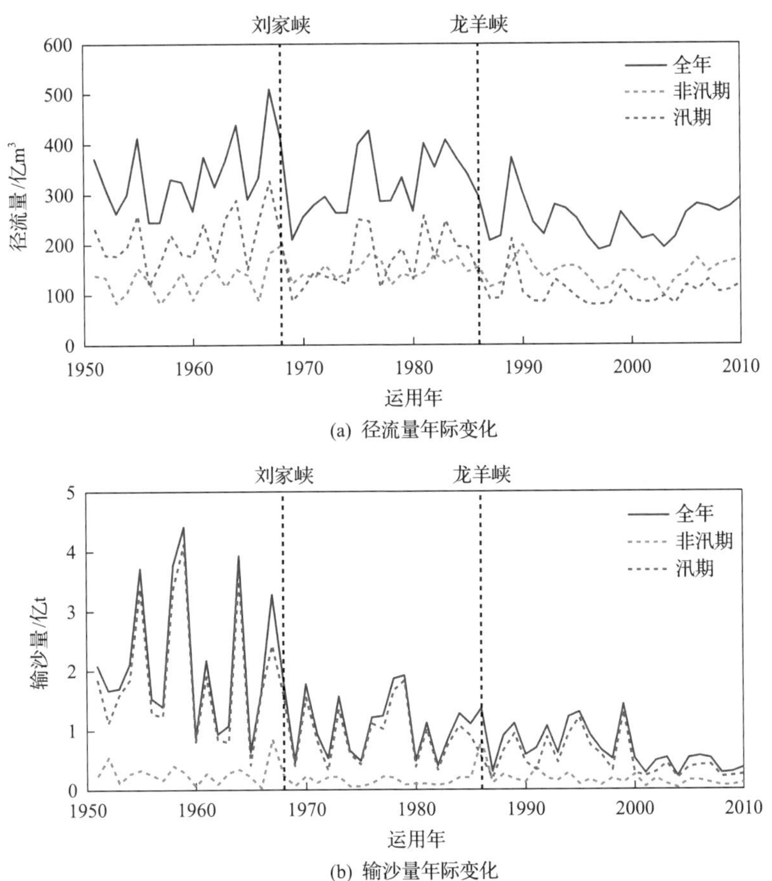

图 16.4 下河沿站全年、非汛期、汛期径流量和输沙量变化过程

内蒙古河段入口控制站巴彦高勒的非汛期、汛期及全年（运用年）径流量和输沙量的历年变化过程如图 16.5 所示。1920~2010 年多年平均径流量为 240.7 亿 m^3，年际间丰枯不均。1967 年年径流量最大，达 436.2 亿 m^3，1997 年最小，仅有 97.8 亿 m^3，二者相差 3.46 倍。多年平均输沙量为 1.293 亿 t，各年之间差别很大，其中 1945 年输沙量为历年最大值，达 4.054 亿 t，1969 年输沙量最小，仅 0.152 亿 t，二者相差 25.67 倍。在刘家峡水库投入运行前、刘家峡水库投入运行后龙羊峡水库投入运行前、

龙羊峡水库投入运行后的三个时段，巴彦高勒站多年平均径流量分别为 285.26 亿 m^3、234.32 亿 m^3、156.98 亿 m^3，巴彦高勒站多年平均输沙量分别为 1.91 亿 t、0.84 亿 t、0.62 亿 t。年沙量的变化幅度远远大于年水量的变化幅度。巴彦高勒站汛期水沙量变幅大，1920~2010 年多年平均径流量为 135.7 亿 m^3，变化在 30.2 亿~306.3 亿 m^3，最大和最小相差 9.14 倍；多年平均输沙量 1.011 亿 t，变化在 0.061 亿~3.567 亿 t，最大和最小相差 57.48 倍。非汛期水沙量变幅小，多年平均径流量 105.0 亿 m^3，变化在 60.1 亿~154.2 亿 m^3，最大和最小值相差 1.57 倍；多年平均输沙量为 0.282 亿 t，变化在 0.08 亿~0.648 亿 t，最大和最小值相差 7.1 倍。

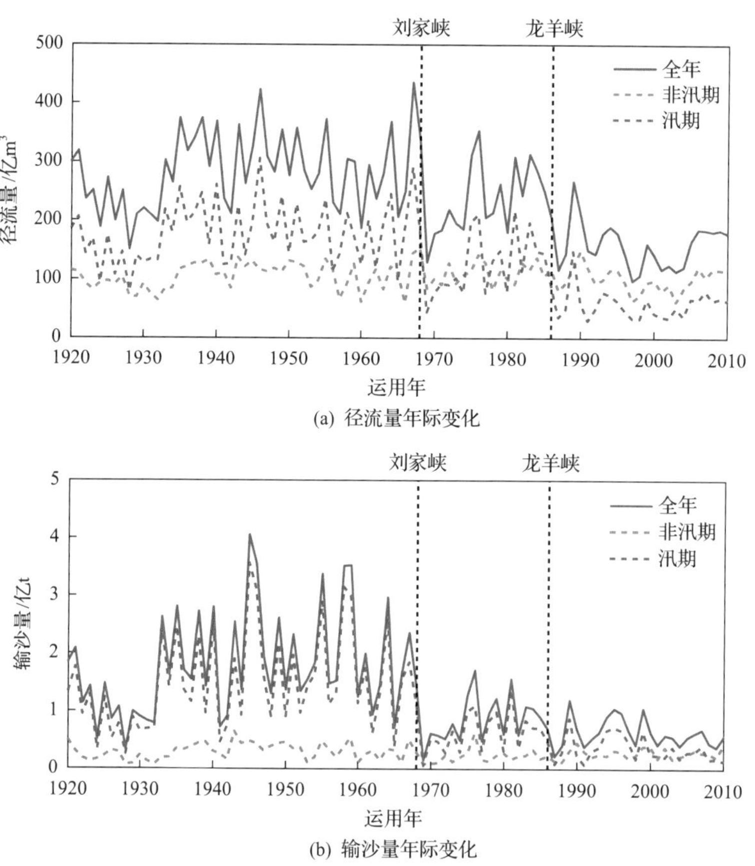

图 16.5 巴彦高勒站全年、非汛期、汛期径流量和输沙量变化过程

二、水沙变化特征

根据黄河上游刘家峡水库、龙羊峡水库修建运用时间，将时间划分为 3 个时段：1951~1968 年/1950~1968 年、1969~1986 年、1987~2010 年。

（一）年均水量和沙量

宁夏河段下河沿站和内蒙古河段巴彦高勒站年径流量和年输沙量随着时间呈不断减少的趋势，反映出它们与水库修建和运行情况的响应关系。

宁夏河段下河沿站：1969~1986 年的年均水量、年均沙量较 1951~1968 年分别减少 6.1%和 50.3%，1987~2010 年的年均水量、年均沙量较 1951~1968 年分别减少 27.0%和 69.30%。水沙量的减少主要发生在汛期，1969~1986 年的汛期平均水量、汛期平均沙量较 1951~1968 年分别减少 19.5%、52.3%，1987~2010 年的汛期平均水量、汛期平均沙量较 1951~1968 年分别减少 50.4%、72.6%。非汛期水沙量亦有明显的趋势性变化，表现为水量增加、沙量减少。1969~1986 年的非汛期平均水量、非汛期平均沙量较 1951~1968 年分别增加 15.7%、减少 36.6%，1987~2010 年的非汛期平均水量、非汛期平均沙量较 1951~1968 年分别增加 11.0%、减少 46.5%（表 16.1）。

表 16.1　下河沿站不同时期水沙特征统计表

时段	径流量				输沙量			
	非汛期/亿 m^3	汛期/亿 m^3	全年/亿 m^3	汛期占比/%	非汛期/亿 t	汛期/亿 t	全年/亿 t	汛期占比/%
1951~1968 年	129.28	209.94	339.22	61.89	0.28	1.88	2.15	87.16
1969~1986 年	149.59	168.96	318.56	53.04	0.18	0.89	1.07	83.63
1987~2010 年	143.50	104.09	247.59	42.04	0.15	0.51	0.66	77.64
1951~2010 年	141.06	155.31	296.37	52.40	0.19	1.04	1.23	84.19

内蒙古河段巴彦高勒站：1969~1986 年的年均水量、年均沙量较 1950~1968 年分别减少 18.6%和 55.9%，1987~2010 年的年均水量、年均沙量较 1950~1968 年分别减少 45.4%和 67.6%，为典型的枯水少沙系列。水沙量的减少主要发生在汛期，1969~1986 年的汛期平均水量、汛期平均沙量较 1950~1968 年分别减少 30.9%、61.1%，1987~2010 年的汛期平均水量、汛期平均沙量较 1950~1968 年分别减少 68.1%、78.4%。非汛期水沙量较为稳定，没有明显的趋势性变化（表 16.2）。

表 16.2　巴彦高勒站不同时期水沙特征统计表

时段	径流量				输沙量			
	非汛期/亿 m^3	汛期/亿 m^3	全年/亿 m^3	汛期占比/%	非汛期/亿 t	汛期/亿 t	全年/亿 t	汛期占比/%
1950~1968 年	108.2	180.3	288.5	62.5	0.31	1.62	1.93	83.9
1969~1986 年	110.2	124.5	234.8	53.0	0.22	0.63	0.85	74.1
1987~2010 年	100.0	57.5	157.4	36.5	0.28	0.35	0.62	55.9
1950~2010 年	105.6	115.5	221.1	52.3	0.27	0.83	1.10	75.4

下河沿站和巴彦高勒站每个时段的累计年径流量和年输沙量均随时间近似直线变化（图 16.6）。下河沿站累计年径流量斜率先变大后变小，1986 年后减小明显；累计年输沙量斜率一直减小。巴彦高勒站累计年径流量斜率和累计年输沙量斜率依次减小（图 16.7）。均显示了两站来水来沙量减小趋势随刘家峡水库 1968 年、龙羊峡水库 1986 年投入运用具有一定的阶段性。

双累计曲线（double mass curve, DMC）是检验两个参数间关系一致性及其变化的常用方法。图 16.8 为下河沿站和巴彦高勒站水沙量的双累计曲线，3 个时段的累计输沙量与累计径流量之间均具有较好的相关关系，下河沿站相关系数 R^2 达 0.97，巴彦高勒站相关系数 R^2 为 0.99。刘家峡水库投入运用的 1968 年是两站双累计曲线发生显著转折的拐点，1968 年后两站来沙量均显著减少：下河沿站水沙双累计曲线斜率由 1968 年

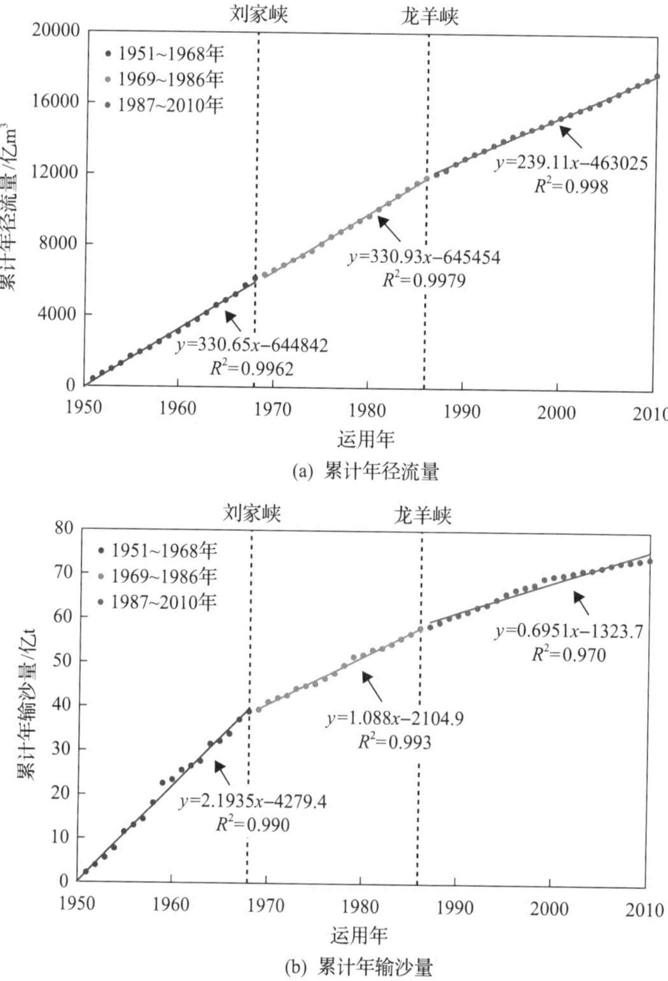

图 16.6　下河沿站累计年径流量和累计年输沙量变化曲线

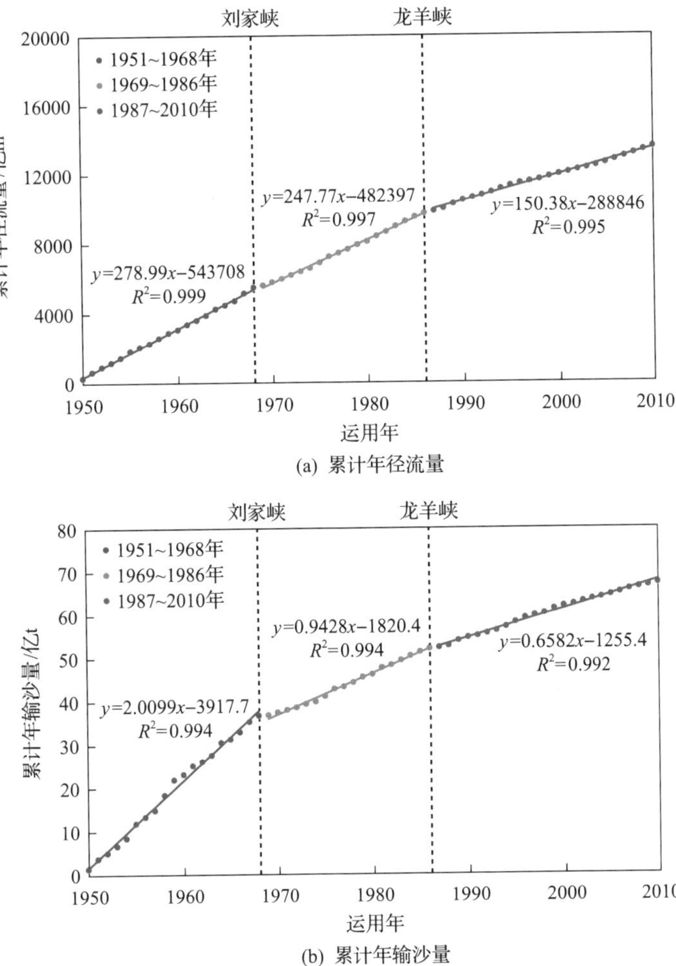

(a) 累计年径流量

(b) 累计年输沙量

图 16.7 巴彦高勒站累计年径流量和累计年输沙量变化曲线

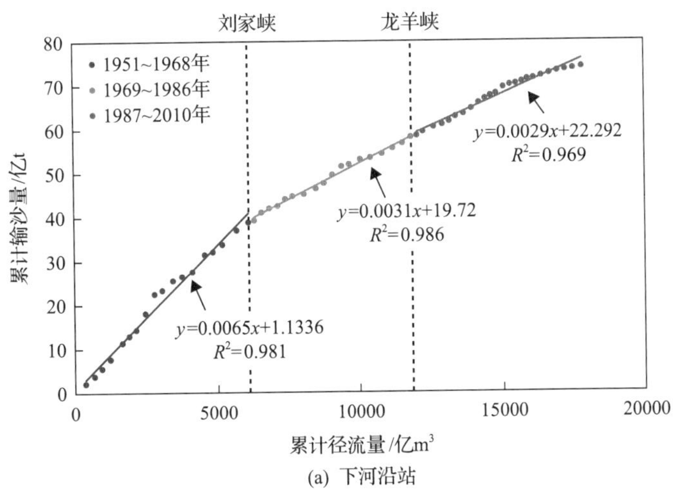

(a) 下河沿站

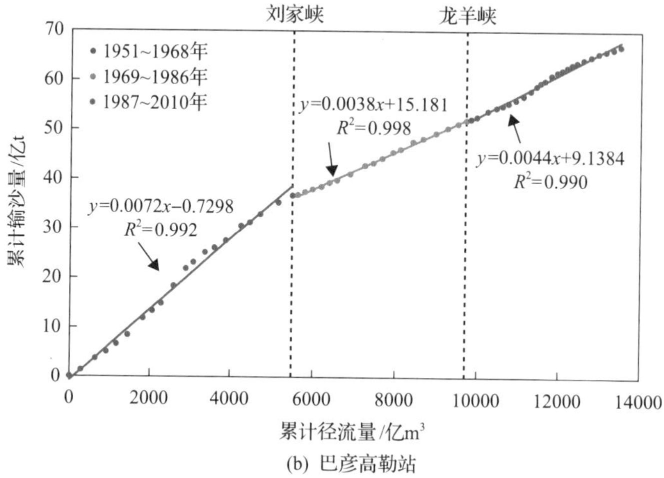

图 16.8　下河沿站和巴彦高勒站水沙量双累计曲线

前的 0.0065kg/m³，降低为 1968 年后的 0.0031kg/m³；巴彦高勒站水沙双累计曲线斜率由 1968 年前的 0.0072kg/m³，降低为 1968 年后的 0.0038kg/m³。两站 1987~2010 年的输沙量均基本维持了 1968 年以来的趋势，下河沿站 1986 年后的输沙量较前一时段略有减少，而巴彦高勒站 1986 年后的输沙量较前一时段略有增加。两站 1987~2010 年的累计径流量和累计输沙量均较前时段有进一步的减缓趋势（图 16.6、图 16.7），1987~2010 年水沙量双累计曲线却表现出与前一时段基本相同或略有增加的趋势（图 16.8），不存在明显的转折。

总的来看，两站全年和汛期的径流量与输沙量均总体上呈现出减少的趋势，水沙量的减少具有一定的阶段性特点；水量沙量的减少主要发生在汛期，非汛期的水量沙量没有明显的趋势性变化；两站沙量的减少幅度均大于水量；总体上水量和沙量各自减少的比例与上一时段接近。

（二）平均含沙量

下河沿站 1951~2010 年的多年平均含沙量为 3.99kg/m³，但不同年份的含沙量变幅较大，最大值 13.57kg/m³（1959 年）是最小值 1.03kg/m³（2004 年）的 13.17 倍。巴彦高勒站 1920~2010 年的多年平均含沙量为 4.99kg/m³，不同年份的含沙量也变幅较大，最大值 12.38kg/m³（1945 年）是最小值 1.17kg/m³（1969 年）的 10.5 倍。两站 1968 年之前的含沙量总体偏大，多数年份大于均值；1969~1986 年的含沙量总体偏少，多数年份小于均值；但下河沿站 1987~2010 年较上时段继续减小，而巴彦高勒站 1987~2010 年较上时段略偏大（图 16.9）。

下河沿站汛期多年平均含沙量 6.37kg/m³，变化范围 1.69~22.81kg/m³，最大和最小相差达 12.49 倍；非汛期平均含沙量 1.39kg/m³，变化范围 0.23~5.35kg/m³，最大和最小值相差高达 22.26 倍。巴彦高勒站汛期多年平均含沙量 6.81kg/m³，变化范围 1.37~18.19kg/m³，最大和最小相差高达 12.27 倍；非汛期平均含沙量 2.61 kg/m³，变化范围 0.97~4.71kg/m³，最大和最小值相差 3.86 倍。

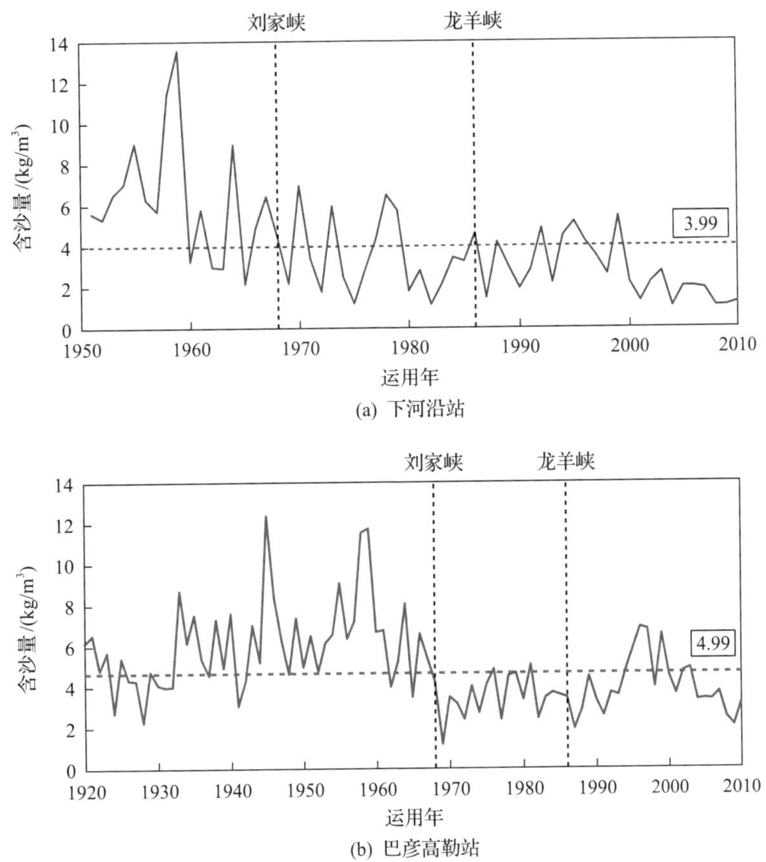

图 16.9 年平均含沙量的历年变化过程

（三）平均来沙系数

来沙系数为年均含沙量与年均流量的比值，是代表来水来沙条件协调性的重要参数，来沙系数的大小和变化情况决定了泥沙输移及河道冲淤量的变化特性。下河沿站和巴彦高勒站年平均来沙系数的历年变化过程如图 16.10 所示。

下河沿站多年平均来沙系数为 0.0043kg·s/m⁶。1968 年以前，来沙系数有一定变化，变化幅度较大；1969~1986 年来沙系数变化频繁，变化幅度较大；1986 年以后，来沙系数基本稳定，但 2004 年以来，来沙系数持续偏小，水沙关系有所改善。

巴彦高勒站多年平均来沙系数为 0.0068kg·s/m⁶。1968 年以前，来沙系数有一定变化，但多数年份变化不大；1969~1986 年来沙系数均偏小；1986 年以后，来沙系数大幅增加，最大值达到 0.0219kg·s/m⁶（1997 年），是多年均值的 3.2 倍，来沙系数的持续偏大反映出这阶段的水沙关系恶化，对防止河道淤积极为不利。

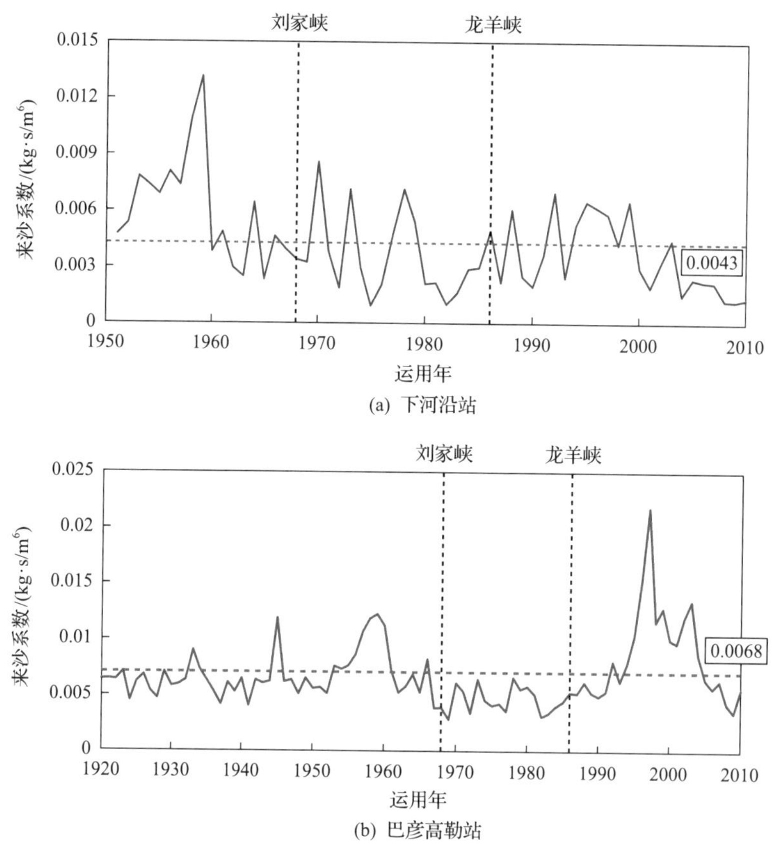

图 16.10　年平均来沙系数的历年变化过程

三、冲淤变化[2]

刘家峡水库、龙羊峡水库投入运行对河道泥沙影响较大。1951 年 11 月~2010 年 10 月宁蒙河段淤积量变化如表 16.3 所示，历年淤积过程如图 16.11 所示。

1951 年 11 月至 2010 年 10 月宁夏河段累计淤积量 3.62 亿 t，内蒙古河段累计淤积量 21.60 亿 t，主要发生在 1960 年以前和 1986 年以后。1951 年 11 月至 1960 年 10 月的宁夏河段和内蒙古河段汛期水量、沙量较大，均表现为淤积较多。1960 年后盐锅峡、青铜峡、刘家峡、八盘峡、龙羊峡等水利枢纽陆续投入运用，受水库拦沙和天然来水丰枯的影响，非汛期水量增加、沙量减少，但是水沙量所占全年比例明显增加，1960 年 11 月至 1968 年 10 月宁夏河段和内蒙古河段总体表现为冲刷，内蒙古河段有轻微淤积，青铜峡—石嘴山和巴彦高勒—三湖河口河段表现为冲刷。在 1968 年 11 月至 1986 年 10 月宁夏河段有冲刷有淤积，总体表现为微冲刷，而内蒙古河段冲淤调整幅度小，有冲刷有淤积，总体表现为淤积。1986 年龙羊峡水库运用以来，进入宁蒙河段河道的水沙量均减少，宁夏河道略有冲刷，总体表现为微淤积，而内蒙古河道淤积量增加，泥沙淤积主要发生在主槽，其淤积量占全断面淤积量的比例高达 85.0%。

表 16.3　1951 年 11 月至 2010 年 10 月宁蒙河段淤积量变化

时段	宁夏河段		内蒙古河段	
	年均淤积量/亿 t	累计淤积量/亿 t	年均淤积量/亿 t	累计淤积量/亿 t
1951 年 11 月至 1960 年 10 月	0.536	4.83	0.973	8.76
1960 年 11 月至 1968 年 10 月	−0.173	−1.39	−0.022	−0.18
1968 年 11 月至 1986 年 10 月	−0.047	−0.846	0.049	0.88
1986 年 11 月至 2010 年 10 月	0.043	1.032	0.506	12.14
1951 年 11 月至 2010 年 10 月	0.061	3.62	0.366	21.60

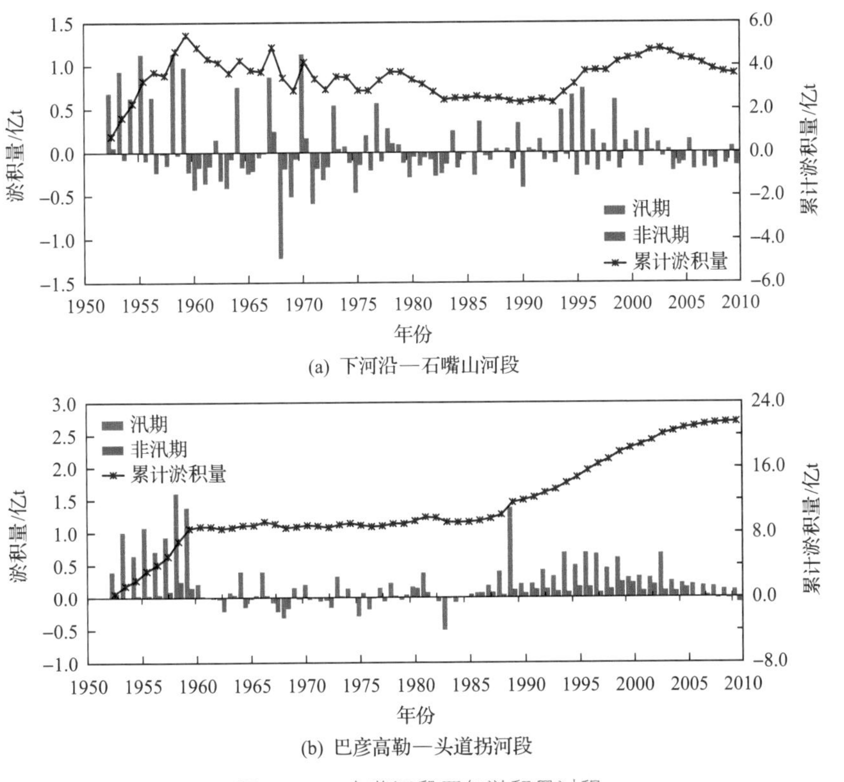

图 16.11　宁蒙河段历年淤积量过程

四、平滩河槽变化

平滩河槽（主槽）是河流排洪排凌的主要通道。随着近年黄河上游降雨量减少、水库调蓄作用加强、工农业用水量增加以及水土保持的减水减沙作用等，使得进入宁蒙河段的水沙条件发生了较大的变化，平滩河槽的面积和河相关系也随之发生变化。

（一）面积变化

根据曼宁公式，主槽过流能力不仅与主槽的断面面积有关，也与断面形态有关。下河沿、石嘴山、巴彦高勒、三湖河口平滩河槽面积具有大致相同的变化规律。有资料以来至 1980 年平滩河槽断面面积均变化不大。1967 年洪水使石嘴山、三湖河口（下河沿、巴彦高勒缺失 1966 年及 1967 年断面形态数据）平滩河槽断面面积增加，但增幅均较小。1981 年大洪水使各断面平滩河槽断面面积突增，并在 1982 年回淤减小。石嘴山增幅及降幅均较小。各断面 1982 年回淤后平滩断面面积均与 1981 年前持平。2000 年后各断面均发生强烈的萎缩，平滩河槽断面面积降至历史最低。2012 年大洪水后，河槽经过冲刷，平滩河槽断面面积均增大，几近历史均值。

青铜峡断面 1970~1971 年发生重大变化，导致平滩河槽断面面积减小。青铜峡测验断面位于青铜峡坝下，地质条件佳。1971 年后，平滩河槽断面面积基本保持不变。头道拐断面平滩河槽的断面面积变化规律与其他断面不同，断面面积变化较剧烈，可能是由于其上游十大孔兑入汇的影响。2012 年洪水期间，头道拐断面平滩河槽断面面积有所增大。

（二）河相关系变化

河相关系是指：能够自由发展的冲积平原河流，在挟沙水流的长期作用下，经过河流的自动调整作用，河床形态有可能处于相对平衡状态，在这种相对平衡状态下，河床形态与流域因素间存在着的某种函数关系。常用的断面河相关系式是苏联提出的宽深比经验关系式：

$$\xi=\sqrt{B}/h$$

式中，ξ 为河相系数；B、h 分别为相应于平滩流量的平均河宽和水深。

下河沿、青铜峡、石嘴山、巴彦高勒、三湖河口、头道拐各断面河相系数变化均不大。青铜峡断面河相系数最稳定。2012 年洪水后，除头道拐外各断面均形成相对窄深河槽，河相系数为历史最小。头道拐断面河相系数变化较其他断面剧烈，总体来说呈增大趋势，断面发展趋于宽浅。

第三节　两库联合调度的运行方式与影响

龙羊峡水库、刘家峡水库是分别具有多年调节、年调节性能的大型水库。龙羊峡-刘家峡两库联合运行奠定了黄河上游洪水调度、水电梯级运行的基本格局。黄河上游唐乃亥以上降雨量较丰，是黄河上游的主要产洪区，得益于较大的防洪库容，龙羊峡水库可有效削减唐乃亥以上汛期洪水。

一、两库联合运用方式

在现状工程条件下，黄河上游龙羊峡水库、刘家峡水库联合运用，承担宁蒙河段防凌、供水任务以及发电水量调节等任务。防凌和供水任务主要由刘家峡水库来承担，由于刘家峡水库目前调节库容仅 19.5 亿 m^3，不能满足防凌库容要求，即使龙羊峡水库在凌汛期减少下泄水量，也不能满足供水调节的要求，在刘家峡水库供水不足时也需要龙羊峡水库增泄水量。

龙-刘两库现状联合防洪调度总的原则是：①不考虑洪水预报，即不考虑水库预泄；②不人为造洪，即水库下泄量在蓄水段不超过天然日平均入库流量（为瞬时洪峰流量的 0.95 倍），以便为水库的管理运用留有余地。在龙-刘两库联合防洪调度中，刘家峡水库的下泄量，按照刘家峡下游防洪对象的防洪标准要求严格控制。龙羊峡水库的下泄量可以比较灵活地掌握，使调洪计算中刘家峡水库不同频率洪水时的最高库水位不超过设计水位（如千年一遇洪水位不超过 1735m，保坝洪水位不超过 1738m）。

二、两库联合调度的影响

（一）正面影响

1986 年以来，龙-刘水库秉承“联合调度，补偿调节”的原则实行联合运用。按电网调度需求，在现行水库调度方式下，龙羊峡水库更适合调峰，而刘家峡水库的调峰能力受到综合用水的限制。因此，龙羊峡水库主要承担对天然径流的调节，刘家峡水库则根据下游综合用水的要求调度运行；龙羊峡水库在保持年际的出库水量基本稳定的前提下，在年内随着刘家峡水库运行的变化进行补偿调节。两库联合调度，共同服务于黄河上游的防洪、防凌、发电、供水。

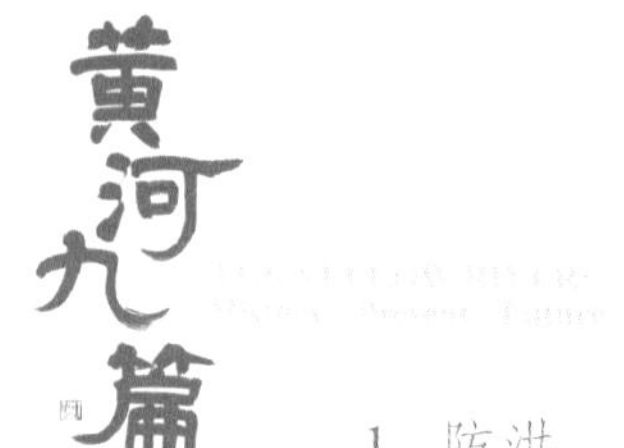

1. 防洪

龙羊峡-刘家峡防洪保护对象为龙-刘区间已建梯级水电站、盐锅峡、八盘峡以及兰州市。两库将兰州百年一遇洪峰 8080m^3/s 削减到 6500m^3/s，多次将兰州天然流量超过 4000m^3/s 的洪水控制在 4000m^3/s 以内，两库联用为抗洪抢险立下了汗马功劳：1981 年 9 月黄河上游出现有实测资料以来最大洪水，兰州站天然最大洪峰流量 7090m^3/s，经过龙羊峡施工围堰和刘家峡水库的调蓄，削峰 21%；1989 年黄河再次遭遇历史特丰水年，且该次洪水具有洪峰发生早（6 月）和历时长的特点，最大洪峰流量 4840m^3/s，经过龙羊峡水库和刘家峡水库的联合调节，削峰 35%；2012 年，兰州天然洪峰流量 5600m^3/s，两库削峰 34%。此外，两库还明显减轻了宁蒙河段的洪水灾害，确保了下游的防洪安全：1967~1985 年，刘家峡单库作用使潼关站实测峰量减小约 10%；龙-刘两库联合运用前后，1987~2005 年与 1969~1986 年相比，潼关实测洪峰和 5 天以内洪量减小 20%左右，12 天洪量减小 30%左右[3]。

2. 防凌

凌汛期间，龙-刘两库联调以防凌安全为首要原则，旨在控制兰州流量，减轻宁蒙河段冰凌灾害。在开河期，一般是 3 月上中旬，两库适时控制兰州流量 15~20 天，流量减少至 500m^3/s，尽量减少“武开河”；封河前期，一般在 11 月下旬至 12 月，在青铜峡水库等其他骨干水库的配合下，结合宁夏冬灌退水流量的情况，两库将宁蒙河段流量控制在 700m^3/s 左右，此时要合理控制河道河槽蓄水量，流量不宜过大，以免几封几开形成冰塞，也不宜过小，要保证冰盖下有一定的过流能力；稳定封河期，一般为 1~2 月，两库将流量控制在不大于封河流量，临近开河时平稳均匀减小流量。两库的联合运用，使宁蒙河段凌汛流量均匀，加之水电站泄流的热传导作用，“文开河”所占比例由无库时的 30%提升到 70%以上，凌峰流量减小，冰凌灾害得以减轻。

3. 发电

两库联合调度提高了西北电网的电能质量，保证了电网的安全稳定运行，也提高了下游梯级水电站的保证出力。近几年来，西北电网的冬季峰谷差超过 100 万 kW，其中，刘家峡水电站承担约 90 万 kW；即使汛期水电大发时，根据系统需要，刘家峡水电站依然要担负约 40 万 kW 的峰谷差的调节任务。而龙羊峡水库建成后，两库联调，发电补偿效益更大，黄河干流梯级水电站发电量进一步增加，龙羊峡电站更是承担起了西北电网第一调峰调频重任。此外，龙羊峡电站、刘家峡电站还担负着西北电网的事故备用责任，在减少系统事故损失中发挥了重要作用。

4. 供水

龙羊峡水库作为多年调节水库，拥有 193.25 亿 m^3 的有效库容，具有贮存丰水年径流量以补充枯水年的能力；而刘家峡水库是季调节水库，有效库容 37.4 亿 m^3，主要起到拦蓄汛期径流以增大非汛期径流的作用。由于龙羊峡水库调蓄功能强大，能控制刘家峡水库、兰州站的来水量，因此龙－刘联用，对黄河兰州段供水影响甚大。经过龙羊峡水库、刘家峡水库联合调节，相比两库建成前，非汛期多年各月径流量占年径流量比例分别提高了 8.9%和 17.8%，非汛期多年各月径流量占年径流量比例达到 47.2%（图 16.12）。这增加了黄河流域的工农业供水保证率。沿黄各省得到的总补偿水量约 35.66 亿 m^3，其中给宁蒙灌区补水 18.48 亿 m^3，为宁蒙灌区的农业生产带来了显著的效益，也缓解了黄河下游水资源短缺的状况。

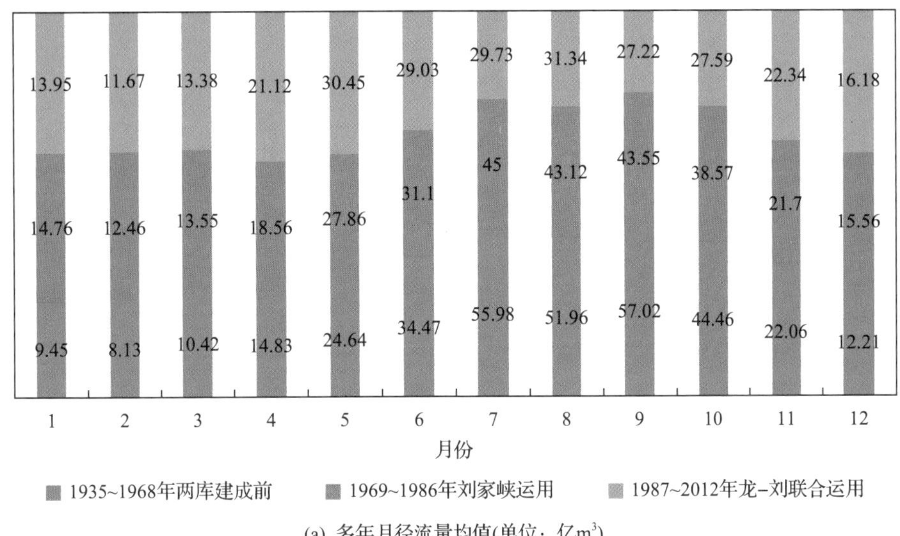

(a) 多年月径流量均值(单位：亿m^3)

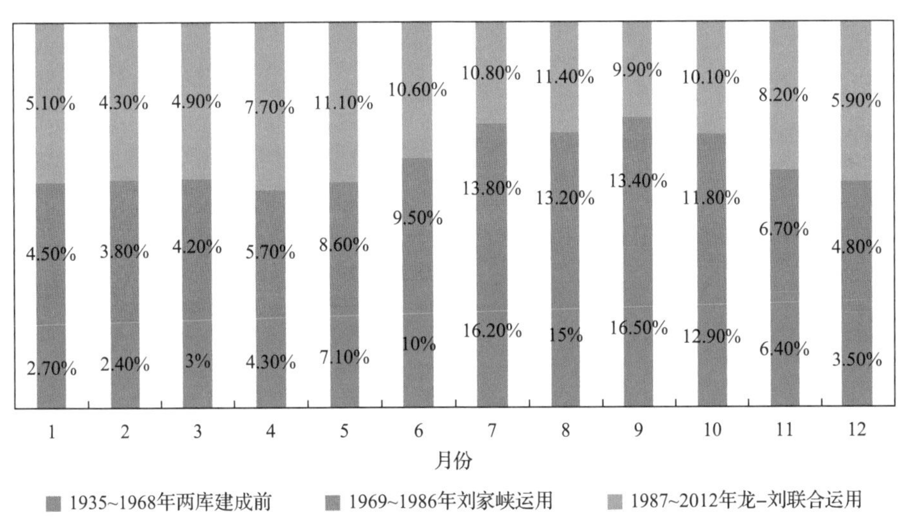

(b) 多年月径流量均值占比

图 16.12 兰州站各时段多年月径流量均值及占比[4]

（二）负面影响

1986年以来，龙羊峡水库修建并和刘家峡水库联调后，由于水库的调蓄（图16.13），改变了径流分配（图16.12），出库洪水过程削弱，显著改变了进入宁蒙河段水流条件，河道输沙能力降低，引起宁蒙河段河槽淤积加速，宁蒙河段年均淤积量由1960~1986年的0.092亿t，增加至1986~2010年的0.773亿t，内蒙古320km河段主槽年平均淤积10~16cm。平滩流量减少，内蒙古河段中水河槽过流能力由4000m^3/s左右减少至1500m^3/s左右。河道断面形态显著改变，河槽萎缩明显，使得宁蒙河段排洪能力下降，主要表现在减少汛期水量的同时减少了汛期大流量过程，包括汛期大流量天数减少、小流量天数增加、水沙量年内分配比例发生变化、汛期比重减小、水沙过程显著改变、水沙关系恶化。

1. 汛期大流量天数减少，小流量天数增加

上游龙羊峡水库、刘家峡水库等水库投入运用后，受水库联合调节影响，宁蒙河段干流流量过程发生了明显变化，汛期有利于输沙的2000m^3/s以上流量出现的概率减少，小流量历时增加，同时，相应大流量级的水沙量在汛期总水沙量中的比例也不断减小。汛期大流量级出现天数的减少不利于宁蒙河段的输沙，加重了宁蒙河段的淤积，中水河槽淤积萎缩。

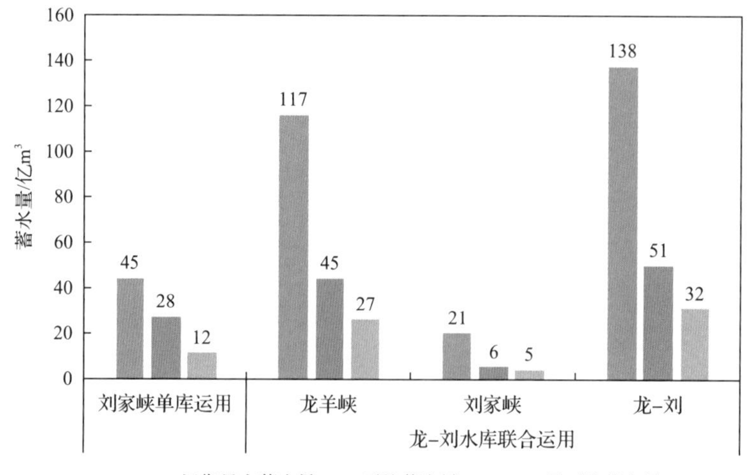

图16.13　龙羊峡、刘家峡水库年内蓄泄水量变化[5]

2. 水沙量年内分配比例发生变化，汛期比重减小

由于上游刘家峡水库、龙羊峡水库等大型水库的投入运用，使进入宁蒙河段干流

水沙年内分配比例发生变化（图 16.14），表现为汛期比例下降、非汛期比例上升。刘家峡水库蓄水运用后至龙羊峡水库蓄水运用前，由于刘家峡水库的调节作用，下河沿站汛期水量减少 28.4 亿 m^3，汛期沙量减少 0.46 亿 t。龙羊峡水库运用后，与刘家峡水库联合运用，进一步改变了径流年内分配过程，下河沿站汛期水量减少 55.8 亿 m^3，汛期沙量减少 0.29 亿 t，汛期来沙比例变化不大。图 16.14 中天然状态数据时段为 1950 年 11 月至 1968 年 10 月，刘家峡水库投入运行后且龙羊峡水库投入运行前数据时段为 1968 年 11 月至 1986 年 10 月，龙羊峡水库投入运行后数据起始时段为 1986 年 10 月。

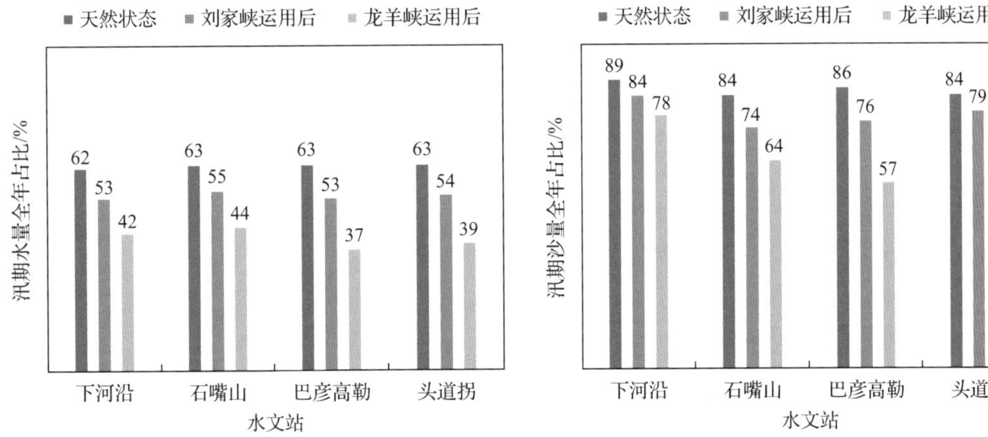

图 16.14　水沙量年内分配比例变化

3. 水沙过程显著改变

1969~1986 年下河沿实测 2000m^3/s 以上流量天数为 30.5 天，与还原后相比减少 13.4 天，该时段相应实测水量比例为 44.8%，与还原后相比减少 9.9%，该时段相应实测沙量比例为 40.9%，与还原后相比减少 17.9%；1987~2010 年下河沿实测 2000m^3/s 以上流量天数为 2.3 天，与还原后相比减少 23.7 天，该时段相应实测水量比例为 3.4%，与还原后相比减少 32.6%，该时段相应实测沙量比例为 3.7%，与还原后相比减少 34.3%。对小流量而言，由于龙羊峡水库、刘家峡水库调蓄运用导致历时增加、相应水沙量占汛期的比例增加。1969~1986 年下河沿实测水量和沙量与还原后相比，小于 1000m^3/s 流量天数增加 16.2 天，相应水量和沙量比例分别增加 7.1%、6.5%。1987~2010 年下河沿实测水量和沙量与还原后相比，小于 1000m^3/s 流量天数增加 44.7 天，相应水量和沙量比例分别增加 19.1%、12.3%。

4. 水沙关系恶化[2]

由于上游引黄水量增加，干流河道水量大幅减少。同时，龙羊峡水库和刘家峡水

库的联合运用，使得非汛期水量所占比例增加，洪峰流量大幅度减小，流量过程调平，加剧了宁蒙河段水沙关系的不协调。来水量减少及汛期大流量历时的缩短，导致宁蒙河段的泥沙淤积严重，尤其是内蒙古河道，大量泥沙淤积在主河道内，河槽淤积萎缩，导致主槽过流能力大幅降低，平滩流量急剧减小。

目前，通过优化调度方案和水库群联动调控等措施，两库所造成的水沙问题有所缓解。

本章撰写人：钟德钰　张红武　吴保生　张青青　田颖琳

参考文献

[1] 沈利平, 贾怀森, 姬生才, 等. 刘家峡水库汛限水位动态控制研究. 西北水电, 2018, (2): 16-21.

[2] 张红武, 方红卫, 钟德钰, 等. 宁蒙黄河治理对策. 水利水电技术, 2020, 51(2): 1-25.

[3] 刘红珍, 李海荣, 张志红, 等. 龙羊峡、刘家峡水库对潼关中常洪水的影响. 人民黄河, 2010, 32(10): 60-62.

[4] 巢方英, 孔令贵. 简析刘家峡、龙羊峡水库对黄河兰州段径流洪峰的影响及其与灌溉防洪防凌的关系. 甘肃水利水电技术, 2013, 49(10): 1, 2.

[5] 安催花, 鲁俊, 钱裕, 等.黄河宁蒙河段冲淤时空分布特征与淤积原因. 水利学报, 2018, 49(2): 195-206, 215.

第十七章 三门峡与小浪底

第一节 三门峡

一、枢纽工程概况

三门峡水利枢纽被誉为“万里黄河第一坝”，是新中国成立后在黄河干流上兴建的第一座以防洪为主，兼顾防凌、灌溉、发电、供水等任务的大型综合性水利枢纽工程（图 17.1）。枢纽工程位于黄河中游下段，在河南省三门峡市湖滨区（右岸）和山西省平陆县（左岸）交界处，距三门峡市区约 20km。坝址坐落在中条山和崤山之间的三门峡谷中，河谷狭窄，河中石岛屹立，将黄河水分成三股激流，北面一股为“人门”，中间一股为“神门”，南面一股为“鬼门”，故此称为三门峡。库区范围包括黄河龙门、渭河临潼、汾河河津和北洛河洑头四个水文站到大坝区间的干支流，可以分为潼关以上和潼关以下两大部分，潼关以上库区包括黄河小北干流、黄河最大支流渭河下游和北洛河下游部分（图 17.2）。

（1）小北干流。小北干流（龙门至潼关河段）长 132.5km，河谷开阔，河道宽度 4~19km，平均河宽 8.5km，主河槽宽度 1000m 左右，比降 3‱~6‱。

（2）渭河下游。渭河下游和北洛河下游地处关中平原东部，两岸土地广，地势平坦，土质肥沃。从渭河临潼至汇入黄河处，长约 146km，宽度 3~6km，河槽宽度 400m 左右，上段比降 5‱~6‱，至入黄河处的河口范围内降为 1.0‱~1.4‱。

（3）北洛河。北洛河洑头至汇入渭河处，长 121.9km，宽度 1~2km，河槽宽度 50m 左右，洛淤 17 断面以上河段比降约 5‱，至入渭河处的河口范围内降为 1.6‱。

（4）潼关至三门峡坝址。黄河在潼关折转 90°向东流，潼关河谷宽度收缩至 850m，形成天然卡口，将库区分为潼关以上和潼关以下两大部分。潼关以下库区，黄河穿行在秦岭和中条山的阶地之间，属山区峡谷型河道，长 113.5km，河谷宽 1~6km，河槽宽度 500m 左右，比降约为 3.5‰。

图 17.1　三门峡水利枢纽工程

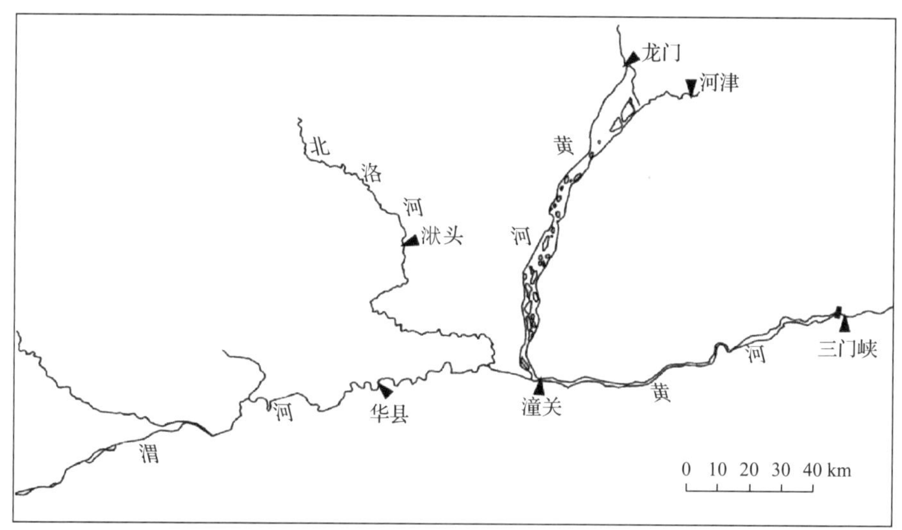

图 17.2　三门峡水库平面位置图

三门峡水利枢纽工程控制黄河流域面积 68.84 万 km^2，占流域面积的 91.5%，控制黄河水量的 89%、沙量的 98%。水库设计采用的入库平均年径流量为 420 亿 m^3、入库平均年输沙量 13.6 亿 t。该枢纽工程于 1957 年 4 月动工兴建，1960 年 9 月下闸蓄水。大坝为混凝土重力坝，主坝全长 713.2m，最大坝高 106m，坝顶高程 353m。原设计正常水位 350m，现有 27 个泄流孔洞，7 台发电机组，总装机容量 450MW。水库 335m 高程以下防洪库容近 60 亿 m^3。电站厂房为坝后式，全长 223.88m，宽 26.2m，可安装 8 台发电机组，现有 7 台机组。

二、泥沙淤积与枢纽工程改建

1960 年 9 月水库投运初期，水库按“蓄水拦沙”运用，最高运用水位 332.58m（1961 年 2 月 9 日），回水超过潼关，库区泥沙淤积严重，库容损失过快。潼关河床大幅度抬升，渭河口形成拦门沙，导致渭河行洪不畅，威胁到渭河下游防洪和西安市安全。1962 年 3 月，决定水库运用方式改为“滞洪排沙”运用，库区淤积有所缓解。但大坝泄流建筑物只有原建的 12 个深孔，坝前水位 305m 时泄流能力为 612m^3/s，315m 时泄流能力为 3048m^3/s（不包括机组）。由于大坝低水位泄流排沙能力不足，即使敞泄排沙运用，水库滞洪淤积仍然十分严重[1-4]。

针对三门峡水库运用中出现的问题，1964 年周恩来总理主持召开国务院治黄会议，确定了“确保西安，确保下游”的方针。会议决定对枢纽工程进行改建，加大水库的泄流排沙能力。工程经历了两次较大规模的改建，改建前后的泄流孔口布置情况见图 17.3。

（1）第一次改建（1964 年 12 月至 1969 年 5 月）。1964 年 12 月，增建“两洞四管”方案，即在大坝左岸开挖两条进口高程为 290m 的泄流排沙洞，把 8 条发电引水钢管中的 5#~8#共 4 条改为泄流排沙管。改建工程“两洞四管”分别于 1966 年 7 月和 1968 年 8 月投入使用，扩大了泄流能力，坝前水位 300m 时泄流能力为 712m^3/s，305m 时泄流能力是 1924m^3/s，315m 时泄流能力为 6064m^3/s。

（2）第二次改建（1969 年 12 月至 1971 年 10 月）。先后打开了 1#~8#施工导流底孔（高程为 280m），1#~3#底孔于 1970 年 6 月投入运用，4#~8#底孔于 1971 年 10

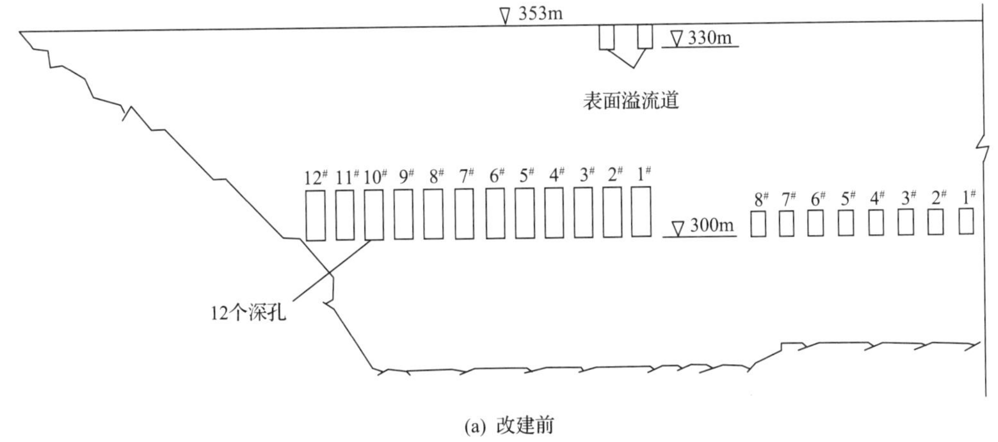

(a) 改建前

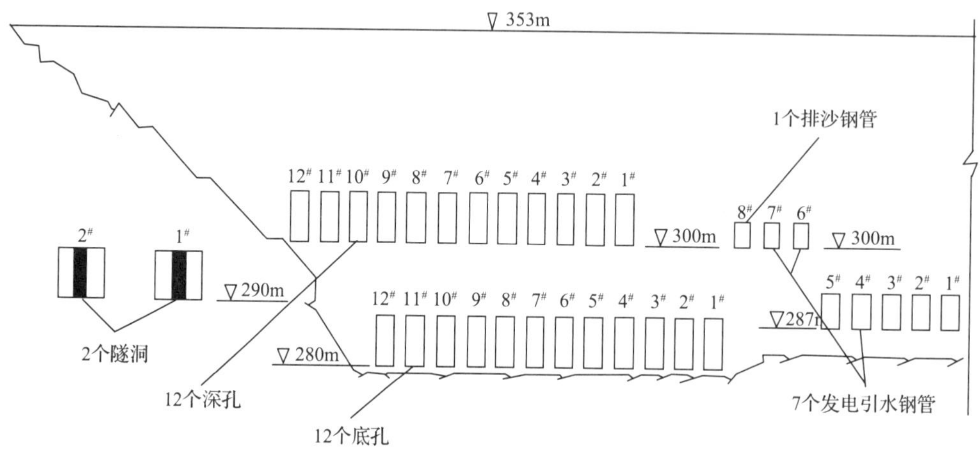

(b) 改建后

图 17.3　三门峡水库泄流建筑物分布示意图（上游立视图）

月投入运用。水库的泄流能力进一步加大，坝前水位 300m 时泄流能力为 2872m³/s，305m 时泄流能力为 4529m³/s，315m 泄流能力为 7229m³/s。

在第二次改建期间和后期，枢纽还进行机组安装工作，其中 1971 年 1 月开始将 1#~5#发电引水钢管进水口底坎高程由 300m 下卧至 287m，安装 5 台单机 5 万 kW 低水头发电机组，1973 年首台机组发电，至 1979 年 5 台机组全部投运。

1984 年以后，为解决泄流排沙底孔磨蚀及工程遗留问题，对三门峡水利枢纽泄流工程进行了二次改建的二期工程，逐步打开 9#~12#底孔，将 6#~7#泄流钢管扩装成单机 7.5 万 kW 发电机组，至 2000 年汛前，原有 12 个施工导流底孔全部打开。二期改建完成后，315m 高程的泄流能力增加到 9701m³/s（不含机组）。

目前，枢纽共有 27 个泄流孔洞管（12 个底孔、12 个深孔、2 条隧洞、1 条钢管）（表 17.1）。枢纽工程改建后提高了水库泄流排沙能力，为防止洪水期间的水库壅水淤积及泄流排沙，提供了必要条件。

表 17.1　三门峡水库泄水建筑物布置情况

孔口类型	孔口过水断面尺寸	总数	编号	进口底坎高程/m	335m 水位泄流能力/(m³/s)	投入运用年份
深孔	宽×高=3m×8m	12	1~12	300	503(单孔)	1960 年
底孔	宽×高=3m×8m	3	1~3	280	500(单孔)	1970 年
		5	4~8	280		1971 年
		2	9~10	280		1990 年
		2	11~12	280		1999 年、2000 年

续表

孔口类型	孔口过水断面尺寸	总数	编号	进口底坎高程/m	335m 水位泄流能力/(m^3/s)	投入运用年份
隧洞	直径=11m	2	1~2	290	1410	1967 年、1968 年
泄流排沙钢管	直径=7.5m	1	8	300	290	1966 年
发电机组	直径=7.5m	2	6~7	300	170(单机)	1994 年、1997 年
		5	1~5	287	150(单机)	1973~1978 年

三、水库运用方式调整

三门峡水库自 1960 年 9 月投入运用以来，运用方式经历了“蓄水拦沙”（1960 年 9 月至 1962 年 3 月）、“滞洪排沙”（1962 年 4 月至 1973 年 10 月）、“蓄清排浑”（1973 年 11 月至今）三个时期，各个时期水库的运用水位差别很大。

（1）“蓄水拦沙”运用期（1960 年 9 月至 1962 年 3 月）。该时期水库承担的任务有防洪、防凌、灌溉和发电。这一时期，水库全年保持高水位运用。

（2）“滞洪拦沙”运用期（1962 年 4 月至 1973 年 10 月）。该时期水库承担的任务主要是汛期防洪和非汛期防凌，不考虑发电运用，但在 1972~1973 年增加了春灌蓄水运用。除防凌与 1972~1973 年春灌外，基本上是敞开闸门泄流排沙。

（3）“蓄清排浑”运用期（1973 年 11 月至今）。三门峡水库采用蓄清排浑运用方式，非汛期水库蓄水，承担防凌、发电、灌溉、供水等任务；汛期平水期控制水位 305m 发电，洪水期降低水位泄洪排沙。1973 年 11 月起，非汛期最高库水位按不超过 324~326m 控制，1992 年后降至 322m 以下，1999 年继续降至 320~320.5m。为了进一步控制潼关高程，自 2002 年 11 月，按照非汛期最高库水位一般按不超过 318m（简称“318 运用”），汛期洪水期当流量大于 1500m^3/s 进行敞泄排沙等指标，开始了原型试验，一直沿用至今。

图 17.4 给出了不同运用时期典型年的坝前水位过程。从图 17.4 可以看到，不同时期的运用水位过程存在明显不同。总的来说，“滞洪排沙”期和“蓄清排浑”运用期的坝前水位，低于“蓄水拦沙”期的水位；“蓄清排浑”运用期与“滞洪排沙”期相比，前者的汛期水位低于后者，但非汛期水位却相反。“蓄清排浑”运用期汛期水位的降低，主要归功于枢纽低水位泄流规模的扩大，基本上消除了水库中小洪水时的滞洪现象；而非汛期水位的抬高，则主要是由于水库承担了防凌和春灌蓄水任务。

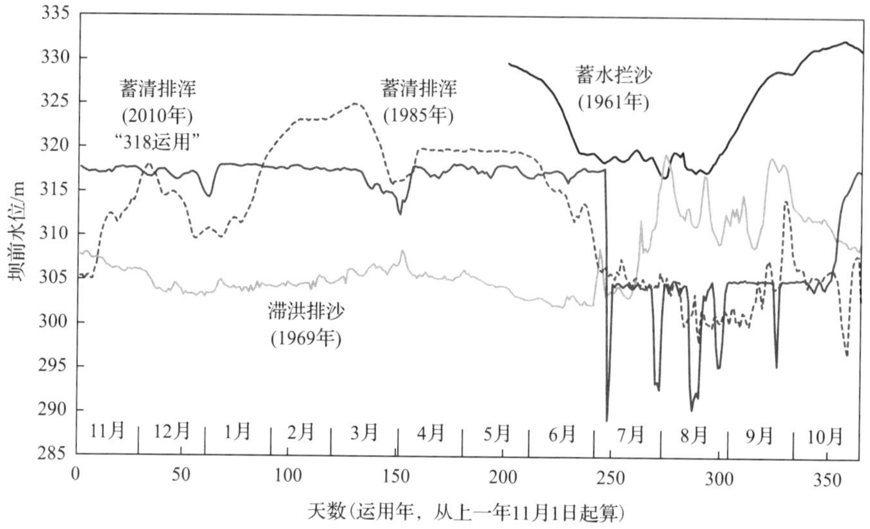

图 17.4　水库三种运用方式坝前水位过程

水库运用方式调整变化的目的主要是控制库区泥沙淤积的发展和潼关高程的抬升，以减轻和消除水库回水淤积对渭河下游防洪减灾带来的不利影响。“蓄清排浑”运用，即在来沙少的非汛期蓄水防凌、春灌、供水、发电，汛期降低水位防洪排沙，把非汛期淤积在库内的泥沙调节到汛期，特别是洪水期排出库。这一方式自 1973 年采用至今，在一般水沙条件下，潼关以下库区能基本保持冲淤平衡；遇到不利的水沙条件，当年非汛期淤积还不可能全部排出库外，待有利水沙条件时冲刷或保持冲淤平衡，实现了泥沙的多年调节。

四、改建后的水库动能和效益

三门峡水库经过多次改建并改变其运用方式后，仍是黄河下游防洪减淤工程体系的重要组成部分，自投运以来，发挥了防洪、防凌、灌溉供水、发电及减淤和调水调沙等综合效益，促进了下游经济社会的发展。

（1）防洪。黄河自古以来水害频繁，历史上下游经常决口改道泛滥成灾，因此，确保黄河防洪安全是三门峡水库的首要任务。三门峡水库控制着黄河三个洪水来源区中的两个，并对三门峡—花园口间发生的洪水起到错峰和调节作用。当预报黄河下游的花园口将出现以三门峡上游为主要来源的大洪水时，通过三门峡水库的控制运用，可将百年一遇的洪水削减到花园口安全泄量 22000m^3/s（50 年一遇）以内。当出现以三门峡至花园口区间的来水为主要组成的大洪水时，三门峡水库可相应进行控制，关闭部分或全部闸门，削减洪峰流量，并与故县水库、陆浑水库等联合运用，可使黄河下游设防标准由 30 年一遇提高到 70 年一遇，削弱或消除下游的洪水威胁。自 1964 年以来，三门峡以上地区曾 6 次出现流量大于 10000m^3/s 的大洪水，由于三门峡枢纽及时采取措施，削减洪峰，减轻了下游堤防负担和漫滩淹没损失（1964 年、1971 年、1979 年各一次，1977 年三次）。水库“蓄清排浑”运用，保持了长期有效防洪库容。在黄河下游防洪工程体系中，与小浪底水库、故县水库、陆浑水库及河口村水库配合防御特大洪水，为保障黄河下游安全发挥了重要作用。

（2）防凌。黄河下游河道在河南省兰考县折向东北，沿程纬度逐渐增高，使气温上高下低，形成冬季冰冻封河是自下而上，而解冻开河时的顺序又是自上而下的现象。在封河及开河期间，流冰常常堵塞局部河段形成冰塞或冰坝，从而抬高水位，淹没滩区，造成堤防决口，危及下游两岸广大地区人民的生命及财产安全。三门峡水库投运后，黄河下游防凌工作进入了以水库调节为主的综合防凌新阶段，避免了下游小流量封河和“武开河”，黄河下游再没有发生过凌汛决口。1973 年以前基本上是在预报下游行将开河时，控制下泄量，以减少河槽蓄水量，到开河前夕，进一步减少出库流量，甚至关闭全部闸门。从 1974 年开始，除上述运用方式之外，还在凌汛前预留一部分水量，用以调匀因内蒙古河段封河影响下泄的小流量过程，防止下游造成早封河卡冰阻水现象，保持封河前后流量稳定和具有一定的冰下过流能力。据统计，三门峡水库投入运用以后，类似 1951 年、1955 年因凌汛决口的凌情有 6 次，由于适时运用，每次都避免了“决口”的危险。小浪底水库运用后，与小浪底水库共同确保黄河防凌安全。

（3）灌溉供水。三门峡水库投运以来，黄河下游的引黄灌溉事业有较大发展，灌溉面积已经发展到近 4000 万亩。同时，库区豫晋两省，利用水库蓄水发展农业灌溉，灌区面积已达 100 多万亩。还为沿黄 20 个地市和 100 多个县及中原油田、胜利油田提供了足够的工业和生活用水，同时还为引黄济津、引黄济青以及中原油田、胜利油田补水作出巨大贡献，有力促进了黄河下游与库区工农业生产的发展。

（4）发电。三门峡水电站作为河南电网两个重要的大型水电站之一，在河南电网的调峰和电网的安全运行中发挥了重要作用。电站由原设计装机 1160MW 改为装机 450MW，为促进豫西地区工农业发展和保证河南电网以及华中电网稳定起到了一定作用。

（5）减淤。三门峡水库初期运用（1960 年 9 月至 1964 年 10 月），下泄清水或排出少量细颗粒泥沙，共减少下游河道淤积 29.72 亿 t。水库“蓄清排浑”运用以后，非汛期下泄清水促进下游河道冲刷，汛期水库排沙兼顾减淤，则有利于将出库泥沙输送入海。

（6）防断流与改善库区生态环境。黄河断流不但严重威胁黄河中下游社会经济的发展，而且还严重威胁着黄河自身的生命健康。通过三门峡水库的调蓄运用和黄河水量统一调度，有效防止了黄河下游河道断流、海水倒灌和河口三角洲生态环境恶化等问题的出现。库区多年来形成的 200 多平方千米水域，已经成为国家级湿地自然保护区，对调节地区气候、保护当地生物多样性及生态环境的改善起着不可或缺的作用。

（7）联合小浪底水库调水调沙。2002 年起，黄河防汛抗旱指挥部利用干支流水库群联合调度开展黄河调水调沙。充分利用三门峡水库对泥沙的调节作用，在小浪底库区人工塑造异重流并排沙出库增水、增峰、增沙，共同塑造有利于下游河道减淤的协调水沙过程，将泥沙输送入海，减少下游河道淤积。三门峡水库均发挥了承上启下的关键作用，有效改善了小浪底库区淤积形势，减少了小浪底水库淤积。下游河道减淤效果显著，河道最小平滩流量由 2002 年汛前的 1800m^3/s 恢复到目前的 4300m^3/s 以上。

五、水库淤积与潼关高程

三门峡水库自 1960 年 9 月投入运用以来，泥沙淤积一直是制约水库防洪和发电等效益发挥的关键问题，主要表现在两个方面：一是库区泥沙淤积造成的库容损失；二是位于回水区的潼关高程抬升导致的渭河下游河道淤积及其对防洪减灾的影响。三门峡水库的泥沙淤积问题主要是由黄河的多泥沙特性造成的，此外，潼关高程的抬升和泥沙淤积上延问题还与其所处地理位置的特殊性有关。潼关距三门峡大坝 113.5km，位于黄河和渭河汇流区下游，由于潼关断面位于黄河和渭河汇流处，宽浅河道突然收缩进入三门峡峡谷河道的衔接处，形成了天然卡口，对渭河下游起到了局部侵蚀基准面的作用，因此，潼关高程常被视为水库回水淤积影响的重要指标。伴随着枢纽工程的建设与改建及水库运用方式的调整，库区泥沙淤积和潼关高程及其对渭河下游防洪减灾的影响，一直是人们关注和争论的焦点。

影响水库淤积及潼关高程变化的根本因素：一是入库水来沙条件；二是坝前运用水位[3]。因此，伴随着大坝改建、水库运用方式调整及入库水沙条件的变化，不同时期的泥沙淤积及潼关高程呈现出不同的变化特点。图 17.5 给出了三门峡建库后 3 个不同河段的累计淤积曲线，图 17.6 则给出了历年汛后潼关高程的变化过程。

（1）“蓄水拦沙”运用期。这一时期水库的运用水位最高，1961 年 2 月 9 日最高蓄水位达 332.58m，至 1962 年 3 月，库水位保持在 330m 以上的时间达 200 天，致使 93% 的入库泥沙淤积在库内，淤积达 15.9 亿 m^3。由于回水超过潼关，库内淤积严

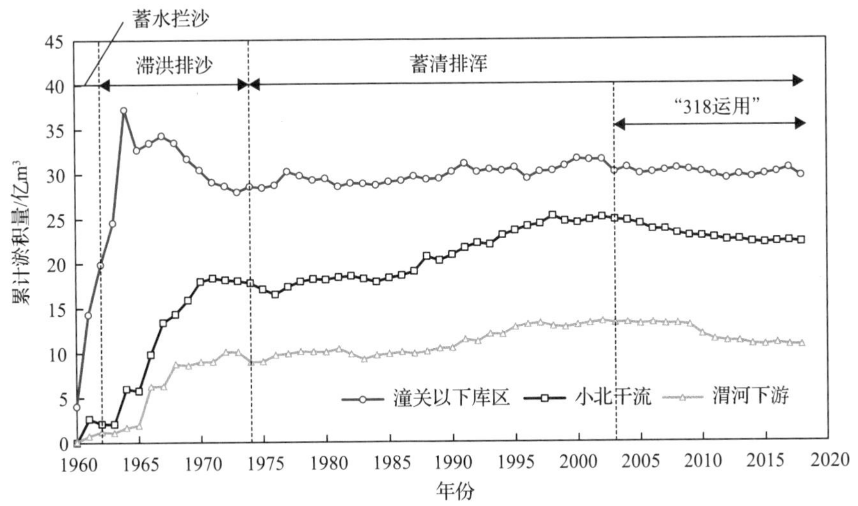

图 17.5 三门峡建库后不同河段的累计淤积曲线

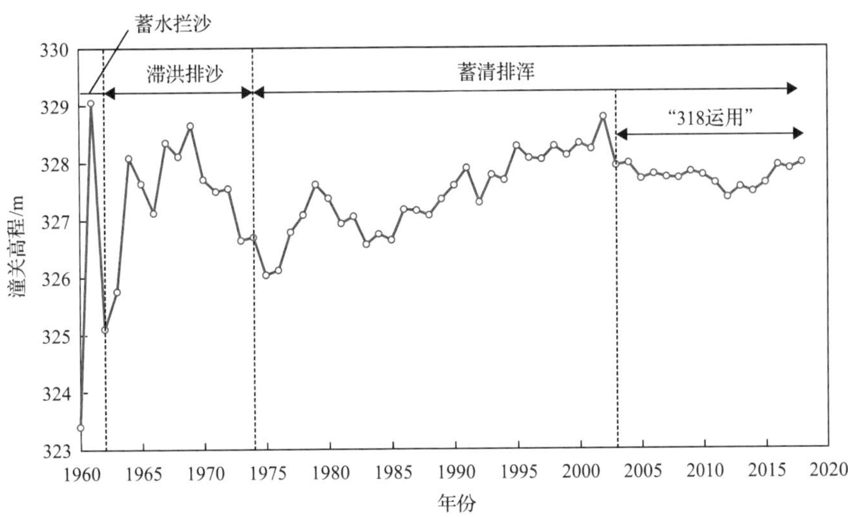

图 17.6 历年汛后潼关高程的变化过程（相应 1000m³/s 水位）

重，造成潼关高程迅速抬升，由 1960 年 3 月的 323.66m 上升至 1962 年 3 月的 328.07m，上升 4.41m。显然，这一时期潼关高程上升的主要原因是水库运用，特别是高水位蓄水拦沙作用。

（2）"滞洪排沙" 运用期。1962 年 3 月水库改为滞洪排沙运用后，库区淤积得到缓解，潼关高程有所下降。但由于 315m 水位时的泄流能力仅 3048m³/s（不包括机组），泄流规模不足，泄流孔口过高，淤积继续发展。遇丰水丰沙的 1964 年，水库滞洪淤积严重，至 1964 年 10 月，共损失库容 39.9 亿 m³（其中潼关以下损失库容 33.4 亿 m³），335m 高程以下库容由 94.4 亿 m³减少到 57.4 亿 m³，潼关高程又上升到 328.09m。1965

年 1 月工程开始第一期改建，改建工程两洞四管分别于 1966 年 7 月和 1968 年 8 月投入使用，315m 水位时的泄流能力扩大为 6064m^3/s。但 1967 年又遇到丰水丰沙年，库区大量淤积，当年汛末潼关高程上升到 328.35m，此后连续三年一直徘徊在 328.5m 左右。1969 年 12 月工程开始第二期改建，1970 年 6 月至 1971 年 10 月先后打开 1$^{\#}$~8$^{\#}$ 导流底孔。经过第二期改建，315m 水位时的泄流能力进一步扩大到 7229m^3/s，库区潼关以下冲刷，至 1973 年汛后，潼关高程降为 326.64m。滞洪排沙时期影响潼关高程前期上升与后期下降的主要因素是水库泄流规模和来水来沙的丰枯变化。

（3）“蓄清排浑”运用期。1973 年 11 月起水库采用“蓄清排浑”运用方式，非汛期水库蓄水，承担防凌、发电、灌溉、供水等任务；汛期平水期控制水位 305m 发电，洪水期降低水位泄洪排沙。蓄清排浑运用以来潼关高程变化的特点，是非汛期淤积升高、汛期冲刷下降；由于受水沙条件和水库运用条件变化的影响，常出现连续数年的不断升高或持续下降过程；1986~2002 年潼关高程总的变化趋势是淤积升高的。

（4）“318m 运用”。自 2002 年 11 月起三门峡水库在“318 运用”和相对有利水沙条件的共同作用下，库区发生了一定程度的冲刷，累计淤积量有所减小。2002 年汛末潼关高程为 328.78m，至 2020 年汛末降低为 327.58m，潼关高程共降低 1.2m，库区淤积及潼关高程基本上得到了控制。

六、水库建设经验与教训

三门峡水利枢纽经历了中国水利建设史上前所未遇的曲折，可以看作是一个大型的黄河泥沙试验场。六十多年的建设和运用是一个不断探索和实践的过程，取得了在多泥沙河流上修建水库和水库运用的教训和经验，不仅为黄河的治理与工程调控提供了参考，还推动了多沙河流的治理开发及泥沙科学的发展[1-4]。

然而，我们也必须清醒地认识到出现的问题。在枢纽建设初期，由于对泥沙问题的认识不足，搬用了一般河流水库“蓄水拦沙”的运用方式。高水位运用导致了水库回水超过潼关，库内淤积严重，潼关高程抬升迅速，对渭河下游河道的泄洪排沙及“两华夹槽”防洪安全造成严重的影响。

系统总结三门峡水库建设正反两方面的经验与教训，有助于促进水库泥沙问题的有效管理，有助于促进库区及上下游社会经济与生态环境的协调发展，有助于泥沙学科理论的进一步提升。

（一）水库建设和运用的主要经验

在指导思想上，应把妥善安排泥沙放在优先位置。三门峡水库实践证明，多沙河流上水库的综合利用效益，在很大程度上受泥沙调节的限制。因此，必须重视泥沙淤积问题，把妥善安排泥沙，保持长期使用库容放在水库设计的优先位置。这是多沙河流规划水库与一般河流规划水库的一个重要区别。在多沙河流上修建水库，宜选择峡谷型水库，修建足够的坝高，确定合理的运用水位，水库就不会被淤废，能够发展成冲淤平衡的水库，保持有效调节库容长期使用。

在工程措施上，应设置较大规模低水位泄流排沙设施。三门峡水库的两次改建，由于增设了位于不同高程的泄流排沙设施，排沙效果明显增强，水库恢复了部分库容，增大了坝前段的局部冲刷漏斗，减少了死库容，相对增加了调节库容和水库的调水调沙能力。经过两次改建后，315m 水位下的泄流能力由 $3084\mathrm{m}^3/\mathrm{s}$ 增加为 $9701\mathrm{m}^3/\mathrm{s}$，排沙底孔、隧洞、深孔（钢管）的进口底坎高程分别为 280m、290m、300m，加大了低水位的泄流排沙能力，有效防止了洪水期间的水库壅水淤积，为实施水库“蓄清排浑”运用创造了必要条件。

在运用方式上，应采用“蓄清排浑”运用方式。三门峡水库自 1974 年以来采用“蓄清排浑”运用方式，充分利用了水库非汛期流量小、含沙量低，而汛期洪水多、流量大、含沙量高、泥沙集中于洪水期的水沙特性，在来沙少的非汛期蓄水防凌、供水、发电，在来沙多的汛期降低库水位防洪、排沙，既可以把汛期大量来沙排出库外，还能把非汛期淤积在库内的泥沙调节到汛期，特别是洪水期排出库外。

“蓄清排浑”运用方式通过对不同时段、不同特性的来水区别利用，成功解决了关系三门峡水库存废的泥沙淤积问题。说明在多泥沙河流上兴建的水库，同一般清水河流不同，在调节径流的同时，必须进行泥沙调节，综合考虑水库供水发电等目标与淤积控制和生态环境要求，从而维持一定的长期有效库容，实现水库的永续利用。

（二）水库建设和运用的一些教训

1. 用“淹没换库容”违背了我国人多地少的基本国情

三门峡建库方案的决策曾“三起三落”，对正常高水位和拦沙与排沙多有争论，尽管有多种原因，但主要是因为要淹没大部分关中平原，难以下决心。1954 年黄河规划委员会完成的《黄河综合利用规划技术经济报告》（简称《技经报告》）接受了苏联专家提出的“以淹没换取库容”观点，初步设计曾将正常高水位定为 360m，总库容

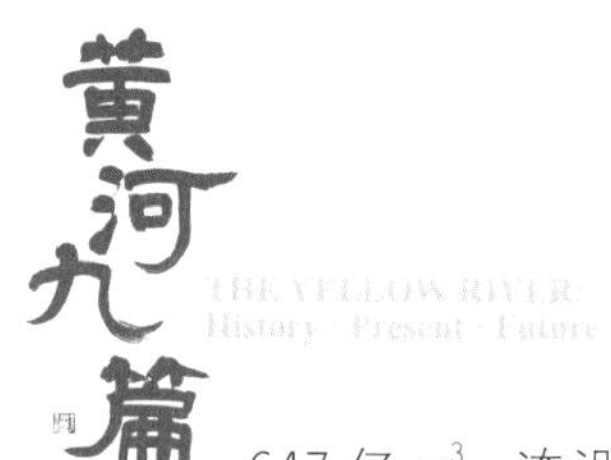

647 亿 m^3，淹没农田 325 万亩，移民 87 万人。出于对高水位下的土地淹没和移民及拦沙的担心，后又修订为正常高水位 350m，库容 360 亿 m^3，淹没农田 200 万亩，移民 58.4 万人。大坝泄水孔底槛高程降低 20m，并规定了逐步抬高水位的原则，初期（指 1967 年以前）运用水位控制在 333m 高程以下，按 335m 高程线移民，淹没土地 96 万亩，移民 40 万人。

我国是一个人多地少、耕地资源紧缺的国家。三门峡水库淹没地区恰好是号称“关中平原”的黄河、洛河和渭河交汇的三角洲地带，地势平坦、土壤肥沃、物产丰饶、人口稠密，早就是粮足棉丰的富足之地，是陕、晋、豫三省的农业高产区，对当地的社会和经济发展关系重大。淹没关中平原不仅在心理上难以承受，还要迁移大量人口，再加上对移民工作的长期性和艰巨性认识不足，使移民工作留下许多遗留问题。截至 1964 年底，迁移总数达 31.89 万人，至 1982 年统计，全库区实际迁安 40.38 万人，其中 65%被安置在干旱缺雨、土壤贫瘠、农业基础薄弱的沿山区和旱塬沟壑区，之后的岁月里，安置区的粮食产量和生活水平较移民前有较大幅度的下降。

用淹没大量农田来换取大库容，违背了我国人多地少、农业基础薄弱的国情。虽然三门峡水库建成后取得了巨大效益，但这是以牺牲库区和渭河流域的利益为代价的，教训是深刻和惨痛的。

2. 对黄河中上游水土保持的减沙作用估计过于乐观

20 世纪 50 年代初，为配合国家经济建设发展，提出了“除害兴利、蓄水拦沙”的治黄方略。《技经报告》规划在黄河干流上实行梯级开发，共修建 46 座拦河枢纽工程，在主要支流上修建 24 座水库，从干流到支流，节节蓄水，分段拦沙，并将三门峡工程列为干流梯级开发中的第一期重点工程，认为通过水土保持、修建支流拦泥库和三门峡枢纽，可以把黄河的洪水和泥沙全部拦蓄，以解除黄河下游防洪负担。为此，《技经报告》要求在 1955~1967 年完成治理面积 27 万 km^2，占水土流失面积 43 万 km^2 的约 63%，预计减少三门峡水库多年入库沙量的 25%。同时，还要在渭河、北洛河、葫芦河、无定河、延水等多沙支流上修建大小拦泥库 5 座，直接拦减入黄沙量。这样到 1967 年三门峡水库的入库泥沙量估计将减少约 50%，再加上异重流排沙，三门峡水库寿命可维持 50~70 年。

由于当时缺乏经验，原规划对黄河中上游水土保持的减沙作用估计过高，对水土保持的发展速度和拦泥效益估计过于乐观，原预计 1967 年减少三门峡入库泥沙 50%，实际情况远未达到预定的目标，是导致三门峡水库淤积严重的重要原因。实践证明，黄土高原的水土保持不单是技术问题，还受自然条件、气候变化、社会经济、人类活动等的影响。即使水土流失问题得到初步治理，也还需要持续的治理和维护，才能巩固已经取得的效益。因此，必须认识到水土保持工作的复杂性、长期性和艰巨性，在估计水土保持的发展速度和拦沙效益时，应留有充分的余地。

3. 错误搬用了一般河流水库“蓄水拦沙”的运用方式

三门峡水利枢纽是新中国成立后黄河干流上兴建的第一个大型水利建设项目。当时我国尚缺乏大型水利枢纽的建设经验，所以将三门峡水利枢纽拦河大坝和水电站的设计工作委托给苏联列宁格勒水电设计分院。原设计是按照一般河流水库“蓄水拦沙”原则进行的，只考虑水库对水量的调节，忽视了黄河的多泥沙特点。由于没有排沙设施，不能进行水沙综合调节，只拦不排。在节节蓄水、分段拦沙的思想指导下，片面强调拦沙作用，以为水库拦沙就能解决黄河下游河道的淤积问题。

由于当时我国尚缺乏在黄河这样的多沙河流上建造水利枢纽的经验，对水库淤积的基本规律缺乏认识，加之国际上也没有先例可以借鉴，并未能预计到水库淤积上延现象及其造成的严重后果。工程建成后，水库采用“蓄水拦沙”运用，结果库区淤积迅速，淤积末端上沿，淹没、浸没范围扩大，发展下去势必影响西安市安全。水库淤积和淹没迫使对原有运行方式做出改变，原设计效益指标不能实现。也不得不对枢纽工程进行改建，增加低水位排沙泄流设施来解决水库泥沙淤积问题。

需要指出的是，即使原规划的水土保持减沙作用和水库维持 50~70 年寿命的目标得以实现，只要不能完全实现“黄河清”，采用一般河流水库“蓄水拦沙”运用方式，就不可能长期维持一定的有效库容，实现水库的长期利用。这是传统“设计寿命”管理理念存在的严重缺陷，不符合现代的可持续发展理念[5-7]，需要进行调整，这也是在我国乃至世界一些少沙河流水库广泛借鉴三门峡水库“蓄清排浑”运用经验的原因。

七、水库运用未来面临的挑战

过去围绕水库泥沙淤积和潼关高程变化与控制开展了大量研究[4-15]，为工程改建和水库运用方式调整提供了重要的科学支撑。近年来伴随气候变化和人类活动影响加剧，导致入库水沙条件发生了显著变化，社会经济的快速发展及生态文明建设对水库运用提出了新的更高的要求。与此同时，小浪底水库的投入运用也为三门峡水库提供了新的历史机遇。因此，需要对三门峡水库持续不断地进行监测，并对水库泥沙多年调节作用开展深入研究，以期进一步优化水库汛期及非汛期调度运用，在维持潼关高程相对稳定的条件下最大化发挥枢纽综合效益，为实现黄河长治久安发挥保障作用。

（1）建立基于水沙条件的三门峡水库实时调控方法。三门峡水库自 2003 年以来，在“蓄清排浑”运用基础上采用了非汛期运用水位一般不超过 318m、汛期入库流量大于 1500m³/s 时敞泄排沙的“318 运用”方案，为控制潼关高程发挥了一定的作用。但遇枯水年份，汛期流量超过 1500m³/s 机会较少，缺少足够的冲沙机会；遇丰水年份，汛期流量大于 1500m³/s 机会较多，在低含沙量情况下长时间敞泄，造成水资源的浪费。可见在多变的入库水沙条件下，目前的“318 运用”缺乏必要的灵活性。为同时实现潼关高程控制和水资源综合利用，有必要对目前的运用方式与控制指标进行持续的优化调整。

（2）充分发挥三门峡水库在黄河水沙调控体系中的作用。三门峡水利枢纽现有近 60 亿 m³ 防洪库容和 15 亿 m³ 的防凌库容。作为黄河干流具有防洪防凌任务的骨干水库，与小浪底水库联合运用，共同承担黄河下游防洪防凌保安全的重任；作为黄河下游水沙调控体系中的骨干水库，三门峡水库对解决小浪底水库排沙后续动力不足的问题至关重要。因此，需要进一步研究新形势下三门峡水利枢纽在黄河下游防洪、防凌及水沙调控中的作用。在继续坚持现有水库“蓄清排浑”的水沙联合调度原则下，既要尽可能减少水库淤积，维持一定的水库有效库容和潼关高程的相对稳定；又要配合小浪底水库塑造协调的水沙过程，为减缓下游河道淤积、多输沙入海、实现黄河下游河道的防洪安全和长治久安创造条件。

第二节　小浪底

一、枢纽工程概况

小浪底水利枢纽的构想最早源于 1954 年 10 月《黄河综合利用规划技术经济报告》中的远期开发工程，主体工程于 1994 年 9 月 1 日正式开工，1997 年 10 月截流，1999 年 10 月正式下闸蓄水。枢纽工程位于三门峡水利枢纽下游 130km、河南省洛阳市以北 40km 的黄河干流上，控制流域面积 69.4 万 km²，占黄河流域面积的 92.3%。水库最大坝高 173m，设计总库容 126.5 亿 m³，其中拦沙库容 75.5 亿 m³（占总库容 60%），防洪库容 41 亿 m³，调水调沙库容 10 亿 m³，支流河口拦沙坎淤堵库容为 3 亿 m³，水库设计正常蓄水位 275m，设计汛限水位 254m，小浪底水库蓄水至 275m 时形成东西长约 130km、南北宽 300~3000m 的狭长水域。初期蓄水汛期最低运用水位 205m 以下库容近 18 亿 m³，2003 年至 2010 年汛期水库实际运用水位均在 220m（相应原始库容 30.5 亿 m³）

上下，非汛期水位多位于 250~260m。小浪底水库以防洪（防凌汛）为主，兼顾供水、灌溉、发电、减淤、防断流及河口生态环境保护等作用，是黄河上中游水沙输入下游河道过程中的最后一个主要控制工程，在治黄河水沙调节中具有举足轻重的战略地位，控制黄河流域 92.3%的面积和近 100%的来沙。小浪底水库地理位置如图 17.7 所示。

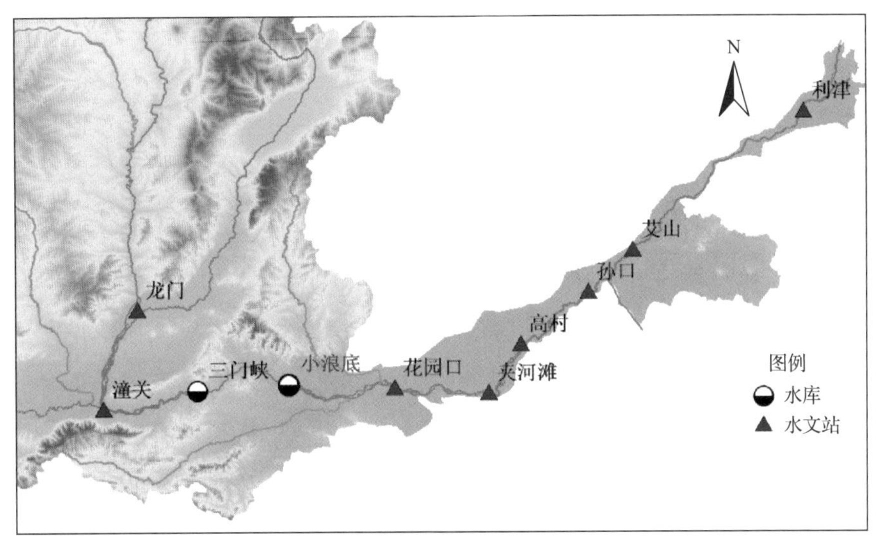

图 17.7 小浪底水库

2002 年 7 月 4 日上午 9 时，小浪底水库首次开展调水调沙试验，之后历经多个阶段的设计、实践、研究，如今，已经在水库调水调沙机理、排沙调度实践以及减轻下游河道淤积等方面形成了较为完备的调控体系[16]。2008 年水库淤积已达 24.21 亿 m^3，按规定本该进入后期运用。按照原设计，到 2020 年小浪底设计拦沙库容（75.5 亿 m^3）就应该全部淤满。按新设计，年均来沙 10 亿 t、库淤 4.2 亿 t，预计后期运用 17 年，即 2025 年前后拦沙库容基本淤满[17]。2018 年、2019 年、2020 年近三年的时间，小浪底水库排沙出库达 13 亿 t，2020 年小浪底水库泥沙淤积量为 31.46 亿 m^3，仅为设计拦沙库容（75.5 亿 m^3）的 42%[34]。小浪底水库建成运行 20 年来，节省出 44 亿 m^3 库容，相当于修建了 44 座大型水库，大大延长水库拦沙库容使用年限[34]。所谓调水调沙，其一是通过调节汛期入库出库水沙，尽量延长水库拦沙库容的使用年限；其二则是基于水库下游河道的输沙能力，利用水库的调节库容，按计划控制水库的蓄、泄水时间和数量，以便把淤积在水库中和下游河道中的泥沙尽量多地输送入海，从而减少库区和下游河床的淤积，增大主槽的行洪能力。

小浪底水库运用前，黄河下游河道淤积严重，河槽萎缩，行洪输沙能力显著下降，“二级悬河”发展迅速，防洪形势严峻[19]，1986 年 11 月至 1999 年 10 月下游河道年均淤积泥沙 2.3 亿 t，平滩流量减小至 2000m^3/s 以下[20]。小浪底水库建成后，河道最小平滩流量由 2002 年汛前的 1800m^3/s 增至 2019 年汛前的 4300m^3/s[20]。截至 2018 年 8 月底，小浪底水库累计拦截泥沙 34 亿 m^3，累计下泄水量 1807 亿 m^3，补水约 591 亿 m^3[21]。依靠水库较大的拦沙和调水调沙库容与“蓄清排浑”的调水调沙模式，对下游发挥了重大减淤作用，并将继续起到关键作用（图 17.8）。

图 17.8　小浪底水库调水调沙

二、水库运用方式[22,23]

小浪底水库运用方式的研究，始于 20 世纪 80~90 年代各个设计阶段，在黄河“八五”“九五”攻关项目中又进行了深入研究[24-27]。2000 年水库正式投入初期运用，结合运用实践不断进行试验研究[28]。在以往研究及实践总结基础上，对后期水库运用方式进行了全面深入的新的设计研究[17]。黄河水利委员会在全国各兄弟单位的大力协助下，在小浪底水库运用方式各阶段的设计、实践、研究中，不断取得创新发展。总体来说，为了提高淤积库容利用效率，延长水库使用寿命，小浪底采用了调控水位、异重流排沙、调水调沙、相机降低水位排沙、拦粗排细等综合调度运行方式[29]。

初步设计阶段比较了调沙为主和调水为主方式，比较了逐步抬高（汛期库水位）、分段抬高及一次抬高方案，最后选定“逐步抬高”方案[30]，库内汛期蓄水量在 1 亿~3 亿 m^3 间变化，这 2 亿 m^3 的调蓄库容是用来将对山东河段不利的中等流量调节成大、小两极化的流量，以期增加山东河段的减淤效益。由于每次调蓄水量不多，因此库内拦沙比例较小，库床淤高速率较慢，库内淤沙较粗。由于排出细沙比例较大，过去常误称其为“拦粗排细”，认为对下游减淤有利。当坝前淤积滩面逐步抬高至 254m 左右以后，水库逐步降低水位冲刷，3 年冲刷期后汛期蓄水位再如前调节流量，逐步抬高，进入在槽库容内淤淤冲冲的后期运用阶段。

在“八五”攻关研究阶段[31,32]，王士强等吸取了“逐步抬高”方式的优点，针对它的两大问题：一是调蓄程度太低对艾山—利津河段并无好处；二是死板的冲刷规定很难恢复槽库容——研究提出了控蓄速冲方式[32]。该方式主要有两大特点：一是增加汛期流量两极化的调节程度，使艾山—利津河段的流量较大且能持续几天，有所冲刷；二是库区淤积面抬高到一定程度后即应相机冲刷，以保证库区槽库容的恢复及后期深槽内的冲淤平衡。

黄河水利科学研究院齐璞针对枯水系列汛期水量缺乏的特点，提出了“高蓄速冲”运用方式[32]，即在汛期蓄水位保持较高，按最大兴利要求调节水量，不造峰调水。库区冲刷的设计思想则与“控蓄速冲”方式相似，但区别是期望冲刷时获得高含沙水流，以利尽快恢复库容并提高下游输沙能力，减少库区冲刷期下游河道的淤积。

在“九五”攻关研究阶段[27]，以水利部黄河水利委员会勘测规划设计研究院（简称黄设院）为主，其他一些兄弟单位配合，着重对小浪底水库运用初期 3~5 年内的运用方式进行了更深入的设计、计算和分析研究。此次研究吸取了以往研究中合理的设计思想，比较了汛期不同调控库容及造峰流量的方案，也比较了不同起调水位（即最低调节水位）方案，为决定初期运用方案提供了依据。

早在 2003 年，在各单位的协助下，黄设院对拦沙后期减淤运用方式及有关问题进行了比较深入的研究，建议后期采用“调水调沙、相机冲库”运用方式[33]。2013 年，黄河勘测规划设计研究院有限公司在以往研究基础上，并在各兄弟单位配合下，完成了小浪底水库拦沙后期防洪减淤运用方式的最新研究设计[17]。在新的设计水沙条件下，对“逐步抬高水位、拦粗排细”运用方案又一次进行了详细计算比较，最后推荐新方案名为“多年调节泥沙、相机降低水位冲刷，拦沙和调水调沙运用”，其核心内容就是汛期不断进行充分的流量两极调节，在调水调沙过程中拦沙，遇适当时机即伺机冲库，在拦冲交替中实行泥沙多年调节。在非汛期 6 月调峰常态化。此推荐新方案可简称“调水调沙、拦沙伺冲”。

小浪底水库运用以来，经历了入库水量由极枯到渐丰又迅速转枯的过程，来沙量由高到低波动变化。小浪底水库拦沙初期（2000~2006 年）年均入库水量为 183.76 亿 m^3、沙量为 3.911 亿 t。2007 年小浪底水库进入拦沙后期，其由以拦沙为主逐渐向排沙调度转变，2007~2016 年年均入库水量为 240.61 亿 m^3、沙量为 2.199 亿 t，年均入库水量较拦沙初期有所增加，但入库沙量进一步减小，尤其是 2015 年来沙量为 0.501 亿 t、2016 年来沙量为 1.115 亿 t，分别为小浪底水库运用以来的最小值和次小值。

近年来，水利部黄河水利委员会提出“一高一低”的调度思路，即利用上游龙羊峡水库、刘家峡水库拦洪削峰，在保证防洪安全的前提下，维持水库高水位运行，利用中游小浪底水库低水位运行，留足防洪库容，减小漫滩概率，兼顾河道冲淤，塑造稳定的中水河槽，实践证明“一高一低”的调度思路效果明显[34]，2018 年、2019 年汛期，小浪底水库库水位分别降低至 212m、210m 左右，在低水位条件下排沙出库超过 10 亿 t。2020 年汛期，小浪底水库库水位最低降至 205m，排沙量超过 3.3 亿 t。

三、调水调沙效果

（一）水库建成前下游水沙、河床情势

1. 问题症结：“水少、沙多，水沙关系不协调”

1965 年以来进入黄河下游的水沙条件如图 17.9 所示。可以看出，自 20 世纪 80 年代中期，进入黄河下游的来水来沙量均发生了一定变化，1986~1999 年来水来沙量较之前均有所减小，且减小主要发生在汛期，水量减小比例大于沙量，进入下游水流含沙量较之前增加，汛期场次洪水平均含沙量一般大于 100kg/m^3，来沙系数明显增加，特别是 1998 年汛期来沙系数高达 0.15kg·s/m^6。来沙系数也称为水沙搭配系数，为含沙量与流量的比值，是衡量来水来沙条件的指标，当来沙系数大于临界来沙系数时，水沙过程会造成河道淤积；当来沙系数小于临界来沙系数时，水沙过程会造成河道冲刷。

2. 下游河床主槽萎缩，引洪能力下降

由于水沙条件的显著变化，1986 年以来黄河下游主槽断面形态发生显著变化，主要表现在主槽河宽、主槽水深方面。

1）主槽河宽

1986~1999 年，小浪底水库以下各河段主槽河宽沿程普遍呈下降趋势，小花段（小

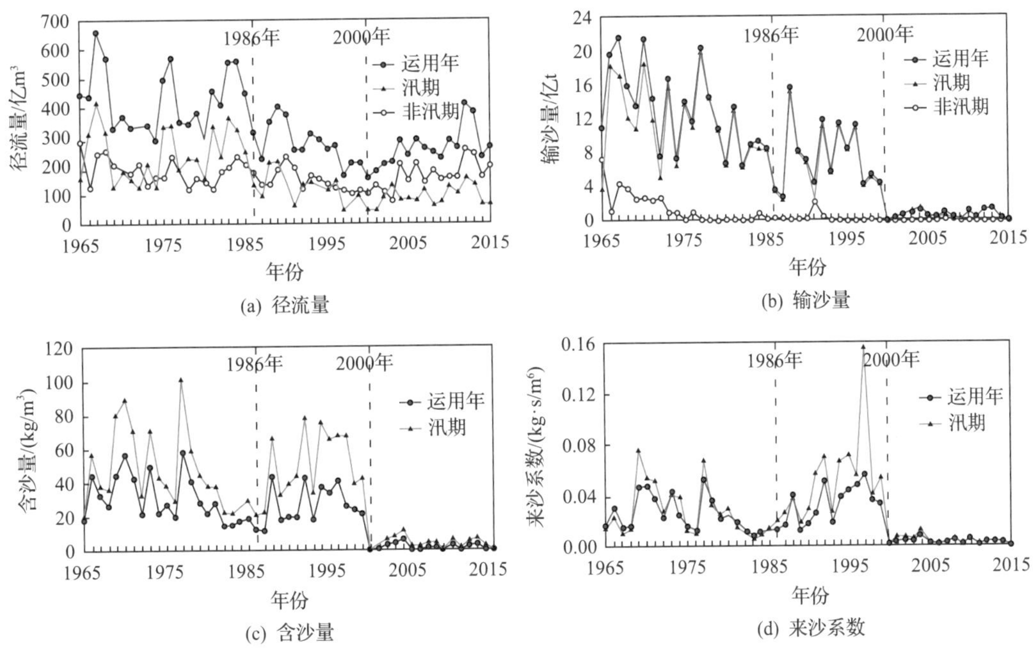

(a) 径流量　(b) 输沙量　(c) 含沙量　(d) 来沙系数

图 17.9　1965~2015 年黄河下游来水来沙条件变化过程[18]

浪底—花园口）、花夹（花园口—夹河滩）段、夹高（夹河滩—高村）段、高孙（高村—孙口）段、孙艾（孙口—艾山）段、艾泺（艾山—泺口）段和泺利（泺口—利津）段1999年汛后与1986年汛前相比，主槽河宽分别减小了771m、1687m、1195m、349m、209m、119m和105m[18]。高村以下各段主槽河宽整体呈阶梯式减小，减小主要发生在1992年和1998年汛期[18]。

2）主槽水深

1986~1999年，小浪底以下各河段主槽水深，除小花段外，整体表现为沿程各段水深均呈减小，趋势表明河槽淤积抬升。其中、花夹段、夹高段、高孙段、孙艾段、艾泺段和泺利段1999年汛后与1986年汛前相比，主槽水深分别减小了0.16m、0.43m、0.94m、0.96m、1.06m和1.07m[18]。高村以上各段水深波动较大，一般为非汛期增加、汛期减小。水深变化以高村为界，高村以上各段年际波动较大，高村以下段一致减小[18]。

1999年与1986年相比，来水来沙量均减少，来水比来沙减少更为显著，因此河槽槽宽和水深均减少，呈明显萎缩，导致行洪能力大幅降低。河床萎缩、畸形河湾发育、平滩流量减小，易形成“小水大灾”的不利局面。研究表明，年水量减少和水沙量年内分配的变异是导致河床萎缩的主要原因，特别是，汛期洪峰流量的减少加重了主河槽的淤积[35]。因此，依靠小浪底水库运用后调水调沙改变下游河道的水沙条件显得尤为重要。

另外，下游“二级悬河”使得防洪压力大，详细介绍见第八章第五节“未来防洪形势与挑战”。

（二）水库运行后调水调沙效果

1. 调水调沙概况

小浪底水库首先于2002~2004年持续3年开展了调水调沙试验，在下游河道冲刷方面取得了较理想的结果，于2004年正式进入调水调沙生产性运作阶段，每年进行1~3次调水调沙，至2014年以来，一共开展了18次调水调沙工作，小浪底水库历次调水调沙水沙特征值如表17.2所示。小浪底水库每年的主要运用过程如下(图17.10)：在上一年11月下旬到来年的1~4月，水库开始蓄水以满足沿黄灌溉和防凌的用水需求；4月中旬至6月上旬，水库进行泄水，满足沿黄工农业生产用水需要；6月中旬至7月上旬，小浪底水库与三门峡、万家寨等干支流水库进行联合调度，适时开展调水调沙工作，腾空库容满足防汛要求；7月下旬至10月为黄河主汛期，水库将维持在汛期限制水位以下运行；11月下旬以后，水库开始重新蓄水，库水位逐渐回升，直至最高蓄水位[36,37]。从2007年开始，水库运用进入拦沙后期（第一阶段）。

表17.2 小浪底水库历次调水调沙水沙特征值[38]

年份	起止时间	历时/天	平均库水位/m	出库水量/亿 m³	出库沙量/亿 t	小花间淤积量/亿 t	花园口输沙量/亿 t	平均含沙量/(kg/m³)
2002	7月4日至7月15日	11.0		26.61	0.319	−0.131	0.450	12.0
2003	9月6日至9月18日	12.4		25.91	0.751	−0.105	0.856	29.0
2004	6月19日至7月13日	24.0		47.89	0.044	−0.170	0.214	0.90
2005	6月9日至7月1日	22.0		52.44	0.023	−0.219	0.242	0.40
2006	6月9日至6月29日	20.0	241	55.40	0.084	−0.101	0.185	1.50
2007	6月19日至7月3日	14.0	234	41.21	0.261	−0.052	0.313	6.30
	7月28日至8月8日	11.0	224	25.59	0.459	0.099	0.360	17.9
2008	6月19日至7月3日	14.8	234	44.20	0.462	0.019	0.443	10.5
2009	6月17日至7月4日	17.0	237	45.70	0.036	−0.093	0.129	0.80
2010	6月19日至7月7日	18.8	235	52.80	0.559	0.026	0.533	10.6
	7月25日至8月1日	7.40	221	21.73	0.261	0.051	0.210	12.0
	8月10日至8月20日	10.3	218	20.36	0.487	0.170	0.317	23.9

续表

年份	起止时间	历时/天	平均库水位/m	出库水量/亿 m^3	出库沙量/亿 t	小花间淤积量/亿 t	花园口输沙量/亿 t	平均含沙量/(kg/m^3)
2011	6 月 19 日至 7 月 7 日	18.0	233	49.28	0.378	−0.017	0.395	7.70
2012	6 月 19 日至 7 月 12 日	23.0	229	60.35	0.657	0.215	0.442	10.9
	7 月 23 日至 7 月 28 日	5.90	221	13.69	0.106	−0.016	0.122	7.70
	7 月 29 日至 8 月 8 日	10.1	215	20.42	0.449	0.002	0.447	22.0
2013	6 月 19 日至 7 月 8 日	19.6	230	59.00	0.645	0.244	0.401	10.9
2014	6 月 29 日至 7 月 8 日	9.70	230	23.24	0.264	0.087	0.177	11.3

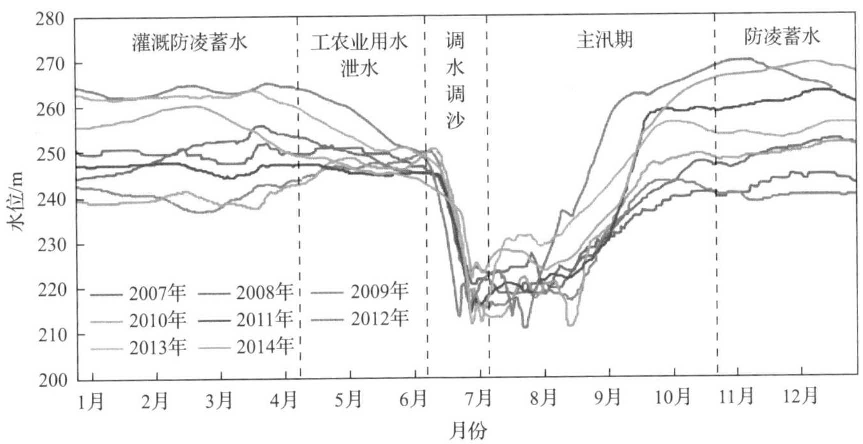

图 17.10　2007~2014 年小浪底水库主要运用过程[39]

初期 10 年蓄水拦沙的同时，进行了 10 次调峰（调水调沙）。艾山以上三大河段初期 9 次调水调沙冲淤效率见图 17.11（断面法测淤量未包括第 10 次调峰过程，仅有前 9 次调峰的影响）。

（1）2002 年至 2007 年的 7 次调水调沙，高村以上两大河段冲刷效率均逐年降低，但花园口以上粗化影响更明显、更早发生，冲刷效率下降甚至由冲转淤。大流量时还淤积，是因为下泄含沙量超过了已大大降低的水流挟沙能力。花高段至 2007 年，比上段推迟一年冲刷效率才急剧下降，且下降幅度也小于上段。这是因为床沙明显粗化是逐渐从上游向下游发展，且愈向下游粗化程度愈弱。

（2）高村以上两大河段第 8 次、第 9 次调水调沙冲刷效率较前又明显回升，除下泄含沙量减少因素外，还因为河段随着淤积及与下层较细床沙的活动交换使表层床沙转细。但随后 2010 年又连续 3 次调峰，花园口以上又三次皆淤。

（3）高艾段冲刷效率先增高后降低，但下降幅度较上段明显要小。第 1 次、第 2 次调峰因上段床沙粗化尚不明显，冲刷效率高，使下输含沙量较高，因而下段冲刷效率较低（其中第 1 次调峰时，夹河滩至孙口还淤积），随着上段床沙不断粗化、下输含沙量减少，使下段冲刷效率增加。床沙粗化的沿程发展变化规律，导致第 1 次、第 2 次调峰时冲刷效率沿程下降，而至第 5 次调峰后变为沿程增加。但艾山以上合计冲刷效率总趋势是逐年递减。

另外，艾利段在第 1、2 次，第 3、4 次和第 6 次调峰的平均冲刷效率分别约为 $-7.0kg/m^3$ 及 $-9.6kg/m^3$ 和 $-6.0kg/m^3$。与高艾段类似，冲刷效率呈先增后减趋势。

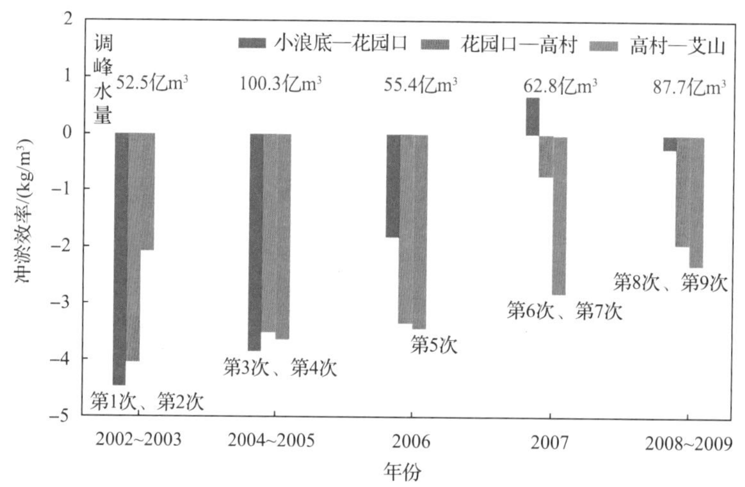

图 17.11　艾山以上三大河段初期 9 次调水调沙冲淤效率

河道床沙中，细沙比例在花园口以上较少，向下游不断增多。而单位距离冲刷效率在冲刷早期一般上大下小。故愈向上游，床沙冲刷粗化愈快愈早。床沙冲刷粗化不仅使可冲刷补充的细沙减少，还使沙粒及沙垄阻力增加，从而使同流量之流速减小、水深增大，水流挟沙动力因子随之下降，冲刷效率自然就随着床沙冲刷粗化而降低。小浪底水库运用后，床沙中值粒径已由 0.05mm 左右增大至 0.15mm 左右。2003~2018 年，汛期河道冲刷效率由 $20kg/m^3$ 减至 $1kg/m^3$ 以下[20]。

2. 调水调沙期间水流特征及河道变化

1）水流特征

如图 17.10 所示，小浪底水库调水调沙期间，由于水库改变了水量的年内分配，汛期水量减小，非汛期水量增加，非汛期水量变化明显大于汛期。并且由于小浪底水库拦蓄泥沙，至 2015 年库区共淤积泥沙 30 亿 m^3，进入下游沙量锐减，除小浪底水库汛期排沙期含沙量较高外，其他时段基本为清水下泄，2000~2015 年汛期平均沙量和含沙量分别为 0.60 亿 t 和 6.45kg/m^3。据统计，小浪底水库出库的 49 场大流量水流过程中有 45 场的平均含沙量均小于 20kg/m^3[20]。小浪底水库调水调沙期间调水调沙天数增多，平均流量变化不大，日含沙量明显降低，冲刷效率明显下降，如图 17.12 所示。冲刷效率为单位体积的水量向下游输送的泥沙量，其单位与含沙量的单位相同，为 kg/m^3。

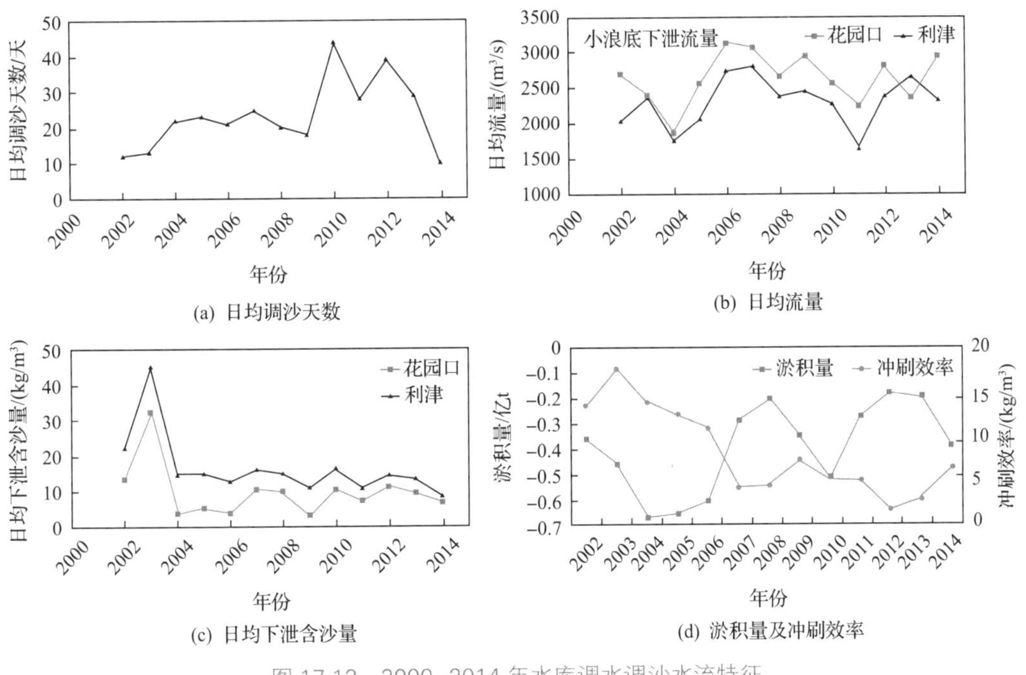

图 17.12　2000~2014 年水库调水调沙水流特征

2）主槽形态变化

主槽断面形态的改变是水流、泥沙等对河床的塑造结果。小浪底水库的运用使黄河下游河段主槽断面得到相应调整。

（1）主槽河宽[18]。

2000~2015 年，小浪底水库下游沿程 7 个河段主槽河宽变化：空间上，除小花段外，花园口以下段主槽河宽及其增加幅度沿程减小；时间上，各段主槽河宽整体均呈增加趋势，小花段、花夹段、夹高段、高孙段、孙艾段、艾泺段和泺利段 2015 年汛后与 2000 年汛前相比，主槽河宽分别增加了 392m、674m、265m、88m、41m、29m 和 25m。可见，高村以上各段主槽河宽增幅明显大于高村以下段，且 2012 年后增幅较小；

高村以下各段 2004 年之前主槽河宽减小，2004 年左右开始增加。

（2）主槽水深[18]。

2000~2015 年，小浪底水库下游沿程 7 个河段平均主槽水深的变化：空间上，主槽水深高村以上段沿程减小，高村—泺口段增加，泺利段有所减小；时间上，各段主槽水深均明显增加，小花段、花夹段、夹高段、高孙段、孙艾段、艾泺段和泺利段 2015 年汛后与 2000 年汛前相比，主槽水深分别增加了 1.92m、2.31m、2.26m、2.52m、2.04m、2.26m 和 2.24m，增幅基本维持在 2m 以上。高村以上各段 2000~2006 年主槽水深增加较快，2006 年后增加减缓；高村—泺口段 2000~2002 年略有减小，从 2003 年开始增加；泺利段从 2001 年开始增加。

3. 水库运行初期调水调沙效果

小浪底水库调水调沙的初期 10 年间，下游河道持续冲刷，总冲刷量为 15.43 亿 t，花园口以上河段、花园口—高村段、高村—艾山段、艾山—利津段冲刷量分别为 4.87 亿 t、5.41 亿 t、2.50 亿 t、2.65 亿 t。流量大于 2000m^3/s 的来水对下游河道冲刷总量为 9.16 亿 t，其中，天然大洪水冲刷总量为 2.84 亿 t，小浪底水库调水调沙作用冲刷总量为 6.32 亿 t。水库若单纯拦沙（包括伴随的拦粗排细）且不对水量进行流量两极调节的情况下，对下游河道总冲刷量为 10.25 亿 t，此时，河南段的冲刷主要为拦沙贡献，在高艾段尚占一半以上，而艾利段只是微冲，全程冲刷很不均匀：花园口以上河段、花园口—高村段、高村—艾山段、艾山—利津段冲刷比例分别为 39.50%、45.3%、13.7%、1.5%；水库若进行流量两极调节，则可增加 5.18 亿 t 的冲刷量，占全河实际总冲刷量的 1/3，其中河南段约 30.50%，高村—艾山段为 21.24%，艾山—利津段为 48.26%，此时，对河南段只是增加冲刷，对高村—艾山段已举足轻重，而对艾山—利津段以下河道，流量两极调节冲刷确为主体。初期 10 年小浪底调水调沙对下游河道冲刷成果采用分割估算法（图 17.13），具体成果如表 17.3 所示。

4. 水库运行后下游河段冲刷情况

河道冲淤计算方法主要有两种：一是利用输沙率资料采用沙量平衡法计算河道冲淤量；二是利用实测大断面资料采用断面法计算河道冲淤量。两种方法各有利弊，互为补充。沙量平衡法的实质为沙量平衡原理，即所有进入河道的沙量之和等于从河道出去的沙量之和加上河道冲淤量。进入河道的沙量包括河段干流进口沙量、河段内支流来沙量、灌区退沙量、入黄风积沙量；从河道出去的沙量包括河段干流出口沙量、

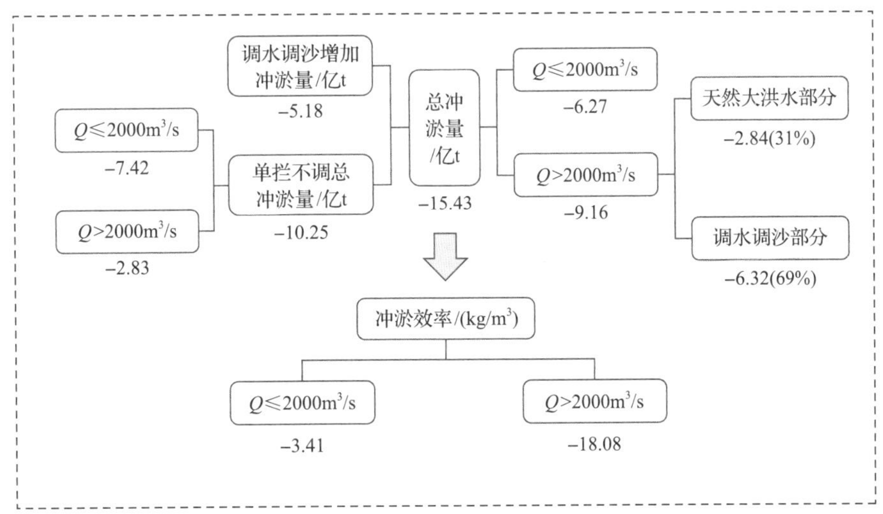

图 17.13 初期 10 年小浪底水库调水调沙对下游河道冲刷成果（分割估算，以利津以上河段为例）

表 17.3 初期 10 年水库拦沙调峰对下游河道冲刷成果

序号	工况	花园口以上	花园口—高村	高村—艾山	艾山—利津	利津以上
冲淤量/亿 t						
1	$Q \leqslant 2000m^3/s$	−2.89	−3.42	−0.71	0.75	−6.27
2	$Q>2000m^3/s$	−1.98	−1.99	−1.79	−3.4	−9.16
3	总冲淤量	−4.87	−5.41	−2.5	−2.65	−15.43
4	天然大洪水部分	−0.61	−0.62	−0.55	−1.05	−2.84
5	调水调沙部分	−1.37	−1.37	−1.24	−2.35	−6.32
冲淤效率/(kg/m³)						
6	$Q \leqslant 2000m^3/s$	−1.57	−1.86	−0.39	0.41	−3.41
7	$Q>2000m^3/s$	−3.91	−3.93	−3.53	−6.71	−18.08
不同方案冲淤量/亿 t						
8	单拦不调总冲淤量	−4.05	−4.65	−1.4	−0.15	−10.25
9	$Q \leqslant 2000m^3/s$	−3.44	−4.03	−0.85	0.9	−7.42
10	$Q>2000m^3/s$	−0.61	−0.62	−0.55	−1.05	−2.83
11	调峰增加冲淤量	−0.82	−0.76	−1.1	−2.5	−5.18
效果						
12	拦沙效果(单拦不调总冲淤量/总冲淤量)	0.832	0.86	0.56	0.057	0.664

续表

序号	工况	花园口以上	花园口—高村	高村—艾山	艾山—利津	利津以上
13	调峰效果(调峰增加冲淤量/总冲淤量)	0.168	0.14	0.44	0.943	0.336
沿程比例						
14	单拦不调总冲淤量沿程比例	0.395	0.453	0.137	0.015	1
15	调峰增加冲淤量沿程比例	0.158	0.147	0.212	0.483	1
16	总冲淤量沿程比例	0.316	0.351	0.162	0.171	1

河段内灌区引沙量。断面法冲淤量计算是利用不同时间河道大断面测验资料，计算不同时期断面淤积面积变化，在此基础上按照锥体法计算相邻断面冲淤量。沙量平衡法主要优点是观测资料丰富，时间和空间连续性较好；主要缺点是考虑因素较多，但引水和退水资料不足，存在测验误差；该方法主要用于河道淤积影响因素分析和河道淤积过程模拟计算。断面法主要优点是不存在累积性误差，能分析冲淤量的滩槽分布和沿程分布，该方法主要用于河道淤积体积的计算。鉴于沙量平衡法和断面法的优缺点，可用断面法对沙量平衡法进行修正，也可利用两种方法进行相互参证，以提高数据的准确性。

1）水库运行后下游河道冲淤

小浪底水库运用前，黄河下游河道淤积严重，河槽萎缩，行洪输沙能力显著下降，“二级悬河”发展迅速，防洪形势日益严峻。自 1999 年小浪底水库蓄水运用以来，将绝大部分的中、粗泥沙拦在库区，截至 2019 年底，库区累计淤积泥沙量达 33.38 亿 m^3。小浪底水库经过 20 多年的蓄水拦沙及调水调沙，明显改变了黄河下游水沙条件，使黄河下游河段保持了相对稳定的冲刷，河槽萎缩得以改善。下游河道各河段冲刷效果均十分明显，小浪底水库运行期间，截至 2021 年底，下游河道冲刷总量达 22.178 亿 m^3，小浪底—高村段、高村—艾山段、艾山—利津段各段冲刷比例分别为 65.76%、17.41%、16.69%，如图 17.14 所示。2002~2003 年河道冲刷量最大，为 3.612 亿 m^3。另外，2000~2018 年各断面主槽累计冲淤量见图 17.15 所示。冲刷量主要集中在夹河滩以上河段，2000~2021 年夹河滩以上河段冲刷总量占下游冲刷总量的 51 %，2000~2018 年夹河滩以上河段主槽累计冲淤量占下游主槽累计冲淤量的 57%。冲刷强度自上而下逐渐减弱，夹河滩以上河段平均冲刷强度为 569 万 m^3/km，孙口至利津段平均冲刷强度为 108 万 m^3/km。

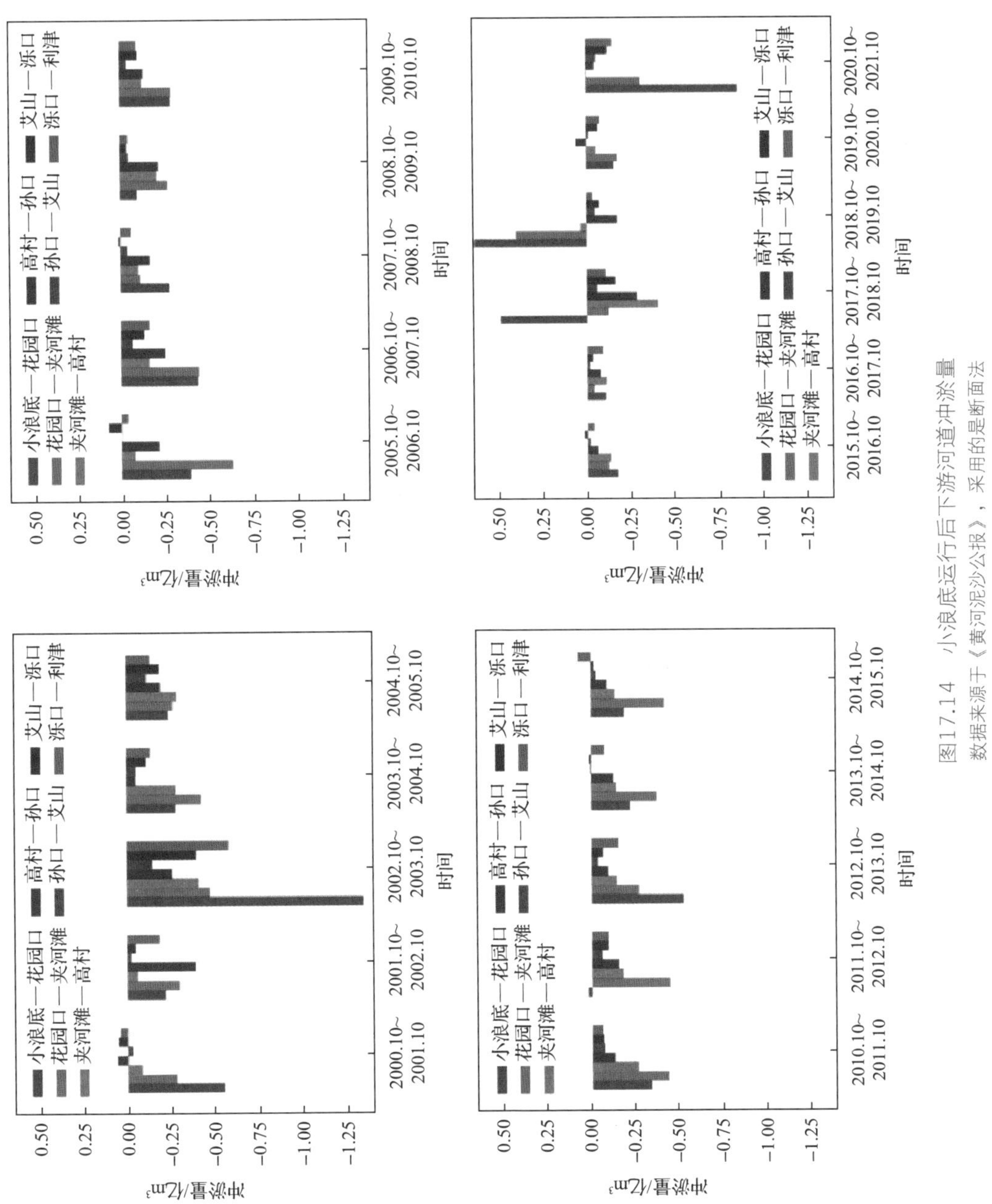

图17.14　小浪底运行后下游河道冲淤量
数据来源于《黄河泥沙公报》，采用的是断面法

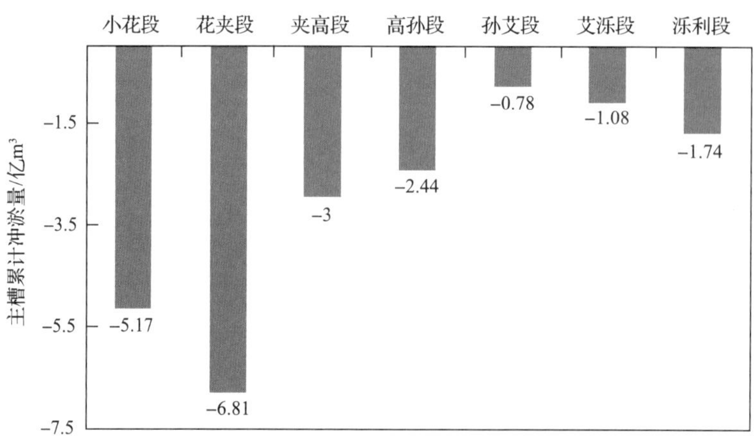

图 17.15　2000~2018 年黄河下游不同河段主槽累计冲淤量变化

2）水库运行前后主槽冲淤对比

1986 年以来黄河下游主槽经历了 1986~1999 年（小浪底水库运行前）持续淤积萎缩和 2000~2015 年（小浪底水库运行后）持续冲刷两个不同的阶段，不同河段主槽单位河长累计冲淤过程如图 17.16 所示。整个时期除小花段外，花园口以下冲淤强度沿程减小，花夹段冲淤强度最大，孙口以下段冲淤变化较小；由于小浪底水库运行后其下游自上而下的沿程冲刷发展需要一定的时间，所以小花段和花夹段 2000 年开始明显冲刷，夹高段和高孙段 2003 年开始冲刷较明显；1986~1999 年小花段、花夹段、夹高段和高孙段主槽单位河长累计淤积量分别为 0.31 万 m^3、0.67 万 m^3、0.48 万 m^3和 0.20 万 m^3，共占全河段的 78%；2000~2015 年孙口以上沿程各段主槽单位河长累计冲刷量分别为 0.41 万 m^3、0.63 万 m^3、0.32 万 m^3和 0.17 万 m^3，共占全河段 81%。1986~2015 年整个时段主槽除小花段略有冲刷外，花园口以下均有所淤积。

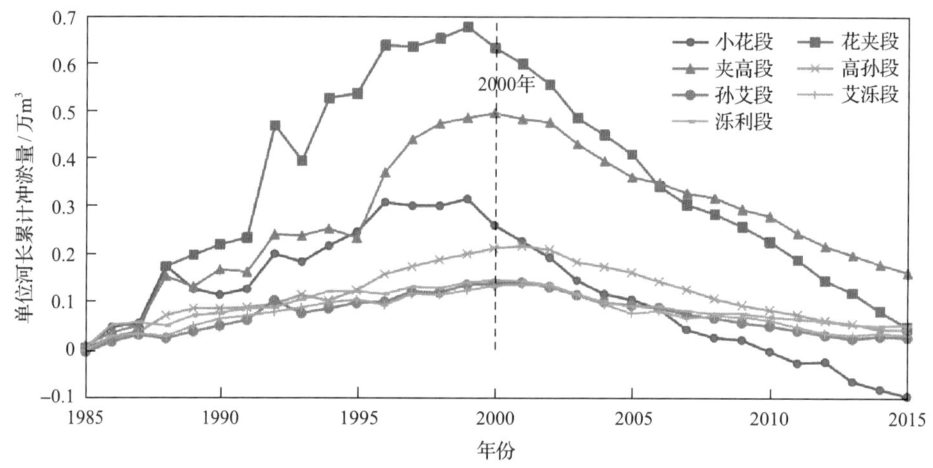

图 17.16　1985~2015 年不同河段主槽单位河长累计冲淤过程[18]

5. 主槽断面形态调整模式变化

1986~1999 年持续淤积期，主槽发生了不同程度的淤积，同时，由于该时期漫滩洪水作用，滩地亦发生了不同程度的淤积[40,41]，其中高村以上段明显淤积，平滩水位增加，而高村以下段淤积量较小，平滩水位基本不变。1999 年汛后主槽形态与 1986 年汛前相比，小花段、花夹段、夹高段、高孙段、孙艾段、艾泺段和泺利段河宽减幅分别为 47%、68%、68%、41%、33%、24%和 23%，水深减幅分别为 14%、9%、19%、37%、27%、23%和 27%；小花段、花夹段和夹高段河相系数减幅分别为 15%、29%和 29%，而高村以下各段河相系数增幅在 15%左右。总体上看，持续淤积期整个下游各段均表现为横向淤积、河宽减小和垂向河底淤高、水深减小的调整模式，但由于各段河宽和水深减小比例有所差异，可以将断面形态调整过程概化成图 17.17 中的 3 类模式，分别

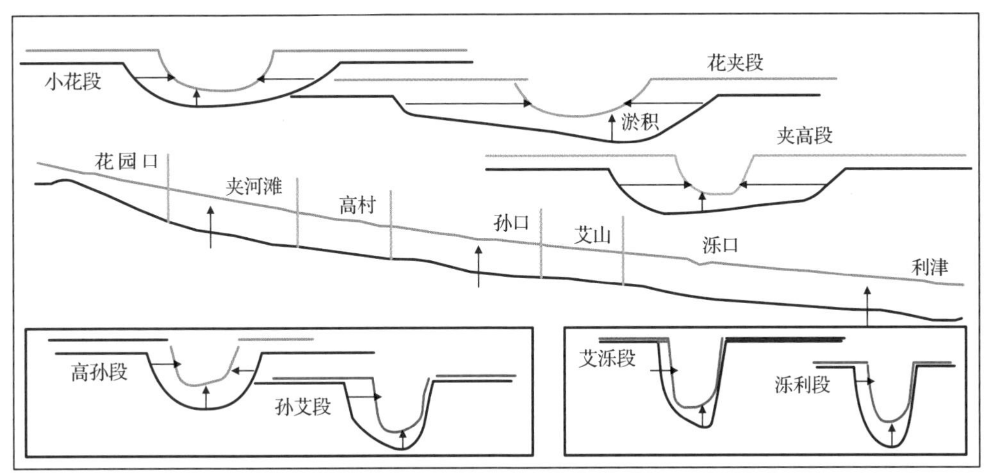

(a) 1986~1999年持续淤积期(小浪底运行前)

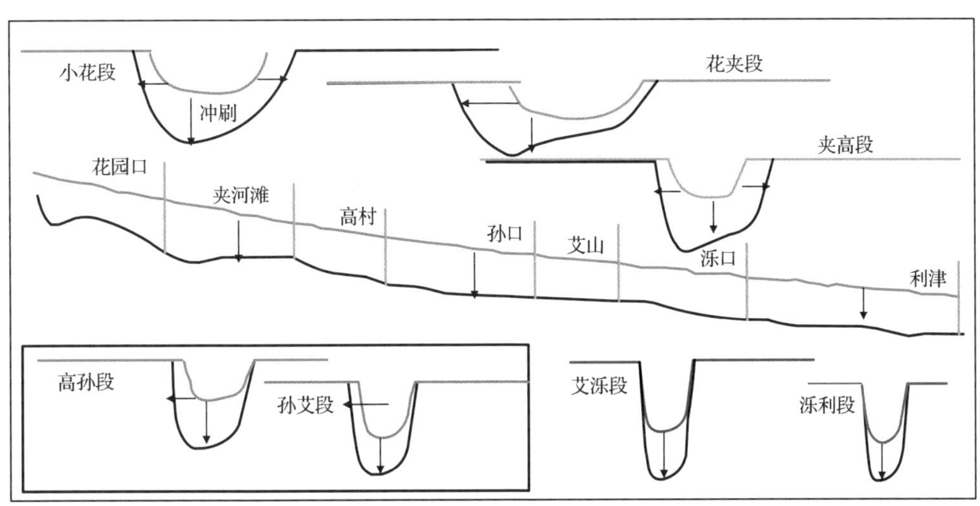

(b) 2000~2015年持续冲刷期(小浪底运行后)

图 17.17　黄河下游断面形态调整概化模式[18]

为游荡型高村以上段的横向大幅萎缩和垂向淤高、过渡型高孙段和孙艾段的横向明显萎缩和垂向淤高、弯曲型艾泺段和泺利段以垂向淤高为主。

同样，2000~2015 年持续冲刷期，小花段、花夹段、夹高段、高孙段、孙艾段、艾泺段和泺利段 2015 年汛后与 1999 年汛后相比，河宽增幅分别为 46%、96%、53%、14%、13%、4%和 6%，水深增幅分别为 157%、134%、115%、120%、77%、59%和 71%，艾山以上段断面形态调整既有沿河宽方向的横向展宽，也有沿水深方向的垂向冲深，而艾山以下段主要以垂向冲深为主。同理，可以将持续冲刷期断面形态调整过程概化成图 17.17（b）中的 3 类模式，分别为高村以上段的横向展宽和垂向冲深、高孙段和孙艾段的横向小幅展宽和垂向冲深、艾泺段和泺利段以垂向冲深为主。

6. 下游河道泄洪能力变化

小浪底水库运行前，黄河下游游荡段河段平滩面积由 3901.2m^2（1985 年）减少至 1469.1m^2（1999 年），主槽萎缩造成河道过流能力急剧下降；小浪底水库运行后，下游河道断面纵向冲深幅度大于横向展宽，主槽断面河相系数持续减小，河道平滩流量增加，河道过流能力恢复，河道泄洪能力增强。

河相系数表达式为 $\xi = B^{0.5}H$（B为主槽河宽；H为主槽水深），1986~2015 年不同河段平均的主槽断面河相系数变化如图 17.18 所示，由图可知：空间上，除小花段外，花园口以下段呈沿程减小的趋势；时间上，高村以上各段整体呈减小趋势，减小速率 2001 年前明显大于 2001 年后；高村以下各段以 2001 年为界呈先增加后减小的趋势，且减小速率大于增加速率。高村以上段与高村以下段主槽断面河相系数变化过程存在显著差异的原因主要是不同河段主槽河宽与水深对水沙变化响应的调整速率存在较大差异。

在小浪底水库投入运用后，下游河道泄洪能力显著增强。小浪底水库投入运用以来，河南段河道的平滩流量由 2700~3650m^3/s 增加到 6100~7200m^3/s；高村以下河道流量 3000m^3/s 水位下降 1.3~1.6m，河槽的平滩流量由 2800~3200m^3/s 增加到 4350~

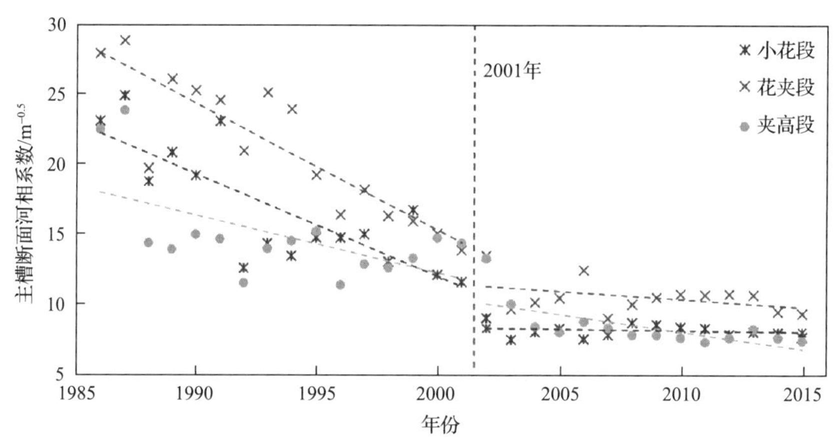

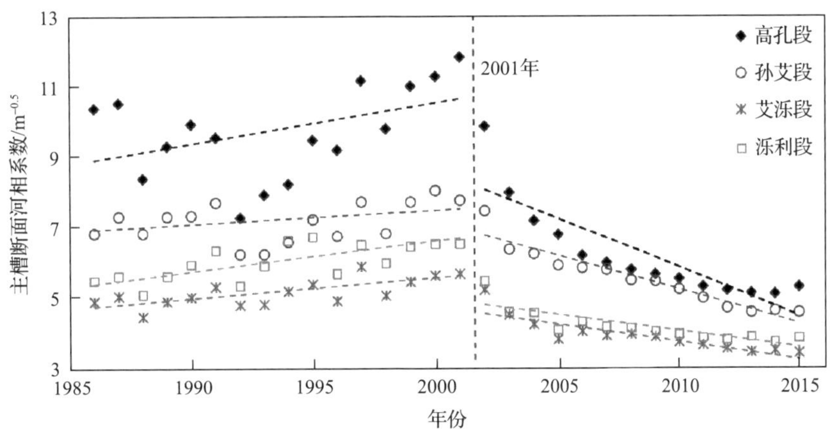

图 17.18 1986~2015 年不同河段平均的主槽断面河相系数变化过程[18]

4650m^3/s。以花园口断面泄洪能力变化为例[42]：2015 年的流量 3000m^3/s 水位（91.60m）比 1999 年的流量 3000m^3/s 水位（94.00m）下降了 2.4m；2015 年平滩流量为 7200m^3/s，比 1999 年平滩流量 3650m^3/s 增大 3550m^3/s；2015 年流量 7200m^3/s 水位（93.85m）与 1999 年流量 3000m^3/s 水位（94.00m）仅相差 0.15m；目前生产堤堤顶高程为 95.35m，小于 2000 年设计洪水位 96.48m，但河槽过流能力相当（22000m^3/s）。

四、水库调水调沙面临的问题

1. 调水调沙库容不足

随着小浪底水库后期运用不断拦沙和调水调沙，拦沙库容将逐渐减小，当汛期可用于流量调节的库容小于设计值 13 亿 m^3 以后，汛期调水调沙能力不断降低。1998~2021 年小浪底库区累计淤积泥沙 33.472 亿 m^3，见图 17.19。2000~2016 年小浪底库区累计淤积泥沙 32.62 亿 m^3，其中细沙（粒径 $d \leqslant 0.025$mm）、中沙（0.025mm $< d \leqslant 0.05$mm）、粗沙（$d > 0.05$mm）分别占 39.7%、28.9%和 31.4%。中细泥沙占总淤积量的 68.6%，尤其对下游不会造成大量淤积的细沙淤积在水库中，减少了拦沙库容，降低了水库的拦沙效益，水库排沙较少，缩短了水库的拦沙寿命[43]。

2. 调水调沙动力不足[16]

当前黄河中游干流除小浪底水库外，较大的水库主要有万家寨水库和三门峡水库。其中万家寨水库蓄水量有限，距离小浪底水库约 1100km，洪水传播到小浪底水库的时间为 5 天左右，即便人工塑造洪水过程，也会在中途发生坦化，调控能力有限。而三门峡水库汛期（截至 2020 年汛前）控制运用水位 305m 以下的库容为 0.49 亿 m^3，汛期可为小浪底水库补充的水量非常有限。由于中游水库调节能力小，人造洪水补充后

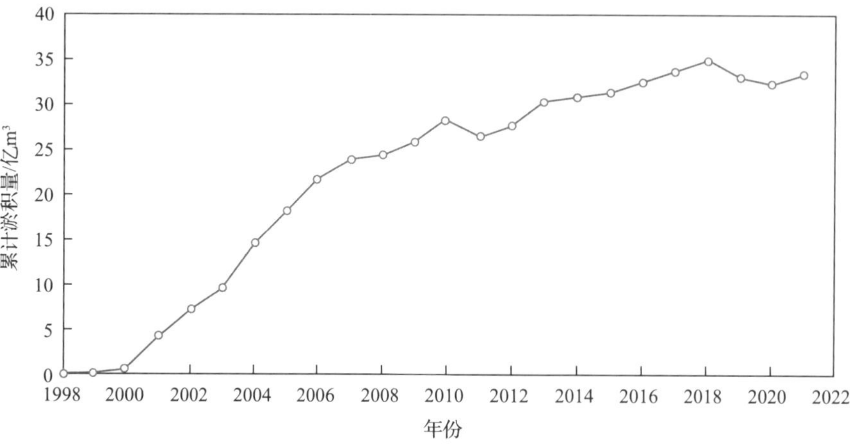

图 17.19　小浪底水库泥沙累计淤积量曲线

续动力的能力十分有限，导致小浪底入库洪水动力不足，水库异重流排沙时间短、排沙效率低甚至中途溃散[16]。

3. 年均可调水调沙天数减少

以潼关水文站为例，1960~1986 年汛期流量大于 2600m³/s 的年均天数为 39.1 天，相应水量为 126.1 亿 m³，沙量为 6.1 亿 t，含沙量为 48.4kg/m³；汛期连续 4 天流量大于 2600m³/s 的天数为 26.2 天，相应水量为 85.6 亿 m³，沙量为 3.4 亿 t，含沙量为 39.7kg/m³（表 17.4）。2000 年以后，潼关水文站汛期流量大于 2600m³/s 的天数大幅减少，年均天数仅为 7.4 天，相应水量为 20.7 亿 m³，沙量为 0.3 亿 t，含沙量为 14.5kg/m³；汛期连续 4 天流量大于 2600m³/s 的天数为 6.2 天，相应水量为 17.6 亿 m³，沙量为 0.2 亿 t，含沙量为 11.4kg/m³。这表明，2000 年以后有利于库区排沙和下游河道输沙的大流量天数大幅减少，与 1986 年以前相比，汛期流量大于 2600m³/s 的天数减少 81%，连续 4 天流量大于 2600m³/s 的天数减少 76.3%，导致小浪底水库降低水位冲刷的机遇非常少见。

表 17.4　潼关水文站汛期流量大于 2600m³/s 的水沙特征

指标	汛期流量大于 2600m³/s		连续 4 天流量大于 2600m³/s	
	1960~1986 年	2000~2018 年	1960~1986 年	2000~2018 年
天数/天	39.1	7.4	26.2	6.2
水量/亿 m³	126.1	20.7	85.6	17.6
沙量/亿 t	6.1	0.3	3.4	0.2
含沙量/(kg/m³)	48.4	14.5	39.7	11.4

本章撰写人：吴保生　钟德钰　张红武　段文龙　王彦君　景来红　张青青　石旭芳

参考文献

[1] 黄河三门峡水利枢纽志编撰委员会. 黄河三门峡水利枢纽志. 北京: 中国大百科全书出版社, 1993.

[2] 三门峡水库运用经验总结项目组. 黄河三门峡水利枢纽运用研究论文集. 郑州: 河南人民出版社, 1994.

[3] 吴保生, 郑珊. 河床演变的滞后响应理论与应用. 北京: 中国水利水电出版社, 2015.

[4] 杨庆安, 龙毓骞, 缪凤举. 黄河三门峡水利枢纽运用与研究. 郑州: 河南人民出版社, 1995.

[5] Kondolf G M, Gao Y, Annandale G W, et al. Sustainable sediment management in reservoir sand regulate drivers: Experiences from five continents. Earth's Future, 2014, 2(5): 256-280.

[6] Morris G L, Fan J H. Reservoir Sedimentation Handbook. New York: McGraw-Hill, 1997.

[7] 谢金明, 吴保生, 刘孝盈. 水库生命周期管理理念及对我国水库泥沙淤积管理的启示. 水利水电科技进展, 2011, 31(1): 20-25.

[8] Wu B S, Wang G Q, Xia J Q. Case study:Delayed sedimentation response to inflow and operation sat Sanmenxia Dam. Journal of Hydraulic Engineering, ASCE, 2007, 133(5): 482-494.

[9] 程龙渊, 刘栓明, 肖俊法, 等. 三门峡库区水文泥沙试验研究. 郑州: 黄河水利出版社, 1999.

[10] 胡春宏, 陈建国, 郭庆超. 三门峡水库淤积与潼关高程. 北京: 科学出版社, 2008.

[11] 侯素珍, 郭秀吉, 胡恬. 三门峡水库运用水位对库区淤积分布的影响. 泥沙研究, 2019, 44(6): 14-18.

[12] 黄河水利委员会科技外事局, 三门峡水利枢纽管理局. 三门峡水利枢纽运用四十周年论文集. 郑州: 黄河水利出版社, 2001.

[13] 陕西省三门峡库区管理局, 陕西省水利学会三管局分会. 陕西三门峡库区防洪暨治理学术研讨会论文选编. 郑州: 黄河水利出版社, 2000.

[14] 吴保生, 王光谦, 王兆印, 等. 来水来沙对潼关高程的影响及变化规律. 科学通报, 2004, 49(14): 1461-1465.

[15] 吴保生, 郑珊, 沈逸. 三门峡水库冲淤与“318运用”的影响. 水利水电技术, 2020, 51(11): 1-12.

[16] 张金良, 鲁俊, 韦诗涛, 等. 小浪底水库调水调沙后续动力不足原因和对策. 人民黄河, 2021, 43(1): 5-9.

[17] 黄河勘测规划设计研究院有限公司. 小浪底水库拦沙期防洪减淤运用方式研究报告. 郑州, 2013.

[18] 王彦君, 吴保生, 申冠卿. 1986-2015 年小浪底水库运行前后黄河下游主槽调整规律. 地理学报, 2019, 74(11): 2411-2427.

[19] 陈琳. 小浪底水库运用后黄河下游水沙变化及河道冲淤演变. 北京: 中国水利水电科学研究院, 2017.

[20] 陈翠霞, 卢嘉琪, 吴默溪, 等. 基于下游河道中水河槽维持的小浪底水库运用方式研究. 人民黄河, 2021, 43(11): 35-39.

[21] 衡勇. 小浪底水库运用以来黄河下游封丘河段再造床过程及对策研究. 郑州: 华北水利水电大学, 2019.

[22] 王士强, 刘金梅, 钟德钰. 小浪底水库运用方式讨论. 人民黄河, 1999, 21(10): 1-4, 43.

[23] 王士强, 钟德钰, 刘金梅. 冲积河流泥沙基本与实际问题研究. 北京: 清华大学出版社, 2018.

[24] 齐璞, 刘月兰, 李世滢, 等. 黄河水沙变化与下游河道减淤措施. 郑州: 黄河水利出版社, 1997.

[25] 钱意颖, 曲少军, 曹文洪, 等. 黄河泥沙冲淤数学模型. 郑州: 黄河水利出版社, 1998.

[26] 黄委会勘测规划设计研究院. 小浪底水库初期防洪减淤运用关键技术研究. 郑州, 2002.

[27] 黄委会勘测规划设计研究院. 小浪底水库初期运用方式研究报告(讨论稿). 郑州, 1999.

[28] 黄委会. 黄河调水调沙理论与实践. 郑州: 黄河水利出版社, 2013.

[29] 李立刚, 陈洪伟, 李占省, 等. 小浪底水库泥沙淤积特性及减淤运用方式探讨. 人民黄河, 2016, 38(10): 40-42.

[30] 黄河勘测规划设计研究院. 黄河小浪底水利枢纽初步设计报告. 郑州, 1988.

[31] 钱意颖. 黄河泥沙冲淤数学模型. 郑州: 黄河水利出版社, 1998.

[32] 齐璞. 黄河水沙变化与下游河道减淤措施. 郑州: 黄河水利出版社, 1999.

[33] 清华大学水利水电工程系, 黄委会勘测规划设计研究院. 小浪底水库拦沙后期减淤运用分析研究, 2004.

[34] 佚名. 黄河小浪底 3 年排沙 13 亿 t 大大延长水库拦沙库容使用年限. 大坝与安全, 2020, (5): 30.

[35] 姚文艺, 高航, 冷元宝, 等. 黄河下游河道萎缩成因分析. 自然灾害学报, 2007, (4): 13-20.

[36] 费祥俊, 吴保生. 黄河下游高含沙水流基本特性与输沙能力. 水利水电技术, 2015, 46(6): 59-66.

[37] 付春兰, 李庆银, 李倩. 小浪底水库运用前后黄河下游水流沙的变化分析//中国水利学会. 中国水利学会 2015 学术年会论文集(上册). 南京: 河海大学出版社, 2015.

[38] 李晓宇, 李焯, 郭银. 小浪底水库 2018 年主汛期防洪预泄排沙效果分析. 人民黄河, 2019, 41(12): 13-15, 19.

[39] 王婷, 李小平, 曲少军, 等. 前汛期中小洪水小浪底水库调水调沙方式. 人民黄河, 2019, 41(5): 47-50, 66.

[40] Zhang M, Huang H, Carling P, et al. Sedimentation of overbank floods in the confined complex channel-floodplain system of the Lower Yellow River, China. Hydrological Processes, 2017, 31: 3472-3488.

[41] 张原锋, 申冠卿. 黄河下游高含沙洪水河床形态及调控指标. 泥沙研究, 2017, 42(5): 25-30.

[42] 齐璞, 孙赞盈, 齐宏海. 小浪底水库建成后黄河下游防洪形势变化研究. 科学, 2019, 71(3): 4, 38-42.

[43] 王婷, 王远见, 曲少军, 等. 小浪底水库运用以来库区泥沙淤积分析. 人民黄河, 2018, 40(12): 1-3, 20.

第十八章

古贤、碛口水库规划

古贤水利枢纽位于晋陕峡谷末端附近，龙门水文站上游 72.5km 处，上距碛口坝址 235km，下距壶口瀑布和禹门口铁桥分别为 10km 和 75km。坝址左岸为山西省吉县，右岸为陕西省宜川县，控制流域面积 49.0 万 km^2。碛口水利枢纽位于黄河北干流中部，坝址左岸为山西省临县，右岸为陕西省吴堡县，上距河口镇 422km，控制流域面积 43.1 万 km^2。

2013 年国务院批复的《黄河流域综合规划》[1]提出碛口、古贤工程均为黄河七大骨干水沙调控体系工程之一（图 18.1），是控制黄河北干流洪水、泥沙的关键性工程[2-6]，与小浪底水库联合调水调沙具有天然的地理优势，在黄河水沙调控体系中具有承上启下的战略地位[7-10]，开发任务以防洪减淤为主，兼顾发电、供水和灌溉等综合利用[11-14]。

图 18.1　黄河水沙调控体系工程分布

第一节　河段概况

一、地形地貌

黄河中游河口镇—禹门口河段（也称大北干流河段）为 725km 的连续峡谷，河段落差 607m，平均比降为 8.4‰。两岸多为悬崖陡壁，河谷深切，崖壁高出水面数十米至一二百米（图 18.2），河谷底宽一般为 400~600m。壶口瀑布位于峡谷出口以上约 65km 处。区间流域面积约 11 万 km^2，其中多沙粗沙区面积 5.99 万 km^2，流域面积大于 1000km^2 的支流有 22 条，多数流经水土流失严重的黄土丘陵沟壑区，区间来沙占全河泥沙的 56%，是黄河泥沙特别是粗泥沙的主要来源区。

图 18.2　黄河大北干流河段地形地貌

二、水文气象

吴堡水文站和龙门水文站分别为碛口水库和古贤水库的代表站，统计两个站的实测水沙特征值见表 18.1。吴堡站 1919~2018 年实测多年平均径流量为 254.3 亿 m^3，多年平均输沙量为 4.46 亿 t，含沙量为 17.56kg/m^3。龙门水文站 1919~2018 年实测多年平均径流量为 279.7 亿 m^3，多年平均输沙量为 7.61 亿 t，含沙量为 27.23kg/m^3。

表 18.1　吴堡站和龙门站实测水沙特征值统计表

站点	时段	水量/亿 m^3			沙量/亿 t			含沙量/(kg/m^3)		
		汛期	非汛期	年	汛期	非汛期	年	汛期	非汛期	年
吴堡站	1919~1959 年	178.0	115.1	293.1	5.22	0.84	6.06	29.36	7.33	20.71
	1960~1986 年	159.4	122.2	281.6	4.59	0.78	5.37	28.80	6.39	19.08
	1987~1999 年	73.5	106.7	180.2	2.16	0.66	2.81	29.32	6.14	15.60
	2000~2018 年	78.0	104.6	182.6	0.68	0.17	0.85	8.71	1.60	4.64
	1919~2018 年	140.4	113.9	254.3	3.79	0.67	4.46	27.01	5.91	17.56
龙门站	1919~1959 年	196.7	128.7	325.4	9.35	1.25	10.60	47.53	9.73	32.58
	1960~1986 年	173.1	134.2	307.3	7.50	0.99	8.49	43.30	7.35	27.60
	1987~1999 年	86.8	118.6	205.4	4.38	0.93	5.31	50.46	7.85	25.85
	2000~2018 年	83.3	109.1	192.4	1.26	0.25	1.51	15.09	2.32	7.85
	1919~2018 年	154.5	125.2	279.7	6.67	0.95	7.61	43.14	7.58	27.23

黄河古贤坝址以上流域属大陆性季风气候。冬季受蒙古高压控制，气候寒冷干燥，雨雪稀少，多西北风；夏季西太平洋副热带高压增强北移，自印度洋和南海北部湾带来大量水汽，流域大部分受西太平洋副热带高压的影响，降水量随之增多。由于流域广阔，降水量不仅季节分配不均，年际变化大，而且地区分布也极不平衡。据多年降水量均值分布图，其分布是自东南向西北递减，年降水量从 800mm 减小到 200mm，南北相差约 4 倍。400mm 等雨量线的走向是自内蒙古的托克托，经榆林、靖边、环县、定西、兰州绕祁连山过循化至玛多，该线以南年平均降水量向东南递增，该线以北年降水量向西北递减，内蒙古河套一带年平均降水量 150mm。河口镇至古贤坝址区间，降水量主要集中于 7~8 月。降水量的年际变化，从历年最大、最小年降水量比较，多雨年降水量可达少雨年降水量的 3~4 倍，流域北部的少雨地区年最大、最小降水量相差可达 7~10 倍。

流域内蒸发量从南向北递增，多年平均蒸发量为 800~1200mm，沙漠地区可达 1600~1800mm。流域内气温西部低于东部，北部低于南部，高山区低于平原区。年内气温以 7 月最高，大部分地区为 20~29℃；1 月平均气温最低，大部分地区在 0℃以下。

古贤坝址多年平均气温 10.4℃，极端最高气温为 39.7℃（2005 年 6 月 22 日），极端最低气温为−21.3℃（2002 年 12 月 26 日）。多年平均降水量 496.2mm，其中 7~9 月降水量占全年的59%，多年平均蒸发量1702mm，最大风速23.2m/s。

三、区域经济社会情况

古贤、碛口水利枢纽工程坝址河段右岸为陕西省，左岸为山西省。煤炭资源遍布两省广大地区，煤质优，储量丰富，铁、铝等金属矿藏开采潜力也很大。在国家西部大开发战略的推动下，陕西省将大力发展以西安为中心的关中地区高新技术产业带，加快陕北能源重化工基地建设，将陕西建成全国重要的装备工业、国防军工、能源工业基地。山西省将抓住国家积极推进对老工业基地改造的机遇，在煤炭、冶金、化工、机械、建材等行业，有重点、分层次地改造一批骨干企业，提高工艺水平和装备水平；积极发展投资少、周期短、见效快的轻工业；大力振兴以重矿机械、机电一体化为主的装备制造业。

晋陕豫黄河金三角地区位于山西、陕西、河南三省交界地带的黄河沿岸，包括运城市、临汾市、渭南市和三门峡市，面积5.78万km^2。黄河金三角处于我国中西部结合带和欧亚大陆桥重要地段，是实施西部大开发战略和促进中部地区崛起战略的重点区域，在我国区域发展格局中具有重要地位。

古贤、碛口水库可为黄河北干流沿岸的能源重化工基地和城乡生活、工农业发展提供水源保障，为晋陕两省电网提供调峰容量和清洁能源，其开发建设将对区域经济社会发展起到重要的促进作用。

第二节　北干流河段开发规划

一、河段治理开发规划历程

1954年《黄河综合利用规划技术经济报告》[15]首次提出在黄河干流修建46级水利枢纽，天桥—碛口河段规划为前北会、佳县、罗峪口、碛口四级开发。1990年《黄河治理开发规划报告》[16]提出了以龙羊峡、刘家峡、大柳树、碛口、龙门、三门峡和小浪底7座大型控制性骨干工程为主体的综合利用体系。1993年《黄河北干流碛口—禹门口河段梯级开发规划修订报告》[17]：从有利于保留国家已经确定的重点风景名胜区壶口瀑布，加快河段治理开发进程综合考虑，推荐碛口—禹门口河段梯级工程布局为古贤高坝大库和甘泽坡水利枢纽所组成的二级开发方案。1997年《黄河治理开发规划纲要》[18]首次提出龙羊峡、刘家峡、大柳树、碛口、古贤、三门峡和小浪底 7 座控制性骨干工程构成黄河水沙调控体系的主体。2001 年《黄河近期重点治理开发规划》[19]明确了古贤水利枢纽在黄河下游防洪减淤工程体系中的重要地位，并肯定了碛口水库是黄河水沙调控体系 7 大骨干工程之一。2008 年《黄河流域防洪规划》[20]进一步明确了古贤水利枢纽的功能定位和任务，即以防洪减淤为主，综合利用。2013 年《黄河流域综合规划》提出以干流的龙羊峡、刘家峡、黑山峡、碛口、古贤、三门峡、小浪底等骨干水利枢纽为主体，以干流的海勃湾、万家寨水库为补充，与支流的陆浑、故县、河口村、东庄等控制性水库共同构成完善的黄河水沙调控工程体系，明确指出古贤水库和碛口水库开发任务以防洪减淤为主，兼顾发电、供水和灌溉等综合利用，提出 2020 年前后建成古贤水利枢纽，2050 年前后建成碛口水利枢纽。

二、河段开发的功能定位

河口镇至禹门口河段是黄河洪水、泥沙特别是粗泥沙的主要来源区，该河段水能资源较丰富，两岸煤炭资源富集，是我国重要的能源重化工基地。该河段应加强多沙粗沙区的水土流失综合治理，在支流上建设拦沙工程体系，在干流建设骨干水库拦减黄河泥沙特别是粗泥沙[21-25]，控制洪水、调控水沙，减轻中下游河道淤积，合理开发水力资源，为两岸能源基地、城镇生活、工业及农业供水。

三、古贤、碛口工程开发任务

古贤、碛口水利枢纽是黄河水沙调控体系的骨干枢纽工程，是控制黄河北干流洪水、泥沙的关键性工程，与小浪底水库联合调水调沙具有天然的地理优势，在黄河水沙调控体系中具有承上启下的战略地位，开发任务以防洪减淤为主，兼顾发电、供水和灌溉等综合利用。

第三节　工程规划及设计

一、古贤水利枢纽工程

古贤水库规划正常蓄水位 627.0m，死水位为 588.0m。水库总库容 129.42 亿 m^3，拦沙库容 93.42 亿 m^3。电站装机容量 2100MW。

古贤水利枢纽工程主要建筑物包括：碾压混凝土重力坝（见效果图 18.3）；结合坝身布置 8 个排沙底孔、4 个泄洪中孔和 3 个溢流表孔及其配套设置的坝下 3 组消能防冲水垫塘，安装 6 台水轮发电机组、总装机规模 2100MW 的坝后地面厂房及其发电引水系统，电站右侧、安装间下布置冲沙孔及其下游底流消力池消能防冲系统，左右岸坝段布置 2 个灌溉供水取水口。

图 18.3　古贤水利枢纽大坝效果示意图

古贤水库库区回水长度为 202km，影响晋陕两省 5 市 13 县 39 乡，影响总人口 1.51 万人。工程建设征地影响土地总面积 34.24 万亩，工程建设征地影响房屋面积 92.01 万 m^2。

按 2021 年第三季度价格水平编制投资估算，古贤水利枢纽工程静态总投资约为 570 亿元。

二、碛口水利枢纽工程

碛口水库规划正常蓄水位 785m，死水位为 745m。总库容 125.7 亿 m^3，电站装机容量 1800MW。

碛口水利枢纽由混凝土面板堆石坝（图 18.4）、泄洪洞、排沙洞、溢洪道、引水发电洞、地面厂房及开关站组成。混凝土面板堆石坝坝顶高程 791.5m，最大坝高 143.5m，坝顶宽度 12.0m。泄水建筑物包括 2 条泄洪洞、3 条排沙洞和 1 座开敞式溢洪道。引水发电建筑物包括引水渠、进水塔、6 条引水发电洞、电站厂房和尾水渠等。

电站厂房位于坝下左岸，地面厂房，6 台单机容量 300MW 的水轮发电机组。

图 18.4　碛口水利枢纽大坝效果示意图

水库淹没影响区涉及陕西、山西两省 3 个地区 7 个县 35 个乡镇，淹没影响总人口 8.93 万人，淹没影响土地面积 48.51 万亩。

枢纽施工总工期 8 年，筹建期 2 年。

第四节　工程作用

一、古贤水利枢纽工程

古贤水利枢纽是黄河水沙调控体系的骨干枢纽工程，在黄河水沙调控体系中处于承上启下的战略地位，具有显著的经济、社会、环境和生态效益，在黄河流域生态保护和高质量发展中具有不可替代的重要作用。

（一）防洪减淤

古贤水库控制了黄河龙门以上的洪水和泥沙，水库拦沙库容 93.42 亿 m^3，可拦沙 121.45 亿 t，水库通过拦沙，和小浪底水库联合调水调沙运用，可改善下游的水沙关系，减缓下游河道泥沙淤积，维持中水河槽过流能力。按黄河多年平均来沙 8 亿 t 估算，在设计水沙条件下，水库运行 60 年可减少下游河道淤积 71.82 亿 t，黄河下游

4000m^3/s 以上中水河槽可维持 50 年以上。

通过调控黄河北干流洪水，削减三门峡水库入库洪水，降低三门峡水库滞洪水位 3.18~6.17m，减少三门峡库区大洪水滞蓄洪水时滩库容损失 57%~83%，50 年一遇以下洪水，三门峡库区洪水基本不上滩，有利于长期维持三门峡水库削减下游洪水能力，同时减轻洪水对三门峡库区返库移民的威胁，降低黄河洪水倒灌渭河下游的风险，基本解决小北干流河段的凌汛灾害问题。

通过拦沙和调水调沙运用，使小北干流河段发生持续冲刷，潼关高程最大下降 2.15~2.76m，拦沙结束后通过调水调沙改善水沙关系，在一定程度上改变潼关高程居高不下的局面，也有利于渭河下游的防洪。

通过对水沙搭配的重新塑造，可以为小北干流放淤创造有利条件，可提高粗泥沙的放淤比例，进一步改善黄河的水沙关系，减轻下游河道和库区的淤积，发挥更大的减淤作用。

近 20 年来，黄河流域水沙情势出现了一些明显的变化，黄河实测径流量、来沙量均明显减少，且来沙量的减少幅度更大。当前，黄河流域生态保护和高质量发展面临新的形势和新的任务，鉴于古贤、碛口工程对保障黄河长治久安、保护黄河流域生态和高质量发展具有极其重要的战略地位，古贤、碛口工程的水沙设计应着眼百年甚至更长的视野和更高的治黄要求，留有足够余地，保证重大工程举措立于不败之地。若未来较长一段时期内黄河水沙情势持续向好（有研究成果提出未来黄河年来沙量可能在 3 亿 t 左右），则具有强大调控能力的古贤、碛口等重大工程的调度运用将会更加从容，发挥作用的年限更长，为保障黄河长治久安发挥更大、更持久的作用。

（二）供水和灌溉

古贤水利枢纽工程可以向黄河北干流两岸陕西、山西两省供水区工业和城乡生活提供水源保障。

古贤水利枢纽在坝上两岸预留引水口，在地方供水干渠等配套工程建成后，将实现坝上自流取水，解决了目前扬黄工程供水水源不稳定、保证率低、抽水成本高等问题，将从根本上改善两岸供水灌溉条件，对区域水资源配置及促进地区经济社会的可持续发展发挥重要作用。即使在地方配套工程生效前，通过古贤水库的径流调节作用，也可促使河势稳定，枯水期流量增加，改善扬黄工程的引水条件，提高供水保证率。

南水北调西线工程生效前，按黄河“八七”分水方案和用水总量控制指标控制，古贤水库向晋陕两省供水区总供水量可达 28.75 亿 m^3。南水北调西线工程生效后，古贤水库可向两岸供水区供水约 35.28 亿 m^3，远期视水资源条件和供水区分水指标情况，供水量可进一步提高。

（三）发电

古贤水电站位于陕西省、山西省的负荷中心附近，具有较大的库容，调节性能好，装机容量 2100MW，正常运用期多年平均发电量 56.45 亿 kW·h，可提供优质的电力、电量和调峰容量，对缓解两省电网调峰矛盾非常重要，对减少环境污染也有重要意义。同时以水力发电站为依托，建设多能互补清洁能源基地，带动风力发电、光伏发电等绿色能源发展，对实现碳达峰碳中和目标具有重要意义。

二、碛口水利枢纽工程

考虑碛口水库 2050 年生效，碛口水库与古贤、小浪底等水利枢纽工程联合运用，对协调水沙关系、优化配置水资源具有重要作用。碛口水库运用可直接减少进入古贤水库、三门峡水库和小浪底水库的泥沙，减少水库和中下游河道淤积。

（一）防洪减淤作用

碛口水库对河道的防洪减淤作用主要表现在减少小北干流河段干流河道的淤积和黄河下游河道的淤积。

碛口水库总库容 125.7 亿 m^3，拦沙库容 110.8 亿 m^3，可拦沙 144 亿 t，有效减少进入下游河道的泥沙。在小浪底水库需要排沙恢复调水调沙库容时，碛口水库与古贤水库联合塑造适合于小浪底水库排沙和下游河道输沙的大流量、长历时的水沙过程，冲刷小浪底库区淤积的泥沙。

按照黄河年来沙 8 亿 t 估算，根据古贤水库 2030 年、碛口 2050 年生效方案，古贤水库生效时，小浪底水库已淤满，古贤水库拦沙库容使用年限达 56 年。计算期 100 年末碛口水库拦沙库容尚未淤满，小北干流河道累计冲刷量为 5.45 亿 t，将在一个较长时期内扭转河道持续淤积的被动局面，潼关高程冲刷降低 3.26m，减少小北干流河道淤积 61.11 亿 t，减少黄河下游河道淤积达 131.09 亿 t。

（二）发电作用

碛口水电站装机容量 1800MW，多年平均发电量为 45.3 亿 kW·h，可替代火电装机容量 1980MW。碛口水电站建成后，可承担晋陕两省乃至华北电网的部分调峰任务，提高电力系统运行的经济可靠性，有力促进两岸地区的经济发展。

（三）供水作用

碛口水库调节库容 27.9 亿 m^3，供水区主要是山西省太原市和陕西省榆林地区工农业、生活用水，其供水作用主要体现在增加供水区供水和改善引水条件。

本章撰写人：张金良　李福生　陈翠霞　高　兴

参考文献

[1] 水利部黄河水利委员会. 黄河流域综合规划(2012—2030 年). 郑州: 黄河水利出版社, 2013.

[2] 胡春宏, 陈建国, 陈绪坚. 论古贤水库在黄河治理中的作用. 中国水利, 2010, (18): 1-5.

[3] 万占伟, 李福生. 古贤水库建设的紧迫性和建设时机. 人民黄河, 2013, 35(10): 33-35.

[4] 王煜, 安催花, 李海荣, 等. 黄河水沙调控体系建设关键问题研究. 人民黄河, 2012, 34(10): 17, 18.

[5] 张金良, 索二峰. 黄河中游水库群水沙联合调度方式及相关技术. 人民黄河, 2005, 27(7): 3.

[6] 张金良. 黄河中游水库群水沙联合调度所涉及的范畴. 人民黄河, 2005, 27(9): 17-20.

[7] 万占伟, 刘继祥, 李福生. 古贤水库与小浪底水库联合运用研究. 人民黄河, 2013, 35(10): 36-39.

[8] 张金良, 鲁俊, 韦诗涛, 等. 小浪底水库调水调沙后续动力不足原因和对策. 人民黄河, 2021, 43(1): 5-9.

[9] 王煜, 安催花, 李海荣, 等. 黄河水沙调控体系规划关键问题研究. 人民黄河, 2013, 35(10): 23-32.

[10] 张金良, 练继建, 张远生, 等. 黄河水沙关系协调度与骨干水库的调节作用. 水利学报, 2020, 51(8): 897-905.

[11] 李永亮, 张金良, 魏军. 黄河中下游水库群水沙联合调控技术研究. 南水北调与水利科技, 2008, 6(5): 56-59.

[12] 水利部黄河水利委员会. 黄河调水调沙理论与实践. 郑州: 黄河水利出版社, 2013.

[13] 张金良. 黄河水沙联合调控关键问题与实践. 北京: 科学出版社, 2019.

[14] 焦恩泽, 江恩惠, 张清. 古贤水库效益评估和相关问题探讨. 人民黄河, 2011, 33(2): 4-9.

[15] 水利部黄河水利委员会. 黄河综合利用规划技术经济报告. 郑州, 1954.

[16] 水利部黄河水利委员会. 黄河治理开发规划报告. 郑州, 1990.

[17] 水利部黄河水利委员会勘测规划设计院. 黄河北干流碛口—禹门口河段梯级开发规划修订报告. 郑州, 1993.

[18] 水利部黄河水利委员会. 黄河治理开发规划纲要. 郑州: 黄河水利出版社, 1997.
[19] 水利部黄河水利委员会. 黄河近期重点治理开发规划. 郑州: 黄河水利出版社, 2001.
[20] 水利部黄河水利委员会. 黄河流域防洪规划. 郑州, 2008.
[21] 张金良. 黄河调水调沙实践. 天津大学学报, 2008, 41(9): 6.
[22] 徐国宾, 张金良, 练继建. 黄河调水调沙对下游河道的影响分析. 水科学进展, 2005, 16(4): 518-523.
[23] 张金良. 黄河治理若干科学技术问题研究. 北京: 科学出版社, 2019.
[24] 陈翠霞, 安催花, 罗秋实, 等. 黄河水沙调控与效果. 泥沙研究, 2019, 44(2): 69-74.
[25] 万占伟, 罗秋实, 郭选英. 黄河调水调沙有关问题的探讨. 华北水利水电学院学报, 2012, 33(3): 37-39.

第十九章

黑山峡河段开发规划

黄河黑山峡河段地处黄河“几”字弯上段，是黄河上游最后一个可以修建高坝大库的峡谷河段，在黄河治理开发中具有承上启下的战略地位。2013 年国务院批复的《黄河流域综合规划》提出，黑山峡河段工程是黄河七大骨干水沙调控体系工程之一（图 18.1），可赋予协调水沙关系、防凌防洪、全河水资源合理配置、供水、蓄能发电等任务。

第一节　河段概况

一、地形地貌

黄河黑山峡河段位于黄河上游甘肃、宁夏交界处，起始于甘肃省靖远县大庙，在宁夏中卫县小湾出峡谷，河段长约 185km。河段位于我国准地槽区祁连山准地槽西东端北部，处于我国两大地势阶梯地形间的第二阶梯，地势西高东低，由西北向东南倾斜。其中，河段前半段流经黄土丘陵地区，形成较为宽阔的河谷，河谷内发育有二级至四级阶地；自老龙湾以下的后半段流经石质山区，河谷狭窄，水流湍急。黄河乌金峡至黑山峡河段出口长 255km，落差 187m，平均比降 0.74‰，是上游龙羊峡至青铜峡河段至今尚未开发的河段，大体分为四个段落（图 19.1）。

靖远川河段，位于甘肃白银市平川区陡城镇以上，河段河面开阔，黄河阶地发育。其中，靖远川地处黄河一级、二级阶地上，川地长度为 22km，宽度为 3~6km，周边为二级阶地环抱（图 19.2）。

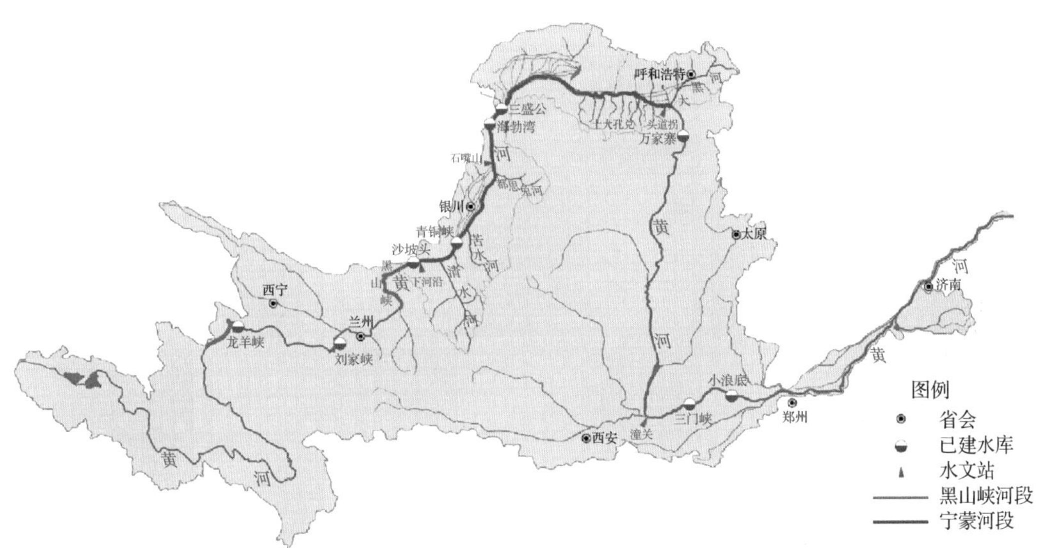

图 19.1　黄河黑山峡河段位置示意图

图 19.2　黄河靖远川河段两岸

红山峡河段，自陡城镇至吊吊坡，长为 89km。河段沿岸主要为红色岩层组成的侵蚀和剥蚀的单面山，相对高差为 100~300m，两岸极不对称。其中，凸岸洪冲积扇形阶地发育，凹岸则形成陡崖。老龙湾是峡谷最为开阔的河段，两岸低阶地延伸较远，形成峡谷中的小川地（图 19.3）。

五佛川河段，自吊吊坡至靖远县兴隆乡大庙村，河段全长 30km。沿河川道地宽 0.5~5km，主要由高漫滩和一级阶地组成，川地周边则为中低山环抱（图 19.4）。

黑山峡河段，自甘肃省靖远县兴隆乡大庙村至宁夏回族自治区中卫市沙坡头区甘塘镇孟家湾村，河段全长 71km。沿河两岸山势陡峭，河谷窄深，一般呈“V”形谷，平水期河面宽度 100~200m，两岸山坡 40°~70°，相对高差 300m 以上，是黄河上游最后一个可以建设高坝大库的峡谷河段，黑山峡因河道蜿蜒曲直，峡谷窄深，两岸山崖嵯峨峻奇，且呈黑色而得名（图 19.5）。

图 19.3　黄河红山峡河段两岸

图 19.4　黄河五佛川河段两岸

图 19.5　黄河黑山峡河段两岸

二、水文气象

以河段出口下河沿水文站为代表站，黑山峡河段以上黄河流域面积 25.4 万 km^2，占全河流域总面积的 33.7％[图 19.6（a）]。多年平均天然年径流量 331 亿 m^3（1956~2000 年），约占全河水量的 62%[图 19.6（b）]，是黄河径流的主要来源区。

黑山峡河段所处区域在贺兰山以东，受太平洋副热带高压控制，为大陆性季风气候；其他大部分地区气候主要受蒙古高压、大陆气团控制，为典型的内陆气候。该区大部分地区全年日照数在 2800h 以上，是我国日照时数最长的地区之一。该区年平均气温水平分布差异不大，因地势高低影响约有 2℃之差，年平均气温为 7.5~8.5℃，7 月最高气温 38~42℃，1 月最低可达−36℃。

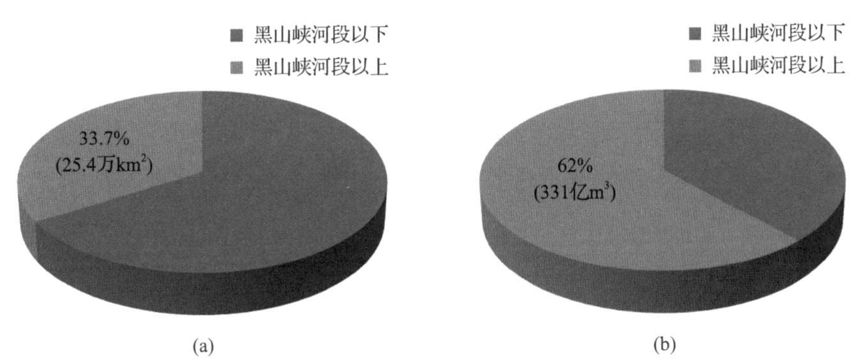

图 19.6　黑山峡以上河段流域面积占比图（a）和多年平均径流量占比图（b）

黑山峡河段区内水资源量少质差，可利用水资源总量 42.04 亿 m^3，其中地表水可利用量 18.46 亿 m^3，地下水可利用量 23.58 亿 m^3，加之有效降水很少，属典型的资源性缺水地区。青铜峡以上河段基本满足Ⅲ类水要求，青铜峡至石嘴山河段分布有大量排水沟，且水质整体较差，基本为劣Ⅴ类，进入黄河干流后，石嘴山、磴口水质超标，基本为Ⅳ类。

三、区域经济社会情况

黑山峡河段区域由于历史、自然条件等原因，经济社会发展相对滞后，与东部地区相比存在明显的差距。近年来，随着西部大开发战略、呼包银榆经济区、陕甘宁革命老区振兴等规划的实施，国家把西部开发始终置于优先选项，使该区域经济社会得到快速发展。

河段上游的龙羊峡至下河沿川峡相间，水力资源集中，是黄河水能资源开发的重点和我国重要的水电基地，已建梯级电站 20 余座（图 19.7）。河段下游下河沿至河口

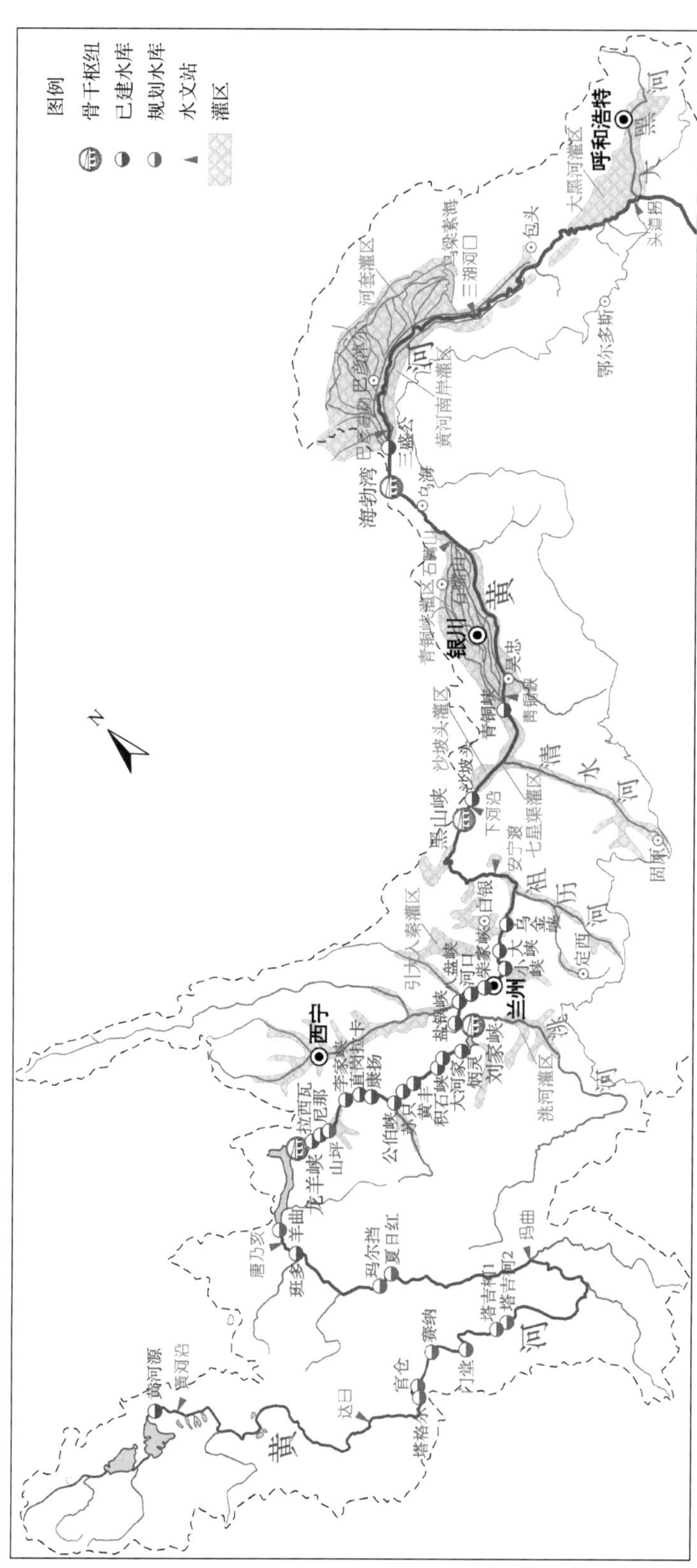

图19.7 黄河上游梯级电站与灌区分布

镇范围的宁蒙引黄灌区，农业生产历史悠久，两岸煤炭等能源资源富集，是我国重要的农业生产基地和重要的能源重化工基地，也是流域防洪防凌及灌溉、供水的重点。

第二节　黑山峡河段开发规划与开发任务

一、河段治理开发规划历程

1952 年，燃料工业部水电总局与黄河水利委员会开始进行有关工作，1953 年提交了《黄河贵—宁（贵德至中宁）段勘察报告》[1]。1954 年，黄河规划委员会提出《黄河综合利用规划技术经济报告》[2]，1955 年全国人大一届二次会议通过了《关于根治黄河水害和开发黄河水利的综合规划的决议》，首次确定了黑山峡河段开发方案（即在小观音建高坝、大柳树建低坝），随后开始了黄河黑山峡（小观音）水电站的勘测设计工作。1974 年，国家计划委员会将“甘肃靖远黑山峡水电站”列为新建建设项目，1975 年水电部第四工程局进驻现场开始施工准备。后因故工程停建，重新进行河段开发方式论证至今。

回顾黑山峡河段开发规划历程，在 1954 年之后的几次大的黄河流域综合规划中都对黑山峡河段开发进行了规划。1997 年国家计划委员会、水利部联合组织审查的《黄河治理开发规划纲要》[3]提出，在干流梯级工程布局方面，龙羊峡以下河段由 1954 年规划的 46 座梯级调整为 36 座梯级，其中龙羊峡、刘家峡、黑山峡、碛口、古贤、三门峡和小浪底 7 大控制性骨干工程为综合利用枢纽工程。2001 年国务院以国函〔2002〕61 号批复的《黄河近期重点治理开发规划》[4]，明确了黑山峡河段工程是黄河上游最后一级控制性骨干工程。2013 年国务院以国函〔2013〕34 号批复的《黄河流域综合规划（2012—2030 年）》[5]指出，“对于黑山峡河段可规划赋予协调水沙关系、防凌防洪、全河水资源合理配置、供水和发电等任务，但由于该河段开发工程建设、移民、生态环境影响等方面问题较为复杂，下阶段应在科学论证、综合比选的基础上合理确定开发任务。”鉴于黑山峡河段开发中的一些关键问题尚未形成共识，要“继续深入做好相关研究论证工作，从长计议，周密比选，科学决策。”

围绕黑山峡河段开发，先后提出了多个开发方案。代表性方案有三种，即一级开发方案、二级开发方案、四级开发方案。一级开发方案是在宁夏境内大柳树坝址处（图 19.8）建设高坝。二级开发方案是在甘宁交界处甘肃境内小观音坝址处建设高坝，同时在宁夏境内建设低坝。四级径流电站开发方案，是在甘肃境内修建小观音、五佛寺和红山峡径流电站，并在宁夏境内修建大柳树径流电站。近年来，二级开发方案论证过程中又提出了两种比选方案：一种是在宁夏境内大柳树坝址处建设高坝、甘肃境内红山峡坝址建设低坝；另一种是在甘宁两省交界的虎峡坝址建设高坝、宁夏境内大柳树坝址建设低坝。

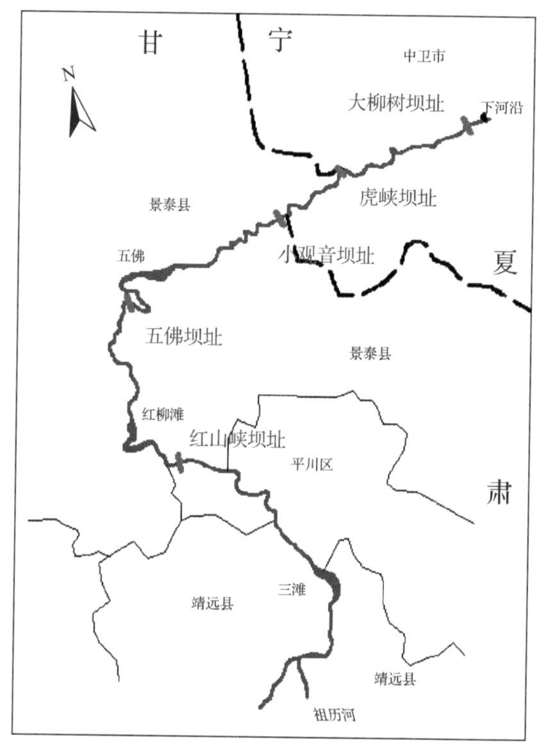

图 19.8　不同开发方案坝址位置示意图

自 1952 年至 2014 年，在黑山峡河段近 70 年的开发方式论证过程中，有关省(区)和有关单位围绕黑山峡河段开发方案也取得了大量研究论证成果。其中有代表性成果结论汇于表 19.1。

在这些研究论证工作中，对河段开发存在不同认识，有分歧意见，主要集中在坝址地震安全、泥沙输移与河道淤积、高坝大库的必要性等，其中淹没影响与移民安置是分歧的焦点所在。近期黄河黑山峡河段开发环境发生了重大变化，黄河流域生态保护和高质量发展上升为重大国家战略，黄河流域要进入新发展阶段。新的形势下，黑山峡河段开发面临怎样的需求，应该如何定位、如何开发呢？这些亟待回答。

表 19.1　黑山峡河段开发论证成果

时间	编制单位	成果名称	主要结论
1966 年	西北勘测设计院	黄河黑山峡水电站（小观音）初步设计报告[6]	二级开发，坝址在小观音，水库正常高水位 1370m，总库容为 51.8 亿 m^3
1984 年	西北勘测设计院	黄河黑山峡河段开发方式比较重编报告（1984 年修订）[7]	开发任务为承上启下反调节，推荐二级开发方案（小观音高坝+大柳树低坝、大柳树高坝+红山峡低坝、虎峡高坝+大柳树低坝）
1985 年	中国科协	黄河黑山峡河段开发方式比较重编报告[8]	推荐大柳树高坝一级开发方案
1990 年	天津院	黄河黑山峡河段开发规划阶段报告[9]	能源部、水利部水利水电规划设计总院预审意见指出“与会较多专家倾向于大柳树高坝一级开发方案，但对水库的淹没处理，需认真对待”
1992 年	水利部	黄河黑山峡河段开发方案论证报告[10]	推荐采用大柳树高坝一级开发方案
1993 年	天津院	黄河大柳树水利枢纽可行性研究报告[11]	1994 年，能源部、水利部水利水电规划设计总院对该报告进行了预审，同意大柳树坝址等内容
2001 年	中国水电工程顾问集团公司	黑山峡河段开发方案咨询报告[12]	2001 年，国家有关部委、中国工程院、中国国际工程咨询公司、水利部水利水电规划设计总院等对成果进行咨询，大多数专家倾向于推荐大柳树高坝一级开发方案
2004 年	中国工程院	黄河黑山峡河段开发方案研究[13]	倾向于推荐大柳树高坝一级开发方案
2006 年	中国国际工程咨询有限公司	黄河黑山峡河段开发方案阶段性咨询报告[14]	认为大柳树坝址不存在活动断层，小观音、大柳树两坝址分别采用适应坝址地形地质条件的混凝土拱坝和面板堆石坝，都可保证安全。建议进一步论证
2005 年	甘肃省人民政府	甘肃省人民政府关于调整黄河黑山峡甘肃段开发规划的函（甘政函〔2005〕10 号）	黑山峡河段开发应由二级开发方案调整为红山峡、五佛、小观音、大柳树四级低坝径流式电站开发方案
2014 年	黄河水利委员会	黄河黑山峡河段开发方案论证报告[15]	提出了大柳树高坝一级开发、分期实施的河段开发推荐方案

注：西北勘测设计院全称为水利电力部西北勘测设计院，现为中国电建集团西北勘测设计研究院有限公司；天津院全称为水利部天津水利电力勘测设计研究院。

二、河段开发的功能定位

（一）完善黄河水沙调控机制、遏制宁蒙河段新悬河发育趋势

黄河水量主要来自黄河上游头道拐以上，头道拐以上来水占全河的 62%，而年来

沙仅占全河来沙总量的 9%。黄河上游的径流又主要来自兰州以上，占上游来水的比例可达到 99%，兰州至头道拐区间支流来水极少，但来沙多，支流来水仅占上游来水总量的 2%左右，区间十大孔兑等支流来沙（图 19.9）和风积沙占上游来沙总量的比例超过 50%，水沙异源，水沙关系不协调。宁蒙河段为冲积性河道，河段坡降较缓，天然是淤积河段。天然情况下，由于中常洪水流量大，洪水漫滩概率大，滩槽基本同步抬升，河槽能维持较大的排洪输沙规模，洪水及凌汛灾害不严重。龙羊峡、刘家峡建成运行后，汛期大量蓄水，天然洪峰被削平均化，水流输沙动力不足，且中常洪水流量减小、基本不上滩，加之支流高含沙洪水频繁，泥沙大量淤积在河槽，造成主槽不断萎缩，宁蒙河段形成新悬河。可见，完善水沙调控机制，补齐工程短板，遏制新悬河发育对黑山峡河段开发提出了需求。

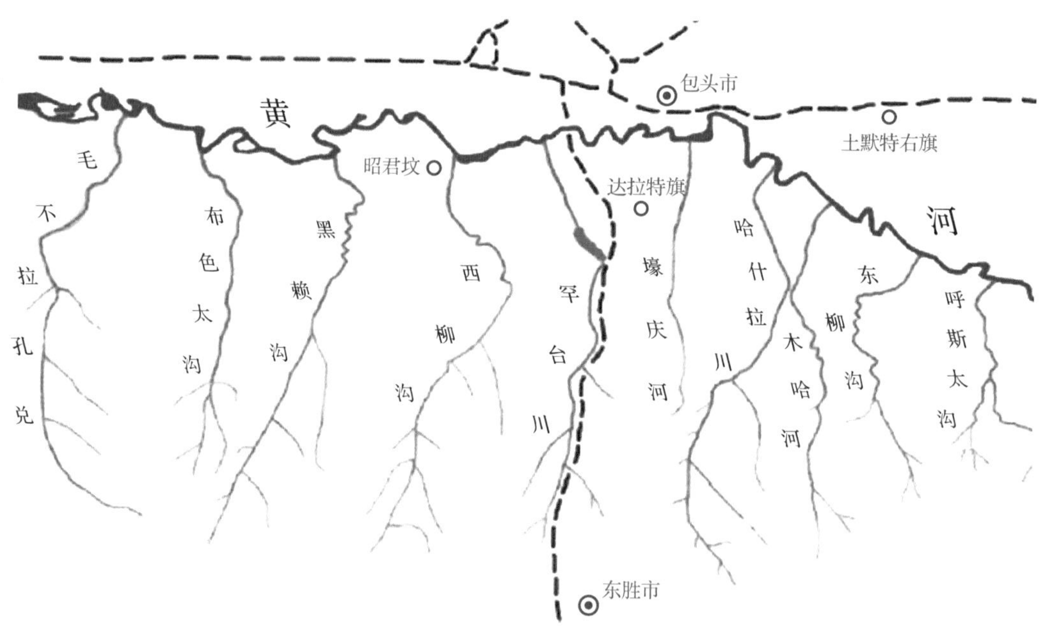

图 19.9　十大孔兑入黄位置示意图

有实测资料的毛不拉孔兑、西柳沟、罕台川 3 条孔兑的多年平均来沙量分别为 0.039 亿 t、0.034 亿 t、0.015 亿 t，估算 10 条孔兑多年平均来沙量约 0.25 亿 t

建设黑山峡高坝大库，通过反调节，增加汛期输沙水量，并拦沙减淤，塑造有利于宁蒙河段输沙的水沙过程，使南水北调西线一期工程生效前进入宁蒙河段流量大于 2500m^3/s 的年均天数和南水北调西线一期工程生效后流量大于 3000m^3/s 的年均天数超过 30 天，水沙关系协调程度将明显趋好。据分析，宁蒙河段 100 年内可维持河床基本不抬高，恢复和维持河道主槽的行洪能力，同时可为中游骨干水库调水调沙和有效库容恢复提供水流动力条件，实现黄河上中下游有效联动，协调中下游的水沙关系，减轻中下游河道淤积。

（二）保障宁蒙河段防洪防凌安全

黄河上游宁蒙河段冬季干燥寒冷，河段水流自南向北，气温的差异导致几乎每年都会发生不同程度的凌情。由于 1986 年以来宁蒙河段河道中水河槽淤积萎缩，过洪能力下降，宁蒙河段防洪防凌安全受到更大的威胁，堤防先后发生 7 次决口（图 19.10），其中 6 次凌汛决口，给沿河两岸地区造成巨大损失。凌灾直接经济损失由 1968 年以前的年均 15 万元增加至 1987 年以后的年均 8500 万元。且随着宁蒙河段形成新悬河，洪凌危险日益加剧。沿河两岸地区群众对保障黄河防洪防凌安全的呼声越来越高，解决好流域人民群众特别是少数民族群众关心的防洪防凌安全、饮水安全、生态安全等问题，是黄河流域生态保护和高质量发展的基本要求。可见，保障宁蒙河段防洪防凌安全对黑山峡河段开发提出了需求。

图 19.10　2008 年奎素决口抢险

龙羊峡、刘家峡距离宁蒙河段太远，区间汇流复杂（图 19.11），当前洪水预报精度特别是长期、超长期预报精度不足，冰塞、冰坝成因复杂，易于突发，因此依靠龙羊峡、刘家峡进行洪凌调控严重滞后，无法满足需要。建设黑山峡高坝大库，由于水库库容大，距离宁蒙河段近，凌汛期出库水温升高（11 月至次年 1 月流凌封河期间出库水温可升高 2~3℃），河道零温断面将下移至石嘴山附近，显著缩短宁蒙河段的凌汛河长，石嘴山以上 300km 的河段基本不封冻，河道槽蓄水增量减小。同时可以根据宁蒙河段凌情的实时变化情况，灵活控制黑山峡水库水量下泄过程，减小发生冰塞、冰坝的概率。通过上游对以黑山峡水库为核心的防洪工程体系的科学合理调度，在完善河道堤防等工程的情况下，可基本保障宁蒙河段防洪防凌安全。

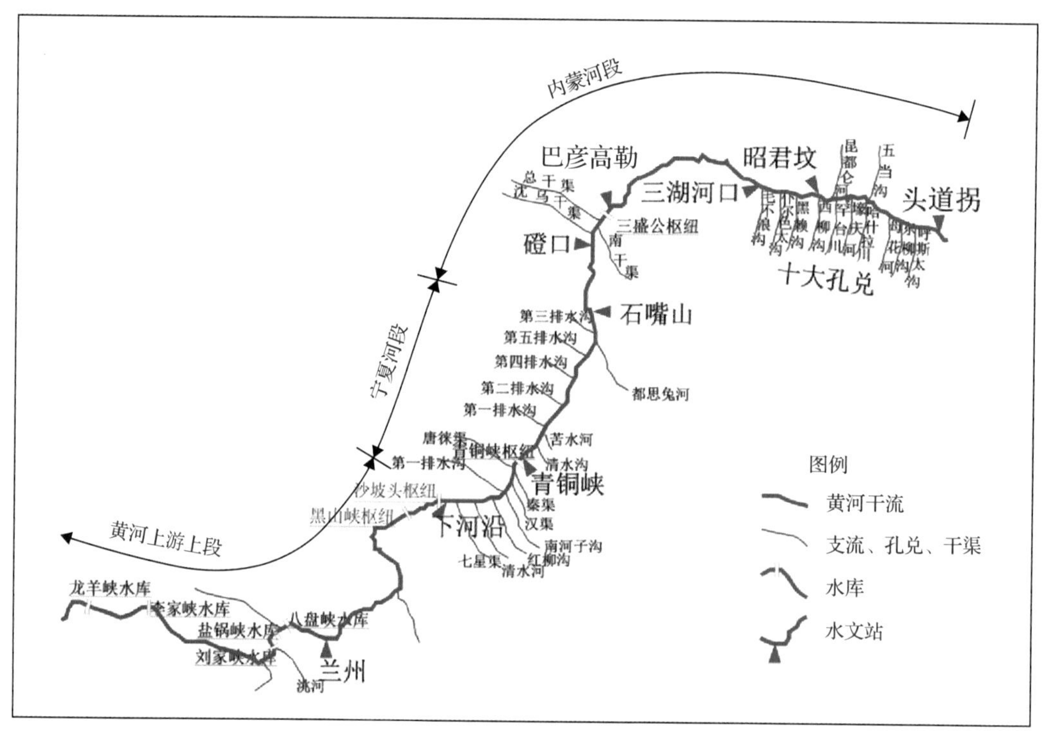

图 19.11　黄河上游水系示意图

（三）合理调配黄河上游水资源

黄河流域水资源年内和年际分配不均，来水与用水在地区和时间上不相适应，刘家峡至万家寨近 1600km 河段无大的调蓄工程，难以保障大“几”字弯区域工业、农业、城镇、生态用水安全。南水北调西线工程初期调水 80 亿 m^3，从黄河上游刘家峡以上进入黄河，需要大的水源调节工程，上游现有工程体系在防凌、供水与发电调度中矛盾突出，灌溉高峰期发电出力大，凌汛期发电出力严重下降，调峰运行受到严重影响。可见，合理调配黄河水资源，协调上游防凌、供水与发电矛盾以及调节西线入黄水量，对黑山峡河段开发提出了需求。

建设黑山峡高坝大库，通过黑山峡水库对黄河水资源进行有效调节，更有利于协调当前黄河上游水量调度和梯级发电运用之间的矛盾，改善上游梯级电站的发电运行条件，增强西北电网调峰容量、调频能力，使上游发电效益最大化，可增加的保证出力可超过 200 万 kW、年均发电量超过 40 亿 kW·h。西线调水工程生效后，黑山峡水库对调入水量进行调节，实现调入水量的合理配置，为黄河流域特别是西北地区生态保护和高质量发展提供水资源安全保障。

（四）保障地区供水、生态安全和改善民生

黑山峡河段附近地区是中国生态环境非常脆弱的地区之一，著名的巴丹吉林、腾格里、毛乌素、库布齐、乌兰布和五大沙漠集中分布于黄河上中游的甘肃、宁夏、内蒙古、陕西四省（区）（图 19.12），区域气候极为干旱，水资源极度匮乏，植被稀疏，生态环境十分脆弱，不但是我国频繁发生的沙尘暴的主要发源地，而且严重的水土流失还增加了入黄粗泥沙，同时人民生存环境恶劣，饮水十分困难，经济发展十分落后。解决上述问题的主要途径是，通过黄河向附近地区供水，建设高效节水灌区，发展地方工业，实施生态移民，集中发展生态农牧业基地，减少对生态脆弱区的过度干预、利用，使周边广大地区的生态环境得到保护。可见，黑山峡附近地区供水安全、生态安全和改善民生对黑山峡河段开发提出了需求。

建设黑山峡高坝大库，可向附近地区提供稳定优质水资源，为银川都市圈等沿黄城市群及陇东能源基地等提供用水保障，解决陕甘宁蒙四省（区）五百多万城乡群众饮水安全问题，助力区域稳定脱贫；保障河道内外生态环境基本用水，维系适宜的绿洲规模，通过实施生态移民，集中发展生态农牧业基地，减少对生态脆弱区的过度干预、利用，促进农牧业绿色、高质量发展，实现建设“小绿洲”、保护“大生态”。

（五）助力能源结构调整和新能源开发的国家发展战略

黄河上中游地区是我国风能和太阳能资源最丰富的地区之一，同时也是化石能源富集区，能源合理开发对我国能源安全具有重要意义。黄河“几”字弯区域已多源开发煤炭、石油天然气、煤制天然气、电力、成品油、风电和光伏发电等资源，整体化石能源消费占比较高，水资源较短缺，生态环境脆弱，新能源弃风弃光现象普遍，多种能源未形成合力，区域资源的综合与循环利用有待加强。水力发电作为绿色可再生

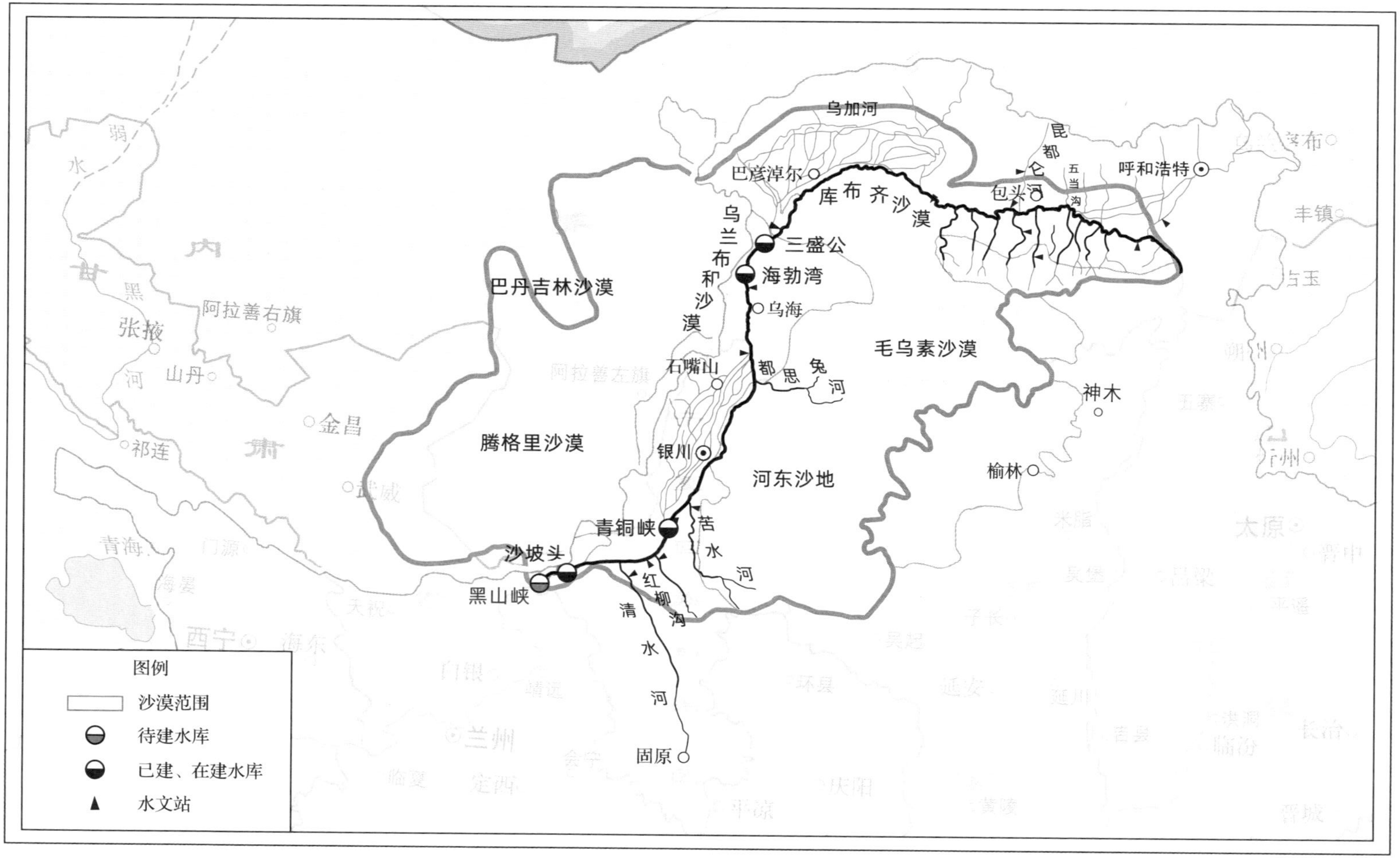

图19.12 沙漠分布示意图

能源，具备良好的调峰能力，可以提高电网对风、光发电的接纳能力，减少弃风弃光。可见，黄河流域能源结构调整和新能源开发对黑山峡河段开发提出了需求。

以黑山峡河段工程水电开发为依托，利用黑山峡河段两岸地形和区域广袤的荒漠资源、丰富的风光资源，可以建设集水力发电、抽水蓄能、光伏发电、风力发电为一体的水电、风电、光电互补的清洁能源基地（初步估计，黑山峡河段可开发水电装机 200 万 kW，抽水蓄能装机 300 万 kW，配套光伏、风力装机 2000 万 kW），采取入股分红、就业安置等方式对水库移民和当地贫困群众进行长期扶持，促进区域稳定脱贫和经济社会发展，同时输出稳定优质电能，向华中、华北等火电占比较大的发达地区供电，改善其能源结构，减少碳排放，实现区域高质量发展。

综上所述，黑山峡河段开发功能，应确定枢纽工程任务为协调水沙关系、防凌（洪）减淤合理调配水资源、发电、生态等综合利用。

第三节　黑山峡河段开发方案比选

一、不同开发方案

（一）一级开发方案

黑山峡河段一级开发方案大柳树高坝坝址位于黑山峡峡谷出口以上 2km 处，地处宁夏中卫市境内，距中卫市市区 30km。

一级开发方案由北京院[①]最早提出。1958 年 7 月兰州水力发电设计院（西北院的前身）和宁夏回族自治区会同踏勘，建议将小观音、大柳树“两库并为一库”，宁夏方面积极响应，于当年 8 月 30 日提出《宁夏回族自治区关于开发黄河大柳树枢纽工程意见》，推荐大柳树高坝方案，以便由水库自流引水灌溉右岸 1350m 高程以下约 600 万亩土地。此后，北京院在西北院所做勘测资料的基础上，对大柳树高坝方案进行了研究，于 1959 年 10 月提出了《黑山峡开发方式的研究报告》，正式提出大柳树高坝方案。报告比较了大柳树一级开发正常高水位 1380m，以及小观音 1380m+大柳树 1280m 二级开发。在对两种方案综合技术经济比较后，指出“从动能经济比较来看，无论哪种情况，均以一级开发有利。”

① 中国电建集团北京勘测设计研究院有限公司，简称北京院。

根据 2014 年国家发展和改革委员会和水利部安排，近期由牵头、联合西北院、天津院完成了《黄河黑山峡河段开发方案比选报告》初稿，其中考虑一级开发大柳树水库泥沙淤积、黑山峡灌区水源条件以及发电要求，比选拟定水库死水位为 1330m（左岸可自流引水，右岸仍需建扬程为 20m 的一级泵站），设计坝型为混凝土面板堆石坝。甘肃省靖远川内耕地多，人口密集，为了得到较大的调节库容并控制水库回水尽量不淹靖远川，正常蓄水位确定为 1374m（图 19.13，表 19.2），水库回水末端在靖远川川地下部末端。在此基础上，从泥沙淤积控制有利于长期维持有效库容、保持较大调水调沙水量、较优电能指标、水资源合理配置等方面确定汛限水位为 1360m。

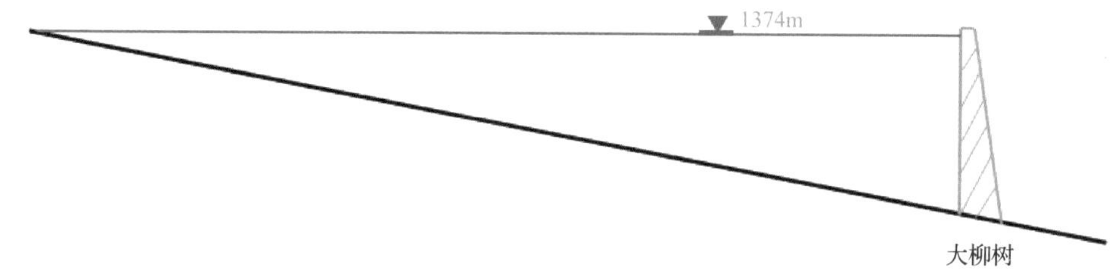

图 19.13　一级开发方案（大柳树高坝）分布示意图

表 19.2　黑山峡河段一级、二级开发方案工程规模指标表

项目	一级开发：大柳树高坝	二级开发					
		小观音高坝+大柳树低坝		红山峡低坝+大柳树高坝		虎峡高坝+大柳树低坝	
		小观音	大柳树	大柳树	红山峡	虎峡	大柳树
1 水位指标							
1.1 正常蓄水位/m	1374	1374	1276	1355	1374	1374	1265
1.2 汛限水位/m	1360	1350		1355		1355	
1.3 死水位/m	1330	1330	1272	1317	1366	1330	1262
1.4 设计洪水位/m	1362.92	1364.5		1355		1361.05	
1.5 校核洪水位/m	1377.85	1379.95		1359.11		1379	
2 库容指标							
2.1 正常蓄水位以下库容/亿 m^3	99.86	62.1	1.52	62.5	1.19	71.7	0.87
2.2 死水位以下库容/亿 m^3	29.24	13.6		17.4		17.4	
2.3 原始调节库容/亿 m^3	70.6	48.5	0.42	45.1	0.53	54.4	0.3
2.4 淤积 50 年后剩余库容/亿 m^3	53.8	31.9		30.0		38.7	
3 装机容量/MW	2000	1320	600	1600	320	1520	400

正常蓄水位 1374m 以下的原始库容为 99.86 亿 m^3，原始调节库容约 70.6 亿 m^3，淤积 50 年后剩余调节库容 53.8 亿 m^3，淤积平衡后水库剩余库容为 36.1 亿 m^3。

大柳树水利枢纽电站接入西北电力系统，根据黄河上游龙青段联合补偿调节运行方式，并考虑到西电东送的需求，一级开发方案大柳树水利枢纽电站装机容量 2000MW，规划安装 5 台单机容量为 400MW 的混流机组。

（二）二级开发方案

1. 小观音高坝+大柳树低坝

黑山峡河段二级开发中的小观音高坝+大柳树低坝方案，是在甘肃境内的小观音坝址处建设高坝、在宁夏境内的大柳树坝址处建设低坝。小观音坝址位于黑山峡河段进口以下 21km 处甘肃省景泰县境内的黄河干流上，距下游大柳树坝址约 47.8km，距离兰州市直线距离 150km。

1954 年，《黄河综合利用规划技术经济报告》提出黑山峡的开发任务是调节水量、开发电力并保证宁蒙灌区及黄河干流通航用水；大柳树则为单纯发电。规划拟定的开发方案为：小观音高坝正常高水位 1400m，最大水头 120m，库容 114 亿 m^3，装机 150 万 kW；大柳树低坝正常高水位 1280m，最大水头 41m，库容 3 亿 m^3，装机 55 万 kW。同时，规划还提出："黑山峡水库在目前布置时因避免淹没靖远平原，正常高水位定为 1400m，如将来这一地点不拟建为工业区，则黑山峡坝尚可抬高，库容可以增加很多，流量可以得到更完善的调节，在作进一步研究时值得考虑。"

近期由黄委院牵头完成的《黄河黑山峡河段开发方案比选报告》初稿中，小观音高坝设计坝型为双曲混凝土拱坝，正常蓄水位 1374m[图 19.14（a）]，相应库容 62.1 亿 m^3，死水位 1330m，原始调节库容 48.5 亿 m^3，淤积 50 年后剩余调节库容 31.9 亿 m^3，装机容量为 1320MW；大柳树坝址修建混凝土低坝，正常蓄水位 1276m，回水与小观音衔接，装机 600MW。

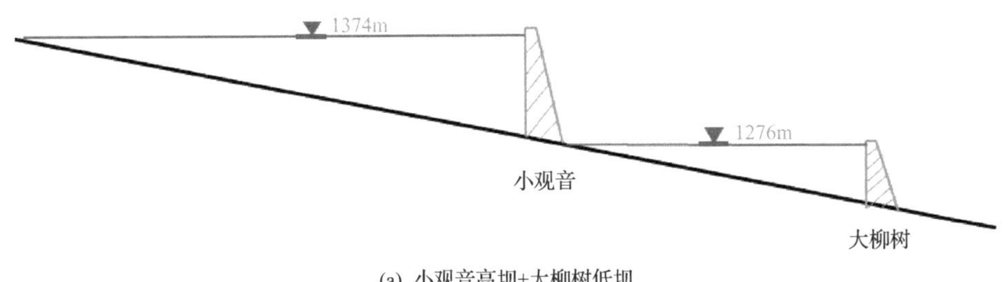

(a) 小观音高坝+大柳树低坝

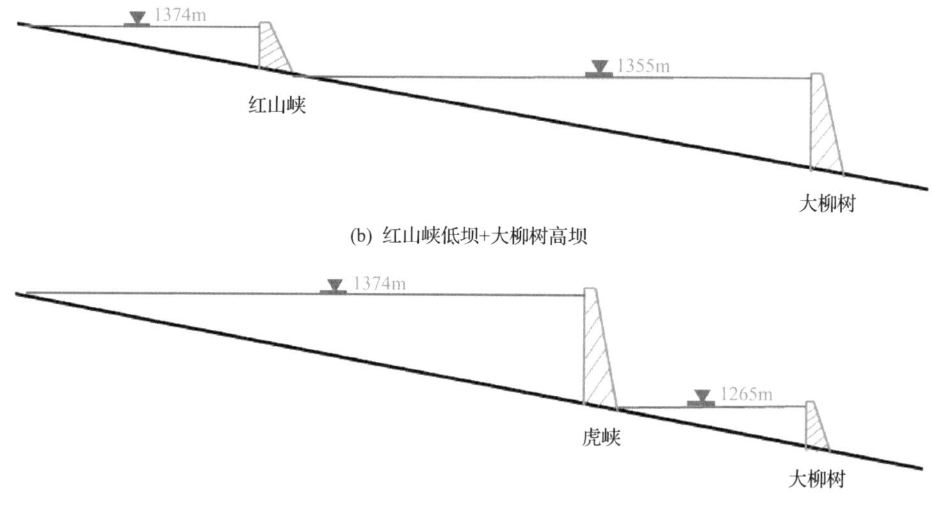

(b) 红山峡低坝+大柳树高坝

(c) 虎峡高坝+大柳树低坝

图 19.14 二级开发方案分布示意图

2. 红山峡低坝+大柳树高坝

黑山峡河段二级开发中的红山峡低坝+大柳树高坝方案，是在甘肃境内的位于老龙湾黄河石林国家地质公园上游约 12km 的红山峡坝址修建低坝，距下游大柳树坝址约 139km；在大柳树坝址处建设高坝。

红山峡电站为低坝径流式电站，主要考虑淹没控制和发电要求，确定正常蓄水位 1374m[图 19.14（b）]，死水位 1366m，装机容量 320MW；大柳树水库考虑与红山峡电站梯级衔接问题以及调水调沙、供水、发电等综合利用要求，确定正常蓄水位、汛限水位均为 1355m，死水位 1317m，水库回水在红山峡电站坝下，正常蓄水位以下原始库容 62.5 亿 m^3，原始调节库容 45.1 亿 m^3，积 50 年后水库剩余库容为 30.0 亿 m^3，淤积平衡后水库剩余库容为 20.9 亿 m^3。电站装机容量 1600MW。

3. 虎峡高坝+大柳树低坝

黑山峡河段二级开发中的虎峡高坝+大柳树低坝方案，是在甘宁两省界河段处建设高坝，左右岸分属甘肃宁夏两省（区），上距小观音坝址 16km、下距大柳树坝址 33km，在宁夏境内的大柳树坝址处建设低坝。

虎峡高坝设计坝型为碾压混凝土重力坝，水库正常蓄水位 1374m[图 19.14（c）]，相应库容 71.7 亿 m^3，比上游小观音水库同样水位下的库容多 9.6 亿 m^3，死水位 1330m，原始调节库容 54.4 亿 m^3，淤积 50 年后剩余调节库容 38.7 亿 m^3，装机容量为 1520MW；大柳树坝址修建混凝土低坝，正常蓄水位 1265m，回水与小观音衔接，装机 400MW。

（三）四级开发方案

黑山峡河段四级开发方案即在甘肃省靖远县的红山峡、景泰县的五佛和小观音、宁夏中卫市的大柳树建四级径流电站（图 19.15）。其中，红山峡电站坝址位于黄河石林上游约 12km 处，上距靖远县城约 61km，下距五佛坝址约 43.8km。五佛电站坝址位于五佛川地进口上约 7.1km 处，下距小观音电站坝址约 42.9km。大柳树电站坝址在小观音电站坝址下游 47.8km 处。四级开发方案均为低坝径流式电站（表 19.3），水库基本无调节能力。

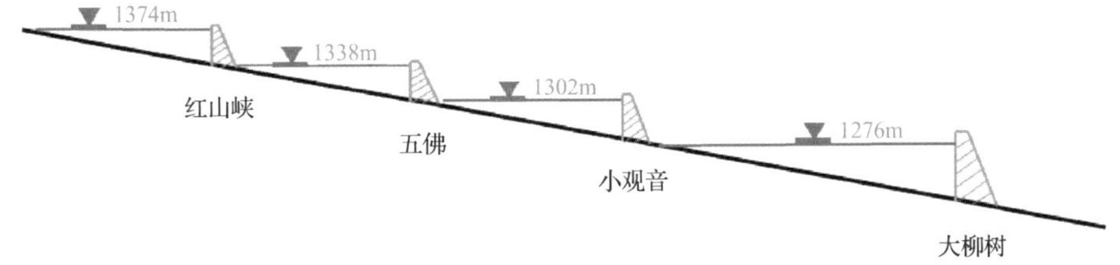

图 19.15　四级开发方案（红山峡、五佛、小观音、大柳树四级低坝径流式电站）分布示意图

黑山峡河段四级开发方案，在 1993 年中国水利水电建设工程咨询西北有限公司提出的《黄河黑山峡河段多级开发方式研究报告》中就曾提过。此后，2001 年，西北院受甘肃省委托，先后完成《黄河黑山峡河段开发方式综合补充规划设计报告》《黄河黑山峡水库调节功能及作用的可替代性分析研究》等报告。2005 年 1 月 9 日，甘肃省人民政府在北京召开“黄河黑山峡河段开发规划座谈会”再次提出黑山峡河段四级开发方案。与会大多数专家认为，多级开发方案仅是从发电角度进行考虑的，从整个治黄角度看，多级开发方案无法满足对黑山峡河段开发任务的要求，是不可行的。

表 19.3　黑山峡河段四级开发方案指标表

项目	红山峡	五佛	小观音	大柳树	小计
1 水位指标					
1.1 正常蓄水位/m	1374	1338	1302	1276	
1.2 死水位/m	1366	1334	1298	1274	
2 库容指标					
2.1 总库容/亿 m^3	1.19	1.00	1.11	1.52	4.82
2.2 原始调节库容/亿 m^3	0.53	0.38	0.36	0.42	1.69
3 装机容量/MW	320	360	400	600	1680

二、开发方案比选

（一）功能满足程度比较

根据黑山峡河段开发需求，黑山峡河段开发功能定位应为协调水沙关系、防凌(洪)减淤、合理调配水资源、生态、发电等综合利用。按照《黄河黑山峡河段开发方案比选报告》分析，建设黑山峡水库需要设置调水调沙库容、防凌库容和供水调节库容，供水调节、调水调沙和防凌调度运用时段分别为5~7月、7月中旬至9月底、11月至次年3月，供水调节库容和调水调沙库容部分重叠。南水北调西线调水生效前，黑山峡水库调水调沙库容、防凌库容、供水调节库容需求分别为21亿m^3、38.4亿m^3、26.2亿m^3，综合考虑调水调沙、防凌、供水调节多目标需求，库容规模需求为40.8亿m^3。西线调水生效后，黑山峡水库调水调沙库容、防凌库容、供水调节库容需求分别为23.6亿m^3、57.6亿m^3、25.5亿m^3，综合考虑调水调沙、防凌、供水调节多目标需求，库容规模需求为57.6亿m^3。

根据不同开发方案的水库设计情况，初步比较不同开发方案的功能满足程度（表19.4）。由表19.4可以看到：一级开发方案能够基本满足河段开发功能需求。二

表19.4　不同开发方案的库容满足程度比较

项目		一级开发方案：大柳树高坝	二级开发方案			四级开发方案：红山峡+五佛+小观音+大柳树	黑山峡河段开发功能与库容需求
			小观音高坝+大柳树	虎峡高坝+大柳树	大柳树高坝+红山峡		
初始调节库容/亿m^3		70.6	48.5	45.1	54.4	1.69	开发功能：协调水沙关系、防凌(洪)减淤、合理调配水资源、发电、生态等综合利用 库容需求：西线工程生效前后需求库容分别是40.8亿m^3、57.6亿m^3
运用50年后库容/亿m^3		53.8	31.9	38.7	30		
解放龙-刘水库，以发电最优为主	西线调水工程生效前库容需求满足程度/%	132	78	95	74		
	西线调水工程生效后库容需求满足程度/%	93	55	67	52		
利用刘家峡20亿m^3调节库容，承担部分防凌任务	西线调水工程生效前库容需求满足程度/%	181	127	144	123		
	西线调水工程生效后库容需求满足程度/%	128	90	102	87		

级开发能够部分满足河段开发功能需求，库容越大，功能满足程度越高。若利用刘家峡水库（现有 20 亿 m^3调节库容）承担部分功能，则二级开发方案也可满足开发库容需求。四级开发方案无法满足河段开发功能需求。

（二）成坝条件比较

黄河黑山峡河段位于青藏高原东北缘的香山稳定地块，大柳树水利枢纽坝址距景泰—海原活动断裂带约 60km，距中卫—同心活动断裂带约 1.5km（图 19.16）。工程近场区历史地震微弱，地震危险性主要来自上述两条活动断裂带强震影响，历史地震对坝址的最大影响烈度为 8 度。据中国地震局等部门研究，大柳树坝址没有活动断层分布，不存在工程抗断问题[16,17]，坝址岩体经过处理后，强度都能满足修建高土石坝的要求，地下洞室围岩具备成洞条件[18,19]。

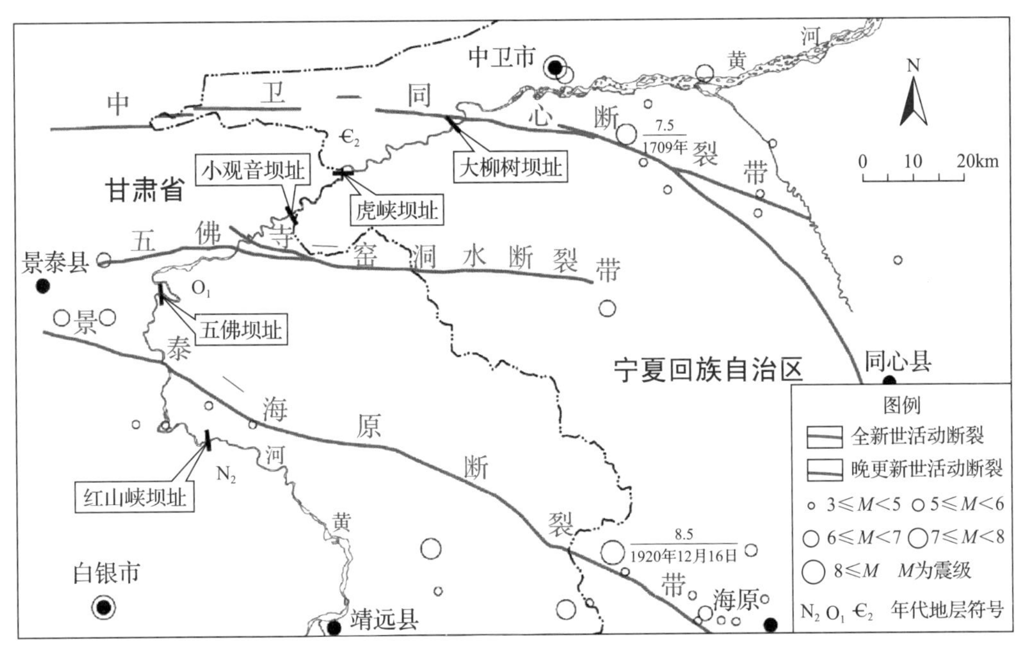

图 19.16　工程河段主要地质断裂带分布

虽然中国地震局等部门研究认为大柳树坝址没有活动断层分布，不存在工程抗断问题，但仍有部分学者持不同意见。文献[20]研究认为，大柳树坝址处于 7 级以上地震时的分支破裂发生带内，存在工程错断可能。文献[21]~[24]研究认为，大柳树坝址距 F201 发震活断层仅 1.5km，且位于断层上盘，存在次级断层位错而导致的工程抗断风险，不宜选此坝址修建高坝。文献[25]研究认为，大柳树坝址岩体的强透水不仅影响水库的蓄水，更为严重的是可能带来影响大坝和水库稳定。同时，文献[26]、[27]

研究认为，小观音坝址岩体质量与大柳树坝址有明显差别，小观音坝址地质条件更优，大柳树坝址在抗震安全性方面仍有不同意见。

（三）淹没影响比较

为了使水库回水不影响靖远川川地，现有一级开发方案和二级开发方案上库正常蓄水位控制在1374m。不同开发方案淹没人口4.2万~4.6万人，其中甘肃与宁夏分别占91.3%~99.8%、0.2%~8.7%；淹没房屋205.3万~231.6万m^2，其中甘肃与宁夏分别占91.3%~99.8%、0.2%~8.7%；淹没耕园地8.8万~9.6万亩，其中甘肃和宁夏分别占97.4%~99.2%、0.8%~2.6%。一级开发总淹没损失较大，二级开发方案中大柳树高坝+红山峡略小，综观二级开发的三个方案，淹没损失差异不大。小观音高坝+大柳树、虎峡高坝+大柳树淹没损失相当，见表19.5。四级开发方案淹没影响居民0.35万户，1.57万人，淹没影响耕园地1.33万亩，影响相对最小。

表19.5　不同开发方案淹没损失表

项目	一级开发方案：大柳树高坝	二级开发方案		
		小观音高坝+大柳树	虎峡高坝+大柳树	大柳树高坝+红山峡
1 水库正常蓄水位/m	1374	1374/1276	1374/1265	1355/1374
2 淹没人口/人	46189	44606	45204	42117
2.1 农村人口/人	45941	44358	44956	41869
2.2 集镇人口/人	248	248	248	248
3 淹没农村房屋/万m^2	231.63	218.02	223.16	205.33
4 淹没耕园地/亩	96037	93050	94178	88445

注：数据来自《黄河黑山峡河段开发方案论证专题报告》。

（四）环境影响比较

一级开发方案，二级开发中的小观音、虎峡高坝方案正常蓄水位均为1374m，淹没黄河石林国家地质公园核心区0.28m^2、二级保护区0.49km^2、三级保护区11.04km^2，分别占各区总面积的3.46%、5.76%、33.05%。二级开发中的大柳树高坝方案正常蓄水位1355m，淹没黄河石林国家地质公园核心区0.04km^2、二级保护区0.26km^2、三级保护区8.86km^2，分别占各区总面积的0.49%、3.06%、26.57%。从淹没面积和占比来看相差不大，一级、二级开发方案间淹没程度、淹没范围相差也有限，现有研究认为在小时间尺度下水位上升对地貌景观整体的改变不明显。二级方案水流连续性并未破坏，关键是水库电站运行调度优化问题。

（五）工程投资比较

初步估算各开发方案投资见表19.6，一级开发方案估算总投资为328.04亿元，投资最大；二级开发方案总投资比一级开发略小，但相差不大。四级开发投资最小，为149.01亿元。

表19.6　不同开发方案建设投资表　（单位：亿元）

费用	一级开发：大柳树高坝	二级开发			四级开发：红山峡+五佛+小观音+大柳树
		小观音高坝+大柳树	虎峡高坝+大柳树	大柳树高坝+红山峡	
静态总投资	328.04	307.11	307.63	314.2	149.01

（六）其他方面比较

以黑山峡河段水电开发为依托，建设多能互补新型清洁能源基地，水电站要承担调峰调频任务，日内出库流量过程不稳定，对下游用水特别是凌汛期防凌控制可能造成影响，必须要有反调节水库，估计需要约3000万m^3库容进行反调节，二级开发大柳树低坝可作为反调节水库，满足库容条件要求。一级开发方案，需利用现有沙坡头水库作为反调节水库，沙坡头水库原始总库容2600万m^3，但目前淤积后剩余库容仅约900万m^3，不满足反调节库容要求。因此，二级开发方案中的小观音和虎峡方案较为有利。虎峡坝址左右岸分属甘肃宁夏两省，有利于解决两省长期以来的工程建设争议，与小观音二级方案相比，增加调节库容9亿m^3，增加装机156MW，基本满足南水北调西线生效前后功能要求，且单位库容、装机、发电量投资更低。

三、开发方案选择

（1）黄河流域生态保护和高质量发展以及促进西部大开发形成新格局，给黑山峡河段开发带来了新的功能定位和机遇。为了协调水沙关系，遏制宁蒙河段新悬河发育，保障宁蒙河段防洪防凌安全，有效调配黄河水资源和调控西线来水，改善生态环境支撑西北生态安全屏障建设，促进多能互补清洁能源基地建设，助力实现“双碳”目标，需要黑山峡河段开发建设高坝大库。

（2）黑山峡河段有多种类型的开发方案：二级开发方案能够部分满足河段开发功能需求，库容越大，功能满足程度越高，在二级开发的三个方案中，虎峡二级开发方案的坝址左右岸分属甘肃宁夏两省（区），有利于解决两省（区）长期以来的工程建设争议，与小观音二级方案相比，增加调节库容 6.8 亿 m^3，增加装机 200MW，单位库容、装机、发电量投资更低。大柳树一级开发方案地震安全风险相对更大，坝址地质条件也较差，但库容能较好满足河段开发功能需求，现已作为可研阶段优先考虑方案。在大柳树一级开发方案中，尚有上、下两个坝址的比选讨论，上坝址地质条件较好，且距离地震活动断裂带 5km（下坝址距活断层仅有 1.5km），地震危险性相对较小，库容则小于下坝址方案约 6 亿 m^3。在可研阶段坝址比选中，建议认真考虑。

第四节　小结

黑山峡河段开发论证历经近 70 年，已有一定的思想共识、技术基础、科研成果。工程主要技术问题能够解决，工程安全能够保障，不会形成工程建设的制约因素。但仍在河段开发方案、坝址地震安全、泥沙输移与河道淤积、高坝大库的必要性、淹没影响与移民安置五个方面存在分歧，黑山峡河段开发问题至今仍未启动。2020 年 9 月中国科学院向中共中央、国务院呈送的《关于黄河流域生态保护和高质量发展的水与工程方略建议》中明确提出："加快启动黑山峡河段枢纽建设论证。尽早启动黑山峡河段开发再论证工作，对梯级布局、坝址、坝高、规模进行综合比选，充分研究黑山峡河段枢纽建设在水沙调控、水（沙）资源配置、西线南水北调、灌区农业发展与生态保护中的功能定位，形成两省（区）利益均衡，满足宁蒙防洪防凌、河道减淤、农业灌溉供水，推动水-风-光绿色能源基地建设等综合效益最优的方案。"

本章撰写人：谢遵党　鲁　俊　梁艳洁　蔺　冬

参考文献

[1] 燃料工业部水电总局, 黄河水利委员会. 黄河贵—宁(贵德至中宁)段勘察报告, 1953.
[2] 水利部黄河水利委员会. 黄河综合利用规划技术经济报告. 郑州, 1954.
[3] 水利部黄河水利委员会. 黄河治理开发规划纲要. 郑州: 黄河水利出版社, 1997.
[4] 水利部黄河水利委员会. 黄河近期重点治理开发规划. 郑州: 黄河水利出版社, 2001.

[5] 水利部黄河水利委员会. 黄河流域综合规划(2012—2030年). 郑州: 黄河水利出版社, 2013.
[6] 西北勘测设计院. 黄河黑山峡水电站(小观音)初步设计报告. 西安, 1966.
[7] 西北勘测设计院. 黄河黑山峡河段开发方式比较重编报告(1984年修订). 西安, 1984.
[8] 中国科协. 黄河黑山峡河段开发方案论证总报告. 北京, 1985.
[9] 水利部天津院. 完成的黄河黑山峡河段开发规划阶段报告. 天津, 1990.
[10] 水利部. 黄河黑山峡河段开发方案论证报告. 北京, 1992.
[11] 水利部天津院. 黄河大柳树水利枢纽可行性研究报告. 天津, 1993.
[12] 中国水电顾问有限公司. 黑山峡河段开发方案咨询报告. 北京, 2001.
[13] 中国工程院. 黄河黑山峡河段开发方案研究. 北京, 2004.
[14] 中国国际工程咨询公司. 黄河黑山峡河段开发方案阶段性咨询报告. 北京, 2006.
[15] 水利部黄河水利委员会. 黄河黑山峡河段开发方案论证报告. 郑州, 2014.
[16] 国家地震局. 黄河黑山峡河段地震地质补充论证工作报告. 北京, 2003.
[17] 洪海涛. 黄河大柳树水利枢纽主要工程地质问题及评价. 水利水电工程设计, 2002, (2): 16-19, 24.
[18] 郭诚谦. 论大柳树混凝土面板坝的抗震安全性. 水利水电技术, 2002, (9): 1-4, 8.
[19] 薛塞光. 汶川大地震后对大柳树枢纽工程抗震安全性的思考. 宁夏工程技术, 2009, 8(2): 173-176, 181.
[20] 马润勇, 彭建兵. 黄河大柳树坝址区域 F201 断层工程断错可能性及其效应分析. 水文地质工程地质, 2008, (3): 7-11, 18.
[21] 王康柱, 陈东运, 石瑞芳, 等. 大柳树高土石坝工程场地抗震安全性研究. 西北水电, 2004, (3): 18-26, 69.
[22] 曹曦, 刘昌. 大柳树、小观音坝址区域构造稳定性及岩体质量对比. 西北水电, 2004, (3): 12-17.
[23] 柳煜, 王爱国, 李明永. 大柳树高坝 F201 断层避让距离研究. 地震研究, 2006, (4): 379-385, 446.
[24] 彭进夫. 黄河黑山峡河段大柳树坝址的构造稳定性问题. 水力发电, 1992, (2): 34-39.
[25] 曹东盛, 韩文峰, 李树德. 黄河黑山峡大柳树坝址区软弱层带渗透变形分析. 水土保持研究, 2003, (3): 21-25.
[26] 李雪峰, 韩文峰, 谌文武, 等. 黄河黑山峡大柳树坝址与小观音坝址岩体质量差异的原因探讨. 岩石力学与工程学报, 2003, (S2): 2551-2554.
[27] 彭进夫. 试论在小观音坝址和大柳树坝址修建高坝所承担的风险问题. 西北水电, 1993, (4): 18-22.

第六篇　南水北调与西水东济

第二十章

南水北调东线工程

南水北调东线工程，是从江都水利枢纽提水，沿京杭大运河以及与其平行的河道输水，向黄淮海平原东部、胶东地区和京津冀地区调水的跨省界骨干水网工程。工程连通洪泽湖、骆马湖、南四湖、东平湖，并作为调蓄水库，经泵站逐级提水进入东平湖后，分水两路：向东经新开辟的输水干线接引黄济青渠道，向胶东地区供水；向北穿黄河后自流到天津（总体规划线路）。东线一期工程 2013 年 11 月 15 日正式通水，供水北至德州大屯水库和山东半岛。2019 年 11 月 28 日启动一期工程北延应急供水工程建设，经山东境内小运河输水至邱屯枢纽后，分东西两条线路输水入南运河后继续向下游输水至九宣闸。东线一期工程对缓解山东，特别是胶东半岛地区水资源供需矛盾，保障经济社会可持续发展，改善生态环境发挥了重要作用。为提高鲁北和京津冀水安全保障程度，东线后续工程高质量发展正在开展前期工作，后续工程将优先推进一期工程达效、管理机制体制和水价改革，在提升沿线城镇生活和工业供水保障的基础上，增加农业和生态供水目标，扩大受水区范围，过黄河向鲁北和京津冀供水，发挥国家骨干水网的作用。

第一节　工程论证和规划

南水北调东线工程规划论证工作始于 20 世纪 50 年代。1958 年中国科学院和水电部有关单位组成研究组，提出从长江下游引水的大运河提水线，即从淮河入江水道和京杭运河分段提水，经高宝湖、洪泽湖、南四湖，于东平湖入黄河，分级供水灌溉沿线农田。1959 年淮河流域大旱，江苏省提出兴建苏北引江灌溉工程的意见，经水利电力部批准，于 1961 开始建设江都泵站。

1972 年华北大旱后，为解决海河流域的水资源危机，水利电力部组织有关部门研究东线调水方案，多次提出规划论证报告，于 1976 年完成《南水北调近期工程规划》上报国务院，并进行了初审。1983 年 2 月，水利电力部将《关于南水北调东线第一期工程可行性研究报告审查意见的报告》报国家计划委员会并国务院，建议东线工程先通后畅、分步实施，第一期工程暂不过黄河，先把江水送入东平湖。同月，国务院第 11 次会议决定，批准东线第一期工程方案，并下发了《关于抓紧进行南水北调东线第一期工程有关工作的通知》。1985 年 4 月，水利电力部向国家计划委员会上报了《南水北调东线第一期工程设计任务书》。1986 年，水利电力部开始研究新方案，提出从东平湖穿越黄河，一直调水到天津、北京。

20 世纪 90 年代后，南水北调规划工作加快推进。1990 年编制完成《南水北调东线工程修订规划报告》，1992 年完成《南水北调东线第一期工程可行性研究修订报告》。1993 年 9 月水利部审查通过了《南水北调东线工程修订规划报告》和《南水北调东线第一期工程可行性研究修订报告》。1995 年，水利部组织开展南水北调工程论证工作。淮河水利委员会会同海河水利委员会 1996 年提出《南水北调工程东线论证报告》，将山东半岛纳入东线供水范围，提出在江水北调工程基础上，分别按抽江 $500m^3/s$、$700m^3/s$ 和 $1000m^3/s$ 的规模，分三步实施东线工程。此外，还研究了通过泰州引江河引水，经连云港沿海滨送水到青岛及山东半岛其他城市的滨海线规划。

2000 年伊始，为缓解日趋严峻的水资源供需矛盾，国家提出“采取多种方式缓解北方地区缺水矛盾，加紧南水北调工程的前期工作，尽早开工建设”，按照“先节水后调水，先治污后通水，先环保后用水”的指示精神，国家计划委员会、水利部于 2000 年 12 月在北京召开了南水北调工程前期工作座谈会，部署南水北调工程总体规划工作，由淮河水利委员会和海河水利委员会编制了《南水北调东线工程规划(2001 年修订)》。在此基础上，国家计划委员会和水利部联合编制了《南水北调工程总体规划》（简称“总体规划”），2002 年 12 月得到国务院批准[1]。

一、东线工程总体规划(2002 版)

东线工程总体规划明确了东线工程从长江下游调水，向黄淮海平原东部和山东半岛补充水源，主要供水目标是沿线城市及工业用水，兼顾一部分农业和生态环境用水。工程利用京杭运河及淮河、海河流域现有河道、湖泊和建筑物，并密切结合防洪、除涝和航运等综合利用的要求进行布局。2002 年的总体规划提出，东线工程在 2030 年以前分三期实施，逐步扩大调水规模。

第一期工程：主要向江苏和山东两省供水。抽江规模 500m^3/s，多年平均抽江水量 89 亿 m^3，扣除江苏省现有江水北调的能力后，新增抽江水量 39 亿 m^3。重点加强水污染防治，以山东、江苏治污项目为主，同时实施河北省工业治理项目，在 2006～2007 年实现东平湖水体水质稳定，达到国家地表水环境质量Ⅲ类水标准的目标。

第二期工程：在第一期工程的基础上扩建，一方面延长输水线路至河北东南部和天津市，扩建黄河以南部分工程；另一方面以黄河以北的河南、河北、天津治污项目为主，继续完成东线治污工程，同时实施安徽省治污项目。调水工程扩大抽江规模至 600m^3/s，多年平均抽江水量达 106 亿 m^3。其中累计新增抽江水量 56 亿 m^3，除供江苏、山东以外，还可向河北供水 7 亿 m^3，天津供水 5 亿 m^3。

第三期工程：在第二期工程的基础上，除进一步稳定全线水质达到国家地表水环境质量Ⅲ类水标准外，继续扩大抽水和输水规模，抽江规模扩大至 800m^3/s，多年平均抽江水量达 148 亿 m^3，其中新增抽江水量 93 亿 m^3。工程向胶东地区输水规模为 90m^3/s，过黄河的输水规模为 200m^3/s，向山东年供水 37 亿 m^3，向河北、天津各供水 10 亿 m^3。

二、东线一期北延应急供水工程

东线一期工程的建成通水有力地保障了江苏、山东供水，但总体规划安排的东线二期工程 2020 年供水目标和供水范围（主要是河北和天津）无法按期实现。受水区天津城市供水保障程度低，华北平原粮食主产区农业生产用水和京津冀地区生态环境用水需求难以满足；华北平原地下水超采综合治理亦缺乏可靠的替代水源。在此背景下，2019 年 9 月水利部批复了《南水北调东线一期工程北延应急供水工程初步设计报告》（简称“北延工程”）[2]。北延工程是《华北地区地下水超采综合治理行动方案》中的重要工程，利用东线一期工程的输水潜力，每年增加向河北、天津供水 4.9 亿 m^3，置换农业用地下水，缓解华北地下水超采状况，同时相机为衡水湖、南运河、南大港、北大港等河湖湿地补水，改善生态环境，并为向天津市、沧州市城市生活应急供水创造条件[3]。工程未来供水范围包括河北省邢台市、衡水市、沧州市的 21 个县（市、区）以及天津市的静海区。北延工程 2019 年 11 月开工建设，经东线一期工程山东境内小运河输水至邱屯枢纽后分东西两条线路输水入南运河后继续向下游输水至九宣闸，最后汇入天津市静海区的北大港水库。东西线全长 695km。

三、东线后续工程

东线一期工程对缓解沿线尤其是胶东半岛地区水资源供需矛盾、保障经济社会可持续发展、改善生态环境发挥了重要作用。但黄淮海流域尤其是海河流域缺水问题依然严峻，在综合评估节水、深化水资源的集约节约利用后，预测黄淮海受水区 2035 年缺水量为 110 亿 m^3 左右，其中黄河以北年缺水量约 70 亿 m^3，加快推进东线后续工程建设确有必要。东线后续工程应在保障沿线城镇生活和工业供水的基础上，增加农业和生态供水目标，保障粮食安全，并适度向河湖生态补水，推动河湖复苏和地下水超采治理。因此，东线后续工程布局宜扩大覆盖范围，在应急北延的基础上，过黄河，向鲁北、冀东和京津供水。

东线后续工程已有多套方案：

水利部组织编制了东线二期工程方案（2021）。为适应京津冀协同发展、雄安新区建设以及新发展理念下对东线工程供水提出的新的更高要求，2017 年 6 月启动了东线工程二期规划工作，2019 年水利部组织编制了《南水北调东线二期工程规划报告》（简称“二期工程”）（报批稿）[4]。二期工程将 2002 年总体规划提出的二三期工程合并，统称二期，重点解决华北地区水资源、水生态和水环境问题。初步确定工程规模和供水方案，到 2035 年，二期工程规模为抽江 870m^3/s，多年平均抽江水量 163.97 亿 m^3；入南四湖下级湖水量为 97.64 亿 m^3；入南四湖上级湖水量为 83.47 亿 m^3；过黄河 300m^3/s（过黄河的水量为 50.88 亿 m^3）；到山东半岛 125m^3/s，向山东半岛的调水量为 24.23 亿 m^3。扣除各项损失后，多年平均净增供水量为 59.21 亿 m^3，其中安徽省 4.57 亿 m^3，山东省 26.36 亿 m^3，河北省 13.82 亿 m^3，雄安新区 1.03 亿 m^3，天津市 9.43 亿 m^3，北京市 4.00 亿 m^3。

南水北调后续工程专家咨询委员会提出的东线工程方案。“东干、西支线（东干线经九宣闸进京）”“一干多支扩面（东干线经九宣闸进京，利用引黄渠道相机向北扩面供水）”等方案。其中，“一干”是利用京杭大运河北段形成多功能输水干渠；“多支扩面”，是利用东线受水区引黄入冀补淀、位山、潘庄、李家岸引黄等渠道的输配水能力，与徒骇河、马颊河、子牙河、大清河、永定河等河道沟通，扩面构成水网，增加农业和生态补水。

第二节　工程布局及水量分配

一、工程总体布局

东线一期工程自长江下游江苏境内江都泵站引水，通过 13 级泵站提水北送，经山东东平湖后分别输水至德州和胶东半岛。工程由调水工程和治污工程两大部分组成。调水工程主要包括：疏浚开挖整治河道 14 条，新建 21 座泵站，更新改造 4 座泵站，新建 3 座调蓄水库，建设穿黄工程等。治污工程包括城市污水处理及再生利用、工业综合治理、工业结构调整、截污导流、流域综合治理等。

（一）水源工程

东线工程与江苏省江水北调和东引工程共用三江营和高港两个抽水、引水口门（图 20.1）。三江营是东线工程的主要抽水口门，位于扬州东南，是淮河入江水道出口。新通扬运河的引水能力为 815m^3/s，一期工程规划将其扩大到 950m^3/s，其中经江都泵站抽水 400m^3/s 入里运河北送，由三阳河、潼河经宝应（大汕子）泵站送水 200m^3/s，其余送入里下河腹部河网。高港位于三江营下游 15km 处，是泰州引江河工程的入口。江苏省于 1999 年按 300m^3/s 输水规模建设泰州引江河工程，除向里下河及东部滨海地区供水外，还有排涝和航运功能。泰州引江河工程渠首建设有可双向抽排的高港泵站，在冬春季长江低水位时，可抽水向三阳河补水北调。

图 20.1　东线水源工程（江都泵站）

（二）输水工程

东线工程输水线路的地形是以黄河为脊背，向南北倾斜。在长江取水点附近的地面高程为 3～4m，穿黄工程处约 40m，天津附近为 2～5m。黄河以南需建 13 级泵站提水，总扬程约 65m。输水线路通过洪泽湖、骆马湖、南四湖、东平湖 4 个调蓄湖泊，相邻湖泊间的水位差都在 10m 左右，形成四大段输水工程，各规划建设 3 级泵站（图 20.2）。南四湖的下级湖和上级湖之间设 1 级泵站。从长江至东平湖共设 13 个抽水梯级，地面高差 40m，泵站总扬程 65m。南四湖以南采用双线或三线并联河道输水，以北基本为单线河道输水。

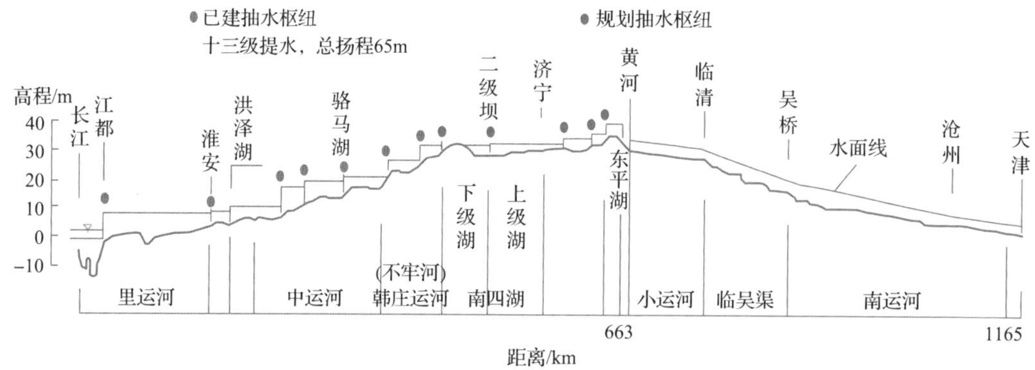

图 20.2　东线工程输水干线纵剖面示意图

（三）穿黄工程

穿黄工程是东线一期工程中的关键性、控制性节点，是调水线路上的“咽喉”。穿黄河隧洞工程在黄河主河槽隐伏山梁下穿过，最大埋深达 70m，开挖洞径 8.9m 至 9.5m，洞长 585.38m，设计流量 100m^3/s。东线穿黄工程位于黄河下游中段，山东东平和东阿两县境内，由东平湖湖内疏浚、出湖闸、南干渠、埋管进口检修闸、滩地埋管、穿黄河隧洞、出口闸、穿引黄渠埋涵及连接明渠等建筑物组成，主体工程全长 7.87km。为解决穿黄隧洞设计和施工的关键技术问题，1980 年 5 月天津院完成初步设计，1986 年 4 月开始开挖穿黄勘探试验洞。通过探洞的开挖，查明了工程地质条件，确定实了穿黄隧洞的施工方法，基本解决了东线过黄河的关键技术问题。2007 年 12 月底正式开工建设，2012 年 1 月穿黄主体工程完工，长江水将通过这一工程输往鲁北地区及河北省和天津市等北方地区。

(四)调蓄工程

黄河以南利用洪泽湖、骆马湖、南四湖、东平湖进行水量调蓄，现状总调节库容 33.9 亿 m^3。规划将洪泽湖蓄水位由现状的 13.0m 抬高至 13.5m，骆马湖由 23.0m 抬高至 23.5m，南四湖的下级湖由 32.5m 抬高至 33.0m。抬高三个湖泊的蓄水位后，总调节库容可增加到 46.9 亿 m^3；规划并利用东平湖老湖区蓄水，调节库容 2 亿 m^3。黄河以北规划扩建河北的大浪淀、千顷洼和加固天津的北大港水库等(图 20.3)，总调节库容约 10 亿 m^3。

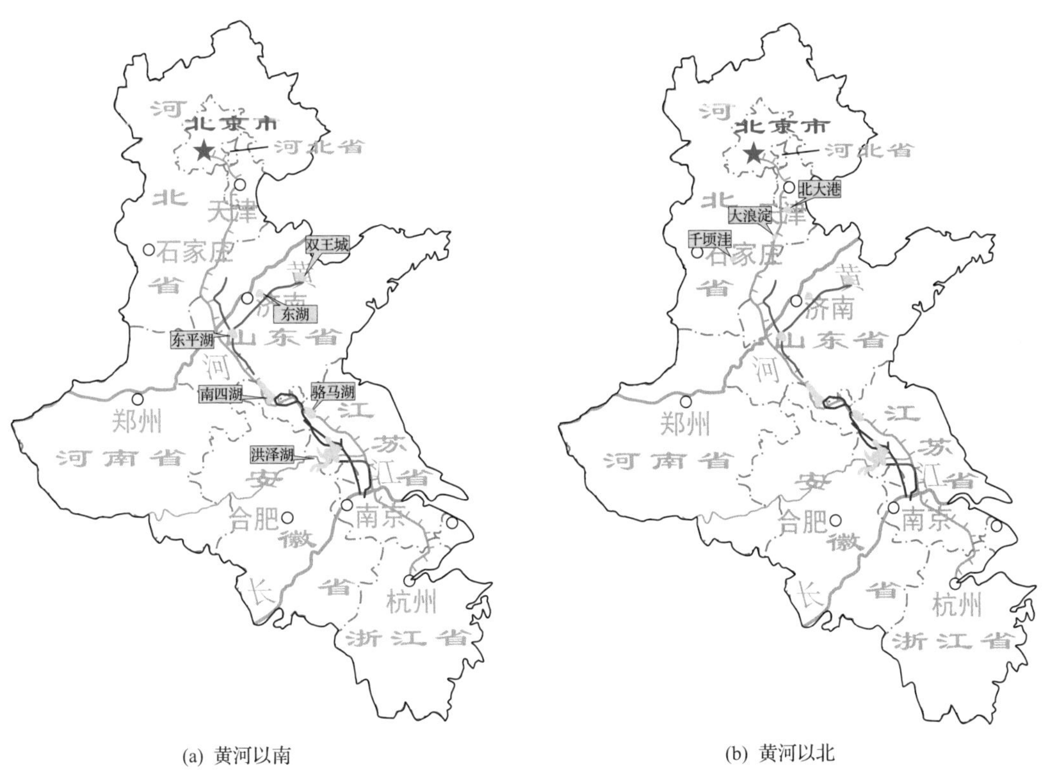

(a) 黄河以南　　(b) 黄河以北

图 20.3　东线调蓄工程分布图

(五)泵站工程

东线一期工程总干渠全线设置 13 个梯级泵站逐级提水，整个工程共有 22 个枢纽、34 座泵站，总装机 160 台、装机容量 36.624 万 kW，其中利用现有泵站 13 座、新建泵站 21 座。

（六）治污工程

为保证东线工程输水水质达到国家地表水环境质量Ⅲ类标准的要求，在东线规划区内，规划实施清水廊道工程、用水保障工程和水质改善工程，形成“治理、截污、导流、回用、整治”一体化的治污工程体系。治污项目共 5 类 369 项，包括城市污水处理工程 135 项、截污导流工程 33 项、工业结构调整工程 38 项、工业综合治理工程 150 项、流域综合整治工程 13 项。

二、输水线路与可调水量

东线一期工程利用江水北调工程体系，扩大调水规模并延长输水线路为黄淮海平原东部及胶东地区供水，重点解决津浦铁路沿线和胶东地区的城市缺水以及苏北地区的农业缺水，补充鲁西南、鲁北和河北东南部部分农业用水以及天津市的部分城市用水。除调水北送外，工程还兼有防洪、除涝、航运等综合效益，亦有利于我国重要历史遗产京杭大运河的保护。

（一）规划输水线路

东线工程从长江干流下游三江营引水，途经江苏、山东、河北三省，向华北地区输送生产生活生态用水，其引水工程充分利用了我国京杭大运河的原有线路（图 20.1）。

京杭大运河始于春秋、形成于隋代、发展于唐宋、完善于元明清。大运河各段河道分段凿成，时有兴废。依据历史时期大运河的分段和命名习惯，大运河总体上分为通惠河段、北运河段、南运河段、会通河段、中河段、淮扬运河段、江南运河段、浙东运河段、卫河（永济渠）段、通济渠（汴河）段（图 20.4）。大运河开凿始于公元前 486 年的春秋时期，汉魏时曾是国家的粮食运输主要通道，隋唐时期形成沟通京师与南北主要政治经济中心的漕粮通道，元以后由于中国政治中心的迁移，公元 13 世纪至公元 19 世纪转而形成南北向的京杭大运河，其中很多段落至今仍发挥着重要的交通、运输、行洪、灌溉、输水等作用。

东线一期工程输水线路的地形是以黄河为脊背，向南北倾斜。从长江干流三江营引长江水，利用京杭大运河及与其平行的河道逐级提水北送，并连通起调蓄作用的洪泽湖、骆马湖、南四湖、东平湖。出东平湖后分两路输水：一路向北，在位山附近经隧洞穿过黄河，经扩挖现有河道进入南运河，自流到天津，输水主干线全长 1446.5km，其中黄河以北 173.5km，穿黄段 7.9km；另一路向东，通过胶东地区输水干线经济南输水到烟台、威海，全长 239.8km。

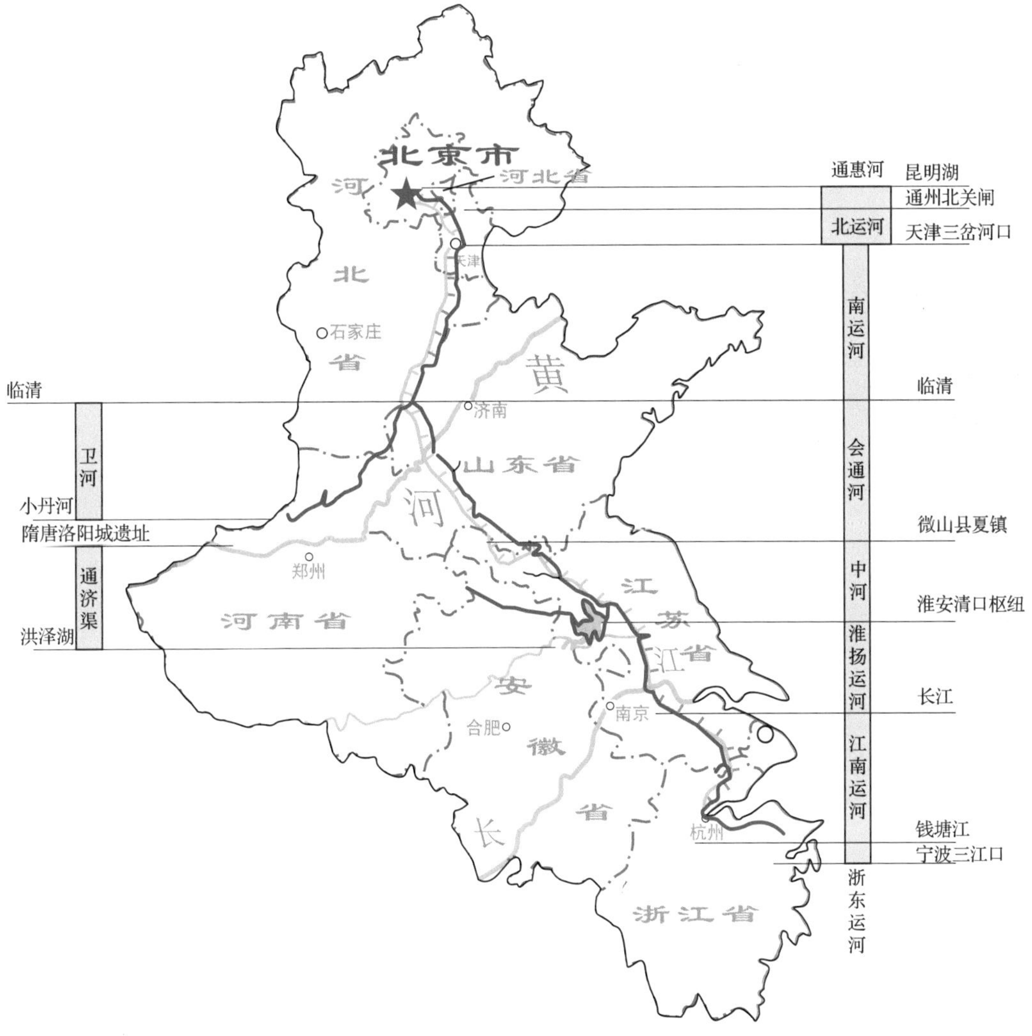

图 20.4　京杭大运河（沿途主要节点及不同历史时期工程分布）[6]

东线一期工程输水线路共分为 8 段。黄河以南输水线路分为 5 段，13 个梯级，另 3 段是穿黄工程段、黄河以北输水线路段和胶东地区输水线路段。

长江—洪泽湖段，设计输水规模 800m^3/s，进洪泽湖 700m^3/s。利用原有的里运河（图 20.5）和新开挖的三阳河、潼河，以及淮河入江水道三路输水，里运河与三阳河两路输水线上各设 3 级泵站，入江水道线路上设 4 级泵站。

洪泽湖—骆马湖段，设计输水规模 525～625m^3/s，利用现有的中运河及徐洪河双线输水，新开成子新河和利用二河从洪泽湖引水送入中运河。

骆马湖—南四湖段，设计输水规模为 425～525m^3/s，利用中运河接韩庄运河、不牢河以及房亭河三路输水。图 20.6 为东线工程台儿庄泵站全景图。

图 20.5　东线工程通水后的里运河风光

里运河起于春秋战国时代的邗沟，公元前 486 年夫差借邗沟北伐齐国，是京杭大运河最早修凿的河段。里运河流经江苏省淮安市、高邮市、扬州市，自清江浦至瓜洲古渡入长江。它介于长江和淮河之间，北接中运河，南接江南运河，长 170 余千米。明清时期，河务、漕运繁荣，成为“南船北马，九省通衢”的显赫交通要道

图 20.6　东线工程台儿庄泵站全景图

台儿庄泵站是山东境内第一级泵站。中运河台儿庄段是指从微山湖湖口到江苏邳州的韩庄运河。该段是长江以北大运河唯一东西走向的航道，也是世界文化遗产“中国大运河”27 段遗产河道之一

南四湖段，设计输水规模 350～425m³/s，在湖内开挖深槽输水，在二级坝处新建泵站提水入上级湖，规模为 375m³/s。

南四湖—东平湖段，设计输水规模 325～350m³/s，扩挖梁济运河、柳长河输水，由八里湾站提水进入东平湖老湖区。

穿黄河工程段，由南岸输水渠、穿黄枢纽工程和北岸穿越引黄渠道的埋涵三部分组成，穿黄隧洞设计流量 200m³/s，需在黄河河底以下 70m 打通一条直径 9.3m 的倒虹隧洞。

黄河以北输水线路段，全部自流。位山—南运河入口段设计输水规模 150～200m³/s，扩挖小运河，新开临（清）—吴（桥）输水干渠，在吴桥县城北入南运河，利用南运河输水至天津九宣闸,经马厂减河入北大港水库,输水规模为 100～150m³/s。

胶东地区输水线路段，从东平湖至威海米山水库，全长 701.1km。自西向东可分为西、中、东三段，西段由东平湖经济南至引黄济青干渠的分洪道节制闸，长 240km，设计输水规模 90m³/s；中段利用现有引黄济青渠道，从分洪道节制闸至宋庄分水闸输水，长 142km，输水规模 29～37m³/s；东段从引黄济青干渠的宋庄分水闸至威海米山水库，长 319km，设计输水规模 4～22m³/s。

（二）规划总调水规模及可调水量

东线工程的水源地是长江干流的下游，水量丰富、稳定，水质良好，可调水量主要取决于工程规模。确定东线工程合理调水规模需要考虑在尽可能利用原有河道或扩大输水河道时，不对当地的防洪、排涝和航运产生较大影响，并具有经济技术上的合理性。东线工程除解决沿线城市缺水，还可为江苏江水北调地区的农业增加供水，补充京杭运河航运用水以及为安徽洪泽湖周边地区提供部分水量。

2002 年东线工程总体规划确定的抽江水量为 148 亿 m³（流量 800m³/s），过黄河水量 38 亿 m³（流量 200m³/s），向胶东地区供水 21 亿 m³（流量 90m³/s）。在 2030 年以前拟分三期实施，第一期工程主要向江苏和山东两省供水，抽江规模 500m³/s，入东平湖流量为 100m³/s，过黄河流量为 50m³/s，至山东半岛流量为 50m³/s。第二期工程供水范围扩大至河北、天津，抽江规模为 600m³/s,过黄河流量为 100m³/s,到天津流量为 50m³/s，向山东半岛供水流量为 50m³/s。第三期工程供水规模扩大到抽江为 800m³/s，过黄河流量为 200m³/s，到天津流量为 100m³/s，向山东半岛供水流量为 90m³/s。东线工程建成后，多年平均新增供水量 106.2 亿 m³，扣除输水损失后，净增供水量 90.7 亿 m³。

三、受水区与用水分配

（一）受水区范围

东线一期工程的供水范围是江苏省里下河地区以外的苏北地区和里运河东西两侧地区；安徽省蚌埠市以东沿淮河、淮北市以东沿新汴河地区；山东省南四湖、东平湖地区、山东半岛以及黄河以北山东省徒骇马颊河平原，分为黄河以南、胶东地区和黄河以北三片的 71 个县（市、区）。

东平湖以南沿输水干线按灌区大片划分，分为江苏供水区、安徽供水区、鲁南（东平湖以南）供水区，以北分鲁北供水区和胶东供水区。

（1）江苏供水区。江苏境内灌区主要分布在京杭运河徐扬段两侧，总耕地面积 2883 万亩，其中需要东线一期工程供水的灌溉面积为 2847 万亩，涉及扬州、淮安、盐城、宿迁、徐州和连云港六市。

（2）安徽供水区。安徽省属于洪泽湖供水区，主要通过淮河、怀洪新河及新汴河引水。安徽境内农业灌溉面积为 178 万亩，城市和工业供水包括蚌埠、淮北、宿州 3 座地市级城市和其辖内的 5 个县。

（3）山东供水区。该供水区可分鲁南（东平湖以南）、鲁北和胶东三个供水区。鲁南片主要从韩庄运河、南四湖和梁济运河引水，分别向枣庄市、济宁市、菏泽市供水。鲁北片从鲁北干线引水，向鲁北供水。胶东供水区从胶东干渠引水，向济南市、滨州、东营、青岛、烟台、威海等地供水。

（二）一期工程规划水量分配

一期工程多年平均抽江水量为 87.7 亿 m^3（比现状增抽江水量 38 亿 m^3），受水区干线分水口门净增供水量 36 亿 m^3，其中江苏省 19.3 亿 m^3，山东省 13.5 亿 m^3，安徽省 3.2 亿 m^3。

第三节　一期工程建设与运行情况

一、东线一期工程建设

东线一期工程主要线路为大运河提水线，即在扬州附近从长江干流抽水，经京杭运河及与其平行的河道经过 13 级提水北送，于解山一位山之间穿过黄河，自流至天津，向黄淮海流域东部平原补水（图 20.7）。

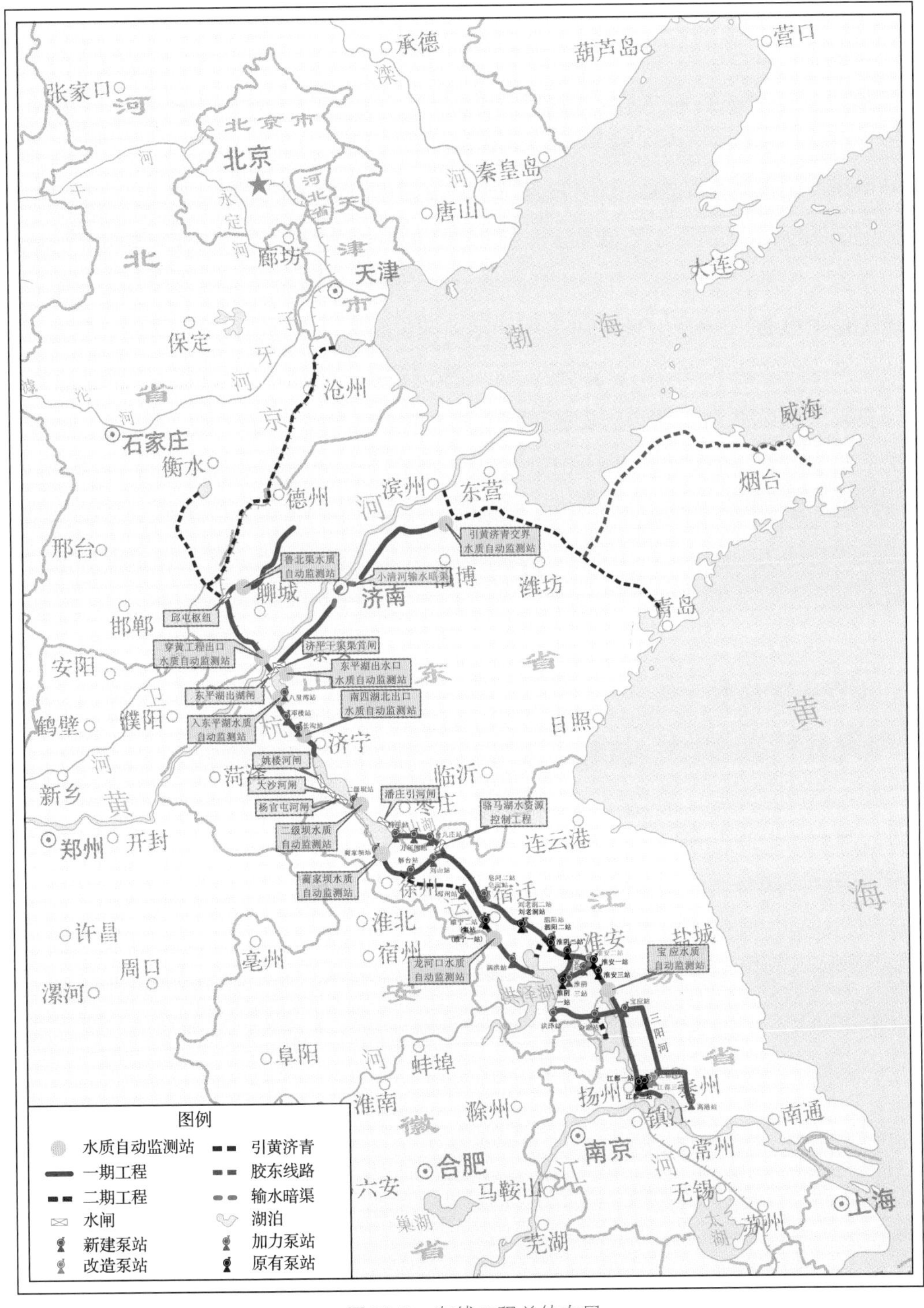

图 20.7　东线工程总体布局

江苏省从 1961 年建设江都泵站开始，历经 40 年的建设，在苏北地区初步建成抽引江水的江水北调工程和自流引江的东引工程两大供水系统。江水北调以江都抽水站为起点，以京杭运河为输水骨干河道，可输水到连云港、徐州及南四湖的下级湖。大部分抽水泵站在汛期结合当地骨干排水河道进行排涝。1986 年 4 月，东线穿黄河勘探试验洞开工。1988 年 4 月穿黄河输水试验隧洞开通成功，探明了路线及其附近的地质情况，验证了开挖大型输水隧洞穿黄河方案的可行性。

总体规划批复后，2002 年 12 月 27 日东线一期工程正式开工建设，工程共分为 68 个设计单元工程，江苏三阳河潼河宝应站工程和山东济平干渠工程率先开工，随后沿线渠道、泵站、治污等工程同步开展建设。为确保东线输水水质达到国家地表水环境质量Ⅲ类标准，《南水北调东线工程治污规划》实施以治为主，节水优先，配套截污导流、污水资源化和流域综合整治工程。在输水干线规划区、山东和天津用水区、河南和安徽规划区分别实施清水廊道工程、用水保障工程和水质改善工程。2010 年 3 月 25 日，东线穿黄隧洞贯通。2011 年 10 月 29 日，隧洞衬砌施工完成。2012 年 5 月 29 日，东线第六梯级泵站皂河站工程通过机组试运行验收，江苏段输水干线运河线工程建成通水。2013 年 11 月 15 日一期工程正式通水，供水北至德州大屯水库和山东半岛。

二、工程关键技术

东线工程大部分位于平原地区，地形平坦，流经地区人口稠密，工农业生产密度大，输水渠道与河流、湖泊交汇，水质较差；黄河以南地势南低北高，需要提水。工程建设遇到的主要技术难题包括工程施工、运行调度、核心设备、生态环境治理等，集中在穿黄河隧洞施工、复杂水系水量水质联合运行调度、泵站机组设备、水污染防治等核心技术。经过几代科学家和数万工程技术人员的不懈钻研，在大型平原水库防渗漏、大型渠道工程机械化衬砌施工、穿黄河隧洞工程施工、河-渠-湖-库水量水质联合优化调控、大型高效灯泡贯流泵研制等方面取得了一系列创新性成果，解决了行业发展重大关键问题，重大关键技术包括：

（一）东线穿黄河隧洞工程施工关键技术

穿黄枢纽工程是东线工程的控制性“咽喉”，历经 30 年的勘探、规划和设计，综合对比了与黄河平交、立交等多种方案，最终选择在黄河南岸的解山和北岸的位山之间、从黄河河床下开凿隧道的立交方案。穿黄河隧洞工程在黄河主河槽隐伏山梁下穿过，最大埋深达 70m，开挖洞径 8.9~9.5m，洞长 585.38m，隧洞为有压圆形隧洞，采用钢筋混凝土衬砌，内径 7.5m，设计流量 100m^3/s[5]。穿黄隧洞在勘察中揭露断层 13 条，岩层风化作用较强，构造裂隙发育，黄河水、孔隙水和岩溶裂隙水“三水连通”，地质条件复杂、安全隐患多、施工技术难度大。

工程攻克了超前探水及预注浆阻水施工技术、隧洞开挖技术、隧洞支护施工技术、机制砂混凝土制备技术。东线穿黄河隧洞工程施工关键技术，揭示了穿黄河输水隧洞岩体介质弹塑性应力-渗流-损伤的耦合机制，发现了二次衬砌初始裂缝、二次衬砌伸缩缝止水失效造成围岩失稳的规律，实现了复杂地质条件下大坡度大埋深大直径隧洞施工、运行过程中的围岩和支护体系内力、变形和稳定性的预测，创立了以超前探水及预注浆阻水施工技术以及错台阶开挖爆破和振动控制技术为核心，以阻水帷幕爆破震动影响机理分析和评价为指导，综合应用大涌水特殊情况下双液浆堵水技术、隧洞开挖新型钻机平台和出渣系统、穿黄河大堤斜井快速安全开挖技术、简易灌浆止浆塞和钎尾简易加工装置等施工技术，突破了机制砂混凝土的制备难题，加快了工程施工进度，保障了施工安全和质量，提高了工程效益。

（二）河-渠-湖-库水量水质联合优化调控关键技术

黄河以南段需要依托泵站提水，从长江至东平湖设 13 个调水梯级。泵站提水运行时间长、能耗大；同时，东线河网及湖库群交织，水力联系复杂。联合调度需要考虑调水的水量-水质目标，又要考虑运行的降本增效，还得满足系统中湖库、河道生态环境目标和功能要求，因此，东线湖库和多级泵站的水量水质联合调度问题异常复杂，研究泵站群影响下复杂河网水力特征，建立典型梯级站群优化调度技术体系，提高输水控制效率和精度，是东线工程运行的关键。为此，东线工程运行管理开展了基于引江水高效利用的水资源多维均衡调配、河-渠-湖-库复杂水网水量多目标联合优化调度、河渠湖库复杂水网输水控制模式及技术、河-渠-湖-库联合调控等研究工作，掌握了泵站群影响下复杂河网的水力特征，建立了基于大系统分解协调的实时闭环控制、联动控制的闭环输水控制技术体系，建立了同步控制自适应平衡控制模型和冰期调水情况下的参数化冰期输水控制模型；实现了湖泊调蓄、“单站-站内-并联站群-典型梯级站群”和跨区域多部门协动的河-渠-湖-库大尺度复杂调水网络时空三级闭环控制水质水量多目标联合优化调度，有效保障了东线长距离调水的水量达效和水质达标。

（三）大型高效灯泡贯流泵关键技术

工程创造了世界上规模最大的东线泵站群，具有规模大、泵型多、扬程低、流量大、年利用小时数高等特点。水泵是东线工程 13 级泵站的中枢，提高泵站的可靠性和效率，是泵站技术创新的关键和核心。东线工程运行工况复杂，提水效率直接涉及运行成本，要求机组运行可靠、高效、环保，贯流泵具有流道顺直、水力损失小、装置效率高等优点，是东线低扬程大流量最适合的泵型，研发高性能贯流泵装置，成为东线输水的核心技术难题。通过对灯泡贯流泵机组的总体结构型式及其对水力性能的影响规律研究，突破了泵机组结构关键技术，优化设计了泵站结构，提升了泵的抗震性能，发明了实用新型的灯泡贯流泵机组结构型式，开发了可考虑非定常湍流、机组、泵站结构与地基相互作用的流激振动三维有限元并行计算分析软件，我国自主研发的高性能贯流泵装置，填补了大型灯泡贯流泵机组设备的空白。

（四）复杂河网地区水污染防治技术体系与防控模式

水质问题是制约东线工程实施和发挥效益的关键。通水前，东线输水干线 50%的监测断面水质劣于Ⅴ类，过黄河进入海河流域后全部为劣Ⅴ类。主要受水区几乎“有河皆枯、有水皆污”。输水干线与自然河流、湖泊相连，进入渠道的污染源种类多、来源广、涉及范围大、排放量大，且受纳区域相对集中。复杂的污染源及其多种治污方式直接影响输水水质。如何综合集成多种治污技术、有效解决水污染，是实现东线治污的关键。东线工程水污染防治采取了水陆一体化生态防护、调蓄湖库农业面源污染防治、截污导流等工程体系和防治措施，建立了复杂河网地区水污染防治技术体系和防控模式。基于对沿线污染源来源、污染物类型及分布特征的研究，构建了洪泽湖、骆马湖、南四湖、东平湖等湖泊的水陆一体化生态防护系统。通过有效控制农业面源污染入湖量，建立沿线各调蓄湖库的农业面源污染防治体系，有效防止了湖泊富营养化的发生。在南四湖等主要流域，利用截污导流工程，实现清污分流，确保输水期污染物不再进入输水河道，有效减少了河网区入河入湖污染负荷，构建了受水区生态用水的新秩序。通过优化布设节制闸，创新复杂河网区多目标调度技术体系，解决了洪涝灾害与输水渠道截污导流之间的矛盾，确保了治污、调水与排涝的顺利进行。工程运行以来，加大水环境治理，将沿线原来 90%以上断面不达标甚至河湖黑臭水体治理成水质全面达到地表水Ⅲ类标准。

三、运行调度及供水情况

东线水量调度以补充受水区城市用水为主要目标，兼顾农业、航运和其他用水。水量调度服从防洪调度，保证防洪安全。优先使用当地水、淮河水，合理利用长江水，对供水水源实行统一调度、优化配置。妥善处理各受水区用水需求，不损害水源区原有的用水利益，不影响航运安全。

水量调度年度为 10 月至次年 9 月，调水入洪泽湖、骆马湖、南四湖时间为 10 月至次年 9 月，调水入东平湖时间为 10 月至次年 5 月，调水到胶东时间为 10 月至次年 5 月，调水过黄河时间为 10 月至次年 5 月，其他时段如需调水出省，需经相关省水行政主管部门、有关流域管理机构同意后，报国务院水行政主管部门批准。调度过程中，依据受水区用水计划和沿线工情、水情，按省际断面调水量和湖泊输水损失量总量控制，其他断面依据实际水情适当调整滚动修正的原则，落实各月水量调度方案。

一期工程供水范围涉及江苏、安徽、山东 3 省的 71 个县（市、区）。按照水利部下达的年度水量调度计划，编制工程调度方案。2013 年底正式通水以来，各调水年度关键断面调水情况：2013～2014 调度年，自 11 月 15 日开始至 12 月 12 日结束，省际交水量为 3450 万 m^3；2014～2015 调度年至 2019～2020 调度年的 6 个完整调度年中，各调度年完成的省际交水量分别为 3.28 亿 m^3、6.02 亿 m^3、8.89 亿 m^3、10.88 亿 m^3、8.44 亿 m^3和 7.03 亿 m^3。图 20.8 为 2014~2020 年度各关键断面调水情况。每个调水年度各关键控制断面基本可按计划完成供水，计划调水量低于规划调水量的主要影响因素有：沿线河湖天然来水量、地方配套工程建设滞后、供水价格等。

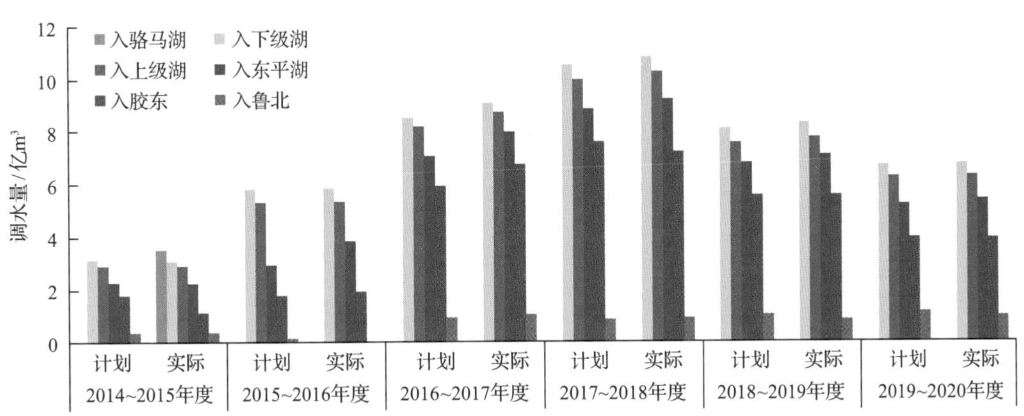

图 20.8　2014～2020 年度各关键断面调水情况

一期工程需要通过 13 级泵站提水，经济运行调度需要综合考虑水资源费、固定资产折旧费、工程维护费、工程管理费、抽水电费等。沿线山东和江苏实施 4 个时段（尖峰、高峰、平段和低谷）电价，不同时段的电价是影响东线提水动力费用的关键因素。运行调度在遵循规划确定的水量调配和湖泊运行原则的基础上，充分利用沿线湖库调蓄能力，在电价低谷和平常时段抽水，避开用电高峰，使得调水动力成本最低。

一期工程实施了截污导流工程，并采取了多项治污措施，输送线路利用天然河道开敞式输水，水环境不确定因素复杂，存在多重水污染风险源，尤其是突发性水污染事故应急处置保障能力要求高。此外，东线工程 13 级泵站是主要的调度控制节点，在应急调度上与常规自流型渠道闸控调度有所差别，需建立可行的梯级泵站应急控制模式，制定突发水污染事故情形下泵站与节制闸应急控制原则，制定最优泵站、闸门联合调度控制方案，从而有效应对水污染事故。东线工程两湖段梯级泵站，考虑污染物传播速度、渠道水位变幅等限制条件，建立了水污染事故下泵站及退水闸应急控制模式。

四、工程效益

一期工程建成通水以来，运行平稳、水质基本稳定达标，经济社会生态环境效益显著发挥，工程的战略性基础作用日益凸显，发挥了“优化水资源配置、保障群众饮水安全、复苏河湖生态环境、畅通南北经济循环的生命线”的重要作用。

（一）供水效益显著

一期工程建成通水后，完善了江水北调工程体系，年均抽江水量达到规划目标 2/3 以上，抽江能力显著，提高了受水区的供水保证率。根据《南水北调工程总体规划》，1992 年至 2001 年江水北调工程平均年抽江水量 46 亿 m^3。根据水利部下达的调水计划，运行初期前 6 年抽江水量平均值为 61.09 亿 m^3，占东线一期工程规划多年平均抽水量 87.66 亿 m^3的 69.7%。截至 2021 年，东线一期工程向山东调水 52.88 亿 m^3，增强了受水区的供水保障能力，有效缓解了苏北、鲁南、鲁北特别是胶东半岛的用水短缺问题，使济南、青岛、烟台、徐州、德州等大中城市基本摆脱缺水的制约，超过 6900 万人直接受益。

东线一期工程稳定为沿线城市提供生活保障水和生产必需水，受水区内城市生活和工业供水保证率从最低不足 8%提高到 97%以上，成为应对旱灾等极端天气的“救命水”。东线一期工程对缓解山东特别是胶东半岛地区水资源供需矛盾、保障经济社会可持续发展发挥了关键作用。2014～2018 年胶东连旱，不间断向胶东地区供水 893 天，累计供水 14.42 亿 m^3。

东线一期工程提升了农业灌溉能力。东线一期工程提高了扬州、淮安、徐州等市50个区县4500多万亩农田的灌溉保证率，长江—洪泽湖段的农业用水基本可以得到满足，其他地区供水保证率也达到75%～80%，比规划基准年提高20%～30%。

此外，东线北延应急供水工程建成供水后，每年将增加向京津冀地区供水能力约4.9亿m^3，其中利用北延应急供水水源置换河北和天津深层地下水超采区农业用水1.7亿m^3，为衡水湖、南运河、南大港、北大港等河湖湿地提供补充水源，将在保障天津、沧州等地供水安全的同时，缓解华北地区地下水超采状况并促进沿线重要河湖湿地生态修复和复苏。

东线一期工程建成生效后，基本解决了受水区城市缺水问题，但也应该分析总结东线一期工程总体达效、水量消纳不足的深层次原因。与东线一期工程设计能力、水源区和受水区丰枯变化对应的水平年调水规模相比，一期工程尚未达到设计的调水规模，主要原因有：一是工程通水达效，受配套工程、用水条件、设施建设滞后等影响，调水工程达效一般需要一个过程，从长期分析，通水7年不具有代表性。二是与受水区丰枯条件、过境水量多寡等密切相关，东线通水以来，尤其是最近3年，黄淮海降水相对充沛，且黄河流域上游来水偏多，需外调的水量减少。三是与外调水的水价、管理体制机制等有关。四是水质，东线一期工程通水以来，沿线水环境、水质都得到大幅改善，水质整体达标，但东线总干渠与自然河湖连通，汛期还有行洪功能，但用水户对水质还存在顾虑，也是隐形因素。

（二）生态功能作用凸显

按照“三先三后”原则，以《南水北调东线工程治污规划》（2001年）实施为重点，推进沿线治污。2013年东线一期工程通水前，COD和氨氮入河总量比2000年规划时减少85%以上，水质断面达标率由规划时的3%提高到100%。昔日污染严重的臭水沟变成了清澈见底、鱼鸟成群的生态廊道；有“酱油湖”之称的南四湖脱胎换骨跻身全国水质优良湖泊行列，对水质要求比较高的绝迹多年的小银鱼、鳜鱼、毛刀鱼、麻坡鱼等在湖中重现。

一期工程通水运行期，水质稳定达到国家地表水Ⅲ类标准，生态功能作用凸显。先后累计向南四湖、东平湖实施生态补水超3亿m^3，有效改善了“两湖”的生产、生活条件和生态环境，防范了可能引发的水生态危机，使河湖、湿地等水面面积明显扩大，区域生物种群数量和多样性不断增加。以济南为例，利用东线一期渠道和河网，为小清河补水2.45亿m^3，向华山湖补水600万m^3，为保泉补源供水1.78亿m^3，有效提高了区域水环境容量和承载能力，济南“泉城”得以恢复。

东线一期工程的通水，还有力地支撑了受水区的地下水压采。根据国务院批复的《南水北调东中线一期工程受水区地下水压采总体方案》，通过自身挖潜、节水管水、优化配水等方式，大力推进地下水压采工作。到 2015 年，江苏大运河沿线及受水区压采地下水量达 3550 万 m^3，沿线地下水位回升显著，地下漏斗得到有效控制，地表水生态和水环境亦得到改善。根据东线工程受水区山东、江苏两省 2010～2019 年的水资源公报数据，工程建设期两省地下水资源量相对稳定，通水后，除 2019 年水资源量因降雨量少、开采量的变化，地下水位有一定程度下降外，2013～2018 年地下水资源量总体呈上升趋势。东线一期工程通水（2013 年）后，山东省地下水供水量由 91.31 亿 m^3 下降至 78.67 亿 m^3，江苏省由 8.7 亿 m^3 降至 6.3 亿 m^3，下降幅度分别为 13.8% 和 27.6%，表明东线工程的通水对缓解受水区地下水超采发挥了重要作用。

（三）综合效益得到发挥

东线一期工程的建成通水，奠定了苏、鲁水网基本格局，形成了江苏省双线输水格局，构建了山东省“T”字形骨干水网，打通了长江干流向北方调水的通道，构建了长江水、黄河水、当地水优化配置和联合调度的骨干水网，为完善国家水网“主骨架、大动脉”创造了条件。同时，沟通了长江经济带与京津冀协同发展之间的联系，有效缓解了山东引黄地区的缺水局面，有利于黄河流域水资源的合理利用，在排涝、抗旱、航运、水环境改善等方面取得显著效益。

（1）排涝效益。东线工程沿线具有多座兼具防洪、排涝功能的综合型泵站和多座调蓄性湖泊和水库，在正常发挥其调水功能之外，还可充分利用沿线泵站、河道和湖泊、水库，通过调江、引黄和调蓄，充分发挥水网连通的优势，参与受水区防洪排涝抗旱工作。例如，2005 年新建的宝应泵站投运后，江苏境内新建泵站、控制建筑物、河道等工程积极参与省内排涝，各泵站总计运行近 7 万台时，排泄区域洪水总量超 110 亿 m^3，在苏北、苏中地区防洪排涝中发挥了重要作用。2007 年汛期，射阳湖射阳站水位超警戒水位 2.5m，宝应县境内普遍受涝，防汛形势十分严峻，宝应站开机 10 天，抽取涝水 1.15 亿 m^3，大大降低了宝应县的灾情。

（2）抗旱效益。参与区间接力抗旱，完成 2011～2017 年共 8 次江苏省内抗旱任务，为受旱影响地区的生产恢复、经济可持续发展及民生福祉保障提供了可靠基础。如 2012 年、2013 年夏季出现高温伏旱，启动东线沿线 11 座引水闸运行，从里运河引水灌溉，确保了 50 万亩农田的正常用水。2019 年，苏北地区遭遇 60 年一遇气象干旱，东线一期工程积极参与抗旱运行，仅江都枢纽抽江北送水量即达 75.49 亿 m^3。东线一期工程还多次应急补水，2014 年 8 月 5 日至 24 日，为南四湖下级湖应急补水 8069 万 m^3；2016 年 6 月 7 日至 9 月 30 日累计向胶东地区应急供水水量 1.12 亿 m^3；2017 年 7 月 1 日至 9 月 29 日自济平干渠渠首闸累计向胶东地区应急供水 19705 万 m^3（含东平湖湖水 11123 万 m^3）；北延应急试通水后，2019 年 4 月 21 日至 6 月 26 日，向鲁北干线北延引水 7822 万 m^3，六五河节制闸出水 6868 万 m^3。

（3）航运效益。工程结合河道疏浚扩挖，提高了金宝航道、徐洪河、韩庄运河段航道等一批河道的通航标准和通航等级，大部分河段通航宽度达到 3 级航道标准，提高了区域水运能力，使京杭大运河成为仅次于长江的“黄金水道”，加快物流循环，节约运输成本，畅通国内大循环，稳定了航道水位，改善了通航条件，延伸了通航里程，提高了航运安全保障能力。黄河以南从东平湖至长江实现全线通航，工程还打通了南四湖至东平湖两湖段的水上通道，新增通航里程 62km。

（4）经济效益。一期工程受水区包括重要的工业经济发展聚集区、能源基地和粮食主产区，北调水有效解决了沿线水资源短缺的瓶颈，更加有利于发挥区位优势、资源优势，建立富有特色的主导产业，并促进关联产业发展。据估算，东线一期工程通水后，每年增加工农业产值近千亿元。如青岛市的供水安全明显提高，东线供水由补充水源逐步向主水源演变，为地区经济社会发展注入了新动力。

（5）绿色发展。东线一期工程为沿线经济结构调整（包括产业结构、地区结构调整）创造了机会和空间，沿线地区通过淘汰落后产能，实施工业治理“再提高”工程，有效促进了产业结构优化升级和绿色发展。如山东省内造纸厂由 700 多家压减到 10 家，产业规模却增长了 2.5 倍，利税增长了 3 倍。

（6）京杭运河文化重塑。东线工程拥有丰富的历史文化遗产和水文化内涵，工程建设与运行过程中注重水利文化遗产发掘与保护，注重水利文化传承与发展。一期工程的建成和运行，通过增加水量、改善水质、提升区域水环境、提高通航能力等方式，使得千年京杭大运河重焕生机，助力京杭大运河成功申报世界文化遗产。输水干线成为清水廊道，沿线绿化率和人居环境大幅提升，沿线河湖水网连通性增加，一批水利风景名片的形成，有力促进了沿线旅游资源的质量提升(图 20.9)。

（7）水质改善。一期工程实施了强有力的污染治理、排放控制和管理措施，加强水体水质监测。输水干线的 83 个水质评价断面中，2017 年水质达到Ⅲ类水的占 86.7%，水质为Ⅳ类、Ⅴ类和劣Ⅴ类的断面分别为占 9.6%、0%和 3.6%；汛期和非汛期水质达到Ⅲ类水的断面分别占 79.6%和 85.5%。输水沿线水质总体上呈现南优北差状况，汛期水质较非汛期差（主要是 TP）；现状水质较差（Ⅴ类和劣Ⅴ类）的河流有南运河、北大港水库和马厂减河，均位于黄河以北。在一期工程调水期 46 个输水线水质监测断面中，水质达到Ⅲ类水的断面占 89.1%，水质为Ⅳ类的占 10.9%。从历年的水质统计数据来看，东线水质整体处于地表水Ⅲ类水质标准。江苏段水质部分断面的部分指标可达到或优于地表水Ⅱ类水质标准。山东段出东平湖后水质趋势向好，大屯水库、六五河节制闸部分指标达到或优于地表水Ⅱ类水质标准，东线水质持续向好的趋势明显。

图 20.9　东线一期工程沿线大运河景观（皂河二站，近处为大运河，远处为骆马湖）

第四节　后续工程规划与建设

2002 年《南水北调工程总体规划》批复以来，我国经济社会快速发展，东线工程沿线受水区社会经济、生态环境及工程条件等均发生了较大的变化，为适应新发展理念、支撑受水区生态保护和高质量发展，启动了东线后续工程前期论证和可行性研究工作。

2015 年水利部淮河水利委员会会同海河水利委员会开展东线工程补充规划编制工作，先后组织完成了《南水北调东线工程补充规划》《南水北调东线后续工程规划总体方案》，针对黄淮海平原及山东半岛缺水形势，提出南水北调东线二三期工程合并实施的建设方案。2017 年 5 月，按照水利部总体安排，淮河水利委员会同海河水利委员会全面启动东线二期工程规划编制工作，2019 年 12 月，编制完成了《南水北调东线二期工程规划》（以下简称《东线二期工程规划（2019）》），并适当加大抽江水规模，适度扩大受水区范围。

2021 年 5 月 14 日，习近平总书记在推进南水北调后续工程高质量发展座谈会上强调①，南水北调工程事关战略全局、事关长远发展、事关人民福祉。要审时度势、科学布局，准确把握东线、中线、西线三条线路的各自特点，加强顶层设计，优化战略安排，统筹指导和推进后续工程建设。2021 年 6 月至 8 月，根据水利部工作部署，淮河水利委员会同海河水利委员会开展了南水北调工程总体规划（东线部分）评估、东线后续工程规划评估重点问题论证、东线后续工程方案论证等工作，对《东线二期工程规划》进行了修改完善，编制完成了《南水北调东线二期工程规划（2021 年修订）》。同年 10 月，成立了国务院推进南水北调后续工程高质量发展领导小组办公室，按照“确有需要、生态安全、可以持续”的重大水利工程建设原则，组织工作专班和南水北调后续工程专家咨询委员会，推动论证南水北调东中线后续工程建设。

一、东线后续工程必要性

黄淮海流域，尤其是海河流域，属于严重资源性缺水区，水资源开发利用程度高。南水北调东、中线一期工程全面通水逾 7 年，改变了黄淮海平原地区城市供水格局，发挥了巨大的经济、社会和生态效益。但社会经济用水（尤其是农业）仍在挤占生态用水，地下水超采问题尚未得到根本扭转，河湖生态用水严重不足，大部分河流仍然干涸，实施南水北调东线后续工程，并向京津冀供水，是支撑区域发展战略、保障粮食安全和生态文明建设的内在需求。

（一）提高受水区水资源安全保障的需要

从水资源集约节约利用考虑，黄淮海流域水资源集约节约利用在全国处于先进地位，据测算，预计 2035 年现状用水量的节水潜力约 80 亿 m^3，且随着节水水平的提高，节水的成本相应提高。海河流域耗用水量已超过本地降水量，水资源利用率达到 110%，本地水资源可利用量有限。随着城市化进程推进及生活需求增长，保障粮食安全对农业需水要求的提高，未来社会经济需水仍呈缓慢增长态势。据水利部水利水电规划设计总院的相关研究成果，规划受水区现状基准年（2019 年）缺水量约 145 亿 m^3；在考虑东、中线一期工程达效、引汉济渭、引江济淮等重大工程通水的情况下，受水区水资源仍然短缺。

南水北调东中线受水区经济社会发展重大变化，对供水保障程度提出了更高要求。京津冀及周边地区是我国水资源环境与发展矛盾最突出的地区之一，人均水资源量大

① 习近平在推进南水北调后续工程高质量发展座谈会上强调　深入分析南水北调工程面临的新形势新任务　科学推进工程规划建设提高水资源集约节约利用水平.(2021-05-14). http://www.qstheory.cn/yaowen/2021-05/14c_1127446896. htm。

大低于国际公认的 500m^3 极度缺水警戒线。随着京津冀一体化和雄安新区建设等重大国家战略的推进，对这一地区的供水安全保障程度、区域生态环境用水等都提出了更高要求。受水区山东省是我国农业大省、经济大省，受地理位置和气候条件影响，水资源总量不足，年际年内变化剧烈，尤其是胶东地区，河流源短流急，水资源年内年际变化剧烈，连丰、连枯、旱涝急转，本地水资源开发利用困难。稳定的外调水源，是受水区高质量发展的重要水源保证，尤其是东线后续工程担负着实现京津冀和鲁北、胶东地区供水的内在需求。未来国家骨干水网建设，要坚持“以水定城、以水定地、以水定人、以水定产”的原则，实现调水骨干网与城市群的有机结合。

（二）提升华北平原粮食主产区农业用水安全保障的需要

南水北调受水区，特别是华北地区，耕地和光热条件较好，但水地矛盾突出。华北地区我国粮食主产区和农产品生产基地，粮食产量约占全国的 1/4。但华北地区水资源严重不足，在国家粮食安全“紧平衡”情况下，保障国家粮食安全生产供水至关重要。华北地区农田灌溉水有效利用系数平均为 0.65，高于全国的 0.57；耕地亩均灌溉用水量 161m^3，远低于全国耕地亩均灌溉用水量 356m^3。农业生产用水效率和节水水平均处于全国领先，农业灌溉节水潜力有限且边际成本逐步增加。受水资源短缺影响，华北地区冬小麦、玉米等主要粮食作物实际为非充分灌溉。2020 年，河北省耕地灌溉亩均用水量为 157m^3，比所需灌溉水量低 30m^3 左右，要实现高产稳产，现状灌溉用水量与灌溉需水量之间还有一定差距。

华北地区耕地多，但水土资源不匹配，当地水资源难以满足粮食稳定发展的用水需求。华北地区以全国 3%的水资源支撑着全国 16%的耕地面积，尤其是河北省用仅占全国 0.5%的水资源，耕种了全国 4.8%的土地，严重超出了区域水资源承载能力，只能靠长期超采地下水维系。随着地下水超采治理的推进和生态用水退还，在没有外调水补充的情况下，农业用水量将进一步被压减，农业用水保障程度下降，将给粮食安全带来风险。据 1949~2020 年干旱灾害数据统计，华北地区几乎每年都有区域性干旱发生，尤其是 1972 年、1980~1982 年、1997~2000 年、2009 年等年份旱情灾情更为严重。通过南水北调工程为城市和工业提供稳定水源，退还被挤占的农业灌溉用水，亦可部分直供农业，为粮食生产提供水资源保障。

（三）改善生态环境、河湖复苏和地下水超采治理的内在需求

南水北调受水区地表、地下储水空间巨大，有助于本地水和外调水的联合调度利

用，未雨绸缪，防范重大持续大旱和其他灾害。地表储水空间包括河流、水库、湖泊、湿地等，地下储水空间包括巨量的浅层与深层地下水水库。据统计，黄淮海流域具有地表水库总库容约 1500 亿 m^3，其中黄河 848 亿 m^3、海河 339 亿 m^3、淮河 396 亿 m^3。20 世纪 70 年代以来，为支撑华北地区农业生产，长期超采地下水，导致地下水位持续下降。据统计，华北地区地下水累计超采达 1800 亿 m^3 左右，超采区面积约 18 万 km^2，已成为世界上最大的地下水漏斗区。如何充分利用库容资源、雨洪资源，调蓄丰枯、调水补偿，是未来水安全重点研究课题。例如，若未来受气候变化影响，出现连续丰水年，可充分利用地表、地下库容储备雨洪和外调水，大力改善北方地区的生态环境。枯水年则充分利用地表、地下储备水量，加上南水北调水源，多源保障供水安全。南水北调东中线后续工程建设，尤其是东线北延向京津冀供水，将为地下水超采治理提供水源保障基础，否则，华北地区地下水超采综合治理没有水源保障，地下水恢复缺乏水源基础，更谈不上地下水战略储备。

南水北调东线后续工程，可以更好地向河湖湿地补水，恢复大运河，对大运河文化传承和保护具有重要意义。2019 年 5 月，中共中央办公厅　国务院办公厅印发《大运河文化保护传承利用规划纲要》，以充分挖掘大运河丰富的历史文化资源，保护、传承和利用大运河宝贵遗产。按照“河为线，城为珠，线串珠，珠带面”的思路，构建一条主轴带动整体发展、五大片区重塑大运河实体、六大高地凸显文化引领、多点联动形成发展合力的空间格局框架，并根据大运河文化影响力，统筹考虑遗产资源分布，清晰构建大运河文化保护传承利用的空间布局。大运河文化遗产保护和传承，对东线后续工程的城市供水目标、航运用水目标、环境生态供水目标均提出了新要求，除了持续改善受水区水环境和生态，还需融合大运河世界遗产，传承和发展南水北调工程水文化，促进国家生态文明建设。

构建大运河经济文化带，贯通长江经济带与京津冀城市群。南水北调东线工程与京杭大运河这一世界文化遗产高度重合，且沿线分布有江都水利枢纽、微山湖等多个国家级水利风景区，以及扬州、淮安、宿迁、济南、北京、天津等多个历史文化名城。依托京杭大运河世界文化遗产及沿线区域得天独厚的生态文化资源，若能统一规划建设，充分融合地区特色和南水北调特征，实现新老工程交相辉映，形成一条人水和谐、惠泽民生的大运河经济文化带，不仅能提高工程的社会附加值，最大限度地发挥工程综合效益，为工程赋予新的生命力，还有利于重现大运河繁荣，密切长江经济带与京津冀城市群的水系连通，推动区域优势互补，促进沿线经济社会协调发展。

（四）支撑黄河流域生态保护和高质量发展的新动能

黄河流域生态保护和高质量发展面临的核心问题是水资源短缺。东线、中线后续工程，将进一步扩大调水规模和受水区范围，尤其是京津冀和山东，充分利用沿线调蓄工程和输水能力，对释放黄河流域水资源潜能和调整“八七”分水方案具有重要意义，也是新时期黄河流域突破水资源刚性约束的有效路径。南水北调东、中线挖潜扩容后，将为华北地区、胶东和苏北等地区新增 100 亿 m^3 的水量，极大改善海河流域和黄河下游的水资源条件，工程沿线农田灌溉设施以引黄灌溉和井水灌溉设施为主，在引黄灌区范围内一定程度上具备向农业供水的工程条件。同时，为置换冀鲁豫引黄灌区和引黄入冀补淀生态补水的引黄水量，可使黄河流域现有水资源适当向上中游倾斜，缓解黄河上中游地区的水资源供需矛盾，使南水北调中东线工程惠及更大范围；未来可继续扩大东线调水量，在未实现西线调水的过渡时期，提高黄河上游水资源利用率，充分解放黄河下游水资源指标，缓解黄河上游水资源紧张局面。统筹南水北调水和黄河上中下游水资源量，对促进黄河流域生态保护和高质量发展有重大促进作用，意义重大。

二、东线后续工程调水方案

根据《南水北调工程总体规划》（2002 年），东线工程在 2030 年以前分三期建设。2012 年 4 月 10 日，水利部研究部署加快开展东、中线后续工程论证及西线项目前期工作。为贯彻新时代治水方针、保障国家水安全，2015 年水利部淮河水利委员会会同海河水利委员会按照水利部总体工作部署开展东线工程补充规划编制工作，先后组织完成了《南水北调东线工程补充规划》《南水北调东线后续工程规划总体方案》，针对黄淮海平原及山东半岛缺水形势，提出南水北调东线二三期工程合并实施的建设方案。

随着受水区经济社会的高速发展，京津冀协同发展和雄安新区建设等一批国家战略的实施，高质量发展和新时期治水思路，对南水北调工程后续工程建设提出了新的更高要求。2017 年 5 月，按照水利部总体安排，淮河水利委员会同海河水利委员会全面启动东线二期工程规划编制工作，2019 年 12 月，编制完成了《东线二期工程规划（2019）》，并适当加大抽江水规模，适度扩大受水区范围。2021 年 6~8 月，根据水利部工作部署，淮河水利委员会同海河水利委员会开展了南水北调工程总体规划（东线部分）评估、东线后续工程规划评估重点问题论证、东线后续工程方案论证等工作，对《东线二期工程规划》进行了修改完善，编制完成了《南水北调东线二期工程规划（2021 年修订）》。2021 年 10 月，水利部会同国家发展和改革委员会、中国工程院、中国南水北调集团有限公司等单位，在以往大量比选工作的基础上，研究提出具有一定比选价值的东线后续工程方案。水利部组织有关设计单位组成设计工作专班，按照基本等效原则，研究提出科学、合理、可行的概念性设计方案。

（一）水利部二期工程规划方案（2021）

东线二期工程规划重点是补充京、津、冀、鲁、皖等省（市）的输水沿线城乡生活、工业、生态环境用水，安徽省高邮湖周边农业灌溉用水、萧县和砀山高效农业果木林灌溉用水；并提出向白洋淀等重要湿地生态供水，为其他河湖、湿地生态补水创造条件；补充黄河以北地下水超采治理补源的部分水量。黄河以南扬州到济宁京杭运河段航运用水保证率为 97%，一期工程已满足，二期未新增航运用水。黄河以北段京杭运河现状不通航，规划为京杭运河全线航道有水创造条件。各供水对象设计供水保证率见表 20.1。

表 20.1　供水对象设计供水保证率

供水对象			供水保证率/%
生活、工业、环卫绿化			95
灌溉农业	水田	淮河以南	95
		淮河以北	75
	旱作	下级湖以南区间	75
	高效果木林	萧砀	90
白洋淀湿地补水			75
地下水超采治理补源			50

二期工程充分利用已建工程，调水与防洪、航运相结合，工程布置充分考虑调水工程的经济合理性，注重与其他水利工程的关系。二期工程在一期工程基础上扩大规模，向北延伸（图 20.10）。从长江干流抽水，利用京杭大运河以及与其平行的河道输水，连通洪泽湖、骆马湖、南四湖、东平湖，经泵站逐级提水进入东平湖后，向北穿黄河后经位德渠、小运河、七一·六五河、临吴渠、南运河至九宣闸，再通过管道向北京和廊坊北三县供水，干线终点为采育镇（河北和北京边界）；胶东输水干线分别从东平湖和位德线禹城东引水，至引黄济青上节制闸为止。

二期工程规划输水干线线路总长 1957.3km，其中利用一期工程输水或现有河道（不扩挖河道）的干线长 826.2km（其中黄河以南段长 611.9km），扩建一期工程输水线或现有河道的输水干线长 914.7km，新开挖输水渠道（管道）的输水干线长 216.4km（全部在黄河以北）。

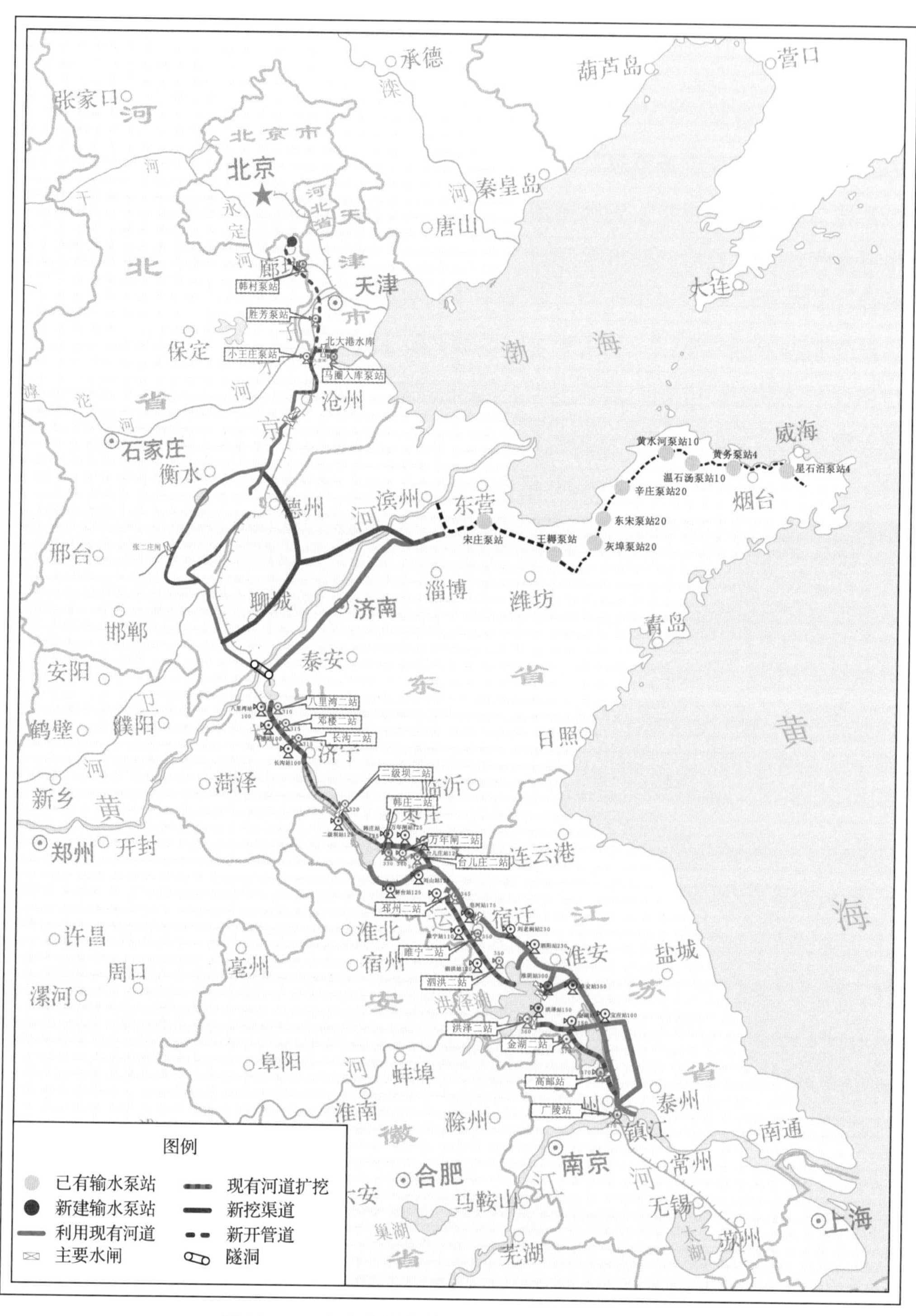

图 20.10　南水北调东线一期（含北延）工程布局

长江至洪泽湖段：由三江营抽引江水，分三线向北输水，全长 492.8km，分别是里运河输水线、三阳河潼河—金宝航道—淮河入江水道输水线、夹江—廖家沟—邵伯湖—高邮湖—淮河入江水道输水线。新建广陵和高邮泵站，扩建金湖和洪泽站。

洪泽湖至骆马湖段：采用双线输水方案，全长 279km，利用成子新河接骆南中运河，充分利用骆南中运河的输水能力，不足部分扩挖徐洪河输水线，徐洪河扩建泗洪、睢宁、邳州泵站，新建泗阳西站，扩建刘老涧和皂河泵站。

骆马湖至下级湖段：采用双线输水方案，全长 181.1km，在一期工程基础上扩挖骆北中运河、韩庄运河和不牢河，扩建台儿庄、万年闸、韩庄泵站、刘山、解台和蔺家坝泵站。

南四湖段：在一期输水线路的基础上继续疏浚扩大规模，扩建二级坝泵站，输水干线全长 115.2km。

上级湖至东平湖段：通过扩挖梁济运河柳长河输水线，输水入东平湖老湖区，扩建长沟、邓楼和八里湾泵站，输水干线长 79.3km。

穿黄：在一期工程基础上扩建湖中明渠、南干渠，滩地埋管和穿黄洞两侧各增设一条埋涵与洞线，线路长 16.9km。

位山至临清段：穿黄后沿一期小运河扩挖 10.6km 后分水两路，一路接新开挖的位临渠输水至临清后接穿卫倒虹吸；另一路接一期小运河输水至临清，线路总长 184.3km。

临清至入南运河段：该段线路为临吴渠和七一·六五河双线输水。一路自临清位临渠穿卫倒虹吸出口接小屯渠、二支渠、新清临渠入清凉江（西张宽至朱往驿）后沿江江河、惠江河等河道至玉泉庄闸入南运河；另一路为六分干、七一·六五河输水至潘庄倒虹吸入南运河输水到吴桥。线路总长 297.6km。

吴桥以北段：利用南运河向北输水，沧州段局部绕城后继续沿南运河输水至九宣闸。自九宣闸向北新建管道输水至伊指挥营附近（河北、北京边界），线路总长 311.1km。

二期工程规划黄河以南调蓄水库利用洪泽湖、骆马湖和下级湖，调蓄库容和调蓄利用条件维持一期不变；黄河以北干线不新建调蓄工程。二期工程规划黄河以南利用现有水库调蓄库容 45.82 亿 m^3。

二期工程规划在一期工程泵站基础上，新建广陵站、高邮站等 24 座泵站，泵站新增总流量 4687m^3/s，装机台数 146 台（备机 42 台），总装机 64.9 万 kW。

二期工程方案供水范围与调水规模调整。东线一期供水范围涉及安徽省、江苏省、山东省 3 省 22 个地级市的 98 个县（区、市），二期工程新增供水范围涉及天津、北京两个直辖市，雄安新区，安徽、山东、河北 3 个省 17 个地级市的 81 个县（区、市）。

其中，城镇供水范围为北京市、天津市两个直辖市，安徽省、江苏省、山东省、河北省 4 省 27 个地级市的 177 个县（区、市）。农业供水范围共涉及 42 个县区（和城镇供水范围重复 40 个），江苏省 2808 万亩，安徽省 258 万亩，安徽萧县、砀山高效经济果木灌区 30 万亩。生态补水范围为雄安新区白洋淀及河北地下水超采治理补源。

根据《南水北调东线二期工程规划（报批稿）》，工程多年平均抽江水量 163.9 亿 m^3（抽江 870m^3/s），到山东半岛调水量 24.2 亿 m^3（规模 125m^3/s），过黄河水量为 50.9 亿 m^3（规模 300m^3/s）。扣除各项损失后的多年平均净增供水量为 59.21 亿 m^3。

（二）东线后续工程比选方案（2021）

在南水北调后续工程高质量发展领导小组工作专班、专家咨询委员会的指导下，水利部会同国家发展和改革委员会、中国工程院、中国南水北调集团有限公司等单位，在以往大量比选工作的基础上，研究提出具有一定比选价值的东线后续工程方案。水利部组织有关设计单位组成设计工作专班，按照基本等效原则，研究提出科学、合理、可行的概念性设计方案。

代表性的方案有两个。一是“东干、西支线方案”，东干线经九宣闸进京，西支线到白洋淀，多年平均抽江（含一期）155.31 亿 m^3，穿黄 44.04 亿 m^3，口门增供水量 59.25 亿 m^3。二是“一干多支扩面方案”，在“东干、西支线方案”的基础上，另外相机抽江 10.23 亿 m^3，充分利用黄河以北现有引黄渠道相机向农业、生态补水 8.5 亿 m^3。在黄河以南，充分利用一期和后续工程抽江能力，增加北调水量。在黄河以北，“一干”以保障城镇生活和工业用水为主，“多支”主要是为农业和生态补水，“扩面”是充分利用引黄入冀补淀、位山引黄、潘庄引黄和李家岸引黄等渠道输水能力和较完善的配套工程，增加向河北、天津，甚至北京相机补水。“一干多支扩面方案”与“东干、西支线方案”相比，输水线路覆盖面更大，有利于促进受水区地下水超采治理、河湖生态复苏，利用部分引黄渠道，可为农业灌溉用水提供有利条件。

上述方案均不存在明显的技术和经济不可行问题，主要区别在于调水规模、供水范围、农业和生态补水能力、输水线路及工程投资。黄河以南输水线路、胶东地区输水线路也有不同方案，如江苏省水利勘测设计研究院有限公司提出的后续工程不同引水口位置和管线输水方案；山东省提出的黄河北明渠输水、利用黄河输水、“骆马湖—沭河—潍河”向胶东地区供水沭河调水方案、滨海线等方案。

东线后续工程北延确有需求。海河流域是南水北调东、中线后续工程的主要受水区，北京市、天津市和河北省部分县区更是东、中线工程的联合供水区，流域水资源配置关系非常复杂。华北地区地下水超采治理补源、大运河有水、重要河湖湿地生态补水等新形势，对合理布局南水北调东、中线黄河以北线路提出了新的更高要求。中线后续工程受水源区可调水量、一期工程关键节点等制约，预期可增调的水量有限；东线后续工程从长江下游引水，水源区水量丰沛，调水占断面流量比例低，工程难度低，水源有保障，可向胶东地区、河北、天津，甚至北京东部供水，并为白洋淀和京杭大运河黄河以北段补水，恢复黄河以北大运河的水运功能、文化功能和经济功能。相对于中线水源、黄河水源和本地水源丰枯波动较大的特征而言，东线水源稳定，人工提水可控，可成为黄淮海流域受水区水资源安全重要的“稳定器”和“调节器”。此外，东线进京方案，构建中、东两线互济供水的新格局，可提升北京市的供水保证率，降低供水安全风险。

三、东线后续工程关键问题

南水北调东线后续工程的受水区范围、输水线路、抽江水量、水质保护与生态环境风险、水价和管理机制等，是后续工程高质量发展关注的重点，也是工程规划的重要依据和关键。

（一）深入论证后续工程调水规模，深化输水线路及供水范围

东线后续工程扩建的主要矛盾是大规模建设的代价和影响高，在不大规模扩挖渠道、不严重限制地方经济发展和大运河航运的前提下，适当增加抽江规模特别是苏鲁省界段以北泵站装机规模，应深化研究不同调水规模下的成本、代价、影响和效益，合理确定后续工程规模和布局。从供水格局看，东线黄河以北受水区，利用京杭大运河形成“一干”，将引黄入冀补淀、位山三干、潘庄、李家岸等引黄渠道作为支线，并与永定河、大清河、子牙河、黑龙港、漳卫河、徒骇马颊河等东西向的六条河，以及北京南干线、廊涿干渠、天津干渠、保沧干渠、石津干渠、邢津干渠等渠道相衔接，形成黄河以北的河渠水网体系，扩大对农业和生态的补水范围；整体形成“一干多支扩面”的工程布局、调水格局（图 20.11）。可充分利用了现有河渠，扩大受水面，有利于向农业供水，补充河湖生态，支撑地下水超采治理，一举多得。

调水规模应基于对受水区经济社会发展对水资源需求的科学预测，研究气候变化对水资源情势变化带来的不确定性，在考虑高效节水和本地水资源挖潜的基础上，综合研究东线受水区（含东中线共同受水区）的需水态势。一是充分考虑城市化带来的城镇人口规模和高品质生活对水资源的需求，同时，从城市供水安全保障考虑，还应

该考虑城市供水水源的多元化、高保障需求。二是适当提高农业和生态用水的保障程度，在合理确定地下水超采治理和复苏河湖生态环境需水目标的前提下，考虑城市生活和工业退还挤占的农业、生态用水，科学预测农业和生态需水，提高粮食主产区农业供水保障率。三是工程建设规模应适当留有余地。当前，中长期需水预测还存在一定不确定性，工程论证可按照“定性准确、定量合理”的原则，从中长期水资源调配能力提升的战略需求出发，工程输水规模应适当“留有余地”，重大控制性工程应从全局出发，为长远发展“留有条件”，深化方案比选，集约节约利用土地资源。

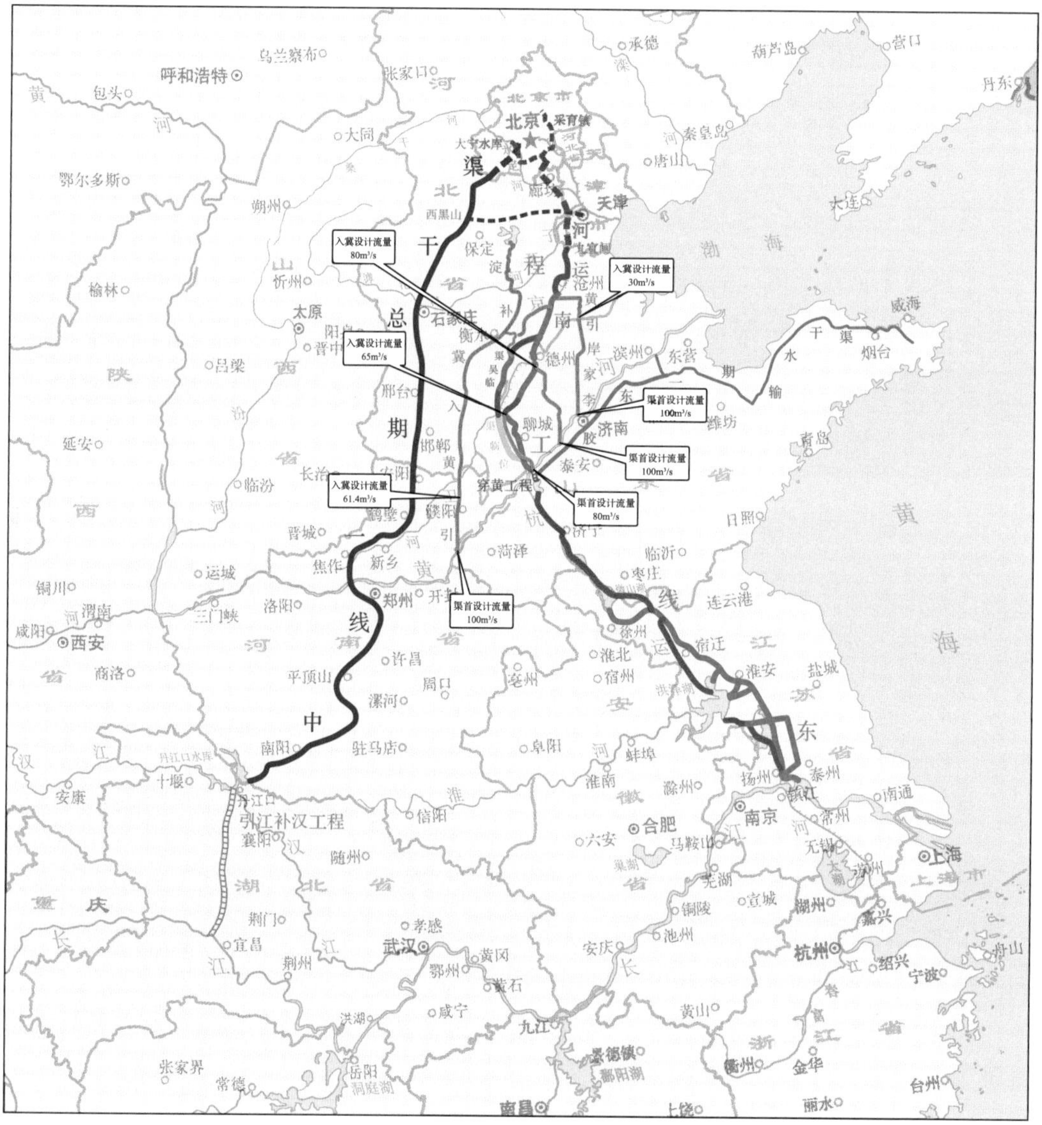

图 20.11 南水北调后续工程比选线路

东线后续工程除了为沿线城镇供水外，应增加向农业和生态的供水目标，尤其是我国粮食主产区华北平原区，农业用水和生态环境需水还存在较大缺口。城镇生活用水、工业用水优先利用南水北调水，本地地表水与地下水主要供给农业和生态环境，在本地水源不足以保障而需要补充外调水时，应核定供水指标，指标定额内的农业用水，无论是本地水、引黄水，还是南水北调水，应统一水价，制定适合农业生产和农民负担得起的用水成本。推行用水总量控制和定额管理，制定阶梯式水价，促进节水，提高用水效率。研究确定各地适宜的生态环境用水规模和水价机制，支撑地下水超载治理，藏水于地，提高城市地下水战略储备。

关于东线工程是否需要北延向北京供水，需要从保障首都供水安全、提高城市供水保证率的战略高度认识。北京是世界上严重缺水的国际大城市之一，持续增长的刚性需水与不断衰减的水资源使北京水资源供需平衡长期处于脆弱状态，生态环境甚至威胁城市安全，水资源战略储备在应对极端干旱、应急供水的能力需要提升。从保障首都供水安全角度看，加强北京水资源战略储备，需要多水源保障。北京市已最大限度挖掘了本地以及黄河、河北省等毗邻地区供水水源潜力，水资源安全保障仍需加强风险防控。南水北调中线工程正式通水以来，每年向首都供水十多亿立方米，使北京城市用水矛盾得到缓解，地下水超采得到遏制，密云水库水资源储备得到加强，生态环境质量有所提升。从保障首都供水安全、提高城市供水保障率的战略高度出发，东线应预留延伸向北京供水的工程能力。一方面，随着城市化水平和居民生活水平的进一步提高，城市生活用水还会有所增加；近年来，北京地下水持续 6 年回升，但仍有 76 亿 m^3 亏空，大部分河流需要生态补水，适度增加外调水源是必要的。另一方面，南水北调中线已成为北京主要的常态水源之一，中线地处华北地震带，太行山前暴雨洪水多发区，自然灾害和水污染突发事件等对供水安全威胁的风险必须考虑。从水源保障看，中线水源地汉江流域可调水量有限，遇极旱年份，北调水量仅有 60 亿 m^3 左右，有必要增加第二外来水源。此外，为构建国家骨干水网，南北大运河全线恢复通水到北京也具有重要的历史文化意义。

（二）水质保护与生态环境风险

东线后续工程扩大调水规模，将对沿线生态环境和水质保护提出更高要求，污染治理和生态环境风险规避，是东线后续工程面临的重大问题。东线水源面积广、人口稠密、经济活跃、河湖水网交织复杂、水质保障难度大。东线调出口门的长江水质为Ⅲ类水，1000 多千米的输水通道与沿线大量河湖平交，仅苏鲁边界徐州境内与输水干线连通的河流就有 179 条，至受水区水质控制面临重大挑战，尤其是随着沿线经济社会的发展和城镇化进程的加速，水质安全和常态化达标保障面临较大的压力。一方面，水源构成复杂，存在突发污染风险。洪泽湖 70%以上水量来自淮河干流，汇入河流众多；另一方面，东线工程大部分输水线路兼具调水、排洪和航运，汛期洪水过境携带大量污染物进入河湖沉积，降低了河湖自净能力，沿途自然地理的客观条件，使调水过境的污染风险长期存在。后续工程规划需高度重视，开展深入研究，制定有效的工程和非工程措施。

东线一期工程充分挖掘所穿越河湖的潜力，沿线水质虽然通过一期治理达到Ⅲ类标准，但后续工程污染防控难度仍较大，需采取有效措施规避调水区及输水沿线的生态环境风险，科学制定实施生态补偿机制。一期工程通水后，沿线地区社会经济布局密度快速增加，后续工程建设存在较重的污染防控任务。依据东线后续工程规划提出的比选方案，后续工程在黄河以南需要穿越高邮湖、邵伯湖、洪泽湖、骆马湖、南四湖和东平湖 6 个湖泊，尤其是江苏省境内沿线社会经济布局密度高，所穿越众多湖泊水质条件仍存在一定风险，京杭运河苏北段航运繁忙，污染治理和水质保障难度大，需深入研究进一步优化局部工程的选线，采取有效措施规避调水区及输水沿线的生态环境风险，建立生态补偿机制。山东境内东平湖、南四湖的水质保护，后续工程建设应进一步采取流域内污染防控、湖区养殖适度退出和渔民（移民）生计安置恢复重建等综合措施。后续工程论证需要从输水线路选择、重点区域输水方式、调水规模与新增水质保护投入等重大问题开展深入研究。

（三）加强多水源联合优化调度，提高工程综合效益

东线工程南北跨度大，总干渠穿越了河网发育的江河下游，渠道与河湖交汇，水源构成复杂，工程运行调度提升空间大。东线总干渠利用京杭大运河以及与其平行的河道输水，连通了长江、淮河、黄河和海河诸河下游，跨北亚热带和南暖温带，多年平均降雨量从南向北为 1000～500mm，逐步递减。受季风气候影响，降水量年内、年际不均，丰枯悬殊，连续丰水年与枯水年交替出现。东线工程的主要水源是长江水，多年平均入海水量达 9000 多亿立方米，特枯年 6000 多亿立方米，为东线工程提供了优越的水源条件；沿线淮河、沂沭泗水系也是东线工程的水源之一，后续工程规划应充分发挥现有河渠的输水能力和湖库的调蓄能力，深入研究引调水来源，由近及远、梯次引调。

南水北调东线总干渠连通洪泽湖、骆马湖、南四湖、东平湖等湖区，并作为调蓄

水库。东线工程兼具供水、防洪排涝、航运、生态补水等综合功能，工程疏浚与治理河道、湖泊整治等有效改善了防洪、航运和生态环境条件，产生了巨大的综合效益。为降低引调水成本，控制黄河以北及山东受水区的水价，在保障防洪安全、工程安全和不影响正常调水的前提下，如何综合利用东线工程，探索沿线河湖洪水资源化利用、河湖水环境改善、提高航运能力、优化抽江水量，从而提高水资源综合利用效益、降低工程运行成本，东线后续工程规划设计和运行管理需要开展重点研究，加强东线调度系统智能化升级，提升水情监测、预测和精细化调度水平，实现引调水水源、沿线分配等的全过程计量和评估，提高精准化计量和精细化调度，使长江水与淮河水、沂沭泗水等沿途水源的并用，优化工程运行成本，提高工程运行效益。

（四）推动后续工程建设，调整黄河流域水量分配方案，让南水北调东中线工程惠及更大范围

黄河流域水资源保障形势严峻，水资源开发利用率高达 80%，远超一般流域 40% 生态警戒线。为遏制黄河下游严重断流局面，黄河流域实施了严格的水资源统一调度制度。1987 年国务院颁布的《黄河可供水量分配方案》（简称“八七”分水方案），以 1980 年实际用水量为基础，综合考虑了沿黄各省（区）的灌溉规模、工业和城市用水增长，确定了南水北调工程通水前的黄河可供水量分配方案。南水北调东中线通水达效后，黄河下游和海河流域引黄灌区、生态补水等区域，供水条件得到持续改善，而黄河上中游省（区），在南水北调西线工程通水前，除引汉济渭外，没有外调水源，黄河水是支撑区域高质量发展的仅有水源。

在“四横三纵”国家骨干水网框架下，东线后续工程进一步向京津冀供水，为置换黄河水、改变黄河下游供水格局奠定基础，通过统筹南水北调水和黄河水，按照“小调整、大稳定”原则，分阶段适时调整黄河“八七”分水方案，让东中线工程惠及更大范围。通过加快后续工程、沿线配套工程和调蓄能力建设，利用东线抽调长江下游江水水量稳定、水质达标、抽调水量总量占长江枯水期水量比例小等优势，可以充分利用现有输水、沿途河湖和受水区地下水调蓄空间，在设计规模 870m^3/s 下，通过调蓄和优化调度，适当多调，多年平均调水规模可增至约 180 亿 m^3，工程达效后，可有效增加东线向黄淮海平原受水区的供水量、提高保证率，缓解黄河下游供水紧张和京津冀过度依赖黄河应急供水的局面，即黄河下游地区的水资源短缺问题可通过调水来解决一部分，从而将置换出的黄河水返还给黄河的上中游地区，重新调整黄河流域水量分配格局，缓解山东省过度依赖黄河水的困境，从而有效改观胶东半岛和鲁北地区

的供水格局，促进黄河上中游地区的生态保护、水土保持和经济发展，推动流域生态保护和高质量发展。

南水北调东中线后续工程可为水资源短缺的黄河下游河南、山东以及海河流域平原区提供量足质优且调度灵活的水资源，为区域生产、生活和生态提供水源支撑，同时也为“八七”分水方案调整提供了可能。随着黄河流域生态保护和高质量发展规划纲要的实施，流域经济社会高质量和自然生态环境条件正在发生深刻变化，按照新发展理念，坚持“生态优先”“四水四定”原则，确定“八七”分水方案调整规模。一是在东中线受水区省（市），退出超引水量，并适度压缩分水指标，用足南水北调分配指标；二是跨流域引黄省（市），除应急补水外，不再分配黄河可供水量指标。基于上述原则，黄河可供水量中约有 50 亿 m^3 的调整空间，需进一步研究黄河径流量变化规律，根据新的径流序列合理确定黄河可供水量，在此基础上研究确定具体调整规模和不同阶段的实际调整方案。分水方案调整可按三个阶段考虑，第一阶段是现状至东中线后续工程建成前，以促进一期工程达效和水量消纳为重点，不再引黄入冀和向天津供水；第二阶段是东中线后续工程建成后，按照调整后的黄河水量分配方案执行；第三阶段西线调水工程规划，再综合研究“四横三纵”水资源情势，制定黄河可供水量分配方案。另外，同步研究与调整方案配套的水价机制和管理办法，有序推进。

（五）其他相关问题

1. 加快消纳工程设计水量，置换增加华北平原生态用水

近年来，黄河和海河流域降水较多年平均多，尤其是黄河河道径流量持续偏丰，在引黄水和外调水价不同的背景下，加之配套工程滞后等因素的影响，东线一期工程运行外调水量尚未达到设计调水规模。因此，需抓紧制定优化东线一期工程运用方案，扩大东线供水范围，加快消纳工程设计水量，改善华北地区生态环境，提升东中线一期工程综合效益和供水安全保障水平。

南水北调工程作为国家重大战略基础设施，水资源的基本属性决定了其兼具公益性质和供水企业需要盈利的经济性质。东线后续工程的规划建设与运行调度，涉及江苏“江水北调”工程、东线一期工程等复杂的工程组成，以及受水区水权分配、黄河下游水量分配等水资源管理问题，体制机制十分复杂。主要体现在：一是不同于中线工程的专用输水渠道，东线工程利用的是京杭运河、淮河、海河流域现有的河道、湖泊和建筑物，需要统筹协调调水与防洪、除涝、航运、生态环境保护等的关系，调度管理目标不同，部分还存在制约或矛盾，且主管部门不同，非常复杂。二是东线工程

沿用了江水北调、京杭大运河等既有工程，新建工程和既有工程分属不同投资主体。三是东线工程水源构成复杂，既有引江水，又有沿线途经的淮河、沭河等水量加入，水量计量和分配关系十分复杂。四是供水对象多元，除向沿线城市工业和生活供水外，后续工程还需向农业、生态供水，各类用水相互转化，水价定价机制复杂。五是工程投资必须要得到政府的支持，以政府为主导，但在其运行管理中又离不开资本市场参与，需要将水资源商品化才能缓解政府的财政压力。六是管理机制，调水工程涵盖范围较大，建设过程中还需要征地、拆迁和移民；运行上，本地水资源与外调水价格有差异，原则上超采区应先利用南水北调水，但外调水价格高，地方会优先考虑本地水资源，必然影响工程的效益发挥。为避免此类事情的发生，需要受水区当地政府的支持和引导，如何构建中央统一调度、属地管理的高效运行机制是关键。可见，改革和创新东线管理运行体制机制，建立责权明确、属地管理、统一调度的运营管理体制是后续工程高质量发展的关键。

2. 加强水价改革和水价确定机制研究

东线工程沿线城市水源呈多元供给格局，城市供水水源包括当地地表水、地下水、引黄水、南水北调水，且南水北调水已成为很多城市的主要供水水源；农业用水以本地水源为主，因地制宜，地表水和地下水灌溉相结合，且水价较低。东线后续工程除为城市供水外，还需要向农业和生态供水，未来需要研究南水北调水向农业和生态供水的范围、规模，确定合适的指标。对于同一地区同一类用水，实行同价原则，如农业供水，不论是引黄水、长江水还是本地水，均统一定价，以消除不同水源之间的不良竞争，促进了外调水的消纳，便于收费管理和征缴。这就需要深入研究并开展跨省（市）、跨流域、跨部门的协调，研究适合东线工程特点、有助于工程高效运行、供水企业与地方利益共享的水价定价机制。城镇生活用水、工业用水优先使用外调水，本地地表水与地下水主要用于农业灌溉和生态环境治理，需合理确定东线后续工程供农业和生态水的规模，并建立合理的水价定价机制和用水管理机制，对农业和生态水费进行补贴，使农民负担得起用水成本，促进农业节水和可持续发展，提高农民有偿用水意识和节水积极性。对额定指标之外的用水，实行阶梯式水价。实行总量控制和定额管理，提高用水效率。

3. 创建大型调水工程现代水权交易机制，更好地发挥骨干水网水资源配置作用

跨流域调水具有自然垄断性、多目标性、综合效益性、公共服务性等特性，仅依

靠政府管制难以使工程完全达到预期目标。可借鉴美国水利工程建设市场机制和法国协商制，建立符合我国调水工程实际的水权交易机制，如建立水期货市场、水权交易市场等。建立完善的水权制度，培育水市场，促使行政水价向市场水价转移，使水资源利用效率不断提高，在市场作用下水资源由效率低的部门转向效率高的部门，实现调水工程综合效益最大化。

第五节　结论与展望

南水北调东线一期工程建成通水以来，累计向山东调水近 60 亿 m^3，运行平稳、水质基本稳定达标，发挥了重要的水源保障作用。南水北调东线工程调出区水源丰沛、水量稳定，东线工程受水区天然河流和人工渠系密度高，有利于水网建设，实现丰枯互补，优化配置。东线跨越长江、淮河、黄河、海河四大流域，从南到北各水系降水及径流分配情况存在差异，存在水文丰枯互补性，通过各类工程及水库调蓄，可实现长江水与当地水的联合运用、统一调度，从而实现水资源优化配置和合理利用。充分利用了沿线天然河湖和大运河，调蓄能力强。黄河以南可利用洪泽湖、骆马湖、南四湖、东平湖，兴利库容约 45.8 亿 m^3，黄河以北新建大屯、东湖、双王城水库，调蓄库容约 1.5 亿 m^3，可实现多级调蓄，调度灵活。后续工程应发挥东线的优势，适当多调，提升受水区水资源保障能力。

东线后续工程过黄河北延，是实现东西互济、保障南北大运河全线有水、促进运河生态文明建设的重要举措，更是恢复提升大运河历史文化风貌的契机。东线工程可与海河流域的水系沟通相机生态补水，并能补充地下水超采治理补源用水，还可直接为复苏大运河提供水源，实现北京东线、中线协同供水，东线向北京供水的输水路线、调水规模和时机等问题，尚需深入研究，工程规划阶段应留有余地。

南水北调东线一期工程尚未达到设计规模、水量消纳不足，对此需要认真研究受水区配套工程建设进度、通水以来受水区来水条件、水价等各方面因素，充分论证受水区中长期真实需水规模以及大中城市战略储备水源需求，科学认识一期工程未达效与后续工程规划建设的关系，合理确定供水优化规划方案。后续应加强调水规模、输水线路、水质保护与生态环境风险、水价和管理机制等的研究，在促进一期工程达效的基础上，同步推进后续工程规划设计。

本章撰写人：魏加华　赵登峰　刘　梅

参考文献

[1] 国家发展计划委员会，水利部. 南水北调工程总体规划. 北京，2002.

[2] 中水北方勘测设计研究有限责任公司. 南水北调东线一期工程向北延伸应急供水方案研究报告. 天津，2016.

[3] 果有娜，刘顺萍，梁学玉. 南水北调东线一期工程北延应急供水方案研究. 海河水利，2018，(3)：1-3.

[4] 淮河水利委员会，海河水利委员会. 南水北调东线二期工程规划报告，2019.

[5] 刘宁. 南水北调东线穿黄河工程方案的论证与确定. 南水北调与水利科技，2008，6(2) :1-8.

[6] 中国文化遗产研究院，等. 大运河遗产保护与管理总体规划(2012—2030). 北京，2012.

第二十一章

南水北调中线工程

南水北调中线工程，从长江最大支流汉江中上游的丹江口水库调水，经长江流域与淮河流域的分水岭方城垭口，沿华北平原中西部边缘开挖渠道，通过隧道穿过黄河，沿京广铁路西侧北上，自流向豫、冀、京、津 4 省（市）的 14 座大中城市，为其提供生产、生活和工业用水。中线一期工程 2014 年 12 月 12 日正式通水，已累计向受水区供水 450 亿 m^3，直接受益人口达到 7900 万人，南水北调水已成为京、津、冀、豫沿线大中城市的主要供水水源。南水北调中线具有水质优、自流辐射范围大、供水成本低的优势，后续工程将进一步挖潜一期工程输水潜力，通过引江补汉等水源工程建设，补源扩能，供水能力从一期工程的年均调水量 95 亿 m^3 提升到 115 亿 m^3，为受水区提供更多优质水源，缓解京津冀地区的水资源短缺问题，支撑受水区经济社会高质量发展，同时，通过城市和工业退还挤占的本地水，为区域地下水超采治理、河湖复苏提供水源保障。

第一节　中线工程建设历程

一、工程方案论证与设计历程

（一）前期研究阶段

南水北调中线工程前期工作从早期探索、初步规划到系统规划，长达 40 余年（1952～1994 年）。

长江流域规划办公室在 1956 年 11 月完成的《汉江流域规划要点报告（送审稿）》

第五卷“引汉济黄济淮”中，对引汉济黄济淮的必要性、引汉济黄济淮方案、水量分配、引水时间、投资和经济效益做了全面分析，并提出修建丹江口水利枢纽为汉江综合利用开发的第一期工程，推荐丹江口—方城线为引汉济黄济淮方案。1958 年至 1973 年按初期规模（蓄水位 157m）建成了丹江口水库（含陶岔闸和闸下游一段输水总干渠），为南水北调中线工程奠定了基础[1]。

为了统筹各线调水工作，并对南水北调进行综合研究，1979 年 12 月水利部成立了南水北调规划办公室，标志着南水北调系统规划的正式启动。中线工程规划历经 20 世纪 50 年代的初步探索、60 年代的早期规划和进入 80 年代的系统规划三个阶段。1980 年 4 月 16 日至 5 月 16 日水利部组织南水北调中线查勘，国家计划委员会，国家基本建设委员会，国家农业委员会，中国科学院，交通部、铁道部、电力工业部、总后军交运输部及有关流域机构，湖北省、河南省、河北省、北京市及水利部有关司局等单位共 60 余人参加。从中线工程水源地丹江口水库至终点北京全线进行了查勘，并对后续规划和科研工作的计划进行讨论。一致认为，华北缺水客观存在，南水北调势在必行，中线工程水源条件好，总干渠沿线地势平坦，地质条件简单，是一条较好的跨流域调水线路，应尽快提出规划报告[1]。

1987 年 7 月，长江流域规划办公室完成《南水北调中线规划报告》。报告指出中线供水区缺水严重，一般年份缺水 140 亿 m^3，展望 2000 年缺水 300 亿 m^3；汉江丹江口水库辅以水源建设，初期可供水 96 亿 m^3，大坝加高后并实施后期引汉工程，可供水 230 亿 m^3；引汉总干渠由丹江口水库陶岔渠首沿高线自流引水到北京，全长 1236km，焦作以南考虑三级航道通航要求，焦作以北不考虑通航要求；丹江口水库水质良好。

1991 年 9 月，长江水利委员会（长江流域规划办公室此时已更名为：水利部长江水利委员会）完成了《南水北调中线工程规划报告（1991 年 9 月修订）》。主要内容包括中线规划研究过程和供水范围及基本特征、中线调水的必要性与紧迫性、引汉水量研究与选择、中线近期供水规划、丹江口水库后期工程规划、引汉总干渠工程规划、向天津送水的初步研究、引汉水质保护及环境影响初评、工程效益与经济分析等。规划的中线近期实施方案为丹江口水库加高后调水 150 亿 m^3，供水京、津、冀、豫、鄂五省(市)，汉江中下游采取局部补偿措施，总干渠不通航。

1991 年至 1994 年，长江水利委员会陆续提出了《南水北调中线工程初步可行性研究报告》《南水北调中线工程可行性研究报告》及十多个专题报告，并相继通过了水利部组织的审查。1994 年 2 月，水利部向国家计划委员会报送了《南水北调中线工程可行性研究报告》审查意见的函，结论性意见为：《南水北调中线工程可行性研究报告》

内容全面，基本资料翔实，总体布局合理，技术措施可行，经济合理，效益显著；通过多年的规划勘测设计和科学研究，中线工程的主要技术问题已基本搞清楚，达到可供中央决策的深度要求。希望中央尽早决策，早日兴建。

（二）方案论证阶段

1995 年 6 月，国务院召开第 71 次总理办公会议，研究南水北调问题。会议指出：南水北调是一项跨世纪的重大工程，关系到子孙后代的利益，一定要慎重研究，充分论证，科学决策。为此，先后成立了南水北调工程论证委员会（水利部部长牵头，长江水利委员会、黄河水利委员会、淮河水利委员会为主要成员）；南水北调工程审查委员会，负责审查南水北调工程总体规划，并于 1998 年 3 月提出了南水北调工程东、中、西三线的审查报告。

《南水北调工程审查报告》关于中线工程方案的主要意见：丹江口水库加坝调水 145 亿 m^3 方案合理可行，同意作为中线工程的建设方案，并同意其选定的水源工程、输水工程和汉江中下游补偿工程的建设内容和规模；中线工程可全面开工，一次建成；也可按分步实施建设，工程由南而北推进，逐段发挥效益。

（三）规划修订阶段

2000 年，国务院在听取水利部南水北调工作汇报时，指出实施南水北调工程要“先节水后调水、先治污后通水、先环保后用水”，要高度重视水资源的节约和保护。为此，南水北调工程总体规划正式启动。总体规划按照“节水治污”“资源配置”“总体布局”和“机制体制”4 个部分展开工作。

重点分析研究受水区和调水区的节水、治污以及生态环境保护三大问题：论证水资源的科学配置方案；并通过多种方案比选，论证工程总体布局和分期实施方案；研究南水北调工程的筹资方案、水价形成机制以及建设与管理体制等。

南水北调工程总体规划特点：把生态建设与环境保护放在更加突出的位置；在水资源合理配置的基础上确定调水规模；工程建设实行统筹兼顾、全面规划、分期实施；建立适应社会主义市场经济体制改革要求的建设管理体制和水价形成机制。

中线工程规划目标以解决受水区城市生活、工业供水为主，适当兼顾生态与农业用水，分为两阶段实施：近期（2010 年）从汉江调水，以城市生活、工业供水为主，适当兼顾生态与农业用水；后期（2030 年）可进一步扩大引水规模，还可视需要从长江干流引水，以适应未来华北平原对水资源的需求。规划修订重点研究工程的建设规模、分期方式与运行管理体制等问题，并针对中线工程中的一些重大技术问题开展了专题研究。

规划修订报告在全面调查分析京津华北平原严重缺水形势、受水区需水量、丹江口水库可调水量、引汉水与当地水联合运用、建设方案比选的基础上，推荐丹江口水库大坝加高、汉江中下游建兴隆枢纽和引江济汉等工程、近期以明渠为主调水 95 亿 m^3、后期调水 130 亿～140 亿 m^3的方案。按该方案实施可基本解决受水区 2010 年与 2030 年水平年主要城市的缺水问题，缓解农业与生态用水，并可以有效地保证水源区城市与农业用水，保护和改善水源区生态环境。

《南水北调中线规划（2001 年修订）》及六个专题研究报告通过了水利部组织的审查。

2002 年 12 月，国务院批准了《南水北调工程总体规划》，明确了中线一期工程调水 95 亿 m^3方案，图 21.1 为中线一期工程输水线路图。

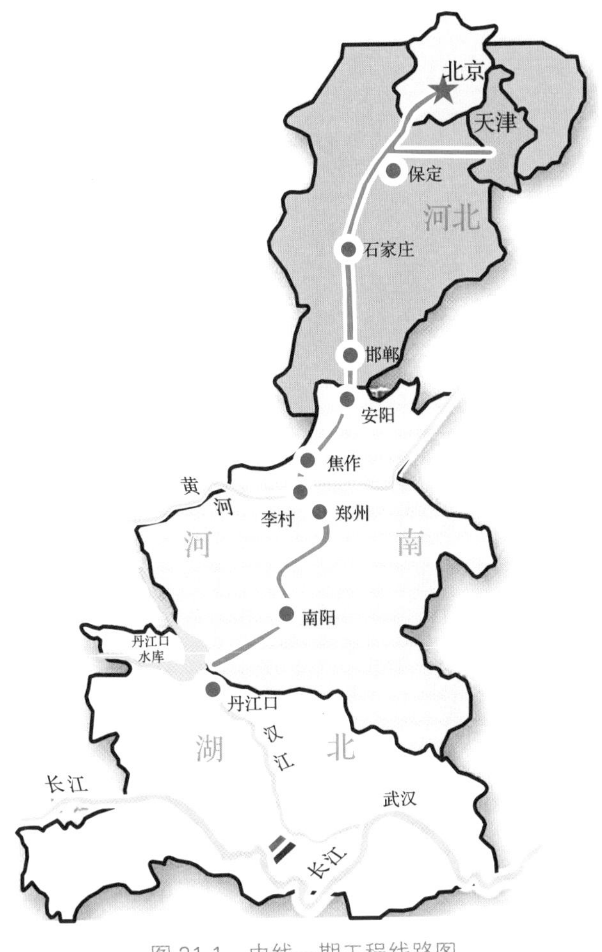

图 21.1　中线一期工程线路图

二、工程设计和建设

中线一期工程从长江最大支流汉江中上游的丹江口水库调水，供水目标以北京、天津、河北、河南等省（市）的城市生活、工业供水为主，兼顾生态和农业用水。规划水平年为 2010 年，多年平均调水 95 亿 m^3，相应渠首引水规模为 350～420m^3/s。

中线一期工程由水源工程、输水工程和汉江中下游治理工程组成。

（1）水源工程：丹江口水库大坝按最终规模加高，坝顶高程由现状的 162m 加高到 176.6m，正常蓄水位由 157m 提高到 170m，相应库容达到 290.5 亿 m^3，增加 116 亿 m^3，由年调节水库变为不完全多年调节水库（图 21.2）。丹江口水库的任务为防洪、供水、发电、航运等，即供水将成为优先于发电的任务，丹江口电站结合汉江中下游的用水和生态供水发电，丰水期可利用弃水发电，但不再专为发电泄水。

图 21.2　丹江口大坝加高后水库全景图

资料来源：中国南水北调集团中线有限公司

陶岔引水闸为向北方调水的渠首，该闸于 1973 年建成，已发挥了向河南刁河灌区供水的作用。陶岔引水渠首随丹江口水库大坝加高需相应加高加固甚至重建（图 21.3）。

（2）输水工程：兴建 1400 余千米输水总干渠和天津干线，总干渠沿唐白河平原北部和黄淮海平原西部边缘布置，大部分渠段与京广铁路平行。总干渠以明渠为主、局部采用管涵；明渠段与交叉河流全部立交。

图 21.3　输水总干渠陶岔渠首
资料来源：中国南水北调集团中线有限公司

（3）汉江中下游工程：为减少或消除调水对汉江中下游产生的不利影响，并改善和保护中下游的生态环境，需兴建兴隆水利枢纽、引江济汉工程、改扩建沿岸部分引水闸站、整治局部航道。

南水北调中线工程于 2003 年 12 月 30 日开工，历时 11 年的建设，2014 年 12 月 12 日，长 1277km 的总干渠和 155km 的天津干线正式通水。水源地丹江口水库，水质常年保持在国家Ⅱ类水质以上，渠道与交叉河流全部立交式设计及全线封闭式管理确保沿途水质安全。

第二节　输水线路及水量分配

一、输水总干渠

中线工程输水总干渠始于河南省淅川县陶岔渠首，线路北行至方城垭口穿长江与淮河的分水岭，至郑州西北的李村穿越黄河，进入海河流域后，线路基本沿京广铁路线西侧向北延伸，至河北省保定市徐水区西黑山处分为两路，一路继续向北，终点为北京市的团城湖；另一路向西称为天津干线，终点至天津外环河。输水总干渠经过河南、河北、北京、天津四个省市，跨越长江、淮河、黄河、海河四大流域，线路总长约 1432km，其中陶岔渠首至北拒马河段长约 1197km，采用明渠输水方案，渠道为梯形过水断面，并对全断面进行衬砌，防渗减糙（图 21.4）；北京段长约 80km，采用 PCCP 管和暗涵相结合的输水型式；天津干线长约 155km，采用全箱涵无压接有压全自流输水型式。

图 21.4　中线北调水通过总干渠（河南焦作市区段）

总干渠渠首设计流量 350m³/s，加大流量 420m³/s；穿黄河设计流量 265m³/s，加大流量 320m³/s；北拒马河（进北京）设计流量 50m³/s，加大流量 60m³/s；天津干线渠首设计流量 50m³/s，加大流量 60m³/s。

输水工程与交叉河流全部立交，输水总干渠共布置各类建筑物 1800 余座。

二、北调水量分配

京津华北平原人口密集，经济发达，是我国的政治、经济、文化中心，其水资源极其短缺，是我国人均水资源量最少、水资源利用率最高的地区。对于资源性缺水的华北地区，采取挖潜、节水、治污等措施不能从根本上解决缺水问题。如果不采取有效措施增加水源，地表水枯竭与地下水的超采将无法得到控制，水资源衰退与生态环境的恶化将造成无法弥补的灾难。因此，在加大节水力度和污水资源化的同时，必须从外流域调水以缓解这一地区缺水矛盾。

中线工程地理位置优越，中线工程总干渠输水线路位于太行山前，地势高，供水覆盖面大；从水源区可基本自流输水解决北京、天津及河北、河南的京广铁路沿线城市供水问题。建设中线第一期工程，通过调水补充华北平原的水资源供应量，实现水资源的合理配置，将南方的水资源优势转化为经济优势，支撑华北平原国民经济与社会的可持续发展。

中线工程受水区面积约 15 万 km^2。首都北京是祖国的心脏，是全国交通的重要枢纽；天津是北方海陆交通枢纽、重要工业基地和首都的出海门户；石家庄、郑州是全国重要的综合性工业基地；邯郸、邢台、鹤壁、焦作、平顶山的煤炭工业，濮阳、南阳的石油工业，邯郸、安阳的钢铁工业，保定的轻化工业，新乡的纺织工业，许昌的烟草工业在全国均占重要地位。

中线一期工程供水目标以京、津、冀、豫 4 省（市）的主要城市生活、工业供水为主，兼顾生态和农业用水。主要供水范围为：北京市，天津市，河北省的邯郸、邢台、石家庄、保定、衡水、廊坊，河南省的南阳、平顶山、漯河、周口、许昌、郑州、焦作、新乡、鹤壁、安阳、濮阳等二十多座城市及一百多座县市。根据南水北调总体规划，河北省沧州市由东线工程供水。位于白洋淀周边的任丘、献县、肃宁、河间隶属于沧州市，但因其地理位置可由中线工程就近自流供水，也纳入中线工程供水范围。

中线一期工程经陶岔渠首多年平均调出水量 95 亿 m^3，其中河南省 37.7 亿 m^3（含刁河灌区现状用水量 6 亿 m^3）、河北省 34.7 亿 m^3、北京市 12.4 亿 m^3、天津市 10.2 亿 m^3；75%保证率调出水量约 86 亿 m^3，特枯年份 95%保证率调出水量约 62 亿 m^3（图 21.5）。

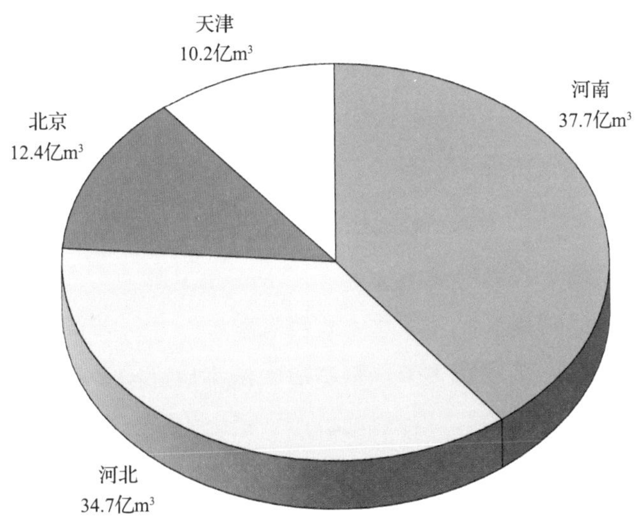

图 21.5 北调水多年平均 95 亿 m^3 水量分配

三、运行情况及效益

南水北调中线一期工程通水以来，惠及沿线河南、河北、北京、天津 4 省（市）

14 座大中城市，直接受益人口超 6900 万人，工程已成为沿线城市供水生命线。

（一）水源工程运行情况

水源工程丹江口水库大坝按最终规模加高完建，坝顶高程由 162m 加高到 176.6m，实际运行正常蓄水位由 157m 提高到 170m。丹江口水利枢纽加高完建通水运行 6 年来，以“保障水库防洪与供水安全”为核心，取得了汉江防洪、供水安全、中线一期工程供水安全的多赢局面，并首次实施了中线受水区生态补水以及配合汉江中下游梯级实施联合生态调度等方面的尝试。

陶岔渠首枢纽为丹江口水利枢纽的副坝，也是输水工程的渠首闸，于 1974 年建成向河南刁河灌区供水。丹江口大坝加高后，为适应加高后的挡水和引水条件，该枢纽重建。渠首工程主要任务是供水、灌溉，并兼顾发电。

2020 年 5~6 月，陶岔闸输水流量达到 420m^3/s，实现了加大流量输水运行。

（二）输水总干渠运行情况

中线全线 2014 年 12 月 12 日正式通水以来，工程总体运行安全、输水调度平稳、设备设施状况良好，顺利完成各年度正常供水任务和各项生态补水任务，极大缓解了受水区水资源短缺的局面，显著提升了社会效益、经济效益和生态效益。

总干渠通水以来，随着配套工程的逐步完善，北调水量逐年增长，截至 2022 年 1 月 7 日，丹江口水库累计向受水区调水 447.12 亿 m^3（陶岔断面）。2021 年以来，工程经受了寒潮和极端强降雨等风险考验，年度总调水量达 90.54 亿 m^3，连续两个调水年度供水量超过规划多年平均供水量。

中线一期工程向受水区河流实施了生态补水，对受水区生态环境改善起到了显著作用，实现了《南水北调工程总体规划》阶段提出的“相机生态补水”要求。中线工程水源丹江口水库水质 95%达到Ⅰ类，输水总干渠水质连续多年优于Ⅱ类标准，中线工程实现了“一渠清水向北流”，沿线群众饮用水质量显著改善。工程累计向北方 50 多条河流生态补水超 76 亿 m^3，沿线河湖生态环境有效复苏，推动了滹沱河、永定河、大清河、潮白河、白洋淀等河湖复苏，重现生机，2021 年永定河实现 1996 年以来 865km 河道全线通水。

华北平原浅层地下水位下降趋势得到遏制，部分地区止跌回升。在南水北调工程确保城市供水水源的前提下，通过退还城市挤占的生态用水、地下水超采综合治理等措施，加之近年海河流域整体降水较丰等综合作用，2021 年底京津冀治理区浅层地下水水位较 2018 年同期总体上升 1.89m，深层承压水水位平均回升 4.65m。实施河湖生态补水，河湖周边地下水水位发生历史性好转。

总干渠输水流量年内各月存在一定的变幅，冰期因气候寒冷、总干渠面临结冰问题，输水流量较非冰期有所减小。自通水以来至 2020 年 7 月 29 日，总干渠陶岔断面最大月均流量达到 410m^3/s（2020 年 5 月，非冰期），最小月均输水流量 141m^3/s（2018 年 2 月，冰期），最小月流量与最大月流量比值约为 0.34。2020 年 5～6 月，中线总干渠陶岔渠首、刁河节制闸、穿黄隧洞、漳河节制闸、天津干线、入北京等关键断面均实现了加大流量输水，中线总干渠的输水能力得到了初步检验。

（三）汉江中下游四项治理工程建设运行情况

中线一期工程安排的汉江中下游四项治理工程分别为：兴隆水利枢纽、引江济汉工程、部分闸站改造工程及局部航道整治工程。汉江中下游四项治理工程于 2009 年 2 月 26 日开工建设，2014 年 9 月 26 日基本建成并投入运行。

兴隆水利枢纽（图 21.6）位于湖北省潜江、天门境内，上距丹江口水利枢纽 378km，下距河口 274km，总库容约 5 亿 m^3，电站装机容量 4 万 kW，已累计发电 14.32 亿 kW·h。枢纽上游水位长年保持在 36.2m（黄海高程）左右，控制范围内 300 余万亩农田灌溉水源保证率基本达到 100%，比原有灌溉面积 196.8 万亩增加了 100 多万亩，灌溉供水效益明显。改善汉江航道 76km，将 500t 级航道提高至 1000t 级，货运量呈迅猛发展

图 21.6　兴隆水利枢纽

态势，航运效益显著。累计通航船舶 58178 艘次，船舶总吨量 4836 万 t，实际载货量 2614 万 t。

引江济汉工程进口位于荆州市李埠镇，出口位于潜江市高石碑镇（图 21.7）。渠道全长 67.23km，设计流量 350m^3/s，最大引水流量 500m^3/s，设计规模补水 31 亿 m^3/a。其作用为满足汉江兴隆以下江段生态环境用水、河道外灌溉、供水及航运需水要求，同时还可补充长湖和东荆河水量。截至 2020 年 10 月底，引江济汉工程已累计引水 227 亿 m^3 左右。连通长江和汉江航运，打通一条航运便捷通道，缩短往返荆州和武汉的航程约 200km，缩短荆州与襄阳的航程近 700km，累计通航船舶 40669 艘次。

图 21.7 引江济汉工程线路图

部分闸站改造工程的主要任务：恢复并改善汉江干流用水条件，保障农业灌溉供水保证率。实施改造项目 185 处，其中较大闸站 31 处，小型闸站 154 处。

局部航道整治工程建设规模为Ⅳ级航道，整治范围为丹江口至汉川 574km 航道，其中丹江口至兴隆河段按照 500t 级标准建设，兴隆至汉川段结合交通部门规划实施 1000t 级航道整治工程。

第三节 中线工程关键技术

中线工程涉及的地域广，自然条件复杂，由多个“点”与“线”组成，是一个庞大的系统工程，经过广大科技工作者几十年的不懈努力，对其中的关键技术问题开展了深入的研究。

一、丹江口大坝加高工程[2]

（一）新老混凝土结合

丹江口大坝加高突出的技术问题就是新老混凝土结合。丹江口大坝加高后，由于新老混凝土弹性模量不协调，运行期在年、季节性气温变化作用下，结合面可能脱开。为此，先后进行了多次现场试验，并结合现场试验开展了大量的理论分析研究工作。

根据试验研究成果，设计上采用加强施工期温控、在结合面设置键槽等工程措施解决新老坝体传力问题，对加高后的坝体结构，从施工到工程运行 10 年的受力情况进行了数字仿真模拟分析。

结果表明：采取上述工程措施后，坝体结构应力满足规范要求。

（二）施工度汛

丹江口水库作为中线水源，需在已运行近 30 年的大坝近期规模基础上加高完建，因此，大坝加高施工期间仍需承担汉江中下游防汛和发电任务。丹江口大坝加高施工度汛的关键就是解决与协调大坝加高施工混凝土浇筑与大坝建筑物泄洪之间的矛盾、坝顶施工机械与大坝泄水建筑物控制设备的启闭机械之间的矛盾。

根据大坝加高的施工进度、坝顶施工设备和大坝运行机械设备的布局、拆迁次序等，结合汛期泄水建筑物泄洪能力及建筑物结构要求，采取大坝先贴坡后加高、分批加高溢流坝段的施工程序，且溢流坝单个坝段 128m 高程以上的坝顶加高、闸墩加高、坝顶设施、金属结构安装等需在一个枯水期内全部完成。

二、膨胀土——特殊工程地质条件

输水总干渠线路长，沿途地形、地质条件复杂，渠道穿过的地段存在膨胀土、湿陷性黄土等不良地质条件，这些地质条件将直接影响渠道的边坡稳定、渠道衬砌结构正常工作。

中线全线分布 387km 的膨胀土（岩）渠段，既有膨胀土，又有膨胀岩；膨胀土地段最大挖深达 50m，最大填方高度达到 20m 左右，且膨胀土分布地域广，旱季和雨季特征鲜明，膨胀土稳定性控制困难。

工程设计方案主要用水泥改性土进行保护，对深挖方的中强膨胀土进行抗滑处理。按此措施将减少非膨胀土料的使用，减少征地与移民，最大限度节约土地资源和降低工程成本。

三、穿黄河工程

黄河为一游荡性河流，穿黄工程是中线一期工程的关键性工程，设计选定盾构隧洞方案穿越黄河。泥水盾构施工，埋深大、内水压力高是穿黄工程技术难点（图 21.8、图 21.9）。

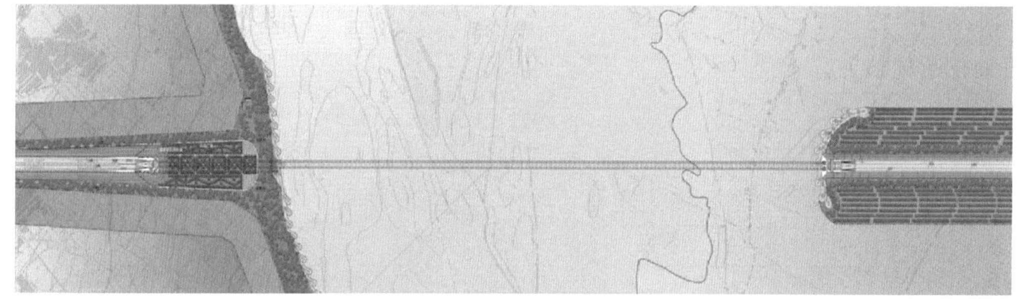

图 21.8　穿黄工程平面布置图

图 21.9　穿黄河北岸出口

为适应黄河游荡性河流与淤土地基条件的特点，中线穿黄工程开创性地设计了具有内外两层衬砌的两条长达 4km 多的隧洞，内径 7m，外层为厚 0.4m 拼装式管片结构衬砌，内层为厚 0.45m 钢筋混凝土预应力衬砌，两层衬砌之间采用透水垫层隔开，内外衬砌分别承受内外水的压力。这种结构形式在国内外均属先例，也是国内首例用盾构方式穿越黄河的工程。

四、超大规模渡槽工程

中线工程总干渠沿线共有渡槽 27 座，最大流量 $420m^3/s$，工程规模巨大。其中，湍河渡槽单跨 40m，单槽净宽 9m，最大流量 $140m^3/s$，单跨荷载 4800t，最小壁厚仅 35cm，造槽机 1250t 级，是目前世界上最大的 U 形渡槽。青兰高速交叉渡槽每平方米荷载 735t，单跨荷载达 1.84 万 t，是现有一般荷载条件的 2 倍，设计及施工技术难度大大超出已有工程[3]。

为攻克超大型薄壁输水渡槽的承载问题，提出了“分区折线形”温度荷载加载模式、“纵向分区、环向非同心”预应力设计新理念，形成了超大 U 形渡槽设计理论和方法，解决了超大 U 形渡槽结构承载、防裂等技术难题。同时，研发出 40m 跨 1600t 超大 U 形渡槽造槽机安装运行、浇筑施工等机械化施工成套技术和高效施工工法，攻克了超大 U 形渡槽机械化施工的系列技术难题，填补了大型现浇预应力渡槽槽身机械化施工技术空白[3]。

图 21.10 为位于黄河以南的沙河渡槽。沙河渡槽是目前世界上规模最大的渡槽，全长 9.05km，跨越沙河、大郎河和将相河，其结构形式分为梁式渡槽、箱基渡槽和落地渡槽三种，其中梁式渡槽为 U 形双向预应力混凝土简支结构；沙河渡槽是世界最重的吊装渡槽，单槽起吊重量达 1200t。

五、冰期输水

中线工程输水总干渠明渠段沿线经过长江、淮河、黄河、海河四大流域，气候差别大，冰期输水是涉及中线工程输水安全的关键问题。

根据冰期输水调度、输水方式、建筑物防冰排冰措施等专题研究成果，确定冰期输水方式：对于具备形成冰盖气温条件的渠段，通过沿线节制闸稳定渠道水位，控制渠道水流流速，使渠道尽快形成冰盖；对于不具备形成冰盖气温条件的渠段，通过人工或机械扰动的方法，防止在渠道及建筑物内形成冰坝或冰塞，在倒虹吸进口处设置拦冰索的排冰闸，辅以机械设备，分段及时排除冰块。设计中对于冰冻区段的建筑物、金属结构设备考虑冰冻荷载和相应的防冰冻措施[2]。

图 21.10　黄河以南的沙河渡槽

第四节　水资源联合调度与供水保障

中线工程受水区涉及江、淮、黄、海四大流域，各流域的丰、枯时间多不同步；中线工程的水源工程丹江口水库，入库水量年际间、年内的不同月份间很不均匀，在满足自身防洪和汉江中下游的供水要求后，向北调出的水量过程年际、年内亦不均匀，与中线受水区的需水过程不匹配。受水区当地的地表水库入库径流也同样存在不均衡性，过度开采地下水又会引起一系列环境问题。北调水量是受水区新增的重要水源，北调水源与受水区当地地表水源、地下水源如何使用，才能充分发挥各自的作用，保证北方受水区的供水安全，是中线工程合理配置与水资源调度的关键。

一、中线工程供水特点

中线工程输水总干渠长达 1432km（包括天津干线），将北调水和受水区当地的各种水源联系起来，相互补偿，实现跨流域长距离的水资源优化配置，其供水特点如下：

（1）丹江口水库水质优良，可自流输水到受水区。南水北调中线工程实施后，不同水源可优化调度使用，达到最佳的供水效果。

（2）中线受水区南北长1000余千米，涉及江、淮、黄、海四个流域。由于南北气候不同，一般情况下，水源区与受水区之间、受水区南北之间同时出现丰水或枯水的机遇较少，选用1954～1998年共45年的水源区与受水区同步降水资料进行分析，南北同时遭遇枯水年或丰水年的概率仅为11%。表明水源区与受水区的水资源具有较好的互补性，这是北调水与当地水联合运用、丰枯互补的客观有利条件。

（3）受水区及周边地区已建有众多水源工程，一期工程输水总干渠穿过大量的当地供水系统，有条件与当地供水系统连接，便于周边水库参与补偿调节，为北调水与当地水统一调配创造了基本条件。

（4）丹江口水库具有良好的调节性能，供水目标以城市生活、工业用水为主，需水相对稳定，且总干渠位置高，能自流向沿线大中城市和供水区供水，使中线工程调出水量大部分能被直接引用，从而相对减少了所需的调蓄库容。

二、受水区现有调蓄设施

中线工程的调水过程很不均匀，除了可以利用丹江口水库进行调蓄外，北方受水区仍然需要一定容量的调蓄工程。可通过这些调蓄工程对调水过程进行调节，削峰补谷，满足用户的用水要求。

中线工程供水范围及其周边地区，已建有众多水库，如河南的鸭河口水库、昭平台水库、白龟山水库，河南与河北共用的岳城水库，河北的东武仕水库、黄壁庄水库、岗南水库、白洋淀，北京的密云水库，天津的于桥水库等。目前这些水库大多具有向城市供水的任务，但随着上游及周边地区人口增长、经济社会的发展和自然环境的变化，长期蓄水不足。通过修建少量的连接工程，可将这些水库与中线输水干渠相连通。当中线工程调水量较多时，这些水库可存蓄当地径流或充蓄北调水；当调水量少时，水库的蓄水可供周边用户使用，补偿北调水的不足。

这些可利用的调蓄水库均分布于总干渠的东西两侧，距离总干渠近，便于与总干渠构成整体供水系统，相互调剂补偿。根据可利用的调蓄水库与输水总干渠的关系，将其分成三类：

（1）补偿调节水库，其位置较高，中线北调水不能自流充蓄该类水库，但该类水库可以调蓄当地径流，对用水片起补偿调节作用，即在中线供水不足时，补充当地供水的缺口。

（2）充蓄调节水库，其位置较低，多数位于总干渠东面，不仅可以调蓄当地径流，还可以充蓄中线北调水，充蓄的北调水一般通过该水库的供水系统向附近的城市供水，不能自流返回总干渠。

（3）在线调节水库，该类水库既可充蓄中线北调水入库，又能在需要时向总干渠供水。在线调节水库担负总干渠下游受水区（连入点以下）的供水调节任务。

综上所述，中线工程供水有条件实现多水源联合运用。

三、多水源联合调度与配置

中线工程规划设计充分考虑了调水对水源区的影响，规划实施了丹江口大坝加高以及汉江中下游四项治理工程，在尽可能增加北调水量的同时，最大程度缓解了调水对汉江中下游社会经济、生态环境用水的影响。基于“多要素系统规划”思路规划设计的中线工程，统筹了自然与社会中的多个要素进行系统规划，实现了国家范围的水资源优化配置[3]。

中线工程的运行调度涉及丹江口水库、汉江中下游、受水区当地地表水和地下水，以及中线总干渠的输水调度，关系到全线工程调度的协调性和整体效益的发挥，是一个复杂的规划问题。

中线水源丹江口水库的综合利用任务为：防洪、供水、发电、航运等，即兴利任务以供水为主，发电服从于调水。丹江口水库首先满足汉江中下游防洪任务，在供水调度过程中，优先满足水源区用水，其次按确定的输水工程规模尽可能满足北方的需调水量，并按库水位高低，分区进行调度，尽量提高枯水年的调水量。为体现水源区优先并兼顾北方受水区供水需要的水资源配置原则，特枯年份采取一些必要的调度措施，以保证南北两利。

在确定受水区需调水量时，综合考虑受水区当地地表水、地下水与北调水联合运用及丰枯互补的作用。不能因为北调水而降低当地水目前的利用效率，同时又要在确定的输水工程规模下，满足受水区城市供水的高保证率要求。受水区的地下水每年必须在压采使地下水回升的前提下维持合适的使用量，长期不用可能造成机井损坏和维护困难。

丹江口水库发电服从调水，利用汉江中下游需要丹江口水库补偿下泄的流量发电，不专门为发电下泄水量，仅当水库汛期面临弃水时，才加大下泄，电站按预想出力运行。

水库运行水位：正常蓄水位170m；汛期限制水位夏季（6月21日至8月20日）

为 160m，秋季（9 月 1 日至 9 月 30 日）为 163.5m；死水位 150m，极限消落水位 145m。在满足汉江中下游用水条件下，按丹江口水库来水、库水位，结合受水区需调水量，并按库水位高低，分区调度。

中线工程实施后，丹江口水库由于加高，调蓄能力增强、部分洪水北调，既减轻了汉江中下游的防洪负担，又增加了华北平原水资源的有效供给，提高了城市供水保障程度，改善了受水区人民饮用水条件和生活质量，增强了受水区农业发展后劲，实现水源区与受水区协调发展，达到南北双赢。

中线水资源配置技术是一项开创性的关键技术，对此，长江勘测规划设计研究院在水资源调配方面研制了丹江口水库可调水量模型、受水区多水源调度模型以及中线水资源联合调配模型。可调水量模型实现了丹江口水库防洪、生态、供水、发电多目标的优化配置，可灵活确定以丹江口水库最大可调水量为目标或以枯水年调水量较大为目标的可调水量；受水区多水源联合调度模型，提出了一套较为完整的中线工程调蓄水库的调度指标体系（包含蓄水控制指标和供水控制指标），实现对调蓄水库调度指标的优化；中线水资源联合调配模型，遵循多种水源水资源优化配置原则，将概率论与模拟模型结合，提出了总干渠各段及各分水口门的经济合理最小规模。

中线水资源配置研发的关键技术，为中线工程规模确定和运行期的水量分配计划编制提供了技术保障。

四、工程运行调度与管理

中线输水工程运行调度直接影响着中线工程的运行安全和运行效率，对工程建设目标的实现具有决定性影响，是中线工程的中枢神经。针对中线总干渠对水位变幅要求高、水力响应慢、调蓄能力小的特点，提出了以主动蓄量补偿原理为基础，适用于不同渠道运行方式的前馈控制策略；采用“二重迭代”方式，解决了渠道非恒定流方程组和节制闸过闸流量方程的非线性耦合问题；针对冰期输水和事故应急调度的特殊运行要求，分别研发了冰期输水调度模型和应急调度模型；在此基础上，研发了中线运行水量调度系统[3]。

中线工程作为国家重大的水利基础设施，具有公益性和经营性双重特性，是一项准公益性工程。公益性主要表现在通过对水源区水资源的合理配置，与受水区当地水资源相互补偿，缓解受水区缺水局面，调整受水区内生产力布局，促进工业基地建设和发展，改变农业长期徘徊的局面；进一步控制地下水过度开采，遏制华北平原生态环境的恶化，逐渐消除水源性疾病，改善居民饮水等。同时，丹江口大坝加高将改善汉江中下游的防洪形势。经营性主要表现在有偿调水，用水付费，维持工程良性、正常地运行。公益性目标在一定程度上对经营性目标具有刚性约束，因此中线工程运行管理体制的建立应在服从公益性目标的基础上满足经营性的要求。

中线工程运行管理体制遵循“政府宏观调控，准市场机制运作，现代企业管理，用水户参与”的原则，为保障工程正常运行，发挥工程的预期效益，根据《中华人民共和国水法》(2016 年 7 月修订)：“国务院水行政主管部门负责全国水资源的统一管理和监督工作。”《水利工程管理体制改革实施意见》中也已明确指出：“对国民经济有重大影响的水资源综合利用及跨流域（指全国七大流域）引水等水利工程，原则上由国务院水行政主管部门负责管理。”因此，在中线工程管理体制上，由水行政主管部门设一个专门的管理部门负责中线一期工程水资源统一调度管理，范围包括丹江口水库上游水源区、汉江中下游及受水区。

中线工程由水源工程、输水工程、汉江中游治理、汉江下游治理四项工程组成，其运行调度分别由南水北调中线水源有限责任公司、南水北调中线干线工程建设管理局、湖北省南水北调建设管理局负责。

第五节　中线后续工程

南水北调后续工程高质量发展，是从新发展阶段国家水资源保障能力提升、粮食安全保障及生态文明建设、一期工程与后续工程综合效益发挥、国家骨干水网工程协同高效建设等战略出发，在充分考虑供水安全、工程安全、水质安全和生态安全的基础上，遵循“大稳定、小调整”的思路，利用中线工程自流、水质优、地势高辐射面广等优势，在不新开挖输水线路条件下，充分挖掘一期工程输水能力，适当增加水源区水源，提升工程效益，促进经济社会高质量发展。

一、新形势下中线工程增源挖潜扩容的必要性

南水北调中线通水以来，受水区供水条件得到很大改善，截至 2022 年 3 月 15 日，南水北调东线、中线一期工程已累计调水突破 500 亿 m^3，向北方地区生态补水超 80 亿 m^3，受益人口达 1.4 亿人，40 多座大中型城市的经济发展格局因调水得到优化。持续增加的外调水源，加上近些年区域降水偏丰，南水北调东线、中线一期工程为华北地区地下水超采综合治理提供了条件，向沿线河流、湖泊、湿地进行生态补水，永定

河、潮白河、滹沱河、滏阳河、七里河等河道恢复了河畅，“有河皆干，有水皆污”的状态得到改观。北京和河北大部分地区地下水位下降趋势得到遏制，局部地下水位有所回升。但是，从流域层面及长远看，华北地区仍然面临水资源短缺，对外调水的依赖程度高。

我国北方地区尤其是黄淮海地区水资源短缺的基本面没有改变。海河流域长期受到干旱缺水的困扰，水资源短缺与经济社会发展及生态环境保护之间的矛盾突出。南水北调一期工程通水以来，供水情势有所改观，尤其是近几年流域降水偏丰，但是整体上水资源仍然匮乏。海河流域诸河没有水量入海，表明流域内水资源基本上吃干喝尽；大部分河流常年断流，生产、生活挤占河湖生态用水；地下水超采带来地面沉降、海水入侵等一系列问题，说明海河流域整体上还存在水资源刚需。京津冀一体化和高度城市化，未来人口进一步聚集，城市供水需求强劲，尤其是应对连年干旱缺水的保障能力不足；华北平原是我国粮食主产区，农业和生态用水保障程度低，区域河湖生态环境改善和地下水超采治理艰巨，一期工程调水规模难以满足未来中长期需水要求，加快南水北调中线后续工程的建设显得更为紧迫。

中线工程受水区特别是京津冀地区是我国最缺水的地区之一，中线一期工程极大地缓解了北方受水区用水矛盾。根据《南水北调工程总体规划》[4,5]，丹江口水库多年平均调水量 95 亿 m^3，所依据的汉江来水条件及流域水资源配置格局自规划批复以来均发生了变化。丹江口水库近 20 年来水主要呈现出偏枯的特征，总体规划时采用 1956～1998 年水文系列，丹江口水库多年平均天然入库径流为 388 亿 m^3，系列延长为 1956～2018 年，多年平均天然入库径流减少至 374 亿 m^3，较总体规划阶段入库径流量减少 14 亿 m^3，且出现了 1999～2002 年、2013～2016 年等连续枯水年。丹江口水库来水量对可调水量影响较大。

总体规划后，国家发展和改革委员会陆续批复了从丹江口上游引水的引汉济渭工程：“近期多年平均调水量 10 亿 m^3，远期在南水北调后续水源工程建成后，多年平均调水量 15 亿 m^3”；从丹江口库区引水的湖北省鄂北地区水资源配置：2030 年引水 13.98 亿 m^3，在保障唐西引丹灌区供水 6.28 亿 m^3 且不影响南水北调中线一期工程调水的基础上，向鄂北地区多年平均供水 7.7 亿 m^3。汉江流域水资源配置格局发生变化，对丹江口水库可调水量也将产生一定影响。随着汉江生态经济带的建设，也对汉江流域水资源的保障能力提出了新的要求。汉江流域面临新变化、新形势、新任务，对水安全保障体系提出新要求和新期待，其自身维持良性健康运行需要足够的水量和水动力条件作为支撑。目前来看，不宜在规划确定的一期工程多年平均调水量基础上进一步从汉江增加北调水量。

《南水北调工程总体规划》后的 20 年，中线受水区经历了人口快速增长、城镇化快速推进、产业结构调整和经济高速发展，城市总用水量逐年上升，城镇综合生活、环境用水占比也随之逐步上升，但工业用水占比逐渐下降。结合我国人口、经济发展变化特点，考虑华北地区作为我国重大战略发展区域带来的人口聚集、经济促进效应、人口发展与经济发展的互动关系以及受水区各地区发展有所差别等特点，依据我国《国民经济和社会发展第十四个五年规划和 2035 年远景目标纲要》目标要求，在遵循节水优先的前提下，随着京津冀协同发展战略和雄安新区建设、中原城市群建设的推进，华北平原受水区用水量仍将进一步增长。受水区受制于水资源禀赋，要实现人与自然和谐共存，社会经济与生态环境协调发展，增加中线北调水量势在必行。

2012 年国务院批复的《长江流域综合规划（2012—2030 年）》考虑中线工程再从汉江增加调水量，加上汉江本流域经济社会发展用水，将超过汉江流域水资源承载能力，要求“根据汉江流域经济社会发展状况及水资源利用程度，尽快启动从长江干流引水补充汉江的研究，并相机实施”。

中线一期工程规划目标正在逐步实现，为保障工程效益的进一步发挥，中线后续水源工程建设已迫在眉睫。三峡水库作为我国战略水源地，多年平均入库水量约 4000 亿 m^3，水量充沛，水头较高，可作为中线工程后续水源向汉江补水。

引江补汉工程作为中线后续水源工程，对于落实“创新、协调、绿色、开放、共享”的新发展理念，走生态优先、绿色发展之路，完善国家水网、优化水资源配置总体格局，具有战略意义。

二、引江补汉工程是南水北调中线工程的后续水源

引江补汉工程从长江三峡库区引水入汉江，提高汉江流域的水资源调配能力，增加南水北调中线工程的调水量，提升中线工程供水保障能力，并为引汉济渭工程达到远期调水规模、向工程输水线路沿线地区城乡生活和工业补水创造条件。

通过水源区增源，中线输出总干渠挖潜（即总干渠不扩建），将中线工程多年平均调水量 95 亿 m^3 提高到 115 亿 m^3。

（一）引江补汉工程方案

2017 年 4 月，水利部批复《引江补汉工程规划任务书》，引江补汉工程前期工作正式启动。2019 年 12 月，水利部将《引江补汉工程规划》（2019）及其审查意见函

送国家发改委，推荐多年平均引江水量 38.7 亿 m^3。2020 年 9 月，根据项目深化论证成果，长江水利委员会提出《引江补汉工程规划》（2020）修订成果，多年平均引江水量增加至 50 亿 m^3。2020 年 10 月，水利部将《引江补汉工程规划》（2020）及其补充审查意见函送国家发展和改革委员会。2021 年 5 月，水利部组织相关单位，对引江补汉工程方案进行了优化完善，2021 年 8 月，水利部将《引江补汉工程可行性研究报告》（2021）及其审查意见函送国家发展和改革委员会。

《引江补汉工程可行性研究报告》（2021）推荐的多年平均引江水量 39 亿 m^3，其中，补北调水量 24.9 亿 m^3，补引汉济渭水量 5 亿 m^3，补汉江中下游水量 6.1 亿 m^3，输水工程沿线补水量 3 亿 m^3。工程实施后，中线多年平均北调水量增加到 115 亿 m^3。

引江补汉工程自三峡水库库区左岸龙潭溪取水，采用有压单调自流输水，经湖北省宜昌市、襄阳市和丹江口市，至丹江口水库大坝下游汉江右岸安乐河口，全长 194.8km，线路长、埋深大，地质条件复杂，工程建设极具挑战性（图 21.11）。

中线工程的局限是丹江口水库可调水量有限，通过实施引江补汉工程，增加水源区可调水量，将显著提升北调水的保障率。受气候变化、上游生态建设拦截与耗水增加、经济社会发展耗水增加等因素的综合影响，丹江口水库来水有衰减趋势；后续工程建设应进一步通过汉江以外的水源进行补水。引江补汉工程是中线工程的后续水源，从长江三峡库区引水入江汉，不仅可提高汉江流域的水资源调配能力，也可保障中线受水区经济社会持续健康发展并修复生态环境。

根据长江勘测规划设计院分析，通过实施引江补汉工程，中线北调水量从原有多年平均 95 亿 m^3 增加到 115 亿 m^3 左右，原有序列可调水量丰枯变化大，极枯年份可调水量仅有 30 多亿 m^3，年际变化大，供水保障率低。实施引江补汉工程后，增加 39 亿 m^3，北调水量年过程不均匀系数（多年平均/最小年）从 2.7 降低到 1.7，枯水年北调水量明显增加，供水保障率大幅提升（图 21.12）。

（二）引江补汉工程进展

为充分发挥中线工程效益，且有效缓解汉江流域生态环境与社会压力，并在《南水北调工程总体规划》提出的“四横三纵”水资源配置格局基础上进一步完善水网，中线后续水源——引江补汉工程规划设计正在快速推进中。

引江补汉工程是国务院确定的 172 项节水供水重大水利工程之一，也是 2020 年及后续重点推进的 150 项重大水利工程之一。按照 2002 年国务院批复的《南水北调工程总体规划》和《长江流域综合规划》要求，在中线后续水源方案研究工作的基础上，建设引江补汉工程，有序推进连通三峡水库和丹江口水库的补水工程建设。

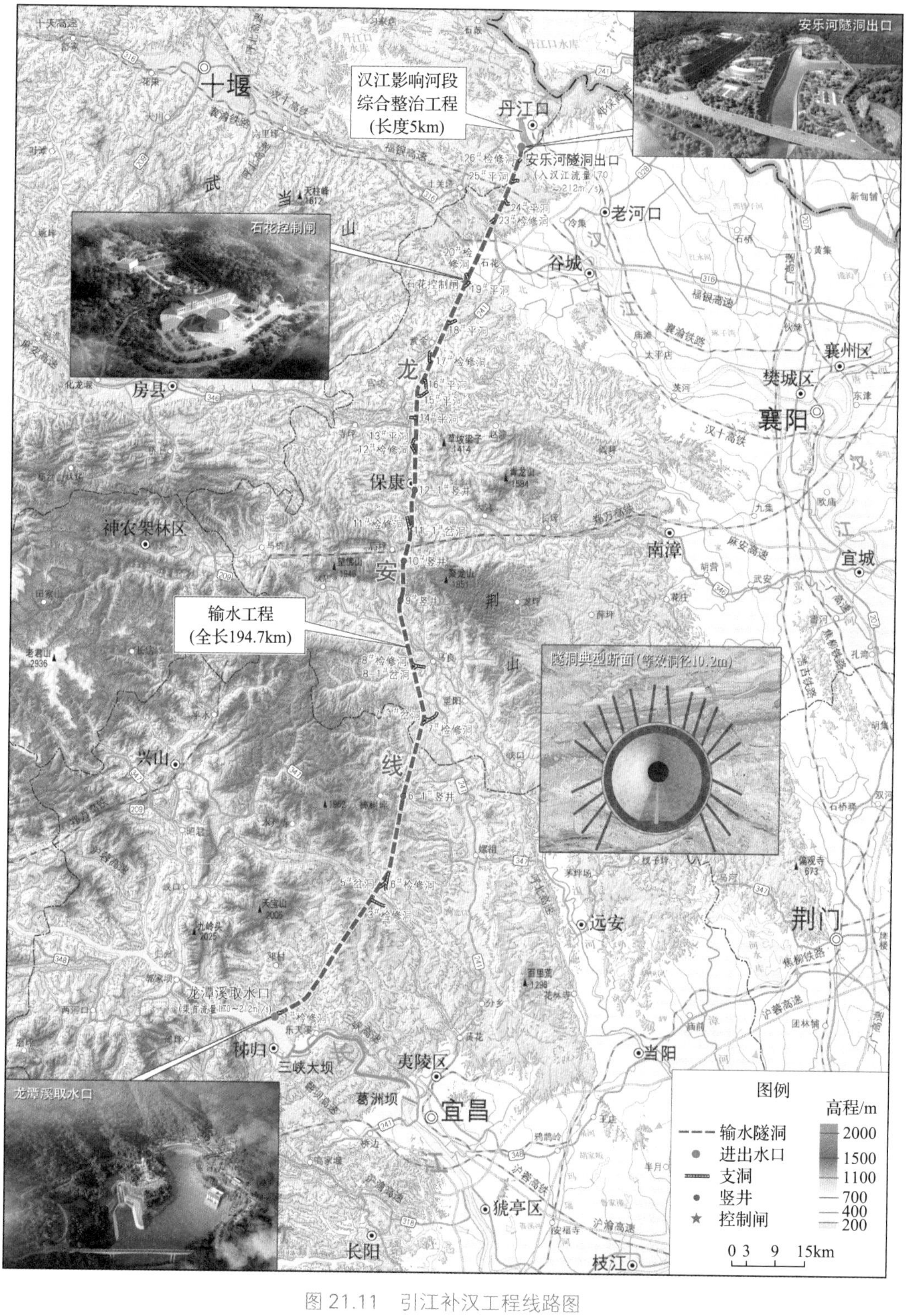

图 21.11　引江补汉工程线路图

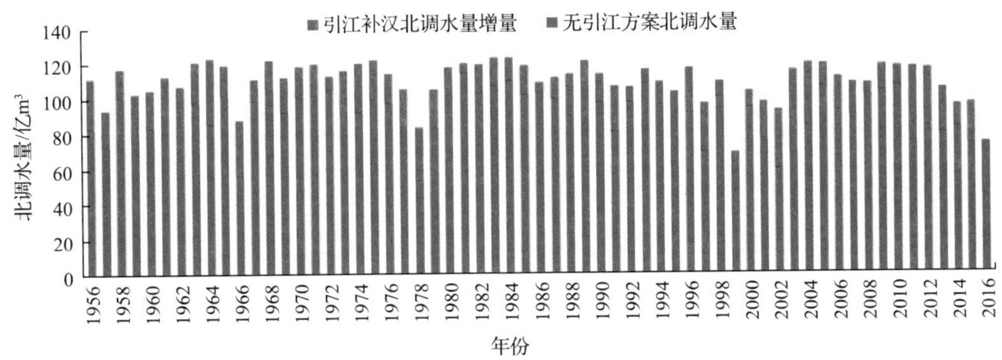

图 21.12　有无引江补汉工程中线北调水量过程

引江补汉工程拟从长江三峡库区引水，其补水方式可多种：坝上方案，即补水入汉江丹江口库区；坝下方案，即补水入丹江口水库坝下汉江中下游；坝上坝下结合方案；还可从三峡库区引水直接向中线受区供水。引江补汉工程是中线工程的后续水源，按照全面贯彻新发展理念、高质量发展要求，统筹发展和安全，坚持节水优先、空间均衡、系统治理、两手发力的治水思路进行规划设计，引江补汉工程已于 2022 年 7 月 7 日正式开工建设。

（三）中线干线扩能挖潜和调蓄工程建设

中线工程建成后，干线工程沿线尤其是穿城段社会经济布局密度急剧增加，填方区的堤坝高度和宽度均有限，部分渡槽和倒虹吸等重大节点工程的过流能力有限，暂不具备在现有工程的基础上进行扩挖的条件。一期工程总干渠扩能挖潜，根据长江勘测规划设计研究院的复核，现有总干渠年均输水量由 95 亿 m^3 提高到 115 亿 m^3 是比较合适的，但在此基础上进一步增加输水量存在较大的工程安全风险。即使将总干渠年输水量提高到 115 亿 m^3，也需要进行中线总干渠全面安全评估，对高填方输水渠段、膨胀土段和渡槽等工程采取必要的维护措施，确保工程安全。同时，深入研究输水线路的降糙问题，尽可能提高现有总干渠的过流能力。

中线工程供水年际丰枯波动大，长距离单线输水，沿线调蓄能力弱，后续工程规划需统筹考虑地表调蓄工程和地下水存储空间的利用，充分利用现有调蓄空间，新建雄安新区水库等，构建沿线调蓄工程体系，统筹外调水与当地水的联合调度，调丰补枯，提升南水北调中线工程供水能力、应急检修条件和供水保证。充分利用黄淮海流域地表、地下储水空间，优化调度各类水资源。地表储水空间包括河流、水库、湖泊、湿地等，地下储水空间包括巨量的浅层与深层地下水水库。以北京市为例，近年来利用本地水资源相对丰沛和南水北调水，对地下水超采进行综合治理，利用河湖和砂石坑等回补地下水，根据北京市水文总站分析，2021 年，北京市平原地区地下水回升5.75m，较2015年累计回升幅度9.36m，地下水储量增加47.9亿 m^3。此外，黄河流域西北地区还有巨量的沙地、湖泊、湿地等储水空间。如何充分利用库容资源、雨洪资源，调蓄丰枯、调水补偿，是未来水安全重点研究课题。例如，若未来受气候变化影响，出现连续丰水年，充分利用地表、地下库容储备雨洪和外调水，大力改善北方地区的生态环境。枯水年则充分利用地表、地下储备水量，加上南水北调水源，多源保障供水安全。

（四）加强工程安全，降低工程安全风险

南水北调中线工程是在我国山地丘陵和平原交界地带新开挖的一条渠道。总干渠沟通长江、淮河、黄河、海河四大流域，穿越集流面积 10km^2 以上河流 219 条，跨越铁路 44 处，跨总干渠的公路桥 571 座，干渠有节制闸、分水闸、退水建筑物和隧洞、暗渠等各类建筑物 936 座；天津段干渠穿越大小河流 48 条。中线工程总干渠处于伏牛山、太行山山前，穿越暴雨洪涝易发区，受到重大自然灾害危害的风险较大，沿线山区 110 多座中小型水库防洪设计标准低，若出现类似 2021 年河南极端天气形成的超标准洪水，将会严重威胁渠道安全。需要加强沿线中小型水库安全排查，完善沿线防洪工程措施，消除洪水破坏风险，确保输水工程安全。

三、其他水源及远景展望

根据《长江流域综合规划》，中线工程最终要实现从长江向北方地区调水。2001年规划修订阶段，专题研究报告《水源工程建设方案比选》，以长江三峡库区为水源，初步研究了中线工程后续水源——引江补汉工程，重点研究了大宁河引江、香溪河引江、龙潭溪引江、引江补汉提水至王甫洲、小江引水等代表性方案。从远景考虑，还提出了引嘉陵江补汉江方案的调水方案（图 2 1.13）。

1. 大宁河提水方案

综合比选东、中、西三条引水线路，以及与堵河不同梯级水位衔接的高、中、低三个扬程方案后，推荐从重庆巫山县大昌湖提水至堵河潘口水库（正常水位 355m）方案，输水隧洞长 82km，泵站扬程 245m。从三峡水库调水入汉江的大宁河提水方案线路短、扬程相对较低、经济性较好。

2. 龙潭溪引江方案

龙潭溪自流引水方案即三丹线东线方案（绕岗方案），早在 20 世纪 50 年代中期长

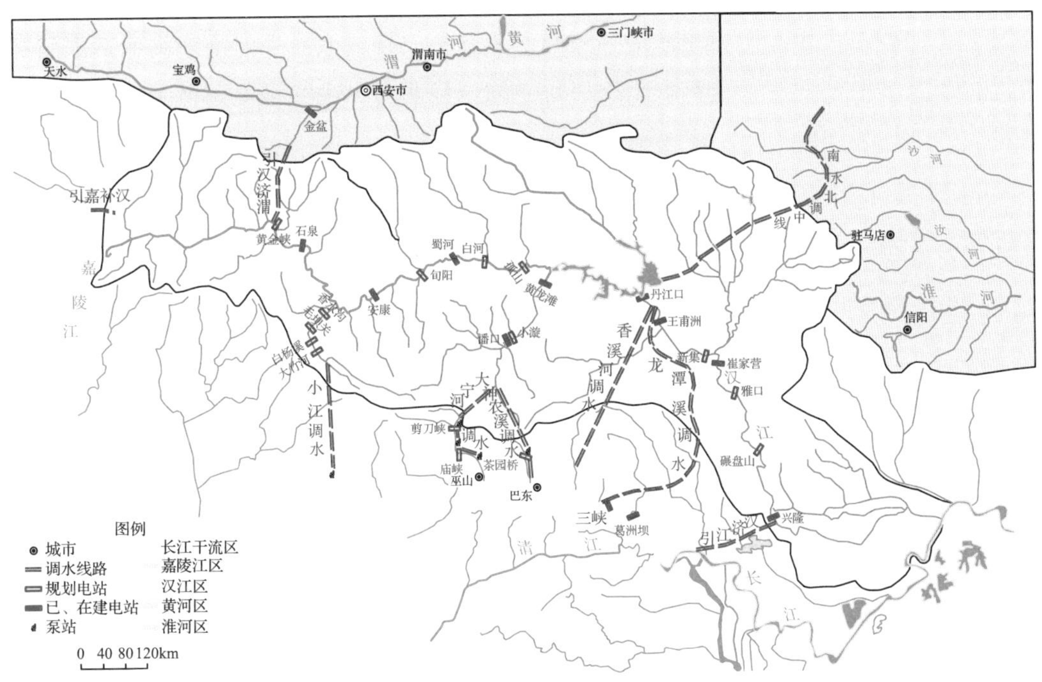

图 21.13　中线后续水源示意图（规划修订阶段）

江水利委员会（原长江流域规划办公室）即对该线路作过查勘。1994 年，在国家计划委员会主持召开的南水北调中线工程论证会上，提出先研究从长江干流调水的方案。为此，长江水利委员会研究了从长江干流引水的高、中、低线三个方案，低线为引江济汉方案，高、中线均为在原三丹线基础上略作调整。中线规划修订时，在 1994 年研究基础上，对输水线路进行微调。干渠起于三峡坝址上游龙潭溪，向东穿过鄂西山地东部江汉山地边缘，跨过汉江与中线总干渠连接。渠线全长 326km，以明渠为主。

3. 引江补汉提水至王甫洲方案

按照“将丹江口水库以上水量尽量北调，汉江中下游用水充分利用丹江口以下区间来水、丹江口水库弃水，不足部分由引江济汉干渠补给”的原则研究此方案。补给水量一部分由引江济汉干渠末端直接进汉江，补兴隆以下至河口区间用水并满足航运要求；另一部分沿汉江干流渠化梯级兴隆、华家湾、碾盘山、雅口、崔家营、新集、王甫洲逐级上调，满足丹江口以下至兴隆区间用水，即换水方案。

4. 小江提水方案

2001 年，国务院三峡建设委员会办公室提出从三峡库区左岸支流小江提水，经长隧洞引水至汉江后，再从汉江调水进入渭河，补充黄河下游水量，并向华北地区供水，以充分利用长江三峡水库丰富的水资源，解决西北关中地区、黄河中下游以及华北平原、京、津等广大地区水资源匮乏的问题，并避免因丹江口水库大坝加高带来的移民等问题。小江提水方案涉及南水北调总体格局，已超出中线工程规划范围，中线规划修订仅对小江—渭河段的工程措施和投资进行了复核性研究。

5. 引嘉陵江补汉江

该方案需对《南水北调工程总体规划》(2002)作出重大调整，若引嘉陵江补汉江，中线增调水量45亿m^3，总调水规模达到160亿m^3。根据中线一期工程设计规模，总干渠输水能力不足，须扩挖或修建复线，沿途需要穿越众多河流、交通干线，交叉建筑物2000多座，穿越部分城市还面临空间制约等问题，施工难度大。此外，大规模扩建，中线还面临长期停水、移民（包括二次搬迁）、征地、社会舆论的影响等问题，应高度重视。引嘉济汉工程还面临生态环境问题，叠加流域其他引调水工程，嘉陵江上游三磊坝断面水资源开发利用率将超过50%，水源区资源环境承载压力显著增大。诸多瓶颈难题，需进一步深入细化研究。

第六节　结论与展望

南水北调中线一期工程的建成通水，有力地支撑了受水区的生态环境改善和经济社会发展，基本解决了受水区京、津、冀、豫4省（市）130多个城镇的缺水问题；为受水区地下水超采治理创造了条件，相机向河湖实施生态补水，促进了受水区的河湖复苏和生态环境改善，农业生产用水条件得到部分改善。中线工程也极大地促进了京津冀和雄安新区城市圈的高质量发展，为集聚更多的生产要素创造了条件，北京、天津、石家庄、郑州等沿线15个大中城市对周边地区的辐射带动作用进一步凸显，发挥了对整个国民经济的拉动和支撑作用。实施引江济汉工程，补充了汉江下游水量；此外，中线工程还对改善丹江口库区及上游地区生态环境、转变经济社会发展方式有极大的促进作用，改善水源区的生态环境并促进可持续发展，具有积极而深远的意义。

我国北方地区尤其是黄淮海地区水资源短缺，经济社会发展及生态环境保护之间的矛盾依然突出，加快推进中线后续工程建设十分必要。在中线工程现有布局和能力条件下，后续工程主要是"水源区增源、渠道挖潜扩能"，通过实施引江补汉工程，增加39亿m^3水量，将多年平均输水量提高到115亿m^3，同时显著提高北调水量的保障率。总干渠穿城段，社会经济布局密度急剧增加，填方区的堤坝高度和宽度均有限，部分重大节点工程（如渡槽、倒虹吸等）的过流能力有限，暂不具备在现有工程的基础上进行扩挖的条件。干渠主要利用现有能力，局部渠道补齐短板，降糙提效，扩能挖潜，尽可能提高现有总干渠的过流能力。

本章撰写人：文　丹　魏加华

参考文献

[1] 中国南水北调工程编纂委员会. 中国南北调工程・前期工作卷. 北京: 中国水利水电出版社, 2018.

[2] 钮新强, 文丹, 吴德绪. 南水北调中线工程技术研究. 人民长江, 2005, 36(7): 6-8.

[3] 文丹. 南水北调中线工程. 武汉: 长江出版社, 2010.

[4] 水利部长江水利委员会. 南水北调中线工程规划(修订). 北京, 2001.

[5] 长江勘测规划设计研究院. 南水北调中线一期工程可行性研究总报告. 北京, 2005.

第二十二章

南水北调西线工程

南水北调西线工程是我国“四横三纵”水资源战略格局的重要组成部分，是补充黄河水资源不足，解决我国西北地区干旱缺水的重大基础措施。西线工程从长江上游干支流调水，入黄位置在黄河上游，受水区可基本涵盖整个黄河流域，同时还可以向西北内陆河地区供水，在国家骨干水网格局中具有十分重要的战略地位。

西线工程的研究始于 1952 年，至今历时 70 年，广大科技人员克服高寒缺氧、交通不便等艰苦条件，在青藏高原开展了大量的方案研究论证，取得了丰富的成果。

第一节　调水的必要性

黄河是我国西北、华北地区的重要水源，流域内土地、矿产资源特别是能源资源丰富，在我国经济社会发展战略格局中具有十分重要的地位。黄河以占全国 2%的年径流量，承担着全国 15%的耕地和 12%人口的供水任务，同时还承担着向流域外供水的任务，水资源短缺和经济社会发展需水之间的矛盾是流域面临的最大矛盾。随着流域经济社会发展，水资源过度开发利用，给流域生态环境带来不利影响，需要在大力节水的基础上实施跨流域调水，解决流域资源性缺水问题。

一、黄河流域水资源特点

一是水资源贫乏。黄河流域面积占全国国土面积的 8.3%，而年径流量只占全国的 2%，黄河流域水资源总量 647 亿 m^3，人均水资源量 $473m^3$，仅为全国平均的 23%，耕地亩均水量 220m^3，仅为全国平均的 15%，扣除向流域外供水量后，人均、亩均占有水资源量更少。

二是径流年内、年际变化大。干流及主要支流汛期 7～10 月径流量占全年的 60%以上，支流的汛期径流主要以洪水形式形成，非汛期 11 月至次年 6 月来水不足 40%。干流断面最大年径流量一般为最小值的 3.1～3.5 倍，支流一般达 5～12 倍。自有实测资料以来，曾出现过 1922～1932 年连续枯水段，年均径流仅 396 亿 m^3；1990～2002 年连续枯水段，年均径流仅 444 亿 m^3。

三是地区分布不均。黄河河川径流大部分来自兰州以上，年径流量占全河的 66.5%，而流域面积仅占全河的 30%；兰州至河口镇区间流域面积占全河的 20.6%，河道蒸发渗漏强烈，基本不产流。龙门至三门峡区间的流域面积占全河的 25%，年径流量占全河的 17.1%[1]。

二、黄河流域缺水形势

（一）水资源变化趋势

近年来，随着气候变化和人类活动的共同影响，黄河流域水文情势发生了显著变化，天然径流量呈衰减态势。

在人类活动对产水环境干预相对较少的 1919～1975 年，黄河年均天然径流量 580 亿 m^3。《黄河流域水资源综合规划》采用 1956～2000 年系列，黄河年均天然径流量 534.8 亿 m^3；《黄河流域水文设计成果修订》采用 1956～2010 年系列，黄河年均天然径流量 482.4 亿 m^3。2000～2018 年，由于地下水开采、植被改善、梯田建设和坝库水面蒸发等影响，流域产水能力明显降低，致使降水偏丰背景下的黄河天然径流量只有 463 亿 m^3。

（二）近年水资源开发利用情况

改革开放以来，随着经济社会的快速发展，黄河流域用水总量长期呈递增趋势。1950 年，黄河流域供水量约 120.0 亿 m^3，主要为农业用水；1980 年总供水量 446.31 亿 m^3；2016 年总供水量为 514.76 亿 m^3。1980～2016 年黄河流域供水量变化情况见图 22.1。

1987 年 9 月，国务院办公厅发布了《国务院办公厅转发国家计委和水电部关于黄河可供水量分配方案报告的通知》（国办发〔1987〕61 号），基于黄河多年平均天然径流量 580 亿 m^3，提出了在南水北调西线工程生效前黄河可供水量分配方案，即为“八七”分水方案，规定黄河流域内外可耗用黄河水量 370 亿 m³。

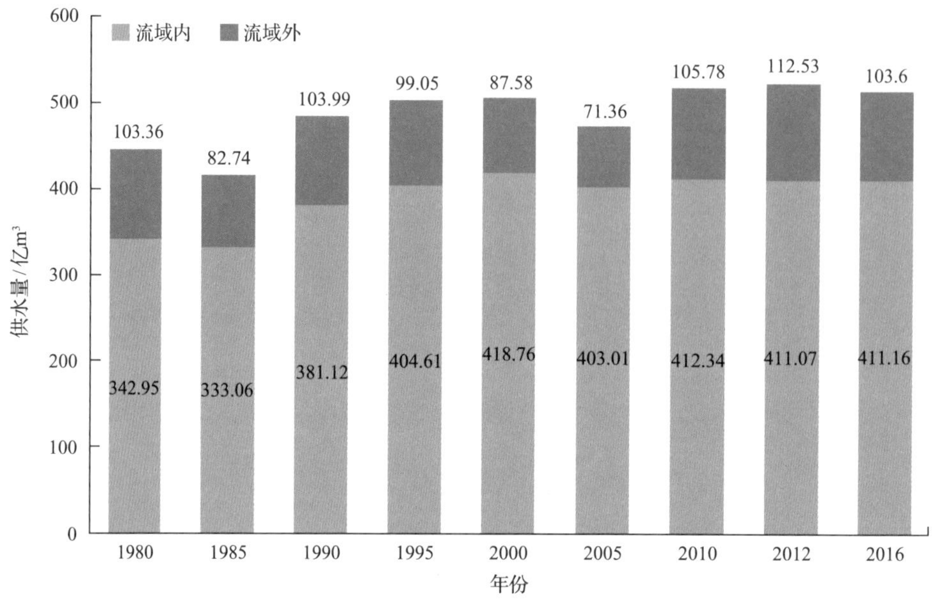

图 22.1　1980 ~ 2016 年黄河流域供水量变化趋势

1999 年黄河实施水量统一调度以来，依据国务院批准的“八七”分水方案，按照总量控制、丰增枯减的原则，确定各省（区）地表水耗水量年度分配指标。据 2001 ~ 2016 年统计，流域内有四个省（区）地表水耗水量达到或超过分水指标，共超出黄河分水指标 31.43 亿 m³，其中甘肃、宁夏、内蒙古和山东分别超指标 3.89 亿 m³、3.82 亿 m³、9.04 亿 m³和 14.68 亿 m³。

（三）水资源短缺带来的问题

黄河流域水资源短缺，随着经济社会用水的不断增加，导致流域生态压力日益加重、工农业发展日益受限、民生短板日益凸显。

1. 生态压力日益加重

2001 ~ 2016 年黄河流域平均地表水供水量 369.3 亿 m³，地表水资源开发利用率已高达 80%，其中上中游地区超 60%，水资源的过度开发利用导致了一系列生态问题。

一是流域湖泊湿地面积减少。流域内湖泊湿地面积由 1980 年的 2702km²，下降至 2016 年的 2364km²，降幅近 13%。干流的宁蒙、小北干流、下游等河段沿河湿地减少 30% ~ 40%，河口天然湿地萎缩约 50%，鱼类种类减少约 30%。

二是多条支流发生断流。渭河一级支流石川河富平境内从 1976 年至今，年年断流，最长断流河长 36.4km；汾河最长断流天数 208 天，最长断流河段长 90km，占河长比例的 13%；大黑河从 1980 年以来至今，年平均断流时间为 122 天，最长断流长度达 48km。沁河近 20 年来几乎年年断流。

三是地下水超采严重。黄河流域现有地下水超采区 78 个，超采区面积达 2.26 万 km^2，超采量约 14 亿 m^3，以浅层地下水超采为主，形成了大量的地下水降落漏斗。太原和运城等城市地下水漏斗已深约 110m，年降幅 1m 以上。

四是上游的内蒙古部分河段形成“地上悬河”。由于上游用水挤占河道内生态环境用水，内蒙古河段淤积严重，发展为新的“地上悬河”，磴口县地面高程已低于黄河河床高程 4m。

多家研究认为，未来黄河天然径流量仍有可能微幅减少，若无外调水的补给，未来黄河流域水资源供需矛盾将进一步加剧，遭遇连续干旱年黄河干流断流恐难以避免。

2. 能源工业发展日益受限

黄河流域是我国的“能源流域”。2019 年，黄河流域九省（区）贡献了全国 80%的原煤、33%的石油、35%的天然气和 32%的发电量，能源电力主要向京津冀和华北华中电网输出，无疑是国家能源安全的支柱，更是当地经济发展的引擎。

过去十几年，依靠技术创新和科学管理，黄河上中游地区能源产业的用水效率不断提高，火电、煤炭和煤化工等行业的用水水平已达国际先进水平，万元工业增加值用水量由 2010 年的 36m^3降低至 2019 年的 22m^3。同时，通过水权制度创新，由企业投资对灌区进行节水改造，使一大批无用水指标的工业企业获得了水权。

然而，由于缺水黄河上中游地区现已有 100 多个能源项目难以上马，工业缺水近 10 亿 m^3；预计 2035 年、2050 年上中游六省（区）工业缺水量将达 27 亿 m^3、36 亿 m^3。

3. 灌溉用水保障程度不高

黄河流域农牧业基础较好，粮食和肉类产量占全国的三分之一，依靠黄河水灌溉的黄淮海平原、汾渭平原和河套灌区，是我国农产品主产区。因此，国家要求巩固黄河流域对保障国家粮食安全的重要作用，稳定种植面积，提升粮食产量和品质，把粮食主产区建设成为粮食生产核心区。

近 20 年来，由于农业用水不足，现有 1100 多万亩灌区无水可灌，4000 多万亩实灌水量低于作物生长需求，导致粮食产量减少约 300 万 t。

目前，黄河上中游六省（区）的青海、甘肃、陕西、山西人均粮食产量 180～333kg，远低于“人均 400kg”的国际粮食安全标准线，为粮食的调入区。区域粮食生产面临的水资源压力必将越来越大，势必影响粮食安全。

黄河流域还是我国后备土地资源丰富地区。但因为无水可灌，临近河套灌区的3000多万亩宜耕的后备土地无法开发利用。

4. 东西部经济差距日渐加大

黄河上中游六省（区）一直是我国经济发展最不充分的地区，与中东部地区存在很大的差距。2019年，六省（区）人均GDP和人均收入分别只有5.35万元和2.44万元，是全国均值的76%和79%、东部八省市的45%和51%。按6%的GDP增速，2035年才可以实现六省（区）人均GDP 两万美元的目标，届时东西部的差距将进一步拉大。

黄河上中游地区也是少数民族聚居区、多民族交会区和贫困人口集聚区。目前，通过广大干部群众的艰苦奋斗，缺水贫瘠的黄土地支撑该区摆脱了绝对贫困，解决了温饱问题。但是，继续依靠缺水贫瘠的黄土地，当地农牧民很难成为富裕群体，并越来越成为国家的经济洼地。经济长期落后和民生短板长期存在，必然成为影响当地社会稳定的重要因素。

（四）未来水资源供需缺口巨大

黄河流域大部分位于我国中西部地区，由于历史、自然条件等原因，经济社会发展相对滞后，与东部地区相比存在着明显的差距。近年来，随着西部大开发、“一带一路”倡议等的实施，黄河流域经济社会得到快速发展。流域总人口由1980年的8177万人增加到2016年的11957万人，年增长率10.6‰；国内生产总值由1980年的916亿元增加到2016年的41275亿元（按2000年可比价计算），年均增长率11.2%；人均GDP由1980年的1121元增加到2016年的34518元，增长了约30倍；农田有效灌溉面积从1980年的6493万亩，增加到2016年的8364万亩，新增1871万亩。

随着黄河流域生态保护和高质量发展国家重大战略的实施，黄河流域将迎来经济社会的快速发展。构建区域城乡发展新格局，高质量高标准建设沿黄城市群，未来黄河流域人口将进一步向城镇聚集；建设全国重要能源基地，有序有效开发山西、鄂尔多斯盆地综合能源基地资源，推动宁夏宁东、甘肃陇东、陕北、青海海西等重要能源基地高质量发展；加快战略性新兴产业和先进制造业发展，充分发挥甘肃兰白经济区、宁夏银川—石嘴山、晋陕豫黄河金三角承接产业转移示范区作用，提高承接国内外产业转移能力；进一步做优做强农牧业，巩固黄河流域对保障国家粮食安全的重要作用，稳定种植面积，提升粮食产量和品质，把粮食主产区建设成为粮食生产核心区。

预测2035年黄河流域总人口达13249万人，城镇化率达到70.9%；2050年总人口达13001万人，城镇化率达到82.0%。即使2016～2035年、2035～2050年GDP增速分别按照4.8%、4.5%的中等增长率测算，流域GDP 2035年和2050年将达到14.91亿元和28.73亿元。2035年农田灌溉面积达到9099万亩，2050年维持2035年面积不变。

在实施最严格的水资源管理制度，充分挖掘节水潜力的前提下，2035年、2050年黄河流域国民经济缺水量将达133.1亿m^3、137亿m^3。缺水主要集中在上中游地区，且以城镇生活和工业缺水为主，2035年、2050年上中游六省（区）国民经济缺水量将分别为109.3亿m^3、112.5亿m^3，约占流域总缺水量的82%；黄河流域城市生活和工业缺水量为83.8亿m^3、97.7亿m^3，其中上中游六省（区）缺水量为69.0亿m^3、81.2亿m^3，约占82%。详见表22.1。

表22.1 黄河流域2035年、2050年水平分行业缺水情况

水平年	流域	缺水量/亿 m^3				
		生活	工业	农业	生态	合计
2035年	黄河流域	50.8	33	36.4	12.9	133.1
	其中上中游地区	41.8	27.2	30	10.3	109.3
2050年	黄河流域	57.5	40.2	28	11.3	137
	其中上中游地区	45.3	35.9	23.1	8.2	112.5

黄河下游河道是流域洪水和泥沙输排的重要通道，河道内下泄水量需满足水生生物需水、沿黄及河口三角洲湿地需水、近海水域生态保护及输沙塑槽用水需求。根据黄河下游河段生态功能性需水研究，黄河利津断面生态需水量约200亿m^3，其中汛期生态水量不小于150亿m^3[3]。而预测分析利津断面多年平均下泄量约168亿m^3，河道内缺水约32亿m^3。

河道外国民经济缺水和河道内生态缺水叠加，2035年和2050年黄河流域总缺水量达165亿m^3、169亿m^3。

三、解决流域资源性缺水的主要途径

面对黄河流域缺水的严峻形势，除了实施严格的节水措施外，南水北调东中线供水、小江调水、西线调水等多种方案对缓解黄河流域缺水都有一定的作用。

（一）黄河流域节水潜力分析

1. 黄河流域节水现状

黄河流域大部分区域年降水量低于400mm，气候干旱，蒸发强烈，属于“有水则

绿洲、无水则荒漠”的地区，无灌溉即无农业，引用黄河水灌溉是保证农业生产的基本条件。以往，受自然条件和基础设施影响，存在某些灌区大水漫灌、工业用水效率低和生活用水浪费等现象。

经过 20 年的节水改造，加之黄河分水指标限制，促使黄河流域用水效率大幅度提高，黄河流域现状用水效率总体高于全国水平。流域灌溉水利用系数 0.54，与全国均值持平；亩均灌溉用水量 368m^3/亩，低于全国均值；万元工业增加值用水量 23m^3/万元，仅为全国均值的 1/2、长江流域的 1/5；煤电和煤化工项目用水指标处于国际先进水平。

但流域节水还存在一些短板：一是农业高效节水率不高。农业节水规模化集约化程度不高，高效节水灌溉率约 29%；一般工业的生产工艺和关键环节还存在一定的用水浪费现象；流域城镇管网漏损率平均为 13%，有待进一步提升。二是节水机制不健全。用水定额标准体系还不完善，水价形成机制尚不能客观反映水资源的稀缺程度；取用水计量与监控能力不足，各行业用水计量率不高；社会公众节水意识不强，节水宣传工作仍需进一步加强。

2. 流域节水潜力

西北地区干旱的自然条件决定了灌区与周边天然植被有十分紧密的联系，农业灌溉水量部分补给地下水，成为重要的生态水量补给途径，灌溉用水量中相当一部分起到了改善生态环境的作用，因此在农业节水潜力分析中，要考虑部分区域天然植被生长对地下水位的要求及秋冬灌的淋盐洗盐作用。

以灌区地下水位不低于 2.5m 为生态约束条件，以灌溉水利用系数达 0.61、工业水重复利用率达 95%、城镇供水管网漏损率低于 9%、重点工业行业用水效率达国际先进水平为标准，并考虑技术和经济因素等，对 2016 年黄河流域的节水潜力进行了测算，结果表明：黄河流域净节水潜力约为 24.5 亿 m^3，其中农业为 21.5 亿 m^3，工业为 2.2 亿 m^3，城镇生活为 0.8 亿 m^3。考虑农业补灌后可转给其他行业用水的潜力为 14.2 亿 m^3。流域节水潜力主要集中在上中游省（区），上中游六省（区）净节水潜力 19.3 亿 m^3，考虑农业节转潜力后为 11.8 亿 m^3，约占总节水潜力的 80%。

黄河流域现状灌区多为非充分灌溉，灌溉面积也未达到有效灌溉面积，因此，农业节水量仍将主要消耗于灌区灌溉，并不能增加其他行业可供水量，且要真正达到预期节水效果，必须坚持节水优先，充分发挥用水定额的刚性约束和导向作用，并要建立长效的技术支持、投资机制和激励机制，在全社会实施深度节水控水行动。

（二）东、中线供水置换引黄水量分析

2012 年开展了"南水北调工程与黄河流域水资源配置的关系研究"，主要研究利用东线、中线工程通过扩大供水范围和供水规模向黄河下游引黄地区供水的可能性，通过引江与引黄水量置换并调整"八七"分水方案，实现黄河水量的"上水上用"。

研究认为[5]：在不考虑工程技术经济性以及调水影响等前提下，通过采取必要的工程措施，东线、中线工程具备一定的向黄河下游引黄区扩大供水的潜力。

经综合分析测算，维持东线一期现有工程规模不变，充分利用南四湖下级湖以上泵站的富余抽水能力，东线年均最大可置换引黄水量 3.8 亿 m^3；若将东线泵站抽江规模增至 1000m^3/s，最大可置换引黄水量 17.6 亿 m^3。

若维持中线工程现有渠道输水能力不变，中线无继续扩大供水潜力；若将中线总干渠扩建至陶岔渠首 500～630m^3/s 的引水规模，并考虑引江补汉抽江 300m^3/s，中线工程扩大供水能力可年均最大置换引黄水量 28.9 亿 m^3。

东线、中线最大可置换引黄水量合计 46.5 亿 m^3。对部分引黄水量的置换可在一定程度上降低黄河下游河段水资源开发程度，但所置换的水量若作为指标调整到上中游地区，无疑将提高黄河上中游河段水资源开发程度，会带来新的问题。另外，该分析结果是仅从多年平均时间尺度上做出的简要分析，其可能性还要综合考虑相关工程建设条件、扩大抽江规模对汉江和长江下游尤其是河口地区的不利影响等多方面因素。

（三）南水北调西线工程调水目标

南水北调西线工程规划总调水量 170 亿 m^3，根据 2020 年完成的《南水北调西线工程规划方案比选论证》成果，调水线路由上下两条独立的输水线路组成："上线"从雅砻江和大渡河干支流 6 座水源水库调水 40 亿 m^3,在黄河上游贾曲河口汇入黄河;"下线"利用在建的金沙江叶巴滩、雅砻江两河口、大渡河双江口三座水库，调水 130 亿 m^3，在甘肃岷县入洮河，进入黄河刘家峡水库。

南水北调西线工程调水从刘家峡水库以上干支流入黄，供水范围覆盖黄河上中下游的广大地区，流经黄河上游的水电基地、生态脆弱带、能源富集区；可利用黄河干流骨干水库调节能力，最大限度地缓解黄河流域的国民经济缺水问题，并可以向黄河黑山峡河段两岸、河西走廊石羊河下游的生态脆弱区提供水资源，缓解当地生态环境承载压力，改善和恢复生态环境状况；同时还水于河，补充被挤占的生态水，结合黄

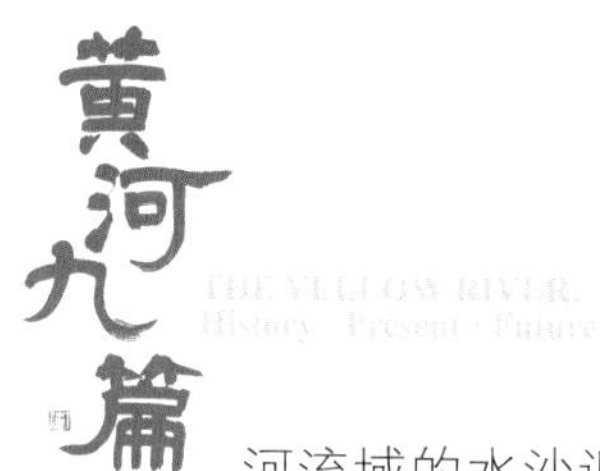

河流域的水沙调控体系，提高输沙效能，为减轻黄河宁蒙河段、小北干流、黄河下游等河段淤积，塑造和维持河道中水河槽创造条件。

综上所述，在实施深度节水的基础上，黄河流域净节水潜力在 20 亿 m^3 左右，在考虑此节水潜力后，2035 年、2050 年流域缺水量分别约 133 亿 m^3、137 亿 m^3，东线、中线两线实施后对缓解黄河流域下游河段缺水是有利的。但受黄河流域来水来沙特点的制约，目前只能按照“大稳定、小调整”的原则向黄河上中游地区调增少量水指标，无法从根本上解决黄河上中游的缺水问题。南水北调西线工程的受益区可基本涵盖整个黄河流域，为经济社会发展提供水资源保障，同时对改善流域生态环境具有重要意义。

第二节 主要研究历程

一、初步研究阶段（1952～1985 年）

1952～1961 年，黄河水利委员会多次组织开展西部地区调水线路查勘，研究范围东至四川盆地西部边缘（图 22.2），西达黄河长江源头，南抵云南石鼓，北抵祁连山，区域面积约 115 万 km^2；研究的调水河流有怒江、澜沧江、金沙江、通天河、雅砻江、大渡河、岷江、涪江、白龙江等；供水范围除黄河上中游地区外，还研究了供水东至内蒙古乌兰浩特、西抵新疆喀什的广大地区[2]。

该时期调水方案特点：①研究范围大，约 115 万 km^2；②调水量多，年调水总量多达上千亿立方米；③海拔低，工程分布在 2000m 左右；④线路长，多在 3000km 以上；⑤工程规模大；⑥线路以明渠自流为主。

1978 年中华人民共和国第五届全国人民代表大会《1978 年国务院政府工作报告》正式提出“兴建把长江水引到黄河以北的南水北调工程”。1978～1985 年，黄河水利委员会组织四次西线调水查勘，认为在西部调水的总体框架下，根据技术的可行性，应缩小研究范围，重点对通天河、雅砻江、大渡河引水线路进行了研究（图 22.3）。

该时期调水方案特点：①范围缩小，调水河流由 9 条减少到 3 条；②调水量减少，各河调水量 50 亿～100 亿 m^3；③海拔高程增加，为减少工程规模，线路布置在距黄河较近的河流上游，海拔 4000m 以上；④以抽水为主，控制坝高在 200m 左右，隧洞长度在 30km 以下。

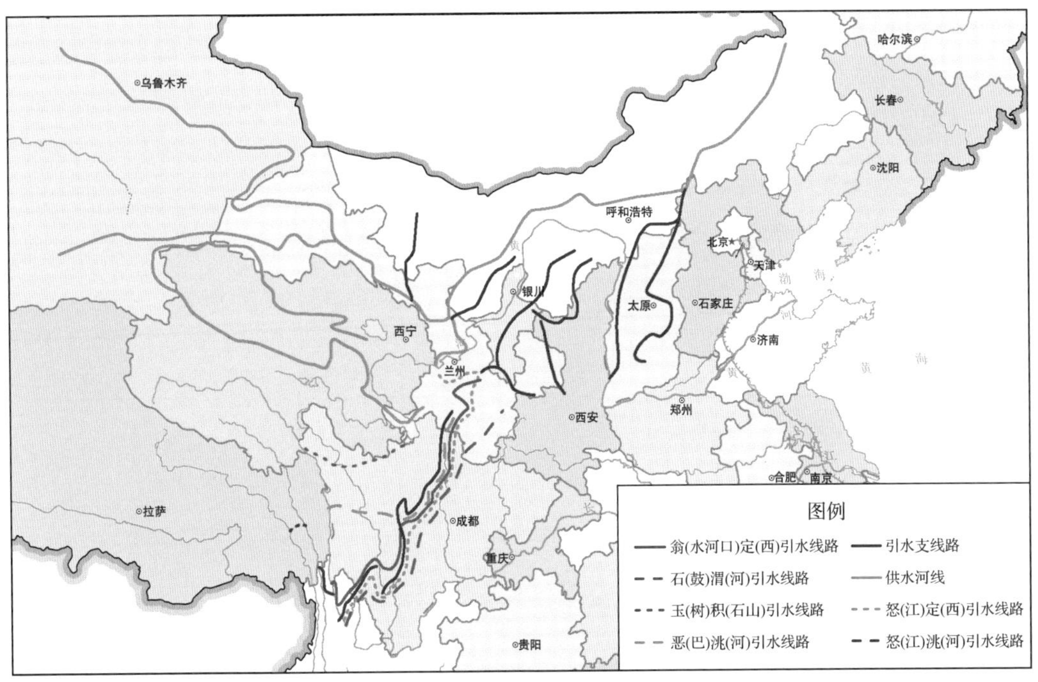

图 22.2 1958～1961 年西部调水线路示意图

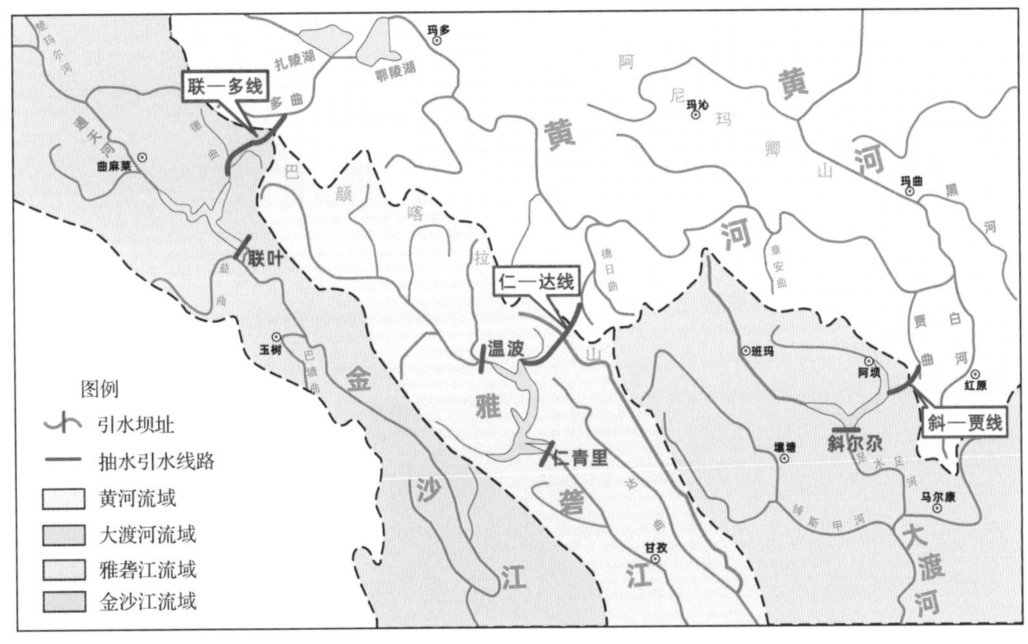

图 22.3 1978~1985 年南水北调西线工程代表性方案示意图

二、超前期规划阶段（1987～1996 年）

1987 年原国家计划委员会下达《关于开展南水北调西线工程超前期工作的通知》，将南水北调西线工程列入“七五”“八五”超前期工作项目，着重研究论证调水工程的可能性和合理性。主要开展了从长江上游通天河、雅砻江、大渡河三条河调水方案规划研究，共研究抽水和自流方案 200 多个，编制了《南水北调西线工程初步研究报告》《南水北调西线工程规划研究报告》，推荐从通天河、雅砻江、大渡河自流调水 195 亿 m^3（图 22.4）。

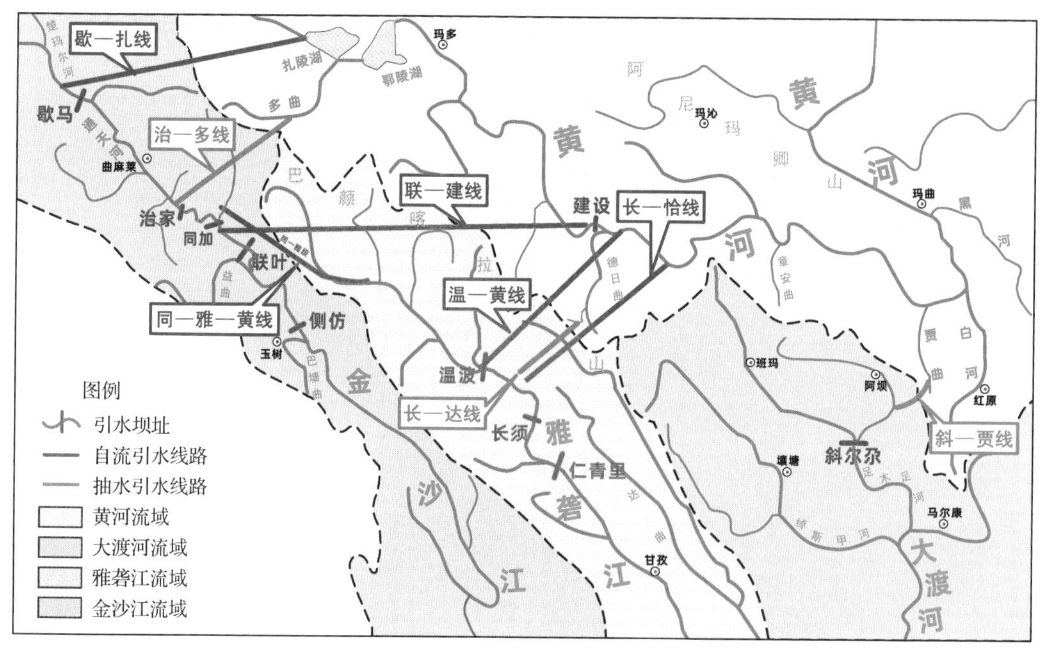

图 22.4　1987～1996 年初选调水方案示意图

该时期调水方案的特点：①调水形式多样，研究了自流、抽水、抽水加自流方案；②调水线路缩短为 300km 以下，以隧洞为主；③1992 年在雅砻江上游设置了温波专用水文站；④开展了对调水区的影响、受水区的效益分析、深埋长隧洞工程研究等工作。

三、规划阶段（1996～2001 年）

经过十年的超前期规划，西线调水逐步形成从通天河、雅砻江、大渡河三条河调水的基本格局，1996 年下半年水利部安排开展规划阶段的工作，进一步研究比选西线工程的开发方案、合理规模和开发顺序，选择第一期工程并提出工程开发建设安排意见。

规划阶段在三条河引水河段内研究了 20 多座引水坝址，分析比较了 30 多条引水线路。结合工程方案的特点，提出“下移、自流、分期、集中”的总体布置原则，2001 年提出了南水北调西线工程调水 170 亿 m^3 的总体布局（图 22.5），规划成果纳入国务院 2002 年批复的《南水北调工程总体规划》。

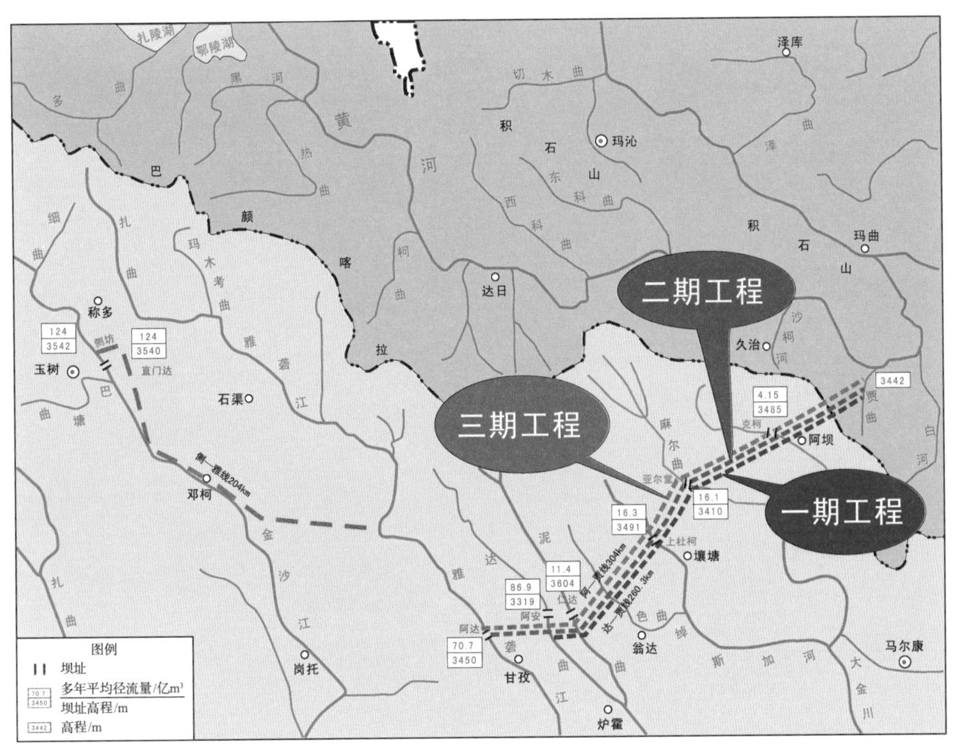

图 22.5 南水北调西线工程规划布局示意图

西线工程规划总调水 170 亿 m^3，分三期实施。第一期：从雅砻江、大渡河 5 条支流调水 40 亿 m^3 入黄河支流贾曲，线路全长 260.3km；第二期：从雅砻江干流调水 50 亿 m^3 入黄河支流贾曲，线路全长 304km；第三期：从通天河干流调水 80 亿 m^3 入黄河支流贾曲，线路全长 508.1km[3]。

规划阶段推荐方案特点：①下移，调水线路整体下移到海拔 3500m 左右，对工程施工和运行有利；②自流，推荐的调水线路全部采用长隧洞自流方案，降低工程运行费用；③集中，二期、三期为一期工程线路延伸，可节省投资，缩短工期；④分期，根据需要按河流分段或分期实施，可建成一段发挥一段的效益。

四、一期工程项目建议书阶段（2001～2008 年）

2001 年《南水北调西线工程规划纲要及第一期工程规划》经水利部审查后，水利部布置开展了西线一期项目建议书的编制。2005 年，鉴于黄河流域的缺水形势，水利部布置开展一期、二期水源合并为一期工程的项目建议书编制工作，于 2008 年底提出了初步成果报告。

一期工程由 7 座水源水库、9 段共 14 条明流洞、9 座渡槽和 3 座倒虹吸组成（图 22.6），在雅砻江干流、雅砻江和大渡河支流建设水源水库引水，采用长隧洞自流方式调水入贾曲河口。调水规模 80 亿 m^3，水源水库坝高 30~194m，输水线路全长 325.6km，其中隧洞长 321.1km。

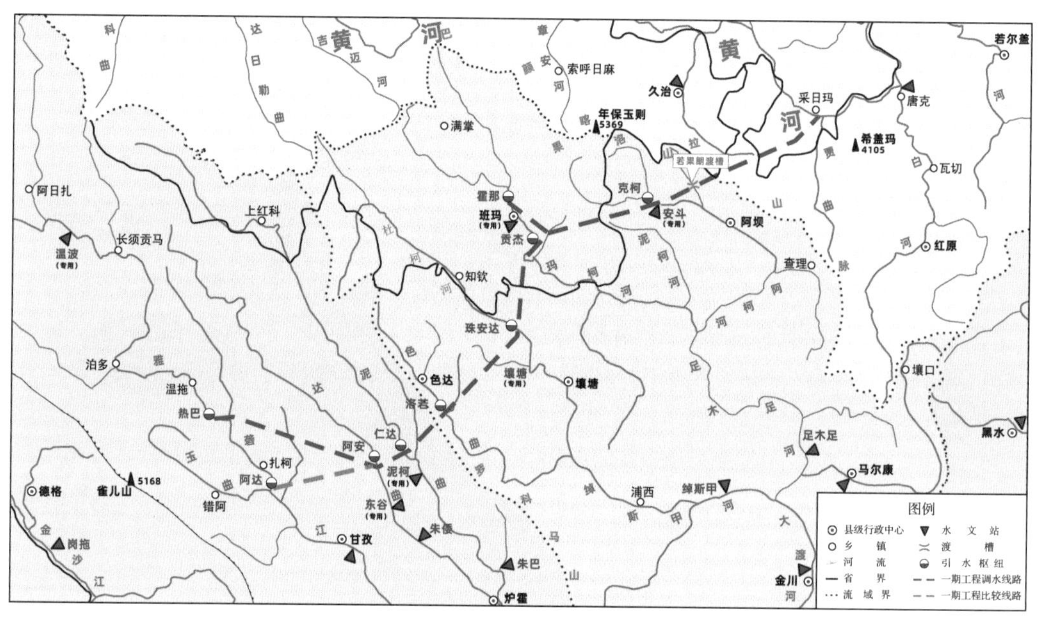

图 22.6　西线第一期工程总体布局

项目建议书阶段针对一期工程开展的工作包括：①深化受水区需求及工程建设必要性的论证；②水文分析及可调水量的研究，在主要引水坝址附近增设 5 座专用水文站；③开展地质勘查，对主要地质问题提出了初步结论；④对调水坝址及调水线路进行了优化调整；初步确定了主要建筑物的基本形式；⑤淹没影响区的人口及寺院等主要设施调查；⑥受水区水量配置规划，初步确定了调入水量配置方案等。

2012 年初，为加强西线工程建设必要性论证。水利部组织开展"南水北调工程与黄河流域水资源配置的关系研究"，2014 年完成研究报告。2014 年 3 月，根据习近平总书记保障水安全重要讲话精神，水利部组织开展西线工程重要专题补充研究，2016 年完成《新形势下黄河流域水资源供需分析》《西线调入水量配置方案细化研究》《调水对水力发电影响研究》《调水对生态环境影响研究》等研究成果。

五、规划方案比选论证（2018～2020年）

南水北调西线工程建设规模大、涉及面广，问题和情况复杂，虽然前期已经做了大量的研究和论证，甚至一期工程调水80亿m^3方案提出了项目建议书初步成果，但有关方面对一些关键问题的认识仍存在较大分歧，如黄河流域水资源供需形势及西线工程的必要性、紧迫性，水源区可调水量分析及调水对生态环境、经济社会的影响，合理的调水规模及调入水量配置等。

2018年5月，水利部布置开展南水北调西线工程规划方案比选论证工作，要求围绕受水区需求、调水方案优化比选、调水环境影响等方面进行深化研究，提出《南水北调西线工程规划方案比选论证报告》，并开展《黄河上中游地区及下游引黄灌区节水潜力深化研究》《新形势下黄河流域水资源供需形势深化研究》《黄河流域功能需水研究及调水生态效应分析》《小江调水方案深化研究》《小江调水方案环境影响研究》《南水北调西线工程规划已有调水方案深化研究》《南水北调西线工程调水断面下移方案研究》《南水北调西线工程调水区重大环境影响研究》等八个方面的专题研究。

基于南水北调西线工程前期工作，这次重新开展规划方案比选论证，西线工程调水总规模维持《南水北调总体规划》提出的170亿m^3。基于新形势，深化了黄河流域节水潜力和供需形势分析，加强了调水必要性和紧迫性的论证。把尽量减小对调水区生态环境的影响作为方案比选的重要因素，对原规划方案进行了全面优化，开展了调水断面下移方案研究，在多方案比较的基础上，提出了上下线组合的工程总体布局。

第三节 调水河流及可调水量

一、调水区基本情况

南水北调西线调水区位于青藏高原东南部，海拔高程为2500～5000m。地势西北高、东南低，河流总体走向为北西—南东。调水区北侧以巴颜喀拉山脊为界，南与川西高山峡谷区相连，西有横断山与澜沧江相隔，东与岷江上游相接。

（一）调水河流

西线工程研究的调水河流主要包括长江上游的金沙江（含通天河）、雅砻江（图22.7）、大渡河三条河流。

1. 金沙江（含通天河）

金沙江流域（含通天河）位于青藏高原、云贵高原和四川盆地的西部边缘，跨越青海、西藏、四川、云南、贵州五省（区），流域面积约 50 万 km^2。金沙江发源于唐古拉山脉的各拉丹东雪山北麓，在右岸支流当曲汇口以上称为沱沱河；汇口至青海玉树附近的巴塘曲口称为通天河，河道长度 813km；巴塘曲汇口以下至四川省宜宾称金沙江，全长 2316km。

通天河流域面积 14.17 万 km^2，海拔高程为 3500～5000m，河段出口直门达站多年平均径流量约 125 亿 m^3。金沙江流域面积 34 万 km^2，天然落差 3300m，河段出口屏山站多年平均径流量约 1460 亿 m^3。

2. 雅砻江

雅砻江位于青藏高原东南部，是金沙江中段左岸最大的支流，发源于巴颜喀拉山南麓，流域面积 12.84 万 km^2，跨青海、四川、云南三省（区），于四川攀枝花市汇入金沙江。河口多年平均径流量 589 亿 m^3，干流全长 1571km，总落差 3870m，河道平均比降 2.46‰。

雅砻江流域水系发育，河流众多。主要支流鲜水河在四川炉霍县城以上分为东西两条支曲，东支为泥曲，西支为达曲，下行 120km 在雅江县两河口汇入雅砻江干流。

3. 大渡河

大渡河位于青藏高原东南边缘与四川盆地西部的过渡带，是岷江水系的最大支流，流域面积 7.71 万 km^2（不包括青衣江），河口多年平均径流量 470 亿 m^3。上游分为东西两源，东源为足木足河，西源为绰斯甲河，以东源为主流，两源在双江口汇合，向南经金川、泸定、石棉、铜街子至乐山入岷江。大渡河干流全长 1062km，天然落差 4175m，平均比降 3.61‰。

足木足河是大渡河的一级支流，河流全长 397.5km，其中足木足站以上干流全长 367km，河道平均比降 4.97‰，控制流域面积为 19896km^2，多年平均径流量 66.4 亿 m^3。绰斯甲河为大渡河西源，流域面积 13326km^2，河道总长 311km，河道平均比降 5.45‰，绰斯甲站多年平均径流量 58.6 亿 m^3。

图 22.7　调水河流——通天河、雅砻江

（二）自然环境

调水区地处青藏高原东南与四川盆地的过渡地带，调水河流上下游地形地貌、气候特征、社会经济条件差异显著。上游为高原丘陵地貌，河道宽浅，多湖泊和沼泽，寒冷缺氧，水热条件差，多年平均气温为-5～5℃，多年平均降水量为 600～800mm，植被稀疏，区内人烟稀少，经济社会发展相对落后，以草地畜牧业为主。中游地区为山地地貌，地势高耸，河流深切、狭窄，气候、水热条件多样，多年平均气温为 10～18℃；多年平均降水量为 1000～1400mm，区内以林牧业和重工业为主；下游地区主要为河谷平原，气候温暖，光热条件较好，属亚热带湿润气候区，多年平均气温为 18～21℃，多年平均降水量为 900～1300mm。区内人口稠密，主要为农业、轻工业和第三产业。

（三）社会经济

西线调水水源区包括金沙江石鼓以上（含通天河）流域、雅砻江流域、大渡河流域，涉及四川省阿坝、甘孜、乐山、凉山、攀枝花、雅安，青海省果洛、海西、玉树，西藏自治区昌都，云南省迪庆、丽江等 4 省（自治区）12 个市（自治州）63 个县（市、区），面积 42.0 万 km^2。

2015 年常住人口 632.5 万人，人口平均密度约 15 人/km^2，由于受自然地理环境影响，人口分布很不均匀，河流源头地区不足 1 人/km^2，从上游到下游人口逐渐增加；地区生产总值 2021.6 亿元，人均国内生产总值约 3.2 万元；区内现有耕地面积 1061.11 万亩，有效灌溉面积 381.90 万亩[10]。

调水区是以藏族为主体的少数民族聚居区，当地群众普遍信教，民风民俗具有浓郁的民族宗教文化特色，当地寺院众多，寺院是当地群众从事佛事活动的场所，已成为藏族生活重要的组成部分。

二、引水河段及引水坝址

西线引水河段及引水可能坝址如图 22.8 所示。引水河段选取考虑的主要因素：①距离黄河较近；②可调水量适中；③高程满足要求；④工程规模适当。

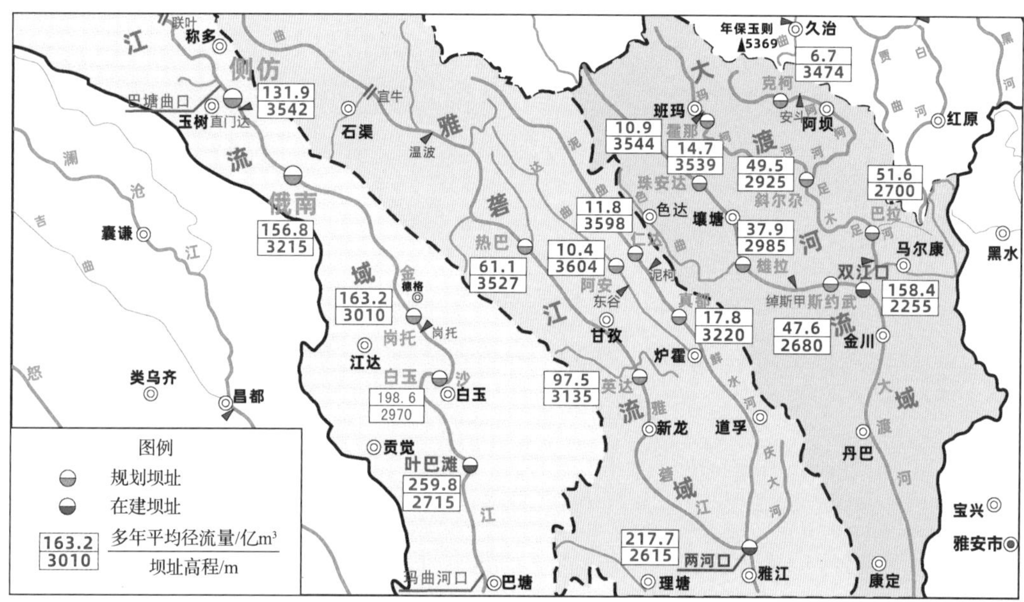

图 22.8　西线引水河段及引水可能坝址方案图

（一）金沙江（含通天河）

金沙江（含通天河）引水河段为直门达（巴塘曲口）至巴塘（玛曲河口），高程 3515～2480m，年径流量 132 亿～290 亿 m³。

与流域水力资源普查、梯级规划坝址相结合，选择了侧仿坝址（图 22.9）、岗托坝址、叶巴滩坝址（图 22.10）。

侧仿坝址为南水北调总体规划西线调水规划的三期工程引水坝址，坝址高程 3542m，年径流量 132 亿 m³。

岗托坝址、叶巴滩坝址为《金沙江上游水电规划报告》规划坝址，坝址高程分别为 3025m、2715m，年径流量分别为 163.2 亿 m³、259.8 亿 m³。叶巴滩水电站已于 2017 年开工建设，设计坝高 217m，总库容 10.8 亿 m³。

图 22.9 侧仿坝址

图 22.10 叶巴滩坝址

（二）雅砻江

雅砻江引水河段为热巴至两河口河段，高程 3527～2615m，水量 61 亿～218 亿 m^3。

选择的引水坝址为雅砻江干流上的热巴坝址（图 22.11）、两河口坝址（图 22.12），支流达曲上的阿安坝址，泥曲上的仁达坝址，共 4 个坝址。

图 22.11 热巴坝址

图 22.12 两河口坝址

热巴坝址、阿安坝址、仁达坝址为西线一期项目建议书推荐的坝址，高程分别为 3527m、3604m、3598m；年径流量分别为 61.1 亿 m^3、10.4 亿 m^3、11.8 亿 m^3。

两河口坝址为雅砻江梯级规划坝址，坝址高程 2615m，年径流量 218 亿 m^3。两河口水电站已于 2014 年开工建设，设计坝高 295m，正常高水位库容 107.67 亿 m^3。

（三）大渡河

大渡河引水河段为绰斯甲河为朱安达至双江口河段，足木足河为霍那至两河口河段，高程 3539～2255m，水量 25.6 亿～158 亿 m^3。

选择的引水坝址为支流杜柯河上的珠安达坝址、玛柯河上的霍那坝址、大渡河干流的双江口坝址（图 22.13）、阿柯河的克柯坝址（图 22.14）共 4 个坝址。

图 22.13　双江口坝址

图 22.14　克柯坝址

珠安达坝址、霍那坝址、克柯坝址为西线一期工程项目建议书推荐坝址，高程分别为 3539m、3538m、3474m；径流量分别为 14.7 亿 m^3、10.9 亿 m^3、10.4 亿 m^3。

双江口坝址为《四川省大渡河干流水电规划调整报告》规划坝址，坝址高程 2255m，年径流量 158.4 亿 m^3。双江口水电站已于 2015 年开工建设，设计坝高 314m，总库容 29.42 亿 m^3。

三、可调水量分析

可调水量是指充分考虑调水河流地区经济社会发展、生态环境保护对水资源的需求后，引水坝址断面可能调出的最大水量。可调水量的主要影响因素包括：①水源区各调水坝址处天然径流量；②规划水平年各坝址上游河道外用水量；③河道内生态环境需水对坝址下泄水量的要求；④调水后坝址下游河道外需水的满足程度。

引水坝址位于河流的上游，地广人稀，用水量少。根据各引水坝址上下游河段水资源供需平衡分析，考虑未来用水增长后，坝址上下游河道外需水量占来水量的比例都很小，坝址下游河道仅区间径流即可满足用水需求，不需要引水水库专门调蓄对河道外供水。

河道内生态环境需水主要考虑区域内生态环境保护对象（包括河谷湿地、植被和重要保护鱼类及其栖息生境）的用水需求。综合多家单位研究成果，西线调水河流的生态基流约为断面多年平均流量的 15%～24%，敏感期生态流量考虑各调水河流坝址下生态目标、生态特性需要，为断面多年平均流量的 30%～49%。

以调水坝址多年平均径流量，扣除上游经济社会发展需水和坝下需下泄的生态环境水量，作为该调水坝址理论上的最大可调水量。实际调水量还需考虑水源水库的调蓄能力、受水区的用水需求、工程规模的经济性等因素，实际调水量小于最大可调水量。规划调水量占坝址径流量的比例为 24.5%～37.3%，各断面下泄水量占比达到 62.7%～75.5%。

第四节 调水总体布局

基于新形势对生态保护的要求，对原西线规划总体布局进行了优化，并开展了调水断面下移方案研究。由于减小了调水比例，原规划方案优化后调水量由 170 亿 m^3 减少为 80 亿 m^3；调水断面下移后，水量增加，规划调水量可维持 170 亿 m^3 的总体规模。

一、原规划方案深化研究

《南水北调总体规划》明确了南水北调西线工程总体布局，工程规划总调水量 170 亿 m^3，分别从长江上游的通天河调水 80 亿 m^3、雅砻江干支流调水 65 亿 m^3、大渡河支流调水 25 亿 m^3，各河流调水比例为 64.5%～70%。

项目建议书阶段对一期工程深化后，提出从雅砻江干流热巴、支流达曲、支流泥曲，大渡河支流色曲、杜柯河、玛柯河、阿柯河，共 7 条河流调水，总调水量 80 亿 m^3，各河流调水比例为 59.4%～69.2%。

根据长江大保护、生态优先等新理念要求，原规划方案存在以下问题：一是各坝址调水比例较大，平均占比为 67%左右，存在对河道内生态环境产生不利影响的风险；二是通天河侧仿坝址位于青海三江源自然保护区、通天河保护分区核心区和缓冲区的交界处，建坝后，库区回水淹没保护区总面积为 65.7km^2，水库建设将受到国家自然保护区管理条例的制约。

为此在规划方案比选论证中开展了原规划方案的深化研究（上线方案）以及调水断面下移方案的深化研究（下线方案）两项工作，在综合进行上下线方案比选的基础上提出了规划方案的总体布局及一期工程方案。

（一）上线方案研究

针对西线原规划及一期工程方案中存在的调水比例偏大、淹没影响三江源自然保护区等困难和问题，为减少影响、降低工程建设难度和社会风险，对已有规划方案进行深化研究，方案海拔高程在 3500m 以上，位置较原规划上移（图 22.15）。

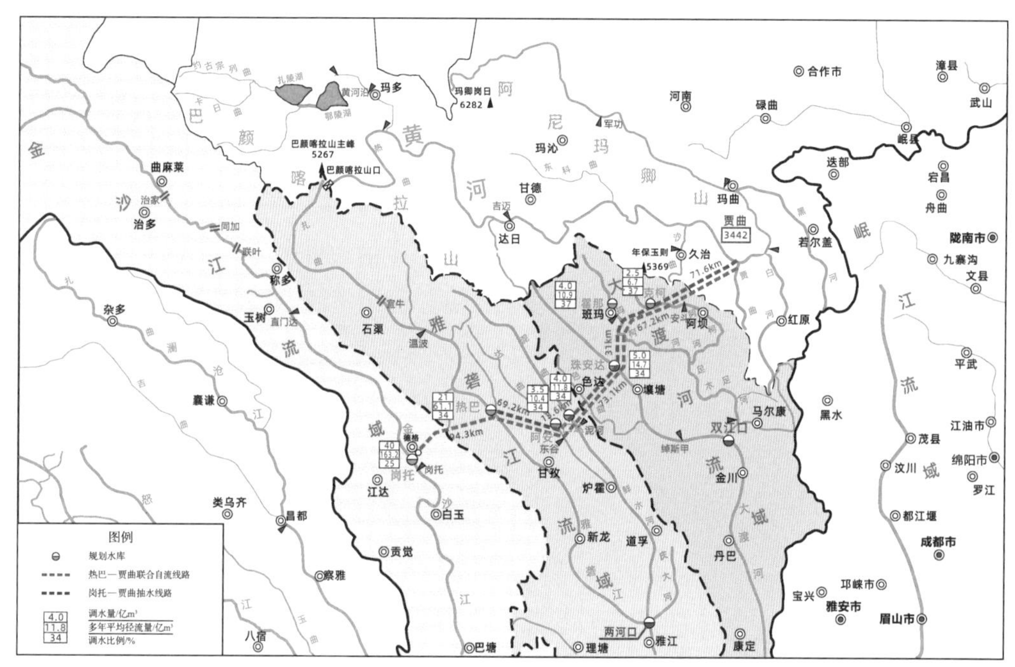

图 22.15　上线方案调水线路示意图

上线方案优化后，调水量由原 170 亿 m³ 调减为 80 亿 m³，调水比例由原规划的 67% 调减为 28.6%，方案由两条调水线路组成：

一条为在雅砻江、大渡河干支流建设热巴、阿安等 6 座水源水库，联合调水 40 亿 m³，线路穿越雅砻江、大渡河以及黄河之间的分水岭，在贾曲河口入黄河，线路总长 325.7km，其中隧洞长 321.1km。

另一条是金沙江岗托调水 40 亿 m³ 线路。将原规划的侧仿坝址下移至岗托坝址，建设岗托水库，通过泵站提水（约 550m），以明流洞引水到雅砻江的热巴水库下游，穿过雅砻江后，与雅砻江、大渡河联合自流调水方案线路平行布置，最后进入黄河贾曲河口，输水线路总长 420km，其中隧洞长 411.9km。

（二）下线方案研究

上线方案优化调整后调水量仅为 80 亿 m³，不能满足原规划调水 170 亿 m³ 要求。

为增加调水水源水量，开展调水断面下移方案研究。方案海拔高程在 2500m 以下，位置较原规划下移，简称为下线方案（图 22.16）。

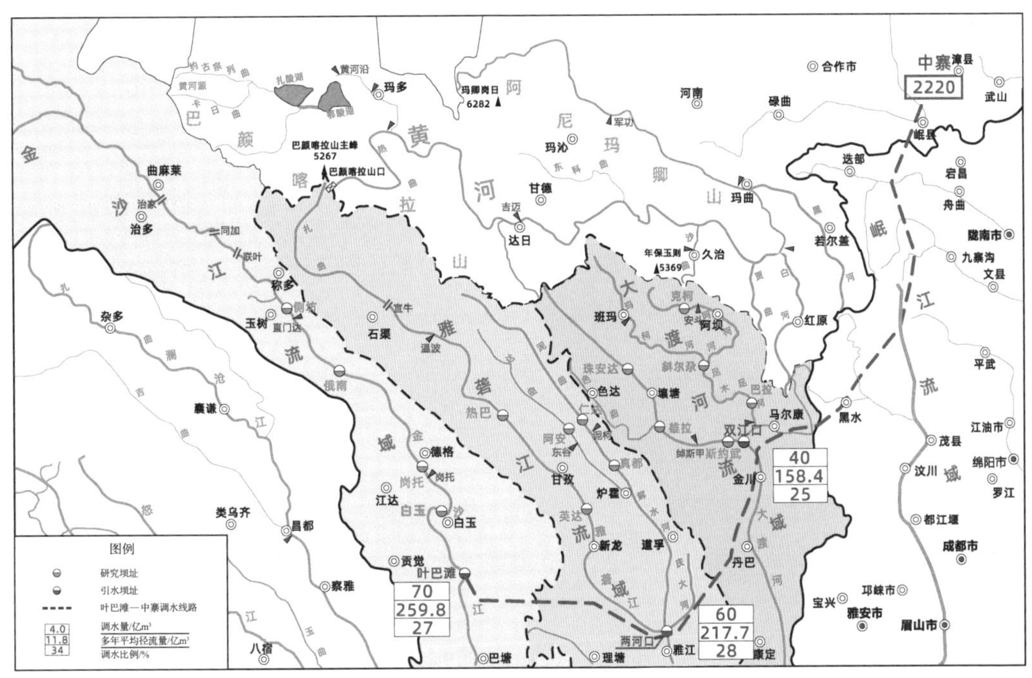

图 22.16　下线方案调水线路示意图

下线方案结合调水河流和调水河段的梯级规划坝址，共研究了包括金沙江干流、雅砻江、大渡河干支流等共 18 个坝址。结合调水河流各坝址可调水量条件，综合提出六个自流方案及自流和抽水结合方案，经综合比选提出的方案为：金沙江叶巴滩—雅砻江两河口—大渡河双江口—洮河自流调水方案。调水断面下线方案在上线方案基础上下移了 250～400km，高程由 3500m 左右降至 2500m 左右，下降约 1000m。

下线方案总调水量为 170 亿 m^3，分别从叶巴滩、两河口及双江口调水，经岷江上游黑水河、嘉陵江上游白龙江，在岷县附近入洮河，汇入黄河刘家峡水库。调水线路总长 1959.5km，其中隧洞总长 1948.2km，各引水水库对应叶巴滩、两河口及双江口，线路长度分别为 846.8km、618.5km、413.5km。

二、规划方案总体布局

本章分别对上线、下线方案进行深化研究，进行方案组合比选，提出调水量 170 亿 m^3 的三个规划方案进行比选：包括上下组合方案及完全下线方案，其中方案一为上线调水 80 亿 m^3、下线调水 90 亿 m^3，方案二为上线调水 40 亿 m^3、下线调水 130 亿 m^3，方案三完全为下线方案，调水 170 亿 m^3。

三个方案在技术上均可行；方案三水源水库最少，为 3 座在建水库，无新增淹没移民及宗教设施影响问题，但线路最长，且地质条件相对复杂；方案一和方案二布置相似，但方案二避开了方案一的高扬程抽水问题，又利用了下线 3 个在建水库，后续水源充足。综合来看，方案二相对较优（图 22.17），其中上线部分从雅砻江干流热巴水库调水，从雅砻江、大渡河联合调水线路调水 40 亿 m^3 入贾曲入黄口，前期工作基础扎实，干支流已达项目建议书阶段工作深度；下线部分从在建的金沙江叶巴滩调水 50 亿 m^3，雅砻江两河口调水 40 亿 m^3，大渡河双江口调水 40 亿 m^3，在甘肃省岷县入洮河后进入黄河刘家峡水库。

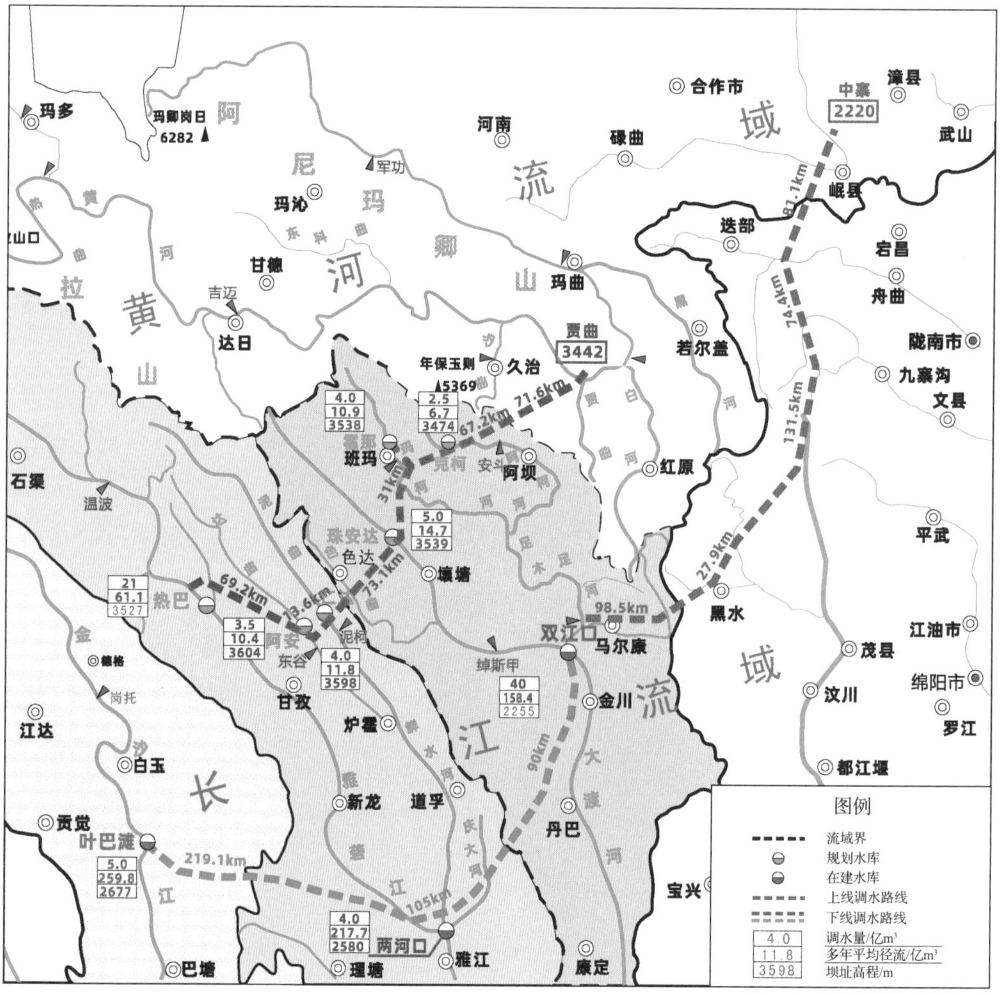

图 22.17　总体布局方案二示意图

上述方案的最后确定尚需更深入的比选论证。

三、一期工程方案

从 2035 年、2050 年黄河流域供需形势及缺水分布来看，黄河流域未来缺水主要集中在上中游地区，且以城镇生活和工业缺水为主。根据《南水北调总体规划》提出的西线工程供水目标，与总体规划相衔接和协调，按照轻重缓急，一期工程应优先解决制约用水安全和经济社会发展的上中游地区城镇生活和工业用水问题，因此，初步拟定一期工程供水对象为：黄河上中游青海、甘肃、宁夏、内蒙古、陕西、山西 6 省（区）的生活工业用水，第一期工程调水需水规模为 80 亿 m^3（图 22.18）。

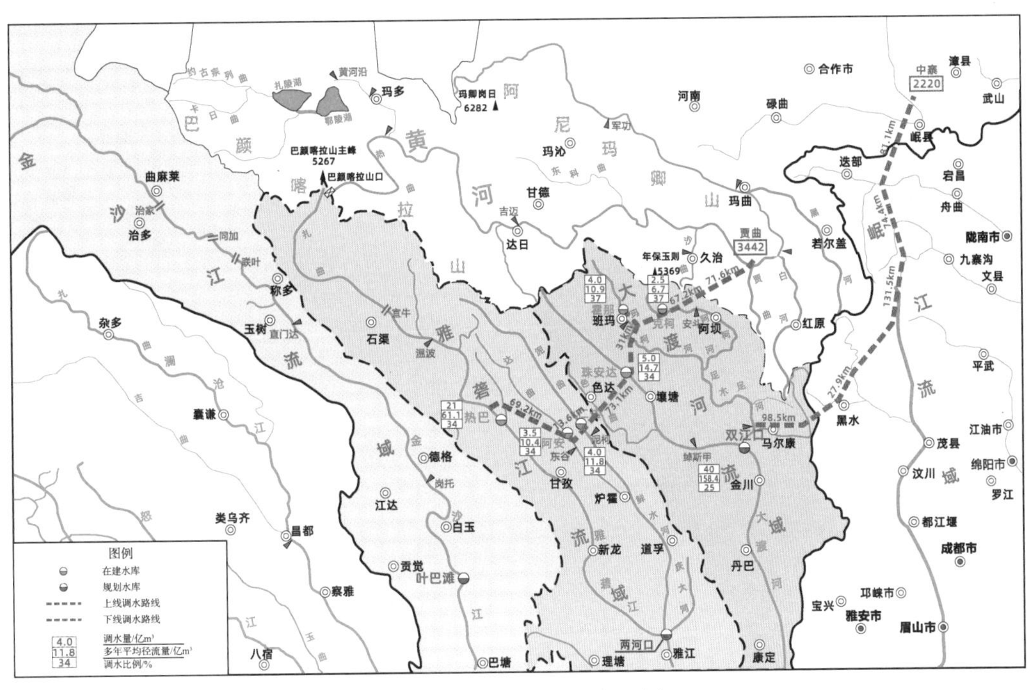

图 22.18　一期工程方案示例图

在西线工程总体规划方案经过比选论证确定后，再对一期工程调水 80 亿 m^3 方案进行规划布局。以下仅以上线雅砻江、大渡河联合调水 40 亿 m^3 加下线大渡河双江口调水 40 亿 m^3 方案为例初步分析调水影响及作用。

第五节　第一期工程调水影响分析

调水对调水区的影响主要集中在对生态环境、水力发电、藏文化等方面。本着生态保护优先的原则，在规划方案的比选论证中，充分考虑了工程对生态环境和社会的影响，尽可能避开自然保护区、寺院等环境敏感区，如为了避免淹没影响青海三江源国家级自然保护区，将通天河侧坊坝址下移为岗托坝址；为避开对重要寺院（登青寺、更沙寺和桑珠寺三座寺院）的淹没，将雅砻江阿达坝址上移至热巴坝址等。但由于青藏高原生态地位特殊、环境敏感区较多，工程方案仍不可避免涉及部分环境敏感区和产生一定的不利影响。

一、调水对生态环境的影响

调水工程所在区域地处青藏高原向四川盆地的过渡地带，属于青藏高原生态大区，跨越青藏高原高寒与横断山生态地区，涉及我国生物多样性保护的重要区域三江源地区、川西高山峡谷地区以及横断山区域，分布有多种国家重点保护植物及动物。调水对主要环境保护对象的影响主要有以下方面。

（一）对自然保护区的影响

目前工程方案涉及的自然保护区有 7 个。其中水库淹没涉及青海三江源国家级自然保护区；调水线路穿越青海三江源国家级自然保护区、四川黄龙国家级自然保护区和甘肃多儿国家级自然保护区 3 个国家自然保护区，四川曼则塘湿地省级自然保护区、四川贡杠岭省级自然保护区、甘肃白龙江阿夏省级自然保护区和甘肃岷县双燕省级自然保护区 4 个省级自然保护区。水库淹没保护区总面积约 2.8km^2，调水线路穿越方式为隧洞，对自然保护区生态影响可减至最小。

（二）对湿地的影响

上线水源水库淹没湿地共计 31.2km^2，水库淹没湿地主要为河流湿地，仅热巴水库淹没少量的草本湿地。水源水库建设后调水区湿地总面积有所增加，增加湿地类型主要为水库坑塘湿地；由于水位抬升，热巴水库部分草本湿地向水库坑塘湿地转化。输水线路主要由深埋长隧洞及跨沟建筑物组成，输水线路总体对湿地不利影响并不明显。

（三）对珍稀保护动植物的影响

输水线路以隧洞为主，穿越杜柯河、足木足河、梭磨河、绰斯甲河，大金川河段是岷江柏木、红豆杉集中分布河段，工程建设可能会对区域内分布的保护植物造成不利影响。输水线路距离大熊猫国家公园和大熊猫世界自然遗产地较远，空间上无直接关系，但部分线路穿越大熊猫现存的其他栖息地，穿越形式以地下深埋隧洞为主，应通过优化施工方案，使对大熊猫栖息地的影响降至最低。

（四）对水生生物的影响

调水对水生生物的影响主要是大坝阻隔、径流量减少对鱼类栖息生态环境的影响。为尽量避免调水的不利影响，调水水库下泄流量充分考虑了河道内水生生物所需水量要求。由于调水水库坝下支流较多，汇流迅速，通过优化水库运行调度方式，可保证下游基本生态水量和敏感期生态需水，坝下减水河段对下游鱼类及栖息地影响程度有限。

二、征地移民及对宗教设施的影响

西线调水工程区属藏族人口聚居区，宗教信仰差异较大。在生产生活中礼俗禁忌较多，民风民俗具有浓郁的民族宗教传统文化特色，神山、神水、佛塔、转经堂、玛尼堆等宗教活动场所众多，部分寺庙还是文物保护单位。一期工程共影响寺庙 16 座，其中淹没 7 座，影响 9 座。移民安置和宗教设施搬迁需要充分考虑宗教因素，慎重、稳妥地处理移民安置和宗教设施搬迁、补偿等问题。

三、调水对水资源开发利用的影响

1. 调水对坝下河道径流的影响

雅砻江、大渡河流域水系发育，支流众多，坝址下游支流汇入较快。各引水坝址多选在坝下有较大支流汇入河段，以便调水后河道水量能够较快恢复，减少对河道内生态的影响。根据对上线调水坝址以下临近河段径流恢复情况分析，在距离坝址 20km 左右，各调水河流河道内水量即恢复到调水前水量的 67%～74%；距坝址 100km 左右，各调水河流河道内水量即恢复到调水前水量的 72%～88%。

2. 调水对河道外国民经济用水影响

雅砻江、大渡河流域各河段水资源量较为丰沛，调水坝址下游人口稀少，各河段河道外需水量占河段径流量比例较小，坝址下游各河段区间径流量即可满足河段河道外需水量需求，因此调水不会对下游河段生产生活用水产生不利影响。

3. 调水对重要引提水工程的影响

雅砻江、大渡河各调水坝下临近河段规模以上引水工程 16 处，用途多为农业和城乡供水。目前坝下临近河段最大的取水口取水流量为 0.4m^3/s，低于调水后各河段最

枯月流量，调水后基本不影响取水流量。调水后，下游河道内水量减少，但随着河道距离的增大，水位变化的影响程度将逐步减弱。

四、调水对水力发电的影响

一期工程调水影响范围主要是调水水库坝址以下至葛洲坝水电站区间的已建、在建及规划的水电站。

2002 年《南水北调总体规划》批复前，长江干支流已建、在建的梯级电站有雅砻江的二滩，大渡河的龚嘴、铜街子，长江干流的三峡、葛洲坝共 5 座梯级电站，装机容量 29715MW，多年平均发电量 1254 亿 kW·h。调水后下泄水量减少，估计年发电量减少 27 亿 kW·h，占调水前年发电量的 2.2%。

远景水平年，雅砻江、大渡河、金沙江及长江干流共规划 54 座梯级电站，总装机容量 123097MW，多年平均发电量 5576 亿 kW·h。估算调水后多年平均发电量 5208 亿 kW·h，减少 368 亿 kW·h，占调水前年发电量的 6.6%[2]。

需要说明的是，在国务院《南水北调总体规划》批复后，已建或待建的 49 座梯级电站，在电站规模设计中应已考虑了西线调水后水量减少对装机容量及发电量的影响。

第六节　第一期工程调水作用分析

南水北调西线一期工程调水 80 亿 m^3，其供水范围为黄河上中游青海、甘肃、宁夏、内蒙古、山西、陕西六省（区），供水对象为城镇生活和工业用水。西线调水生效后，除对受水区经济社会发展和生态环境保护带来巨大的效益外，对调出区经济社会发展也有一定的带动作用。

1. 助力黄河流域生态保护和高质量发展

黄河流域生态保护和高质量发展已上升为重大国家战略，规划构建黄河流域生态保护“一带五区多点”空间布局，形成黄河流域“一轴两区五极”的发展动力格局[4]，推进建设黄河流域生态保护和高质量发展先行区。黄河流域的生态保护、高质量发展都需要水资源的支撑，而黄河流域本身水资源无法支撑该重大战略的实施。

2. 支撑西北地区城镇化和能源工业发展

当前我国经济社会发展已经进入新阶段，进一步贯彻新发展理念，积极推进构建以国内大循环为主体、国内国际双循环相互促进的新发展格局，我国西北、华北地区经济社会发展具有较大的潜力，而当地水资源供给严重制约该区经济社会发展。

随着西北地区城镇化进程的加快推进，城市供水缺口不断加大，预测 2035 年、2050 年上中游六省（区）城镇生活缺水量为 42 亿~45 亿 m^3。西线一期工程调入水量可以基本满足城市用水需求，加快西北地区城市化进程。

黄河流域是我国重要的能源基地，能源基地建设对保障国家能源安全具有重大意义。受流域缺水制约，多个能源项目难以上马，预测 2035 年、2050 年上中游六省（区）工业缺水 27 亿~36 亿 m^3。西线工程调入水量增加了黄河可供水量，为能源基地建设提供了水源支撑保障。

3. 促进调水区经济社会发展

随着西线工程的兴建，将投入大量资金改善该区的基础设施，形成较为完善的交通、电力、通信等网络，不仅可满足工程建设与管理的需要，也可为当地经济服务，从而带动地方经济的发展。调水工程实施后，农田、草场等淹没损失将得到合理的补偿，并投入农田、草场等改造资金，逐步向高效农牧业转变，促进当地产业结构升级。调水工程的实施还可为当地劳动力转移和非农人口就业提供条件，有利于推动劳动力资源的优化配置，提高居民的收入水平。

4. 改善黄河流域生态环境

西线调水后对受水区的生态环境效益体现在两个方面：一是通过增加地表水供水量，压采地下水，减少地下水超采；二是置换被挤占的生态用水，还水于河，增加上中游河段河道内水量，满足控制断面生态下泄水量的要求。

5. 增加黄河干流水电梯级发电量

西线一期工程调水 80 亿 m^3 进入黄河后，通过黄河干流水库的调蓄作用，除满足向河道外供水的任务外，还可以增加入黄口以下黄河干流梯级电站的电能指标，一定程度上可补偿长江调出区电能的损失[5]。

第七节 小结

南水北调西线工程向黄河增补水资源，是促进黄河流域及西北地区经济社会发展、保护和改善生态环境的需要，是以水资源的可持续利用支撑黄河流域环境保护和高质量发展的重大举措，建设南水北调西线工程是非常必要的。

西线调水区水资源较为丰富，下线金沙江叶巴滩、雅砻江两河口、大渡河双江口

等三个调水断面天然径流量共计约 636 亿 m^3，而调水断面以上人口较少，用水量很小，规划调水 170 亿 m^3，占来水的比例为 26.7%。

基于前期研究及规划方案比选论证，南水北调西线规划总调水量 170 亿 m^3，可基本满足 2035 年水平黄河上中游及邻近地区的城镇生活、工业及急缺的生态环境用水缺口，具有重大的经济社会和生态环境效益。作为以水资源可持续利用、改善生态为根本目标的跨流域调水工程，南水北调西线工程的研究论证将本着既充分考虑受水区缺水需要，又重视对调出区影响的原则开展工作，统筹兼顾受水区和调水区的利益关系，并采取相关措施尽量减免不利影响。

本章撰写人：景来红　张金良　李福生　唐梅英　崔　萌　曹廷立

参考文献

[1] 水利部黄河水利委员会. 黄河流域综合规划(2012—2030 年). 郑州: 黄河水利出版社, 2013.

[2] 谈英武, 刘新, 崔荃, 等. 中国南水北调西线工程. 郑州: 黄河水利出版社, 2004.

[3] 水利部黄河水利委员会勘测规划设计研究院. 南水北调西线工程规划纲要及第一期工程规划. 郑州, 2001.

[4] 水利部黄河水利委员会. 黄河流域生态保护和高质量发展水安全保障规划. 郑州, 2021.

[5] 景来红. 南水北调西线一期工程调水配置及作用研究. 人民黄河, 2016, 38(10): 122-125.

第二十三章

西水东济构想

我国水资源空间分布极不均匀，其禀赋与经济社会发展布局不相匹配。西南诸河水资源充沛，约占全国水资源总量的 20%，但开发利用率不到 2%，远远低于全国平均20%左右的开发利用率。而北方地区极度缺水，严重制约了社会经济的发展与生态环境的保护。通过统筹规划，适度调用西南诸河的水资源，形成全国主要江河连通水系，是实现我国水资源“空间均衡”的战略需求，是解决我国西北水资源极度短缺的根本途径。本章基于“统筹规划、调水适度、分期实施、分段自流”的原则，提出了“西水东济”构想，引西南诸河之水向东入金沙江，与规划中的南水北调西线衔接，以解西北和华北之渴。

第一节　西南诸河流域的自然地理背景

6500 万年前，印度板块与欧亚板块碰撞，青藏高原缓慢抬升，逐渐成为“世界屋脊”，造就了我国西高东低的整体地势。青藏高原平均海拔 4000m 以上，雪峰林立，人烟稀少，世界上超过 8000m 的 14 个高峰里，位于青藏高原喜马拉雅山脉的有 10 个。青藏高原的腹地由于海拔高且深处内陆，气候寒冷干燥，降水量不足 500mm，经年累月的降雪反复堆积压实逐渐形成了庞大的高原冰川世界。板块运动和冰川侵蚀作用使得高原上出现了很多洼地，从而形成了地球上海拔最高、数量最多的高原湖泊群，星罗棋布地点缀于崇山峻岭之中。青藏高原拥有“亚洲水塔”的美名，由于其巍然高耸的地形，冰川雪山融水和湖泊逐渐汇聚，源源不断地从高原奔流而出，孕育出了亚洲众多的大江大河——黄河、长江、澜沧江、怒江、雅鲁藏布江等（图 23.1），其中黄河、长江和澜沧江的发源地均位于青海省三江源地区。这些从青藏高原倾泻而出的江河哺育了森林、草地、绿洲和农田，也哺育了亚洲人类文明。

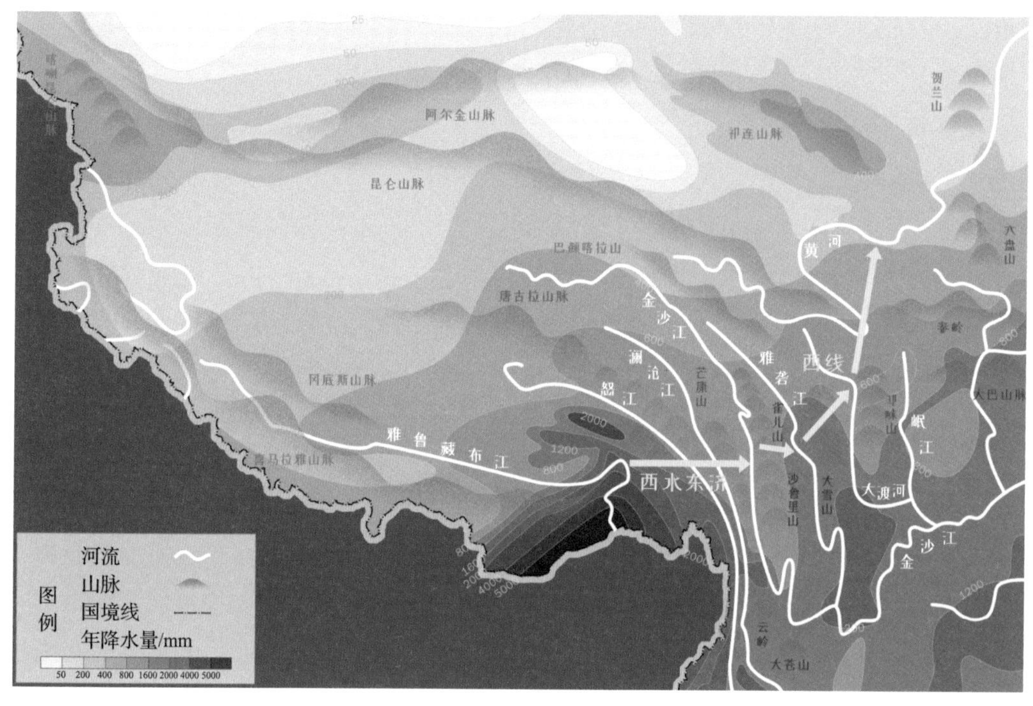

图 23.1　我国西南山脉水系分布图

青藏高原形成的同时向东挤压，在其东南部形成了一系列褶皱断层（图 23.1）。我国最长、最宽的南北走向山系，横断山脉正分布于此，群山逶迤，雪峰环抱。雅鲁藏布江、澜沧江、怒江、金沙江等大江大河自青藏高原腹地发源后，一路向青藏高原东南方向奔涌而来，劈山为谷，山高谷深。峡谷还提供了天然的水汽输送通道，来自印度洋的西南季风和太平洋的东南季风携带着大量水汽汹涌而来，进入峡谷后形成丰沛的降雨和降雪，造就了我国最靠南的海洋性冰川群，也孕育出了完整而丰富的山地垂直自然带分布，集中了从高山冰雪带到河谷热带季风雨林带的立体气候全貌。水汽沿河谷上溯，穿越崇山峻岭进入青藏高原内部，并向上游迅速衰减。雅鲁藏布江下游国境线处的巴昔卡多年平均降水量约 5000mm，至林芝则迅速降为 680mm，可谓“一山分四季，十里不同天”。

暖湿气流的汇聚带来了降水量的增加，也导致穿行于此的大江大河的下游水量剧增。以雅鲁藏布江为例，下游地区多年平均径流为 1500～3000mm，巴昔卡一带高达 5000mm，中游为 200～1000mm，上游仅为 100～200mm。水量的增加还大大增强了河流的侵蚀能力，塑造出了一系列的深山峡谷，包括举世闻名的地球上切割最深、最长的雅鲁藏布大峡谷，以及毫不逊色的怒江、澜沧江和金沙江大峡谷。在雅鲁藏布江以东，由于特殊地壳运动造就的南北向横断山脉内，出现了奇异的三江并流景观，怒江、澜沧江、金沙江三江深切，自北向南并行奔流 170 多千米，最窄处三江两山距离仅 70km，水流湍急，水量充沛，也为跨流域调水提供了天然有利条件（图 23.1）。

我国将西南这些水资源充沛的河流统称为西南诸河，包括雅鲁藏布江、怒江、澜沧江、红河、西藏南部和西部诸河等河流。由于地广人稀，2019 年西南诸河水资源总量 5312 亿 m^3，但用水量仅有 105 亿 m^3，利用率只有 2%左右。仅雅鲁藏布江、怒江、澜沧江三条国际河流的年出境流量超 3000 亿 m^3，占到全国地表水资源量 10%以上。

与此同时，由于青藏高原这座世界屋脊的阻挡，印度洋水汽难以北上，深处内陆的西北地区成为我国最干旱的地方，成片的戈壁荒漠，干旱少雨，水资源匮乏，“平沙莽莽黄入天”“春风不度玉门关”。水资源的匮乏严重制约了西北地区的社会经济发展，也导致生态愈加脆弱。生态用水被挤占，天然河湖萎缩以至消失，土地荒漠化迅速扩大，出现严重的生态危机。由于水资源天然禀赋不足，调水成为解决我国西北水资源极度短缺的根本途径。

西南地少水多，西北地多水少。据此，一个大胆的构想应运而生——西水东济（图 23.1），通过科学调水，适度利用西南诸河的水资源，引西南诸河之水向东入金沙江，并与目前规划中的南水北调西线衔接，统筹规划，以解西北和华北之渴，同时还可降低引调水对长江上游供水、生态等影响，促进经济社会与资源环境协调发展。这既是实现水资源优化配置的重要手段，也是实现我国水资源空间均衡的国家战略需求。

第二节　西南诸河调水的战略需求与方案设想

一、我国水资源禀赋与经济社会发展布局不相匹配

水资源是人类生存和发展的命脉。我国水资源严重短缺，时空分布极不均匀，水资源禀赋与经济社会发展布局明显不相匹配。北方地区拥有 64%的国土面积、47%的人口、65%的耕地，但水资源量仅占全国总量的 19%（图 23.2），多个省（区）市人均水资源不到 500m^3，低于国际公认的极度缺水警戒线。根据第三次全国水资源调查评价成果，全国平均水资源开发利用率为 22%，北方地区平均水资源开发利用率为 50%。

图 23.3 为 2005~2019 年全国水资源一级区水资源总量、用水总量与利用率统计，北方地区水资源承载力普遍处于超载、临界超载状态。

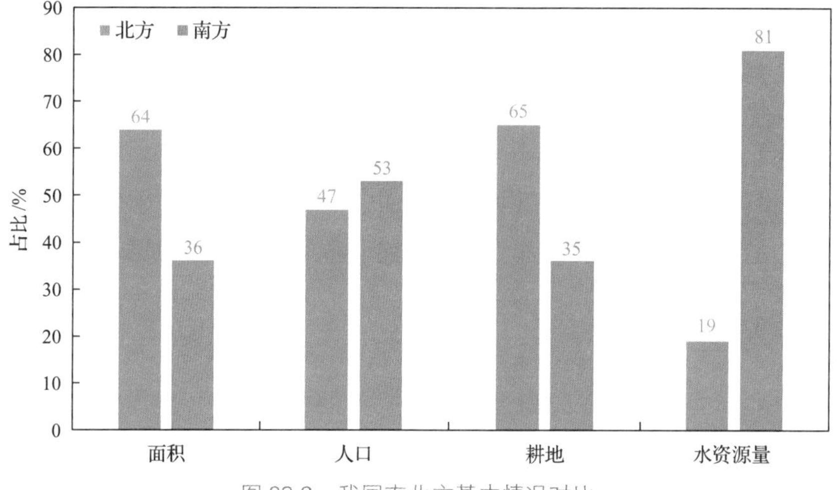

图 23.2　我国南北方基本情况对比

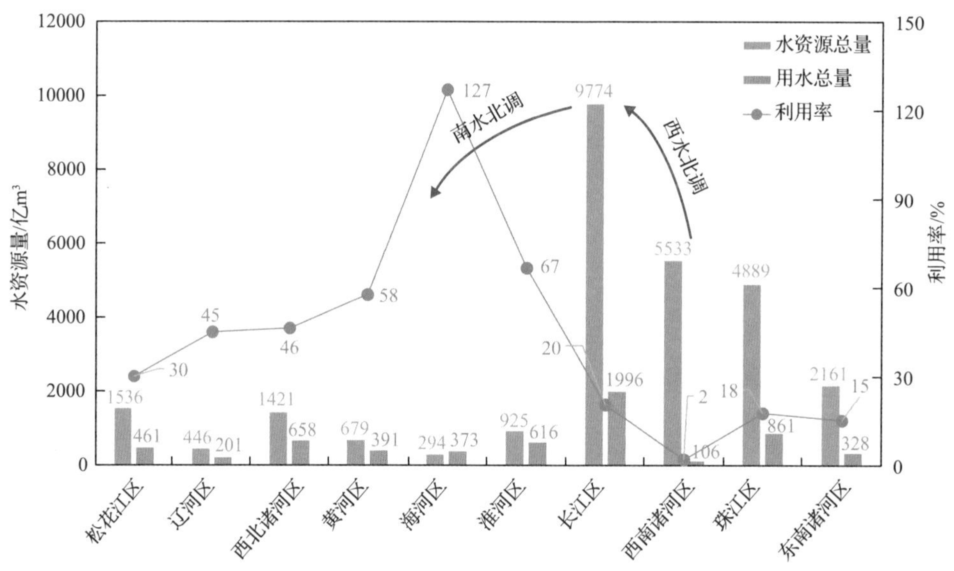

图 23.3　2005~2019 年全国水资源一级区水资源总量与利用率

气候变化和人类活动影响更加剧了水资源变化的不确定性。近 30 年来，北方地区水资源衰减明显，黄、海、淮三大流域的河川径流量呈下降趋势，减少 15%~40%。进入 21 世纪后，暴雨干旱等极端气候事件频发，水资源丰枯变幅增大。因此，在全球气候变化与社会经济快速发展下，我国水资源未来供需矛盾愈加突出。调水是解决北方地区缺水、实现水资源空间均衡的重要战略措施。

二、调水是实现水资源空间均衡的国家战略需求

跨流域调水作为一种缓解重点缺水区水资源的供需矛盾、实现水资源合理分配和高效利用的重要工程技术手段，至今已在全球 40 多个国家得到了至少 350 余次有益的实践。目前，全世界的年调水规模约在 5000 亿 m^3。美国中央河谷工程和加利福尼亚调水工程总调水规模约 100 亿 m^3/a，为加利福尼亚州经济贡献了约 4000 亿美元/a 的收益，开世界现代调水工程之先河。以色列北水南调工程年供水量约 14 亿 m^3，使南部地区的灌溉得到了发展，大片不毛之地变为绿洲，扩大了以色列的生存空间[1]。澳大利亚雪山调水工程，引雪山山脉东坡水源西调，年调水量 30 亿 m^3 以上，沿途利用高差发电，经济、社会和环境效益显著。

我国自春秋战国时期开始，由于军事、航运、生产和生活等需求，相继开凿了郑国渠、都江堰等引调水工程。郑国渠西引泾水东注洛水，首开引泾灌溉之先河。都江堰引岷江水入成都平原，无坝引水、天人合一，润泽天府之国两千余年。1949 年以来，为适应新时期水资源保障需求，我国规划和实施了一系列跨流域调水工程。据不完全统计，目前全国已建和在建大型调水工程有 138 项，包括南水北调、引江济淮、引汉济渭等工程。跨流域调水工程有效缓解了缺水地区的水资源供需矛盾，大大提高了当地的水资源承载能力。

南水北调东线、中线一期工程于 2014 年 12 月全面建成通水，有效保障了我国华北地区城市生活用水安全。为进一步保障黄河流域上中游地区用水需求，自 1952 年开始规划的南水北调西线工程拟从长江上游的雅砻江、大渡河和金沙江取水，自流入黄河上游，初步规划调水量约为 170 亿 m^3。然而，南水北调西线工程调水量仍然有限，难以满足包括西北干旱－半干旱区在内的北方地区生态保护和高质量发展需求。此外，由于气候变化，近年来长江上游水量也有减少的趋势，再加上正在规划和运行的诸多调水工程引水（图 23.4），枯水期长江流域供水、抗旱、生态、航运、压咸等方面也将面临挑战。

为解决我国经济社会发展格局与水资源不匹配的问题，科学调水，适度利用西南诸河丰富的水资源是一重要战略举措，也是增加跨流域调水潜力，实现全国水资源空间均衡配置的根本途径。“十四五”期间，我国将加强国家水网建设，以提升国家水安全保障能力。通过统筹规划西南诸河调水工程与其他跨流域调水工程，构建“四横三纵、南北调配、东西互济”的全国水网格局，可以优化调整河湖水系格局，提高北方缺水区水资源承载能力，遏制并改善日益恶化的生态环境，降低引调水对长江上游供水、

生态等影响，促进经济社会与资源环境协调发展，保障我国的粮食安全和能源安全，为京津冀协同发展、黄河流域高质量发展、西部大开发等国家重大发展战略实施提供水资源支撑和保障。

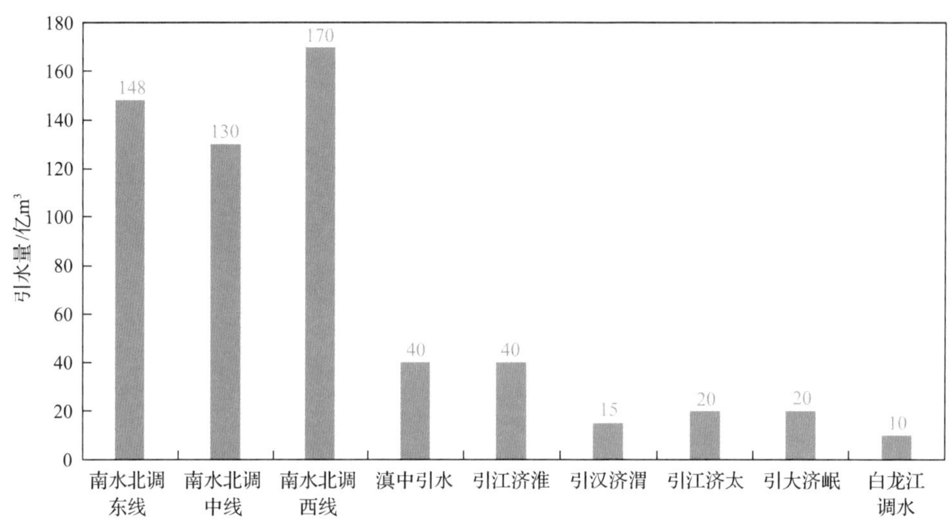

图 23.4　长江干流及其支流部分调水工程

三、“大西线”调水的诸多设想方案

为解决我国西北地区干旱缺水问题，20 世纪 80 年代以来，从水资源充沛的西南诸河调水，即俗称的“大西线”调水工程，吸引了社会各界的广泛关注，提出了多种构想。目前，各研究方案的调水线路和调水量差别较大，下面列举了部分方案。

（一）藏水北调[2]

在雅鲁藏布江大拐弯段建巨型水电站，利用电站动力把雅鲁藏布江、怒江、澜沧江和金沙江的部分水量提至高原上，然后自流入黄河上游的扎陵湖和鄂陵湖，经两湖反调节后输水入黄河和柴达木-塔里木盆地。考虑调出区下游的发展，四江可调出水量为 435 亿 m^3，其中雅鲁藏布江 195 亿 m^3、怒江 130 亿 m^3、澜沧江 30 亿 m^3、金沙江 80 亿 m^3。

（二）南水北调西线后续水源[3]

基于南水北调西线规划，分期进行后续调水。以与黄河相邻的、开发建设条件相对较好的、目前正在规划的通天河、雅砻江、大渡河调水工程为现实的第一期工程，与黄河相距较远、地质条件复杂、基础工作较少的怒江、澜沧江调水工程设想为第二期工程，将更远更艰巨的雅鲁藏布江调水工程设想为第三期工程。第一期工程从长江干支流调水 190 亿 m^3，可解决黄河流域青、甘、宁、蒙、陕、晋 6 省（区）主要缺水地区缺水问题，并解决黄河下游断流问题。第二期工程从怒江、澜沧江年调水约 200 亿 m^3，可继续补充解决青、甘、宁、蒙、陕、晋 6 省（区）的缺水需求，并可解决新疆部分地区的缺水问题。第三期设想从雅鲁藏布江北边的支流尼洋河调水，经易贡藏布以 740m 扬程输水到怒江永巴，每年共调水约 200 亿 m^3。三期工程每年可调水 600 亿 m^3 左右。

（三）西部南水北调工程[4]

南水北调“大西线”工程系从青藏高原怒江、澜沧江、金沙江、雅砻江、大渡河 5 大水系调水，穿过巴颜喀拉山入黄，以黄河大柳树枢纽为总灌渠渠首，把水引向内蒙古和新疆等地。工程年调水量 800 亿 m^3，其中怒江 234 亿 m^3、澜沧江 186 亿 m^3。

（四）红旗河[5]

红旗河取水起点为雅鲁藏布江“大拐弯”以上（高程 2668m），沿途取支流易贡藏布和帕隆藏布之水，通过隧洞工程输水，自流 550km 进入怒江（高程 2380m）；然后，于三江并流处穿越横断山脉，经累计长 70km 的隧洞进入澜沧江（高程 2311m），再经总长 43km 的隧洞进入金沙江（高程 2278m）；过金沙江以后，以隧洞和水库相结合的方式沿青藏高原东部边缘向北，依次经过雅砻江（高程 2159m）、大渡河（高程 2046m）、岷江（高程 1940m）、白龙江（高程 1854m）和渭河（高程 1788m）；从刘家峡水库穿越黄河（高程 1735m），绕过乌鞘岭进入河西走廊，以明渠方式沿祁连山北坡经武威、金昌、张掖、酒泉、嘉峪关到达玉门（高程 1499m）；接着沿阿尔金山、昆仑山的山前平原，穿过库姆塔格沙漠和塔克拉玛干沙漠南缘到达和田、喀什（高程 1220m）。总调水量 600 亿 m^3。

（五）朔天运河[6]

从西藏林芝地区雅鲁藏布江的朔玛滩起，沿 3500~3400m 等高线把五江一河（雅鲁藏布江、怒江、澜沧江、金沙江、雅砻江、大渡河）沿线支流串起来，至四川阿坝入黄河，然后经兰州分流，东至银川、北京，自天津入海；西至新疆乌鲁木齐、伊犁。总调水量 2006 亿 m^3，其中雅江 976 亿 m^3、怒江 480 亿 m^3、澜沧江 300 亿 m^3、金沙江

200 亿 m^3、雅砻江 30 亿 m^3、大渡河 20 亿 m^3。

（六）大西线“江河连通”调水新格局[7]

“江河连通”设想以长江三峡水库(含丹江口水库)为水资源调配中心，以南水北调中线及其延长至长江三峡水库的输水道为调水链，根据国家对水资源的实际需要，可不断地使之向南延伸，相继把海河、黄河、淮河、长江（含金沙江）、澜沧江、怒江、雅江七大江河串联起来，逐步形成“四横一纵”新东线、“四横一纵”新中线、“二横一纵”新西线、“五横二纵”澜沧江金沙江新中线、“六横三纵”怒江—澜沧江—金沙江新中线、“七横四纵”雅江—怒江—澜沧江金沙江新中线，以上 6 个调水单元分别从西南“四江”干支流 7 个取水点引水，然后汇集到长江三峡水库（含丹江口水库），再调节后北送华北、西北。

四、西水东济的基本原则

我国经济社会发展格局与水、土、光热、矿产等资源分布不相匹配。根据习近平总书记提出“节水优先、空间均衡、系统治理、两手发力”16 字治水思路①，以节水优先为基本原则和前置条件，全国一盘棋统筹规划，科学调水，适度利用西南诸河的水资源，与南水北调西线工程相衔接，为缺水地区生态保护与高质量发展提供水资源保障。这既是实现水资源优化配置的重要手段，也是实现我国水资源空间均衡的国家战略需求。

（一）调水构想原则

本章建议调用西南诸河之水，实现西水东济，应采用“统筹规划、调水适量、分期实施、分段自流”原则。

（1）统筹规划。西南诸河水资源充沛，澜沧江、怒江和雅鲁藏布江合计出境水量约 3000 亿 m^3，占全国水资源总量约 11%。需未雨绸缪，防患于未然，将调用西南诸河之水作为南水北调工程西线的重要组成部分，作为我国水资源空间均衡布局的重要策略。统筹研究南水北调东中西三线和其他长江调水工程规划，统筹研究长江水未来与西南诸河西水东济规划，实现我国水资源统一配置的空间均衡格局，改善北方地区的生态环境，扩大耕地、草地、林地面积，保障我国粮食安全、能源安全与生态安全，促进经济社会与资源协调发展。

---

① 在中央财经领导小组第五次会议上的讲话.(2014-3-14). http://theory.people.com.cn/n1/2018/ 0226/c417224-29834556.html。

（2）调水适量。跨流域调水是缓解受水区水资源供需矛盾、改善受水区生态环境的重要工程技术手段。但工程实践也表明，过度调水将影响水源地及河流下游地区的生态环境。因此，调水需秉持积极慎重的态度，做到宏观决策有充分而科学的依据。目前，国内外关于河流生态流量尚缺乏共识。本章建议各调水河流应以调水断面 25%~30%流量作为可接受调水量。目前澜沧江中下游河段水电开发任务已经基本完成，规划各梯级总调节库容约 220 亿 m^3，为澜沧江年水量 30%左右，调节性能较好，可以通过水库调蓄作用，汛期拦蓄洪水并削减进入下游河道的洪峰流量，枯水期增大下泄流量进行生态补水，达到兴利除弊目的，将调水对下游河道和下游国家的影响降到最低。怒江和雅鲁藏布江的调水工程规划可与水电开发规划相结合，尽量采用龙水水库与径流式电站的方式，尽可能减少对下游河道和下游国家的影响。

（3）分期实施。考虑到受水区的需水量增长是一个动态过程，对生态建设和环境保护也需要有一个观察和实践的过程。西水东济工程建议分期实施，初期于三江并流处引怒江、澜沧江水补给金沙江，并与南水北调西线工程衔接补给黄河，远期进一步从雅鲁藏布江引水，与初期工程衔接，并可向干旱缺水的西北内陆河流域、半荒漠沙地等地区补水，必要时可向金沙江上游补水。

（4）分段自流。调水线路可结合各流域水电梯级开发进行规划，利用河道和隧道自流，并按照线路最短原则，在调出与调入区选择合适的调节水库作为调水节点。

（二）国际对话与协商

由于西水东济的水源地均为国际河流，除了上面阐述的 16 字原则之外，还需要进行国际协商。实施国际河流水资源开发，涉及水利、外交、经济、生态多学科，事关上下游、不同国家和部门之间的利益协调，问题十分复杂，需要尽快深入国际水法问题的研究。目前我国在三条国际河流上的水资源开发利用率极低，提高开发利用水平、造福人民是必然的发展趋势。在公平合理利用和不造成重大损害的原则下，水资源开发对上下游国家是同等“双向”的。下游国家可能通过锁定早期对水资源单方面开发取得的“优势”，限制上游国家对水资源开发利用的权利。对此，我们需要维护自己的合法权益。但是从河道内的水电开发转到向流域外调水工程，必将面临更大的挑战。需要依靠澜湄合作机制等，利用地处上游的特点，从河流水文信息共享入手，通过针对突出问题的对话和协调、交流研究、能力建设、人才培养、公共平台、联合评估等手段，建立增强政府间、公众间互信，充分认识上下游优化协调的水资源开发利用是流域生态保护、经济发展、洪旱灾害防治的根本举措。借鉴莱茵河、哥伦比亚河等上下游成功合作的经验，揭示流域水互惠合作前景，探讨利益共享途径，实现流域和区域的稳定发展、合作共赢。

第三节　西水东济的线路构想

西水东济构想线路示意图如图 23.5 所示，初期从澜沧江、怒江引适度水量入金沙江，并与南水北调西线方案衔接；远期进一步从雅鲁藏布江引水，与初期工程衔接，构建西南诸河连通体系，补给毛乌素沙漠、库布齐沙漠等干旱半干旱荒漠沙地等缺水地区，以及河西走廊、柴达木盆地等西北内陆河流域，以解发展和生态之需，必要时可向金沙江上游补水，增加跨流域调水潜力。

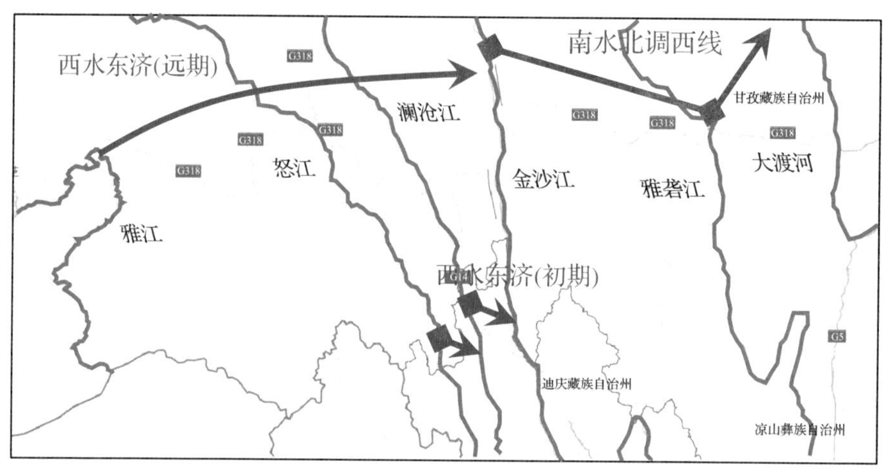

图 23.5　西水东济构想

一、水源地基本情况

怒江、澜沧江、金沙江在横断山区自北向南并行奔流 170 多千米，最窄处三江两山距离仅 70km。因此，西水东济工程初期考虑于三江并流处引怒江、澜沧江水补给金沙江，并与南水北调西线工程衔接补给黄河，远期可进一步从雅鲁藏布江适时适量引水，构建西南诸河连通体系，增加跨流域调水潜力。

（一）雅鲁藏布江

雅鲁藏布江是西藏地区第一大河，也是我国最长的高原河流（图 23.6）。雅鲁藏布江发源于喜马拉雅山北麓的杰马央宗冰川，平行于喜马拉雅山脉自西向东流动，横贯西藏南部，于墨脱以北切穿喜马拉雅山，绕过喜马拉雅山脉最东端的南迦巴瓦峰后急转南行，形成闻名于世的雅鲁藏布江马蹄形大拐弯，至巴昔卡出境流入印度后，改称布拉马普特拉河，流经孟加拉国后，改称贾木纳河，在其境内与恒河相汇后，注入印度洋的孟加拉湾。雅鲁藏布江被藏族视为“摇篮”和“母亲河”。在藏语中，“藏布”意为河流，“雅鲁藏布”意为“高山流下的雪水”。

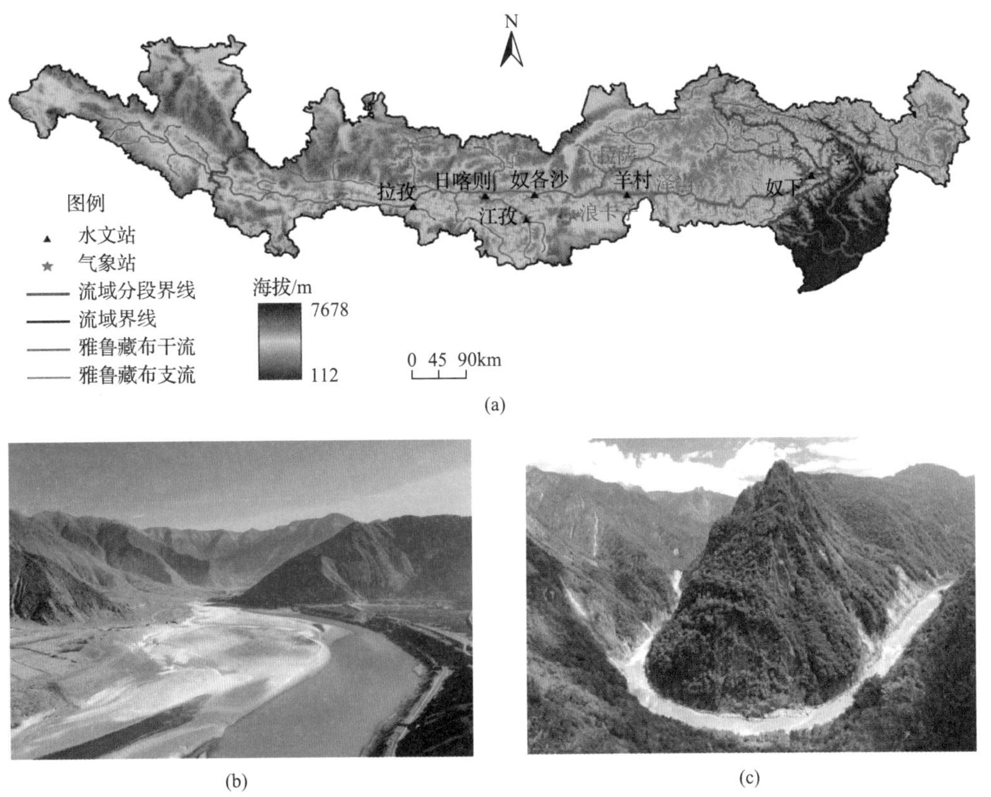

图 23.6　雅鲁藏布江流域示意图(a)和雅鲁藏布江景色[(b)、(c)]

图(c)来源：视觉中国

雅鲁藏布江在我国境内干流全长 2057km，流域面积约 24.1 万 km^2。它是世界海拔最高的大河，平均海拔高度不低于 4000m，落差 5440m，平均比降 2.6‰，比降位居我国境内各大河流之首。雅鲁藏布江大拐弯处的雅鲁藏布江大峡谷是世界第一大峡谷，全长 504.6km，平均深度 2268m，最深达 6009m，呈马蹄形状，是地球上切割最深、最长的大峡谷。

雅鲁藏布江可以分为三段：从河源至里孜为上游，该段河谷较宽，水流平缓；里孜至派镇为中游，河谷宽窄相间；派镇至巴昔卡流出国境为下游，该段山高谷深，水流湍急。雅鲁藏布江流出国境处的年径流量约为 1395 亿 m^3，仅次于长江、珠江，居全国第三，占西藏外流河川径流量的 42.4%。干流上的拉孜、奴各沙、羊村和奴下 4 个代表性水文站多年平均径流量（1956~2000 年）分别为 56.2 亿 m^3、172.9 亿 m^3、308.7 亿 m^3、605.7 亿 m^3[8]。

雅鲁藏布江的水源补给以大气降水为主，同时包括冰川融雪和地下水补给，不同河段的补给来源所占比例有所差别[9]。西南季风虽无法直接翻越喜马拉雅山脉，然而雅鲁藏布江深切形成的大峡谷是天然的水汽输送通道，西南季风源源不断地把来自印度洋暖湿气流的水汽输送到青藏高原内部，降水量自东南向西北迅速递减，随海拔增高而降低。

雅鲁藏布江流域径流的年际变化较稳定。因气温和降水量差异，年内分配极不平衡，月最大径流量占全年百分比高达 30%，而月最小径流量只占全年的 2%，枯水季节径流量和洪水季节径流量相差较悬殊。枯水期一般为 12 月至次年 2 月，气温低、降雨少，径流靠地下水补给，变化较稳定；3 月以后，流域积雪融化、河网解冻，流量开始增大；丰水期为 6 月至 9 月，流域降水较多且集中，径流量占全年的 70%以上[9]。

（二）怒江

怒江发源于西藏北部唐古拉山南麓，是我国西南地区重要的南北向河流（图 23.7）。因江水深黑，《禹贡》曾称其为黑水。后以沿江居住怒族而得名，但亦缘于其流经高山

图 23.7　怒江景色

资料来源：视觉中国

峡谷、江涛怒吼之故。怒江由中国流入缅甸后改称萨尔温江，最后在毛淡棉注入印度洋的安达曼海。中国境内怒江总长 2103km，流域面积 13.5 万 km^2，在我国出境处的多年平均流量为 2229m^3/s，多年平均径流量为 703 亿 m^3。河口年均流量 8000m^3/s，多年平均径流量 2500 亿 m^3。

怒江唐古拉山南麓先向西南流，经安多县先后注入错那湖与喀隆湖，后改向东流，进入横断山区后，多呈峡谷之势，一般谷深 1000～1500m，经西藏那曲和昌都地区后进入云南，纵贯整个云南省西部。怒江大部分河段奔流于深山峡谷之中，落差大，流势急，多瀑布险滩，素有“一滩接一滩，一滩高十丈”“水无不怒古，山有欲飞峰”的说法，怒江大峡谷是仅次于雅鲁藏布江大峡谷及美国科罗拉多大峡谷的世界第三大峡谷。

怒江流域气候受地理位置、地形特征以及大气环流影响，比较复杂。上游属高原气候区，寒冷、干燥、少雨。中游气候多变，形成“一山分四季，十里不同天”的立体气候特点。下游受印度洋暖湿气流影响，属于典型的季风气候区，温暖、湿润、多雨。上游河流补给来源以冰雪融水和地下径流为主，从中游至下游逐渐过渡为降雨补给，水量丰沛。上游流域面积虽占总面积的一半以上，但河川径流量不及全河的 45%。怒江流域 1956～2000 年多年平均地表水资源量为 709 亿 m^3。怒江干流径流年际变化较小，年内分配不均，主要集中在汛期 5～10 月，以 6～9 月为最，这 4 个月径流量占年径流量的 70%左右[10]。

（三）澜沧江

澜沧江发源于青海省境内唐古拉山脉北部，纵贯横断山脉，是我国最长的南北向河流（图 23.8）。古名澜沧水、兰仓水，又名鹿沧江；西藏境内又称扎曲，藏语意为月亮河。我国境内澜沧江干流长度为 2161km，流域面积 16.4 万 km^2，河床天然落差约 4600m，平均比降 2.2‰。澜沧江出境处多年平均径流量约为 740 亿 m^3，河口多年平均年径流量 4750 亿 m^3。

澜沧江流经西藏、云南，出国境后称湄公河，流经缅甸、老挝、泰国、柬埔寨和越南等国，最后注入南海，属太平洋水系，是东南亚最大的国际河流。西部以唐古拉山、怒山等山脊线与怒江分界且并行南下，东部则以云岭、无量山等山地分别与金沙江、红河分水。

澜沧江穿行于横断山脉之间，由北向南纵跨 13 个纬度，地形地势复杂，气候差异很大。流域地势总体西北高东南低，由北向南呈条带状分布，上下游较宽，中游狭窄。降水量和气温均自南向北递减，上游属高寒气候带，下游属亚热带或热带气候，高山峡谷区垂直差异显著。

图 23.8　澜沧江流域水文站分布(a)和澜沧江景色(b)

图(b)来源：视觉中国

澜沧江流域径流以降水补给为主，冰雪融水和地下水补给为辅，年际比较均匀稳定，年内分配不均。流域多年平均（1956~2000 年）降水量为 996mm，多年平均（1956~2000 年）地表水资源量为 741.5 亿 m^3。径流年内分配过程与降水过程基本对应，主要集中在汛期 5~10 月，其中又以 7~10 月最为集中，连续最大 4 个月径流量占年径流量 60%~70%。干流昌都、溜筒江和允景洪 3 个代表性水文站多年平均径流量分别为 151 亿 m^3、214 亿 m^3、568 亿 m^3[11]。

二、调水线路分析

本章建议线路规划可根据各流域水电梯级开发规划，利用河道和隧道自流，并按照线路最短原则，在调出与调入区选择合适的调节水库作为调水节点。

初期从三江并流河段调水。在北纬 27°~28°，三条江总体呈西低东高之势。根据怒江、澜沧江和金沙江的水电梯级开发布置以及各水库纬度、高程分布，本章建议按怒江（松塔）—澜沧江（乌弄龙）、澜沧江（古水）—金沙江（奔子栏）的线路分别从怒江、澜沧江引水入金沙江，两条线路长度均约为 40km [图 23.9（a）]，进一步衔接南水北调西线方案，按照金沙江（叶巴滩）—雅砻江（两河口）—大渡河（双江口）—黄河（李家峡）线路引水入黄河，以缓解北方缺水之势。

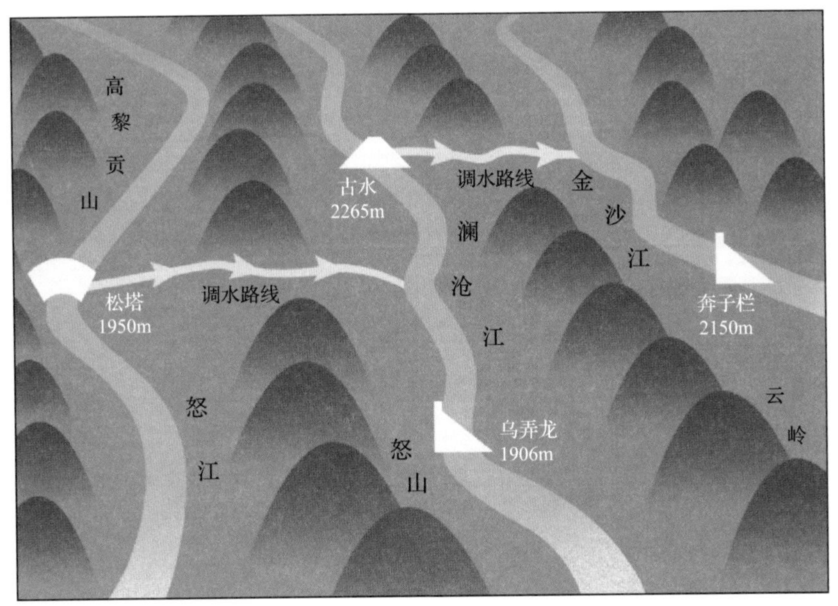

(a) 初期调水线路

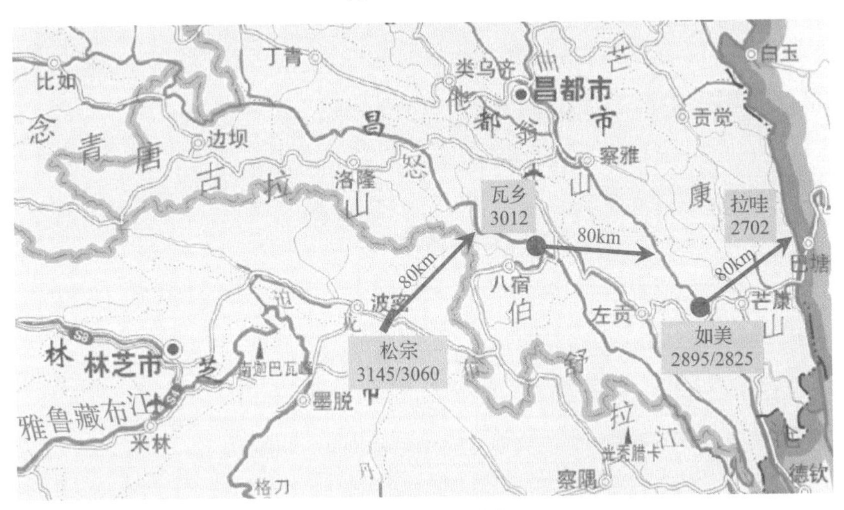

(b) 远期调水线路

图 23.9　西水东济设想调水线路

远期从雅鲁藏布江及其支流帕隆藏布引水[图 23.9（b）]。如结合帕隆藏布、澜沧江、金沙江水电开发规划，首先从雅鲁藏布江提水到松宗，然后引水到怒江；再从怒江瓦乡引水到澜沧江；最后从澜沧江如美水电站引水到金沙江拉哇水库，与南水北调西线衔接。三段线路的距离均为 80km 左右。

三、可调水量估计

按国际通行调水不超过取水口断面流量25%~30%的原则，结合拟调水节点附近水文站的多年平均径流量数据，估算初期和远期雅鲁藏布江、怒江、澜沧江可调水量情况。

（1）雅鲁藏布江奴下水文站流量约605亿m^3，帕隆藏布378亿m^3，共约983亿m^3；出境流量1395亿m^3，河口流量6180亿m^3。按照引水处25%~30%计算，为250亿~300亿m^3；占出境流量的17.5%~21%，占河口流量3.75%~4.5%。

（2）怒江松塔水电站多年平均流量约388亿m^3，出境流量703亿m^3，河口流量2500亿m^3。按照引水处25%~30%计算，为100亿~120亿m^3；占出境流量的13.75%~16.5%，占河口流量3.75%~4.5%。

（3）澜沧江古水水电站多年平均流量213亿m^3，出境流量740亿m^3，河口流量4750亿m^3。按照引水处25%~30%计算，为50亿~60亿m^3；占出境流量的6.25%~7.5%，占河口流量1%~1.2%。

按取水口断面年径流量25%~30%比例，西水东济初期可从怒江与澜沧江调水量150亿~180亿m^3，远期可再从雅鲁藏布江调水250亿~300亿m^3，总计400亿~480亿m^3，与南水北调东中西三线调水总量（480亿m^3）基本相当。

第四节　西水东济的受水区构想

西水东济构想初期引怒江、澜沧江适度水量入金沙江，并与南水北调西线工程衔接补给黄河流域，远期进一步从雅鲁藏布江引水，与初期工程衔接，构建西南诸河连通体系，并可经规划中的黑山峡河段水利枢纽（规划虎峡高坝正常蓄水位1374m）向毛乌素沙漠、库布齐沙漠（海拔多为1100~1300m）等干旱-半干旱荒漠沙地，以及河西走廊（海拔多为1000~1500m）等西北内陆河流域补水，还可考虑经龙羊峡水利枢纽（正常蓄水位2600m）或通天河向柴达木盆地（海拔2600~3200m）等西北干旱缺水地区补水，以解当地生态和发展用水之需，构建绿色生态屏障（图23.10）。必要时还可向金沙江上游补水，增加跨流域调水潜力。由于黄河流域情况已在前述各章详细介绍，本章重点介绍包括毛乌素沙漠、库布齐沙漠、河西走廊、柴达木盆地在内的西北干旱-半干旱地区水资源供需现状，并探寻未来水资源保障之策。

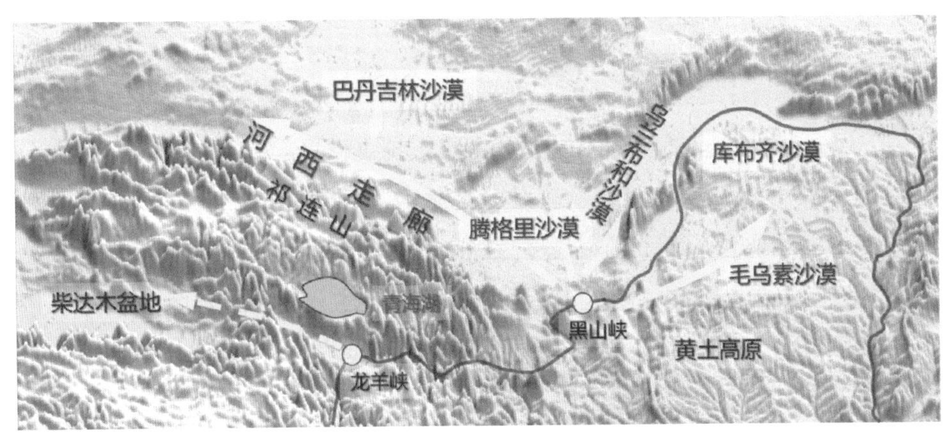

图 23.10 西水东济补给西北干旱半干旱地区示意图

西北干旱–半干旱区包括新疆、河西走廊、黄土高原以北等地区，地处欧亚大陆腹地，面积广阔，山原起伏，荒漠广布。西北干旱–半干旱区在我国具有重要的战略地位，是我国东联西出之要冲，也是土地资源的主要储备地和矿产资源的主要贮藏地，自古以来就是我国与中亚、西亚和欧洲各国开展政治、经济和文化交流的重要国际通道。在“一带一路”倡议背景下，西北干旱–半干旱区又成了欧亚大陆桥和丝绸之路经济带的关键纽带。发挥西北地区独特的区位优势、土地资源优势、矿产资源和农牧业优势，构筑美丽西部生态屏障，形成大保护、大开放、高质量发展的西部大开发新格局，对我国经济社会的可持续发展具有重要意义。

长期以来，西北地区水资源短缺，水、土、矿产资源禀赋与经济发展不相匹配。由于深居内陆，西北干旱区降水稀少（不足 200mm），但蒸发强烈，水资源禀赋先天不足，是全球同纬度最干旱的地区之一，也是我国水资源最为短缺的地区之一。虽土地广袤，矿产资源丰富，但水资源短缺制约了西北地区的经济发展，导致这片广袤的土地长期以来地广人稀。

近年来，人类活动加剧导致水土资源的不合理开发利用，使原本脆弱的生态系统进一步退化。黑河、石羊河、塔里木河等河道流量大幅度减少甚至断流，地下水位下降，湖泊萎缩，水质污染，植被退化，土地荒漠化，农灌措施不当导致耕地次生盐碱化，一系列生态问题导致区域生态环境日趋脆弱，甚至出现新的沙尘暴策源之地。新疆塔里木盆地外缘、贺兰山及蒙宁河套平原外围以及青海柴达木高原盆地的荒漠绿洲已成为全国重点保护的生态脆弱区。

未来气候变化将加剧水资源变化的不确定性。“一带一路”倡议背景下，西北地区社会经济的快速发展将使得未来水资源供需矛盾更加突出，生态系统退化风险增加。

一、毛乌素沙漠与库布齐沙漠

（一）毛乌素沙漠与库布齐沙漠历史成因

毛乌素沙漠（沙地）是我国4大沙地之一，位于鄂尔多斯高原南部向陕北黄土高原的过渡地区，包括内蒙古自治区鄂尔多斯市的南部、陕西省榆林市的北部以及宁夏回族自治区盐池县的东北部，总面积约4万km^2（图23.11），海拔多为1100~1300m。毛乌素沙漠并非天然形成的沙漠，其水、热条件良好，年降水量260~450mm，属于温带干旱和半干旱区较优越的过渡地带。秦汉时期，水草丰美，群羊载道，被誉为“塞外明珠”，匈奴民族曾在此定居并定都。自唐代以来，由于滥垦滥牧、战乱频繁，当地生态遭到破坏，逐渐退化为一片茫茫大漠。1949年之前，毛乌素沙化程度达历史之最，当地流传着一句顺口溜，“山高尽秃头，滩地无树林。黄沙滚滚流，十耕九不收”，成了陕北人难以忘却的记忆。

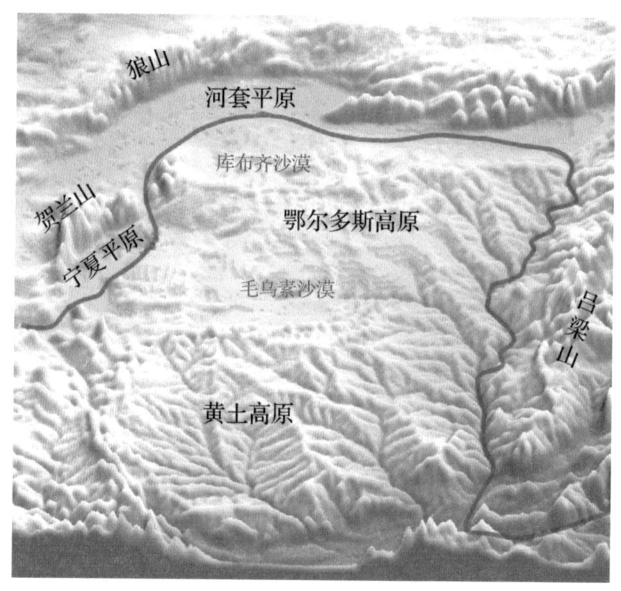

图23.11　毛乌素沙漠与库布齐沙漠地理位置与地形图

库布齐沙漠是我国第七大沙漠，位于内蒙古自治区鄂尔多斯北部，在河套平原黄河“几”字弯的南岸（图23.11）。“库布其”为蒙古语，意思是弓上的弦，因为它居于黄河之下像一根挂在黄河上的弦。库布齐沙漠总面积1.86万km^2，海拔1200m左右，曾是京津冀的三大风沙源之一，是距首都北京最近的沙漠，一度被称为“悬在首都头上的一盆沙”。与毛乌素沙漠有着相同形成原因，库布齐沙漠也由于过度开采、放牧等原因导致林地和草原退化而逐渐荒漠化。

（二）水资源是沙地发展的限制性因素

1949年以后，三北防护林工程、退耕还林还草、治理荒沙行动，极大改善了毛乌素沙漠和库布齐沙漠的生态环境，沙漠实现了从“沙进人退”到“绿进沙退”的转变。到了21世纪初，80%的毛乌素沙漠得到治理（图23.12）。库布齐沙漠目前治理总面积达到6460km^2，涵养水源240多亿m^3，联合国环境规划署将其确定为“全球沙漠生态经济示范区”。治理恢复后的毛乌素和库布齐土地资源十分丰富。以毛乌素沙地为例，2010年土地利用的情况为，草地面积30833km^2，占比64%；沙地面积8447km^2，占比18%；林地面积4374km^2，占比9%；耕地面积3761km^2，占比8%；人工表面面积618km^2，湿地面积257km^2[12]。

图23.12　毛乌素沙漠（摄于2019年7月19日）

资料来源：视觉中国

由于土地资源充足，光热资源充沛，地下矿藏丰富，沙区经济近年来迅速发展，已经成为以“草地、灌木林地—农田—工矿区”为主的农牧工矿交错区。然而，目前毛乌素和库布齐沙地普遍存在重经济效益轻生态效益的倾向，区域水资源承载力水平逐渐下降，地下水位降低，大规模农田、林地与湖泊和湿地竞争地表水，大水漫灌导致次生盐碱化，治理沙地开垦后甚至再次沙化。未来伴随区域人口和经济的快速增长，土地、矿产、光热资源的大规模开发利用，区域水资源将面临巨大压力。现状水资源进一步开发利用潜力趋于减小，沙地发展将面临水资源不可持续利用、生态脆弱性增加的风险[13]。

二、河西走廊

河西走廊位于甘肃境内黄河以西。东起乌鞘岭，西至古玉门关，长约 900km，宽数公里至近百公里，为北西—南东向的狭长平坦平地，大部分海拔在 1000~1500m，因地处黄河以西，形如走廊，谓之“河西走廊”（图 23.13）。河西走廊自汉武帝开拓河西以来，就是中原连接新疆乃至中亚的重要通道，是古代“丝绸之路”的咽喉之地，是东方与西方、游牧民族与农耕民族交流融合的前沿，也是甘肃著名的粮仓。

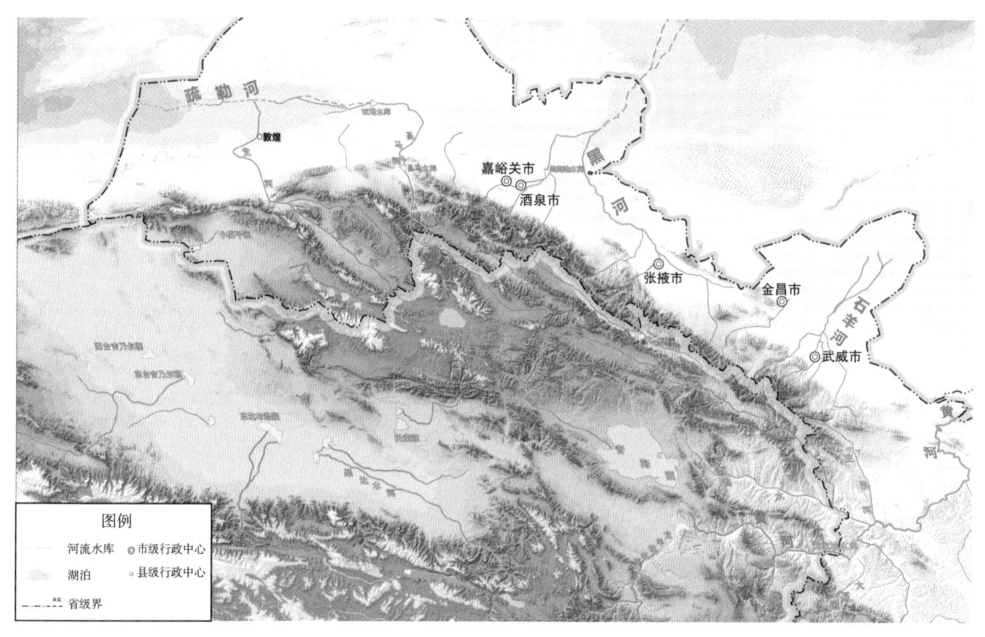

图 23.13　河西走廊水系

河西走廊如今多指甘肃省的河西五市（武威、金昌、张掖、酒泉、嘉峪关），是我国水资源短缺、生态环境脆弱的地区之一。该地区属于典型的温带大陆性干旱气候，光热充足，年降水量 50~200mm。南部高海拔的祁连山脉接纳东南季风带来的水汽形成降雨，汇同冰雪融水形成河流，石羊河、黑河和疏勒河三大内流水系自东向西依次分布（图 23.13）。同时，该地区蒸发强烈，年蒸发量往往可以达到年降水量的数倍乃至数十倍之多。多年平均地表水资源量 87.6 亿 m^3，地下水资源量为 26.9 亿 m^3，可利用水资源量 80.3 亿 m^3[14]。

河西走廊土地资源丰富，是甘肃省重要的农业生产区。矿产资源丰富，已建成有色冶金、钢铁、石油等工业基地和航空航天基地。由于地形和地理条件的优势，河西走廊风能和光热资源也十分丰富，碳中和愿景之下，这条“新能源走廊”又将肩负着能源转型的使命。河西走廊现有产业结构对水资源依赖程度较高，随着区域社会经济发展，近年来人水矛盾日益突出。目前水资源开发利用程度达 115%，其中地表水资源开发利用程度达 95%，部分地区地下水已经超采，地下水水位持续下降。全区总耗水量占水资源总量的比例达到 85%，其中农业耗水量较大，占总耗水量的比例达到 92%[15]。

水资源开发利用全面超载，导致河西走廊地区生态环境基底变差，使之成为一条“脆弱走廊”。根据《全国水资源综合规划（2010—2030 年）》，西北干旱内陆河区生态用水比重以不少于当地总水资源量的 50%为宜。由于大量开垦农田发展灌溉，而相同面积的农田耗水量要远高于天然绿洲的耗水量，进一步导致下游绿洲和尾闾生态萎缩，天然绿洲和绿洲荒漠交错过渡带沙化现象严重[15]。

在全球气候变暖的大背景下，被誉为河西走廊的“生命线”和“母亲山”的祁连山冰川及多年冻土消融退缩速度加快。据中国科学院寒区旱区环境与工程研究所的第二次冰川编目统计，近 50 年来，祁连山冰川消失 509 条，面积减少 430km^2，面积减少超过 20%。从长远来看，冰川资源是有限的。当祁连山的冰川消融到一个临界点后，融水量就会随之减少，最后甚至消失，那时将对河西走廊乃至中国北方产生巨大的影响。

三、柴达木盆地

柴达木盆地地处青海省西北部，青藏高原东北部，位于青、甘、新、藏四省（区）交会的中心地带，是我国四大盆地海拔最高的高原型盆地。地势西高东低，西宽东窄，东西长 800km，南北约 350km，面积为 25.77 万 km^2，盆地海拔在 2600~3200m。盆地四面环山，南侧是昆仑山脉，北面是祁连山脉，西北是阿尔金山脉，东为日月山，为封闭的内陆盆地。

柴达木盆地在行政区划上隶属青海省海西蒙古族藏族自治州，州首府为盆地东北部的德令哈市。“柴达木”为蒙古语，意为“盐泽”的意思，除盐湖资源外，柴达木盆地还拥有丰富的石油、天然气，有色金属和非金属等矿产资源，素有“聚宝盆”的美称。

柴达木盆地属典型的高寒大陆性气候特征，气候寒冷、干燥，多年降水量自东南部的 200mm 递减到西北部的 15mm，盆地蒸发量巨大，年均蒸发量约 2500mm。柴达木盆地日照时间长，太阳辐射强，盆地内年平均日照时数普遍在 3000h 以上[16]。柴达木盆地四周山区高山终年积雪，冰川广布，盆地内的河流发源于此，并汇流到盆地中部。盆地河流数目多而分散、流程短而水量小，大小河流 70 余条（图 23.14）。

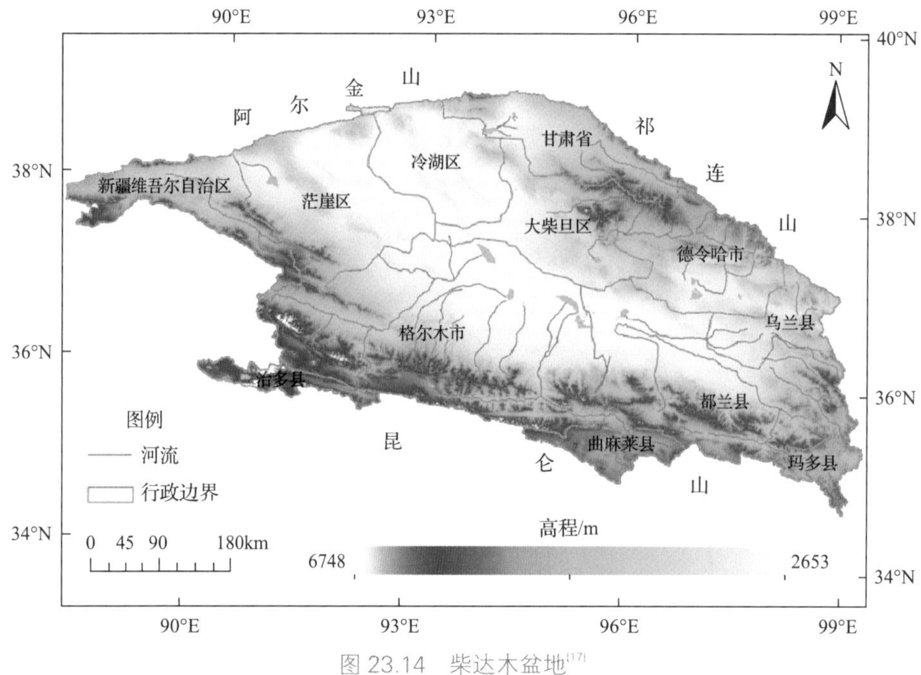

图 23.14 柴达木盆地[17]

柴达木盆地约占我国国土面积的 2.7%，但多年平均水资源总量仅 52 亿 m^3，不到全国水资源总量的 0.2%。受自然条件和人类活动的影响，柴达木盆地生态环境十分脆弱。盆地荒漠绿洲生态脆弱区是全国 19 个重点治理的生态脆弱区之一。2018 年盆地内森林覆盖率约为 3.5%[18]，草场大面积退化，水土流失和荒漠化趋势严重，耕地次生盐渍化加剧。

柴达木盆地土地资源类型多样，后备耕地资源丰富。水资源是支撑区域农林牧业发展的基本要素，是影响土地荒漠化过程和维护生态稳定的关键因素。目前盆地内淡水资源远不能满足社会经济的发展需求和生态环境的保护需求。若通过引调水工程等措施增加柴达木盆地的水资源量，恢复改造荒漠用于耕地、草地、林地等用途，既有利于农林牧综合开发，促进当地社会经济的发展，又可以形成碳汇增量，作为实现碳中和愿景的重要路径之一。

四、如何破解西北缺水困局

有水一片绿，无水一片沙。水是生命线，是维系西北干旱-半干旱地区生态平衡，保障区域经济可持续发展的重要战略资源，也是西北地区生态保护和高质量发展的限制性因素。如何破解西北地区缺水困境?

解决水资源制约和生态困境的根本途径在于：节流开源并重。一方面，实施最严格的水资源管理制度，立足于本地区水资源现状，坚持节水优先，优化调整产业结构，因地制宜制定农业、工业和城市节水措施，加强用水管理，提高用水效率；坚持生态修复治理，宜农则农、宜林则林、宜灌则灌、宜草则草、宜荒则荒，提高水源涵养和水土保持能力，提升区域水资源承载力；另一方面，实施跨流域调水，基于我国“四横三纵”水资源配置总体格局，科学配置调水线路和调水量，远期通过西水东济工程，引西南诸河之水补给金沙江、黄河流域，并可经规划中的黑山峡河段水利枢纽向毛乌素沙漠、库布齐沙漠等干旱-半干旱荒漠沙地，以及河西走廊等西北内陆河流域补水，还可考虑经龙羊峡水利枢纽或自通天河向柴达木盆地引水，除支撑区域绿色循环经济发展，还可用以恢复生态用水，构筑美丽西北生态屏障，使古老的丝绸之路重新焕发生机。

第五节 西水东济的挑战性问题

西水东济的水源地均为国际河流，水能资源丰富，开发潜力巨大。实施西水东济国际河流水资源开发，涉及水利、外交、经济、生态多学科，事关上下游不同地区和不同部门，以及下游多个国家的利益协调，问题十分复杂，存在诸多挑战。

一、调水对下游国家的利与弊

目前我国在西水东济三条国际河流上的水资源开发利用率均较低，合理开发利用国际河流水资源既是我国的正当权利，也是必然发展趋势。然而从河道内的水电开发转到跨流域调水工程，必将面临更大的挑战。流域天然河川径流时空分配模式的改变，以及泥沙冲淤规律的变化，会对下游防洪、灌溉、发电、航运以及河流生态环境等带来若干正面或负面影响。经济全球化和气候变化加剧了跨境河流合作与管理的不确定性和复杂性。因此，深入国际水法研究，加强流域上下游各国对话和协商，建立有效互信的合作机制，通过合理有效分配流域水资源，解决水资源开发利用、河流生态系统维护和洪旱灾害防治等问题，实现流域的整体开发和区域可持续发展、合作共赢，是我国积极推进国际河流跨流域调水重大而紧迫的需求。

二、调水对生态环境的影响

跨流域调水工程不仅是一个复杂的水利工程，还是一个复杂的生态系统工程。调水改变了天然河流水文循环过程，同时也会在施工期和运行期对调出区、调入区以及输水沿线的生态环境产生广泛影响，其作用有正有负，因此需要对跨流域调水带来的生态环境问题通盘考虑、审慎研究，建立合理的生态补偿机制。

三、深埋长隧道工程技术问题

深埋长隧道工程埋深大、距离长，穿越的工程地质单元多，工程与水文地质问题复杂且隐蔽，高地温、高地应力、涌水、地震灾害，以及有害气体等地质灾害问题给深埋长隧洞的地质勘查、施工以及安全运行带来了巨大的挑战。

四、调水水资源的优化配置

南水北调西线与西水东济未来可调水量需统筹调出与调入区工农业发展、居民生活、生态环境、碳减排增汇，进行多目标优化研究，供决策参考。

五、整体工程的收益与成本

“西水东济”是一项宏大的构想，工程建设投资大、效益大、影响广，需要系统科学地开展工程收益-成本分析，估算工程建设与运行的成本，评估调水的生态效益、经济效益、社会效益，为国家决策提供科学依据。

第六节　结论

青藏高原这座高耸的亚洲水塔孕育出了众多的大江大河，黄河、长江、澜沧江、怒江、雅鲁藏布江等均发源于此。西南诸河水量充沛，占全国水资源总量的 20%左右，但开发利用率仅 2%左右。由于青藏高原阻挡了水汽北上，西北干旱-半干旱地区虽土地广袤，但干旱少雨，水资源匮乏，生态脆弱，严重制约了当地的社会经济发展。

为解决我国经济社会发展格局与水资源不匹配的问题，以节水优先为基本原则和前置条件，科学调水，适度利用西南诸河丰富的水资源是一重要战略举措。西水东济——引西南诸河之水向东入金沙江，并与目前规划中的南水北调西线衔接，统筹规划，以解西北和华北之渴，同时还可降低引水对长江上游供水、生态等影响，促进经济社会与资源环境协调发展，具有巨大的社会经济效益。

西水东济，应采用“统筹规划、调水适量、分期实施、分段自流”原则，同时还应开展国际协商，增强互信，探讨利益共享途径，实现流域和区域的稳定发展、合作共赢。构想初期于三江并流处引怒江、澜沧江水补给金沙江，并与南水北调西线方案衔接；远期进一步从雅鲁藏布江引水，与初期工程衔接，构建西南诸河连通体系，并可向河西走廊、毛乌素沙漠、库布齐沙漠等干旱缺水的西北内陆河流域与半荒漠沙地等地区补水，必要时可向金沙江上游补水，增加跨流域调水潜力。线路规划可根据各流域水电梯级开发规划，利用河道和隧道自流，并按照线路最短原则，在调出与调入区选择合适的调节水库作为调水节点。

通过统筹规划西南诸河调水工程与其他跨流域调水工程，构建“四横三纵、南北调配、东西互济”的全国水网格局，实现我国水资源空间均衡的国家战略需求，为京津冀协同发展、黄河流域高质量发展、西部大开发、碳中和等国家重大发展战略实施提供水资源支撑和保障。

本章撰写人：王进廷　江　汇

参考文献

[1] 张楚汉, 王光谦. 世界都市之水. 北京: 科学出版社, 2020.

[2] 陈传友, 马明. 21 世纪中国缺水形势分析及其根本对策——藏水北调. 科技导报, 1999, 17(992): 7-11.

[3] 陈效国, 席家治. 南水北调西线工程与后续水源. 人民黄河, 1999, 21(2): 16-18.

[4] 林一山. 南水北调大西线工程简介. 水利水电快报, 1998, (9): 15-17.

[5] 佚名. 院士专家共商新时代“红旗河”西部调水工程. 南水北调与水利科技, 2018, 16(1): 209.

[6] 佚名. 南水北调的宏伟构想——访水利专家郭开. 当代思潮, 1998, (1).

[7] 陈传友, 沈镭, 胡长顺, 等. 我国大西线“江河连通”调水新格局的设想与评析.水利水电科技进展, 2019, 39(6): 1-8.

[8] 刘剑, 姚治君, 陈传友. 雅鲁藏布江径流变化趋势及原因分析. 自然资源学报, 2007, (3): 471-477.

[9] 王欣, 覃光华, 李红霞. 雅鲁藏布江干流年径流变化趋势及特性分析. 人民长江, 2016, 47(1): 23-26.

[10] 刘冬英, 沈燕舟, 王政祥. 怒江流域水资源特性分析. 人民长江, 2008, (17): 64-66.

[11] 邹宁, 王政祥, 吕孙云. 澜沧江流域水资源量特性分析. 人民长江, 2008, (17): 67-70.

[12] 黄永诚. 2000—2010 年毛乌素沙地植被覆盖度和土地利用变化研究. 兰州: 兰州交通大学, 2014.

[13] 淮建军, 上官周平. 毛乌素沙地水资源利用与农业发展的调研. 水土保持研究, 2020, 27(6): 382-385.

[14] 邓铭江. 中国西北“水三线”空间格局与水资源配置方略. 地理学报, 2018, 73(7): 1189-1203.

[15] 梅锦山, 张建永, 李扬, 等. 河西走廊生态保护战略研究. 水资源保护, 2014, 30(5): 21-25.

[16] 韩雁，贾绍凤，吕爱锋. 柴达木盆地水资源供需配置规划. 南水北调与水利科技，2015，13(1)：10-14.

[17] 徐国印，王忠静，胡智丹，等. 柴达木盆地土地利用/覆被综合指数评价. 水力发电学报，2019，38(9)：44, 55.

[18] 邓梅. 柴达木地区生态综合治理和绿色产业发展对策研究. 林业经济, 2018, 40(1): 61-65.

第一篇　前世今生话黄河

第二篇　黄河水资源：现状与未来

第三篇　黄河泥沙洪凌灾害与治理方略

第四篇　黄河生态保护：三江源、黄土高原与河口

第五篇　黄河水沙调控：从三门峡、龙羊峡、小浪底到黑山峡

第六篇　南水北调与西水东济

第七篇　能源流域的绿色低碳发展

第八篇　智慧黄河

第九篇　黄河：中华文明的根

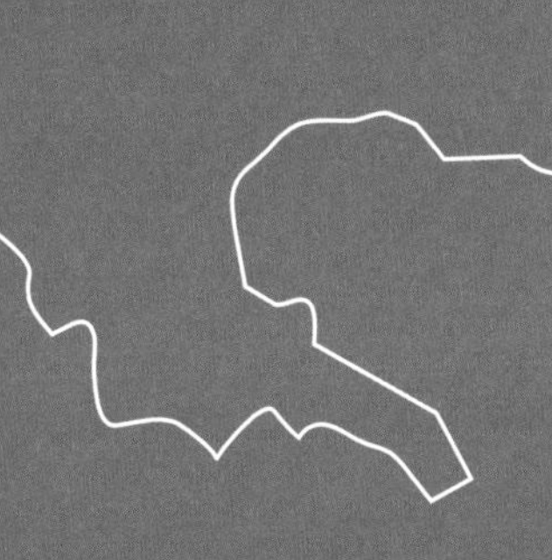

第二十四章 黄河水电开发利用

第一节 黄河流域水电发展

一、水力资源情况

根据 2003 年全国水力资源复查成果，黄河流域水力资源理论蕴藏量 10MW 及以上的河流共 155 条，理论蕴藏量共计 43312.1MW，其中干流占 75.8%。技术可开发量装机容量 37342.5MW，年发电量 1360.96 亿 kW·h（表 24.1，图 24.1、图 24.2）；干流技

表 24.1 黄河流域分省（区）水力资源技术可开发量汇总表

省(区)	装机容量		年发电量	
	容量/MW	占全流域/%	电量/(亿 kW·h)	占全流域/%
青海	19313.4	51.72	717.85	52.74
四川	1.0	0.00	0.04	0.00
甘肃	6553.5	17.55	276.21	20.30
宁夏	1458.4	3.91	58.94	4.33
内蒙古	836.3	2.24	24.45	1.80
山西	3807.7	10.20	112.15	8.24
陕西	2945.3	7.89	89.35	6.57
河南	2425.1	6.49	81.91	6.02
山东	1.8	0.00	0.06	0.00
全流域	37342.5	100.00	1360.96	100.00

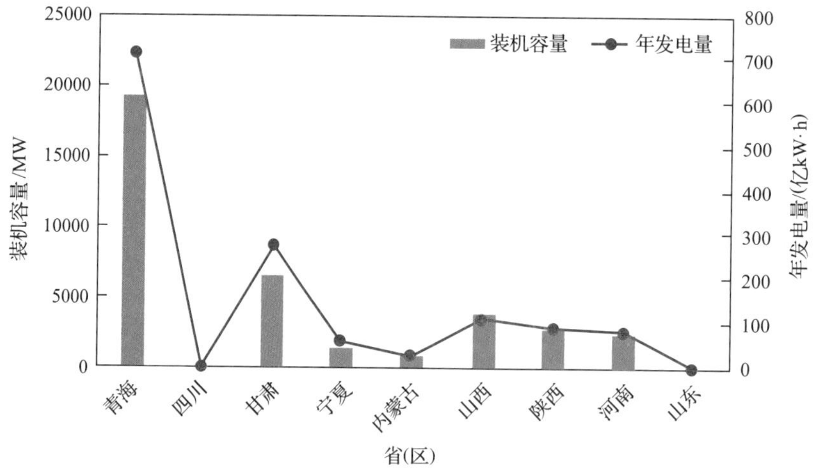

图 24.1 黄河各省（区）水力资源技术可开发量

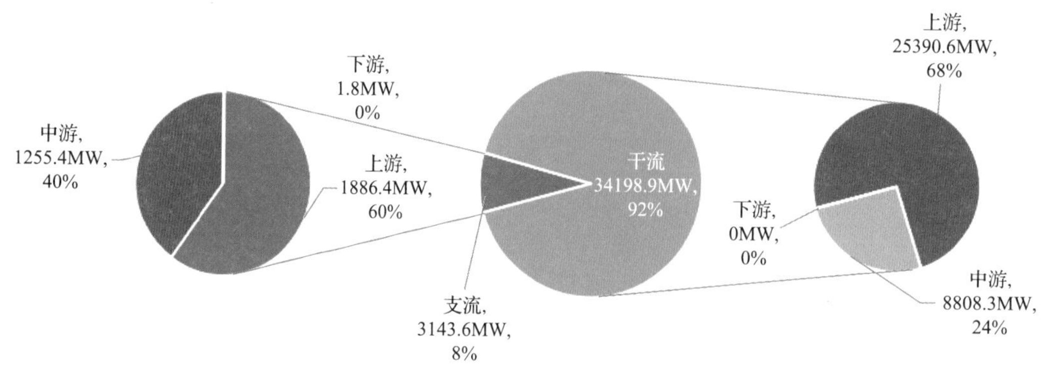

图 24.2 黄河干支流装机容量

术可开发量 34198.9MW，年发电量 1215.28 亿 kW·h，集中分布在玛曲至青铜峡和河口镇至花园口两个河段[1]。

黄河流域水力资源理论蕴藏量在各省（区）分布中，青海、四川、甘肃、宁夏、内蒙古、山西、陕西、河南、山东分别占比 32.2%、1.0%、21.2%、4.8%、5.0%、12.0%、13.1%、8.5%、2.2%。

黄河流域水力资源的主要特点如下[1]。

（1）资源量较丰富，可开发的单站装机 0.5MW 及以上水电站装机容量为 37342.5MW，年发电量 1360.96 亿 kW·h。

（2）黄河流域可开发的水力资源量中，大中型水电站 53 座，装机容量 34746.6MW，占全流域技术可开发装机容量的 93%，比例较大。

（3）资源集中于干流，理论蕴藏量和可开发量按电量口径计算，分别占全流域的 75.8%和 89.3%。

（4）支流水力资源少而分散，开发利用程度低，理论蕴藏量和可开发量按电量口径计算，分别占全流域的 24.2%和 10.7%。

二、水电规划情况

新中国成立以来的七十多年时间里，黄河干流平均每十年进行一次水电规划，至今总共完成了八次较大规模的规划工作，结合不同时期的自然条件变化、经济社会发展水平、工程建设技术进步和国家政策调整等因素，数次复核和调整了流域水电梯级布置。由于黄河干流水电资源主要分布在上游河段，其中最重要的就是龙羊峡至青铜峡河段（以下简称龙青河段）的水电规划，目前除黑山峡河段外，龙青河段总体开发方案基本定局。

根据黄河干流总体规划、黄河龙青河段所处地区国民经济发展对河段开发的具体要求以及历年河段规划设计研究成果，黄河龙青河段开发任务为发电、灌溉、供水、防洪、防凌等，不同河段不同工程的开发任务视具体情况各有侧重[2,3]。经过全面的技术经济比较和工程风险性分析，龙青河段按龙羊峡、拉西瓦、尼那、山坪、李家峡、直岗拉卡、康扬、公伯峡、苏只、黄丰、积石峡、大河家、炳灵、刘家峡、盐锅峡、八盘峡、河口、柴家峡、小峡、大峡、乌金峡、小观音、大柳树（低）、沙坡头、青铜峡共 25 级开发（表 24.2、图 24.3、图 24.4），总装机容量约 17275MW，除山坪、小观音、大柳树外，其余水电工程均已建成投产，装机容量共 15114.7MW[4-6]。

表 24.2　黄河上游龙青河段干流梯级工程概况表

序号	电站名称	所在省(区)	正常蓄水位/m	调节库容/亿 m^3	装机容量/MW	年发电量/(亿 kW·h)	年利用时间/h
1	龙羊峡	青海	2600	193.5	1280	59.42	4629
2	拉西瓦	青海	2452	1.5	4200	102.23	2434
3	尼那	青海	2235.5	0.09	160	7.63	4769
4	山坪	青海	2219.5	0.063	160		
5	李家峡	青海	2180	0.6	2000	60.63	3031
6	直岗拉卡	青海	2050	0.0291	190	7.62	3969
7	康扬	青海	2033	0.05	283.5	10.46	3690
8	公伯峡	青海	2005	0.75	1500	51.4	3427
9	苏只	青海	1900	0.142	225	8.79	3907

续表

序号	电站名称	所在省(区)	正常蓄水位/m	调节库容/亿 m^3	装机容量/MW	年发电量/(亿 kW·h)	年利用时间/h
10	黄丰	青海	1880.5	0.138	225	8.85	3935
11	积石峡	青海	1856	0.45	1020	33.63	3297
12	大河家	青海	1783	0.0087	142	5.591	3937
13	炳灵	甘肃	1748	0.0992	240	9.74	4058
14	刘家峡	甘肃	1735	35.3	1690	63.33	3764
15	盐锅峡	甘肃	1619	0.07	446	22.8	5112
16	八盘峡	甘肃	1578	0.08	226.4	12.71	5614
17	河口	甘肃	1558		74	4.49	5543
18	柴家峡	甘肃	1550.5	0.05	96	5.471	5699
19	小峡	甘肃	1499	0.1402	230	9.99	4343
20	大峡	甘肃	1480	0.14	324.5	14.92	4598
21	乌金峡	甘肃	1436	0.0495	140	6.83	4434
22	小观音	甘肃	1380	59	1400		
23	大柳树	宁夏	1276	0.48	600		
24	沙坡头	宁夏	1240.5	0.094	120.3	6.06	5037
25	青铜峡	宁夏	1156	0.052	302	11.67	3864

在能源革命新时代背景之下，西北正在建设水风光储互补能源基地，黄河流域水电规划也进行着相应调整，水电功能定位正在逐步转变为在提供电量的基础上，满足电力系统调峰调频需求，在以新能源为主体新型电力系统中，逐渐成了电网安全、稳定、经济运行的重要保障之一。西北地区风光资源丰富，黄河上游干流梯级水电调节性能好、扩机条件优，同时该区域具有通过水风光多能互补大规模外送可再生能源的条件，可利用存量水电扩机，较好地满足电力系统调峰、新能源消纳及外送的需求[6]。

经目前研究，黄河上游龙羊峡—青铜峡河段全长 918km，落差 1324m，目前已建水电站 22 座，是我国目前调节性能最好的梯级水电站群。已建的龙羊峡、拉西瓦、李家峡、公伯峡、积石峡、刘家峡等大型水电站地形地质条件优、水库调节性能好、水头高、装机年利用小时数较高，具备较好的扩机条件。其他已建水电站也均有不同程度的扩机。通过扩建常规机组、可逆机组或抽水泵，黄河上游龙青河段可以为陕甘青宁电网提供一定规模的电力、电量和调峰、储能容量[5, 6]。

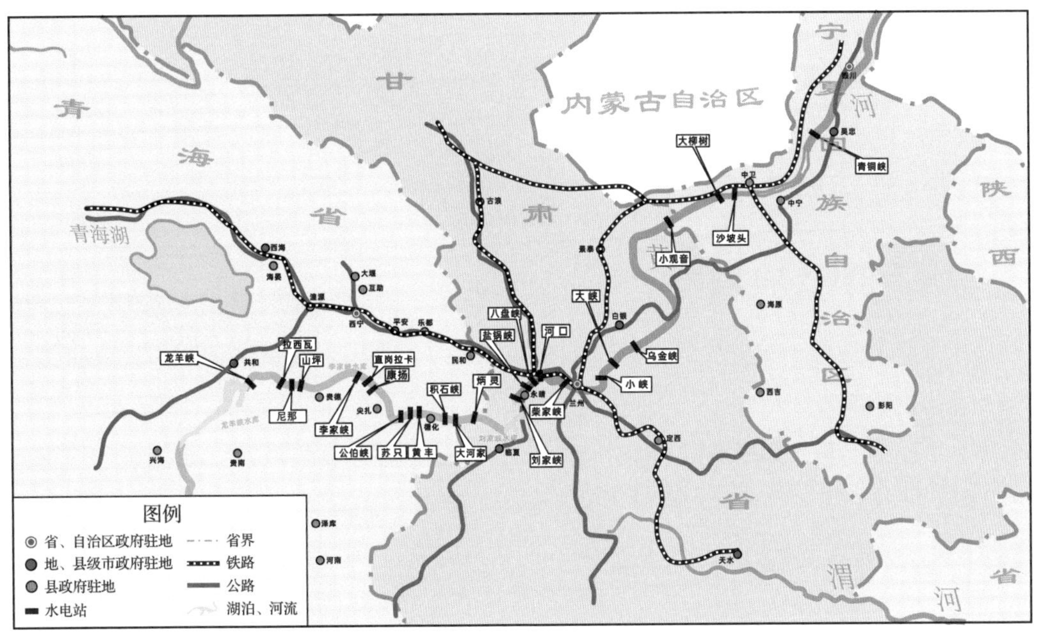

图 24.3　黄河上游龙青河段梯级布置示意图

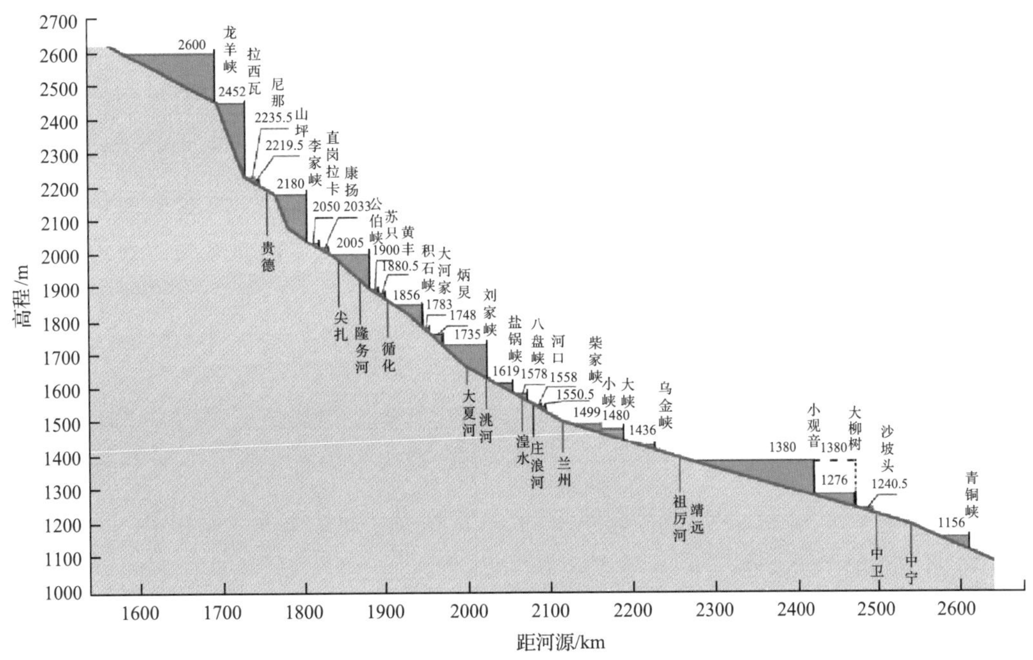

图 24.4　黄河上游龙青河段梯级纵剖面图

第二节 黄河流域水电开发

1949年以来，在黄河干流上游修建了一系列大中型水电站，支流上的小型水电站星罗棋布。黄河水电开发是我国水利建设的开始，与此同时，水力资源的开发利用对沿黄各省（区）的经济发展和人民生活改善起到了巨大的推动作用[7, 8]。

一、黄河水电建设开局

1955年7月第一届全国人大第二次会议通过了《关于根治黄河水害和开发黄河水利的综合规划的决议》，同年国务院常务会议决定成立三门峡工程局。1957年4月13日，中国人自己建造的黄河第一座水电站三门峡水利枢纽工程开工。三门峡位于河南陕县黄河中游下段干流上。工程于1958年成功截流，1961年实现投产。此后，由于泥沙问题，分别在20世纪60年代中期、70年代初期进行了两次改造。三门峡水利枢纽工程是我国全面开发治理黄河的第一次重大实践，为我国积累了第一批水利水电建设队伍。同时期，黄河上还开工建设了刘家峡、盐锅峡、青铜峡水电站等典型工程。

刘家峡水电站位于甘肃永靖县境内，在兰州以西100km处，是我国第一座百万千瓦大型水电站（图24.5）。147m的整体式混凝土重力坝、单机容量225MW水轮机组、330kV的超高压输变电工程均是当时全国首例。工程1958年9月开工，1960年7月下马，1964年复工，1969年第一台机组投运，1974年竣工。刘家峡水电站造价为417元/kW，创造了中国水电史最低工程造价奇迹。由于缺乏工程机械，大部分设备都依靠人背马拉，1966年施工高峰时，施工人数最高达到15490人[7-9]。

二、黄河水电发展创新

20世纪80年代以来，黄河水电开发逐步走上创新发展道路，先后开工建设了龙羊峡、李家峡两座大型工程[9]。龙羊峡水电站位于黄河上游青海省共和县和贵南县交界，水库总库容247亿m^3，调节库容194亿m^3，电站装机容量1280MW，是一座具有多年调节性能的大型综合利用枢纽工程（图24.6）。1976年，8000名建设大军开赴龙羊峡，在海拔3000m的高原上开始了艰难施工，狂风、飞沙以及缺氧是水利建设者绕不过去的障碍。电站机组1989年6月全部投产，2001年7月全面竣工。

图 24.5　刘家峡水电站

资料来源：黄河上游水电开发有限公司

图 24.6　龙羊峡水电站

资料来源：黄河上游水电开发有限公司

李家峡水电站位于青海省尖扎县、化隆县之间的黄河李家峡峡谷中，在著名的坎布拉国家森林公园下游，周边由红色砂岩组成的丹霞地貌的群山围绕（图 24.7）。电站利用落差 130m，设计装机容量 2000MW，多年平均年发电量 60.63 亿 kW·h。首期 160 万 kW 于 1988 年 4 月核准开工，1997 年 2 月首台机组投产，1999 年 11 月实现全投。2022 年 3 月，李家峡水电站 5 号机组扩机工程项目正式开工[7, 8]。

三、黄河水电建设高峰

21 世纪的第一个十年，黄河流域龙青段相继建成了拉西瓦、公伯峡、积石峡、直岗拉卡、康扬、苏只等多座水电站，其中装机百万千瓦级别以上的水电站有拉西瓦、公伯峡和积石峡。最近十年，黄河开发建设的重点在黄河梯级电站大型储能项目、水风光互补开发等清洁能源基地重大项目上。

图 24.7　李家峡水电站

资料来源：黄河上游水电开发有限公司

拉西瓦水电站位于青海省贵德县和贵南县的交界处，电站总装机容量 4200MW，设计多年平均发电量 102.23 亿 kW·h。拉西瓦双曲拱坝最大坝高 250m，水库正常蓄水位 2452m，相应库容 10.06 亿 m^3。为建设该电站于 2004 年开始河床截流，2005 年 12 月核准开工，2009 年 4 月首批两台机组投产发电，2010 年 8 月一期五台机组全部正式并网发电。电站建成后主要承担西北电网的调峰和事故备用，对西北电网 750kV 网架起重要的支撑作用，是西电东送北通道的骨干电源点，也是实现西北水火电“打捆”送往华北电网的战略性工程（图 24.8）。

图 24.8　拉西瓦水电站

资料来源：黄河上游水电开发有限公司

公伯峡水电站位于青海省循化撒拉族自治县和化隆回族自治县交界处，是国家西电东送北部重要通道，也是中国水电装机总容量达到1亿kW·h的重要里程碑(图24.9)。电站利用落差105m，设计装机容量1500MW，多年平均年发电量51.4亿kW·h；于2000年12月核准开工，2004年8月首台机组投产，2006年8月实现全面投产。积石峡水电站位于青海省循化撒拉族自治县境内积石峡出口处，利用落差73m，设计装机容量为1020MW，年发电量33.63亿kW·h，于2009年3月核准开工，2010年11月首台机组投产，2010年12月实现全投[7,8]（图24.10）。

图24.9 公伯峡水电站

资料来源：黄河上游水电开发有限公司

图24.10 积石峡水电站

资料来源：黄河上游水电开发有限公司

第三节　水电开发综合效益

黄河上游已建龙羊峡、李家峡、公伯峡、刘家峡、拉西瓦等水电站形成了黄河上游水电基地，为工农业和城乡人民生活提供了稳定、可靠和低价的电力，为西北电网提供了可靠的调峰电源。上游梯级水电站为甘肃的景泰、靖会、皋兰、榆中、靖远等20多处电灌工程，宁夏的固海、同心等扬水工程提供了廉价的电力，使昔日的不毛之地变成了今日的米粮川[10]。

一、助力经济发展

（一）保障能源供应

黄河流域水电站为保障电网安全稳定运行做出积极贡献[11]。水电具有启停迅速、运行灵活、跟踪负荷速度快等特点，是电网最佳的调峰、调频和事故备用电源。黄河干流大中型水电站不仅是华北、西北电网安全稳定运行的重要保障，还为西北丰富的光电、风电资源有效利用提供了条件。

小浪底水电站是河南电网的主力调峰调频电站，截至2015年累计发电量823.75亿kW·h，其中约30%为调峰电量，2015年6台机组共启停机3158次，局部时段按照电网要求零出力运行。万家寨水电站是山西、内蒙古电网的重要调峰调频电站。黄河上游梯级水电站中的龙羊峡、李家峡、公伯峡、刘家峡等水电站承担着西北电网主要的调峰、调频和事故备用等保电网安全、稳定、经济运行的任务，亦承担着下游防洪、供水、灌溉、防凌等综合用水任务，其综合用水要求之高，任务之重，在全国梯级水电站中罕见。多年来、西北电网调度部门通过对龙羊峡、李家峡、公伯峡、刘家峡水电站开展水库的优化调度，使水库水力利用率进一步提高，在保证电网安全、稳定、经济运行的同时，最大程度地通过梯级调度，满足了下游综合用水要求，有力促进了西北地区乃至沿黄省（区）经济快速发展。

（二）经济效益显著

黄河流域水力资源开发取得了巨大的经济效益。截至2015年，黄河干支流566座水电站总装机容量22079.6MW，累计发电量为11863.8亿kW·h，累计发电经济效益为7486.5亿元。1996年前黄河流域水电站发电效益为1787.3亿元，其中大中型水电站为 1711.5 亿元、小型水电站为 75.8 亿元。1996~2015 年黄河流域水电站发电经济效益为 5699.2 亿元，其中大型水电站为 4356.7 亿元、中型水电站为 597.8 亿元、其他水电站为 744.7 亿元（表 24.3，图 24.11）[12]。

表 24.3　黄河流域 566 座水电站经济效益计算结果

时间	水电站规模	装机容量/MW	发电量/(亿 kW·h)	发电效益/亿元
1996 年前	大中型	3081.0	2712.2	1711.5
	小型	440.0	120.1	75.8
1996~2015 年	大型	16117.7	6904.0	4356.7
	中型	2621.8	947.3	597.8
	其他	3340.1	1180.2	744.7
合计		22079.6	11863.8	7486.5

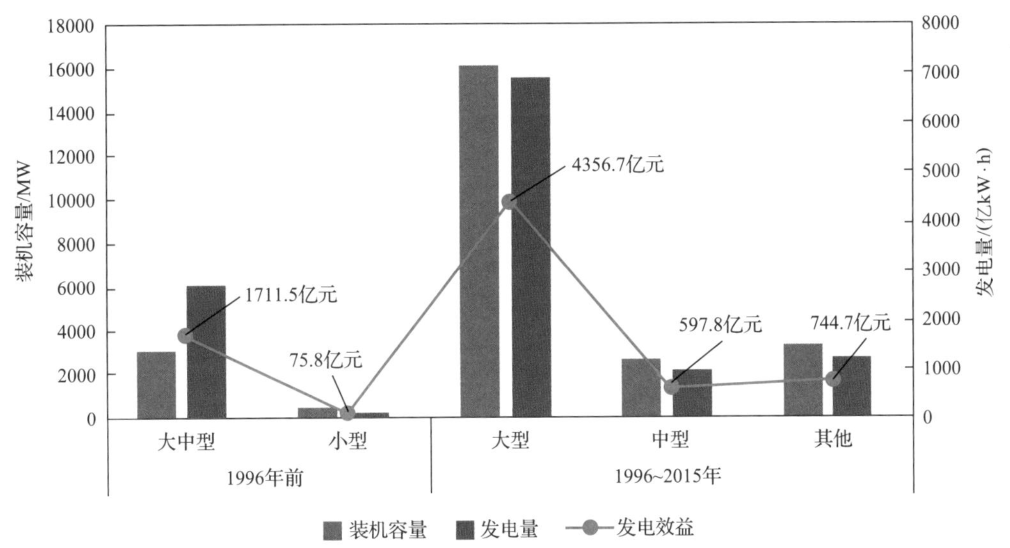

图 24.11　黄河流域 566 座水电站经济效益

截至 2015 年，龙羊峡、刘家峡、万家寨、三门峡、小浪底 5 座已建电站累计发电量 5181.15 亿 kW·h，实现经济效益 3269 亿元，发电量和经济效益均占黄河流域 566 座水电站总和的 44%左右。据相关研究成果表示，重大水利水电工程每投资 1000 亿元可以带动 GDP 增长 0.15 个百分点，新增就业岗位 49 万个。

从黄河流域各省（区）的经济体量规模来看，2022 年，甘肃、青海、宁夏三省（区）的 GDP 占全国 GDP 比重均在 1%以下，有待水电助力新能源规模化开发带来的产业发展，实现经济的飞跃。

二、促进社会进步

（一）促进产业发展

黄河上游干流梯级电站群的建成，极大地推动了西北地区工业的发展。甘肃省以前工业基础很薄弱，后借助于刘家峡、盐锅峡、八盘峡水电站的开发，在冶金、炼油、化工、原材料等基础工业方面得到了长足的发展。低廉的电价吸引了诸多原材料加工业在此落户，使甘肃省的铜、镍、铁合金、电石等矿产资源获得了极大的开发利用，从而使甘肃省很快成为全国重要的原材料工业基地，与此同时，依托水电事业发展，还创办了兰州化学工业公司、兰州炼油化工总厂等一批国家骨干企业[13]。

（二）助力脱贫攻坚

黄河小水电开发有助于改善农村生产生活条件。黄河流域自 1983 年开展建设农村电气化县的试点工作以来，农村小水电事业有了较大的发展。山区、地理位置偏僻的农村用电普及，为解决日常照明、灌溉、商品的流通提供了便利，极大地改善了农村居民的生活条件；电炊具的使用，节省了木材，保护了林地，有效遏制了水土流失、改善了局地生态环境；在小水电的建设过程当中，鼓励、支持农民投资入股、参与工程建设和运行管理等，多种途径增加了农民收入。

黄河富，天下富。黄河流域经济联动高质量发展的根本任务是实现区域脱贫攻坚战略，从而实现共同富裕。黄河上游是青藏高原三江源连片区，中游是河套平原和黄土高原，下游是河南和山东，黄河流域上游居住的少数民族占黄河流域总人口的 10%左右，因此，黄河流域担负我国脱贫致富的重要使命。随着黄河流域水电工程的建设与发展，黄河流域中上游的贫困地区覆盖面有效降低，极大地推动了黄河流域脱贫攻坚战的进程。

（三）加快城镇化建设

黄河上游的水电资源丰富地区大都是少数民族聚居区，随着水电开发，集镇、公路、通信等项目的兴建与发展，改善了电站工程所在区域的投资环境，极大地带动了电站工程所在地的商业、城镇建设、服务业的发展，大量增加了产业链就业机会。在黄河上游已建的龙羊峡、拉西瓦、李家峡、公伯峡、苏只、积石峡等水电站，由于工程建设管理、电站运营管理、生活服务等需要推动了工程所在地城镇化建设。城镇基础设施、公共设施、道路、绿化等配套工程伴随水电工程同步建设，城镇基础设施质量有了较大提升，由此亦带动了区域商贸业发展与科技文化交流，促进了乡村的城镇化发展进程和城镇的生态化建设，拉动了当地经济发展，保持了民族地区的繁荣和稳定。

（四）发展旅游业

黄河谷地峡谷切割、群山环绕，山俊水秀，黄河上游每一座电站的建成，高峡平湖又添美景，其雄伟的人文景观与生态旅游和其他历史景观相结合，形成了沿黄特色旅游带，推动了电站所在地旅游业的发展，带动了库区周围服务、贸易等行业的发展，成为库区周围经济发展新的增长点，促进老百姓扩大就业、脱贫致富。龙羊峡水电站的建设，形成了宏伟的大坝与湖泊景观，和青海湖鸟岛、塔尔寺遥相呼应。李家峡电站厂房、库区与附近的坎布拉森林公园、丹霞地貌相互结合，组成了人工与天然各具特色的景观生态体系，构建了“黄河水上明珠旅游线”。各电站同时被地方政府列为经济成果展示性旅游点和省级爱国主义教育基地。黄河上游水电资源开发，体现水电工程建设与自然生态、现代建筑景观文化、历史人文景观遗迹开发的有机结合，从而拉动了区域旅游业的发展，使各族群众依靠本地旅游资源实现乡村振兴。

（五）改善交通条件

黄河上游水电基地所在区域，特别是青海境内自然条件相对恶劣，交通闭塞，人口稀少。黄河上游水电的开发建设过程，基本上是建一座电站修一条公路，极大地改变了电站周围的交通条件，在满足地区经济发展和人民群众生产生活需求的同时，为当地及沿途百姓提供了交通及物流便利，将黄河谷地的自然景观、人文景观和旅游景点串联起来，打造精品旅游线路，促进了地方经济的发展。龙羊峡修建了日月山至龙羊峡水电站全长 58km 的专用二级公路。李家峡修建了从平安至李家峡峡口黄河大桥全长 86km 的专用二级公路。公伯峡对外公路建设等级为二级，里程 9km。同时黄河水电开发企业还投资 7000 万元对阿岱至循化公路进行了改造。

三、生态环境保护

为解决黄河“水少沙多，水沙关系不协调”的症结，《黄河流域综合规划》确定以干流龙羊峡、刘家峡、黑山峡、碛口、古贤、三门峡、小浪底等骨干水利枢纽为主体，以干流海勃湾、万家寨水库及支流陆浑、故县、河口村、东庄等水库为补充，构建黄

河水沙调控工程体系。已建成的龙羊峡、刘家峡、万家寨、三门峡、小浪底枢纽工程均为黄河水沙调控工程体系的重要组成部分，通过水库联合调度运行，基本保障了黄河沿岸经济社会发展用水，实现了黄河不断流的目标，恢复了下游中水河槽。

黄河流域干支流上的水电站群为国家电力系统提供了大量的清洁能源。截至 2015 年，黄河流域水电站累计发电量约 11864 亿 kW·h，相当于减少标准煤耗约 3.56 亿 t，减少 CO_2 排放量约 10.7 亿 t、减少 SO_2 排放量 398.7 万 t，减少烟尘排放量 481.6 万 t，减少 NO_2 排放量 411.4 万 t，为实现国家节能减排目标做出了巨大贡献（表 24.4）。

表 24.4　黄河流域水电节能减排指标计算结果

时间	发电量/(亿 kW·h)	减少标准煤耗/万 t	减排 CO_2/万 t	减排 SO_2/万 t	减排烟尘/万 t	减排 NO_2/万 t
1996 年前	2832.3	8496.9	25558.7	95.2	115.0	98.2
1996~2015 年	9031.5	27094.5	81500.3	303.5	366.6	313.2
合计	11863.8	35591.4	107059.0	398.7	481.6	411.4

本章撰写人：卢锟明　杜宇翔　董　闯　刘　涛

参考文献

[1] 宋红霞, 毕黎明, 向建新, 等. 黄河流域水力资源复查综述. 人民黄河, 2004, 26(10): 28, 29.
[2] 安盛勋. 黄河上游水电规划综述. 西北水电, 2004,(3): 1-5.
[3] 王路平, 田丽萍. 黄河流域综合规划. 郑州: 黄河水利出版社, 2013.
[4] 水电水利规划设计总院. 中国水电汇编(2017). 北京, 2017.
[5] 中国电建集团西北勘测设计研究院有限公司. 龙青段规划复核 2003 报告. 西安, 2003.
[6] 中国电建集团西北勘测设计研究院有限公司. 黄河上游(龙羊峡—青峒峡河段)水电规划调整报告. 西安, 2021.
[7] 国家电力监管委员会. 百年电力—中国黄河水电开发历程. 北京, 2006.
[8] 黄河上游水电开发有限责任公司. 黄河上游水电开发情况汇报. 西安, 2007.
[9] 荀慧智, 汪波. 中国水电开发调查黄河上游之社会篇　水利万物而不争. 中国三峡, 2010,(1): 52-56.
[10] 马诗萍, 张文忠. 黄河流域电力产业时空发展格局及绿色化发展路径. 中国科学院院刊, 2020, 35(1): 86-98.
[11] 钱钢粮, 严秉忠. 我国水电中长期发展目标展望//国家能源局. 中国水电 100 年(1910—2010). 中国水力发电工程学会, 2010.
[12] 魏洪涛, 贾冬梅, 王洪梅. 人民治理黄河 70 年水力发电效益分析. 人民黄河, 2016, 38(12): 31-34.
[13] 杨晴, 辛淑霞. 黄河流域水电建设成就及效益分析. 人民黄河, 1998,(4): 26-28, 46.

第二十五章

水风光多能互补与抽水蓄能

第一节 能源电力发展需求

能源是经济和社会发展的命脉，但随着经济社会的高速发展，以煤、石油、天然气为代表的化石能源大量消耗，由此引起的气候变化、环境污染、资源枯竭等问题日益严峻。习近平主席在第七十五届联合国大会一般性辩论上宣布，“中国将提高国家自主贡献力度，采取更加有力的政策和措施，二氧化碳排放力争于 2030 年前达到峰值，努力争取 2060 年前实现碳中和。”① 中国进入能源高质量发展的新时代。

一、我国能源资源结构和现状能源消费结构（2021 年）

我国能源生产与消费总量基本呈较高速度增长趋势（图 25.1、图 25.2），2021 年一次能源总生产量 43.3 亿 t 标准煤，消费总量 52.4 亿 t 标准煤[1]。能源消费结构中，煤炭消费比例从 2011 年起有明显下降，但目前仍以煤炭为主，2021 年占消费总量的 56.0%；天然气、水电等清洁能源消费量逐年增高，2021 年占能源消费总量的 25.5%；水电、核电、风电、太阳能发电等非化石能源占能源消费总量的 16.6%。我国万元国内生产总值能源消费实现进一步下降，节能降耗成效显著。

① 习近平在第七十五届联合国大会一般性辩论上的讲话.(2020-09-22). http://www.gov.cn/xinwen/2020-09/22/content_5546169.htm。

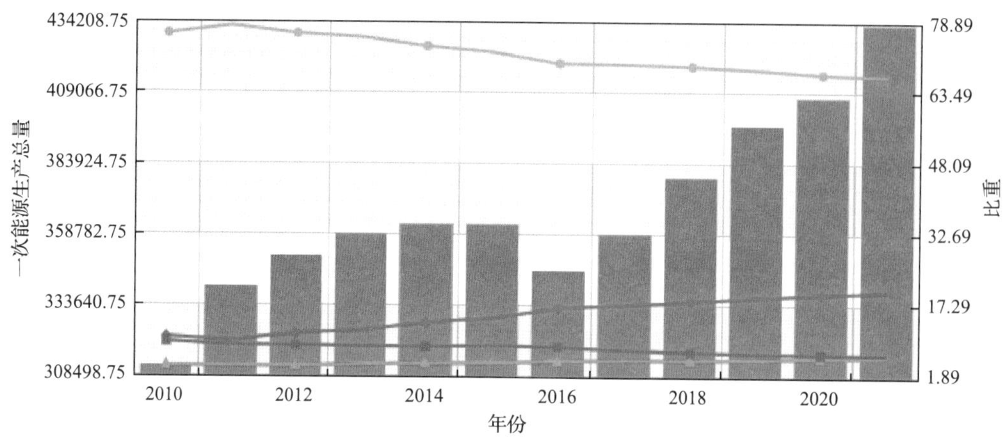

图 25.1　能源生产总量和各类型能源生产占比

数据来源：国家统计局

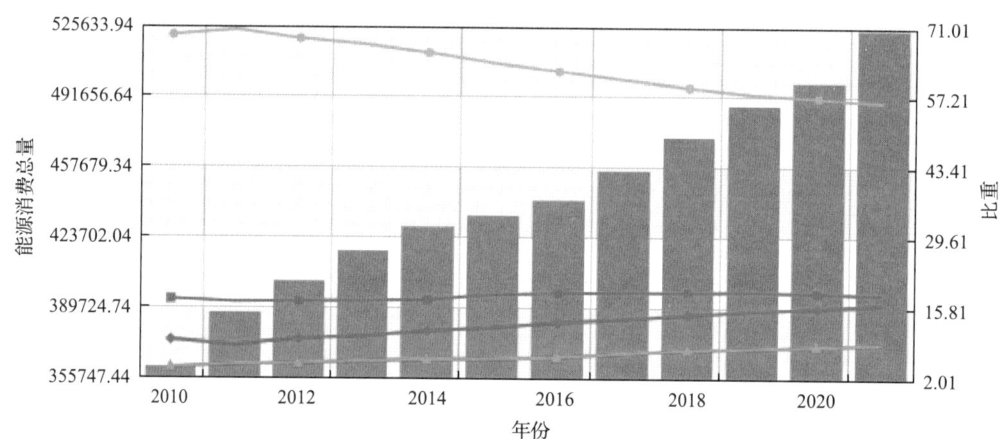

图 25.2　能源消费总量和各类型能源消费占比

数据来源：国家统计局

近年来，我国能源消费主要有以下特点：

能源消费总量保持平稳增长。2021 年，我国能源消费总量为 52.4 亿 t 标准煤，比上年增长 5.2%，全年国内生产总值 1143670 亿元，比上年增长 8.1%，以较低的能源消费增速支撑了经济的中高速发展。

能源利用效率不断提高，节能降排成效显著，节能技术水平不断提高，碳排放强度持续下降，万元国内生产总值能源消费持续降低。2012 年以来，单位国内生产总值能耗累计降低 26.4%，相当于减少能源消费 14 亿 t 标准煤。2018 年全国万元国内生产总值二氧化碳排放较 2005 年降低 45.8%，已提前实现哥本哈根气候会议前对外承诺的 2020 年比 2005 年碳排放强度下降 40%～45%的目标。

能源消费结构进一步优化，煤炭消费占比呈下降趋势，清洁能源消费总量不断提升。2021 年煤炭消费占比 56.0%，比上年下降 0.9%。2021 年清洁能源消费占比为 25.5%，比上年上升 1.2%。电能占终端能源消费比重（电气化水平）持续提高，2021 年达到约 26.9%，较上年提高约 1.4%。

截至 2021 年底，我国电力总装机 23.8 亿 kW，2021 年总发电量 8.5 万亿 kW·h。电力结构中火电仍占绝对主导地位，但无论是装机容量还是发电量，都呈现出可再生能源占比扩大的趋势。2021 年可再生能源发电装机总规模达到 10.63 亿 kW，占总装机的比重达到 44.8%。其中水电 3.91 亿 kW、风电 3.28 亿 kW、太阳能发电 3.06 亿 kW，均稳居全球首位。2021 年可再生能源发电量达到 2.48 万亿 kW·h，占全社会用电量的 29.8%。

2013 年开始，我国电力投资中电网投资持续超过电源投资，电源投资中非化石能源投资全面超过火电投资。2021 年，全国电力投资 10786 亿元，同比增长 5%~9%。其中电网投资 4916 亿元，电源投资 5870 亿元，其中风电、水电、核电和太阳能发电等非化石能源电源投资占比较大[2]。

二、能源结构调整需要

近年来为应对气候变化，低碳转型成为全球政治共识，其核心是减缓气候变化、大幅提高社会生产效率、节能降耗和减少温室气体排放。我国承诺的“双碳”目标，将实现中国能源领域“四个革命、一个合作”能源安全新战略和“创新、协调、绿色、开放、共享”的新发展理念，将会带来更安全、更清洁和更经济的能源结构。

从我国现有能源消费结构和碳排放组成分析（图 25.3），为实现“双碳”目标，需要在构建清洁低碳安全高效的能源体系，提升节能低碳效率，提升固碳能力、发展碳汇和碳捕集利用与封存等负排放技术，构建政策体系等五大方面开展工作，需要在可再生能源发电、新能源汽车、电气化、碳交易市场等方面实现技术创新和全面突破。在实现“双碳”目标的技术路线中，能源结构调整是重中之重。

国务院发布的《新时代的中国能源发展》白皮书中指出，实现能源结构调整，需要全面推进能源消费方式变革和建设多元清洁的能源供应体系。推动能源消费革命，抑制不合理能源消费，从城镇化节能、交通运输体系、生产生活方式各方面入手，加快形成能源节约型社会。推动能源供给革命，建立多元供应体系，大力推进化石能源清洁高效利用，优先发展可再生能源，安全有序发展核电。

为实现“双碳”目标，随工业、交通、商业和生活各领域消费终端电气化水平的不断提升，我国电力需求将大幅度增长。预计 2030 年、2060 年电力需求分别达到

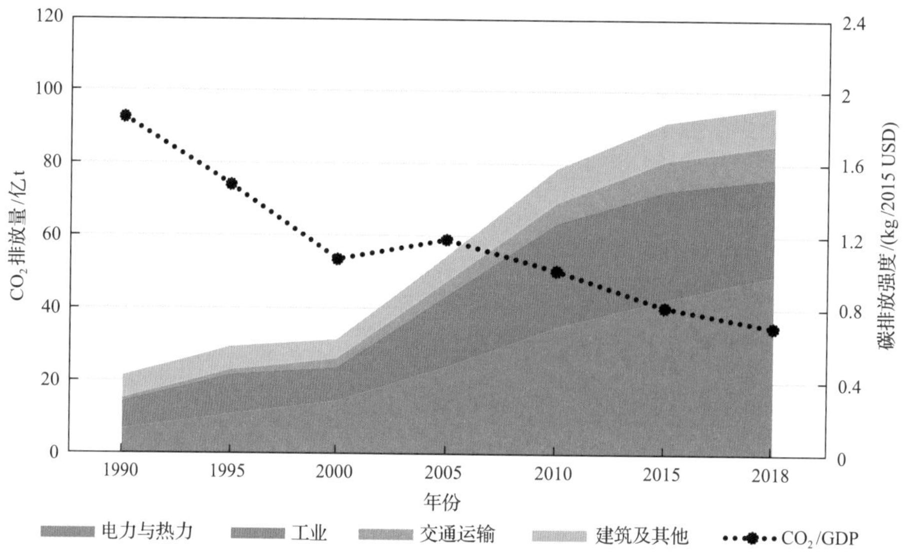

图 25.3　我国各行业 CO_2 排放量和碳排放强度变化

数据来源：IEA

10.7 万亿 kW·h 和 17 万亿 kW·h，比 2020 年分别提高 41%和 124%[3]。可再生能源将成为电力供应主体，实现装机规模和在能源消费中的占比大幅度提升，将进一步发挥市场在可再生能源资源配置中的决定性作用，并构建以可再生能源为主体的新型电力系统，提升新能源消纳和存储能力，更加有力地保障电力可靠稳定供应。

经预测[3]，2030 年，我国电源总装机将达 38 亿 kW，其中清洁能源装机 25.7 亿 kW、占比 67.5%，清洁能源发电量 5.8 万亿 kW·h、占比 52.5%；清洁能源装机成为主导电源，新增的电力需求将全部由清洁能源满足。2060 年，清洁能源装机占比将超过 90%，风电、太阳能发电装机成为电源装机增量主体，发电量超过 65%（图 25.4）。

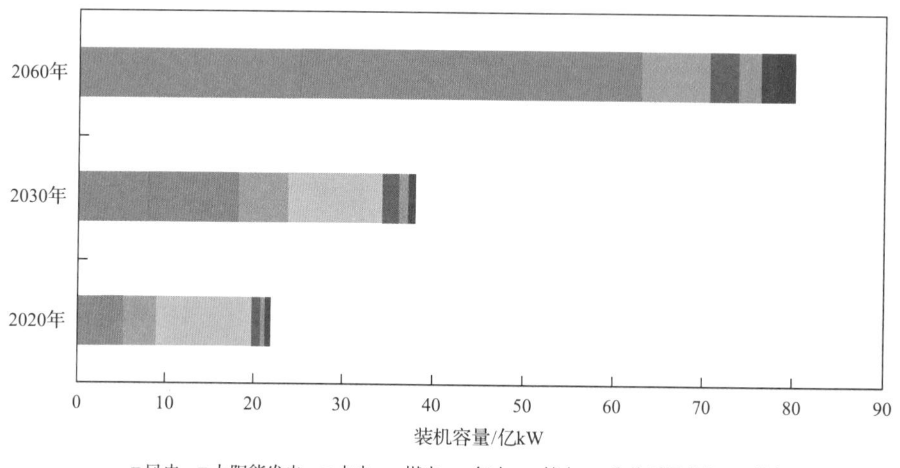

图 25.4　电力装机现状及预测

数据来源：全球能源互联网发展合作组织

随着以清洁能源为主的可再生能源远距离外送或本地消纳，对于不稳定的可再生能源进行大规模并网，仍需要建设一定规模的储能工程来平衡新能源带来的波动性及不稳定性。抽水蓄能电站作为最成熟的储能技术，是现代电力系统的必要基础，更是多能互补发展的重要组成。

三、黄河流域水风光资源

建设大型清洁能源基地，才能够实现清洁能源的集约高效开发。黄河流域堪称我国的“能源流域”，煤炭、油气、水、风、光等能源资源十分丰富，开发利用条件和基础优越,充分发挥黄河上游水风光储多能互补的优势,可为国家能源结构调整提供重要支撑。

黄河上游干流是我国能源发展规划的十三大水电基地之一。龙羊峡—青铜峡河段规划的梯级水电站总装机容量约 1700 万 kW，目前已建梯级电站 22 个，装机容量约 1511.5 万 kW。龙羊峡以上河段规划梯级水电站总装机容量约 1108 万 kW。在进一步的规划研究下，未来黄河上游干流水电装机可进一步扩充到约 3600 万 kW（不含可逆机组和抽水蓄能）。

我国风能太阳能资源主要集中在西部、北部地区，这些地区年平均风功率密度超过 200W/m^2，太阳能平均辐照强度超过 1800kW·h/m^2，分别是东部、中部地区的 2 倍、1.5 倍左右。在最新的新能源资源总量普查中，经初步估算，黄河上游的陕西、甘肃、青海、宁夏四省（区）新能源资源总储量为 281.6 亿 kW（图 25.5），其中太阳能资源总储量为 269.8 亿 kW，风能资源总储量为 11.8 亿 kW。四省（区）新能源技术可开发量为 66.9 亿 kW，其中太阳能资源技术可开发量为 63.5 亿 kW，风能资源技术可开发量为 3.4 亿 kW（图 25.5）。

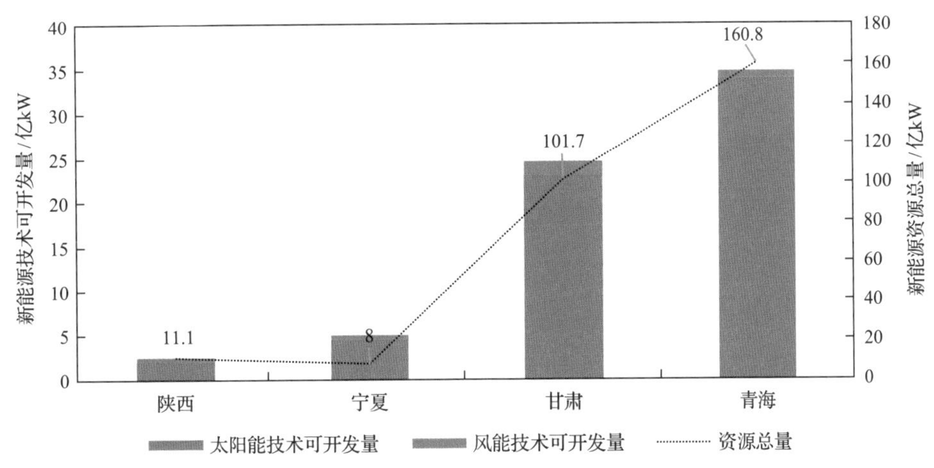

图 25.5　黄河上游西北四省（区）新能源资源总量和技术可开发量

数据来源：新能源资源总量普查

西部地区资源品质好，地广人稀，开发成本低，适宜集中式、规模化开发。与此同时，储能作为未来提升电力系统灵活性、经济性、安全性，解决新能源消纳的重要手段，也是促进能源生产消费开放共享、灵活交易、实现多能协同的关键要素，对构建清洁、高效经济、可靠的电力能源体系具有重大意义。储能可参与电网调频、调压、提供备用、削峰填谷，缓解电网阻塞，提高配电网运行的安全性与经济性及参与需求侧响应。

国家能源局积极推进“风光水火储一体化”“源网荷储一体化”“主要流域一体化”建设，提出“三个一体化”是实现电力系统高质量发展的应有之义，是提升能源电力发展质量和效率的重要抓手，符合新型电力系统的建设方向，对推进能源供给侧结构性改革、提高各类能源互补协调能力、促进我国能源转型和经济社会发展具有重要的现实意义和深远的战略意义。对于存量水电基地，结合送端水电出力特性、新能源特性、受端系统条件和消纳空间，在保障可再生能源利用率的前提下，研究论证消纳近区风光电力、增加储能设施的必要性和可行性，鼓励存量水电机组通过龙头电站建设优化出力特性，明确就近打捆新能源电力的“一体化”实施方案。对于增量风光水储一体化，按照国家及地方相关环保政策、生态红线、水资源利用政策要求，严控中小水电建设规模，以水电基地为基础，优先汇集近区新能源电力，优化配套储能规模，因地制宜明确风光水储一体化实施方案。

在推进水风光储一体化建设上，黄河流域既有调节能力强的梯级水电，也有丰富的风光资源，具备实现风光水储一体化的条件，也正在实施相关工程建设。其中青海等地区凭借当地丰富的水、风、光资源，可再生能源得到了快速发展。

第二节　水风光多能互补

一、黄河流域水光互补项目

黄河上游地区太阳光照时间长，辐射强度大，太阳能资源十分丰富。同时，黄河上游属于内陆高原地区，风能资源丰富，且无破坏性风速，为大规模风电场的建设提供了有利条件。然而，光电、风电的强随机性和间歇性加剧了电网调峰的难度，使得光电和风电的利用率不高[4]。水电具有启动灵活、调节速度快等优点，在调峰调频性能上有很大优势，光电、风电用水电进行调节之后组合成一个电源再输送入电网，能够有效提高电网对光电和风电的消纳能力。此外，随着光电和风电装机规模不断扩大和储能技术的发展，具有蓄放电功能的储能电站亦被应用到多能互补电站协同运行中来，使多能互补电站协调运行更加灵活，可有效减少弃电[5]。通过水光风储结合的模式，不仅可以减少新能源弃电，还可以提高流域梯级水能资源利用率、增加水电效益。

为充分利用青海省水电资源、太阳能和风能资源的优势，加速青海清洁能源示范省建设，同时建设特高压直流外送通道，将清洁能源输送至东部地区，实现“西电东输”战略的大尺度资源优化配置。截至 2021 年底，青海省清洁能源发电装机容量达到 3893 万 kW，占全省电源装机容量的 90.83%，其中太阳能装机 1656 万 kW，风电装机 953 万 kW，光热装机约 21 万 kW，水电装机 1263 万 kW，光伏超过水电成为省内第一大清洁电源。其中海南州光伏、风电、光热总装机容量突破千万千瓦，青海目前已逐步形成水光互补格局，非水可再生能源得到快速发展。

水光互补典型代表为龙羊峡水光互补项目（图 25.6）。共和光伏电站位于龙羊峡水库左岸，直线距离约 36km，装机容量 85 万 kW，建成于 2015 年，是当期建设全球最大的集中式并网光伏电站，也是在国际上首次采用水光互补协调运行发电控制方式的并网光伏电站。通过 54km 长的架空线路，将光伏发电接入龙羊峡水电站，通过水轮发电机组调节后送入电网，充分利用了水电的储存和调节性能，实现水电以容量支持光电，光电以电量支持水电，优化光伏发电出力曲线，为电网提供优质电能，增强项目功能，提高项目效益[6]。

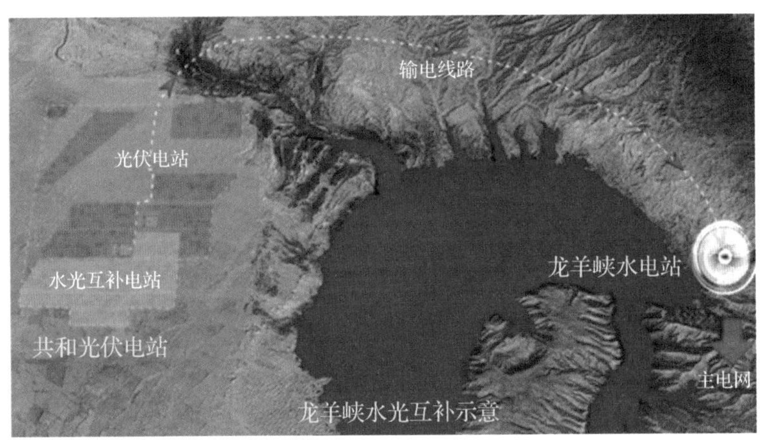

图 25.6　龙羊峡水光互补项目示意图

龙羊峡水光互补采用日调节形式，水电与新能源互补的目的是使水电与新能源的出力过程尽量满足电力负荷需要，协调运行的典型日出力示意见图 25.7[4,5]。为配合新能源运行，在光伏或者风电发电出力较大的时刻，水电站降低出力运行，水库蓄水；受端负荷需求略大的其他时段水电站出力再加大，相当于把新能源电量以水库蓄水量的形式进行转化和在时间上重新分配，同时保证水电站日出库水量不变，水电总出力不受影响[7]。

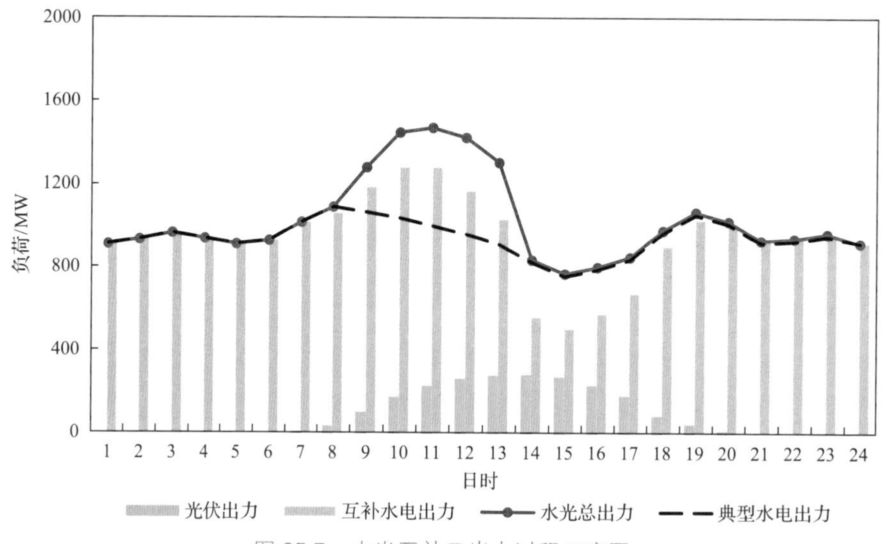

图 25.7　水光互补日出力过程示意图

数据来源：龙羊峡水光互补的日优化调度研究

二、未来水风光互补建设

在推动实现“双碳”目标的新征程中，西北地区发展前景更加广阔。黄河上游资源条件得天独厚，干流梯级水电调节性能好、扩机条件优，风、光资源量在全国占比较高，尚未利用土地广阔，具有较强的开发优势，适合大规模开发多种形式的多能互补。在黄河上游建设清洁能源基地，对国家能源结构调整起着重要的支撑作用。

在能源革命新时代背景之下，对水电开发利用的定位已逐渐转变，从传统的以提供电力系统需要的电量为主，兼顾调峰及容量作用，调整为以满足电力系统调峰调频为主，为风电、光电等新能源消纳提供保障和支撑。根据《黄河上游（龙羊峡—青铜峡河段）水电规划调整》初步研究成果，龙羊峡—青铜峡河段龙羊峡、拉西瓦等 18 座梯级水电站均具备扩机的条件，龙羊峡、拉西瓦、李家峡、公伯峡、刘家峡除扩建常规机组外，还具备扩建一定规模可逆机组或储能泵站的条件。

另外，尽管黄河上游有以龙羊峡多年调节水库为首的梯级水电站调节，由于新能源光伏发电和风电出力波动性、随机性、间歇性等特点，大规模开发时仍出现弃光、弃风等新能源电量的浪费，外送电源送电特性与受端电网需求不一致等，黄河上游清洁能源基地也迫切需要建设储能设施。2020 年 5 月，中共中央、国务院印发《关于新时代推进西部大开发形成新格局的指导意见》明确指出：“开展黄河梯级电站大型储能项目研究”[①]。以青海境内黄河上游梯级水电为依托，利用弃风弃光电量，采用大型储

① 中共中央国务院关于新时代推进西部大开发形成新格局的指导意见.(2020-07-02).http://ww.mofcom.gov.cn/article/b/g/202007/20200702980318.shtml。

能泵站从下一梯级水库抽水至上一梯级水库，将新能源电能以水的势能储存，实现新能源电量时移，同时进一步充分重复利用水资源及其水库有效库容。

梯级电站大型储能项目通过已建水电站水库储能和发电，是新能源的“蓄电池”“调节库”，可以平抑新能源发电出力的不稳定对电网的影响，减少新能源的弃电，提高电力系统安全稳定经济性。结合抽蓄中长期规划，正在研究采用黄河上游已建水电站扩机、加装可逆式机组或储能泵站等方式对现有梯级水库进行储能工厂改建。结合龙头水库一龙羊峡水电站多年调节能力，考虑西北大规模新能源消纳和外送要求，通过龙羊峡水库及梯级水库群实现新能源电量时移，形成梯级大型储能工厂，有效解决新能源电量与需求不匹配问题，平衡新能源带来的波动性及不稳定性，实现多能互补调节和外送。

以黄河流域大型水电、抽水蓄能为调节电源，可带动周边大规模新能源组成若干千万千瓦级清洁能源基地，预计清洁能源总规模可达 2 亿 kW 以上。

第三节　抽水蓄能电站发展

抽水蓄能电站具有启停迅速，升荷、卸荷速度快，运行灵活可靠的特点，既能削峰又可填谷，能够很好地适应电力系统负荷变化，是当前最高效、最成熟、最环保、最经济的大规模电能储存工具，是电力系统中具有调峰填谷、调频调相、紧急事故备用、黑启动等多种功能且运行灵活、反应快速的特殊电源。

我国抽水蓄能电站的发展，始于 20 世纪 60 年代后期，经过近 40 年的抽水蓄能电站建设，我国已熟练掌握抽水蓄能电站建设的设计理论和施工技术，并在实践中不断创新，在许多设计、施工领域已达到世界先进水平。截至 2022 年底，我国抽水蓄能装机 4579 万 kW，预计 2030 年，抽水蓄能电站装机将达到 1.2 亿 kW[8]。

一、抽水蓄能电站选点规划情况

抽水蓄能电站具有运行灵活、可靠的特点，同时可实现电能的有效存储，消纳新能源电能，并具有调峰、调频的功能，除在黄河干支流建设抽水蓄能水电站外，流域上其他地区也可充分利用水资源建设抽水蓄能电站，在电网中发挥互补调节作用。

根据《抽水蓄能中长期发展规划（2021-2035 年）》，黄河流域陕甘青宁四省（区）抽水蓄能规划重点实施项目站点 54 个（图 25.8），总装机容量 7075 万 kW，储备项目站点 439 个（图 25.9），总装机容量 4780 万 kW。其中，重点实施项目中有 30 个站点位于黄河流域内，储备项目中有 22 个站点位于黄河流域内。

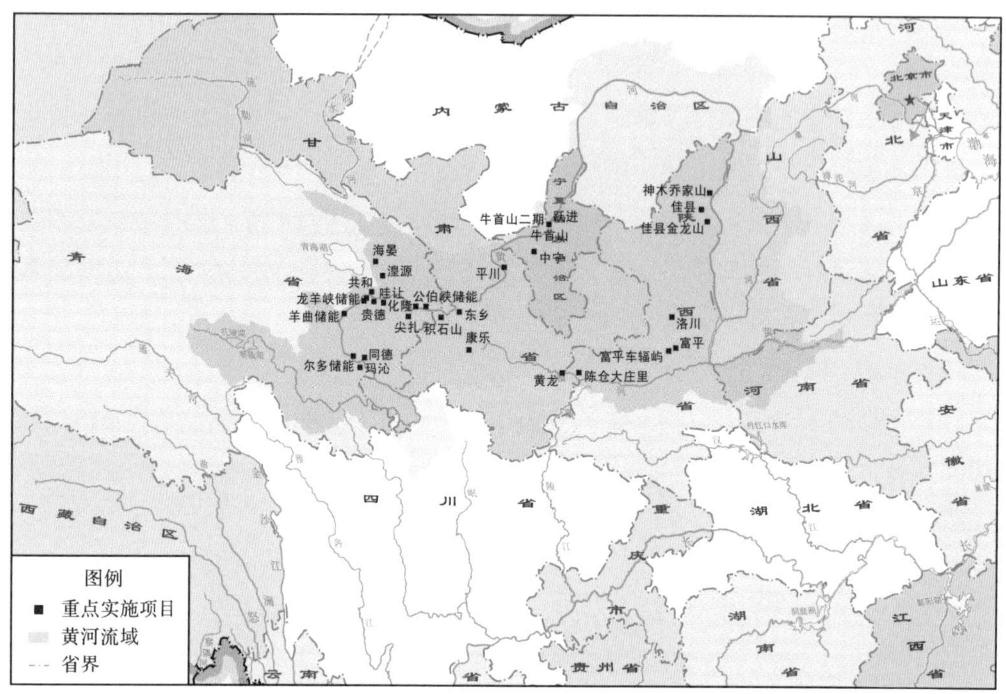

图 25.8　陕甘青宁四省（区）黄河流域内抽水蓄能重点实施项目分布示意图

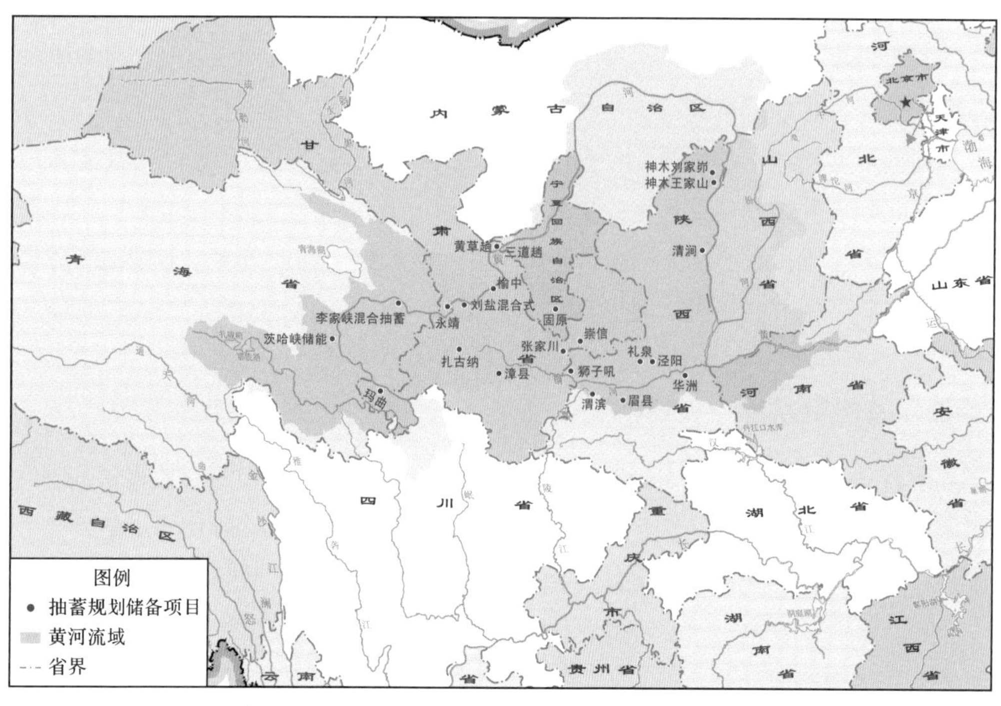

图 25.9　陕甘青宁四省（区）黄河流域内抽水蓄能储备项目分布示意图

二、新能源送出配套的抽水蓄能电站

黄河上游的抽水蓄能电站主要作为电源侧的电站运行，其运行方式与东部地区用户侧抽水蓄能电站的运行方式不同。在运行过程中，主要通过平抑出力波动、参与电网调峰、参与电网调频、提高功率预测精度、减少弃电等方面来发挥作用，保障电网的安全，提升电源基地的输电质量。抽水蓄能电站和以新能源基地送出配套可起到的作用如下。

1. 平抑出力波动

风力发电具有短时功率波动（分钟级或秒级）和长时功率波动（10min到数十分钟）特性，这种波动性是不可调控的。风电功率波动是风电并网考核的重要内容之一。抽水蓄能具有快速动态吸收和释放能量的特点，在风电场中合理配置抽水蓄能可有效改善风电波动，提高风电输出功率的可控性、电能质量等[9]。

2. 参与电网调峰

由于新能源出力的不确定性，电网需预留一定的容量补偿新能源出力，大规模新能源并网增加了电网旋转备用容量，降低电网的调峰能力。网内电源调峰能力不足，是造成新能源消纳受限重要原因之一，尤其在后夜风电出力较大时段，风电的反调峰特性使得电网运行调峰矛盾极为突出。抽水蓄能响应速度快，调节功率大，可实现几分钟内从零输出到满放电或满充电工况的转换，最高调节能力可达装机功率的两倍。

3. 参与电网调频

电网内部能量供需不平衡和系统突发事件是电力系统运行的固有特性，在传统能源结构电力系统中，电网短时间内的能量不平衡是由火电或水电机组通过自动发电控制（AGC）信号来进行调节的。大规模新能源并网的波动性和随机性使得电网短时间内的能量不平衡加剧，传统电源（特别是火电）由于调频速度慢，在响应信号时具有滞后性，因此不能满足高比例新能源渗透电网的调频需求。从经济角度出发，火电机组运行在非额定功率、做变功率输出时，效率均较低，并且频繁调整火电机组的输出功率满足调频要求，会导致磨损加大、寿命降低。

由上述可知，新能源电力系统通过配置抽水蓄能，既可保证系统频率稳定，提高新能源并网的友好性，又可参与电网调频辅助服务，获得辅助收益。当采用电池储能时，电池储能系统在响应频率波动过程中处于浮充电状态，对电池的寿命影响较小，降低了储能的运维成本及替换成本。

4. 提高功率预测精度、减少弃电

新能源的大规模接入，导致系统发电计划制定的难度大大增加，对新能源出力进行准确预测是缓解电力系统调峰、调频压力，提高新能源接纳能力的有效手段之一。目前，电网公司通过对新能源功率预测系统准确率进行考核，以此决定新能源场站的上网电量，功率预测准确度不达标会面临一定比例的罚金，直接影响经济效益。

利用抽水蓄能可跟踪发电计划、修正出力，提高功率预测精度，提高新能源可调度性，降低系统考核罚金。另外，根据负荷变化规律、限电规律、风功率预测结果、储能日前状态，使抽水蓄能参与新能源日前功率预测计划的上报，超前制定多发策略，将新能源场站部分弃电存储起来，在非限电期放电，提高消纳能力，实现电力生产和消费在时间上的解耦。

以酒泉为例，酒泉风光资源面积达 407 万 km^2，避开自然保护区、基本农田、城乡设施、压覆矿、水源地、林地、草原、风景名胜区、文物保护区和军事区等因素后，酒泉区域风光资源实际可开发面积总计为 4 万 km^2，风光资源实际可开发量总计为 11 亿 kW，其中，风电实际可开发量为 1 亿 kW，光伏实际可开发量为 10 亿 kW。区域内重点资源区为玉门、瓜州（亦称安西）、马鬃山地区，风电装机年利用小时数接近 3000h，100m 高度年平均风速为 7~8m/s，风速年内和年际变化较小，主风向较稳定，无破坏性风速，适宜建设大型并网风力发电场。规划风光电场区多为戈壁滩，地势平缓，不占耕地，无需移民和搬迁安置，有利于环境保护和降低建设成本。酒泉地区风光资源开发条件良好，但缺少调节电源支撑，抽水蓄能电站是甘肃风电、光伏发展的必要补充。

随着甘肃电网风电、光伏的大规模开发，风电、光伏不仅满足甘肃电网的需求，还将跨区域输出。在酒泉能源基地所在的甘肃河西走廊地区初选抽水蓄能站点，其主要服务内容都是风电光伏送出，这些站点距风电光伏送出平台较近，便于联网，单站装机容量均在比较适中的 120 万 kW 量级。已建成酒泉至湖南省的 ±800kV 特高压直流输电系统，当配置抽水蓄能电站后，将进一步提高电网安全稳定运行水平，提高风电光伏利用率。

通过初步研究，推荐酒泉新能源基地采用“风光+抽水蓄能+联网”的送出方案。例如，如果有抽水蓄能电站利用风电、光伏抽水蓄能，通过抽水、蓄能、发电（按电网调度）的转换，可多利用其发电相应规模的风电、光伏，并可在一日内多次进行转换运行，从而提高了风电、光伏利用率，并大量减少了弃电[10]。风电、光伏的年利用小时数大幅增加，相应地可用电量大幅增加，风电、光伏的利用效率会明显提高。这一协同目标的实现将在 2023~2030 年酒泉风电、光伏规划中研究、规划和部署。

同时酒泉风电、光伏汇集后与新疆至西北主网 750kV 系统强联后形成新能源输送平台，增强向省网和西北电网的输送能力。从远景考虑，酒泉新能源基地、青海柴达木新能源基地和甘肃省规划的 2030 年以前河西走廊多个百万千瓦新能源发电基地，以及黄河龙羊峡以上河段规划开发的常规水电，合计将形成一个数千万千瓦的可再生新能源发电集群，这一新能源集群若能够得到合理规划和开发，将会极大地推动中国可再生能源的发展，增加能源结构的多样性，加快绿色能源的开发建设。

三、未来黄河抽水蓄能电站发展

根据经济社会发展和电力发展要求，结合未来新能源大规模发展和并网需要，按照电力系统扩展优化和调峰能力配置要求，相关研究提出了我国抽水蓄能中长期发展研究初步成果。研究提出，2030 年前应结合各地区核电、新能源开发、流域能源综合基地建设、区域间电力输送情况及电网安全稳定运行要求，加快推进抽水蓄能站点建设。2030 年以后，结合储能技术及光热发电技术发展，适度有序配套抽水蓄能站点开发建设。

黄河上游新建抽水蓄能电站主要包括三种形式:利用已建梯级电站扩建可逆机组，利用已建水库作为下库新建抽水蓄能电站，附近新建抽水蓄能电站上下库，利用黄河补水或支流取水。再加上利用已建梯级水库修建的储能泵站，黄河上游将形成超过 3000 万 kW 的储能能力。

根据清洁能源基地初步规划，龙羊峡、拉西瓦、李家峡、公伯峡、刘家峡可扩建可逆机组 400 万 kW、30 万 kW、20 万 kW、50 万 kW 和 30 万 kW。规划建设茨哈峡抽水蓄能电站，以茨哈峡水库为下库，在胡烈滩新建上水库，装机 600 万 kW。规划建设哇让抽水蓄能电站，以已建拉西瓦水库为下库，在黄河右岸岸顶哇让平台上新建上库，装机 280 万 kW。玛尔挡清洁能源基地配套同德、玛沁两座抽水蓄能电站（图 25.10），均利用玛尔挡水库为下库，装机分别为 240 万 kW 和 180 万 kW。根据规划选点，宁夏牛首山抽水蓄能电站（图 25.11）、内蒙古乌海抽水蓄能电站，下水库均修建在黄河附近滩地上，通过抽水沉淀对蓄能电站进行补水。

图 25.10　同德抽水蓄能电站

图 25.11　牛首山抽水蓄能电站

第四节　展望

在中国的发展过程中，黄河流域的水资源占有重要地位，发挥了重要作用。2030年前后，黄河流域水电装机容量约 2200 万 kW、年发电量约 800 亿 kW·h。2050 年后，黄河干支流可开发的 3200kW 水电资源将全部开发，年发电量约 1200 亿 kW·h，有力支撑黄河流域各地区的经济发展。与此同时，黄河流域依托大型梯级水电站、周边抽水蓄能电站为调节电源，带动流域大规模新能源发展，形成清洁能源装机容量亿千瓦级基地。展望未来，黄河将变成一条造福中国人民的资源之河、能源之河、绿色之河，以崭新的面貌，出现在世界的东方。

本章撰写人：董　闯　刘　涛　毕小剑　武明鑫

参考文献

[1] 中华人民共和国统计局. 中国统计年鉴. 北京：中国统计出版社, 2022.

[2] 中国电力联合会. 2022 年全国电力工业统计快报. [2023-8-1]. https://cec.org.cn/detail/index.html?3-317446.

[3] 全球能源互联网发展合作组织. 中国 2060 年前碳中和研究报告. [2023-8-1]. https://www.geidco.org.cn/html/qqnyhlw/zt20210120_1/index.html.

[4] 田旭, 姬生才, 张娉, 等. 青海光伏与风力发电出力特性研究. 西北水电, 2019,（2）: 1-6.

[5] 姬生才, 张娉, 马雪. 青海电网风电与光伏互补特性研究. 风能, 2019,（9）: 52-59.

[6] 张娉, 杨婷. 龙羊峡水光互补运行机制的研究. 华北水利水电大学学报（自然科学版）, 2015, 36（3）: 76-81.

[7] 钱梓锋, 李庚银, 安源, 等. 龙羊峡水光互补的日优化调度研究. 电网与情节能源, 2016, 32（4）: 69-74.

[8] 水电水利规划设计总院. 抽水蓄能产业发展报告 2022. 北京：中国水利水电出版社, 2023.

[9] 吴来群, 顾甜甜, 王昭亮. 风电送端电网建设抽水蓄能电站的规模论证. 西北水电, 2018,（6）: 9-12,23.

[10] 王社亮. 多能互补研究与实践. 水力发电, 2020, 46（9）: 14-18, 54.

第一篇　前世今生话黄河

第二篇　黄河水资源：现状与未来

第三篇　黄河泥沙洪凌灾害与治理方略

第四篇　黄河生态保护：三江源、黄土高原与河口

第五篇　黄河水沙调控：从三门峡、龙羊峡、小浪底到黑山峡

第六篇　南水北调与西水东济

第七篇　能源流域的绿色低碳发展

第八篇　智慧黄河

第九篇　黄河：中华文明的根

第二十六章

智慧黄河——支撑黄河流域生态保护与高质量发展

黄河是中华民族的母亲河，在我国水安全、生态安全、经济社会发展方面具有重要战略地位。黄河流域生态保护和高质量发展已上升为新时代重大国家战略，是水利科技工作者的重大使命。黄河流域已建有较为系统的水沙调控工程体系、水土保持与生态治理体系，但仍然面临着水资源短缺、水土流失严重和地上悬河三大问题。在全球气候变化背景下，黄河保护、治理与调控的复杂性在不断提高；而在信息技术革命推动下，数字经济正在对生产要素、生产力、生产关系进行重塑，推动传统产业数字化、智能化、智慧化。因此，黄河流域管理需要抓住信息技术飞速发展的历史机遇，充分运用物联网、云计算、大数据、人工智能等新一代信息技术开展“智慧黄河”建设，发挥信息化对流域水旱灾害防御、水沙调控、水资源优化配置、水土保持与生态治理、经济社会高质量发展的推动作用，支撑黄河流域生态保护和高质量发展，努力“让黄河成为造福人民的幸福河”。

第一节　概述

一、信息技术的基本概念

信息技术（information technology，IT）是主要用于管理和处理信息所采用的各种技术的总称。信息技术的目的和作用是提高生产力和决策力、推动社会发展和进步。

谈论信息技术，就离不开对“信息”及相关概念的辨析。最早可以追溯到美国诗人 Eliot，他在《岩石》（The Rock）中写道：“我们在哪里丢失了知识（knowledge）中的智慧（wisdom）？又在哪里丢失了信息（information）中的知识？”最常见的信息概念模型就是受此启发的 DIKW（data-information-knowledge-wisdom）模型，在该模型中，数据、信息、知识和智慧形成了一个自下而上的抽象过程（图 26.1）。

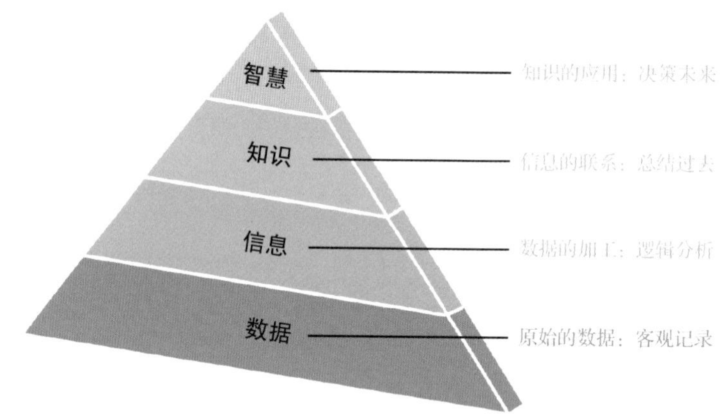

图 26.1　DIKW 信息概念金字塔模型

数据是对客观事物进行观察和记录的结果，一般使用约定俗成的关键字对事物的数量、属性、位置及其相互关系进行抽象表示，也可采用文字、声音、图像、视频等各种记录形式，并以适合的方式保存、传递和处理。

信息是具有时效性的，有一定含义的、有逻辑的、经过加工处理的、对决策有价值的数据。

知识是通过归纳、演绎、比较等手段对信息进行挖掘，并与已存在的人类知识体系相结合，所沉淀的有价值的信息。

智慧是人类基于已有的知识，针对物质世界运动演化过程中产生的问题，根据获得的信息进行分析、对比、演绎，从而找出解决方案的能力。

信息化是培育、发展以智能化工具为代表的新的生产力并使之造福于社会的历史过程。可见，信息化是对我们所处的信息化时代以智能化为目标的技术进步与社会发展的总论。随着信息技术的发展，人类社会进入信息化时代，呈现了不同阶段的不同特点。当前社会依然处于信息化时代，数字化、网络化、智能化、智慧化等不同说法是信息化时代经历的不同发展阶段和各阶段核心特征的体现。总体看来，人类社会已迈过数字化和网络化阶段，正处于智能化阶段，即将进入智慧化阶段。

二、信息技术的发展历程

人类正在经历以计算机与现代网络通信为核心的第五次信息革命（图 26.2），半导体、集成电路、网络通信、数据处理、人工智能等技术的波浪式发展，形成了不断迭代、加速演进的持续创新态势，推进生产力进步和社会组织形式变革，引起人们价值观念、社会意识的变迁。根据信息技术自身的发展阶段、应用形态及其对社会影响的不同，不同发展阶段相应产生了一些约定俗成的概念。

1980 年 3 月，未来学家 Toffler 出版《第三次浪潮》（The Third Wave），提出了人类社会发展的三次浪潮：第一次浪潮为农业阶段，经历数千年的农业革命；第二次浪潮为工业阶段，从 17 世纪末开始，工业文明兴起至当时不过三百年；第三次浪潮为后工业化社会，作者认为从 20 世纪 50 年代开始，电子和计算机工业、航天工业、海洋工业、遗传工程将引领新科技发展，其本质特征是信息化，将使人类进入信息时代（information age）。《第三次浪潮》是对信息技术长足发展和深远影响的时代预言，“信息化”也成了信息技术广泛应用的代名词。

如图 26.3 所示，信息化的发展历程可大体分为数字化、智能化、智慧化三个阶段，正在数字化的基础上迈向智能化、智慧化的新阶段。与之对应，黄河流域的信息化工作也正在经历从数字化到智慧化的发展过程，是全球信息化发展的一个缩影。

“数字化”强调对数据的获取、传输、处理、显示、应用流程，使信息技术处理的对象和具备的能力更加形象化，在各国和各行业都得到了高度重视。数字化的一个典型样本是“数字地球”（Digital Earth）。1998 年 1 月，在卫星遥感技术和数据处理、三维可视化等技术不断进步的前提下，时任美国副总统戈尔首次提出了“数字地球”概念，即一个以地球坐标为依据的、嵌入海量地理数据的、具有多分辨率的、能三维可视化表示的虚拟地球[2]。“数字地球”技术不断发展，典型的软件平台是谷歌公司的谷歌地球（Google Earth）软件及谷歌地球引擎（Google Earth Engine）平台。

与之对应，我国提出了具有中国特色内涵的“数字中国”“数字城市”等概念，推进了相关技术发展和实际运用，并进一步将其列入《中华人民共和国国民经济和社会发展第十四个五年规划和 2035 年远景目标纲要》（以下简称《纲要》）。在水利行业，21 世纪初，为了解决黄河流域面临的洪水威胁、水资源供需矛盾和生态环境恶化等问题，以“三条黄河”（原型黄河、模型黄河、数字黄河）建设为引领，“数字黄河”作为原型黄河在计算机中的数字化再现首先被提出[3]，随后“数字流域”技术和相关模型得到了长足发展。因此，“数字化”代表了信息技术发展的一个阶段，重点突出了数

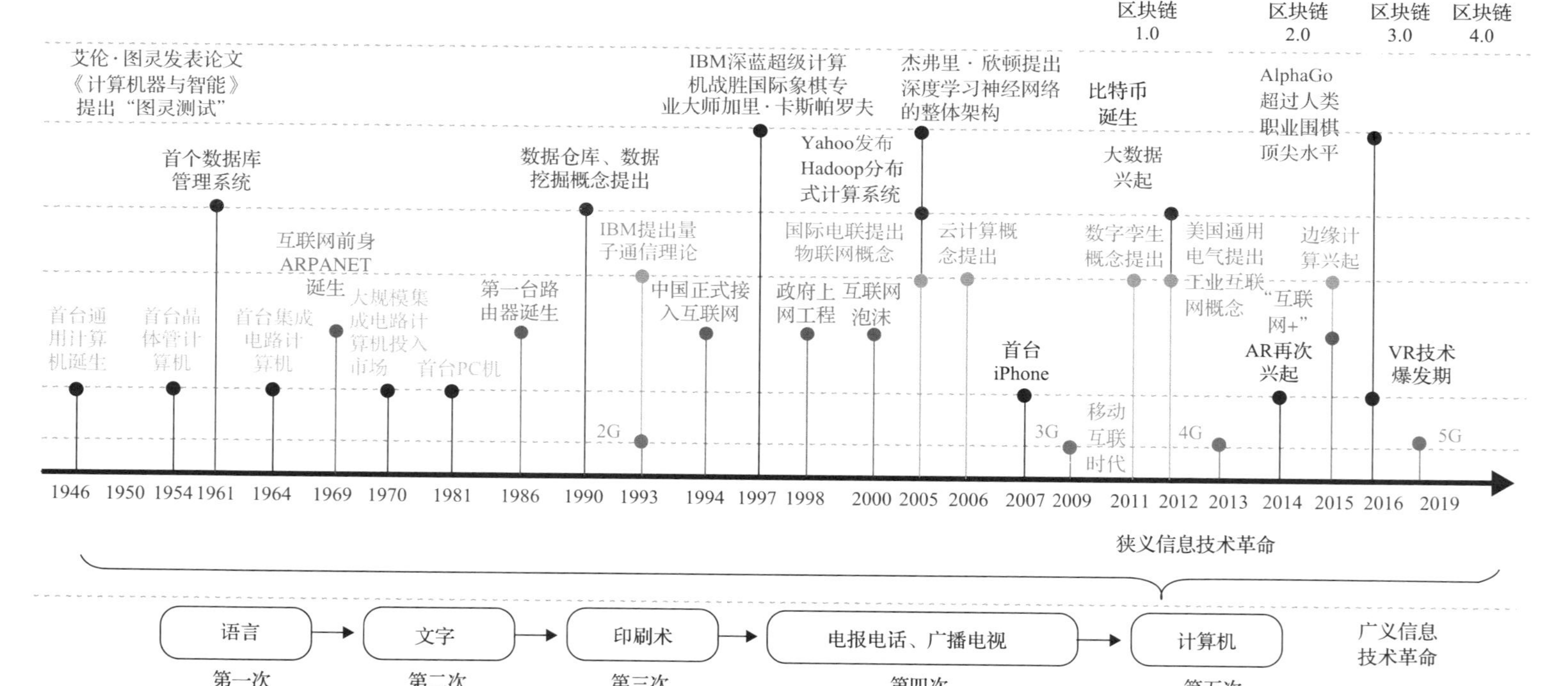

图 26.2　信息技术革命历程[1]

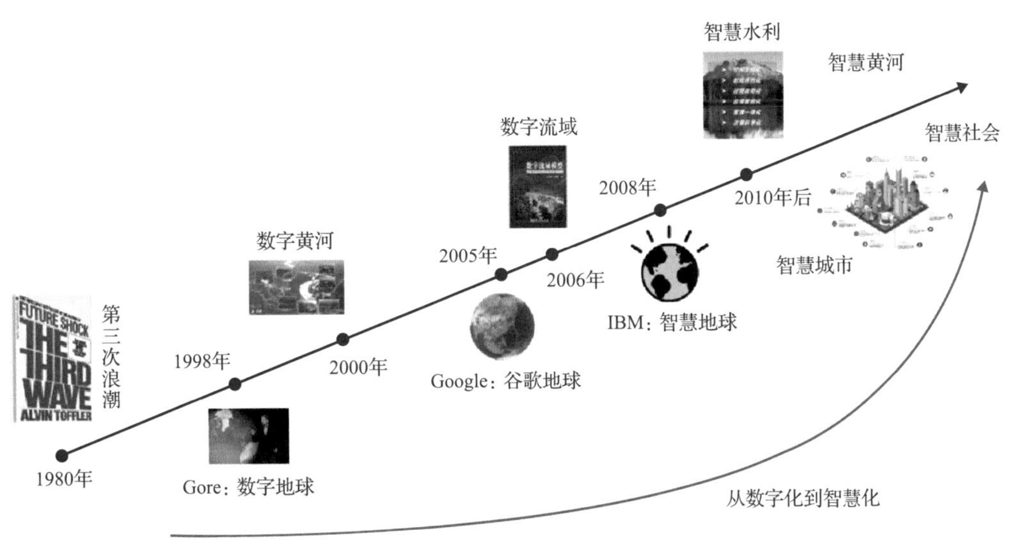

图 26.3　黄河流域与全球信息化发展的时间线

据的核心作用和显性价值。

“智能化”一般被认为是较数字化更高级的信息技术和信息化阶段。追溯“智能化”概念的起源，早在 1956 年，在美国达特茅斯大学举办的一次研讨会上通过了由 John McCarthy 提出的新术语：人工智能（artificial intelligence，AI），标志着人工智能学科的诞生。当前，人工智能技术，特别是各种复杂神经网络模型不断发展，使得在数字化、网络化基础上，智能化已成为技术、经济、社会发展的大趋势。在《纲要》中，“智能化”是高频词，智能化将成为我国社会经济发展的主线基调。

“智慧化”是智能化的进一步发展。狭义上讲，智慧化是一种技术预期，认为拥有人工智能的信息系统在对信息进行分析、对比、演绎的基础上，将具备独立找出解决方案的能力。广义上讲，智慧化是信息技术广泛深度应用于人类社会的不同领域、促进生产力和经济社会发展的新阶段，将推动人类社会进入智慧社会。智慧社会将充分运用物联网、互联网、云计算、大数据、人工智能等新一代信息技术，以网络化、平台化、远程化等方式提高全社会基本公共服务的覆盖面和均等化水平，构建立体化、全方位、广覆盖的社会信息服务体系，推动经济社会高质量发展，建设美好社会。当前，新一轮科技革命和产业变革正在全面重塑经济社会各个领域，推进人类社会迈入智慧社会的门槛，对国家治理、产业发展、行业管理等提出了全新的挑战。在水利行业，黄河流域的智慧化将在现有监测传输、模拟预测、辅助决策能力的基础上，实现由信息系统自主进行智能化预测和智慧化决策，进一步提高流域管理的水平和效率。

三、智慧化时代的技术革命

在向智慧化时代迈进的过程中，信息技术革命推动下的数字经济正在对生产要素、生产力、生产关系进行重塑（图 26.4）。在数字经济中，数据是新的生产要素，信息技术是生产力的重要组成部分，既形成其自身数字产业，又通过信息技术与实体经济深度融合，不断提高传统产业的数字化、智能化、智慧化水平，并通过数字化治理重塑生产关系。

图 26.4　数字经济基本框架

资料来源：中国信息通信研究院.中国数字经济发展白皮书（2020 年）.2020

信息技术革命由新技术的不断涌现并广泛应用构成，为推动智慧社会的实现提供技术支撑。以下重点介绍与智慧流域有关的信息感知、云计算、信息泛在、大数据和人工智能等信息技术发展现状。

（一）天空地一体化感知技术

流域保护、治理与调控离不开对流域状态的监测与感知，经过一个多世纪的发展，人类对地球的观测方式从地面发展到空中再到太空，具备了全球范围天空地一体化监测的能力（图 26.5）。

按照观测设备所在的空间位置进行分类，可以分为地基（在近地面）、空基（在对流层和平流层之间）和天基（位于平流层以上空间）三种监测方式。

地基监测的覆盖能力弱于空基和天基，但观测的精准程度高于后者。目前，传感器的小型化、低成本、长续航成为地基监测的重要发展方向。利用物联网技术将传感器大规模覆盖监测区域，可实现特定数据的快速获取和高效分析，比如在大坝中安装应力、变形等传感器，可以实时感知结构的性态信息，保障安全运行。

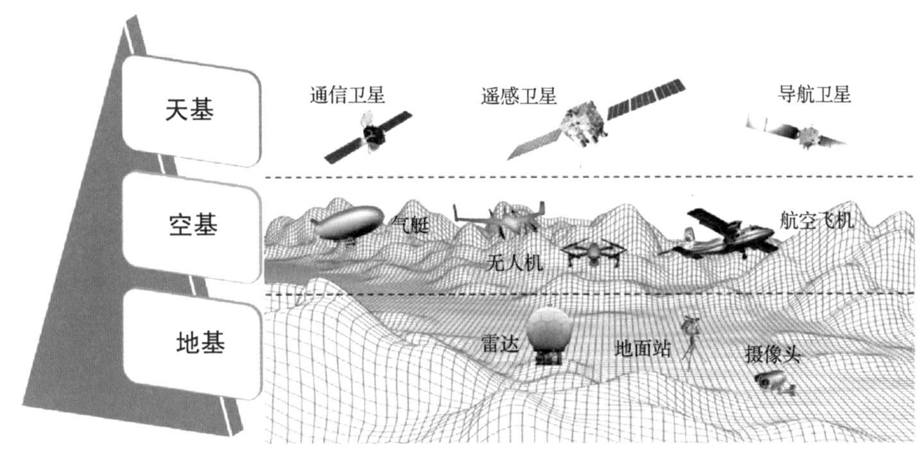

图 26.5 天空地一体化监测体系

空基监测能够满足较大范围的监测需求，同时具有良好的机动性，是大面积高精度地形测绘、环境普查、水情监控等应用的首选。目前，随着无人机技术的快速发展，因其具有机动、快速、经济等优势，逐渐应用于水面水环境监测、地质灾害调查等，基于无人机的自动化和智能化监测成为重要的研究前沿。

天基监测具有视点高、视域广、采集快，以及可重复、连续观测等特点。在技术发展趋势上，一方面，随着遥感监测元器件的不断发展，小卫星、微纳卫星成为流行商业模式；另一方面，多源遥感数据融合分析、遥感信息智能提取、智能卫星在轨分析是当前的研究热点。

（二）云计算和云服务技术

随着信息技术特别是互联网的快速发展，信息系统变得越来越复杂，需要支持更多的用户，需要更强的计算能力和更稳定安全的运行保障。在虚拟化、分布式数据存储、分布式资源管理、大规模数据管理、分布式并行编程等技术的支持下，信息基础设施的交付和使用模式发生了系统化变革，使信息系统转为在以网络为依托的远端平台开发、部署和运行，因此形象地称之为云计算。

美国国家标准与技术研究院（NIST）于 2011 年公布了云计算的定义，给出了云计算所具备的 5 个基本特征（按需自助服务、广泛的网络访问、资源共享、快速的可伸缩性、可度量的服务）、3 种服务模式（SaaS 软件即服务、PaaS 平台即服务、IaaS 基础设施即服务）和 4 种部署方式（私有云、社区云、公有云、混合云），使云计算的概念标准化。云计算作为软件与应用开发部署的一种新模式已成为共识，越来越多的

信息系统向云计算转型。云服务则是云计算平台发布的供其他信息系统和最终用户使用的各类服务接口与产品的总和。

云原生是近年发展出的规范化的云计算模式，可称为云计算 2.0，是当下最热门的技术之一，是云计算的发展方向。云原生以容器、微服务、开发运维一体化（DevOps）等技术为基础建立了一套云计算技术与产品体系，可以实现分布式部署和统一运管，让云计算设施接管应用中原有的大量非功能特性（如弹性、韧性、安全、可测性等），使信息系统处理的业务不再受困于非功能特性引起的中断，同时具备轻量、敏捷、高度自动化的特点，帮助用户降低成本、提高效率，最终达到用户只关注于应用的业务逻辑而非云计算的支撑能力的目的。

在云原生技术的支持下，信息系统开发更关注其功能性而非硬件、操作系统、软件环境等平台特性。同时，信息系统的开发与部署模式也在云原生环境下发生了大幅变化。算法和模型以服务的方式进行细粒度拆分并在“容器”中封装部署，提高了模型调用和组合复用的效率；产生了用于应用开发的低代码、无代码技术，使行业管理者和普通用户能够自行定制或开发他们将使用的应用功能；也使得应用的前端更加轻量化，可以采用移动 App 和“小程序”等方式对用户界面进行部署，并催生了信息服务的泛在化。

（三）信息终端与信息服务的泛在化

互联网的出现使计算机不再是孤立的“机器”，它促进了人与信息系统，以及通过信息系统的人与人的连接。更进一步，比尔·盖茨于 1995 年提及物品互联的概念，Ashton 提出了 Internet of Things（物联网）概念。随着相关技术不断成熟，2005 年国际电信联盟（ITU）发布了《ITU 互联网报告 2005：物联网》，提出物联网即“万物相连的互联网”，是在互联网基础上延伸和扩展的网络，将各种传感设备通过互联网结合起来而形成的一个巨大网络，实现在任何时间、任何地点，人、机、物的互联互通。

据统计及预测（图 26.6），目前全世界的联网设备数量已经超过 160 亿，各类联网设备在不断地扩展传感能力，实现声、光、热、电、力、化学、生物、位置等各种信息的获取，并通过各类网络接入，实现物与物、物与人的泛在连接，最终实现对物品和过程的智能化感知、识别和管理，有望在未来实现真正的“万物互联”。

除了设备的联网，人的联网与在线程度也在显著提升。随着智能手机等移动终端技术和云计算技术的发展，人接入信息系统的方式更加丰富，接入人数和在线时长显著增长。据 Statista 公司统计，2022 年全球在用的终端数量（包括个人计算机、便携

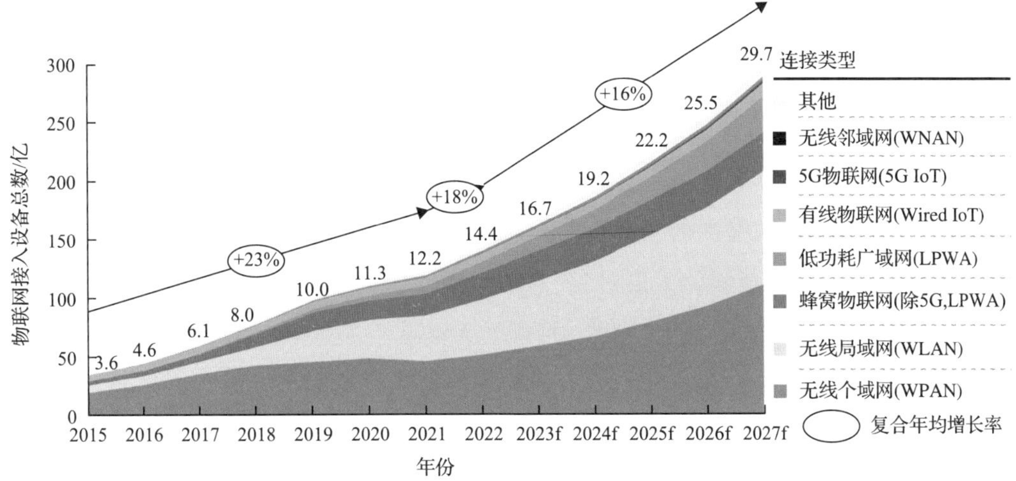

图 26.6 全球物联网设备规模增长和预测[4]

f 表示预测值

式计算机、平板电脑和智能手机）已达到 62.4 亿部[5]。智能终端为人们提供了极大便利，发展了人与物、人与人、人与信息系统在智能环境中的持续交互能力，使人的连接性全面提升，反映了信息终端和信息服务的泛在特征，使人类个体更深刻地融入了信息环境。

（四）大数据和人工智能

2007 年，图灵奖得主 Gray 提出“科学方法的革命”，将科学研究分为四类范式（paradigm），依次为经验归纳、数理推演、计算模拟和数据密集型科学发现。其中数据密集型也就是我们现在常说的“大数据”。

随着社交网络、物联网、卫星遥感和各类信息终端的普及，图像、音频和视频的广泛使用，数据呈指数级爆发。海量数据的出现，不仅超出了普通人的理解和认知能力，也给计算机科学本身带来了巨大的挑战。当数据量超出一定规模后，我们面临的最大问题不再是缺少数据，而是如何处理超大规模数据。AI 模型的飞跃式发展被认为是人类的第四次科技革命，只有借助人工智能技术，人类才可以实现对大数据的充分运用，真正开启科学方法的第四范式。

2019 年，美国启动了美国人工智能倡议且更新了《国家人工智能研究和发展战略计划》，希望确保在人工智能领域的领导地位。2020 年，欧盟发布《人工智能白皮书》，提出建立“可信赖的人工智能框架”，强化各国在 AI 方面的协同推进。而我国在 2016 年“十三五”规划中将人工智能发展列入了国家战略；2017 年，国务院《新一代人工智能发展规划》确定了新一代人工智能发展三步走的战略目标；2018 年 12 月，中央经济工作会议定义了新型基础设施建设，人工智能成为七大“新基建”的领域之一；2019 年 3 月，中央全面深化改革委员会审议通过了《关于促进人工智能和实体经济深度融合的指导意见》。

大数据已成为代表时代的一种角色，是各行业关注的新生产要素，我国各级政府也分别成立大数据机构推进数据产业发展、提高行政效率效能，为经济社会发展提供新动力。但是，人工智能技术发展迅猛、竞争激烈，通用人工智能（artificial general intelligence, AGI）正面临重大突破，可能对人类社会的生产方式和组织形式产生变革性影响。因此，各行业在研发专业人工智能模型的同时，也要考虑构建行业通用人工智能体的挑战，如在水利行业构建以 AGI 为核心的智慧流域。

第二节　黄河流域的信息化历程

一、水利信息化起步阶段——黄河防洪调度系统

在两千多年历史中，黄河中下游决口达 1500 多次，重要改道 20 多次，也就是常说的“三年两决口，百年一改道”。洪水问题一直是黄河的最大问题，困扰着中华民族。黄河流域的信息化工作即起源于防洪需求。

1975 年 8 月，由超强台风莲娜登陆导致的特大暴雨引发淮河上游特大洪水，河南省、安徽省 29 个县市 1100 万人受灾，直接经济损失近百亿元。为吸取“75·8”洪水的教训，根据黄河防洪需要，1977 年组建黄河水利委员会通信总站（1994 年更名为黄河水利委员会通信管理局），1986 年成立黄河水利委员会防汛自动化测报计算中心（1997 年更名为黄河水利委员会信息中心）。后由于“数字黄河”工程建设需要，黄河水利委员会通信管理局与信息中心于 2002 年合并组建了新的黄河水利委员会信息中心。

20 世纪 90 年代，在中芬合作项目的支持下，黄河水利委员会建设了黄河防洪情报、预报和调度的计算机网络及软件系统。其中防洪调度系统（功能结构如图 26.7 所示），实现了基础雨水情信息的收集、建库和查询管理，辅助防洪调度会商；构建了防洪调度模型，可以开展黄河下游干流的洪水演进计算和东平湖分洪方案计算，并可对调度方案进行对比和管理，形成了较为完善的流域防洪调度功能。该系统在广域网络环境、数据库管理系统、软件界面开发等技术的支持下，实现了黄河流域防洪调度的网络化、自动化和系统化。在后续“数字黄河”工程建设中，防洪调度系统也是重要

组成部分，防汛信息化水平得到了进一步提升。

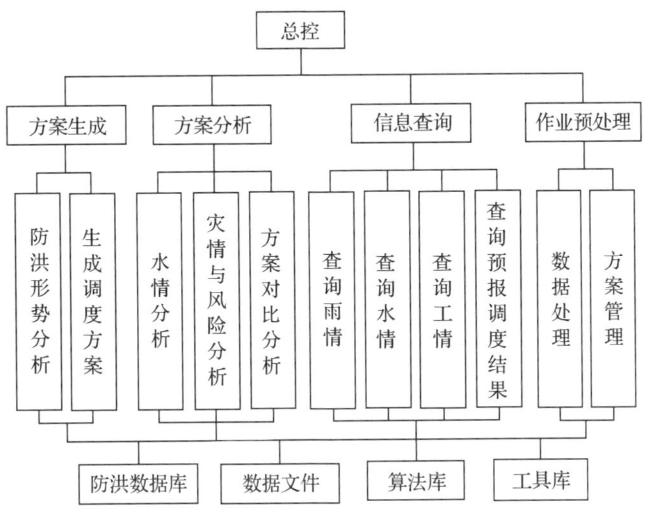

图 26.7　黄河防洪调度系统逻辑结构[6]

二、数字黄河阶段

进入 21 世纪，针对黄河洪水、断流、水质和河床抬高等问题，黄河水利委员会提出新时期黄河治理、开发和管理应着力建设“三条黄河”[7]，即“原型黄河”“模型黄河”“数字黄河”（图 26.8）。

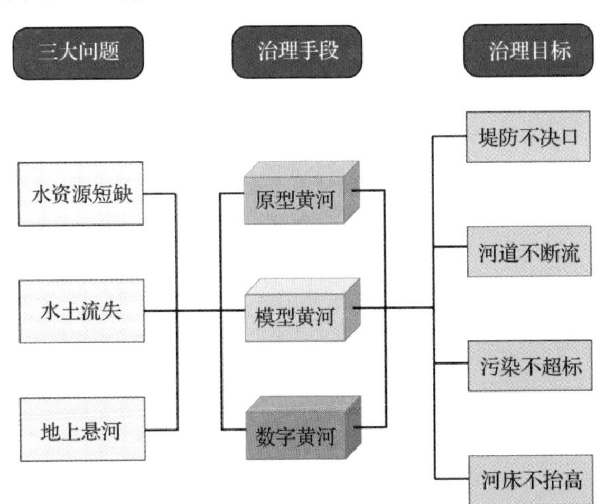

图 26.8　“三条黄河”治理手段及其治理目标

“原型黄河”是现实中的黄河，是治理开发和管理的对象，治理的目标是实现“堤防不决口、河道不断流、污染不超标、河床不抬高”。“模型黄河”是实验室中的黄河比尺模型，主要采用物理实体模型进行模拟和试验，一方面直接为“原型黄河”提供治理方案，另一方面为“数字黄河”提供物理参数。“数字黄河”是“原型黄河”的虚拟对照体，对全流域及相关地区的自然、经济、社会等要素构建一体化的数字集成平台和虚拟环境，以功能强大的系统软件和数学模型对黄河治理、开发与管理的各种方案进行模拟、分析和研究，并在可视化条件下提供决策支持，增强决策的科学性和预见性。

以黄河流域为代表，水利信息化经历了从自动化、网络化、系统化到数字黄河的发展阶段，数字黄河已成为现有水利信息化工作的一面旗帜，其代表性成果分述如下。

（一）黄河水量调度管理系统

20 世纪 70 年代开始，黄河下游频繁、长期断流，在 1972~1998 年的 27 年间，黄河有 21 年出现河干断流，平均 4 年 3 次断流，1997 年断流长达 226 天。为缓解黄河流域水资源供需矛盾和下游频繁断流的严峻形势，1998 年 12 月，经国务院批准，国家计委、水利部联合颁布实施《黄河水量调度管理办法》，落实执行 1987 年国务院批准的“八七”分水方案，授权黄河水利委员会统一调度黄河水量。

2000 年，黄河水利委员会启动“数字黄河”工程，清华大学承担了《数字黄河总体规划》编制任务和“数字黄河”一期工程“黄河水量调度系统建设”任务。当时，流域水量调度在国内还没有先例，国际上也缺少可以借鉴的经验。清华大学根据黄河流域水量调度的实际需求，创建了流域水量自适应调控的理论和方法，研发了基于优化和自适应的流域水量统一调度模型和系统平台。系统根据“八七”分水方案规定的黄河可供水量，按照“丰增枯减”的分配原则，考虑干流控制断面流量约束，克服年度来水量和来水过程的不确定性，采用“总量控制、轨迹追踪、滚动修正”等技术实现了流域水量调度方案的自动优化编制(图 26.9)。黄河水量调度系统作为“数字黄河”工程的首批应用系统于 2002 年投入运行[8]，开创了利用现代信息技术开展流域水量统一调度的先河，为黄河不断流提供了重要的信息技术支撑。

（二）黄河数字流域模型

针对黄河流域黄土高原地区地貌破碎、侵蚀产沙剧烈的特点，清华大学从 2005 年起启动了大规模流域水沙模拟系统——黄河数字流域模型的自主研发[9,10]，在理论、模型、软件、应用等方面取得了大量成果。

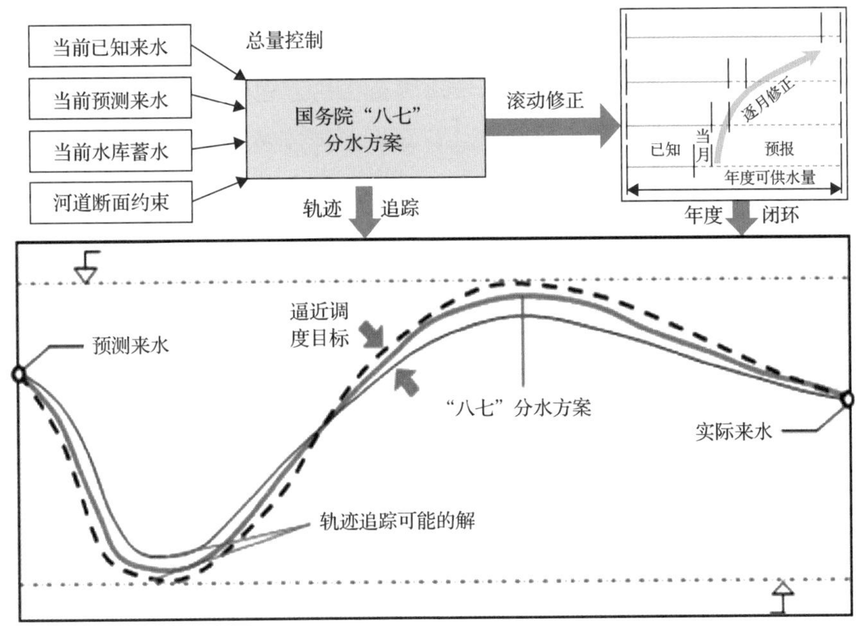

图 26.9　总量控制、轨迹追踪、滚动修正的自适应水量调控方法

黄河数字流域模型采用二叉树河网结构实现流域的高分辨率数字化表达，采用具有长度分量和取值分量的二叉树编码实现对流域河网的逐河段编码；面向与河段对应的坡面–沟道单元，建立了基于物理机理的流域泥沙动力学模型，模拟不同地貌部位不同侵蚀力作用下的水沙过程；提出了基于河网结构的流域动态并行计算方法，建立了采用计算机集群的并行计算平台，构建了黄河数字流域模型的完整体系（图 26.10）。

流域泥沙动力学模型（图 26.11）是黄河数字流域模型的核心[11]。该模型将复杂的流域水沙过程概化到坡面—沟道基本结构单元上，离散坡面、沟坡、沟/河道等不同地貌部位，并针对不同部位、不同侵蚀力建立了不同的子模型，即降水产流与坡面产沙模型、沟坡区重力侵蚀模型、沟道高含沙水流不平衡输沙模型等。流域泥沙动力学模型在黄河数字流域模型平台上运行，实现了黄土高原地区千沟万壑上产沙与输沙过程的数字化再现，得到了广泛应用。

坡面–沟道组合是数字流域模型的基本单元，清华大学进一步发展了流域数字河网提取算法，用以提取结构化的流域河网、对象化的坡面–沟道单元及其几何参数，系统解决了流域地貌的高分辨率数字化表达问题。采用基于最小代价搜索的 8 流向河网提取算法提升了河网提取的运算效率，实现了基于百亿级数字高程模型（DEM）栅格点的大规模河网高效提取[12]。采用 30m 分辨率 DEM，黄河流域和亚马孙流域分别有

1.2 亿和 65 亿栅格点，提取耗时分别为 2.5h 和 14h。Li 等[13]进一步提出了基于地貌参数变点检测的沟头逐一识别方法，提高了河流源头的识别精度。Wu 等[14]提出了实测河流信息无损融合方法和洼地无损处理方法，提高了河流流线的提取精度。

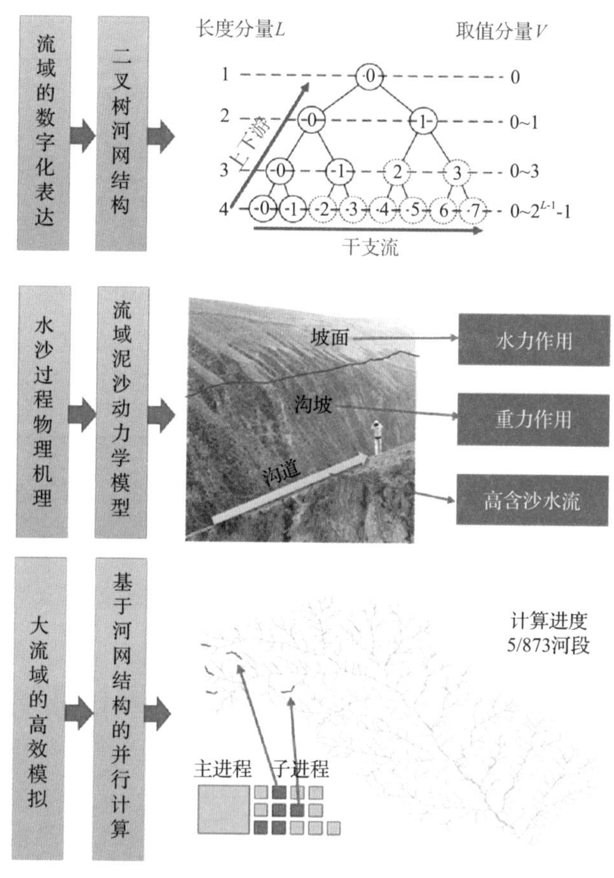

图 26.10　黄河数字流域模型的核心技术体系

（三）黄河水利委员会黄河水沙数学模型系统

数字黄河建设启动以来，黄河水利委员会全面开展了具有自主知识产权的黄河数学模型体系建设，并开展业务化运行，旨在不断提升重大治黄决策的科学化和智能化水平[15]。黄河水利委员会统筹研究编制了黄河数学模拟系统建设规划，确定了总体发展框架及需要解决的关键问题，明确了各类数学模型的研究开发计划（图 26.12），开展了降雨径流预报模型、黄土高原土壤侵蚀模型、骨干水库调度模型、河道水沙演进模型、河口泥沙输移模型、宁蒙冰凌模拟模型、水质预警预报模型等 46 项水利模型建设，计算时效性和精度显著提高，有力支撑了治黄管理和决策需求。

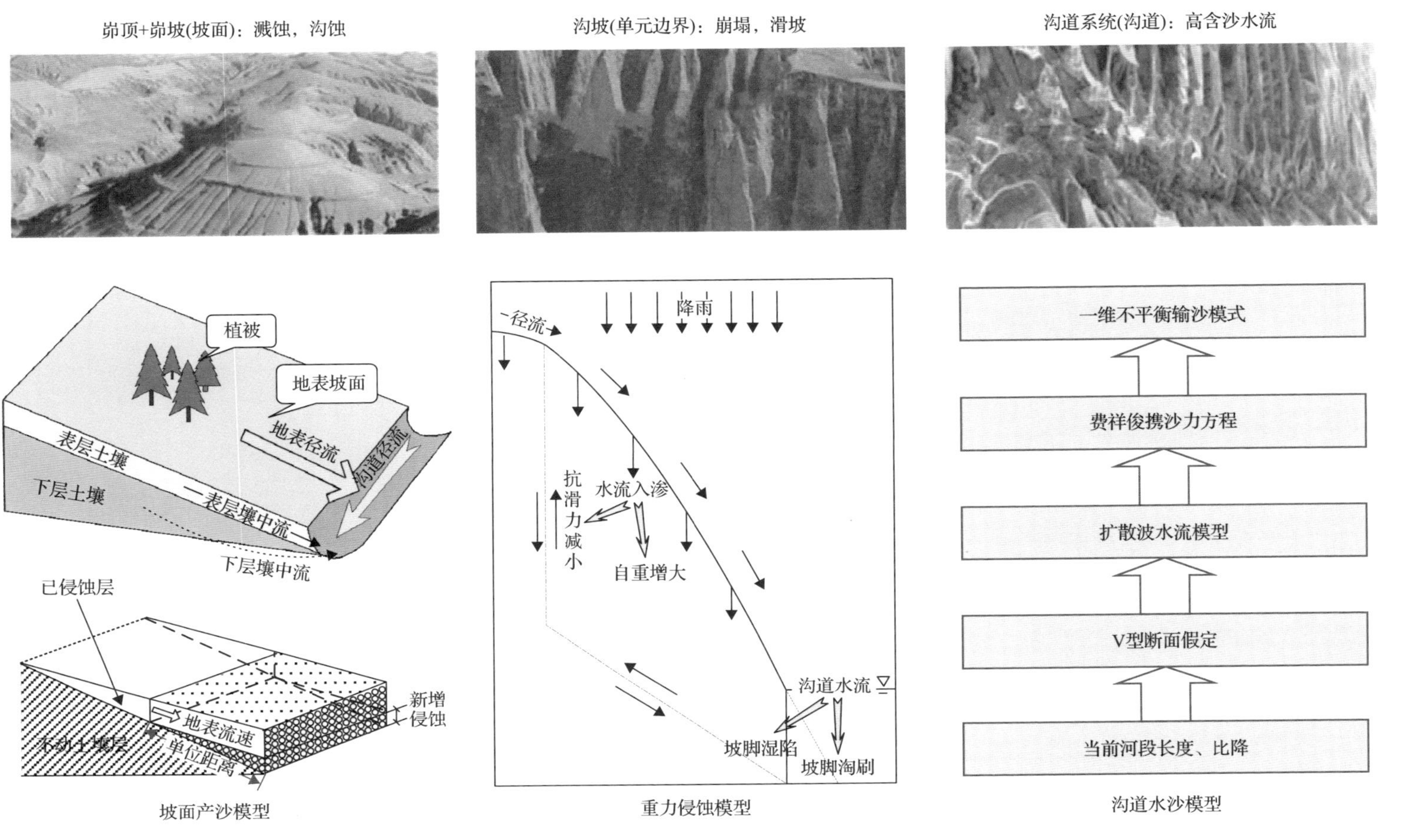

图 26.11　流域不同部位产汇流、产输沙等子过程的动力学模型

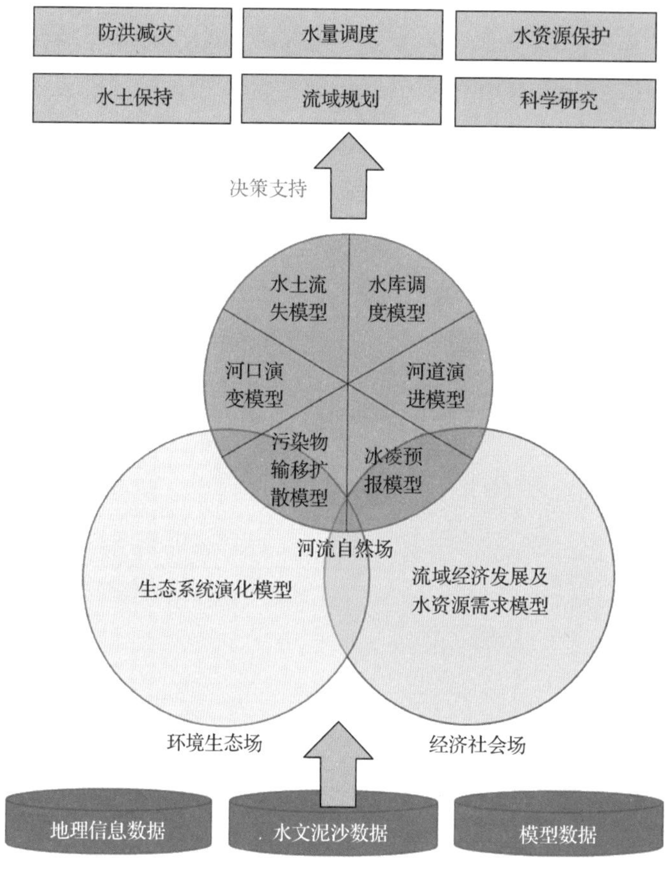

图 26.12 黄河数学模拟系统总体思路[15]

第三节 智慧黄河的定义与架构

一、智慧黄河的定义

流域管理乃至流域实体的智慧化，是新时代流域保护、治理与调控需求拉动和信息技术飞速发展推动的共同作用下，流域管理实现高质量发展的技术要求。在过去不到 50 年的历程中，信息技术的不断应用推动了水利事业和流域管理工作迈入信息化时代，实现了自动化、网络化、系统化、数字化，信息技术起到了对行业发展的支撑作用，但水利业务模态未发生根本性变化。

在当前感知技术、云计算技术、物联网和智能终端技术、人工智能技术取得显著发展的时代，水利事业和流域管理如何实现智能化和智慧化成为升级水利业务模态、促进水利事业高质量发展的重要契机[16]。但与其他行业的智慧化系统不同，智慧流域面对的空间尺度更大、自然过程更复杂、社会要素更广泛，其顶层需求和技术路径尚难明确。如何定义、设计、建设智慧流域，确保水利领域的“智慧化”达到与信息技术领域的“智慧化”相称甚至更高的水平，真正实现智慧流域，仍有大量问题需要探索解决。

“智慧黄河”就是智慧化的黄河，既包括拥有智慧的黄河流域及其数字孪生体，又包括智慧化的黄河流域管理，其核心是管理者和信息系统在数据、信息和知识的基础上共同具备的并主要通过信息系统体现的智慧能力。“智慧黄河”的建设目标是：立足流域水沙、水利工程、生态环境、经济社会整体，面向黄河流域生态保护和高质量发展全局，实现流域地理地貌、水文气象、泥沙产输、工程调控、社会经济等自然与人工要素及其动态过程的数字仿真与智能决策，建设具有智慧能力的综合信息系统，升级黄河保护、治理与调控模态，实现黄河流域的智慧化并推广至其他流域。

显然，智慧黄河需要在信息技术不断发展和水利信息化逐渐加深的前提下，经过较长时间才能实现。现阶段，“智慧黄河”仍是一个顶层设计理念，作为信息系统实体还需要逐步实施。为推进智慧黄河建设，建议主要关注如何在物理黄河、数字黄河与流域管理业务目标间建设智慧主体，并重点考虑智慧主体的业务功能、智慧程度和技术路径。在智慧黄河建设过程中，数字化的加强、智能化的推进、智慧化的探索应同时兼顾。

二、智慧黄河的总体架构

从功能上看，智慧黄河首先要能够面向上级部门提供黄河流域管理全局的总览，其次要面向本级和下属部门提供行政事务和专业业务的数字化、智能化、智慧化工作平台，最后要面向相关部门和人民群众提供水环境、水生态、水资源、水安全、水文化“五水统筹”的互动平台。技术上，需要建设云原生资源中心实现对算据、算法、算力资源的最大化共享与智能调用，建设数字孪生黄河实现对流域水沙过程、工程运行的历史再现与未来预测；通过水信息码实现对水利对象属性、状态及相关服务的穿透访问，改善专业模型研发运行环境；进一步在数字孪生黄河基础上开发智能模拟和智慧决策模型，实现智慧能力这一核心目标。

根据智慧黄河实现“智慧化”这一核心要义，现阶段智慧黄河建设的主要任务包括构建 4 项支撑、打造 5 大体系、实现 6 大目标，总体框架如图 26.13 所示。在智慧黄河的 5 大体系中，智慧水利基础设施、智慧水利智能中枢、智慧水利业务应用是逐层递进的核心体系，是构成智慧黄河信息系统的主体结构，将在下一节展开介绍。

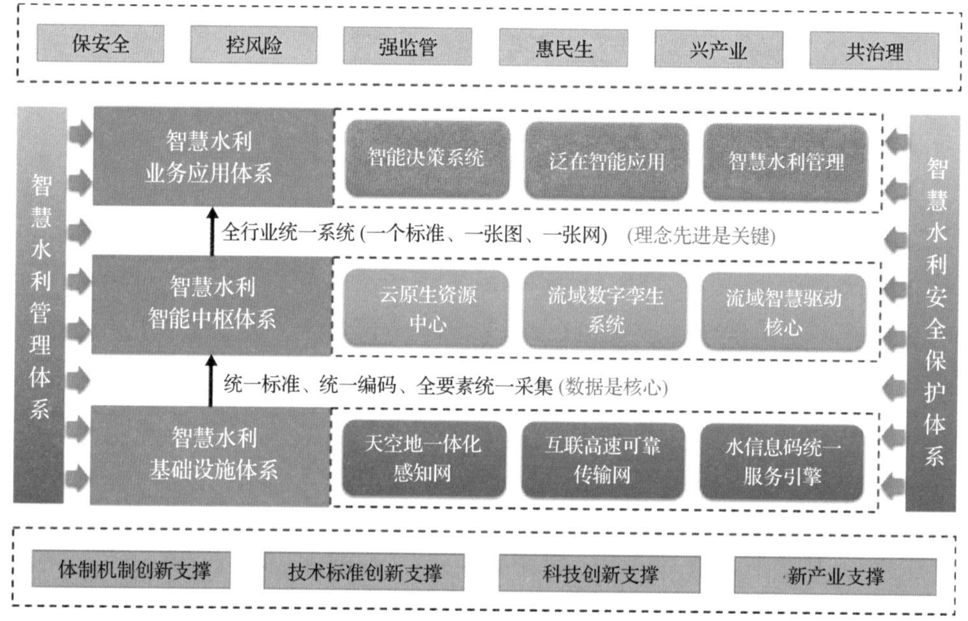

图 26.13　智慧水利总体框架

第四节　智慧黄河的组成体系

一、智慧水利基础设施体系

在气候变化和人类活动的双重影响下，黄河流域在经历显著变化，但相关涉水要素感知获取的覆盖度、时效性、准确性仍然不足，制约了水旱灾害防御、水沙调控、生态保护等业务应用和综合决策。建设智慧水利基础设施体系，构建水利一张图，开展水利基础数据复核和联动更新，开展水利监测数据交汇，推动各部门重要数据共享，是实现智慧黄河的根基。如图 26.14 所示，智慧水利基础设施体系以硬件系统为基础、以规范化数据及统一数据服务为目标，主要包括天空地一体化感知网、互联高速可靠传输网、水信息码统一服务引擎等组成部分。

首先，建设以地面为基、卫星为主、航空为辅的天空地一体化感知网（图 26.15），加强智慧黄河的多要素、全天候、高效、精准、实时、智能、低成本感知能力。地面监测重点在已建系统的基础上推动低成本、高精度、高可靠的智能传感器应用，补充构建多模态、低成本、智能化传感器网络。航空和水面分别推广具有自动巡航功能的无人机、无人船应用，构建无人机航拍影像的智能定量解译能力、无人船游走监测的水面水下数据解译能力。卫星遥感方面加大现有遥感数据融合利用能力，推动“黄河卫星”发射或虚拟星建设。

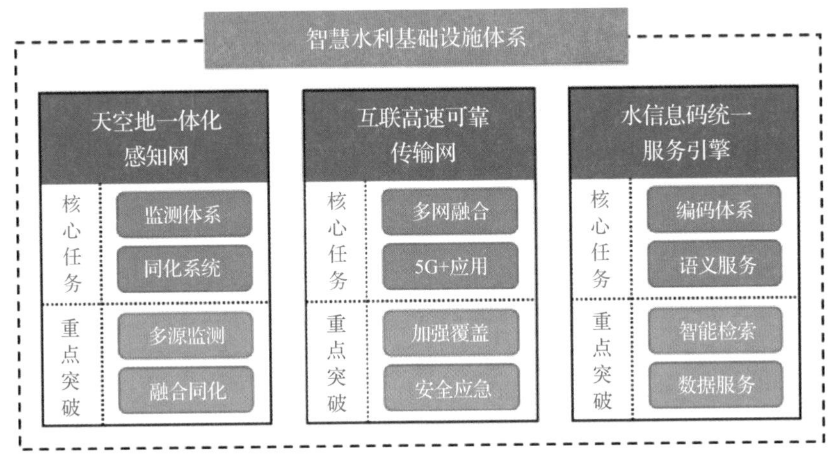

图 26.14 智慧水利基础设施体系

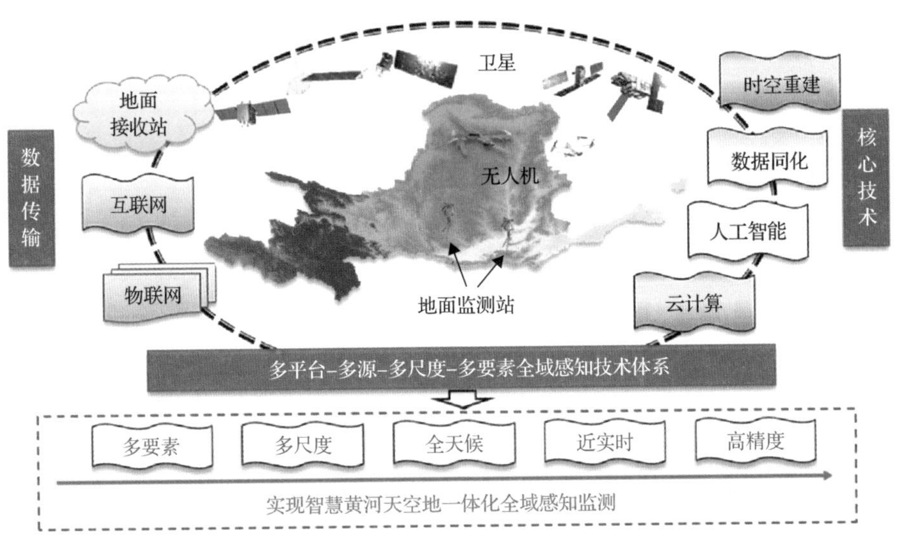

图 26.15 天空地一体化感知网

其次，充分考虑互联网、水利业务专网、水利工控网安全级别和等级保护要求，推进新一代通信基础设施建设，构建泛在互联、高速可靠、防护安全的传输网络。高水平推进 5G+和物联网应用；推动空天信息网、窄带无线通信网等多种通信链路在困难地区的覆盖和接入；规范数据采集管理，采用区块链技术实现数据采集留痕，数据传输溯源；协调边缘计算和实时视频接入，实现音视频信息智能高效传输利用。

最后，面向江河湖泊水系等自然对象、水利工程对象、水利管理活动等水利对象与事件建立统一的涉水要素编码体系，实现对流域全要素的统一编码，即“水信息码”；基于水信息码建立对象化、语义化的水利对象、数据与功能服务引擎，实现水利对象与事件的编码注册、解析服务功能，为流域对象的智能检索和数据服务提供接口。

二、智慧水利智能中枢体系

深入且广泛的智能化是实现智慧化的前提，智慧水利智能中枢体系是实现智慧化的核心，主要包括云原生资源中心、流域数字孪生系统和流域智慧驱动核心三部分，如图 26.16 所示。云原生资源中心主要负责对算据、算法、算力资源的智能管理与共享调用，是一套云计算“操作系统”，与云原生模型微服务的管理、组装、调度的关系更为紧密，因此应纳入智慧水利智能中枢体系而非基础设施体系；在此基础上，构建流域数字孪生系统，通过对流域历史过程的再分析和对未来状态的预测，实现流域水沙过程、工程运行状态的数字化再现与外推；最后，不断升级流域智慧驱动核心，在精确预测未来水情和精准预演管理决策的基础上，分阶段采用知识图谱、人工智能模型、水利智慧体等技术形式，构建智慧黄河的智能中枢。

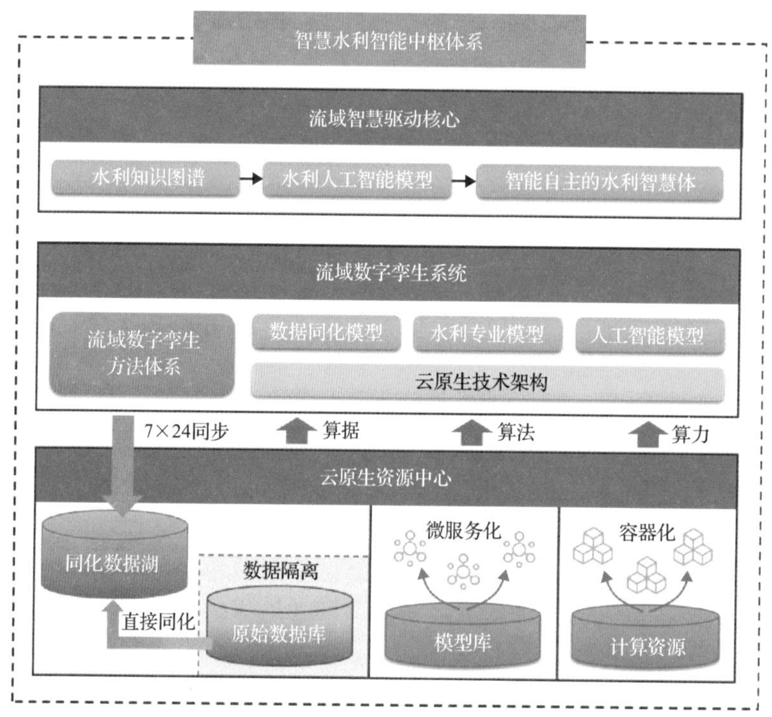

图 26.16 智慧水利智能中枢体系

（一）云原生资源中心

云原生资源中心主要负责对算据、算法和算力的智能管理与共享调用。

算据的获取与存储由位于智慧水利基础设施层的水信息码统一服务引擎负责，算据的管理、再分析与分发使用则由云原生管理中心负责。管理的静态数据既包括跨比例尺的流域地理信息与工程信息数据底板，也包括提取与编码后对象化的流域自然与工程要素；实时更新的动态数据则主要来自天空地一体化感知网，并及时进行数据同化，更新流域的数字孪生状态。除以上描述流域历史与状态的数据外，云原生资源中心还要管理其他类型的数据。例如模型参数库，同一模型在不同时空与物理条件下各有最优的一组参数集，需要进行标准化、规范化的统一管理；又如业务规则及标准数据，如河道断面的生态流量、水资源约束红线等，也需要进行语义化规范管理。

算法是指基于物理机理或大数据的各种水利模型。这些模型在云原生环境下采用微服务组件化的方式开发运行，以提高模型的规范性和灵活性。云原生资源中心管理这些模型及组件，构建智慧水利的算法仓库。这些模型既包括水文水资源、水动力水环境、产沙输沙、水土保持、水利工程安全等描述多维多时空尺度物理过程的模型，也包括对遥感数据、图像视频、自然语言进行识别解译的专用人工智能模型，还包括对自然地理、干支流水系、水利工程、经济社会等数据进行数字化场景渲染的可视化模型。云原生资源中心根据应用需求调用这些模型或模型组合，在自然过程或管理决策数据驱动和边界约束下，实现对气象水文、水流泥沙、工程调度、水资源配置、水土流失、工程安全、经济社会等涉水过程的模拟与预测。

算力采用新一代容器技术进行管理，以实现云计算资源的灵活、高效、可靠调用。在通过分布式、层级化部署保障安全、可靠、充足的计算资源的基础上，算力管理的核心是计算资源的容器化，根据算法要求装配不同规格的容器，当算法被调用时按需启用硬件资源，实例化相应的容器，启动模型运行。

（二）流域数字孪生系统

流域数字孪生可分为流域自然与工程对象的结构化数字映射和流域物理过程的动态数字映射两个层次。其中，流域自然对象的数字化映射以基于坡面-沟道单元的结构化河网为核心，并基于二叉树编码方法实现河网和水利工程的统一编码，建立水信息码统一标识体系；流域工程对象数字化映射的关键在于三维工程实体信息的导入及

其与流域环境的融合；流域物理过程的动态数字映射则需要采用水文、水动力、泥沙、大数据等水利模型对不同监测变量进行融合再分析，利用得到的高分辨率、高精度、全覆盖的时空数据集再现流域历史。

流域数字孪生系统通过调用云原生资源中心提供的算据、算法、算力，充分利用数据同化模型、各种水利专业模型、专用人工智能模型，实现在气象驱动外部边界条件和工程调控内部边界条件下的流域历史与现状的数字化再现，以及对流域各种可能未来的精确预测。通过不断更新对流域物理过程的数字化映射，维持流域数字孪生体的“生命力”，是实现智慧水利的基础。

（三）流域智慧驱动核心

流域智慧驱动核心是直接支撑 2+N项流域管理业务的智能中枢，按其发展的不同阶段，可采用知识图谱、人工智能模型、水利智慧体等技术形式实现。在知识图谱阶段，可利用业务规则、历史场景和专家经验等数据建立知识库，利用知识图谱辅助决策；在人工智能模型阶段，可将知识由知识库的形式转化为人工智能模型的内置参数，提高各单项业务决策的集成化和智能化水平；在远期水利智慧体阶段，采用通用型人工智能模型打造流域智慧驱动核心，实现自主化的流域状态辨识与优化决策，最终建成“人不在环”的“智能自主的水利智慧体”，是智慧水利的高级阶段。

三、水利智能业务应用体系

水利智能业务应用体系用于实现智慧黄河的功能目标，主要由 2 类大功能和 N项中小功能组成“2+N”业务应用体系。2 类大功能是指流域水旱灾害防御与水沙调控类应用、水资源管理调配类应用，N项中小功能包括水土保持、河湖长制及河湖管理、水利工程建设和运行管理、水行政执法等流域管理的各方面业务。

根据信息化系统的发展趋势和水利智能中枢体系提供数据和功能服务的能力，上述水利业务功能可分别设计为大程序及小程序（图 26.17）。两类大功能的管理门户应设计为大程序，其核心是依托流域数字孪生系统的海量水利数据和专业模型，利用较大算力，实现对过去和未来的模拟预测与情景分析，辅助实现防洪调度、水沙调控、水资源调配等流域重大事件的智能决策。而 N项中小功能主要属于水利行政业务，可以通过小程序的形式进行开发和部署，依托统一的程序接口平台实现泛在服务与智能管理。

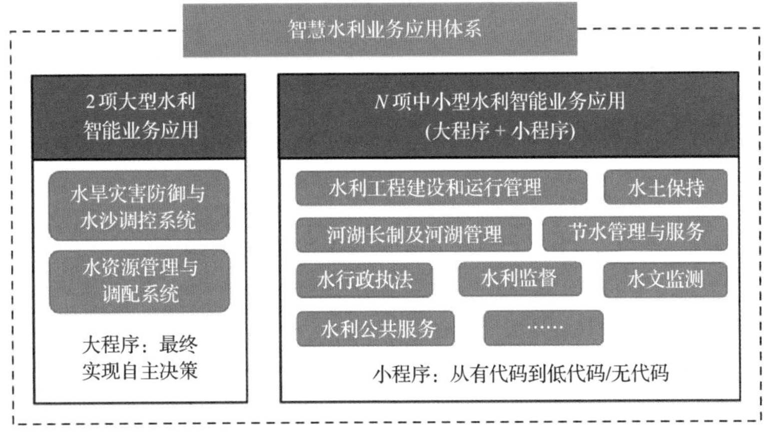

图 26.17　水利智能业务应用体系

（一）水旱灾害防御与水沙调控类应用

建设黄河流域水旱灾害防御与水沙调控系统，实现洪水、泥沙、冰凌、旱情的预报、预警、预演、预案“四预”功能，提升流域水旱灾害风险防范应对和水沙调控能力。

完善雨情、水情、沙情、凌情、工情、墒情、灾情监测能力，开展水利工程智能化改造；改进水利专业模型，提高预报精度、延长预见期；提升管理门户功能和效率，在预报、预警基础上，完善应急调度情景模拟功能，提升风险识别和水沙调控能力，开展水旱灾害防御和调水调沙方案预演，制定预案。

（二）水资源管理调配类应用

完善流域水资源状态监测能力，改进流域来水预测模型，完善流域取用水监管，动态掌握并及时更新黄河流域及各区间、主要支流的水资源量和实际用水量。建立智能化流域水量调度模型进行水资源管理与优化调配，实现流域干支流水量配置与精细化调度，并对用水限额、流域输沙与生态流量等约束性指标进行监管、预报和预警。

（三）N 项流域管理业务应用

利用水利智能中枢体系实现流域孪生状态共享与数据交换，统筹黄河流域管理业务应用平台，建设底层互通的 N 项流域管理小程序，实现政务事项一体化协同管理。贯通水文监测、水土保持、河湖管理、工程建管、水政执法等业务，促进业务协同。推进流域管理小程序向移动互联网端的部署迁移，扩大业务覆盖面，提高信息采集汇集能力和协同处理能力。

根据不同业务内容和服务对象，可以采用低代码、无代码的方式实现行政事务的自主组合定制以及数据智能填报、数据可视化等功能。基层业务人员和服务对象可在移动端运行小程序，无需安装卸载、即点即用，更新方便、扩展性强，实现流域各项行政事务的快速高效运转，更好地发挥智慧黄河的功能潜力。

第五节　智慧黄河的关键挑战

一、技术挑战

在当下智慧黄河和智慧水利的建设过程中，仍存在技术标准体系、智慧水利基础设施、智慧水利智能中枢等多方面的关键技术挑战，需要在实践中不断探索和完善。

（一）技术标准体系

智慧水利的技术标准、规范和导则体系是开展智慧黄河建设的重要基础，能够使智慧黄河建设具有更好的先进性、规范性、协同性。随着各行业智慧化的实施推进，自 2016 年起我国相继颁布了与智慧化建设相关的技术标准 39 项，但还没有与智慧水利相关的国家和行业标准。在水利部现有 842 个标准规范中与水利信息化相关的只有 48 个，且大多在 2017 年前编制完成，2020 年以后编制的只有 5 个。从这些标准规范的覆盖领域及编制时间看，都无法满足信息化技术不断发展的新特征和新内涵的要求，距离构建完善的智慧水利技术标准体系还存在较大差距。智慧水利的技术标准体系建设应聚焦总体标准、基础设施、水利感知、水利网络传输、数据标准、数值模型、人工智能模型、应用服务设计、安全管理规范等主要方面。

（二）智慧水利基础设施关键技术

智慧水利基础设施主要包括天空地一体化感知网、互联高速可靠传输网和水信息码统一服务引擎。感知网方面的技术挑战主要集中天基、空基先进感知方面。首先，卫星遥感的全天时、全天候监测能力不足，合成孔径雷达（SAR）卫星数量较少，高分辨率红外遥感卫星空缺，导致夜间和恶劣天气条件下的水情遥感监测能力低。其次，卫星重访周期长，单颗卫星只能完成过顶时的短时监测，持续监测能力弱。再次，卫星协同观测层次较低，尚未形成信息融合需求牵引下的卫星协同观测机制。另外，基于无人机、无人船组网的巡测感知技术还存在一定挑战，复杂环境下的无人机通信和巡测避障尚未得到完美解决，无人机视觉巡测成果的智能识别与定量解译还不完善，无人船水下传感器的性能和可靠性还有待改进。

在水信息码编码规则与统一服务引擎方面，构建空间地理实体对象体系是智慧流域数据底板建设的重点任务。在流域数据底板中剖分空间地理实体，例如将流域划分为坡面-河段对象，按一定编码规则赋予唯一标识码，是在智慧流域中将地理实体对象化和语义化的关键。通过地理实体的唯一标识，可以获取该实体的属性、状态，与其他实体的关联关系，以及与该实体有关的水沙过程与管理事件。在此基础上，不同应用均可以通过唯一标识获取与该地理实体相关的数据和服务，实现对水利对象的穿透式访问。目前水利对象编码的相关标准有《湖泊代码》（SL 261—2017）、《水利对象分类与编码总则》（SL/T 213—2020）、《中国地表水环境水体代码编码规则》（HJ 932—2017）等，但这些标准主要是编目式的编码方式，难以对流域数字化精细场景中的所有要素进行统一编码，有待应用二叉树编码等容量充足、效率更高的编码方法，并建设编码检索与数据服务引擎。

（三）智慧水利智能中枢关键技术

智慧水利智能中枢体系包括云原生资源中心、流域数字孪生系统和流域智慧驱动核心三部分，当前面临的主要技术挑战是云原生资源中心建设和流域数字孪生的数据同化技术，流域智慧驱动核心则仍需要较长的发展过程。

云原生资源中心建设的挑战主要体现在计算资源管理和模型库管理两方面。计算资源管理需要搭建适用于智慧水利的云计算平台，维护其良好的可管理性，并应对成本、性能、安全等方面的挑战。流域数字孪生系统中的水利专业模型和大数据模型对算力需求有其自身特点，需要大规模、易扩展的云计算资源作为支撑，需要采用云计算资源管理技术提供性能优秀的智慧水利云计算解决方案，并为硬件迁移和应用移植提供帮助。云原生的模型库是以微服务的方式组织的，实现跨主机、跨云、跨数据中心的部署方式。当模型被打散为微服务后，如何在云计算平台上实现对模型的分布式管理并确保性能和安全，支撑水利专业模型和大数据模型运行，是模型库面临的核心挑战。同时，微服务的注册发现、版本更新、性能扩容、负载均衡等都是云原生模型库需要解决的关键技术问题。

在流域数字孪生方面，关键是建立全面描述流域历史和实时状态的流域再分析方法，以监测数据为约束，实现流域全要素的数据重构和模拟仿真。当前，天、空、地不同方式不同变量的监测数据同化程度尚不足，流域“一张图”内不同变量的协调水

平低，未根据流域水沙物理模型或人工智能模型进行流域不同监测变量协调融合的再分析，则难以达到实际流域数字孪生的技术水平。开展流域再分析的难点主要有两方面：一是如何借助对流域的对象化剖分实现监测感知的精细及精确程度与真实世界的合理匹配；二是在监测数据的全面性和及时性难以完全满足数字孪生需求的前提下，如何采用有针对性的模型完成再分析任务并不断滚动更新。

二、应用效能挑战

智慧黄河作为流域信息化的阶段式发展，建设成本将是可观的，应用效能更应是显著的，对推动黄河流域生态保护和高质量发展进入精细化监管、智能化决策的新阶段，起到关键的带动作用。

在流域生态保护方面，智慧黄河应能加强监管和协调能力，突出资源环境承载力刚性约束，服务山水林田湖草沙生态系统保护与生态空间管控，形成生态资源环境监管一张网、一张图、一套数，做到管用、实用、好用。上游加强水源涵养能力，保护重要水源补给地；中游加强水土保持，大力实施林草保护，增强水土保持能力，发展高效旱作农业；下游推进湿地保护和生态治理，保护修复黄河三角洲湿地，建设黄河下游绿色生态走廊。

在高质量发展方面，智慧黄河应能加强精准预测和优化调配能力，强化水资源刚性约束，优化配置全流域水资源，加大农业和工业节水力度，加快形成节水型生活方式，更好地促进流域水资源节约集约利用。智慧黄河还应有利于支撑沿黄城市群高质量发展，以生态保护为前提优化调整区域经济和生产力布局，促进上中下游各地区合理分工协调，提升流域高质量发展活力，为促进流域经济高质量发展提供支撑。

第六节　智慧黄河的未来发展趋势

一、以人为中心的智慧黄河

智慧黄河建设将不断提高黄河流域保护、治理与调控的数字化、智能化、智慧化程度，显著提升黄河流域水旱灾害防御能力、水沙调控能力、水资源优化配置与集约节约利用能力、河湖生态保护治理能力，推动水利事业高质量发展，全面促进水利事业成果惠及全体人民。但是，目前水利业务的基本模态是对流域实体、工程对象、涉水事务的管理，水利事业是通过流域治理与调控、防灾减灾及其他水利事务间接地惠及作为个体的每个人。

在未来信息技术发展趋势及其引起的人类社会组织模式变革下，如何使智慧黄河更好地、更直接地服务于人民群众，可能有两方面的发展趋势：一是智慧黄河系统在处理水利变量的同时，如何也将个体化的人作为主要变量，将个体化的人和人群直接置于水利场景中并在决策中重点考虑，以便更直接地服务于人民个体；二是如何让流域中的普通人也成为智慧黄河的用户，能够通过手机等便利方式直接使用智慧黄河中流域数字孪生状态及预测等有用信息，主动参与黄河流域保护与治理。

二、跳出黄河流域的智慧黄河

智慧黄河特别是数字孪生黄河建设一般会限定目标区域就是黄河流域边界内的范围。但在全球变化背景下，宏观不确定性、非定域性已经成为问题的核心。黄河流域作为全球水圈的一部分，其空地耦合水循环过程、水资源来源和水灾害发端均大量涉及黄河流域外，受亚洲季风、西风带环流、青藏高原等不同区域气候特征的影响，使我们需要以更大的空间范围为对象实现黄河流域的智慧化。

因此，未来需要跳出黄河流域，构建以全球水圈为研究对象的智慧流域系统，形成面向全球水物质循环的整体方法论和模型体系，建立水科学研究的新范式。从全球角度全面认识水圈中水循环对流域水资源、水灾害、水环境的影响机制，是保障水安全、更好地实现黄河流域生态保护和高质量发展的重要途径。

三、从数字孪生黄河到元宇宙

现阶段智慧黄河的核心是流域数字孪生系统，通过对物理黄河的数字化映射，实现数字化场景、智慧化模拟、精准化决策等阶段目标。数字孪生通过流域再分析等手段实现对物理流域历史与现状的数字化映射，强调的是数字化流域的真实性和准确度；制定管理措施时，需要以不同假想情景的方式模拟预测流域对措施的响应，并进行优化决策。

随着元宇宙技术的发展，未来可以实现虚拟的或虚实结合的流域场景，即流域元宇宙，允许对元宇宙中的流域实施管理与调控措施，或由公众在元宇宙中参与互动，并通过物理机理模型或大数据模型及时反馈流域响应，呈现定量的、三维的响应结果，实现在虚拟世界中对流域所有可能的自然与社会作用的实时模拟与虚拟仿真。流域元

宇宙的最大价值在于，通过虚实结合的元宇宙世界获得流域保护、治理与调控的情景数据与管理经验，以虚拟启发现实、引领现实，给智慧水利和水利管理带来新的变革。目前看，流域元宇宙的最大难点在于虚实结合，实现基于真实地理时空与物理机制的多分支场景实时互动。

本章撰写人：李铁键　李家叶　魏加华

参考文献

[1] 国家信息中心. 信息化领域前沿热点技术通俗读本. 北京: 人民出版社, 2020.

[2] Gore A. The Digital Earth: Understanding our planet in the 21st Century. Photogrammetric Engineering & Remote Sensing, 1998, 65(5): 528-530.

[3] 水利部黄河水利委员会. 建设数字黄河工程. 郑州: 黄河水利出版社, 2002.

[4] Sinha Satyajit. State of IoT 2023: Number of connected IoT devices growing 16% to 16.7 billion globally. [2023-4-10]. https://iot-analytics.com/number-connected-iot-devices/.

[5] Statista. Installed base of devices worldwide from 2019 to 2022, by type. [2023-4-10]. New York. https://www.statista.com/statistics/1228163/global-device-installed-base-by-type-worldwide/.

[6] 张素平, 刘学工, 祝杰, 等. 黄河防洪调度系统结构设计与软件开发. 人民黄河, 1997, 11: 33-35.

[7] 李国英. 建设"三条黄河". 人民黄河, 2002, 24(7): 2.

[8] 黄河报·黄河网. 黄河水量调度管理系统(一期)建设与应用.[2011-10-13]. http://www.yrcc.gov.cn/zlcp/kjcg/kjcg04_05/201108/t20110814_103361.html.

[9] 王光谦, 刘家宏. 黄河数字流域模型. 水利水电技术, 2006, 37(2): 15-26.

[10] 王光谦, 刘家宏. 数字流域模型. 北京: 科学出版社, 2006.

[11] 王光谦, 李铁键. 流域泥沙动力学模型. 北京: 中国水利水电出版社, 2009.

[12] Bai R, Li T J, Huang Y F, et al. An efficient and comprehensive method for drainage network extraction from DEM with billions of pixels using a size-balanced binary search tree. Geomorphology, 2015, 238: 56,67.

[13] Li J Y, Li T J, Zhang L, et al. A D8-compatible high-efficient channel head recognition method. Environmental Modelling & Software, 2020, 125: 104624.

[14] Wu T, Li J Y, Li T J, et al. High-efficient extraction of drainage networks from digital elevation models constrained by enhanced flow enforcement from known river maps. Geomorphology, 2019, 340: 184-201.

[15] 余欣, 窦身堂, 翟家瑞, 等. 黄河数学模拟系统建设. 人民黄河, 2016, 38(10): 60-64.

[16] 寇怀忠. 智慧黄河概念与内容研究. 水利信息化, 2021, (5): 1-5.

第一篇　前世今生话黄河

第二篇　黄河水资源：现状与未来

第三篇　黄河泥沙洪凌灾害与治理方略

第四篇　黄河生态保护：三江源、黄土高原与河口

第五篇　黄河水沙调控：从三门峡、龙羊峡、小浪底到黑山峡

第六篇　南水北调与西水东济

第七篇　能源流域的绿色低碳发展

第八篇　智慧黄河

第九篇　黄河：中华文明的根

第二十七章

黄河文明与高质量发展

黄河是中国第二大河，是中华民族的“母亲河”。黄河为宗，地位尊崇。从历史上看，《山海经·西山经》有“河出昆仑”之说。《尚书·禹贡》第一次在古代中国版图上定位了禹河故道的地理坐标，即“导河积石，至于龙门，南至于华阴，东至于底柱，又东至于孟津，东过洛汭，至于大伾；北过降水，至于大陆；又北，播为九河，同为逆河，入于海”。《汉书·沟洫志》中进一步把黄河尊为百川之首“中国川源以百数，莫著于四渎，而河为宗”，即黄河为“四渎之宗”，在中国境内“七大水系”中享有独特的历史地位。据《礼记·王制》，古代天子祭“五岳”与“四渎”等天下名山大川，黄河为帝王祭祀河水之首，这是古人对黄河因孕育中华民族而给予的崇高地位[1]。

文明的诞生实质上是人类第一次技术革命，即农业革命的结果，农业革命使“游荡的人”变成“聚落的人”，发展出定居模式和复杂社会。黄河有着世界大河中最为伟大的塑造平原的能力，黄河泛滥所形成的黄河两岸及华北大型冲积扇平原，正是最适合农业革命的地方，为黄河文明的诞生和发展奠定了坚实的自然地理基础[1]。黄河文明是过去数千年间，生活在黄河沿岸和黄河流域的中华各族人民所创造的物质财富和精神财富的总和，在特定的时间和空间范围内表现为各种文化形态，也表现为黄河沿岸和流域内的各种地域文化。由于中华文明孕育和形成于黄河中下游地区，其主体长期在黄河流域存在和发展，黄河文明的精神部分与中华文明完全一致，物质部分始终是中华文明的重要组成部分。黄河文化体现了中华文明的本质，又具有丰富多彩的地域特色，对中华文明的起源、传承和发展具有无与伦比的重大贡献。

第一节　河流与人类文明的关系

一、全球大河文明分布

在文明产生和形成的初级阶段，物质生产起着重要甚至是决定性的作用。随着文明的发展，特别是发展到高级阶段时，精神财富具有更重要的意义。正如恩格斯在马克思墓前的演说中指出的“马克思发现了人类历史的发展规律，即历来被繁茂芜杂的意识形态所掩盖着的一个事实：人们首先必须吃、喝、住、穿，然后才能从事政治、科学、艺术、宗教等等”。要解决人们基本的吃、喝、住、穿，水是不可或缺的。正因为对水的需求，最早的人类不得不走出东非大裂谷这个最主要的发祥地。在社会发展早期，生产能力低下，直接利用天然河流水体是最普遍、最有效、最便利的。因此，河流是人类文明起源不可或缺的条件，一条水量充足、流路较长、流域面积较大的河流，能满足一个较大的人类群体对水的需求，充分体现了河流在人类文明中的重要地位和作用。图 27.1 显示世界主要大河的文明分布。

图 27.1　世界范围内主要的大河文明分布[2]

然而纵观世界文明，并非每一条河流必定会孕育出一种文明。世界河流长度排名前十的尼罗河、亚马孙河、长江、密西西比河、黄河、鄂毕河、澜沧江/湄公河、刚果河、勒拿河、黑龙江之中，只有尼罗河、长江、黄河与古代最发达的几种文明相关。第二长河亚马孙河流域面积达 691.5 万 km^2，占南美洲总面积的 40%，有 1.5 万条支流，最大流量达 21.9 万 m^3/s，约为长江最大流量的 7 倍。然而，亚马孙河在世界文明史上并没有与之相称的地位，就连与它距离最近的印第安三大古老文明也没有在它的流域范围。而其他重要的文明都发源于其他相对较小的河流，如孕育了美索不达米亚文明的幼发拉底河和底格里斯河，孕育了印度文明的恒河，罗马文明发源地的台伯河，以及希腊半岛和西西里岛上那些更小的河。那么，河流与人类文明之间究竟存在着什么关系呢？河流究竟是怎样影响人类文明的呢？为什么黄河与中华文明联系如此之紧密呢？下面通过流域自然条件，以及不同流域间的文化交融对文明的影响等，剖析黄河流域成为中华文明摇篮的主要原因。

二、流域自然条件对文明的影响

人类的生存和发展除了对河流水体的直接需求外，还对所在流域的气候、地形、地貌、土地利用条件等都有一定的要求。在人类不能用人工手段有效地保暖、防寒、去湿时，人的生存环境，如气温、湿度、风力、降水量等都不能超出人体适应范围。因此，寒带和热带都不合适，只有温带适合孕育文明。黄河、长江、幼发拉底河、底格里斯河都处在北温带，尼罗河的中下游也在北温带，恒河入海口以上也都在北回归线以北。然而，温带也存在一些气候条件恶劣的地区，如持续干旱或者暴雨多发区，也不适合早期人类的生存。地形、地貌方面，一些大河的源头和上游往往都在海拔 3000~5000m 的高原高山，空气稀薄，含氧量低，早期人类不可能在这样的环境中生存和发展。因此，一条大河对早期人类作用最大的一般不是处在高海拔地区的上游，而是中游、下游。中华文明的摇篮产生在黄河中下游地区绝不是偶然的，已经发现的古代文化遗址绝大多数分布在我国第二、第三阶梯。直到今天，中国人口的绝大部分还是生活在海拔 1000~2000m 的第二阶梯和海拔低于 1000m 的第三阶梯。

人类踏进文明门槛的前提是能够开发土地资源，生产食物，但并不是所有的土地都适宜农业或牧业生产，尤其是在缺乏有力生产工具的条件下，对土地的要求更高。沙漠固然无法辟为农田，黏性土壤、盐碱土壤、贫瘠土壤也不适为早期人类所开发利用，茂密森林土地也难以被开垦用于农耕。鉴于上述情况，我们不妨对全球范围早期农耕起源的可行性进行比较：南半球的温带区域面积有限，宜农土地较少；北非与阿拉伯半岛大多是干旱的沙漠，不适合早期农业；世界第一大河尼罗河有很长的河段流经沙漠，两岸很大范围内都不宜农，甚至连牧地都极其稀缺；欧洲的温带区大部分是海洋，陆地所处纬度较高，热量条件不如中纬度地区；人类进入北美的时间较晚，加上那里狩猎资源丰富，早期人类对农业的需求不大。可见，在中国以外，早期农业集中在西亚那片狭窄的新月形地带，以后才影响到尼罗河流域、恒河-印度河流域和欧洲。相比之下，黄河中下游黄土高原和黄土冲积平原面积最大，开发利用的条件相对较好。

在完全依靠人工取水或灌溉的情况下，河水能否被有效利用往往取决于流经地区的自然条件，如河岸稳定性及高度、流量波动范围、河水离需水区域的距离、用水区的蒸发和渗漏等。最理想的条件就是能够实现天然的自流灌溉，或者利用简单的工程、花费不多的人力就能做到自流灌溉。此外，河流水量能否保证特定的人类群体的最低需水量也是重要的因素，否则部分群体只能迁离，或到其他河流寻找新的水源补充。例如台伯河有限的水量难以满足古罗马人的用水需求，他们在不断寻找新水源的同时，持续地迁往他乡，迁出亚平宁半岛，扩散到环地中海地区。随着人口的增加，希腊半岛、西西里岛等岛屿上短促而水量有限的河流无法维持他们的最低需求，促使他们继续跨越地中海向北非迁移。

一般情况下，同样面积的土地，农业比牧业可以提供更多的食物，养活更多的人口，产生更多的物质和精神财富。但只有供水充足的土地才能开发农业，农田转变为牧地相对容易，而受限于供水量牧地则很难转变为农地。然而，若水量过多，特别是在中下游短时间内的水量激增，往往会造成河水暴涨、泛滥成灾。很多民族都保留着对古代洪水的传说或记忆，都有各自的治水英雄或神灵，反映先民曾遭受特大洪水的危害。此外，河流水量的季节性、阶段性变化，即周期性水文节律也为人类利用水资源创造了一定的特殊优势。古埃及人就是利用尼罗河三角洲每年泛滥留下的肥沃淤泥开发出发达的农业，为埃及文明奠定了稳定的物质基础，支撑了绵延数千年的埃及、迦太基、希腊、罗马、拜占庭文明等。

三、不同流域间的交流对文明的影响

一条大河与其他大河、其他文明区的距离，也是影响文化交融的因素。距离较近，且地理障碍较小的两个流域之间的交流和互补，也可能引起不同地域集团间的竞争和冲突。黄河和长江是地球上两条靠得最近的大河，两个流域在很多地区仅隔一道分水岭。多条运河的开凿和交通路线的开通，更使两个流域连为一体。公元 221 年以来，多数时期两个流域同处于一个中央集权政权的统治之下，两个流域产生的文明萌芽相互呼应，汇聚到当时自然条件更优越的黄河流域，形成早期的中华文明，后又扩散到长江流域。黄河流域的人口一次次大量迁入长江流域，为长江流域的开发提供了人力和人才资源。当长江流域获得了更有利的自然条件、经济文化的发展后来居上时，又反哺黄河流域，帮助它重建和复兴。

相比之下，黄河和长江与其他大河文明中间在古代有着难以逾越的地理障碍。即使与距离相对最近的印度文明之间，也隔着帕米尔高原、戈壁荒漠、青藏高原、喜马拉雅山脉、横断山脉、印度洋和南中国海，无论是陆路还是海路都极其艰难。少数印度和西域高僧前赴后继，经过几百年时间才将佛教传入中国，法显、宋云、玄奘等历尽千辛万苦才从印度取回真经。藏传佛教只传到青藏高原，到明朝中期才再传至青海、内外蒙古，南传佛教只传到云南边境，而印度教的影响只到达越南南部。总之，在大航海和工业化之前，中华文明受到来自西方其他文明的武力入侵和经济、文化、宗教方面的影响较小。波斯帝国只到达帕米尔高原，亚历山大止步于开伯尔山口，阿拉伯帝国与唐朝只在中亚偶有一次交战，帖木耳还来不及入侵明朝就已身亡。伊斯兰教的东扩止于新疆，基督教只在唐朝有过短时间小范围的传播，十字军东征从未以中国为目标。直到 16 世纪后期利玛窦在明朝传播天主教时，还不得不擅自修改罗马教廷的仪规，允许中国士人保留传统习俗。佛教被中国接受，也是以本土化为前提的。中国人可以从容、自主地选择接受外来文化，并且一般都限于物质方面，在精神方面受到的影响不大。然而，这也导致中国对其他文明的实际了解较少，缺少摩擦、碰撞、挑战、竞争、交流，更不会主动走出去介绍、推广、传播自己的文化。即使在相对最开放的唐朝，实际也是“开而不放，传而不播”，即允许外国人进来，却不许本国人出去，可以向主动来学习的人传，却不会主动走出去播。

汇入海洋的河流为人类提供了更加广阔的天地，河流的出海口或三角洲的地理位置也是影响文化传播的一个重要因素，有时甚至是决定性的因素。非洲的东非大裂谷是公认的人类主要发祥地，在那里形成和繁衍的人类之所以能走出非洲，分布到世界大多数地方，一个重要的因素就是尼罗河的存在。尼罗河自南向北流入地中海，河流顺直，水势平缓，成为早期人类外迁的天然途径。尼罗河的出口地中海，是一个基本封闭的内陆海，中间有大量半岛、岛屿，周围集中了人类主要的文明。在没有机器动力和导航设备的古代，由尼罗河进入地中海后，航行安全，能在较短的距离内到达沿岸各地，再迁往欧洲、亚洲其他地方。因此，古埃及人、希腊人、罗马人、腓尼基人将出海看成为财富、机遇、希望、未来。而黄河、长江出海即进入开放浩瀚的太平洋，在古代几乎无法远航，航程所及范围内不存在其他文明，在自己的文明圈中也属于边缘。因此，古代中国人将出海当作天涯海角、穷途末路，将“海澨”（海滨）与“山陬”（深山）一样看成天下最穷困的地方。

河流的交通运输功能为流域内和流域间的高效交流提供了有效途径，支撑着文明的生存和发展。一个大的文明区域必定需要大量的人流和物流，而一条大河所能提供的水运方式是最便捷和廉价的。直到今天，水运仍具有难被替代的优势。在工业化以前，内河运输往往是一个国家、一个地区唯一有效的手段。古埃及所建的金字塔、神庙、方尖碑的材料，是产于阿斯旺一带的花岗岩，如没有顺流而下的尼罗河水运，这一切就都不可能发生。古希腊、古罗马建筑大量采用的大理石，也得依靠河流的运输连接海运。西汉选择在关中的长安建都，但关中本地产的粮食供养不了首都地区的人口，必须从当时主要的粮食产地——太行山以东的关东地区运输，只能利用黄河溯流而上，穿越三门峡天险，再进入黄河的支流渭河运到长安。尽管要耗费巨大的人力物力，运费高昂，却是当时唯一的选择。一旦关中的粮食需求超出了黄河水运的能力，隋朝和唐朝的皇帝不得不带领文武百官和百姓迁到洛阳“就食”（就近接受食物救济），最终导致长安首都地位的丧失和首都的东移。中国历史上多次发生大规模的人口南迁，利用黄河的支流进入淮河流域、长江流域，一直是移民的主要交通路线。长江及其支流更加优越的水运条件，也是长江流域的经济逐渐超过黄河流域的重要原因。

第二节　黄河流域为华夏先民提供的条件

黄河流域位于中国版图的中心，在中华文明进程中产生了决定性的影响。河湟谷地遥望雪域高原，黄河上游闯入沙漠，连通宁蒙，中游劈开崤函，贯穿陇海，大运河勾通苏杭幽燕。四方辐辏的地理位置，大河便利的灌溉条件，适合耕种与生存的土壤和气候，使得黄河流域成为中华民族繁衍生息的摇篮。五千多年前的文明曙光汇聚于黄河流域，形成中华文明的雏形，发展成为中华文明的主体，并逐步传播扩大到整个中国。因此，黄河文明是中华文明的源头，早期的中华文明就是黄河文明。人类文明的起源和早期发展一般没有文字记录，主要依据人类使用工具的器质等考古学证据探索，把人类早期历史区分为石器时代、青铜时代、铁器时代，中国与其他国家不同，还有一个明显的玉器时代。东汉袁康《越绝书》引用战国时代风胡子的话，认为传说中的三皇时代是石器时代，从黄帝开始的五帝时代是玉器时代，禹以后的夏商周三代是铜器时代，春秋战国进入了铁器时代[3]。在中国境内已经发现的旧石器时代（距今二三百万年至七八千年以前）的遗址大约有 2000 处，其中近一半分布在黄河流域。新石器时代（距今约 8000~3000 年前），黄河流域仍然是当时最发达的地区。在华夏大地形成裴李岗文化、仰韶文化、良渚文化、红山文化、马家窑文化、大汶口文化、龙山文化等众多的文明雏形，考古学家形象地将其比喻为满天星斗，但最终能延续并发展成为中华文明主体的都集中在黄河中下游地区，中国有文字记载的历史最早出现在黄河流域（图 27.2）。从临潼姜寨到马家窑，从半坡到城子崖，从陶寺到二里头，从郑州商城到安阳殷墟，农业、畜牧业、手工业、城市、青铜器、文字、历法、思想……一盏盏灯火相继点亮，自此从未熄灭。

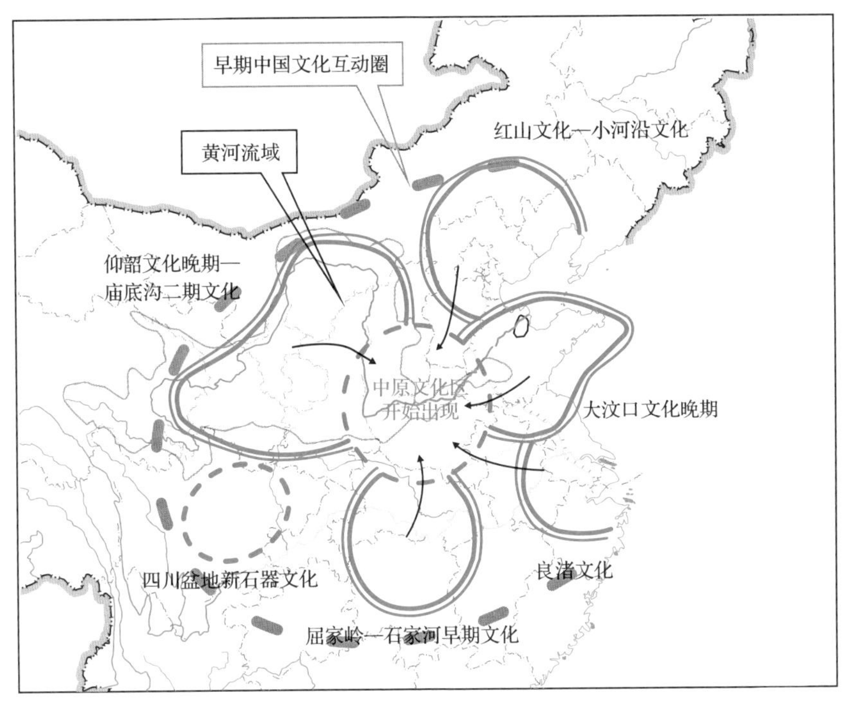

图 27.2　距今 5000~4500 年前中国的文化形势

资料来源：《中国国家地理》（黄河·黄土专辑）.https://m.thepaper.cn/baijiahao_12547817

一、黄河流域农业文明的曙光

农业文明的曙光及其产生的最普遍、持久的影响，使得中华文明的源头在黄河流域形成。黄河中下游绝大部分属黄土高原和黄土冲积平原，地形平坦，土壤疏松，典型稀树草原地貌（图 27.3）。先民用简单的石器、木器就能完成开荒垦地，为早期农业开发提供了极其有利的条件。加之黄土高原和黄土冲积的平原地处北温带，总体上适合人类的生存和生产生活。五千年前这一带的气候正经历一个温暖期，三千年前后有过一个短暂的寒冷期，又重新进入温暖期，直到公元前 1 世纪才转入持续的寒冷。因此，这一带总体上气候温暖，降水充沛，农作物丰富，是当时东亚大陆最适宜的成片农业区。其面积比尼罗河三角洲、中东新月形地带农田加上两河流域土地的总和还大。因此，从早期开始，黄河流域充足的农田为人类提供了生存需要的粮食和物资，中国的土地和生产始终都能够满足自己的需要，不存在向外扩张的动力。与世界上其他文明一般有很强的扩张性相比，如希腊人、罗马人、埃及人离不开海，必然向外扩张疆土、对外贸易，否则无法生存，中国对海洋的需求和兴趣也没那么大。在工业化以前海洋能够提供的也不过是鱼盐之利，盐虽然很重要，但需求顶多随着人口数量按比例增长，而且随着社会发展，盐的消耗反而会更少。在没有形成食品冷链之前，海产品的利用价值很低，一般海鱼的利用价值也远远不及淡水鱼。

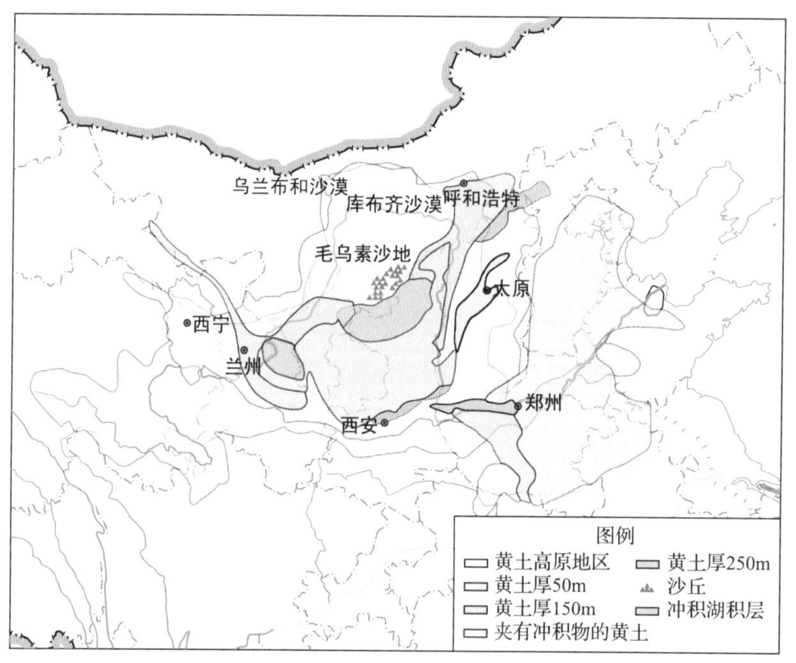

图 27.3　中国北方地区黄土及黄土状地形分布图

图中黄土厚为平均厚度。资料来源：《中国国家地理》（黄河·黄土专辑）.https://m.thepaper.cn/baijiahao_12547817

像黄河这样长达数千公里的大河，从源头到出海口，中间没有太大的地理障碍，函谷关、太行山以东更是连片的大平原，不仅提供了丰富的土地资源和农耕条件，而且是深厚的精神源泉，满足了不断扩大的农业生产和持续增长的人口和文化的需要，下面梳理了文化优势方面的考古学证据（图 27.4）。因在河南新郑市裴李岗发现而命名的裴李岗文化广泛分布在河南中部的郑州、新郑、尉氏、中牟、新密、巩义、登封、长葛、鄢陵、郏县和项城等地，是公元前 6000~前 5000 年的早期新石器遗存。出土的石器中有石磨盘和石磨棒，表明当时已经有了原始的粮食加工。基本同时的磁山文化发现于河北武安县，也是一处早期新石器遗址，除了同样有石磨盘、石磨棒以外，还发现了腐朽的粟类谷物。显然，当时这一带的人类已经从原始的采集、渔猎进入了农业生产阶段。

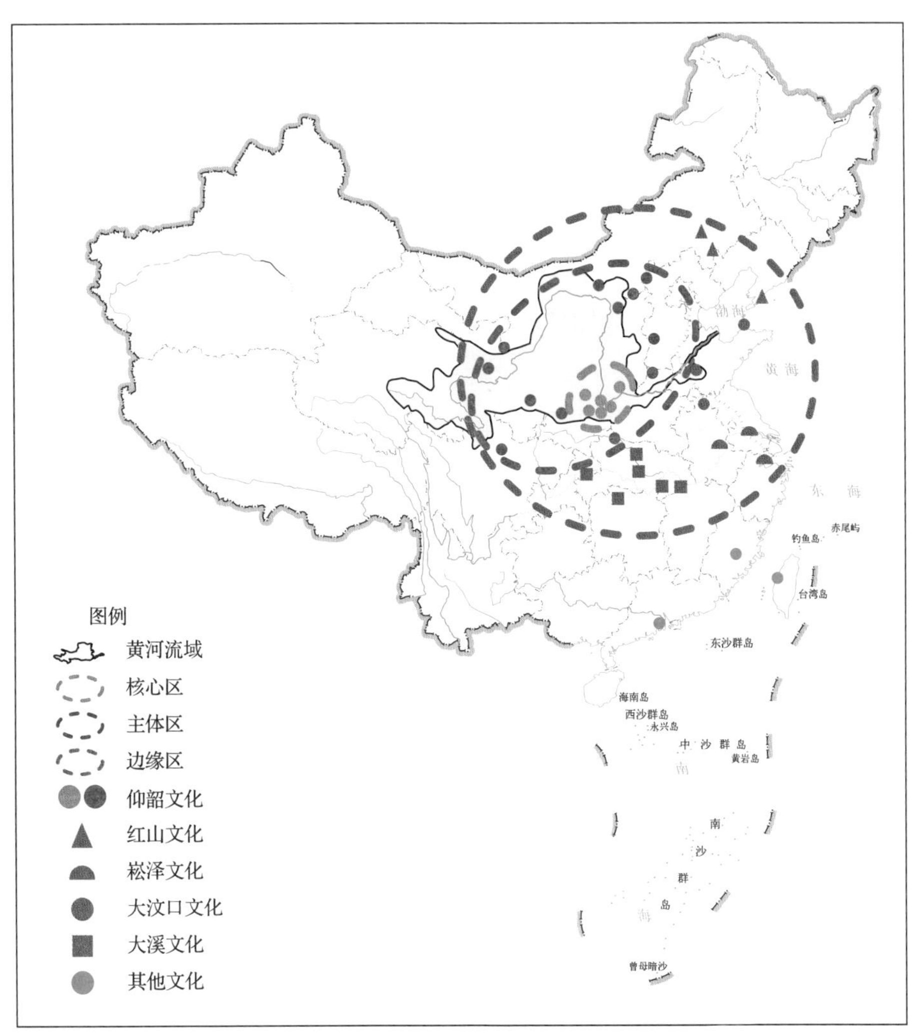

图 27.4 仰韶文化中以彩陶为代表的庙底沟文化的影响范围

资料来源：星球研究所.什么是黄河.https://mp.weixin.qq.com/s/EBsYChJ9pEHEvAXN7LajYg

仰韶文化是因 1921 年发现于河南渑池县仰韶村而得名，至今已经发现了上千处遗址，广泛分布在黄河流域的河南、山西、陕西、河北、甘肃东部、宁夏和内蒙古南部，但以黄河中游地区为主，时间从公元前 5000~前 3000 年不等。仰韶文化以彩陶（绘有黑、红花纹的陶器）为特征，以农业为主、渔猎为辅，饲养猪、狗等家畜，属于母系氏族公社时期。著名的西安市半坡遗址、陕西临潼县姜寨遗址、河南三门峡市庙底沟遗址都是仰韶文化的典型代表。从这些遗址可以进一步证实，当时这里的人们已经过着定居生活，形成了村落，大多有了房屋，以农耕为主，同时饲养家畜，兼有渔猎。当时的陶器制作已经相当成熟，石器工具已有很多品种。仰韶文化前后持续约 2000 年，经过这一阶段的发展和进步，奠定了黄河流域农业文明的基础。甘肃仰韶文化的遗址分布在甘肃、青海一带，包括发现于甘肃临洮县的马家窑文化和半山——马厂文化，时间约在公元前 3000~公元前 2000 年。它的基本特点与仰韶文化相同，也是以农业为主，时间上的差距可以设想为人口缓慢迁移的结果，那么甘肃仰韶文化的来源应该就是黄河中下游地区。

黄河下游地区主要以大汶口文化和龙山文化为主。大汶口文化于 1959 年首先发现于山东宁阳县堡头村、以泰安市的大汶口命名，分布在山东和苏北部分地区。龙山文化于 1928 年在山东章丘县（今济南市章丘区）龙山镇城子崖发现，至今已广泛发现于山东、河南、江苏、安徽、河北、陕西、山西、甘肃、内蒙古、辽宁和湖北北部。龙山文化的共同特点是以农业为主，畜牧业较发达，已经进入父系氏族公社时期。由于各地的龙山文化在时间和特征方面有所差异，因而又分为庙底沟二期文化、河南龙山文化、陕西龙山文化、山东龙山文化和河套龙山文化等。龙山文化比仰韶文化有了显著的进步，反映在磨制石器有很大占比，陶器的制作更加精细，村落的规模更大，挖土工具、凿井技术、金属冶炼已经在一些地区出现，还发现了可能是文字雏形的一些符号（图 27.5）。

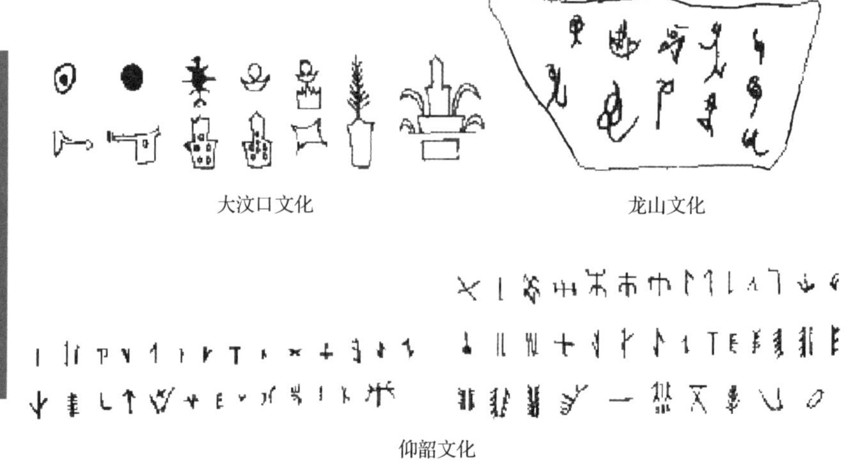

图 27.5　黄河博物馆展出的大汶口文化、龙山文化、仰韶文化的刻画符号

资料来源：华夏国脉——黄河巨龙的缩影.金方艺术摄影的博客.http://blog.sina.com.cn/s/blog_60023359010301r0.html

二、黄河流域社会建制的萌芽

据“中华文明探源工程”研究成果，从五帝时期到虞夏商周时期，前期是各部落联盟争雄时期，后期是部族联盟成为区域性盟主、开始了国家王朝和社会建制的时代。炎帝时期已经开始发明农业、医药、陶器，由于生产工具的局限，当时的农业处在刀耕火种的原始农业阶段。炎帝后裔烈山氏、共工氏分别被后人尊奉为社神、稷神，“社稷”后来被引申为天下、国家，具有至高无上的地位。之后黄帝时期的发明涉及衣食住行各个方面，包括冶炼铸成铜鼎、铸造十二铜钟，以五音演奏显示权力威仪的音乐，用树木制造船、车用于运输，发明缝纫、制作衣裳，发明历法、派人到四境观察天象确定春夏秋冬四季。当时社会组织已经有了尊卑之别，人们已知道利用蚕丝编织衣料，并用服饰区别等级，国家雏形隐约可见[3]。随着农业、牧业生产进步到一定程度，发展到一定规模，一个人类群体开始供养一定数量的非生产人口，例如首领、管理人员、战斗和守卫人员、祭祀人员、巫师、工匠等，并逐渐形成政治实体，出现等级制度，建筑大型公共建筑和祭祀场所，制作礼器，形成城市，出现专门的市场和手工业作坊，有专人从事非生产性工作。在此前提下，出现专门从事精神财富创造的人，并且其人数能保持稳定或逐步增加。

陶寺遗址反映了这一发展历程。陶寺遗址位于山西临汾市襄汾县城东北约 7km 的陶寺村，1958 年考古调查时被发现，1978 年开始大规模发掘，2002 年纳入中华文明探源工程。遗址东西长约 2000m，南北长约 1500m，总面积约 300 万 m^2，是规模最大的中原地区龙山文化遗址之一，至 2018 年已发掘墓葬 1000 余座，出土完整或可复原文物 5000 余件。经 ^{14}C 检测等多种手段年代综合测定分析，陶寺遗址总体可分为早、中、晚三期，距今分别 4300~4100 年、4100~4000 年、4000~3900 年。陶寺聚落的等级分化明显，已存在多个层级，复杂化程度较高。宫殿区、仓储区、祭祀区、重要手工作坊区显然都是为权力阶层服务的。居址则既有规模宏大、地位高的宫殿夯土建筑，又有简陋的半地穴式或窑洞式小屋。贵族阶层也已分化为上下层。墓葬差距巨大，等级越高，数量越少，随葬品越多，反之亦然。中期墓地中大型墓比早期更大，随葬品更丰富。同时也存在很多乱葬墓，死者或被弃于灰坑，或被作为人殉祭祀，或被夯筑于城墙中，显示社会阶层分化，阶级矛盾或颇为尖锐。

根据考古工作者的研究，陶寺遗址中有众多重要发现。如早期王墓中出土的龙盘，其龙的形象与特征或是中原龙形态形成的开始。中期骨耜上发现有“辰”(农)字当是迄今考古发现最早的汉字，观象祭祀台是世界范围内迄今考古发现最早的观象台。陶鼓、鼍鼓、石磬、铜铃、陶埙等乐器，尤其是在早期王墓中配伍出现的乐器，则可能代表礼乐制度的初步形成。另外，所发现测日影立中的圭尺，既是迄今世界最早的圭尺仪器实物，也可能代表陶寺已经形成“地中”概念，而“中”的概念无疑是“中国”概念的必备要素。陶寺遗址附近 20km 范围内密集分布有 14 处陶寺文化时期遗址，基本围绕着陶寺遗址分布。这组聚落分为三个等级，差别明显。陶寺聚落宏大的规模与城址，使其处于唯我独尊地位，是绝对的中心，已具备都城的条件。

年代稍晚的二里头遗址也是一个重要证据(图 27.6)。二里头遗址位于洛阳盆地东部的河南偃师市境内，遗址上最为丰富的文化遗存属二里头文化，其年代距今约 3800~3500 年，相当于传世文献中的夏商之交。遗址沿古伊洛河北岸呈北西–南东向分布，东西最长约 2400m，南北最宽约 1900m，北部被今洛河冲毁，现存面积约 300 万 m^2，估计原聚面积应在 400 万 m^2 左右。其中心区位于遗址东南部的微高地，分布着宫殿区和宫城(晚期)、祭祀区、围垣作坊区和若干贵族聚居区等重要遗存。西部地势略低，为一般性居住活动区，常见小型地面式和半地穴式房基，以及随葬品以陶器为主的小型墓葬。

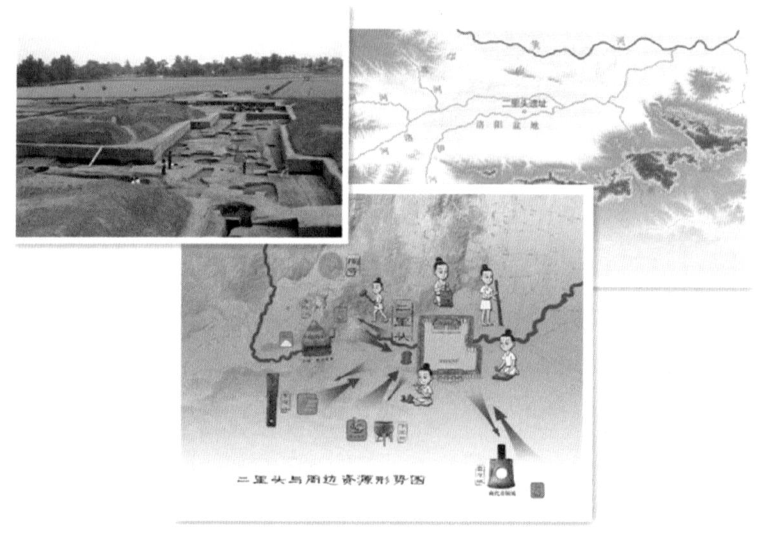

图 27.6　二里头遗址的发掘将迄今为止可确认的中国宫城的最早年代提前约百年

资料来源：葛剑雄：黄河塑造了中华文明，未来与长江文明共造复兴. https://wenhui.whb.cn/third/baidu/202105/04/403278.html

二里头文化第一期遗存在中东部区域广泛分布，文化堆积范围超过 100 万 m^2。遗存中已有青铜工具、象牙器、绿石器等规格较高的器物和刻划符号。此期的二里头遗址很可能已是较大区域内的中心聚落。第二期开始，二里头都邑进入了全面兴盛的阶段，其城市规划大的格局已基本完成。中心区由宫殿区、围垣作坊区、祭祀活动区和若干贵族聚居区组成，其遗存遍布于现存的遗址范围内。宫殿区已得到全面开发，开始营建大型多进院落宫室建筑群，院内开始埋入贵族墓，外围已全面使用垂直相交的大路。官营作坊区兴建了围墙并开始生产铜器，可能还有绿松石器，形成了具有二里头文化特色的陶器群。二里头文化向北越过黄河，向东西方也有所推进，向南推进的力度更大。二里头文化第三期继承了第二期以来的繁荣，总体布局基本上一仍其旧，道路网、宫殿区、围垣作坊区及铸铜作坊等重要遗存的位置和规模几同以往。与此同时，铸铜作坊开始生产作为礼器的青铜容器。除了青铜礼器，贵族墓中也开始随葬大型玉礼器，其奢华程度远胜第二期。

以上关于黄河流域社会建制的考古证据表明，黄河流域最初的文化形态经历了由平等的农耕聚落形态到不平等的中心聚落形态的演进，其社会复杂化发展是其迈向文明时代的一个重要过渡阶段。距今 6000 年前后形成的以黄帝旗帜为引领的强大部落群体被认为是黄河文明的奠基者。他们以浩大的道德力量和物质力量成为天下各部族的首领，集天下各部落的创造创新之大成，不断提升黄河流域政治经济与文化优势。在距今约 5300 年前，历史进入华北有帝喾，江南有吴回氏祝融集团的局面，天下兵戈初息，但是黄河总是在华北平原上决口泛滥，治河成为北方王朝头等大事，而吴回氏所居太湖地区则欣欣向荣，来自东方少昊氏和南方共工氏的精英云集，在政治、经济、文化、宗教等方面均取得了长足的发展，在当时独领风骚。公元前 3250 年，吴回氏、重氏祝融部族集团吸收了凌家滩文明成果，在长江流域建国良渚。良渚国号虞，定都余杭，历时 1100 年左右，是中华大地第一个王朝，与中原部族联盟对峙。虞亡后进入中原东夷二头盟主联合执政，直到夏结束联盟执政，过渡到商周，即使到周朝时仍为分封诸侯国联盟体制。虞、夏、商、周与秦以后的朝代不可等量齐观，一方面它们是王朝更替、互相衔接的朝代，另一方面它们又是四个同时并存的部落集团[3]。

秦统一中国至汉以后，形成以汉民族为主体、统一的多民族国家。秦朝和西汉是黄河流域的黄金时代。秦朝建都咸阳，西汉建都长安(今西安市西北)，东汉迁都洛阳，都不出黄河中游的范围。实际上，早在西周时就有了丰、镐和洛邑的设置，只是还没有成为真正的全国性政治中心。到秦汉时期，黄河中游已是名副其实的全国性政治中心，其影响还远及亚洲大陆和中亚。黄河下游是全国的经济中心，是最主要的农业区、手工业区和商业区。从司马迁的《史记・货殖列传》和班固《汉书・地理志》中都可以看出，战国以来的格局不但没有改变，而且黄河流域的优势地位由于政治中心的存在而更有加强。东汉期间，四川盆地和长江中游的开发进步较快，但除了成都平原可以跻身于先进之列外，其他地区还处于发展之中。

三、黄河流域政治与文化优势

共享一条大河的利益，进行大范围的灌溉和大规模的农业生产，防止和抗御大河不可避免的水旱灾害，建设和维护大型水利工程，都需要氏族、部落、小群体之间的协调和联合，也需要日常的组织和运作，催生出统一国家和集权政治。春秋战国时期，黄河下游还存在上百个大小诸侯国。面对黄河的漫流、泛滥、改道，小国无能为力，大国以邻为壑。后来，较大的国筑起堤防，但在灾害面前往往顾此失彼，更不可能共同修建水利工程，共享农业灌溉之利。秦汉的统一使整个黄河流域处于同一个中央集权的统治之下，黄河中下游地区成为国家的主体和核心部分，从此黄河水利的利用由各级政府实施和管理，同时也能举全国之力修建和维护水利和防灾工程。正因为如此，历朝历代在不得已时会放弃部分边疆，或割让缘边土地求和，但不会容忍黄河中下游地区的分裂割据，总会不惜代价恢复统一或者由下一个政权实现再统一。

中华文明的起源、形成阶段，黄河流域的作用是不可替代的。从已经发现的我国最早的文字——甲骨文的内容判断，关于商朝的文献记载大致是可信的。虽然对商代先民的来源尚未取得一致结论，但商人取代夏人的统治以前就已生活在黄河流域，随后的统治区主要也在黄河流域，到晚期才扩展到淮河流域。另外，从 3800 年发展历史来看，黄河的地位也是非常重要的，中国的概念便诞生于黄河流域，我们现在已有的证据也是在黄河流域发现的。20 世纪 60 年代在陕西宝鸡陈仓区偶然发现了一件青铜器——何尊，这件青铜器上面就有一篇铭文（图 27.7）。铭文中最重要的话就是周王营建成周的前提：惟武王既克大邑商，则廷告于天，曰“余其宅兹中国，自之辟民”（或释作“自之乂民”，大意相同）。大意是，武王在攻克了商的都城后，举行隆重的仪式向上天报告“我现在把中国当我的家园了，亲自统治那里的民众”。这是迄今为止找到的最早的“中国”两字的实证，而且明确昭告，早在 3100 年前“中国”的含义就是当时最高统治者居住的地方。也就是，在商朝时“大邑商”指商王所居的都城殷（今河南安阳一带）；到了周朝“中国”就是周王居住的地方，开始在丰、镐（今陕西西安市一带），而在周成王时在周营（今河南洛阳一带），这些都城都不出黄河中下游范围。

在商朝和西周，可以称为“国”的城数以千计，因而有“万国”一词比喻其数量多。在“万国”中，只有最高统治者所在的国才能被称为“中国”。到了东周，天子名存实亡，“中国”不再是天子的专利——不仅原来处于中心的区域，重要地位的诸侯国也以中国自居。春秋时还存在的一千多个国，到战国时只剩下秦、楚、齐、燕、韩、

图 27.7　何尊及其铭文上的“中国”二字[2]

赵、魏七国和若干无足轻重的小国，“中国”的概念却扩大到了七国。到公元前 221 年秦始皇灭六国建秦朝，秦朝的全部统治区都成了“中国”，从此“中国”成了中原王朝的代名词。政权可以更迭，朝代可以改名，皇帝可以易姓，但“中国”名称不改，所代表的地域范围随着疆域的扩展最终覆盖今天中国领土的全部。

政治经济上的优势也充分反映在文化方面。有人统计了两汉时期见于记载的各类知识分子、各种书籍、各个学派、私家教授、官方选拔的博士和孝廉等的分布，发现绝大多数是出自黄河流域，“关东出相，关西出将”也反映当时人才的分布高度集中。后世被称作“锦绣文章地，温柔富贵乡”的吴越之地，直到春秋末年，在中原人心中仍是断发文身的蛮荒之地。值得注意的是，考古资料和出土玉器表明，从黄帝至大禹的 1500 多年的上古中国史基本上是东夷史，此时黄河流域农业生产水平低于长江流域。但由于长江下游东（南）夷良渚被尧舜灭国后湮没于史，夷的传说也就以黄河下游东夷虞舜为主导。东夷地区的经济社会发展一直处在当时最先进的水平，其文化的先进性表现在丰富的神话、繁荣的音乐艺术，并有部族史诗、颂诗《韶》的流传。《说文》曰“韶，虞舜乐也”。孔子于公元前 517 年在齐国闻韶乐而“三月不知肉味”，并评论其“尽美矣，又尽善也”。黄河下游东夷龙山文化后来演变为岳石文化，而中原地区龙山文化飞速进步，演变至王城岗龙山文化、新砦文化。

受到古代交通能力低下的限制，黄河流域与长江流域的文化交流长期局限于下游地区，上中游地区文化之间具有天然的壁垒。以出土于四川广汉三星堆的纵目大耳的青铜面具为例，良好地诠释了长江上游文化与中原文化的差别之大。从文献和考古发掘来看，中原的青铜器文明从滥觞到顶峰大致用了一千多年。古时中原和巴蜀之间的联系，正如李白在《蜀道难》中所言，“难于上青天”“尔来四万八千岁，不与秦塞通人烟”。所以，等到“地崩山摧壮士死，然后天梯石栈相钩连”，中原文化传入巴蜀的时候，巴蜀已经发展出与中原完全不同的青铜文明。这也就是三星堆出土的青铜文物与中原迥然不同的原因。随着技术的进步、大一统的实现，信息在中国乃至整个东亚地区的传播速度和便捷程度大大提高。华夏文明范围内各个地区的文化之间原本泾渭分明的界限逐渐模糊。例如，南京市周边那些矗立在荒草田野中守卫着六朝古墓，形似狮子胁生双翼的巨大神兽（无角为辟邪、独角为麒麟、双角为天禄），俨然已是金陵的标志（图 27.8）。然而它们却并非本地原产，而是源出黄河岸边的洛阳北邙。它们的基因由中国本土神话中的麒麟、貔貅与沿着丝绸之路传来的西域狮子形象在两汉时期混血而成。

(a)

(b)

图 27.8　南京市栖霞区萧景墓辟邪（a）和洛阳博物馆东汉辟邪（b）（据王睿禹拍摄）

文化的发展和融合在文学作品中也有深刻体现。当我们阅读先秦文学时，不难体会到源自江汉的绮丽《楚辞》，与源自中原的质朴《诗经》所携带的显著不同的地域特征。“驾青虬兮骖白螭，吾与重华游兮瑶之圃”，诵读屈原的《九章》，南国缤纷氤氲之气息扑面而来。“岂曰无衣？与子同袍”，《秦风•无衣》这样的诗句一出，便仿佛让人看到了黄土高坡上满脸虬髯的汉子迎着酷烈的北风怒吼。然而，当我们去品味浪漫的唐诗时，则很难体会到生于幽州的贾岛、生于岭南的张九龄和生于西域碎叶城的李白在诗风上有如此强烈的地域特色。在这个时期，黄河文化的影响力已经远远不局限于黄河流域一隅，而是随着大漠驼铃、唐蕃古道、持节汉使和碧海征帆远扬。毫无疑问，黄河流域中游的长安、洛阳仍然是整个地区的文化中心，但此时“黄河文化”的空间尺度已经扩大到几乎整个东亚地区。远渡重洋，来到扶桑东瀛，依然会看到在形制酷似长安城的平城京中“唐风洋溢奈良城”。黄河流域的汉字不仅统一了中国的南腔北调，还将朝鲜、越南、琉球、日本和一部分东南亚地区一并纳入“汉字文化圈”。但受限于当时的交通条件和通信条件，虽然我们的先辈历尽辛苦开辟了陆上和海上的丝绸之路，但与更遥远的文明的沟通仍然比较困难。因此，东亚汉字文化圈的文明与其他地区的文明仍然保持着鲜明的差异。以文字为例，起源于黄河流域并为东亚地区广泛使用的汉字是当今世界六种书写系统中唯一不表音的。以服装为例，交领右衽、系带隐扣的汉服以及衍生出的韩服、越服、和服，在世界范围也算是独树一帜、特点鲜明。

综上，黄河流域为华夏先民提供了创造物质财富和精神财富的基础条件。中华文明的源头就是黄河文明，中华民族最早的生活方式、生产方式、行为规范、审美情趣、礼乐仪式、伦理道德、价值观念、意识形态、思想流派、文学艺术、崇拜信仰，都形成于黄河流域，或以黄河流域为主体。从最古老的河图洛书到《周易》，从重视商品经济的管仲到强调法制的子产、韩非，从克己复礼的孔孟到倡导无为的庄子，墨家的兼爱、非攻，佛家的悲天悯人，黄河流域的思想文化博大精深，不一而足。数千年的农耕文化，养成了中华民族安土重迁、敬天法祖、家国同构、儒道互补的思想意识和崇仁爱、重民本、守诚信、讲辩证、尚和合、求大同的核心理念。九曲黄河将流域内各种样态的文化融会贯通，形成了包括农耕文化、草原文化、丝路文化、少数民族文化、海洋文化在内的多元文化。黄河文化感召和同化着不同民族，引领华夏文明和谐发展，与周边国家的贸易和文化交流融合，并在发展中保持自我革新的活力，为中华民族伟大复兴事业奠定了坚实的文化根基。

第三节　黄河演变对中华文明的影响

九曲黄河哺育了两岸肥沃的土地，也孕育出光辉灿烂的中华文明。从远古到唐代安史之乱前，黄河流域一直是中国的政治、经济、文化中心。然而，每逢天下大乱，黄河流域也总是首当其冲，成为群雄逐鹿的战场，社会经济受到严重破坏。在残酷的战争中，黄河曾被多次人为决口，以水代兵。洪水所到之处，良田化为泽国，百姓尽成鱼鳖。安土重迁的黄河儿女们不得不一次次地背井离乡，向南迁徙，为相对落后的南方地区带来的先进技术和文化，推动了当地经济的发展和社会的繁荣。

唐末五代，安澜近千年的黄河加剧演变，水患加重。及至北宋，黄河下游决口改道愈加频繁。随着人口增加，黄土高原日益不堪重负，生态环境不断恶化。靖康之变，中国的经济、政治、文化重心转移到南方。黄河夺淮之后，下游决口改道更加频繁，百姓困苦不堪。庞大的元帝国土崩瓦解。明清两代，政治中心北迁幽燕，经济中心南下苏杭。政治中心与经济中心的分离，使得国家的稳定极为依赖南北之间的大动脉京杭大运河。黄河夺淮入海使得黄、淮、运之间形成极为复杂的关系，牵一发而动全身。因此，黄河的治理不仅事关两岸人民休戚，更维系国家命脉安危。

黄河像母亲一样慷慨地哺育两岸人民，又时不时暴怒地将灾难洒向人间。在这样丰饶又危险的环境中，中华文明在磨砺中诞生、成长、壮大，走过了几千年的漫长岁月，谱写了辉煌灿烂的历史，为我们留下了丰富的文化遗产。十九世纪中期以来，中华文明在“三千年未有之大变局”中，与现代工业文明激烈碰撞，在彷徨中呐喊，在交融中扬弃，在阵痛中蜕变，在继承中发展，走过长夜，走过坎坷，终将走进曙色。

黄河水少沙多、水沙异源、河势不稳、演变复杂，导致善淤、善徙、善决，灾害多发，治理困难。自周定王五年（公元前 602 年）以来黄河决口 1593 次，改道 26 次，平均三年两决口，百年一改道，造成无数灾难，死伤无数，还常切断运河粮道，因此黄河又被称为中华民族之忧患。人、水、沙三者的关系贯穿黄河流域的历史始终，黄河的演变与治理始终关乎国运兴衰。因此，常言道“治黄史也是治国史”“黄河宁，天下平”。从大禹治水到今天，治河在中国历史中始终处于极其重要的地位，历代王朝选拔最杰出的官员总督河务治理黄河，以倾国之力采用各种方略试图将黄河“驯服”。黄河流域也是自古兵家必争之地。一次次沿着黄河的东西对打，抽象为棋盘上的楚河汉界。三千年农牧民族的冲突与融合，沉淀为北国的万里长城。黄河的演变与治理塑造了中国人独有的民族性格与精神面貌。治河的艰难使得中国人强调集体，悠久的农业文明使得中国人内向而包容。从黄河身上，中国人悟出了以柔克刚、上善若水的道理，潜移默化于日常生活。下面尝试梳理黄河的自然和社会演变、水沙变化和人类活动、河道变迁与水患灾害等方面的关系，明晰不同历史时期黄河演变对中华文明发展的影响。

一、黄河流域自然和社会演变

在生产水平很低的古代，人类抵御自然灾害的能力非常有限，在洪水、大旱等自然灾害发生之后，迁移往往是躲避灾难的主要手段。游牧、狩猎、采集和迁移性农业的部族，更是以不断迁移为正常的生活方式。由于古代人们的地理知识有限，早期的迁移往往受自然因素影响很大，也会受到一些偶然因素的影响。气候变化对人类文明的影响极为显著，甚至导致文明的兴衰治乱。例如，距今 8000~3000 年前暖湿的气候移至北纬 30°左右的古印度、古埃及、两河流域以及黄河流域时，诞生了四大文明古国；当距今约 3000 年前干冷的气候移至北纬 30°左右时，招致了除中国之外的其他三个文明古国的衰落[4]。

根据竺可桢绘制的中国气温变化曲线，近 5000 年来中国的气候可分为两个温暖期与两个寒冷期：两个温暖期分别是距今 5000~3000 年前和距今 2770~2000 年前，中国零度等温线向北至黄河流域；两个寒冷期分别是距今 3000~2850 年前和距今 2000~600 年前，中国零度等温线向南至长江流域。黄河文明为什么没有像其他三个文明一样衰落，而是最终发展成上下五千年连续不断的中华文明?其重要原因在于，当干冷的气候移至黄河流域招致文明发展断层时，中华民族被迫南迁到暖湿的长江流域；当暖湿过度的长江流域受到海浸与洪涝影响使文明发展出现断层时，中华民族再北迁至凉爽的黄河流域[5]。

古代普遍地广人稀，迁移的部族在离开原地后，一般都不难找到新的生活和生产基地。随着人口的增加，一些开发早的地区如黄河中下游的宜农地区，由于自然条件适宜和已有的开发基础，成为部族间争夺的对象，失败的部族只能迁出这些地区，进入边远地区或条件较差的地方从事新的开发。迁移的基本单位是以共同的血缘关系为基础的部族或部族集团、部落联盟。这些迁移过程都集中在今河南山西中南部的黄河流域，可以说夏朝的基本人口都是黄河哺育的。以后，商朝取代夏朝，周朝取代商朝，但他们统治的人口主体是夏朝留下的或繁衍出来的夏人。因其中不止一个部族，又称诸夏，以后又自称华夏。华，就是花，寓意美丽、高尚、伟大。夏、诸夏就是当之无愧的华夏。黄河人口外迁对文化传播和文明发展的影响体现在两方面：一是促进各族人民对黄河流域的文化认同，把它当母亲河；二是人才输出促进外地开发，特别是农业社会的发展。黄河流域的移民直接增加了迁入地的人口数量，使迁入地的人口迅速增加到经济开发所必需的水平，这在生产条件落后的情况下能够起到决定性作用，如河西走廊、河套地区、南方广大地区、东北等地的开发，都是黄河流域移民大规模迁入的结果。

历史上，战争动乱的破坏对黄河流域和中华文明的影响也极大。因为首都政治中心在黄河流域，无论是叛乱或者是统治者内部争权夺利，或者外族入侵，目标都是黄河流域。从公元 2 世纪末东汉末年开始，黄河流域出现了持续的战争和动乱，历经三国、西晋，中间只有短时间的统一和安定，便又进入了一个更加动荡的十六国与北朝时期。在这一阶段，黄河流域遭到了一场空前浩劫，人口大量死亡和外迁，经济遭到毁灭性的破坏。而南方（一般指淮河、秦岭以南）却相对安定，又增加了大批来自黄河流域的移民，一度取得了足以与黄河流域抗衡的地位。但是此时黄河流域的优势并没有丧失，一旦战乱平息，恢复后就又显示出生机和实力，到北朝后期北方的经济文化仍然使南方甘拜下风。从6世纪末至8世纪中期的隋唐时期是黄河流域又一个繁荣时期。隋唐先后在长安和洛阳建都，关中平原和伊洛平原两次成为全国的政治中心。唐朝的开疆拓土和富裕强盛还使长安的影响远及中亚、朝鲜、日本，成为当时世界上最大最繁荣的城市。尽管长江流域和其他地区已有了很大的发展，但黄河流域在农业、手工业、商业以及国家财政收入中仍然占更多份额。

随着长江文明的兴起与发展，黄河文明逐渐丧失一家独大的地位。但从中国整体文明健康发展的角度，黄河文明与长江文明相互交替，共存共荣更有益。因此说长江文明的兴起对黄河是促进、帮助、互补的作用，而不是相互替代的作用。近代沿海沿江的发展也进一步促进了黄河、长江文化变迁格局。从全世界来看，人口大多数都是生活在离海岸线300km的范围之内，从这点上，黄河流域难以重新成为中国人口最稠密的地区。相比之下，随着近代沿江沿海的持续发展，长江沿线、长三角、环渤海地区、珠三角等可能继续发展并逐渐向流域内陆辐射，优势尤为显著。未来水运交通环境下黄河虽不可能成为枢纽，但如能顺应沿江沿海的发展优势的辐射作用，也能够有一定的发展机遇。例如，在黄河流域生态保护和高质量发展战略下，实施“以航兼治”的发展策略，通过生态航运建设工程对河道进行整治疏浚，构建生态廊道，实现黄河航道通航和河流生态环境良好协同。同时，通过建设开发黄河航运，串联黄河沿线丰富的历史文化遗迹资源，开通黄河文化旅游航运，既满足流域经济高质量发展需求，又切实有效地保护传承弘扬黄河文化。再次，以港口码头为纽带，将黄河干支流与沿线公路有机衔接，宜水则水、宜路则路，形成高效便捷综合交通网，带动区域发展，都是新时期黄河流域社会经济发展的新方向[6]。

二、黄河水沙变化与人类活动

黄河流经世界最厚最大的黄土高原和黄土冲积平原，早期是一个巨大优势，但是后期负面影响、消极作用也慢慢显现出来了。特别是中游地区，年降雨总量的1/2甚至2/3都集中在夏秋之交，短时强降水冲刷黄土，水土流失严重，大量泥沙流入黄河。例如，以前黄土高原里最大的塬相当于好几个县，随着水土流失不断地切割破碎，有些塬面积严重缩小（图27.9）。公元前4世纪时就因水流混浊而有“浊河”之称，公元1世纪初有“河水重浊，号为一石水而六斗泥”的说法，到了唐朝“黄河”一词成为固定名称。宋人称黄河“河流混浊泥沙相半”。明人则更具体地称黄河平时“沙居其六”，伏汛时“则水居其二”。当然，在整个历史时期黄河的含沙量并不是直线上升的，而是随中游水土流失情况的变化而变化；下游的决溢、改道也有剧有缓，这又与下游河道情况和防治工作密切相关[7]。黄河水沙变化、河道演变、灾害多发，造成了唐朝以后黄河流域各个方面的衰退。宋代以后，黄河下游的决溢改道愈演愈烈，每逢伏秋大汛，防守不力，轻则漫口决溢，重则河道改徙，对我国黄淮海平原的地理环境和社会经济造成巨大的影响，近代黄河流域有些地方甚至成了经济落后、文化落后的地方。

图 27.9 黄土高原受流水切割千沟万壑的地貌[2]

由此看来，黄河文明的兴衰与黄河水沙的变化之间也存在着一定的联系，梳理不同时期的水沙演变自然规律有利于理解黄河文明兴衰，顺应自然演变规律可能帮助黄河文明得到适度的复兴。表 27.1 整理了黄河过去 7000 年不同历史时期水沙变化规律，大致可以划分为 10 个阶段。

第 1 阶段，距今 7000~4600 年前（仰韶文化时期），黄土高原气候温暖湿润，人类干扰小，流域处于自然状态，年均气温约 16.5℃，年均降水量约 650mm，多年平均流量约为 3000m³/s，年输沙率约为 0.41Gt/a。

第 2 阶段，距今 4600~3000 年前（龙山文化、夏商时期），人类开始在冲积平原定居，开始建设早期的防洪工程。该时期黄河流域平均气温降为 15.5℃，年均降水量降为 600mm，多年平均流量降为 2800m³/s，年输沙率约为 0.35Gt/a。

第 3 阶段，距今 3000 年前至公元前 5 世纪（周朝至春秋时期），农业发展，农牧过渡带出现，但总体上黄河仍处于较为原始的状态。该时期平均气温降为 14.5℃，年均降水量降为 550mm，多年平均流量降为 2400m³/s，年输沙率约为 0.28Gt/a，已出现黄河改道记录。

第 4 阶段，公元前 5 世纪至公元 106 年（战国至西汉时期），重要的转折时期，开始中央集权，长城修建，黄河流域农民为主，农业生产方式更有利于国家稳定。人类改造自然的能力大幅提高，开始使用铁农具，农业发展至较高水平，大型水利工程

表 27.1　黄河水沙历史阶段划分

阶段	时期/朝代	关键词	T/℃	P/mm	Q/(m^3/s)	Q_s/(Gt/a)
第 1 阶段（距今 7000 至 4600 年前）	仰韶文化	气候温暖、原始农业	约 16.5	约 650	约 3000	约 0.41
第 2 阶段（距今 4600 至 3000 年前）	龙山文化、夏、商	灌溉农业、早期城邦、距今 4200 年前气候转干冷	约 15.5	约 600	约 2800	约 0.35
第 3 阶段（距今 3000 年前至公元前 5 世纪）	周朝至春秋	农牧过渡区	约 14.5	约 550	约 2400	约 0.28
第 4 阶段（公元前 5 世纪至公元 106 年）	战国、秦、西汉	铁工具、大型水利工程、中央集权、长城	约 14.4	约 530	约 2400	约 0.5
第 5 阶段（107 年至 439 年）	东汉、魏、西晋、十六国	游牧力量崛起	约 13.8	约 500	约 2300	约 0.25
第 6 阶段（440 年至 959 年）	北朝、隋、唐、五代	农民重新控制黄土高原	约 14	约 480	约 2100	约 0.5
第 7 阶段（960 年至 1643 年）	宋、金、元、明	开垦坡地	约 14	约 440	约 1850	约 0.9
第 8 阶段（1644 年至 20 世纪 60 年代）	清、中华民国、中华人民共和国	美洲作物种植、过度开垦、束水攻沙	约 13.6	约 430	约 1850	约 1.3
第 9 阶段（20 世纪 70 年代至 1999 年）	中华人民共和国	工业化、水土保持、缺水	约 14.7	约 420	约 1600	约 0.5
第 10 阶段（2000 年至今）	中华人民共和国	退耕还林、水沙骤减	约 14.7	约 420	约 800	约 0.16

注：T 表示年均气温；P 表示年均降水量；Q 表示多年平均流量；Q_s 表示年输沙率。

出现。气候条件与上一时期相当，平均气温约为 14.4℃，年均降水量约为 530mm，多年平均流量约为 2400m^3/s，但黄河流域肥沃土地的农耕导致水土流失加重，年输沙率增加至 0.5Gt/a，河道泥沙快速淤积，改道频繁，洪水泛滥。

第 5 阶段，107~439 年（东汉至十六国时期），农业人口下降，游牧力量崛起，人类活动对黄河中游水土流失的影响减弱。进入寒冷期，平均气温降为 13.8℃，年均降水量降为 500mm，多年平均流量约为 2300m^3/s，年输沙率降至 0.25Gt/a。黄河重新清澈，河床淤积速率低，河道稳定，偶有小规模的决口记载。

第 6 阶段，440~959 年（北朝至五代时期），黄土高原上农耕文明再次繁荣，大规模的耕种与放牧共同加剧侵蚀，气候条件与上一阶段相当，平均气温为 14℃，年均降水量为 480mm，多年平均流量下降至约 2100m^3/s，年输沙率达到 0.5Gt/a 左右。下游河床淤积抬升，决口频繁，甚至出现改道。

第 7 阶段，960~1643 年（宋朝至明朝），人们开垦耕地，农耕技术迅猛发展，森林砍伐加剧，黄河流域环境急剧恶化。平均气温为 14℃，年均降水量减少至 440mm，多年平均流量降至 1850m^3/s，年输沙率增加为 0.9Gt/a。改道频率达到了 20 年一次，大范围修建防治工程以应对水患。

第 8 阶段，1644 年（清朝元年）至 20 世纪 60 年代，黄土高原进一步被开垦，耐旱的美洲作物引入黄河流域，人口快速增长至 3000 万，农民人均耕地低于 0.2hm^2，且 70%的耕地位于斜坡，贫困与过度开垦恶性循环，水土流失加剧。平均气温为 13.6℃，年均降水量减少至 430mm，多年平均流量降至 1850m^3/s，黄河高含沙水流含沙量高达 1700kg/m^3，年输沙率达 1.3Gt/a，下游河道平均淤积速率达到 2~3cm/a。

第 9 阶段，20 世纪 70 年代至 1999 年，平均气温为 14.7℃，年均降水量减为 420mm，多年平均流量降至 1600m^3/s。在大规模水土保持措施下，黄河多年平均输沙率从 1.6Gt/a 迅速降至 0.5Gt/a 以下，接近西汉时期的水平。同时，伴随工业化发展和流域用水增加，黄河出现缺水情形。

第 10 阶段，2000 年以后，气候条件与上一阶段相同，伴随流域进一步的水土保持措施、退耕还林还草，以及社会经济的发展，黄河水沙骤减，流量显著下降为 800m^3/s，年输沙率甚至低至 0.1~0.2Gt/a，水资源短缺成为黄河流域严峻的问题。

根据表 27.1 信息及历史文献整理，绘制过去 7000 年以来黄河流域的水沙变化及重要的黄河治理历史（图 27.10），可总结认为黄河流域对自然及人类活动干扰高度敏感，甚至在部分历史时期受人类活动主导[8]。在气候变化与人类活动的综合影响下，未来黄河演变不确定性强，黄河流域生态保护和高质量发展的系统治理目标如何实现仍然是值得深入探讨的问题。随着全球变暖，近年来黄河流域很多地方降水增加，尤其是西北地区有重新进入较湿润时期的趋势。如若黄河流域逐渐暖湿化，有利于流域植被生长，水土流失减少，加之有力的治河管理，流域可能重回汉唐等最适宜的历史时期，将为黄河文明的复兴提供有利条件。

特别地，随着水土流失的加剧，大量泥沙在黄河下游河道淤积，河床不断抬高，逐渐成为高于两岸地面的悬河，如河南开封一带黄河的河床要比堤外平原高出 8~10m，甚至 20m。为保证安全，堤坝越筑越高、越建越宽，然一旦决堤就会造成严重的水患灾害，甚至发生改道，形成下游多条河道。如图 27.11 给出了黄河下游战国时期、西汉时期、东汉时期、宋代北流、宋代东流、明清河道等古河道，以及 1855~1938 年故道和 1938~1947 年夺淮河道等多条河道。黄河下游河道在华北平原上呈扇形摆动，北至天津，南至淮安，形成了一个巨大的冲积扇，淤积成数以万顷良田和沃土，为人类

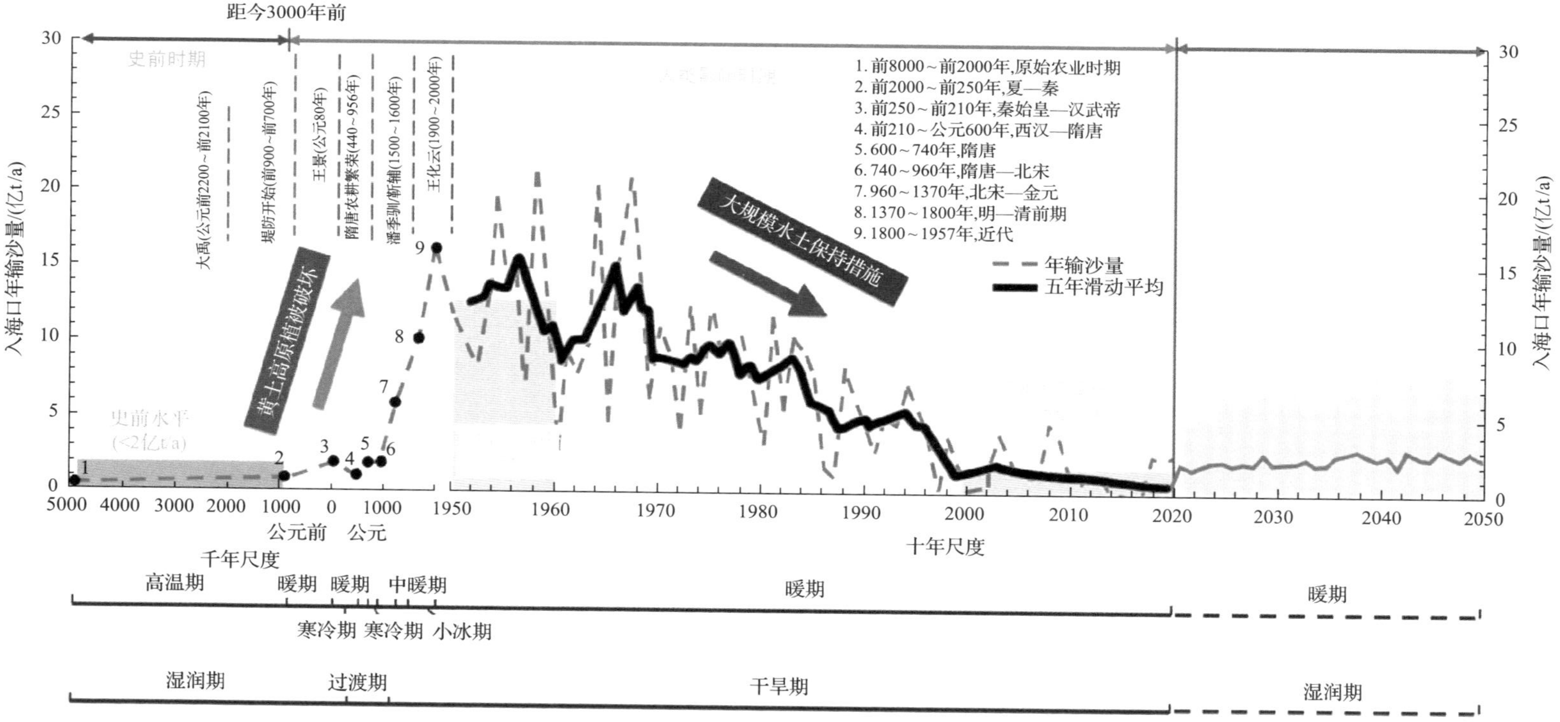

图 27.10　过去7000年来黄河流域的水沙变化及黄河治理历史[9-11]

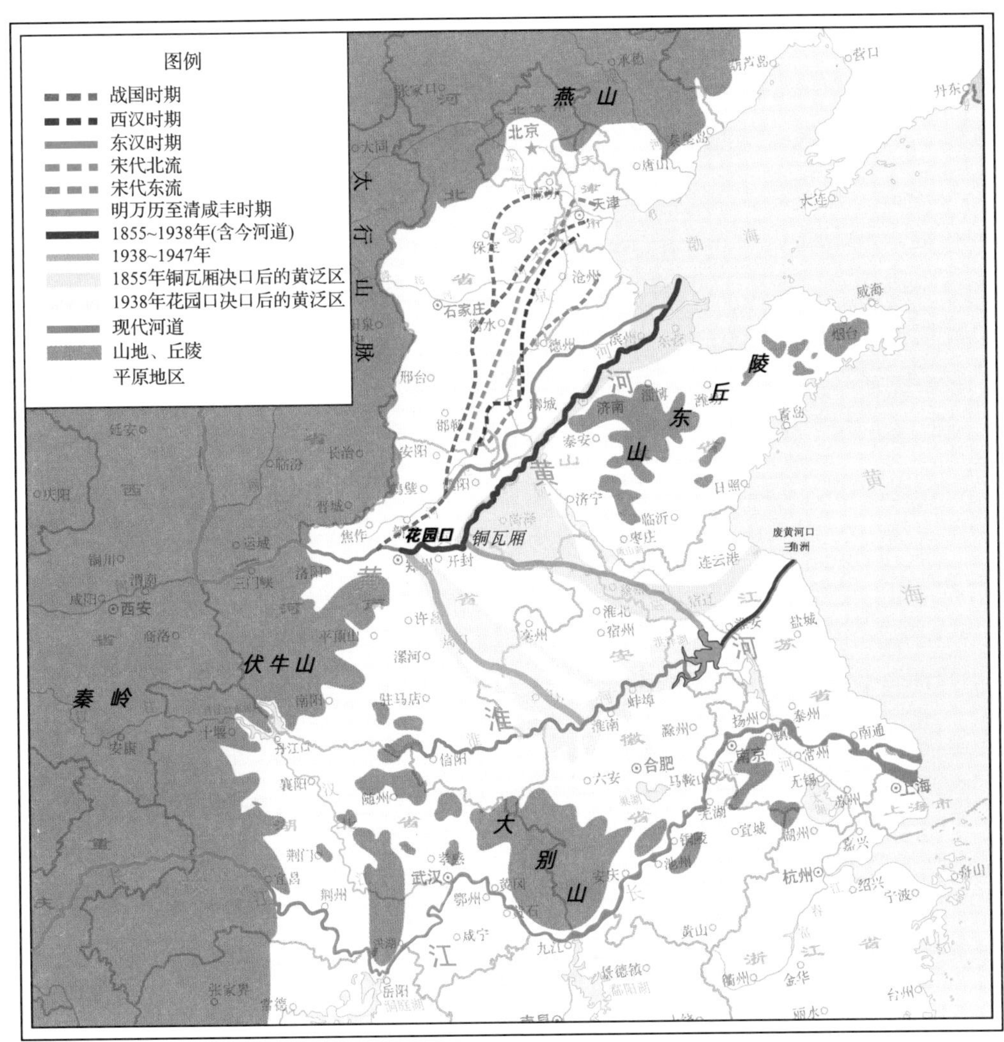

图 27.11 黄河下游改道示意图[2]

文明的诞生和发展奠定了坚实的自然地理基础，对中国的政治、经济、文化等都发挥了重要作用[13]。例如，早在距今 8000~7000 年前，黄河下游冲积扇顶端就出现了颇为发达的原始农牧业生产，距今 4000~3000 年前黄河下游的一部分先后为夏商两个奴隶制王朝所控制，距今 3000 年前后华北平原作为中国古代中原的主体，一直处于中国历史舞台的中心部位，政治斗争与军事征战频繁激烈，对社会政治和经济发展影响深远。

到了春秋后期，华北平原的耕地面积急剧增大，形成了农垦区。至西汉时期，中国封建社会走向成熟，社会较为稳定，经济发展迅速，华北平原由于地形平坦，气候湿润，在政府的着力经营下成为当时最主要的农业生产区域，聚集了全国一半以上的人口。东汉末年到魏晋南北朝之间，由于长期战乱和分裂，加之自然灾害，华北平原人口大减、农田荒芜。至唐朝鼎盛时期，由于恢复发展生产等有力措施，经济空前繁

荣、国力强盛，华北平原更是迅速攀升全国前茅，人口占全国人口总数的五分之二，农田垦殖和经济开发程度高，一个显著标志就是大量水利工程的兴建。隋唐大运河北至幽州，南至杭州，将钱塘江、长江、淮河、黄河、海河五大流域连通，极大地方便了南北之间的贸易往来。五代、辽、宋、金、元时期，华北平原是中国的政治中心所在地，成为战争争夺的重点。此后明清黄河改道、人工围垦，华北平原湖泊沼泽大量淤塞消亡；直至 1949 年前，华北平原长期遭受战乱和严重自然灾害，人口减少、农田荒芜①。

新中国成立后，华北平原快速发展成为中国经济发达地区之一，拥有丰富的煤、铁、石油等矿藏，煤炭、电力、石油、化工、钢铁、纺织、食品等工业在中国占重要地位，也是我国农业最发达的地区，耕地面积和农业产量约占全国的 1/4。华北平原总人口占我国总人口的 1/4，城镇快速发展、人口在 100 万以上的大城市有 20 余座，以北京为中心的铁路、公路、航空等交通网沟通全国各地[14]。

三、黄河下游河道变迁与水患灾害

黄河在为华北平原提供肥沃的土壤、平坦的土地和便捷的交通的同时，也因其善决、善徙成为一条水患灾害众多的河[16]。洪水一旦冲破堤防，往往一泻千里，波及数百千米外的城镇乡村，北至天津，南至淮安都在黄河洪水的扫荡范围（图 27.11）。开封城曾经多次被黄河洪水淹没，洪水挟带大量泥沙将原来的城市掩埋，之后在厚厚的淤积层上重建形成了“城摞城”的局面。史书记载的被黄河洪水吞没的城市还有胙城、巨鹿、巨野、东昏、定陶、徐州、泗州等。黄河河患和治理历史堪称是人类与自然斗争的血泪史，相关典籍资料和文献记载极为丰富，大致可以分为四类：一是历代正史中的河渠志、河渠书，如《史记·河渠书》《宋史·河渠志》《清史稿·河渠志》等；二是关于黄河水道的地理著作，如《禹贡》《水经注》《禹贡锥指》等；三是治河专著和河漕奏疏、公牍，如《至正河防记》《治水筌蹄》《河防通议》《河防一览》《治河方略》《河工见闻录》等；四是有关黄河问题的文献长编，如《行水金鉴》《再续行水金鉴》《南河成案》及其续编中关于黄河的论述等[17]。远古传说广为流传：共工堙水，“共工氏以水纪，故为水师而水名”（《左传》昭公十七年），其治水办法是“壅防百川，堕高堙庳”（《国语·周语下》）。大禹治水，已耳熟能详。表 27.2 基于历史文献和黄河水利史述要，列出了黄河历史上的重大改道事件。具体来看，进入人类文明以来，黄河下游 4100 多年里有 3400 多年往东北流入渤海，仅南宋和明清 700

① 大运河遗产保护管理办公室.华北平原植被的演变历程.http://www.chinagrandcanal.com/view.php?id=466。

多年里黄河向东南流入黄海。

表 27.2　有历史记载以来黄河下游河道主要改道情况[18,19]

名称	改道时间	改道地点	入海地点	备注
宿胥口河徙	周定王五年(公元前 602 年)	宿胥口	沧州、黄骅渤海	西汉故道：分为多股，散流于华北大地
新莽魏郡改道	前 132 年、公元 11 年	瓠子、魏郡	利津南而入渤海	东汉故道：河道一直到北宋景祐初始塞
北宋澶州横陇改道	北宋景祐元年(1034 年)	澶州横陇埽	经惠民与滨县之北入渤海	北宋故道：经聊城、高唐、平原一带，分流而下
宋庆历八年澶州商胡改道	庆历八年(1048 年)	商胡埽	分南北流入渤海	北宋故道：东流与北流并存到 1099 年，东流始决
南宋建炎二年杜充决河改道	建炎二年(1128 年)	河南滑县西南沙店集南	夺淮入海注入黄海	南宋故道：东流濮阳再经鄄城、金乡一带汇入泗水
南宋蒙古军决黄河寸金淀而改道	南宋端平元年(1234 年)	河南滑县	夺淮入海	南宋故道：河水分三流而下，后又合为两支
明洪武至嘉靖年间河道变化	明洪武二十四年(1391 年)	河南原阳原武、黑羊山等多处决口	由河南开封、兰阳、虞城、下徐、邳入淮	明清故道：1572 年后黄河归为一槽并一直维持了 280 年
清咸丰铜瓦厢改道	清咸丰五年(1855 年)	河南兰阳东坝头铜瓦厢一带	黄河向东泛滥，夺大清河由山东利津入渤海(即今日现行河道)	现行黄河：至 1855 年，四溢的河水才被集中于现在的河道行水
民国二十七年花园口决口	民国二十七年(1938 年)	郑州花园口	大部分河水由颍河南流再次进入淮河	现行黄河：直到 1947 年堵复花园口的决口口门，大河才恢复故道

下面梳理黄河历史上几次较大的改道，以便于理解黄河下游河道变迁与水患灾害的自然、社会背景及洪水治理经验，为当今黄河流域的自然与社会可持续发展提供历史智慧。

（1）禹河故道。

上古时期，“当尧之时，天下犹未平，洪水横流，泛滥于天下”（见《孟子》），尧派禹父鲧治水，鲧采用“围堵障”之法，“堤工障水，作三仞之城”。然而洪水超常，加之人力物力维艰，鲧九年治水未获成功，被放逐羽山而死。禹在其父“围堵障”的基础上，创新治河工具、发明“准绳”和“规矩”，因势利导，加入“疏顺导滞”之法，黄河终得安治而形成稳定的禹河故道（图 27.12）。据《禹贡》，战国以前的禹河故道自今河南武陟、浚县向北流，至河北平乡北，东北流分为九河，最北支为干流，北流至深县南，折东北至静海入海。据《山海经》，上述河道由深县东北流至霸县南，向东流至天津入海。禹河故道的长期稳定得益于当时华北平原北段地势下沉、比降大，且有大陆泽等众多湖泊湿地，能够消纳黄河从黄土高原带来的泥沙，河道能够在相当长的时期内输送水沙入海。

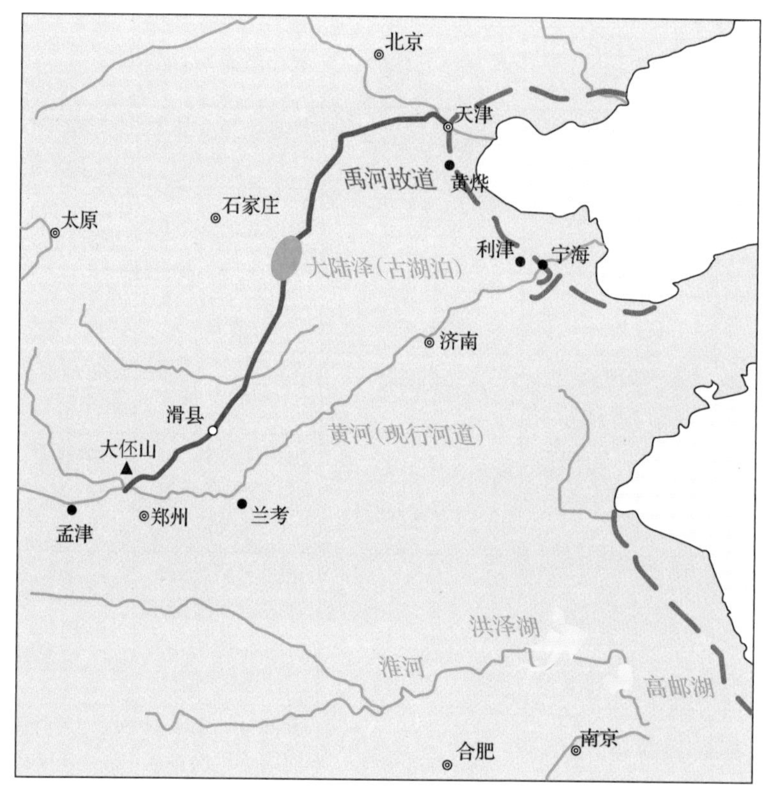

图 27.12　黄河禹河故道（公元前 2278~前 602 年）

（2）第一次大改道。

战国时期（公元前 770~前 221 年），黄河已由初期低洼的禹河故道逐渐转变为地上河，诸侯各国开始大量修筑黄河堤防抵御洪水，大陆泽发生严重淤积，洪水位不断抬高，黄河经常漫溢溃决，尤其是北面的持续淤高使得河道有向南迁移的趋势。据《禹贡锥指》，至周定王五年（前 602 年）禹河故道自宿胥口（今河南浚县，淇河、卫河合流处）决口，发生了有记载以来的第一次大改道，整个河道向南移动数百公里，形成的新河道一直持续到西汉末年，因此称此河道为西汉故道（图 27.13）。据《汉书地理志》和《水经注》，西汉故道经滑县、濮阳、河北大名、山东高唐，折北流经德州、河北南皮，又东北流至沧州东北入渤海。此次改道后数千年黄河基本都在禹河故道以南演变，北侧海河流域也从此发育形成独立水系[20]。

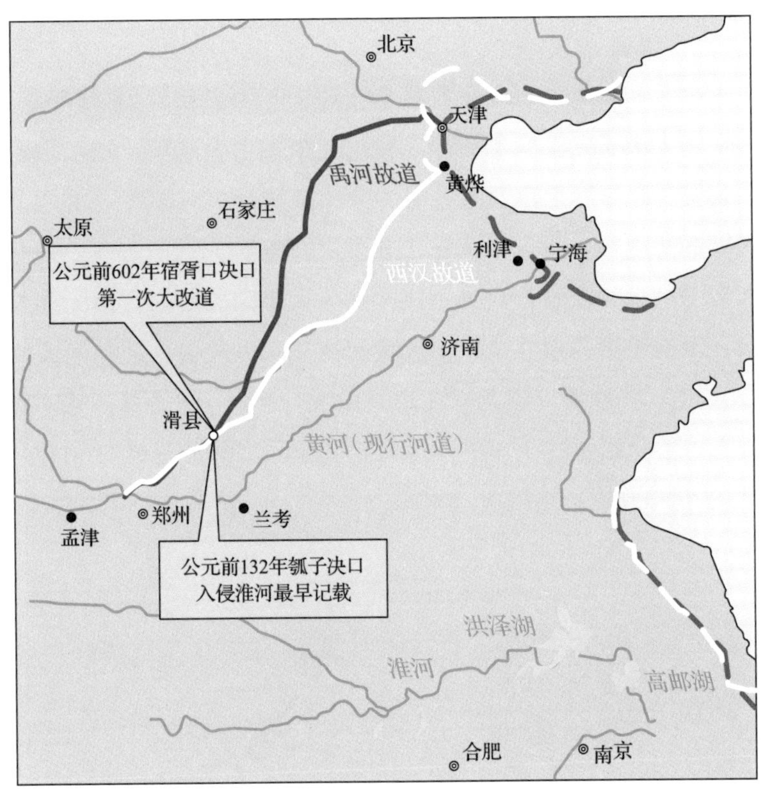

图 27.13　黄河第一次大改道及西汉故道（前 602~公元 11 年）

整个秦汉时期，黄河流域天然植被破坏，水土流失严重，河道来沙增加，河势不稳，频繁摆动导致河患不断，两岸生灵涂炭，农田灌溉系统和水运系统也受到威胁。为保黄河下游免受洪水淹没，秦始皇主导修建黄河千里长堤，“决通川防，夷去险阻”，形成中国历史上最早的标准化堤防，此后较长一段时间未见黄河决溢的记载[20]。进入西汉，“河水一石，其泥六斗，一岁所浚，且不能敌一岁所淤”，自汉文帝十二年（前 168 年）黄河几乎连年决口，因决口规模较小，沿岸地方政府基本都成功堵口。至汉武帝时期，黄河下游决徙之患十分严重，濒河十郡（县），每郡治堤救水吏卒多至数千人，岁费至数千万。武帝元光三年（前 132 年）黄河发生汉代历史上第一次重大决口，“河决于瓠子，东南注巨野，通于淮泗”，也是黄河入侵淮河的最早记录。此次决口虽很快被堵住，但洪水向下游传播，随即“北决于馆陶，分流为屯氏河，东北经魏郡、清河、信都入渤海”，屯氏河水流湍急，再次造成大规模淹没。瓠子决口形成的黄泛区内频发洪水持续 20 余年，民不聊生。武帝元封二年（前 109 年），汉武帝亲自组织黄河堵口工程，河水复归西汉故道北行，此后 80 余年未发生大水患。司马迁《史记》中将此次堵口与大禹治水相提并论，称赞“自是之后，用事者争言水利”。

（3）第二次大改道。

西汉末年（公元 9 年）大司马王莽篡位，改国号为“新”，第三年（11 年）黄河便发生了汉代历史上最著名的魏郡元城（今河北大名）大决口，决口下游河道向东南方向摆动百余公里，夺漯水而东流至千乘（今山东滨州）入渤海（图 27.14）。此次改道造成了大规模的淹没区，为应对河患王莽多次召集研讨治河方案，如著名的贾让治河三策。然而治河措施并未有效实施，洪水造成大量灾民起义，南阳刘秀领导起义军推翻了王莽十五年的统治，建立东汉。此黄河第二次大改道形成的河道称为“东汉故道”，相较西汉故道，其地势低洼且入海距离更短，流路几乎直线入海，比降大、流速大，挟沙能力强，为此后长达千年的河道稳定奠定了良好的基础。

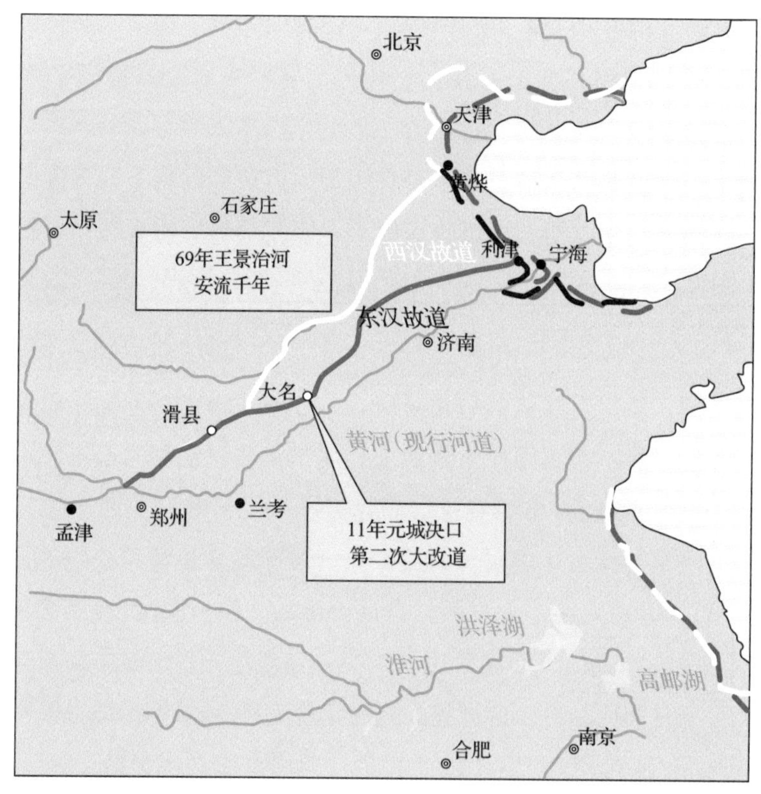

图 27.14　黄河第二次大改道及东汉故道（11~1048 年）

汉代漕运在中国古代具有重要意义，是京杭大运河航运工程的重要起源。此次黄河改道打乱了下游水系分布，河水侵入东汉漕运要道汴渠，造成汴渠内泥沙淤积严重，洪水不断向东泛滥，两岸民众食不果腹。永平十二年（69 年）汉明帝刘庄“遣将作谒者王吴修汴渠”，此次实际主持修汴渠的便是享誉后世的王景（营造官王吴的部下）。因王景善治水，后得明帝重用，负责庞大的治河工程。《后汉书·循吏列传》记载王景治河方略“商度地势，凿山阜，破砥绩，直截沟涧，防遏冲要，疏决壅积，十里立一水门，令更相洄注”，即修筑了自荥阳至千乘入海口千余公里的黄河大堤，以巩固流路，地势有利的沟道被截直利用，险工河段加强防护，淤积河段进行疏通，通过合理的水门布设实现主河槽与滩地高效分水分沙的理论体系，缓解了河道淤积态势。汉明帝称赞王景治河“今既筑堤，理渠，绝水，立门，河、汴分流，复其旧迹”“东过洛汭，叹禹之绩”。王景治河千年无恙，除了与其精湛的治河方略和工程措施密切相关外，当时黄河下游支流，如汴水、济水、濮水等，以及大野泽等巨型湖泊在大洪水期也发挥了调蓄作用，有效分滞洪水和泥沙。此外，东汉时期对黄河全流域建立了健全的组织机构统一管理，此后也十分重视对黄河大堤的维护，特别是隋唐时期更是大兴水利建设。加之东汉以后水土保持不断改善，气候优化、少有极端天气，黄河下游水沙条件改善。这些良好的社会管理措施和自然条件的优化也为黄河千年安流提供了重要保障[20]。

（4）第三次大改道。

西汉故道和东汉故道之间的低洼地带在经历汉、唐、五代十国多年的淤积后，蓄洪滞沙能力逐渐丧失，至北宋后东汉故道已难以维持稳定，河患逐渐增加，先后发生两次大改道（图 27.15、图 27.16）。如图 27.15，景祐元年（1034 年）黄河在濮阳横

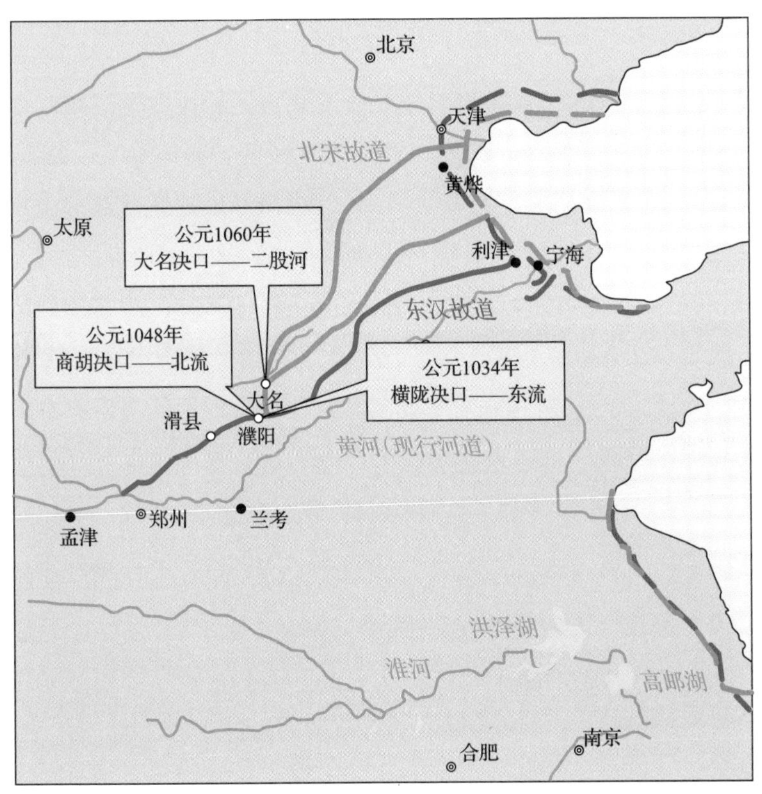

图 27.15　黄河第三次大改道（含多次决口）及北宋故道（1048~1128 年）

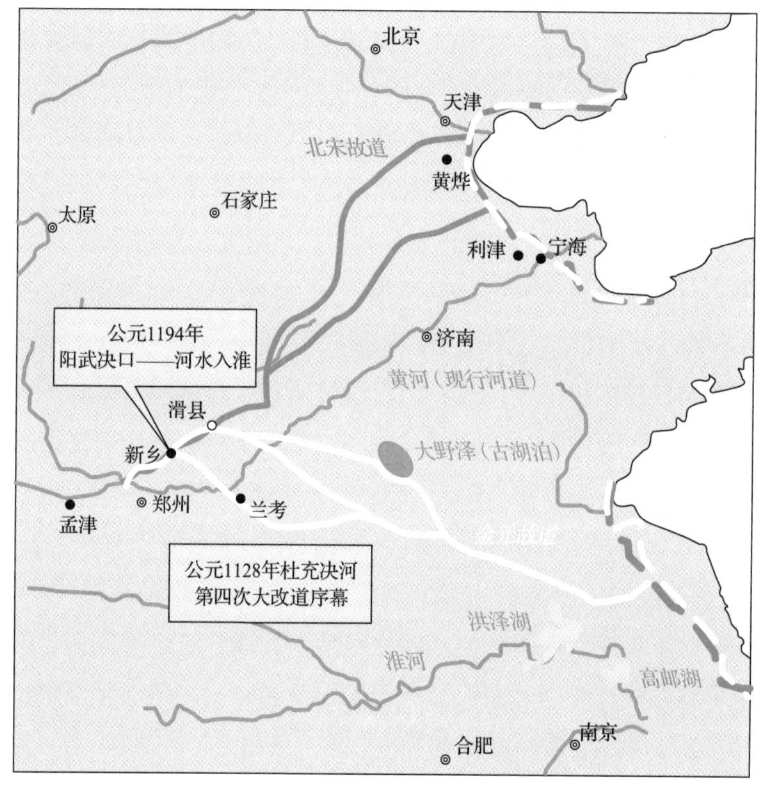

图 27.16　黄河第四次大改道（含多次决口）及金元故道（1128~1368 年）

陇决口，离开了千年东汉故道，径直向东北分流，经河北大名至滨州入海，自此称为“横陇河道”，称“东流”流路。而后该河道迅速淤塞，极不稳定，庆历八年（1048 年）在横陇决口点上游的商胡县再次发生决口，且决口形成的新河道进一步向北摆动，经大名至乾宁军（今沧州北）入海，称“北流”流路。此次大改道之后的 70 年间，黄河发生了 30 余次重大决溢事件。北宋仁宗嘉祐五年（1060 年）“东流”的黄河在大名决口，自此形成北流和东流并行的“二股河”入海局面。熙宁十年（1077 年）至元丰四年（1081 年），“北流”的黄河在澶洲南、北两侧决口，南侧决口洪水大范围入侵淮河流域，大面积淹没造成巨大损失；北侧决口侵入永济渠，淹没淤塞航运干线。徽宗政和七年（1117 年）发生最惨重的一次决溢，黄河在瀛洲、沧州决口，“沧州城不没者三版，民死者百余万”。此后不久，在河患泛滥、民不聊生的内忧和金兵南侵、列强烦扰的外患之下，北宋灭亡。

北宋河患空前，而宋儒耽溺于论辩，主要围绕东流、北流，维持新河还是回归故道争论不休，重要历史人物深度参与，其中东流派包括官至宰相的富弼、王安石、司马光、吕大防等，北流派包括欧阳修、范纯仁、胡宗愈、苏辙等。纵观北宋 70 余年的治河争论，在黄河治理策略上犹豫迁延，终致河道左右摇摆不定，朝廷为整治河防做出了巨大的努力、开发了各种堵口技术，但均未能成功控制河势。例如，每当堵塞北流恢复东流，积蓄的水势仍然会在东流河道更大范围决溢；反之，如果放任北流，则北流下游河道依次决溢，甚至分出二级东流、北流。因此，无论北流还是东流的实践都未能改变河患无穷的局面，被后世讥为“治河无策而唯堵口有功”[20]。

（5）第四次大改道。

黄河下游的改道和洪水灾害与水沙不协调的自然特性相关，同时大规模不和谐的人类活动也是重要原因。如图 27.16 所示，南宋建炎二年（1128 年），杜充为了阻止金兵南下，以水代兵，在河南滑县决开黄河大堤，造成了第四次大改道，形成“金元故道”。黄河从此离开数千年入流渤海的河道，开启了长达 700 余年东南流的时代，经泗水南流、夺淮河入黄海。此次改道淹没了最富有的两淮地区，淹死百姓二十余万，伴随瘟疫造成的死亡人数更是数倍。之后，金章宗明昌五年（1194 年）黄河在阳武（今原阳）大决口，经商丘、徐州入泗水的古汴渠，成为南向黄河的主流。从元朝开始，黄河逐渐离开游荡千年的河北平原，侵占淮河下游河道，导致淮河下游大量泥沙淤积，洪水下泄不畅，水域在这一带汇聚形成洪泽湖。洪泽湖随着湖底泥沙淤积，水位进一步抬高，最高水位超出东侧的苏北平原，形成“悬湖”，给苏北地区带来巨大的水患威胁。元后期持续加剧的黄河北泛对漕运和盐税也产生严重威胁，迫使元代治水名臣贾鲁出山，大洪水期开工治河，九十日内完成疏汴渠、修北堤、堵决口等重要挑战，挽河南流以复故道。缓解了黄河北泛对京杭大运河的威胁，同时使得南流所经的汴渠、泗水、淮水等恢复通航。地方百姓为纪念贾鲁，对其疏通的河道冠以贾鲁河之名。然而，河之危局可解，政之大势已去，贾鲁治河之功绩并未挽救业已腐朽的元政权，终被受扰多年的淮河流域农民军轰然击溃[20]。农民军领袖朱元璋于 1368 年在南京称帝，国号大明。

（6）第五次大改道。

明朝初期河道与元末几乎没有改动，治黄策略与元代一脉相承，北筑堤以保漕，南分流以泄洪济运。因明朝黄河决溢多发，治河贯穿于整个明代历史。洪武二十四年（1391 年）三月和四月黄河两次在原阳黑羊山（今原阳西北）决口，分为三支。一支东经开封城，折向东南，流经通许、太康西、淮阳、项城，在沈丘注入颍河，过界首、太和、阜阳、颍上注入淮河，这条河道水流相对较大，被称为“大黄河”。另一支仍走贾鲁河，东流从徐州以南入淮，水势相对微弱，被称为“小黄河”。第三支东北流经阳武、封丘、菏泽、郓城，漫入梁山安山（今梁山县北）地区，致使元代开通的会通河淤塞。永乐九年（1411 年）明成祖朱棣令恢复洪武元年故道，自封丘金龙口（今封丘县荆隆宫西于店）经菏泽到鱼台汇入运河。永乐十四年（1416 年）黄河决开封，东南流经杞县、睢县、亳州注入涡河，经怀远入淮。正统十三年（1448 年）黄河决为两支，南支从荥泽县孙家渡（今郑州市西北）决口，南夺颍河经项城、沈丘、太和等入淮；北支从新乡大柳树口分出，东流经原阳、延津、封丘、长垣、东明、鄄城、范县等地，冲寿张沙湾入运，由大清河入海，贾鲁河湮没。弘治二年（1489 年）河决开封，呈多股分流之势，北决占全河水量的七成，南决占三成。南决自中牟杨桥至开封界分为两支：一支经尉氏等县由颍水入淮；另一支经通许等县由涡河入淮。北决正流从原阳、商丘、开封、兰考等地，东趋徐州入运，大体是贾鲁河也称汴道的流向，还有一支从金龙口、黄陵冈等决出，从山东曹县注入张秋运河。当年冬天，注入张秋运河的一支因金龙口水消淤塞。弘治三年（1490 年）白昂北岸筑长堤，南岸疏通河道，分黄河之水由颍河、涡河、泗水等入淮河。弘治六年（1493 年）刘大夏受命治张秋决河，他也采取了遏制北流、分水南下入淮的方策，修三百六十里太行堤，产生巨大的南向导流作用，促成黄河“北流于是永绝，始以清口一线受万里长河之水”，大河重归兰阳、考城，分流经徐州、归德、宿迁，南入运河，汇淮河东注入海。此次也是黄河历史上少有的人力为之的平稳改道，即第五次大改道，也促成了后来持续三百余年的明清故道雏形（图 27.17）。

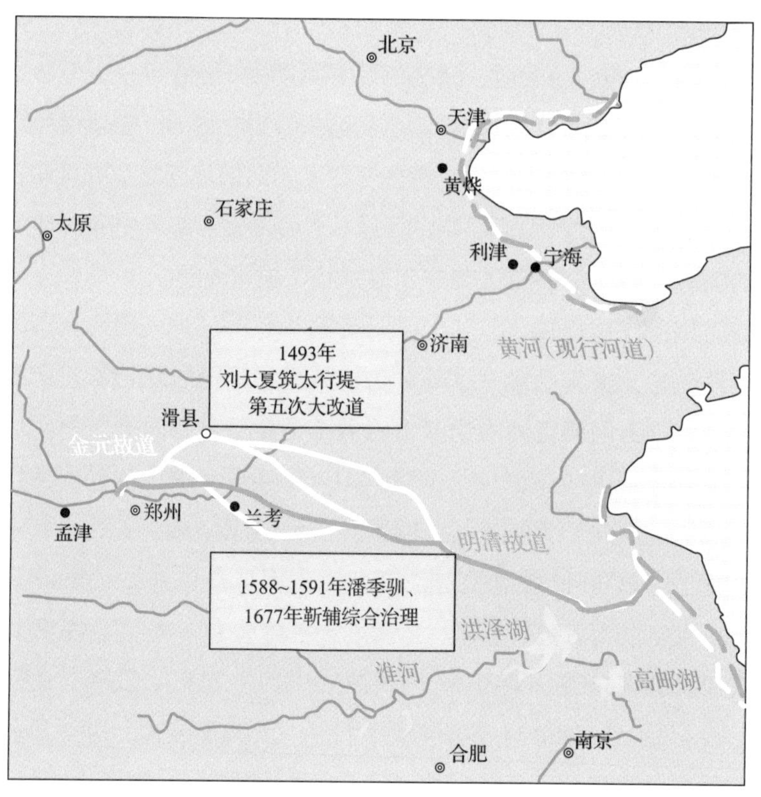

图 27.17　黄河第五次大改道及明清故道（1368～1855 年）

正德三年（1508 年）黄河“又北徙三百里，至徐州小浮桥”（《明史·河渠志》）。此后黄河依旧决溢不断，下游分几股甚至十几股入海。嘉靖九年（1530 年）黄河又决曹县，一股自胡村寺东，东南至贾家坝入古黄河，由丁家道口至小浮桥入运河。一股自胡村寺东北，分二支，一东南经虞城至砀山，合古黄河出徐州；一东北经单县长堤抵鱼台，漫为坡水，傍谷亭入运河。嘉靖十三年（1534 年）河决兰阳赵皮寨，经睢水入淮河，南向亳、泗、归、宿之流骤盛，东南向梁靖口之流渐微；梁靖岔河口东出，谷亭之流遂绝；自济宁南至徐州数百里间，运河悉淤，闸面有没入泥底者，运道阻绝（《问水集》）。嘉靖三十七年（1558 年）后黄河在曹县新集（今河南商丘市北）决口，贾鲁故道淤积，下游河道分流达十一支之多，黄河没有定向，水得以分泄数年，不至于淤塞溃决。嘉靖四十四年（1565 年）决沛县，下游分流超过十三支之多，逆流入漕河，散漫湖坡。

潘季驯奉三朝简命，先后四次出任总理河道都御史，主持治理黄河和运河，前后持续二十七年（1565～1592 年），在长期的治河实践中总结并提出了“筑堤束水，以水攻沙”的治黄方略和“蓄清刷浑”以保漕运的治运方略，发明了“束水冲沙法”。其治黄通运的方略，以及“筑近堤（缕堤）以束河流，筑遥堤以防溃决”的治河工程思路及其相应的堤防体系和严格的修守制度，成为其后直至清末治河的主导思想。清代河道总督靳辅在助手陈潢协助下，统揽治河全局，渐次理清河、运一体的总体思路，疏以浚淤，筑堤塞决，以水治水，借清敌黄，虽难以根治，但终其治河效益还是极大地推动了康熙王朝社会经济发展，“其利益在国家，其德泽在生民”[20]。细数明清治黄历史，众多治河名人兢兢业业的治河生涯中，多以改良的方式小心翼翼地维持着黄河在淮河流域的流转迁移，却终难重现东汉黄河千年安澜的历史。

黄河南徙时期的水系格局、洪涝灾害、漕运关系、城池发展等复杂的自然和社会系统交融，彻底改变了黄河和淮河流域的自然属性，同时也深刻影响了中华民族的历史进程。一方面，随着黄淮运水系的交汇，黄淮运地区凭借舟楫之利，商业繁荣，人口稠密，城市兴起，成为城市群较为密集的城市化地区。另一方面，随着洪泽湖水面日益抬高，洪泽湖东侧里下河地区危如累卵，一旦淮河涨水，淮扬地区顷刻成为汪洋大海，饱受水患。其中，泗州城是黄淮运地区水城抗争的典型代表。泗州城建于唐代，至明代时泗州城已有商贾往来，繁荣景象堪比扬州。然而，由于泗州城依傍汴渠和淮河，地势低洼，在潘季驯加筑高家堰之后，水灾更是频繁。最终，清康熙十九年（1680 年），泗州城彻底被洪泽湖淹没，成为“东方庞贝”，终结了近千年的繁荣。除泗州城外，明清时期黄河下游沿线城市几乎都面临洪灾的考验。黄河流域的城市在遭受水患的同时，人们也积累了十分丰富的应对洪灾的城市建设和水利建设的理念、技术和方法。例如徐州，位于汴泗交汇处，明清黄河故道从北面和东面流经，多次被黄河灌城，为此建立了完备城市防洪体系。

（7）第六次大改道。

清咸丰五年（1855 年）8 月 1 日黄河在河南兰阳（今兰考）北岸铜瓦厢发生第六次大改道（图 27.18）。此次改道也是黄河演变中重要历史事件，从此，黄河从南徙的明清故道先改向西北，后折转东北，夺山东大清河入渤海。决口之初，清政府希望通过堵口把黄河改回明清故道，但随着时间的推移，南行复故道的可能性越来越小，清政府只得认可黄河北行。此次改道山东受灾最重，重灾区难民逾 700 万人。黄河经过 30 年的冲刷和堤防建设才形成新的河道，其间，除 1861 年、1862 年、1876 年外几乎年年黄水泛滥。同治年间，官府在原有民埝的基础上，开始陆续修建沿黄堤防。光绪十年（1884 年）新河堤防已成规模，渐趋完整，然而堤防修成后黄河仍是“无岁不决，无岁不数决”，1884 年至 1887 年的 4 年间决溢 132 次。山东沿黄数百万民众在死亡线上苦苦挣扎，“居无一椽之覆，食无一宿之储”“毙于饥犹毙于水”（《再续行水

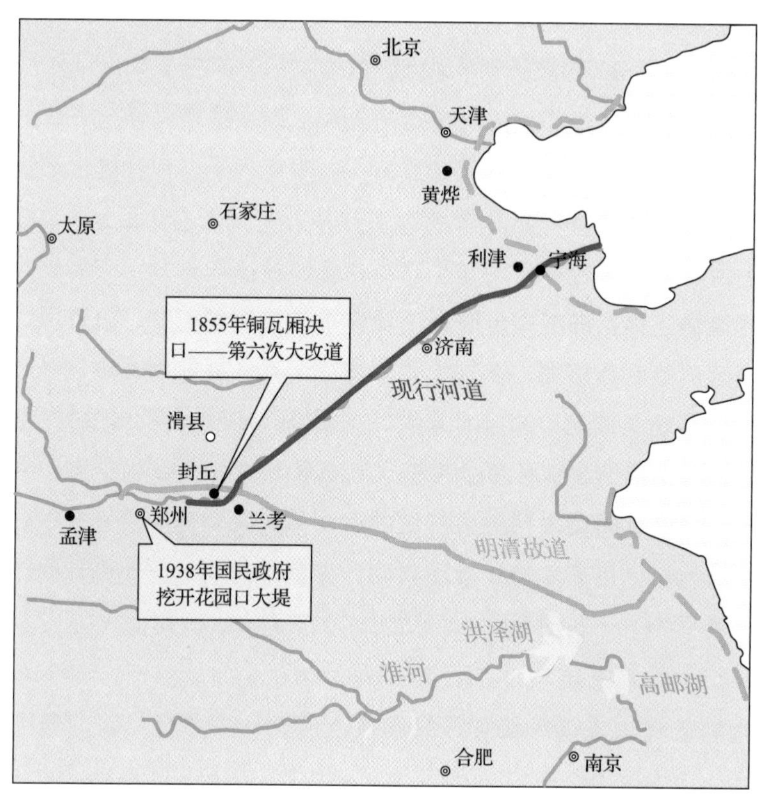

图 27.18　黄河第六次大改道（含铜瓦厢决口、花园口决口）及现行故道（1855 年至今）

金鉴》)。直至民国之初黄河灾情仍然不断，1933 年南京国民政府时期黄河甚至发生了近代史上有水文记录以来最大洪水。1938 年 6 月 9 日，为阻滞日寇进攻，国民党以水代兵，在花园口扒开黄河大堤，人为造成决口泛滥，黄河改道东流，从淮河入海。此次人为改道造成 54 万 km^2 的黄泛区，死亡失踪人数达 89 万，洪灾历时九年半，损失极其惨重。直到 1947 年 3 月国民党才在花园口堵口，黄河重归北方山东河道入渤海。如今的黄河下游只有大汶河一条天然支流入汇，是历史上流域面积最小的时期，仅占黄河流域面积的 2.77%，仅相当于华北平原面积的 6.3%。

民国时期西方现代治河理论逐渐传入中国，我国现代水利建设的先驱李仪祉（1882～1938 年）学贯中西，主张治理黄河要上中下游并重，防洪、航运、灌溉和水电兼顾，改变了几千年来单纯关注黄河下游的治水思想，大步推进了我国黄河治理的理论和方略。之后治黄史上出现了第四位实践大师王化云（1908～1992 年），主持治理黄河 40 余年。他基于历史经验和当代黄河流域的气候水文条件，用“宽河固堤，蓄水拦沙，上拦下排，两岸分滞”16 个字归纳治河方略。他采用宽河蓄滞洪水和泥沙，使得黄河每年大约 6 亿 t 泥沙淤积在河床和滩地上。他主持修建了大功、北金堤、东平湖、北展和南展五大滞洪区，以及三门峡、刘家峡、陆浑、小浪底等十几座骨干水库。三门峡之后，黄河治理中继续实施以水库大坝为骨干、水土保持为根本的减沙滞沙方略，2002 年后实施小浪底调水调沙，下游河道基本上稳定，未发生决溢[21]。

纵观黄河下游河道变迁与水患治理历史，会发现每次大改道发生后，都会阶段性有利于河道，但随着时间推移，泥沙不断淤积，河床不断抬升，大堤不断加高，大洪水风险也越来越高，当大洪水到来时不可避免地发生新的改道。而中国历史也呈现了与黄河下游河道变迁惊人的相似，每个朝代伊始，大多能励精图治，但随着经济社会的不断发展，政权机构强化，社会问题也不断积累，如果不能有效地对此加以疏导，就会陷入朝代轮回的窠臼。黄河治理的成败与国家政治的治乱之间似乎有着一些关联。人类在应对黄河河患、防御洪涝灾害的过程中积累了宝贵的策略和技术经验，所用策略得当、技术可行时，可有效减少水患，功载史册；所用方略不当或技术欠佳时，则殃及大众，贻害百年。远古时期，人们就对自然界产生敬畏，禹治水成功让人们认识到既要顺应自然，又要发挥人的主观能动性，形成“顺天应人”的自然观。这种认识经过不断升华，被应用于古代政治制度的具体实践中，如道家的“道法自然”、法家的“君道无为，臣道有为”等治国理政经验，也逐渐形成了中华文明“天人合一”的核心。

第四节　黄河高质量发展与文明复兴

自十九世纪以来，黄河文化遭遇了低谷，在与全球文化、现代工业文明的碰撞中处于了下风，中华文明遭遇“三千年未有之大变局”①。黄河文明当前的衰落具有一定的历史必然性。从新石器时代的仰韶文化和龙山文化算起，黄河文明是在黄河流域特定的地理环境中产生和发展的农业文明。在秦汉以后的专制体制下，这种农业文明建立在小农经济、以农为本的基础之上。当这些特殊的地理和社会条件发生改变，小农经济的优越性和农业的独大地位不复存在，农业在整个社会经济中所占的比例逐渐下降，原来的黄河文明由盛转衰就是必然的结果。同时，受生产力水平和社会经济制度制约，黄河流域千百年来重发展轻保护，大规模农业开发导致流域内植被破坏，水土流失严重，决溢改道频繁，沿黄人民对美好生活的追求屡屡受阻。

面对现代化的滚滚浪潮，以黄河文化为代表的中华文明——这个目前世界上延续时间最长、规模最大、人口最多的文明——它的未来将如何发展？人类历史上有不少文明都是建立在一定的生产方式和物质基础上的，都有一个产生—发展—衰落—消亡的过程[22]。然而，并非所有文明的衰落过程都是不可逆的，发展—衰落之后并非只能是消亡，也可以转为再发展，即复兴。只要文明赖以生存和发展的地理环境依然存在，文明仍具有相对无限的生命力和创造力。衰落虽标志着旧事物的结束，但也预示着新事物的产生，是一种未来的进步和潜在的发展。实际上，五千多年来，黄河文明——无论是物质的还是精神的——早已演变扩展成为中华文明的主干。黄河文明的精华早已深沉地植根于中华民族之中，是中华民族的根与魂。

一、黄河文明复兴的精神基础

春秋战国时期，儒、道、墨、法等诸子百家大多活动于黄河流域，出现了百家争鸣的盛况，创造了我国历史上思想文化最为群星闪烁的时代。汉武帝罢黜百家、独尊儒术后，儒学逐渐成为历代王朝政治制度、宗法制度、伦理道德的理论基础。随后在漫长的历史长河里，发源于黄河流域的农耕文明与游牧文明不断碰撞、迁徙、融合，近现代东方文化与西方文化相互交流融合，最终形成了独一无二的中华文明。千百年来，黄河哺育了勤劳勇敢的中华民族，黄河文化也早已沉淀为中华文明的底色，经漫

① 李鸿章.复议制造轮船未可裁撤折,1873。

长岁月而不断积淀、传承、包容、创新，并持续深化发展，在新时代背景下焕发出新的生命力。

“民为邦本”。中华文明起源于黄河之滨，“黄河宁，天下平”，黄河安宁是生活在黄河两岸的历代中华儿女共同的心愿。治水患，兴水利，发展生产，正是中华民族“民为邦本”思想的具体体现。习近平总书记提出的以人民为中心的发展思想，与“民为邦本”思想一脉相承，而内涵更为丰富。1949 年以来，治黄取得了伟大成就，水土保持取得了长足的进步，黄河大堤多次加高加厚，龙羊峡、刘家峡、三门峡、小浪底等重大水利枢纽先后建设运行，黄河扭转了频繁决口改道的险恶局面，如今河道稳定，创造了伏秋大汛岁岁安澜的奇迹[23]。

“天人合一”。天人合一是中国古典哲学最为重要的思想之一，国学大家钱穆先生晚年写道：“‘天人合一’论，是中国文化对人类最大的贡献。”“天人合一”反映了人对自然的认识，主张人与自然的和谐统一。千百年来，黄河流域的人们在与自然相处的过程中，总结出天人合一的农耕智慧，追求天时、地利、人和，人与自然达到协调、平衡，也探索出治黄应遵循自然规律。如今，黄河流域坚持“绿水青山就是金山银山”的理念，贯彻生态保护与高质量发展的国家战略正是“天人合一”思想的丰富和发展。

“多元统一”。我国是统一的多民族国家，各民族在历史长河中不断交流融合，形成了中华民族多元而统一的格局，而黄河流域正是多元一体格局发展的枢纽区域。黄河文化兼蓄并融、博采众长，农耕文明与草原文明在黄河流域碰撞、迁徙、交流与融合，逐渐孕育形成了和而不同、多样统一的中华文明。在当代社会，和平发展，合作共赢，推动构建人类命运共同体这一伟大梦想，正是中华民族“多元统一”思想的延续、深化和发展。

“民族精神”。千百年来，黄河奔流不息，哺育了亿万华夏子孙，但也曾因多次泛滥给百姓带来深重灾难。在与黄河抗争的过程中，中华儿女锤炼出了勤劳务实、自强不息、坚韧不拔等优秀的民族精神。大禹治水三过家门而不入，不畏艰险，因势利导，变堵为疏，终平黄河水患。后世贾让、王景、潘季驯等治水名人也用自己的勤劳与智慧带领当地百姓与洪水进行抗争，不屈不挠，敢想敢干。数以万计的黄河儿女团结一心、甘于奉献、顽强拼搏、开拓创新，从战胜 1958 年特大洪水到修建龙羊峡、刘家峡、三门峡、小浪底等水利枢纽工程，终于换来黄河岁岁安澜，风调雨顺。九曲黄河造就了中华民族独特的民族精神，这些民族精神早已融入中华民族的血脉深处，也将继续激励中华儿女不断前行。

黄河文明经悠长岁月而不息，历千年风雨而弥新。黄河文明的复兴，不仅意味着黄河流域的全面振兴，实际上，黄河文明早已内化成为中华文明的精神内核，渗透到了中华民族的方方面面，并向中华大地传播、生根、发扬光大，并在社会主义新时代焕发出了新的生命力。黄河文明是千百年来中华民族赖以生存与发展的精神支撑，亦是中华民族伟大复兴的精神之源。

二、高质量发展的现实条件

自 2019 年 9 月 18 日习近平总书记在黄河流域生态保护和高质量发展座谈会上的讲话以来，中共中央、国务院出台了系统政策保障，印发的《黄河流域生态保护和高质量发展规划纲要》(下称《纲要》)指出，将黄河流域生态保护和高质量发展作为事关中华民族伟大复兴的千秋大计。推进黄河流域生态保护和高质量发展，有利于协调黄河水沙关系，缓解水资源供需矛盾；有利于践行“绿水青山就是金山银山”理念，助力碳达峰碳中和；有利于加强全流域协同合作，加快推进高质量发展，扎实推进共同富裕；有利于保护传承弘扬黄河文化，彰显中华文明，增进民族团结，增强文化自信。《纲要》明确了大江大河治理的重要标杆、国家生态安全的重要屏障、高质量发展的重要实验区、中华文化保护传承弘扬的重要承载区四个战略定位。一是将保护生态环境放到压倒性位置，筑牢国家生态安全重要屏障。二是紧紧抓住水沙关系调节这个“牛鼻子”，保障黄河长治久安。三是认真落实以水而定、量水而行要求，推进水资源节约集约利用。四是加快新旧动能转换，激发改革创新内生动力，提升科技创新支撑能力，推动黄河流域高质量发展。

在上述国家战略和下述良好的现实条件保障下，我们对未来的黄河高质量发展与中华文明复兴充满信心。其一，新中国成立 70 余年来黄河下游基本实现了安流。为应对气候变化等带来的极端水沙条件，黄河水利委员会及相关科技和管理部门开展了系统的科学研究和应对策略研究，相信我国有能力应对当前和未来的水沙问题，保证流域安全。其二，黄河中游水土保持和小流域治理成效显著，水土侵蚀和流域产沙有效降低，后续进一步开展的流域综合治理，将有利于悬河问题的解决，保障下游河道稳定和健康发展。其三，环境保护和全流域的综合开发。黄河流域已有几十座水电站投入使用，通过上下游的科学调度可实现发电、防洪、水土保持等综合效益。未来水土风光联合发展的趋势下，流域生态环境将进一步得到改善。其四，新形势下的新技术、新产业、新资源发展。碳达峰碳中和承诺下，黄河流域传统能源行业向新能源行业革命势不可挡。在此过程中新技术、新产业、新资源的发展将发挥重要作用，成为经济发展的新支撑点。其五，历史人文资源的价值。历史人文资源具有不可替代再生性，伴随人类社会生产力的发展，精神生活将受到越来越多的关注。可以预见，黄河流域在未来中华民族复兴过程中，历史人文资源将起到更大的作用。

总而言之，正如对待我们古老的文明一样，我们可以充满信心地相信，黄河文明必将随着中华文明的全面复兴得到繁荣兴盛。

三、未来展望

黄河是中华文明的发祥地。新的黄河文明是传统黄河文明的复兴，本质上是对传统黄河文明的传承、重建与创新，是中华民族伟大复兴背景下高质量发展的黄河文明。

生态文明是黄河流域高质量发展的生命底线。生态系统是一个有机的整体，黄河流域生态环境的保护需要上中下游因地制宜、协同治理，上游以涵养水源与生态屏障建设为重点，中游以水土保持与植被恢复为核心，下游则重在保护河口湿地生态系统和生物多样性。

农业文明是黄河文明的重要组成部分。农业将从传统意义的小农业，扩大到以现代科学技术为生产手段的大农业，包括林业、牧业、副业、渔业以及相关的环境保护和生态修复产业。在发展高品质绿色生态农业的同时，全面深度地修复整个流域的生态环境，与黄河的全面治理、永久安流相得益彰。

黄河文明中工业文明的比重将不断扩大，产业升级转型，布局合理优化，区域联动发展。黄河流域蕴藏着丰富的能源，是我国主要的清洁能源基地，水-风-光多能互补，将助力实现“双碳”目标。黄河流域的矿产资源也十分丰富，勘探、采掘和冶炼技术进一步升级改造，创新发展模式，建设绿色矿山。从工业时代到信息时代，人们的视野以光速扩张，如今智能时代正加速而来，5G、云计算、人工智能等高新技术与传统优势产业的交叉将为黄河流域的崛起带来新的契机。黄河流域还是全国的地理中心，在高速公路、高速铁路网中处于关键地位，也会在未来世界交通网中占据重要地位。随着中欧班列的开通，海陆联运、陆空联运网络的形成，西部开发和“一带一路”建设逐步推进，黄河流域必将发挥越来越重要的作用。

发展科技文明是黄河流域生态保护和高质量发展的战略需要。重视黄河流域的教育和人才培养事业，建设和完善高水平人才的支持体系和鼓励机制，以人为本，人尽其才。科技文明不仅包括科学研究和技术攻关，还应包括科学—技术—产业—应用全链条的科技创新格局的构建，全面系统地提升科技创新水平，并由此推动流域内自然生态与社会经济系统的协调发展，推动物质财富的积累和精神文明的全面提升。

随着我国全面建成小康社会战略目标的实现，人们对精神文明的需求会越来越高。

五千年的文明史在黄河流域留下了无数遗址遗物，这些中华文明的瑰宝在成为名胜古迹、文物遗址和非物质文化遗产的同时，也将成为学术研究、文化传承、教育培训、信息传播、旅游休闲、演艺娱乐、体育健身、养老修身等方面的重要资源，保护、传承、弘扬黄河历史文化，促进黄河流域文化事业的繁荣发展。

今天和未来的世界瞬息万变、异彩纷呈，黄河文化和中华文明将会在此获得更广阔的发展。正如黄河每每抛弃旧道，开辟新道，重获新生一样，黄河与中华文明亦需对自身的历史文化继承、创新、发展，如凤凰涅槃，浴火而重生，以古老而又崭新的面貌屹立东方。

黄河之水天上来，奔流到海不复回。九曲黄河不舍昼夜，容纳百川，生生不息。大河本身，也因凝聚了历史，经历了沧桑，而演变为一种文化符号、精神象征、时代烙印、历史记忆，一条大河就是一首颂歌、一篇史诗、一部历史、一个时代。

本章撰写人：葛剑雄　徐梦珍　江　汇　王睿禹

参考文献

[1] 艾少伟. 黄河：中华民族的母亲河. 中国民族报, 2021-01-15(005).

[2] 葛剑雄. 黄河与中华文明. 北京：中华书局出版社, 2020.

[3] 李国忠. 论中华先祖部族文化融合轨迹——兼论中华古玉器渊源传承. 天中学刊, 2020, 35(5): 116-130.

[4] 王会昌. 古典文明的摇篮与墓地. 武汉：华中师范大学出版社, 1997.

[5] 张传奇. 中华文明演进历史的钟摆效应与中华文明探源. 南阳理工学院学报, 2020, 12(5): 87-90, 96.

[6] 王壹省, 张华勤, 周然. 新时期推进黄河航运建设发展的思考. 交通运输部管理干部学院学报, 2020, 30(4): 18-20.

[7] 邹逸麟. 中国历史地理概述. 3 版. 上海：上海教育出版社, 2007.

[8] Wang Y, Su Y. Influence of solar activity on breaching, overflowing and course-shifting events of the Lower Yellow River in the late Holocene. The Holocene, 2013, 23(5): 656-666.

[9] Chen Y, Syvitski J P, Gao S, et al. Socio-economic impacts on flooding: A 4000-year history of the Yellow River, China. Ambio, 2012, 41(7): 682-698.

[10] Chen Y, Wang K, Lin Y, et al. Balancing green and grain trade. Nature Geoscience, 2015, 8(10): 739-741.

[11] Wang H, Yang Z, Saito Y, et al. Stepwise decreases of the Huanghe (Yellow River) sediment load (1950–2005): Impacts of climate change and human activities. Global and Planetary Change, 2007, 57(3-4): 331-354.

[12] 许炯心. 黄河下游历史泥沙灾害的宏观特征及其与流域因素及人类活动的关系（Ⅰ）——历史气候

及植被因素的影响. 自然灾害学报, 2001, (2): 6-11.
[13] 钮仲勋. 历史时期黄河下游河道变迁图. 北京: 测绘出版社, 1994.
[14] 《地理知识经典图说》编委会. 地理知识经典图说·中国自然资源. 北京: 中国大百科全书出版社, 2011.
[15] 郑景云, 文彦君, 方修琦. 过去 2000 年黄河中下游气候与土地覆被变化的若干特征. 资源科学, 2020, 42(1): 3-19.
[16] 岑仲勉. 黄河变迁史. 北京: 人民出版社, 1957.
[17] 陈志清. 历史时期黄河下游的淤积、决口改道及其与人类活动的关系. 地理科学进展, 2001,(1): 44-50.
[18] 黄河水利史编写组. 黄河水利史述要. 郑州: 黄河水利出版社, 2003.
[19] 沈怡, 赵世暹, 郑道隆. 军事委员会、资源委员会参考资料 15 号: 黄河年表, 1935.
[20] 杨明. 极简黄河史. 桂林: 漓江出版社, 2016.
[21] 张含英. 历代治河方略探讨. 北京: 水利出版社, 1982.
[22] 张志伟. 西方哲学十五讲. 北京: 北京大学出版社, 2004.
[23] 苗长虹. 黄河文明与可持续发展. 开封: 河南大学出版社, 2014.